2

건축

최근 출제경향을 완벽하게 분석한 건축기사·산업기사

시공

임근재

예문사

현대의 건축물은 대형화, 고층화, 다양화되어 빠르게 변화하고 있으며 기술의 발전 또한 괄목할 만하다.

이에 본서는 건축 분야에서도 건축시공의 새로운 요구를 적극 수용하여 중요 내용과 새로운 변화를 이해하는 데 중점을 두어 건축기사 · 산업기사 등 각종 국가자격시험의 준비에 효율적인 수험대비서가 될 수 있도록 다음과 같이 기획하였다.

■ 본서의 특징

1. 각 단원별 핵심내용을 이해하기 쉽도록 체계적으로 정리하여 단기간 내에 수험 준비를 할 수 있도록 하였다.
2. 핵심내용은 별도의 난을 두어 입체적으로 구성함으로써 이해 및 정리가 되도록 하였다.
3. 각 단원마다 최근 기출문제에 대한 철저한 경향분석과 해설을 통해 중요 내용의 이해와 실전능력을 기르도록 하였다.

끝으로, 수험생들의 많은 관심과 충고를 통해 지속적으로 내용을 수정 · 보완하여 보다 나은 교재가 되도록 노력할 것을 약속드리며, 본서가 출간될 수 있도록 도움을 주신 도서출판 예문사에 감사의 말씀을 드린다.

저 자
임 근 재

>>> 시험정보

시행처	한국산업인력공단
관련학과	대학이나 전문대학의 건축, 건축공학, 건축설비, 실내건축 관련학과
시험과목	• 필기 : 1. 건축계획 2. 건축시공 3. 건축구조 4. 건축설비 5. 건축관계법규 • 실기 : 건축시공 실무
검정방법	• 필기 : 객관식 4지 택일형 과목당 20문항(과목당 30분) • 실기 : 필답형(3시간)
합격기준	• 필기 : 100점을 만점으로 하여 과목당 40점 이상, 전과목 평균 60점 이상 • 실기 : 100점을 만점으로 하여 60점 이상

>>> 건축기사 출제분석표(5개년)

구분	2017			2018			2019			2020			2021			합계	평균
	1회	2회	4회	1회	2회	4회	1회	2회	4회	1·2회	3회	4회	1회	2회	4회		
1. 총론	3	4	3	3	3	3	4	2	4	4	5	4	4	4	3	53	17.7%
2. 가설공사		1	1	2				2					1		2	9	3.0%
3. 토공사	2	1	2		3	2	2	1	2	2	2	2	1	3	1	26	8.7%
4. 철근콘크리트공사	6	3	7	5	4	3	4	5	2	4	5	5	2	2	5	62	20.7%
5. 철골공사		2	2	3	2	2	2	2		1		2	2	2	2	26	8.7%
6. 조적공사		2	1	2	1			2	2	2			3	3	1	23	7.7%
7. 목공사		1		1		1	1			1			2	1		8	2.7%
8. 방수공사	2	2	1	1	3		1	2		2	1	2	1		1	19	6.3%
9. 지붕 및 홈통공사																0	0.0%
10. 창호 및 유리공사	2	1				1		2	2	1	1		1		1	12	4.0%
11. 마감공사	2	1	1	2	2	4	3	2	2	2	2	2	2	3	3	33	11.0%
12. 적산	3	2	2	1	2	3	2	2	2	2	1	2	2	2	1	29	9.7%
Total 문제	20	20	20	20	20	20	20	20	20	20	20	20	20	21	19	300	100%

 건축산업기사 출제분석표(5개년)

구분	2016			2017			2018			2019			2020		합계	평균
	1회	2회	4회	1회	2회	4회	1회	2회	4회	1회	2회	4회	1·2회	3회		
1. 총론	4	3	4	3	3	4	2	2	3	4	3	3	2	4	44	15.7%
2. 가설공사	1	2		1	1		1			1					7	2.5%
3. 토공사	2	2	1	1	2	2	3	3	3	1	4	2	2	2	30	10.7%
4. 철근콘크리트공사	7	3	8	4	5	5	4	6	3	5	2	4	7	4	67	23.9%
5. 철골공사		2	3	1	1	1	1	1	3	1	3	3		2	22	7.9%
6. 조적공사	2	2	3	2	1	1	2	1	1	2	3	1	2	1	24	8.6%
7. 목공사	1	1	1	1		1	1	3	3	1		3			16	5.7%
8. 방수공사		2		1	2	2	1		1			1		1	11	3.9%
9. 지붕 및 홈통공사	2				2					1					5	1.8%
10. 창호 및 유리공사				1		1		1	1	2		1	1	1	9	3.2%
11. 마감공사	1	2		2	2	1	3	2	1	1	3	1	4	3	26	9.3%
12. 적산		1		3	1	2	2	1	1	1	2	1	2	2	19	6.8%
Total 문제	20	20	20	20	20	20	20	20	20	20	20	20	20	20	280	100%

※ 건축산업기사는 2020년 4회 시험부터 CBT(Computer-Based Test)로 전면 시행되었습니다.

≫≫≫ 건축기사 필기 출제기준

직무분야	건설	중직무분야	건축	자격종목	건축기사	적용기간	2020.1.1.~2024.12.31.

○ 직무내용 : 건축시공 및 구조에 관한 공학적 기술이론을 활용하여, 건축물 공사의 공정, 품질, 안전, 환경, 공무관리 등을 통해 건축 프로젝트를 전체적으로 관리하고 공종별 공사를 진행하며 시공에 필요한 기술적 지원을 하는 등의 업무 수행

필기검정방법	객관식	문제수	80	시험시간	2시간 30분

필기과목명	문제수	주요항목	세부항목	세세항목	
건축시공	20	1. 건설경영	1. 건설업과 건설경영	1. 건설업과 건설경영 3. 건설사업관리	2. 건설생산조직
			2. 건설계약 및 공사관리	1. 건설계약 3. 시공계획 5. 클레임관리	2. 건축공사 시공방식 4. 공사진행관리
			3. 건축적산	1. 적산일반 3. 토공사 및 기초공사 5. 철골공사 7. 목공사 9. 수장 및 마무리공사	2. 가설공사 4. 철근콘크리트공사 6. 조적공사 8. 창호공사
			4. 안전관리	1. 건설공사의 안전	2. 건설재해 및 대책
			5. 공정관리 및 기타	1. 공정관리 3. 품질관리	2. 원가관리 4. 환경관리
		2. 건축시공 기술 및 건축재료	1. 착공 및 기초공사	1. 착공계획수립 3. 가설공사	2. 지반조사 4. 토공사 및 기초공사
			2. 구조체공사 및 마감공사	1. 철근콘크리트공사 3. 조적공사 5. 방수공사 7. 창호 및 유리공사 9. 도장공사 11. 해체공사	2. 철골공사 4. 목공사 6. 지붕공사 8. 미장, 타일공사 10. 단열공사
			3. 건축재료	1. 철근 및 철강재 3. 석재 5. 점토질재료 7. 합성수지 9. 창호 및 유리 11. 접착제	2. 목재 4. 시멘트 및 콘크리트 6. 금속재 8. 도장재료 10. 방수재료 및 미장재료

>>> 건축산업기사 필기 출제기준

직무분야	건설	중직무분야	건축	자격종목	건축산업기사	적용기간	2020.1.1. ~ 2024.12.31.
○ 직무내용 : 건축에 관한 공학적 기술이론을 가지고 건축물의 설계, 구조설계, 환경·설비 등의 시공 및 공사 감리, 사업관리, 감독 등의 직무 수행							
필기검정방법		객관식		문제수	100	시험시간	2시간 30분

필기과목명	문제수	주요항목	세부항목	세세항목	
건축시공	20	1. 건설경영	1. 건설업과 건설경영	1. 건설업과 건설경영	2. 건설생산조직
				3. 건설사업관리	
			2. 건설계약 및 공사관리	1. 건설계약	2. 건축공사 시공방식
				3. 시공계획	4. 공사진행관리
				5. 클레임관리	
			3. 건축적산	1. 적산일반	2. 가설공사
				3. 토공사 및 기초공사	4. 철근콘크리트공사
				5. 철골공사	6. 조적공사
				7. 목공사	8. 창호공사
				9. 수장 및 마무리공사	
			4. 안전관리	1. 건설공사의 안전	2. 건설재해 및 대책
			5. 공정관리 및 기타	1. 공정관리	2. 원가관리
				3. 품질관리	
		2. 건축시공 기술 및 건축재료	1. 착공 및 기초공사	1. 착공계획수립	2. 지반조사
				3. 가설공사	4. 토공사 및 기초공사
			2. 구조체공사 및 마감공사	1. 철근콘크리트공사	2. 철골공사
				3. 조적공사	4. 목공사
				5. 방수공사	6. 지붕공사
				7. 창호 및 유리공사	8. 미장, 타일공사
				9. 도장공사	
			3. 건축재료	1. 철근 및 철강재	2. 목재
				3. 석재	4. 시멘트 및 콘크리트
				5. 점토질재료	6. 금속재
				7. 합성수지	8. 도장재료
				9. 창호 및 유리	10. 방수재료 및 미장재료
				11. 접착제	

차례

제4장 철근콘크리트공사

제5장 철골공사

제9장 지붕공사 및 홈통공사

제10장 창호 및 유리공사

제11장 마감공사

※ 건축산업기사는 2020년 4회 시험부터 CBT(Computer - Based Test)로 전면 시행되었습니다.

CHAPTER

01

총론

1. 시공의 정의

기능·구조·미의 3요소를 갖춘 건축물을 최저 공비로 최단기간 내에 구현시키는 건축술로, 건축 시공을 구속하는 공사 속도와 경제에 따른 효과와 희생의 비교, 토대 위에서 최대의 결과를 제시하는 것이 건축시공의 목적이다.

2. 건축의 현대성(근대화)

1) 시공의 기계화
2) 재료의 건식화
3) 건축 부품의 단순화, 규격화, 전문화
4) 관리기법의 개선

3. 건설 표준화

1) 정의

시설물을 건설하기 위한 설계, 자재생산, 시공 등 관련 분야 상호 간에 치수나 성능, 순서 등에 관한 공통된 약속 또는 기준으로서 관련 분야를 상호 유기적으로 연계시킴과 동시에 호환성을 확보하여 건설산업의 생산성 향상과 효율성을 제고하여 건설 분야의 공업화를 정착시키기 위한 수단

2) 범위

① 치수 체계의 통일화
② 자재의 규격화
③ 설계의 표준화
④ 시공의 표준화

4. 건설 관계자

1) 건축주

건물을 소유할 권리를 가지며 공사대금을 지급할 의무가 있는 사람으로 발주자라고도 한다.

2) 설계자

설계도서를 작성하는 자

3) 감리자

건축물이 설계도서대로 시공되는지 여부를 확인·지도하는 자

4) 관리자(시공자)

직접적인 건축물을 시공하는 공사업무를 담당하는 자를 뜻하며 하도급자까지 포함된다.

5) 담당원

발주자가 지정한 감독자 및 보조 감독원을 말하며 공사의 관리, 기술관리 등을 감독하는 자

6) 도급자

① 원도급자 : 건축주와 직접 도급계약을 체결한 자
② 하도급자 : 건축주와 관계없이 원도급자와 도급공사 일부를 수행하기로 계약한 자

✎ 재도급자 : 건축주와 무관하게 원도급자와 도급공사 전부를 수행하기로 계약한 자

7) 건설 노무자

① 직용노무자 : 원도급자에게 직접 고용된 노무자로서 미숙련자가 대부분이다.
② 정용노무자 : 전문업자, 하도급자에게 고용된 노무자로서 숙련공이 대부분이다.
③ 임시 고용노무자 : 날품 노무자, 보조 노무자

핵심문제　　　●○○

다음 중 공사감리업무와 가장 거리가 먼 항목은?
① 설계도서의 적정성 검토
② 시공상의 안전관리지도
❸ 공사 실행예산의 편성
④ 사용자재와 설계도서와의 일치 여부 검토

핵심문제　　　●○○

건설현장에서 공사감리자로 근무하고 있는 A씨가 하는 업무로 옳지 않은 것은?
❶ 상세시공도면의 작성
② 공사시공자가 사용하는 건축자재가 관계법령에 의한 기준에 적합한 건축자재인지 여부의 확인
③ 공사현장에서의 안전관리지도
④ 품질시험의 실시 여부 및 시험성과의 검토, 확인

핵심문제　　　●○○

직종별 전문업자 또는 하도급자에게 고용되어 있고, 직종자에게 고용되는 전문기능노무자로서 출역일수에 따라 임금을 받는 노무자는?
① 직용노무자
❷ 정용노무자
③ 임시고용노무자
④ 날품노무자

핵심문제 ●●○

건설업의 종합건설업(EC화 ; Engi
–neering Construction)에 대한
설명 중 가장 적합한 것은?
❶ 종래의 단순한 시공업과 비교하여
건설사업의 발굴 및 기획, 설계, 시
공, 유지관리에 이르기까지 사업
전반에 관한 것을 종합, 기획관리
하는 업무 영역의 확대를 말한다.
② 각 공사별로 나누어져 있는 토목,
건축, 전기, 설비, 철골, 포장 등의
공사를 1개 회사에서 시공하도록
하는 종합건설 면허제도이다.
③ 설계업을 하는 회사를 공사시공까
지 할수 있도록 업무 영역을 확대한
면허제도를 말한다.
④ 시공업체가 설계업까지 할수 있게
하는 면허제도이다.

핵심문제 ●●●

공사현장에서 원가절감 기법으로 많
이 채용되는 것은?
❶ 가치공학(Value Engineering) 기법
② LOB(line of Balance) 기법
③ Tact 기법
④ QFD(Quality Function Deploy–
ment) 기법

핵심문제 ●○○

공사계약제도 중 공사관리방식(CM)
의 단계별 업무내용 중 비용의 분석 및
VE 기법의 도입 시 가장 효과적인 단
계는?
① Pre–Design 단계(기획단계)
❷ Design 단계(설계단계)
③ Pre–Construction 단계(입찰 · 발
주단계)
④ Construction 단계(시공단계)

1. E.C화(Engineering Constractor)

기획–계획–설계–발주–시공–하자 보수 / 유지–재개발

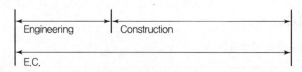

1) 정의

설계, Engineering, Project management, 시공, 조달 등의 전 범위를 1개의
영역으로 설정

2) EC화의 필요성

① 건설수요가 다양화 되고 높은 기술력을 요구
② 건설공사의 대형화, 복잡화 및 고품질화되어 하자발생이 증가하므로
시공현장에서의 철저한 품질관리 및 노무관리체계의 필요성
③ 건설사업의 Turn Key방식, Package방식의 발주 가능
④ 건설시장의 대외 개방에 따른 기술력 제고의 필요성

2. V.E(Value Engineering)

1) 식

$$V.E = \frac{F(기능)}{C(비용)}$$

2) 정의

비용에 대한 기능의 정도를 식으로 나타내어 가치판단을 하고자 하는 기
법으로 기능성을 우선으로 하여 조직적 노력과 분석으로 비용을 절감하
거나 기능을 향상시키고자 하는 관리기법이다.

3) 특징

비용절감–수량이 많고, 반복효과가 큰 것, 내용이 복잡한 것, 장시간 사
용이 숙달되어 개선 효과가 큰 것에 원가절감 주제를 선정하여 개선해 가
는 것이다.

4) 순서

5) 기능계통도(FAST Diagram)

공사관리 기법인 VE를 적용하고자 할 때 관리할 대상의 기능을 주어와 서술어로 간단히 작성하여 나열한 그림을 말한다.

6) VE(Value Engineering)의 기본원칙

① 사용자 우선의 원칙
② 기능본위 우선의 원칙
③ 창조에 의한 변경 우선의 원칙
④ Team Design 우선의 원칙
⑤ 가치 향상 우선의 원칙

7) VE 테마 선정기준

① 수량이 많고 반복효과가 큰 것
② 공사 절감액이 큰 것
③ 개선 효과가 큰 것
④ 하자가 빈번한 요소

3. C.M(Construction Management)

1) 정의

설계 단계에서부터 각종 공사 정보(공법, 자재, 시공경험치)의 활용 및 시공성(Constructability)의 고려를 통한 원가절감 및 공기단축을 꾀할 수 있는 설계와 시공의 통합 시스템의 필요성에 의한 관리조직

2) 전문가집단

전 과정을 경제적이고 효과적으로 수행하여 통합된 관리 기술을 건축주에게 서비스하기 위한 각 부분의 전문가들로 구성된 집단

3) CM의 주요업무

① 디자인부터 공사관리에 이르기까지의 조언, 감독, 일반적 서비스
② 부동산 관리업무
③ 빌딩 및 계약관련 관리업무
④ 비용관리업무
⑤ 시공관리업무
⑥ 현장조직 관리업무

4) CM의 효과

① 공기단축 : 일반적인 방식(Linear System)은 설계가 완전히 끝나고 난 뒤에 입찰과 시공이 가능하나 C.M 방식의 경우 설계와 시공을 병행시켜 Project를 수행하므로 공기단축이 용이하다.
② 원가절감 : 공사비의 결정시기는 계약방식에 따라 차이가 있으며 공사를 진행하면서 각 공정별로 하나씩 금액을 결정하며, 기획·설계단계부터 각 부분의 전문가들의 의견이 반영되므로 원가절감이 용이하다.
③ 대규모 공사에 적합 – 원자력 발전소, 지하철 공사 등
④ 설계자와 시공자의 의사소통 문제를 개선할 수 있다.

5) CM의 종류

① CM for Fee : CM관리자가 발주자의 대행인으로서 업무를 수행하는 방식
② CM at Risk : CM관리자가 직접 계약까지 참여하여 시공품질에 대한 책임을 지는 방식

6) CM의 업무에 따른 종류

① A(Agency)CM : 설계단계부터 CM
② X(eXtended)CM : 기획부터 CM
③ O(Owner)CM : 발주자 자체 CM
④ GMP(Guaranteed Maximum Price)CM : 계약참여

4. L.C.C(Life Cycle Cost)

1) 정의

L.C.C란 건물의 기획, 설계단계로부터 시공, 유지관리, 해체에 이르는 건물생애 전 과정(life cycle)의 제비용을 합계한 것이다. 따라서, 건물을 처음 기획, 설계할 때부터 L.C.C의 대부분을 접하는 유지관리비용을 어떻게 하면 최소화하여 효과적으로 건물 기능 전체에 경제성을 부여할 것인가에 착안한 방법이다.

2) 방법

$$L.C.C = \frac{초기시설비 + 운전관리비 + 유지관리비 + 폐각비}{설비수명}$$

5. S.E(System Engineering)

설계 단계에서 시공에 대한 공법의 최적화를 설계하여 공사관리의 극대화를 꾀하는 기법

6. I.E(Industrial engineering)

시공단계에서 성력화를 통하여 원가 절감을 하는 공학

7. Q.C(Quality Control)

품질확보, 품질개선, 품질균일 등을 추구하는 기법

8. Computer화

1) CAD(Computer Aided Design)

설계 자동화 System

2) CIC(Computer Integrated Construction)

Computer를 이용한 건축생산 활동을 능률적으로 처리하고자 하는 기법
(CAD + CAM + SA)

3) I.B(Intelligent Building)

건축물에 고도의 정보통신 system을 갖추어 건물관리 시 종합적 관리기능 부여

4) V.A.N(Value Added Network)

본사와 지사간의 신속한 업무처리를 위한 망 구성

5) C.A.L.S(Computer Aided Logistic Support)

건축물이 생산되는 전 과정을 정보화하여 건설관련 이용자가 누구나 이동할 수 있는 정보통합 전산망

기 10③ 11② 13① 15①② 17② 19④
20③ 21①④

핵심문제 ●○○

건설 프로세스의 효율적인 운영을 위해 형성된 개념으로 건설생산에 초점을 맞추고 이에 관련된 계획, 관리, 엔지니어링, 설계, 구매, 계약, 시공, 유지 및 보수 등의 요소들을 주요 대상으로 하는 것은?

❶ CIC(Computer Intergrated Construc-ting)
② MIS(Management Information System)
③ CIM(Computer Intergrated Manufacturing)
④ CAM(Computer Aided Manufacturing)

핵심문제 ●●●

건설공사 기획부터 설계, 입찰 및 구매, 시공, 유지관리의 전 단계에 있어 업무절차의 전자화를 추구하는 종합건설정보망체계를 의미하는 것은?

❶ CALS   ② BIM
③ SCM   ④ B2B

6) PMIS(Project Management Information System)

프로젝트에 연관된 사람들이 이용할 수 있는 통합정보전산망

9. BIM(Building Information Modeling)

건축정보 모델링이란 뜻으로 3차원 가상공간에서 실제로 건축물을 모델링하여 실제 공사 시 발생할 수 있는 여러 문제점을 사전에 검토하여 원활한 공사 진행이 가능한 시스템이다.

공사완료 후 시설물의 유지관리를 효율적으로 파악 관리할 수도 있다.

① 건축에 투입되는 비용에 대한 신뢰성
② 공정의 시각적 파악 가능
③ 작업의 흐름에 따른 관리 가능
④ 신뢰성 있고 정확한 비용 예측 가능
⑤ 설계 오류에 대한 재작업 및 비용 감소
⑥ 건축물 성능 및 유지관리성 향상

10. 린건설(Lean Construction)

조립에 필요한 양만큼만 제조 생산하여 조달하는 시스템으로 불필요한 과정을 생략하여 낭비를 최소화하는 관리방식

① 공사기간 단축 및 공사비 절감
② 현장작업장 면적 축소
③ 노무인력 감소
④ 재고 및 가설재 감소
⑤ 당김생산방식
⑥ 흐름작업에서 실시

기 10① 12② 15② 18①④ 산 17②

핵심문제 ●●○

다음 중 공사수행방식에 따른 계약에 해당되지 않는 것은?

① 설계 · 시공 분리계약
❷ 단가도급계약
③ 설계 · 시공 일괄계약
④ 턴키계약

1. 도급계약 방식

1) 일식도급(일괄도급 : General Contract)

공사 전체를 한 업자에게 일임하여 시공하게 하는 도급

2) 분할도급(Partial Contract)

공사를 일정한 형식에 따라 부분적으로 여러 업자에게 나누어 일임하게 하는 도급

① **공종별 분할도급** : 공사 종목별로 구분하여 도급을 주는 형태로 건축주와 시공자의 의사소통이 용이하나, 공사관리가 어렵다.

② **공정별 분할도급** : 정지, 구체, 마무리 공사 등 과정별로 나누어 도급을 주는 형태로 부분 공사 착공이 가능하나, 후속공사에 대하여 도급자 변경이 불리하다.

③ **공구별 분할도급**
  • 도급업자에게 균등한 기회를 부여한다.
  • 공사기일 단축, 시공 기술향상 및 공사의 높은 성과를 기대할 수 있다.

기 10② 11① 14④ 15④ 17①④
산 10② 14③ 15③ 16① 17① 18① 19②
21②

핵심문제 ●●○

분할도급의 종류에 해당하지 않는 것은?

❶ 단가 도급
② 전문공종별 도급
③ 공구별 도급
④ 공정별 도급

3) 공동도급

2개 이상의 회사가 임시로 결합하여 조직을 구성하고 공동 출자하여 연대 책임하에 공사를 수급하여 완성한 후 해체되는 도급

① 특징

장점	단점
• 융자력 증대 • 기술의 확충 • 위험분산 • 시공의 확실성	• 경비 증가 • 업무흐름의 곤란 • 조직 상호 간의 불일치 • 하자 부분의 책임한계 불분명

② 이행방식 및 종류

이행방식	종류
• 분담 이행 방식 • 공동 이행 방식	• 주 계약자 관리형 • 페이퍼 조인트 • 파트너링

2. 도급 금액에 의한 분류

1) 정액도급

총공사비를 결정하고, 경쟁 입찰에 의해 최저 입찰자와 계약을 체결하는 것으로 일식, 분할 및 공종별 도급계약에 모두 병용(併用)되는 것으로 현재 널리 행해지는 제도이다.

2) 단가도급

긴급 공사 또는 공사 수량이 명확하지 않을 때 채용되는 방식으로 재료단가, 노임단가 또는 면적 및 체적단가만을 결정하여 공사를 도급하는 방식이다.

3) 실비정산 보수 가산식 도급

이 계약은 이론상 직영, 도급 양 제도 중 장점을 택하고 단점을 제거한 일종의 이상제도(理想制度)이다. 즉 건축주, 감독자, 시공자의 삼자가 입회하여 공사에 필요한 실비와 보수를 협의하여 정하고, 시공자에게 지급하는 방법으로 신용을 계약의 기초로 하는 것이다.

① 실비정산 비율 보수 가산식
② 실비정산 정액 보수 가산식
③ 실비한정 비율 보수 가산식
④ 실비정산 준동률 보수 가산식

3. 업무 범위에 따른 계약 방식

1) 턴키 도급

① 정의 : 모든 요소를 포함한 도급 계약 방식으로 주문자가 필요로 하는 모든 것을 조달하여 주문자에게 인도하는 방식.(대상 계획의 기업, 금융, 토지조달, 설계, 시공, 기계기구 설치, 시운전 및 조업지도 등)

② 특징

장점	단점
• 책임시공 가능 • 설계와 시공 간의 의사소통 원활 • 공사비 절감 • 공기단축 • 창의성 기술개발용이	• 건축주 의도 반영 불충분 • 최저 낙찰시 공사의 질 저하 우려 • 설계, 견적기간 짧다. • 중소업체에 불리 • 우수한 설계 반영이 어렵다.

2) 프로젝트 관리 방식

건설사업의 기획에서 조사, 설계, 시공, 유지관리, 해체 등 건축물의 Life Cycle 전과정에 대한 최소의 투자와 최대의 효과를 얻기 위한 목표를 설정하고 관리하는 종합관리기술

3) 사회간접자본 시설 방식

① BTO : 민간 부문이 주도하여 프로젝트의 일부 혹은 전부를 설계하고, 이에 소유되는 자금을 조달하며, 프로젝트의 건설이 완료됨에 따라 시설물의 소유권을 공공부문에 이양하지만 약정된 기간동안 민간부문이 시설물을 운영하여 얻어진 수익으로 프로젝트에 소요된 투자 원리금과 일정수익을 확보하는 방식

② BOO : 소유권이 정부에 귀속되지 않고 민간부문이 시설의 소유권을 갖고 운영하는 형태를 뜻하며, 향후 정부에 소유권을 기부하거나 판매할 수 있다.

③ BOT : 민간 부문이 소유권을 가지고 일정기간 운영하여 발생한 수익으로부터 투자자금을 회수한 후 운영기간이 종료되면 발주자에게 양도하는 운영 방식

④ BLT : 시설물을 완공한 후 제3자에게 일정기간 임대하고 그 임대료로 투자자금을 회수하고 발주자에게 양도하는 기법

핵심문제 ●●○

다음 중 실비정산보수가산계약제도의 특징이 아닌 것은?
① 설계와 시공의 중첩이 가능한 단계별 시공이 가능하다.
② 복잡한 변경이 예상되거나 긴급을 요하는 공사에 적합하다.
③ 계약체결 시 공사비용의 최댓값을 정하는 최대보증한도 실비정산보수가산계약이 일반적으로 사용된다.
❹ 공사금액을 구성하는 물량 또는 단위공사 부분에 대한 단가만을 확정하고 공사 완료 시 실시수량의 확정에 따라 정산하는 방식이다.

산 13①③ 19①

핵심문제 ●●○

턴키계약방식에 대한 설명으로 옳은 것은?
❶ 설계와 시공이 동일 조직에 의해 수행됨으로써 공사기간 중 신공법, 신기술의 적용이 가능하다.
② 발주자와 수급자가 상호 신뢰를 바탕으로 팀을 구성해서 공동으로 프로젝트를 집행관리하는 방식이다.
③ 2명 이상의 도급업자가 특정한 공사에 관하여 체결한 협정서를 바탕으로 공동기업체를 만들어 협동하여 공사를 시행하는 방법이다.
④ 전문적인 공사를 일반 도급 공사에 포함시키지 않고 분할하여 직접 전문업자에게 도급을 주는 방식이다.

핵심문제 ●○○

턴키 도급(Turn Key Based Contract) 방식의 특징으로 옳지 않은 것은?
① 건축주의 기술능력이 부족할 때 채택
② 공사비 및 공기 단축 가능
③ 과다경쟁으로 인한 덤핑의 우려 증가
❹ 시공자의 손실위험 완화 및 적정이윤 보장

핵심문제

최근 학교, 군 시설 증에서 활용되는 민간투자사업의 계약방식으로 민간 사업자가 자금조달 및 시설을 준공하여 소유권을 정부나 발주처에 이전하되, 정부나 발주처로부터 임대료를 지불받아 투자비를 회수할 수 있도록 한 것은?

① BOT(Build−Operate−Transfer)
② BTO(Build−Transfer−Operate)
❸ BTL(Build−Transfer−Lease)
④ BLT(Build−Lease−Transfer)

핵심문제

건축시공 계약제도 중 직영제도 (Direct−Management System)에 관한 사항 중 틀린 것은?

① 공사내용 및 시공과정이 단순할 때 많이 채용된다.
② 확실성 있는 공사를 할 수 있다.
③ 입찰 및 계약의 번잡한 수속을 피할 수 있다.
❹ 공사비의 절감과 공기 단축이 용이한 제도이다.

핵심문제 ●○○

일반적인 일식도급 계약제도를 건축주의 입장에서 볼 때 그 장점과 거리가 먼 것은?

❶ 재도급된 금액이 원도급 금액보다 고가(高價)로 되므로 공사비가 상승한다.
② 계약 및 감독이 비교적 간단하다.
③ 공사 시작 전 공사비를 정할 수 있으며 합리적으로 자금계획을 수립할 수 있다.
④ 공사 전체의 진척이 원활하다.

⑤ BTL : 시설물을 완공하고 소유권을 이양하지만 약정된 기간동안 임대수수료를 받아 공사비를 회수하는 방법

4) 파트너링 방식

파트너링 계약방식은 발주자가 직접 설계와 시공에 참여하여, 발주자·설계자·시공자 및 프로젝트 관련자들이 하나의 팀으로 조직하여 공사를 완성하는 방식

4. 각 시공 방식별 특징

구분		장점	단점
직영공사		• 영리를 도외시한 확실성 공사가 가능 • 임기응변적인 처리가 가능 • 발주계약 등의 수속이 절감	• 공사기일의 연장 • 재료의 낭비 또는 잉여 • 시공기계의 비경제성
계약방식	일식도급	• 시공책임 한계가 명확하다. • 공사관리가 용이하다. • 계약 및 감독이 용이하다. • 전체공사비가 예측 가능하다. • 공사비 절감효과(가설재)	• 도급으로 인하여 부실공사 및 공사비 증대 • 설계도 및 건축주의 의도가 충분히 반영되지 못한다.
	분할도급	• 공사비 절감효과 • 공사의 질적 향상 기대 • 건축주와 시공자가 의사소통 유리 • 중소업자의 균등기회 부여로 자본기술력 강화	• 공사 전체의 통제관리 번거로움 • 가설 및 시공기계의 설치 중복으로 인한 공사비 증대 • 후속공사와의 연계성 유지 곤란 • 감독업무 및 비용증가 우려
	공동도급	• 융자력 증대 • 위험의 분산 • 시공능력의 증대 • 공사시공의 확실성 • 기술교류 촉진	• 각 구성원의 사무방식 불일치 • 현장관리 곤란 • 이해충돌의 우려
도급금액	정액도급	• 건축주가 자금예정을 할 수 있다. • 경쟁입찰로 공사비를 절약할 수 있다. • 공사관리 업무가 간단하다.	• 입찰 전에 설계도면, 시방서, 견적서 등을 완비해야 한다. • 설계변경에 따른 공사비 증감으로 분쟁이 일어나기 쉽다. • 합리적이 아닌 최저 입찰가로 부실공사가 되기 쉽다.
	단가도급	• 긴급공사가 유리 • 설계변경이 유리	• 수량과 공사비는 공사가 끝나는 시점에서 정산하므로 공사비 예측이 불가능하다. • 자재, 노무의 절감, 의욕 저하로 공사비 상승 우려가 있다.
	실비정산 보수 가산식	• 공사비가 높지 않은 편이며, 우수한 공사가 될 수 있다. • 시공자가 불의의 손해를 입지 않는다.	• 공사비가 증가될 수 있다. • 공사기간이 연장될 수 있다.

1. 입찰 방식의 종류

1) 특명입찰

시공회사의 신용, 자산, 공사경력, 보유기재, 자재, 기술을 고려하여 그 공사에 가장 적격한 1개 회사를 지정하여 입찰시키는 방식

2) 공개경쟁입찰

입찰 참가를 공고(관보, 신문)하여 유자격자는 모두 참가시키는 입찰 방식

3) 지명경쟁입찰

공사에 가장 적격이라고 인정하는 3~7개 정도의 시공회사를 재산, 신용, 기술경력에 의해 선정하여 입찰시키는 방식이다.

▼ **입찰 방식의 특징**

구분	장점	단점
특명	• 공사 기밀 유지 • 입찰 수속 간단 • 우량의 공사 기대	• 공사비 증대 • 공사금액 결정 불명확 • 불공평한 일이 내재
공개 경쟁	• 담합의 우려가 적다. • 공사비가 절감된다. • 일반업자에게 균등한 기회 제공 • 입찰자 선정이 공정하다.	• 입찰수속이 번잡하다. • 공사가 조잡할 우려가 있다. • 과다한 경쟁결과 업계의 건전한 발전을 저해할 수 있다.
지명 경쟁	• 시공상의 신뢰성 • 부당한 업자 제거	• 담합의 우려가 크다.

2. 입찰 순서 및 서류

1) 순서

2) 설계도서

도면, 시방서, 현장설명서, 질의응답서

3) 시방서

설계도면에 표현할 수 없는 내용과 공사의 전반적인 사항을 공사지침이 되도록 설계자가 작성하는 설계도서의 일부이다.

① 종류

작성자	내용
• 표준시방서 • 특기시방서	• 기술시방서 : 시공방법 등 기술 • 일반시방서 : 비기술적 내용 • 공사시방서 : 공사 진행 • 안내시방서 : 시방서 지침 • 재료시방서 : 재료에 관한 내용 • 성능시방서 : 성능에 관한 내용

② 시방서 기재 내용
- 재료에 관한 사항
- 공법, 공사 순서에 관한 사항
- 시공 기계, 기구에 관한 사항
- 시공에 대한 주의사항
- 보양, 청소 정리에 관한 사항

③ 시방서 기재 시 주의사항
- 공사 전반에 걸쳐 세밀하게 기재한다.
- 간단 명료하게 작성한다.
- 재료의 품종을 명확히 규정한다.

- 공법의 정도 및 마무리 정도를 규정한다.
- 도면의 표시가 불충분한 부분은 충분히 보충 설명한다.
- 오자, 오기가 없어야 한다.

4) 현장 설명에 필요한 사항

① 인접 도로, 수로와의 관계
② 인접 부지, 인접 가옥과의 관계
③ 기초, 수도, 전기, 가스 등의 지상·지하 시설물의 관계
④ 인접 건물 등의 관계
⑤ 수도·우물 등의 급수 인접 관계
⑥ 대지의 물매 고저 관계
⑦ 동력, 전등의 인입 관계
⑧ 현장원 사무소, 기타 가설 창고의 배치 관계
⑨ 지질 및 잔토 처리 관계
⑩ 그 지방의 노무 사정, 식량 사정, 자재 사정 및 관공서의 위치 등 기타
사항

5) 견적 기간

① 공사 금액 1억 미만 : 5일 이상
② 공사 금액 1억 이상 : 10일 이상
③ 공사 금액 10억 이상 : 15일 이상
④ 공사 금액 30억 이상 : 20일 이상

6) 낙찰자 선정방법

① 부찰제(제한적 평균가 낙찰제) : 예정 가격의 85% 이상 금액의 입찰자
들이 평균 금액을 산출하고 그 평균 금액에 가장 근접한 자를 선정하
는 방식
② 최저가 낙찰제 : 예정 가격 이하의 범위에서 가장 낮은 금액으로 입찰
한 자를 선정하는 방식
③ 제한적 최저가 낙찰가(Lower Limit) : 최저 금액을 설정하고 입찰자 중
에서 그 금액에 가장 근접하여 입찰한 자를 선정하는 방식
④ 저가 심의제 : 예정가격 85% 이하 업체 중 공사의 시공 능력을 심의하
여 적격하다고 판단되면 낙찰시키는 방식

7) 계약

① 계약 체결 : 낙찰자 확정시 계약보증금을 납부하고 연대보증인을 세
워 계약 체결한다.

핵심문제 ●○○

공사 도급계약을 할 때 필히 첨부하지
않아도 되는 서류는?
❶ 구조계약서
② 시방서
③ 도급계약서
④ 설계도

② 계약 서류

핵심문제 ●○○

건설공사의 도급계약에 명시하여야
할 사항과 거리가 먼 것은?
① 공사내용
② 공사착수의 시기와 공사완성의 시기
③ 하자담보책임기간 및 담보방법
❹ 대지현황에 따른 설계도면 작성방법

③ 도급 계약 명시사항

- 공사 내용
- 도급 금액
- 공사 착수시기, 완공시기
- 도급액 지불방법, 지불시기
- 설계변경, 공사중지의 경우 도급액 변경, 손해부담
- 천재지변에 의한 손해 부담
- 인도, 검사 및 인도 시기
- 도급대금의 지불시기
- 계약에 관한 분쟁의 해결방법

3. 건설 보증제도

1) 건설보증제도란 시공자와 공사 발주자 간의 공사 실행 및 완공의 준수를
   보증회사가 보증하는 제도
2) 시공자의 특별 사유로 인해 공사 진행이 불가능할 때를 대비하기 위한 제
   도이므로 해당공사의 수행이 가능한 보증회사의 보증이 필요하다.
3) 건설보증에는 입찰보증, 계약보증, 차액보증, 하자보증, 지불보증 등이
   있다.
4) 건설회사의 능력을 전문적 평가능력이 있는 보증회사에서 평가하여 건설
   회사의 능력에 따라 차등 대우한다.

4. 클레임

1) 정의

계약 당사자 간의 계약조건에 대한 요구 또는 주장이 불일치되어 양 당사자에 의해 해결될 수 없는 것을 말한다.

2) 발생요인(계약변경요인)

① 계약에 없는 추가작업 요구
② 당초 약정과 다른 작업
③ 당초 예상한 것과 다른 방식과 방법으로 수행토록 요구하는 작업
④ 계약체결 후 변경, 수정, 개정, 과장 혹은 해명된 계약도서의 작업
⑤ 설계도서의 불충분한 상태로 야기된 예상 밖의 작업
⑥ 발주자 공급재의 지연, 불량, 부적합
⑦ 파업

3) 대책

① 합리적인 계약서류
② 계약서류의 철저한 파악
③ 각종 수신, 발신서류의 편철화
④ 철저한 공사계획 수립 및 수정
⑤ 시공과정상의 회의록, 일지, 대화 등의 문서화

4) 해결단계

① 협상(Negotiation)
② 조정(Mediation)
③ 중재(Adjudication)

5. 위험도(Risk Management)

1) 개요

위험도란 건설사업의 시행 중에 발생할 수 있는 손해 또는 손실의 가능성 즉 재정적 손실과 인명피해와 같은 불이익을 의미한다.

2) 관리체계

위험도 인식 – 위험도 분석 및 평가 – 대응관리 – 조직관리

3) 대응방법

보증, 보험, 위험도 회피, 손실감소 및 위험도 방지

6. 입찰의 합리화 방안

기 16① 20① 산 13② 20③ 21②

1) 제한경쟁입찰(도급순위, 지역, PQ점수)

일정 자격 외에 특수한 기술, 실적 등 추가적 요건을 갖춘 불특정 다수인을 참여시키는 제도로서, 불성실, 무능력자 배제가 목적이다.

2) 성능발주방식

건축주가 제시하는 기본요건(면적, 용도, 환경)에 맞게 응모 입찰자가 제출한 설계, 시공법, 공사비 등을 대상으로 심사하여 가장 좋은 것을 채용하는 방식이다.

3) 대안입찰

대형공사에서 원안입찰과 함께 입찰자의 의사에 따라 대안의 제출이 허용된 공사의 입찰

4) 내역입찰제

입찰서 금액과 내역서 금액이 불일치 시 계약 취소

5) 부대입찰방식

원도급자가 하도급자를 명시하여 불공정 거래행위를 제한하고자 하는 제도

6) PQ제도(Pre – Qualification)

건설업체의 공사 수행능력을 시공경험, 기술능력, 재무상태, 조직관리 등 비가격 요인을 종합적으로 검토하여 가장 효율적으로 공사를 수행할 수 있는 업체에 입찰 참가 자격을 부여하는 제도이다. 이 제도하에서는 매 Project마다 자격을 얻은 업체들만 입찰할 수 있다.

심사내용	문제점
• 경영 상태	• 적용 대상 공사의 제한
• 기술 능력	• 실적 위주의 참가
• 시공의 경험도	• 중소 및 신규업체 불리
• 신인도	• 심사 기준 미정립

핵심문제 ●●○

대안입찰제도의 특징에 관한 설명으로 옳지 않은 것은?
① 공사비를 절감할 수 있다.
② 설계상 문제점의 보완이 가능하다.
③ 신기술의 개발 및 축적을 기대할 수 있다.
❹ 입찰기간이 단축된다.

핵심문제 ●○○

건설공사 입찰에 있어 불공정 하도급 거래를 예방하고 하도급 계열회를 촉진하기 위한 목적으로 시행된 제도로 가장 적합한 것은?
① 사전자격심사제도
❷ 부대입찰제도
③ 무자격입찰제도
④ 내역입찰제도

7) T.E.S방식(Two Envelope System)

입찰자가 봉투 속에 봉투를 넣어서 입찰한다는 개념으로 1차적으로 입찰에 응한 회사가 기술 능력이 있는가 평가하고, 그 상한선을 통과된 회사 중에서 2차적으로 입찰가격으로 평가하여 낙찰자를 선정하는 방식
① 선기술 후가격 협상제도
② 선기술 후가격 경쟁제도

8) 기술제안입찰제도

발주자가 제시한 실시 설계서 및 입찰 안내서에 따라 입찰자가 공사비 절감, 공기단축, 공사관리 방안 등에 관한 기술 제안서를 작성하여 입찰서와 함께 제출하는 입찰 방식

9) 적격낙찰제도

비용 이외에 기술능력, 공법, 품질관리능력, 시공경험, 재무상태 등 계약이행능력을 종합심사하여 적격 입찰자에게 낙찰시키는 제도

10) 최고 가치 낙찰제도

LCC의 최소화로 투자의 효율성을 얻기 위해 입찰가격과 기술능력을 종합적으로 평가하여 발주처에 최고 가치를 줄 수 있는 업체를 낙찰자로 선정하는 제도

11) 종합 심사 낙찰제도

입찰제 개선과 시공 품질 제고, 적정 공사비 확보를 정착시키기 위해 가격과 공사수행능력 및 사회 책임의 점수를 합산하여 높은 점수의 입찰자를 낙찰자로 선정하는 제도

핵심문제

기술제안입찰제도의 특징에 관한 설명으로 옳지 않은 것은?
❶ 공사비 절감방안의 제안은 불가하다.
② 기술제안서 작성에 추가비용이 발생된다.
③ 제안된 기술의 지적재산권 인정이 미흡하다.
④ 원안 설계에 대한 공법, 품질 확보 등이 핵심 제안요소이다.

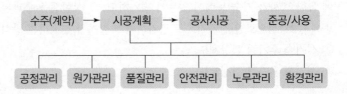

1. 목적

시공계획의 목표로서는 공사의 목적으로 하는 건축물을 설계도면 및 시방서에 따라 소정의 공사기간 내에 예산에 맞게 최소의 비용으로 안전하게 시공할 수 있는 조건과 방법을 세우는 것이다.

2. 시공계획의 원칙

1) 작업량의 최소화
2) 기계화 시공 도입
3) 설비의 공비율 감안
4) 다수의견 수용

3. 시공계획의 조사사항

1) 작업장소, 시공 기계의 설치장소
2) 운반로의 상황
3) 노무자 및 관계 직원 숙소
4) 현지 조달 자재 및 노무수배
5) 용수 및 전기 가설비
6) 시공기계의 사용 · 용량 · 수량
7) 선행될 공사 종목의 공사량
8) 자재, 노무 조달의 공급 실지 가격
9) 외주 부분의 공사량

4. 시공계획 순서

1) 현장원 편성
2) 공정표 작성
3) 실행예산의 편성과 조성
4) 하도급자의 선정
5) 가설 준비물의 결정

핵심문제 ●○○

발주자에 의한 현장관리로 볼 수 없는 것은?
① 착공신고
❷ 하도급계약
③ 현장회의 운영
④ 클레임 관리

핵심문제 ●○○

시공계획 시 우선 고려하지 않아도 되는 것은?
① 가설사무실의 위치선정, 공사용 장비의 배치 등 가설계획의 수립
② 현장직원의 조직편성계획 수립
③ 자재, 노무, 장비 등의 투입계획 수립
❹ 시공도(Shop Drawing)의 작성

핵심문제 ●○○

도급자가 공사를 착공하기 전에 공사 내용과 공기를 가장 효과적으로 달성하면서 집행 가능한 최소의 투자를 전제하여 시공계획과 손익의 목표를 합리적으로 표현한 금액적 계획서를 일반적으로 무엇이라고 하는가?
① 목표예산   ② 소요예산
③ 도급예산   ❹ 실행예산

6) 재료의 선정 및 노력의 결정

7) 재해방지

5. 일반적인 시공순서

1) 공사 착공 준비

2) 가설공사

3) 토공사

4) 지정 및 기초공사

5) 구조체 공사

6) 방수, 방습공사

7) 지붕 및 홈통공사

8) 외벽 마무리 공사

9) 창호공사

10) 내부 마무리 공사

6. 건설관리 조직

1) 직계조직(Line Organization) : 라인조직

상급직에서 하급직에 이르기까지 지휘 명령 계통이 직선적으로 연결되며 소규모 기업에서 많이 사용되는 조직이다.

2) 기능별 조직(Functional Organization)

건설산업에서 전통적으로 사용된 것으로 조직의 규모가 작고 업무의 내용이 단순한 경우, 기업이 한정된 사업분야를 추진하는 경우에 사용하는 것이 바람직하며, 설계와 시공을 통합관리하고 거대한 규모나 복잡한 프로젝트에는 부적절하다.

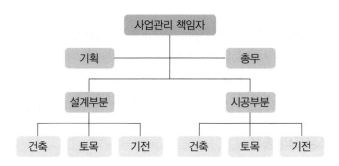

핵심문제 ●●○

다음 중 공사 진행의 일반적인 순서로 옳은 것은?

① 가설공사 → 공사 착공 준비 → 토공사 → 지정 및 기초공사 → 구조체 공사

❷ 공사 착공 준비 → 가설공사 → 토공사 → 지정 및 기초공사 → 구조체 공사

③ 공사 착공 준비 → 토공사 → 가설공사 → 구조체 공사 → 지정 및 기초공사

④ 공사 착공 준비 → 지정 및 기초공사 → 토공사 → 가설공사 → 구조체 공사

기 17④ 산 19①

핵심문제 ●●○

공기단축을 목적으로 공정에 따라 부분적으로 완성된 도면만을 가지고 각 분야별 전문가를 구성하여 패스트 트랙(Fast Track) 공사를 진행하기에 가장 적합한 조직구조는?

① 기능별 조직(Functional Organiza-tion)
② 매트릭스 조직(Matrix Organiza-tion)
③ 태스크포스 조직(Task Force Orga-nization)
❹ 라인스태프 조직(Line-Staff Orga-nization)

핵심문제 ●○○

프로젝트 전담조직(Project Task Force Organization)의 장점이 아닌 것은?

① 전체 업무에 대한 높은 수준의 이해도
❷ 조직 내 인원의 사내에서의 안정적인 위치확보
③ 새로운 아이디어나 공법 등에 대응 용이
④ 밀접한 인간관계 형성

3) 라인-스태프 조직(Line-staff Organization)

사업관리 책임자를 보좌하여 프로젝트 관련 제 업무를 지원하는 스태프(점선부분)와 발주자 → 사업관리 책임자 각 부분별 관리자와 같은 라인 관리자(실선부분)로 구분된 조직으로 스태프는 직접 명령을 내릴 수는 없지만 라인 관리자는 조직체계에 따라 각 부분별 관리자에게 업무를 지휘, 명령할 수 있다.

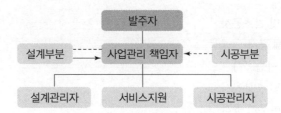

4) 태스크 포스 조직(Task Force Organization)

사업의 성격이 구체적이고 분명하지만 그 내용이 복잡한 경우 각 분야의 전문가들이 모여 사업수행 기간 동안 운영되는 한시적 조직이다.

SECTION 06 공정관리

1 개요

공정관리란 건축물을 지정된 공사기간 내에 공사예산에 맞추어 정밀도가 높은 우수한 질의 시공을 위하여 작성하는 계획이다. 즉, 우수하게 값싸게, 빨리, 안전하게 각 건설물을 세부계획에 필요한 시간과 순서, 자재, 노무 및 기계설비 등을 일정한 형식에 의거 작성, 관리함을 목적으로 한다.

1. 공정표의 종류

1) 열기식 공정표

기본 또는 상세 공정표에 계획된 대로 공사를 진행시키기 위하여 재료, 노무자 등이 필요한 시기까지 반입, 동원될 수 있도록 작성한 나열식 공정표

기 11② 14② 15②④ 17② 18② 19①
20③④
산 11② 12② 13① 14①② 15① 16①
17①②③ 18②③ 19② 20③

핵심문제 ●○○

기본공정표와 상세공정표에 표시된 대로 공사를 진행시키기 위해 재료, 노력, 원척도 등이 필요한 기일까지 반입, 동원될 수 있도록 작성한 공정표는?

① 횡선식 공정표
❷ 열기식 공정표
③ 사선 그래프식 공정표
④ 일순식 공정표

2) 사선식 공정표

① 세로에 공사량, 총인부 등을 표시하고 가로에 월, 일 일수를 취하여 일정한 절선을 가지고 공사진행 상태를 수량적으로 표시한다.

② 작업 관련성을 나타낼 수는 없으나, 공사의 기성고를 표시하는 데에는 편리하다.

③ 노무자와 재료의 수배에 알맞은 공사지연에 대한 조속한 대처가 가능하다.

핵심문제 ●○○

다음 공정표 중 공사의 기성고를 표시하는 데 가장 편리한 것은?
① 횡선공정표
❷ 사선공정표
③ PERT
④ CPM

3) 횡선식 공정표

기간 작업	1	2	3	4	5	6	7	8	9
A	━	━							
B	━	━	━						
C			━	━	━	━	━		
D								━	━

① 횡선에 의해 진도관리가 되고, 공사 착수 및 완료일이 시각적으로 명확하다.

② 전체 공정 시기가 일목요연하고 경험이 적은 사람도 이용하기 쉽다.

③ 공기에 영향을 주는 작업의 발견이 어렵다.

④ 작업 상호간에 관계가 불분명하다.

⑤ 사전 예측 및 통계 기능이 약하다.

핵심문제 ●●○

네트워크 공정표에 관한 설명으로 옳지 않은 것은?
① CPM 공정표는 네트워크 공정표의 한 종류이다.
❷ 요소작업의 시작과 작업기간 및 작업완료점을 막대그림으로 표시한 것이다.
③ PERT 공정표는 일정계산 시 단계 (Event)를 중심으로 한다.
④ 공사 전체의 파악 및 진척관리가 용이하다.

4) 네트워크 공정표

네트워크 공정표는 작업의 상호관계를 ○표와 화살표(──→)로 표시한 망상도로서, 각 화살표나 ○표에는 그 작업의 명칭, 작업량, 소요시간, 투입자재, 코스트 등 공정상 계획 및 관리상 필요한 정보를 기입하여 프로젝트 수행에 관련하여 발생하는 공정상의 제문제를 도해나 수리적 모델로 해명하고 진척관리하는 것이다. 네트워크 공정표에는 CPM(Critical Path Method)과 PERT(Program Evaluation & Review Technique)수법이 대표적으로 사용된다.

① 네트워크 공정표 특징

• 공사계획의 전모와 공사 전체의 파악을 용이하게 할 수 있다.

• 각 작업의 흐름과 공정이 분해됨과 동시에 작업의 상호 관계가 명확하게 표시된다.

• 계획단계에서부터 공정상의 문제점이 명확하게 파악되고 작업 전에 수정을 가할 수 있다.

핵심문제 ●●○

네트워크(Network) 공정표의 장점이라고 볼 수 없는 것은?
① 작업 상호 간의 관련성을 알기 쉽다.
❷ 공정계획의 초기 작성 시간이 단축된다.
③ 공사의 진척관리를 정확히 할 수 있다.
④ 공기 단축 가능 요소의 발견이 용이하다.

- 공사의 진척상황이 누구에게나 쉽게 알려지게 된다.
- 작성 시간이 길며, 작성 및 검사에 특별한 기능이 요구된다.

② PERT와 CPM의 비교

구분	PERT	CPM
개발 및 응용	① 미군수국 특별계획부(S.P)에 의하여 개발 ② 함대 탄도탄(F.B.M) 개발에 응용	① Walker(Dupont)와 Kelly(Remington)에 의하여 개발 ② 듀폰에 있어서 보전에 응용
대상계획 및 사업종류	신규사업, 비반복 사업, 경험이 없는 사업 등에 이용	반복사업, 경험이 있는 사업 등에 이용
소요시간 추정	• 3점 시간 추정 $$t_e = \frac{t_0 + 4t_m + t_p}{6}$$ t_e : 평균기대시간 t_0 : 낙관 시간치 t_m : 정상 시간치 t_p : 비관 시간치	• 1점 시간 추정 $t_e = t_m$
일정계산	• 단계중심의 일정계산 ① 최조(最早) 시간 　(ET : Earliest expected Time) ② 최지(最遲) 시간 　(LT : Latest allowable Time)	• 요소작업 중심의 일정계산 ① 최조(最早) 개시 시간 　(EST : Earliest Start Time) ② 최지(最遲) 개시 시간 　(LST : Lastest Start Time) ③ 최조(最早) 완료 시간 　(EFT : Earliest Finish Time) ④ 최지(最遲) 완료 시간 　(LFT : Latest Finish Time)
M.C.X (최소 비용)	이 이론이 없다.	CPM의 핵심이론이다.

핵심문제 ●●●

PERT/CPM에 대한 설명으로 틀린 것은?

① PERT는 명확하지 않은 사항이 많은 조건하에서 수행되는 신규사업에 많이 이용된다.
❷ 통상적으로 CPM은 작업시간이 확립되지 않은 사업에 활용된다.
③ PERT는 공기단축을 목적으로 한다.
④ CPM은 공사비 절감을 목적으로 한다.

핵심문제 ●●○

낙관적 시간 $a = 4$, 개연적 시간 $m = 7$, 비관적 시간 $b = 8$이라고 할 때 PERT 기법에서 적용하는 예상 시간은 얼마인가?(단, 단위는 주)

① 5.8주　② 6.0주
③ 6.3주　❹ 6.7주

핵심문제 ●●○

고층건축물 공사의 반복작업에서 각 작업조의 생산성을 기울기로 하는 직선으로 도식화하는 공정관리기법은?

① 바차트(Bar Chart)
❷ LOB(Line of Balance)
③ 매트릭스 공정표(Matrix Schedule)
④ CPM(Critical Path Method)

핵심문제 ●●○

반복되는 작업을 수량적으로 도식화하는 공정관리기법으로 아파트 및 오피스 건축에서 주로 활용되는 것을 무엇이라고 하는가?

① 횡선식 공정표(Bar Chart)
② 네트워크 공정표
③ PERT 공정표
❹ LOB(Line of Balance) 공정표

5) LOB(Line of Balance)

① 고층 건축물 또는 도로공사와 같이 반복되는 작업들에 의하여 공사가 이루어질 경우에는 작업들에 소요되는 자원의 활용이 공사기간을 결정하는 데 큰 영향을 준다.

② LOB 기법은 반복작업에서 각 작업조의 생산성을 유지시키면서, 그 생산성을 기울기로 하는 직선으로 각 반복작업의 진행을 표시하여 전체 공사를 도식화하는 기법으로 LSM(Linear Scheduling Method) 기법이라고도 한다.

③ 각 작업 간의 상호관계를 명확히 나타낼 수 있으며, 작업의 진도율로 전체 공사를 표현할 수 있다.

2 Net – work 공정표

기 10① 11② 12① 14② 15①
16④ 17① 18④ 19② 20③ 21④
산 11②③ 12③ 13③ 14①③
16② 17③ 18① 19①

1. 구성 요소

용어	기호	내용
결합점 (Event)	○	네트워크 공정표에서 작업의 개시 및 종료를 나타내며 작업과 연결하는 기호
작업 (Activity, job)	→	네트워크 공정표에서 단위작업을 나타내는 기호
더미 (Dummy)	⇢	네트워크에서 정상적으로 표현할 수 없는 작업 상호 간의 관계를 표시하는 점선 화살표

1) 결합점(Event, node)

① 작업의 시작과 종료를 표시하는 개시점, 종료점
② 작업과 작업의 연결점, 결합점
③ 번호를 붙이되, 작업의 진행방향으로 큰 번호 부여

2) $\dfrac{명}{시간}$: 작업(Activity job)

① 작업을 나타내며 화살표의 길이와 작업일수는 관계가 없다.
② → 위에 작업명, 아래는 시간을 나타낸다.

3) ⇢ : 더미(Dummy)

명목상 작업으로 작업이나 시간적인 요소는 없는 것이다.

① Numbering dummy : 결합점에 번호를 붙일 때 중복작업을 피하기 위해 생기는 더미

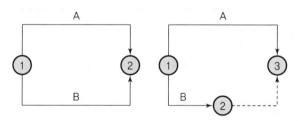

② Logical dummy : 작업 선후 관계를 규정하기 위하여 필요한 더미

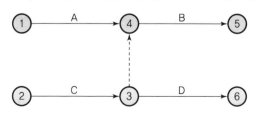

핵심문제 ●●○

화살선형 Net Work의 화살표에 대한 설명 중 옳지 않은 것은?

① 화살표 밑에는 계획작업 일수를 숫자로 기재한다.
② 더미(Dummy)는 화살점선으로 표시한다.
❸ 화살표 위에는 결합점 번호를 기재한다.
④ 화살표의 길이는 특정한 의미가 없다.

핵심문제 ●●●

네트워크(Net work) 공정표에서 더미(Dummy)를 가장 잘 설명한 것은?

❶ 작업의 상호관계만을 표시하는 점선 화살표
② 네트워크의 결합점 및 개시점·종료점
③ 작업을 수행하는 데 필요한 시간
④ 작업의 여유시간

- B작업은 A와 C작업이 종료되어야만 시작할 수 있다.
- D작업은 C작업이 완료되면 시작할 수 있다.

핵심문제 ●●●

네트워크 공정표에 사용되는 용어에 대한 설명으로 틀린 것은?
① Critical Path : 처음작업부터 마지막 작업에 이르는 모든 경로 중에서 가장 긴 시간이 걸리는 경로
❷ Activity : 작업을 수행하는 데 필요한 시간
③ Float : 각 작업에 허용되는 시간적인 여유
④ Event : 작업과 작업을 결합하는 점 및 프로젝트의 개시점 혹은 종료점

2. 용어

1) 시간계산

네트워크 공정표상에서 소요시간을 기본으로 한 작업시간, 결합점 시간, 공기, 여유 등을 계산하는 것을 말한다.

용어	기호	내용
가장 빠른 개시시각 (Earlist Starting Time)	EST	작업을 시작할 수 있는 가장 빠른 시각
가장 빠른 종료시각 (Earlist Finishing Time)	EFT	작업을 끝낼 수 있는 가장 빠른 시각
가장 늦은 개시시각 (Latest Starting Time)	LST	공기에 영향이 없는 범위 내에서 작업을 가장 늦게 개시하여도 되는 시각
가장 늦은 종료시각 (Latest Finishing Time)	LFT	공기에 영향이 없는 범위 내에서 작업을 가장 늦게 종료하여도 되는 시각

2) 결합점 시각(Node time)

화살표형 네트워크에서 시간계산이 된 결합점의 시각

용어	기호	내용
가장 빠른 결합점시각 (Earlist Node Time)	ET	최초의 결합점에서 대상의 결합점에 이르는 경로 중 가장 긴 경로를 통하여 가장 빨리 도달되는 결합점시각
가장 늦은 결합점시각 (Latest Node Time)	LT	임의의 결합점에서 최종 결합점에 이르는 경로 중 시간적으로 가장 긴 경로를 통과하여 종료 시각에 될 수 있는 개시시각

3) 공기

공사기간을 뜻하며 지정공기와 계산공기가 있으며, 계산공기는 항상 지정공기보다 같거나 작아야 한다.

용어	기호	내용
지정공기	To	발주자에 의해 미리 지정되어 있는 공기
계산공기	T	네트워크의 일정계산으로 구해진 공기
간공기		화살표 네트워크에서 어느 결합점에서 종료 결합점에 이르는 최장 패스의 소요시간, 서클 네트워크에서 어느 작업에서 최후 작업에 이르는 최장패스의 소요시간

4) 여유 시간

공사가 종료되는 데 지장을 주지 않는 범위 내에서의 잔여시간을 말하며, 크게 구분하여 플로트(Float)와 슬랙(Slack)이 있다.

① 플로트(Float)

네트워크 공정표에서 작업의 여유시간

용어	기호	내용
전체여유 (Total Float)	TF	가장 빠른 개시시각에 시작하고 가장 늦은 종료 시각으로 완료할 때 생기는 여유시간
자유여유 (Free Float)	FF	가장 빠른 개시시각에 시작하고 후속하는 작업도 가장 빠른 개시시각에 시작하여도 존재하는 여유시간
간섭여유 (Dependent Float)	DF	후속작업의 전체여유(TF)에 영향을 주는 여유

② 슬랙(Slack)

네트워크에서 결합점이 가지는 여유시간

5) 경로(Path)

① 임의의 결합점에서 화살표의 방향(또는 반대방향)으로 다른 결합점에 도달되는 작업(Activity)의 연결에 이르는 것을 말한다.

② 즉, 두 개 이상의 Activity가 연결되는 것을 Path(경로)라 한다.

③ 네트워크에서 Path는 최장패스(LP)와 주공정선(CP)이 있다. 최장패스와 주공정선의 구분은 각 패스의 범위의 차이에 있다.

용어	기호	내용
최장패스(Longest Path)	LP	임의의 두 결합점의 패스 중 소요시간이 가장 긴 경로
주공정선(Critical Path)	CP	개시 결합점에서 종료 결합점에 이르는 패스 중 가장 긴 경로

6) 주공정선(Critical Path)

① 개시 결합점에서 종료 결합점에 이르는 경로 중 가장 긴 경로이다.

② CP는 공기를 결정하기 때문에 공정계획 및 공정관리상 가장 중요한 경로가 된다.

③ 주공정선상 작업의 여유(Float)와 결합점의 여유(Slack)는 0이다.

④ Dummy도 주공정선이 될 수 있다.

⑤ 네트워크 공정표상에서 CP는 복수일 수 있다.

핵심문제 ●●●

도면과 같은 화살표 다이어그램(Arrow Diagram)에서 크리티컬패스(Critical Path)는?

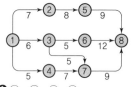

❶ ①-②-⑤-⑧
② ①-③-⑥-⑧
③ ①-③-⑦-⑧
④ ①-④-⑦-⑧

핵심문제 ●●○

공정관리의 공정계획에는 수순계획과 일정계획이 있다. 다음 중 일정계획에 속하지 않은 것은?

① 시간계획
② 공사기일 조정
❸ 프로젝트를 단위작업으로 분해
④ 공정도 작성

3. 작성 순서(수순계획 ①–③, 일정계획 ④–⑤)

① 프로젝트를 단위작업으로 분해한다.

② 각 작업의 순서를 붙여서 행하며, 네트워크로 표현한다.

③ 각 작업시간을 견적한다.

④ 시간계산을 실시한다.

⑤ 공기조정을 실시한다.

⑥ 공정표를 작성한다.

⑦ 공정관리를 실시한다.

4. 작성 시 유의사항

1) 공정 원칙(단위작업을 정확한 네트워크로 표현)

작업에 대응하는 결합점이 표시되어야 하고, 그 작업은 하나로 한다.

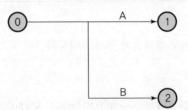

✎ B작업의 개시 결합점이 없으므로 정확한 네트워크로 표현되어 있지 않다.

핵심문제 ●●●

다음 공정표에서 종속관계에 관한 설명으로 옳지 않은 것은?

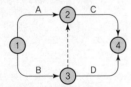

① C는 A작업에 종속된다.
② C는 B작업에 종속된다.
❸ D는 A작업에 종속된다.
④ D는 B작업에 종속된다.

2) 단계 원칙

① 네트워크 공정표에서 선행작업이 종료된 후 후속작업을 개시할 수 있다.

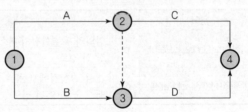

② A의 후속작업 : C, D

③ B의 후속작업 : D

④ C의 선행작업 : A

⑤ D의 선행작업 : A, B

3) 활동의 원칙

네트워크 공정표에서 각 작업의 활동은 보장되어야 한다.

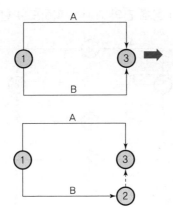

✎ A작업과 B작업은 공정표상에서 각각의 활동을 보장하고 있지 못하므로 위와 같이 표시하여 작업의 활동이 보장되게 한다.

4) 연결의 원칙

최초 개시 결합점 및 종료 결합점은 반드시 1개씩이어야 한다.

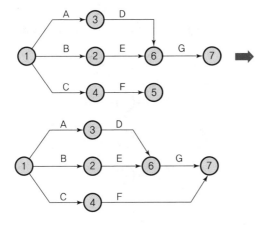

5) 무의미한 더미(Dummy)는 생략한다.

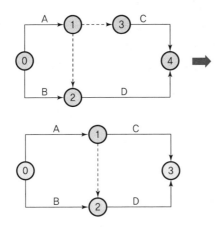

6) 가능한 한 작업 상호 간의 교차는 피하도록 한다.

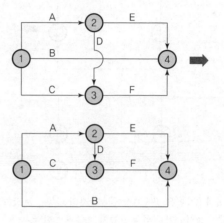

7) 역진 혹은 회송되어서는 안 된다.

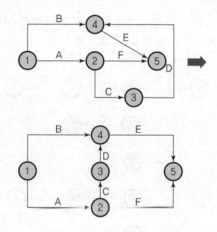

핵심문제 ●●●

PERT – CPM 공정표 작성 시에 EST 와 EFT의 계산방법 중 옳지 않은 것은?

① 작업의 흐름에 따라 전진 계산한다.
② 선행작업이 없는 첫 작업의 EST는 프로젝트의 개시시간과 동일하다.
③ 어느 작업의 EFT는 그 작업의 EST 에 소요일수를 더하여 구한다.
❹ 복수의 작업에 종속되는 작업의 EST는 선행작업 중 EFT의 최솟값 으로 한다.

5. 일정 계산

1) EST, EFT의 계산방법

① 작업의 흐름에 따라 전진 계산을 한다.

② 개시 결합점에서 나간 작업의 EST는 0으로 한다.

③ 임의 작업의 EFT는 당해 작업의 EST에 소요 일수를 가산하여 구한다.

④ 종속작업의 EST는 선행작업의 EFT 값으로 한다.

⑤ 복수의 작업에 종속되는 EST는 선행 작업 중 EFT의 최대치로 한다.

⑥ 최종 종료 결합점의 끝난 작업의 EFT 값 중 최댓값이 계산공기이다.

2) LST, LFT의 계산방법

① 역진계산으로 한다.
② 종료작업의 LFT값은 계산 공기값으로 지정된다.
③ 임의 작업에서의 LST값은 당해 작업의 LFT값에서 소요일수를 빼서 구한다.
④ 선행작업의 LFT는 종속작업의 LST 값으로 한다.
⑤ 종속 작업이 복수일 경우에는 종속 작업의 LST의 최솟값이 그 작업에서 LFT가 된다.

3) 여유 시간 계산

① TF(Total Float = 그 작업의 LFT − 그 작업의 EFT) 작업을 EST로 시작하고 LFT로 완료할 때 생기는 여유 시간을 말한다.
② FF(Free Float = 후속 그 작업의 EST − 그 작업의 EFT) 작업을 EST로 시작하고 후속 작업도 EST로 시작하여도 존재하는 여유시간을 말한다.
③ DF(Dependent Float = TF − FF)
   후속작업의 TF에 영향을 미치는 여유 시간을 말한다.

6. 공기단축

1) 공기단축 시기

① 지정공기보다 계산공기가 긴 경우
② 진도관리(Follow up)에 의해 작업이 지연되고 있음을 알았을 경우

2) 시간과 비용과의 관계

① 총 공사비는 직접비와 간접비의 합으로 구성된다.
② 시공속도를 빨리하면 간접비는 감소되고 직접비는 증대된다.
③ 직접비와 간접비의 총 합계가 최소가 되도록 한 시공속도를 최적 시공속도 또는 경제속도라 한다.

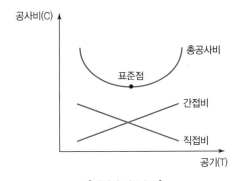

[경제적 시공속도]

3) 비용구배

① 비용구배란 공기 1일 단축시 증가비용을 말한다.

② 시간 단축 시 증가되는 비용의 곡선을 직선으로 가정한 기울기의 값이다.

③ 비용구배 $= \dfrac{특급비용 - 표준비용}{표준공기 - 특급공기}$

④ 단위는 원/일이다.

⑤ 공기단축 가능일수 = 표준공기 − 특급공기

⑥ 특급점이란 더 이상 단축이 불가능한 시간(절대공기)을 말한다.

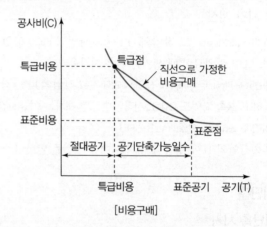

[비용구배]

4) 공기단축법(MCX : Minimum Cost Expediting)

① 네트워크 공정표를 작성한다.

② 주공정선(CP)을 구한다.

③ 각 작업의 비용구배를 구한다.

④ 주공정선(CP)의 작업에서 비용구배가 최소한 작업부터 단축 가능일 수 범위 내에서 단축한다.

⑤ 이때 주공정선(CP)이 바뀌지 않도록 주의해야 한다.
　(부공정선이 추가로 주공정선이 될 수 있다.)

③ 비용과 일정 통합관리(EVMS)

1. 정의

프로젝트 비용과 일정에 대한 계획과 실적을 객관적인 기준에 의해 비교 관리하는 기법

핵심문제 ●●○

MCX(Minimum Cost Expediting) 기법에 의한 공기 단축에서 아무리 비용을 투자해도 그 이상 공기를 단축할 수 없는 한계점을 무엇이라 하는가?

① 표준점　　❷ 특급점
③ 포화점　　④ 경제 속도점

핵심문제 ●●●

공정관리에서 공기단축을 시행할 경우에 관한 설명으로 옳지 않은 것은?

❶ 특별한 경우가 아니면 공기단축 시행 시 간접비는 상승한다.
② 비용구배가 최소인 작업을 우선 단축한다.
③ 주공정산상의 작업을 먼저 대상으로 단축한다.
④ MCX(Minimum Cost Expediting)법은 대표적인 공기단축방법이다.

기 21① 산 16③

핵심문제 ●●○

건설 프로젝트의 비용 및 일정에 대한 계획 대비 실적을 통합된 기준으로 비교, 관리하는 통합공정관리시스템은?

❶ EVMS(Earned Value Management System)
② QC(Quality Control)
③ CIC(Computer Integrated Construction)
④ CALS(Continuous Acquisition & Life Cycle Support)

2. 계획요소

① WBS(Work Breakdown Structure) : 작업분류체계
② CA(Control Account) : 성과측정 및 분석의 기본단위
③ PMB(Performance Measurement Baseline) : 공정, 공사비 통합관리 기준선

3. 측정요소

① BCWS(Budgeted Cost for Work Scheduled) : 특정시점까지 투입계산된 물량
② BCWP(Budgeted Cost for Work Performed)(EV) : 실집행 물량에 해당되는 비용(기성)
③ ACWP(Actual Cost for Work Performed) : 실제 투입된 비용

4. 분석요소

① SV(Scheduled Variance) : 공정편차
② CV(Cost Variance) : 공사비편차
③ ETC(Estimate to Complete) : 잔여소요비용 추정액
④ EAC(Estimate at Complete) : 최종소요비용 추정액
⑤ VAC(Variance at Complete) : 최종공사비 편차 추정액
⑥ BAC(Budget at Complete) : 총 실행예산

5. 분석

① 공정편차(SV) = BCWP − BCWS
② 공사비편차(CV) = BCWP − ACWP
③ 공정수행지수(SPI) = $\dfrac{BCWP}{BCWS}$
④ 공사비수행지수(CPI) = $\dfrac{BCWP}{ACWP}$
⑤ 예상손익(VAC) = 예상총공사비(EAC) − 예산(BAC)
⑥ 예상잔여공사비(ETC) = 예상총공사비(EAC) − 실투입공사비(ACWP)

핵심문제

달성가치(Earned Value)를 기준으로 원가관리를 시행할 때, 실제투입원가와 계획된 일정에 근거한 진행성과 차이를 의미하는 용어는?

❶ CV(Cost Variance)
② SV(Schedule Variance)
③ CPI(Cost Performance Index)
④ SP(Schedule Performance Index)

1. 품질관리 목표와 수단

목표	수단
공정관리 품질관리 원가관리	노무(Men) 기계(Machines) 자금(Money) 재료(Material)

2. 품질관리순서(데밍의 Cycle)

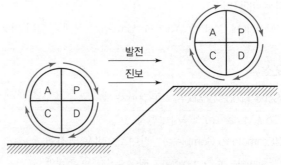

[품질관리 단계]

1) Plan을 세운다

① 목적을 정한다. 품질기준, 가격 등을 정한다.
② 목적을 달성할 방법을 정한다.

2) Do(실시) : 표준과 동일한 작업을 실시한다.

① 작업의 표준을 교육 훈련한다.
② 작업을 실시한다.
③ 정한 방법으로 계측한다.

3) See(Check) : 작업상황 및 결과를 체크한다.

① 표준과 같이 작업이 실행되고 있는가 Check한다.
② 각 측정치와 표준이 맞는가 Check한다.

4) Action(시정) : Check한 결과에 따라 시정한다.

① 작업이 표준에서 벗어났을 경우 표준치가 되도록 시정한다.
② 이상이 있으면 원인을 조사하여 그 원인을 제거하고 재발이 없도록 처치한다.

기 13④ 산 14① 19①

핵심문제 ●●●

관리 사이클의 단계를 바르게 나열한 것은?

① Plan − Check − Do − Action
❷ Plan − Do − Check − Action
③ Plan − Do − Action − Check
④ Plan − Action − Do − Check

핵심문제 ●○○

품질관리 단계를 계획(Plan), 실시(Do), 검토(Check), 조치(Action)의 4단계로 구분할 때 계획(Plan)단계에서 수행하는 업무가 아닌 것은?

❶ 적정한 관리도 선정
② 작업표준 설정
③ 품질관리 대상 항목 결정
④ 시방에 의거한 품질표준 설정

3. 품질관리(Q.C)수법

도구명	내용
히스토그램	계량치의 분포(데이터)가 **어떠한 분포로 되어 있는지** 알아보기 위하여 작성하는 것
특성 요인도	**결과에 원인이 어떻게 관계하고 있는가를** 한눈에 알아보기 위하여 작성하는 것(체계적 정리, 원인 발견)
파레토도	불량, 결점, 고장 등의 발생건수를 분류항목별로 나누어 **크기 순서대로 나열**해 놓은 것(불량항목과 원인의 중요성 발견)
체크시트	계수치의 데이터가 **분류 항목별 어디에 집중**되어 있는가를 알아보기 쉽게 나타낸 것(불량항목 발생, 상황파악 데이터의 사실파악)
그래프	품질관리에서 얻은 각종 자료의 결과를 **알기 쉽게 그림으로 정리**한 것
산점도	서로 대응되는 두 개의 짝으로 된 데이터를 그래프 용지에 점으로 나타내어 두 **변수 간의 상관관계**를 짐작할 수 있다.
층별	집단을 구성하고 있는 많은 데이터를 어떤 특징에 따라 **몇 개의 부분집단으로 나눈** 것

4. 데이터 정리방법

1) 중심치

① 평균값($\overline{x}$)

② 중위수($\widetilde{x}$) : 크기순으로 나열한 뒤 가운데 위치한 수

③ 미드레인지(M) : $\dfrac{최댓값 + 최솟값}{2}$

2) 흩어짐

① 편차제곱합(S) $= \sum (\overline{x} - x_i)^2$

② 모집단분산 $= \dfrac{S}{n}$

③ 표본분산 $= \dfrac{S}{n-1}$

④ 표본표준편차 $= \sqrt{\dfrac{S}{n-1}}$

⑤ 변동계수 $= \dfrac{표본표준편차}{평균값} \times 100$

⑥ 범위(R) $=$ 최대치 $-$ 최소치

핵심문제 ●●●

TQC를 위한 7가지 도구 중 다음 설명이 의미하는 것은?

> 모집단에 대한 품질특성을 알기 위하여 모집단의 분포상태, 분포의 중심위치, 분포의 산포 등을 쉽게 파악할 수 있도록 막대그래프 형식으로 작성한 도수분포도를 말한다.

❶ 히스토그램 　② 특성요인도
③ 파레토도 　　④ 체크시트

핵심문제 ●●●

통합품질관리 TQC(Total Quality Control)를 위한 도구에 관한 설명으로 옳지 않은 것은?

① 파레토도란 층별 요인이나 특성에 대한 불량점유율을 나타낸 그림으로서 가로축에는 층별 요인이나 특성을, 세로축에는 불량건수나 불량손실금액 등을 표시하여 그 점유율을 나타낸 불량해석도이다.

② 특성요인도란 문제로 하고 있는 특성 요인 간의 관계, 요인 간의 상호관계를 쉽게 이해할 수 있도록 화살표를 이용하여 나타낸 그림이다.

③ 히스토그램이란 모집단에 대한 품질특성을 알기 위하여 모집단의 분포상태, 분포의 중심위치, 분포의 산포 등을 쉽게 파악할 수 있도록 막대그래프 형식으로 작성한 도수분포도를 말한다.

❹ 관리도란 통계적 요인이나 특성에 대한 두 변량 간의 상관관계를 파악하기 위한 그림으로서 두 변량을 각각 가로축과 세로축에 취하여 측정값을 타점하여 작성한다.

Section 01 개요

01 건설공사의 일반적인 특징으로 옳은 것은?

① 공사비, 공사기일 등의 제약을 받지 않는다.
② 주로 도급식 또는 직영식으로 이루어진다.
③ 육체노동이 주가 되므로 대량생산이 가능하다.
④ 건설 생산물의 품질이 일정하다.

[해설]

건설업의 특징
• 단품 수주 생산 : 선수주 후 생산방식
• 분업관계 : 도급계약 및 수직적 분업구조
• 노동집약적 산업 : 인력기술 및 기능수준에 따라 수준이 좌우됨
• 공공공사 시장 : 약 40%가 공공공사로 건설업에 미치는 영향이 크다.

02 건축생산의 공업화 추진과 관계없는 것은?

① 현장 작업을 가능한 한 감소시킨다.
② 작업의 반복을 가능한 한 많게 한다.
③ 작업을 표준화한다.
④ 작업량을 최대화한다.

[해설]

건축생산의 공업화
건축생산의 공업화는 작업량을 최소화하는 것이다.

03 다음 중 공사감리업무와 가장 거리가 먼 항목은?

① 설계도서의 적정성 검토
② 시공상의 안전관리지도
③ 공사 실행예산의 편성
④ 사용자재와 설계도서와의 일치 여부 검토

[해설]

감리자 업무
설계도서대로 시공되는지 감독 및 확인하는 사람으로 도면과 시방서의 내용이 다르거나 설계도서에 현저하게 누락된 부분이 있는 경우에는 감리자에게 신고하여 그 조치를 받아야 한다.
시공자나 설계자가 직접 해야 하는 일을 할 필요는 없다.

04 건설현장에서 공사감리자로 근무하고 있는 A씨가 하는 업무로 옳지 않은 것은?

① 상세시공도면의 작성
② 공사시공자가 사용하는 건축자재가 관계법령에 의한 기준에 적합한 건축자재인지 여부의 확인
③ 공사현장에서의 안전관리지도
④ 품질시험의 실시 여부 및 시험성과의 검토, 확인

[해설]

문제 03번 해설 참조

05 직종별 전문업자 또는 하도급자에게 고용되어 있고, 직종자에게 고용되는 전문기능노무자로서 출역일수에 따라 임금을 받는 노무자는?

① 직용노무자
② 정용노무자
③ 임시고용노무자
④ 날품노무자

[해설]

노무자의 종류
① 직용노무자 : 원도급자에게 직접 고용된 노무자로서 미숙련자가 대부분이다.
② 정용노무자 : 전문업자, 하도급자에게 고용된 노무자로서 숙련공이 대부분이다.
③ 임시고용노무자 : 날품노무자, 보조노무자

정답　01 ②　02 ④　03 ③　04 ①　05 ②

06 건설공사의 노무형태 중 원도급자에게 직접 고용되어 잡역 등의 미숙련 노무로 임금을 받는 고용형태를 무엇이라 하는가?

① 직용노무자　　② 정용노무자
③ 임시고용노무자　④ 날품노무자

해설

문제 05번 해설 참조

Section 02 관리기법

07 건설업의 종합건설업(EC화 ; Engineering Construction)에 대한 설명 중 가장 적합한 것은?

① 종래의 단순한 시공업과 비교하여 건설사업의 발굴 및 기획, 설계, 시공, 유지관리에 이르기까지 사업 전반에 관한 것을 종합, 기획관리하는 업무영역의 확대를 말한다.
② 각 공사별로 나누어져 있는 토목, 건축, 전기, 설비, 철골, 포장 등의 공사를 1개 회사에서 시공하도록 하는 종합건설 면허제도이다.
③ 설계업을 하는 회사를 공사시공까지 할 수 있도록 업무영역을 확대한 면허제도를 말한다.
④ 시공업체가 설계업까지 할 수 있게 하는 면허제도이다.

해설

EC화
설계(Engineering)와 시공(Construction)으로 나누어져 있는 영역을 기획부터 시공, 유지관리에 이르기까지 전 범위를 하나로 하는 업무 영역의 확대를 말한다.

08 공사현장에서 원가절감 기법으로 많이 채용되는 것은?

① 가치공학(Value Engineering) 기법
② LOB(line of Balance) 기법

③ Tact 기법
④ QFD(Quality Function Deployment) 기법

해설

VE
비용에 대한 기능의 정도를 식으로 나타내어 가치판단을 하고자 하는 기법으로 기능성을 우선으로 하여 조직적 노력과 분석으로 비용을 절감하거나 기능을 향상시키고자 하는 관리기법이다.

09 원가절감 기법으로 많이 쓰이는 VE(Value Engineering)의 적용대상 중 적합하지 않은 것은?

① 원가절감 효과가 큰 것
② 수량은 적으나 반복효과가 큰 것
③ 공사의 개선효과가 큰 것
④ 하자가 빈번한 것

해설

VE 테마 선정기준
• 수량이 많고 반복효과가 큰 것
• 공사 절감액이 큰 것
• 개선효과가 큰 것
• 하자가 빈번한 요소

10 VE(Value Engineering)의 사고방식이 아닌 것은?

① 제품 위주의 사고
② 비용절감
③ 발주자, 사용자 중심의 사고
④ 기능 중심의 사고

해설

VE의 사고방식
최저의 비용으로 공사에 요구되는 품질, 공기, 안정성 등의 기능을 충족시키는 공사비 절감 개선방안

식 $= \dfrac{F(\text{기능})}{C(\text{비용})}$

11 다음 중 가치공학(Value Engineering)기법의 적용과 관계가 가장 먼 것은?

① 기능설계
② 원가절감
③ 브레인스토밍(Brainstorming)
④ 공기단축

브레인스토밍

일정한 테마에 관하여 회의형식을 채택하고, 구성원의 자유발언을 통한 아이디어의 제시를 요구하여 발상을 찾아내려는 방법으로 가치공학에 적용하기 위하여 사용되며, 공기단축과 가치공학은 관계가 멀다.

12 가치공학(Value Engineering) 수행계획 4단계로 옳은 것은?

① 정보(Informative) – 제안(Proposal) – 고안(Speculative) – 분석(Analytical)
② 정보(Informative) – 고안(Speculative) – 분석(Analytical) – 제안(Proposal)
③ 분석(Analytical) – 정보(Informative) – 제안(Proposal) – 고안(Speculative)
④ 제안(Proposal) – 정보(Informative) – 고안(Speculative) – 분식(Analytical)

VE의 사고방식

㉠ 정의 : 비용에 대한 기능의 정도를 식으로 나타내어 가치판단을 하고자 하는 기법으로 기능성을 우선으로 하여 조직적 노력과 분석으로 비용을 절감하거나 기능을 향상시키고자 하는 관리기법이다.

㉡ 식 $= \dfrac{F(\text{기능})}{C(\text{비용})}$

㉢ 사고방식
 • 고정관념 제거
 • 발주자, 사용자 중심의 사고
 • 기능 중심의 접근
 • 조직적 노력

㉣ 순서 : 정보수립 – 고안 – 분석 – 대안제안

13 건축공사관리에서 원가절감수단으로 옳지 않은 방법은?

① 재료 및 외주공사를 조기 계약하여 공사이익 확보
② 품질을 확보하여 재시공 및 보수억제
③ 직영인부의 투입인원 증가
④ 경쟁력을 갖춘 전문업체의 발굴

원가절감

직영인부든 외주인부든 인원의 투입을 감소시킬 수 있는 방법이 원가절감의 방법이다.

14 공사계약제도 중 공사관리방식(CM)의 단계별 업무내용 중 비용의 분석 및 VE 기법의 도입 시 가장 효과적인 단계는?

① Pre – Design 단계(기획단계)
② Design 단계(설계단계)
③ Pre – Construction 단계(입찰 · 발주단계)
④ Construction 단계(시공단계)

CM의 단계별 업무 : 설계(Design)단계

① 설계도면 검토
② 관리기법 확인
③ 초기구매 활동

15 건축공사관리와 관련한 설명 중 옳지 않은 것은?

① 건축공사의 중반 이후에 공기단축을 시도하는 것이 초반부에 시도하는 것보다 비용상 효과적이다.
② 가치공학(VE)기법의 적용효과는 시공단계에서보다 설계단계에서 더 크게 나타난다.
③ 품질관리를 위한 도구에는 관리도, 체크시트, 산점도 등이 있다.
④ 안전재해를 줄이기 위해 위험예지훈련, Tool Box Meeting 등을 실시한다.

해설

공기단축

건축공사의 공기단축은 초반엔 여러 가지 준비와 가설공사 등으로 복잡하고 효과가 미비하며, 마감공사도 여러 공정이 중복되어 공기단축에 어려움이 야기된다.

그러므로 초기가 지난 중간(골조)공정에서 공기단축을 하여야 효과적이다.

16 가치공학(Value Engineering) 기법에서 어떤 개선활동이나 계획을 세울 때 적용하는 것은?

① 기능설계　　　　② 원가절감
③ 브레인스토밍　　④ 공기단축기법

해설

브레인스토밍

일정한 테마에 관하여 회의형식을 채택하고, 구성원의 자유발언을 통한 아이디어의 제시를 요구하여 발상을 찾아내려는 방법으로 가치공학에 적용하기 위하여 사용되며, 가치공학 적용 시 어떤 개선활동이나 계획을 세울 때 적용하는 기법이다.

17 기획, 설계, 시공까지의 전 과정에 대하여 건설 산업을 보다 효율적이고 경제적으로 수행하기 위해서 각 부문의 전문가들로 구성된 집단의 통합된 관리기술을 건축주에게 서비스하는 계약방식은?

① 턴키계약 방식
② CM 방식
③ 프로젝트관리 방식
④ BOT 방식

해설

CM

관리자(Manager : CMr)가 건축주의 입장에서 건설공사의 기간, 범위, 비용, 품질 등을 조정하기 위한 목적으로 계획, 설계 및 공사의 시작과 완공에 이르기까지 적용되는 전문적인 관리과정으로서 공사의 적정품질을 유지하면서 공기와 공사비를 최소화하는 역할을 한다.

18 CM(Construction Management)에 대한 설명으로 옳은 것은?

① 설계단계에서 시공법까지는 결정하지 않고 요구성능만을 시공자에게 제시하여 시공자가 자유로이 재료나 시공방법을 선택할 수 있는 방식이다.
② 시공주를 대신하여 전문가가 설계자 및 시공자를 관리하는 독립된 조직으로 시공주, 설계자, 시공자의 조정을 목적으로 한다.
③ 설계 및 시공을 동일 회사에서 해결하는 방식을 말한다.
④ 2개 이상의 건설회사가 공동으로 공사를 도급하는 방식을 말한다.

해설

문제 17번 해설 참조

19 공사관리방법 중 CM계약방식에 대한 설명으로 옳지 않은 것은?

① 프로젝트의 성공 여부는 발주자와 설계자의 능력에 크게 의존한다.
② 프로젝트의 전 과정에 걸쳐 공사비, 공기 및 시공성에 대한 종합적인 평가 및 설계변경에 대한 효율적인 평가가 가능하여 발주자의 의사결정에 도움이 된다.
③ 설계과정에서 설계가 시공에 미치는 영향을 예측할 수 있어 설계도서의 현실성을 향상시킬 수 있다.
④ 단계별 시공을 적용할 수 있어 설계 및 시공기간을 크게 단축시킬 수 있다.

해설

문제 17번 해설 참조

20 공사관리방법 중 CM계약방식에 관한 설명으로 옳지 않은 것은?

① 대리인형 CM(CM for Fee)인 경우 공사품질에 책임을 지며, 품질 문제 발생 시 책임소재가 명확하다.
② 프로젝트의 전 과정에 걸쳐 공사비, 공기 및 시공성에 대한 종합적인 평가 및 설계변경에 대한 효율적인 평가가 가능하여 발주자의 의사결정에 도움이 된다.
③ 설계과정에서 설계가 시공에 미치는 영향을 예측할 수 있어 설계도서의 현실성을 향상시킬 수 있다.
④ 단계적 발주 및 시공의 적용이 가능하다.

해설

CM
- CM for Fee 방식 : 관리자가 발주자의 대행인으로서 업무를 수행하는 형태
- CM at Risk 방식 : 관리자가 직접 시공계약에 참여하여 시공에 대한 책임을 지는 방식

21 CM(Construction Management)의 주요업무가 아닌 것은?

① 부동산 관리업무 및 설계부터 공사관리까지 전반적인 지도, 조언, 관리 업무
② 입찰 및 계약 관리업무와 원가관리업무
③ 현장 조직관리업무와 공정관리업무
④ 자재조달업무와 시공도 작성업무

해설

CM의 업무
자재조달업무와 시공도 작성업무는 현장관리자(시공자)가 행해야 할 사항이다.

22 공사계약제도 중 공사관리방식(CM : Construction Management)의 단계별 업무내용 중 비용의 분석 및 VE기법의 도입, 대안공법의 검토를 하는 단계는?

① Pre-Design단계(기획단계)
② Design단계(설계단계)
③ Pre-Construction단계(입찰·발주단계)
④ Construction단계(시공단계)

해설

CM의 단계별 업무

기획(Pre-Design) 단계	• 공사일정계획 • 공사예산 분석 • 현지상황 파악
설계(Design) 단계	• 설계도면 검토 • 관리기법 확인 • 초기 구매활동
발주(Pre-Construction) 단계	• 입찰자 자격심사 • 입찰서 검토분석 • 시공자 선임
시공(Construction) 단계	• 현장조직 편성 • 공사계획 관리 • 공사감리
추가적 업무 (Post-Construction) 단계	• 분쟁관리 • 유지관리 • 하자보수관리

23 건설사업관리의 업무영역이 아닌 것은?

① 프로젝트의 계획
② 입찰서류 및 계약관리업무
③ 공정관리업무
④ 시설물 유지관리업무

해설

건설사업 관리영역
건설사업관리는 공사 초기에 프로젝트의 기획, 계획부터 설계, 시공에 관한 전반적인 업무를 말하며 시설물 유지관리는 시설물이 완료되어 건축주에게 인도된 뒤의 업무 영역이다.

24 발주자를 대신하여 설계 및 시공에 필요한 기술과 경험을 바탕으로, 발주자의 의도에 적합하게 완성물을 인도하기 위하여 발주자(건축주), 설계자, 시공자 조정을 목적으로 하는 방식은?

① 턴키(Turn-Key)
② 공동도급(Joint Venture)
③ CM(Construction Management)
④ 파트너링(Partnering)

해설

CM
관리자(Manager : CMr)가 건축주의 입장에서 건설공사의 기간, 범위, 비용, 품질 등을 조정하기 위한 목적으로 계획, 설계 및 공사의 시작과 완공에 이르기까지 적용되는 전문적인 관리기법

25 건설 프로세스의 효율적인 운영을 위해 형성된 개념으로 건설 생산에 초점을 맞추고 이에 관련된 계획, 관리, 엔지니어링, 설계, 구매, 계약, 시공, 유지 및 보수 등의 요소들을 주요 대상으로 하는 것은?

① CIC(Computer Intergrated Constructing)
② MIS(Management Information System)
③ CIM(Computer Intergrated Manufacturing)
④ CAM(Computer Aided Manufacturing)

해설

CIC
CIC란 건설산업 정보통합화생산으로 건설생산과정에 참여하는 모든 참가자들로 하여금, 공사 진행 시 모든 과정에 걸쳐 서로 협조하며 하나의 팀으로 구성하고, 건설분야의 생산성 향상, 품질확보, 공기단축, 원가절감 및 안전 확보를 위하여 정보와 조직을 체계화하여 통합하는 System을 말한다.

26 다음 중 건설공사의 품질관리와 가장 거리가 먼 것은?

① ISO 9000
② CIC
③ TQC
④ Control Chart

해설

문제 25번 해설 참조

27 건설 프로세스의 효율적인 운영을 위해 형성된 개념으로 건설생산에 초점을 맞추고 이에 관련된 계획 관리, 엔지니어링, 설계 구매, 계약, 시공, 유지 및 보수 등의 요소들을 주요대상으로 하는 것은?

① CIC(Computer Integrated Construction)
② MIS(Management Information System)
③ CIM(Computer Integrated Manufacturing)
④ CAM(Computer Aided Manufacturing)

해설

문제 25번 해설 참조

28 CIC(Computer Integrated Construction)의 설명으로 옳은 것은?

① 컴퓨터 정보통신 및 자동화 생산, 조립기술 등을 토대로 건설행위를 수행하는 데 필요한 기능들과 인력들을 유기적으로 연계하여 각 건설업체의 업무를 각사의 특성에 맞게 최적화하는 것
② 재무, 인사관리 등의 요소들을 대상으로 건설업체의 업무수행을 전산화 처리하여 업무를 신속하게 수행토록 하는 것
③ 건축 시공 시에 컴퓨터를 활용하여 시공량의 점검, 시공부위 확인 등을 수행토록 하는 것
④ 컴퓨터를 활용하여 건설의 입찰 및 계약업무를 전산화하여 업무를 신속하고, 정확하게 처리토록 하는 것

해설

CIC

CIC는 컴퓨터 통합 생산의 약자로 건축생산에 있어서 Computer화, Simulation, CAD, VAN, Robot화를 통하여 설계, 공장생산, 현장작업 등을 합리적이고 과학적으로 구축한 건설정보 통합 System을 말한다.

29 건설사업자원 통합 전산망으로 건설 생산활동 전 과정에서 건설 관련 주체가 전산망을 통해 신속히 교환·공유할 수 있도록 지원하는 통합 정보시스템의 용어로서 옳은 것은?

① 건설 CIC(Computer Construction)
② 건설 CALS(Continuous Acquisition & Life Cycle Support)
③ 건설 EC(Engineering Construction)
④ 건설 EVMS(Earned Value Management System)

해설

CALS(Continuous Acquisition & Life Cycle Support)
건축물이 생산되는 전 과정을 정보화하여 Network를 통해 정보망을 구축하여 건설 전 관계자들이 이용할 수 있는 시스템

30 건설공사 기획부터 설계, 입찰 및 구매, 시공, 유지관리의 전 단계에 있어 업무절차의 전자화를 추구하는 종합건설정보망체계를 의미하는 것은?

① CALS   ② BIM
③ SCM   ④ B2B

해설

문제 29번 해설 참조

31 PMIS(프로젝트 관리 정보시스템)의 특징에 관한 설명으로 옳지 않은 것은?

① 합리적인 의사결정을 위한 프로젝트용 정보관리 시스템이다.

② 협업관리체계를 지원하며 정보의 공유와 축적을 지원한다.
③ 공정 진척도는 구체적으로 측정할 수 없으므로 별도 관리한다.
④ 조직 및 월간업무 현황 등을 등록하고 관리한다.

해설

PMIS
사업전반에 있어서 수행 조직을 관리 운영하고 경영의 계획 및 전략을 수립하도록 관련 정보를 신속 정확하게 경영자에게 전해줌으로써, 합리적인 경영을 유도하는 프로젝트별 경영정보 체계
① 효율적 정보관리에 대한 요구 증가
② 경영의 많은 부분을 프로젝트별로 운영
③ 공사현장의 세부 정보 및 본사의 경영 전반에 걸친 정보까지 단계적으로 수립
④ 각 정보별 체계적인 분류
⑤ 각 프로젝트의 운영 전반에 관한 모든 정보의 데이터베이스화

32 개념설계에서 유지관리 단계에까지 건물의 전 수명주기 동안 다양한 분야에서 적용되는 모든 정보를 생산하고 관리하는 기술을 의미하는 용어는?

① ERP(Enterprise Resource Planning)
② SOA(Service Oriented Architecture)
③ BIM(Building Information Modeling)
④ CIC(Computer Integrated Construction)

해설

BIM(Building Information Modeling)
건축정보 모델링이란 뜻으로 3차원 가상공간에서 실제로 건축물을 모델링하여 실제공사 시 발생할 수 있는 여러 문제점을 사전에 검토하여 원활한 공사진행이 가능한 시스템이다.
공사완료 후 시설물의 유지관리를 효율적으로 파악 관리할 수도 있다.
① 건축에 투입되는 비용에 대한 신뢰성
② 공정의 시작적 파악 가능
③ 작업의 흐름에 따른 관리 가능
④ 신뢰성 있고 정확한 비용 예측 가능
⑤ 설계 오류에 대한 재작업 및 비용 감소
⑥ 건축물 성능 및 유지관리성 향상

정답   29 ②   30 ①   31 ③   32 ③

33 린건설(Lean Construction)에서의 관리방법으로 옳지 않은 것은?

① 변이관리　　② 당김생산
③ 흐름생산　　④ 대량생산

린건설

조립에 필요한 양만큼만 제조 생산하여 조달하는 시스템으로 불필요한 과정을 생략하여 낭비를 최소화하는 관리방식

- 공사기간 단축 및 공사비 절감
- 현장작업장 면적 축소
- 노무인력 감소
- 재고 및 가설재 감소
- 당김생산방식
- 흐름작업에서 실시

Section 03 공사 시공 방식

34 건축시공 계약제도 중 직영제도(Direct – Management System)에 관한 사항으로 틀린 것은?

① 공사내용 및 시공과정이 단순할 때 많이 채용된다.
② 확실성 있는 공사를 할 수 있다.
③ 입찰 및 계약의 번잡한 수속을 피할 수 있다.
④ 공사비의 절감과 공기 단축이 용이한 제도이다.

직영공사

- 영리를 도외시한 확실성 공사가 가능
- 임기응변적인 처리 가능
- 발주계약 등의 수속이 생략됨
- 공사기일의 연장
- 재료의 낭비 또는 잉여
- 시공기계의 비경제성

35 다음 중 공사수행방식에 따른 계약에 해당되지 않는 것은?

① 설계 · 시공 분리계약
② 단가도급계약
③ 설계 · 시공 일괄계약
④ 턴키계약

계약방식

- 공사비 지불 : 정액도급, 단가도급, 실비정산 보수가산식 도급
- 공사량 : 일식도급, 분할도급, 공동도급
- 업무 범위에 따른 방식 : 턴키도급, CM계약방식, 프로젝트 관리방식, BOT방식, 파트너링 방식

※ 단가 도급계약은 공사비 지불방식에 따른 계약방식이다.

36 다음 공사계약방식 중 공사수행방식에 따른 분류에 해당하지 않는 것은?

① 실비정산보수가산계약
② 설계 · 시공분리계약
③ 설계 · 시공일괄계약
④ 턴키계약

문제 35번 해설 참조

37 일반적인 일식도급 계약제도를 건축주의 입장에서 볼 때 그 장점과 거리가 먼 것은?

① 재도급된 금액이 원도급 금액보다 고가(高價)로 되므로 공사비가 상승한다.
② 계약 및 감독이 비교적 간단하다.
③ 공사 시작 전 공사비를 정할 수 있으며 합리적으로 자금계획을 수립할 수 있다.
④ 공사전체의 진척이 원활하다.

해설

일식도급

- 한 개의 시공자가 공사량 전체를 책임지고 공사를 진행하는 계약방식이다.
- 공사 금액이 사전에 확정되어 자금계획 수립이 용이하다.
- 입찰 시 예정가격보다 낮은 금액에 낙찰될 확률이 높아 공사비가 절감된다.

38 분할도급의 종류에 해당하지 않는 것은?

① 단가 도급
② 전문공종별 도급
③ 공구별 도급
④ 공정별 도급

해설

분할도급

공구별 분할도급, 공정별 분할도급, 공종별 분할도급, 전문직종별 분할도급 등이 있다.

39 공동도급(Joint Venture)방식의 장점에 관한 설명으로 옳지 않은 것은?

① 2명 이상의 업자가 공동으로 도급하므로 자금부담이 경감된다.
② 대규모 공사를 단독으로 도급하는 것보다 적자 등 위험부담의 분산이 가능하다.
③ 공동도급 구성원 상호 간의 이해충돌이 없고 현장관리가 용이하다.
④ 각 구성원이 공사에 대하여 연대책임을 지므로, 단독도급에 비해 발주자는 더 큰 안정성을 기대할 수 있다.

해설

공동도급의 특징

장점	단점
• 융자력 증대	• 경비 증가
• 기술의 확충	• 업무흐름의 곤란
• 위험분산	• 조직 상호 간의 불일치
• 시공의 확실성	• 하자 부분의 책임한계 불분명

40 다음 중 공동도급방식에 대한 설명으로 옳지 않은 것은?

① 이견 조율이 용이하다.
② 회사 간 상호기술을 보완한다.
③ 조인트벤처(Joint Venture)라고도 한다.
④ 위험을 분산 부담하게 된다.

해설

문제 39번 해설 참조

41 다음 사항 중 Joint Venture의 목적과 관계가 없는 것은?

① 공사비 절감
② 융자력의 증대
③ 위험의 분산
④ 공사 시공의 확실성

해설

문제 39번 해설 참조

42 공동도급(Joint Venture)에 관한 설명으로 옳지 않은 것은?

① 복수의 참가자가 독립의 공동체를 구성한다.
② 참가자는 출자와 관리를 공동으로 한다.
③ 특정한 공사를 목적으로 한다.
④ 실행예산제도의 일종이다.

해설

공동도급

2명 이상의 수급자가 어느 특정 공사에 대하여 협동으로 공사를 체결하는 방식

43 공사금액을 공사시작 전에 결정하고 계약하는 도급계약제도는?

① 분할도급
② 정액도급
③ 실비정산식 도급
④ 공동도급

정액도급

정액도급은 공사 시작 전 총공사비를 입찰로 결정하고 계약하는 도급형태이다.

44 공사금액의 결정방법에 따른 도급방식이 아닌 것은?

① 정액도급
② 공종별 도급
③ 단가도급
④ 실비정산 보수가산도급

계약방식

- 공사비 지불 : 정액도급, 단가도급, 실비정산 보수 가산식 도급
- 공사량 : 일식도급, 분할도급, 공동도급
- 업무 범위에 따른 방식 : 턴키도급, CM계약방식, 프로젝트 관리방식, BOT방식, 파트너링 방식

45 건축공사 도급방식에서 정액도급의 단점의 아닌 것은?

① 공사 중 설계변경을 할 경우 분쟁이 일어나기 쉽다.
② 입찰 전에 도면, 시방서 작성에 시간이 걸린다.
③ 발주자와 수급자 사이에 공사의 질에 대한 이해가 서로 일치하지 않을 수 있다.
④ 공사완공 시까지의 총공사비를 예측하기 어렵다.

정액도급

총공사비를 확정하여 입찰을 통하여 전체 공사비를 절감할 수 있는 반면, 단가도급은 정확한 수량을 모르기 때문에 공사비를 절감할 수 없다.

46 긴급공사나 설계변경으로 수량 변동이 심할 경우에 많이 채택되는 도급방식은?

① 정액도급
② 단가도급
③ 실비정산 보수가산도급
④ 분할도급

단가도급

공사비에 따른 도급의 계약형태 중에서 긴급공사일 때 유리한 계약방식은 단가도급이다.
공사범위가 결정되지 않았거나 설계도서가 완비되지 않은 경우, 설계변경이 예상되는 경우 등에 적용하여 계약한다. 정액도급에 비하여 공사비가 증대될 우려가 있다.

47 건설도급계약제도 중에서 단가도급에 관한 설명으로 옳지 않은 것은?

① 공사금액을 구성하는 물량에 따라 생산하는 방식이다.
② 긴급공사 시 적용되는 방식이다.
③ 공사완공 시까지의 총공사비를 예측하기 어렵다.
④ 설계변경에 의한 수량의 증감이 어렵다.

단가도급

공사비에 따른 도급의 계약형태 중에서 긴급공사일 때 유리한 계약방식은 단가도급이다. 설계변경에 따른 수량의 증감이 정액도급에 비해 용이하다.

48 계약방식 중 단가계약제도에 관한 설명으로 옳지 않은 것은?

① 실시수량의 확정에 따라서 차후 정산하는 방식이다.
② 긴급공사 시 또는 수량이 불명확할 때 간단히 계약할 수 있다.
③ 설계변경에 의한 수량의 증감이 용이하다.
④ 공사비를 절감할 수 있으며, 복잡한 공사에 적용하는 것이 좋다.

정답 44 ② 45 ④ 46 ② 47 ④ 48 ④

단가도급

공사비에 따른 도급의 계약형태 중에서 긴급공사일 때 유리한 계약방식이며, 공사범위가 결정되지 않았거나 설계도서가 완비되지 않은 경우, 설계 변경이 예상되는 경우 등에 적용하여 계약한다. 정액도급에 비하여 공사비가 증대될 우려가 있다.

49 다음 중 실비정산 보수가산계약제도의 특징이 아닌 것은?

① 설계와 시공의 중첩이 가능한 단계별 시공이 가능하다.
② 복잡한 변경이 예상되거나 긴급을 요하는 공사에 적합하다.
③ 계약체결 시 공사비용의 최댓값을 정하는 최대 보증한도 실비정산보수가산계약이 일반적으로 사용된다.
④ 공사금액을 구성하는 물량 또는 단위공사 부분에 대한 단가만을 확정하고 공사 완료 시 실시수량의 확정에 따라 정산하는 방식이다.

단가도급

긴급 공사 또는 공사 수량이 명확하지 않을 때 채용되는 방식으로 재료단가, 노임단가 또는 면적 및 체적단가만을 결정하여 공사를 도급하는 방식이다.

50 각종 도급방식의 설명 중 옳지 않은 것은?

① 정액도급 제도는 처음 총공사비만 결정한 후 경쟁입찰 후 최저입찰자와 계약을 체결하는 제도이다.
② 실비정산식 시공계약제도는 건축주, 시공자 3자가 입회하여 공사에 필요한 실비와 보수를 협의하여 정하고 시공자에게 지급하는 방법이다.
③ 턴키도급방식은 건설업자가 금융, 시공, 시운전까지 주문자가 필요로 하는 것을 의도하는 방법이나 건축주의 의도가 반영되지 못하는 단점이 있다.

④ 공동도급방식은 기술, 자본, 그리고 위험을 분담시킬 수 있으며 경비도 줄어들 가능성이 있다.

공동도급

공사 규모가 큰 경우 2개 이상의 건설회사가 임시로 결합하여 조직을 형성하고 공동출자하여 연대 책임하에 공사를 수급하는 것을 공동도급이라 하며 시공의 확실성, 위험분산, 융자력의 증대 등과 같은 장점이 있으나, 경비가 증대되고 업무의 혼선 등의 단점이 있다.

51 건축공사의 시공방식에 의한 특성을 기술한 내용 중 가장 부적합한 것은?

① 직영공사는 사무가 절감되고 확실성 있는 공사를 할 수 있으며, 임기 응변의 처리가 가능하다.
② 일식 도급은 공사비가 증대되고 말단 노무자의 지불금이 적게 되어 조잡한 공사가 되는 경향이 있다.
③ 단가 도급은 공사 완성까지 소요되는 총공사비의 예측이 간단하여 공사비가 쉽게 확정된다.
④ 정액 도급은 공사 변경에 따른 도급 금액의 증감이 곤란하여 건축수와 도급자 사이에 분쟁이 일어나기 쉽다.

일식도급

일식도급은 직영공사에 비하여 공사비가 증대되며 단가도급은 총공사비의 예측은 가능하나 공사비의 확정은 어렵다.

52 턴키 방식에 대한 기술 중 옳지 않은 것은?

① 대규모 회사에 유리하고 중소건설업체 육성을 저해한다.
② 최저낙찰자로 품질저하가 우려된다.
③ 총공사비 사전파악 및 산정이 용이하다.
④ 우수한 설계의도 반영이 어렵다.

해설

턴키 도급의 특징

장점	단점
• 책임시공 • 설계, 시공 간의 의사소통 원활 • 공사비 절감 • 공기단축 • 창의성, 기술개발 용이	• 건축주의 의도 반영이 불충분 • 설계, 견적기간이 짧다. • 최저낙찰 시 공사의 질 저하 우려 • 중소업체에게 불리

53 턴키 도급(Turn Key Based Contract) 방식의 특징으로 옳지 않은 것은?

① 건축주의 기술능력이 부족할 때 채택
② 공사비 및 공기 단축 가능
③ 과다경쟁으로 인한 덤핑의 우려 증가
④ 시공자의 손실위험 완화 및 적정이윤 보장

해설

문제 52번 해설 참조

54 턴키계약방식에 대한 설명으로 옳은 것은?

① 설계와 시공이 동일 조직에 의해 수행됨으로써 공사기간 중 신공법, 신기술의 적용이 가능하다.
② 발주자와 수급자가 상호 신뢰를 바탕으로 팀을 구성해서 공동으로 프로젝트를 집행관리하는 방식이다.
③ 2명 이상의 도급업자가 특정한 공사에 관하여 체결한 협정서를 바탕으로 공동기업체를 만들어 협동하여 공사를 시행하는 방법이다.
④ 전문적인 공사를 일반 도급 공사에 포함시키지 않고 분할하여 직접 전문업자에게 도급을 주는 방식이다.

해설

턴키 계약방식
설계부터 시공까지 동일한 조직이 책임지고 완성하는 계약의 형태

55 최근 학교, 군 시설 증에서 활용되는 민간투자사업의 계약방식 으로 민간사업자가 자금조달 및 시설을 준공하여 소유권을 정부나 발주처에 이전하되, 정부나 발주처로부터 임대료를 지불받아 투자비를 회수할 수 있도록 한 것은?

① BOT(Build－Operate－Transfer)
② BTO(Build－Transfer－Operate)
③ BTL(Build－Transfer－Lease)
④ BLT(Build－Lease－Transfer)

해설

사회 간접자본시설
• BOT : 건설된 시설물을 투자자가 일정기간 소유, 운영한 뒤 시설물의 소유권을 발주자에게 이전하는 방식이다.
• BOO : 시설사업의 시행, 운영, 소유까지 투자자가 행사하며, 발주자는 사업시행에 대한 통제를 한다.
• BTO : 건설된 시설물의 소유권을 발주자에게 먼저 이전하고, 투자자는 일정기간 동안의 운영권을 갖는 방식이다.
• BLT : 시설물을 완공한 후 일정기간 임대하고, 그 임대료로 투자자금을 회수하고 발주자에게 양도하는 방식
• BTL : 시설물을 완공하고 소유권을 이양하지만 약정된 기간 동안 임대료를 받아 공사비를 회수하는 방식

Section 04 입찰 및 계약

56 계약제도에서 입찰방식이 아닌 것은?

① 공개경쟁입찰
② 계약경쟁입찰
③ 제한경쟁입찰
④ 지명경쟁입찰

해설

입찰
• 일반경쟁입찰 : 모든 업체들이 참여할 수 있는 입찰
• 제한경쟁입찰 : 특정한 기준이나 요건에 부합되는 업체만이 참여할 수 있는 입찰
• 지명경쟁입찰 : 부적당한 업체가 낙찰되는 것을 방지하기 위하여 적당한 업체를 여러 개만 지명하여 하는 입찰
• 특명입찰(수의 계약) : 발주자와 시공자가 1 : 1로 계약하는 방식

정답 53 ④ 54 ① 55 ③ 56 ②

57 건설공사에서 입찰과 계약에 관한 사항 중 옳지 않은 것은?

① 공개경쟁입찰은 공사가 조악해질 염려가 있다.
② 지명입찰은 시공상 신뢰성이 적다.
③ 지명입찰은 낙찰자가 소수로 한정되어 담합과 같은 폐해가 발생하기 쉽다.
④ 특명입찰은 단일 수급자를 선정하여 발주하는 것을 말한다.

지명경쟁입찰

지명경쟁입찰은 공사에 적합하다고 판단되는 소수의 시공회사만을 입찰에 참여시킴으로써 부적격한 업체를 배제하고, 양질의 공사를 기대할 수 있다.

58 입찰 및 계약제도에 관한 설명으로 옳은 것은?

① 공동도급방식은 자본력, 기술력 등 시공능력이 증진된다.
② 실비정산식 시공계약 제도는 설계가 불명확하여 양질의 공사를 기대하기 어려울 때 채택한다.
③ 로어리밋(Lower Limit)은 최저가로 응찰한 업자의 입찰을 무효로 하는 것이다.
④ 특명입찰이란 공사 수행에 적정한 수 개의 업자를 지명하여 경쟁 입찰시키는 방식이다.

계약제도

② 실비 정산식 가산도급은 실제로 들어가는 비용은 추후 정산하고 시공자의 이윤을 별도로 계산하는 방식
③ 로우 리미트는 최저가로 총 공사금액의 최저가로 응찰한 업체에 낙찰시키는 방식
④ 특명입찰이란 1개의 시공 업체와 계약하는 방식으로 일명 수의계약이라도 함

59 건축주 자신이 특정의 단일 상태를 선정하여 발주하는 방식으로서, 특수공사나 기밀보장이 필요한 경우, 또 긴급을 요하는 공사에서 주로 채택되는 것은?

① 공개경쟁입찰　　② 제한경쟁입찰
③ 지명경쟁입찰　　④ 특명입찰

특명입찰(수의 계약)

발주자와 시공자가 1 : 1로 계약하는 방식으로, 특수공사, 기밀보장이 요구되는 공사. 또 긴급을 요하는 공사에서 행할 수 있다.

60 공개경쟁입찰의 장점으로 옳지 않은 것은?

① 균등한 입찰참가의 기회 부여
② 공사의 시공정밀도 확보
③ 공정하고 자유로운 경쟁
④ 저렴한 공사비

공개경쟁입찰

장점	단점
• 담합의 우려가 적다. • 공사비가 절감된다. • 일반 업자에게 균등한 기회를 준다. • 입찰자 선정이 공정하다.	• 입찰수속이 번잡하다. • 공사가 조잡할 우려가 있다. • 과다한 경쟁결과 업계의 건전한 발전을 저해할 수 있다.

61 지명경쟁입찰을 선택하는 가상 중요한 이유는?

① 양질의 시공결과 기대
② 공사비 절감
③ 긴급을 요하는 공사 추진
④ 담합 방지

지명경쟁입찰

지명경쟁입찰은 공사에 적합하다고 판단되는 소수의 시공회사만을 입찰에 참여시킴으로써 부적격한 업체를 배제하고, 양질의 공사를 기대할 수 있다.

정답　　57 ② 　58 ① 　59 ④ 　60 ② 　61 ①

62 지명경쟁입찰을 택하는 이유 중 가장 중요한 것은?

① 양질의 시공 결과 기대
② 공사비의 절감
③ 준공기일의 단축
④ 공사 감리의 편리

[해설]

문제 61번 해설 참조

63 다음 중 건설공사의 입찰 순서로 옳은 것은?

㉠ 입찰통지	㉡ 계약	㉢ 입찰
㉣ 현장설명	㉤ 낙찰	㉥ 개찰

① ㉠－㉣－㉢－㉡－㉤－㉥
② ㉠－㉡－㉤－㉥－㉢－㉣
③ ㉠－㉤－㉡－㉥－㉢－㉣
④ ㉠－㉣－㉢－㉥－㉤－㉡

[해설]

입찰의 순서
입찰공지(통지) → 참가등록 → 설계도서 배부 → 현장설명 → 질의 응답 → 견적 → 입찰 → 개찰 → 낙찰 → 계약

64 건설 계약제도에서 입찰순서로서 옳은 것은?

① 현장설명 → 입찰 → 입찰공고 → 개찰 → 낙찰
   → 계약체결
② 입찰공고 → 현장설명 → 입찰 → 개찰 → 낙찰
   → 계약체결
③ 입찰공고 → 현장설명 → 입찰 → 낙찰 → 개찰
   → 계약체결
④ 현장설명 → 입찰공고 → 입찰 → 낙찰 → 개찰
   → 계약체결

[해설]

문제 63번 해설 참조

65 입찰을 1차, 2차, 3차 입찰을 한 경우에도 입찰금이 초과되어 낙찰자가 없는 경우 최저 입찰자와 의논하여 계약을 체결하는 도급방식은?

① 공개입찰   ② 지명입찰
③ 재입찰   ④ 특명입찰

[해설]

특명입찰(수의계약)
특명입찰(수의계약)은 건축주와 시공자가 1 : 1로 의논하여 계약하는 방식이다.

66 공사계약을 맺은 다음 설계도서에 현저하게 빠진 부분이 있음을 발견했을 때 그 조치로서 시공업자가 해야 할 일은?

① 공사비의 범위 내에서 시공해야 한다.
② 공사를 감리하는 건축사에게 신고해야 한다.
③ 직접 건축주에게 신고해야 한다.
④ 건설업자의 부담으로 시공해야 한다.

[해설]

감리자
설계도서대로 시공되는지를 감독 및 확인하는 사람으로 도면과 시방서의 내용이 다르거나 설계도서에 현저하게 누락된 부분이 있는 경우에는 감리자에게 신고하여 그 조치를 받아야 한다.

67 건설공사 입찰에 있어 불공정 하도급거래를 예방하고 하도급 계열화를 촉진하기 위한 목적으로 시행된 제도로 가장 적합한 것은?

① 사전자격심사제도   ② 부대입찰제도
③ 무자격입찰제도   ④ 내역입찰제도

[해설]

부대입찰
입찰시 하도급의 계약서를 같이 첨부하여 공사 시 실제 건물투입비용률이 증가하며, 하도급의 권익을 보호하기 위한 입찰방법

68 대안입찰제도의 특징에 관한 설명으로 옳지 않은 것은?

① 공사비를 절감할 수 있다.
② 설계상 문제점의 보완이 가능하다.
③ 신기술의 개발 및 축적을 기대할 수 있다.
④ 입찰기간이 단축된다.

 해설 ------------------------------

대안입찰
대안입찰은 건축주가 제시한 원안보다 비용이 저렴하고 시간도 단축되는 대안을 제시함으로써 건축주가 원안과 대안을 비교하여 대안을 선택할 수 있는 입찰의 합리화 방안을 말한다.
• 발주 측의 전문인력 부재로 대안내용 및 공사 제반사항 전달 미흡
• 대안 설계 시 제한 조건으로 인해 기술적 창의성 저해
• 입찰공고에서 낙찰까지 입찰기간 장기화
• 총액낙찰제도 등 기술 능력보다는 금액 위주의 입찰에 습성화
• 선정되지 못할 경우 설계비 낭비

69 기술제안입찰제도의 특징에 관한 설명으로 옳지 않은 것은?

① 공사비 절감방안의 제안은 불가하다.
② 기술제안서 작성에 추가비용이 발생된다.
③ 제안된 기술의 지적재산권 인정이 미흡하다.
④ 원안 설계에 대한 공법, 품질 확보 등이 핵심 제안 요소이다.

해설 ------------------------------

기술제안입찰제도
발주자가 제시한 실시설계서 및 입찰안내서에 따라 입찰자가 공사비 절감, 공기단축, 공사관리 방안 등에 관한 기술제안서를 작성하여 입찰서와 함께 제출하는 입찰 방식으로 현행 입찰제도의 문제점인 가격위주 평가방식을 해결하고 건설업체간 기술 경쟁을 촉진하기 위한 제도

70 PQ 제도에 관한 설명으로 옳지 않은 것은?

① 업체 간의 효과적 경쟁을 유발시킨다.
② 수주에서 관리까지 종합적 평가가 가능하다.
③ 평가의 공정성으로 신규업체 참여가 가능하다.
④ 매 프로젝트마다 공사규모, 특성에 맞는 심사기준을 정하여 입찰 전에 응찰자에게 통보하여 실적을 제출하도록 한다.

해설 ------------------------------

PQ(사전자격심사제도)
PQ제도는 사전에 회사의 기술력, 경험, 경영상태, 신인도 등을 평가하여 점수를 산정 후 순위를 결정하고, 일정순위의 회사만 입찰에 참여시키는 제도로서 실적 위주의 평가로 중소업체나 신규업체에게는 불리한 제도이다.

71 입찰참가 사전자격심사(Pre–qualification)에 관한 설명으로 옳지 않은 것은?

① 공사입찰 시 참가자의 기술능력, 관리 및 경영상태 등을 종합 평가한다.
② 공사입찰 시 입찰자로 하여금 산출내역서를 제출하도록 한 입찰제도이다.
③ 댐, 지하철, 고속도로 등의 토목 대형 공사에 주로 적용된다.
④ 부실공사를 방지하기 위한 수난이다.

해설 ------------------------------
문제 70번 해설 참조

72 공사 도급계약을 할 때 필히 첨부하지 않아도 되는 서류는?

① 구조계약서   ② 시방서
③ 도급계약서   ④ 설계도

해설 ------------------------------

계약서류
필요서류에는 계약서, 설계도면, 시방서 등이 있고, 참고서류에는 공정표, 내역서, 현장설명서, 질의 응답서 등이 있다.

73 건축공사의 도급계약서 내용에 기재하지 않아도 되는 항목은?

① 계약에 관한 분쟁 해결방법
② 공사의 착수시기
③ 천재 및 그 외의 불가항력에 의한 손해 부담
④ 재료의 시험에 관한 내용

도급계약 명시사항
• 공사내용
• 도급금액
• 공사 착수시기, 완공시기
• 도급액 지불방법, 지불시기
• 설계변경, 공사 중지의 경우 도급액 변경, 손해 부담
• 천재지변에 의한 손해 부담
• 인도, 검사 및 인도시기
• 도급대금의 지불시기
• 계약에 관한 분쟁의 해결방법

74 건설공사의 도급계약에 명시하여야 할 사항과 거리가 먼 것은?

① 공사내용
② 공사착수의 시기와 공사완성의 시기
③ 하자담보책임기간 및 담보방법
④ 대지현황에 따른 설계도면 작성방법

도급계약 명시사항
• 공사내용
• 도급금액
• 공사 착수시기, 완공시기
• 도급액 지불방법, 지불시기
• 설계변경, 공사중지 시 도급액 변경, 손해 부담
• 천재지변에 의한 손해 부담
• 인도, 검사 및 인도시기
• 도급대금의 지불시기
• 계약에 관한 분쟁의 해결방법

75 건설공사에서 도급계약 서류에 포함되어야 할 서류가 아닌 것은?

① 공사계약서　　② 시방서
③ 설계도　　　　④ 실행내역서

계약서류
필요서류에는 계약서, 설계도면, 시방서 등이 있고, 참고서류에는 공정표, 내역서, 현장설명서, 질의응답서 등이 있다.

76 건설공사에 사용되는 시방서에 관한 설명으로 옳지 않은 것은?

① 시방서는 계약서류에 포함되지 않는다.
② 시방서는 설계도서에 포함된다.
③ 시방서에는 공법의 일반사항, 유의사항 등이 기재된다.
④ 시방서에 재료 메이커를 지정하지 않아도 좋다.

시방서
공사를 하는 방법을 글로 써놓은 것으로 설계도서이며 계약서류이다. 시방서에는 다음과 같은 내용이 포함된다.
• 적용범위
• 사전준비 사항
• 사용재료에 관한 사항
• 시공방법에 관한 사항
• 기타 관련 사항

77 시방서에 관한 설명으로 옳지 않은 것은?

① 시방서는 계약서류에 포함된다.
② 시방서 작성순서는 공사진행의 순서와 일치하도록 하는 것이 좋다.
③ 시방서에는 공사비 지불조건이 필히 기재되어야 한다.
④ 시방서에는 시공방법 등을 기재한다.

문제 76번 해설 참조

정답　73 ④　74 ④　75 ④　76 ①　77 ③

78 다음 중 공사시방서의 내용에 포함되지 않는 것은?

① 성능의 규정 및 지시
② 시험 및 검사에 관한 사항
③ 현장 설명에 관련된 사항
④ 공법, 공사 순서에 관한 사항

해설

문제 76번 해설 참조

79 건축공사표준시방서에 기재하는 사항으로 가장 거리가 먼 것은?

① 사용 재료
② 공법, 공사 순서
③ 공사비
④ 시공 기계 · 기구

해설

문제 76번 해설 참조

80 다음 중 공사시방서에 기재하지 않아도 되는 사항은?

① 건물 전체의 개요
② 공사비 지급방법
③ 시공방법
④ 사용재료

해설

시방서 기재사항
• 적용범위
• 사전준비 사항
• 사용재료에 관한 사항
• 시공방법에 관한 사항
• 기타 관련 사항

81 시방서와 설계도의 내용이 서로 다를 때 시공자가 취할 가장 합리적인 태도는 다음 중 어느 것인가?

① 설계도에 의하여 시공한다.
② 설계 반영을 하여 시공한다.
③ 시방서에 의하여 시공한다.
④ 감리자에게 신고하고 그 지시에 따라서 시공한다.

해설

설계도서
설계도서라 함은 도면, 시방서, 구조계산서, 현장 설명서, 질의응답서를 의미한다. 만약 도면과 시방서의 내용이 다를 경우 감리자의 지시를 받는 것이 합리적인 방법이다.

82 응찰 시 낙찰자가 계약을 체결할 의사가 없는 자의 입찰참가자를 방지하기 위한 제도로서 낙찰되지 않은 자에게는 개찰 후 반환하여 주고 낙찰자에게는 계약체결 후에 반환하여 주는 보증은?

① 입찰보증
② 계약보증
③ 하자보증
④ 이행보증

해설

건설보증제도
• 건설보증제도란 시공자와 공사발주 간의 공사 실행 및 완공의 준수를 보증회사가 보증하는 제도를 말한다.
• 시공자의 특별 사유로 인해 공사진행이 불가능할 때를 대비하기 위한 제도이므로, 해당 공사의 수행이 가능한 보증회사의 보증이 필요하다.
• 건설보증에는 입찰보증, 계약보증, 차액보증, 하자보증, 지불보증 등이 있다.
• 건설회사의 능력을 전문적 평가 능력이 있는 보증회사에서 평가하여 건설회사의 능력에 따라 차등대우한다.

83 건설클레임과 분쟁에 대한 설명으로 옳지 않은 것은?

① 클레임의 예방대책으로는 프로젝트의 모든 단계에서 시공의 기술과 경험을 이용한 시공성 검토를 하여야 한다.

② 공기촉진 클레임은 시공자가 스스로 계획공기보다 단축작업을 하거나 생산촉진을 위해 추가지원을 필요로 할 때 발생한다.

③ 분쟁은 발주자와 계약자의 상호 이견 발생 시 조정, 중재, 소송의 개념으로 진행되는 것이다.

④ 클레임의 접근절차는 사전평가단계, 근거자료확보단계, 자료분석단계, 문서작성단계, 청구금액산출단계, 문서제출단계 등으로 진행된다.

해설

클레임
- 계약에 없는 추가작업 요구
- 당초 약정과 다른 작업
- 당초 예상한 것과 다른 방식과 방법으로 수행토록 요구하는 작업
- 계약체결 후 변경, 수정, 개정, 과장 혹은 해명된 계약도서의 작업
- 설계도서의 불충분한 상태로 야기된 예상 밖의 작업
- 발주자 공급재의 지연, 불량, 부적합
- 파업

Section
05 공사 시공 계획

84 다음 중 시공계획에 속하지 않는 것은?

① 공정계획 ② 가설물의 계획
③ 재해방지계획 ④ 노임지불계획

해설

시공계획
- 현장원 편성(관리조직의 편성)
- 공정표 작성
- 실행예산 편성

- 하도급자의 선정
- 가설준비물의 결정
- 재료의 선정 및 노력의 결정
- 재해 방지

85 건축공사에서 시공계획의 수립이나 공사준비가 완료되면 가장 먼저 착수하는 본 공사는?

① 수장공사 ② 기초공사
③ 철골공사 ④ 토공사

해설

공사 진행 순서
공사착공 준비 – 가설공사 – 토공사 – 지정 및 기초공사 – 구체공사 – 방수공사 – 지붕공사 – 외장공사 – 창호공사 – 내장공사

86 다음 중 공사진행의 일반적인 순서로 가장 알맞은 것은?

① 공사착공 준비 → 가설공사 → 토공사 → 지정 및 기초공사 → 구조체 공사

② 공사착공 준비 → 토공사 → 가설공사 → 지정 및 기초공사 → 구조체 공사

③ 공사착공 준비 → 지정 및 기초공사 → 가설공사 → 토공사 → 구조체 공사

④ 공사착공 준비 → 구조체 공사 → 지정 및 기초공사 → 토공사 → 가설공사

해설
문제 85번 해설 참조

87 시공계획 시 우선 고려하지 않아도 되는 것은?

① 가설사무실의 위치선정, 공사용 장비의 배치 등 가설계획의 수립

② 현장직원의 조직편성 계획수립

③ 자재, 노무, 장비 등의 투입계획 수립

④ 시공도(Shop Drawing)의 작성

정답 83 ② 84 ④ 85 ④ 86 ① 87 ④

시공도(Shop Drawing)의 작성
시공도는 각 공정별 작업 전에 실시하여도 무방하다.

88 건축공사에서 각 공종별 공사계획의 특성으로 틀린 것은?

① 준비기간이란 공사계약일로부터 규준틀 설치, 기초파기 등의 직접 공사가 착수될 때까지의 기간을 말한다.
② 기초공사는 시공 중 돌발적인 사태가 발생하는 경우가 많고, 지층이 예상과 달라 일정계획상 차질을 빚을 수 있다.
③ 골조공사는 공기단축을 위하여 긴급공사가 불가능하다.
④ 마감공사는 방수, 미장, 타일, 도장 등 수많은 공종이 관련되고 설비공사와도 병행된다.

공기단축
건축공사의 공기단축은 초반에는 여러 가시 준비와 가설공사 등으로 복잡하고 효과가 미비하며, 마감공사도 여러 공정이 중복되어 공기단축에 어려움이 야기된다.
그러므로 초기가 지난 중간(골조) 공정에서 공기단축을 하여야 효과적이다.

89 착공을 위한 공사계획 시 우선 고려하지 않아도 되는 것은?

① 가설물의 설치계획 수립
② 현장 직원의 조직편성계획 수립
③ 예정 공정표의 작성
④ 시공도(Shop Drawing)의 작성

시공계획
• 현장원 편성(관리조직의 편성)
• 공정표 작성
• 실행예산 편성
• 하도급자의 선정

• 가설준비물의 결정
• 재료의 선정 및 노력의 결정
• 재해 방지

90 공기단축을 목적으로 공정에 따라 부분적으로 완성된 도면만을 가지고 각 분야(전기, 기계, 건축, 토목 등)의 전문가들로 구성하여 패스트 트랙(Fast Track)공사를 진행하기에 적합한 조직구조는?

① 기능별 조직(Function Organization)
② 매트릭스 조직(Matrix Organization)
③ 태스크 포스 조직(Task Force Organization)
④ 라인 스태프 조직(Line-Staff Organization)

건설 관리 조직
㉠ 라인 조직(Line Organization)
  상급직에서 하급직까지 지휘명령계통이 직선적으로 연결되며 소규모 기업에게 널리 사용되는 형태의 조직
㉡ 기능별 조직(Function Organization)
  직무의 기능을 몇 개로 나누어 각각의 것을 ㄱ 나눈 분야의 장에게 분담시켜 각 작업자는 해당 전문저 장으로부터 지시를 받게 한 조직
  ex) 영업부, 건축부, 관리부
㉢ 라인스태프 조직(Line-Staff Organization)
  기능별 조직과 라인 조직의 조합으로 라인은 스테프의 조언을 받아 주 업무에 정진할 수 있으며 조직 전체에 일관성을 갖는 조직

91 프로젝트 전담조직(Project Task Force Organization)의 장점이 아닌 것은?

① 전체 업무에 대한 높은 수준의 이해도
② 조직 내 인원의 사내에서의 안정적인 위치확보
③ 새로운 아이디어나 공법 등에 대응 용이
④ 밀접한 인간관계 형성

프로젝트 전담조직
어떤 문제점이 생기면 그 문제점을 해결하기 위한 임시적인 조직이다.

정답 88 ③ 89 ④ 90 ④ 91 ②

92 도급자가 공사를 착공하기 전에 공사내용과 공기를 가장 효과적으로 달성하면서 집행 가능한 최소의 투자를 전제하여 시공계획과 손익의 목표를 합리적으로 표현한 금액적 계획서를 일반적으로 무엇이라고 하는가?

① 목표예산　　　② 소요예산
③ 도급예산　　　④ 실행예산

[해설]

실행예산
도급자가 발주자와 계약을 한 후 실제로 공사를 진행하였을 경우 발생하는 금액

93 다음 중 발주자에 의한 현장관리제도라고 볼 수 없는 것은?

① 착공신고제도　　　② 공정관리
③ 현장회의 운영　　　④ 중간관리일

[해설]

공정관리
현장에서 직접 공사를 수행하는 시공자(관리자)들이 행해야 한다.

94 건설공사의 조사, 설계, 감리, 기술관리 등에 관한 기본적인 사항과 건설법의 등록 및 건설공사의 도급 등에 필요한 사항을 정한 법은?

① 건설산업기본법
② 산업안전보건법
③ 엔지니어링산업 진흥법
④ 국가기술자격법

[해설]

건설산업기본법
건설공사의 조사, 설계, 시공, 감리, 유지관리, 기술관리 등에 관한 기본적인 사항과 건설업의 등록, 건설공사의 도급 등에 관하여 필요한 사항을 규정함으로써 건설공사의 적정한 시공과 건설산업의 건전한 발전을 도모함을 목적으로 하는 법률이다.

95 건설공사 현장관리에 대한 설명으로 옳지 않은 것은?

① 목재는 건조시키기 위하여 개별로 세워둔다.
② 현장사무소는 본 건물 규모에 따라 적절한 규모로 설치한다.
③ 철근은 그 직경 및 길이별로 분류해둔다.
④ 기와는 눕혀서 쌓아둔다.

[해설]

기와 보관
기와는 눕혀서 쌓을 경우 휨에 의한 파손이 우려되어 세워서 보관한다.

Section 06 공정관리

96 공사 현장에서 공정표를 작성함에 있어서 가장 기본이 되는 사항은?

① 날씨
② 각 공사별 공사량
③ 실행예산
④ 재료반입 및 노무공급계획

[해설]

공정요소
공정표를 작성함에 있어 가장 기본적인 것은 각 공사별 공사량이다.

97 기본공정표와 상세공정표에 표시된 대로 공사를 진행시키기 위해 재료, 노력, 원척도 등이 필요한 기일까지 반입, 동원될 수 있도록 작성한 공정표는?

① 횡선식 공정표
② 열기식 공정표
③ 사선 그래프식 공정표
④ 일순식 공정표

해설

열기식 공정표

나열된 식의 공정표대로 공사를 진행하기 위해 재료, 노무 등을 작성한 공정표로, 재료 및 노무 수배가 용이하다.

98 기성고와 공사의 진척상황을 기입하여 예정과 실제를 비교하면서 공정을 관리해 나가는 공정표는?

① 열기식 공정표 　　② 횡선식 공정표
③ 절선식 공정표 　　④ 구간 공정표

해설

횡선식 공정표

횡선식 공정표는 일명 Bar Chart라고도 하며 세로축에 공사명을 기입하여 막대 그래프 형식으로 공정을 표시하며, 예정공정과 실시공정을 비교하며 공정관리를 하는 공정표이다.

99 네트워크 공정표에 관한 설명으로 옳지 않은 것은?

① CPM 공정표는 네트워크 공정표의 한 종류이다.
② 요소작업의 시작과 작업기간 및 작업완료점을 막대그림으로 표시한 것이다.
③ PERT 공정표는 일정계산 시 단계(Event)를 중심으로 한다.
④ 공사 전체의 파악 및 진척관리가 용이하다.

해설

문제 98번 해설 참조

100 네트워크(Network) 공정표의 특징으로 옳지 않은 것은?

① 각 작업의 상호 관계가 명확하게 표시된다.
② 공사 전체 흐름의 파악이 용이하다.
③ 공사의 진척상황이 누구에게나 알려지게 되나 시간의 경과가 명확하지 못하다.
④ 계획 단계에서 공정상의 문제점이 명확히 파악되어 작업 전에 수정이 가능하다.

해설

네트워크 공정표 특징

• 공사계획의 전모와 공사 전체의 파악을 용이하게 할 수 있다.
• 각 작업의 흐름과 공정이 분해됨과 동시에 작업의 상호관계가 명확하게 표시된다.
• 계획단계에서부터 공정상의 문제점이 명확하게 파악되고 작업 전에 수정을 가할 수 있다.
• 공사의 진척상황이 누구에게나 쉽게 알려지게 된다.
• 작성시간이 길며, 작성 및 검사에 특별한 기능이 요구된다.

101 네트워크(Network) 공정표의 장점이라고 볼 수 없는 것은?

① 작업 상호 간의 관련성을 알기 쉽다.
② 공정계획의 초기 작성 시간이 단축된다.
③ 공사의 진척 관리를 정확히 할 수 있다.
④ 공기 단축 가능 요소의 발견이 용이하다.

해설

문세 100번 해설 참조

102 네트워크(Network) 공정표의 장점이라고 볼 수 없는 것은?

① 작업 상호 간의 관련성 파악이 용이하다.
② 진도 관리를 명확하게 실시할 수 있으면 적절한 조치를 취할 수 있다.
③ 작업의 선후관계 및 소요일정 파악이 용이하다.
④ 작성 및 검사에 특별한 기능이 필요 없고, 경험이 없는 사람도 쉽게 작성할 수 있다.

해설

네트워크 공정표

네트워크 공정표는 작업상의 연관성으로 연결되는 공정표이므로 작성 시 원칙에 따라 작성해야 하므로 경험이 없는 사람은 작성이 곤란하다.

103 네트워크(Network) 공정표에 관한 설명으로 옳지 않은 것은?

① CPM 공정표는 네트워크 공정표의 한 종류이다.
② 요소작업의 시작과 작업기간 및 작업완료점을 막대그림으로 표시한 것이다.
③ PERT 공정표는 일정 계산 시 단계(Event)를 중심으로 한다.
④ 공사계획의 전모와 공사 전체의 파악이 용이하다.

해설

횡선식 공정표
횡선식 공정표는 좌측에는 작업명을 상단에는 작업일수를 표시하여 작업의 시작과 종료점을 막대로 표현한 공정표이다.

104 공사 실행 공정표의 작성시기에 대한 설명으로 옳은 것은?

① 공사착수 직전에 작성
② 공사착수 후 곧 작성
③ 공사설계와 동시에 작성
④ 공사입찰과 동시에 작성

해설

공정표 작성 시기
실행 공정표는 공사착수 전에 작성하여야 한다.

105 공정관리의 공정계획에는 수순계획과 일정계획이 있다. 다음 중 일정계획에 속하지 않은 것은?

① 시간계획
② 공사기일 조정
③ 프로젝트를 단위작업으로 분해
④ 공정도 작성

해설

공정계획 순서
〈수순계획〉
① 프로젝트를 단위작업으로 분해한다.
② 각 작업의 순서를 붙여서 행하며, 네트워크로 표현한다.
③ 각 작업시간을 견적한다.
〈일정계획〉
④ 시간계산을 실시한다.
⑤ 공기조정을 실시한다.
⑥ 공정표를 작성한다.
〈공정관리〉
⑦ 공정관리를 실시한다.

106 PERT/CPM에 대한 설명으로 틀린 것은?

① PERT는 명확하지 않은 사항이 많은 조건하에서 수행되는 신규사업에 많이 이용된다.
② 통상적으로 CPM은 작업시간이 확립되지 않은 사업에 활용된다.
③ PERT는 공기단축을 목적으로 한다.
④ CPM은 공사비 절감을 목적으로 한다.

해설

CPM과 PERT

구분	CPM	PERT
사업대상	반복, 경험사업	비반복, 신규사업
공기추정	1점 추정	3점 추정
일정계산	작업 중심	결합점 중심
MCX이론	핵심이론	없음
주목적	공비 절감	공기 단축

107 PERT/CPM 기법의 장점으로 옳지 않은 것은?

① 공사 착수 전 문제점을 예측할 수 있다.
② 공정표의 작성 및 관리가 용이하다.
③ 공정정보(공기, 원가, 노무, 자재 등)의 의사소통이 명확하다.
④ 최저의 비용으로 공기단축이 가능한 단위공정을 추정하기 용이하다.

해설

문제 106번 해설 참조

108 낙관적 시간 $a = 4$, 개연적 시간 $m = 7$, 비관적 시간 $b = 8$이라고 할 때 PERT 기법에서 적용하는 예상시간은 얼마인가?(단, 단위는 주)

① 5.8주 ② 6.0주
③ 6.3주 ④ 6.7주

 해설

평균기대시간
평균기대시간 $= (4 + 7 \times 4 + 8) \div 6 = 6.7$주

109 네트워크(Network) 공정표에서 작업의 개시, 종료 또는 작업과 작업 간의 연결점을 나타내는 것은?

① Activity ② Dummy
③ Event ④ Critical Path

 해설

네트워크 사용기호
• 결합점 : 네트워크공정표에서 작업의 시작이나 끝을 나타내는 연결기호로 결합점 안에 번호를 표기하여 작업의 진행흐름과 선후관계를 표현한다.
• 작업 : 네트워크공정표에서 단위작업을 나타내는 실선의 화살표로 위에는 작업명을, 아래는 시간을 나타낸다.
• 더미 : 네트워크공정표에서 정상적으로 표현할 수 없는 작업 상호 간의 관계를 표시하는 점선 화살표

110 화살선형 Network의 화살표에 대한 설명 중 옳지 않은 것은?

① 화살표 밑에는 계획작업일수를 숫자로 기재한다.
② 더미(Dummy)는 화살점선으로 표시한다.
③ 화살표 위에는 결합점 번호를 기재한다.
④ 화살표의 길이는 특정한 의미가 없다.

해설

문제 109번 해설 참조

111 다음이 설명하는 공정관리의 기법은?(반복공사에서 x축은 층수, y축은 공기로 하여 그 생산성을 기울기 직선으로 나타내는 방법으로 작업이 많은 공사에 적용되는 기법)

① 바차트
② LOB
③ 매트릭스 공정표
④ PERT

해설

LOB
• 고층건축물 또는 도로공사와 같이 반복되는 작업들에 의하여 공사가 이루어질 경우에는 작업들에 소요되는 자원의 활용이 공사기간을 결정하는 데 큰 영향을 준다.
• LOB 기법은 반복작업에서 각 작업조의 생산성을 유지시키면서, 그 생산성을 기울기로 하는 직선으로 각 반복작업의 진행을 표시하여 전체 공사를 도식화하는 기법으로 LSM(Linear Scheduling Method)기법이라고도 한다.
• 각 작업 간의 상호관계를 명확히 나타낼 수 있으며, 작업의 진도율로 전체 공사를 표현할 수 있다.

112 반복되는 작업을 수량적으로 도식화하는 공정관리기법으로 아파트 및 오피스 건축에서 주로 활용되는 것을 무엇이라고 하는가?

① 횡선식 공정표(Bar Chart)
② 네트워크 공정표
③ PERT 공정표
④ LOB(Line of Balance) 공정표

해설

문제 111번 해설 참조

113 다음 공정표에서 종속관계에 대한 설명으로 옳지 않은 것은?

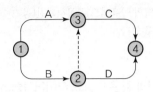

① C는 A작업에 종속된다.
② C는 B작업에 종속된다.
③ D는 A작업에 종속된다.
④ D는 B작업에 종속된다.

해설

단계의 원칙
선행작업이 종료되어야만 후속작업을 개시할 수 있으며, 선행과 후속의 관계는 결합점으로 연결되어 있는 경우만 해당한다. A작업의 후속작업은 C작업이며, B작업의 후속작업은 C, D작업이다. 그러므로 D작업은 A작업에 종속되지 않는다.

114 네트워크(Network) 공정표에서 더미(Du-mmy)를 가장 잘 설명한 것은?

① 작업의 상호관계만을 표시하는 점선 화살표
② 네트워크의 결합점 및 개시점·종료점
③ 작업을 수행하는 데 필요한 시간
④ 작업의 여유시간

해설

네트워크 용어
• 결합점 : 네트워크공정표에서 작업의 시작이나 끝을 나타내는 연결기호
• 작업 : 네트워크공정표에서 단위작업을 나타내는 기호
• 더미 : 네트워크공정표에서 정상적으로 표현할 수 없는 작업 상호 간의 관계를 표시하는 점선 화살표
• 플로트 : 작업의 여유시간
• 슬랙 : 결합점의 여유시간
• 최장패스(LP) : 임의의 두 결합점에 이르는 경로 중 소요시간이 가장 긴 경로
• 주공정선(CP) : 개시결합점에서 종료결합점에 이르는 경로 중 가장 긴 경로

115 공정관리에서의 네트워크(Network)에 관한 용어로서 관계없는 것은?

① 커넥터(Connector)
② 크리티컬 패스(Critical Path)
③ 더미(Dummy)
④ 플로트(Float)

해설

문제 114번 해설 참조

116 다음 공정계획에 관련된 용어의 설명 중 옳지 않은 것은?

① 작업(Activity) – 프로젝트를 구성하는 작업단위
② 결합점(Node) – 네트워크의 결합점 및 개시점, 종료점
③ 소요시간(Duration) – 작업을 수행하는 데 필요한 시간
④ 플로트(Float) – 결합점이 가지는 전체 여유시간

해설

문제 114번 해설 참조

117 C.P.M 방식에서 네트워크(Network) 공정표의 용어에 대한 설명이 옳지 않은 것은?

① 액티비티(Activity) – 프로젝트를 구성하는 작업단위
② 플로트(Float) – 작업의 여유시간
③ 주공정선(Critical Path) – 개시 결합점에서 종료 결합점에 도달하는 가장 긴 패스
④ 슬랙(Slack) – 작업을 수행하는 데 필요한 시간

해설

문제 114번 해설 참조

118 Network 공정표에서 사용되는 용어가 아닌 것은?

① Activity   ② Operation
③ Arbitration   ④ Duration

 해설

용어설명
① Activity(작업)
② Operation(공정)
③ Arbitration(중재)
④ Duration(기간, 지속)
여기서 Arbitration(중재)은 클레임 발생 시 조치의 용어로 봐야 한다.

119 네트워크 공정표에 사용되는 용어에 대한 설명으로 틀린 것은?

① Critical Path : 처음 작업부터 마지막 작업에 이르는 모든 경로 중에서 가장 긴 시간이 걸리는 경로
② Activity : 작업을 수행하는 데 필요한 시간
③ Float : 각 작업에 허용되는 시간적인 여유
④ Event : 작업과 작업을 결합하는 점 및 프로젝트의 개시점 혹은 종료점

해설

문제 114번 해설 참조

120 네트워크 공정에 관한 설명 중 옳지 않은 것은?

① 작업을 EST에서 시작하고 LFT로 완료할 때 생기는 여유를 토탈 플로트(TF)라 한다.
② 작업을 EST로 시작하고 후속작업도 EST로 시작하여도 존재하는 여유시간을 프리 플로트(FF)라 한다.
③ 크리티칼 패스상에서 디펜던트 플로트(DF)는 0 (Zero)이다.
④ 플로트(Float)는 공기에 영향을 미친다.

해설

플로트
플로트는 작업의 여유이므로 공사기간(공기)에는 전혀 영향을 미치지 않는다.

121 도면과 같은 화살표 다이어그램(Arrow Diagram)에서 크리티컬패스(Critical Path)는?

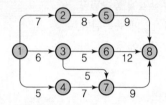

① ①-②-⑤-⑧
② ①-③-⑥-⑧
③ ①-③-⑦-⑧
④ ①-④-⑦-⑧

 해설

주공정선(Critical Path)
주공정선은 최초개시결합점에서 최종종료결합점에 이르는 경로 중 가장 소요일수가 많은 경로로 ①-②-⑤-⑧이 24일로 가장 길다.

122 PERT-CPM 공정표 작성 시에 EST와 EFT의 계산방법 중 옳지 않은 것은?

① 작업의 흐름에 따라 전진 계산한다.
② 선행작업이 없는 첫 작업의 EST는 프로젝트의 개시시간과 동일하다.
③ 어느 작업의 EFT는 그 작업의 EST에 소요일수를 더하여 구한다.
④ 복수의 작업에 종속되는 작업의 EST는 선행작업 중 EFT의 최솟값으로 한다.

해설

일정계산(EST, EFT)
• 작업의 흐름에 따라 전진 계산한다.
• 개시 결합점에서 나간 작업의 EST는 0으로 한다.

- 임의 작업의 EFT는 EST에 소요일수를 가산하여 구한다.
- 종속작업의 EST는 선행작업의 EFT 값으로 한다.
- 복수의 작업에 종속되는 작업의 EST는 선행 작업 중 EFT 의 최대치로 한다.

123 다음 자료를 네트워크 공정표로 작성하였을 때 주 공정선(CP)의 소요일수를 구하면?

작업	작업시간	선행작업
A	5	없음
B	6	없음
C	3	A
D	2	B, C

① 16일   ② 14일
③ 10일   ④ 8일

해설

주공정선

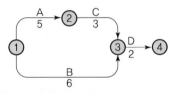

A-C-D 작업의 경로로서 10일이 소요된다.

124 공정관리 용어로서 전체 공사과정 중 관리상 특히 중요한 몇몇 작업의 시작과 종료를 의미하는 특정 시점을 무엇이라 하는가?

① 중간관리일   ② 절점
③ 표준점   ④ 비작업일

해설

중간관리일

중간관리일(milestone)은 계획 기간 내에 사업을 완성하기 위하여 반드시 지켜야 하는 중요한 몇몇 작업의 시작과 종료를 의미하는 중간시점을 말한다.

125 MCX(Minimum Cost Expediting) 기법에 의한 공기단축에서 아무리 비용을 투자해도 그 이상 공기를 단축할 수 없는 한계점을 무엇이라 하는가?

① 표준점   ② 특급점
③ 포화점   ④ 경제 속도점

해설

특급점

더 이상 공기가 단축될 수 없는 시간의 점을 의미하며, 특급점까지의 시간을 절대공기라고 한다.

126 건축공사의 시공속도에 관한 설명 중 옳지 않은 것은?

① 공사 속도를 빠르게 할수록 직접비는 감소된다.
② 급작 공사를 강행할수록 공사의 질은 조잡해진다.
③ 매일 공사량은 손익 분기점 이상의 공사량을 실시하는 것이 채산되는 시공 속도이다.
④ 시공 속도는 간접비와 직접비의 합계가 최소로 되도록 하는 것이 가장 경제적이다.

해설

공기속도

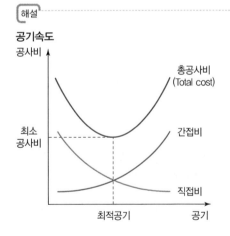

127 공사기간 단축기법으로 주공정상의 소요 작업 중 비용구배(Cost Slope)가 가장 작은 요소작업부터 단위시간씩 단축해 가며 이로 인해 변경되는 주공정이 발생되면 변경된 경로의 단축해야 할 요소작업을 결정해 가는 방법은?

① MCX(Minimum Cost Expediting)

② CP(Critical Path)

③ PERT(Program Evaluation and Review Technique)

④ CPM(Critical Path Method)

MCX 기법

㉠ 공정표를 작성한다.

㉡ 주공정선을 구한다.

㉢ 비용구배 및 단축가능일수를 파악한다.

㉣ 주공정선에서 비용구배가 최소인 작업부터 단축기능 일수 범위 내에서 단축한다.

㉤ 이때 부공정선이 주공정선이 될 때까지만 단축한다.

㉥ ㉠, ㉤항을 반복한다.

128 MCX(Minimum Cost Expediting) 기법에 의한 공기 단축 방법에 관한 설명 중 옳지 않은 것은?

① 주공정선(Critical Path) 이외의 작업을 선택한다.

② 비용구배가 최소인 작업부터 단축한다.

③ 단축가능한계까지 단축한다.

④ 보조 주공정선(Sub-Critical Path)의 발생을 확인 한다.

공기단축

공기단축은 CP(주공정선)에서 비용구배가 최소인 작업에 서 단축한다.

129 공정관리에서 공기단축을 시행할 경우에 관한 설명으로 옳지 않은 것은?

① 특별한 경우가 아니면 공기단축 시행 시 간접비는 상승한다.

② 비용구배가 최소인 작업을 우선 단축한다.

③ 주공정산상의 작업을 먼저 대상으로 단축한다.

④ MCX(Minimum Cost Expediting)법은 대표적인 공 기단축방법이다.

공사속도와 공사비의 관계

① 공사를 빨리할수록 직접비는 증가, 간접비는 감소하며 총공사비는 증가한다.

② 공사가 늦어지면 직접비는 감소, 간접비는 증가하며 이 경우에도 총공사비는 증가한다.

130 건설 프로젝트의 비용 및 일정에 대한 계획 대비 실적을 통합된 기준으로 비교, 관리하는 통합 공정관리시스템은?

① EVMS(Earned Value Management System)

② QC(Quality Control)

③ CIC(Computer Integrated Construction)

④ CALS(Continuous Acquisition & Life Cycle Support)

EVMS

프로젝트 비용과 일정에 대한 계획과 실적을 객관적인 기 준에 의해 비교 관리하는 통합공정관리기법

131 달성가치(Earned Value)를 기준으로 원가 관리를 시행할 때, 실제투입원가와 계획된 일정에 근거한 진행성과 차이를 의미하는 용어는?

① CV(Cost Variance)

② SV(Schedule Variance)

③ CPI(Cost Performance Index)

④ SP(Schedule Performance Index)

비용분산(CV : Cost Variance)

$= BCWP - ACWP \begin{pmatrix} CV < 0 -- 원가초과 \\ CV > 0 -- 원가절감 \end{pmatrix}$

132 공급망관리(Supply Chain Management)의 필요성이 상대적으로 가장 적은 공종은?

① PC(Precast Concrete)공사
② 콘크리트공사
③ 커튼월공사
④ 방수공사

해설

공급망 관리
제품, 자금, 정보 등이 공급자로부터 제조, 유통, 및 판매를 통하여 고객에게 주어지는 진행과정을 관리하는 것으로 복잡한 공정에서 주로 적용한다.

Section 07 품질관리(Q.C : Quality Control)

133 관리 사이클의 단계를 바르게 나열한 것은?

① Plan – Check – Do – Action
② Plan – Do – Check – Action
③ Plan – Do – Action – Check
④ Plan – Action – Do – Check

해설

관리의 사이클
계획(Plan) – 실시(Do) – 계측(Check) – 시정(Action)

134 품질관리사이클의 순서로 옳은 것은?

① 계획 – 검토 – 실시 – 조치
② 계획 – 검토 – 조치 – 실시
③ 계획 – 실시 – 조치 – 검토
④ 계획 – 실시 – 검토 – 조치

해설

문제 133번 해설 참조

135 품질관리 단계를 계획(Plan), 실시(Do), 검토(Check), 조치(Action)의 4단계로 구분할 때 계획(Plan)단계에서 수행하는 업무가 아닌 것은?

① 적정한 관리도 선정
② 작업표준 설정
③ 품질관리 대상 항목 결정
④ 시방에 의거한 품질표준 설정

해설

관리도
관리도는 일을 해나가면서 이상 여부를 체크하는 품질관리 수법으로 관리사이클의 단계에서는 체크단계에 해당한다.

136 TQC를 위한 7가지 도구 중 다음 설명이 의미하는 것은?

> 모집단에 대한 품질특성을 알기 위하여 모집단의 분포상태, 분포의 중심위치, 분포의 산포 등을 쉽게 파악할 수 있도록 막대그래프 형식으로 작성한 도수분포도를 말한다.

① 히스토그램
② 특성요인도
③ 파레토도
④ 체크시트

해설

품질관리(QC)수법
- 히스토그램 : 계량치의 분포(데이터)가 **어떠한 분포**로 되어 있는 가를 알아보기 위하여 작성하는 것
- 특성요인도 : **결과에 원인**이 어떻게 관계하고 있는가를 한눈에 알아보기 위하여 작성하는 것
- 파레토도 : **불량, 결점**, 고장 등의 발생건수를 분류항목별로 나누어 크기 순서대로 나열해 놓은 것
- 체크시트 : 계수치의 데이터가 분류항목별의 **어디에 집중되어** 있는가를 알아보기 쉽게 나타낸 것
- 그래프 : 품질관리에서 얻은 각종 자료의 결과를 알기 쉽게 그림으로 정리한 것
- 산점도 : 서로 대응하는 두 개의 짝으로 된 데이터를 그래프 용지에 타점하여 두 변수 간의 **상관관계**를 파악하기 위한 것
- 층별 : 집단을 구성하고 있는 많은 데이터를 어떤 특징에 따라 몇 개의 **부분집단**으로 나눈 것

---

137 다음 중 QC(Quality Control) 활동의 도구가 아닌 것은?

① 기능 계통도
② 산점도
③ 히스토그램
④ 특성요인도

해설
문제 136번 해설 참조

138 품질관리(Quality Control) 활동의 도구에 해당되지 않는 것은?

① 기능계통도
② 특성요인도
③ 파레토도
④ 히스토그램

해설
문제 136번 해설 참조

139 다음 통합품질관리 TQC(Total Quality Control)를 위한 도구의 설명으로 옳지 않은 것은?

① 파레토도란 층별 요인이나 특성에 대한 불량점유율을 나타낸 그림으로서 가로축에는 층별 요인이나 특성을, 세로축에는 불량건수나 불량손실금액 등을 표시하여 그 점유율을 나타낸 불량해석도이다.
② 특성요인도란 문제로 하고 있는 특성과 요인 간의 관계, 요인 간의 상호관계를 쉽게 이해할 수 있도록 화살표를 이용하여 나타낸 그림이다.
③ 히스토그램이란 모집단에 대한 품질특성을 알기 위하여 모집단의 분포상태, 분포의 중심위치, 분포의 산포 등을 쉽게 파악할 수 있도록 막대그래프 형식으로 작성한 도수분포도를 말한다.
④ 관리도란 통계적 요인이나 특성에 대한 두 변량 간의 상관관계를 파악하기 위한 그림으로서 두 변량을 각각 가로축과 세로축에 취하여 측정값을 타점하여 작성한다.

해설
문제 136번 해설 참조

CHAPTER

02

가설공사

1. 정의

공사기간 중 임시로 설비하며 공사를 완성할 목적으로 쓰이는 제반시설 및 수단의 총칭이고, 공사가 완료되면 해체, 철거, 정리되는 제설비공사를 말한다.

2. 가설 공사 계획

1) 반복사용의 중시(전용성)

가설재를 강재화하고, 보관, 수리, 정리를 철저히 한다.

2) 재료강도의 고려(소요강도)

경제성과 안정성의 균형을 유지한다.

3) 시공성 확보

조립해체가 용이하게 계획한다.

4) 경제성

한 개의 현장에서 벗어나 전사적 개념의 경제성을 고려한다.

5) 안전성

임시시설물이므로 재해사고가 일어나지 않도록 설치한다.

기 13①② 18④ 산 13① 16①

핵심문제 ●●●○

다음 공사 중 가설공사에 해당되지 않는 것은?
① 비계 설치
② 규준틀 설치
③ 현장사무실 축조
❹ 거푸집 설치

3. 가설 공사 항목

항목	내용
가설 운반로	도로, 교량, 구름다리, 배수로, 토사적치장 등
차용지	작업장, 재료적치장, 기타용지
대지 측량과 정리	대지 측량, 전주와 장애물이성, 수목이식 등
가설 울타리	판장, 가시철망, 대문 등
비계 발판	비계, 발돋음, 낙하물 방지망 등
가설 건물	사무소, 차고, 숙소 등
보양 및 인접건물 보상	콘크리트면 보양, 수장재, 돌출부 등
물푸기와 시험	배수, 재료시험, 지질시험 등

항목	내용
시공장비 설치	토공사용 중장비, 가설물, 타워 등
운반 및 종말처리 청소	재료운반, 기계운반, 불용잔물처리 등
기계기구, 동력전등설비, 용수설비	변전소, 배전판, 가설용수
위험방지 및 안전설비	낙하물 방지망, 방호선반, 방호철망, 방호시트

1) 공통 가설 공사

공사 전반에 걸쳐 여러 공종에 공통으로 사용되는 공사로서 울타리, 가설
건물, 가설전기, 가설용수 등이 있다.

2) 직접 가설 공사

특정 공정에 사용되는 공사로서 규준틀, 비계, 먹매김, 양중, 운반, 보양
등이 있다.

4. 착공 시점의 인허가 항목

1) 공통 인허가

① 도로점용허가 신청
② 방화관리자 선임신고
③ 건설폐기물 처리계획 신고
④ 사업장폐기물배출자 신고
⑤ 비산먼지발생사업 신고
⑥ 품질시험계획서
⑦ 유해위험 방지 계획서
⑧ 안전관리계획서
⑨ 특정공사 사전신고(소음/진동)

2) 건축 인허가

① 건축물 착공신고
② 경계측량
③ 가설건축물 축조신고 및 사용승인
④ 품질관리계획서
⑤ 화약류 사용허가 신청
⑥ 화약류 운반신고

핵심문제 ●○○

건축공사의 원가계산상 현장의 공사
용수설비는 어느 항목에 포함되는가?
① 재료비
② 외주비
❸ 가설공사비
④ 콘크리트 공사비

핵심문제 ●●○

가설공사에서 공통가설공사에 해당
되지 않는 가설물은?
① 가설사무실 　❷ 동바리
③ 가설울타리 　④ 각종 실험실

기 18②

핵심문제 ●○○

공사 착공시점의 인허가항목이 아닌
것은?
① 비산먼지 발생사업 신고
❷ 오수처리시설 설치신고
③ 특정공사 사전신고
④ 가설건축물 축조신고

1. 거리측량(길이측량)

1) 보측 : 통상 75 ~ 80cm

2) 음측 : 1초간의 음속=340m

3) 기구에 의한 측량

① 줄자

② 스타디아 측량 : 중간에 장애물이 있을 때 편리

③ 측량방법 : 강측이 정확하고 능률적이다.

✎ 그림에서 A에서 B를 향해 측정－강측 / B에서 A를 향해 측정－등측

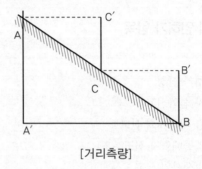

[거리측량]

2. 평판측량(면적측량)

1) 사용기구

평판, 삼각대, 앨리데이드, 구심기, 다림추, 자침기, 폴

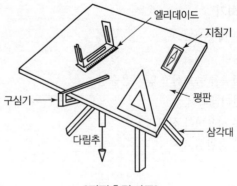

[평판측량기구]

2) 사전작업

① **정치(定置)** : 앨리데이드에 설치된 수준기로 수평이 되도록 설치한다.

② **정위(定位)** : 평판이 일정한 방향과 방위를 유지하도록 한다. 앨리데이드와 자침기를 이용한다.

③ **치심(致心)** : 평판의 측정을 표시하는 위치가 상측점과 일치하도록 구심기와 다림추를 이용한다.

3) 평판측량의 특징

① 장점

- 현장에서 직접 작도하므로 결측이 없다.
- 오측을 하였을 때 현장에 발견이 용이하다.
- 야장이 불필요하여 시간이 절약된다.
- 기계 구조가 간단하여 작업이 편리하다.

② 단점

- 종이(도지)의 건습에 의한 신축의 오차가 발생하기 쉽다.
- 기후의 영향을 받는다.
- 부품이 많아서 휴대가 불편하다.
- 다른 측량에 비하여 정확도가 낮다.

3. 수준측량(고저측량)

지반면에서 필요한 각 점 또는 각 점 간의 고저차를 측량하여 기준점(Bench Mark)으로부터의 높이를 정하는 측량

1) 용어

① **전시(F.S : Fore Sight)** : 표고의 미지점에 함척을 세워 읽는 것

② **후시(B.S : Back Sight)** : 표고의 기지점(旣知點)에 함척을 세워 읽는 것

③ **이점(利點)(T.P : Turning Point)** : 고저차를 구하는 두 점을 한번을 시준할 수 없을 때 레벨을 새로이 고쳐 세우는 점

④ **기계고(I.H)** : 망원경의 시선의 표고

2) 측량방법

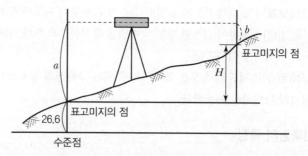

[고저측정법]

① 고저차(H) : 후시(a) − 전시(b)
② 표고의 산출 : 표고(Y) + 고저차(H)

4. 경계측량

공사착공 전 공사대지와 인접대지와의 경계, 도로와의 경계를 파악하기 위
하여 실시하는 측량

핵심문제 ●●●

신축할 건축물의 높이의 기준이 되는
주요 가설물로 이동의 위험이 없는 인근
건물의 벽 또는 담장에 설치하는 것은?

① 줄띄우기   ❷ 벤치마크
③ 규준틀   ④ 수평보기

핵심문제 ●●●

건축물 높낮이의 기준이 되는 벤치마
크(Bench – mark)에 관한 설명으로
옳지 않은 것은?

① 이동 또는 소멸 우려가 없는 장소에
  설치한다.
❷ 수직규준틀이라고도 한다.
③ 이동 등 훼손될 것을 고려하여 2개
  소 이상 설치한다.
④ 공사가 완료된 뒤라도 건축물의 침
  하, 경사 등의 확인을 위해 사용되
  기도 한다.

1. 기준점(Bench Mark)

공사 중에 높이의 기준을 삼고자 설정하는 것

1) 기준점은 바라보기 좋고 공사에 지장이 없는 곳에 설정한다.
2) 기준점은 대개 지반면에서 0.5~1m 위에 두고 그 높이를 기준표 밑에 적
   어 둔다.
3) 건물의 G.L은 현지에 지정되거나 입찰 전 현장 설명 시에 지정된다.
4) 기준점은 공사기간 중에 이동될 우려가 없는 인근 건물벽돌담 등을 이용
   하는 것이 좋다.
5) 기준점은 2개소 이상 여러 곳에 표시해 두는 것이 좋다.
6) 대지 주위에 적당한 물체가 없을 때는 공사에 지장이 없고, 건축의 지표가
   될 수 있는 곳에 따라 설치한다.

2. 규준틀

기 13① 15④ 산 15③

1) 수평 규준틀

건물의 각부 위치 및 높이, 기초의 너비 또는 길이 등을 정확히 결정하기 위한 것이며, 이동이나 변형이 없도록 견고히 설치한다.

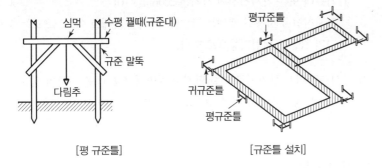

[평 규준틀]　　　　　　[규준틀 설치]

2) 세로 규준틀

조적공사에서 고저 및 수직면의 기준으로 사용하기 위해 10cm 정도 각재를 대패질하여 줄눈, 쌓기높이, 켜수, 문틀위치, 나무벽돌 위치 등을 기재한다.

핵심문제 ●○○

공사 착공 전에 건축물의 형태에 맞춰 줄을 띄우거나 석회 등으로 선을 그어 건축물의 건설위치를 표시하는 것으로 도로 및 인접 건축물과의 관계, 건축물의 건축으로 인한 재해 및 안전대책 점검과 관련 있는 것은?

❶ 줄쳐보기　　② 벤치마크
③ 먹매김　　　④ 수평보기

핵심문제 ●●○

가설공사에서 건물의 각부 위치, 기초의 너비 또는 길이 등을 정확히 결정하기 위한 것은?

① 벤치마크　　❷ 수평규준틀
③ 세로규준틀　④ 현상측량

핵심문제 ●○○

그림과 같은 수평보기 규준틀에서 A 부재의 명칭은?

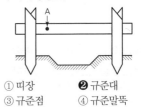

① 띠장　　　　❷ 규준대
③ 규준점　　　④ 규준말뚝

SECTION 04 가설 건축물

1. 가설 울타리

기 19②

비산먼지 발생 신고 대상 건축물로서 공사장 경계에서 50m 이내에 주거 · 상가 건축물이 있는 경우 높이 3m 이상 방진벽 설치

1) 울타리 높이

① 1.8m 이상(지반면이 공사현장 주위의 지반면보다 낮은 경우에는 공사현장 주위의 지반면에서의 높이 기준)으로 설치

② 야간에도 잘 보이도록 발광 시설을 설치

③ 차량과 사람이 출입하는 가설울타리 진출입구에는 시건장치가 있는 문을 설치

④ 공사장 부지 경계선으로부터 50m 이내에 주거 · 상가건물이 집단으로 밀집되어 있는 경우에는 높이 3m 이상으로 설치

핵심문제 ●●○

공사장 부지 경계선으로부터 50m 이내에 주거 · 상가건물이 있는 경우에 공사현장 주위에 가설울타리는 최소 얼마 이상의 높이로 설치하여야 하는가?

① 1.5m　　　　② 1.8m
③ 2m　　　　　❹ 3m

---

2) 울타리 구조

① 공사현장 주위의 지반면에서 높이 1.8m 이상

② 기둥은 75mm의 각재 또는 통나무 끝마구리 직경 70mm 이상의 것을 간격 1.8m 이내로 배치

③ 가로대 또는 가시철선의 간격은 200mm 이내

④ 가시철선을 사용할 때에는 각 기둥 사이에 가새를 대고, 끝 또는 모서리의 기둥은 버팀기둥으로 한다.

3) 공사현장의 비산먼지로 인한 환경 피해발생 저감 등을 위하여 필요시 가설울타리 상부에 방진망을 추가로 설치(방진망높이는 울타리 높이에서 제외)

2. 가설 건물

1) 현장 사무실 – 1인당 3.3m²(최소)

① 공사 감리자와 시공자 사무소로 1인당 3.3m² 기준이나 보통은 6～12m²가 적당하다.

② 대지 여유가 없을 때는 보도를 이용하여 육교(Over Bridge)를 가설하여 2층 부분을 사무소로 한다(구대).

2) 시멘트 창고

① 바닥은 지면에서 30cm 이상 받침대를 대거나 그 위에 마루널 또는 철판을 깐다.

② 외벽 및 지붕은 널 또는 골함석을 이용하며 출입구를 제외하고는 가능한 개구부를 설치하지 아니한다.

③ 시멘트를 한 곳에 쌓는 높이는 13포대 이하로 하며, 바닥면적 1m²당 50포대를 저장할 수 있으나 통로를 낼 경우에는 1m²당 30～35포대를 저장할 수 있다.

④ 시멘트 창고의 주위에는 배수도랑을 두어 우수의 침입을 방지하도록 한다.

3) 변전소

① 지붕, 벽 바닥에 물이 새지 않도록 시공한다.

② 울타리를 적당히 둘러치고 위험 표시를 한다.

③ 주변에는 조명설비를 하고 야간에는 불을 켜둔다.

④ 비상시에 대비하여 사무실 근처에 설치한다.

기 17②④ 20③ 산 10① 13③ 16②

핵심문제 ●●○

가설건물 중 시멘트 창고의 구조에 대한 설명으로 옳지 않은 것은?

① 바닥구조는 마루널깔기가 보통이며 가능하면 그 위에 루핑을 깐다.

② 주위에는 배수구를 설치하여 물빠짐을 좋게 한다.

❸ 통풍이 잘 되도록 가능한 한 개구부의 크기를 크게 한다.

④ 시멘트의 높이 쌓기는 13포대를 한도로 한다.

핵심문제 ●●○

가설 건축물에 대한 설명으로 옳지 않은 것은?

① 하도급자 사무실은 후속공정에 지장이 없는 현장 사무실과 가까운 곳에 둔다.

② 시멘트창고는 통풍이 되지 않도록 출입구 외에는 개구부 설치를 금한다.

③ 인화성 재료 저장소는 벽, 지붕, 천장의 재료를 방화구조 또는 불연구조로 하고 소화설비를 갖춘다.

❹ 변전소의 위치는 안전상 현장사무실에서 최대한 멀리 떨어진 곳에 배치한다.

4) 가연성 도료창고

① 독립한 단층 건물로 주위 건물에서 1.5m 이상 떨어져 있게 한다.

② 건물 내부의 일부를 도료의 저장장소로 이용할 때에는 내화구조 또는 방화구조로 구획된 장소를 선택한다.

③ 지붕은 불연재료로 하고, 천장을 설치하지 않는다.

④ 바닥에는 침투성이 없는 재료를 깐다.

⑤ 시너를 보관할 때는 소화방법 및 기타 위험물 취급에 관한 법령에 준하여 소화기 및 소화용 모래 등을 비치한다.

핵심문제 ●○○

도장공사에 필요한 가연성 도료를 보관하는 창고에 관한 설명으로 옳지 않은 것은?

① 독립한 단층건물로서 주위 건물에서 1.5m 이상 떨어져 있게 한다.

② 건물 내의 일부를 도료의 저장장소로 이용할 때는 내화구조 또는 방화구조로 구획된 장소를 선택한다.

③ 바닥에는 침투성이 없는 재료를 깐다.

❹ 지붕은 불연재료로 하고, 적정한 높이의 천장을 설치한다.

SECTION 05 비계 및 비계다리

1 개요

1. 일반사항

1) 작업발판, 통로 및 계단에는 근로자가 안전하게 통행할 수 있도록 75lux 이상의 채광 또는 조명시설 설치

2) 사용 중이거나 작업 중일 때에는 비계를 수평으로 이동하거나 변경금지

3) 동결지반 위에는 비계를 설치금지

4) 도괴방지와 비계기둥의 좌굴 보강을 위하여 벽이나 구조물에 벽 연결철물로 고정

2. 지반

1) 전체 비계 구조물을 지지

2) 콘크리트, 강재 표면 및 단단한 아스팔트 등과 같은 지반은 깔목을 설치하지 않은 상태에서 받침 철물만을 사용하여 지지 가능

3) 연약지반은 비계기둥이 침하하지 않도록 다지고 두께 45mm 이상의 깔목을 소요폭 이상으로 설치하거나 콘크리트를 타설

4) 비계기둥 3개 이상을 밑둥잡이로 연결(받침 철물을 바닥에 고정했을 때에는 밑둥잡이를 생략)

5) 경사진 지반의 경우에는 피벗형 받침 철물을 사용하거나 수평을 유지

3. 벽 이음재

1) 풍하중 및 수평하중에 의해 영구 구조체의 내·외측으로 움직임을 방지하기 위해 설치하는 부재
2) 수직재와 수평재의 교차부에서 비계면에 대하여 직각이 되도록 하여 수직재에 설치
3) 전체를 한 번에 풀지 않고, 부분적으로 순서에 맞게 해체
4) 거푸집 조립 시에는 1개 층씩 필요한 부분만 풀고, 작업을 완료한 이후에 즉시 재설치
5) 띠장에 부착된 벽 이음재는 비계기둥으로부터 300mm 이내에 부착
6) 앵커는 비계 구조체가 해체될 때까지 존치
7) 보호망의 설치 유무와 벽 이음재의 종류를 고려
8) 벽 이음재의 종류
   ① 박스형 벽 이음재(Box Ties) : 건물의 기둥과 같은 부재에 강관과 클램프를 사용하여 사각형 형태로 결속하는 방식
   ② 립형 벽 이음재(Lip Ties) : 박스형 벽 이음재 설치가 불가능한 경우 건물 전면의 형상과 조건에 따라 강관과 클램프를 갈고리 형태로 조립하여 건물에 결속하는 방식
   ③ 관통형 벽 이음재(Through Ties) : 건물 개구부 내부의 바닥 및 천정에 지지되도록 설치된 강관 또는 강제 파이프 서포트에 개구부를 가로시르는 강관을 클램프로 결속하는 방식
   ④ 창틀용 벽 이음재(Reveal Ties) : 건물 전면에 앵커를 설치할 수 없는 경우, 건물 구조물의 성능을 확인할 수 없는 경우, 또는 창틀 등의 개구부에 강관과 클램프로 벽 이음을 할 수 없는 경우에 사용하는 방식으로 마주보는 창틀면에 강관, 쐐기 또는 잭 등을 사용하여 지지한 후에 비계 구조물에 결속하는 방식

4. 안전 난간

1) 추락의 위험이 있는 곳에는 높이가 0.9m 이상인 안전난간을 설치
2) 중간 난간대는 상부 난간대와 바닥면의 중간에 설치
3) 높이가 1.2m를 초과하는 경우에는 수평난간대 간의 간격이 0.6m 이하가 되도록 중간 난간대를 추가로 설치
4) 안전난간의 설치가 곤란한 곳에서는 추락 방호망을 설치
5) 안전난간과 작업발판 사이에는 재료, 기구 또는 공구 등이 떨어지는 것을 방지할 수 있도록 발끝막이판을 설치

5. 시공

1) 구조체에서 300mm 이내로 떨어져 쌍줄비계로 설치하되, 별도의 작업발판을 설치할 수 있는 경우에는 외줄비계

2) 높이 31m 이상인 비계구조물은 구조 계산서를 확인

6. 해체 및 철거

1) 해체 및 철거는 시공의 역순

2) 해체 착수 전에 비계에 결함이 발생했을 경우에는 정상적인 상태로 복구한 후에 해체

3) 규칙적이고 계획적으로 진행되어야 하며, 수평부재부터 차례로 해체

4) 해체 및 철거 시에는 도괴, 낙하, 추락 등의 방지를 위한 조치

5) 모든 분리된 부재와 이음재는 비계로부터 떨어뜨리지 말고 내려야 하며, 아직 분해되지 않은 비계부분은 안정성이 유지되도록 작업

6) 해체된 부재들은 비계 위에 적재해서는 안 되며, 해체된 부재들은 지정된 위치에 보관

7) 벽 이음재는 가능하면 나중에 해체

8) 비계를 해체할 경우에는 다음 사항에 주의

① 모든 벽 이음재를 한 번에 제거하지 말 것

② 모든 가새를 먼저 제거하지 말 것

③ 모든 중간매개체와 발판 끝의 장선을 제거하지 말 것

④ 모든 중간 난간대를 한 번에 제거하지 말 것

2 비계의 종류

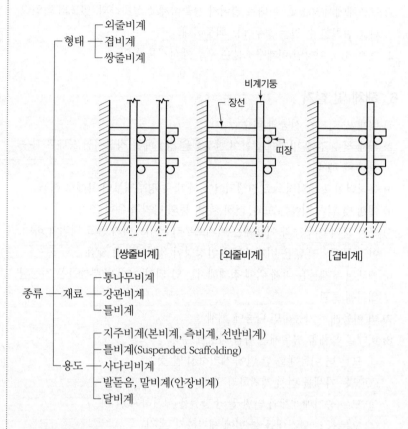

```
        ┌─ 외줄비계
형태 ─┼─ 겹비계
        └─ 쌍줄비계
```

[쌍줄비계]　　　[외줄비계]　　　[겹비계]

```
            ┌─ 통나무비계
        재료 ┼─ 강관비계
        │    └─ 틀비계
종류 ─┤
        │    ┌─ 지주비계(본비계, 측비계, 선반비계)
        │    ├─ 틀비계(Suspended Scaffolding)
        └─ 용도 ┼─ 사다리비계
                 ├─ 발돋음, 말비계(안장비계)
                 └─ 달비계
```

1. 통나무비계

2. 시스템비계

1) 수직재

① 수직재와 수평재는 직교되게 설치

② 수직재를 연약 지반에 설치할 경우 지반을 다지고 두께 45mm 이상의 깔목을 소요폭 이상으로 설치하거나, 콘크리트, 강재표면 및 단단한 아스팔트 등의 침하 방지 조치

③ 시스템 비계 최하부에 설치하는 수직재는 받침 철물의 조절너트와 밀착되도록 설치

④ 수직재와 받침 철물의 겹침 길이는 받침 철물 전체 길이의 3분의 1 이상

⑤ 수직재와 수직재의 연결은 전용의 연결조인트를 사용

2) 수평재

① 수평재는 수직재에 연결핀 등의 결합 방법에 의해 견고하게 결합

② 상부수평재의 설치높이는 작업 발판면으로부터 0.9m 이상

③ 중간수평재는 설치높이의 중앙부에 설치

④ 설치높이가 1.2m를 넘는 경우에는 2단 이상의 중간수평재를 설치하여 각각의 사이 간격이 0.6m 이하가 되도록 설치

3) 가새

① 비계의 외면으로 수평면에 대해 40~60° 방향으로 설치

② 수평재 및 수직재에 결속

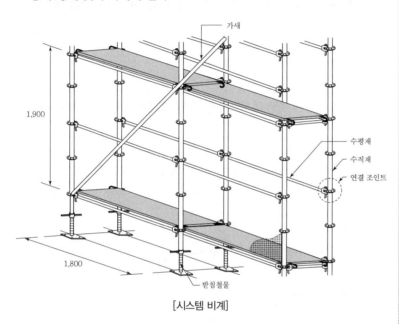

[시스템 비계]

3. 강관비계

1) 비계 기둥

① 수평재, 가새 등으로 안전하고 단단하게 고정

② 바닥 작용하중에 대한 기초기반의 지내력을 시험하여 적절한 기초처리

③ 밑둥에 받침 철물을 사용하는 경우 인접하는 비계기둥과 밑둥잡이로 연결

④ 연약지반에서는 소요폭의 깔판을 비계기둥에 3본 이상 연결

⑤ 간격은 띠장 방향으로 1.5m 이상 1.8m 이하, 장선방향으로 1.5m 이하

⑥ 31m를 초과하면 기둥의 최고부에서 하단 쪽으로 31m 높이까지는 강관 1개로 기둥을 설치하고, 31m 이하의 부분은 좌굴을 고려하여 강관 2개를 묶어 기둥을 설치

⑦ 비계기둥 1개에 작용하는 하중은 7.0kN 이내

⑧ 비계기둥과 구조물 사이의 간격은 300mm 이내

핵심문제 ●●○

표준시방서에 따른 시스템비계에 관한 기준으로 옳지 않은 것은?

① 수직재와 수직재의 연결은 전용의 연결조인트를 사용하여 견고하게 연결하고, 연결 부위가 탈락 또는 꺾어지지 않도록 하여야 한다.

② 수평재는 수직재에 연결핀 등의 결합 방법에 의해 견고하게 결합되어 흔들리거나 이탈되지 않도록 하여야 한다.

③ 대각으로 설치하는 가새는 비계의 외면으로 평면에 대해 40~60° 방향으로 설치하며 수평재 및 수직재에 결속한다.

❹ 시스템 비계 최하부에 설치하는 수직재는 받침 철물의 조절너트와 밀착되도록 설치하여야 하며, 수직과 수평을 유지하여야 한다. 이때, 수직재와 받침철물의 겹침길이는 받침철물 전체 길이의 5분의 1 이상이 되도록 하여야 한다.

핵심문제 ●○○

가설공사에서 강관비계 시공에 대한 내용으로 옳지 않은 것은?

① 가새는 수평면에 대하여 40~60°로 설치한다.

② 강관비계의 기둥간격은 띠장방향 1.5~1.8m를 기준으로 한다.

❸ 띠장의 수직간격은 2.5m 이내로 한다.

④ 수직 및 수평방향 5m 이내의 간격으로 구조체에 연결한다.

2) 띠장

① 띠장의 수직간격은 1.5m 이하

② 지상으로부터 첫 번째 띠장은 통행을 위해 강관의 좌굴이 발생되지 않는 한도 내에서 2m 이내로 설치 가능

③ 띠장을 연속해서 설치할 경우에는 겹침이음

④ 겹침이음을 하는 띠장 간의 이격거리는 순 간격이 100mm 이내

⑤ 띠장의 이음위치는 각각의 띠장끼리 최소 300mm 이상

⑥ 비계기둥의 간격이 1.8m일 때는 비계기둥 사이의 하중한도를 4.0kN

3) 장선

① 비계의 내·외측 모든 기둥에 결속

② 장선간격은 1.5m 이하

③ 작업 발판을 맞댐 형식으로 깔 경우, 장선은 작업 발판의 내민 부분이 100~200mm의 범위가 되도록 간격을 정하여 설치

④ 장선은 띠장으로부터 50mm 이상 돌출하여 설치

⑤ 바깥쪽 돌출부분은 수직 보호망 등의 설치를 고려하여 일정한 길이로 설치

4) 가새

① 대각으로 설치하는 가새는 비계의 외면으로 수평면에 대해 40~60° 방향으로 설치

② 가새의 배치간격은 약 10m마다 교차

③ 가새와 비계기둥괴의 교차부는 회진형 글램프로 결속

④ 수평가새는 벽 이음재를 부착한 높이에 각 스팬(Span)마다 설치하여 보강

5) 벽 이음

① 수직방향 5m 이하, 수평방향 5m 이하로 설치

② 벽 이음 위치는 비계기둥과 띠장의 결합 부근

③ 벽면과 직각이 되도록 설치하고, 비계의 최상단과 가장자리 끝에도 벽 이음재를 설치

4. 강관틀 비계

1) 주틀

① 전체 높이는 원칙적으로 40m를 초과할 수 없음

② 높이가 20m를 초과하는 경우 또는 중량작업을 하는 경우에는 내력상 중요한 틀의 높이를 2m 이하로 하고 주틀의 간격은 1.8m 이하로 함

③ 주틀의 간격이 1.8m일 경우 주틀 사이의 하중한도는 4.0kN

④ 주틀의 기둥 1개당 수직하중의 한도는 견고한 기초 위에 설치하게 될 경우 24.5kN

⑤ 주틀의 기둥재 바닥은 작용한 하중을 안전하게 기초에 전달할 수 있도록 받침 철물 사용

⑥ 주틀의 바닥에 고저 차가 있을 경우 조절형 받침 철물을 사용하여 각 주틀을 수평과 수직으로 유지

⑦ 주틀의 최상부와 다섯 단 이내마다 띠장틀 또는 수평재 설치

⑧ 비계의 모서리 부분에서는 주틀 상호 간을 비계용 강관과 클램프로 견고히 결속하고 주틀의 개구부에는 난간 설치

2) 교차가새

① 교차가새는 각 단, 각 스팬마다 설치

② 일부의 교차가새를 제거할 때에는 그 사이에 수평재 또는 띠장틀을 설치하고 벽 이음재가 설치되어 있는 단은 해체 금지

3) 벽 이음과 보강재

① 벽 이음재의 배치 간격은 수직방향 6m 이하, 수평방향 8m 이하로 설치

② 띠장방향으로 길이 4m 이하이고, 높이 10m를 초과할 때는 높이 10m 이내마다 띠장방향으로 유효한 보강틀을 설치

③ 보틀 및 내민틀(캔틸레버)은 수평가새 등으로 옆 흔들림을 방지할 수 있도록 보강

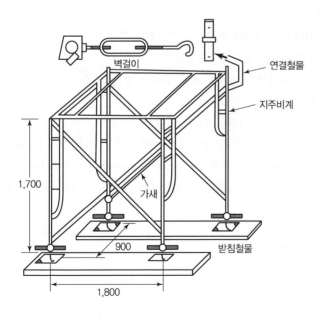

5. 달비계

1) 와이어로프, 달기체인, 달기강선 또는 달기로프는 한쪽 끝을 비계의 보 등에 다른 쪽 끝을 영구 구조체에 각각 부착
2) 달비계의 체인, 띠장 및 장선의 간격은 1.5m 이내
3) 작업 발판과 철골보와의 거리는 0.5m 이상을 유지
4) 비계를 달아매는 체인은 보와 띠장을 고리형으로 체결
5) 달비계의 외부로 돌출되는 띠장과 장선의 길이는 1m 정도
6) 달기틀의 설치간격은 1.8m 이하로 하며, 철골보에 확실하게 체결
7) 작업바닥 위에서 받침대나 사다리를 사용 금지
8) 와이어로프는 수리하여 사용 금지

6. 말비계

1) 설치높이는 2m 이하
2) 사다리는 기둥재와 수평면과의 각도는 75° 이하, 기둥재와 받침대와의 각도는 85° 이하
3) 작업 발판의 전체 폭은 0.4m 이상, 길이는 0.6m 이상
4) 작업 발판의 돌출길이는 100~200mm 정도
5) 작업 발판 위에서 받침대나 사다리 사용 금지

7. 작업 발판

1) 높이가 2m 이상인 장소에는 비계를 조립하는 등의 방법에 의하여 작업발판을 설치
2) 작업발판은 비계의 장선 등에 견고히 고정
3) 작업발판의 전체 폭은 0.4m 이상
4) 재료를 저장할 때는 폭이 최소한 0.6m 이상(최대 1.5m)
5) 2개 이상의 지지물에 고정
6) 발판 사이의 틈 간격은 30mm 이내
7) 겹쳐서 사용할 경우 연결은 장선 위에서 하고, 겹침 길이는 200mm 이상
8) 작업발판에는 최대적재하중을 표시한 표지판을 비계에 부착
9) 통로를 따라 양측에 발끝막이판의 높이는 바닥에서 100mm 이상, 비계기둥 안쪽에 설치

8. 작업계단

1) 출입 및 각종 자재 운반을 위한 가설계단을 설치하며, 계단의 지지대는 비계 등에 견고하게 고정
2) 계단의 단 너비는 350mm 이상이어야 하며, 디딤판의 간격은 동일

3) 높이 7m 이내마다와 계단의 꺾임 부분에는 계단참을 설치

4) 통로나 작업발판에는 2m 이내의 높이에 장애물이 없어야 한다. 다만, 비
계 단의 높이가 2m 이하인 경우는 예외

5) 높이 1m 이상인 계단의 개방된 측면에는 안전난간을 설치

9. 경사로

1) 경사로 지지기둥은 3m 이내마다 설치

2) 경사로 폭은 0.9m 이상이어야 하며, 인접 발판 간의 틈새는 30mm 이내

3) 경사로 보는 비계기둥 또는 장선에 클램프로 연결

4) 발판을 지지하는 장선은 1.8m 이하의 간격으로 발판에 3점 이상 지지하도
록 하여 경사로 보에 연결

5) 발판의 끝단 돌출길이는 장선으로부터 200mm 이내

6) 발판은 장선에 2곳 이상 고정하고, 이음은 겹치지 않게 맞대어야 하며, 발
판널에는 단면 15mm × 30mm 정도의 미끄럼막이를 300mm 내외의 간격
으로 설치

7) 경사각은 30° 이하이어야 하며, 미끄럼막이를 일정한 간격으로 설치

▼ 미끄럼막이로 목재를 사용하는 경우의 간격

경사각	미끄럼막이 간격	경사각	미끄럼막이 간격
30°	300mm	22°	400mm
29°	330mm	19°	430mm
27°	350mm	17°	450mm
24°	370mm	14°	470mm

8) 경사각이 15° 미만이고 발판에 미끄럼 방지장치가 있는 경우에는 미끄럼
막이를 설치하지 않음

9) 높이 7m 이내마다와 경사로의 꺾임 부분에는 계단참을 설치

10. 사다리

1) 고정 사다리

① 고정 사다리의 기울기는 90° 이하

② 그 높이가 7m 이상인 경우에는 바닥으로부터 높이가 2.5m 되는 지점
부터 등받이울을 설치

③ 사다리 폭은 300mm 이상, 발 받침대 간격은 250~350mm 이내

④ 벽면 상부로부터 0.6m 이상의 여장길이

⑤ 옥외용 사다리는 철재를 원칙으로 하며, 높이가 10m 이상인 사다리에
는 5m 이내마다 계단참 설치

⑥ 사다리 전면의 사방 0.75m 이내에는 장애물이 없어야 함

2) 이동 사다리

① 이동용 사다리의 길이는 6m 이내
② 이동용 사다리의 경사는 수평면으로부터 75° 이하
③ 사다리 폭은 300mm 이상, 발 받침대 간격은 250~350mm 이내
④ 벽면 상부로부터 0.6m 이상의 여장길이
⑤ 접이식 사다리를 사용할 경우에는 각도고정용 전용철물로 각도 유지
⑥ 이동용 사다리는 이어서 사용 금지

3) 연장사다리

① 총 길이는 15m 이내
② 잠금쇠와 브래킷을 이용하여 길이를 고정시킨 후에 사용
③ 도르래 및 로프는 충분한 강도 발현

SECTION 06 안전설비

1. 용어

1) 낙하물 방지망

작업 도중 자재, 공구 등의 낙하로 인한 피해를 방지하기 위하여 개구부 및 비계 외부에 수평방향으로 설치하는 망

2) 방호 선반

상부에서 작업 도중 자재나 공구 등의 낙하로 인한 재해를 방지하기 위하여 개구부 및 비계 외부 안전 통로 출입구 상부에 설치하는 낙하물 방지망 대신 설치하는 목재 또는 금속 판재

3) 수직 보호망

가설구조물의 바깥면에 설치하여 낙하물 및 먼지의 비산 등을 방지하기 위하여 수직으로 설치하는 보호망

4) 안전 난간

추락의 우려가 있는 통로, 작업발판의 가장자리, 개구부 주변 등의 장소에 임시로 조립하여 설치하는 수평난간대와 난간기둥 등으로 구성된 안전시설

5) 추락 방호망

고소작업 중 근로자의 추락 및 물체의 낙하를 방지하기 위하여 수평으로 설치하는 보호망. 다만, 낙하물방지 겸용 방망은 그물코 크기가 20mm 이하일 것

6) 수직형 추락방망

건설현장에서 근로자가 위험장소에 접근하지 못하도록 수직으로 설치하여 추락의 위험을 방지하는 방망

7) 발끝막이판(Toeboard)

근로자의 발이 미끄러짐이나, 작업 시 발생하는 잔재, 공구 등이 떨어지는 것을 방지하기 위하여 작업발판이나 통로의 가장자리에 설치하는 판재

8) 개구부 수평보호덮개

근로자 또는 장비 등이 바닥 등에 뚫린 부분으로 떨어지는 것을 방지하기 위하여 설치하는 판재 또는 철판망

9) 안전대 부착설비

추락할 위험이 있는 높이 2m 이상의 장소에서 근로자에게 안전대를 착용시킨 경우 안전대를 안전하게 걸어 사용할 수 있는 설비

10) 낙하물 투하설비

높이 3m 이상인 장소에서 낙하물을 안전하게 던져 아래로 떨어뜨리기 위해 설치되는 설비

2. 추락 재해 방지 시설

1) 추락 방호망

① 테두리로프를 섬유로프가 아닌 와이어로프로 하는 경우에는 인장강도가 15kN 이상이어야 함
② 설치지점으로부터 10m 이상의 높이에서 시멘트 2포대(80kg)를 포개어 묶은 중량물을 추락 방호망의 중앙부에 낙하시켰을 때 클램프 또는 전용 철물의 손상이나 파괴 등이 없어야 함
③ 작업면으로부터 추락 방호망의 설치지점까지의 수직거리(H)는 10m 초과 금지
④ 수평으로 설치하고 추락망호망의 중앙부 처짐(S)은 추락 방호망의 짧은 변 길이(N)의 12~18%

⑤ 추락 방호망의 길이 및 나비가 3m를 넘는 것은 3m 이내마다 같은 간격으로 테두리로프와 지지점을 달기로프로 결속

⑥ 추락 방호망의 짧은 변 길이(N)가 되는 내민길이(B)는 3m 이상

⑦ 추락 방호망과 이를 지지하는 구조체 사이의 간격은 300mm 이하

⑧ 추락 방호망의 이음은 0.75m 이상의 겹침

⑨ 추락 방호망의 검사는 설치 후 1년 이내에 최초로 하고, 그 이후로 6개월 이내마다 1회씩 정기적으로 검사

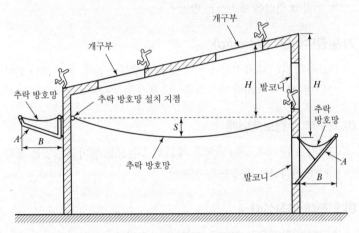

[추락 방호망의 설치 방법]

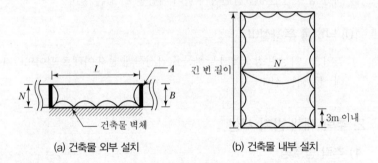

(a) 건축물 외부 설치   (b) 건축물 내부 설치

2) 안전 난간

① 통로, 작업발판의 가장자리, 개구부 주변, 경사로 등에는 안전난간을 설치

② 비계기둥의 안쪽에 설치하는 것이 원칙

③ 바닥면으로부터 0.9m 이상의 높이 유지

④ 높이가 1.2m 이하일 경우 중간 난간대는 상부 난간대와 바닥면 등의 중간에 설치

⑤ 1.2m를 초과하여 설치하는 경우에는 중간 난간대를 2단 이상으로 균등하게 설치하고 난간의 상하 간격은 0.6m 이하

⑥ 발끝막이판의 높이는 바닥에서 100mm 이상

⑦ 가장 취약한 지점에서 가장 취약한 방향으로 작용하는 100kg 이상의 하중에 견딜 수 있는 강도

⑧ 난간기둥의 설치간격은 수평거리 1.8m를 초과하지 않는 범위

3) 개구부 수평 보호 덮개

① 상부판과 스토퍼로 구성

② 수평개구부에는 12mm 합판과 45mm×45mm 각재 또는 동등 이상의 자재를 이용

③ 근로자, 장비 등의 2배 이상의 무게를 견딜 수 있도록 설치

④ 개구부 단변 길이가 200mm 이상인 곳에는 수평보호덮개를 설치

⑤ 상부판은 개구부를 덮었을 경우 개구부에 밀착된 스토퍼로부터 100mm 이상을 본 구조체에 걸치게 설치

⑥ 철근을 사용하는 경우에는 철근간격 100mm 이하의 격자모양

⑦ 스토퍼는 개구부에 2면 이상을 밀착시켜 미끄럼 방지

4) 엘리베이터 개구부용 난간틀

① 난간대는 2단 이상으로 설치하여야 하며, 난간틀의 아래에는 100mm 이상의 발끝막이판을 설치

② 상부 난간대는 바닥면, 발판 또는 통로의 표면으로부터 0.9m 이상 1.5m 이하의 높이를 유지

③ 중간 난간대는 순 간격이 0.45m 이내가 되도록 설치

④ 엘리베이터 개구부용 난간틀에는 위험표지판을 설치

5) 수직형 추락방망

① 앵커, 버클 등을 이용하여 건축물의 벽체나 기둥에 견고하게 설치

② 달기로프 등 연결부를 이용하여 벽체 등의 수직(높이)방향으로 0.75m 이내마다 고정

③ 바닥에는 길이방향으로 3m 이내마다 고정

④ 양끝을 240kg 이상의 힘으로 잡아당겨 견고하게 고정

⑤ 수직방향으로 1.5m 이상 설치되어야 함. 다만, 발코니 치켜올림부가 300mm 이상인 경우에는 1.2m 이상으로 설치

6) 안전대 부착설비

① 추락할 위험이 있는 높이 2m 이상의 장소에서 근로자에게 안전대를 착용시킨 경우 안전대를 안전하게 걸어 사용할 수 있는 부착설비를 설치

② 높이 1.2m 이상, 수직방향 7m 이내의 간격으로 강관(48.6 : 2.4mm) 등을 사용하여 안전대걸이를 설치하고, 인장강도 14,700N 이상인 안전대걸이용 로프를 설치

③ 바닥면으로부터 높이가 낮은 장소(추락 시 물체에 충돌할 수 있는 장소)에서 작업하는 경우 바닥면으로부터 안전대 로프 길이의 2배 이상의 높이에 있는 구조물 등에 부착설비를 설치

④ 안전대의 로프를 지지하는 부착설비의 위치는 반드시 벨트의 위치보다 높아야 함

⑤ 줄의 지지로프를 이용하는 근로자의 수는 1인

3. 낙하물 재해 방지 시설

1) 낙하물 방지망

① 그물코 크기가 20mm 이하의 추락 방호망에 적합

② 내민길이는 비계 또는 구조체의 외측에서 수평거리 2m 이상

③ 수평면과의 경사각도는 20° 이상 30° 이하로 설치

④ 낙하물 방지망의 설치높이는 10m 이내 또는 3개 층마다 설치

⑤ 낙하물 방지망과 비계 또는 구조체와의 간격은 250mm 이하

⑥ 벽체와 비계 사이는 망 등을 설치하여 폐쇄한다. 외부공사를 위하여 벽과의 사이를 완전히 폐쇄하기 어려운 경우에는 낙하물 방지망 하부에 걸침띠를 설치하고, 벽과의 간격을 250mm 이하로 함

⑦ 낙하물 방지망의 이음은 150mm 이상의 겹침

⑧ 버팀대는 가로방향 1m 이내, 세로방향 1.8m 이내의 간격으로 강관 (48.6 : 2.4mm) 등을 이용하여 설치하고 전용 철물을 사용하여 고정

⑨ 설치 후 3개월 이내마다 정기적으로 검사를 실시

2) 방호선반

① 주출입구 및 리프트 출입구 상부 등에는 방호장치 자율안전기준에 적합한 방호선반 또는 15mm 이상의 판재 등의 자재를 이용하여 방호선반을 설치

② 근로자, 보행자 및 차량 등의 통행이 빈번한 곳의 첫 단은 낙하물 방지망 대신에 방호선반을 설치

③ 방호선반의 설치높이는 지상으로부터 10m 이내

④ 방호선반의 내민길이는 구조체의 최외측에서 수평거리 2m 이상

⑤ 수평면과의 경사각도는 20° 이상 30° 이하 정도로 설치

⑥ 방호선반 하부 및 양 옆에는 낙하물 방지망을 설치

3) 수직 보호망

① 비계 외측에 비계기둥과 띠장 간격에 맞추어 제작 설치하고, 빈 공간이 생기지 않도록 함

② 구조체에 고정할 경우에는 350mm 이하의 간격으로 긴결

③ 지지재는 수평간격 1.8m 이하로 설치

④ 고정 긴결재는 인장강도 981N 이상으로서 방청처리된 것

⑤ 수직보호망은 설치 후 3개월 이내마다 정기적으로 검사

⑥ 연결재의 상태는 1개월마다 정기적으로 검사

SECTION 07 환경(비산먼지 대책)

1. 신고 공사 대상 공사

1) 건물건설공사(연건평 1,000m² 이상에 한한다)

2) 굴정공사(총연장 200m 이상 또는 굴착토사량 200m³ 이상에 한한다)

3) 토목건설공사(구조물 용적합계 1,000m³ 이상 · 공사면적 1,000m² 이상 또는 총연장 200m 이상에 한한다)

4) 조경공사(면적합계 5,000m² 이상에 한한다)

5) 건물해체공사(연건평 3,000m² 이상에 한한다)

6) 토공사 및 정지공사(공사면적 합계 1,000m² 이상에 한한다)

2. 토사 운반

1) 적재함 상단으로부터 수평 5cm 이하까지만 적재함

2) 적재함에 반드시 덮개를 설치

3) 세륜시설을 설치

4) 도로가 비포장 사설 도로인 경우 비포장 사설 도로로부터 반경 500m 이내에 10가구 이상의 주거시설이 있을 때에는 해당 마을로부터 반경 1km 이내는 포장

5) 공사장 안에서 시속 20km 이하로 운행

3. 방진벽

1) 공사장 경계에는 1.8m 이상의 방진벽 설치

2) 야적장의 경우 야적물 최고 적재높이의 1/3 이상 방진벽 설치

3) 적재높이의 1.25배 이상 방진망 설치

4. 싣기 및 내리기

1) 싣거나 내리는 장소 주위에 고정식 또는 이동식 살수시설(살수반경 5m 이상, 수압 3kg/cm²)을 설치, 운영해서 작업 중 재비산이 발생하지 않도록 해야 함

2) 풍속이 평균 초속 8m 이상일 경우 작업 중지

3) 주행차량에 골재 적재 시 적재함 상단 50mm 이하까지만 적재

5. 살수

1) 가설도로 및 공사장 안의 통행도로의 함수율은 항상 7~10%를 유지

2) 가설도로 및 공사장 안의 통행도로에는 수시로 살수

CHAPTER 02 출제예상문제

Section 01 개요

01 가설계획의 입안에 있어서 자재, 기계, 시설의 선택 시에 유의할 사항이 아는 것은?

① 가설 시설의 설계
② 안전 양생 계획
③ 운반 및 양증
④ 본 건물의 공정계획

해설

공정계획
본 건물의 공정계획은 시공계획 시 수립하여야 할 사항이다.

02 다음 공사 중 가설공사에 해당되지 않는 것은?

① 비계 설치
② 규준틀 설치
③ 현장사무실 축조
④ 거푸집 설치

해설

거푸집공사
철근콘크리트 공사에서 실시한다.

03 가설공사에서 공통가설공사에 해당되지 않는 가설물은?

① 가설사무실
② 동바리
③ 가설울타리
④ 각종 실험실

해설

공통 가설 공사
공사 전반에 걸쳐 여러 공종에 공통으로 사용되는 공사로서 울타리, 가설건물, 가설전기, 가설용수 등이 있다.

04 다음 중 공통가설공사에 해당하지 않는 것은?

① 가설울타리
② 현장사무소
③ 공사용수
④ 비계

해설

문제 03번 해설 참조

05 공사 착공시점의 인허가항목이 아닌 것은?

① 비산먼지 발생사업 신고
② 오수처리시설 설치신고
③ 특정공사 사전신고
④ 가설건축물 축조신고

해설

오수처리시설 설치신고
오수처리시설 설치신고는 착공시점이 아닌 공사를 실시하는 중간에 허가를 받아야 하는 부분이다.

06 건축공사의 원가계산상 현장의 공사용수설비는 어느 항목에 포함되는가?

① 재료비
② 외주비
③ 가설공사비
④ 콘크리트 공사비

해설

공통가설비
공통가설비는 울타리, 가설건물, 가설전기, 가설용수 등의 공사 비용

07 공사장 부지 경계선으로부터 50m 이내에 주거·상가건물이 있는 경우에 공사현장 주위에 가설울타리는 최소 얼마 이상의 높이로 설치하여야 하는가?

① 1.5m
② 1.8m
③ 2m
④ 3m

가설울타리 높이
비산먼지 발생 신고 대상 건축물로서 공사장 경계에서 50m 이내에 주거, 상가 건축물이 있는 경우 높이 3m 이상 방진벽을 설치하여야 한다.

Section 03 기준점과 규준틀

08 기준점(Bench Mark)에 대한 설명으로 옳지 않은 것은?

① 바라보기 좋고 공사에 지장이 없는 곳에 설치한다.
② 공사 착수 전에 설정되어야 한다.
③ 이동의 우려가 없는 곳에 설치한다.
④ 기준점은 가장 중요한 장소에 1개만 설치한다.

벤치마크(기준점)
공사 중의 높이의 기준을 삼고자 설정하는 가설공사
• 바라보기 좋고 공사에 지장이 없는 곳에 설정
• 이동의 우려가 없는 인근 건물, 벽돌담 이용
• 지반면에서 0.5~1.0m 위에 설치
• 2개소 이상 설치
• 위치 및 기타 사항 현장 기록부에 기록

09 신축할 건축물의 높이의 기준이 되는 주요 가설물로 이동의 위험이 없는 인근 건물의 벽 또는 담장에 설치하는 것은?

① 줄띄우기
② 벤치마크
③ 규준틀
④ 수평보기

문제 08번 해설 참조

10 기준점(Bench Mark)에 관한 설명 중 옳지 않은 것은?

① 신축한 건축물의 높이의 기준이 되는 주요 가설물이다.
② 건물의 각부에서 헤아리기 좋은 1개소에 설치한다.
③ 바라보기 좋고 공사장에 지장이 없는 곳에 설치한다.
④ 공사가 완료된 뒤라도 건축물의 침하, 경사 등을 확인하기 위하여 사용되는 수도 있다.

문제 08번 해설 참조

11 가설공사에서 기준점(Bench Mark)의 설치 장소로서 가장 부적절한 것은?

① 건물주변의 담
② 인접건물
③ 공사장 근처의 건물 외부
④ 시공하고 있는 건물의 기초부

문제 08번 해설 참조

12 기준점(Bench Mark)에 관한 설명 중 틀린 것은?

① 이동의 염려가 없어야 한다.
② 하나의 대지에 2개 이상 설치하지 않아야 한다.
③ 공사 완료 시까지 존치되어야 한다.
④ 공사 착수 전에 설정되어야 한다.

문제 08번 해설 참조

정답 07 ④ 08 ④ 09 ② 10 ② 11 ④ 12 ②

13 공사 착공 전에 건축물의 형태에 맞춰 줄을 띄우거나 석회 등으로 선을 그어 건축물의 건설위치를 표시하는 것으로 도로 및 인접 건축물과의 관계, 건축물의 건축으로 인한 재해 및 안전대책 점검과 관련 있는 것은?

① 줄쳐보기 ② 벤치마크
③ 먹매김 ④ 수평보기

해설

줄쳐보기
공사 착공 전 건축물의 위치를 결정하기 위하여 측량한 뒤 줄이나 석회 등으로 선을 그어 표시하는 것

14 가설공사에서 건물의 각부 위치, 기초의 너비 또는 길이 등을 정확히 결정하기 위한 것은?

① 벤치마크 ② 수평규준틀
③ 세로규준틀 ④ 현장측량

해설

수평규준틀
가설공사에서 건물의 각부 위치, 기초의 너비 또는 길이 등을 정확히 결정하기 하기 위한 시설물

Section 04 가설 건축물

15 가설 건축물에 대한 설명으로 옳지 않은 것은?

① 하도급자 사무실은 후속공정에 지장이 없는 현장사무실과 가까운 곳에 둔다.
② 시멘트창고는 통풍이 되지 않도록 출입구 외에는 개구부 설치를 금한다.
③ 인화성 재료저장소는 벽, 지붕, 천장의 재료를 방화구조 또는 불연구조로 하고 소화설비를 갖춘다.
④ 변전소의 위치는 안전상 현장사무실에서 최대한 멀리 떨어진 곳에 배치한다.

해설

변전소
• 지붕, 벽 바닥에 물이 새지 않도록 시공한다.
• 울타리를 적당히 둘러치고 위험 표시를 한다.
• 주변에는 조명설비를 하고 야간에는 불을 켜둔다.
• 비상시에 대비하여 사무실 근처에 설치한다.

16 건축공사 시 가설건축물에 대한 설명으로 옳지 않은 것은?

① 시멘트창고는 통풍이 되지 않도록 출입구 외에는 개구부 설치를 금한다.
② 화기위험물인 유류・도료 등의 인화성 재료 저장소는 벽, 지붕, 천장의 재료를 방화구조 또는 불연구조로 하고 소화설비를 갖춘다.
③ 변전소의 위치는 안전을 고려하여 현장사무소에서 최대한 멀리 떨어진 곳이 좋다.
④ 현장사무소의 경우 필요면적은 3.3m²/인 정도로 계획한다.

해설

문제 15번 해설 참조

17 시멘트 보관창고에 대한 설명으로 옳지 않은 것은?

① 주위에 배수도랑을 두고 우수의 침투를 방지한다.
② 바닥높이는 지면으로부터 30cm 이상으로 한다.
③ 공기의 유통을 원활히 하기 위해 개구부를 크게 하는 것이 좋다.
④ 시멘트의 높이 쌓기는 13포대를 한도로 한다.

해설

시멘트 창고
• 지면에서 30cm 이상 이격하여 바닥설치
• 반출입구 이외에는 기타 개구부 설치 금지
• 최고 쌓기 단수는 13단 이하(장기 저장 시 7단 이하)
• 먼저 반입된 것부터 사용
• 주위에 배수도랑 설치
• 채광창은 둘 수 있으나 환기창은 불가

정답 13 ① 14 ② 15 ④ 16 ③ 17 ③

18 가설건물 중 시멘트 창고의 구조에 대한 설명 중 옳지 않은 것은?

① 바닥구조는 마루널 깔기가 보통이며 가능하면 그 위에 루핑을 깐다.
② 주위에는 배수구를 설치하여 물빠짐을 좋게 한다.
③ 시멘트의 높이 쌓기는 13포대를 한도로 한다.
④ 통풍이 잘 되도록 가능한 개구부의 크기를 크게 한다.

[해설]

문제 17번 해설 참조

19 공사현장에서 시멘트 창고를 설치할 경우 주의사항으로 틀린 것은?

① 바닥과 지면은 30cm 정도의 거리를 두는 것이 좋다.
② 먼저 쌓은 것부터 사용하도록 한다.
③ 출입구 채광창 이외에 공기의 유통을 목적으로 환기창을 설치한다.
④ 주위에 배수로를 두어 침수를 방지한다.

[해설]

시멘트 창고
시멘트 창고는 반출입구 이외의 개구부는 설치하지 않는다. 이는 통풍으로 인한 대기의 습기를 막아 시멘트의 풍화를 방지하기 위함이다.

20 도장공사에 필요한 가연성 도료를 보관하는 창고에 관한 설명으로 옳지 않은 것은?

① 독립한 단층건물로서 주위 건물에서 1.5m 이상 떨어져 있게 한다.
② 건물 내의 일부를 도료의 저장장소로 이용할 때는 내화구조 또는 방화구조로 구획된 장소를 선택한다.
③ 바닥에는 침투성이 없는 재료를 깐다.
④ 지붕은 불연재료로 하고, 적정한 높이의 천장을 설치한다.

[해설]

가연성 도료창고
• 독립한 단층 건물로 주위 건물에서 1.5m 이상 떨어져 있게 한다.
• 건물 내부의 일부를 도료의 저장장소로 이용할 때에는 내화구조 또는 방화구조로 구획된 장소를 선택한다.
• 지붕은 불연재료로 하고, 천장을 설치하지 않는다.
• 바닥에는 침투성이 없는 재료를 깐다.
• 시너를 보관할 때는 소화방법 및 기타 위험물 취급에 관한 법령에 준하여 소화기 및 소화용 모래 등을 비치한다.

[Section]
05 비계 및 비계다리

21 건축 실내공사에서 이동이 용이한 비계는?

① 겹비계   ② 쌍줄비계
③ 말비계   ④ 외줄비계

[해설]

말비계
말비계는 이동이 가능한 비계로서 사다리 등과 같은 것을 의미하며 내부비계로만 사용된다.

22 설치높이 2m 이하로서 실내공사에서 이동이 용이한 비계는?

① 겹비계   ② 쌍줄비계
③ 말비계   ④ 외줄비계

[해설]

문제 21번 해설 참조

23 건물의 외부수리 등에 사용되는 비계로 가장 적당한 것은?

① 겹비계   ② 쌍줄비계
③ 외줄비계   ④ 달비계

정답   18 ④   19 ③   20 ④   21 ③   22 ③   23 ④

달비계

건물에 고정된 돌출보 등에 밧줄로 매어다는 비계로 고층 건물의 외부마감, 외벽청소 등에 사용된다.

24 와이어로프로 매단 비계 권상기에 의해 상하로 이동시킬 수 있는 공사용 비계의 명칭은?

① 시스템비계   ② 틀비계
③ 달비계   ④ 쌍줄비계

달비계

현수선(Wire Rop)에 의해 작업하중이 지지되는 곤돌라식 상자모양의 비계로서 외부 마감, 외부 수리, 청소 등의 용도로 사용된다.

25 가설공사에서 강관비계 시공에 대한 내용으로 옳지 않은 것은?

① 가새는 수평면에 대하여 40~60°로 설치한다.
② 강관비계의 기둥간격은 띠장방향 1.5~1.8m를 기준으로 한다.
③ 따장의 수직간격은 2.5m 이내로 한다.
④ 수직 및 수평방향 5m 이내의 간격으로 구조체에 연결한다.

강관비계

㉠ 비계 기둥
- 수평재, 가새 등으로 안전하고 단단하게 고정
- 바닥 작용하중에 대한 기초기반의 지내력을 시험하여 적절한 기초처리
- 밑둥에 받침 철물을 사용하는 경우 인접하는 비계기둥과 밑둥잡이로 연결
- 연약지반에서는 소요폭의 깔판을 비계기둥에 3본 이상 연결
- 간격은 띠장 방향으로 1.5m 이상 1.8m 이하, 장선방향으로 1.5m 이하
- 31m를 초과하면 기둥의 최고부에서 하단 쪽으로 31m 높이까지는 강관 1개로 기둥을 설치하고, 31m 이하의 부분은 좌굴을 고려하여 강관 2개를 묶어 기둥을 설치
- 비계기둥 1개에 작용하는 하중은 7.0kN 이내
- 비계기둥과 구조물 사이의 간격은 300mm 이내

㉡ 띠장
- 띠장의 수직간격은 1.5m 이하
- 지상으로부터 첫 번째 띠장은 통행을 위해 강관의 좌굴이 발생되지 않는 한도 내에서 2m 이내로 설치 가능
- 띠장을 연속해서 설치할 경우에는 겹침이음
- 겹침이음을 하는 띠장 간의 이격거리는 순 간격이 100mm 이내
- 띠장의 이음위치는 각각의 띠장끼리 최소 300mm 이상
- 비계기둥의 간격이 1.8m일 때는 비계기둥 사이의 하중한도를 4.0kN

㉢ 장선
- 비계의 내·외측 모든 기둥에 결속
- 장선간격은 1.5m 이하
- 작업 발판을 맞댐 형식으로 깔 경우, 장선은 작업 발판의 내민 부분이 100~200mm의 범위가 되도록 간격을 정하여 설치
- 장선은 띠장으로부터 50mm 이상 돌출하여 설치
- 바깥쪽 돌출부분은 수직 보호망 등의 설치를 고려하여 일정한 길이로 설치

㉣ 가새
- 대각으로 설치하는 가새는 비계의 외면으로 수평면에 대해 40~60° 방향으로 설치
- 가새의 배치간격은 약 10m마다 교차
- 가새와 비계기둥과의 교차부는 회전형 클램프로 결속
- 수평가새는 벽 이음재를 부착한 높이에 각 스팬(Span)마다 설치하여 보강

㉤ 벽 이음
- 수직방향 5m 이하, 수평방향 5m 이하로 설치
- 벽 이음 위치는 비계기둥과 띠장의 결합 부근
- 벽면과 직각이 되도록 설치하고, 비계의 최상단과 가장자리 끝에도 벽 이음재를 설치

26 가설공사에 관한 기술 중 틀린 것은?

① 비계 및 발판은 직접 가설공사에 속한다.
② 비계 다리참 높이는 7m마다 설치한다.
③ 파이프 비계에서 비계기둥 간 적재하중은 7.0kN 이하로 한다.
④ 낙하물 방지망은 수평에 대하여 45° 정도로 하고, 높이는 지상 2층 바닥부분부터 시작한다.

해설

비계기둥 간 적재하중
비계기둥 간 적재하중은 4.0kN 이하로 한다.

27 낙하물 방지망에 관한 기술 중 틀린 것은?

① 낙하물 방지망에는 수직형과 수평형이 있다.
② 수평 낙하물 방지망을 지상 2층 바닥 부분에 설치한다.
③ 공사기간과 공사내용에 따라 방지망은 아연 도금 철망(눈크기 6~30mm), 합판 등을 쓰고 비계에 견고히 맨다.
④ 낙하물 방지망은 눈, 바람 등에 유지되어야 하며 미관과는 무관하다.

해설

낙하물 방지망
낙하물 방지망은 미관도 고려하여 설치하는 것이 좋다.

28 공사 중 설계기준을 상회하는 과다한 하중 또는 장비 사용 시 진동, 충격이 예상되는 부위에 설치하는 서포트로 가장 적합한 것은?

① System Support
② Jack Support
③ Steel Pipe Support
④ B/T(강관 틀비계) Support

해설

Jack Support
일반 서포트에 비하여 무게가 많이 나가는 곳, 진동이나 충격 등이 예상되는 곳에 설치한다.

29 표준시방서에 따른 시스템비계에 관한 기준으로 옳지 않은 것은?

① 수직재와 수직재의 연결은 전용의 연결조인트를 사용하여 견고하게 연결하고, 연결 부위가 탈락 또는 꺾어지지 않도록 하여야 한다.
② 수평재는 수직재에 연결핀 등의 결합 방법에 의해 견고하게 결합되어 흔들리거나 이탈되지 않도록 하여야 한다.
③ 대각으로 설치하는 가새는 비계의 외면으로 평면에 대해 40~60° 방향으로 설치하며 수평재 및 수직재에 결속한다.
④ 시스템 비계 최하부에 설치하는 수직재는 받침 철물의 조절너트와 밀착되도록 설치하여야 하며, 수직과 수평을 유지하여야 한다. 이때, 수직재와 받침철물의 겹침길이는 받침철물 전체 길이의 5분의 1 이상이 되도록 하여야 한다.

해설

시스템 비계

1. 수직재	① 본체와 접합부가 일체화된 구조, 양단부에는 이탈방지용 핀구멍 ② 접합부는 수평재와 가새가 연결될 수 있는 구조 ③ 접합부 종류는 디스크형, 포켓형 ④ 디스크형 4개 또는 8개의 핀구멍 설치
2. 수평재	① 본체와 접합부가 일체화된 구조 ② 본체 또는 결합부에는 가새재를 결합시킬 수 있는 핀구멍
3. 가새재	① 본체와 연결부가 일체화된 구조 ② 고정용, 길이 조절용 ③ 외관에 내관을 연결하는 구조
4. 연결조인트	① 삽입형과 수직재 본체로 된 일체형 ② 연결조인트와 수직재와 겹침 길이는 100mm 이상
5. 설치	① 수직재와 수평재는 직교 ② 가새 40~60° ③ 수직재와 받침철물의 연결 길이는 받침철물의 전체 길이 1/3 이상이 되도록 설치

CHAPTER

03

토공사

SECTION **01** 지반의 구성 및 흙의 성질

1. 지반의 구성

지반은 구성 토립자의 입경에 따라 다음과 같이 분류한다.

토질				암석	
콜로이드		고운 모래	굵은 모래	둥근 자갈	바위
점토	실트	모래			

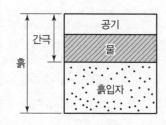

[자연상태의 흙]

기 17④

2. 흙의 성질

1) 전단강도

기초에 극한 지지력을 파악할 수 있는 흙의 가장 중요한 역학적 성질로서 전단력에 대한 쿨롱의 법칙은 다음과 같다.

$$\tau = C + \sigma \tan\phi$$

여기서, τ : 전단강도 C : 점착력
$\tan\phi$: 마찰계수 ϕ : 내부마찰각
σ : 파괴면에 수직인 힘

① **점토** : $\tau \fallingdotseq C \, (\because \, \phi = 0)$
② **모래** : $\tau \fallingdotseq \sigma \tan\phi \, (\because \, C = 0)$

2) 투수성

터파기 지반의 투수성은 그 배수 등의 공사에 영향을 주고, 기초굴삭에 있어서는 지하수의 처리가 가장 중요하다.

① **다르시의 법칙(Darcy's law)** : 침투유량＝수두경사×단면적×투수계수

② 투수계수의 성질
- 투수계수가 큰 것은 투수량이 크고, 모래는 진흙보다 크다.
- 모래의 투수계수는 평균 알지름의 제곱에 비례한다.
- 투수계수가 클수록 압밀량은 작아진다.

3) 압밀

압밀이란 외력에 의하여 간극 내의 물이 빠져 흙입자의 사이가 좁아지며 침하되는 현상

4) 간극비 · 간극률

① 간극비 $= \dfrac{\text{간극(물+공기)의 용적}}{\text{순 토립자 용적}}$

② 간극률 $= \dfrac{\text{간극의 용적}}{\text{전체 토립자(흙+물+공기) 용적}} \times 100(\%)$

5) 함수비 · 함수률

① 함수비 $= \dfrac{\text{물의 중량}}{\text{순 토립자 중량}}$

② 함수율 $= \dfrac{\text{물의 중량}}{\text{전체 토립자(흙+물) 중량}} \times 100(\%)$

6) 포화도 $= \dfrac{\text{물의 용적}}{\text{전 간극의 용적}} \times 100(\%)$

7) 예민비 $= \dfrac{\text{자연 시료의 강도}}{\text{이긴 시료의 강도}}$

8) 아터버그 한계(Alterburg Limit)

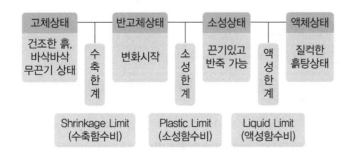

핵심문제 ●○○

흙의 함수비에 관한 설명으로 옳지 않은 것은?
① 연약점토질 지반의 함수비를 감소시키기 위해 샌드드레인 공법을 사용할 수 있다.
② 함수비가 크면 흙의 전단강도가 작아진다.
③ 모래지반에서 함수비가 크면 내부 마찰력이 감소된다.
❹ 점토지반에서 함수비가 크면 점착력이 증가한다.

9) 액화현상(Liquefaction)

느슨하고 포화된 가는 모래에 충격을 가하면 모래가 약간 수축한다. 이때의 수축으로 정(+)의 간극수압이 발생하여 유효 응력이 감소되고 전단강도가 떨어지는 현상, 즉 지중수 상승으로 지내력이 일시적으로 감소되는 현상

10) 딕소트로피 현상(Thixotropy)

점토가 일시 충격을 받으면 팽창에 의해 강도가 일시 저하되거나 시간 경과에 따라 본래의 강도로 되돌아가는 현상

3. 모래와 점토의 특성 비교

기 15① 산 10③ 12③ 19②

구분	점토	모래
성질	점성(부착성)	밀도
시험	베인테스트	표준관입시험
투수성	작다	크다
압밀성	크다	작다
압밀속도	느리다	빠르다
가소성	있다	없다
예민비	크다	작다

SECTION 02 지하탐사법

기 11④ 14② 17② 18②
산 11②③ 15③ 17② 18②

1. 터파보기

직경 60~90cm, 깊이 1.5~3m, 간격 5~10m로 구멍을 파 생땅의 위치, 얕은 지층의 토질, 지하수위를 파악하는 방법

2. 탐사관 꽂아보기

탐사관을 인력으로 때려서 파악하는 방법

3. 물리적 탐사법

전기저항식, 탄성파식, 강제진동식 등이 있으며 지반의 구성층은 파악할 수 있으나 지반의 공학적 성질 판별은 곤란하다.

4. 보링(Boring)

지중에 보통 10cm 정도의 구멍을 뚫어 토사를 채취하는 방법으로 지중의 토질분포, 토층의 구성, 주상도를 개략적으로 파악할 수 있다.

1) 보링계획

① 시험깊이 : 지지층 또는 20m깊이(단, 경미한 건축물일 경우 기초폭의 1.5~2배)

② 시추공 간격 : 30m(중간은 물리적 탐사법 병용)

③ 시추공 수 : 3개공 이상

④ 보링에 의해 채취된 시료는 햇빛에 노출되어서는 안 된다.

2) 종류

① 오거 보링 : 오거를 이용하여 굴삭하며, 밀려나오는 흙의 상태를 보고 토질을 판별하는 방법

② 수세식 보링 : 물을 주입하여 흙과 물을 같이 배출시켜 침전된 상태로 지층의 토질을 판별하는 법으로 깊이 30m 정도의 연질층에 적당

③ 충격식 보링 : 토사, 암석을 파쇄하여 천공하는 방법으로 구멍벽의 붕괴 및 침수방지를 위하여 황색점토 또는 벤토나이트액 등의 이수액을 사용하여 구멍에 불침투막을 형성해가며 비교적 굳은 지층까지 깊이 뚫어보는 방법

④ 회전식 보링 : 비트(bit)를 회전시켜 굴진하는 방법으로 토사를 분쇄하지 않고 연속으로 채취할 수 있으므로 가장 정확하다.

3) 보링 구성품

구성품	코어튜브 (Core Tube)	비트(Bit)	로드(Rod)	케이싱 (Casing)
용도	시료채취기	굴삭날	지지연결대	토공벽 보호

5. 샘플링

1) 시료채취

① 교란시료(Disturbed Sample)

표준관입시험(S.P.T) 시에 Split Spoon Sampler에 들어오는 흙으로, 흙의 물리적 특성파악에 쓰인다.

핵심문제 ●●○

지반조사 중 보링에 대한 설명으로 옳지 않은 것은?

① 보링의 깊이는 일반적인 건물의 경우 대략 지지 지층 이상으로 한다.
❷ 채취시료는 충분히 햇빛에 건조시키는 것이 좋다.
③ 부지 내에서 3개소 이상 행하는 것이 바람직하다.
④ 보링 구멍은 수직으로 파는 것이 중요하다.

핵심문제 ●●●

지반조사의 방법에서 보링의 종류가 아닌 것은?

❶ 탐사식 보링   ② 충격식 보링
③ 회전식 보링   ④ 수세식 보링

② 불교란시료(Undisturbed Sample)

점성토를 대상으로 행해지는데, 얕은 지반에서 Core Cutter에 의한 압입식 채취도 가능하다. 주로 고정 피스톤식 샘플러에 의해 채취한다. Sample의 압입속도는 1초에 30cm 정도로 충격을 주지 않는 범위에서 빠를수록 좋다.

2) 불교란시료채취방법

① 딘 월 샘플링(Thin Wall Sampling)
- 방법 : 시료 채취기(Sampler)의 샘플링 튜브가 얇은 살로 된 것으로 시료를 채취
- 적용 : N값 0~4 정도의 부드러운 점토의 채취에 적합

② 콤포지트 샘플링(Composite Sampling)
- 방법 : 샘플링 튜브의 살이 두꺼운 콤포지트 Sampler 사용
- 적용 : N값 0~8 정도의 다소 굳은 점토 또는 다소 다져진 모래의 채취에 사용

③ 덴션 샘플링(Dansion Sampling) : N값 4~20 정도의 경질점토의 샘플링에 적당

④ 포일 샘플링(Foil Sampling) : 연약지반에 사용

6. 주상도

1) 지층의 단면을 그린 그림으로 지층의 형성, 깊이, 제물질 상태 등을 표시한 그림

2) 기입내용

① 조사지역
② 조사일자 및 작성자
③ 보링방법
④ 지하수위
⑤ 지층의 구성 및 두께
⑥ 토질의 깊이
⑦ 표준관입시험 N치

기 10①④ 12②④ 13② 14①④
15② 16② 18② 19①④ 21②
산 11① 12② 13①② 14①② 15①③
16①③ 17②③ 18③ 19②

핵심문제 ●●●

다음 중 사운딩(Sounding) 시험에 속하지 않는 시험법은?

① 표준관입시험 ② 콘 관입시험
③ 베인전단시험 ❹ 평판재하시험

핵심문제 ●●●

로드의 선단에 붙은 스크루 포인트(Screw Point)를 회전시키며 압입하여 흙의 관입저항을 측정하고, 흙의 경도나 다짐상태를 판정하는 시험은?

① 베인시험(Vane Test)
② 딘월샘플링(Thin Wall Sampling)
③ 표준관입시험(Penetration Test)
❹ 스웨덴식 사운딩 시험(Swedish So
  - unding Test)

핵심문제 ●●○

연약점토의 점착력을 판정하기 위한 지반조사 방법으로 가장 알맞은 것은?

① 표준관입시험 ❷ 베인테스트
③ 샘플링 ④ 탄성파탐사법

핵심문제 ●●○

모래의 전단력을 측정하는 가장 유효한 지반조사방법은?

① 보링 ② 베인테스트
❸ 표준관입시험 ④ 재하시험

핵심문제 ●○○

표준관입시험에서 상대밀도의 정도가 중간(Medium)에 해당될 때의 사질지반의 N값으로 옳은 것은?

① 0~4 ② 4~10
❸ 10~30 ④ 30~50

1. 베인 테스트(Vane Test)

보링 구멍을 이용하여 +자 날개형의 베인 테스터를 지반에 때려 박고 회전시켜 그 저항력에 의하여 진흙의 점착력을 판별한다.

2. 표준 관입 시험(S.P.T : Standard Penetration Test)

주로 사질토지반에서 불교란시료를 채취하기 곤란하므로 밀실도를 측정하기 위해 적용

1) 추의 무게 : 63.5kg
2) 낙하고 : 76cm
3) 사질토 시험으로 적당
4) N값에 따른 지반의 밀도를 판별한다. N>30 말뚝지지층 가능, N<10 후형기초 곤란

사질토	N치	0~4	4~10	10~30	30~50	50 이상
	상대밀도	대단히 연함	연함	중간	밀실	대단히 밀실
점토	N치	2 이하	2~4	4~8	8~15	15~30
	상대밀도	대단히 연함	연함	중간	굳음	대단히 굳음

핵심문제 ●●○

지반조사의 지내력 시험에 관한 설명으로 옳지 않은 것은?

① 하중시험용 재하판은 지름 300mm 것을 표준으로 한다.
② 시험은 예정 기초 저면에 행한다.
③ 장기하중에 대한 허용지내력은 단기하중 허용 지내력의 1/2이다.
❹ 매회 재하는 10t 이하 또는 예정파괴 하중의 1/2 이하로 한다.

핵심문제 ●○○

기초말뚝의 허용지지력을 구하는 방법 중 지지말뚝과 마찰말뚝에 공용으로 사용할 수 있는 방법은?

① 함수량시험에 의한 방법
② 토질시험에 의한 방법
❸ 말뚝재하시험에 의한 방법
④ 지반의 허용응력도에 의한 방법

핵심문제 ●○○

지반의 지내력 값이 큰 것부터 작은 순으로 옳게 나타낸 것은?

❶ 연암반－자갈－모래 섞인 점토－점토
② 연암반－자갈－점토－모래 섞인 점토
③ 자갈－연암반－점토－모래 섞인 점토
④ 자갈－연암반－모래 섞인 점토－점토

3. 지내력 시험

1) 시험은 예정기초 저면에서 실시
2) 재하판은 지름 300mm(두께 25mm)가 표준
3) 최대 재하 하중은 지반의 극한지지력 또는 예상되는 설계 하중의 3배
4) 재하는 8단계로 나누고 누계적으로 동일 하중을 가함
5) 하중/침하량 곡선 작성
6) 장기 허용 지내력 : 아래의 값 중 작은 값
   ① 항복 하중의 1/2
   ③ 극한 하중의 1/3
7) 단기 허용 지내력 : 장기 허용 지내력의 2배

4. 지내력

1) 일반적 허용 지내력 범위(kN/m²)

지반의 종류	장기	단기
경암반	4,000	
연암반	2,000	
자갈	300	
자갈＋모래	200	장기값의 1.5배
모래	100	
모래＋점토	150	
점토	100	

2) 시중 응력의 분포도

① 기초 저면과 접하는 지반에는 접지압(지내력)이 형성되며, 이러한 설계용 접지압은 일반적으로 등분포상태(균일한 것)로 가정한다. 그러나 토질과 기초의 강성 등에 따라 달라진다.

구분	표면재하
점성흙	
사질흙	
가상흙	

② 접지압의 분포 각도는 기초면으로부터 30° 이내로 제한한다.

SECTION 04 지반개량공법

1. 연약지반 대책

1) 자중을 감소
2) 건물의 길이를 짧게
3) 인접건물과의 이격거리 길게
4) 유효기초면적을 크게
5) 지정등으로 보강
6) 지반개량

2. 점성토의 지반개량공법

기 13④ 15① 16① 21②④ 산 13①

1) 치환공법

연약점토층을 사질토로 치환하여 지지력을 증가하는 공법

2) Preloading 공법

구조물 축조 전에 재하하여 하중에 의한 압밀을 미리 끝나게 하는 방법

3) 탈수공법

① Sand Drain 공법 : 연약점토층이 깊은 경우 연약점토층에 모래말뚝을 박아 배수거리를 짧게 하여 압밀을 촉진시키는 방법

핵심문제 ● ● ●

연약한 점성토 지반에 주상의 특수층인 모래말뚝을 다수 설치하여 그 토층 속의 수분을 배수하여 지반의 압밀강화를 도모하는 공법은?

❶ 샌드 드레인 공법
② 웰 포인트 공법
③ 바이브로 콤포저 공법
④ 시멘트 주입 공법

핵심문제　●●●

투수성이 나쁜 점토질 연약지반에 적합하지 않은 탈수공법은?
① 샌드 드레인(Sand Drain) 공법
② 생석회 말뚝(Chemico Pile) 공법
③ 페이퍼 드레인(Paper Drain) 공법
❹ 웰 포인트(Well Point) 공법

② Paper Drain 공법 : 합성수지로 된 Card Board를 땅속에 박아 압밀을 촉진시키는 공법

③ 생석회말뚝(Chemico Pile) 공법 : 생석회의 수분 흡수 시 체적이 2배로 팽창하는데, 이때 탈수, 압밀, 건조화학 반응 등을 이용하여 지반을 처리하는 공법

4) 전기침투공법

간극수 (＋)극에서 (－)극으로 흐르는 전기침투현상에 의하여 (－)극에 모인 물을 배수시켜 전단저항과 지지력을 향상시키는 공법

5) 침투압공법(MAIS 공법)

점토층에 반투막 중공원통을 넣고 그 안에 농도가 큰 용액을 넣어서 점토분의 수분을 빨아내는 방법

산 11③ 15②

핵심문제　●●○

지반개량공법 중 다짐법이 아닌 것은?
① 바이브로 플로테이션 공법
② 바이브로 컴포저 공법
❸ 샌드 드레인 공법
④ 샌드 컴팩션 파일 공법

핵심문제　●●○

다음 중 지반개량 공법이 아닌 것은?
① 샌드컴팩션파일 공법
② 바이브로플로테이션 공법
③ 페이퍼드레인 공법
❹ 트렌치 컷 공법

3. 사질토반 개량공법

1) 다짐말뚝공법

RC, PC 말뚝을 땅속에 박아서 말뚝의 체적만큼 흙을 배제하여 압축하는 공법

2) 다짐모래 말뚝공법(Sand Compaction Pile 공법 = Compozer 공법)

충격, 진동타입에 의하여 지반에 모래를 압입하여 모래말뚝을 만드는 공법

3) 바이브로 플로테이션(Vibro Flotation)

수평으로 진동하는 봉상의 Vibro Flot로 사수와 진동을 동시에 일으켜 빈 틈에 모래나 자갈을 채우는 방법

4) 폭파다짐공법

인공지진, 다이너마이트 발파로 느슨한 사질지반을 다지는 공법

5) 전기충격법

지반을 포화상태로 한 후 지중에 삽입한 방전전극에 고압전류를 일으켜 생긴 충격에 의해 다지는 공법

6) 약액주입법

지반 속에 응결제를 주입하여 고결시키는 공법(Cement, Asphalt 사용)

7) 동결공법

동결관을 땅속에 박고 액체질소 같은 냉각제를 흐르게 하여 주위 흙을 동결시키는 공법

4. 배수·지반 개량공법

1) 집수통 배수

흙파기 한 구석에 깊은 집수통을 설치하여 지하수가 모이면 펌프로 외부에 배수 처리하는 것

2) 깊은 우물 공법

터파기 내부에 길이 7m 이상의 우물을 파고 스트레이너를 부착한 파이프를 삽입하여 수중펌프로 양수하는 공법

3) 웰포인트 공법

지하수위가 높으면 기초공사를 하기가 힘들 뿐만 아니라 보일링에 의한 피해의 원인이 된다. 공사장 주위에 파이프를 많이 꽂아 놓고 터빈 펌프와 연결시켜 배수를 하여 지하수위를 낮추고 흙파기 공사를 하는 배수공법을 웰포인트 공법이라 한다. 단, 탈수로 인한 압밀침하가 예상되는 곳은 주의(사질지반에 가능)

4) 배수공법 시 나타나는 현상

① 주변 침하
② 흙막이 벽의 토압 감소
③ 주변 지하수 저하
④ 지반의 압밀현상 촉진

5. 부동침하(Uneven Settlement)의 원인

1) 지반이 연약한 경우
2) 연약층의 두께가 상이한 경우
3) 건물이 이질 지층에 걸쳐 있을 경우
4) 건물이 낭떠러지에 접근되어 있을 경우
5) 부주의한 일부 증축을 하였을 경우
6) 지하수위가 변경되었을 경우
7) 지하에 매설물이나 구멍이 있을 경우
8) 지반이 메운 땅일 경우
9) 이질 지정을 하였을 경우
10) 일부 지정을 하였을 경우

기 10② 11② 14①② 15②④ 18④ 19④
20①
산 14② 15②

핵심문제 ●○○

다음 배수공법 중 중력배수공법에 해당하는 것은?

① 웰포인트 공법 ② 전기압밀 공법
③ 전기삼투 공법 ❹ 집수정 공법

핵심문제 ●●○

배수공법 중 강제배수방법이 아닌 것은?

① Well Point 공법
② 전기삼투 공법
③ 진공 Deep Well 공법
❹ 집수정 공법

핵심문제 ●●●

웰포인트(Well Point) 공법에 관한 설명으로 옳지 않은 것은?

① 인접 대지에서 지하수위 저하로 우물 고갈의 우려가 있다.
② 투수성이 비교적 낮은 사질실트층까지도 강제배수가 가능하다.
❸ 압밀침하가 발생하지 않아 주변 대지, 도로 등의 균일발생 위험이 없다.
④ 지반의 안정성을 대폭 향상시킨다.

핵심문제 ●○○

터파기 공사 시 지하수위가 높으면 지하수에 의한 피해가 우려되므로 차수공사를 실시하며, 이 방법만으로 부족할 때에는 강제배수를 실시하게 되는데 이때 나타나는 현상으로 옳지 않은 것은? (답이 없음)

① 점성토의 압밀
② 주변 침하
③ 흙막이 벽의 토압 감소
④ 주변우물의 고갈

1 개요

기 12① 20① 산 12① 14②

1. 흙막이를 설치하지 않는 경우

┌ 수직 터파기 – 터파기의 높이가 1m 미만
└ 경사각 터파기 – 터파기의 높이가 1m 이상

1) 일반사항

① 흙막이를 설치하지 않는 경우 흙파기 경사각 : 휴식각의 2배 또는 윗면
너비

② 기초파기 윗면 너비 : 밑면 너비 + 0.6H

③ 기초파기 시 여유 길이 : 좌우 20cm 이상

④ 1인 1일 흙파기량 : 3~5m²

⑤ 삽으로 던질 수 있는 거리 : 수평 2.5~3m, 수직 1.5~2m

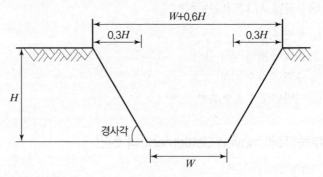

⑥ 되메우기

• 다짐 : 30cm마다(다짐밀도 95% 이상)

• 기초벽 : 완성 후 7일 이상 경과 후 되메우기

2) 휴식각

흙의 마찰력만으로 중력에 대해 정지하는 흙의 사면각도를 말하며, 경사
각은 휴식각의 2배가 일반적이다.

핵심문제 ●○○

흙의 휴식각과 연관한 터파기 경사각
도로 옳은 것은?

① 휴식각의 1/2로 한다.
② 휴식각과 같게 한다.
❸ 휴식각의 2배로 한다.
④ 휴식각의 3배로 한다.

2. 흙막이

1) 재질상 종류

① 목재 널말뚝

재료	낙엽송, 소나무의 생나무
사용깊이	$H=4\text{m}$ 정도
두께	$t \leq l/60$ 또는 5cm
너비	$b \geq 3t$, 25cm

② 기성 콘크리트 널말뚝

③ 철재 널말뚝(Steel Sheet Pile)

- 용수가 많고, 토압이 크며, 기초가 깊을 때 사용
- 종류

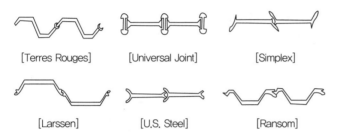

[Terres Rouges]　　　[Universal Joint]　　　[Simplex]

[Larssen]　　　[U.S. Steel]　　　[Ransom]

2) 흙막이에 작용하는 토압

① 일반사항

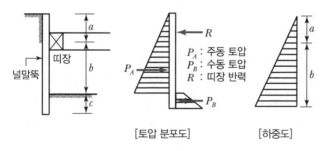

P_A : 주동 토압
P_B : 수동 토압
R : 띠장 반력

[토압 분포도]　　　[하중도]

- 주동토압 – 흙막이 배면에 작용하는 토압
  벽체 밖으로 변위가 생길 때의 토압, 이때는 면을 따라 가라앉고 경사가 급한 활동면을 이룬다.
- 수동토압(Pp : Passive Earth Pressure)
  벽체 안쪽으로 변위가 생길 때의 모양, 이때는 면을 따라 흙이 부풀어 오르고 활동면의 경사는 완만하다. 옹벽이 변위될 때 연직방향의 팽창이 생기므로 수평응력이 최대주응력이다.

핵심문제　　　●○○

아래 그림의 형태를 가진 흙막이의 명칭은?

① H – 말뚝 토류판
② 슬러리월
③ 소일콘크리트 말뚝
❹ 시트파일

② 토압분포

모 래	다져진 모래 지반 ($N > 25$)	중간 정도의 모래지반 ($N = 10 \sim 20$)	느슨한 모래 지반 ($N < 10$)
점 토	견고한 점성토 ($N > 5$)	중간 정도의 점성토 ($5 > N > 2$)	연약한 점성토 ($2 > N$)

3) 흙막이의 붕괴현상

① 히빙(Heaving Failure)

지반이 약할 때 흙파기 저면선에 대하여 흙막이 바깥에 있는 흙의 하부지반이 흙의 중량과 지표 적재하중의 중량에 못견디어 저면 흙이 붕괴되고 흙막이 바깥에 있는 흙이 안으로 밀려 불룩하게 되는 현상

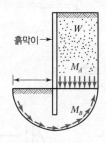

② 보일링(Boiling of Sand, Quick Sand)

흙파기 저면이 투수성이 좋은 사질 지반에서 지하수가 얕게 있든가 흙파기 저면 부근에 피압수가 있을 때에는 흙파기 저면을 통하여 상승하는 유수로 말미암아 모래입자는 부력을 받아 저면 모래 지반의 지지력이 없어져 흙이 안으로 밀려 불룩하게 되는 현상

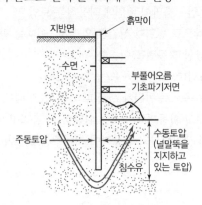

③ 파이핑(Piping)

흙막이 벽의 부실공사로 흙막이 벽의 뚫린 구멍 또는 이음새를 통하여 물이 공사장 내부바닥으로 파이프 작용을 하여 흙이 안으로 밀려 불룩하게 되는 현상

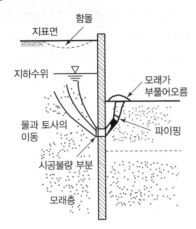

④ 방지책
- 널말뚝의 저면 타입깊이를 크게 한다.
- 널말뚝을 비투수층까지 때려 박는다.
- 웰포인트에 의해서 지하수면을 낮추어 물의 압력을 감소시킨다.
- 지반 개량으로 지내력을 증가시킨다.
- 양질의 재료를 사용한다.

2 흙막이 벽체와 지지 구조 형식

벽체 형식	지지 구조 형식	흙막이 벽 배면의 지반보강 그라우팅
① 엄지말뚝＋흙막이판 벽체	① 자립식	① JSP 공법
② 강널말뚝(Steel Sheet Pile) 벽체	② 버팀구조 형식	② LW 공법
③ 소일시멘트 벽체(Soil Cement Wall)	③ 지반앵커 형식	③ SGR 공법
④ CIP(Cast In Placed Pile)	④ 네일링 형식	④ 숏크리트 공법
⑤ 지하연속벽체	⑤ 경사고임대 형식	

1. 말뚝＋흙막이 판 벽체

1) 공통 사항
① 엄지말뚝의 간격은 1~2m 범위
② 건물경계선으로부터 충분한 작업공간을 확보
③ 천공 또는 항타 위치에 지장물이 있을 경우 이를 제거하거나 안정성을

확보한 후, 공사감독자 또는 그 시설의 관리자에게 통지

④ 풍화암 이상의 암반층으로 인접건물에 피해를 줄 우려가 있을 경우 말뚝의 직접 항타를 피하고 천공

⑤ 강판을 재단하여 제작하는 말뚝은 공장제작을 원칙

⑥ 플랜지 전면에 일정간격으로 심도를 표시하여 근입 정도를 지표면에서 확인 가능하게 시공

⑦ 지하수가 유출될 때에는 흙막이판의 배면에 부직포를 대고, 지반이 약할 경우에는 소일시멘트로 뒷채움

2) 엄지 말뚝

① 연직도는 공사시방서에 따르며, 근입 깊이의 1/100~1/200 이내

② 말뚝의 이음은 이음위치가 동일 높이에서 이음 금지

③ 말뚝의 항타는 연속적으로 타입하되, 소정의 심도까지 반드시 근입

④ 토사인 경우 굴착저면 아래로 최소한 2m 이상 근입

⑤ 천공면 상단부의 붕괴가 우려되는 경우에는 케이싱 등을 설치하여 천공면을 보호

⑥ 천공경이 클 경우에는 타입하는 말뚝에 좌굴 발생 주의

⑦ 매입공법으로 설치하는 경우, 엄지말뚝 주위를 모래나 소일시멘트로 빈틈없이 충전

⑧ 말뚝을 관입히고, 슬리임 하부 최소 1m까지는 정착되도록 항타하여 소요깊이까지 도달

3) 흙막이 판

① 굴착 후 신속히 설치하며, 인접 흙막이판 사이에 틈새 없게 시공

② 엄지말뚝 내부로 40mm 이상 걸침길이를 확보

③ 배면지반과 밀착 시공되어야 하며 간격이 있거나 배면지반이 느슨할 경우 양질의 토사로 채운 후 다짐을 하거나, 소일시멘트로 사춤

④ 사전에 설치하거나, 굴착 즉시 설치하여 배면지반의 과도한 변형이나 토사유실을 방지

⑤ 흙막이판 하단은 지정된 굴착면보다 깊게 근입

⑥ 뒷채움 토사의 유실이 우려되는 경우에는 배수 재료를 사용하여 유실 방지

⑦ 목재 흙막이판은 상부에서 1.5~2.0m 간격으로 H-pile 플랜지 부근에 대못으로 고정

⑧ 목재 흙막이판과 상·하 요(凹)철(凸) 홈이 없는 강재 흙막이판은 배면에 부직포를 병행하여 시공(상·하 요(凹)철(凸) 홈이 있는 강재 흙막이판 예외)

⑨ 강재 흙막이판 적용 시 시험성적서를 첨부하여 공사 감독관의 승인

4) 띠장

① 흙막이 벽과 띠장 사이를 밀착
② 원칙적으로 전 구간에 걸쳐 연속재로 연결
③ 띠장의 끝부분이 캔틸레버로 되어 있는 경우에는 강재로 보강
④ 지반앵커를 연결하는 경우에는 2중 띠장이어야 하고, 고임쐐기로 지반앵커의 천공각도와 맞춤
⑤ 일반토사에서 굴착면까지의 최대높이가 500mm 이내가 되도록 설치

5) 버팀대

① 띠장과의 접합부는 부재축이 일치되고 수평이 유지되도록 설치하며, 수평오차는 ±30mm 이내
② 버팀대와 중간말뚝이 교차되는 부분과 버팀대를 두 개 묶어서 사용할 경우에는 버팀대의 좌굴방지를 위한 U형 볼트나 형강 등으로 결속
③ 버팀대 수평가새의 설치간격은 버팀대 설치간격이 2.5m 이내인 경우 버팀대 10개 이내마다, 버팀대 설치간격이 2.5m를 초과하는 경우 버팀대 9개 이내마다
④ 최상단에 설치되는 버팀대는 편토압의 우려가 있으므로 단절되지 않고 반대편 흙막이 벽까지 연장
⑤ 수평버팀대는 중앙부가 약간 처지게(경사 1/100 이하로) 설치

2. 간단한 흙파기

① **줄기초 흙막이** : 깊이 1.5m, 너비 1m 정도 팔 때 옆벽이 무너질 것을 고려하여 널판, 띠장, 버팀대를 사용한 것. 2m 이상 깊으면 표토를 걷어내고 한다. 버팀대 간격은 1.5~2m 정도

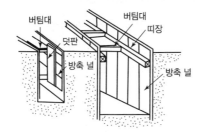

② **어미 말뚝식 흙막이** : 흙막이 널말뚝 대신에 어미말뚝을 사용하는 것
③ **연결재 또는 당겨매기식 흙막이** : 지반이 연약하여 버팀대로 지지하기 곤란한 넓은 대지에 사용

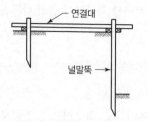
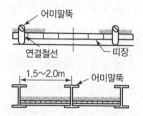

연결대

널말뚝

어미말뚝

연결철선

띠장

1.5~2.0m   어미말뚝

핵심문제 ●○○

흙막이 공법 중 수평버팀대의 설치작업 순서가 올바른 것은?

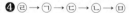

ⓐ 흙파기
ⓑ 띠장 및 버팀대 대기
ⓒ 받침기둥 박기
ⓓ 규준대 대기
ⓔ 중앙부 흙파기

① ⓐ → ⓓ → ⓑ → ⓒ → ⓔ
② ⓐ → ⓓ → ⓒ → ⓑ → ⓔ
③ ⓓ → ⓐ → ⓔ → ⓒ → ⓑ
❹ ⓓ → ⓐ → ⓒ → ⓑ → ⓔ

3. 버팀대식 흙막이

1) 빗버팀대식

널말뚝을 박는 부분의 줄파기를 하고 규준띠장을 댄다. 규준띠장 사이에 널말뚝을 박고 띠장부분까지 온통파기를 한 다음 중앙부를 파낸다. 버팀말뚝 및 버팀대를 대고 주변부의 흙을 파낸다.

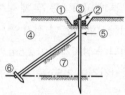

① 줄파기 ② 규준대대기 ③ 널 말뚝박기
④ 중앙부 흙파기 ⑤ 띠장대기
⑥ 버팀말뚝 및 버팀대대기 ⑦ 주변부 흙파기

[빗버팀대식 공법]

① 줄파기, 규준대대기, 널말뚝박기 ② 흙파기
③ 받침기둥박기 ④ 띠장, 버팀대대기
⑤ 중앙부 흙파기 ⑥ 주변부흙파기

[수평버팀대식 공법]

2) 수평버팀대식

빗버팀대와 같이 중앙부의 흙을 파내고 중간 지주말뚝을 박는다. 띠장, 버팀대를 견고히 댄 다음 휴식각에 따라 남겨둔 흙을 파낸다.

4. 아일랜드 공법(Island Method)

건물주위에 널말뚝을 박고 주변부의 흙을 경사면으로 남기고, 중앙부의 흙을 파서 구조물의 기초를 축조한 후, 버팀대를 지지시켜 주변흙을 파내고 지하구조물을 완성하는 공법으로 기초파기가 얕고 면적이 넓은 경우에 채택된다.

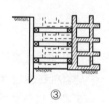

중앙부 기초파고
콘크리트 기초축조

중앙부 기초파기
버팀대

빗버팀대

시공순서 ①   ②   ③

5. 트렌치 컷 공법(Trench Cut Method)

아일랜드 공법과 역순으로 파내는 공법으로 측벽이나 주열선 부분을 먼저 파내고 구조체를 시공한 다음 중앙부 흙파기하여 지하구조물을 완성하는 공법으로 온통파기를 할 수 없을 때, 히빙 예상될 때 효과적이나, 공사기간이 길어지고, 널말뚝을 이중으로 박는 단점이 있다.

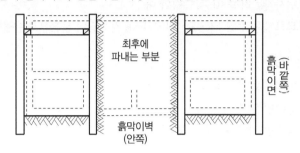

6. 어스앵커(Earth Anchor) 타이로드 공법

1) 공법의 정의

버팀대 대신 흙막이벽 배면을 원통형으로 굴착하여 앵커체에 의해 벽을 지탱하는 공법. 버팀대가 없으므로 굴착공간을 넓게 확보 가능, 대형 기계반입 가능과 공기 단축효과 기대

2) 특징

① 주변지반의 변위를 미리 응력을 줌으로 감소시킴
② 편토압이 작용하는 지반에서도 가능
③ 지반조건의 변화에도 설계 변경 가능
④ 작업 스페이스가 작은 곳에서도 가능
⑤ 배면 지반의 토질 조사를 충분히 해야 한다.
⑥ 앵커체의 인발 저항력을 체크해야 한다.
⑦ 대지침입의 사전양해와 매설물 주의
⑧ 부정형의 대지에 적용

3) 엄지말뚝

① 간격 : 1.5m 표준
② 구조물과 순간격 : 50cm 이상
③ 관입깊이 : 최소 1.5m 이상

4) 띠장

① 수직거리 3m마다 설치
② 설치이음 : 6m 이상

핵심문제 ●●○

구조물 위치 전체를 동시에 파내지 않고 측벽이나 주열선 부분만을 먼저 파내고 그 부분의 기초와 지하구조체를 축조한 다음 중앙부의 나머지 부분을 파내어 지하구조물을 완성하는 공법은?
① 오픈 컷 공법(Open Cut Method)
❷ 트렌치 컷 공법(Trench Cut Method)
③ 우물통식 공법(Well Method)
④ 아일랜드 컷 공법(Island Cut Method)

핵심문제 ●●○

어스앵커식 흙막이 공법에 관한 기술로 옳은 것은?
① 굴착단면을 토질의 안정구배에 따른 사면(斜面)으로 실시하는 공법
② 굴착외주에 흙막이벽을 설치하고 토압을 흙막이 벽의 버팀대에 부담하고 굴착하는 공법
❸ 흙막이벽의 배면 흙 속에 고강도 강재를 사용하여 보링공 내에 모르타르재와 함께 시공하는 공법
④ 통나무를 1.5~2m 간격으로 박고 그 사이에 널을 대고 흙막이를 하는 공법

핵심문제 ●●○

어스앵커 공법에 관한 설명으로 옳지 않은 것은?
① 버팀대가 없어 굴착공간을 넓게 활용할 수 있다.
❷ 인접한 구조물의 기초나 매설물이 있는 경우 효과가 크다.
③ 대형기계의 반입이 용이하다.
④ 시공 후 검사가 어렵다.

③ 첫단은 엄지말뚝 머리에서 1m 이내

5) 앵커

① 앵커체 시작 : Rankine 주동 활동면 보다 1m 이상 떨어져 설치

② 좌우상하 간격 : 1.5~2m 이상

③ 경사각 : 하향 10~45° 범위 내 설치

④ 모르타르 주입 : Racker 먼저 주입, 자유길이 부분으로 유출방지

6) Tie Rod

① 지지 흙파기 깊이 한도 : 6m 이내

② 상수면 위 설치 원칙

③ 상수면 이하는 방청조치(페인트)

7. 지하 연속벽

1) 정의

특수하게 고안된 클램셸로 도랑(Trench : 길이 2.5~6m, 폭 60 내지 80cm 및 최대깊이 120m)을 굴착하여 철근 콘크리트를 타설하는 작업을 연속함으로써 지중에 연속된 철근 콘크리트 벽을 형성하며 이 벽은 차수벽으로 역할하게 된다.

2) 특징

① 소음과 진동이 낮다.

② 벽체의 강성이 높다.

③ 차수성이 우수하다.

④ 임의의 치수와 형상을 선택할 수 있다.

⑤ 지반조건에 좌우되지 않는다.

⑥ 주변지반에 대한 영향이 작다.

⑦ 구조물 본체로 사용 가능하다.

기 10② 13④ 15② 16④ 17①
산 10②③ 12③ 13①③ 15①

핵심문제 ●●●

다음 흙막이 공법 중 흙막이 자체가 지하 본구조물의 옹벽을 형성하는 것은?

① H-Pile 및 토류판

② 소일네일링(Soil Nailing) 공법

③ 시멘트 주열벽(Soil Cement Wall)

❹ 슬러리월(Slurry Wall) 공법

핵심문제 ●●●

지하연속벽공법(Slurry Wall)에 관한 내용으로 옳지 않은 것은?

① 저진동, 저소음으로 공사가 가능하다.

❷ 주변 지반에 대한 영향이 크고, 인접 건물에 피해를 줄 수 있다.

③ 통상적인 흙막이 공사와 비교하면 대체로 공사비가 높다.

④ 지반굴착 시 안정액을 사용한다.

3) Slurry Wall 시공순서

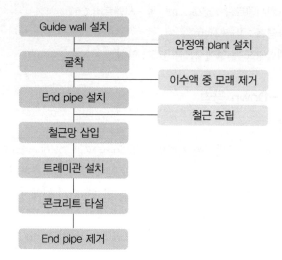

```
Guide wall 설치
      │──────────── 안정액 plant 설치
    굴착
      │──────────── 이수액 중 모래 제거
End pipe 설치
      │──────────── 철근 조립
  철근망 삽입
  트레미관 설치
  콘크리트 타설
 End pipe 제거
```

4) 시방 기준

① 단위패널길이는 5m를 표준으로 하고 9m를 초과하지 못한다.
② 철근망과 트렌치(Trench)측면과는 최소 10cm피복 유지한다.
③ 철근 이음길이는 36d 이상으로 한다.
④ 조인트관(Joint Pipe)은 지연제를 사용하지 않을 경우 45분 이내에 제거해야 한다.

5) Guide Wall 설치 목적

① 표토의 붕괴방지
② 안정액의 순환
③ Trench의 역할
④ 규준대 역할(지중벽 두께, 위치, 수평정밀도)
⑤ 정확한 콘크리트 타설

6) 안정액의 기능

① 굴착벽면의 붕괴를 막는 기능
② 안정액 속의 슬라임 부유물의 배제 역할
③ 굴착토를 지상으로 방출하는 기능
④ 굴착 부분의 마찰 저항을 감소
⑤ 물의 유입 방지를 막는 지수효과 성능

7) 콘크리트

① 포틀랜드 시멘트 사용
② 골재 치수는 13~25mm 표준

③ 공기 함유량 : 4.5 ± 1.5%

④ 단위시멘트량 : 350kg/m³, 물－시멘트비 : 50% 이하

⑤ 슬럼프 : 18∼21cm

⑥ 배합강도는 설계강도의 125% 이상

8. Top－Down 공법

1) 정의

Top－Down 공법이란 지하연속벽(Slurry Wall, Diaphragm Wall)에 의해 지하층 외부옹벽과 지하층 기둥을 토공에 앞서 선시공하며, 토공단계별로 토공작업과 Slab 등 구조물 시공을 반복하면서 위에서 아래로 지하층을 완성해 나가는 공법이다. 도심지 내 공사 여건이 연약한 부분에서 지하층 시공 시와 Open Cut공법, 지보공(Strut)공법, Earth Anchor 공법 등 적용이 어려운 장소에서 사용한다.

2) 특징

① 인접 건물 및 도로 침하를 방지 및 억제하는 가장 완전한 지하 터파기 공법이다(흙막이 안전성이 높다).

② 방축널로서 강성이 높게 되므로 주변지반에 대한 영향력이 적다(인접 구조물 보호와 연약지반).

③ 부정형 평면시공 가능

④ 1층 바닥을 앞서 시공한 후 그 곳을 작업바닥으로 유효하게 이용할 수 있으므로 부지에 여유가 없는 경우에 유리하다(전천후 작업).

⑤ 지하와 지상의 병행작업을 함으로써 공기를 단축할 수 있다.

9. 영구 버팀대 공법(SPS : Strut as Permanent System)

1) 정의

Top－Down 공법에서 가설물(Strut)을 대신하여 본 건물의 구조체인 보, 슬래브를 버팀대로 활용하는 공법

2) 특징

① 작업장 환기, 조명 양호

② 가설물 해체 작업의 불필요로 안정성 확보

③ 구조적 안정성 확보

④ 공기 단축

⑤ 터파기 등의 시공성 향상

10. 언더피닝 공법

1) 정의 : 인접건물의 기초를 보강하는 공법

2) 종류

① 강재말뚝 공법
② 현장타설 말뚝 공법
③ 주입(약품이나 콘크리트)
④ 이중널말뚝
⑤ 갱피어

11. 소일네일링 공법

1) 정의

흙과 보강재 사이의 마찰력·보강재의 인장응력, 전단응력, 휨모멘트에 대한 저항으로 흙과 Nailing의 일체화에 의하여 지반의 안정을 유지하는 공법

2) 용도

① 굴착면 및 사면안정
② 흙막이 공법

기 13② 산 14① 17②

핵심문제　　●●○

건축공사에서 활용되는 언더피닝(Under Pinning)공법에 대한 설명으로 옳은 것은?
① 용수량이 많은 깊은 기초 구축에 쓰이는 공법이다.
❷ 기존 건물의 기초 혹은 지정을 보강하는 공법이다.
③ 터파기 공법의 일종이다.
④ 일명 역구축 공법이라고도 한다.

SECTION 06　계측관리 및 토공사용 장비

구조물 설계 자료와 거동예측자료, 현장계측자료와 비교 검토하여 시공 중 안전 상태 파악 및 위험 예측 시 보강대책을 강구할 수 있게 정량적 수치자료를 제공하는 공정

1. 계측관리

기 12① 16① 21② 산 11③ 17③ 18②

1) 특성

① 안정성 확보
② 공사비 절감(과다 설계수정)
③ 공정 조절 가능
④ 기술 향상 유도

계측관리 항목 및 기기가 잘못 짝지어진 것은?

① Earth Pressure Cell – 가시설 벽체에 가해지는 로드의 추이를 측정
② Water Level Meter – 지하수위 변화를 실측
③ Tilt Meter – 인접 건축물의 벽체나 슬래브 바닥에 설치하여 구조물의 변형상태를 측정
❹ Load Cell – 흙막이 벽의 응력변화 측정

기 10① 11①④ 12④ 13④ 14①② 16④
20③ 21①
산 13② 14① 16②

핵심문제 ●●○

굴착기계 중 지반보다 3m 정도 높은 곳의 굴착과 5~6m 정도의 낮은 곳 굴착에 사용되는 굴착기계가 알맞게 조합된 것은?

❶ 파워셔블(Power Shovel) – 드래그셔블(Drag Shovel)
② 클램 셸(Clam Shell) – 드래그 라인(Drag Line)
③ 앵글도저(Angle Dozer) – 스크레이퍼(Scraper)
④ 그레이더(Grader) – 드래그셔블(Drag Shovel)

핵심문제 ●○○

시공기계에 관한 설명 중 옳지 않은 것은?

① 타워크레인은 골조공사의 거푸집, 철근 양중에 주로 사용된다.
② 파워셔블은 위치한 지면보다 높은 곳의 굴착에 적합하다.
③ 스크레이퍼는 굴착, 적재, 운반, 정지 등의 작업을 연속적으로 할 수 있는 중 · 장거리용 토공기계이다.
❹ 바이브레이팅 롤러(Vibrating Roller)는 콘크리트 다지기에 사용된다.

2) 계측기

① 인접구조물 기울기 측정(Tilt Meter)
② 인접구조물 균열 측정(Crack Meter)
③ 지중 수평 변위 계측(Inclino Meter) : 경사계
④ 지중 수직 변위 계측(Extenso Meter) : 지중구조물
⑤ 지하 수위 계측(Water Level Meter)
⑥ 간극 수압 계측(Piezo Meter)
⑦ 지표침하계(Surface Settlement) : 지반침하, 흙막이 배면 침하
⑧ 변형률 측정계(Strain Gauge) : 버팀보, 엄지말뚝, 중간말뚝, 띠장, 복공구간 H-beam
⑨ 토압측정(Soil Pressure Gauge)
⑩ 지표면 침하측정(Level & Staff)
⑪ 소음측정(Sound Level Meter)
⑫ 진동측정(Vibro Meter)

2. 토공사용 장비

1) 셔블(Shovel)계 굴착기

① 파워셔블(Power Shovel) : 굴삭 높이 1.5~3m
  • 버킷 용량 1.6~1.0m²
  • 굴삭깊이 지반 밑으로 2m
  • 기계가 서 있는 위치보다 높은 곳의 굴착에 적당하다.
  • 선회각 90°

② 드래그 라인(Dran Line)
  • 굴삭깊이 8m
  • 선회각 110°
  • 넓은 면적을 팔 수 있으나 파는 힘이 강력하지 못하다.
  • 기계가 서 있는 위치보다 낮은 곳의 굴착에 좋다.

③ 백호(Back Hoe)
  • 기계가 서 있는 지반보다 낮은 곳의 굴착에 좋고 굴착력도 크다.
  • 굴삭깊이 5~8m, 버킷 용량 0.3~1.9m³, Boom의 길이 4.3~7.7m

④ 클램셸(Clamshell)
  • 사질지반의 굴삭에 적당
  • 굴삭깊이 최대 18m
  • 버킷 용량 2.45m³
  • 좁은 곳의 수직 굴착에 좋다.

⑤ 트랙터셔블(Tractor Shovel)

기계보다 상향 굴착에 유효하며 8t급 덤프 트럭과 조합시키면 능률적이다. 연암, 비탈흙, 굴착 및 싣기 또는 자갈, 모래의 굴착 및 싣기, 기초 굴착, 습지작업 등 광범위하게 사용할 수 있다.

⑥ 로더(Roder)

굴착한 토사를 상차하는 데 유리하다.

2) 정지용

① 불도저(Bulldozer)
- 운반거리 60m(최대 100m) 이내의 배토 작업용
- 종류 : 스트레이트 도저, 앵글 도저, 틸트 도저, 레이크 도저, 습지 불도저

② 모터 그레이더(Motor Grader)
- 도로변의 끝손질, 옆도랑 파기 등의 정지작업용
- 종류 : Blade의 길이에 의하여 대형(3.7m), 중형(3.1m), 소형(2.5m)으로 나누는데, 보통 대형을 많이 사용한다.

③ 스크레이퍼(Scraper)

굴착, 정지, 운반용으로 대량의 토사를 고속으로 원거리(500~2,000m) 운송할 수 있다.

3) 운반 인양용

① 덤프 트럭(Dump Truck) : 기동성이 우수한 운송용이다.
② 진블록(Gin Block) : 줄이 튀어 나와도 빠지지 않게 된 도르래 형식의 수직 인양기
③ 체인블록(Chain Block), 컨베이어 벨트(Conveyorbelt) 수직 인양장비

4) 다짐용

롤러(Roller), 램머(Rammer), 컴팩터(Compactor) : 지반 밀도를 증대시키고 흡수성을 적게 하기 위한 다짐용

1. 보통 지정

1) 잡석 지정

① 정의 : 지름 15~30cm 정도 잡석을 세워서 깔고 사춤자갈을 20~30% 채우고 다지는 지정(가장자리에서 중앙부로 다진다)

② 목적
- 이완된 지표면을 다짐
- 콘크리트 두께 절약
- 방습 및 배수처리
- 기초 콘크리트 타설시 흙이 섞이지 않게 하기 위한 것

2) 모래 지정

지반이 연약하나 하부 2m 이내에 굳은 층의 있어 말뚝을 박을 필요가 없을 때 그 부분을 파내고 모래를 넣고 30cm마다 물다짐하여 전체 다짐두께를 1m 정도 설치한다.

3) 자갈 지정

굳은 지반에 지름 45mm 내외의 자갈을 6~12cm 정노 깔고 잔자갈을 채운다.

4) 긴 주춧돌 지정

비교적 지반이 깊고 말뚝을 사용할 수 없는 간단한 건축물에서 사용. 긴 주춧돌 또는 30cm 지름의 관을 깊이 묻고 속에 콘크리트를 채운다.

5) 밑창콘크리트 지정

① 정의 : 1 : 3 : 6 배합으로 두께 5~6cm 콘크리트를 치는 것으로 먹줄치기, 거푸집 설치 등이 용이하며, 잡석의 유동을 막기 위한 것이다.

② 목적
- 먹줄치기 용이
- 거푸집 설치가 용이
- 철근 배근이 용이
- 바깥 방수의 바탕

기 10② 산 14② 19①

핵심문제 ●○○

땅에 접하는 바닥 콘크리트의 경우 그림과 같이 벽에 인근한 부분을 두껍게 하는 이유는?

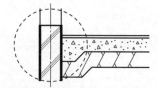

① 철근의 부착력 증진
❷ 전단력에 대한 보강
③ 휨에 대한 보강
④ 압축력에 대한 보강

핵심문제 ●○○

독립기초에서 주각을 고정으로 간주할 수 있는 방법으로 가장 타당한 것은?

① 기초판을 크게 한다.
② 기초 깊이를 깊게 한다.
③ 철근을 기초판에 많이 배근한다.
❹ 지중보를 실지한나.

2. 말뚝 지정

1) 말뚝의 분류(기능상)

① 지지말뚝 : 연약지반을 관통시켜 굳은 층에 도달시켜 선단의 지지력에 의하는 말뚝

② 마찰말뚝 : 연약층이 깊어 굳은 층에 지지할 수 없을 때 말뚝과 지반의 마찰력에 의하는 말뚝으로 사질지반에 적당

③ 다짐말뚝 : 무리말뚝이라고도 하며, 말뚝을 박아 지반을 밀실하게 다지는 말뚝

2) 말뚝지정의 분류 및 비교

핵심문제　●○○

강제말뚝의 부식에 대한 대책과 가장 거리가 먼 것은?

① 부식을 고려하여 두께를 두껍게 한다.
② 에폭시 등의 도막을 설치한다.
❸ 부마찰력에 대한 대책을 수립한다.
④ 콘크리트로 피복한다.

구별	나무말뚝	기성 콘크리트말뚝	H형강말뚝	제자리 콘크리트말뚝
간격	2.5d 이상 600mm 이상	2.5d 이상 750mm 이상	2.5d 이상 (폐단말뚝 2.5d 이상) 750mm 이상	2.5d 이상 D + 1,000mm 이상
길이	보통 4.5~5.4m 7m이상은 곤란	보통 6~10m 최대 12m	보통 30m 최대 70m	최대 30m
지지력	보통 5t 내외 최대 10t 내외	보통 50t 내외 최대 100t 내외	보통 50t 내외 최대 100t 내외	40~50t
특징	• 상수면이 얕고 경량건물에 적당. 현재는 거의 사용치 않음 • 항상 지하상수면 이하에서 사용	• 상수면이 깊고 중량 건물에 적당 • 주근은 6개 이상, 말뚝 단면의 0.8% 이상, 말뚝지름 이상을 지층에 관입 • 주근 피복두께 30mm 이상	• 깊은 연약층에 지지 중량건물에 적당 • 수평방향 빗나감은 설계위치에서 10cm 이하	• 연약점토층이 깊을 때 적합 • 소요길이, 크기가 자유롭다. • 소음이 없다. • 시공상태 확인이 곤란하다.
재질	• 육송 • 낙엽송의 생목 • 휨율 1/50 이하 • 끝마무리 지름 120mm 이상	• 직경 25~50cm • 길이 : 지름의 45배 이하	• 웨브 길이 30cm 정도의 H형강 • 길이 18m짜리 사용	• 주근 4개 이상 • 설계단면적의 0.25% 이상 • 피복두께 60mm 이상

3) 말뚝의 선택

① 동일 건물에서는 말뚝 길이를 달리하거나 나무말뚝과 콘크리트 말뚝, 콘크리트 말뚝과 기타 다른 종류의 말뚝을 혼용하지 않는 것이 좋다.

② 나무 말뚝은 지하 상수면 이하에 두고 그 상수면도 장차 저하될 것을 고려해야 한다.

③ 말뚝 하나의 지지력에는 한도가 있으므로 길이는 비교적 적게 하고 수량을 많이 한다.

④ 지질에 따라서 무리 말뚝의 지지력은 단일 말뚝 지지력보다 감소한다.

4) 말뚝 시공 시 유의사항

① 말뚝의 위치는 정확히 수직으로 박는다.

② 말뚝박기는 중단하지 않고 최종까지 박는 것을 원칙으로 한다.

③ 관입이 잘 안 되어도 소정 위치까지 박는 것을 원칙으로 한다.

④ 예정 위치까지 도달 전에 침하가 안 되면 검토하여 말뚝 길이를 변경한다.

⑤ 예정 위치에 도달하여도 조기에 최종 관입량 이상일 때에는 말뚝 이어박기, 수량 증가 또는 기초 저면을 변경하여 안전하게 한다.

⑥ 말뚝의 중심 간격(pitch)는 말뚝 지름의 2.5배 이상이나 보통 4배로 하며, 말뚝 재질에 따른 최솟값은 다음과 같다.

구분	나무말뚝	기성콘크리트말뚝	제자리콘크리트말뚝
mm	600	750	D+1,000mm
D(말뚝직경)	2.5D	2.5D	2.0D

⑦ 말뚝 중심으로부터 기초판 끝까지의 거리(연단거리)는 Pitch값의 1/2 이상으로 한다.

⑧ 말뚝의 간격은 기초판이 허용하는 범위 내에서 가급적 넓게 박으며 정렬배치와 엇모배치의 형태가 있다.

⑨ 말뚝은 그 지지력이 증가되도록 주위 말뚝을 먼저 박고 점차 중앙부의 말뚝을 박는 순서로 계획한다(다짐 말뚝인 경우).

3. 기성 콘크리트 말뚝

1) 시험말뚝

① 시험말뚝 박기를 실시할 때는 항타작업 전반의 적합성 여부를 확인하기 위하여 동재하시험을 실시하여야 한다.

② 기초부지 인근의 적절한 위치를 선정하여 설계상의 말뚝길이보다 1.0~2.0m 긴 것을 사용하여야 한다.

③ 시공자는 시험말뚝박기와 말뚝의 시험이 완료된 후 7일 내에 시험말뚝자료를 공사감독자에게 제출하고, 말뚝주문길이에 대하여 공사감독자가 본 공사에 사용될 말뚝길이에 대하여 승인을 받아야 한다.

④ 시험말뚝박기를 실시하는 목적은 해머를 포함한 항타장비 전반의 성능확인과 적합성 판정, 설계내용과 실제 지반조건의 부합 여부, 말뚝재료의 건전도 판정 및 시간경과 효과(Set-Up)를 고려한 말뚝의 지내력 확인 등이다.

2) 시공법

① **타격 공법** : 디젤파일해머, 유압파일해머, 드롭해머 등의 해머를 사용하여 콘크리트말뚝을 박는 공법

② **프리보링 공법** : 어스 오거를 사용하여 지반을 미리 천공하고, 천공한 부위에 말뚝을 압입하는 공법

③ **프리보링 병용 타격공법** : 어스 오거를 사용하여 일정한 깊이까지 굴착한 후에 말뚝을 압입하고 타격하여 지지층까지 도달시키는 공법

④ **수사법** : 말뚝의 선단이나 말뚝에 병행하여 제트파이프를 박아 넣어 고압수를 분출시켜 지반을 고르게 해가면서 말뚝을 타격 압입시키는 공법

⑤ **중굴공법** : 말뚝 중간의 빈 공간에 오거를 삽입하여 말뚝 선단부를 굴착해 가면서 매설하는 공법

⑥ **회전압입공법** : 말뚝선단에 추를 붙여 오거로 대신하여 말뚝 전체를 회전시켜 가면서 압입하는 공법

3) 말뚝의 이음

① 장부식 이음
- 제작 시공이 간단
- 구조가 간단하여 단시간 내 시공 가능
- 타격 시 횡으로 구부러지기 쉽다.
- 강성이 약하며 충격력에 의해 연결부위의 파손율이 높다.
- 연약한 점토지반에서는 부마찰력에 의해 밑말뚝이 이음부에서 이탈하기 쉽다.

② 충전식 이음
- 말뚝이음부의 철근을 따내어 용접한 후 상하부 말뚝을 연결하는 Steel Sleeve를 설치하여 콘크리트를 충전하는 방법
- 압축 및 인장에 저항할 수 있다.
- 내식성이 우수하다.
- 이음부 길이는 말뚝직경의 3배(3D) 이상
- 일반적으로 많이 쓰이는 공법

③ Bolt식 이음
- 말뚝이음부분을 Bolt로 죄여 시공
- 시공이 간단
- 이음내력이 우수
- 가격이 비교적 고가
- Bolt의 내식성이 문제
- 타격 시 변형 우려

핵심문제 ●○○

말뚝박기 시공법 중 기성말뚝공법에 속하지 않는 것은?
❶ 어스드릴공법
② 디젤해머공법
③ 프리보링공법
④ 유압해머공법

핵심문제 ●●○

타격에 의한 말뚝박기공법을 대체하는 저소음, 저진동의 말뚝공법에 해당되지 않는 것은?
① 압입 공법
② 사수(Water jetting) 공법
③ 프리보링 공법
❹ 바이브로 컴포저 공법

④ 용접식 이음
- 상하부 말뚝의 철근을 용접한 후 외부에 보강철판을 용접하여 이음하는 방법
- 설계와 시공이 우수
- 가장 좋은 방법
- 강성이 우수하여 최근에 가장 많이 사용
- 용접 부분의 부식성이 문제

4) 기성말뚝 세우기

① 정확한 규준틀을 설치하고 중심선 표시를 용이하게 하여야 하며, 말뚝을 세운 후 검측은 직교하는 2방향으로부터 하여야 한다.
② 말뚝의 연직도나 경사도는 1/100 이내로 하고, 말뚝박기 후 평면상의 위치가 설계도면의 위치로부터 $D/4$(D는 말뚝의 바깥지름)와 100mm 중 큰 값 이상으로 벗어나지 않아야 한다.

4. 제자리 콘크리트 말뚝의 종류와 특징

1) 관입공법

종류	형태	내용
콤프레솔 파일		① 끝이 뾰족한 추로 구멍을 뚫고 콘크리트를 부어 넣는다. ② 끝이 둥근추로 다진 다음 평면의 추로 다진다(3가지 추 사용).
심플렉스 파일		① 굳은 지반에 외관을 막는다. ② 콘크리트를 추로 다져 넣는다. ③ 외관을 서서히 빼낸다.
페데스탈 파일		① 외관과 내관을 소정의 깊이까지 박는다. ② 내관을 빼고 콘크리트를 넣는다. ③ 다시 내관을 넣어 다진다. ④ 여러 번 내관을 반복하여 구근을 만든다. ⑤ 구근이 완성되면 외관을 빼낸다. ⑥ 구근지름 : 70~80cm, 샤프트부분지름 : 45cm
프랭키 파일		① 심대 끝에 주철재 원추형 마개가 달린 외관을 박는다. ② 소정의 깊이에 도달하면 내부의 마개와 추를 빼낸다. ③ 콘크리트를 다져 넣고 추로 다져 구근을 만든다. ④ 외관을 서서히 빼낸다. ⑤ 마개 대신 나무말뚝을 사용하면 상수면이 깊은 곳에 합성말뚝으로 사용하기 편리하다.
레이몬드		① 얇은 철판재의 외관에 심대(Core)를 넣고 박는다. ② 심대를 빼내고 콘크리트를 다져 넣는다.

2) 굴착공법

① 어스드릴(Earth Drill)공법 : 미국 칼웰드사에서 고안된 후 개량된 대구경 보링기기에 의한 현장 타설 콘크리트 말뚝을 시공하는 공법으로 칼웰드 공법으로도 불린다.

장점	단점
• 점성토에 가장 적합한 기초파기 공법이다. • 무소음, 무진동 굴삭이 가능하다. • 설비가 간단하고 기동성이 높다. • 굴착속도가 빨라 공기를 절감할 수 있다. • 기계의 가격이 싸고 작업원 2명 정도로 시공할 수 있으므로 공사비가 싸게 먹힌다.	• 붕괴하기 쉬운 모래지반 등에는 적합지 않다. • 캐리바(Carry Bar)의 길이에 한도가 있고 긴 말뚝에는 적합지 않다. • 안정액을 사용하므로 발수처리가 곤란하다.

② 베노토(Benoto)공법 : 직경 1~1.2m의 지반 천공기를 써서 케이싱을 삽입하여 피어 기초를 만드는 공법으로 전 케이싱(All Casing)에 의한 현장타설 콘크리트 말뚝기초 시공에 쓰이며, 강제 Casing Tube를 요동 압입 시키면서 해머버킷 굴삭기에 의해 굴착 후 Concrete를 부어 넣는다.

장점	단점
• 말뚝기초와 우물통기초의 중간적 기초 시공에 적합하다. • 어떤 지반에서도 시공이 가능하다. • 최대심도 120m까지 기초시공이 된다. • 무소음, 무진동, 무침하로 저렴하게 시공할 수 있다. • 경사시공에 의해 지면을 확대시킬 수 있다. • 연속항타로 베노토 옹벽이 시공된다.	• 횡하중에 대한 저항력이 약하다. • 지하수 처리가 어렵다. • 케이싱을 뽑아 올릴 때 철근이 따라 올라갈 염려가 있다. • Tube의 유압계통 보수관리에 유의해야 한다. • 주위환경에 제약을 받고, 기계가 부족하면 시 공기간이 길어진다.

③ 리버어스 서큘레이션(Rreverse Circulation) : 케이싱을 사용하지 않고 정수압(0.2~0.3kg/cm²)에 의해 벽을 보호하면서 연속 굴착하여 대구경의 Pier기초형성

장점	단점
• Bit의 교환에 의해 임의의 직경으로 시공이 가능하다. • Casing을 필요로 하지 않으므로 대구경에 적합하다. • 무진동, 무소음 공법이다. • Rotary Table장치와 Suction Pump, 유압펌프 등의 장치를 따로 분리할 수 있어서 좁은 장소나 수상시공이 가능하다. • Carry Bar와 Drill Rod를 짧게 할 수 있어서 높이에 제한받는 장소에서도 가능하다.	• 다량의 물을 사용하므로 수원이 필요하다. • 침전조를 필요로 하므로 공간이 필요하다. • Casing이 없으므로 토질, 입지 조건에 따라 붕괴의 위험이 있고 인접 구조물에 영향을 줄 위험이 있다. • 굴삭에 숙련이 필요하다.

핵심문제 ●●○

해머그래브를 케이싱 내에 낙하시켜 굴착을 완료한 후 철근망을 삽입하고 케이싱을 뽑아 올리면서 콘크리트를 타설하는 현장타설 콘크리트말뚝 공법은?

❶ 베노토 공법　② 이코스 공법
③ 어스드릴 공법　④ 역순환 공법

핵심문제 ●●○

제자리 콘크리트 말뚝공법 중 베노토 공법에 대한 설명으로 옳지 않은 것은?

① 주변에 영향을 주지 않고 안전한 시공이 가능하다.
② 길이 50~60m의 긴 말뚝의 시공도 가능하다.
③ 굴삭 후 배출되는 토사로써 토질을 알 수 있어 지지층에 도달됨을 판단할 수 있다.
❹ 케이싱튜브를 뽑아내는 반력이 작아 연약한 지반이나 수상시공에 적당하다.

핵심문제 ●●○

굴착구멍 내 지하수위보다 2m 이상 높게 물을 채워 굴착함으로써 굴착 벽면에 2t/m² 이상의 정수압에 의해 벽면의 붕괴를 방지하면서 현장타설 콘크리트 말뚝을 형성하는 공법은?

① 베노토 파일
② 프랭키 파일
❸ 리버스 서큘레이션 파일
④ 프리팩트 파일

핵심문제 ●●○

현장타설 말뚝공법에 해당되지 않는 것은?

❶ 숏크리트 공법
② 리버스 서큘레이션 공법
③ 어스드릴 공법
④ 베노토 공법

핵심문제 ●●●

파이프 회전봉의 선단에 커터를 장치한 것으로 지중을 파고 다시 회전시켜 빼내면서 모르타르를 분출시켜 지중에 소일 콘크리트 파일을 형성시킨 말뚝은?

① 오거 파일 　② CIP 파일
❸ MIP 파일 　④ PIP 파일

3) 프리팩트(Pre-Pack)공법

① CIP(Cast In Place Pile) 말뚝 : 오거로 구멍을 뚫고 자갈을 충전시킨 다음 모르타르를 주입하는 공법

② PIP(Packed In Place Pile) 말뚝 : 어스오거로 소정의 깊이까지 뚫은 후, 흙과 오거를 함께 끌어올리면서 오거 선단을 통하여 모르타르를 주입하여 말뚝 형성

③ MIP(Mixed In Place Pile) 말뚝 : 파이프 회전봉선단에 커터를 장치하여 흙을 뒤섞으며 지중으로 파 들어간 다음 파이프 선단에서 모르타르를 분출시켜 흙과 모르타르를 혼합하면서 파이프를 빼내는 소일 콘크리트 파일이다.

5. 깊은 기초

1) 우물통식 기초(Well Foundation)

① 철근 콘크리트조 우물통 기초 : 현장에서 지름 1~1.5m 우물통을 지상에서 만들고 속을 파내어 침하시키는 것. 기성재 철근 콘크리트판을 이어 내려가면서 침하시키며 또는 지상에서 미리 전체 깊이의 우물통을 설치하고 침하시키는 방법

② 강판제 우물통 기초 : #18 이상 골철판에 ㄱ형강을 사용하여 테를 두른 지름 1~2m의 우물통을 만들어 넣고 그 안을 파서 콘크리트를 채워 기초를 구축한다.

2) 잠함기초(Caisson Foundation)

① 개방잠함(Open Caisson) : 지하구조를 지상에서 구축하여 그 밑을 파내어 구조체를 침하시키는 것

② 용기잠함(Pneumatic Caisson) : 용수량이 많고 깊은 기초를 구축할 때 쓰이는 공법으로 압출공기 압력을 이용하는 공법

6. 강관 충진 콘크리트(CFT : Concrete Fill Tube)

강관 충진 콘크리트는 강관에 콘크리트를 부어넣어 만드는 공법으로 강관이 거푸집 역할을 하며 철골과 콘크리트의 단점을 보완하여 만든 복합화 공법이다.

01 토질 및 암의 분류에서 다음 설명에 해당하는 것은?

> 혈암, 사암 등으로 균열이 $10\sim30$cm 정도로서 굴착 또는 절취에는 화약을 사용해야 하나 석축용으로는 부적합한 암질

① 풍화암 　　　　② 연암
③ 경암 　　　　　④ 보통암

해설

토질 및 암의 분류
- 보통토사 : 보통상태의 실트 및 점토 모래질 흙 및 이들의 혼합물로서 삽이나 괭이를 사용할 정도의 토질
- 경질토사 : 견고한 모래질 흙이나 점토로서 갱이나 곡괭이를 사용할 정도의 토질
- 고사점토 및 자갈 섞인 토사 : 자갈질 흙 또는 견고한 실트, 점토 및 이들의 혼합물로서 곡괭이를 사용하여 파낼 수 있는 단단한 토질
- 호박돌 섞인 토사 : 호박돌 크기의 돌이 섞이고 굴착에 약간의 화약을 사용해야 할 정도로 단단한 토질
- 풍화암 : 일부는 곡괭이를 사용할 수 있으나 암질이 부식되고 균열이 $1\sim10$cm 정도로서 굴착 또는 절취에는 약간의 화약을 사용해야 할 암질
- 연암 : 혈암, 사암 등으로서 균열이 $10\sim30$cm 정도로 굴착 또는 절취에는 화약을 사용해야 하나 석축용으로는 부적합한 암질
- 보통암 : 풍화상태는 엿볼 수 없으나 굴착 또는 절취에는 화약을 사용해야 하며 균열이 $30\sim50$cm 정도인 암질
- 경암 : 화강암, 안산암 등으로서 굴착 또는 절취에 화약을 사용해야 하며 균열상태가 1m 이내로서 석축용으로 쓸 수 있는 암질
- 극경암 : 암질이 아주 밀착된 단단한 암질

02 지반의 투수성에 관한 설명 중 잘못된 것은?

① 투수계수가 큰 것은 투수량이 크다.
② 모래의 투수계수는 평균 알지름의 제곱에 비례한다.
③ 모래의 투수계수는 간극비의 제곱에 반비례한다.
④ 모래는 진흙보다 투수계수가 크다.

해설

투수성
투수계수는 간극비에 반비례한다.

03 흙의 성질을 나타내는 식이 잘못된 것은?

① 간극비 $= \dfrac{\text{간극의 용적}}{\text{토립자의 용적}}$

② 함수비 $= \dfrac{\text{물의 중량}}{\text{토립자의 중량}}$

③ 예민비 $= \dfrac{\text{교란시료의 강도}}{\text{자연시료의 강도}}$

④ 포화비 $= \dfrac{\text{물의 용적}}{\text{간극의 용적}}$

해설

흙의 성질

예민비 $= \dfrac{\text{자연시료의 강도}}{\text{교란시료의 강도}}$

04 흙의 함수비에 관한 설명 중 옳지 않은 것은?

① 함수비를 감소시키기 위해서는 샌드드레인 공법이 사용된다.
② 함수비가 크면 전단강도가 적어진다.
③ 모래지반에서 함수비가 크면 내부마찰각이 감소된다.
④ 점토지반에서 함수비가 크면 점착력이 증가한다.

정답 　01 ② 　02 ③ 　03 ③ 　04 ④

함수비

㉠ 함수비 = $\dfrac{물의\ 중량}{흙입자의\ 중량}$

㉡ 함수비 영향
- 액상화현상 발생
- 모래지반에서는 보일링현상 발생
- 점토지반에서는 히빙현상 발생
- 전단강도 감소
- 모래지반에서는 내부마찰력 감소
- 점토지반에서는 점착력 감소

05 흙의 성질을 나타낸 내용 중 옳지 않은 것은?

① 외력에 의하여 간극 내의 물이 밖으로 유출하여 입자의 간격이 좁아지며 침하하는 것을 압밀침하라 한다.
② 함수량은 흙속에 포함되어 있는 물의 중량을 나타낸 것으로 일반적으로 함수비로 표시한다.
③ 투수량이 큰 것일수록 침투량이 크며 모래는 투수계수가 크다.
④ 자연시료에 대한 이긴시료의 비를 푸아송비라 한다.

용어설명
- 예민비 : 함수율의 변화가 없는 상태에서 자연시료에 대한 이긴시료의 강도 비
- 푸아송비 : 탄성체는 인장력이나 압축력이 작용할 때 외력의 방향으로 변형이 생기지만 외력과 직각의 방향으로 변형이 생긴다. 이들 두 변형률의 비를 푸아송비라 한다.

06 다음 중 사질토와 점토질의 비교로 옳은 것은?

① 점토질은 투수계수가 작다.
② 사질토의 압밀속도는 느리다.
③ 사질토는 불교란 시료 채집이 용이하다.
④ 점토질의 내부마찰각은 크다.

모래와 점토의 특성 비교

구분	점토	모래
성질	점성(부착성)	밀도
시험	베인테스트	표준관입시험
투수성	작다.	크다.
압밀성	크다.	작다.
압밀속도	느리다.	빠르다.
가소성	있다.	없다.
예민비	크다.	작다.

07 점토지반과 사질지반을 비교한 것 중 옳은 것은?

① 투수계수는 점토가 크고 사질은 작다.
② 가소성은 점토가 작고 사질은 크다.
③ 압밀속도는 점토는 느리고 사질은 빠르다.
④ 내부마찰각은 점토는 크고 사질은 작다.

문제 06번 해설 참조

08 사질 및 점토층 지반에 관한 기술 중 틀린 것은?

① 내부마찰각은 점토층보다 모래층이 크다.
② 일반적으로 투수성은 점토층보다 모래층이 좋다.
③ 모래층은 입도와 밀도에 따라 유동화현상을 일으킬 가능성이 크다.
④ 압밀침하량은 점토층보다 모래층이 크다.

문제 06번 해설 참조

정답 05 ④ 06 ① 07 ③ 08 ④

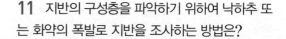

Section 02 지하탐사법

09 다음 용어 중 지반조사와 관계없는 것은?

① 표준관입시험　　② 보링테스트
③ 골재의 표면적시험　④ 지내력시험

> **해설**
>
> **지반조사**
> ㉠ 지하탐사법
> • 터파보기
> • 탐사간 꽂아보기
> • 물리적 지하탐사
> • 보링
> ㉡ 토질시험
> • 베인테스트
> • 표준관입시험
> • 콘시험
> • 지내력시험

10 지반조사 항목 및 종류로 옳은 것은?

① 지하탐사법에는 짚어보기, 물리적 탐사법 등이 있다.
② 사운딩 시험에는 표준관입시험, 워시 보링 등이 있다.
③ 샘플링에는 흙의 물리적 시험과 흙의 역학적 시험이 있다.
④ 토질시험에는 평판재하시험과 시험말뚝박기가 있다.

> **해설**
>
> **지반조사 항목**
> • 지하탐사 : 터파보기, 탐사간 꽂아보기, 물리적 지하탐사, 보링
> • 토질시험 : 사운딩시험, 재하시험
> • 사운딩시험 : 베인테스트, 표준관입시험, 콘시험, 스웨덴식 사운딩
> • 재하시험 : 평판재하, 말뚝재하
> • 샘플링 : 딘월샘플링, 컴포지트 샘플링, 데니슨 샘플링

11 지반의 구성층을 파악하기 위하여 낙하추 또는 화약의 폭발로 지반을 조사하는 방법은?

① 충격식 보링 지하탐사
② 전기저항 지하탐사
③ 방사능 지하탐사
④ 탄성파 지하탐사

> **해설**
>
> **물리적 지하탐사**
> • 전기저항식 : 전류를 흘려보내 발생하는 저항의 크기를 측정하여 탐사
> • 탄성파식 : 화약의 폭발이나 낙하추를 떨어뜨려 인공적으로 탄성파를 사용해 굴절파, 반사파, 표면파 등의 다양한 파동을 이용하여 탐사
> • 충격식 : 음파나 진동을 주어 탐사

12 토질조사에 있어 중요한 것으로 지중 토질에 분포, 토층의 구성 등을 알 수 있고 주상도를 그릴 수 있는 방법은 무엇인가?

① 터파보기　　　② 물리적 지하 탐사법
③ 베인 테스트　　④ 보링

> **해설**
>
> **보링공법**
> 회전식, 충격식, 오거식, 수세식

13 지반조사 중 보링에 대한 설명으로 옳지 않은 것은?

① 보링의 깊이는 일반적인 건물의 경우 대략 지지 지층 이상으로 한다.
② 채취시료는 충분히 햇빛에 건조시키는 것이 좋다.
③ 부지 내에서 3개소 이상 행하는 것이 바람직하다.
④ 보링 구멍은 수직으로 파는 것이 중요하다.

> **해설**
>
> **보링 채취 시료**
> 채취된 시료는 절대 햇빛에 노출되어서는 안 된다.

정답　09 ③　10 ①　11 ④　12 ④　13 ②

14 지반조사의 방법에서 보링의 종류가 아닌 것은?

① 탐사식 보링　　　② 충격식 보링
③ 회전식 보링　　　④ 수세식 보링

[해설]

지하탐사법
- 터파보기
- 탐사간 꽂아보기
- 물리적 지하탐사
- 보링 : 회전식, 충격식, 오우거식, 수세식

Section

03 토질시험

15 연약점토의 점착력을 판정하기 위한 지반조사 방법으로 가장 알맞은 것은?

① 표준관입시험　　　② 베인테스트
③ 샘플링　　　　　　④ 단성파담사법

[해설]

베인테스트
흙외 점착력을 핀딘하기 위한 일종의 사운닝 시험으로 +형의 날개를 박아 회전시켜 저항력을 판단하여 점토질의 점착력을 판단하기 위한 토질 시험

16 연약한 점토지반의 전단강도를 결정하는 데 가장 보편적으로 사용되는 현장시험 방법은?

① 표준관입시험(Penetration Test)
② 딘월 샘플링(Thin Wall Sampling)
③ 웰 포인트 시험(Well Point Test)
④ 베인 테스트(Vane Test)

[해설]

문제 15번 해설 참조

17 베인 테스트(Vane Test)는 무엇을 알아보기 위한 시험인가?

① 흙의 함수량시험　　② 모래의 밀도측정
③ 토립자의 비중시험　④ 점토의 점착력시험

[해설]

문제 15번 해설 참조

18 연약점토질 지반의 점착력을 측정하기 위한 가장 적합한 토질시험은?

① 전기적 탐사　　　　② 표준관입시험
③ 베인테스트　　　　　④ 삼축압축시험

[해설]

문제 15번 해설 참조

19 지반의 지내력을 알기 위한 시험이 아닌 것은?

① 평판재하시험　　　② 말뚝재하시험
③ 말뚝박기시험　　　④ 3축압축시험

[해설]

지내력시험
평판 재하시험, 말뚝재하시험, 말뚝박기시험을 통하여 지반의 지내력을 확인할 수 있다.

20 지반조사의 지내력 시험에 관한 설명으로 옳지 않은 것은?

① 하중시험용 재하판은 정방형 또는 원형의 지름 300mm의 것을 표준으로 한다.
② 시험은 예정 기초 저면에 행한다.
③ 장기하중에 대한 허용지내력은 단기하중 허용 지내력의 1/2이다.
④ 매회 재하는 10t 이하 또는 예정파괴 하중의 1/2 이하로 한다.

정답

정답　14 ①　15 ②　16 ④　17 ④　18 ③　19 ④　20 ④

지내력 시험
㉠ 시험은 예정기초 저면에서 실시
㉡ 재하판은 지름 300mm(두께 25mm)를 표준
㉢ 최대 재하 하중은 지반의 극한지지력 또는 예상되는 설계 하중의 3배
㉣ 재하는 8단계로 나누고 누계적으로 동일 하중을 가함
㉤ 하중/침하량 곡선 작성
㉥ 장기 허용 지내력 : 아래의 값 중 작은 값
 • 항복 하중의 1/2
 • 극한 하중의 1/3
㉦ 단기 허용 지내력 : 장기 허용 지내력의 2배

21 지반조사 시 실시하는 평판재하시험에 관한 설명으로 옳지 않은 것은?

① 시험은 예정 기초면보다 높은 위치에서 실시해야 하기 때문에 일부 성토작업이 필요하다.
② 시험재하판은 실제 구조물의 기초면적에 비해 매우 작으므로 재하판 크기의 영향, 즉 스케일 이펙트(scale effect)를 고려한다.
③ 하중시험용 재하판은 정방형 또는 원형의 판을 사용한다.
④ 침하량을 측정하기 위해 다이얼게이지 지지대를 고정하고 좌우측에 2개의 다이얼게이지를 설치한다.

지내력 시험
지내력 시험은 지반의 내력을 파악하기 위하여 하는 토질 시험으로 예정기초 저면에서 실시하여야 한다.

22 표준관입시험에 대한 설명으로 옳지 않은 것은?

① 사질지반에 주로 이용한다.
② 사운딩 시험의 일종이다.
③ N값이 클수록 흙의 상태는 느슨하다고 볼 수 있다.
④ 낙하시키는 추의 무게는 63.5kg이다.

표준관입시험
76cm의 높이에서 63.5kg의 무게추를 떨어뜨려 샘플러를 30cm 관입시키는 데 필요한 타격횟수(N)를 구하여 모래 지반의 성질과 상대밀도를 파악하는 사운딩 시험의 일종이다. N값이 크면 클수록 밀도가 높은 지반이다.

23 표준관입시험에서 로드의 머리부에 자유낙하 시키는 해머의 적정 높이로 옳은 것은?(단, 높이는 로드의 머리부로부터 해머까지의 거리임)

① 30cm
② 52cm
③ 63.5cm
④ 76cm

문제 22번 해설 참조

24 모래의 전단력을 측정하는 가장 유효한 지반 조사방법은?

① 보링
② 베인테스트
③ 표준관입시험
④ 재하시험

문제 22번 해설 참조

25 사질토의 경우 표준관입시험의 타격횟수 N이 50이면 이 지반의 상태(모래의 상대밀도)는?

① 몹시 느슨하다.
② 느슨하다.
③ 보통이다.
④ 다진 상태이다.

표준관입시험

	N치	0~4	4~10	10~30	30~50	50 이상
사질토	상대밀도	대단히 연함	연함	중간	밀실	대단히 밀실
점토	N치	2 이하	2~4	4~8	8~15	15~30
	상대밀도	대단히 연함	연함	중간	굳음	대단히 굳음

일반적으로 모래가 점토지반보다 N 값이 크다.

26 표준관입시험에서 상대밀도의 정도가 중간 (Medium)에 해당될 때의 사질지반의 N값으로 옳은 것은?

① 0~4
② 4~10
③ 10~30
④ 30~50

해설

문제 25번 해설 참조

27 표준관입시험(SPT)에 대한 설명으로 옳은 것은?

① 점토지반에서는 표준관입시험이 불가능하다.
② 추의 낙하높이는 100cm이다.
③ 모래지반의 상대밀도를 직접 측정하는 방법이다.
④ N값은 샘플러를 30cm 관입하는 데 소요되는 타격 횟수이다.

해설

표준관입시험
76cm의 높이에서 63.5kg의 무게추를 떨어뜨려 샘플러를 30cm 관입시키는 데 타격횟수(N)를 구하여 모래지반의 성질을 파악하는 상대밀도를 판단하는 사운딩 시험의 일종으로 N값이 크면 클수록 밀도가 높은 지반이다.

28 다음 중 사운딩(Sounding)시험에 속하지 않는 시험법은?

① 표준관입시험
② 콘 관입시험
③ 베인전단시험
④ 평판재하시험

해설

사운딩 시험
사운딩 시험이란 대지에 저항체를 관입, 회전, 인발 등을 시켜 토질의 연경도를 판단하는 시험으로 표준관입시험, 베인테스트, 콘시험, 스웨덴식 사운딩 등이 이에 속한다.

29 사운딩은 로드 선단에 붙인 저항체를 지중에 넣고 관입, 회전, 인발 등에 의해 토층의 성상을 탐사하는 시험법인데, 이러한 사운딩에 속하지 않는 시험은?

① 표준관입시험
② 콘관입시험
③ 베인전단시험
④ 말뚝재하시험

해설

문제 28번 해설 참조

30 로드의 선단에 붙은 스크루 포인트(Screw Point)를 회전시키며 압입하여 흙의 관입저항을 측정하고, 흙의 경도나 다짐상태를 판정하는 시험은?

① 베인시험(Vane Test)
② 딘월샘플링(Thin Wall Sampling)
③ 표준관입시험(Penetration Test)
④ 스웨덴식 사운딩 시험(Swedish Sounding Test)

해설

스웨덴식 사운딩
로드 선단에 스크루 포인트를 붙이고 그 위에 5, 15, 20, 50, 75, 100kg으로 하중을 증가시키면서 그 관입량을 계측하고, 100kg 이후에는 스크루를 회전시켜 지반의 연경도를 파악하는 시험

31 시험말뚝을 박을 때에 허용지내력 산출에 별로 영향을 주지 않는 것은?

① 추의 낙하높이
② 말뚝의 최종 관입량
③ 말뚝의 길이
④ 추의 무게

해설

말뚝의 허용지지력
• 공이의 무게
• 공이 낙하높이
• 관입량
• 말뚝 중량

정답 26 ③ 27 ④ 28 ④ 29 ④ 30 ④ 31 ③

32 말뚝의 지지력을 확인하는 데 가장 신뢰성이 있는 시험방법은?

① 표준관입시험 　　② 정량분석시험
③ 재하시험 　　　　④ 소성한계시험

해설

말뚝의 지지력 시험
말뚝의 지지력을 파악하는 데는 재하시험을 많이 이용하는데 말뚝재하에는 정재하시험과 동재하시험이 있으며, 동재하시험이 많이 사용된다.

33 말뚝시험에 관한 기술 중 틀린 것은?

① 시험말뚝은 3개 이상 한다.
② 말뚝은 연속적으로 박되 휴식시간을 두지 말아야 한다.
③ 최종 침하량은 최후타격 시의 침하량을 말한다.
④ 시험말뚝은 사용말뚝과 똑같은 조건으로 한다.

해설

말뚝시험
말뚝의 최종 관입량은 5~10회 타격한 평균 침하량으로 한다.

34 지반조사의 토질시험과 관계가 없는 시험 항목은?

① 체가름 시험 　　② 정밀도 시험
③ 투수 시험 　　　④ 소성한계 시험

해설

체가름 시험
체가름 시험은 콘크리트에 사용되는 골재의 입도를 파악하기 위한 시험이다.

35 지반조사시험에서 서로 관련 있는 항목끼리 옳게 연결된 것은?

① 지내력 – 정량분석시험
② 연한점토 – 표준관입시험
③ 진흙의 점착력 – 베인시험(vane test)

④ 염분 – 신월샘플링(thin wall sampling)

해설

베인 테스트
흙의 점착력을 판단하기 위한 일종의 사운딩시험으로 + 형의 날개를 박아 회전시켜 저항력을 구하여 점토질의 점착력을 판단하는 토질시험

36 다음 용어 중 지반조사와 관계없는 것은?

① 표준관입시험 　　② 보링
③ 골재의 표면적 시험 　④ 지내력 시험

해설

지반조사 항목
• 지하탐사 : 터파보기, 탐사간 꽂아보기, 물리적 지하탐사, 보링
• 토질시험 : 사운딩시험, 재하시험
• 사운딩시험 : 베인테스트, 표준관입시험, 콘시험, 스웨덴식 사운딩
• 재하시험 : 평판재하, 말뚝재하
• 샘플링 : 딘월샘플링, 컴포지트 샘플링, 데니슨 샘플링

Section 04 지반개량공법

37 연약한 점성토 지반에 주상의 특수층인 모래말뚝을 다수 설치하여 그 토층 속의 수분을 배수하여 지반의 압밀강화를 도모하는 공법은?

① 샌드 드레인 공법
② 웰 포인트 공법
③ 바이브로 콤포저 공법
④ 시멘트 주입 공법

해설

샌드드레인 공법
연약 점토층이 깊은 경우 연약 점토층에 모래말뚝을 박아 배수거리를 짧게 하여 압밀을 촉진시켜 지반을 개량하는 공법

---

38 다음 설명에서 의미하는 공법은?

> 구조물 하중보다 더 큰 하중을 연약지반(점성토) 표면에 프리로딩하여 압밀침하를 촉진시킨 뒤 하중을 제거하여 지반의 전단강도를 증대하는 공법

① 고결안정공법　　② 치환공법
③ 재하공법　　　　④ 탈수공법

 해설

지반개량공법
- 치환공법 : 양질의 흙으로 교환하는 공법
- 다짐공법 : 충격을 가하거나 말뚝을 삽입하거나 해서 간극을 없애고 지반을 밀실하게 하는 공법
- 탈수공법 : 지반 내의 간극수를 제거하여 지반을 밀실하게 하는 공법
- 고결공법 : 다른 약품이나 시멘트 등을 주입하여 지반을 단단하게 하는 공법
- 재하공법 : 하중을 가하여 압밀을 일으키는 공법으로 주로 탈수 공법과 병행하여 사용

39 지하수가 많은 지반을 탈수(脫水)하여 지내력을 갖춘 지반으로 만들기 위한 공법이 아닌 것은?

① 샌드 드레인 공법　　② 웰 포인트 공법
③ 페이퍼 드레인 공법　④ 베노토 공법

 해설

탈수공법(점토지반)
- 샌드드레인
- 페이퍼드레인
- 생석회공법

40 투수성이 나쁜 점토질 연약지반에 적합하지 않은 탈수공법은?

① 샌드 드레인(Sand Drain)공법
② 생석회 말뚝(Chemico Pile)공법
③ 페이퍼 드레인(Paper Drain)공법
④ 웰 포인트(Well Point)공법

해설

문제 39번 해설 참조

41 지반개량공법 중 다짐법이 아닌 것은?

① 바이브로 플로테이션 공법
② 바이브로 컴포저 공법
③ 샌드 드레인 공법
④ 샌드 컴팩션 파일 공법

해설

샌드드레인
지반에 모래말뚝을 형성하여 물빠짐이 나쁜 점토질 지반에서 간극수를 제거하여 지반을 개량하는 탈수공법이다.

42 다음 중 지반개량 공법이 아닌 것은?

① 샌드컴팩션파일 공법
② 바이브로 플로테이션 공법
③ 페이퍼 드레인 공법
④ 트렌치 컷 공법

해설

트렌치컷 공법
아일랜드 공법과는 반대로 가장자리를 먼저 터파기한 후 가장자리 구조물을 만들고, 중앙부 터파기를 실시하고 중앙부 구조물을 만들어 지하구조물을 완성시키는 공법

43 다음 설명에서 의미하는 공법은?

> 주로 시멘트 등의 고화제를 슬러리 상태로 연약지반에 혼합하거나 시멘트, 약액을 가는 관을 통하여 지반 속에 압력으로 주입, 흙입자 사이의 결합력을 증대시키고 지수성 및 강도를 증대시키는 공법

① 고결안정공법　　② 치환공법
③ 재하공법　　　　④ 탈수공법

해설

문제 38번 해설 참조

44 지반개량 또는 지반안정공법에 관한 설명으로 적합하지 않은 것은?

① 페이퍼 드레인(Paper Drain) 공법은 샌드 파일(Sand Pile)을 형성한 후 모래 대신에 흡수지를 삽입하여 지반의 물을 뽑아내는 공법이다.
② 바이브로 플로테이션(Vibro-Floatation) 공법은 주로 점토질 지반을 진동시켜 굳히는 공법이다.
③ 그라우트(Grout) 공법은 지반 내부의 공극에 시멘트 죽 또는 약액을 주입하여 고결시키는 공법이다.
④ 샌드 드레인(Sand Drain) 공법은 적당한 간격으로 모래 말뚝을 형성하고 그 지반 위에 하중을 가하여 지반 중의 물을 유출시키는 공법이다.

> **해설**
>
> **바이브로 플로테이션 공법**
> 바이브로플로테이션 공법은 모래질 지반에 적합하다.

45 지반개량공법에 관한 기술 중에서 틀린 것은?

① 연약한 점토질 지반에는 샌드 파일(Sand Pile) 공법이 많이 쓰인다.
② 바이브로 플로테이션(Vibro-Floation) 공법은 부드러운 모래질 지반다짐에 효과가 적다.
③ 실트층, 점토층, 물이 많은 점토층에는 벤토나이트(Bento-nite) 공법을 적용할 수 있다.
④ 그라우트(Grout) 공법은 점토질의 지반에서는 투수성이 적으므로 효과가 거의 없다.

> **해설**
>
> **바이브로 플로테이션 공법**
> 바이브로 플로테이션 공법은 수평방향으로 진동하는 바이브로플로트를 이용하여 사수와 진동을 동시에 일으켜 느슨한 모래지반을 개량하는 공법이다.

46 다음 배수공법 중 중력배수공법에 해당하는 것은?

① 웰포인트 공법　② 전기압밀 공법
③ 전기삼투 공법　④ 집수정 공법

> **해설**
>
> **배수공법**
> • 중력식 : 집수정공법, 깊은 우물
> • 강제식 : 진공 깊은 우물, 웰포인트

47 배수공법 중 강제배수 방법이 아닌 것은?

① Well Point 공법
② 전기삼투 공법
③ 진공 Deep Well 공법
④ 집수정 공법

> **해설**
>
> 문제 46번 해설 참조

48 지하수위를 저하시킬 수 있는 배수공법에 해당되지 않는 것은?

① 디프웰 공법　　② 웰 포인트 공법
③ 집수정 공법　　④ 베노토 공법

> **해설**
>
> **베노토공법**
> 올케이싱 공법이라고도 하며 케이싱(공벽보호관)을 삽입하면서 해머그래브로 굴착한 후 철근배근 및 콘크리트타설을 하고, 케이싱을 인발해내는 제자리 콘크리트말뚝이다.

49 웰 포인트 공법에 관한 설명 중 옳지 않은 것은?

① 지하수 배수공법의 일종이다.
② 지하수위를 저하시키는 공법이다.
③ 지하수 저하에 따른 인접지반과 공동매설물 침하에 주의가 필요한 공법이다.
④ 점토질의 투수성이 나쁜 지질에 적합하다.

> **해설**
>
> **웰 포인트 공법**
> • 세로관을 삽입 후 가로관으로 연결하여 Pump로 배수하여 지하수위를 낮추는 배수공법
> • 투수성이 좋은 모래 지반에서 적용

정답 44 ② 45 ② 46 ④ 47 ④ 48 ④ 49 ④

50 배수공법 중 웰포인트 공법에 관한 내용으로 옳지 않은 것은?

① 비교적 용수량이 많은 지반에 활용된다.
② 강제배수공법의 일종이다.
③ 수분이 많은 점토질 지반에 적당한 공법이다.
④ 지하수 저하에 따른 인접지반과 공동매설물 침하에 주의가 필요하다.

> **해설**

문제 49번 해설 참조

51 웰포인트(Well Point) 공법에 관한 설명 중 틀린 것은?

① 인접 대지에서 지하수위 저하로 우물 고갈의 우려가 있다.
② 투수성이 비교적 낮은 사질실트층까지도 강제배수가 가능하다.
③ 압밀침하가 발생하지 않아 주변 대지, 도로 등의 균열 발생 위험이 없다.
④ 흙의 안선성을 대폭 향상시킨다.

> **해설**

문제 49번 해설 참조

52 웰포인트 공법에 대한 설명으로 옳지 않은 것은?

① 흙파기 밑면의 토질 약화를 예방한다.
② 진공펌프를 사용하여 토중의 지하수를 강제적으로 접수한다.
③ 지하수 저하에 따른 인접지반과 공동매설물 침하에 주의가 필요하다.
④ 사질지반보다 점토층 지반에서 효과적이다.

> **해설**

문제 49번 해설 참조

53 터파기 공사 시 지하수위가 높으면 지하수에 의한 피해가 우려되므로 차수공사를 실시하며, 이 방법만으로 부족할 때에는 강제배수를 실시하게 되는데 이때 나타나는 현상으로 옳지 않은 것은?

① 점성토의 압밀
② 주변 침하
③ 흙막이 벽의 토압 감소
④ 주변우물의 고갈

> **해설**
>
> **배수공법 시 나타나는 현상**
> • 주변 침하
> • 흙막이 벽의 토압 감소
> • 주변 지하수 저하
> • 지반의 압밀현상 촉진
> ※ 이 문제는 답이 없는 것으로 문제에 오류가 있음

54 지내력을 갖춘 지반으로 만들기 위한 배수공법 또는 탈수공법이 아닌 것은?

① 샌드 드레인 공법
② 웰 포인트 공법
③ 페이퍼 드레인 공법
④ 베노토 공법

> **해설**
>
> **베노토공법**
> 올케이싱공법이라고도 하며 케이싱(공벽보호관)을 삽입하면서 해머그래브로 굴착한 후 철근배근 및 콘크리트타설을 하고, 케이싱을 인발해내는 제자리 콘크리트말뚝이다.

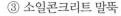
55 흙의 휴식각과 연관한 터파기 경사각도로 옳은 것은?

① 휴식각의 1/2로 한다.
② 휴식각과 같게 한다.
③ 휴식각의 2배로 한다.
④ 휴식각의 3배로 한다.

휴식각
흙입자의 마찰력만으로 중력에 대하여 흙이 정지하는 사면 각도를 말하며, 일반적으로 경사각은 휴식각의 2배이다.

56 토공사에서 되메우기에 관한 설명으로 옳지 않은 것은?

① 되메우기 흙은 30cm 두께마다 적당한 기구로 다짐 밀도 95% 이상이 되게 충분히 다진다.
② 지하층 외벽과 흙막이벽 사이의 공간에는 입도가 좋은 양질의 토사로 총다짐하여 침하요인을 배제한다.
③ 되메우기 간격이 1m 이내이면 사질토로 물다짐하는 것을 피하는 것이 좋다.
④ 성토 후 다짐상태는 현장밀도시험을 실시하여 적합성을 판정한다.

해설

되메우기
모래로 되메우기를 하는 경우 30cm마다 충분한 물다짐을 한다.

57 아래 그림의 형태를 가진 흙막이의 명칭은?

① H－말뚝 토류판
② 슬러리월

③ 소일콘크리트 말뚝
④ 시트파일

해설

시트파일
강판을 절곡하여 만든 흙막이로서 용수가 많고 토압이 크며 기초가 깊을 때 사용되는 흙막이의 재료이다.

58 시공한 흙막이에 대한 수밀성이 불량하여 널말뚝의 틈새로 물과 미립토사가 유실되면서 지반 내에 파이프 모양의 수로가 형성되어 지반이 점차 파괴되는 현상은?

① 보일링
② 히빙
③ 보링
④ 파이핑

해설

흙막이 붕괴
• 히빙 : 흙막이 공사 시 지표재하 하중의 중량에 못 견디어 흙막이 저면 흙이 붕괴되어 바깥의 흙이 안으로 밀려 볼록하게 되어 파괴되는 현상
• 보일링 : 투수성이 좋은 사질지반에서 피압수에 의해 굴착저면의 모래지반이 지지력을 상실하는 현상
• 파이핑 : 흙막이 벽의 부실공사로 인해 흙막이 벽의 뚫린 구멍 또는 방축널의 이음부위를 통하여 흙탕물이 새어나오는 현상

59 연약 점토지반에서 굴착에 의한 흙막이 바깥에 있는 흙과 굴착저면 흙의 중량차이로 인해 굴착저면이 볼록하게 되는 현상은?

① 히빙
② 보일링
③ 파이핑
④ 보링

해설

문제 58번 해설 참조

60 연약점토 지반에서 흙막이 바깥의 흙의 중량과 적재하중에 견디지 못하고 흙파기 저면의 흙이 붕괴되고 흙막이 배면의 흙이 안으로 밀려 불룩하게 되는 현상을 무엇이라 하는가?

① 보일링(Boling) ② 파이핑(Piping)
③ 압밀침하 ④ 히빙(Heaving)

해설

문제 58번 해설 참조

61 사질 지반 굴착 시 벽체 배면의 토사가 흙막이 틈새 또는 구멍으로 누수가 되어 흙막이 벽 배면에 공극이 발생하여 물의 흐름이 점차로 커져 결국에는 주변 지반을 함몰시키는 현상을 일컫는 것은?

① 보일링 현상 ② 히빙 현상
③ 액상화 현상 ④ 파이핑 현상

해설

문제 58번 해설 참조

62 토공사를 수행할 경우 주의해야 할 현상으로 가장 거리가 먼 것은?

① 파이핑(Piping)
② 보일링(Boiling)
③ 그라우팅(Grouting)
④ 히빙(Heaving)

해설

문제 58번 해설 참조

63 흙막이 공법의 종류에 해당되지 않는 것은?

① 지하연속벽 공법
② H－말뚝 토류판 공법
③ 시트파일 공법
④ 생석회 말뚝 공법

해설

지반개량 탈수공법(점토지반)
• 샌드드레인
• 페이퍼드레인
• 생석회(말뚝)공법

64 흙막이 공법 중 수평버팀대의 설치작업 순서가 올바른 것은?

㉠ 흙파기	㉡ 띠장 및 버팀대 대기
㉢ 받침기둥 박기	㉣ 규준대 대기
㉤ 중앙부 흙파기	

① ㉠ → ㉣ → ㉡ → ㉢ → ㉤
② ㉠ → ㉣ → ㉢ → ㉡ → ㉤
③ ㉣ → ㉠ → ㉤ → ㉢ → ㉡
④ ㉣ → ㉤ → ㉠ → ㉢ → ㉡ → ㉤

해설

수평버팀대 순서
규준대 대기 – 널말뚝 박기 – 흙파기 – 받침기둥 박기 – 띠장 및 버팀대 대기 – 중앙부 흙파기 – 주변부 흙파기

65 구조물 위치 전체를 동시에 파내지 않고 측벽이나 주열선 부분만을 먼저 파내고 그 부분의 기초와 지하구조체를 축조한 다음 중앙부의 나머지 부분을 파내어 지하구조물을 완성하는 공법은?

① 오픈 컷 공법(Open Cut Method)
② 트렌치 컷 공법(Trench Cut Method)
③ 우물통식 공법(Well Method)
④ 아일랜드 컷 공법(Island Cut Method)

해설

트렌치 컷 공법
아일랜드 공법과는 반대로 가장자리를 먼저 터파기한 후 가장자리 구조물을 만들고, 중앙부 터파기를 실시하고 중앙부 구조물을 만들어 지하구조물을 완성시키는 공법

66 흙파기공법 중 지반이 극히 연약하여 온통파기를 할 수 없을 때에 측벽이나 주열선 부분만을 먼저 파내고 그곳에 기초와 지하구조물을 축조한 다음 나머지 중앙부분을 파내고 나머지 구조물을 완성하는 흙파기 공법은?

① 트렌치 컷(Trench Cut)공법
② 아일랜드(Island Method)공법
③ 뉴매틱웰케이슨(Pneumatic Well Caisson)공법
④ 지하연속벽공법

해설
문제 65번 해설 참조

67 어스앵커식 흙막이 공법에 관한 기술로 옳은 것은?

① 굴착단면을 토질의 안정구배에 따른 사면(斜面)으로 실시하는 공법
② 굴착외주에 흙막이벽을 설치하고 토압을 흙막이벽의 버팀대에 부담하고 굴착하는 공법
③ 흙막이벽의 배면 흙 속에 고강도 강재를 사용하여 보링공 내에 모르타르재와 함께 시공하는 공법
④ 통나무를 1.5~2m 간격으로 박고 그 사이에 널을 대고 흙막이를 하는 공법

해설
지반 정착 공법(Earth Anchor Method)
흙막이널에 지지대를 설치하여 앵커 주변의 마찰력으로 흙막이널에 작용되는 측압에 대항하는 공법으로 지하매설물이 없어야 시공 가능하다. 지반의 여유가 없거나, 불균등의 토압이 작용할 때, 부정형의 터파기를 하는 경우에 유리한 공법이다.

68 다음 중 어스앵커공법에 대한 설명으로 옳지 않은 것은?

① 버팀대가 없어 굴착공간을 넓게 활용할 수 있다.
② 인접한 구조물의 기초나 매설물이 있는 경우 효과가 크다.
③ 대형 기계의 반입이 용이하다.
④ 시공 후 검사가 어렵다.

해설
문제 67번 해설 참조

69 다음 공법 중 지하연속벽 공법이 아닌 것은?

① 슬러리월(Slurry Wall) 공법
② CIP(Cast In Place Pile) 공법
③ PIP(Packed In Place Pile) 공법
④ 어스앵커(Earth Anchor) 공법

해설
문제 67번 해설 참조

70 지하연속벽공법(Slurry Wall)에 관한 내용으로 옳지 않은 것은?

① 저진동, 저소음으로 공사가 가능하다.
② 주변 지반에 대한 영향이 크고, 인접건물에 피해를 줄 수 있다.
③ 통상적인 흙막이 공사와 비교하면 대체로 공사비가 높다.
④ 지반굴착 시 안정액을 사용한다.

해설
지하연속벽의 특징
• 소음과 진동이 낮다.
• 벽체의 강성이 높다.
• 차수성이 우수하다.
• 임의의 치수와 형상을 선택할 수 있다.
• 지반조건에 좌우되지 않는다.
• 주변 지반에 대한 영향이 적다.
• 구조물 본체로 사용이 가능하다.

정답 66 ① 67 ③ 68 ② 69 ④ 70 ②

71 다음 흙막이 공법 중 흙막이 자체가 지하 본구조물의 옹벽을 형성하는 것은?

① H−Pile 및 토류판
② 소일네일링 공법(Soil Nailing)
③ 시멘트 주열벽(Soil Cement Wall)
④ 슬러리월 공법(Slurry Wall)

슬러리월 공법
지하연속벽은 벤토나이트 이수 등으로 굴착벽면의 붕괴를 방지하면서 지중에 벽의 형태로 굴착한 후 철근망을 삽입하고 콘트리트를 타설하여 만든 철근콘크리트벽을 형성하는 공법으로 타 흙막이 공법보다 차수성이 우수하나 공사비가 증가되는 단점이 있다. 콘크리트 구조물이므로 흙막이로만 사용되는 것이 아니라 구조체로 및 기초로도 사용이 가능하다. 시공 시 소음 및 진동이 크지 않다.

72 지하연속벽 공법 중 슬러리 월(Slurry Wall)에 대한 특징으로 옳지 않은 것은?

① 시공 시 소음·진동이 크다.
② 인접 건물의 경계신까지 시공이 가능하다.
③ 주변 지반에 대한 영향이 적고 차수효과가 확실하다.
④ 지반 굴착 시 안정액을 사용한다.

문제 70번 해설 참조

73 지하 연속 흙막이 공법인 슬러리 월(Slurry Wall) 공법과의 관련성이 가장 적은 것은?

① 가이드 월(Guide Wall)
② 벤토나이트(Bentonite) 용액
③ 파워셔블(Power Shovel)
④ 트레미 관(Tremie Pipe)

파워셔블
기계가 서 있는 위치보다 높은 곳에 굴착에 적합한 굴착용 장비이다.

74 토공사에서 지하연속벽(Diaphragm Wall)에 대한 설명 중 옳지 않은 것은?

① 지하연속벽의 최소두께는 구조물의 응력 해석에 따라 0.6~1.5m 또는 그 이상으로 결정한다.
② 타설콘크리트의 물−시멘트비는 50% 이하, 슬럼프치는 180~210mm, 배합설계는 설계강도의 125% 이상으로 한다.
③ 파내기 구멍은 수직으로 파며, 최대 허용오차는 1.0% 이하로 한다.
④ 철근망과 트렌치 측면 사이는 최소 50mm 정도의 콘크리트 피복이 유지되도록 시공한다.

지하연속벽 시공
• 지하연속벽의 최소 두께는 구조물의 응력해석에 따라 0.6~1.5m 또는 그 이상으로 결정한다.
• 안정액 속에 철근을 넣고 콘크리트를 타설할 때의 주철근은 반드시 이형철근을 사용한다.
• 타설 콘크리트는 포틀랜트시멘트를 사용하며, 최대 골재 치수는 13~25mm 이하, 공기 함유율은 4.5±1.5%, 설계 기준강도는 20.6~29.4N/mm², 단위시멘트량은 350kg/m³ 이상, 물−시멘트비는 50% 이하, 슬럼프치는 180~210mm, 배합설계는 설계강도의 125% 이상으로 한다.
• 터파기 시 파내기 구멍은 수직으로 파며 최대 허용오차는 1.0% 이하로 한다.
• 콘크리트 타설은 바닥에서 중단 없이 연속하여 타설한다.
• 수중 콘크리트 타설 시에는 트레미관을 사용하여 선단은 항상 콘크리트 중에 2m 이상 묻혀 있도록 한다.
• 철근망과 트렌치 측면 사이는 최소 100mm 정도의 콘크리트 피복이 유지되도록 한다.

75 Top−Down공법(역타공법)에 대한 설명 중 옳지 않은 것은?

① 지하와 지상작업을 동시에 한다.
② 주변 지반에 대한 영향이 적다.
③ 1층 슬래브의 형성으로 작업공간이 확보된다.
④ 수직부재 이음부 처리에 유리한 공법이다.

해설

톱다운 공법

톱다운 공법은 수직부재를 형성한 후 터파기를 진행하여 공간을 확보하고, 수평부재를 만들기에 수직, 수평의 이음 부분을 일체화하기 힘들다.

76 지하외벽 및 지하 내부기둥을 선 시공한 후 지상 및 지하구조물 공사와 터파기를 동시에 실시하는 공법은?

① 역구축 공법(Top Down Method)
② 트렌치컷 공법(Trench Cut Method)
③ 아일랜드 공법(Island Method)
④ 오픈컷 공법(Open Cut Method)

해설

톱다운 공법

톱다운 공법은 수직부재를 형성한 후 터파기를 진행하여 공간을 확보하고, 지하구조물을 터파기와 병행하여 실시하는 공법이다.

77 건축공사에서 활용되는 언더피닝(Under Pinn −ing) 공법에 대한 설명으로 옳은 것은?

① 용수량이 많은 깊은 기초 구축에 쓰이는 공법이다.
② 기존 건물의 기초 혹은 지정을 보강하는 공법이다.
③ 터파기 공법의 일종이다.
④ 일명 역구축 공법이라고도 한다.

해설

언더피닝

언더피닝은 터파기를 진행할 경우 인접 건물의 지반이 침하되거나 붕괴될 우려가 있다고 판단되는 경우 인접 건물의 기초를 보강하는 공법

78 언더피닝(Under Pinning) 공법의 종류가 아닌 것은?

① 갱 · 피어공법
② 콘크리트 VH 타설법
③ 그라우트 주입공법
④ 잭파일(Jacked Pile) 공법

해설

콘크리트 VH 타설법

기둥, 보 및 슬래브를 동시에 타설하지 않고 수직부재인 기둥을 먼저 타설하거나 PC로 조립한 후 수평부재인 보나 슬래브로 나누어 타설하는 공법을 말한다.

Section 06 계측관리 및 토공사용 장비

79 계측관리 항목 및 기기에 관한 설명으로 옳지 않은 것은?

① 흙막이벽의 응력은 변형계(Strain Gauge)를 이용한다.
② 주변 건물의 경사는 건물경사계(Tilt Meter)를 이용한다.
③ 지하수의 간극수압은 지하수위계(Water Level Meter)를 이용한다.
④ 버팀보, 앵커 등의 축하중 변화 상태의 측정은 하중계(Load Cell)를 이용한다.

해설

간극 수압 계측

간극 수압 계측기기는 피에조 미터(Piezo Meter)이다.

80 지하층 굴토 공사 시 사용되는 계측 장비의 계측내용을 연결한 것 중 옳지 않은 것은?

① 간극 수압 − Piezo Meter
② 인접 건물의 균열 − Crack Gauge
③ 지반의 침하 − Inclino Meter
④ 흙막이의 변형 − Strain Gauge

해설

계측관리 기기
- Inclino Meter : 경사계
- Strain Gauge : 변형률 측정기
- Extensometer : 침하계
- Load Cell : 하중계
- Piezo Meter : 간극수압계
- Strain Guage : 수평변위 측정기

81 건축물의 터파기 공사 시 실시하는 계측의 항목과 계측기를 연결한 것으로 옳지 않은 것은?

① 지하수의 수압 – 트랜싯
② 흙막이벽의 측압, 수동토압 – 토압계
③ 흙막이벽의 중간부 변형 – 경사계
④ 흙막이벽의 응력 – 변형계

해설

계측기기
- 인접구조물 기울기 측정 : Tilt Meter
- 인접 구조물 균열 측정 : Crack Meter
- 지중 수평 변위 계측 : Inclino Meter
- 지중 수직 변위 계측 : Extenso Meter
- 지하 수위 계측 : Water Level Meter
- 간극 수압 계측 : Piezo Meter
- 흙막이 부재 응력 측정 : Load Cell
- 버팀대 변형 계측 : Strain Gauge
- 토압측정 : Soil Pressure Gauge
- 지표면 침하측정 : Level & Staff
- 소음측정 : Sound Level Meter
- 진동측정 : Vibro Meter

82 계측관리 항목 및 기기가 잘못 짝지어진 것은?

① Earth Pressure Cell – 가시설 벽체에 가해지는 로드의 추이를 측정
② Water Level Meter – 지하수위 변화를 실측
③ Tilt Meter – 인접 건축물의 벽체나 슬래브 바닥에 설치하여 구조물의 변형상태를 측정
④ Load Cell – 흙막이 벽의 응력변화 측정

해설

문제 81번 해설 참조

83 다음 중 계측관리 항목 및 기기에 대한 설명으로 옳지 않은 것은?

① 흙막이벽의 응력은 Strain Gauge(변형계)를 이용한다.
② 주변 건물의 경사는 Tiltmeter(건물 경사계)를 이용한다.
③ 지하수의 간극수압은 Water Level Meter(지하수위계)를 이용한다.
④ 버팀보, 앵커 등의 축하중 변화상태의 측정은 Load Cell(하중계)를 이용한다.

해설

문제 81번 해설 참조

84 중장비 중에서 토공사용 장비가 아닌 것은?

① 불도저(Bulldozer)
② 트럭크레인(Truck Crane)
③ 그레이더(Grader)
④ 스크레이퍼(Scraper)

해설

트럭크레인(Truck Crane)
트럭크레인(Truck Crane)은 기동력 있는 양중 인양장비이다.

85 토공사용 기계에 관한 기술 중 옳지 않은 것은?

① 파워셔블(Power Shovel)은 매우 깊게 팔 수 있는 기계로서 보통 약 3m까지 팔 수 있다.
② 드래그 라인(Drag Line)은 기계를 설치한 지반보다 낮은 장소 또는 수중을 굴착하는 데 사용된다.
③ 불도저(Bulldozer)는 일반적으로 흙의 표면을 밀면서 깎아 단거리 운반을 하거나 정지를 한다.

④ 클램셸(Clam Shell)은 수직굴착 등 일반적으로 협소한 장소의 굴착에 적합한 것으로 자갈 등의 적재에도 사용된다.

[해설]

파워셔블
- 파워셔블 : 기계가 서 있는 위치보다 높은 곳의 굴착에 적합
- 드래그 셔블(드래그 라인) : 기계가 서 있는 위치보다 낮은 곳의 굴착에 적합
- 클램셸 : 좁은 곳의 수직 굴착에 적합
- ※ 스크레이퍼 : 굴착, 정지, 운반용으로 대량의 토사를 고속으로 원거리 운반 가능

86 다음 굴착기계 중 지반면보다 위에 있는 흙의 굴착에 가장 좋은 것은?

① 파워셔블(Power Shovel)
② 드래그 라인(Drag Line)
③ 클램셸(Clamshell)
④ 백호(Backhoe)

[해설]
문제 85번 해설 참조

87 토사를 파내는 형식으로 깊은 흙파기용, 흙막이의 버팀대가 있어 좁은 곳, 케이슨(Caisson) 내의 굴착 등에 적합한 기계는?

① 드래그 셔블(Drag Shovel)
② 드래그 라인(Drag Line)
③ 앵글 도저(Angle Dozer)
④ 클램셸(Clam Shell)

[해설]

클램셸(Clam Shell)
좁은 곳의 수직굴착에 적합

88 시공기계에 관한 설명 중 옳지 않은 것은?

① 타워크레인은 골조공사의 거푸집, 철근 양중에 주로 사용된다.
② 파워셔블은 위치한 지면보다 높은 곳의 굴착에 적합하다.
③ 스크레이퍼는 굴착, 적재, 운반, 정지 등의 작업을 연속적으로 할 수 있는 중·장거리용 토공기계이다.
④ 바이브레이팅 롤러(Vibrating Roller)는 콘크리트 다지기에 사용된다.

[해설]

바이브레이팅 롤러
주로 도로용 다짐기계로 다짐차륜을 진동시켜 사질토나 자갈질토에 적합한 다짐기계

89 기계가 위치한 곳보다 높은 곳의 굴착에 적당한 것은 어느 것인가?

① Power Shovel   ② Drag Line
③ Back Hoe   ④ Scraper

[해설]

굴착용 기계
- 파워 셔블 : 기계가 서 있는 위치보다 높은 곳에 굴착에 적합
- 드래그 라인 : 넓은 면적을 팔 수 있으며, 기계가 서 있는 위치보다 낮은 곳의 굴착에 적합
- 백호 : 기계가 서있는 위치보다 낮은 곳의 굴착에 적합하며, 줄기초와 같이 폭이 일정하게 터파기를 하는 경우에 적합
- 클램셸 : 기계가 서 있는 위치보다 낮은 곳의 굴착에 적당하며, 우물과 같이 좁고 긴 굴착에 더욱 유리한 장비이다.

90 앞뒤 바퀴의 중앙부에 흙을 깎고 미는 배토판을 장착한 것으로, 주로 노반정지작업에 쓰이는 기계는?

① 모터그레이더(Motor Grader)
② 드래그라인(Drag Line)

③ 트랙터셔블(Tractor Shovel)

④ 백호(Back Hoe)

해설

토공사용 장비

- 파워셔블 : 기계가 서 있는 위치보다 높은 곳의 굴착에 적합
- 드래그라인 : 넓은 면적을 팔 수 있으며, 기계가 서 있는 위치보다 낮은 곳의 굴착에 적합
- 백호 : 기계가 서 있는 위치보다 낮은 곳의 굴착에 적합하며, 줄기초와 같이 폭이 일정하게 터파기하는 경우에 적합
- 클램셸 : 기계가 서 있는 위치보다 낮은 곳의 굴착에 적당하며, 우물과 같이 좁고 긴 굴착에 더욱 유리한 장비이다.
- 그레이더 : 바퀴 중앙에 흙을 깎고 미는 배토판이 달려 있어 지반을 정리하는 장비

91 굴착기계 중 지반보다 3m 정도 높은 곳의 굴착과 5~6m 정도의 낮은 곳 굴착에 사용되는 굴착기계가 알맞게 조합된 것은?

① 파워셔블(Power Shovel) – 드래그서블(Drag Shovel)

② 클램 셸(Clam Shell) – 드래그 라인(Drag Line)

③ 앵글도저(Angle Dozer) – 스크레이퍼(Scraper)

④ 그레이더(Grader) – 드래그셔블(Drag Shovel)

해설

문제 90번 해설 참조

92 시공용 기계기구와 용도가 서로 관계 없는 것끼리 짝지어진 것은?

① 다이얼게이지(Dial Gauge) – 지내력시험

② 디젤헤머(Diesel Hammer) – 말뚝박기공사

③ 핸드오거(Hand Auger) – 토질조사시험

④ 토크렌치(Torque Wrench) – 철근공사

해설

토크렌치

철골공사에서 볼트를 죄는 조임기구이다.

93 건설기계 중 지반다짐기계가 아닌 것은?

① 탠덤롤러(Tandem Roller)

② 소일콤팩터(Soil Compactor)

③ 램머(Rammer)

④ 클램셸(Clamshell)

해설

클램셸

수직굴착 등 일반적으로 협소한 장소의 굴착에 적합하며, 자갈 등의 적재 시에도 사용된다.

94 토공사에서 활용되는 다짐용 기계장비가 아닌 것은?

① 머캐덤 롤러   ② 탬핑 롤러

③ 햄머   ④ 파워셔블

해설

문제 90번 해설 참조

95 다음 중 공종에 사용되는 건설기계로 옳지 않은 것은?

① 토공사 – 파워셔블(Power Shovel)

② 지정공사 – 래머(Rammer)

③ 철골공사 – 가이데릭

④ 콘크리트 공사 – 오우거(Auger Machine)

해설

오우거(Auger)

오우거는 토공사에서 말뚝을 삽입하거나 제자리 콘크리트 말뚝 등을 시공하기 위하여 땅을 파는 기계이다.

96 다음 각 건설기계와 주된 작업의 연결이 틀린 것은?

① 클램셸 – 굴착   ② 백호 – 정지

③ 파워셔블 – 굴착   ④ 그레이더 – 정지

정답   91 ①   92 ④   93 ④   94 ④   95 ④   96 ②

97 다음 건설기계 중에서 조정원과 조수가 함께 필요한 장비는?

① 덤프 트럭　　　　② 불도저
③ 트럭 탑재형 크레인　④ 콘크리트 펌프카

해설

건설기계
- 조수 필요한 건설기계 : 불도저, 굴삭기, 로더, 스크레이퍼, 무한궤도크레인, 아스팔트 믹싱 플랜트, 콘크리트 배쳐 플랜트, 크러셔
- 조수 필요없는 건설기계 : 덤프트럭, 트럭 탑재형 크레인, 콘크리트 믹서트럭, 콘크리트 펌프카

Section 07 지정공사

98 땅에 접하는 바닥 콘크리트의 경우 그림과 같이 벽에 인근한 부분을 두껍게 하는 이유는?

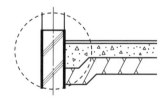

① 철근의 부착력 증진
② 전단력에 대한 보강
③ 휨에 대한 보강
④ 압축력에 대한 보강

해설

헌치
보의 단부 쪽에 단면의 크기를 크게 하는 것과 같은 이치로 땅에 접한 바닥의 콘크리트도 단부를 크게 만드는 것은 전단에 대한 보강이다.

99 독립기초에서 주각을 고정으로 간주할 수 있는 방법으로 가장 타당한 것은?

① 기초판을 크게 한다.
② 기초 깊이를 깊게 한다.
③ 철근을 기초판에 많이 배근한다.
④ 지중보를 설치한다.

해설

지중보
독립기초에서 내진 등에 대비하여 주각부를 고정하는 방법으로 주각과 주각을 연결하는 지중보를 설치하는 것이 좋다.

100 말뚝지지력시험에서 주의해야 할 사항 중 옳지 않은 것은?

① 시험말뚝은 3본 이상으로 할 것
② 최종 관입량은 5회 또는 10회 타격한 평균값으로 적용할 것
③ 휴식시간을 고려하지 않고 연속적으로 박을 것
④ 말뚝은 침하하지 않을 때까지 박을 것

해설

말뚝시공
말뚝은 침하하지 않을 때까지가 아니라 미리 산정된 소정의 깊이까지 박아야 한다.

101 말뚝시험에 관한 설명 중 옳지 않은 것은?

① 시험말뚝은 3개 이상으로 한다.
② 말뚝은 연속적으로 박되 휴식시간을 두지 말아야 한다.
③ 최종 침하량은 최후 타격 시의 침하량을 말한다.
④ 시험말뚝은 사용말뚝과 똑같은 조건으로 한다.

해설

말뚝시험 최종 침하량
최종 침하량은 최종 5~10회 타격한 평균값을 최종 침하량으로 한다.

102 강재말뚝의 부식에 대한 대책과 가장 거리가 먼 것은?

① 부식을 고려하여 두께를 두껍게 한다.
② 에폭시 등의 도막을 설치한다.
③ 부마찰력에 대한 대책을 수립한다.
④ 콘크리트로 피복한다.

〔해설〕

부마찰력
마찰말뚝에서 말뚝의 표면에 지상으로 마찰력이 발생하면 정마찰력, 반대로 지반 아래로 마찰력이 발생하면 부마찰력이라고 하며, 부마찰력은 지반 침하 등에 의해서 발생한다.

103 기성말뚝공사 시공 전 시험말뚝박기에 관한 설명으로 옳지 않은 것은?

① 시험말뚝박기를 실시하는 목적 중 하나는 설계내용과 실제 지반조건의 부합 여부를 확인하는 것이다.
② 설계상의 말뚝길이보다 1~2m 짧은 것을 사용한다.
③ 항타작업 전반의 적합성 여부를 확인하기 위해 동재하시험을 실시한다.
④ 시험말뚝의 시공결과 말뚝길이, 시공방법 또는 기초형식을 변경할 필요가 생긴 경우는 변경검토서를 공사감독자에게 제출하여 승인받은 후 시공에 임하여야 한다.

〔해설〕

시험말뚝
• 시험말뚝 박기를 실시할 때는 항타작업 전반의 적합성 여부를 확인하기 위하여 동재하시험을 실시하여야 한다.
• 기초부지 인근의 적절한 위치를 선정하여 설계상의 말뚝길이보다 1.0~2.0m 긴 것을 사용하여야 한다.
• 시공자는 시험말뚝박기와 말뚝의 시험이 완료된 후 7일 내에 시험말뚝자료를 공사감독자에게 제출하고, 말뚝주문길이에 대하여 공사감독자가 본 공사에 사용될 말뚝길이에 대하여 승인을 받아야 한다.
• 시험말뚝박기를 실시하는 목적은 해머를 포함한 항타장비 전반의 성능확인과 적합성 판정, 설계내용과 실제 지반조건의 부합 여부, 말뚝재료의 건전도 판정 및 시간경과 효과(Set-Up)를 고려한 말뚝의 지내력 확인 등이다.

104 말뚝박기 시공법 중 기성말뚝공법에 속하지 않는 것은?

① 어스드릴공법 ② 디젤해머공법
③ 프리보링공법 ④ 유압해머공법

〔해설〕

말뚝박기 공법
• 타격 공법 : 디젤파일해머, 유압파일해머, 드롭해머 등의 해머를 사용하여 콘크리트 말뚝을 박는 공법
• 프리보링 공법 : 어스 오거를 사용하여 지반을 미리 천공하고, 천공한 부위에 말뚝을 압입하는 공법
• 프리보링 병용 타격공법 : 어스 오거를 사용하여 일정한 깊이까지 굴착한 후에 말뚝을 압입하고 타격하여 지지층까지 도달시키는 공법
• 수사법 : 말뚝의 선단이나 말뚝에 병행하여 제트파이프를 박아 넣어 고압수를 분출시켜 지반을 고르게 해가면서 말뚝을 타격 압입시키는 공법
• 중굴공법 : 말뚝의 중간 빈 공간에 오거를 삽입하여 말뚝선단부를 굴착해 가면서 매설하는 공법
• 회전압입공법 : 말뚝선단에 추를 붙여 오거로 대신하여 말뚝 전체를 회전시켜 가면서 압입하는 공법

105 타격에 의한 말뚝박기공법을 대체하는 저소음, 저진동의 말뚝공법에 해당되지 않는 것은?

① 압입 공법
② 사수(Water jetting) 공법
③ 프리보링 공법
④ 바이브로 컴포저 공법

〔해설〕

문제 104번 해설 참조

106 건축물의 지정공사에 사용하는 말뚝의 이음 방법이 아닌 것은?

① 충전식 이음
② 볼트식 이음
③ 용접식 이음
④ 맞댐 이음

기성 콘크리트 말뚝의 이음방법
충전식, 볼트식, 용접식, 장부식이 있다.

107 말뚝박기 시 굳은 진흙층이 있을 경우 말뚝 옆에 가는 철관을 꽂고 그곳으로 물을 분사하여 수압에 의하여 지반을 무르게 한 뒤 말뚝박기를 하는 공법은?

① 그라우팅 공법　　② 케이슨 공법
③ 웰 포인트 공법　　④ 수사법

수사법
말뚝의 선단이나 말뚝에 병행하여 제트파이프를 박아 넣어 고압수를 분출시켜 지반을 고르게 해가면서 말뚝을 타격 압입시키는 공법

108 기성말뚝 세우기 공사 시 말뚝의 연직도나 경사도는 얼마 이내로 하여야 하는가?

① 1/50　　　　② 1/75
③ 1/80　　　　④ 1/100

기성말뚝 세우기
말뚝의 연직도나 경사도는 1/100 이내로 하고, 말뚝박기 후 평면상의 위치가 설계도면의 위치로부터 $D/4$(D는 말뚝의 바깥지름)와 100mm 중 큰 값 이상으로 벗어나지 않아야 한다.

109 기성콘크리트말뚝에 관한 설명으로 옳지 않은 것은?

① 선굴착 후 경타공법으로 시공하기도 한다.
② 항타장비 전반의 성능을 확인하기 위해 시험말뚝을 시공한다.
③ 말뚝을 세운 후 검측은 기계를 사용하여 1방향에서 한다.
④ 말뚝의 연직도나 경사도는 1/100 이내로 관리한다.

기성말뚝 세우기
• 정확한 규준틀을 설치하고 중심선 표시를 용이하게 하여야 하며, 말뚝을 세운 후 검측은 직교하는 2방향으로부터 하여야 한다.
• 말뚝의 연직도나 경사도는 1/100 이내로 하고, 말뚝박기 후 평면상의 위치가 설계도면의 위치로부터 $D/4$(D는 말뚝의 바깥지름)와 100mm 중 큰 값 이상으로 벗어나지 않아야 한다.

110 기성콘크리트말뚝 지지력 판단방법 중 동재하시험(Pile Dynamic Analysis ; PDA)은 항타 시 말뚝 몸체에 발생하는 응력과 속도를 분석 측정하여 말뚝지지력을 결정하는 방법이다. 다음 중 이 시험과 가장 거리가 먼 계측기기는?

① 가속도계(Accelerometer)
② 변형률계(Strain Transducer)
③ 항타분석기(Pile Drive Analyzer)
④ 지중수평변위계(Inclino meter)

파일 동재하 시험
항타 시 말뚝 몸체에 발생하는 응력과 속도를 분석, 측정하여 말뚝의 지지력을 결정하는 공법으로 가속도계, 변형률계, 항타 분석기를 부착하여 가속도와 변형률을 측정해서 파일에 걸리는 응력을 환산하여 지지력을 측정한다.

111 말뚝시공법 중 제자리 말뚝에서 기계굴삭 공법이 아닌 것은?

① 리버스 서큘레이션 공법
② 관입 공법
③ 보어 홀 공법
④ 심초 공법

말뚝 시공법
• 관입공법 : 페데스탈 파일, 심플렉스 파일, 레이몬드 파일, 프랭키 파일, 콤프레솔 파일

정답　　107 ④　108 ④　109 ③　110 ④　111 ④

- 굴착공법 : 어스드릴 공법, 베노토 공법, 리버스 서큘레이션 공법
- 프리팩트 : CIP, PIP, MIP
- 심초공법 : 우물통 공법, 잠함공법
※ 심초공법은 인력굴삭 공법이다.

112 현장타설 말뚝공법에 해당되지 않는 것은?

① 숏크리트 공법
② 리버스 서큘레이션 공법
③ 어스드릴 공법
④ 베노토 공법

해설

숏크리트 콘크리트
압축공기로 콘크리트 또는 모르타르를 분사하는 공법으로 건나이트, 본닥터, 제트크리트 등의 종류가 있다.

113 기초말뚝 박기공사에서 기성콘크리트 말뚝간격의 최소한도로 옳은 것은?(단, d는 말뚝머리지름임)

① $4d$
② $3d$
③ $2.5d$
④ $2d$

해설

말뚝의 최소 간격

구분	나무말뚝	기성콘크리트 말뚝	제자리콘크리트 말뚝
mm	600	750	D+1,000mm
D(말뚝직경)	$2.5D$	$2.5D$	$2.0D$

114 기성콘크리트말뚝을 타설할 때 말뚝머리지름이 36cm라면 말뚝 상호 간의 중심간격은?

① 60cm 이상
② 70cm 이상
③ 80cm 이상
④ 90cm 이상

해설

문제 113번 해설 참조

115 다음은 기성콘크리트말뚝의 중심간격에 관한 기준이다. A와 B에 각각 들어갈 내용으로 옳은 것은?

기성콘크리트말뚝을 타설할 때 그 중심간격은 말뚝머리 지름의 (A)배 이상 또한 (B) mm 이상으로 한다.

① A : 1.5, B : 650
② A : 1.5, B : 750
③ A : 2.5, B : 650
④ A : 2.5, B : 750

해설

문제 113번 해설 참조

116 심대 끝에 주철제 원추형의 마개가 달린 외관을 2~2.6t 정도의 추로 내리쳐서 마개와 외관을 지중에 박아 소정의 길이에 도달하면 내부의 매개와 추를 빼내고 콘크리트를 넣고 추로 다져 구근을 만드는 말뚝은?

① 페데스탈 파일
② 컴프레솔 파일
③ 레이몬드 파일
④ 프랭키 파일

해설

프랭키 말뚝공법
- 심대 끝에 주철제 원추형 마개가 달린 외관을 박는다.
- 소정의 깊이에 도달하며 내부의 마개와 추를 빼낸다.
- 콘크리트를 다져 넣고 추로 다져 구근을 만든다.
- 외관을 서서히 빼낸다.

117 해머그래브를 케이싱 내에 낙하시켜 굴착을 완료한 후 철근망을 삽입하고 케이싱을 뽑아 올리면서 콘크리트를 타설하는 현장타설 콘크리트말뚝 공법은?

① 베노토 공법
② 이코스 공법
③ 어스드릴 공법
④ 역순환 공법

해설

베노토 공법

올케이싱 공법이라고도 하며 케이싱(공벽보호관)을 삽입하면서 해머그래브로 굴착한 후 철근배근 및 콘크리트타설을 하고, 케이싱을 인발해내는 제자리 콘크리트말뚝이다.

118 제자리 콘크리트 말뚝공법 중 베노토 공법에 대한 설명으로 옳지 않은 것은?

① 주변에 영향을 주지 않고 안전한 시공이 가능하다.

② 길이 50~60m의 긴 말뚝의 시공도 가능하다.

③ 굴삭 후 배출되는 토사로써 토질을 알 수 있어 지지층에 도달됨을 판단할 수 있다.

④ 케이싱튜브를 뽑아내는 반력이 작아 연약한 지반이나 수상시공에 적당하다.

해설

베노토 공법

- All Casing 공법으로 붕괴성 있는 토질에도 시공가능
- 적용 지층이 넓으며 장척말뚝(50~60m)에 시공가능하고 굴착하면서 지지층 확인 용이
- 기계가 대형이고 중량으로 기계경비가 고가이며 굴착속도가 느림
- Casing Tube를 빼는 데 극단적인 연약지대, 수상에서는 반력이 크므로 부적합

119 현장타설 콘크리트 말뚝공법 중 리버스서큘레이션(Reverse Circulation)공법에 대한 설명으로 옳지 않은 것은?

① 유연한 지반부터 암반까지 굴착 가능하다.

② 시공심도는 통상 70m까지 가능하다.

③ 굴착에 있어 안정액으로 벤토나이트 용액을 사용한다.

④ 시공직경은 0.9~3m 정도이다.

해설

역순환공법

케이싱을 사용하지 않고 정수압에 의해 벽을 보호하면서 연속굴착하여 대구경의 제자리 콘크리트 말뚝을 만드는 공법이다.

120 파이프 회전봉의 선단에 커터를 장치한 것으로 지중을 파고 다시 회전시켜 빼내면서 모르타르를 분출시켜 지중에 소일 콘크리트 파일을 형성시킨 말뚝은?

① 오거 파일 ② CIP 파일

③ MIP 파일 ④ PIP 파일

해설

프리팩트 콘크리트 파일

- CIP : 지중을 파고 골재를 충진한 후 모르타르를 압입하는 공법
- PIP : 지중을 파고 흙을 빼내면서 콘크리트 모르타르를 주입하는 공법(응결 전에 조립철망을 삽입하기도 한다.)
- MIP : 선단의 커터를 이용하여 지중의 흙과 모르타르를 섞어서 소일 콘크리트를 만드는 공법

121 골재를 먼저 채워넣고 모르타르를 주입하는 공법 중 땅속의 토사와 함께 비비면서 소일 콘크리트를 형성하는 말뚝은?

① Cast－in－Place Pile

② Packed－in－Place Pile

③ Compact－in－Place Pile

④ Mixed－in－Place Pile

해설

MIP

MIP(Mixed－in－Place Pile)는 굴토 후 흙을 제거하지 않은 상태에서 콘크리트를 주입하여 흙과 섞어 소일 콘크리트를 형성하는 공법이다.

122 지하 구조체를 지상에서 구축하고 그 밑부분을 파내려 가면서 지하부에 위치시키는 기초 공법은?

① 심초공법
② 개방잠함공법
③ 웰포인트공법
④ 톱다운공법

[해설]

잠함

지하구조물을 지상에서 구축하여 그 하부를 파내서 구조물을 침하시키는 공법을 잠함이라 하며, 공기가 자연스럽게 통하면 개방잠함, 지하수가 나오는 경우 압력을 넣어 지하수의 유출을 막는 것을 용기잠함이라 한다.

CHAPTER

04

철근콘크리트 공사

1 재료

1. 철근의 종류

1) 원형철근 : ⌀

2) 이형철근 : D(SD30, SD35, SD40, SD50), 마디와 리브로 구성(부착력 증가)

> SD40 = 4,000kgf/cm²
> = 4,000kgf/10mm×10mm
> = 40kgf/mm²

3) 용접철망(Welded Steel Wire Fabric)
콘크리트 보강용 용접망으로서 철근이나 철선을 직각으로 교차시켜 각 교차점을 전기저항 용접한 철선망

4) 강선

5) 에폭시 도막 철근
① 에폭시 도막철근의 휨 가공은 5℃ 이상에서 작업
② 가급적 현장 가공 금지
③ 가스 절단 금지
④ 에폭시 도막이 손상된 경우, 300mm 길이당 표면적이 최대 2% 이하
⑤ 덧댄 보수재의 면적은 300mm 길이당 최대 5% 이하

2. 철근의 품질

1) KSD 3504에 적합한 것 사용
2) KSD 3504에 적합하지 못한 것은 품질검사 후 사용
3) 에폭시 수지 도막철근은 분체도료에 대한 품질검사 실시 후 사용

3. 고임재(Chair)

수평으로 배치된 철근 혹은 프리스트레스용 강재, 쉬스 등을 정확한 위치에 고정하기 위하여 쓰이는 콘크리트제, 모르타르제, 금속제, 플라스틱제 등의 부품

1) 재질 : 강재, 콘크리트재, 모르타르재, 플라스틱재 등을 사용

① 강재는 이질금속을 접촉금지하여 사용(도금 포함)
② 콘크리트재나 모르타르재는 거푸집에 접할 때 사용
③ 강재, 콘크리트재 및 모르타르재를 사용함이 원칙
④ 플라스틱재는 열팽창 차이가 발생하고 부착 및 강도 부족

2) 배치 시 고려사항

① 사용 장소의 조건 파악
② 철근의 고정방법
③ 철근의 중량
④ 작업시 발생하는 하중

3) 배치 간격 및 수량

▼ 철근 고임재 및 간격재의 수량 및 배치 표준(5~6층 철근콘크리트 구조물)

부위	종류	수량 또는 배치간격
기초	강재, 콘크리트	• 8개/4m² • 20개/16m²
지중보	강재, 콘크리트	• 간격은 1.5m • 단부는 1.5m 이내
벽, 지하외벽	강재, 콘크리트	• 상단 보 밑에서 0.5m • 중단은 상단에서 1.5m 이내 • 횡간격은 1.5m • 단부는 1.5m 이내
기둥	강재, 콘크리트	• 상단은 보 밑 0.5m 이내 • 중단은 주각과 상단의 중간 • 기둥 폭방향은 1m 미만 2개 • 1m 이상 3개
보	강재, 콘크리트	• 간격은 1.5m • 단부는 1.5m 이내
슬래브	강재, 콘크리트	간격은 상·하부 철근 각각 가로 세로 1m

주 : 수량 및 배치간격은 5~6층 이내의 철근콘크리트 구조물을 대상으로 한 것으로서 구조물의 종류, 크기, 형태 등에 따라 달라질 수 있음

4. 수축 · 온도 철근

콘크리트의 건조수축, 온도변화, 기타의 원인에 의하여 콘크리트에 일어나는 인장응력에 대하여 가외로 더 넣는 보조적인 철근

5. 조립용 철근

철근의 조립에서 정확한 철근의 위치나 간격 피복두께 등의 위치 확보를 위하여 쓰이는 보조적인 철근

6. 저장

1) 지면에 비닐을 설치하여 지면에 직접 닿지 않게 저장
2) 지면에서 20cm 이상 이격하여 저장
3) 적당한 간격의 지지대를 설치하며 창고 내 저장을 원칙으로 하나 옥외 저장 시 덮개를 덮어 저장
4) 종류별, 지름별, 사용부위별로 구분하여 저장
5) 연강과 고강의 철근은 반드시 구분하여 저장

2 시공

1. 작업순서

1) 공작도(상세도)작성

① 구조 설계에 의거 작성
② 구부리기, 이음, 정착, 간격, 피복두께 및 간격재 및 고임재의 위치
③ 종류 : 기초상세도, 기둥상세도, 보상세도, 벽상세도, 슬래브 상세도

2) 반입/검사/저장

3) 가공

4) 조립

① 철근은 상온에서 가공하는 것을 원칙으로 한다.
② 철근의 조립은 녹, 기름 등을 제거한 후 실시한다.
③ 경미한 황갈색의 녹이 발생한 철근은 일반적으로 콘크리트와의 부착을 해치지 않으므로 사용할 수 있다.
④ 철근의 절단 시 절단기를 사용한다.
⑤ 철근을 구부리는 경우 구조기준의 내면 반지름 이상으로 한다.
⑥ 거푸집에 접하는 고임재 및 간격재는 콘크리트 제품 또는 모르타르 제품이어야 한다.
⑦ 철근을 조립하고 장기간 경과한 경우에는 콘크리트를 타설 전에 다시 조립 검사를 하고 청소하여야 한다.

2. 가공

1) 절단

  ① Shear Cutter, 쇠톱 사용

  ② 야적상태에서 산소 용접기 사용 금지

2) 구부리기 일반

  ① 형상과 치수를 일치하게 가공

  ② 재질을 상하지 않는 방법으로 가공

  ③ 구조 설계 기준상의 내면 안지름 이상 구부림 가공

  ④ 상온 가공을 원칙

  ⑤ 굽힘판(Bar Bender) 및 집게(Hooker)를 사용하여 가공

  ⑥ 가공 시 허용오차 준수

  ▼ **가공치수의 허용오차**

철근의 종류		부호	허용오차(mm)
스터럽, 띠철근, 나선철근		a, b	±5
그 밖의 철근	D25 이하의 이형철근	a, b	±15
	D29 이상 D32 이하의 이형철근	a, b	±20
가공 후의 전 길이		L	±20

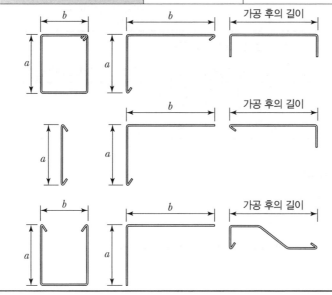

기 13① 17④ 20③ 21①

핵심문제   ●●○

철근의 가공 · 조립에 관한 설명으로 옳지 않은 것은?

❶ 철근배근도에 철근의 구부리는 내면 반지름이 표시되어 있지 않은 때에는 건축구조기준에 규정된 구부림의 최소 내면 반지름 이하로 철근을 구부려야 한다.

② 철근은 상온에서 가공하는 것을 원칙으로 한다.

③ 철근 조립이 끝난 후 철근배근도에 맞게 조립되어 있는지 검사하여야 한다.

④ 철근의 조립은 녹, 기름 등을 제거한 후 실시한다.

핵심문제　　　●○○

다음 중 철근의 단부에 갈고리를 설치
할 필요가 없는 것은?

① 스터럽
❷ 지중보의 돌출부분의 철근
③ 띠철근
④ 굴뚝의 철근

3) Hook

① 원형철근

② 이형철근 ┬ 기둥, 보의 주근단부
　　　　　├ 스트럽 및 띠철근
　　　　　├ 굴뚝
　　　　　└ 도면에서 지정된 곳

③ 종류

90°	135°	180°

④ 주철근

구분	연장길이
180°	$4d$ 이상, 또한 60 mm 이상
90°	$12d$ 이상

⑤ 스터럽, 띠철근

구분		연장길이
180°	D16 이하	$6d$ 이상
	D19, D22 및 D25	$12d$ 이상
135°		$6d$ 이상

⑥ 구부림의 최소 내면 반지름

철근 크기	최소 내면 반지름
D10~D25	$3d$
D29~D35	$4d$
D38 이상	$5d$

기 10④ 13① 　산 12③ 15③

3. 이음

1) 위치

① 철근이음의 위치는 가급적 응력(인장력)이 적게 발생하는 곳으로 한다.

② 아울러 한 위치에서 철근수의 1/2 이상을 하지 않으며, 상호 엇갈려서
잇는다.

③ 기둥은 기둥높이의 3/4 이하에서 보는 압축을 받는 곳에서 잇는 것이
좋다.

2) 주의사항

① 상세도 원칙

② 상세도에 표기되지 않은 사항은 구조 설계기준에 의거 위치와 방법 결정

③ D35 이상은 겹친 이음 금지

④ D35 이상의 철근과 D35 미만의 철근의 이음 시 압축력을 받는 곳에서는 겹친 이음 가능

⑤ 장래 이음에 대비하여 철근을 미리 삽입하는 경우 노출부위에 부식이나 손상방지 조치

⑥ 용접, 가스압접, 슬리브 이음 등은 사전 성능시험 실시

⑦ 가스압접 및 기계적 이음은 재축에 직각으로 가공하여 실시

⑧ 가스압접은 압접부위를 압접 당일 연마하여 유해물 제거

⑨ 용접이음 시 이물질은 화염청소로 제거

4. 이음공법

1) 겹친이음

2) 가스압접

① 시공의 일반사항

- 접합온도 : 1,200~1,300℃
- 압접소요시간 : 1개소에 3~4분
- 압접 작업은 철근을 조립하기 전에 행한다.
- 철근의 지름이나 종류가 같은 것을 압접하는 것이 좋다.
- 용접돌출부의 직경은 원칙적으로 철근직경의 1.5배 이상
- 철근중심심축의 편심량은 철근직경의 1/5 이하
- 맞댄 접합면의 간격은 1mm 이하
- 압접압력 : $3kg/mm^2$ 이상(철근단면적 $1cm^2$당 $300 \sim 400kgf/cm^2$)의 통상 유압 사용
- 압접해서 안 되는 경우
    - 철근지름의 차가 6mm를 초과하는 경우
    - 철근의 재질이 서로 다른 경우
    - 항복점 또는 강도가 다른 경우

② 검사

- 외관검사 : 육안 및 자(스케일)
- 샘플링검사
    - 초음파 탐사법 : 1검사 로트에 20개소 이상
    - 인장시험법 : 1검사 로트에 3개 이상

핵심문제 ●●○

철근콘크리트구조에서 철근이음에 대한 설명으로 옳지 않은 것은?

① 철근의 이음위치는 되도록 응력이 큰 곳을 피한다.

② 철근의 이음이 한곳에 집중되지 않도록 엇갈리게 교대로 분산시켜서 이어야 한다.

③ 철근이음에는 일반적으로 서로 겹쳐 이어대는 겹침이음과 용접이음, 커플러, 슬리브에 의한 기계적 이음이 있다.

❹ 철근의 이음은 한곳에서 철근 수의 최소 반 이상을 이어야 한다.

기 11② 12① 15④ 20④ 산 11②③ 20①

핵심문제 ●●○

철근이음방법 중 철근을 가열하면서 압력을 가하는 방식으로 모재와 동등한 기계적 강도를 가지며 조직의 성분의 변화가 적고 접합강도가 큰 것은?

① 겹침이음   ❷ 가스압접
③ 나사식 이음   ④ Cad Welding

핵심문제 ●●○

철근의 가스압접에 관한 설명으로 옳지 않은 것은?

① 이음공법 중 접합강도가 극히 크고 성분원소의 조직변화가 적다.

② 압접공은 작업 대상과 압접 장치에 관하여 충분한 경험과 지식을 가진 자로 책임기술자 승인을 받아야 한다.

③ 가스압접할 부분은 직각으로 자르고 절단면을 깨끗하게 한다.

❹ 접합되는 철근의 항복점 또는 강도가 다른 경우에 주로 사용한다.

다음 중 철근의 이음방법이 아닌 것은?

❶ 빗이음   ② 겹침이음
③ 기계적 이음 ④ 용접이음

철근이음의 종류 중 원형강관 내에 이형철근을 삽입하고 이 강관을 상온에서 압착 가공함으로써 이형철근의 마디와 밀착되게 하는 이음방법은?

① 용접이음
② 슬리브 충전이음
❸ 슬리브 압착이음
④ 가스압접이음

기 12① 21② 산 16③

철근의 정착위치에 대한 설명 중 옳지 않은 것은?

① 기둥의 주근은 기초에 정착한다.
② 보의 주근은 기둥에 정착한다.
③ 작은보의 주근은 큰보에 정착한다.
❹ 지중보의 주근은 바닥판에 정착한다.

3) 용접이음

두 개의 철근을 겹치거나 맞대어 간단히 용접하여 잇는 방법으로 시공이 간단하고 능률이 좋으나 우천 시 작업이 곤란하며, 화재의 위험이 있다. 용접 접합부의 강도는 철근의 항복강도의 125% 이상의 강성을 확보하여야 한다.

① 순간최대풍속 2.7m/s 이상의 바람에서 용접 금지
② 대기의 온도가 영하 18℃ 이하일 때 용접 금지
③ 예열이 필요한 경우 용접구간 끝에서 150mm씩 연장된 부위를 예열
④ 아래보기자세나 수평자세 또는 수직자세로 실시(위보기자세 금지)
⑤ 수직자세로 용접할 때에는 상향으로 용접 진행
⑥ 용접부는 공기 중에서 자연 냉각

4) 철근 슬리브(기계적)이음

① 철근을 직접 맞대고 슬리브를 사용하여 압착하거나 약품을 주입하거나 화약 및 기타 부속장비를 이용하여 철근의 이음을 하는 총칭을 뜻한다.
② 기계적(슬리브) 이음은 슬리브 압착, 슬리브 충진, 그립조인트, Cad Welding, 나사이음, G−loc Splice, 철근 이음쇠(Easy Coupler)이음 등이 있다.

5. 철근의 정착

1) 정착위치

① 기둥의 주근은 기초에 정착
② 보의 수근은 기둥에 정착
③ 작은 보의 주근은 큰 보에 정착
④ 직교하는 단부 보의 밑에 기둥이 없을 때는 상호 간에 정착
⑤ 벽 철근은 기둥, 보, 바닥판에 정착
⑥ 바닥철근은 보 또는 벽체에 정착
⑦ 지중보의 주근은 기초 또는 기둥에 정착

2) 주의사항

① 부재 중심을 넘겨서 정착
② 정착길이에 Hook의 길이는 포함되지 않음
③ 허용오차는 10% 내외

6. 철근의 간격

1) 철근 사이의 수평 순간격
    ① 25mm 이상
    ② 철근의 공칭 지름 이상
2) 상단과 하단에 2단 이상으로 배치된 경우 상하 철근의 순간격은 25mm 이상
3) 나선철근 또는 띠철근이 배근된 압축부재에서 축방향 철근의 순간격은 40mm 이상, 철근 공칭 지름의 1.5배 이상
4) 벽체 또는 슬래브에서 휨 주철근의 간격은 벽체나 슬래브 두께의 3배 이하로 하여야 하고, 450mm 이하

7. 피복두께

1) 정의

콘크리트 외면에서 첫 번째 배근된 철근의 표면까지의 거리

2) 목적

내화성, 내구성, 시공성(유동성), 부착력

3) 최소 피복 두께

① 보통 콘크리트

구분	피복두께(단위 : mm)	
수중 콘크리트	100	
흙(영구)	75	
흙+공기 노출	D19 이상	50
	D16 이하	40
슬래브, 벽체, 장선	D35 초과	40
	D35 이하	30
보, 기둥	40	
쉘, 절판	20	

② 특수 환경에 노출되는 콘크리트

구분	피복두께(단위 : mm)	
벽체, 슬래브	50	
기타 부재	노출등급 EC1, EC2	60
	노출등급 EC3	70
	노출등급 EC4	80

산 17①

핵심문제 ●●●

철근의 피복에 대하여 옳게 설명한 것은?

❶ 철근을 피복하는 목적은 내구성 및 내화성을 유지하기 위해서이다.
② 보의 피복두께는 보의 주근의 외면에서 콘크리트 표면까지의 두께를 말한다.
③ 기둥의 피복두께는 기둥주근의 외면에서 콘크리트 표면까지의 두께를 말한다.
④ 옥외에 면하는 치장 콘크리트의 피복두께는 특별한 지시가 없을 경우 보통의 피복두께보다 감소시킨다.

8. 다발 철근

① 2개 이상의 철근을 묶어서 사용하는 다발철근은 이형철근으로, 그 개수는 4개 이하, 스터럽이나 띠철근으로 배근
② 한 다발철근 내의 개개 철근은 $40d$ 이상 서로 엇갈리게
③ 다발철근의 간격과 최소 피복 두께를 철근지름으로 나타낼 경우, 다발철근의 지름은 등가단면적로 환산된 한 개의 철근지름으로 산정
④ 보에서 D35를 초과하는 철근은 다발로 사용 금지
⑤ 다발철근의 피복두께는 50mm와 다발철근의 등가지름 중 작은 값 이상

기 20③ 산 10① 14③ 16① 17②

핵심문제 ●●●

일반적인 기준층의 철근공사에서 철근 조립 시 배근순서로 옳은 것은?
❶ 기둥-벽-보-바닥
② 기둥-보-바닥-벽
③ 바닥-기둥-벽-보
④ 바닥-기둥-보-벽

9. 철근의 조립

1) 조립 순서

① 철근 콘크리트조
  기초, 지하실 바닥-기둥주근, 대근-기둥과 벽의 내측거푸집-벽배근-기둥거푸집-보, 바닥의 거푸집-보배근-슬래브배근-검사-벽의 외측 거푸집

② 철골 철근 콘크리트조
  • 철골 조립 및 리벳치기가 완료된 부분부터 철근 조립
  • 기둥-보-벽-슬래브

2) 조립용 부속재료

① 결속선 : #18~#20 철선(0.8mm 이상을)사용하고 2개소 이상 결속
② 간격재(Spacer) : 철근과 철근 또는 철근과 서푸집의 산격 유지

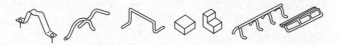

[철판제 굄] [기성철제 굄] [철근제 굄] [모르타르제 굄]   [주근받침]

3 기타

1. 부착강도

1) 철근과 콘크리트는 분리가 되지 않고 일체가 되어야만 외력에 저항하는 보강 구조이다.

2) 부착강도는 $U = \dfrac{V}{\sum j \cdot d} \leq Uc$의 식으로 구한다.

3) 부착 영향을 주는 요인

① 피복두께가 두꺼울수록 증가
② 철근 표면의 황갈색의 녹은 부착강도를 증가
③ 이형철근이 원형철근보다 증가
④ 철근 표면적이 증가할수록 증가
⑤ 같은 철근비에서 직경이 굵은 철근을 사용하는 것보다 직경이 가는 철근을 많이 사용하는 것이 증가
⑥ 콘크리트 강도가 클수록 증가
⑦ 콘크리트 공극이 감소할수록 증가

2. 철근의 방청

1) 부동태막

① 콘크리트 속의 철근이 물과 시멘트의 결합으로 인하여 철근의 표면에 부식하기 어려운 막이 형성되는데 이를 부동태막이라 한다.
② 이러한 부동태막은 알칼리성에서는 파괴되지 않으나 중성화가 진행되면 파괴되어 철근을 부식시키는 원인이 된다.

2) 부식의 원인

① 콘크리트의 중성화
② 콘크리트 내의 염분 허용량 초과
③ 알칼리 골재 반응
④ 동해 및 전식

3) 방청법

① 밀실한 콘크리트 제조
② 피복두께 증가(확보)
③ 철근에 방청도료칠
④ 염분의 허용량 준수
⑤ 혼화재료(포졸란) 사용으로 알칼리 골재반응 감소
⑥ AE제 사용으로 콘크리트 동해 방지

3. 철근의 Pre-fab화

1) 개요

① 철근 콘크리트 공사에서 철근을 현장에서 가공조립하지 않고 철근을 부재별로 나누어 미리 조립해두고 현장에서 접합하는 공법으로 선조립공법이라 한다.

② 철근의 선조립공법은 시공정밀도를 향상시키고, 공기단축을 할 수 있으며, 품질관리가 용이하고 작업의 단순화를 꾀할 수 있고 아울러 구체공사의 시스템화가 가능하다.

2) 철근 Pre-fab 도입효과

① 늑근 및 대근의 완전시공과 나선철근 등의 시공정밀도 향상
② 현장작업의 감소로 인한 공기단축 가능
③ 검사 및 현장관리가 용이하며 품질관리가 용이
④ 숙련공 감소 효과 및 양중장비 사용으로 인한 작업의 단순화
⑤ 거푸집 및 시스템화가 가능하여 구체공사의 시스템화가 가능

SECTION 02 거푸집공사

기 16② 19① 21① 산 11② 12①②

1 일반사항

1. 개요

1) 목적

① 콘크리트를 일정한 형상과 치수로 유지시킨다.
② 경화에 필요한 수분 누출 방지
③ 외기의 영향을 방지

핵심문제 ●●○

콘크리트의 거푸집 공법의 발전방향으로 옳지 않은 것은?
① 거푸집의 대형화
② 설치의 단순화를 위한 유닛(Unit)화
③ 부재의 경량화 및 단면설계의 효율화
❹ 전용횟수 감소

---

2) 거푸집 시공상 주의사항

① 형상, 치수가 정확하고 처짐, 배부름, 뒤틀림 등의 변형이 생기지 않도록 한다.
② 시멘트 풀의 누출이 없게 쪽매를 수밀하게 한다.
③ 외력에 충분히 안전하게 할 것
④ 소요자재가 절약되고 반복사용이 가능할 것
⑤ 조립, 해체 시에 손상되지 않아야 한다.

2. 구성

1) 주요재료

① 거푸집 널
  • 목재 널 : 두께 1.2~2.4cm(보통 1.5cm)
  • 패널(Panel) : 60×180cm, 90×180cm 및 1/2 크기

- 철판 패널 : 30 × 150cm, 두께 1~1.5mm판을 용접하여 사용한다.

② 띠장·장선 : 4.5cm 각재로 간격 30 × 60cm(보통 45cm)로 한다.

③ 장선받이 및 멍에 : 9~10cm 각 또는 1/2 크기로 90cm 간격을 취한다.

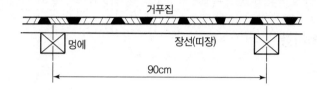

④ 받침기둥 : 9~10cm 각의 낙엽송으로 90~120cm 간격을 취한다.

   ✎ 파이프 서포트(Pipe Support) : 내구 연한이 길며 높이 조절이 간단하고 정확하다.(3.4~3.6m)

⑤ 캠버 : 미끄럼 방지

   ✎ 솟음(Camber) : 보, 슬래브 및 트러스 등에서 그의 정상적 위치 또는 형상으로부터 처짐을 고려하여 상향으로 들어 올리는 것 또는 들어 올린 크기

2) 부속재료

① 격리재(Separator) : 거푸집 상호 간의 간격 유지, 측벽 두께를 유지하기 위한 것

② 긴장재(Form Tie) : 콘크리트를 부어넣을 때 거푸집이 벌어지거나 우그러들지 않게 연결 고정하는 것. 조임용 철선은 달구어 구부린 철선을 두겹으로 탕개틀어 조여맨다.

③ 간격재(Spacer) : 철근과 거푸집 간격 유지, 철근과 철근 간격 유지

④ 박리재(Form Oil) : 중유, 석유, 동식물유, 파라핀, 합성수지 등을 사용, 콘크리트와 거푸집의 박리를 용이하게 하는 것

2 거푸집 설계

1. 설계 시 유의사항

1) 거푸집

① 형상 및 위치가 정확히 유지

② 조립해체가 용이한 구조

③ 부재축에 직각 또는 평행으로 계획

④ 시멘트 풀이 새지 않게

⑤ 모서리는 모따기가 될 수 있는 구조로 계획

2) 동바리

① 설계와 시공을 고려하여 형식과 재료 선택

② 하중 전달이 용이한 구조
③ 시공 용이(조립 · 해체 용이)
④ 동바리 이음부 및 접속부에서 하중 전달이 확실하게
⑤ 시공 및 시공 후에도 침하나 부동침하 발생 금지

기 11②④ 12④ 15① 18① 19④
산11① 13② 16① 20③

2. 고려하중

1) 개요

① 구조물의 종류, 규모, 중요도, 시공조건, 환경조건 고려

② 연직하중, 수평하중, 콘크리트 측압 등에 대해 고려

③ 강도뿐만 아니라 변형에 대해서도 고려

2) 연직하중 = 고정하중 + 공사 중 발생하는 활하중

① 고정하중 : 철근콘크리트와 거푸집의 중량을 합한 하중

철근콘크리트 중량	• 보통 콘크리트 24kN/m³ • 1종 경량골재 콘크리트 20kN/m³ • 2종 경량골재 콘크리트 17kN/m³
거푸집 중량	최소 0.4kN/m² 이상

② 활하중 : 수평투영면적당 2.5kN/m² 이상
(전동시 카트 장비 사용 3.75kN/m²)

③ 연직하중 : 슬래브 두께에 관계없이 최소 5kN/m² 이상
(전동식 카트 사용 6.25kN/m² 이상을 고려)

3) 수평하중

① 동바리는 고정하중과 공사 중 발생하는 활하중 고려

② 고정하중의 2%와 상단 수평방향 1.5kN/m² 중 큰 값 고려

③ 거푸집 = 0.5kN/m²

④ 풍압, 유수압, 지진 등은 별도 고려

4) 부재별 고려하중

① 수평부재 : 생콘크리트 중량, 작업하중, 충격하중

② 수직부재 : 생콘크리트 중량, 측압

5) 측압 고려[생콘크리트 단위중량(kN/m³)×타설높이(m)]

① 콘크리트의 온도 및 기온 : 온도가 높을 때 측압은 적다.

② 거푸집 널의 매끈함 : 널면이 매끈하면 마찰계수가 적어져 측압은 크다.

③ 거푸집 널의 수평단면 : 단면이 클수록 측압이 크다.

④ 시멘트의 종류 : 조강 등 응결시간이 빠른 것은 측압이 적어진다.

핵심문제 ●●○

바닥판, 보 밑 거푸집 설계에서 고려하는 하중과 가장 거리가 먼 것은?

① 아직 굳지 않은 콘크리트의 중량
② 작업하중
③ 충격하중
❹ 측압

핵심문제 ●●●

다음 중 거푸집 측압에 영향을 주는 요소로 가장 거리가 먼 것은?

① 거푸집 표면의 평판도
② 콘크리트 타설 속도
③ 시멘트의 종류
❹ 철근의 종류

핵심문제 ●●●

거푸집에 작용하는 콘크리트의 측압에 끼치는 영향요인과 가장 거리가 먼 것은?

① 거푸집의 강성
② 콘크리트 타설속도
③ 기온
❹ 콘크리트의 강도

⑤ 거푸집의 강성 : 강성이 클수록 측압이 크다.

⑥ 철골 또는 철근량 : 많을수록 측압은 작다.

⑦ 측압 높이 : 클수록 커지지만 어느 일정한 높이에서 측압은 더 이상 증대하지 않는다(Head측압, Roey값).

- 기둥 : 위에서부터 1m 밑에서 측압은 $2.5t/m^2$
- 벽 : 위에서부터 0.5m 밑에서 측압은 $1t/m^2$

⑧ 부어넣기 속도 : 빠를수록 커진다.

⑨ 다지기 : 충분할수록 측압은 커진다(진동기를 사용할 때 30% 증가).

⑩ 시공연도 : 비중이 클수록 측압은 커진다.

핵심문제 ●●●

콘크리트 헤드(Concrete Head)에 대해 옳게 설명한 것은?

① 콘크리트 타설 윗면에서부터 최하부면까지의 거리

❷ 콘크리트 타설 윗면에서부터 최대측압이 생기는 지점까지의 거리

③ 콘크리트 타설 윗면에서부터 최소측압이 생기는 지점까지의 거리

④ 콘크리트 타설 윗면에서부터 평균측압이 생기는 지점까지의 거리

산 12①

3 시공

1. 거푸집과 동바리 시공

1) 거푸집 시공

① 비계와 같은 가설물에 연결 금지

② 보, 바닥판은 처짐 변형을 감안하여 1/300 정도 솟음(Camber) 설치

③ 조임재 시공 시 콘크리트 표면에서 25mm 이내에 있는 강재는 거푸집 해체 후 구멍을 뚫어 제거한 후 고품질 모르타르로 때움

④ 거푸집 해체한 면에서 구멍과 기타 결함이 있는 곳 땜질로 보수

⑤ 6mm 이상 돌기물 제거

⑥ 바닥 슬래브 중앙부에서 휨 변형 고려하여 솟음 설치

2) 동바리 시공

① 동바리 지지 바닥의 소요지지력 확보

② 곡면 거푸집 설치 시 거푸집 변형대책 수립

③ 침하방지, 전용 연결철물 사용, 상하 반전 사용금지

④ 강관동바리 2개 이상 연결 금지

⑤ 높이가 3.5m 이상인 경우 2m마다 수평연결재 2개 방향으로 설치

⑥ 동바리 하부의 받침목 또는 받침판 2단 이상 금지

⑦ 동바리 높이가 4m 초과, 슬래브 두께 1m 초과 시 시스템 동바리 사용

3) 시공 순서

① 기초-기둥-벽-보-바닥

② 기초-기둥-벽-계단-보-바닥

③ 기초-기둥-내벽-보-바닥-외벽

핵심문제 ●●○

철근콘크리트 공사에서 거푸집의 조립순서로 옳은 것은?

❶ 기초 → 기둥 → 내벽 → 큰보 → 작은보 → 바닥 → 외벽

② 기초 → 기둥 → 큰보 → 작은보 → 내벽 → 바닥 → 외벽

③ 기초 → 기둥 → 큰보 → 작은보 → 외벽 → 바닥 → 내벽

④ 기초 → 기둥 → 내벽 → 바닥 → 큰보 → 작은보 → 외벽

2. 허용오차

1) 수직오차

① 높이 30m 미만 : 25mm 이하

② 높이 30m 이상 : $\dfrac{H}{1,000}$ 이하, 150mm 이하

2) 수평오차

① 슬리브, 보밑 : 25mm 이하

② 슬리브의 개구부 : 13mm 이하

3) 부재 단면 치수

① 슬리브 제물바탕 : 19mm 이하

② 부재 단면 치수

- 300mm 미만 : +9mm, −6mm
- 300 이상~900mm 미만 : +13mm, −9mm
- 900mm 이상 : +25mm

기 10④ 14④

3. 거푸집 존치기간

1) 수직재(기초, 보 옆, 기둥 및 벽 거푸집 널)

① 콘크리트 압축강도 5MPa 이상일 때

② 평균기온 10℃ 이상일 때는 아래 표와 같다.

시멘트의 종류 평균 기온	조강 포틀랜드 시멘트	보통 포틀랜드 시멘트 고로슬래그시멘트(1종) 포졸란시멘트(1종) 플라이애쉬시멘트(1종)	고로슬래그시멘트(2종) 포졸란시멘트(2종) 플라이애쉬시멘트(2종)
20℃ 이상	2	4	5
20℃ 미만 10℃ 이상	3	6	8

2) 수평재(바닥판 밑, 지붕판 밑, 보 밑 거푸집 널)

단층구조	① 설계기준 강도의 2/3 이상 콘크리트 압축강도가 얻어질 때 ② 또한, 최소 콘크리트 압축강도 14MPa 이상
다층구조	설계기준강도 이상의 압축 강도가 얻어질 때

3) 받침기둥(보 밑 또는 바닥판 밑)

① 수평재 거푸집 존치기간 경과시까지

② 큰보−작은보−바닥판의 순으로 바꾸어 댄다.

핵심문제 ●●●

콘크리트 공사에서 콘크리트의 압축강도를 시험하지 않을 경우 거푸집널의 해체 시기로 옳은 것은?(단, 조강포틀랜드 시멘트를 사용한 기둥으로서 평균 기온이 30℃ 이상인 경우)

① 1일 이상　　❷ 2일 이상
③ 3일 이상　　④ 4일 이상

4) 잭 서포트(Jack Support)

일반 서포트에 비하여 진동이나 충격이 예상되거나 무게가 많이 나가는 곳에 설치

4. 거푸집의 종류

1) 벽 전용 거푸집

① 대형 Panel 거푸집

② 갱(Gang) 거푸집 : 옹벽, 기둥을 일체식으로 제작하는 거푸집으로 Tower Crane에 의해 설치, 해체된다.

특징
• 시공능률 향상
• 노동력 절감 및 공기단축
• 초기 투자비가 재래식보다 높다.
• 양중장치를 필요로 하나 소형도 가능
• 제작장소 및 해체 후 보관장소 필요

③ 클라이밍 폼 : 벽체용 거푸집으로 갱폼에 거푸집 설치를 위한 비계틀과 기 타설된 콘크리트의 마감 작업용 비계를 일체로 조립 제작한 거푸집을 말하며 한꺼번에 거푸집과 비계를 인양시켜 조립 해체가 가능한 공법이다.

특징
• 대형 양중장비가 필요
• 설치 및 해체비용 절감
• 거푸집의 전용회수 증가
• 외부 마감공사 동시 진행 가능

④ 셔터링 폼 : 갱폼＋비계＋셔터링 빔

2) 일체식 거푸집(바닥 전용)

① 테이블(Table) 거푸집 : 바닥판과 지보공을 일체화하여 Table 모양으로 만들어서 Slab를 타설한 후 동일한 층의 다른 구역으로 이동시켜 반복적으로 사용하는 거푸집

② 플라잉(Flying) 거푸집 : 거푸집, 장선, 멍에 등을 일체화하여 수평 및 수직으로 이동할 수 있게 만든 거푸집

3) Tunnel 거푸집(벽과 바닥 전용)

ㄱ자, ㄷ자 모양으로 슬래브와 벽거푸집이 일체로 되어 아파트, 병원의 병실, 호텔의 객실 등과 같이 같은 크기와 Unit이 계속되고 보가 없는 칸막이 벽식인 경우에 적합하다.

기 10①④ 11② 14①④ 15① 17① 19①
　　　　　　　　　　　　　　　　21④
산 10② 11① 12③ 15①② 18②③ 20①

핵심문제 ●●●

다음 중 갱폼(Gang Form)에 대한 설명으로 옳지 않은 것은?

① 주로 타워크레인 등의 시공장비에 의해 한번에 설치하고 탈형한다.
❷ 초기 세팅기간은 약 1일 정도로 타 거푸집에 비하여 소요일수가 적다.
③ 전용횟수는 30～40회 정도이다.
④ 제치장 콘크리트인 경우 가설 비계 공사를 하지 않아도 된다.

핵심문제 ●●●

바닥에 콘크리트를 타설하기 위한 거푸집으로서 거푸집판, 장선, 멍에, 서포트 등을 일체로 제작하며 부재화한 거푸집을 무엇이라 하는가?

① 클라이밍 폼　　② 유로 폼
❸ 플라잉 폼　　　④ 갱 폼

핵심문제 ●●●

시스템 거푸집의 종류로 잘못 짝지어진 것은?

① 무지주공법 – 페코빔(Pecco Beam)
② 바닥판공법 – W식 거푸집
③ 벽체 전용 시스템 거푸집 – 갱폼(Gang Form)
❹ 벽체＋바닥전용 시스템거푸집 – 플라잉폼(Flying Form)

핵심문제 ●●●

한 구획 전체의 벽판과 바닥판을 ㄱ자형 또는 ㄷ자형으로 써서 이동식 거푸집으로 이용되는 거푸집 명칭은?

❶ 터널 거푸집　② 유로 거푸집
③ 갱 거푸집　　④ 와플 거푸집

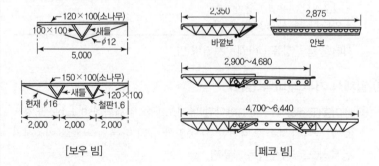

4) 연속공법

① 슬라이딩 폼(Sliding Form)

- 단면의 변화가 없는 구조물 적용
- 거푸집 높이 : 약 1m(내외 비계발판이 필요 없다.)
- 하부가 약간 벌어진 원형철판 거푸집을 요오크(Yoke)로 서서히 끌어 올리는 방법
- 사일로, 굴뚝공사 등에 적합
- 돌출부가 있을 때 사용할 수 없다(일체성 확보).
- 공기가 약 1/3로 단축된다(소요경비 절감).
- 기계의 고장이나 정지가 없어야 하고, 강우나 주야를 불구하고 중단할 수 없다.

② 슬립폼

- 단면의 형상에 변화가 있는 구조물에 적용
- 급수탑, 수신탑, 전망대 등에 적용

③ 트래블링 폼(이동 거푸집 : Traveling Form)

- 수평활동 거푸집이며, 거푸집 전체를 그대로 해체하여 다음 사용 장소로 이동시켜 사용할 수 있게 한 거푸집
- 터널, 지하철 공사 등에 적용

5) 무지주 공법

받침기둥을 쓰지 않고 보를 걸어서 거푸집 널을 지지하는 형태로서 보우 빔(Bow Beam)과 페코 빔(Pecco Beam)이 있다.

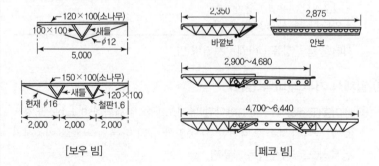

| [보우 빔] | [페코 빔] |

6) 바닥판식

① 데크 플레이트(Deck Plate)

② 하프 슬래브(Half Slab) : 하부에 미리 제작한 PC판을 거푸집 대용으로 설치하고 그 위에 콘크리트를 타설하는 공법

③ 와플(Waffle) 거푸집 : 무량판 구조 또는 평판구조에서 특수상자 모양의 기성재 거푸집(돔팬 : Dome Pan)으로 크기는 60~90cm, 각 높이는 9~18cm이고 모서리는 둥그스름하게 되어 있어 1방향 장선 바닥판

핵심문제 ●●●

슬라이딩 폼(Sliding Form)의 특성에 대한 설명 중 옳지 않은 것은?

① 공기를 단축할 수 있다.
② 내·외의 비계발판이 필요 없다.
❸ 콘크리트의 일체성을 확보하기 어렵다.
④ 사일로(Silo) 공사에 많이 이용된다.

핵심문제 ●●●

무지보공 거푸집에 관한 설명으로 옳지 않은 것은?

① 하부공간을 넓게 하여 작업공간으로 활용할 수 있다.
② 슬래브(Slab) 동바리의 감소 또는 생략이 가능하다.
③ 트러스 형태의 빔(Beam)을 보거푸집 또는 벽체 거푸집에 걸쳐 놓고 바닥판 거푸집을 시공한다.
❹ 층고가 높을 경우 작용이 불리하다.

핵심문제 ●●●

사무실 용도의 건물에서 철골구조의 슬래브 바닥재로 일반적으로 사용되는 것은?

❶ 데크 플레이트
② 커버 플레이트
③ 거싯 플레이트
④ 베이스 플레이트

구조를 만들 수 있는 거푸집이다.

7) Euro 거푸집

① 합판과 특수경강으로 만들며 파손이 극히 드물고 Panel 교환이 가능하다.

② 특수장비(Tower crane)가 필요 없고, 간단한 Crane이나 손으로 조립 가능

③ 종류는 Euro Wall Form, Euro Column Form, Euro Slab Form이 있다.

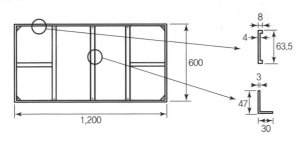

[표준 Euro Form의 규격]

핵심문제 ●●●

무량판 구조 혹은 평판구조에 사용되는 특수상자 모양의 기성재 거푸집으로 우물반자의 형식으로 되어 있는 것은?

① 클라이밍 폼(Climbing Form)
❷ 와플 폼(Waffle Form)
③ 트래블링 폼(Traveling Form)
④ 유로 폼(Euro Form)

SECTION 03 콘크리트 재료

1 시멘트

기 11① 14④ 15② 17① 18①② 19② 21④
산 11③ 12①②③ 13② 15①③
16②③ 18① 19①

1. 제조법

원료A　　→　　클링커 + 석고(3%)　　→　　시멘트

석회석 + 점토 + 산화철　　　　응결지연의 목적

2. 성분

종류 \ 성분	실리카 (SiO$_2$)	알루미나 (Al$_2$O$_3$)	석회 (CaO)	산화철 (Fe$_2$O$_3$)	산화 마그네슘 (MgO)	무수황산 (SO$_3$)
보통 포틀랜드 시멘트	21~23	4~6	63~66	3~4	1~2	1~1.6
조강 포틀랜드 시멘트	20~22	4~6	65~67	2~3	1~2	1~1.7
중용열 포틀랜드 시멘트	23~24	4~6	63~65	4~5	1~2	1~1.4

핵심문제 ●●○

시멘트 광물질의 조성 중에서 발열량이 높고 응결시간이 가장 빠른 것은?
❶ 알루민산 삼석회
② 규산 삼석회
③ 규산 이석회
④ 알루민산철 사석회

1) 규산 이석회($2CaO \cdot SiO_2$)

2) 규산 삼석회($3CaO \cdot SiO_2$)

3) 알루민산 삼석회($3CaO \cdot Al_2O_3$)

조기강도 증가

4) 알루민산철 사석회($4CaO \cdot Al_2O_3 \cdot Fe_2O_3$) …… 색깔에 관계

3. 성질

1) 비중 $= \dfrac{중량}{부피}$ … 광유 사용

① 3.05 이상(시방서 3.15 이상)

② 풍화를 알 수 있다.

③ 클링커의 소성이 불충분시, 혼합물 첨가 시, 저장기간이 길수록 비중 감소

✎ 르샤틀리에 비중병 사용

핵심문제 ●●○

시멘트의 분말도를 나타내는 것은?
① 조립률(FM ; Fineness Modulus)
② 수경률(HM ; Hydration Modulus)
❸ 브레인치(Blaine Fineness)
④ 슬럼프치(Slump)

2) 분말도

① 입자의 굵고 가는 정도로 분말도가 크면 아래와 같은 특징이 있다.

② 비표면적이 크다.

③ 수화작용이 빠르다(물과의 접촉면이 커지므로).

④ 발열량이 커지고, 초기강도 크다.

핵심문제 ●○○

시멘트 분말도 시험방법이 아닌 것은?
❶ 플로우시험법 ② 체분석법
③ 피크노메타법 ④ 브레인법

⑤ 시공연도 좋고, 수밀한 콘크리트 가능

⑥ 균열발생이 크고 풍화가 쉽다.

⑦ 장기강도는 저하된다.

✎ 브레인법(마노미터액) / 체가름법 / 피크노메타법

핵심문제 ●●●

시멘트의 응결에 대한 설명으로 옳지 않은 것은?
① 분말도가 큰 시멘트는 블리딩을 감소시킨다.
❷ 물－시멘트비(W/C)가 낮을수록 응결속도가 느리다.
③ 시멘트가 풍화되면 응결속도가 늦어진다.
④ 분말도가 큰 시멘트는 비표면적이 증대된다.

3) 응결 및 경화

① 이중응결(가수－응결(헛)－묽어짐－응결(본))

② 요인－시멘트 성분, 양생조건, 분말도, 품질, 혼합물질

✎ 비커 장치 / 길모아 장치

4) 안정성

시멘트가 경화 중 체적이 팽창하는 정도를 말한다. 팽창을 유발하는 원인은 유리석회, 마그네시아, 무수황산의 함유량이며, 이로 인해 균열이 발생한다.

① 시멘트의 오토클레이브 팽창도 시험 규정 0.5% 이하

② 포졸란, 플라이애쉬, 기타 시멘트 : 0.8% 이하

5) 강도

① 시멘트가 경화하는 힘의 대소로 품질의 대표적 성질을 나타낸다.

② 성분, 분말도, 수량, 풍화정도, 양생조건, 재령 등에 좌우

③ 28일 압축강도

- K28＝K7＋150(보통 포틀랜드 시멘트)
- K28＝0.6K7＋240(조강 포틀랜드 시멘트)

✎ 공시체 시험 : 공시체를 24시간 후 탈형하고 21°±3℃의 수중에서 28일간 양생한다.

4. 종류 / 특징

종류		원료	특성 및 용도
포틀랜드 시멘트	보통 포틀랜드 시멘트	석회석, 점토 (백점토), 생석회	**[특성]** • 공정이 비교적 간단하다. • 품질이 우수하다. • 생산량이 많다. **[용도]** 일반적으로 가장 많이 쓰인다.
	중용열 포틀랜드 시멘트		**[특성]** • 원료 중 석회, 알루미나, 마그네시아 양을 적게 하고, 실리카와 산화철을 다량 넣은 것 • 수화작용을 할 때 발열량이 적다. • 조기강도는 작으나 장기강도는 크다. • 체적의 변화가 적어서 균열 발생이 적다. • 방사선을 차단한다. • 내식성, 내구성이 크다. **[용도]** • 댐축조 콘크리트 구조물 • 콘크리트 포장 • 방사능 차폐용 콘크리트
	조강 포틀랜드 시멘트		**[특성]** • 경화가 빠르고 조기강도가 크다. • 석회분이 많아서 품질이 향상 • 분말도가 커서 수화열이 크다. • 공기를 단축할 수도 있다. **[용도]** • 한중공사 • 수중공사 • 긴급공사
	백색 포틀랜드 시멘트		**[특성]** • 산화철 및 마그네시아의 함유량을 제한한 시멘트 • 보통 포틀랜드 시멘트와 거의 품질이 같다. **[용도]** • 미장재 • 도장재

핵심문제

다음 시멘트 중 혼합시멘트에 해당하지 않는 것은?

① 고로시멘트
② 포틀랜드포졸란시멘트
③ 플라이애쉬시멘트
❹ 조강포틀랜드시멘트

핵심문제

실리카 시멘트(Silica Cement)의 특징으로 옳지 않은 것은?

❶ 초기강도는 크나, 장기강도는 감소한다.
② 화학적 저항성이 크고 내수성이 크다.
③ 알칼리 골재반응에 의한 팽창의 억제에 유리하다.
④ 블리딩이 감소하고, 워커빌리티를 증가시킬 수 있다.

핵심문제

다음 시멘트의 종류 중 내화성과 급결성이 가장 큰 시멘트는?

① 보통 포틀랜드 시멘트
② 고로 시멘트
③ 실리카 시멘트
❹ 알루미나 시멘트

핵심문제 ●●○

콘크리트용 재료 중 시멘트에 관한 설명으로 옳지 않은 것은?

① 중용열 포틀랜드시멘트는 수화작용에 따르는 발열이 적기 때문에 매스콘크리트에 적당하다.
② 조강 포틀랜드시멘트는 조기강도가 크기 때문에 한중콘크리트공사에 주로 쓰인다.
❸ 알칼리 골재반응을 억제하기 위한 방법으로써 내황산염 포틀랜드시멘트를 사용한다.
④ 조강 포틀랜드시멘트를 사용한 콘크리트의 7일 강도는 보통 포틀랜드시멘트를 사용한 콘크리트의 28일 강도와 거의 비슷하다.

종류		원료	특성 및 용도
포틀랜드시멘트	고산화철 포틀랜드 시멘트		**[특성]** • 내산성, 내구성을 증가시키기 위하여 광재를 시멘트원료로 사용한 것 • 장기강도는 적으나 수축률과 발열량이 적다. **[용도]** • 화학공장의 건설재 • 해안구조물의 축조
혼합시멘트	고로 시멘트	석회석, 점토, 광재, 생석회	**[특성]** • 보통 포틀랜드 시멘트 클링커(30%)와 광재(클링커의 30~50%)에 적당한 석고를 넣은 것 • 광재의 혼합량은 포틀랜드 시멘트의 35~65% 정도 • 건조수축이 발생한다. **[용도]** • 해안공사 • 큰 구조물 공사 **[비고]** 광재 : 고로에서 선철을 만들 때 나오는 광재를 물에 넣어 급히 냉각시켜 잘게 부순 것
	플라이 애시 시멘트	포틀랜드 시멘트 클링커, 플라이 애시, 생석회	**[특성]** • 플라이애시의 혼합량은 포틀랜드 시멘트의 15~40% 정도 • 수화열이 적고 조기강도가 낮으나 장기 강도는 커진다. • 워어커빌리티가 좋고 수밀성이 크며 단위수량을 감소시킨다. **[용도]** • 하천공사 　• 해안공사 • 해수공사 　• 기초공사 **[비고]** 플라이애시 : 미분탄을 연료로 하는 보일러의 연도에 집진기로 채취한 미립자의 재
	포졸란 시멘트		**[특성]** • 고로 시멘트와 동일 **[비고]** 포졸란 : 화산재, 규조토, 규산백토 등의 실리카질 혼화재
특수시멘트	알루미나 시멘트	보크 사이트, 석회석	**[특성]** • 조기 강도가 크고 수화열이 높다. 　(재령 1일=PC 28일) • 화학작용에 대한 저항이 크다. • 수축이 적고 내화성이 크다. **[용도]** • 동기공사 • 해수공사 • 긴급공사
	팽창 시멘트 (무수 시멘트)	칼슘클링커, 광재 포틀랜드 클링커	**[특성]** • 칼슘 클링거(보크사이트, 백악, 석고를 혼합 소성한 것)에 광재 및 포틀랜드 클링커의 혼합물을 넣어 만든 것

2 골재

기 13②④ 16②④ 19② 20①
산 11① 12① 13② 15② 16① 17①②
18① 20③

1. 종류

1) 크기

① 잔골재 : 10mm체를 전부 통과하고, 5mm체를 거의 다 통과하며, 0.08 mm체에 거의 다 남는 골재

② 굵은골재 : 5mm체에 거의 다 남거나, 다 남는 골재

2) 생성원인

① 천연골재(강모래, 강자갈)

② 인공골재(쇄석, 광재)

3) 중량

① 경량골재 : 절건비중 2.0 이하 … 자중 감소

② 보통골재 : 절건비중 2.5~2.65

③ 중량골재 : 절건비중 2.7 이상

(보통 4~7) … 차폐용

2. 골재의 품질

1) 소요강도 유지(시멘트 풀 이상의 강도)

2) 유기 불순물이 포함되어 있지 않은 것

3) 좋은 입형을 가진 것

4) 입도가 적당한 것

5) 화학적 · 물리적으로 안정된 것

3. 골재의 성질

1) 비중

① 진비중과 겉보기 비중이 있다.

② 비중이 크면 흡수량이 적고, 내구성이 증가한다.

③ 배합설계, 실적률, 공극률에 관련이 있다.

2) 단위용적중량

① 비중, 입도, 입형, 함수량, 계량용기에 따라 변화한다.

② 비중이 크면 단위용적중량도 커진다.

③ 1,500~1,700kg/m³

핵심문제 ●○○

보통 콘크리트용 부순 골재의 원석으로서 가장 적합하지 않은 것은?

① 현무암 ❷ 응회암
③ 안산암 ④ 화강암

핵심문제 ●●○

다음 중 콘크리트용 깬자갈(Crushed Stone)에 관한 설명으로 옳지 않은 것은?

❶ 시멘트 페이스트와의 부착성능이 낮다.
② 깬자갈을 사용한 콘크리트는 동일한 워커빌리티의 보통 콘크리트보다 단위수량이 일반적으로 10% 정도 많이 요구된다.
③ 강자갈과 다른 점은 각진 모양 및 거친 표면조직을 들 수 있다.
④ 깬자갈의 원석은 안산암, 화강암 등이 있다.

핵심문제 ●●●

콘크리트 골재에 대한 설명으로 옳지 않은 것은?

① 골재의 강도는 시멘트 페이스트의 강도 이상이 되어야 한다.
② 골재의 비중이 클수록 단위용적중량이 크다.
❸ 잔골재의 부피는 흡수율에 관계없이 일정하다.
④ 좋은 입형의 골재는 정육면체나 구형에 가까워 공극률이 작다.

3) 실적률과 공극률

① 실적률 $= \dfrac{\text{단위용적중량}}{\text{비중}} \times 100$

② 공극률 $= 100 - \text{실적률} = (1 - \dfrac{\text{단위용적중량}}{\text{비중}}) \times 100$

③ 실적률의 범위 : 모래 55~70%, 자갈 60~65%, 쇄석, 경량 50~65%

4) 골재의 함수량

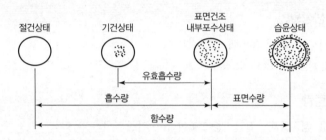

✎ 골재의 흡수는 처음에는 급속도로 진행되나 나중에는 천천히 진행되며 모래는 함수율 5~10%일 때 부피가 최대가 된다(샌드벌킹).

① **흡수량** : 표면건조 내부 포수상태의 골재 중에 포함되는 물의 양

② **흡수률** : 절건상태의 골재 중량에 대한 흡수량의 백분율

③ **유효흡수량** : 흡수량과 기건상태의 골재 내에 함유된 수량과의 차

④ **함수량** : 습윤상태 골재의 내외부에 함유된 전수량

⑤ **표면수량** : 함수량 – 흡수량

⑥ **표면수율** : 표면수량이 표면건조 내부 포수상태의 골재중량에 대한 백분율

5) 안정성, 강도

① 온도, 습도 변화, 동결융해 저항성, 화학반응에 대한 저항성

② 내구성을 결정하는 요인

③ 비중이 크고, 흡수량이 적으면 안정성이 커진다.

④ 마모저항성이 커진다.

✎ 로스앤젤레스 마모 시험기 사용

6) 조립률(FM : Finess Modulus)

① 골재의 입도를 간단한 수치로 나타낸 것

② 체가름 시험을 하여 구한다.

✎ 사용체 : 80mm, 40mm, 20mm, 10mm, No.4, No.8, No.16, No.30, No.50, No.100

③ $FM = \dfrac{\text{각 체에 남는 양(\%)의 누계의 합}}{100}$

핵심문제 ●●●

골재의 함수상태에 따른 설명으로 옳지 않은 것은?

① 절건상태 : 골재를 100~110℃의 온도 상태에서 중량 변화가 없어질 때까지 건조하여 골재 속의 모세관 등에 흡수된 수분이 거의 없는 상태

❷ 기건상태 : 골재를 공기 중에 24시간 이상 건조하여 골재 속에 수분이 없는 상태

③ 표건상태 : 내부는 포화상태이나 표면은 수분이 없는 상태

④ 습윤상태 : 골재의 내부는 이미 포화상태이고, 표면에도 수분이 있는 상태

핵심문제 ●●●

골재의 함수상태에 관한 설명으로 옳지 않은 것은?

① 흡수량 : 표면건조내부포화상태 – 절건상태

② 유효흡수량 : 표면건조내부포화상태 – 기건상태

❸ 표면수량 : 습윤상태 – 기건상태

④ 함수량 : 습윤상태 – 절건상태

7) 굵은골재의 최대치수

중량으로 90% 통과시키는 체눈의 크기 중 최소 체눈의 크기

8) 잔골재율(S/A)

① $\dfrac{\text{잔골재의 용적}}{\text{잔골재의 용적}+\text{굵은골재의 용적}} \times 100$

② 잔골재율은 작으면 작을수록 좋다.

9) 유해물

① 흙, 석탄, 석면은 강도 저하

② 혼탁비색법 – 유기불순물 시험

③ 염화물 ┌ 철근 부식, 중성화
 ├ 잔골재 중량의 0.04% 이하
 └ 콘크리트 체적의 0.3kg/m³ 이하

핵심문제 ●●●

일반콘크리트에서 굳지 않은 콘크리트 중의 전 염소이온량은 얼마 이하로 하여야 하는가?(단, 콘크리트표준시방서 기준)

① 0.10kg/m³ ② 0.20kg/m³
❸ 0.30kg/m³ ④ 0.40kg/m³

④ 잔골재 유해물 함유량 한도(질량 백분율)

종류		천연잔골재
점토 덩어리		1.0
0.08mm 체 통과량	콘크리트의 표면이 마모작용을 받는 경우	3.0
	기타의 경우	5.0
석탄, 갈탄 등으로 밀도 2.0g/cm³의 액체에 뜨는 것	콘크리트의 외관이 중요한 경우	0.5
	기타의 경우	1.0
염화물(NaCl 환산량)		0.04

⑤ 굵은골재 유해물 함유량 한도(질량 백분율)

종류		천연 굵은골재
점토덩어리		0.25
연한 석편		5.0
0.08mm 체 통과량		1.0
석탄, 갈탄 등으로 밀도 2.0g/cm³의 액체에 뜨는 것	콘크리트의 외관이 중요한 경우	0.5
	기타의 경우	1.0

5. 골재의 취급 시 주의사항

1) 크기별, 종류별로 구분하여 반입, 저장

2) 재료분리가 일어나지 않도록 한다.

3) 표면건조 내부포수상태로 사용

4) 이물질이 혼입되지 않도록 주의

5) 파손되지 않도록 한다.

Reference

상수도물 이외의 물의 품질

항목	품질
현탁 물질의 양	2g/L 이하
용해성 증발 잔류물의 양	1g/L 이하
염소(Cl^-)량	250mg/L 이하
시멘트 응결시간의 차	초결은 30분 이내, 종결은 60분 이내
모르타르의 압축강도비	재령 7일 및 재령 28일에서 90% 이상

핵심문제 ●●●

다음 중 콘크리트 배합설계 시 사용되는 양을 용적계산에 포함시켜야 하는 혼화재료는?

① A.E제   ③ 지연제
② 감수제   ❹ 포졸란

② 혼화 재료

콘크리트 성질 개선, 부피 증가, 공사비 절감 등의 목적을 위해 사용된다.

- 혼화재 : 비교적 다량으로 사용되는 것으로 포졸란, 플라이애시 등
- 혼화제 : 약품적으로 소량으로 사용하는 것. AE제, 분산제, 경화촉진제, 방동제

1. 종류

1) 표면 활성제

공기 연행제(A.E제), 분산제

2) 성질 개량 및 증량재

포졸란

3) 응결경화 촉진제

염화칼슘, 규산소다, 염화제2철, 염화마그네슘

4) 방수제

소석회, 암석의 분말, 규조백토, 규산백토, 명반, 수지비누

5) 발포제

알루미늄, 아연의 분말

6) 방동제

염화칼슘, 식염(다량 사용하면 강도의 저하와 급결의 우려가 있다.)

7) 착색제

빨강-제2산화철, 노랑-크롬산 바륨, 파랑-군청, 갈색-이산화망간, 검정-카본블랙, 초록-산화크롬

8) 감수제

소정의 컨시스턴시를 얻는 데 필요한 단위수량을 감소시키고, 콘크리트의 워커빌리티 등을 향상시키기 위하여 사용하는 혼화재료, 표준형, 지연형 및 촉진형의 3종류가 있음

9) 유동화제

미리 비벼놓은 콘크리트에 첨가하고, 섞어 비빔에 의해 그 유동성을 증대시키는 것을 주목적으로 하는 혼화재료

2. 혼화제의 종류 및 특징

1) AE제(공기연행제)

콘크리트 속에 자연적으로 함입된 공기(Entrapped Air) 외에 미세한 기포(Entrained Air)를 3~5% 정도 증가시킴으로써 시공연도(Workability)를 좋게 할 수 있으나 강도 저하의 우려가 있다.

① 수밀성 증대
② 동결융해 저항성 증대
③ 워커빌리티 증대
④ 재료분리 감소
⑤ 단위수량 감소
⑥ 블리딩 감소
⑦ 발열량 감소

> **+ Reference**
>
> **공기량**
> 콘크리트 속에 공기는 엔트랩트 에어(자연적 함유공기)와 엔트레인드 에어(인위적 함유공기)로 구분한다.
> ① 공기량 1% 증가 시 압축강도 4% 정도 감소
> ② AE제 첨가 시 증가
> ③ 기계비빔이 손비빔보다 증가
> ④ 비빔시간은 3~5분까지 증가하나 그 이상 감소
> ⑤ 온도가 높을수록 감소
> ⑥ 진동을 주면 감소
> ⑦ 자갈의 입도에는 영향이 없으나 굵은 모래를 사용하면 공기량이 감소

핵심문제 ●●●

콘크리트 혼화제 중 AE제를 첨가함으로써 나타나는 결과가 아닌 것은?
① 동결융해 저항성 증대
② 내구성 증진
❸ 철근과의 부착강도 증진
④ 압축강도 감소

핵심문제 ●●●

콘크리트에 AE제를 사용하는 주요 목적에 해당되는 것은?
① 시멘트의 절약
② 골재량 감소
③ 강도 증진
❹ 워커빌리티 향상

핵심문제 ●●○

콘크리트에 AE제를 사용하지 않아도 1~2%의 크고 부정형한 기포가 함유되는데 이 기포의 명칭은?
① 연행공기(Entrained Air)
② 겔공극
❸ 잠재공기(Entrapped Air)
④ 모세관공극

핵심문제 ●●●

굳지 않은 콘크리트의 공기량 변화에 관한 설명으로 옳지 않은 것은?
① AE제의 혼입량이 증가하면 공기량이 증가한다.
❷ 시멘트 분말도가 크면 공기량은 증가한다.
③ 단위시멘트량이 증가하면 공기량은 감소한다.
④ 슬럼프가 커지면 공기량이 증가한다.

2) 분산제

시멘트 입자를 분산시켜 단위수량을 감소하고 워커빌리티를 증진시킨다.

① 워커빌리티 증진

② 시멘트 사용 효율 증대(비표면적이 증가)

③ 시멘트 사용량 감소

④ 단위수량 감소

⑤ 수밀성, 내구성 증대

⑥ 강도 증가

⑦ 수화열에 의한 콘크리트 온도 상승 저감효과

핵심문제 ●○○

무근콘크리트의 동결을 방지하기 위한 목적으로 사용되는 것은?

① 제2산화철   ② 산화크롬

③ 이산화망간   ❹ 염화칼슘

3) 방동제(염화칼슘, 규산소다, 염화 제2철, 염화마그네슘)

① 조기 강도 획득

② 거푸집 전용 기간 단축

③ 한랭 시 경화속도 증진

4) 응결지연제

① 응결/경화를 지연

② 굳지 않은 콘크리트의 운송시간 연장

③ 콜드 조인트 발생방지

④ 균열방지

⑤ 연속 타설을 필요로 하는 콘크리트 구조

5) 급결제

① 시멘트의 응결시간 단축

② 주용도 ┌ 누수방지용 모르타르, 시멘트 풀
         └ 지수공사, 뿜어붙이기 공사, 주입공사

③ 조기강도 매우 크나 장기강도는 느리다(1~2일).

6) 방수제

① 균열 및 누수방지 목적

② 워커빌리티 증진

③ 공극량 감소

④ 혼합수량 감소

⑤ 시멘트 수화작용 촉진

7) 발포제

① 알칼리에 강한 것

② 분산성이 좋은 것

③ 안정성이 좋은 것

④ 시멘트의 경화에 영향이 적은 것

8) 방청제

철근의 부식 방지 목적으로 사용되나 물 – 시멘트비, 슬럼프치, 피복두께, 혼화재료 등과 병행으로 고려해야 효과가 크다.

3. 혼화재의 종류 및 특징

1) 플라이애시

① 화력발전소의 미분입자의 재(구형입자)

② 비중 : 1.95~2.4

③ 특징

 • 워커빌리티 증진

 • 수량 감소

 • 조기강도 감소, 장기강도 증가

 • 발열감소, 균열 발생 억제

 • 수밀성 개선

④ 용도 : 댐 · 매스 콘크리트, 프리팩트용의 주입보조재, 모르타르의 중량재

2) 포졸란

① 종류 ┌ 천연산 : 화산재, 규조토, 규산백토
　　　 └ 인공산 : 고로슬래그, 소성점토, 혈암, 플라이애시

② 워커빌리티 증진

③ 블리딩 감소, 재료분리 감소

④ 수밀성 증진

⑤ 초기강도 감소, 장기강도 증가

⑥ 해수, 화학적 저항성 증대

⑦ 발열량 감소

⑧ 건조수축 감소

⑨ 단위수량 증가 우려(입자, 모양, 표면상태가 불량)

3) 실리카 흄(Silica Fume)

① 정의 : 실리콘 혹은 페로 실리콘 등의 규소합금의 제조 시에 발생하는 폐가스를 집진하여 얻는 부산물의 일종으로 비정질의 이산화규소(SiO_2)를 주성분으로 하는 초미립자를 말한다.

핵심문제 ●●●

콘크리트에 사용되는 혼화제 중 플라이애쉬의 사용에 따른 이점으로 볼 수 없는 것은?

① 유동성의 개선

❷ 초기 강도의 증진

③ 수화열의 감소

④ 수밀성의 향상

핵심문제 ●●●

콘크리트에 사용하는 혼화재 중 플라이애시(Fly Ash)에 관한 설명으로 옳지 않은 것은?

① 화력발전소에서 발생하는 석탄회를 집진기로 포집한 것이다.

❷ 시멘트와 골재 접촉면의 마찰저항을 증가시킨다.

③ 건조수축 및 알칼리골재반응 억제에 효과적이다.

④ 단위수량과 수화열에 의한 발열량을 감소시킨다.

핵심문제 ●●●

콘크리트에 사용되는 혼화재 중 플라이애시의 사용에 따른 이점으로 볼 수 없는 것은?

① 유동성의 개선

② 수화열의 감소

③ 수밀성의 향상

❹ 초기강도의 증진

핵심문제 ●●●

실리카 흄 시멘트(Silica Fume Cement)
의 특징으로 옳지 않은 것은?
❶ 초기강도는 크나, 장기강도는 감
 소한다.
② 화학적 저항성 증진효과가 있다.
③ 시공연도 개선효과가 있다.
④ 재료분리 및 블리딩이 감소된다.

② 수화활성이 크다.

③ 시멘트입자의 사이에 분산되어 고성능 감수제와의 병용에 따라 보다
  치밀하게 되어 고강도 및 투수성이 작은 콘크리트를 만들 수 있다.

④ 단위수량을 증대시키지만 고성능 감수제를 사용함에 따라 단위수량
  을 감소시킬 수 있다.

⑤ 수화초기의 발열 저감효과가 있다.

⑥ 포졸란 반응에 따른 알칼리 저감효과가 있다.

⑦ 중성화 깊이가 증대된다(단점).

SECTION 04 콘크리트 배합 · 성질

기 16② 20④ 산 10② 11① 13① 16③
                    20①

1 배합

소요강도, 내구성, 수밀성, 균열저항성, 철근 또는 강재를 보호하는 성능

1. 배합의 종류(표시법)

1) 중량 배합

콘크리트 $1m^3$에 소요되는 재료의 양을 중량(kg)으로 표시한 배합

2) 절대 용적 배합

콘크리트 $1m^3$에 소요되는 재료의 양을 절대 용적(ℓ)으로 표시한 배합

3) 표준 계량 용적 배합

콘크리트 $1m^3$에 소요되는 재료의 양을 표준 계량용적($1m^3$)으로 표시한
배합으로, 시멘트는 $1,500kg/1m^3$으로 한다.

4) 현장 계량 용적 배합

콘크리트 $1m^3$에 소요되는 재료의 양을 시멘트는 포대수로, 골재는 현장
계량에 의한 용적($1m^3$)으로 표시한 배합

2. 배합 설계

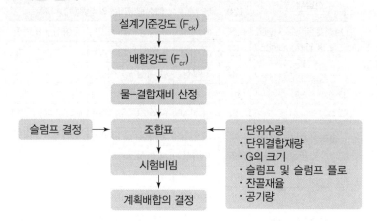

핵심문제 ●○○

콘크리트 배합에 직접적인 영향을 주는 요소가 아닌 것은?
① 시멘트 강도 ② 물−시멘트비
❸ 철근의 품질 ④ 골재의 입도

1) 설계기준강도(소요강도 : f_{ck})

콘크리트의 허용 응력도에 안전율(Safety Factor)을 가산하여 산출하며, 28일 압축강도를 기준으로 한다.

2) 배합강도(f_{cr})

① 구조물에 사용된 콘크리트의 강도가 설계기준 강도보다 작아지지 않도록 현장 콘크리트의 품질변동을 고려하여 콘크리트의 배합강도(f_{cr})를 설계 기준강도(f_{ck})보다 충분히 크게 한다.

핵심문제 ●●○

콘크리트 배합설계에서의 요구사항으로 옳지 않은 것은?
① 소요의 강도를 얻을 수 있을 것
② 시공에 적당한 워커빌리티를 가질 것
③ 시공상 재료분리를 일으키지 않고 균질성을 유지할 것
❹ 시멘트 양을 최대로 늘려 가능한 한 높은 강도를 확보할 것

② 설계기준 압축강도 35MPa 이하인 경우

$$\left[\begin{array}{l} f_{cr} = f_{ck} + 1.34s \text{ (MPa)} \\ f_{cr} = (f_{ck} - 3.5) + 2.33s \text{ (MPa)} \end{array} \right] \text{中 큰 값}$$

③ 설계기준 압축강도 35MPa 초과인 경우

$$\left[\begin{array}{l} f_{cr} = f_{ck} + 1.34s \text{ (MPa)} \\ f_{cr} = 0.9f_{ck} + 2.33s \text{ (MPa)} \end{array} \right] \text{中 큰 값}$$

여기서, s : 압축강도의 표준편차(MPa)

④ 레디믹스트 콘크리트의 경우에는 배합강도(f_{cr})를 호칭강도(f_{cn})보다 크게

⑤ 레디믹스트 콘크리트 사용자는 아래 식에 따라 기온보정강도(T_n)를 더하여 생산자에게 호칭강도(f_{cn})로 주문

$$f_{cn} = f_{cq} + T_n \text{(MPa)}$$

여기서, T_n : 기온보정강도(MPa)

결합재 종류	재령(일)	콘크리트 타설일로부터 n일간의 예상평균기온의 범위(℃)		
보통포틀랜드 시멘트 플라이애시 시멘트 1종 고로슬래그 시멘트 1종	28	18 이상	8 이상~18 미만	4 이상~8 미만
	42	12 이상	4 이상~12 미만	–
	56	7 이상	4 이상~7 미만	–
	91	–		
플라이애시 시멘트 2종	28	18 이상	10 이상~18 미만	4 이상~10 미만
	42	13 이상	5 이상~13 미만	4 이상~5 미만
	56	8 이상	4 이상~8 미만	–
	91	–		–
고로슬래그 시멘트 2종	28	18 이상	13 이상~18 미만	4 이상~13 미만
	42	14 이상	10 이상~14 미만	4 이상~10 미만
	56	10 이상	5 이상~10 미만	4 이상~5 미만
	91	–		–
기온이 4℃ 이하 (한중콘크리트)에서 콘크리트 강도의 기온에 따른 보정값 T_n(MPa)		0	3	6

⑥ 콘크리트 압축강도의 표준편차는 실제 사용한 콘크리트의 30회 이상의 시험실적으로부터 결정하는 것을 원칙으로 한다. 압축강도의 시험횟수가 29회 이하이고 15회 이상인 경우는 그것으로 계산한 표준편차에 보정계수를 곱한 값을 표준편차로 사용

시험횟수	표준편차의 보정계수
15	1.16
20	1.08
25	1.03
30 이상	1.00

주 : 위 표에 명시되지 않은 시험횟수는 직선 보간한다.

⑦ 콘크리트 압축강도의 표준편차를 알지 못할 때 또는 압축강도의 시험횟수가 14회 이하인 경우

호칭강도(MPa)	배합강도(MPa)
21 미만	$f_n + 7$
21 이상 35 이하	$f_n + 8.5$
35 초과	$1.1f_n + 5$

3) 물 – 결합재 비(Water – binder Ratio, Water Cementitious Material Ratio)

• 혼화재로 고로슬래그 미분말, 플라이 애시, 실리카퓸 등 결합재를 사용

한 모르타르나 콘크리트에서 골재가 표면 건조 포화상태에 있을 때에 반죽 직후 물과 결합재의 질량비(기호 : W/B)

• 물－시멘트비(Water Cement Ratio) : 모르타르나 콘크리트에서 골재가 표면 건조 포화 상태에 있을 때에 반죽 직후 물과 시멘트의 질량비

① 물－결합재비는 소요의 강도, 내구성, 수밀성 및 균열저항성 등을 고려

② 콘크리트의 압축강도를 기준으로 물－결합재비를 정하는 경우

• 압축강도와 물－결합재비와의 관계는 시험에 의하여 정하는 것을 원칙

• 배합에 사용할 물－결합재비는 기준 재령의 결합재－물비와 압축강도와의 관계식에서 배합강도에 해당하는 결합재－물비 값의 역수

③ 콘크리트의 탄산화 작용, 염화물 침투, 동결융해 작용, 황산염 등에 대한 내구성을 기준으로 하여 물－결합재비를 정할 경우

항목	노출범주 및 등급															
	일반	EC (탄산화)				ES (해양환경, 제설염 등 염화물)				EF (동결융해)				EA (황산염)		
	E0	EC1	EC2	EC3	EC4	ES1	ES2	ES3	ES4	EF1	EF2	EF3	EF4	EA1	EA2	EA3
내구성 기준압축강도 f_{cd}(MPa)	21	21	24	27	30	30	30	35	35	24	27	30	30	27	30	30
최대 물－결합재비[1)]	–	0.60	0.55	0.50	0.45	0.45	0.45	0.40	0.40	0.55	0.50	0.45	0.45	0.50	0.45	0.45

주 : 1) 경량골재 콘크리트에는 적용하지 않음. 실적, 연구성과 등에 의하여 확증이 있을 때는 5% 더한 값으로 할 수 있음

4) 단위수량

① 단위수량은 최대 185kg/m^3 이내의 작업이 가능한 범위 내에서 될 수 있는 대로 적게

② 굵은골재의 최대 치수, 골재의 입도와 입형, 혼화 재료의 종류, 콘크리트의 공기량 등에 영향을 받음

5) 단위결합재량

① 단위결합재량은 원칙적으로 단위수량과 물－결합재비로부터 정함

② 요구성능 : 소요의 강도, 내구성, 수밀성, 균열저항성, 강재를 보호하는 성능

③ 단위결합재량의 하한값 혹은 상한값이 규정되어 있는 경우에는 이들의 조건이 충족

6) 굵은골재의 최대 치수

① 굵은골재의 최대 치수는 다음 값을 초과하지 않아야 함

• 거푸집 양 측면 사이의 최소 거리의 1/5

핵심문제 ●●●

콘크리트 강도에 관한 설명으로 옳지 않은 것은?

① AE제를 혼합하면 워커빌리티가 향상된다.
❷ 물－시멘트비가 작을수록 콘크리트 강도는 저하된다.
③ 한중 콘크리트는 동해 방지를 위한 양생을 하여야 한다.
④ 콘크리트 양생이 불량하면 콘크리트 강도가 저하된다.

- 슬래브 두께의 1/3
- 개별 철근, 다발철근, 긴장재 또는 덕트 사이 최소 순간격의 3/4

② 굵은골재의 최대 치수

구조물의 종류	굵은골재의 최대 치수(mm)
일반적인 경우	20 또는 25
단면이 큰 경우	40
무근콘크리트	40(부재 최소 치수의 1/4을 초과해서는 안 됨)

핵심문제　●●●

콘크리트의 슬럼프 테스트(Slump Test)는 콘크리트의 무엇을 판단하기 위한 수단인가?

① 압축강도
❷ 워커빌리티(Workability)
③ 블리딩(Bleeding)
④ 공기량

7) 슬럼프 및 슬럼프 플로

① 슬럼프 : 아직 굳지 않은 콘크리트의 반죽질기를 나타내는 지표로 콘크리트의 슬럼프 시험방법에 규정된 방법에 따라 슬럼프콘을 들어올린 직후에 상면의 내려앉은 양을 측정
② 슬럼프 플로 : 아직 굳지 않은 콘크리트의 유동성 정도를 나타내는 지표로 콘크리트의 슬럼프 시험방법에 규정된 방법에 따라 슬럼프콘을 들어올린 후에 원모양으로 퍼진 콘크리트의 직경(최대직경과 이에 직교하는 직경의 평균)을 측정
③ 슬럼프는 운반, 타설, 다지기 등의 작업에 알맞은 범위 내에서 될 수 있는 한 작은 값

종류		슬럼프 값(mm)
철근콘크리트	일반적인 경우	80~150
	단면이 큰 경우	60~120
무근콘크리트	일반적인 경우	50~150
	단면이 큰 경우	50~100

④ 슬럼프치 허용오차

(단위 : mm)

슬럼프	허용오차
25	±10
50 및 65	±15
80 이상	±25

핵심문제　●●○

슬럼프 콘에 있어서 슬럼프 시험의 결과가 다음 그림과 같이 되었다면 슬럼프값은?

① 8cm
❷ 13cm
③ 17cm
④ 22cm

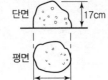

⑤ 슬럼프 플로 허용오차

(단위 : mm)

슬럼프 플로	허용오차
500	±75
600	±100
700	

700mm는 굵은골재의 최대 치수가 13mm인 경우에 한하여 적용

8) 잔골재율

① 소요의 워커빌리티를 얻을 수 있는 범위 내에서 단위수량이 최소가 되도록 시험에 의해 결정

② 잔골재의 입도, 콘크리트의 공기량, 단위결합재량, 혼화 재료의 종류에 영향

③ 고성능 AE감수제를 사용한 콘크리트의 경우로서 물-결합재비 및 슬럼프가 같으면, 일반적인 AE감수제를 사용한 콘크리트와 비교하여 잔골재율을 1~2% 정도 크게

9) 공기량(레디믹스트 콘크리트)

(단위 : %)

콘크리트 종류	공기량	허용오차
보통 콘크리트	4.5	
경량 콘크리트	5.5	±1.5
포장 콘크리트	4.5	
고강도 콘크리트	3.5	

10) 배합의 표시 방법

굵은 골재의 최대 치수 (mm)	슬럼프 범위 (mm)	공기량 범위 (%)	물-결합재비 W/B (%)	잔골재율 S/a (%)	단위질량(kg/m³)					
					물	시멘트	잔골재	굵은 골재	혼화재료	
									혼화재	혼화제

3. 배합의 일반적인 경향(동일한 W/C비, 동일 Slump일 때)

1) 모래입자가 작을수록 시멘트 사용량이 많아진다.
2) 자갈입자가 작을수록 시멘트 사용량이 많아진다.
3) 모래입자가 작을수록 자갈의 사용량이 많아진다.
4) 자갈입자가 작을수록 모래의 사용량이 많아진다.
5) 모래입자가 클수록 모래의 사용량이 많아진다.
6) 자갈이 굵을수록 자갈의 사용량이 많아진다.

굳지 않은 콘크리트의 성질을 나타내는 용어의 정의로 옳지 않은 것은?
① 워커빌리티 : 반죽질기 여하에 따르는 작업의 난이도 및 재료의 분리에 저항하는 정도를 나타내는 성질
② 컨시스턴시 : 주로 수량의 다소에 따르는 반죽의 되고 진 정도를 나타내는 성질
③ 피니셔빌리티 : 굵은골재의 최대치수, 잔골재율, 잔골재의 입도, 반죽질기에 따르는 마무리하기 쉬운 정도를 나타내는 성질
❹ 플라스틱시티 : 굳지 않은 시멘트페이스트, 모르타르 또는 콘크리트의 유동성의 정도를 나타내는 성질

콘크리드의 시공연도에 영향을 주는 요인에 대한 설명으로 틀린 것은?
① 포졸란이나 플라이애쉬 등을 사용하면 시공연도가 증가한다.
❷ 굵은골재 사용 시 쇄석을 사용하면 시공연도가 증가한다.
③ 풍화된 시멘트를 사용하면 시공연도가 감소한다.
④ 비빔시간이 과도하면 시공연도가 감소한다.

콘크리트 재료분리의 원인으로 볼 수 없는 것은?
① 물-시멘트비가 크고 모르타르 부분의 점성이 적은 경우
② 타설높이가 너무 높은 경우
❸ 굵은골재의 형상이 둥글고 편평하고 세장하지 않은 경우
④ 시공연도가 지나치게 큰 경우

2 콘크리트의 성질

1. 굳지 않은 콘크리트 성질

1) Workability(시공연도)

반죽질기의 여하에 따르는 작업의 난이 정도 및 재료분리에 저항하는 정도를 나타내는 굳지 않은 Concrete의 성질(종합적 의미에서의 시공난이 정도)

2) Consistancy(유동성)

주로 수량의 다소에 따르는 반죽이 되고 진 정도를 나타내는 Concrete의 성질(유동성의 정도)

3) Plasticity(성형성)

거푸집에 쉽게 다져 넣을 수 있고 거푸집을 제거하면 천천히 형상이 변화하지만 재료가 분리되거나 허물어지지 않는 굳지 않은 콘크리트의 성질

4) Finishability(마감성)

굵은골재의 최대치수, 잔골재율, 잔골재의 입도, 반죽질기 등에 따르는 마무리하기 쉬운 정도를 말하는 굳지 않은 콘크리트의 성질

5) Pumpability(압송성)

펌프로 콘크리트가 잘 유동되는지의 난이 정도

2. 시공연도(Workability)

1) 단위수량, 단위시멘트량, 시멘트의 성질, 골재의 입도 및 입형, 공기량, 혼화재료 등의 영향을 받는다.
2) 시험방법에는 슬럼프시험, 플로시험, 구관입시험, 리몰딩시험, 비비기시험 등이 있다.

3. 재료의 분리

1) 작업 중 원인

① 굵은골재의 최대치수가 지나치게 큰 경우
② 입자가 거친 잔골재를 사용한 경우
③ 단위골재량이 너무 많은 경우
④ 단위수량이 너무 많은 경우
⑤ 배합이 적절하지 않은 경우

2) 작업 후 원인

① 블리딩(Bleeding) : 재료분리 현상의 일종으로, 물이 과다 사용된 시멘트나 모르타르에서 콘크리트 타설 직후 가벼운 물은 상승하고 골재와 시멘트는 침하하는데, 이때 물이 상승하는 현상을 말한다.

② 레이턴스(Laitance) : 블리딩으로 인하여 미세물질이 같이 상승하며 콘크리트 표면에 침적되어 얇은 피막을 형성하며 이때 침전된 것이다.

4. 굳은 콘크리트의 성질(강도)

1) 시기, 회수

① 타설 공구마다

② 타설 일마다

③ 타설량 120m³마다(KS 150m³마다)

④ 1회 시험에는 3개의 공시체 사용

⑤ 1검사 로트에 3회

2) 판정(35MPa 이하)

① 연속 3회 시험값의 평균값이 설계기준 압축강도 이상

② 1회 시험값이 (설계기준강도 − 3.5MPa) 이상

3) 비파괴 시험법

표면경도법	• Concrete 표면의 타격 시 반발의 정도로 강도를 추정한다. • 시험장치가 간단하고 편리하여 많이 쓰인다.
공진법	물체 간 고유진동 주기를 이용하여 동적 측정치로 강도를 측정한다.
음속법	• 피측정물을 전달하는 음파의 속도에 의해 강도를 추정한다. • 많이 사용한다.
복합법	• 반발법 + 음속법을 병행해서 강도를 추정하며 가장 믿을만하고 뛰어난 방법이다.
인발법	• Concrete에 묻힌 Bolt 중에서 강도를 측정한다. • Pre − Anchor법, Post − Anchor법이 있고, P.S Concrete에 사용한다.
Core 채취법	시험하고자 하는 Concrete 부분을 Core Drill을 이용하여 채취하고 강도시험 등 제시험을 한다. Core 채취가 어렵고 측정치에 한계가 있다.

핵심문제 ●●●

콘크리트의 블리딩에 관한 설명으로 옳지 않은 것은?

① 콘크리트 타설 후 비교적 가벼운 물이나 미세한 물질 등이 상승하는 현상을 의미한다.

② 콘크리트의 물−시멘트비가 클수록 블리딩 양은 증대한다.

③ 콘크리트의 컨시스턴시가 클수록 블리딩 양은 증대한다.

❹ 단위시멘트량이 많을수록 블리딩 양은 크다.

기 13①④ 15① 17④
산 10①② 13② 14④ 16③ 19①

핵심문제 ●●○

콘크리트 타설량에 따른 압축강도 시험횟수로 옳은 것은?(단, 건축공사표준시방서 기준)

① 50m³마다 1회

❷ 120m³마다 1회

③ 180m³마다 1회

④ 250m³마다 1회

핵심문제 ●●●

지름 10cm, 높이 20cm인 원주 공시체로 콘크리트의 압축강도를 시험하였더니 180kN에서 파괴되었다면 이 콘크리트의 압축강도는?

① 12.7MPa   ❷ 22.9MPa

③ 25.5MPa   ④ 45.3MPa

5. 굳은 콘크리트의 성질(내구성)

1) 외적 요인

① 하중작용 : 피로, 부동침하, 지진, 과적(Over Load)
② 온도 : 동결융해, 기상, 화재, 온도변화
③ 기계적 작용 : 마모 Cavitation(空洞現象)
④ 화학적 작용 : 중성화, 염해, 산성비, 황산염
⑤ 전류작용 : 전해, 전식(電蝕)(직류 전류 원인)

2) 내적 요인

① 골재 반응 : 알칼리 골재반응, 점토광물
② 강재 부식 : 중성화, 염분(염사, 염분혼입, 침입 등)

3) 중성화(콘크리트 : 中性化)

철근 콘크리트 내구연한은 중성화와 관계가 깊다. 중성화란 콘크리트 중의 알칼리와 대기 중 탄산가스가 반응하여 수분이 증발되고 콘크리트가 노화되어 가는 현상으로 탄산화라고도 한다.

4) 알칼리 골재반응(AAR : Alkali Aggregate Reaction)

① 반응의 종류

알칼리 − Silica 반응 (대부분 이반응이다.)	시멘트의 알칼리 금속이온(Na^+, K^+)과 수산이온(OH^-)이 실리카 사이에서 실리카 겔이 형성되어 수분을 계속 흡수 팽창한다.
알칼리 − 탄산염 반응	점토질의 돌로마이트 석회석과 시멘트 알칼리와의 유해한 반응. 실리카 겔 형성 없고, 점토질이 수분을 흡수, 팽창한다.
알칼리 실리케이트 반응	운모를 함유하는 암석과 알칼리가 수분과 결합 팽창한다. 겔 생성이 적다.

• 원칙적으로 공기연행제 사용
• 물−결합재비는 원칙적으로 60% 이하

② 알칼리 골재반응과 문제점, 대책

골재반응의 의미 및 문제점	• 시멘트의 알칼리 성분과 골재 중의 실리카, 탄산염 등의 광물이 화합하여 알칼리 실리카 겔이 생성. 이것이 팽창하여 균열, 조직붕괴 현상을 일으킴 • 균열, 이동 등 성능저하 발생 • 무근 콘크리트는 거북이 등 균열(Map Crack) 발생 철근콘크리트는 주근방향 균열 발생 • 동해, 화학적 침식의 저항성 약화 • 철근부식 후 내구성 저하

대책	• 반응성골재, 알칼리 성분, 수분 중 한 가지는 배제 • 비반응성 골재사용 알칼리 공급원인 염분 사용금지 • 저알칼리 시멘트 사용(알칼리 함량 0.6%) • 고로 시멘트, 플라이애시 등을 사용한다.(양질의 포졸란에 의해 반응이 억제된다.) • 방수제를 사용하여 수분을 억제한다. ※ 방청제(아황산소다, 인산염) 사용 시 염분 함유량을 10배 정도 늘리는 효과가 있다.

5) 크리프

하중의 증가 없이 일정한 하중이 장기간 작용하여 변형이 점차로 증가하는 현상을 말하며 다음과 같은 경우에 커진다.

① 재령이 짧을수록
② 응력이 클수록
③ 부재치수가 작을수록
④ 대기의 습도가 작을수록
⑤ 대기의 온도가 높을수록
⑥ 물 – 시멘트비가 클수록
⑦ 단위시멘트량이 많을수록
⑧ 다짐이 나쁠수록

6) 콘크리트 균열보수 및 보강법

① 표면처리방법(표면을 Seal하는 방법)
② 충진 및 주입공법
③ 강재(鋼材) – 앵커방법 : 구조적인 보강방법
④ 프리스트레스 공법
⑤ 강판 부착 공법
⑥ 탄소 섬유판 부착공법

7) 콘크리트 균열 원인

경화 전	경화 후
① 재료 분리 ② 침하 균열	① 크리프 ② 건조수축 ③ 중성화, 알카리골재 반응, 동결 융해

핵심문제 ●●●

다음 중 콘크리트의 크리프 변형이 크게 발생하는 경우에 해당하지 않는 것은?
① 응력이 클수록
② 물 – 시멘트비가 클수록
③ 습도가 낮을수록
❹ 무재의 치수가 클수록

핵심문제 ●●○

콘크리트 균열의 발생 시기에 따라 구분할 때 콘크리트의 경화 전 균열의 원인이 아닌 것은?
❶ 크리프 수축   ② 거푸집의 변형
③ 침하   ④ 소성수축

핵심문제 ●●○

콘크리트의 보수 및 보강에 관한 설명으로 옳지 않은 것은?
❶ 주입공법은 작업의 신속성을 위하여 균열부위에 주입파이프를 설치하여 보수재를 고압고속으로 주입하는 공법이다.
② 표면처리 공법은 균열 0.2mm 이하 부위에 수지로 충전하고 균열표면에 보수재료를 씌우는 공법이다.
③ 충전공법 사용재료는 실링재, 에폭시수지 및 폴리머시멘트, 모르타르 등이 있다.
④ 탄소섬유접착공법은 탄소섬유판을 에폭시수지 등으로 콘크리트 면에 부착시켜 탄소섬유판의 높은 인장저항성으로 콘크리트를 보강하는 공법이다.

핵심문제 ●○○

콘크리트의 균열을 발생시기에 따라 구분할 때 경화 후 균열의 원인에 해당되지 않는 것은?
① 알칼리 골재 반응
② 동결용해
③ 탄산화
❹ 재료분리

6. Pop Out 현상

콘크리트 속의 수분이 동결 융해 작용으로 인해 콘크리트 표면의 골재 및 모르타르가 팽창하면서 박리되어 떨어져 나가는 현상을 말한다.

7. 콘크리트 폭렬현상

구조체가 화재로 인해 폭렬하는 현상으로 폴리프로필렌 섬유를 콘크리트 체적의 0.1% 이상 혼입, 화재가 발생할 경우 섬유가 녹는 자리로 내부 수증기압을 방출시켜 콘크리트의 폭렬을 방지하는 공법이 가장 많이 사용되며, 메탈라스로 횡구속하여 잔존내력을 향상시키는 공법도 사용된다. 하지만 공기량을 감소시키는 것은 오히려 폭렬현상을 유발할 수 있다.

핵심문제 ●●○

콘크리트의 내화, 내열성에 관한 설명으로 옳지 않은 것은?

① 콘크리트의 내화, 내열성은 사용한 골재의 품질에 크게 영향을 받는다.

❷ 콘크리트는 내화성이 우수해서 600℃ 정도의 화열을 장시간 받아도 압축강도는 거의 저하하지 않는다.

③ 철근콘크리트 부재의 내화성을 높이기 위해서는 철근의 피복두께를 충분히 하면 좋다.

④ 화재를 당한 콘크리트의 중성화 속도는 그렇지 않은 것에 비하여 크다.

8. 콘크리트 내화

1) 500℃ 중성화 진행속도 증가

2) 탈수, 열응력에 의한 균열, 피복 콘크리트 들뜸

3) 정 탄성계수 감소에 의한 슬라브, 보 처짐 증가

4) 콘크리트와 철근 부착강도 감소

5) 콘크리트 폭렬현상 증가

6) 배합, 물-시멘트비 등에 의한 영향은 비교적 적다.

7) 사용골재의 안질(화산암질, 안산암질 우수)에 크게 지배된다.

8) 110℃에서 팽창하나 그 이상은 수축된다.

9) 260℃ 이상이면 결정수가 없어지므로 점점 저하된다.

10) 300~350℃ 이상이 되면 현저하게 저하되고, 500℃에서는 상온강도의 35%까지 저하된다.

11) 700℃ 이상은 크게 저하하고 회복도 불가능하다.

SECTION 05 콘크리트 시공

산 15①

1. 계량 및 비비기

1) 각종 계량장치

① 물의 계량장치 : 오버플로식(Overflow System), 사이펀(Siphon)식, Float System 양수계식 등이 있고 Over Flow System이 가장 많이 쓰이며 실용적이다.

② 배처플랜트 : 골재, 시멘트, 물을 자동 중량계량하는 장치이다. 계량장치, 재료 공급장치, 재료 배출장치, 재료 저장 조(槽), 집합 Hopper 등 5가지의 구조와 기능으로 구성되어 있다.

③ 디스펜서 : AE제를 계량하는 분배기이다. 자동식, 수동식이 있다.

④ 이넌데이터 : 모래의 용적계량장치, 모래를 수중에 완전 침수시키면, 그 용적이 표준계량일 때와 같아지는 것을 이용한다. 능률이 좋지 않으므로 현재는 거의 사용하지 않는다.

⑤ 워세크리터 : 물 Cement 비가 일정한 Cement Paste의 혼합 계량장치를 갖춘 계량기이다. Batcher Plant 사용으로 거의 사용 하지 않는다.

⑥ 워싱턴미터 : AE제의 공기량 측정

⑦ 에어미터 : Concrete 속에 함유된 공기량 측정

2) 재료의 계량

① 유효 흡수율의 시험 : 보통 15~30분간 침수하여 얻은 흡수율을 유효 흡수율로 봄

② 1배치량은 콘크리트의 종류, 비비기 설비의 성능, 운반 방법, 공사의 종류, 콘크리트의 타설량 등을 고려

③ 각 재료는 1배치씩 질량으로 계량하여야 한다. 물과 혼화제 용액은 용적으로 계량

④ 계량 오차

재료의 종류	측정단위	허용오차(%)
시멘트	질량	−1%, +2%
골재	질량	±3%
물	질량 또는 부피	−2%, +1%
혼화재	질량	±2%
혼화제	질량 또는 부피	±3%

3) 비비기

① 콘크리트가 균질하게

② 비비기 시간은 시험에 의해 정하는 것을 원칙

③ 비비기 시간에 대한 시험을 실시하지 않은 경우 그 최소시간은 가경식 믹서일 때에는 1분 30초 이상, 강제식 믹서일 때에는 1분 이상이 표준

④ 비비기는 미리 정해 둔 비비기 시간의 3배 이상 금지

⑤ 믹서 안의 콘크리트를 전부 꺼낸 후가 아니면 믹서 안에 다음 재료 투입 금지

⑥ 연속믹서를 사용할 경우, 비비기 시작 후 최초에 배출되는 콘크리트는 사용 금지

2. 운반

1) 콘크리트 타워

① $H = h + \dfrac{l}{2} + 12 (\text{m})$

　　여기서, H : 타워의 높이(지하포함)
　　　　　　h : 부어넣을 콘크리트 최고 높이
　　　　　　l : 타워에서 호퍼까지 수평거리

② 최고높이 $H \leq 70\text{m}$, 15m마다 4개의 버팀줄로 지지시킨다.

③ 믹서 → 버킷 → 타워호퍼 → 슈트 → 플로어호퍼 → 손차 → 타설 순이다.

④ 슈트의 길이는 10m 이내, 경사는 4/10~7/10

2) 운반차 및 운반 장비

① 트럭믹서 또는 트럭 에지테이터의 사용을 원칙

② 슬럼프가 25mm 이하는 덤프트럭 사용 가능

③ 운반거리가 100m 이하의 평탄 운반로에는 손수레 등의 사용 가능

3) 콘크리트 펌프(펌프 콘크리트, 슈트크리트)

콘크리트를 강관의 속을 통하여 압송하는 방식이다.

① 피스톤식, 스퀴즈(Squeeze)식, 압축 공기압력식 등이 있으며, 주로 피스톤과 스퀴즈식이 사용된다.

② 수평 100~600m, 수직 30~100m까지 가능하다.

③ 펌프는 수송관의 지름, 압송거리, 콘크리트의 된비빔 정도에 따라 시험 후 사용한다.

④ 호퍼 내의 콘크리트가 단절되지 않도록 압송속도를 조절하고, 압송 중에는 펌프를 정지시키지 않는다.

⑤ 압송 전후의 콘크리트의 슬럼프값은 일반적으로 2cm 정도, 공기량은 1% 정도가 저하되므로 압송의 콘크리트 배합에 주의하여 결정한다.

⑥ 수송관이 무겁고 진동이 있으므로 거푸집, 철근콘크리트에 유해한 영향을 주지 않도록 설치한다.

⑦ 압송관의 최소 호칭 치수

굵은골재의 최대치수(mm)	압송관의 호칭치수(mm)
20	100 이상
25	100 이상
40	125 이상

4) 경사 슈트

① 연직 슈트 사용

② 투입구의 간격, 투입순서 등을 타설 전 검토

③ 경사 슈트는 수평 2에 대해 연직 1 정도

④ 토출구에서 조절판 및 깔때기 설치(재료분리 방지)

3. 부어넣기

1) 비빔에서 타설까지 시간

외기온도	타설시간
25℃ 이상	1.5시간
25℃ 미만	2시간

2) 타설 전에 철근, 거푸집 및 그 밖의 것이 설계에서 정해진 대로 배치되어 있는지 확인

3) 운반차 및 운반장비, 타설설비 및 거푸집 안 청소

4) 흡수할 우려가 있는 곳은 미리 습하게 해두고 콘크리트를 직접 지면에 쳐야 할 경우에는 미리 밑창 콘크리트를 시공

5) 터파기 안의 물은 타설 전에 제거

6) 레디믹스트 콘크리트 타설을 위한 고려사항

① 콘크리트 타설을 원활하게 하기 위하여 콘크리트 타설에 앞서 납품 일시, 콘크리트의 종류, 수량, 배출 장소 및 운반차의 대수 및 이동계획 등을 생산자와 충분히 협의해 둔다.

② 콘크리트 타설 중에도 생산자와 긴밀하게 연락을 취하여 콘크리트 타설이 중단되는 일이 없도록 한다.

③ 콘크리트를 배출하는 장소는 운반차가 안전하고 원활하게 출입할 수 있으며, 배출하는 작업이 쉽게 될 수 있는 장소로 한다.

7) 타설 작업을 할 때에는 철근 및 매설물의 배치나 거푸집이 변형 및 손상되지 않도록 주의

8) 타설한 콘크리트를 거푸집 안에서 횡 방향으로 이동시켜서는 안 된다.

9) 한 구획 내의 콘크리트는 타설이 완료될 때까지 연속해서 타설

10) 콘크리트는 그 표면이 한 구획 내에서는 거의 수평이 되도록 타설

11) 콘크리트 타설의 1층 높이는 다짐 능력을 고려하여 결정

12) 콘크리트를 2층 이상으로 나누어 타설할 경우, 상층의 콘크리트 타설은 원칙적으로 하층의 콘크리트가 굳기 시작하기 전에 해야 하며, 상층과 하층이 일체가 되도록 시공

기 10① 11①④ 15②④
산 10① 11③ 13③ 15② 16②

핵심문제 ●●●

철근콘크리트 공사에서 콘크리트 타설에 관한 설명으로 옳지 않은 것은?

① 한 구획의 부어 넣기가 시작되면 콘크리트가 일체가 되도록 연속적으로 부어 넣어 콜드 조인트가 생기지 않도록 한다.

❷ 콘크리트의 자유낙하 높이는 콘크리트가 분리되지 않도록 가능한 한 높을수록 좋다.

③ 타설 순서는 기둥 → 보 → 슬래브 순으로 한다.

④ 콘크리트를 부어 넣는 속도는 각 층을 충분히 다지기 할 수 있는 범위의 속도로 한다.

외기온도	허용 이어치기 시간간격
25℃ 초과	2.0시간
25℃ 이하	2.5시간

주 : 허용 이어치기 시간간격은 하층 콘크리트 비비기 시작에서부터 콘크리트 타설을 완료한 후, 상층 콘크리트가 타설되기까지의 시간

13) 거푸집의 높이가 높을 경우, 재료 분리를 막고 상부의 철근 또는 거푸집에 콘크리트가 부착하여 경화하는 것을 방지하기 위해 거푸집에 투입구를 설치하거나, 연직 슈트 또는 펌프배관의 배출구를 타설면 가까운 곳까지 내려서 콘크리트를 타설

14) 슈트, 펌프배관, 버킷, 호퍼 등의 배출구와 타설 면까지의 높이는 1.5m 이하

15) 타설 도중 표면에 떠올라 고인 블리딩수가 있을 경우에는 이를 제거한 후 타설

16) 고인 물을 제거하기 위하여 콘크리트 표면에 홈을 만들지 않음

기 12② 13④ 15② 17① 18④
산 13② 14①②

4. 이어붓기

1) 일반사항

① 시공이음은 될 수 있는 대로 전단력이 작은 위치에 설치하고, 부재의 압축력이 자용하는 방향과 직각

② 전단이 큰 위치에 시공이음을 설치할 경우 시공이음에 장부 또는 홈을 두거나 적절한 강재를 배치하여 보강

③ 설계에 정해져 있는 이음의 위치와 구조 준수

④ 외부의 염분에 의한 피해를 받을 우려가 있는 해양 및 항만 콘크리트 구조물 등에 있어서는 시공 이음부를 설치하지 않음

⑤ 부득이 시공이음부를 설치할 경우에는 만조위로부터 위로 0.6m와 간조위로부터 아래로 0.6m 사이인 감조부 부분 피함

2) 수평시공이음

① 거푸집에 접하는 선은 될 수 있는 대로 수평한 직선

② 구 콘크리트 표면의 레이턴스, 품질이 나쁜 콘크리트, 꽉 달라붙지 않은 골재 입자 등을 완전히 제거하고 충분히 흡수

③ 새 콘크리트를 타설할 때 구 콘크리트와 밀착되게 다짐

④ 시공이음부가 될 콘크리트 면은 경화가 시작되면 되도록 빨리 쇠솔이나 잔골재 분사 등으로 면을 거칠게 하며 충분히 습윤 상태로 양생

3) 연직시공이음

① 시공이음면의 거푸집을 견고하게 지지하고 이음부분의 콘크리트는 진동기를 써서 충분히 다진다.
② 시공이음 면은 쇠솔이나 쪼아내기 등에 의하여 거칠게 하고, 수분을 충분히 흡수시킨 후에 시멘트풀, 모르타르 또는 습윤면용 에폭시수지 등을 바른 후 새 콘크리트를 타설
③ 새 콘크리트를 타설한 후 적당한 시기에 재진동 다지기
④ 시공 이음면의 거푸집 철거는 굳은 후 되도록 빠른 시기
⑤ 일반적으로 연직시공이음부의 거푸집 제거 시기는 콘크리트를 타설하고 난 후 여름에는 4~6시간 정도, 겨울에는 10~15시간 정도

4) 바닥판과 일체로 된 기둥, 벽의 시공이음

① 바닥판과 일체로 된 기둥 또는 벽의 시공이음은 바닥판과의 경계 부근에 설치
② 헌치는 바닥판과 연속해서 타설. 내민 부분을 가진 구조물의 경우에도 마찬가지로 시공
③ 헌치부 콘크리트는 다짐이 불량하기 쉬우므로 조밀한 콘크리트가 얻어지도록 다짐에 각별히 주의

5) 바닥판이 시공이음

① 바닥판의 시공이음은 슬래브 또는 보의 경간 중앙부
② 보가 경간 중에서 작은 보와 교차할 경우에는 작은 보의 폭의 약 2배 거리만큼 떨어진 곳에 보의 시공이음을 설치하고 시공이음을 통하는 경사진 인장철근을 배치하여 전단력에 대하여 보강

6) 아치의 시공이음

아치의 시공이음은 아치축에 직각으로 설치

7) 신축이음

① 양쪽의 구조물 혹은 부재가 구속되지 않는 구조
② 필요에 따라 이음재, 지수판 등을 배치
③ 단차를 피할 필요가 있는 경우에는 장부나 홈을 두든가 전단 연결재를 사용

8) 콘크리트 이음(줄눈)

① 시공이음(Construstion Joint) : 콘크리트를 한 번에 붓지 못할 때 생기는 줄눈

핵심문제

시공줄눈 설치 이유 및 설치 위치로 잘못된 것은?
① 시공줄눈의 설치 이유는 거푸집의 반복 사용을 위해 설치한다.
❷ 시공줄눈의 설치 위치는 이음길이가 최대인 곳에 둔다.
③ 시공줄눈의 설치 위치는 구조물 강도상 영향이 적은 곳에 설치한다.
④ 시공줄눈의 설치 위치는 압축력과 직각방향으로 한다.

② 신축이음(Expantion Joint) : 온도팽창, 기초의 부동침하에 대해 부재의 신축이 자유롭게 되도록 설치하는 줄눈
③ 콜드 조인트(Cold Joint) : 시공과정 중 휴식시간 등으로 응결하기 시작한 콘크리트에 새로운 콘크리트를 이어칠 때 일체화가 저해되어 생기는 줄눈
④ 조절줄눈(Control Joint) : 지반 위에 있는 바닥판이 수축에 의하여 표면에 균열이 생기는 것을 막기 위해 설치하는 줄눈
⑤ 줄눈대(Delay Joint) : 장 Span의 구조물에 조절줄눈을 설치하지 못할 때 한 구간을 끊어 놓은 줄눈

5. 다지기

1) 다지기는 내부진동기 사용이 원칙(내부진동기의 사용이 곤란한 경우 거푸집 진동기 사용)
2) 콘크리트는 타설 직후 바로 충분히 다짐
3) 거푸집 판에 접하는 콘크리트는 되도록 평탄한 표면이 얻어지도록 타설
4) 내부진동기의 사용 방법
   ① 진동다지기를 할 때에는 내부진동기를 하층의 콘크리트 속으로 0.1m 정도 찔러 넣음
   ② 내부진동기는 연직으로 찔러 넣으며, 삽입간격은 0.5m 이하
   ③ 1개소당 진동 시간은 다짐할 때 시멘트풀이 표면 상부로 약간 부상하기까지
   ④ 내부진동기는 콘크리트로부터 천천히 빼내어 구멍이 남지 않도록 함
   ⑤ 콘크리트를 횡방향으로 이동시킬 목적으로 내부진동기 사용은 금지
   ⑥ 진동기의 형식, 크기 및 대수는 1회에 다짐하는 콘크리트의 전용적을 충분히 다지는 데 적합하도록 부재 단면의 두께 및 면적, 1시간당 최대 타설량, 굵은골재 최대 치수, 배합, 특히 잔골재율, 콘크리트의 슬럼프 등을 고려하여 선정
5) 거푸집 진동기는 거푸집의 적절한 위치에 단단히 설치

6. 침하 균열에 대한 조치

1) 벽 또는 기둥의 콘크리트 침하가 거의 끝난 다음 슬래브, 보의 콘크리트를 타설하는데, 내민 부분을 가진 구조물의 경우에도 동일한 방법으로 시공
2) 콘크리트가 굳기 전에 침하균열이 발생한 경우에는 즉시 다짐이나 재진동을 실시하여 균열 제거

7. 표면 마감처리

1) 콘크리트의 표면은 요구되는 정밀도와 물매에 따라 평활한 표면 마감
2) 블리딩, 들뜬 골재, 콘크리트의 부분 침하 등의 결함은 콘크리트 응결 전에 수정 처리 완료
3) 기둥, 벽 등의 수평이음부의 표면은 소정의 물매와 거친 면으로 마감
4) 이미 굳은 콘크리트에 새로운 콘크리트를 칠 때는 전단 전달을 위한 접촉면은 깨끗하고 레이턴스가 없도록 하고 요철의 크기가 대략 6mm 정도 거칠게 처리

5) 표면 마무리

콘크리트 면의 마무리	평탄성
마무리 두께 7mm 이상 또는 바탕의 영향을 많이 받지 않는 마무리의 경우	1m당 10mm 이하
마무리 두께 7mm 이하 또는 양호한 평탄함이 필요한 경우	3m당 10mm 이하
제물치장 마무리 또는 마무리 두께가 얇은 경우	3m당 7mm 이하

6) 거푸집판에 접하지 않은 면의 마무리
① 다지기를 끝내고 콘크리트의 윗면은 스며 올라온 물이 없어진 후 또는 물을 처리한 후 면 마무리
② 마무리에는 나무흙손이나 적절한 마무리기계를 사용
③ 작업 후 콘크리트가 굳기 시작할 때까지의 사이에 일어나는 균열은 다짐 또는 재마무리에 의해서 제거
④ 쇠손으로 강하게 힘을 주어 콘크리트 윗면을 마무리

7) 거푸집판에 접하는 면의 마무리
① 콘크리트 표면에 혹이나 줄이 생긴 경우에는 이를 매끈하게 따냄
② 허니컴과 홈이 생긴 경우에는 그 부근의 불완전한 부분을 쪼아내고 물로 적신 후 적당한 배합의 콘크리트 또는 모르타르로 땜질
③ 거푸집을 떼어낸 후 온도응력, 건조수축 등에 의하여 표면에 발생한 균열은 필요에 따라 적절히 보수

8) 마모를 받는 면의 마무리
① 콘크리트의 마모에 대한 저항성을 높이기 위해 강경하고 마모저항이 큰 양질의 골재를 사용하고 물 – 결합재비를 작게
② 마모에 대한 저항성을 크게 할 목적으로 철분이나 수지 콘크리트, 폴리머 콘크리트, 섬유보강 콘크리트, 폴리머함침 콘크리트 등의 특수 콘크리트를 사용

8. 양생

1) 일반사항

① 타설한 후 소요 기간까지 경화에 필요한 온도, 습도 조건을 유지
② 양생 기간 중에 예상되는 진동, 충격, 하중 등의 유해한 작용으로부터
보호
③ 재령 5일이 될 때까지는 물에 씻기지 않도록 보호

2) 습윤 양생

① 콘크리트는 타설한 후 경화가 될 때까지 양생 기간 동안 직사광선이나
바람에 의해 수분이 증발하지 않도록 보호
② 콘크리트는 타설한 후 습윤 상태로 노출면이 마르지 않도록 함

일평균기온	조강포틀랜드 시멘트	보통포틀랜드 시멘트	고로 슬래그 시멘트 2종 플라이 애시 시멘트 2종
15℃ 이상	3일	5일	7일
10℃ 이상	4일	7일	9일
5℃ 이상	5일	9일	12일

③ 거푸집 판이 건조될 우려가 있는 경우에는 살수
④ 막 양생을 할 경우에는 충분한 양의 막 양생제를 적절한 시기에 균일
하게 살포

3) 온도제어 양생

① 경화가 충분히 진행될 때까지 경화에 필요한 온도조건을 유지
② 온도 제어 방법, 양생 기간 및 관리 방법에 대하여 콘크리트의 종류, 구
조물의 형상 및 치수, 시공 방법 및 환경조건을 종합적으로 고려
③ 증기 양생, 급열 양생, 그 밖의 촉진 양생 : 양생을 시작하는 시기, 온도
상승속도, 냉각속도, 양생온도 및 양생시간 등을 정하여 실시

SECTION 06 콘크리트의 종류

▼ 플레인(보통 콘크리트)

재료	단위수량	185kg/m³ 이하
	단위시멘트량	270kg/m³ 이상
	슬럼프치	180mm 이하
	허용염화물	0.3kg/m³, 0.04%(모래 중량 대비)
	공기량(AE사용)	4~6%
	골재의 최대치수	• 공사시방 • 철근 간격의 4/5 이하, 피복두께 이하

배합	강도관리(구조체)	• 재령 91일 • 공사시방 • 공사시방 × 28일
	레미콘(호칭강도)	• 재령 28일 : $F_n = f_{ck} + t$ • 재령 28일~91일 : $F_n = f_{ck} + t_n$
	특수보온시설	0℃ 이하, 30℃ 이상
시공	비빔에서 타설까지	• 25℃ 미만 : 120분 • 25℃ 이상 : 90분
	압송관의 호칭	G의 크기 − 20, 25mm : 100mm −40mm : 125mm
	슈트사용 시	• 수직형 • 경사 슈트 사용 시 수평 2에 연직 1의 경사
	이어붓기	• 25℃ 이하 : 150분 • 25℃ 초과 : 120분
	양생	• 7일간 습윤보양(조강 3일) • 타설 후 1일간 보행 및 기구인양금지 • 타설면 일광직사 금지

1. 수중 콘크리트

1) 정의

① 일반 수중 콘크리트, 수중 불분리성 콘크리트, 현장 타설 말뚝 및 지하 연속벽에 사용하는 수중 콘크리트의 재료 및 시공

② 수중 불분리성 콘크리트 : 수중 불분리성 혼화제를 혼합함에 따라 재료 분리 저항성을 높인 수중 콘크리트

2) 굵은골재의 최대 치수

① 20 또는 25mm 이하를 표준

② 부재 최소 치수의 1/5 및 철근의 최소 순간격의 1/2을 초과 금지

3) 물 − 결합재비 및 단위시멘트량

① 수중 콘크리트

종류	일반 수중 콘크리트	현장타설말뚝 및 지하연속벽에 사용하는 수중 콘크리트
물−결합재비	50% 이하	55% 이하
단위결합재량	370kg/m³ 이상	350kg/m³ 이상

② 내구성으로부터 수중 불분리성 콘크리트의 최대 물 – 결합재비(%)

콘크리트의 종류 환경	무근콘크리트	철근콘크리트
담수중 · 해수중	55	50

③ 지하연속벽에 사용하는 수중 콘크리트의 경우, 지하연속벽을 가설만
으로 이용할 경우 단위시멘트량은 300kg/m³ 이상

4) 배합 강도의 설정

① 일반 수중에서 시공할 때의 강도가 표준공시체 강도의 0.6~0.8배

② 현장 타설 콘크리트말뚝 및 지하연속벽 콘크리트는 수중에서 시공할
때 강도가 대기 중에서 시공할 때 강도의 0.8배

③ 안정액 중에서 시공할 때 강도가 대기 중에서 시공할 때 강도의 0.7배

5) 유동성

① 일반 수중 콘크리트의 슬럼프의 표준값(mm)

시공방법	일반 수중 콘크리트	현장 타설말뚝 및 지하연속벽에 사용하는 수중 콘크리트
트레미	130~180	180~210
콘크리트펌프	130~180	–
밑열림상자, 밑열림포대	100~150	–

② 수중 불분리성 콘크리트의 슬럼프 플로

시공 조건	슬럼프 플로의 범위(mm)
급경사면의 장석(1 : 1.5~1 : 2)의 고결, 사면의 엷은 슬래브 (1 : 8 정도까지)의 시공 등에서 유동성을 작게 하고 싶은 경우	350~400
단순한 형상의 부분에 타설하는 경우	400~500
일반적인 경우 표준적인 철근콘크리트 구조물에 타설하는 경우	450~550
복잡한 형상의 부분에 타설하는 경우 특별히 양호한 유동성이 요구되는 경우	550~600

6) 시공 일반

① 물을 정지시킨 정수 중에서 타설, 물막이를 할 수 없는 경우에도 유속
은 50mm/s 이하

② 수중 낙하 금지

③ 트레미의 안지름은 수심 3m 이내에서 250mm, 3~5m에서 300mm,
5m 이상에서 300~500mm 정도, 굵은골재 최대 치수의 8배 이상

④ 트레미 1개로 타설할 수 있는 면적이 지나치게 크지 않도록 하여야 함 (30m² 이하)

⑤ 트레미는 콘크리트를 타설하는 동안 수평 이동 금지

⑥ 타설하는 동안 트레미의 하단은 타설된 콘크리트 면보다 300~400mm 아래로 유지하면서 가볍게 상하 이동

⑦ 콘크리트 펌프의 안지름은 100~150mm 정도가 좋으며, 수송관 1개로 타설할 수 있는 면적은 5m² 정도

7) 타설

① 장방형의 철근망태는 비틀림을 방지하기 위해 철근을 외측으로 경사지게 하여 격자형으로 배치

② 현장 타설말뚝 및 지하연속벽 콘크리트는 다짐작업을 고려하여 철근의 피복두께를 100mm 이상으로 함

③ 외측 가설벽, 차수벽의 경우 철근의 피복두께는 80mm 이상(철근의 피복두께는 띠철근 외측에서 말뚝 또는 벽의 설계 유효단면 외측까지의 거리)

④ 간격재는 보통 깊이방향으로 3~5m 간격, 같은 깊이 위치에 4~6개소 주철근에 설치

⑤ 진흙 제거는 굴착 완료 후와 콘크리트 타설 직전에 2회 실시

⑥ 굵은골재 최대 치수 25mm의 경우 관지름 200~250mm의 트레미 사용

⑦ 콘크리트 속의 트레미 삽입깊이는 2m 이상

⑧ 트레미는 가로 방향 3m 이내의 간격에 배치

⑨ 콘크리트의 타설속도는 먼저 타설하는 부분의 경우 4~9m/h, 나중에 타설하는 부분의 경우 8~10m/h로 실시

⑩ 콘크리트 상면은 콘크리트의 설계면보다 0.5m 이상 높이로 여유 있게 타설하고 경화한 후 이것을 제거하고 가설벽, 차수벽 등에 쓰이는 지하연속벽의 경우 여분으로 더 타설하는 높이는 0.5m 이하

2. 서중 콘크리트

기 12② 15④ 18④ 산 12③ 15③ 18③

1) 정의

높은 외부기온으로 인하여 콘크리트의 슬럼프 또는 슬럼프 플로 저하나 수분의 급격한 증발 등의 우려가 있을 경우에 시공되는 콘크리트로서 하루평균기온이 25℃를 초과하는 경우 서중 콘크리트로 시공

2) 기온 25℃를 넘을 때의 문제점

① 시멘트의 수화작용이 급속히 진행되어 응결이 촉진

핵심문제

서중 콘크리트에 대한 설명으로 옳은 것은?

❶ 동일 슬럼프를 얻기 위한 단위수량이 많아진다.

② 장기강도의 증진이 크다.

③ 콜드조인트가 쉽게 발생하지 않는다.

④ 워커빌리티가 일정하게 유지된다.

② 경화 후의 균열이 커지며, 강도가 저하되고, 특히 4주(28일) 후의 강도 저하가 큼

3) 시공상 주의사항

① 콘크리트 비빔온도는 35℃ 이하가 되도록 물은 냉각수를 쓰고, 골재는 직사일광을 피하여 살수
② 표면 활성제를 사용
③ 슬럼프 저하를 위해 시멘트풀의 양을 많게 하나, 단위수량은 가급적 적게 하고 소요슬럼프는 18cm 이하로 함
④ 양생 시 수분증발을 방지하기 위하여 살수 및 젖은 거적 등을 사용
⑤ 비빔 후 즉시 타설
⑥ 1.5시간 내 타설

3. 한중 콘크리트

기 10② 11② 14① 15④ 18② 20③

1) 정의

하루 평균기온이 4℃ 이하가 예상되는 조건일 때는 콘크리트가 동결할 우려가 있으므로 한중 콘크리트로 시공

2) 재료

① 포틀랜드 시멘트를 사용
② 재료를 가열할 경우, 물 또는 골재를 가열하는 것으로 하며, 시멘트는 어떠한 경우라도 직접 가열할 수 없음
③ 물−결합재비는 원칙적으로 60% 이하
④ 배합강도 및 물−결합재비는 적산온도방식에 의해 결정
⑤ 동결되어 있거나 골재에 빙설이 혼입되어 있는 골재 사용 금지

3) 시공 일반

① 응결 및 경화 초기에 동결되지 않도록 할 것
② 양생 종료 후 따뜻해질 때까지 받는 동결융해작용에 대하여 충분한 저항성을 가지게 할 것
③ 공사 중의 각 단계에서 예상되는 하중에 대하여 충분한 강도를 가지게 할 것

4) 타설

① 콘크리트 온도는 구조물의 단면 치수, 기상 조건 등을 고려하여 5~20℃의 범위에서 결정
② 기상 조건이 가혹한 경우나 부재 두께가 얇을 경우에는 타설 시 콘크

리트의 최저온도는 10℃ 정도를 확보

③ 철근이나 거푸집 등에 있는 빙설 제거

④ 타설한 후 즉시 시트나 기타 적당한 재료로 표면을 덮고 방풍 조치

5) 초기 양생

① 콘크리트 타설이 종료된 후 초기 동해를 받지 않도록 초기 양생을 실시

② 특히 구조물의 모서리나 가장자리의 부분은 보온이 어려워 초기 동해를 받기 쉬우므로 초기 양생에 주의

③ 콘크리트를 타설한 직후에 찬바람이 콘크리트 표면에 닿는 것을 방지

④ 소요 압축강도가 얻어질 때까지 콘크리트의 온도를 5℃ 이상으로 유지하고 소요 압축강도에 도달한 후 2일간은 구조물의 어느 부분이라도 0℃ 이상이 유지되도록 할 것

⑤ 양생 일수는 시험에 의해 정하는 것이 원칙이나 5℃ 및 10℃에서 양생할 경우의 일반적인 표준은 다음 표와 같음

▼ 한중 콘크리트의 양생 종료 때의 소요 압축강도의 표준(MPa)

구조물의 노출 ＼ 단면	얇은 경우	보통의 경우	두꺼운 경우
㉠ 계속해서 또는 자주 물로 포화되는 부분	15	12	10
㉡ 보통의 노출상태에 있고 (㉠)에 속하지 않는 부분	5	5	5

▼ 소요 압축강도를 얻은 양생일수의 표준(보통의 단면)

구조물의 노출상태 ＼ 시멘트의 종류		보통포틀랜드 시멘트	조강포틀랜드 보통포틀랜드 +촉진제	혼합시멘트 B종
㉠ 계속해서 또는 자주 물로 포화되는 부분	5℃	9일	5일	12일
	10℃	7일	4일	9일
㉡ 보통의 노출상태에 있고 (㉠)에 속하지 않는 부분	5℃	4일	3일	5일
	10℃	3일	2일	4일

⑥ 매스 콘크리트의 초기 양생은 단열보온 양생

⑦ 초기 양생 완료 후 2일간 이상은 콘크리트의 온도를 0℃ 이상으로 보존

6) 보온 양생

① 급열 양생 : 양생기간 중 어떤 열원을 이용하여 콘크리트를 가열하는 양생

② 단열 양생 : 단열성이 높은 재료로 콘크리트 주위를 감싸 시멘트의 수화열을 이용하여 보온하는 양생

핵심문제 ●●●

한중(寒中) 콘크리트의 양생에 관한 설명으로 옳지 않은 것은?

❶ 보온양생 또는 급열양생을 끝마친 후에는 콘크리트의 온도를 급격히 저하시켜 양생을 마무리 하여야 한다.

② 초기양생에서 소요 압축강도를 얻을 때까지 콘크리트의 온도를 5℃ 이상으로 유지하여야 한다.

③ 초기양생에서 구조물의 모서리나 가장자리의 부분은 보온하기 어려운 곳이어서 초기동해를 받기 쉬우므로 초기양생에 주의하여야 한다.

④ 한중 콘크리트의 보온양생 방법은 급열양생, 단열양생, 피복양생 및 이들을 복합한 방법 중 한 가지 방법을 선택하여야 한다.

핵심문제 ●○○

콘크리트 공사 중 적산온도와 가장 관계 깊은 것은?

① 매스(mass)콘크리트 공사

② 수밀(水密)콘크리트 공사

❸ 한중(寒中)콘크리트 공사

④ AE 콘크리트 공사

③ **피복 양생** : 시트 등을 이용하여 콘크리트의 표면 온도를 저하시키지 않는 양생

④ 열을 가할 경우에는 콘크리트가 급격히 건조하거나 국부적으로 가열되지 않게

⑤ 급열 양생의 경우 가열설비의 수량 및 배치는 시험가열을 실시한 후 결정

⑥ 단열 양생의 경우 계획된 양생 온도를 유지하도록 관리하며 국부적으로 냉각되지 않게

4. 해양 콘크리트

1) 적용 범위

해상도시, 해상공항, 해상발전소, 해저 저유 탱크, 해저 거주기지, 선박 정박시설, 도크, 해저 터널, 해상 교량, 방파제, 계선안 및 해안 제방 등이며, 육상구조물 중에 해풍의 영향을 많이 받는 구조물도 해양 콘크리트로 취급

2) 정의

항만, 해안 또는 해양에 위치하여 해수 또는 바닷바람의 작용을 받는 구조물에 쓰이는 콘크리트

① **해중** : 바닷물 속의 콘크리트

② **해양 대기 중** : 바닷 바람이 접하는 콘크리트

③ **물보라 지역** : 평균 만조면에서 파고의 범위

④ **간만대 지역** : 평균 간조면에서 평균 만조면까지의 범위

3) 재료

① 보통 포틀랜드 시멘트 또는 중용열 포틀랜드 시멘트 + 플라이 애시, 고로슬래그 미분말 등의 혼화재료를 혼합하여 사용

② 해수에 의한 침식이 심한 경우에는 시멘트콘크리트 이외에도 폴리머 시멘트 콘크리트와 폴리머 콘크리트 또는 폴리머 함침 콘크리트 등을 사용

4) 배합

▼ 내구성으로 정해지는 최소 단위결합재량(kg/m³)

환경구분	굵은골재의 최대 치수(mm)		
	20	25	40
물보라 지역, 간만대 및 해양 대기 중 (노출등급 ES1, ES4)[1]	340	330	300
해중(노출등급 ES3)[1]	310	300	280

주 : 1) 노출등급 참조

산 11②

5) 시공

① 만조위로부터 위로 0.6m, 간조위로부터 아래로 0.6m 사이의 감조부 분에는 시공이음 금지
② 충분히 경화되기 전에 직접 해수에 닿지 않도록 보호
③ 보통포틀랜드 시멘트를 사용할 경우 대개 5일 동안 양생
④ 혼합시멘트를 사용할 경우에는 이 기간을 설계기준압축강도의 75% 이상의 강도가 확보될 때까지 양생
⑤ 간격재의 개수는 기초, 기둥, 벽 및 난간 등에는 2개/m² 이상, 보 및 슬래브 등에는 4개/m² 이상

6) 강재의 방식

① 콘크리트 피복두께를 크게 하는 것
② 균열폭을 작게 하는 것
③ 적절한 재료와 시공 방법을 사용하는 것 등

5. 경량골재 콘크리트

기 11④ 18① 산 15②

1) 정의

골재의 전부 또는 일부를 경량골재를 사용하여 제조한 콘크리트로 기건 단위질량이 2,100kg/m³ 미만인 것

2) 용어

① 모래경량 콘크리트 : 잔골재는 일반 골재(또는 일반골재와 경량골재 혼용)를 사용하고 굵은골재를 경량골재로 사용한 콘크리트
② 전경량 콘크리트 : 잔골재와 굵은골재 모두를 경량골재로 사용한 콘크리트를 지칭하며 경량골재 콘크리트 2종에 해당함
③ 프리웨팅(Pre-wetting) : 경량골재를 건조한 상태로 사용하면 경량골재 콘크리트의 제조 및 운반 중에 물을 흡수하므로 이를 줄이기 위해 경량골재를 사용하기 전에 미리 흡수시키는 행위

3) 골재의 종류

① 천연경량골재 : 경석, 화산암, 응회암 등과 같은 천연재료를 가공한 골재
② 인공경량골재 : 고로슬래그, 점토, 규조토암, 석탄회, 점판암과 같은 원료를 팽창, 소성, 소괴하여 생산되는 골재
③ 바텀애시경량골재 : 화력발전소에서 발생되는 바텀애시를 가공한 골재로 잔골재의 형태

핵심문제 ●●○

경량콘크리트(Light Weight Con-crete)의 장점에 해당되지 않는 것은?
① 자중이 작아 건물 중량을 경감할 수 있다.
② 열전도율이 작고, 내화성과 방음 효과가 크며, 흡음률도 보통 콘크리트보다 크다.
③ 콘크리트의 운반이나 부어 넣기의 노력을 절감할 수 있다.
❹ 동해에 대한 저항이 커 지하실 등에 적합하다.

핵심문제 ●●○

경량골재 콘크리트와 관련된 기준으로 옳지 않은 것은?
❶ 단위시멘트량의 최솟값 : 400kg/m³
② 물−결합재비의 최댓값 : 60%
③ 기건단위질량(경량골재 콘크리트 1종) : 1,700~2,000kg/m³
④ 굵은골재의 최대치수 : 20mm

4) 저장 시 주의 사항

① 경량골재는 함수율이 일정하도록 저장
② 저장 장소는 빗물이 들어가지 않고 물이 잘 빠지며 햇빛이 들지 않는 곳
③ 잔골재와 굵은골재는 섞이지 않도록 각각 운반하여 저장
④ 크고 작은 알갱이가 분리되지 않도록 해야 하며, 일반 골재, 먼지, 잡물 등 혼입금지
⑤ 적정한 함수율을 정하여 물을 충분히 흡수시키는 프리웨팅 처리

5) 물리적 품질

① 경량골재의 단위용적질량

종류	단위용적질량의 최댓값(kg/m³)	
	인공 · 천연경량골재	바텀애시경량골재
잔골재	1,120 이하	
굵은골재	880 이하	1,200 이하
잔골재와 굵은골재의 혼합물	1,040 이하	

② 강열감량 측정은 5% 이하
③ 점토 덩어리량 측정은 2% 이하
④ 바텀애시경량골재의 염화물(NaCl 환산량) 함유량 측정은 0.025g/cm³ 이하

6) 배합 및 시공

① 공기연행 콘크리트로 하는 것을 원칙
② 최대 물−결합재비는 60% 이하를 원칙
③ 결합재량의 최솟값은 300kg/m³ 이상
④ 슬럼프는 일반적인 경우 대체로 80~210mm를 표준으로 삼음
⑤ 공기량은 5.5%를 기준으로 그 허용오차는 ±1.5%
⑥ 표준비비기 시간은 믹서에 재료를 전부 투입한 후 강제식 믹서일 때는 1분 이상, 가경식 믹서일 때는 2분 이상

6. 순환골재 콘크리트

1) 정의

건설폐기물을 물리적 또는 화학적 처리과정 등을 통하여 순환골재 품질 기준에 적합하게 만든 골재를 이용한 콘크리트

2) 굵은골재의 최대치수

25mm 이하로 하되, 가능하면 20mm 이하의 것을 사용

3) 순환골재 사용비율

설계기준압축강도	사용 골재	
	굵은골재	잔골재
27MPa 이하	굵은골재 용적의 60 % 이하	잔골재 용적의 30 % 이하
	혼합 사용 시 총 골재 용적의 30% 이하	

7. 섬유보강 콘크리트

1) 정의

보강용 섬유를 혼입하여 주로 인성, 균열 억제, 내충격성 및 내마모성 등을 높인 콘크리트

2) 목적

하중 또는 체적변화 등에 의한 콘크리트의 균열 제어

3) 종류

① 무기계 섬유 : 강섬유, 유리섬유, 탄소섬유
② 유기계 섬유 : 아라미드섬유, 폴리프로필렌섬유, 비닐론섬유, 나일론 등

4) 보강용 섬유

① 초고성능 섬유보강 콘크리트에 사용되는 강섬유의 인장강도는 2,000 MPa 이상
② 시멘트계 복합재료용 섬유로 무기계와 유기계 사용 가능

8. 폴리머 시멘트 콘크리트

기 11② 17④

1) 정의

결합재로 시멘트와 시멘트 혼화용 폴리머(또는 폴리머 혼화재)를 사용한 콘크리트

2) 배합

① 물－결합재비는 30~60%의 범위에서 가능한 한 적게
② 폴리머－시멘트비는 5~30%의 범위

3) 시공 및 양생

① 시공온도는 5~35℃가 표준
② 제조회사에서 지정한 가사시간 내에 사용
③ 물로 촉촉하게 하거나 흡수조정재로 처리하며 시공
④ 흙손 마감의 경우는 수회에 걸쳐 누르며 필요 이상의 흙손질을 피함

⑤ 시공 후 1~3일간 습윤 양생을 실시

⑥ 사용될 때까지의 양생 기간은 7일을 표준

⑦ 동절기, 하절기 옥외시공 등 품질저하 우려가 있는 경우 대책 강구

4) 특징

① 단위체적당 단가가 고가

② 고강도, 다양한 용도, 경량성, 내구성, 속경성 양호

③ 초기 고강도 발현

④ 완전한 수밀성

⑤ 높은 접착성(석재, 금속, 목재와 결합 용이)

⑥ 내약품성, 내마모성, 내충격성, 전기 절연성 좋음

⑦ 난연성, 내화성 저하

핵심문제 ●●○

폴리머함침콘크리트에 대한 설명 중 옳지 않은 것은?

① 시멘트계의 재료를 건조시켜 미세한 공극에 수용성 폴리머를 함침·중합시켜 일체화한 것이다.

❷ 내화성이 뛰어나며 현장시공이 용이하다.

③ 내구성 및 내약품성이 뛰어나다.

④ 고속도로 포장이나 댐의 보수공사 등에 사용된다.

9. 팽창 콘크리트

1) 용어

팽창재 또는 팽창시멘트의 사용에 의해 팽창성이 부여된 콘크리트

2) 적용 범위

① 수축보상용 콘크리트 : 콘크리트의 수축으로 인한 체적감소 억제

② 화학적 프리스트레스용 콘크리트 : 수축보상용 콘크리트보다도 큰 팽창력을 가져야 함

③ 충전용 모르타르와 콘크리트

3) 팽창재 보관

① 시멘트 등 다른 재료와 혼입되지 않도록 구분하여 저장

② 포대 팽창재는 12포대 이하 쌓기

③ 사용 직전에 포대를 여는 것을 원칙으로 함

④ 기타 시멘트 보관에 준함

4) 배합

① 단위시멘트량 화학적 프리스트레스용 콘크리트의 단위시멘트량은 단위팽창재량을 제외한 값

② 보통 콘크리트인 경우 260kg/m³ 이상, 경량골재 콘크리트인 경우 300 kg/m³ 이상

③ 질량으로 계량하며, 그 오차는 1회 계량분량의 1% 이내

④ 포대 팽창재를 사용하는 경우에는 포대수로 계산

⑤ 1포대 미만의 것을 사용하는 경우에는 반드시 질량으로 계량

5) 시공

① 다른 재료를 투입할 때 동시에 믹서에 투입

② 강제식 믹서를 사용하는 경우는 1분 이상으로 하고, 가경식 믹서를 사용하는 경우는 1분 30초 이상 비빔

③ 비비고 나서 타설을 끝낼 때까지의 시간은 1~2시간 이내

④ 팽창콘크리트에 급격하게 살수 금지

6) 양생

① 콘크리트 온도는 2℃ 이상을 5일간 이상 유지

② 거푸집널의 존치기간은 평균기온 20℃ 미만인 경우에는 5일 이상, 20℃ 이상인 경우에는 3일 이상을 원칙

③ 압축강도시험을 할 경우 설계기준 강도의 2/3 이상 값에 도달한 것이 확인될 경우 해체(최저 강도는 14MPa 이상)

10. 수밀 콘크리트

1) 정의

수밀성이 큰 콘크리트 또는 투수성이 작은 콘크리트

2) 적용 범위

투수, 투습에 의해 안전성, 내구성, 기능성, 유지관리 및 외관 변화 등의 영향을 받는 구조물인 각종 저장시설, 지하구조물, 수리구조물, 저수조, 수영장, 상하수도시설, 터널 등 높은 수밀성이 필요한 콘크리트 구조물에 적용

3) 수밀 콘크리트 요구 성능

① 균열, 콜드조인트, 이어치기부, 신축이음, 허니컴, 재료 분리 등 외부로부터 물의 침입이나, 내부로부터 유출의 원인이 되는 결함 없도록 주의

② 시공할 때는 균일하고 치밀한 조직을 갖는 콘크리트

③ 이음부 및 거푸집 긴결재 설치 위치에서의 수밀성이 확보되도록 필요에 따라 방수 시공

4) 재료 및 배합

① 공기연행제, 감수제, 공기연행감수제, 고성능공기연행감수제 또는 포졸란 등을 사용하는 것을 원칙

② 단위수량 및 물-결합재비는 되도록 작게 하고, 단위굵은골재량은 되도록 크게

기 16② 17① 19① 20④

핵심문제 ●●●○

수밀 콘크리트 시공에 대한 설명 중 옳지 않은 것은?

❶ 불가피하게 이어치기 할 경우 이어치기 면의 레이턴스를 제거하고 빈배합 콘크리트를 사용한다.

② 콘크리트의 표면 마감은 진공처리 방법을 사용하는 것이 좋다.

③ 타설이 완료된 콘크리트면은 충분한 습윤양생을 한다.

④ 연속타설 시간 간격은 외기온도가 25℃를 넘었을 경우는 1.5시간, 25℃ 이하일 경우는 2시간을 넘어서는 안 된다.

핵심문제 ●●●○

수밀 콘크리트에 관한 설명으로 옳지 않은 것은?

① 콘크리트의 소요 슬럼프는 되도록 작게 하여 180mm를 넘지 않도록 한다.

❷ 콘크리트의 워커빌리티를 개선시키기 위해 공기연행제, 공기연행감수제 또는 고성능 공기연행감수제를 사용하는 경우라도 공기량은 2% 이하가 되게 한다.

③ 물결합재비는 50% 이하를 표준으로 한다.

④ 콘크리트 타설 시 다짐을 충분히 하여, 가급적 이어붓기를 하지 않아야 한다.

③ 소요 슬럼프는 되도록 작게 하여 180mm 이하(타설 용이할 경우 120mm 이하)

④ 공기연행감수제를 사용하는 경우라도 공기량은 4% 이하

⑤ 물-결합재비는 50% 이하를 표준

5) 시공 및 양생

① 가능한 연속으로 타설하여 콜드조인트가 발생하지 않도록 함

② 0.1mm 이상의 균열 발생이 예상되는 경우 누수를 방지하기 위한 방수를 검토

③ 방수제의 사용 방법에 따라 배치플랜트에서 충분히 혼합하여 현장으로 반입시키는 것이 원칙

④ 연속 타설 시간 간격은 외기온도가 25℃를 넘었을 경우에는 1.5시간, 25℃ 이하일 경우에는 2시간 이내

⑤ 콘크리트 다짐을 충분히 하며, 가급적 이어치기 금지

⑥ 충분한 습윤 양생 실시

11. 유동화 콘크리트

1) 정의

미리 비빈 베이스 콘크리트에 유동화제를 첨가하여 유동성을 증대시킨 콘크리트

2) 용어

① 베이스 콘크리트
- 유동화 콘크리트를 제조할 때 유동화제를 첨가하기 전 기본배합의 콘크리트
- 숏크리트의 습식 방식에서 사용하는 급결제를 첨가하기 전의 콘크리트

② 유동화제 : 배합이나 굳은 후의 콘크리트 품질에 큰 영향을 미치지 않고 미리 혼합된 베이스 콘크리트에 첨가하여 콘크리트의 유동성을 증대시키기 위하여 사용하는 혼화제

3) 배합 및 품질 관리

① 슬럼프 증가량은 100mm 이하를 원칙으로 하며, 50~80mm가 표준

② 유동화 콘크리트의 슬럼프(mm)

콘크리트의 종류	베이스 콘크리트	유동화 콘크리트
보통 콘크리트	150 이하	210 이하
경량골재 콘크리트	180 이하	210 이하

기 12④ 13④ 20① 산 15③

핵심문제

유동화 콘크리트의 용어 중에서 베이스 콘크리트에 대한 설명으로 옳은 것은?

❶ 유동화 콘크리트 제조 시 유동화제를 첨가하기 전 기본 배합의 콘크리트

② 유동화 콘크리드를 제조하기 위하여 혼합된 유동화제를 첨가한 후의 콘크리트

③ 기초 콘크리트에 타설하기 위해 현장에 반입된 레디믹스트 콘크리트

④ 지하층에 콘크리트를 타설하기 위하여 현장에 반입된 레디믹스트 콘크리트

핵심문제 ●●○

유동화콘크리트에 관한 설명으로 옳지 않은 것은?

① 높은 유동성을 가지면서도 단위수량은 보통콘크리트보다 적다.

② 일반적으로 유동성을 높이기 위하여 화학혼화제를 사용한다

❸ 동일한 단위시멘트량을 갖는 보통 콘크리트에 비하여 압축강도가 매우 높다.

④ 일반적으로 건조수축은 묽은 비빔 콘크리트보다 작다.

③ 베이스 콘크리트 및 유동화 콘크리트의 슬럼프 및 공기량 시험은 50m³ 마다 1회씩 실시

4) 제조법

① 배쳐플랜트에서 운반한 베이스 콘크리트에 공사 현장에서 트럭교반기(에지테이터 트럭)에 유동화제를 첨가하여 균일하게 될 때까지 교반하여 유동화

② 레디믹스트 콘크리트 공장에서 트럭교반기(에지테이터 트럭)의 베이스 콘크리트에 유동화제를 첨가하여 즉시 고속으로 교반하여 유동화

③ 레디믹스트 콘크리트 공장에서 트럭교반기(에지테이터 트럭)의 베이스 콘크리트에 유동화제를 첨가하여 저속으로 교반하면서 운반하고 공사 현장 도착 후에 고속으로 교반하여 유동화

12. 고유동 콘크리트

1) 정의

굳지 않은 상태에서 재료 분리 없이 높은 유동성을 가지면서 다짐 작업 없이 자기 충전이 가능한 콘크리트

2) 용어

① 슬럼프 플로 : 슬럼프 플로 시험을 실시하고 난 후 원형으로 넓게 퍼진 콘크리트의 지름(최대 직경과 이에 직교하는 직경의 평균)으로 굳지 않은 콘크리트 유동성을 나타낸 값

② 슬럼프 플로 도달시간 : 슬럼프 플로 시험에서 소정의 슬럼프 플로에 도달(일반적으로 500mm)하는 데 요하는 시간

③ 증점제 : 굳지 않은 콘크리트의 재료 분리 저항성을 증가시키는 작용을 갖는 혼화제

3) 적용 범위

① 보통 콘크리트로는 충전이 곤란한 구조체인 경우

② 균질하고 정밀도가 높은 구조체를 요구하는 경우

③ 타설 작업의 최적화로 시간 단축이 요구되는 경우

④ 다짐 작업에 따르는 소음과 진동의 발생을 피해야 하는 경우

4) 고유동 콘크리트의 자기 충전성 3가지 등급

① 1등급 : 최소 철근 순간격 35~60mm의 복잡한 단면 형상을 가진 철근 콘크리트 구조물, 단면 치수가 작은 부재 또는 부위에서 자기 충전성을 가지는 성능

② 2등급 : 최소 철근 순간격 60~200mm의 철근 콘크리트 구조물 또는 부재에서 자기 충전성을 가지는 성능(일반 구조물 또는 부재 2등급 표준)

③ 3등급 : 최소 철근 순간격 200mm 이상으로 단면 치수가 크고 철근량이 적은 부재 또는 부위, 무근 콘크리트 구조물에서 자기 충전성을 가지는 성능

5) 고유동 콘크리트 품질

① 슬럼프 플로 시험에 의하여 정하고, 그 범위는 600mm 이상

② 슬럼프 플로 500mm 도달시간 3~20초 범위를 만족

③ 자기 충전성은 U형 또는 박스형 충전성 시험을 통해 평가하며, 충전높이는 300mm 이상

6) 시공 및 양생

① 고유동 콘크리트의 측압은 원칙적으로 액압이 작용하는 것

② 거푸집 상면의 적절한 위치에 공기빼기 구멍을 설치

③ 재료 분리 및 슬럼프 플로 값의 손실이 작은 방법으로 신속하게 운반

④ 에지테이터 트럭으로 운반하는 경우에는 배출 직전에 10초 이상 고속으로 혼합한 다음 배출

⑤ 혼합으로부터 타설 종료까지의 시간한도는 유동성과 자기 충전성을 고려하여 결정

⑥ 펌프의 압송관 직경은 100~150mm를 사용

⑦ 최대 자유 낙하높이는 5m 이하

⑧ 최대 수평 유동거리는 15m 이하

⑨ 표면 마무리를 할 때까지 습윤 양생이나 방풍시설 등 표면 건조를 방지하기 위한 대책을 수립

⑩ 부재 두께가 0.8m 이상인 경우의 양생은 콘크리트 온도를 외기와 가깝게 가능한 천천히 양생

기 11①④ 12④ 13④ 14① 15① 17① 19②
산 12② 14③ 17③

13. 고강도 콘크리트

1) 정의

보통 또는 중량골재 콘크리트에서 40MPa 이상, 경량골재 콘크리트에서 27MPa 이상인 콘크리트

2) 폭렬(Explosive Fracture)현상(용어)

화재 시 급격한 고온에 의해 내부 수증기압이 발생하고, 이 수증기압이 콘크리트의 인장강도보다 크게 되면 콘크리트 부재 표면이 심한 폭음과 함께 박리 및 탈락하는 현상

3) 배합

① 굵은골재의 최대 치수는 25mm 이하로 하며, 철근 최소 수평 순간격의 3/4 이내의 것을 사용

② 단위시멘트량은 가능한 한 적게

③ 단위수량 및 잔골재율은 가능한 작게

④ 슬럼프 플로의 목푯값은 설계기준압축강도 40MPa 이상 60MPa 이하의 경우 구조물의 작업 조건에 따라 500, 600 및 700mm로 구분

⑤ 공기연행제를 사용하지 않는 것을 원칙

4) 시공 및 양생

① 기둥과 벽체 콘크리트, 보와 슬래브 콘크리트를 일체로 하여 타설할 경우에는 보 아래면에서 타설을 중지한 다음, 기둥과 벽에 타설한 콘크리트가 침하한 후 보, 슬래브의 콘크리트를 타설

② 수직부재에 타설하는 콘크리트의 강도와 수평부재에 타설하는 콘크리트 강도의 차가 1.4배를 초과하는 경우에는 수직부재에 타설한 고강도 콘크리트는 수직 – 수평부재의 접합면으로부터 수평부재 쪽으로 안전한 내민 길이를 확보

③ 고강도 콘크리트는 낮은 물 – 결합재비를 가지므로 철저히 습윤 양생

14. 방사선 차폐용 콘크리트

1) 정의

주로 생물체의 방호를 위하여 X선, γ선 및 중성자선을 차폐할 목적으로 사용되는 콘크리트

2) 배합

① 콘크리트의 슬럼프는 일반적인 경우 150mm 이하

② 물 – 결합재비는 50% 이하를 원칙

3) 시공

① 이어치기 부분에 대하여 기밀이 최대한 유지될 수 있는 방안 강구

② 설계에 정해져 있지 않은 이음은 설치할 수 없음

③ 이어치기 부분으로부터 방사선의 유출을 방지할 수 있도록 그 위치 및 형상을 결정

핵심문제 ●●○

고강도 콘크리트의 배합에 대한 기준으로 옳지 않은 것은?

① 단위수량은 소요의 워커빌리티를 얻을 수 있는 범위 내에서 가능한 한 작게 하여야 한다.

② 잔골재율은 소요의 워커빌리티를 얻도록 시험에 의하여 결정하여야 하며, 가능한 한 작게 하도록 한다.

③ 고성능 감수제의 단위량은 소요 강도 및 작업에 적합한 워커빌리티를 얻도록 시험에의해서 결정하여야 한다.

❹ 기상의 변화 등에 관계없이 공기연행제를 사용하는 것을 원칙으로 한다.

산 15③

핵심문제 ●●○

방사선 차폐를 목적으로 금속물질이 포함된 중정석 등의 골재를 넣은 콘크리트는?

❶ 중량 콘크리트
② 매스 콘크리트
③ 팽창 콘크리트
④ 수밀 콘크리트

15. 매스 콘크리트

1) 정의

구조물의 부재치수는 일반적인 표준으로서 넓이가 넓은 평판구조의 경우 두께 0.8m 이상, 하단이 구속된 벽체의 경우 두께 0.5m 이상

2) 용어

① 관로식 냉각 : 매스 콘크리트의 시공에서 콘크리트를 타설한 후 콘크리트의 내부온도를 제어하기 위해 미리 묻어 둔 파이프 내부에 냉수 또는 공기를 강제적으로 순환시켜 콘크리트를 냉각하는 방법으로 포스트 쿨링(Post-cooling)이라고도 함

② 내부구속 : 콘크리트 단면 내의 온도 차이에 의한 변형의 부등분포에 의해 발생하는 구속작용

③ 단열온도상승곡선 : 단열상태에서 시간에 따른 콘크리트 배합의 온도상승량을 도시한 곡선으로서 콘크리트의 수화발열 특성을 나타냄

④ 선행 냉각(Pre-cooling) : 매스 콘크리트의 시공에서 콘크리트를 타설하기 전에 콘크리트의 온도를 제어하기 위해 얼음이나 액체질소 등으로 콘크리트 원재료를 냉각하는 방법

⑤ 온도균열지수(Thermal Crack Index) : 매스 콘크리트의 균열 발생 검토에 쓰이는 것으로, 콘크리트의 인장강도를 온도에 의한 인장응력으로 나눈 값

⑥ 온도제어양생 : 콘크리트를 타설한 후 일정 기간 콘크리트의 온도를 제어하는 양생

⑦ 외부구속 : 새로 타설된 콘크리트 블록의 온도에 의한 자유로운 변형이 외부로부터 구속되는 작용

3) 온도 균열의 제어

① 콘크리트의 품질 및 시공 방법의 선정, 수축·온도철근의 배치 등의 적절한 조치

② 구조물의 용도, 필요한 기능 및 품질에 대응하도록 균열방지 대책을 수립, 균열의 폭, 간격, 발생 위치에 대한 제어를 실시

③ 재료 및 배합의 적절한 선정, 블록분할과 이음 위치, 콘크리트 타설의 시간간격의 선정, 거푸집 재료 및 종류와 구조, 콘크리트의 냉각 및 양생 방법의 선정 등을 검토

④ 신축이음이나 수축이음을 계획하여 균열 발생을 제어할 수도 있으며, 구조물의 기능을 고려하여 위치 및 구조를 정하고 필요에 따라서 배근, 지수판, 충전재를 설계하고 외부구속을 많이 받는 벽체 구조물의 경우에는 수축이음을 설치

⑤ 균열방지 및 제어방법
- 콘크리트의 선행 냉각, 관로식 냉각 등에 의한 온도저하 및 제어방법
- 팽창콘크리트의 사용에 의한 균열방지방법
- 수축ㆍ온도철근의 배치에 의한 방법

4) 수축이음

① 벽체 구조물
- 구조물의 길이 방향에 일정 간격으로 단면 감소 부분을 만들어 균열이 발생한 위치에 대한 사후 조치를 쉽게 하기 위해 수축이음을 설치
- 균열 발생을 확실히 유도하기 위해서 수축이음의 단면 감소율을 35% 이상으로 함
② 수축이음의 위치
- 구조물의 내력에 영향을 미치지 않는 곳
- 필요한 간격은 구조물의 치수, 철근량, 타설온도, 타설방법 등 고려

5) 온도 응력 해석

① 구조물에서의 균열 발생 가능성이 가장 큰 위치 및 재령에서 온도응력을 계산
② 외부구속체가 경화 콘크리트 또는 암반 등인 경우에는 구속체와 새로 타설한 콘크리트와의 경계면에서는 활동이 발생하지 않는 것으로 간주하여 그 구속효과를 산정하는 것이 원칙
③ 내부구속응력 : 새로 타설한 콘크리트 블록 내의 온도 차이만으로 발생
④ 외부구속응력 : 새로 타설한 콘크리트 블록의 온도에 의한 자유로운 변형이 외부적으로 구속

6) 재료 및 배합

① 시멘트는 부재의 내부온도상승이 작은 것을 택함
② 고로 슬래그 미분말을 혼입하는 경우 슬래그를 사용하지 않는 경우보다 발열량이 증가하여 오히려 콘크리트 온도가 상승하는 경우도 있음
③ 저발열형 시멘트에 석회석 미분말 등을 혼합하여 수화열을 더욱 저감시킨 혼합형 시멘트는 충분한 실험을 통해 그 특성을 확인
④ 저발열형 시멘트의 경우 91일 정도의 장기 재령을 설계기준압축강도의 기준재령으로 함
⑤ 굵은골재의 최대 치수는 작업성이나 건조수축 등을 고려하여 되도록 큰 값을 사용
⑥ 배합수는 저온의 것을 사용
⑦ 얼음을 사용하는 경우에는 비빌 때 얼음덩어리가 콘크리트 속에 남아

있지 않도록 주의

⑧ 단위시멘트량이 적어지도록 배합

7) 선행 냉각 방법

① 냉수나 얼음을 따로따로 혹은 조합해서 사용하는 방법

② 냉각한 골재를 사용하는 방법

③ 액체질소를 사용하는 방법

8) 관로식 냉각

파이프의 재질, 지름, 간격, 길이, 냉각수의 온도, 순환 속도 및 통수 기간
등을 검토

16. 프리플레이스트 콘크리트

1) 정의

미리 거푸집 속에 특정한 입도를 가지는 굵은골재를 채워놓고, 그 간극에
모르타르를 주입하여 제조한 콘크리트

2) 용어

① 대규모 프리플레이스 콘크리트 : 시공속도가 $40 \sim 80 m^3/h$ 이상 또는 한
구획의 시공면적이 $50 \sim 250 m^2$ 이상일 경우

② 고강도 프리플레이스트 콘크리트
- 콘크리트는 고성능 감수제를 혼입한 주입모르타르를 사용
- 주입모르타르의 물 – 결합재비는 40% 이하
- 재령 91일에서 압축강도 40MPa 이상이 얻어지는 프리플레이스트
  콘크리트

3) 주입 모르타르 품질

① 유동성 : 유하시간의 설정 값은 $16 \sim 20$초, 고강도 프리플레이스트 콘
크리트의 유하시간은 $25 \sim 50$초를 표준으로 함

② 재료 분리 저항성 : 블리딩률의 설정 값은 시험 시작 후 3시간에서의
값이 3% 이하, 고강도 프리플레이스트 콘크리트의 경우에는 1% 이하
로 함

③ 팽창성 : 팽창률의 설정 값은 시험 시작 후 3시간에서의 값이 $5 \sim 10\%$,
고강도 프리플레이스트 콘크리트의 경우는 $2 \sim 5\%$를 표준으로 함

4) 사용 골재

① 굵은골재의 최소 치수는 15mm 이상

② 굵은골재의 최대 치수는 부재단면 최소 치수의 1/4 이하, 철근콘크리트의 경우 철근 순간격의 2/3 이하

③ 굵은골재의 최대 치수는 최소 치수의 2~4배 정도

④ 굵은골재의 최소 치수를 크게 하는 것이 효과적이며, 굵은골재의 최소 치수가 클수록 주입모르타르의 주입성이 현저하게 개선되므로 굵은골재의 최소 치수는 40mm 이상

5) 주입관의 배치

① 주입관은 확실하고 원활하게 주입 작업이 될 수 있는 구조로서 그 안지름은 수송관과 같거나 그 이하

② 연직주입관의 수평 간격은 2m 정도를 표준

③ 수평주입관의 수평 간격은 2m 정도, 연직 간격은 1.5m 정도를 표준

④ 대규모 프리플레이스트 콘크리트 주입관의 간격은 일반적으로 5m 전후

6) 압송

① 수송관의 연장을 짧게

② 수송관의 연장이 100m를 넘을 때는 중계용 애지테이터와 펌프를 사용

③ 수송관의 급격한 곡률과 단면의 급변을 피함

④ 수송관의 지름은 펌프의 토출구 지름에 맞추어야 하며, 모르타르의 평균 유속은 0.5~2m/s 정도가 되도록

7) 주입

① 기계고장이나 급격한 일기변화 등 부득이한 사정이 생겨 주입을 중단할 경우, 주입이 중단된 지 2~3시간 정도 이내

② 주입은 최하부로부터 시작하여 상부로 향하면서 시행하며, 모르타르 면의 상승속도는 0.3~2.0m/h 정도로 함

③ 주입은 거푸집 내의 모르타르 면이 거의 수평으로 상승하도록 주입 장소를 이동하면서 실시

④ 주입관의 선단은 0.5~2.0m 깊이의 모르타르 속에 묻혀 있는 상태로 유지

⑤ 대규모 프리플레이스트 콘크리트에 사용하는 모르타르의 주입은 연속하여 실시하는 것이 원칙이며, 모르타르 면의 상승속도가 0.3m/h 정도 이하

⑥ 프리플레이스트 콘크리트는 모르타르의 연속주입이 원칙이며 시공계획에 없는 곳에 수평이음을 설치 안 함

8) 주의사항

① 한중 시공을 할 때 주입모르타르의 온도를 올리기 위해 물을 가열하는

것이 좋으나, 온수의 온도는 40℃ 이하로 함
② 서중 시공 시 모르타르의 비벼진 온도가 25℃를 초과하지 않게

17. 숏크리트

1) 정의

컴프레셔 혹은 펌프를 이용하여 노즐 위치까지 호스 속으로 운반한 콘크리트를 압축공기에 의해 시공면에 뿜어서 만든 콘크리트

2) 용어

① 급결제 : 터널 등의 숏크리트에 첨가하여 뿜어 붙인 콘크리트의 응결 및 조기의 강도를 증진시키기 위해 사용되는 혼화제
② 토출배합 : 숏크리트에 있어서 실제로 노즐로부터 뿜어 붙여지는 콘크리트의 배합으로 건식방법에서는 노즐에서 가해지는 수량 및 표면수를 고려하여 산출되는 숏크리트의 배합

3) 초기 강도

▼ 숏크리트의 초기강도 표준값

재령	숏크리트의 초기강도(MPa)
24시간	5.0~10.0
3시간	1.0~3.0

4) 장기 강도

① 일반 숏크리트의 장기 실계기준압축강도는 재령 28일로 설정하며 그 값은 21MPa 이상, 영구 지보재 개념으로 숏크리트를 타설할 경우에는 설계기준압축강도를 35MPa 이상
② 영구 지보재로 숏크리트를 적용할 경우 암반 및 숏크리트 각 층간의 부착강도를 높일 필요가 있으며 재령 28일 부착강도는 1.0MPa 이상이 되도록 관리

5) 재료 및 배합

① 굵은골재의 최대 치수를 13mm 이하
② 골재는 알칼리 골재 반응에 무해한 골재를 사용
③ 알칼리 프리 급결제와 시멘트 광물계 급결제를 우선 사용
④ 동결융해 저항성을 확보하기 위하여 AE제를 사용
⑤ 철망을 사용할 경우에는 원칙적으로 용접철망 사용
⑥ 습식 방식의 숏크리트 배합, 베이스 콘크리트를 펌프로 압송할 경우 슬럼프는 120mm 이상

6) 시공

① 건식 45분 이내, 습식은 60분 이내에 뿜어붙이기를 실시

② 대기 온도가 32℃ 이상이 되면 건식 및 습식 숏크리트 모두 뿜어붙이기 금지

③ 보강재 및 뿜어붙일 면의 온도 역시 38℃보다 낮은 온도로 사전처리를 한 후 뿜어붙이기를 실시

④ 숏크리트는 대기 온도가 10℃ 이상일 때 뿜어붙이기를 실시

⑤ 수축에 의한 균열 발생이 많으므로 세로방향의 적당한 간격으로 신축 이음을 설치

⑥ 보강재는 뿜어 붙일 면과 20~30mm 간격을 두고 설치

⑦ 철망의 망눈 지름은 5mm 내외, 개구 크기는 100×100mm 또는 150×150mm

⑧ 노즐은 항상 뿜어 붙일 면에 직각이 되도록 유지

⑨ 숏크리트의 1회 타설 두께는 100mm 이내가 되도록 타설

7) 품질관리

① 시공할 때는 핀 등을 이용하여 측정하고 정기관리를 위해서는 천공하여 측정

② 검측된 평균 두께가 설계두께 이상이어야 하며, 검측된 최소 두께는 설계두께의 75% 이상

③ 숏크리트의 두께 측정결과, 두께가 설계두께에 미달하는 구간은 좌우 1m 범위 내에서 재측정하여 기준 판정하고 재측정 결과 판정 기준에 미달하면 표본 면적으로 대표된 전면적을 설계두께 이상으로 보완하여야 하며, 보완시공의 최소 두께는 30mm 이상

④ 숏크리트 혼합물 내의 강섬유 혼입량은 투입 기준량의 75% 이상

18. 프리스트레스트 콘크리트(Prestressed Concrete)

1) 정의

외력에 의하여 일어나는 응력을 소정의 한도까지 상쇄할 수 있도록 미리 인공적으로 그 응력의 분포와 크기를 정하여 내력을 준 콘크리트를 말하며, PS 콘크리트 또는 PSC라고 약칭하기도 함

2) 용어

① 그라우트(Grout) : PS 강재의 인장 후에 덕트 내부를 충전시키기 위해 주입하는 재료

② 덕트(Duct) : 프리스트레스트 콘크리트를 시공할 때 긴장재를 배치하기 위해 미리 콘크리트 속에 설치하는 관

기 12② 19② 산 10① 11②

핵심문제 ●●○

프리스트레스트 콘크리트 공사 시 유의사항으로 옳지 않은 것은?

❶ PS 강재는 되도록 열의 영향을 많이 받은 강재를 사용하는 것이 좋다.

② 콘크리트를 타설할 때 쉬스(Sheath)의 내부에 시멘트 페이스트가 들어가 막히지 않도록 주의한다.

③ 정착장치의 지압면은 긴장재와 수직이 되도록 한다.

④ 덕트 내에 PS그라우트를 주입할 때 빈틈없이 잘 충전해야 한다.

③ 프리스트레스(Prestress) : 하중의 작용에 의해 단면에 생기는 응력을 소
정의 한도로 상쇄할 수 있도록 미리 계획적으로 콘크리트에 주는 응력
④ 프리스트레싱(Prestressing) : 프리스트레스를 주는 일
⑤ PS 강재(Prestressing Steel) : 프리스트레스트 콘크리트에 작용하는
긴장용의 강재로 긴장재 또는 텐던이라고도 함

3) 공법의 종류

① 프리텐션(Pre – tension) : PC 강재에 인장력을 가한 상태에서 콘크리
트를 타설하고 경화한 후에 긴장을 풀어주는 방법
② 포스트텐션(Post – tension) : 쉬스관을 묻고 콘크리트를 타설하고 경
화한 후에 쉬스관 내에 PC 강재를 삽입하여 긴장시킨 후 정착하고 그
라우팅한 후 긴장을 풀어주는 방법

4) 특징

장점	단점
• 내구성과 복원성이 큼 • 구조물에 대한 적응성과 안정성이 큼 • 공기단축 및 가설물의 최소화 • 적은 단면으로 큰 응력에 견딜 수 있음 • 구조물의 자중 감소	• 단가가 고가 • 강성이 적어 처짐 및 충격에 주의 • 고도의 기술요구 • 운반 및 양중에 유의

19. 외장용 노출 콘크리트

1) 정의

부재나 건물의 내 · 외장 표면에 콘크리트 그 자체만이 나타나는 제물치
장으로 마감한 콘크리트

2) 용어

① 모따기 : 날카로운 모서리 또는 구석을 비스듬하게 깎는 것
② 요철 : 노출 콘크리트 시공 후 모르타르나 매트릭스에서 돌출된 굵은
골재의 정도(Projection)를 말함
③ 흠집 : 경화한 콘크리트의 매끄럽고 균일한 색상의 표면에 눈에 띄는
표면 결함

3) 요구 성능

① 색채 균일 성능
② 균열 발생 억제 성능
③ 충전 및 재료분리 저항성능
④ 내구성능

4) 성능 저하에 영향을 주는 요소

① 탄산화 작용

② 염화물 침투

③ 동결융해

④ 황산염

⑤ 알칼리골재반응으로 대표되는 사용재료 품질의 영향

5) 재료 및 배합

① 건조수축 균열을 최소화하기 위하여 단위수량을 감소, 팽창재나 수축 저감제를 사용하는 등의 대책을 수립

② 굵은골재 최대치수 20mm 이하를 사용

③ 물 – 결합재비는 50% 이하

④ 단위수량은 175kg/m³ 이하

⑤ 단위결합재량은 360kg/m³ 이상

⑥ 슬럼프는 150mm 이상, 210mm 이하

6) 거푸집 널

① 표면이 우레탄 코팅 또는 필름 라미네이팅(Laminating) 동등 이상의 표면가공 콘크리트 거푸집용 합판을 사용

② 거푸집의 전용횟수는 1회를 원칙으로 하되 목업 시험(Mock – up Test)을 통해 검증된 경우 2회까지 사용 가능

③ 박리제는 사용 금지

④ 거푸집널로 인해 손상된 콘크리트 표면은 폴리머 시멘트 페이스트 등으로 보수

7) 치장 마감

① 치장 마감의 종별

종별	표면 마감의 정도	거푸집널의 정도
A종	홈이음, 요철(凹凸) 등이 지극히 작고 양호한 면	규정에 의한 표면가공품의 거푸집널로 거의 손상이 없는 것
B종	홈이음, 요철(凹凸) 등이 작고 양호한 면으로 글라인더 처리 등에 따라 평활하게 조정	규정의 거푸집널로 거의 손상이 없는 것
C종	제물치장 그대로인 상태에서 홈이음 제거를 행한 것	규정의 거푸집널로 사용상 지장이 없는 정도의 것

② 콘크리트 마감 평탄도의 표준값

콘크리트의 내외장 마감	평탄도
콘크리트가 들여다보이는 경우 또는 마감두께가 지극히 얇은 경우 그 밖에 양호한 표면상태가 필요한 경우	3m당 7mm 이하
마감두께가 7mm 미만의 경우 그 밖의 상당히 양호한 평탄도가 필요한 경우	3m당 10mm이하
마감두께가 7mm 이상의 경우 또는 바탕의 영향을 그다지 받지 않는 마감의 정도	1m당 10 mm이하

③ 현장타설 노출 콘크리트는 가장자리에 모따기를 하지 않음

8) 시공줄눈

① 주철근에 수직으로 설치

② 40mm 이상의 키로 연결된 시공줄눈 형성

③ 경간의 3분의 1 지점에서 보, 슬래브, 장선 및 대들보의 접합부 배치, 보–대들보의 교차점에서 보 폭의 최소 두 배 거리에 있는 대들보에서 시공줄눈의 간격을 띄움

④ 바닥, 슬래브, 보, 대들보의 밑면과 바닥 슬래브 위에서 벽과 기둥에 수평 이음매 배치

⑤ 벽에 수직 이음매를 일정한 간격을 두고 배치, 벽과 일체인 기둥 옆, 가까운 모퉁이 및 가능한 경우 숨겨진 위치에 시공줄눈을 설치

9) 균열 유발 줄눈

① 취약부의 균열유발줄눈을 선에 맞게 형성

② 콘크리트의 강도와 외관이 손상되지 않도록 현장 타설 노출 콘크리트의 표면에 수직으로 설치

③ 균열을 유발하기 위한 조치들이 노출 콘크리트 품질에 영향을 미치지 않도록 계획

10) 타설 및 양생

① 이전 층의 다짐깊이는 150mm 이상 삽입

② 양생 시 노출 콘크리트가 얼룩지거나 변색 및 착색이 되지 않도록 하며, 이를 위해 살수 또는 양생포를 이용

③ 양생포를 사용하는 경우 300mm 이상 겹치도록 시공

20. 합성 구조 콘크리트

1) 정의

강재 단일 부재 혹은 조립 부재를 철근콘크리트 속에 배치하거나 외부를

감싸게 하여 강재와 철근콘크리트가 합성으로 외력에 저항하는 구조

2) 용어

① 콘크리트 충전 강관 기둥(Concrete Filled Tubular Column) : 원형 또는 각주형의 강관 속에 콘크리트를 충전한 기둥

② 강 · 콘크리트 샌드위치 부재(Steel – concrete Sandwich Member) : 두 장의 강판을 강재로 연결하여 그 사이를 콘크리트로 충전한 구조 부재

21. 레디믹스트 콘크리트(Ready Mixed Concrete)

콘크리트 전문공장의 배쳐 플랜트에서 공급하는 콘크리트이다.

1) 주문 : G골재 최대치수 – 호칭강도 – 슬럼프치

2) 종류

① 센트럴 믹스트 콘크리트(Central – mixed Concrete) : 믹싱 플랜트에서 고정믹서로 비빔이 완료된 콘크리트를 에지테이터트럭 또는 트럭믹서로 휘저으며 현장까지 운반하는 것

② 슈링크 믹스트 콘크리트(Shrink – mixed Concrete) : 믹싱 플랜트의 고정믹서에서 어느 정도 비빈 것을 트럭믹서에 실어, 운반 도중에 완전히 비벼서 현장에 반입하는 것

③ 트랜싯 믹스트 콘크리트(Transit – mixed Cconcrete) : 트럭믹서에 모든 재료가 공급되어 운반 도중에 비벼서 현장에 반입하는 것

3) 특성

① 협소한 장소에 재료 적재, 비빔작업이 불필요
② 공사 추진 정확, 품질이 균일
③ 부어 넣는 수량에 따라 조절할 수 있음
④ 운반시간에 제한을 받으며, 운반 도중 재료분리 우려

4) 공장 선정 시 고려사항

① 현장까지의 운반시간
② 배출시간
③ 콘크리트 제조능력
④ 운반차의 수
⑤ 공장의 제조설비
⑥ 품질관리 상태

기 11② 12④ 14② 15② 17④ 19① 20①
산 12② 14③ 17③

핵심문제 ●●●

레디믹스트 콘크리트 발주 시 호칭규격인 25 – 24 – 15에서 알 수 없는 것은?
❶ 물 – 시멘트비(W/C)
② 슬럼프(Slump)
③ 호칭강도
④ 굵은골재의 최대치수

핵심문제 ●●●

레디믹스트 콘크리트(Ready Mixed Concrete)를 사용하는 이유로서 옳지 않은 것은?
① 시가지에서는 콘크리트를 혼합할 장소가 좁다.
② 현장에서는 균질인 골재를 얻기 힘들다.
③ 콘크리트의 혼합이 충분하여 품질이 고르다.
❹ 콘크리트의 운반거리 및 운반시간에 제한을 받지 않는다.

22. 서머 콘(Thermo - con)

골재를 사용하지 않고 시멘트, 발포제, 물을 혼합하여 만든 일종의 경량 콘크리트

1) W/C : 43%

2) 벽 1단 붓기 높이 : 20cm 이하

3) 발포제 사용 시 체적 팽창(2배)

4) 건조, 수축이 보통 콘크리트의 5배 정도

23. 진공 콘크리트(Vacuum Concrete)

콘크리트를 타설한 직후 진공매트(Vacuum Mat)를 씌워, 수분을 제거하고 다짐으로써 초기 강도를 크게 한 콘크리트로서 초기 강도 증가, 장기강도, 내마모성, 동해저항 등이 증가하여 경화 수축량이 감소한다.

산 20①

핵심문제 ●●○

진공 콘크리트(Vacuum Concrete)의 특징으로 옳지 않은 것은?

① 건조수축의 저감, 동결방지 등의 목적으로 사용된다.

② 일반콘크리트에 비해 내구성이 개선된다.

❸ 장기강도는 크나 초기강도는 매우 작은 편이다.

④ 콘크리트가 경화하기 전에 진공매트(Mat)로 콘크리트 중의 수분과 공기를 흡수하는 공법이다.

Section 01 철근공사

01 철근 1개의 단면적을 계산하는 공식은?(단, D : 철근의 공칭지름, a_1 : 철근의 단면적)

① $\dfrac{\pi D^2}{4}$　　　　　② πD

③ $0.785a_1$　　　　　④ $\dfrac{\pi D^2}{2}$

해설

원의 단면적
$\pi r^2 = \pi D^2/4$

02 철근 6 − 22의 공칭 단면적으로 맞는 것은?

① 20.32cm^2　　　② 22.44cm^2
③ 23.21cm^2　　　④ 24.5cm^2

해설

이형철근의 지름
이형철근의 지름을 공칭 직경으로 환산하는 방법
• (지름 ÷ 3) ⇒ 나온 계산값을 사사오입하여 정수로 환산하고
• 정수 ÷ 8 × 25.4 하면 된다.
　∴ (22 ÷ 3) ⇒ 7 ÷ 8 × 25.4 = 22.22mm
• 단면적은 = $\dfrac{\pi D^2}{4}$
　∴ $\dfrac{3.14 \times 22.22 \times 22.22}{4} \times 6$본 $= 23.21\text{cm}^2$

03 탄소강에 니켈, 망간, 규소 등을 소량 첨가하여 열간 및 냉간 가공 과정을 거쳐 보통 철근보다 강도를 향상시킨 강재는?

① 원형 철근　　　② 고강도 철근
③ 이형 철근　　　④ 피아노선

해설

고강도 철근
일반적으로 SD40 이상의 강도를 가진 철근으로 열처리과정을 거쳐 만들어진다.

04 철근콘크리트 공사에서 철근조립에 관한 설명으로 옳지 않은 것은?

① 황갈색의 녹이 발생한 철근은 그 상태가 경미하더라도 사용이 불가하다.
② 철근의 피복두께를 정확하게 확보하기 위해 적절한 간격으로 고임재 및 간격재를 배치하여야 한다.
③ 거푸집에 접하는 고임재 및 간격재는 콘크리트 제품 또는 모르타르 제품을 사용하여야 한다.
④ 철근을 조립한 다음 장기간 경과한 경우에는 콘크리트를 타설 전에 다시 조립검사를 하고 청소하여야 한다.

해설

철근의 조립
• 철근은 상온에서 가공하는 것을 원칙으로 한다.
• 철근의 조립은 녹, 기름 등을 제거한 후 실시한다.
• 경미한 황갈색의 녹이 발생한 철근은 일반적으로 콘크리트와의 부착을 해치지 않으므로 사용할 수 있다.
• 철근의 절단 시 절단기를 사용한다.
• 철근을 구부리는 경우 구조기준의 내면 반지름 이상으로 한다.

05 철근공사에 관한 설명으로 옳지 않은 것은?

① 한번 구부린 철근은 다시 펴서 사용해서는 안 된다.
② 철근은 상온에서 냉간가공하는 것이 원칙이다.
③ 철근에 반드시 녹막이 칠을 한다.
④ 스터럽 및 띠철근의 단부에는 표준갈고리를 만들어야 한다.

정답　01 ①　02 ③　03 ②　04 ①　05 ③

06 철근의 가공 및 조립에 관한 설명으로 옳지 않은 것은?

① 철근의 가공은 철근상세도에 표시된 형상과 치수가 일치하고 재질을 해치지 않은 방법으로 이루어져야 한다.
② 철근상세도에 철근의 구부리는 내면 반지름이 표시되어 있지 않은 때에는 KS D에 규정된 구부림의 최소 내면 반지름 이상으로 철근을 구부려야 한다.
③ 경미한 녹이 발생한 철근이라 하더라도 일반적으로 콘크리트와의 부착성능을 매우 저하시키므로 사용이 불가하다.
④ 철근은 상온에서 가공하는 것을 원칙으로 한다.

07 다음 중 철근의 단부에 갈고리를 설치할 필요가 없는 것은?

① 스터럽
② 지중보의 돌출부분의 철근
③ 띠철근
④ 굴뚝의 철근

08 철근 콘크리트구조에서 철근이음에 대한 설명으로 옳지 않은 것은?

① 철근의 이음위치는 되도록 응력이 큰 곳을 피한다.
② 철근의 이음이 한곳에 집중되지 않도록 엇갈리게 교대로 분산시켜서 이어야 한다.
③ 철근이음에는 일반적으로 서로 겹쳐 이어대는 겹침이음과 용접이음, 커플러, 슬리브에 의한 기계적 이음이 있다.
④ 철근의 이음은 한곳에서 철근 수의 최소 반 이상을 이어야 한다.

09 다음 중 철근의 이음 위치를 결정하는 원칙으로 옳지 않은 것은?

① 철근의 이음부는 구조상 취약한 부분이 되기 때문에 인장응력이 최대로 작용하는 곳에서는 이음을 하지 않는 것이 좋다.
② 주근의 이음은 구조부재에 있어 인장력이 가장 작은 부분에 둔다.
③ 지름이 다른 주근을 잇는 경우에는 작은 주근의 지름을 기준으로 한다.
④ 이음의 위치는 가능하면 응력이 큰 곳을 피하고, 동일한 개소에 철근 수의 반 이상을 잇는 것이 좋다.

정답   06 ③   07 ②   08 ④   09 ④

10 철근의 이음에 대한 설명으로 옳지 않은 것은?

① 철근의 이음은 균열을 방지하기 위해 한곳에 집중 하지 않도록 해야 한다.
② 주근의 이음은 구조부재에 있어 인장력이 가장 큰 부분에 둔다.
③ 철근이음의 종류에는 겹침이음, 용접이음, 기계적 이음 등이 있다.
④ 동일한 개소에 철근 수의 반 이상을 이어서는 안 된다.

해설

문제 08번 해설 참조

11 철근의 이음에 관한 설명으로 옳지 않은 것은?

① 인장응력이 최대로 작용하는 곳에서는 이음을 하지 않는다.
② 서로 다른 굵기의 철근을 겹침이음하는 경우 굵기가 작은 철근 기준으로 한다.
③ 동일한 개소에 철근 수의 반 이상을 이어서는 안 된다.
④ 주근의 이음은 구조부재에 있어 인장력이 가장 적은 부분에 둔다.

해설

문제 08번 해설 참조

12 다음 중 철근의 이음방법이 아닌 것은?

① 빗이음   ② 겹침이음
③ 기계적 이음   ④ 용접이음

해설
철근의 이음
• 겹침이음
• 가스압점
• 용접이음
• 슬리브(기계적 이음)

13 철근의 용접법 중 구조용 이음으로 사용하기 곤란한 용접은?

① 플러시버트   ② 아크용접
③ 가스압접   ④ 가스용접

해설
철근의 용접이음
철근의 대부분 이음은 겹친이음으로 하나 경우에 따라서는 용접이음으로 할 때도 있다. 용접이음에는 아크용접, 전기압접, 가스압접이 있으며 가공 시에는 모두 쓰이나 조립 시에는 아크 용섭이 주로 사용된다.

14 철근의 용접으로 강도가 약하여 구조용으로 사용하지 않는 용접법은?

① 아크용접
② 가스용접
③ 플러시버트용접
④ 가스압접

해설

문제 13번 해설 참조

15 철근의 이음방식 중 철근단면을 맞대고 산소 −아세틸렌염으로 가열하여 접합단면을 녹이지 않고 적열상태에서 부풀려 가압, 접합하는 형태로 전 이음공법 중 접합강도가 큰 편에 속하는 것은?

① 겹침이음
② 기계적 이음
③ 아크용접이음
④ 가스압접이음

해설
가스압접
접합할 철근을 축에 직각으로 절단하고 줄질하여 맞대고 축방향으로 압력을 가하면서 가스로 맞댄 부분 주위를 가열하여 용접하는 공법이다.

16 철근이음방법 중 철근을 가열하면서 압력을 가하는 방식으로 모재와 동등한 기계적 강도를 가지며 조직의 성분 변화가 적고 접합강도가 큰 것은?

① 겹침이음
② 가스압접
③ 나사식 이음
④ Cad Welding

해설

문제 15번 해설 참조

17 철근의 가스압접에 관한 설명으로 옳지 않은 것은?

① 이음공법 중 접합강도가 극히 크고 성분원소의 조직변화가 적다.
② 압접공은 작업 대상과 압접 장치에 관하여 충분한 경험과 지식을 가진 자로 책임기술자 승인을 받아야 한다.
③ 가스압접할 부분은 직각으로 자르고 절단면을 깨끗하게 한다.
④ 접합되는 철근의 항복점 또는 강도가 다른 경우에 주로 사용한다.

해설

압접을 하면 안 되는 경우
• 강도가 다른 경우
• 재질이 다른 경우
• 지름의 차이가 6mm를 초과하는 경우

18 철근이음의 종류 중 원형강관 내에 이형철근을 삽입하고 이 강관을 상온에서 압착 가공함으로써 이형철근의 마디와 밀착되게 하는 이음방법은?

① 용접이음
② 슬리브 충전이음
③ 슬리브 압착이음
④ 가스압접이음

해설

철근의 이음
㉠ 겹친이음
㉡ 가스압접
㉢ 용접이음
㉣ 슬리브(기계적 이음)
　• 슬리브 압착 : 슬리브에 철근을 넣고 슬리브를 압착시키는 것
　• 슬리브 충진 : 슬리브에 철근을 넣고 약품이나 주입재를 넣어 이음하는 공법
　• 그립조인트 : 슬리브에 철근을 넣고 한쪽부터 밀어가면서 압착시키는 공법
　• Cad-welding : 슬리브에 철근을 넣고 화약을 넣고 폭발시켜 이음하는 공법
　• 나사이음 : 슬리브를 볼트 너트 형상으로 만들며 거기에 철근을 연결하여 이음하는 공법

19 철근의 정착 위치에 대한 설명 중 옳지 않은 것은?

① 기둥의 주근은 기초에 정착한다.
② 보의 주근은 기둥에 정착한다.
③ 작은보의 주근은 큰보에 정착한다.
④ 지중보의 주근은 바닥판에 정착한다.

해설

철근의 정착
• 기둥의 주근 : 기초
• 보의 주근 : 기둥
• 지중보 : 기초 또는 기둥
• 벽철근 : 기둥, 보 또는 바닥판
• 바닥철근 : 보 또는 벽체

20 철근의 정착 위치에 대한 설명으로 옳지 않은 것은?

① 기둥의 주근은 기초에 정착한다.
② 보의 주근은 기둥에 정착한다.
③ 직교하는 단부 보 밑에 기둥이 없을 때에는 벽체에 정착한다.
④ 벽철근은 기둥, 보, 기초 또는 바닥판에 정착한다.

철근의 정착

직교하는 단부 보 밑에 기둥이 없을 때는 보와 보에 상호간 정착한다.

21 철근의 배근방법에 대한 설명으로 옳지 않은 것은?

① 기둥 주근의 이음은 층높이의 2/3 하부에 둔다.
② 띠철근은 주근을 세우고 거푸집을 짜기 전에 배근 결속한다.
③ 벽은 먼저 한쪽 거푸집을 짜고 철근조립을 완료한 후 다른 편의 거푸집을 짠다.
④ 벽의 세로철근의 하부는 바닥판에, 상부는 기둥에 깊이 정착한다.

벽철근

벽 세로근의 하부는 지중보, 바닥판에 정착시키고, 상부근은 보에 깊이 정착하고, 간격은 수직으로 일정하게 유지되도록 한다.

22 철근콘크리트구조의 철근공사와 관련된 내용으로 옳지 않은 것은?

① 기둥의 주근은 기초에, 바닥철근은 보 또는 벽체에 정착시킨다.
② 기둥에서의 철근 피복두께는 콘크리트 표면에서 기둥주근 표면까지의 길이이다.
③ 철근의 이음에서 겹침이음은 용접이음에 비해 응력전달의 효과가 낮다.
④ 나선철근이란 기둥의 주철근을 연속으로 감싸는 철근으로서 주로 원형 단면에 사용한다.

피복두께

콘크리트 표면에서 주근표면까지의 거리가 아닌 첫 번째 나오는 철근의 표면까지의 거리이다. 그러므로 기둥에서는 주근이 아닌 대근의 표면까지의 거리, 보에서는 스트럽 철근의 표면까지의 거리가 피복두께가 된다.

23 철근의 피복에 대하여 옳게 설명한 것은?

① 철근을 피복하는 목적은 내구성 및 내화성을 유지하기 위해서이다.
② 보의 피복두께는 보의 주근의 외면에서 콘크리트 표면까지의 두께를 말한다.
③ 기둥의 피복두께는 기둥주근의 외면에서 콘크리트 표면까지의 두께를 말한다.
④ 옥외에 면하는 치장 콘크리트의 피복두께는 특별한 지시가 없을 경우 보통의 피복두께보다 감소시킨다.

문제 22번 해설 참조

24 철근콘크리트 구조의 기둥과 보에 대한 피복두께는 콘크리트 표면에서 어느 철근의 외면까지의 길이를 말하는가?(단, 띠철근과 스터럽을 사용하는 경우)

① 기둥＝주근, 보＝주근
② 기둥＝주근, 보＝스터럽
③ 기둥＝띠철근, 보＝주근
④ 기둥＝띠철근, 보＝스터럽

문제 22번 해설 참조

25 철근콘크리트공사에서 철근의 피복을 하는 목적과 가장 거리가 먼 것은?

① 내화성 확보
② 내구성 확보
③ 콘크리트 타설시의 유동성 확보
④ 동해 방지

피복두께 목적

철근의 피복두께를 두는 목적은 내구성 · 내화성 · 시공성을 확보하기 위함이다.

정답 21 ④ 22 ② 23 ① 24 ④ 25 ④

26 철근콘크리트조 건물의 철근공사 배근순서로 옳은 것은?

① 기둥 → 벽 → 보 → 슬래브
② 벽 → 기둥 → 슬래브 → 보
③ 벽 → 기둥 → 보 → 슬래브
④ 기둥 → 벽 → 슬래브 → 보

해설

조립순서
• RC조 : 기초 → 기둥 → 벽 → 보 → 슬래브 → 계단
• SRC : 기초 → 기둥 → 보 → 벽 → 슬래브 → 계단

27 철근콘크리트 구조물에서 철근 조립순서로 옳은 것은?

① 기초철근 → 기둥철근 → 보철근 → 슬래브철근 → 계단철근 → 벽철근
② 기초철근 → 기둥철근 → 벽철근 → 보철근 → 슬래브철근 → 계단철근
③ 기초철근 → 벽철근 → 기둥철근 → 보철근 → 슬래브철근 → 계단철근
④ 기초철근 → 벽철근 → 보철근 → 기둥철근 → 슬래브철근 → 계단철근

헤설

철근 공사 배근 순서
기초 – 기둥 – 벽 – 보 – 바닥판 – 계단

28 슬래브에서 4변 고정인 경우 철근배근을 가장 많이 하여야 하는 부분은?

① 단변방향의 주간대   ② 단변방향의 주열대
③ 장변방향의 주간대   ④ 장변방향의 주열대

해설

슬래브 철근 배근
슬래브 철근 배근시 주근 방향인 단변방향의 단부가 가장 큰 힘을 받으므로 그 부분에 철근량이 가장 많이 배근되어야 한다.

29 콘크리트의 거푸집 공법의 발전방향으로 옳지 않은 것은?

① 거푸집의 대형화
② 설치의 단순화를 위한 유닛(Unit)화
③ 부재의 경량화 및 단면설계의 효율화
④ 전용횟수 감소

해설

폼 타이
폼 타이는 세퍼레이터와 같이 사용하여 거푸집이 벌어지는 것을 방지한다.

30 철근콘크리트 공사 중 거푸집이 벌어지지 않게 하는 긴장재는?

① 세퍼레이터   ② 스페이서
③ 폼 타이   ④ 인서트

해설

격리재(Separator)
거푸집 상호 간의 간격 유지, 측벽 두께를 유지하기 위하여 설치

31 콘크리트 거푸집공사에서 세퍼레이터(Separator)를 사용하는 목적으로 옳은 것은?

① 거푸집과 거푸집의 간격을 바르게 유지하고 변형을 막아준다.
② 철근의 간격을 바르게 유지한다.
③ 거푸집널을 지지하여 그 하중을 멍에 장선 및 띠장받이에 전달한다.
④ 거푸집 제거를 편리하게 하기 위해 사용한다.

해설

거푸집 고려사항
전용성 증가, 대형화(시스템화), 경량화, 프리패브화

32 철근콘크리트 공사 중 거푸집이 벌어지지 않게 하는 긴장재는?

① 세퍼레이터(Separator)
② 스페이서(Spacer)
③ 폼 타이(Form tie)
④ 인서트(Insert)

[해설]

거푸집 부속재료
- 격리재(Separator) : 거푸집 상호 간의 간격 유지, 측벽 두께를 유지하기 위하여 설치
- 긴장재(Form Tie) : 거푸집이 벌어지거나 우그러들지 않게 연결 고정하는 것
- 간격재(Spacer) : 철근과 거푸집, 철근과 철근의 간격유지
- 박리재(Form Oil) : 콘크리트와 거푸집의 박리를 용이하게 하는 것

33 콘크리트를 부어 넣은 후 거푸집의 탈형을 용이하게 하기 위해 미리 거푸집 면에 도포하는 약제를 무엇이라고 하는가?

① 혼화제   ② 경화제
③ 도포제   ④ 박리제

[해설]

문제 32번 해설 참조

34 콘크리트 거푸집용 박리제 사용 시 주의사항으로 옳지 않은 것은?

① 거푸집 종류에 상응하는 박리제를 선택·사용한다.
② 박리제 도포 전에 거푸집면의 청소를 철저히 한다.
③ 거푸집뿐만 아니라 철근에도 도포하도록 한다.
④ 콘크리트 색조에 영향이 없는지를 시험한다.

[해설]

거푸집 박리제
동식물유, 중유, 아마유, 파라핀, 합성수지 등이 사용되며 시공 시 유의사항은 다음과 같다.

- 거푸집 종류에 상응한 박리제를 선택 사용
- 박리제의 도포 전에 거푸집면의 청소 철저
- 균일하며 적정량의 박리제 도포
- 금속제 거푸집의 방청제가 굳어지면서 건조 피막이 형성되지 않도록 유의
- 콘크리트 타설 시 거푸집의 온도, 탈형시간 준수
- 철근에 묻지 않도록 유의
- 콘크리트 색조에 영향이 없는지를 시험 후 사용

35 다음 거푸집 공사에 관한 설명 중 옳지 않은 것은?

① 거푸집 존치기간은 시멘트의 종류, 기온, 천후, 보양 등의 상태에 따라 다르다.
② 거푸집 강도를 계산 시 콘크리트 중량, 작업 및 충격하중을 적용한다.
③ 거푸집 공사에 사용되는 격리재(Separator)는 거푸집 해체 시 콘크리트에서 잘 떨어지도록 하기 위한 것이다.
④ 벽체나 기둥 거푸집에 작용하는 콘크리트의 측압은 일정 높이 이상되면 상승하지 않는다.

[해설]

문제 32번 해설 참조

36 바닥판, 보 밑 거푸집 설계에서 고려하는 하중과 가장 거리가 먼 것은?

① 아직 굳지 않은 콘크리트의 중량
② 작업하중
③ 충격하중
④ 측압

[해설]

거푸집 설계(고려하중)
- 수평거푸집 : 생콘크리트 중량, 작업하중, 충격하중
- 수직거푸집 : 생콘트리트 중량, 측압

정답 32 ③ 33 ④ 34 ③ 35 ③ 36 ④

37 바닥판 거푸집 설계 시 고려하여야 할 하중들로 짝지어진 것은?

[보기]
ㄱ 생콘크리트의 중량   ㄴ 작업하중
ㄷ 생콘크리트의 측압   ㄹ 충격하중

① ㄱ-ㄴ-ㄷ   ② ㄱ-ㄷ-ㄹ
③ ㄱ-ㄴ-ㄹ   ④ ㄴ-ㄷ-ㄹ

[해설]
문제 36번 해설 참조

38 거푸집의 안정성 검토 시 고려되어야 할 사항에 대한 설명 중 옳지 않은 것은?

① 수직하중은 고정하중+충격하중+작업하중을 검토해야 한다.
② 수평하중은 풍압, 콘크리트 타설방향에 따른 편심하중 등으로 그 값을 정확히 예상하기 어렵다.
③ 측압 관련 요인 중 콘크리트의 비중이 낮을수록 측압은 크게 된다.
④ 일반적으로 허용처짐량은 절대처짐량으로 하고 추가처짐을 고려할 수 있다.

[해설]
거푸집의 측압이 증가되는 원인
비중이 클 경우, 슬럼프값이 크고 부배합일 경우, 벽두께가 클 경우, 부어 넣는 속도가 빠를 경우, 시공연도가 크고, 진동기를 사용할 경우, 철근량이 적을 경우 등이 있다.

39 다음 중 거푸집 측압에 영향을 주는 요소로 가장 거리가 먼 것은?

① 거푸집 표면의 평판도
② 콘크리트 타설 속도
③ 시멘트의 종류
④ 철근의 종류

[해설]
문제 38번 해설 참조

40 거푸집에 작용하는 콘크리트의 측압에 끼치는 영향요인과 가장 거리가 먼 것은?

① 거푸집의 강성
② 콘크리트 타설속도
③ 기온
④ 콘크리트의 강도

[해설]
문제 38번 해설 참조

41 콘크리트 측압에 대한 설명 중 옳지 않은 것은?

① 거푸집에 가해지는 콘크리트의 수평방향의 압력을 의미한다.
② 타설된 콘크리트 윗면으로부터 최대 측압면까지의 거리를 콘크리트 헤드(Concrete Head)라 한다.
③ 온도가 높을수록 측압은 크다.
④ 부배합이 빈배합보다 측압이 크다.

[해설]
콘크리트 측압
콘크리트가 경화가 진행되면 측압은 작아진다. 그러므로 외기온도가 높을수록 측압은 감소된다.

42 콘크리트 측압에 영향을 주는 요인에 관한 설명으로 틀린 것은?

① 콘크리트 타설 속도가 빠를수록 측압이 크다.
② 묽은 콘크리트일수록 측압이 크다.
③ 철골 또는 철근량이 많을수록 측압이 크다.
④ 진동기를 사용하여 다질수록 측압이 크다.

[해설]
거푸집의 측압이 증가되는 원인
슬럼프값이 크고 부배합일 경우, 벽두께가 클 경우, 부어 넣는 속도가 빠를 경우, 시공연도가 크고, 진동기를 사용할 경우, 철근량이 적을 경우 등이 있다.

43 거푸집 측압에 관한 설명으로 옳지 않은 것은?

① 콘크리트의 슬럼프가 클수록 측압은 크다.
② 기온이 높을수록 측압은 작다.
③ 콘크리트가 빈배합일수록 측압은 크다.
④ 콘크리트의 타설높이가 높을수록 측압은 크다.

해설

문제 42번 해설 참조

44 콘크리트 헤드(Concrete Head)에 대해 옳게 설명한 것은?

① 콘크리트 타설 윗면에서부터 최하부면까지의 거리
② 콘크리트 타설 윗면에서부터 최대측압이 생기는 지점까지의 거리
③ 콘크리트 타설 윗면에서부터 최소측압이 생기는 지점까지의 거리
④ 콘크리트 타설 윗면에서부터 평균측압이 생기는 지점까지의 거리

해설

콘크리트 헤드
수직거푸집에 콘크리트가 경화하기까지 거푸집에 압력이 작용하는데 이를 측압이라 하며, 그중에서 수직 거푸집의 콘크리트 타설 상부에서부터 최대측압이 생기는 수직높이를 콘크리트 헤드라 한다.

45 철근콘크리트 공사에서 거푸집의 조립순서로 옳은 것은?

① 기초 → 기둥 → 내벽 → 큰보 → 작은보 → 바닥 → 외벽
② 기초 → 기둥 → 큰보 → 작은보 → 내벽 → 바닥 → 외벽
③ 기초 → 기둥 → 큰보 → 작은보 → 외벽 → 바닥 → 내벽
④ 기초 → 기둥 → 내벽 → 바닥 → 큰보 → 작은보 → 외벽

해설

거푸집 조립순서
• 기초 – 기둥 – 벽 – 계단 – 보 – 슬래브
• 기초 – 기둥 – 내벽 – 계단 – 보 – 슬래브 – 외벽

46 콘크리트 공사에서 콘크리트의 압축강도를 시험하지 않을 경우 거푸집널의 해체 시기로 옳은 것은?(단, 조강포틀랜드 시멘트를 사용한 기둥으로서 평균 기온이 30℃ 이상인 경우)

① 1일 이상　　　② 2일 이상
③ 3일 이상　　　④ 4일 이상

해설

수직재 거푸집 존치기간
기초, 보 옆, 기둥 및 벽 거푸집널
• 콘크리트 압축강도 5MPa 이상일 때
• 평균기온 10℃ 이상일 때는 아래 표와 같다.

평균기온 시멘트의 종류	20℃ 이상	20℃ 미만 10℃ 이상
조강 포틀랜드 시멘트	2	3
보통 포틀랜드 시멘트 고로슬래그시멘트(1종) 포틀랜드포졸란시멘트(1종) 플라이애쉬시멘트(1종)	4	6
고로슬래그시멘트(2종) 포틀랜드포졸란시멘트(2종) 플라이애쉬시멘트(2종)	5	8

47 시스템 거푸집이 아닌 것은?

① 갱 폼　　　② 터널 폼
③ 우레탄 폼　　　④ 슬립 폼

해설

우레탄 폼
액체 상태의 폴리올(Polyol)과 이소시아네이트(Isocya-nate)라는 두 화학물질을 섞은 후 발포제를 넣어서 만드는 화학물질로서 불에 잘 타는 가연성을 지녔고, 불이 붙으면 일산화탄소(CO)·시안화수소(HCN) 같은 각종 유독가스를 내뿜는 특징이 있어 많은 양이 인체에 유입될 경우 생명까지 위협하는 치명적인 피해를 끼친다. 주로 열을 차단하는 단열재나 소리를 흡수시키는 방음재 등으로 쓰인다.

48 시스템 거푸집의 종류로 잘못 짝지어진 것은?

① 무지주공법 – 페코빔(Pecco Beam)
② 바닥판공법 – W식 거푸집
③ 벽체 전용 시스템 거푸집 – 갱폼(Gang Form)
④ 벽체+바닥전용 시스템 거푸집 – 플라잉폼(Flying Form)

해설

일체식 거푸집
테이블폼, 플라잉 폼이라고도 하며 거푸집 널, 장선, 멍에, 서포트 등을 일체로 제작한 바닥전용거푸집이다.

49 다음 중 갱폼(Gang Form)에 대한 설명으로 옳지 않은 것은?

① 주로 타워크레인 등의 시공장비에 의해 한번에 설치하고 탈형한다.
② 초기 세팅기간은 약 1일 정도로 타 거푸집에 비하여 소요일수가 적다.
③ 전용 횟수는 30~40회 정도이다.
④ 제치장 콘크리트인 경우 가설 비계공사를 하지 않아도 된다.

해설

갱폼(Gang Form)의 특징
• 시공능률 향상
• 노동력 절감 및 공기단축
• 초기 투자비가 재래식보다 높다.
• 양중장치를 필요로 하나 소형도 가능
• 제작장소 및 해체 후 보관장소 필요

50 사용할 때마다 부재의 조립, 분해를 반복하지 않아 벽식구조인 아파트 건축물에 적용효과가 큰 대형 벽체거푸집은?

① Gang Form
② Sliding Form
③ Air Tube Form
④ Traveling Form

해설

갱폼
옹벽, 아파트 측벽 등과 같이 요철이 많고 대형 벽체 등에 사용되는 거푸집이다.

51 철근콘크리트 공사에 사용되는 거푸집 중 갱폼(Gang Form)의 특징으로 틀린 것은?

① 기능공의 기능도에 따라 시공 정밀도가 크게 좌우된다.
② 대형 장비가 필요하다.
③ 초기 투자비가 과다하다.
④ 거푸집의 대형화로 이음부위가 감소한다.

해설

갱폼(Gang Form)의 특징
• 시공능률 향상
• 노동력 절감 및 공기단축
• 초기 투자비가 재래식보다 높다.
• 양중장치를 필요로 하나 소형도 가능
• 제작장소 및 해체 후 보관장소 필요

52 거푸집 공사에서 사용할 때마다 작은 부재의 조립, 분해를 반복하지 않고 대형화·단순화 하여 한번에 설치하고 해체하는 벽체용 거푸집의 명칭은?

① 슬라이딩 폼(Sliding Form)
② 갱 폼(Gang Form)
③ 플라잉 폼(Flying Form)
④ 유로 폼(Euro Form)

해설

갱폼
거푸집공사에서 작은 부재를 사용하지 않고 대형부재를 사용하여 조립해체가 용이하고 특수한 모양을 만들 수 있는 벽 전용거푸집으로 양중장비가 필요하다.

53 클라이밍 폼의 특징에 대한 설명으로 옳지 않은 것은?

① 고소작업 시 안전성이 높다.
② 거푸집 해체 시 콘크리트에 미치는 충격이 적다.
③ 초기투자비가 적은 편이다.
④ 비계설치가 불필요하다.

해설

클라이밍 폼
벽체용 거푸집으로 갱폼에 거푸집 설치를 위한 비계틀과 기 타설된 콘크리트의 마감작업용 비계를 일체로 조립 제작한 거푸집을 말하며 한꺼번에 거푸집과 비계를 인양시켜 조립 해체가 가능한 공법이다.
• 대형 양중장비가 필요
• 설치 및 해체비용 절감
• 거푸집의 전용횟수 증가
• 외부 마감공사 동시 진행 가능

54 한 구획 전체의 벽판과 바닥판을 ㄱ자형 또는 ㄷ자형으로 써서 이동식 거푸집으로 이용되는 거푸집 명칭은?

① 터널 거푸집
② 유로 거푸집
③ 갱 거푸집
④ 와플 거푸집

해설

터널 거푸집
터널 거푸집은 APT, 병원 등 동일한 Unit이 반복되는 곳에 사용되는 이동식 거푸집이다.

55 슬라이딩 폼(Sliding Form)의 특성에 대한 설명 중 옳지 않은 것은?

① 공기를 단축할 수 있다.
② 내·외의 비계발판이 필요 없다.
③ 콘크리트의 일체성을 확보하기 어렵다.
④ 사일로(Silo) 공사에 많이 이용된다.

해설

슬라이딩 폼(Sliding Form)
• 거푸집 높이가 약 1m(내외 비계발판이 필요 없다.)
• 하부가 약간 벌어진 원형철판 거푸집을 요크(Yoke)로 서서히 끌어올린다.
• 사일로, 굴뚝공사 등에 적합하다.
• 돌출부가 있을 때 사용할 수 없다.(일체성 확보)
• 공기가 약 1/3 단축된다.(소요경비 절감)
• 기계의 고장이나 정지가 없어야 하고, 강우나 주야를 불구하고 중단할 수 없다.

56 슬라이딩 폼(Sliding Form)에서 거푸집을 일정한 속도로 계속 끌어올리는 장치의 명칭은?

① 요크(York)
② 메탈(Metal)
③ 유로(Euro)
④ 워플(Waffle)

해설

슬라이딩 폼
슬라이딩 폼은 사일로와 같이 돌출부가 없는 구조물에서 콘크리트를 연속적으로 이동시키면서 콘트리트를 타설하여 구조물을 시공하는 거푸집으로 요크라는 인양기구를 이용, 거푸집을 끌어올린다.

57 거푸집공사에서 사용되는 트래블링 폼(Traveling Form)에 대한 설명으로 옳지 않은 것은?

① 거푸집을 이동시키면서 콘크리트를 연속적으로 타설한다.
② 공기단축이 가능하며 시공정밀도가 우수하다.
③ 수평적으로는 연속된 구조물에 적용한다.
④ 초기 투자비가 적게 들어 경제적이다.

해설

트래블링 폼
수평활동 거푸집이며, 거푸집 전체를 그대로 해체하여 다음 사용 장소로 이동시켜 사용할 수 있게 한 거푸집이다. 초기 투자비가 증가하지만 조립 해체가 적어 공기단축이 가능하다.

58 바닥전용 거푸집으로서 거푸집판, 장선, 멍에, 서포트 등을 일체로 제작하여 수평, 수직방향으로 이동하는 거푸집은?

① 플라잉 폼   ② 클라이밍 폼
③ 터널 폼   ④ 트래블링 폼

> 해설
>
> **일체식 거푸집**
> 테이블 폼, 플라잉 폼이라고도 하며 거푸집 널, 장선, 멍에, 서포트 등을 일체로 제작한 바닥전용거푸집이다.

59 무량판 구조 혹은 평판구조에 사용되는 특수 상자 모양의 기성재 거푸집으로 우물반자의 형식으로 되어 있는 것은?

① 클라이밍 폼(Climbing Form)
② 와플 폼(Waffle Form)
③ 트래블링 폼(Traveling Form)
④ 유로 폼(Euro Form)

> 해설
>
> **와플 폼**
> 무량판 구조 또는 평판 구조에서 특수상자 모양의 기성재 거푸집으로 크기는 60~90cm, 각 높이는 9~18cm이고 모서리는 둥그스름하게 되어 있어 장선 바닥판 구조를 만들 수 있다.

60 거푸집에 관한 설명으로 틀린 것은?

① 터널 거푸집은 한 구획 전체의 벽판과 바닥면을 ㄱ자형, ㄷ자형으로 견고하게 짜고 이동 설치가 용이하다.
② 와플 거푸집은 옹벽, 피어 등의 특수 거푸집으로 고안된 것이다.
③ 메탈 폼은 철판, 앵글 등을 써서 패널로 제작된 철제 거푸집이다.
④ 슬라이딩 폼은 돌출부가 없는 사일로 등에 사용되며 공기는 약 1/3 정도 단축 가능하다.

> 해설
>
> **와플 폼**
> 와플 폼은 무량판식 구조에서 Dame Pan이라는 기성재 특수거푸집으로 제작한 2방향 장선 슬래브를 만드는 거푸집이다.

61 사무실 용도의 건물에서 철골구조의 슬래브 바닥재로 일반적으로 사용되는 것은?

① 데크 플레이트   ② 커버 플레이트
③ 거싯 플레이트   ④ 베이스 플레이트

> 해설
>
> **데크 플레이트**
> 철골조, 철골철근콘크리트조 등에 데크 플레이트를 걸쳐 대고 철근 배근 후 콘크리트 타설하는 데 사용되는 골형판

62 무지보공 거푸집에 관한 설명으로 옳지 않은 것은?

① 하부공간을 넓게 하여 작업공간으로 활용할 수 있다.
② 슬래브(Slab) 동바리의 감소 또는 생략이 가능하다.
③ 트러스 형태의 빔(Beam)을 보거푸집 또는 벽체 거푸집에 걸쳐 놓고 바닥판 거푸집을 시공한다.
④ 층고가 높을 경우 작용이 불리하다.

> 해설
>
> **거푸집 – 무지주 공법**
> • 하부의 작업공간 확보
> • 층고가 높고 큰 스팬에 유리
> • 스팬이 일정한 경우는 보우 빔, 스팬의 조절이 필요한 경우 페코 빔 사용
> • 구조적 안정성 확보

63 포틀랜드 시멘트를 구성하는 주원료는?

① 석회암과 점토　　② 화강암과 점토
③ 응회암과 점토　　④ 안산암과 점토

해설

시멘트 제조
시멘트는 석회석과 점토를 4 : 1의 비율로 섞어서 만든 것을 주원료로 한다.

64 다음 중 시멘트의 주성분이 아닌 것은?

① 실리카　　　　② 염화칼슘
③ 산화철　　　　④ 석회

해설

시멘트의 성분

종류＼성분	실리카 (SiO₂)	알루미나 (Al₂O₃)	석회 (CaO)	산화철 (Fe₂O₃)	산화마그네슘 (MgO)	무수황산 (SO₃)
보통 포틀랜드 시멘트	21~23	4~6	63~66	3~4	1~2	1~1.6
조강 포틀랜드 시멘트	20~22	4~6	65~67	2~3	1~2	1~1.7
중용열 포틀랜드 시멘트	23~24	4~6	63~65	4~5	1~2	1~1.4

65 포틀랜드시멘트 화학성분 중 1일 이내 수화를 지배하며 응결이 가장 빠른 것은?

① 알루민산 3석회　　② 알루민산철 4석회
③ 규산 3석회　　　　④ 규산 2석회

해설

시멘트의 성분
• 규산 이석회(2CaO · SiO₂)
• 규산 삼석회(3CaO · SiO₂)

• 알루민산 삼석회(3CaO · Al₂O₃)
• 알루민산철 사석회(4CaO · Al₂O₃ · Fe₂O₃)
※ 응결속도 : 알루민산 삼석회＞규산 삼석회＞규산 이석회

66 다음 시멘트 중 혼합시멘트에 해당하지 않는 것은?

① 고로시멘트
② 포틀랜드포졸란시멘트
③ 플라이애쉬시멘트
④ 조강포틀랜드시멘트

해설

혼합시멘트
플라이애쉬 시멘트, 고로슬래그시멘트, 포졸란시멘트

67 다음 시멘트의 종류 중 내화성과 급결성이 가장 큰 시멘트는?

① 보통 포틀랜드 시멘트
② 고로 시멘트
③ 실리카 시멘트
④ 알루미나 시멘트

해설

알루미나 시멘트
• 조기강도가 크고 수화열이 높다.
• 화학작용에 대한 저항이 크다.
• 수축이 적고 내화성이 크다.
• 동절기 공사, 해수공사, 긴급 공사 등에 적합하다.

68 고로시멘트의 특징이 아닌 것은?

① 건조수축이 현저하게 적다.
② 화학저항성이 높아 해수 등에 접하는 콘크리트에 적합하다.
③ 수화열이 적어 매스콘크리트에 유리하다.
④ 장기간 습윤보양이 필요하다.

정답 　63 ①　64 ②　65 ①　66 ④　67 ④　68 ①

고로시멘트
- 초기강도는 낮으나 장기강도가 크다.
- 장기양생이 필요하다.
- 화학저항성이 높아 해수, 공장폐수, 하수 등에 접하는 콘크리트에 적합하다.
- 수화열이 적어 매스콘크리트에 적합하다.
- 건조수축이 많아 시공에 유의하며, 충분한 양생을 하여야 한다.

69 콘크리트용 재료 중 시멘트에 관한 설명으로 틀린 것은?

① 중용열포틀랜드시멘트는 수화작용에 따르는 발열이 적기 때문에 매스콘크리트에 적당하다.
② 조강포틀랜드시멘트는 조기강도가 크기 때문에 한중콘크리트공사에 주로 쓰인다.
③ 알칼리 골재반응을 억제하기 위한 방법으로써 내황산염포틀랜드시멘트를 사용한다.
④ 조강포틀랜드시멘트를 사용한 콘크리트의 7일 강도는 보통포틀랜드시멘트를 사용한 콘크리트의 28일 강도와 거의 비슷하다.

내황산염포틀랜드 시멘트
바닷물이나 황산염을 포함하는 토양에 접하는 콘크리트에 사용하는 시멘트. 칼슘 알루미네이트의 함유량을 낮게 억제한다.

70 실리카 시멘트(Silica Cement)의 특징으로 옳지 않은 것은?

① 초기강도는 크나, 장기강도는 감소한다.
② 화학적 저항성이 크고 내수성이 크다.
③ 알칼리 골재반응에 의한 팽창의 억제에 유리하다.
④ 블리딩이 감소하고, 워커빌리티를 증가시킬 수 있다.

실리카 시멘트
초기강도는 작고 장기강도가 크다.

71 실리카 퓸 시멘트(Silica Fume Cement)의 특징으로 옳지 않은 것은?

① 초기강도는 크나, 장기강도는 감소한다.
② 화학적 저항성 증진효과가 있다.
③ 시공연도 개선효과가 있다.
④ 재료분리 및 블리딩이 감소한다.

실리카 퓸
실리콘 혹은 페로 실리콘 등의 규소합금의 제조시에 발생하는 폐가스를 집진하여 얻어지는 부산물의 일종으로 비정질의 이산화규소 SiO_2를 주성분으로 하는 초미립자를 말한다. 콘크리트에 사용하면 조기강도는 낮아지고 장기강도는 증가한다.

72 시멘트의 종류 중 조기강도가 아주 크므로 긴급공사 등에 많이 쓰이며 해안공사, 동기공사에 적합한 것은?

① 보통 포틀랜드 시멘트
② 알루미나 시멘트
③ 고로 시멘트
④ 실리카 시멘트

경화순서
알루미나 > 조강 > 보통 > 고로 > 중용열

73 다음 시멘트 중 시멘트 분말의 비표면적이 가장 큰 것은?

① 보통 포틀랜드 시멘트
② 중용열 포틀랜드 시멘트
③ 조강 포틀랜드 시멘트
④ 백색 포틀랜드 시멘트

정답 69 ③ 70 ① 71 ① 72 ② 73 ③

시멘트 분말도(비표면적 : cm²/g)

시멘트 종류	비표면적 : cm²/g
보통 포틀랜드 시멘트	3,250
조강 포틀랜드 시멘트	4,340
중용열 포틀랜드 시멘트	3,180
초조강 포틀랜드 시멘트	5,720
고로시멘트 B종	3,790
실리카 시멘트 A종	4,080
플라이애쉬 B종	3,470

74 시멘트의 분말도를 나타내는 것은?

① 조립률(FM : Fineness Modulus)
② 수경률(HM : Hydration Modulus)
③ 브레인치(Blaine Fineness)
④ 슬럼프치(Slump)

해설

시멘트 품질시험
• 비중시험 : 르 샤텔리에 비중병
• 응결시험 : 비이카 장치, 길모아 장치
• 분말도 시험 : 마노미터액(브레인법)
• 강도시험 : 공시체
• 안정성시험 : 오토클레이브 양생기

75 시멘트 품질을 확인하기 위한 시험방법으로 가장 거리가 먼 것은?

① 강도시험   ② 분말도시험
③ 안정성시험   ④ 입도시험

해설

문제 74번 해설 참조

76 시멘트의 비표면적을 나타내는 것은?

① 조립률(FM : Fineness Modulus)
② 수경률(HM : Hydration Modulus)
③ 분말도(Fineness)
④ 슬럼프치(Slump)

시멘트 분말도(비표면적 : cm²/g)
시멘트 분말도는 입자의 작은 정도를 나타내는 것으로 분말도가 크다는 것은 입자가 작고 비표면적이 크다는 뜻이다.

77 시멘트 분말도 시험방법이 아닌 것은?

① 플로우시험법   ② 체분석법
③ 피크노메타법   ④ 브레인법

해설

플로우시험
콘크리트의 시공연도나 반죽질기를 시험하는 방법이며 이 외에도 슬럼프시험, 다짐계수시험, 비비(vee-bee)시험, 관입시험, 드롭테이블시험, 리몰딩시험 등이 있다.

78 시멘트의 응결에 대한 설명으로 옳지 않은 것은?

① 분말도가 큰 시멘트는 블리딩을 감소시킨다.
② 물-시멘트비(W/C)가 낮을수록 응결속도가 느리다.
③ 시멘트가 풍화되면 응결속도가 늦어진다.
④ 분말도가 큰 시멘트는 비표면적이 증대된다.

해설

시멘트의 응결
시멘트는 물-시멘트비가 낮을수록, 온도가 높을수록, 습도가 낮을수록, 분말도가 클수록 응결이 빠르다.

79 시멘트의 각종 시험방법과 기구가 서로 옳게 연결된 것은?

① 비중 시험 - 길모아 장치
② 분말도 시험 - 비이카침 장치
③ 응결시험 - 로스앤젤레스 시험기
④ 안정성 시험 - 오토클레이브 양생기

해설

시멘트 품질시험
- 비중시험 : 르 샤텔리에 비중병
- 응결시험 : 비이카 장치, 길모아 장치
- 분말도시험 : 마노미터액
- 강도시험 : 공시체
- 안정성시험 : 오토클레이브 양생기

80 시멘트 품질을 확인하기 위한 시험방법으로 가장 거리가 먼 것은?

① 비중시험
② 분말도시험
③ 안정성시험
④ 입도시험

해설

문제 79번 해설 참조

81 콘크리트용 골재로서 요구되는 성질에 대해 설명한 것으로 옳지 않은 것은?

① 콘크리트의 입형은 가능한 한 편평, 세장하지 않을 것
② 골재의 강도는 경화시멘트페이스트의 강도를 초과하지 않을 것
③ 입도는 조립에서 세립까지 연속적으로 균등히 혼합되어 있을 것
④ 골재는 시멘트페이스트와의 부착이 강한 표면구조를 가져야 할 것

해설

골재의 품질
골재의 강도는 시멘트 풀 이상의 강도여야 하며, 입도와 입형이 좋아야 하고, 재료분리가 일어나지 않으며 유기불순물을 함유하고 있지 않아야 한다.

82 보통 콘크리트용 부순 골재의 원석으로서 가장 적합하지 않은 것은?

① 현무암
② 응회암
③ 안산암
④ 화강암

해설

쇄석골재
암석을 부수어 만든 쇄석골재는 안산암, 현무암, 화강암 등이 사용된다.

83 일반적으로 좋은 암석을 사용한 깬자갈 콘크리트의 이용에 있어 최대 결점은?

① 압축강도 저하
② 시공연도 불량
③ 골재 입자 간 부착강도 저하
④ 흡수율 증대

해설

쇄석
쇄석은 천연골재에 비하여 입형이 좋지 않아 시공연도가 저하되는 결점이 있으나 부착력이 좋아 강도는 증가된다.

84 콘크리트 골재에 대한 설명으로 옳지 않은 것은?

① 골재의 강도는 시멘트 페이스트의 강도 이상이 되어야 한다.
② 골재의 비중이 클수록 단위용적중량이 크다.
③ 잔골재의 부피는 흡수율에 관계없이 일정하다.
④ 좋은 입형의 골재는 정육면체나 구형에 가까워 공극률이 작다.

해설

잔골재부피와 함수율
잔골재는 습윤상태와 절건상태의 부피가 같으며 이를 이너데이트 상태라 하고, 함수율이 5~8%일 때 부피가 최대가 되는데 이런 현상을 샌드벌킹이라 한다.

85 콘크리트 골재에 요구되는 특성으로 옳지 않은 것은?

① 골재의 입형은 편평, 세장하거나 예각으로 된 것은 좋지 않다.
② 충분한 수분의 흡수를 위하여 굵은골재의 공극률은 큰 것이 좋다.
③ 골재의 강도는 경화 시멘트페이스트의 강도 이상이어야 한다.
④ 입도는 조립에서 세립까지 균등히 혼합되게 한다.

해설

골재의 품질
• 골재의 강도는 시멘트 풀 이상의 강도여야 하며, 입도와 입형이 좋아야 하고, 재료분리가 일어나지 않으며 유기불순물을 함유하고 있지 않아야 한다.
• 골재의 입도는 크기를 나타내거나 크고 작음이 잘 섞여있는 정도로, 입도가 크거나 좋으면 실적율이 좋아져서 내부 공극이 적어진다.
• 골재는 공극이 적어야 시멘트양도 줄고 물의 양도 줄어들어 콘크리트 품질이 좋아진다.

86 콘크리트용 골재의 품질에 관한 설명으로 옳지 않은 것은?

① 골재는 청정, 견경하고 유해량의 먼지, 유기불순물이 포함되지 않아야 한다.
② 골재의 입형은 콘크리트의 유동성을 갖도록 한다.
③ 골재는 예각으로 된 것을 사용하도록 한다.
④ 골재의 강도는 콘크리트 내 경화한 시멘트 페이스트의 강도보다 커야 한다.

해설

골재의 입형
콘크리트에 사용되는 골재의 입형은 둥글어야 시공연도가 좋고 표면은 거칠어야 시멘트와의 부착력이 좋아 콘크리트의 품질이 좋아진다.

87 철근콘크리트의 골재로서 해사(바다모래)를 사용할 경우 특히 취해야 할 조치는?

① 잔골재의 혼합비를 많게 한다.
② 충분히 물로 씻어낸다.
③ 조강 포틀랜드 시멘트를 사용한다.
④ 충분히 건조시킨다.

해설

해사 사용 시
해사(바다 모래)를 사용시 모래에 있는 염분이 콘크리트의 중성화, 철근의 부식을 야기시킬 수 있으므로 반드시 물로 씻어 사용하여야 한다.

88 철근 콘크리트용 골재의 성질에 관한 설명 중 틀린 것은?

① 골재의 단위용적질량은 입도가 클수록 크다.
② 골재의 공극률은 입도가 클수록 크다.
③ 계량 방법과 함수율에 의한 중량의 변화는 입경이 작을수록 크다.
④ 완전침수 또는 완전건조 상태의 모래에 있어서는 계량방법에 의한 용적의 변화는 거의 없다.

해설

골재의 입도
골재의 입도는 크기를 나타내거나 크고 작음이 잘 섞여있는 정도로 입도가 크거나 좋으면 실적률이 좋아져서 내부 공극이 적어진다.

89 골재의 실적률이 클 경우 콘크리트에 주는 영향으로 옳지 않은 것은?

① 콘크리트의 투수성이 커진다.
② 콘크리트의 수화발열량을 감소시킨다.
③ 콘크리트의 마모저항성이 커진다.
④ 콘크리트의 건조수축을 감소시킨다.

해설

골재의 실적률
골재의 실적률이 크다는 것은 공극률이 작다는 것이고, 콘크리트의 품질이 좋아진다는 뜻이 된다. 그러므로 콘크리트의 투수성은 작아진다.

정답　85 ②　86 ③　87 ②　88 ②　89 ①

90 보통 콘크리트 공사에서 콘크리트에 포함된 염화물량은 염소 이온량으로서 얼마 이하가 되어야 하는가?

① 0.10kg/m³　　　② 0.20kg/m³
③ 0.30kg/m³　　　④ 0.40kg/m³

해설

허용 염화물량
콘크리트에 포함된 염화물량은 염소 이온량으로 0.3kg/m³ 이하, 잔골재 중량의 0.04% 이하로 규정하고 있다.

91 콘크리트 표준시방서에서 정의하는 일반콘크리트 잔골재의 유해물 함유량 한도에서 염화물(NaCl 환산량)의 허용한도값은?

① 0.02% 이하　　　② 0.04% 이하
③ 0.1% 이하　　　　④ 0.6% 이하

해설

문제 90번 해설 참조

92 골재의 함수상태에 따른 설명으로 옳지 않은 것은?

① 절건상태 : 골재를 100∼110℃의 온도 상태에서 중량 변화가 없어질 때까지 건조하여 골재 속의 모세관 등에 흡수된 수분이 거의 없는 상태
② 기건상태 : 골재를 공기 중에 24시간 이상 건조하여 골재 속에 분이 없는 상태
③ 표건상태 : 내부는 포화상태이나 표면은 수분이 없는 상태
④ 습윤상태 : 골재의 내부는 이미 포화상태이고, 표면에도 수분이 있는 상태

해설

기건상태
공기 중 건조상태라고도 하는데 실내에 방치한 경우 골재 입자의 표면과 내부의 일부가 건조된 상태

93 콘크리트공사에서 골재의 함수상태에서 유효 흡수량이란?

① 표면건조 내부포화상태와 절대건조 상태의 수량의 차이
② 공기 중에서의 건조상태와 표면건조 내부포화 상태의 수량의 차이
③ 습윤상태와 표면건조 내부포화 상태의 수량의 차이
④ 습윤상태와 절대건조 상태와의 수량의 차이

해설

유효 흡수량
표면건조 내부 포수상태의 물의 중량과 기건 상태의 골재 내에 함유된 물의 중량 차

94 골재의 함수상태에 관한 설명으로 옳지 않은 것은?

① 흡수량 : 표면건조내부포화상태 – 절건상태
② 유효흡수량 : 표면건조내부포화상태 – 기건상태
③ 표면수량 : 습윤상태 – 기건상태
④ 함수량 : 습윤상태 – 절건상태

해설

표면수량
습윤상태의 중량과 표면건소 내부포수상태의 중량의 차를 말한다.

95 표면 건조 포화 상태의 잔골재 500g을 건조시켜 기건 상태에서 측정한 결과 460g, 절대 건조 상태에서 측정한 결과 440g이었다. 흡수율(%)은?

① 8%　　　　　② 8.7%
③ 12%　　　　　④ 13.6%

해설

흡수율
$$= \frac{\text{표면건조포화중량} - \text{절건중량}}{\text{절건중량}} \times 100$$
$$= \frac{500 - 440}{440} \times 100 = 13.636\%$$

96 다음과 같은 잔골재 입도곡선 중 조립률이 가장 큰 것은?

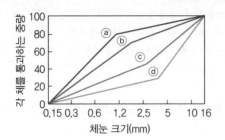

① ⓐ
② ⓑ
③ ⓒ
④ ⓓ

해설

조립률

조립률(FM)은 첫 번째 체에 남는 양이 많은 것은 일반적으로 크므로, 통과량이 적게 시작하는 입도곡선이 조립률이 크다.

97 콘크리트 혼화제 중 AE제를 첨가함으로써 나타나는 결과가 아닌 것은?

① 동결융해 저항성 증대
② 내구성 증진
③ 철근과의 부착강도 증진
④ 압축강도 감소

해설

AE제의 특징

• 수밀성 증대
• 동결융해 저항성 증대
• 워커빌리티 증대
• 재료 분리 감소
• 단위수량 감소
• 블리딩 감소
• 발열량 감소

98 콘크리트 혼화제 중 AE제에 관한 설명으로 옳지 않은 것은?

① 연행공기의 볼베어링 역할을 한다.
② 재료분리와 블리딩을 감소시킨다.
③ 많이 사용할수록 콘크리트의 강도가 증가한다.
④ 경화콘크리트의 동결융해저항성을 증가시킨다.

해설

AE제의 특징

인위적인 공기량을 투입하면 부착강도가 저하되어 콘크리트 압축강도가 저하될 수 있으나 내구성을 향상시키기 위하여 사용된다.

99 AE제, AE감수제 및 고성능 AE감수제를 사용하는 콘트리트의 적정 공기량은 콘크리트 용적 대비 얼마인가?(단, 굵은골재의 최대치수가 20mm이며 환경은 간혹 수분과 접촉하여 결빙이 되면서 제빙화학제를 사용하지 않는 경우)

① 1%
③ 3%
③ 5%
④ 7%

해설

공기량

AE제, AE감수제, 및 고성능 AE감수제를 사용하는 콘크리트의 공기량은 4% 이상, 6% 이하의 값으로서 공사시방서에 따른다. 공사시방서에 정한 바가 없을 때에는 담당원의 지시에 따른다.

100 콘크리트에 AE제를 사용하지 않아도 1~2%의 크고 부정형한 기포가 함유되는데 이 기포의 명칭은?

① 연행공기(Entrained Air)
② 겔공극
③ 잠재공기(Entrapped Air)
④ 모세관공극

해설

공기량
콘크리트 속에 공기는 엔트랩트에어(자연적 함유공기)와 엔트레인드 에어(인위적 함유공기)로 구분된다.

101 콘크리트 중의 공기량에 대한 설명으로 옳지 않은 것은?

① AE제의 혼입량이 증가할수록 공기량은 증가한다.
② 콘크리트의 온도가 높아질수록 공기량은 증가한다.
③ 시멘트의 분말도 및 단위시멘트량이 증가하면 공기량은 감소한다.
④ 슬럼프가 커지면 공기량은 증가한다.

해설

공기량
㉠ 콘크리트 속에 공기는 엔트랩트에어(자연적 함유공기)와 엔트레인드에어(인위적 함유공기)로 구분된다.
㉡ 공기량 1% 증가 시 압축강도는 4% 감소
㉢ 공기량 변화 요인
  • AE제 첨가 시 증가
  • 기계비빔, 비빔시간 3~5분까지 증가
  • 온도가 낮을수록 증가, 진동기 사용 시 감소, 잔모래 사용 시 증가
㉣ AE콘크리트의 최적 공기량은 3~5%

102 콘크리트 중 공기량의 변화에 관한 설명으로 옳은 것은?

① AE제의 혼입량이 증가하면 공기량도 증가한다.
② 시멘트 분말도 및 단위시멘트량이 증가하면 공기량은 증가한다.
③ 잔골재 중에 0.15~0.3mm의 골재가 많으면 공기량은 감소한다.
④ 콘크리트의 온도가 낮으면 공기량은 증가한다.

해설

공기량 변화 요인
• A.E제 첨가 시 증가
• 기계비빔, 비빔시간 3~5분까지 증가
• 진동기 사용 시 감소, 잔모래 사용 시 증가

103 AF제 및 AE공기량에 관한 설명으로 옳지 않은 것은?

① AE제를 사용하면 동결융해저항성이 커진다.
② AE제를 사용하면 골재분리가 억제되고, 블리딩이 감소한다.
③ 공기량이 많아질수록 슬럼프가 증대된다.
④ 콘크리트의 온도가 낮으면 공기량은 적어지고 콘크리트의 온도가 높으면 공기량은 증가한다.

해설

공기량 변화 요인
• AE제 첨가 시 증가
• 기계비빔, 비빔시간 3~5분까지 증가
• 온도가 낮을수록 증가, 진동기 사용 시 감소, 잔모래 사용 시 증가

104 보통 포틀랜드시멘트 경화체의 성질에 관한 설명으로 옳지 않은 것은?

① 응결과 경화는 수화반응에 의해 진행된다.
② 경화체의 모세관수가 소실되면 모세관 장력이 작용하여 건조수축을 일으킨다.
③ 모세관 공극은 물－시멘트비가 커지면 감소한다.
④ 모세관 공극에 있는 수분은 동결하면 팽창되고 이에 의해 내부압이 발생하여 경화체의 파괴를 초래한다.

해설

모세관 공극
물이 골재 등에 의해서 발생되는 모세관현상이 생기고 그 물이 증발하고 나면 생기는 공극을 말한다. 물의 양이 많으면 모세관 공극은 증가하게 된다.

정답　101 ②　102 ①④　103 ④　104 ③

105 무근콘크리트의 동결을 방지하기 위한 목적으로 사용되는 것은?

① 제2산화철 ② 산화크롬
③ 이산화망간 ④ 염화칼슘

해설

염화칼슘(방동제)
방동제는 콘크리트가 얼지 않도록 하는 혼화재료이다.

106 콘크리트를 혼합할 때 염화마그네슘($MgCl_2$)을 혼합하는 이유는?

① 콘크리트의 비빔조건을 좋게 하기 위함이다.
② 방수성을 증가시키기 위함이다.
③ 강도를 증가시키기 위함이다.
④ 얼지 않게 하기 위함이다.

해설

염화마그네슘(방동제)
방동제는 콘크리트가 얼지 않도록 하는 혼화재료이다.

107 다음 중 콘크리트 배합설계 시 사용되는 양을 용적계산에 포함시켜야 하는 혼화재료는?

① A.E제
③ 지연제
② 감수제
④ 포졸란

해설

혼화재료

구분	혼화제	혼화재
배합	무시	고려
성분	화학성분	광물질분말
사용량	소량	다량
종류	• AE제 • 감수제 • 방동제 • 응결지연제 • 촉진제 • 유동화제 등	• 포졸란 • 플라이애쉬 • 고로슬래그 • 착색제

108 혼화재의 일종인 포졸란(Pozzolan)에 대한 설명으로 옳지 않은 것은?

① 시공연도가 좋아지고 재료분리가 적어진다.
② 바닷물에 대한 화학적 저항성이 커진다.
③ 수화작용이 빨라지고 발열량이 증가한다.
④ 수밀성이 좋아지며 장기강도가 증가한다.

해설

포졸란 특징
• 워커빌리티 증진
• 블리딩 감소, 재료분리 감소
• 수밀성 증진
• 초기강도 감소, 장기강도 증가
• 해수, 화학적 저항성 증대
• 발열량 감소
• 건조수축 감소
• 단위수량 증가 우려(입자, 모양, 표면상태가 불량)

109 고로슬래그 미분말을 혼화재로 사용한 콘크리트의 특징에 대한 설명으로 옳지 않은 것은?

① 초기강도가 낮다.
② 블리딩이 적고 유동성이 향상된다.
③ 알칼리 골재반응이 촉진된다.
④ 콘크리트의 온도상승 억제효과가 있다.

해설

고로슬래그
고로슬래그 혼화재는 포졸란 반응을 일으키는 재료이며, 포졸란 반응을 촉진시키면 알칼리 골재반응이 감소된다.

110 플라이애시를 콘크리트에 사용함으로써 얻을 수 있는 장점에 해당되지 않는 것은?

① 워커빌리티가 개선된다.
② 건조수축이 적어진다.
③ 초기강도가 높아진다.
④ 수화열이 낮아진다.

정답 105 ④ 106 ④ 107 ④ 108 ③ 109 ③ 110 ③

플라이애시

초기강도가 낮아지고 장기강도가 크다.

111 콘크리트에 사용되는 혼화재 중 플라이애시의 사용에 따른 이점으로 볼 수 없는 것은?

① 유동성의 개선
② 수화열의 감소
③ 수밀성의 향상
④ 초기강도의 증진

해설

플라이애시 시멘트

• 시공연도를 증대시키며, 사용수량을 감소시킬 수 있다.
• 초기강도는 다소 떨어지나 장기강도는 증가한다.
• 수밀성이 좋으므로 수리구조물에 적합하다.
• 수화열이 적고 건조수축이 적다.
• 해수에 대한 내화학성이 크다.

112 콘크리트에 사용하는 혼화새 중 플라이애시(Fly Ash)에 관한 설명으로 옳지 않은 것은?

① 화력발전소에서 발생하는 석탄회를 집진기로 포집한 것이다.
② 시멘트와 골재 접촉면의 마찰저항을 증가시킨다.
③ 건조수축 및 알칼리골재반응 억제에 효과적이다.
④ 단위수량과 수화열에 의한 발열량을 감소시킨다.

해설

플라이애시

• 워커빌리티 증진
• 블리딩 감소, 재료분리 감소
• 수밀성 증진
• 초기강도 감소, 장기강도 증가
• 해수, 화학적 저항성 증대
• 발열량 감소
• 건조수축 감소

113 페로실리콘 합금이나 실리콘 금속 등을 제조 시 발생하는 폐가스를 집진하여 만든 것으로 수화열 저감, 건조수축 저감 등의 목적으로 사용하며 매우 낮은 투수성을 가진 고강도 콘크리트를 만들 때 사용되는 것은?

① 포졸란(Pozzolan)
② 플라이 애쉬(Fly Ash)
③ 실리카 퓸(Silica Fume)
④ 고로 슬래그

해설

실리카 퓸(Silica Fume)

실리콘 혹은 페로 실리콘 등의 규소합금 제조 시에 발생하는 폐가스를 집진하여 얻어지는 부산물의 일종으로 비정질의 이산화규소 SiO_2를 주성분으로 하는 초미립자를 말한다.

• 수화활성이 크다.
• 시멘트입자의 사이에서 분산되어 고성능 감수제와의 병용에 따라 보다 치밀하게 되어 고강도 및 투수성이 작은 콘크리트를 만들 수 있다.
• 단위수량을 증대시키지만 고성능 감수제를 사용함에 따라 단위수량을 감소시킬 수 있다.
• 수회초기 발열의 지감
• 포졸란 반응에 따른 알칼리 저감
• 중성화 깊이 증대(단점)

114 실리카 흄 시멘트(Silica Fume Cement)의 특징으로 옳지 않은 것은?

① 초기강도는 크나, 장기강도는 감소한다.
② 화학적 저항성 증진효과가 있다.
③ 시공연도 개선효과가 있다.
④ 재료분리 및 블리딩이 감소된다.

해설

실리카 시멘트

㉠ 정의 : 전기로에서 금속규소나 규소철을 생산하는 과정중 발생하는 부산물의 집진하여 얻어진 부산물로써 미세한 입자
㉡ 특징
  • 수화 초기에 발열량 감소로 초기강도 작다.
  • 고강도 및 투수성이 작은 콘크리트 제조에 유리

- 고성능 감수제의 사용으로 단위수량 감소
- 내 화학성, 수밀성 및 기밀성 증대
- 매스콘크리트, 해양 구조물, 보수용 모르타르 및 그라우팅용 모르타르 등에 사용

115 콘크리트용 혼화재료에 관한 기술 중 옳지 않은 것은?

① 포졸란은 시공연도를 좋게 하고 블리딩과 재료분리 현장을 저감시키는 혼화재이다.
② 플라이 애쉬와 실리카 퓸은 고강도 콘크리트 제조용으로 많이 사용한다.
③ 응결과 경화를 촉진하는 혼화재료로는 염화칼슘과 규산소다 등이 사용된다.
④ 알루미늄 분말과 아연 분말은 방동제로 많이 사용하는 혼화재이다.

해설

발포제
알루미늄과 아연 분말은 발포제로 많이 사용하는 혼화재료이다.

116 콘크리트 공사에서 시공연도를 증진시키는 혼화재료가 아닌 것은?

① AE제
② 플라이애쉬
③ 포졸란
④ 급결제

해설

급결제
경화 속도를 조절하는 혼화제를 응결,경화 조절제라고 하는데 급결제는 속도를 빠르게 하는 혼화재료이다.

117 콘크리트 배합설계에서의 요구사항으로 옳지 않은 것은?

① 소요의 강도를 얻을 수 있을 것
② 시공에 적당한 워커빌리티를 가질 것
③ 시공상 재료분리를 일으키지 않고 균질성을 유지할 것
④ 시멘트 양을 최대로 늘려 가능한 한 높은 강도를 확보할 것

해설

콘크리트 배합설계
콘크리트 배합 시 굵은골재량은 소요품질이 얻어지는 범위 내에서 많게 해야 골재표면적이 적어지고, 시멘트량이 줄어 경제적인 콘크리트를 만들 수 있다.

118 다음 콘크리트의 배합비를 표현하는 형식 중 가장 배합 편차가 적고, 재료의 수시 변화에 신속히 대처하는 등 배합을 관리하기에 가장 이상적인 것은?

① 중량배합
② 표준계량 용적배합
③ 현장계량 용적배합
④ 절대용적배합

해설

배합
㉠ 중량배합
　편차가 가장 적고 정확
㉡ 용적배합
- 절대용적배합 : 공극 무시
- 표준계량용적배합 : 가장 많이 사용
- 현장용적배합

119 콘크리트 배합에 직접적인 영향을 주는 요소가 아닌 것은?

① 시멘트 강도
② 물－시멘트비
③ 철근의 품질
④ 골재의 입도

해설

콘크리트 배합
콘트리트 배합에 영향을 주는 요소는 콘크리트에 사용되는 재료에 의해 결정되는 경우가 많다. 철근의 품질에 콘크리트 배합에 영향을 주지는 않는다.

120 콘트리트의 계획배합의 표시항목과 가장 거리가 먼 것은?

① 배합강도
② 공기량
③ 염화물량
④ 단위수량

해설

콘크리트 배합표시

굵은 골재의 최대 치수 (mm)	슬럼프 범위 (mm)	공기량 범위 (%)	물－결합재 비[1] W/B (%)	잔골 재율 S/a (%)	단위질량(kg/m³) 또는 절대용적(l/m³)				혼화재료	
					물	시멘트	잔골재	굵은 골재	혼화재[1]	혼화제[2]

주 1) 포졸란 반응성 및 잠재수경성을 갖는 혼화재를 사용하지 않는 경우에는 물－시멘트비가 된다.
주 2) 같은 종류의 재료를 여러 가지 사용할 경우에는 각각의 난을 나누어 표시한다. 이때 사용량에 대하여는 ml/m³ 또는 g/m³로 표시하며, 희석시키거나 녹이거나 하지 않은 것으로 나타낸다.

121 콘크리트의 품질 관리에 있어서 설계 도서에 지정한 사항으로 가장 중요한 것은?

① 콘크리트의 종류
② 설계 기준 강도
③ 굵은골재의 관리
④ 물－시멘트비의 관리

해설

콘크리트 품질
콘크리트의 강도가 품질을 좌우하므로 설계 기준강도의 결정이 설계도서의 내용 중 가장 중요하다.

122 콘크리트의 고강도화를 위한 방안과 거리가 먼 것은?

① 물－시멘트비를 크게 한다.
② 고성능 감수제를 사용한다.
③ 강도발현이 큰 시멘트를 사용한다.
④ 폴리머(Polymer)를 함침한다.

해설

물－시멘트비
부어넣기 직전이나 직후의 모르타르나 콘크리트 속에 포함된 물과 시멘트의 중량비를 말하며, 콘크리트의 강도를 결정하는 가장 중요한 요소이며, 물－시멘트비를 크게 할수록 강도 및 내구성이 저하된다.

123 콘크리트의 물－시멘트비에 관한 설명으로 옳지 않은 것은?

① 물－시멘트비는 콘크리트 강도를 결정하는 중요한 요인이다.
② 물－시멘트비를 크게 할수록 내구성이 좋아진다.
③ 골재 중의 수분도 물－시멘트비에 영향을 미친다.
④ 물－시멘트비는 물과 시멘트와의 중량비이다.

해설

문제 122번 해설 참조

124 콘크리트의 슬럼프 테스트(Slump Test)는 콘크리트의 무엇을 판단하기 위한 수단인가?

① 압축강도
② 워커빌리티(Workability)
③ 블리딩(Bleeding)
④ 공기량

해설

슬럼프 테스트
슬럼프 테스트는 콘크리트의 시공연도를 파악하기 위한 대표적인 시험 방법이다.
플로우콘의 높이 30cm에 용적으로 1/3씩 나누어 부어넣으며 매회 25회씩을 다진 후 콘을 수직으로 들어올렸을 때 흘러내린 콘크리트의 최대높이를 뺀 값을 슬럼프치로 한다.

125 슬럼프 콘에 있어서 슬럼프 시험의 결과가 다음 그림과 같이 되었다면 슬럼프값은?

① 8cm 　　　　② 13cm

③ 17cm 　　　　④ 22cm

해설 --

슬럼프 테스트

슬럼프 테스트는 콘크리트의 시공연도를 파악하기 위한 대표적인 시험방법이다.

플로콘의 높이 30cm에서 흘러내린 콘크리트의 최대높이를 뺀 값을 슬럼프치로 한다.

그러므로 30 − 17 = 13cm이다.

126 굳지 않은 콘크리트의 성질을 나타내는 용어의 정의로 옳지 않은 것은?

① 워커빌리티 : 반죽질기 여하에 따르는 작업의 난이도 및 재료의 분리에 저항하는 정도를 나타내는 성질

② 컨시스턴시 : 주로 수량의 다소에 따르는 반죽의 되고 진 정도를 나타내는 성질

③ 피니셔빌리티 : 굵은골재의 최대 치수, 잔골재율, 잔골재의 입도, 반죽질기에 따르는 마무리하기 쉬운 정도를 나타내는 성질

④ 플라스틱시티 : 굳지 않은 시멘트 페이스트, 모르타르 또는 콘크리트의 유동성의 정도를 나타내는 성질

해설 --

굳지 않은 콘크리트의 성질

• Workability(시공연도) : 반죽질기의 여하에 따르는 작업의 난이의 정도 및 재료분리에 저항하는 정도를 나타내는 굳지 않는 Concrete의 성질(종합적 의미에서의 시공 난이 정도)

• Consistancy(유동성) : 주로 수량의 다소에 따르는 반죽이 되고 진 정도를 나타내는 Concrete의 성질(유동성의 정도)

• Plasticity(성형성) : 거푸집에 쉽게 다져 넣을 수 있고 거푸집을 제거하면 천천히 형상이 변화하지만 재료가 분리되거나 허물어지지 않는 굳지 않은 콘크리트의 성질

• Finishability(마감성) : 굵은골재의 최대치수, 잔골재율, 잔골재의 입도, 반죽질기 등에 따르는 마무리하기 쉬운 정도를 말하는 굳지 않은 콘크리트의 성질

• Pumpability(압송성) : 펌프로 콘크리트가 잘 유동되는지의 난이 정도

127 다음 중 콘크리트의 워커빌리티에 직접적인 영향을 주는 인자와 가장 거리가 먼 것은?

① 단위수량 　　　　② 단위시멘트량

③ 혼화재료 　　　　④ 설계기준강도

해설 --

시공연도

시공연도는 단위수량, 단위시멘트량, 골재의 입도 및 입형, 혼화재료 및 혼합방법, 비빔시간, 외부조건 등에 영향을 받는다.

128 굳지 않은 콘크리트의 작업성에 영향을 미치는 요인에 대한 설명으로 옳은 것은?

① 단위수량의 증가와 워커빌리티의 향상은 비례적이다.

② 빈배합이 부배합보다 워커빌리티가 좋다.

③ 깬자갈의 사용은 워커빌리티를 개선한다.

④ AE제에 의해 연행된 공기포는 워커빌리티를 개선한다.

해설 --

시공연도

• 단위수량의 증가는 컨시스턴시(유동성)를 증가시키지만 재료분리가 일어날 수 있으므로 워커빌리티가 항상 좋아진다고는 할 수 없다.

• 쇄석은 부착력이 증가되는 반면 워커빌리티(시공연도)는 감소된다.

129 아직 굳지 않은 콘크리트의 성질에 관한 기술 중 옳은 것은?

① 컨시스턴시가 작은 콘크리트는 워커빌리티가 나쁜 것을 의미한다.
② 워커빌리티의 양부는 시공 조건을 무시해서 판정할 수 없다.
③ 플라스틱시티는 수량의 다소에 의한 연도의 정도로 표시되는 아직 굳지 않은 콘크리트의 성질을 말한다.
④ 피니셔빌리티는 굵은골재의 최대치수, 잔골재율, 잔골재입도, 컨시스턴시 등에 의한 다짐의 용이정도를 나타내는 아직 굳지 않은 콘크리트의 성질이다.

해설

콘크리트 성질
• 컨시스턴시가 작다고 워커빌리티가 나쁘다고는 할 수 없다.
• 워커빌리티는 양적인 것이 아니고 시공조건, 경험 등에 의하여 판단된다.
• 플라스틱시티는 거푸집에 잘 채워지는 성형의 정도를 나타낸다.
• 피니셔빌리티는 표면 정리의 난이를 나타낸다.

130 콘크리트의 시공연도에 영향을 주는 요인에 대한 설명으로 틀린 것은?

① 포졸란이나 플라이애쉬 등을 사용하면 시공연도가 증가한다.
② 굵은골재 사용 시 쇄석을 사용하면 시공연도가 증가한다.
③ 풍화된 시멘트를 사용하면 시공연도가 감소한다.
④ 비빔시간이 과도하면 시공연도가 감소한다.

해설

골재의 입형
콘크리트에 사용되는 골재의 입형은 둥글어야 시공연도가 좋고, 표면은 거칠어야 시멘트와의 부착력이 좋아 콘크리트의 품질이 좋아진다.
그러므로 쇄석을 사용하면 시공연도는 저하된다.

131 철근콘크리트공사에서 워커빌리티의 측정방법이 아닌 것은?

① 슬럼프시험   ② 드롭테이블시험
③ 구관입시험   ④ 강도시험

해설

워커빌리티 시험방법
슬럼프 시험, 다짐계수시험, 비비(Vee−bee)시험, 관입시험, 드롭테이블 시험, 디몰딩시험 등이 있다.

132 콘크리트에 관한 설명으로 옳지 않은 것은?

① 콘크리트의 강도는 물−시멘트비의 영향을 크게 받는다.
② 일정한 물−시멘트비의 콘크리트에 공기연행제를 넣으면 워커빌리티를 증진시키는 이점이 있다.
③ 콘크리트는 알칼리성이므로 철근콘크리트로 할 때 철근을 방청하는 효과가 있다.
④ 콘크리트는 화재에 있어서 결정수를 방출할 뿐이므로 장시간 고온에서도 강도저하가 없다.

해설

콘크리트 내화
콘크리트도 장시간 고온이 지속되면 강도가 저하된다.

133 굳지 않은 콘크리트 성질에 관한 설명으로 옳지 않은 것은?

① 피니셔빌리티란 굵은골재의 최대치수, 잔골재율, 골재의 입도, 반죽질기 등에 따라 마무리하기 쉬운 정도를 말한다.
② 물−시멘트비가 클수록 컨시스턴시가 좋아 작업이 용이하고 재료분리가 일어나지 않는다.
③ 블리딩이란 콘크리트 타설 후 표면에 물이 모이게 되는 현상으로 레이턴스의 원인이된다.
④ 워커빌리티란 작업의 난이도 및 재료의 분리에 저항하는 정도를 나타내며, 골재의 입도와도 밀접한 관계가 있다.

굳지 않은 콘크리트의 성질
단위수량이 증가하면 컨시스턴시는 좋아지나 반드시 워커빌리티가 좋아지는 것은 아니다.

134 콘크리트 슬럼프 테스트는 무엇을 측정하기 위한 시험인가?

① 콘크리트 강도
② 콘크리트 시공언도
③ 골재의 입도율
④ 시멘트와 모래의 비율

슬럼프 테스트
슬럼프 테스트는 콘크리트의 시공연도를 파악하기 위한 대표적인 시험방법이다.

135 콘크리트 재료분리의 원인으로 볼 수 없는 것은?

① 물－시멘트비가 크고 모르타르 부분의 점성이 적은 경우
② 타설높이가 너무 높은 경우
③ 굵은골재의 형상이 둥글고 편평하고 세장하지 않은 경우
④ 시공연도가 지나치게 큰 경우

콘크리트 재료분리 원인
• 굵은골재의 최대치수가 지나치게 큰 경우
• 입자가 거친 잔골재를 사용한 경우
• 단위골재량이 너무 많은 경우
• 단위수량이 너무 많은 경우
• 배합이 적절하지 않은 경우

136 콘크리트의 재료분리현상을 줄이기 위한 방법으로 옳지 않은 것은?

① 중량골재와 경량골재 등 비중차가 큰 골재를 사용한다.
② 플라이애쉬를 적당량 사용한다.
③ 세장한 골재보다는 둥근골재를 사용한다.
④ AE제나 AE감수제 등을 사용하여 사용수량을 감소시킨다.

골재의 재료분리
골재의 비중차가 적은 골재를 사용해야 운반이나 시공 중에 재료분리가 일어나지 않는다.

137 콘크리트 재료분리현상을 줄이기 위한 방법으로 틀린 것은?

① 잔골재율을 작게 한다.
② 물－시멘트비를 작게 한다.
③ 잔골재 중의 0.15～0.3mm의 정도의 세립분을 증가시킨다.
④ AE제, 플라이애쉬 등을 사용한다.

재료분리 방지
• 콘크리트 성형성을 좋게 한다.
• 물－시멘트비를 작게 한다.
• 잔골재율을 크게 한다.
• AE제, 플라이애쉬 등 혼화재료를 사용한다.

138 콘크리트를 부어 넣은 후 수분의 증발에 따라 그 표면에 나타나는 백색의 미세한 물질은?

① 블리딩(Bleeding)
② 레이턴스(Laitance)
③ 팽창점토
④ 슬러리(Slurry)

레이턴스

콘크리트 타설 후 콘크리트 타설 표면에 내부의 물이 상승하여 물이 떠오르는 현상을 블리딩이라 하며 이 블리딩 수가 증발 후 콘크리트 표면에 하얗게 남는 이물질을 레이턴스라 한다. 레이턴스는 후속작업(이어붓기, 미장, 도장 등의 마감)의 부착력을 저하시키기도 한다.

139 콘크리트 균열을 발생 시기에 따라 구분할 때 콘크리트의 경화 전 균열의 원인이 아닌 것은?

① 건조수축
② 거푸집 변형
③ 진동 또는 충격
④ 소성수축, 침하

건조 수축 균열

콘크리트 내부 함수량에 따라 습윤시 팽창하며 건조시 수축하게 된다. 이런 건조 수축에 따라 구속된 구조물은 인장응력을 유발시켜 균열이 발생하게 되는데 이를 건조수축균열이라 하며, 경화초기부터 지속적으로 발생한다.

140 콘크리트의 균열을 발생시기에 따라 구분할 때 경화 후 균열의 원인에 해당되지 않는 것은?

① 알칼리 골재 반응
② 동결융해
③ 탄산화
④ 재료분리

경화 전 균열

침하수축균열이 대표적인 균열이며, 콘크리트 타설 후 양생되기 전에 거푸집의 변형이나 진동, 충격으로 인하여 균열이 발생할 수 있으며 대부분 재료분리에 기인한다.

141 다음 중 콘크리트의 건조수축에 대한 설명으로 옳은 것은?

① 시멘트 성분 중 C_3A는 건조수축을 증가시킨다.
② 바다모래에 포함된 염분은 그 양이 많으면 건조수축을 감소시킨다.
③ AE제나 감수제는 단위수량을 감소시켜 건조수축을 증가시킨다.
④ 골재 중에 포함된 미립분이나 점토, 실트는 일반적으로 건조수축을 감소시킨다.

건조수축(증가요인)

• 시멘트 분말도가 높을수록
• 골재의 부착력이 작을수록
• 경량골재일수록
• 잔골재율이 클수록
• 단위수량이 많을수록
• 시멘트량이 많을수록
• 부재단면이 작을수록

142 콘크리트의 건조수축 영향인자에 대한 실명 중 옳지 않은 것은?

① 시멘트의 화학성분이나 분말도에 따라 건조수축량이 변화한다.
② 골재 중에 포함된 미립분이나 점토, 실트는 일반적으로 건조수축을 증대시킨다.
③ 바다모래에 포함된 염분은 그 양이 많으면 건조수축을 증대시킨다.
④ 단위수량이 증가할수록 건조수축량은 작아진다.

건조수축

콘크리트의 건조수축은 단위수량이 증가할수록 수축량은 증가한다.

143 다음 중 굳지 않은 콘크리트의 성질에 관한 내용으로 옳지 않은 것은?

① 시멘트는 분말도가 높아질수록 점성이 낮아지므로 컨시스턴시도 커진다.
② 사용되는 단위수량이 많을수록 콘크리트의 컨시스턴시는 커진다.
③ 입형이 둥글둥글한 강모래를 사용하는 것이 모가 진 부순모래의 경우보다 워커빌리티가 좋다.
④ 비빔시간이 너무 길면 수화작용을 촉진시켜 워커빌리티가 나빠진다.

[해설]
컨시스턴시
일반적으로 분말도가 높은 시멘트의 경우에는 시멘트 페이스트의 점성이 높아지므로 컨시스턴시가 낮아진다.

144 시공용 기계·기구와 용도가 서로 잘못 짝지어진 것은?

① 임팩트렌치 – 볼트 체결 작업
② 디젤 해머 – 말뚝박기 공사
③ 핸드 오거 – 지반조사시험
④ 드리프트 핀 – 철근공사

[해설]
드리프트 핀
철골공사에서 부재를 접합할 때 구멍을 뚫고 부재의 구멍을 맞추는 기구이다.

145 콘크리트 강도에 가장 중요한 영향을 주는 요소는?

① 시멘트의 품질
② 물과 시멘트의 비
③ 골재의 품질
④ 시멘트와 골재의 비

[해설]
콘크리트 강도
콘크리트 강도에 영향을 주는 요소들은 매우 많다. 그 중 콘크리트 내부에 공극을 형성하여 강도에 영향을 미치는 가장 큰 요인은 물이라 할 수 있다.

146 콘크리트 강도에 관한 설명으로 옳지 않은 것은?

① AE제를 혼합하면 워커빌리티가 향상된다.
② 물 – 시멘트비가 작을수록 콘크리트 강도는 저하된다.
③ 한중 콘크리트는 동해 방지를 위한 양생을 하여야 한다.
④ 콘크리트 양생이 불량하면 콘크리트 강도가 저하된다.

[해설]
물 – 시멘트비
부어넣기 직전이나 직후의 모르타르나 콘크리트 속에 포함된 물과 시멘트의 중량의 비를 말하며, 콘크리트의 강도를 결정하는 가장 중요한 요소이며, 물 – 시멘트비를 크게 할수록 강도 및 내구성이 저하된다.

147 지름 10cm, 높이 20cm인 원주 공시체로 콘크리트의 압축강도를 시험하였더니 180kN에서 파괴되었다면 이 콘크리트의 압축강도는?

① 12.7MPa
② 22.9MPa
③ 25.5MPa
④ 45.3MPa

[해설]
콘크리트 압축강도
$$\frac{P}{A} = \frac{180 \times 1,000}{3.14 \times 50 \times 50} = 22.92\text{MPa}$$

148 지름 100mm, 높이 200mm인 원주 공시체로 콘크리트의 압축강도를 시험하였더니 250kN에서 파괴되었다면 이 콘크리트의 압축강도는?

① 25.4MPa

② 28.5MPa

③ 31.8MPa

④ 34.2MPa

 해설

콘크리트 압축강도

$$\frac{P}{A} = \frac{250 \times 1000}{3.14 \times 50 \times 50} = 31.87\text{MPa}$$

149 지름 10cm, 높이 20cm인 원주공시체로 콘크리트의 압축강도를 시험하였더니 200kN에서 파괴되었다면 이 콘크리트의 압축강도는 약 얼마인가?

① 12.7MPa

② 17.8MPa

③ 25.5MPa

④ 50.9MPa

 해설

콘크리트 압축강도

$$\frac{P}{A} = \frac{200 \times 1000}{\frac{3.14 \times 100 \times 100}{4}} = 25.47\text{MPa}$$

150 지름 15cm, 높이 30cm인 원주 공시체 콘크리트의 재령 28일의 압축강도를 시험하였더니 500kN에서 파괴되었다. 이 콘크리트의 최대압축강도는?(단, π 는 3.14로 계산)

① 7.00MPa

② 11.1MPa

③ 22.2MPa

④ 28.3MPa

 해설

콘크리트의 압축강도

$$\frac{P}{A} = \frac{500 \times 1,000}{\frac{3.14 \times 150 \times 150}{4}} = 28.31\text{MPa}$$

151 지름 100mm, 높이 200mm의 콘크리트 공시체를 쪼갬인장강도시험에 의해 강도를 측정하였더니 파괴하중이 63kN이었다. 이 공시체의 인장강도는?

① 0.8MPa

② 1.5MPa

③ 2MPa

④ 3MPa

 해설

인장강도

$$\frac{2P}{\pi l d} = \frac{63 \times 1,000 \times 2}{3.14 \times 200 \times 100} = 2\text{MPa}$$

152 콘크리트 타설량에 따른 압축강도 시험횟수로 옳은 것은?(단, 건축공사표준시방서 기준)

① 50m³마다 1회

② 120m³마다 1회

③ 180m³마다 1회

④ 250m³마다 1회

해설

콘크리트 타설량에 따른 압축강도

㉠ 시기, 횟수
- 타설 공구마다
- 타설 일마다
- 타설량 120m³마다
- 1회 시험에는 3개의 공시체 사용
- 1검사 로트에 3회

㉡ 판정(35MPa 이하)
- 연속 3회 시험값의 평균값이 설계기준 압축강도 이상
- 1회 시험값이 설계기준강도－3.5MPa 이상

153 다음 (　　) 안에 알맞은 숫자는?

> 콘크리트의 강도시험 횟수는 (　　)m³를 1로트로 하여 120m³당 1회의 비율로 한다. 다만, 인수·인도 당사자 간의 협정에 따라 검사 로트의 크기를 조정할 수 있다.

① 150　　　　　　② 300
③ 360　　　　　　④ 450

해설

문제 152번 해설 참조

154 경화한 콘크리트의 비파괴시험 종류에 해당되지 않는 것은?

① 반발경도법　　　② 초음파속도법
③ 인장강도시험　　④ 공진법

해설

비파괴시험
• 슈미트 테스트 해머　　• 공진법
• 인발법　　　　　　　• 복합법
• 초음파법

155 다음 중 콘크리트의 크리프 변형이 크게 발생하는 경우에 해당하지 않는 것은?

① 응력이 클수록
② 물－시멘트비가 클수록
③ 습도가 낮을수록
④ 부재의 치수가 클수록

해설

크리프
하중의 증가 없이 일정한 하중이 장기간 작용하여 변형이 점차로 증가하는 현상을 말하며 다음과 같은 경우에 커진다.
• 재령이 짧을수록
• 응력이 클수록
• 부재치수가 작을수록
• 대기의 습도가 낮을수록
• 대기의 온도가 높을수록

• 물－시멘트비가 클수록
• 단위시멘트량이 많을수록
• 다짐이 나쁠수록

156 콘크리트의 크리프에 관한 설명으로 옳지 않은 것은?

① 습도가 높을수록 크리프는 크다.
② 물－시멘트비가 클수록 크리프는 크다.
③ 콘크리트의 배합과 골재의 종류는 크리프에 영향을 끼친다.
④ 하중이 제거되면 크리프 변형은 일부 회복된다.

해설

문제 153번 해설 참조

157 콘크리트의 크리프 변형량이 크게 되는 경우에 해당되지 않는 것은?

① 부재의 단면치수가 클수록
② 하중이 클수록
③ 단위수량이 많을수록
④ 재하 시의 재령이 짧을수록

해설

문제 153번 해설 참조

158 일반 콘크리트의 내구성에 관한 설명으로 옳지 않은 것은?

① 콘크리트에 사용하는 재료는 콘크리트의 소요 내구성을 손상시키지 않는 것이어야 한다.
② 굳지 않은 콘크리트 중의 전 염소이온량은 원칙적으로 0.3kg/m³ 이하로 하여야 한다.
③ 콘크리트는 원칙적으로 공기연행 콘크리트로 하여야 한다.
④ 콘크리트의 물－결합재비는 원칙적으로 50% 이하이어야 한다.

정답　153 ③　154 ③　155 ④　156 ①　157 ①　158 ④

일반 콘크리트의 내구성

콘크리트의 물-결합재비는 원칙적으로 60% 이하이어야 하며, 공기연행 콘크리트로 하여야 한다.

159 철근콘크리트에서 콘크리트는 원래 강알칼리성으로 철근의 방청보호 역할을 하는데, 시일이 경과함에 따라 공기 중의 탄산가스 작용을 받아 수산화칼슘이 서서히 탄산칼슘이 되면서 알칼리성을 잃어가는 현상을 무엇이라고 하는가?

① 알칼리 골재반응
② 중성화 현상
③ 백화현상
④ 크리프(Creep) 현상

중성화

콘크리트의 중성화란 콘크리트의 알칼리성이 상실되는 현상으로 대표적인 원인이 탄산가스에 기인된다.

160 콘크리트의 중성화와 가장 관계가 깊은 것은?

① 산소
② 이산화탄소
③ 염분
④ 질소

문제 159번 해설 참조

161 콘크리트의 중성화 현상에 대한 대책으로 틀린 것은?

① 물시멘트 비를 작게 한다.
② 콘크리트를 충분히 다짐하고, 습윤양생을 한다.
③ 투기성이 큰 마감재를 사용한다.
④ 철근의 피복두께를 확보한다.

중성화 방지대책

• 피복두께 증가
• 물-시멘트비의 저감
• 아연도금 철근
• 방청페인트 사용
• 구조체 및 마감재의 수밀성 증가

162 알칼리 골재반응의 대책으로 적절하지 않은 것은?

① 반응성 골재를 사용한다.
② 콘크리트 중의 알칼리양을 감소시킨다.
③ 포졸란 반응을 일으킬 수 있는 혼화재를 사용한다.
④ 단위시멘트량을 최소화한다.

알칼리 골재반응

알칼리 골재반응 방지책은 저알칼리 시멘트 사용, 무반응 골재사용 및 포졸란 반응을 일으키는 혼화재를 사용

163 콘크리트 표준시방서에서 정의하는 일반콘크리트 잔골재의 유해물 함유량 한도에서 염화물(NaCl 환산량)의 허용한도값은?

① 0.02% 이하
② 0.04% 이하
③ 0.1% 이하
④ 0.6% 이하

허용 염화물량

콘크리트에 포함된 염화물량은 염소 이온량으로 0.3kg/m^3 이하, 잔골재 중량의 0.04% 이하로 규정하고 있다.

164 철근콘크리트의 염해를 억제하는 방법으로 옳은 것은?

① 콘크리트의 피복두께를 적절히 확보한다.
② 콘크리트 중의 염소이온을 크게 한다.
③ 물-시멘트비가 높은 콘크리트를 사용한다.
④ 단위수량을 크게 한다.

정답   159 ②   160 ②   161 ③   162 ①   163 ②   164 ①

방청법
- 피복두께 증가
- 물–시멘트비의 저감
- 아연도금 철근
- 방청페인트 사용
- 구조체 및 마감재의 수밀성 증가

165 콘크리트의 동해방지대책으로 옳지 않은 것은?

① AE제를 사용하여 적정량의 공기를 연행시킨다.
② 아연도금 철근을 사용한다.
③ 물–시멘트비를 낮게 한다.
④ 흡수량이 적은 골재를 사용한다.

콘크리트 동해방지
AE제 사용 및 물–시멘트비 적게 사용, 흡수량이 적은 골재, 콘크리트의 수밀성 확보 등이 있다.

166 다음은 콘크리트 구조물의 동해에 의한 피해 현상을 나타낸 것이다. 어느 현상을 설명한 것인가?

[보기]
㉠ 콘크리트가 흡수
㉡ 흡수율이 큰 쇄석이 흡수, 포화상태가 됨
㉢ 빙결하여 체적 팽창압력
㉣ 표면부분 박리

① 레이턴스　　② Pop Out
③ 폭열현상　　④ 알칼리골재반응

Pop Out 현상
콘크리트 속의 수분이 동결융해작용으로 인해 콘크리트 표면의 골재 및 모르타르가 팽창하면서 박리되어 떨어져 나가는 현상을 말한다.

167 콘크리트의 배합에 관한 설명으로 옳지 않은 것은?

① 일반적으로 굵은골재의 최대치수가 클수록 잔골재율을 작게 할 수 있다.
② 잔골재율은 소요의 워커빌리티가 얻어지는 범위 내에서 단위수량이 가능한 한 작게 되도록 시험비빔에 의해 결정한다.
③ 단위수량이 동일하면 골재량이나 시멘트량의 근소한 변화는 슬럼프에 그다지 영향을 주지 않는다.
④ 강도 및 슬럼프가 동일하면 실적률이 큰 굵은골재를 사용할수록 단위수량이 많아진다.

골재의 실적률
골재의 실적률이 작은 골재는 비표면적이 커져서 시멘트 사용량이 증가하게 된다. 시멘트량이 증가하면 동일 슬럼프를 얻기 위해서 물의 양이 증가하게 된다.

Section 05 콘크리트 시공

168 콘크리트를 제조하는 자동설비로서, 재료의 저장설비, 계량설비, 혼합설비 등으로 구성되어 있는 기계설비는?

① 에지데이터 트럭
② 플라이애쉬 사일로
③ 배쳐 플랜트
④ 슬럼프 모니터

배쳐 플랜트
배쳐 플랜트는 콘크리트를 만드는 데 필요한 재료를 계량하는 장치인 배칭 플랜트와 콘크리트를 비비는 장치인 믹싱프랜트가 하나로 되어 있는 설비를 말한다.

169 콘크리트 비빔용수의 적합한 품질(상수도물 이외의 물의 품질)기준으로 옳지 않은 것은?

① 현탁물질의 양이 1g/L 이하
② 염소이온량이 250mg/L 이하
③ 시멘트 응결 시간의 차기 초결은 30분 이내, 종결은 60분 이내
④ 모르타르의 압축강도비가 재령 7일 및 재령 28일에서 90% 이상

 해설

상수도물 이외의 물의 품질

항목	품질
현탁물질의 양	2g/L 이하
용해성 증발 잔류물의 양	1g/L 이하
염소(Cl⁻)량	250mg/L 이하
시멘트 응결시간의 차	초결은 30분 이내, 종결은 60분 이내
모르타르의 압축강도비	재령 7일 및 재령 28일에서 90% 이상

170 다음 중 콘크리트 펌프(Concrete Pump)에 관한 설명으로 옳지 않은 것은?

① 압송관의 지름 및 배관의 경로는 굵은골재의 최대치수, 콘크리트의 종류 등을 고려하여 정한다.
② 콘크리트 펌프의 기종은 압송능력이 펌프에 걸리는 최대 압송부하보다 작아지도록 선정한다.
③ 압송은 계획에 따라 연속적으로 실시하며, 가능한 한 중단되지 않도록 하여야 한다.
④ 압송방법에는 피스톤식과 스퀴즈식(Squeeze Out Type)이 있다.

해설

콘크리트 펌프
콘크리트를 타설하는 장비로서 압송능력이나 굵은골재의 초대치수, 슬럼프치, 배관의 직경 및 콘크리트의 종류 등에 의하여 결정되며 펌프의 압송능력은 펌프에 걸리는 최대 압송부하보다 큰 기종을 선택하여야 한다.

171 굵은골재의 최대치수가 40mm일 경우, 콘크리트펌프 압송관의 최소 호칭치수로 가장 적당한 것은?

① 50mm
② 75mm
③ 10mm
④ 125mm

해설

압송관의 최소 호칭치수

굵은골재의 최대치수(mm)	압송관의 호칭치수(mm)
20	100 이상
25	100 이상
40	125 이상

172 콘크리트 펌프 사용 시 굵은골재의 최대치수가 20mm인 경우 압송관의 호칭치수 기준으로 옳은 것은?

① 60mm 이상
② 80mm 이상
③ 100mm 이상
④ 125mm 이상

해설

문제 169번 해설 참조

173 콘크리트 타설 시의 일반적인 주의사항으로 옳지 않은 것은?

① 운반거리가 먼 곳으로부터 타설한다.
② 자유낙하 높이를 작게 한다.
③ 콘크리트가 수평으로 흘러가도록 한다.
④ 각 층이 수평이 되도록 타설면을 고른다.

해설

콘크리트 타설
콘크리트 타설 시 콘크리트가 수평으로 흘러가게 되면 재료분리 현상이 발생하여 곰보현상 등이 발생하여 품질이 저하된다.

174 콘크리트 붓기에 관한 설명 중 부적당한 것은?

① 비비는 장소에서 먼 곳부터 붓기 시작하는 것이 좋다.

② 될 수 있는 한 낮은 위치에서 수직으로 부어 넣는 것이 좋다.

③ 붓기를 끝낸 후 양생 시 콘크리트는 진동을 받지 않아야 한다.

④ 높은 벽이나 기둥은 하부에 된비빔, 상부에 묽은 비빔을 붓는 것이 좋다.

[해설]

콘크리트 타설

콘크리트 타설 시 하부에는 묽은 비빔, 상부에는 된비빔을 붓는 것이 콘크리트타설이 용이할 뿐 아니라 블리딩 현상을 방지할 수 있다.

175 철근콘크리트 공사에서 콘크리트 타설에 관한 설명으로 옳지 않은 것은?

① 한 구획의 부어 넣기가 시작되면 콘크리트가 일체가 되도록 연속적으로 부어 넣어 콜드 조인트가 생기지 않도록 한다.

② 콘크리트의 자유낙하 높이는 콘크리트가 분리되지 않도록 가능한 한 높을수록 좋다.

③ 타설 순서는 기둥 → 보 → 슬래브 순으로 한다.

④ 콘크리트를 부어 넣는 속도는 각 층을 충분히 다지기 할 수 있는 범위의 속도로 한다.

[해설]

콘크리트 타설

• 콘크리트를 부어 넣기 전 배근, 배관, 거푸집 등을 점검하고 청소, 물축이기를 한다.

• 비빔장소나 플로어 호퍼(Floor Hopper)에서 먼 곳부터 가까운 곳으로 부어 넣으며, 될 수 있으면 가까이에서 수직으로 붓는다.

• 낮은 곳에서 높은 곳, 즉 기초 → 기둥 → 벽 → 계단 → 보 → 바닥판의 순서로 부어나간다.

• 부어 넣기 전에 미리 계획된 구역 내에서는 연속적인 붓기를 하며, 한 구획 내에서는 콘크리트 표면이 수평이 되도록 부어 넣는다.

• 콘크리트의 낙하거리는 1m 이하로 한다.

• 기둥은 한 번에 부어 넣지 말고, 다지면서 보통 1시간에 2m 이하로 천천히 부어 넣는다.

• 벽은 수평으로 부어 넣는다.(1.5〜1.8m 내외간격)

• 보는 양단에서 중앙으로 부어 넣는다.

• 계단은 하부단부터 상단으로 올라가며 콘크리트를 친다.

176 콘크리트 타설방법에 대한 설명으로 옳지 않은 것은?

① 콘크리트의 워커빌리티, 타설장소의 시공조건 등에 따라 타설속도를 정한다.

② 콘크리트를 2층 이상으로 나누어 타설할 경우 상층의 콘크리트는 하층의 콘크리트가 굳기 시작한 후에 타설한다.

③ 1개소에 타설하지 않고 표면을 수평으로 거의 같은 높이가 되도록 타설한다.

④ 타설은 모멘트가 큰 곳부터 시작한다.

[해설]

콘크리트 타설

콘크리트를 나누어 타설하는 경우 수평은 높이가 같아지도록 타설하며, 수직으로는 전 타설과 후 타설이 일체가 되도록 구획 및 계획하여 타설한다.

177 콘크리트 타설에 대한 설명으로 틀린 것은?

① 콘크리트 자유낙하 높이는 콘크리트가 분리되지 않는 범위로 한다.

② 보는 밑바닥에서 윗면까지 동시에 부어 넣도록 하고 진행방향을 양단에서 중앙으로 부어 넣는다.

③ 기둥은 윗면까지 동시에 부어 넣어 콜드 조인트가 생기지 않도록 한다.

④ 벽은 콘크리트 주입구를 여러 곳에 설치하여 충분히 다지면서 수평으로 부어 넣는다.

[해설]

콘크리트 타설 – 기둥

기둥은 한 번에 부어 넣지 말고, 다지면서 보통 1시간에 2m 이하로 천천히 부어 넣는다.

178 콘크리트 이어 붓기에 대한 설명 중 옳지 않은 것은?

① 아치이음은 아치(Arch)축에 직각으로 한다.
② 이어 붓는 위치는 응력이 작은 곳을 택한다.
③ 보의 이름은 보의 단부, 즉 기둥 옆에서 이음을 한다.
④ 수평이음은 그 면의 먼지나 레이턴스를 제거하고 이음콘크리트를 친다.

> **해설**
> **이어붓기 위치**
> 보, 바닥판의 이음은 그 간사이(Span)의 중앙부에 수직으로 한다.

179 철근콘크리트공사에서 콘크리트 이어치기에 대한 설명으로 옳지 않은 것은?

① 콘크리트의 이어치기는 원칙적으로 응력이 집중되는 곳에서 한다.
② 보는 스팬의 중앙 또는 단부의 1/4 부분에서 이어 친다.
③ 기둥·기초는 슬래브의 상단에서 이어친다.
④ 캔틸레버 보는 이어치기를 하지 않고 한번에 타설한다.

> **해설**
> **콘크리트 이어붓기**
> 이어붓기는 응력(전단력)이 적은 곳을 선택하여 실시한다.

180 콘크리트 이어붓기에 대한 설명으로 옳지 않은 것은?

① 보 및 슬래브의 이어붓기 위치는 전단력이 작은 스팬의 중앙부에 수직으로 한다.
② 아치이음은 아치축에 직각으로 설치한다.
③ 부득이 전단력이 큰 위치에 이음을 설치할 경우에는 시공이음에 촉 또는 홈을 두거나 적절한 철근을 내어 둔다.
④ 염분 피해의 우려가 있는 해양 및 항만 콘크리트 구조물에서는 시공이음부를 설치하는 것이 좋다.

> **해설**
> **이어붓기**
> 염분 피해가 있는 해양 콘크리트는 가급적 시공이음부를 설치하지 않는 것이 좋다.

181 다음 중 콘크리트 타설과 가장 관계가 먼 것은?

① Concrete Mixer
② Floor Hopper
③ Vibrator
④ Bar Bender

> **해설**
> **Bar Bender**
> 철근을 구부리는 데 사용되는 기구

182 계속 타설 중인 콘크리트에 있어 외기온이 25℃ 이하일 때의 이어붓기 시간간격의 한도로 옳은 것은?

① 60분
② 90분
③ 120분
④ 150분

> **해설**
> **이어붓기 시간**
> 외기온이 25℃ 이하일 때는 150분, 25℃ 초과일 때는 120분을 초과히지 않도록 한다.

183 시공줄눈 설치 이유 및 설치 위치로 잘못된 것은?

① 시공줄눈의 설치 이유는 거푸집의 반복 사용을 위해 설치한다.
② 시공줄눈의 설치 위치는 이음길이가 최대인 곳에 둔다.
③ 시공줄눈의 설치 위치는 구조물 강도상 영향이 적은 곳에 설치한다.
④ 시공줄눈의 설치 위치는 압축력과 직각방향으로 한다.

시공줄눈

시공줄눈은 응력(전단력)이 적은 곳에 길이는 짧게, 단면은 수직이나 수평으로 설치한다.

184 익스팬션조인트(Expansion Joint)의 설치 원인과 목적에 관한 기술 중 옳지 않은 것은?

① 콘크리트를 이어치기할 때 신구 콘크리트의 구조적 일체성 확보 강화를 위해 설치한다.
② 콘크리트의 팽창, 수축에 대한 유해한 균열 방지를 목적으로 한다.
③ 건축물을 평면적으로 증축하고자 할 때 설치한다.
④ 기초의 부등침하에 대비하여 이를 예방하고, 변위 흡수를 목적으로 한다.

콘크리트 이음(줄눈)

• 시공이음(Constrution Joint) : 콘크리트를 한번에 붓지 못할 때 생기는 줄눈
• 신축이음(Expantion Joint) : 온도팽창, 기초의 부동침하에 대해 부재의 신축이 자유롭게 되도록 설치하는 줄눈
• 콜드 조인트(Cold Joint) : 시공 과정 중 휴식시간 등으로 응결하기 시작한 콘크리트에 새로운 콘크리트를 이어칠 때 일체화가 저해되어 생기는 줄눈
• 조절 줄눈(Control Joint) : 지반 위에 있는 바닥판이 수축에 의하여 표면에 균열이 생기는 것을 막기위해 설치하는 줄눈
• 줄눈대(Delay Joint) : 장스팬의 구조물 시공 시 수축대만 설치하고 콘크리트 타설 후 경화된 다음 수축대를 타설하여 일체화하는 줄눈

185 콘크리트의 균열이 발생할 만한 구조물의 부재에 미리 줄눈을 설치하여 결함부위를 만들어 이 부분으로 균열이 집중적으로 발생하도록 하는 줄눈은?

① 조절줄눈(Control Joint)
② 시공줄눈(Construction Joint)
③ 신축줄눈(Expansion Joint)
④ 콜드조인트(Cold Joint)

문제 182번 해설 참조

186 장 Span의 구조물 시공 시 수축대(폭 1m 정도 남겨 놓음)만 설치하고, 콘크리트 타설 후 초기수축(보통 6주 후)을 기다렸다가 그 부분을 콘크리트 타설하여 일체화하는 조인트는?

① Construction Joint
② Delay Joint
③ Cold Joint
④ Expansion Joint

문제 182번 해설 참조

187 콘크리트의 건조수축에 의한 균열을 극소화시키기 위해 건물의 일정 부위에 남겨 놓고 콘크리트 타설을 하고, 초기 수축 후 나머지 부분을 콘크리트 타설할 때 발생하는 줄눈은?

① 신축줄눈(Expansion Joint)
② 조절줄눈(Control Joint)
③ 지연줄눈(Delay Joint)
④ 미끄럼줄눈(Sliding Joint)

문제 182번 해설 참조

188 시공과정 중 휴식시간 등으로 응결하기 시작한 콘크리트에 새로운 콘크리트를 이어칠 때 일체화가 저해되어 생기는 줄눈은?

① 컨스트럭션 조인트(Construction Joint)
② 익스팬션 조인트(Expansion Joint)
③ 콜드 조인트(Cold Joint)
④ 컨트롤 조인트(Control Joint)

정답 184 ① 185 ① 186 ② 187 ③ 188 ③

문제 184번 해설 참조

187 다음 중 콘크리트 다짐을 위한 용도에 의한 진동기의 종류가 아닌 것은?

① 봉상 진동기
② 거푸집 진동기
③ 표면 진동기
④ 엔진 진동기

해설

콘크리트 다짐
진동기의 종류에는 봉상(막대) 진동기, 거푸집 진동기, 표면 진동기 등이 있다.

190 콘크리트 부어 넣기에서 진동기를 사용하는 가장 큰 목적은?

① 재료분리 방지
② 작업능률 촉진
③ 경화작용 촉진
④ 콘크리트의 밀실화 유지

해설

진동기의 사용
콘크리트 타설 시 진동기의 사용은 거푸집에 콘크리트가 잘 채워져서 밀실한 콘크리트를 만들기 위함이다.

191 콘크리트 봉형진동기 사용에 대한 설명으로 옳은 것은?

① 진동시간은 콘크리트 표면에 페이스트가 얇게 떠오를 정도로 한다.
② 진동기 삽입간격은 진동시간을 고려하여 약 100cm 이상으로 한다.
③ 진동기의 선단은 철골, 철근에 닿도록 한다.
④ 진동기는 콘크리트를 부어 넣는 층의 바닥까지 경사지게 삽입한다.

해설

진동다짐
- 가능한 한 수직으로 다지며, 하부층 타설콘크리트 속으로 100mm 정도 들어가게 한다.
- 철근 철골에 직접 닿지 않게 다진다.
- 진동시간은 30~40초로 시멘트 페이스트가 표면에 얇게 떠오를 때까지 한다.
- 사용간격은 50cm 이하로 중복이 안 되게 한다.
- 사용 후 진동기는 서서히 뽑는다.
- 굳기 시작한 콘크리트에는 사용해서는 안 된다.
- 바이브레이터는 콘크리트 시공용의 진동기로 동력은 전동식과 공기식이 있는데 매분 5,000~12,000번의 진동을 주어 액체 상태인 콘크리트의 빈틈을 없앰과 동시에 잘 다져서 치밀한 조직을 만든다.

192 다음 중 서로 관계가 없는 것끼리 짝지어진 것은?

① 바이브레이터(Vibrator) – 목공사
② 가이데릭(Guy Derrick) – 철골공사
③ 그라인더(Grinder) – 미장공사
④ 알리데이드(Alidade) – 부시측량

해설

문제 189번 해설 참조

193 콘크리트 다짐에 사용되는 내부진동기에 관한 설명 중 옳지 않은 것은?

① 콘크리트에 수직으로 세워 삽입한다.
② 콘크리트에 진동을 가할 때에는 철근이나 철골, 거푸집 등에 직접 접촉시켜서는 안 된다.
③ 콘크리트로부터 천천히 빼내어 구멍이 남지 않도록 한다.
④ 콘크리트를 횡방향으로 이동시킬 목적으로도 사용된다.

해설

문제 191번 해설 참조

194 콘크리트 시공 시 진동다짐에 관한 설명으로 옳지 않은 것은?

① 진동의 효과는 봉의 직경, 진동수 등에 따라 다르다.
② 안정되어 엉기거나 굳기 시작한 콘크리트라도 콘크리트의 표면에 페이스트가 엷게 떠오를 때까지 진동기를 사용하여야 한다.
③ 진동기를 인발할 때에는 진동을 주면서 천천히 뽑아 콘크리트에 구멍을 남기지 말아야 한다.
④ 고강도콘크리트에서는 고주파 내부진동기가 효과적이다.

해설
문제 191번 해설 참조

195 콘크리트 진동다짐에 대한 설명 중 옳지 않은 것은?

① 봉형 바이브레이터는 콘크리트 내부에 넣어 진동을 통해 다짐을 한다.
② 폼 바이브레이터는 거푸집면에 대고 진동을 주어 다짐을 한다.
③ 콘크리트에 삽입하는 바이브레이터의 경우 진동을 주는 시간은 1개소당 10~15초가 적당하다.
④ 바이브레이터를 콘크리트에 삽입할 때 바이브레이터의 선단은 철근, 철물 등에 닿게 하여 진동을 골고루 주도록 한다.

해설
문제 191번 해설 참조

196 콘크리트 내부진동기의 사용법에 관한 설명으로 옳지 않은 것은?

① 콘크리트다지기에는 내부진동기의 사용을 원칙으로 하나, 얇은 벽 등 내부진동기의 사용이 곤란한 장소에서는 거푸집진동기를 사용해도 좋다.
② 내부진동기는 연직으로 찔러 넣으며, 그 간격은 진동이 유효하다고 인정되는 범위의 지름 이하로서

일정한 간격으로 한다.
③ 1개소당 진동시간은 다짐할 때 시멘트풀이 표면상부로 약간 부상하기까지가 적절하다.
④ 진동다지기를 할 때에는 내부진동기를 하층의 콘크리트 속으로 0.5m 정도 찔러 넣는다.

해설
문제 191번 해설 참조

197 콘크리트공사에서 진동기의 효과가 가장 잘 발휘될 수 있는 콘크리트는?

① 부배합 저슬럼프
② 부배합 고슬럼프
③ 빈배합 저슬럼프
④ 빈배합 고슬럼프

해설

진동다짐 효과
빈배합 저슬럼프 > 빈배합 고슬럼프 > 부배합 저슬럼프 > 부배합 고슬럼프

198 콘크리트 양생에 관한 설명 중 옳지 않은 것은?

① 콘크리트 양생에는 적당한 온도를 유지해야 한다.
② 직사광선은 잉여수분을 적당하게 증발시켜주므로 양생에 유리하다.
③ 콘크리트가 경화될 때까지 충격 및 하중을 가하지 않는 것이 좋다.
④ 거푸집은 공사에 지장이 없는 한 오래 존치하는 것이 좋다.

해설

콘크리트 양생
콘크리트는 수경성이므로 충분히 습윤상태를 유지하여야 한다. 그러므로 직사광선으로 수분을 증발시키는 것은 좋지 않아 피해야 한다.

199 콘크리트 양생에 관한 설명으로 옳지 않은 것은?

① 콘크리트의 경화에 충분한 물이 필요하다.
② 양생은 특히 초기가 중요하며 강도에 영향이 적다.
③ 온도를 유지하는 방법으로 가열한다.
④ 수분유지를 위해 피복을 한다.

[해설]

콘크리트 양생

콘크리트는 초기양생이 매우 중요하며, 이에 따라 강도에 큰 영향을 받는다.

200 콘크리트 거푸집을 조기에 제거하고 단시일에 소요강도를 내기 위한 양생 방법은?

① 습윤양생　　　　② 전기양생
③ 피막양생　　　　④ 증기양생

[해설]

콘크리트 양생방법

• 습윤양생 : 콘크리트의 제 강도를 얻기 위하여 실시하는 방법으로 충분하게 살수하고 방수지를 덮어서 봉합 양생한다.
• 증기양생 : 조기강도를 얻기 위하여 고온, 고압의 증기를 사용하여 양생한다.
• 전기양생 : 한중 콘크리트에 적용하며, 저압교류에 의해 전기저항의 발열을 이용하여 양생한다.
• 피막양생 : 대규모 슬래브 등과 같은 곳에 피막양생제를 도포하여 수분증발을 방지하여 양생한다.

201 다음 중 콘크리트의 양생방법과 거리가 먼 것은?

① 전기양생　　　　② 증기양생
③ 습윤양생　　　　④ 방부양생

[해설]

문제 200번 해설 참조

202 콘크리트의 내화, 내열성에 대한 기술 중 옳지 않은 것은?

① 콘크리트의 내화, 내열성은 사용한 골재의 품질에 크게 영향을 받는다.
② 콘크리트는 내화성이 우수해서 600℃ 정도의 화열을 받아도 압축강도는 거의 저하하지 않는다.
③ 철근 콘크리트 부재의 내화성을 높이기 위해서는 철근의 피복 두께를 충분히 하면 좋다.
④ 화재를 당한 콘크리트의 중성화 속도는 화재를 당하지 않은 것에 비하여 크다.

[해설]

콘크리트 내화성

콘크리트는 고온이 되면 다공질의 재료가 되고 260℃ 이상이면 강도가 저하되기 시작하며 350℃부터는 현저히 저하되고 500℃ 이상이면 구조재로 사용할 수 없다.

203 콘크리트 면의 마무리 작업에 있어 마무리 두께 7mm 이상 또는 바탕의 영향을 많이 받지 않는 마무리의 경우에 대한 평탄성의 기준으로 옳은 것은?

① 3m당 7mm 이하
② 3m당 10mm 이하
③ 1m당 7mm 이하
④ 1m당 10mm 이하

[해설]

콘크리트 표면 마무리의 평탄성 표준값

콘크리트 면의 마무리	평탄성
마무리 두께가 7mm 이상 또는 바탕의 영향을 많이 받지 않는 마무리의 경우	1m당 10mm 이하
마무리 두께가 7mm 이하 또는 양호한 평탄함이 필요한 경우	3m당 10mm 이하
제물치장 마무리 또는 마무리 두께가 얇은 경우	3m당 7mm 이하

204 서중콘크리트에 대한 설명으로 옳은 것은?

① 동일 슬럼프를 얻기 위한 단위수량이 많아진다.
② 장기강도의 증진이 크다.
③ 콜드조인트가 쉽게 발생하지 않는다.
④ 워커빌리티가 일정하게 유지된다.

해설

서중콘크리트
㉠ 기온이 25℃ 이상일 경우 발생하는 문제점
  • 시멘트의 수화작용이 급속히 진행되어 응결이 촉진된다.
  • 경화 후의 균열이 커지며, 강도가 저하되고, 특히 4주(28일) 후의 강도 저하가 크다.
㉡ 시공상 주의사항
  • 콘크리트 비빔온도는 35℃ 이하가 되도록 물은 냉각수를 쓰고, 골재는 직사일광을 피하여 살수한다.
  • 표면 활성제를 사용한다.
  • 슬럼프 저하를 위해 시멘트풀의 양을 많게 하되, 단위수량은 가급적 적게 한다. 소요슬럼프는 18cm 이하로 한다.
  • 양생 시 수분증발을 방지하기 위하여 살수 및 젖은 거적 등을 사용한다.

205 서중콘크리트에 관한 기술 중 옳지 않은 것은?

① 콘크리트의 공기연행이 용이하여 혼화제 사용이 불필요하다.
② 콘크리트 응결이 빠르므로 콜드 조인트(Cold Joint)가 발생하기 쉽다.
③ 콘크리트는 비빈 후 되도록 빨리 타설하는 것이 바람직하다.
④ 콘크리트 재료는 온도가 되도록 낮아지도록 하여 사용한다.

해설

문제 204번 해설 참조

206 서중콘크리트의 일반적인 문제점에 관한 설명으로 옳지 않은 것은?

① 슬럼프 저하 등의 워커빌리티 변화가 생기기 쉽다.
② 동일 슬럼프를 얻기 위한 단위수량이 많다.
③ 콜드조인트가 발생하기 쉽다.
④ 초기강도의 발현이 낮다.

해설

서중콘크리트
일평균 기온이 25℃를 넘는 콘크리트를 말하며, 시멘트의 수화작용이 급속히 진행되어 응결이 촉진됨에 따라 초기강도가 빨리 발현되며 균열이 발생할 수 있으므로 재료를 냉각시켜 사용하며 슬럼프의 저하를 방지하고 표면 활성제를 사용한다.

207 다음 중 한중콘크리트 공사에 대한 설명으로 옳지 않은 것은?

① 재료를 가열하는 경우 물을 가열하는 것을 원칙으로 하고 시멘트는 절대로 가열하지 않는다.
② 부어 넣을 때 콘크리트의 온도는 10℃ 이상, 20℃ 미만으로 한다.
③ 동결한 지반 위에 콘크리트를 부어 넣거나 거푸집의 동바리를 세우지 않는다.
④ 콘크리트가 타설된 후 압축강도가 2N/mm² 이상이 될 때까지 초기양생을 실시한다.

해설

한중콘크리트
㉠ 정의
  한중 콘크리트는 콘크리트를 타설한 후 4주 예상기온이 4℃ 이하인 경우를 말하며, 극한기 콘크리트는 2℃ 이하일 때를 뜻한다.
㉡ 대책
  • 콘크리트의 강도가 5N/mm² 될 때까지 초기 보양
  • 콘크리트의 타설온도는 10℃ 이상 20℃ 이하
  • 재료의 가열온도는 60℃ 이하

208 다음 중 적산온도와 관계 깊은 콘크리트는?

① 고내구성 콘크리트 ② 노출콘크리트
③ 경량콘크리트 ④ 한중콘크리트

[해설]

적산온도

콘크리트의 비빔이 완료되어 타설된 후부터 양생온도와 경과기간의 곱을 적분함수로 나타낸 것을 적산온도라 하며 주로 한중 콘크리트의 초기 경화 정도를 평가하는 지표가 된다.

209 한중(寒中) 콘크리트의 양생에 관한 설명으로 옳지 않은 것은?

① 보온양생 또는 급열양생을 끝마친 후에는 콘크리트의 온도를 급격히 저하시켜 양생을 마무리 하여야 한다.
② 초기양생에서 소요 압축강도를 얻을 때까지 콘크리트의 온도를 5℃ 이상으로 유지하여야 한다.
③ 초기양생에서 구조물의 모서리나 가장자리의 부분은 보온하기 어려운 곳이어서 초기동해를 받기 쉬우므로 초기양생에 주의하여야 한다.
④ 한중 콘크리트의 보온양생 방법은 급열양생, 단열양생, 피복양생 및 이들을 복합한 방법 중 한 가지 방법을 선택하여야 한다.

[해설]

한중 콘크리트

한중 콘크리트는 콘크리트를 타설한 후 4주 예상기온이 5℃ 이하인 경우를 말하며 콘크리트의 강도가 5N/mm²가 될 때까지 초기보양을 실시하여야 한다. 콘크리트의 기본양생인 습윤양생은 기온이 유지되는 한 실시하여도 된다.

210 한중 콘크리트에 관한 설명으로 옳은 것은?

① 한중 콘크리트는 공기연행 콘크리트를 사용하는 것을 원칙으로 한다.
② 타설할 때의 콘크리트 온도는 구조물의 단면 치수, 기상조건 등을 고려하여 최소 25℃ 이상으로 한다.

③ 물－결합재비는 50% 이하로 하고, 단위수량은 소요의 워커빌리티를 유지할 수 있는 범위 내에서 되도록 크게 정하여야 한다.
④ 콘크리트를 타설한 직후에 찬바람이 콘크리트 표면에 닿도록 하여 초기양생을 실시한다.

[해설]

한중 콘크리트

㉠ 정의 : 콘크리트를 타설한 후 4주 평균예상기온이 4℃ 이하에서 타설되는 콘크리트를 말한다.
㉡ 대책
• 콘크리트의 강도가 5N/mm²가 될 때까지 초기 보양
• 콘크리트의 타설온도는 10℃ 이상 20℃ 이하
• 재료의 가열온도는 60℃ 이하
• 재료 가열온도

작업 중 기온	가열재료
−3 ∼ 0℃	물 또는 골재 가열 또는 보온
−3℃ 이하	물, 골재 가열

• AE제 사용 및 물－결합재비는 원칙적으로 60% 이하

211 한중(寒中)콘크리트의 양생에 관한 설명 중 옳지 않은 것은?

① 가열 보온양생을 실시할 경우 가열 중 살수를 금한다.
② 타설한 콘크리트는 어느 부분에서도 그 온도가 5℃ 이상으로 하여 초기양생을 실시한다.
③ 초기양생은 콘크리트의 압축 강도가 5MPa 이상이 얻어진 것을 확인하고 담당원의 승인을 받아 중지한다.
④ 타설 후의 콘크리트 온도를 시트, 매트 및 단열 거푸집 등에 의하여 계획한 양생온도로 유지하는 것을 단열 보온양생이라 한다.

[해설]

문제 209번 해설 참조

212 해수의 작용을 받는 콘크리트 공사에서 해수작용의 구분에 따른 콘크리트 피복두께의 대·소 관계를 옳게 나타낸 것은?

① 해상 대기 중 < 물보라 지역 < 해 중
② 해상 대기 중 < 해중 < 물보라 지역
③ 물보라 지역 < 해상 대기 중 < 해 중
④ 물보라 지역 < 해중 < 해상 대기 중

해설

해수 콘크리트의 염해 피해 가능성이 높은 순서
물보라지역 > 해중 > 해상 대기 중

213 AE(Air Entrained) 콘크리트에 대한 설명 중 옳지 않은 것은?

① 보통 콘크리트에 비하여 철근의 부착강도가 우수하다.
② 시공연도가 좋고 응집력이 있어 재료 분리가 적다.
③ 동결융해 및 화학작용에 대한 저항성이 크다.
④ 공기량이 약 6% 이상 초과하면 강도는 급격히 저하한다.

해설

AE 콘크리트 특성
• 워커빌리티가 좋아진다.
• 단위수량이 감소하고 용적침하가 적다.
• 내구성, 수밀성, 내동결성이 증가한다.
• 압축강도 및 부착강도가 감소한다.

214 AE 콘크리트에 관한 설명 중 옳지 않은 것은?

① AE 콘크리트는 무수한 기포를 발생시켜 볼베어링 역할을 하도록 하여 시공연도를 증진시키는 콘크리트이다.
② 공기량이 6% 이상 초과하면 강도는 급격히 저하한다.
③ 단위수량이 적게 들고, 수밀성이 향상되며, 경화에 따른 발열량이 증대된다.

④ 철근과의 부착강도는 적어지지만 내구성 향상, 동결융해 저항성 향상 등의 효과가 있다.

해설

AE제의 특징
• 수밀성 증대   • 동결융해 저항성 증대
• 워커빌리티 증대   • 재료 분리 감소
• 단위수량 감소   • 블리딩 감소
• 발열량 감소

215 AE 콘크리트에 관한 설명 중 옳지 않은 것은?

① 기상작용이 심한 경우 사용되는 경우가 많다.
② AE 공기량은 온도가 높을수록 증대된다.
③ 블리딩, 재료분리 및 경화에 따른 발열이 감소한다.
④ 부착강도가 저하한다.

해설

공기량
㉠ 콘크리트 속에 공기는 엔트랩트에어(자연적 함유공기)와 엔트레인드 에어(인위적 함유공기)로 구분된다.
㉡ 공기량 1% 증가 시 압축강도는 4% 감소
㉢ 공기량 변화 요인
   • AE제 첨가 시 증가
   • 기계비빔, 비빔시간 3~5분까지 증가
   • 온도가 낮을수록 증가, 진동기 사용 시 감소, 잔모래 사용 시 증가
㉣ AE콘크리트의 최적 공기량은 3~5%

216 AE제를 사용한 콘크리트에 대한 설명으로 옳지 않은 것은?

① 공기량이 많을수록 슬럼프가 증대된다.
② AE제 사용 시 0.03~0.3mm 정도의 미세 기포가 발생하여 시공연도를 증진시킨다.
③ 물-시멘트비가 일정할 경우 공기량이 1% 증가할 때 압축강도는 약 3~4% 감소한다.
④ AE제는 계량의 정확을 기하기 위해 희석하지 않고 그대로 사용한다.

해설

AE제

희석제인 AE제는 시공연도 증진 및 동결융해 저항성, 내구성을 향상시키기 위하여 사용되는 표면활성제이다. 사용 시에는 정확히 계량하여 필요량을 1Batcher마다 넣으며, 계량은 Dispenser에 의한다.

217 보통 콘크리트용 부순 골재의 원석으로서 가장 적합하지 않은 것은?

① 현무암
② 안산암
③ 화강암
④ 응회암

해설

쇄석골재

암석을 부수어 만든 쇄석골재는 안산암, 현무암, 화강암 등이 사용된다.

218 쇄석콘크리트에 대한 설명 중 옳지 않은 것은?

① 모래의 사용량은 보통 콘크리트에 비해서 많아진다.
② 쇄석은 각이 둔각인 것을 사용한다.
③ 보통 콘크리트에 비해 시멘트 페이스트의 부착력이 떨어진다.
④ 깬자갈 콘크리트라고도 한다.

해설

쇄석콘크리트

쇄석을 사용한 콘크리트는 보통 골재를 사용한 콘크리트에 비하여 시공연도가 저하되지만 표면적이 증가되어 시멘트페이스트와의 부착력은 증가한다.

219 부순 골재를 사용하는 콘크리트의 배합설계에 관한 설명으로 옳지 않은 것은?

① 굵은골재의 크기는 강자갈의 경우보다 조금 작은 편이 좋다.
② 잔골재는 특히 미립분이 부족하지 않도록 주의한다.
③ 모래는 강자갈 콘크리트의 경우보다 적게 사용한다.
④ 될 수 있는 한 AE제를 사용한다.

해설

쇄석
• 보통콘크리트보다 부착력이 증가하여 강도 증가
• 시공연도 저하
• AE제 사용
• 보통골재보다 크기를 작게 사용
• 모래입자 크기를 크게 사용

220 다음 콘크리트 중 보통 경량콘크리트가 아닌 것은?

① 신더 콘크리트
② AE 콘크리트
③ 다공 콘크리트
④ 톱밥 콘크리트

해설

경량콘크리트 종류
• 보통 경량 콘크리트
• 기포 콘크리트
• 다공 콘크리트
• 톱밥 콘크리트
• ALC
• 서머콘
• 신더 콘크리트

221 경량콘크리트(Light Weight Concerete)의 장점에 해당되지 않는 것은?

① 자중이 작아 건물 중량을 경감할 수 있다.
② 열전도율이 작고, 내화성과 방음효과가 크며, 흡음률도 보통 콘크리트보다 크다.
③ 콘크리트의 운반이나 부어 넣기의 노력을 절감할 수 있다.
④ 동해에 대한 저항이 커 지하실 등에 적합하다.

경량콘크리트

경량콘크리트는 자중감소를 위한 목적으로 제작되는 콘크리트로서 경량골재, 발포제나 기포제, 톱밥 등을 이용하여 만들며 내부 공극이 커서 흡수율이 크므로 동해에 대한 우려가 발생할 수 있다.

222 경량콘크리트공사에서 경량골재의 취급 및 저장에 관한 내용 중 옳지 않은 것은?

① 골재의 짐부리기, 쌓아 올리기 및 물뿌리기를 할 때 입자가 분리되지 않도록 한다.
② 골재를 쌓아둘 곳은 될 수 있는 대로 물빠짐이 좋게 한다.
③ 골재를 쌓아둘 곳은 직사광선을 많이 받아 골재가 쉽게 건조될 수 있는 장소를 택한다.
④ 골재에 때때로 물을 뿌리고 표면에 포장 등을 하여 항상 같은 습윤상태를 유지한다.

골재의 취급 및 저장
• 크기별, 종류별로 구분하여 반입, 저장
• 재료분리가 일어나지 않도록 한다.
• 표면건조 내부포수 상태로 사용
• 이물질이 혼입되지 않도록 주의
• 파손되지 않도록 한다.

223 경량골재 콘크리트와 관련된 기준으로 옳지 않은 것은?

① 단위시멘트양의 최솟값 : 400kg/m³
② 물－결합재비의 최댓값 : 60%
③ 기건단위질량(경량골재 콘크리트 1종) : 1,700～2,000kg/m³
④ 굵은골재의 최대치수 : 20mm

경량골재 콘크리트

골재의 전부 또는 일부를 인공 경량골재를 써서 만든 콘크리트로서 기건단위질량이 1,400～2,000kg/m³인 콘크리트

• 1종 : 1,700～2,000kg/m³, 2종 1,400～1,700kg/m³
• 슬럼프값 : 180mm 이하
• 단위시멘트양의 최솟값 : 300kg/m³
• 물 결합재비 최댓값 : 60%

224 아파트 온돌바닥미장용 콘크리트로서 고층 적용 실적이 많고 배합을 조닝별로 다르게 하며 타설 바탕면에 따라 배합비 조정이 필요한 것은?

① 경량기포 콘크리트 　② 중량 콘크리트
③ 수밀 콘크리트 　　　④ 유동화 콘크리트

온돌 공사 － 경량기포 콘크리트

바닥 슬래브 상부 채움층 위에 방열관을 배관하고 그 위에 시멘트 모르타르 등을 미장하여 방바닥을 구성하는 온돌 공사에서 단열 완충재를 깔고 그 위에 타설되는 콘크리트를 말한다.

225 방사선 차폐를 목적으로 금속물질이 포함된 중정석 등의 골재를 넣은 콘크리트는?

① 중량콘크리트
② 매스콘크리트
③ 팽창콘크리트
④ 수밀콘크리트

중량콘크리트

방사선을 차단할 목적으로 사용되는 콘크리트로서 주로 중량골재를 사용한다.

226 폴리머함침콘크리트에 대한 설명 중 옳지 않은 것은?

① 시멘트계의 재료를 건조시켜 미세한 공극에 수용성 폴리머를 함침·중합시켜 일체화한 것이다.
② 내화성이 뛰어나며 현장시공이 용이하다.
③ 내구성 및 내약품성이 뛰어나다.
④ 고속도로 포장이나 댐의 보수공사 등에 사용된다.

폴리머함침콘크리트

시멘트 대신 Polymer(유기고분자 중합체)를 사용함으로 시멘트가 갖는 늦은 경화, 작은 인장강도, 큰 건조수축, 약한 내약품성을 개선할 목적으로 만든 콘크리트이다.

- 단위체적당 단가가 비싸다.
- 고강도, 다양한 용도, 경량성, 내구성, 속경성의 경제성을 갖는다.
- 단기에 고강도를 발현하고, 완전한 수밀성을 갖는다.
- 높은 접착성을 가지므로 석재, 금속, 목재와 결합이 용이하다.
- 내약품성, 내마모성, 내충격성, 전기절연성이 좋다.
- 난연성, 내화성은 좋지 않다.

---

227 유동화 콘크리트의 용어 중에서 베이스 콘크리트에 대한 설명으로 옳은 것은?

① 유동화 콘크리트 제조 시 유동화제를 첨가하기 전 기본 배합의 콘크리트
② 유동화 콘크리트를 제조하기 위하여 혼합된 유동화제를 첨가한 후의 콘크리트
③ 기초 콘크리트에 타설하기 위해 현장에 반입된 레디믹스트 콘크리트
④ 지하층에 콘크리트를 타설하기 위하여 현장에 반입된 레디믹스트 콘크리트

베이스 콘크리트

유동화제를 넣기 전의 콘크리트를 베이스 콘크리트라 하며, 유동화제가 첨가된 콘크리트는 유동화 콘크리트라 한다.

---

228 건축공사표준시방서에 따른 유동화 콘크리트 공기량의 표준값은?(단, 보통 콘크리트의 경우)

① 4%   ② 4.5%
③ 5%   ④ 5.5%

유동화 콘크리트 공기량

시방서의 기준에 따른다. 시방서에 정한 바가 없을 때에는 보통콘크리트 4.5%, 경량 콘크리트 5%를 표준으로 한다.

---

229 유동화 콘크리트에 대한 설명으로 옳지 않은 것은?

① 높은 유동성을 가지면서도 단위수량은 통상의 콘크리트보다 적다.
② 일반적으로 유동성을 높이기 위하여 화학혼화제를 사용한다.
③ 동일한 단위시멘트량을 갖는 보통 콘크리트에 비하여 압축강도가 매우 높다.
④ 건조수축은 동일한 유동성을 갖는 콘크리트에 비하여 매우 적다.

유동화 콘크리트

유동화 콘크리트는 강도를 높이기 위한 목적이 아니라 시공연도를 증진시키기 위함이다.

---

230 레디믹스트 콘크리트(Ready Mixed Concrete)를 사용하는 이유로서 옳지 않은 것은?

① 시가지에서는 콘크리트를 혼합할 장소가 좁다.
② 현장에서는 균질인 골재를 얻기 힘들다.
③ 콘크리트의 혼합이 충분하여 품질이 고르다.
④ 콘크리트의 운반거리 및 운반시간에 제한을 받지 않는다.

레디믹스트 콘크리트(특징)

- 협소한 장소에 재료 적재, 비빔작업이 불필요하다.
- 공사 추진 정확, 품질이 균일하다.
- 부어 넣는 수량에 따라 조절할 수 있다.
- 운반시간에 제한을 받으며, 운반 도중 재료 분리 우려가 많다.

---

231 레디믹스트 콘크리트 발주 시 호칭규격인 25 − 24 − 15에서 알 수 없는 것은?

① 물 − 시멘트비(W/C)   ② 슬럼프(Slump)
③ 호칭강도   ④ 굵은골재의 최대치수

레미콘의 규격

굵은골재의 최대치수 – 강도 – 슬럼프치의 순으로 표시한다. 예를 들면 25 – 24 – 15이면 굵은골재의 최대치수가 25mm, 콘크리트의 압축강도가 24MPa, 슬럼프치가 15cm를 나타낸다.

232 건설공사현장에서 보통 콘크리트를 KS규격 품인 레미콘으로 주문할 때의 요구항목이 아닌 것은?

① 잔골재의 조립률
② 굵은골재의 최대 치수
③ 호칭강도
④ 슬럼프

문제 231번 해설 참조

233 트랜싯 믹스트 콘크리트(Transit Mixed Concrete)에 관한 설명으로 옳은 것은?

① 완전한 비빔이 완료된 콘크리트를 트럭믹서로 비비며 현장까지 운반하는 것
② 어느 정도 비빈 것을 트럭믹서에 실어 운반 도중 비비며 현장까지 운반하는 것
③ 반 정도 비빈 것을 운반하여 현장에서 다시 비벼 사용하는 것
④ 트럭믹서에 모든 재료가 공급되어 운반 도중 비비며 현장까지 운반하는 것

레디믹스트 콘크리트

• 센트럴 믹스트 콘크리트(Central Mixed Concrete) : 비빔이 완료된 콘크리트를 현장으로 운반한다.
• 슈링크 믹스트 콘크리트(Shrink Mixed Concrete) : 믹싱 플랜트의 고정믹서에서 어느 정도 비빈 것을 운반 도중에 완전히 비빈다.
• 트랜싯 믹스트 콘크리트(Transit Mixed Concrete) : 트럭믹서에 모든 재료가 공급되어 운반 도중에 비벼진다.

234 일반적으로 현장에 도착한 공장배합 레미콘의 품질시험으로 가장 거리가 먼 것은?

① 강도시험
② 슈미트 해머 시험
③ 공기량 시험
④ 슬럼프 시험

레미콘의 규격

굵은골재의 최대치수 – 강도 – 슬럼프치의 순으로 표시한다. 기본 외에 공기량과 염분허용량이 추가로 표시될 수 있다.

235 프리스트레스트 콘크리트 공사 시 유의사항으로 옳지 않은 것은?

① PS 강재는 되도록 열의 영향을 많이 받은 강재를 사용하는 것이 좋다.
② 콘크리트를 타설할 때 쉬스(Sheath)의 내부에 시멘트 페이스트가 들어가 막히지 않도록 주의한다.
③ 정착장치의 지압면은 긴장재와 수직이 되도록 한다.
④ 덕트 내에 PS그라우트를 주입할 때 빈틈 없이 잘 충전해야 한다.

프리스트레스트 긴장재

㉠ 긴장재
  • 설계에 나타난 형상과 치수를 일치하도록 재질을 상하지 않게 가공 조립한다.
  • 구부러진 강재, 열의 영향을 받은 강재는 사용하지 않는다.
  • 조립 전에 뜬 녹, 기름, 기타의 이물질은 제거한다.
㉡ 쉬스, 보호관 및 긴장재의 배치
  • 쉬스는 콘크리트 타설 시 변형이 생기거나 시멘트 페이스트가 스미지 않도록 한다.
  • 쉬스 안에서 강재가 꼬이지 않도록 간격재를 사용한다.
  • 긴장재의 배치 오차는 도심위치 변동의 경우 부재치수가 1m 미만일 때 5mm, 1m 이상인 경우에는 부재치수의 1/200 이하로서 10mm를 넘지 않아야 한다.

236 고강도 콘크리트의 배합에 대한 기준으로 옳지 않은 것은?

① 단위수량은 소요의 워커빌리티를 얻을 수 있는 범위 내에서 가능한 한 작게 하여야 한다.
② 잔골재율은 소요의 워커빌리티를 얻도록 시험에 의하여 결정하여야 하며, 가능한 한 작게 하도록 한다.
③ 고성능 감수제의 단위량은 소요 강도 및 작업에 적합한 워커빌리티를 얻도록 시험에 의해서 결정하여야 한다.
④ 기상의 변화 등에 관계없이 공기연행제를 사용하는 것을 원칙으로 한다.

해설

고강도 콘크리트
• 물−시멘트비 50% 이하
• 공기연행제 사용 배제
• 단위수량 180kg/m³ 이하
• 슬럼프치 150mm 이하, 유동화는 210mm 이하
• 콘크리트가 좋은 품질을 갖기 위해서는 잔골재율이 낮아야 한다.

237 콘크리트에 프리스트레스를 가하는 방식 중 포스트텐션 방식의 공법이 아닌 것은?

① 롱라인법 ② 매그넬방식
③ 프레시네방식 ④ 디위대그방식

해설

포스트텐션 공법
㉠ 쐐기식 공법
 마찰저항을 이용한 쐐기로 정착하는 공법
 • 프레시네(Freyssinet) 공법
 • VCL 공법
 • CCL 공법
 • 매그넬(Magnel) 공법
㉡ 지압식 공법
 너트와 지압판에 의해 정착하는 공법
 • BBRV 공법
 • Dywidag 공법
 • Lee Mc Call 공법

㉢ 루프식 공법
 루프형 강재의 부착이나 지압에 의해 정착하는 공법
 • Leoba 공법
 • BAUR Leonhardt 공법

238 프리캐스트 철근 콘크리트 부재에 사용하는 콘크리트의 배합과 관련한 기준으로 옳지 않은 것은?

① 단위시멘트량의 최솟값은 300kg/m³로 한다.
② 물−시멘트비는 55% 이하로 한다.
③ 콘크리트에 함유된 염화물은 염화물이온량으로서 0.5kg/m³ 이하로 한다.
④ 동결융해작용을 받는 콘크리트는 AE콘크리트로 한다.

해설

프리캐스트 콘크리트 허용 염화물
콘크리트에 함유되는 염화물은 염소이온량으로서 0.3 kg/m³(Nacl로서 0.5kg/m³) 이하로 한다. 단, 방청상 유효한 대책을 강구하여 담당원의 승인을 얻었을 때에는 0.6kg/m³(Nacl로서 1.0kg/m³) 이하로 할 수 있다.

239 외장용 노출 콘크리트의 시공에 관한 설명으로 옳지 않은 것은?

① 배합수로 사용하는 지하수질도 착색을 일으키는 원인이 될 수 있으므로 주의해야 한다.
② 콘크리트를 한꺼번에 높이 타설하는 경우 기포가 쉽게 발생할 수 있다.
③ 콘크리트는 묽은 비빔으로 사용하므로 진동기를 사용하지 않는다.
④ 창문, 벽체줄눈, 폼 타이 구멍 등의 위치가 맞지 않은 경우 재시공 및 보수가 어려운 편이다.

해설

외장용 노출 콘크리트
• 거푸집은 이음의 틈이 없게 하고, 가능한 금속제를 사용한다.
• 피복두께는 1~3cm 더 크게 한다.
• 시멘트는 동일 회사, 동일 공장제품을 사용한다.

- 콘크리트는 된비빔 진동다짐으로 한다.
- 부어 넣기할 때 슈트에 의하지 않고 손차로 운반하여 비빔판에 받아 각삽으로 떠서 넣는다.
- 벽, 기둥은 한 번에 꼭대기까지 부어 넣어야 한다.
- Slump는 기초에서 5~10cm, 기타는 10~15cm 정도로 한다.

240 매스 콘크리트(Mass Concrete)의 타설 및 양생에 대한 설명으로 옳지 않은 것은?

① 내부온도가 최고온도에 달한 후는 보온하여 중심부와 표면부의 온도차 및 중심부의 온도강하 속도가 크지 않도록 양생한다.
② 부어 넣기 중의 이어붓기 시간간격은 외부기온이 25℃ 미만일 때는 150분으로 한다.
③ 부어 넣는 콘크리트의 온도는 온도균열을 제어하기 위해 가능한 저온(일반적으로 35℃ 이하)으로 해야 한다.
④ 거푸집널 및 보온을 위하여 사용한 재료는 콘크리트 표면부의 온도와 외기온도와의 차이가 작아지면 해체한다.

해설

매스콘크리트 이어붓기
일반적인 콘크리트의 이어붓기 시간은 외부기온이 25℃ 미만일 때는 150분, 25℃ 이상일 때는 120분을 초과하지 않도록 하지만 매스 콘크리트는 25℃ 미만일 때는 120분, 25℃ 이상일 때는 90분을 초과하지 않도록 한다.

241 매스 콘크리트(Mass Concrete)에서는 내부와 외부 온도가 달라 균열이 발생한다. 다음은 이를 방지하기 위한 대책이다. 틀린 것은?

① 재료를 적정온도 이하가 되도록 하여 사용한다.
② 플라이 애쉬 등 혼화제를 사용한다.
③ 단위시멘트량을 많게 한다.
④ 중용열 포틀랜드 시멘트를 사용한다.

해설

매스콘크리트
콘크리트의 발열량은 대체적으로 단위시멘트량에 비례하므로 콘크리트의 온도상승을 감소시키는 데에는 소요의 품질을 만족시키는 범위 내에서 단위시멘트량이 적어지도록 한다.

242 다음 ( ) 안에 들어갈 숫자의 조합으로 옳은 것은?

> 매스콘크리트로 다루어야 하는 구조물의 부재치수는 일반적인 표준으로서 넓이가 넓은 평판구조의 경우 두께 (㉠)m 이상, 하단이 구속된 벽조의 경우 두께 (㉡)m 이상으로 한다.

① ㉠ 0.6, ㉡ 0.3
② ㉠ 0.7, ㉡ 0.4
③ ㉠ 0.8, ㉡ 0.5
④ ㉠ 0.9, ㉡ 0.6

해설

매스콘크리트
매스콘크리트로 다루어야 하는 구조물의 부재치수는 일반적인 표준으로서 넓이가 넓은 평판구조의 경우 두께 0.8m 이상, 하단이 구속된 벽조의 경우 두께가 0.5m 이상으로 한다. 그러나 프리스트레스트 콘크리트 구조물 등 부배합의 콘크리트가 쓰이는 경우에는 더 얇은 부재라도 구속조건에 따라 적용대상이 된다.

243 진공 콘크리트(Vacuum Concrete)의 특징으로 옳지 않은 것은?

① 건조수축의 저감, 동결방지 등의 목적으로 사용된다.
② 일반콘크리트에 비해 내구성이 개선된다.
③ 장기강도는 크나 초기강도는 매우 작은 편이다.
④ 콘크리트가 경화하기 전에 진공매트(Mat)로 콘크리트 중의 수분과 공기를 흡수하는 공법이다.

정답   240 ②   241 ③   242 ③   243 ③

진공 콘크리트(Vacuum Concrete)
- 콘크리트가 경화 하기 전 진공매트로 콘크리트 중의 수분과 공기를 흡수하는 공법
- 건조수축의 저감, 동결방지 등의 목적으로 사용
- 일반 콘크리트에 비해 내구성이 개선
- 초기강도 및 장기강도 증가
- 내마모성 증가

244 건축공사에서 제자리콘크리트 말뚝이나 수중 콘크리트를 칠 경우 콘크리트 속에 2m 이상 묻혀 있도록 하여 콘크리트 치기를 용이하게 하는 것은?

① 리바운드 체크
② 웰포인트
③ 트레미관
④ 드릴링 바스켓

트레미관
수중 콘크리트나 프리팩트 콘크리트를 시공하기 위하여 끝이 막혀있는 콘크리트 타설기구로서 항상 관 끝은 콘크리트 속에 2m정도 묻혀 있어야 한다.

245 프리팩트 콘크리트 시공에서 주입관 배치와 압송에 관한 설명으로 옳지 않은 것은?

① 주입관의 간격은 굵은골재의 치수, 주입 모르타르의 배합, 유동성 및 주입속도에 따라 정한다.
② 연직주입관의 수평간격은 2m 정도를 표준으로 한다.
③ 수평주입관의 수평간격은 4m 정도, 연직간격은 2m 정도를 표준으로 한다.
④ 주입은 하부로부터 상부로 순차적으로 한다.

주입관 간격
- 수직선의 수평간격 2m
- 수평설치 시 수평 2m, 수직 1.5m

246 건축공사표준시방서에서 정의하고 있는 고강도 콘크리트(High Strength Concrete)의 설계기준강도는?

① 보통 콘크리트 : 40MPa 이상, 경량골재 콘크리트 : 27MPa 이상
② 보통 콘크리트 : 40MPa 이상, 경량골재 콘크리트 : 24MPa 이상
③ 보통 콘크리트 : 30MPa 이상, 경량골재 콘크리트 : 27MPa 이상
④ 보통 콘크리트 : 30MPa 이상, 경량골재 콘크리트 : 24MPa 이상

고강도 콘크리트
보통 콘트리트는 40MPa 이상, 경량골재 콘크리트는 27MPa 이상을 설계기준강도로 하고 있다.

247 고강도 콘크리트에 관한 내용으로 옳지 않은 것은?

① 설계기준강도가 보통콘크리트의 경우 40MPa 이상인 것을 말한다.
② 물－시멘트비를 감소시키기 위해 고성능 감수제를 시용한다.
③ 단위수량, 단위시멘트량, 잔골재율은 소요워커빌리티 및 강도를 얻을 수 있는 범위 내에서 가능한 적게 한다.
④ 슬럼프값은 유동화콘크리트일 경우 250mm 이하로 한다.

고강도 콘크리트
- 슬럼프 15cm 이하, W/C비 55% 이하(통상 45~ 50%)
- 단위시멘트량이 크게 되는 경향이 있어 최대치는 450kg/m³ 이하로 한다.(W/C비가 작게 되므로 단위시멘트량이 커지면 건조수축 시의 균열 등이 커진다.)
- 된비빔 콘크리트가 되므로 충분한 다짐을 해야 한다.
- 거푸집 존치기간을 보통 콘크리트보다 길게 한다.

248 고강도 콘크리트 시공 시 배합에 관한 사항 중 옳지 않은 것은?

① 물 – 시멘트비는 50% 이하로 한다.
② 단위수량은 210kg/m³ 이하로 한다.
③ 슬럼프값은 150mm 이하로 한다.
④ 단위시멘트량은 소요 워커빌리티 및 강도를 얻을 수 있는 범위 내에서 가능한 한 적게 되도록 정한다.

> **해설**

고강도 콘크리트
- 물 – 시멘트비 50% 이하
- 공기 연행제 사용배제
- 단위수량 180kg/m³ 이하
- 슬럼프치 150mm 이하, 유동화는 210mm 이하
- 부어 넣기 1m 이하
- 수직부재와 수평부재의 강도차는 1.4배 이상일 경우 수평 부재 쪽으로 내민 길이 확보

249 고강도 콘크리트의 배합에 대한 기준으로 옳지 않은 것은?

① 물 – 시멘트비는 50% 이하로 한다.
② 유동화 콘크리트로 할 경우에 슬럼프치는 180mm 이하로 한다.
③ 단위수량은 180kg/m³ 이하로 하고 소요 워커빌리티를 얻을 수 있는 범위 내에서 가능한한 작게 한다.
④ 기상의 변화가 심하거나 동결융해에 대한 대책이 필요한 경우를 제외하고는 공기연행제를 사용하지 않는 것을 원칙으로 한다.

> **해설**

문제 248번 해설 참조

250 고강도 콘크리트에 관련된 내용으로 옳지 않은 것은?

① 고강도 콘크리트는 결합재량의 증가로 점성이 증가하고 낮은 물 – 시멘트비로 인해 시간의 경과에 따른 슬럼프 감소가 큰 편이다.

② 고강도 콘크리트는 점성과 유동성이 커서 측압의 증가에 따른 거푸집 붕괴사례가 많다.
③ 고강도 콘크리트는 블리딩이 많아 표면건조가 느리기 때문에 플라스틱 균열 발생 위험이 적다.
④ 초고강도 콘크리트는 높은 점성 때문에 충분한 타설시간이 필요하다.

> **해설**

고강도 콘크리트
고강도 콘크리트는 물 – 시멘트비가 낮아 단위수량이 감소한다. 그러므로 블리딩이 발생할 우려가 적다.

251 수밀 콘크리트 사용의 가장 큰 목적은?

① 콘크리트를 수중(水中)에 부어 넣기 위해서
② 우천 시 콘크리트를 부어 넣기 위해서
③ 콘크리트의 조기강도를 상승시키기 위해서
④ 물의 침투를 방지하기 위해서

> **해설**

수밀콘크리트
물의 침투를 방지하기 위하여 시멘트풀의 양을 적게 하거나 페이스트 자체를 수밀성이 있는 밀실한 것으로 하는 2가지를 고려한다.

252 수밀 콘크리트 시공에 대한 설명 중 옳지 않은 것은?

① 불필요하게 이어치기할 경우 이어치기 면의 레이턴스를 제거하고 빈배합 콘크리트를 사용한다.
② 콘크리트의 표면마감은 진공처리방법을 사용하는 것이 좋다.
③ 타설이 완료된 콘크리트면은 즉시 습윤상태로 유지하고 2주 이상 장기간 물에 접하게 하여 건조하지 않게 한다.
④ 부어 넣는 콘크리트 온도는 30℃ 이하로 하고 진공기 사용을 원칙으로 한다.

정답   248 ②   249 ②   250 ③   251 ④   252 ①

수밀 콘크리트

시멘트풀의 양을 적게 하거나 페이스트 자체를 수밀성이 있는 밀실한 것으로 하는 2가지를 고려한다.

- 물 – 시멘트비는 55% 이하로 한다.
- 원칙적으로 표면활성제를 사용한다.
- 슬럼프는 18cm 이하로 하며 진동기를 사용한다.
- 이어치기는 하지 않으며 거푸집은 수밀하게 짜고, 양생 기간은 보통 콘크리트보다 2일 가산한 것으로 한다.

253 수밀 콘크리트의 재료 및 시공에 관한 설명 중 틀린 것은?

① 수영장, 지하실 등 압력수가 작용하는 구조물에 시공하는 콘크리트이다.
② 골재는 입도분포가 고르고 흡수성이 작으며, 밀도가 큰 것을 사용한다.
③ 콘크리트 내의 기포는 수밀성을 저하시키므로 AE 제를 사용하지 않는다.
④ 콘크리트의 다짐을 충분히 하며 가급적 이어치기 하지 않는다.

문제 252번 해설 참조

254 수밀 콘크리트에 관한 설명으로 옳지 않은 것은?

① 콘크리트의 소요 슬럼프는 되도록 작게 하여 180mm를 넘지 않도록 한다.
② 콘크리트의 워커빌리티를 개선시키기 위해 공기연행제, 공기연행감수제 또는 고성능 공기연행감수제를 사용하는 경우라도 공기량은 2% 이하가 되게 한다.
③ 물결합재비는 50% 이하를 표준으로 한다.
④ 콘크리트 타설 시 다짐을 충분히 하여, 가급적 이어붓기를 하지 않아야 한다.

수밀 콘크리트 공기량

- 수밀 콘크리트라 할지라도 공기량은 보통 콘크리트 공기량의 기준에 부합되도록 한다.
- 보통 콘크리트의 경우 4.5%, 허용오차는 ±1.5%로 한다.

255 수밀콘크리트의 시공에 관한 설명으로 옳지 않은 것은?

① 수밀콘크리트는 누수 원인이 되는 건조수축균열의 발생이 없도록 시공하여야 하며, 0.1mm 이상의 균열 발생이 예상되는 경우 누수를 방지하기 위한 방수를 검토하여야 한다.
② 거푸집의 긴결재로 사용한 볼트, 강봉, 세퍼레이터 등의 아래쪽에는 블리딩 수가 고여서 콘크리트가 경화한 후 물의 통로를 만들어 누수를 일으킬 수 있으므로 누수에 대하여 나쁜 영향이 없는 재질의 것을 사용하여야 한다.
③ 소요 품질을 갖는 수밀콘크리트를 얻기 위해서는 전체 구조부가 시공이음 없이 설계되어야 한다.
④ 수밀성의 향상을 위한 방수제를 사용하고자 할 때에는 방수제의 사용방법에 따라 배처플랜트에서 충분히 혼합하여 현장으로 반입시키는 것을 원칙으로 한다.

수밀콘크리트 일반

- 설계 내용을 충분히 검토하여 균열, 콜드조인트, 이어치기부, 신축이음, 허니콤, 재료 분리 등 외부로부터 물의 침입이나 내부로부터 유출의 원인이 되는 결함이 생기지 않도록 하여야 한다.
- 균일하고 치밀한 조직을 갖는 콘크리트가 만들어질 수 있도록 재료, 배합, 비빔, 타설, 다지기 및 양생 등 적절한 조치를 취하여야 한다.
- 수밀을 요하는 콘크리트 구조물은 이음부 및 거푸집 긴결재 설치 위치에서의 수밀성이 확보되도록 필요에 따라 방수를 하여야 한다.
- 수밀콘크리트 구조물을 설계할 때 반드시 시공이음, 신축이음 등을 두어야 할 경우에는, 이음부를 대상으로 별도의 방수공 또는 충진재를 계획하여 책임기술자의 승인을 얻어 시공 후 누수문제가 발생하지 않도록 관리하여야 한다.

256 프리패브 콘크리트(Prefab Concrete)에 관한 설명 중 잘못된 것은?

① 제품의 품질을 균일화 및 고품질화할 수 있다.
② 작업의 기계화로 노무 절약을 기대할 수 있다.
③ 공장생산으로 기계화하여 부재의 규격을 쉽게 변경할 수 있다.
④ 자재를 규격화하여 표준화 및 대량생산을 할 수 있다.

해설

프리패브 콘크리트
프리패브란 부품을 공장에서 생산하고 현장에서는 조립을 하는 방법을 말한다. 그러므로 공장생산이므로 부품이 기계화로 생산되기 때문에 부재의 규격을 쉽게 변경할 수 없다.

257 프리캐스트 콘크리트 커튼월의 줄눈폭 허용 차는?

① ±1mm
② ±3mm
③ ±5mm
④ ±7mm

해설

커튼월의 줄눈 허용오차
프리캐스트 콘크리트 커튼월의 줄눈폭 허용오차는 ±5mm 이내이다.

258 각종 콘크리트에 관한 설명으로 옳지 않은 것은?

① 프리플레이스트 콘크리트(Preplaced Concrete)란 미리 거푸집 속에 특정한 입도를 가지는 굵은골재를 채워놓고, 그 간극에 모르타르를 주입하여 제조한 콘크리트이다.
② 숏크리트(Shotcrete)는 콘크리트 자체의 밀도를 높이고 내구성, 방수성을 높게 하여 물의 침투를 방지하도록 만든 콘크리트로서 수중구조물에 사용된다.
③ 고성능 콘크리트는 고강도, 고유동 및 고내구성을 통칭하는 콘크리트의 명칭이다.

④ 소일 콘크리트(Soil Concrete)는 흙에 시멘트와 물을 혼합하여 만든다.

해설

숏크리트 콘크리트
- 압축공기로 콘크리트 또는 모르타르를 분사하는 공법
- 건나이트, 본닥터, 제트크리트 등의 종류가 있다.
- 여러 재료의 표면에 시공하면 밀착이 잘 되며 수밀성, 강도, 내구성이 커진다.
- 균열이 생기기 쉽고, 다공질이며 외관이 좋지 않다.

CHAPTER

05

철골공사

CHAPTER 05 철골공사

SECTION 01 재료

기 11④ 14① 15④ 20④

1. 종류

1) 형강재

H, I, L, ㄷ, Z, T

2) 강판재(Plate)

3) 강재의 종류

① SS계열 : 일반구조용 압연강재

② SM계열 : 용접구조용 압연강재

③ SMA계열 : 용접구조용 내후성 열간 압연강재

④ SSC계열 : 일반구조용 경량형강재

4) 리벳

종별	둥근리벳	민리벳			평리벳		
상부를 표면으로 한다.							
기호 공장	○	◎	◌	⊘	⊘	○	○
기호 현장	●	◉	◉	◉	◉	◉	◉

5) 고장력 볼트(H.T.B)

① 고탄소강 또는 합금강을 열처리하여 만든 항복점 $7t/cm^2$ 이상, 인장강도 $7t/cm^2$ 이상으로 한다.

② 볼트전단형, 너트전단형, 지압형, 그립형

2. 재료시험

1) 강재시험

① 상온에서 행하여 단면이 다를 때마다, 또한 중량으로 20ton이 넘을 때마다 1개씩 시험

② 종류 : 인장시험, 굴곡(휨)시험, 경도시험

핵심문제 ●○○

철근, 볼트 등 건축용 강재의 재료시험 항목에서 일반적으로 제외되는 항목은?

❶ 압축강도시험
② 인장강도시험
③ 굽힘시험
④ 연신율시험

2) 리벳시험

① 기계 시험을 하며 리벳직경이 다를 때마다, 또한 중량으로 2ton이 넘을 때마다 1개씩 시험

② **종류** : 인장시험, 상온 구부림시험, 종압축시험

3. 강의 성질

① 압축강도는 인장강도와 거의 같으나, 탄소량이 0.85% 이상이 되어도 강도는 내려가지 않고 오히려 증가한다.

② 전단강도는 인장강도와 매우 밀접한 관계가 있으며, 인장강도의 0.65~0.8배가 된다.

③ 굴곡성은 탄소량이 적을수록 커진다.

④ 탄소량 0.1% 이하의 것은 접어서 두 겹으로 밀착시킬 수 있으며, 0.2% 정도의 것은 안쪽에 약간의 틈새를 만들어 180°로 구부릴 수 있다.

⑤ 경도는 브리넬(Brinell) 경도로 표시하는데, 인장강도 값의 약 2.8배가 된다.

⑥ 강의 온도에 따른 강도는 100℃까지는 평상시의 강도를 유지하다가 250℃에서 최대강도가 발현되고 500℃에서는 평상시 강도의 1/2로, 600℃에서는 1/3, 900℃에서는 1/10로 강도가 감소한다.

SECTION 02 공장작업/현장작업

1 공장작업

기 12① 16① 18①④ 산 10③ 13③ 19②

1. 원척도

1) 작성

설계도 및 시방서에 따라 원척도에서 각부 상세 및 재의 길이 등을 원척으로 그린다.

2) 구성 내용

① 층높이 · 기둥높이 · 기둥 중심 간의 치수, 층보의 간사이(Span), 보와 바닥 마무리재의 관계치수 등을 정확히 한다.
② 강재의 형상 · 치수 · 물매 · 구부림 정도
③ 리벳의 피치 · 개수 · 게이지 라인(Guage Line) · 클리어런스(Clearance)
④ 파이프 · 철근 등의 관통개소, 보밑 치켜올리기(간사이의 1/1,000 정도)

2. 본뜨기 및 변형 바로잡기

1) 본뜨기

원척도에서 얇은 강판으로 본뜨기를 하여 본판을 정밀하게 작성한다.

2) 변형 바로잡기용 공구

① 강판 : 플레이트 스트레이닝 롤(Plate Straining Roll)
② 형강 : 스트레이닝 머신(Straining Machine), 프릭션 프레스(Friction Press), 파워 프레스(Power Press), 짐 크로우(Jim Craw)
③ 경미한 것 : 모루(Anvil) 위에서 쇠메(Hammer)치기

3. 마킹(금긋기)

1) 본판 및 리벳간격을 그린 장척을 사용하여 강재면에 강필로 가공부위를 그리는 일
2) 구조물의 부재로서 남을 곳에는 원칙적으로 강판에 상처를 내어서는 안 된다. 고강도강 및 휨 가공하는 연강의 표면에는 펀치, 정 등에 의한 흔적을 남겨서는 안 되지만 절단, 구멍 뚫기, 용접 등으로 제거되는 경우에는 무방하다.
3) 강판에 마킹할 때에는 펀치(Punch) 등을 사용하지 않아야 한다.

▼ 형강의 기준선

항목	도해	비고
ㄱ 형강		플랜지 면의 교차선을 기준으로 한다.

항목		도해	비고
ㄷ 형강			플랜지와 웨브판의 외면의 교차선을 기준으로 한다.
H형강	기둥		웨브판은 폭의 1/2을 기준으로 한다. 플랜지는 웨브판의 중심을 기준으로 한다.
	보		웨브판은 상부플랜지를 기준으로 하며, 플랜지는 웨브판의 중심을 기준으로 한다.
용접 박스형 기둥			박스형 기둥은 대부분 비틀림이 발생하기 때문에 비틀림에 의하여 발생된 회전각을 1/2로 하여 가상중심선을 설정하고 이를 기준으로 한다.

4. 절단 및 개선(그루브)가공

1) 일반사항

① 강재의 절단은 기계절단, 가스절단, 플라즈마절단, 레이저절단 등을 적용

② 녹, 기름, 도료가 부착되어 있는 경우에는 제거 후 절단

③ 용접선의 교차부분 또는 한 부재를 다른 부재에 접합시킬 때 불필요한 접촉을 피하기 위하여 모퉁이따기를 할 경우에는 10mm 이상 둥글게 한다.

④ 메틸 터치가 지정되어 있는 부분은 절삭가공기를 사용하여 부재 상호 간 충분히 밀착하도록 가공

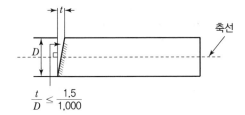

$$\frac{t}{D} \leq \frac{1.5}{1,000}$$

[마감면의 정밀도]

마감 가공면 50s 정도

$\frac{t}{D}$: 마감 가공면의 축선에 대한 직각도

D : 마감 가공면의 단면 폭

⑤ 스캘럽 가공은 절삭 가공기 또는 부속장치가 달린 수동 가스절단기를 사용한다.
- 스캘럽이 있는 경우 스캘럽 원호의 곡선은 플랜지와 필릿 부분이 둔각이 되도록 가공, r_1은 35mm 이상, r_2는 10mm 이상으로 하고, 불연속부가 없도록 한다.

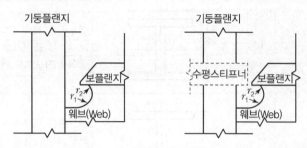

[스캘럽의 개선가공]

- 스캘럽이 없는 형태의 경우에는 다음 두 개 중 하나의 형태로 한다.

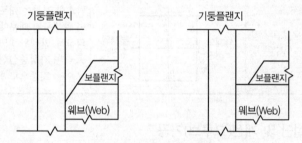

[스캘럽 없는 개선 또는 논스캘럽]

2) 강재절단

① 가스절단을 하는 경우, 원칙적으로 자동가스절단기를 이용한다.
② 채움재, 띠철, 형강, 판 두께 13mm 이하의 연결판, 보강재 등은 전단 절단할 수 있다.

3) 절단면 검사 및 결함보수

① 개선각도(그루브 각도)와 루트는 정밀하게 가공하고 그루브용접을 위한 그루브 가공 허용오차는 규정값에 $-2.5°$, $+5°$(부재조립 정밀도의 1/2) 범위 이내, 루트면의 허용오차는 규정값에 ±1.6mm 이내로 한다. 그루브 가공은 자동가스절단기 또는 기계절단기로 하는 것을 원칙으로 한다.
② 거친 면, 노치 및 깊이는 기계연마나 그라인더로 다듬질하여 제거한다.
③ 가스절단면 거칠기가 규정치를 초과하는 부분은 그라인더로 다듬질하여 규정치 이내로 한다.
④ 가스절단면 노치 깊이가 1mm를 초과하는 것은 그 부분을 덧살용접 후

그라인더로 마무리하고 두께가 50mm를 넘는 강판에 대해서는 원칙적으로 노치를 허용하지 않는다.

⑤ 가스 절단면의 직각도가 강판두께 20mm 이하인 경우 1mm 이하, 20mm를 초과하는 경우에는 $t/20(mm)$ 이하로서 이 규정치를 초과하는 부분은 그라인더로 다듬어 규정치 이내로 한다.

⑥ 절단면의 결함은 육안검사를 한다.

⑦ 용접이음부는 방사선 투과검사 또는 초음파 탐상검사를 한다.

4) 휨(굽힘)가공

① 휨가공은 상온가공 또는 열간가공으로 하며 열간가공의 경우에는 적열상태(800~900℃)에서 한다.

② 냉간가공에서 내측 굽힘반경 : 기둥 또는 보 및 가새단의 헌치 등 소성변형 능력을 요구하는 부재의 내측 휨 반경은 가공재 판두께의 4배 이상, 그 이외의 부재에서는 가공재 판 두께의 2배로 한다.

5) 지압면의 표면가공

지압면의 면가공은 접지면적 2/3 이상에서 오차 0.5mm 이하가 되어야 하며, 오차는 부분적으로는 최대 1.0mm까지 허용하는 것을 기본으로 한다.

5. 구멍 뚫기

1) 구멍 뚫기는 소정의 지름으로 정확하게 드릴 및 리머 다듬질을 병용하여 마무리한다.

2) 판 두께 13mm 이하 강재에 구멍을 뚫을 때에는 눌러 뚫기(Press Punching)를 한다.

3) 볼트구멍의 직각도는 1/20 이하로 한다.

▼ 볼트 구멍의 허용오차

볼트의 호칭(mm)	허용오차(mm)	
	마찰이음	지압이음
M20	+0.5	±0.3
M22	+0.5	±0.3
M24	+0.5	±0.3
M27	+1.0	±0.3
M30	+1.0	±0.3

4) 볼트구멍의 엇갈림

마찰이음으로 부재를 조립할 경우, 구멍의 엇갈림은 1.0mm 이하, 지압 이음으로 부재를 조립할 경우 구멍의 엇갈림은 0.5mm 이하로 한다.

핵심문제 ●○○

철골의 구멍뚫기에서 이형철근 D22의 관통구멍의 구멍직경으로 옳은 것은?

① 24mm
② 28mm
③ 31mm
❹ 35mm

▼ 철근 관통구멍의 구멍직경

(단위 : mm)

이형철근	호칭	D10	D13	D16	D19	D22	D25	D29	D32
	구멍직경	21	24	28	31	35	38	43	46
원형철근	구멍직경	철근 직경 + 10mm							

6. 가볼트 조임

1) 가볼트에는 손상이 없어야 한다.
2) 본접합용 볼트를 가볼트로 겸용해서는 안 된다.
3) 일반적인 고장력볼트 이음에서는 볼트를 이용하고, 볼트 1군에 대해 1/3 이상이며 2개 이상의 가볼트를 웨브와 플랜지에 적절하게 배치하여 조인다.
4) 혼용접합 혹은 병용이음에서는 일반볼트를 이용하고, 볼트 1군에 대해 1/2 이상이며 2개 이상의 가볼트를 적절하게 배치한다.
5) 용접이음에서 일렉션피스 등에 사용하는 가볼트는 모두 고장력볼트로 조인다.

7. 본조립

1) 리벳 접합
2) 고력 볼트 접합
3) 용접 접합

핵심문제 ●●●

철골공사의 녹막이칠을 하지 않는 부분에 해당되지 않는 것은?

① 현장용접을 하는 부위
❷ 콘크리트에 매립되지 않는 부분
③ 고장력 볼트 마찰접합부의 마찰면
④ 조립에 의하여 면 맞춤되는 부분

8. 녹막이칠

현장 반입 선 녹막이칠 1회를 한다. 공장조립시 맞댐면이나 조립 후 칠할 수 없는 부분에는 조립 전에 2회 칠하여 조립한다.

운반, 리벳치기, 용접 등으로 손상된 부분은 다시 칠해야 하나, 다음 부분에는 녹막이칠을 하지 않는다.

1) 콘크리트에 밀착되거나 매입되는 부분
2) 조립에 의하여 맞닿는 면
3) 현장 용접하는 부분(용접부에서 양측 100mm 이내의 부분)
4) 고장력 볼트 접합부의 마찰면
5) 밀착 또는 회전하는 기계깎기 마무리면
6) 폐쇄형 단면을 한 부재의 밀폐된 면
7) 작업 중지
　　① 5℃ 이하, 43℃ 이상, 상대습도 80% 이상
　　② 수분이나 분진 등의 부착 우려가 있는 경우
　　③ 강재 표면 온도가 50℃ 이상

핵심문제 ●●●

철골공사에서 녹막이칠을 하지 않는 부위와 거리가 먼 것은?

① 콘크리트에 밀착 또는 매립되는 부분
❷ 폐쇄형 단면을 한 부재의 외면
③ 조립에 의해 서로 밀착되는 면
④ 현장용접을 하는 부위 및 그곳에 인접하는 양측 100mm 이내

2 현장작업

기초 주각부 심먹매김 → 앵커 볼트 설치 → 기초 상부 고름질

→ 철골 세우기 → 가조립 → 변형 바로잡기

→ 정조립(본조립) → 접합부 검사 → 도장

1. 현장 세우기 준비

1) 기초 주가부, 기타 심먹매김
2) 앵커볼트 제자리에 고정, 기둥과 기초윗면에 모르타르바르기
3) 철골재 반입도로 및 쌓아둘 곳 계획 마련
4) 세우기에 필요한 기계, 기구를 반입하여 설치한다.

2. 앵커볼트 설치

1) 공법

① 고정매입공법

앵커볼트의 위치를 정확하게 설치한 후 콘크리트를 타설하는 공법으로 위치수정이 불가능하며, 시공 정밀도가 요구되는 곳에 쓰인다.

② 나중매입공법

앵커볼트를 묻을 구멍을 두었다가 나중에 고정하는 공법으로 앵커볼트 지름이 작을 때 사용된다.

③ 가동매입방법

고정매입공법과 나중매입공법을 동시 적용하여 사용한다.

2) 앵커링(Anchoring)

① 앵커볼트 설치 시 베이스플레이트 위치의 콘크리트는 설계도면 레벨보다 −30~−50mm 낮게 타설하고, 베이스플레이트 설치 후 그라우팅 처리한다.

② 앵커볼트로는 구조용 혹은 세우기용 앵커볼트를 사용하며 고정매입공법을 원칙으로 한다.

③ 구조용 앵커볼트를 사용하는 경우 앵커볼트 간의 중심선은 기둥 중심선으로부터 3mm 이상 벗어나지 않아야 한다.

④ 세우기용 앵커볼트의 경우에는 앵커볼트 간의 중심선이 기둥 중심선으로부터 5mm 이상 벗어나지 않아야 한다.

기 10① 16④ 18②
산 10①③ 11③ 13③ 14② 16② 20③

핵심문제 ●●○

다음은 철골 기둥 세우기 공사의 세목이다. 순서대로 나열한 것은?

> ㉠ 베이스 플레이트 레벨 조정용 고정
> ㉡ 기초 볼트 위치 재점검
> ㉢ 기둥 중심선 먹매김
> ㉣ 기둥 세우기
> ㉤ 주각 모르타르 채움

❶ ㉢−㉡−㉠−㉣−㉤
② ㉡−㉢−㉠−㉣−㉤
③ ㉡−㉢−㉠−㉤−㉣
④ ㉢−㉠−㉡−㉤−㉣

핵심문제 ●○○

철골의 주각을 기초에 고정시키는 데 나중 매립공법을 사용하는 경우는 다음 중 어떤 곳에 해당하는가?

① 구조물이 고층건물일 경우
② 구조물의 이동조립을 가능하게 하기 위한 경우
❸ 앵커볼트의 지름이 작은 경우
④ 앵커볼트의 지름이 큰 경우

⟫⟫ **앵커볼트(특별한 표기가 없을 시)**

• 4−M20
• 정착길이 25d
• 선단 Hook 180°

3. 기초 상부 고름질

1) 공법

① 전면바름 마무리공법

기둥 저면의 주위에서 3cm 이상 넓게 지정된 높이로 수평되게 된비빔
1 : 2 모르타르로 펴 바르고 경화 후 세우기를 한다.

② 나중 채워넣기 중심바름공법

기둥 저면의 중심부만 지정높이만큼 수평으로 된비빔 1 : 1 모르타르
로 바르고 기둥을 세운 후 사방에서 모르타르를 다져 넣는 방법이다.

③ 나중 채워넣기 + 자 바름공법

기둥 저면에서 대각선 방향 +자형으로 지정높이만큼 수평으로 모르
타르를 바르고 기둥을 세운 후 그 주위에 모르타르를 다져 넣는 방법
이다.

④ 나중 채워넣기 공법

베이스 플레이트 중앙에 구멍을 낼 수 있을 때에 채용되는 방법으로
기초 위에 베이스 플레이트 4귀에 와셔 등 철판괴임을 써서 높이 및 수
평조절을 하고 기둥을 세운 후 1 : 1 모르타르를 베이스 플레이트의 중
앙부 구멍에 다져 넣는 것이다.

2) 그라우팅(Grouting)과 실링(Sealing)

① 그라우팅 재료들은 다음과 같이 사용한다.

- 0℃ 이하에서 배합되거나 사용되어서는 안 된다.
- 빈 공간을 완전히 채울 수 있도록 재료는 알맞은 높이에서 타설한다.
- 그라우트 제작자에 의해 규정 또는 권고되었다면 충전과 다짐은 잘
  고정된 지지대상에서 이루어져야 한다.
- 공기구멍(Vent Hole)은 필요한 만큼 설치한다.

② 강재 베이스 플레이트 하부공간에는 물기, 얼음, 부스러기와 오염물들
이 없도록 깨끗하게 청소한다.

③ 기둥을 포함하는 포켓베이스(Pocket Bases)는 주변 콘크리트보다 낮
지 않은 압축강도의 콘크리트로 치밀하게 채워져야 한다.

④ 포켓베이스에서 기둥의 매입길이는 가설 중 일시적인 상태에서 안정
성을 확보할 수 있는 충분한 길이의 콘크리트로 처음부터 둘러싸여져
야 한다.

⑤ 그라우팅 전에 강재작업, 받침과 콘크리트 표면작업이 필요하다면 반
드시 사전에 규정한다.

⑥ 중요한 강재요소가 부식되지 않도록 배수처리한다.

⑦ 물이나 부식성 액체가 고일 가능성이 있으면 베이스 플레이트 주변의
그라우트는 베이스 플레이트의 최저면 위로 올라오도록 하지 말고 베

이스 플레이트의 아랫면에서부터 각도를 갖도록 형성한다.

⑧ 그라우팅이 필요 없고, 베이스 플레이트 주변을 실링(Sealing)해야 하는 경우에는 그 방법을 반드시 명시한다.

4. 건축물의 현장 조립

1) 1절마다 기둥, 보의 세우기 순서를 결정하고 그에 따라 반입한다.

2) 불안정한 구조가 되지 않도록 조립 순서를 결정하고, 하루 작업 완료 후에 안정된 형태가 될 수 있도록 시공계획을 세운다.

3) 수평 쌓기 방식에서는 선행 강부재에 크레인이 닿아 구석의 부재를 설치할 수 없는 경우가 발생하지 않도록 충분히 검토한다.

4) 수개 층이 연속되어 보가 없거나 나중에 설치되는 보가 설치되기 전의 구조상의 안전성에 대해 설계자와 충분히 협의한다.

5) 현장설치의 경우에는 가볼트의 배치 개수를 결정하고, 작업자와 사전에 충분히 협의한다.

6) 구조상 필요한 작은 보, 수직 가새, 공장건물의 수평 가새, 트러스의 제 1 래티스 등은 세우기와 동시에 설치하는 것을 원칙으로 한다.

7) 강·콘크리트조의 경우 보강와이어, 래티스 등을 이용하여 적절하게 보강한다.

8) 기둥 세우기에 따라 가로재, 가새 등을 가볼트 조임한 후 건물모서리와 주요 위치에 설치된 수직, 수평 기준점에서 피아노선, 다림추, 계측기 등을 이용하여 변형을 측정하고, 일정 구획마다 변형 바로잡기를 완료한 후 본 볼트 조임을 한다.

9) 본 볼트 조임은 볼트군 내의 각 볼트가 유효하게 작용할 수 있는 순서로 해야 하며, 표준 볼트장력의 80% 정도로 조임한 후 2단계 조임에서 표준 볼트장력으로 조임한다.

10) 설치 중 작업이 중단되거나, 1일 작업의 종료 후에는 임시 가새를 설치한다.

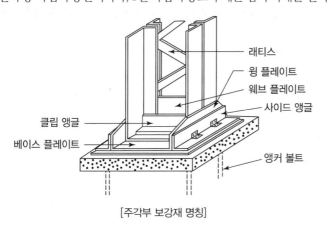

래티스
윙 플레이트
웨브 플레이트
사이드 앵글
클립 앵글
베이스 플레이트
앵커 볼트

[주각부 보강재 명칭]

핵심문제 ●○○

철골구조의 주각부의 구성요소에 해당되지 않는 것은?
❶ 스티프너
② 베이스 플레이트
③ 윙 플레이트
④ 클립 앵글

핵심문제 ●●●

철골구조의 내화피복 공법과 가장 거리가 먼 것은?
① 성형판 붙임 공법
② 미장 공법
③ 뿜칠 공법
❹ 심초 공법

1 내화피복

1. 공법 및 재료

내화피복공법은 크게 도장공법, 습식공법, 건식공법, 합성공법으로 다음과 같이 구분한다.

1) 도장공법 : 내화도료공법 – 팽창성 내화도료
2) 습식공법
  ① **타설공법** : 콘크리트, 경량콘트리트
  ② **조적공법** : 콘크리트 블록, 경량 콘크리트 블록, 돌, 벽돌
  ③ **미장공법** : 철망 모르타르, 철망 파라이트 모르타르
  ④ **뿜칠공법** : 뿜칠 암면, 습식 뿜칠 압면, 뿜칠 모르타르, 뿜칠 플라스터, 실리카, 알루미나 계열 모르타르
3) 건식공법
  ① **성형판 붙임공법** : 무기섬유혼입 규산칼슘판, ALC 판, 무기섬유강화 석고보드, 석면 시멘트판, 조립식 패널, 경량콘크리트 패널, 프리캐스트 콘크리트판
  ② 휘감기 공법
  ③ 세라믹울 피복공법 : 세라믹 섬유 블랭킷
4) 합성공법 : 프리캐스트 콘크리트판, ALC 판

2. 시공 일반사항

1) 강재면에 들뜬 녹, 기름, 먼지 등이 부착되어 있는 경우에는 이를 제거하여 내화피복재의 부착성을 좋게 한다.
2) 작업 전 바탕면에 먼지나 오일, 녹 등의 이물질을 제거한 후 신속하게 시공한다.
3) 분진의 비산 우려가 있을 경우에는 시트로 막거나 마스크 착용 등 적절한 대책을 마련한다.
4) 방청도장과 함께 강재표면의 녹, 기름, 오염물을 충분히 제거한 다음 내화피복을 실시한다.
5) 내화재 뿜칠 시와 완료 후 건조될 때까지 주위온도가 4℃ 이상 되어야 한다. 내화재 뿜칠 중, 뿜칠 후에는 자연환기로 건조시키며, 부득이한 경우 강제 환기시킨다.
6) 뿜칠작업 시 낙진이 건물 밖으로 떨어지지 않도록 방진막을 설치한다.

3. 검사 및 보수

1) 미장공법, 뿜칠공법의 경우
  ① 시공면적 5m²당 1개소 단위로 핀 등을 이용하여 두께를 확인하면서 시공
  ② 뿜칠공법의 경우 시공 후 두께나 비중은 코어를 채취하여 측정
    • 측정빈도는 각 층마다 또는 바닥면적 1,500m²마다 각 부위별 1회 (1회에 5개)
    • 연면적이 1,500m² 미만의 건물에 대해서는 2회 이상
2) 조적공법, 붙임공법, 멤브레인공법의 경우
  재료반입 시 재료의 두께 및 비중 확인, 빈도는 각 층마다 바닥면적 1,500m² 마다 각 부위별 1회(1회에 3개), 연면적 1,500m² 미만의 건물에 대해서는 2회 이상
3) 불합격의 경우에는 덧뿜칠 또는 재시공에 의하여 보수한다.
4) 상대습도가 70%를 초과하는 조건에서는 내화피복재의 내부에 있는 강재에 지속적으로 부식이 진행되므로 습도에 유의한다.
5) 분사암면공법의 경우에는 소정의 분사두께를 확보하기 위하여 두께측정기 또는 이것에 준하는 기구로 두께를 확인하면서 작업한다.

2 세우기용 장비

1. 가이데릭(Guy Derrick)

가장 많이 쓰이는 기중기의 일종으로 힘이 좋아서 5~10ton 정도의 것이 많다.

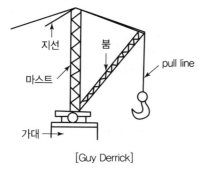

[Guy Derrick]

① Guy의 수 : 6~8개
② 붐(Boom)의 회전범위 : 360°
③ 7.5ton 데릭으로 1일 세우기 능력은 철골재 15~20ton
④ 붐의 길이는 주축(Mast)보다 3~5 짧게 한다.

핵심문제 ●○○

가이데릭(Guy Derrick)에 대한 설명 중 옳지 않은 것은?
① 기계대수는 평면높이의 가동범위 · 조립능력과 공기에 따라 결정한다.
❷ 일반적으로 붐(Boom)의 길이는 마스트의 길이보다 길다.
③ 불 휠(Bull Wheel)은 가이데릭 하단부에 위치한다.
④ 붐(Boom)의 회전각은 360°이다.

핵심문제 ●○○

철골세우기에 사용되는 장비가 아닌 것은?
❶ 배쳐플랜트   ② 가이데릭
③ 트럭크레인   ④ 진폴

2. 스티프레그 데릭(Stiff-leg Derrick) : 삼각데릭

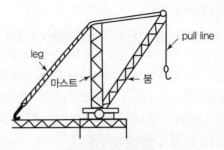

[Stiff-leg Derrick]

① 가이데릭에 비해 수평이동이 가능하므로 층수가 낮고 긴 평면일 때 유리
② 회전범위 270°(작업범위 180°)

3. 트럭 크레인

넓은 장소에서 기동력 있는 작업이 가능하다.

4. 진 폴(Gin Pole)

소규모 철골공사에 사용되며 옥탑 등의 돌출부에 쓰이고, 중량재료를 달아 올리기에 편리하다.

핵심문제 ●○○

양중기계 중 이동식 크레인에 해당되는 것은?
① 타워크레인   ② 러핑크레인
❸ 크롤러크레인   ④ 지브크레인

5. 타워 크레인(Tower Crane)

고층 건설용으로 초중량물 처리가 가능하다.

1) 설치방식

① 고정식 : 기초면에 Base 고정
② 주행식 : Base 밑에 차량 장착

2) 상승방식

① Crane Climbing(Climbing 방식)
② Mast Climbing(Telescoping 방식)

3) Jib 형식

① 경사 Jib(Luffing형) : 수평과 수직이동 가능하며 대형크레인
  • 현장이 협소한 경우
  • 인접건물이 방해되는 경우
  • 타 대지에 침범하게 되는 경우
② 수평 Jib(T형) : 수평으로만 이동

1 개요

1. 특징

① 볼트가 풀리지 않는다.

② 노동력이 절약되고 공기(工期)가 단축된다.

③ 마찰 접합이다.

④ 소음이 적다.

⑤ 재해의 위험이 적다.

⑥ 접합부의 강성이 높다.

⑦ 죔이 정확하다.

⑧ 피로강도(疲勞强度, Fatigue Limit, Endurance Limit)가 높다.

⑨ 현장 시공 설비가 간편하다.

⑩ 불량 개소의 수정이 용이하다. 즉, 볼트는 다시 죄기가 용이하므로 리벳의 수정보다는 훨씬 용이하다.

⑪ 병용하는 경우 응력부담이 크다.

2. 고력 볼트 종류

1) 전단형 볼트

① TC 볼트식(볼트축 전단형) : 볼트축 끝부분에 홈을 내서 너트가 일정한 죔음력에 달하면 더 이상 죄여지지 않고 핀테일(Pintail)이 홈 위치로부터 전단력에 못이겨 떨어져 나가는 방식

② PI식(너트 전단형) : 2개가 붙어 있는 특수너트를 조여 일정한 토크치에 달하면 상하 2개의 너트가 어긋남으로써 조임이 끝나는 방식

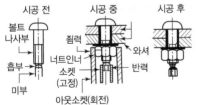

[TC 볼트식]

[특수고장력 너트 분리형(일명 PI너트식)]

2) 그립(Grip)

너트 대신 칼라(Collar)를 사용하여 핀테일에 반력을 받게 하되, 죔기구는 핀테일을 붙잡고 동시에 칼라를 밀어 넣게 작용하며, 일정압력에 달하면 핀테일이 떨어지게 된 것과 그렇지 않은 것이 있다.

기 19②

핵심문제 ●●○

철골공사의 접합에 관한 설명으로 옳지 않은 것은?

① 고력볼트접합의 종류에는 마찰접합, 지압접합이 있다.

② 녹막이도장은 작업장소 주위의 기온이 5℃ 미만이거나 상대습도가 85%를 초과할 때는 작업을 중지한다.

❸ 철골이 콘크리트에 묻히는 부분은 특히 녹막이 칠을 잘해야 한다.

④ 용접 접합에 대한 비파괴시험의 종류에는 자분탐상시험, 초음파탐상시험 등이 있다.

기 14② 18② 산 17①

핵심문제 ●●○

고력볼트 접합에 관한 설명으로 옳지 않은 것은?

① 현대건축물의 고층화·대형화 추세에 따라 소음이 심한 리벳은 현재 거의 사용하지 않고 볼트접합과 용접접합이 대부분을 차지하고 있다.

② 토크쉐어형 고력볼트는 조여서 소정의 축력이 얻어지면 자동적으로 핀테일이 파단되는 구조로 되어 있다.

③ 고력볼트의 조임기구로는 토크렌치와 임팩트렌치 등이 있다.

❹ 고력볼트의 접합형태는 모두 마찰접합이며, 마찰접합은 하중이나 응력을 볼트가 직접 부담하는 방식이다.

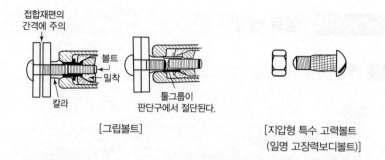

접합재편의
간격에 주의

볼트

밀착

칼라

툴그룹이
판단구에서 절단된다.

[그립볼트]

[지압형 특수 고력볼트
(일명 고장력보디볼트)]

3) 지압형 볼트

볼트의 나사부분보다 축부(Shank)가 굵게 되어 있어서, 좁은 볼트 구멍에
때려 박으면 구멍에 빈틈이 생기지 않도록 고안된 것

3. 볼트 길이

1) 볼트 길이는 조임길이에 아래 길이를 합한 길이이다.

2) 조임길이는 접합하는 판두께이다.

3) 더하는 길이는 너트 1개, 와셔 2장 두께, 나사피치 3개의 합이다.

볼트의 호칭	조임길이에 더하는 길이(mm)	볼트의 호칭	조임길이에 더하는 길이(mm)
M12	25	M24	45
M16	30	M27	50
M20	35	M30	55
M22	40		

4. 볼트 조임 기구

1) 토크 컨트롤러(Torgue Controller)

2) 임팩트 렌치(Impact Wrench) : 시공 당일의 오전 및 오후 작업 개시 전 측력계로 조정, 측력계 정밀도 3% 이내

3) 토크 렌치(Torque Wrench) : 정밀도 조임용 5% 이내, 검사용 3% 이내의 오차

2 시공(마찰접합)

1. 바탕 처리

1) 고장력볼트 마찰접합부의 마찰면은 규정된 미끄럼계수를 반드시 확보한다.

2) 마찰접합의 고장력볼트는 규정된 볼트축력이 도입되도록 적절한 방법으로 조인다.

3) 마찰면의 밀착성 유지, 모재접합부분의 변형, 뒤틀림, 구부러짐, 이음판의

구부러짐 등이 있는 경우에는 마찰면이 손상되지 않도록 교정하고 볼트 구멍 주변은 절삭 남김, 전단 남김 등을 제거한다.

4) 마찰면에는 도료, 기름, 오물 등이 없도록 충분히 청소하여 제거하며, 들뜬 녹은 와이어 브러시 등으로 제거한다.

5) 구멍을 중심으로 지름의 2배 이상 범위의 녹, 흑피 등을 숏 블라스트(Shot Blast) 또는 샌드 블라스트(Sand Blast)로 제거한다.

▼ 접합부 표면의 높이 차이 처리방법(건물)

높이 차이	처리 방법
1mm 이하	별도 처리 불필요
1mm 초과	끼움재 사용

6) 겹쳐진 판 사이에 생긴 2mm 이하의 볼트구멍의 어긋남은 리머로 수정한다.

7) 구멍의 어긋남이 2mm를 초과할 때는 접합부의 안전성 검토를 포함하여 공사감독자와 협의한다.

2. 볼트 조임

1) 볼트 조임에 관한 일반사항

① 조임 시공법의 확인 : 반입 검사한 볼트 중에서 임의로 취하여 실제 작업에 사용하는 조임기기를 이용, 시방서 규정에 따라 조여서 축력계로 도입장력을 측정하는 방법으로 한다.

② 볼트 끼우기 중 나사부분과 볼트머리는 손상되지 않게 보호한다.

③ 모든 볼트머리와 너트 밑에 각각 와셔를 1개씩 끼우고, 너트를 회전시켜서 조인다. 토크 – 전단형(T/S) 고장력볼트는 너트 측에만 1개의 와셔를 사용한다.

④ 와셔는 볼트머리와 너트에 평행하게 놓는다.

⑤ 볼트 접합부에 사용할 때 너트의 표시 기호가 있는 쪽이 바깥쪽이고, 와셔는 면치기가 있는 쪽이 바깥쪽이다.

[너트, 와셔의 속과 겉]

⑥ 조임 및 검사에 사용되는 기기 중 토크렌치와 축력계의 정밀도는 ±3% 오차범위 내이다.

⑦ 볼트의 끼움에서 본조임까지의 작업은 같은 날 이루어지는 것을 원칙으로 한다.

⑧ 본조임은 원칙적으로 강우 및 결로 등 습한 상태에서 금지한다.

⑨ 용접과 고장력볼트의 마찰이음을 병용할 때에는, 용접완료 후에 볼트의 조임시공을 실시하는 것을 원칙으로 한다.

2) 볼트의 조임 축력

볼트의 조임은 설계볼트장력에 10%를 증가시켜 표준볼트장력을 얻을 수 있도록 한다.

▼ 고장력볼트의 설계볼트장력과 표준볼트장력 및 장력의 범위

고장력 볼트의 등급	고장력볼트 호칭	공칭단면적 (mm²)	설계볼트 장력[1] (kN)	표준볼트 장력 (kN)	시험볼트 장력의 평균값 범위[2] (kN)
F8T	M16	201	84	92	85~95
	M20	314	131	144	135~150
	M22	380	163	179	170~185
	M24	452	189	208	195~215
F10T	M16	201	105	116	105~120
	M20	314	164	180	170~185
	M22	380	203	223	210~230
	M24	452	236	260	245~270
	M27	572	307	338	315~355
	M30	708	376	414	390~435
F13T	M16	201	136	150	140~155
	M20	314	213	234	220~240
	M22	380	264	290	275~300
	M24	452	307	338	320~350

주 : 1) KS B 1010 표 3에 규정된 볼트의 최소인장하중에 0.67을 곱한 값
2) 시공 전 축력계로 측정한 시험볼트 5세트의 장력 평균값 범위

3) 볼트 조임 순서

① 볼트의 조임은 1차 조임과 본조임으로 나눈다.

② 1차 조임은 접합부 볼트군마다 볼트를 삽입한 후 아래그림에 표시된 순서로 조인다.

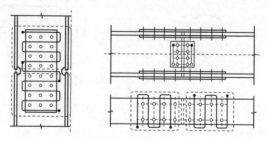

① ---- 조임 시공용 볼트의 군(群)
② ──→ 조이는 순서
③ 볼트 군마다 이음의 중앙부에서 판 단부 쪽으로 조여진다.

[볼트의 조임 순서]

▼ 1차 조임 토크

(단위 : N · m)

고장력볼트의 호칭	1차 조임 토크
M16	100
M20, M22	150
M24	200
M27	300
M30	400

4) 토크관리법

① 볼트장력이 볼트에 균일하게 도입되도록 볼트 조임기기를 이용한다.

② 볼트 호칭마다 토크계수값이 거의 같은 로트를 1개 시공로트로 한다. 시공로트에서 대표로트 1개를 선택하고 이 중에서 시험볼트 5세트를 임의로 선택한다.

③ 축력계를 이용하여 시험볼트가 적정한 조임력을 얻도록 미리 보정하고 조정된 볼트조임기기를 이용하여 조인다. 5세트 볼트장력 평균값, 각각 측정값이 표준볼트장력의 ±15% 이내이어야 한다.

④ 위의 ③을 만족하지 않는 경우 동일 로트로부터 다시 10세트를 임의로 선정하여 동일한 시험을 한다. 10세트의 볼트장력 평균값을 구하여 이 값이 규정값을 만족하고, 각각 측정값이 표준볼트장력의 ±15% 이내에 있으면 이 시공로트의 볼트는 정상인 것으로 판단

5) 너트회전법

① 너트회전법은 F8T와 F10T, 고장력볼트에 대해서만 적용한다.

② 적절한 두께의 강판에 조임작업에 사용될 볼트 5개 이상을 조이고 너트회전량을 육안으로 조사, 모든 볼트에서 거의 같은 회전량이 생기는지를 확인한다.

③ 위의 ②의 방법으로 조임기기의 정상, 조임시공법의 적정함을 판단하고 도입장력과 토크는 확인하지 않아도 무방하다.

④ 너트의 회전각을 측정하는 시점은 통상 토크렌치로 부재의 표면간격이 없어질 정도로 1차 조임한 상태를 시점으로 한다.

▼ 너트회전법에 의한 볼트 조임

구분	회전각
볼트 길이가 지름의 5배 이하일 때	$120° \pm 30°$
볼트 길이가 지름의 5배를 초과할 때	시공조건과 일치하는 예비시험을 통하여 목표회전각을 결정한다.

6) 조합법

① 토크관리법과 너트회전법을 조합한 것으로, 토크관리법으로 볼트를 조임하고 너트관리법으로 조임 후 검사를 하는 방법이다. 건축물에서 F8T 및 F10T 고장력볼트에 대해서만 적용할 수 있다.

② 규정된 토크로 너트를 회전시켜 1차 조임을 한다.

③ 1차 조임 후 모든 볼트에 대해 고장력볼트, 너트, 와셔 및 부재를 지나는 금매김을 한다.

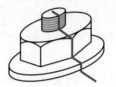

[금매김]

④ 본조임은 토크관리법에 의해 표준볼트장력을 얻을 수 있도록 조정된 조임기기를 이용하고 조임기기의 조정은 매일 조임작업 전에 하는 것을 원칙으로 한다.

⑤ 토크관리법에 의한 너트의 회전각은 너트회전법에 따른다.

7) 토크 – 전단형(T/S) 고장력볼트의 조임

① 토크 – 진단형 볼트는 너트와 볼트 핀꼬리에 서로 반대방향으로 회전하는 토크를 작용시켜 너트를 조임으로써 볼트축력을 도입한다.

② 토크가 일정 크기에 도달하면 핀꼬리의 노치 부분이 파단되면서 조임이 끝난다.

③ 와셔는 너트 측에만 1개를 사용한다.

④ 1차 예비조임은 1차 조임토크에 따른다.

⑤ 2차 본조임은 전용 조임기를 사용하여 핀꼬리 노치부가 파단될 때까지 조인다.

⑥ 볼트의 본조임은 상온(10~30℃)에서 시공한다.

3. 볼트 조임 후 검사

1) 볼트조임 연결면의 처리, 연결이음부의 두께 차이, 볼트구멍의 엇갈림, 볼트 조임상태 등을 확인한다.

2) 토크관리법에 의한 조임검사

① 볼트군의 10%의 볼트 개수를 표준으로 하여 토크렌치에 의하여 조임검사를 실시한다(평균 토크의 ±10% 이내의 것을 합격).

② 불합격한 볼트군에 대해서는 다시 그 배수의 볼트를 선택하여 재검사

하고, 다시 불합격한 볼트가 발생하였을 때에는 그 군의 전체를 검사한다.

③ 10%를 넘어서 조여진 볼트는 교체하고 조임을 잊어버렸거나, 조임 부족이 인정된 볼트군에 대해서는 모든 볼트를 검사하고 동시에 소요 토크까지 추가로 조인다.

④ 볼트 여장은 너트면에서 돌출된 나사산이 1~6개 범위일 때 합격시킨다.

3) 너트회전법에 의한 조임검사

① 조임 완료 후 모든 볼트에 대해서 1차 조임 후에 표시한 금매김의 어긋남에 의해 동시 회전의 유무, 너트회전량 및 너트여장의 과부족을 육안검사하여 이상이 없는 것을 합격시킨다.

② 1차 조임 후에 너트회전량이 $120° \pm 30°$의 범위에 있는 것을 합격시킨다.

③ 이 범위를 넘어서 조여진 고장력볼트는 교체하고 너트의 회전량이 부족한 너트에 대해서는 소요 너트회전량까지 추가로 조인다.

④ 볼트의 여장은 너트면에서 돌출된 나사산이 1~6개 범위일 때 합격시킨다.

4) 조합법에 의한 조임검사

① 조임 완료 후, 모든 볼트에 대해서 1차 조임 후에 표시한 금매김의 어긋남에 의한 동시 회전의 유무, 너트회전량 및 너트여장의 과부족을 육안검사하여 이상이 없는 것을 합격시킨다.

② 1차 조임 후에 너트회전량이 $120° \pm 30°$의 범위에 있는 것을 합격시킨다.

③ 너트의 회전량에 현저하게 차이가 인정되는 볼트군에 대해서는 모든 볼트를 토크렌치를 사용하여 추가 조임에 따른 조임력의 적정 여부를 검사한다.

④ 이 결과 조임 시공법 확인을 위한 시험에서 얻어진 평균 토크의 ±10% 이내의 것을 합격시킨다.

⑤ 10%를 넘어서 조여진 볼트는 교체하고 조임을 잊어버렸거나, 조임 부족이 인정된 볼트군에 대해서는 모든 볼트를 검사하고 동시에 소요 토크까지 추가로 조인다.

⑥ 볼트 여장은 너트면에서 돌출된 나사산이 1~6개 범위일 때 합격시킨다.

5) 토크 – 전단형(T/S) 고장력볼트 조임검사

① 검사는 토크 – 전단형(T/S) 고장력볼트 조임 후 실시한다.

② 너트나 와셔가 뒤집혀 끼여 있는지 확인한다.

③ 핀테일의 파단 및 금매김의 어긋남을 육안으로 전수 검사, 핀테일이 정상적인 모습으로 파단되고 있으면 적절한 조임이 이루어진 것으로 판정하고 금매김의 어긋남이 없는 토크 – 전단형(T/S) 고장력볼트에

대해서는 기타의 방법으로 조임을 실시하여 공회전이 확인될 경우에는 새로운 토크－전단형(T/S) 고장력볼트 세트로 교체한다.

6) 볼트의 교환

① 고장력볼트, 너트, 와셔 등이 동시 회전, 축회전을 일으킨 경우나, 너트회전량에 이상이 인정되는 경우 또는 너트면에서 돌출된 여장이 과대, 과소한 경우에는 새로운 세트로 교체한다.
② 한 번 사용한 볼트는 재사용할 수 없다.

---

1 재료

1. 특징

1) 강재가 절약된다.
2) 건물의 일체성과 강성을 확보할 수 있고, 접합 판 두께에 별로 제한을 받지 않는다.
3) 경량화할 수 있다.
4) 수밀성이 유지된다.
5) 시공 시 소음, 진동이 없다.
6) 난점으로는 모재의 재질에 따라 응력상의 영향이 크다.

2. 재료 성능

1) 강도가 같은 강재를 용접할 경우에는 모재의 규격치와 동등하거나 그 이상의 기계적 성질을 갖는 용접재료를 사용한다.
2) 강도가 다른 강재를 용접할 경우에는 낮은 강도를 갖는 모재의 규격치와 동등하거나 그 이상의 기계적 성질을 갖는 용접재료를 사용한다.
3) 인성이 같은 강재를 용접할 경우에는 모재에 요구되는 값과 같거나 그 이상의 인성을 나타내는 용접재료를 사용한다.
4) 인성이 다른 강재를 용접하는 경우에는 인성이 낮은 모재에 요구되는 값과 같거나 그 이상의 인성을 나타내는 용접재료를 사용한다.
5) 내후성강재와 보통강재를 용접하는 경우에는 모재와 같거나 그 이상의 기계적 성질과 인성을 만족하는 용접재료를 사용한다.
6) 내후성강과 내후성강을 용접할 경우에는 모재와 동등 이상이거나 그 이상의 기계적 성질, 인성 그리고 내후성능을 만족하는 용접재료를 사용한다.

3. 용접봉

1) 구조 : 용접봉은 특수금속으로 된 심선과 플럭스라 불리는 피복재로 구성된다.
2) 규격 : 심선지름은 4mm가 표준이고 가는 것은 3.2mm, 고능률용은 6mm가 쓰인다. 길이는 350~600mm이며, 표준은 400mm이다.

② 용접 시공

1. 맞댐용접

핵심문제　●●○

철판과 철판이 겹치는 부분 등을 용접하는 것으로 모재에 개선 등의 사전 가공을 하지 않고 가능한 용접은?
① 홈용접　　② 가스압접
③ 맞댐용접　❹ 모살용접

접합하는 두 부재 간의 사이를 트이게 하여(홈 : Groove), 그 사이에 용착금속으로 채워 용접하는 것으로 홈용접이라 한다. 보강살 붙임은 3mm를 초과하지 못한다.

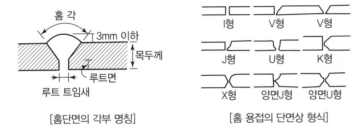

[홈단면의 각부 명칭]　　　　[홈 용접의 단면상 형식]

1) 완전 용입

① 유효 단면 목두께는 얇은 재의 판두께로 한다.
② 맞대는 부재의 전단면이 완전하게 용입되도록 한다.
③ 가우징 : 양측 용접인 경우 표면 쪽 용접 후 배면 쪽에서 표면 쪽의 용접 부분이 나타날 때까지 실시한다.
④ 판두께가 다른 경우

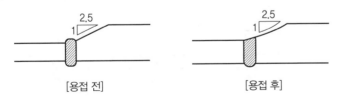

[용접 전]　　　　　　　　[용접 후]

2) 부분 용입 : 유효목두께는 개선 깊이로 한다.

핵심문제 ●●○

철골공사에서 겹침이음, T자이음 등에 사용되는 용접으로 목두께의 방향이 모재의 면과 45° 또는 거의 45°의 각을 이루는 것은?

① 완전용입 맞댐용접
② 부분용입 맞댐용접
❸ 모살용접
④ 다층용접

2. 모살용접

목두께의 방향이 모재의 면과 45° 또는 거의 45°의 각을 이루는 용접, 용접부분의 두 부재의 경사각의 허용값은 60~120° 이하로 하며, 살덧붙임은 $0.1S + 1mm$ 이하로 한다.

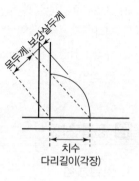

1) 유효 단면은 다리 및 목두께의 곱으로 한다.
2) 보통 다리의 길이는 용접 치수보다 크게 하고 목두께는 다리길이의 0.7배이다.
3) 부등변 모살 용접이면 짧은 변 길이를 각장(다리길이)으로 한다.
4) 보강 살붙임은 $0.1S + 1mm$ 또는 3mm 이하로 한다(S : 유효 다리길이).
5) 유효 용접 길이는 실제 용접 길이에서 유효 목두께의 2배를 감한 것으로 유효 길이는 각 길이의 10배 이상으로 한다.

3. 용접기호

1) 기본

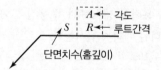

2) 맞댐용접

① 기호

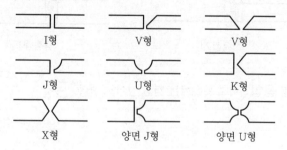

② 개선 형태(단면)

I형	V형	V형
J형	U형	K형
X형	양면 J형	양면 U형

3) 모살용접

① 필릿용접

② 병렬용접

③ 지그재그

④ 연속   *S*

다리길이
(필릿 크기)

⑤ 단속   *S*   *L–P*

용접길이 간격

4) 보조기호

① ▶ 현장용접

② ○ 전체둘레 용접

③ ○⫯ 전체둘레 현장용접

꼬리

① ─ : 평비드
② ⌒ : 볼록비드
③ ⌣ : 오목비드
④ C : 치핑
⑤ G : 연삭
⑥ M : 절삭
⑦ F : 지정 없음

5) 용접기호의 예

용접 종류	실형도시	
V형 홈용접 • 판두께 19mm • 홈깊이 16mm • 홈각도 60˚ • 루트 간격 2mm의 경우	16 2 60˚	60˚ 16 19 2
모살용접 양쪽다리길이가 틀릴 때	6/9 6/9	6 9
모살용접 병렬용접 용접길이 50mm 피치 150mm의 경우	50–150	50 50 50 150 150

핵심문제　　　●●○

다음 중 철골접합의 용접 종료 후에 실시하는 비파괴검사가 아닌 것은?

① 외관검사
② 침투탐상검사
③ 초음파탐상검사
❹ 운봉검사

4. 용접 검사

1) 작업의 흐름

① 용접 착수 전 : 트임새 모양, 모아대기법, 구속법, 자세의 적부
② 용접 작업 중 : 용접봉, 운봉, 전류, 제1층 용접 완료 후 뒷용접 전
③ 용접 완료 후 : 육안 검사, X선 및 r선 투과 검사, 자기 초음파, 침투수압 등의 검사 시험법이 있고, 절단 검사는 될 수 있는 대로 피한다.

2) 육안검사

① 검사 범위 : 모든 용접부
② 용접 비드 및 그 근방에서는 어떤 경우도 균열이 있어서는 안 된다.
③ 용접균열의 검사 : 육안으로 하되, 의심이 있을 때 자분탐상법, 침투탐상법 실시
④ 용접 비드 표면의 피트
⑤ 용접 비드 표면의 요철
⑥ 언더컷
⑦ 오버랩
⑧ 필릿 용접의 크기 : 다리 길이 및 목두께는 지정치수보다 작아서는 안 된다.

3) 비파괴시험

① 침투탐상시험(PT) 및 자분탐상검사(MT)
② 방사선투과시험
③ 자동초음파탐상검사(PAUT)와 초음파탐상검사(UT)

핵심문제　　　●●●

철골공사의 용접작업 시 발생하는 각 용접결함에 대한 설명으로 옳지 않은 것은?

① 언더 컷(Under Cut)은 모재가 녹아 용착금속이 채워지지 않고 홈으로 남게 된 부분을 말한다.
② 오버 랩(Over Lap)은 용접금속과 모재가 융합되지 않고 겹쳐지는 것을 말한다.
③ 블로 홀(Blow Hole)은 금속이 녹아 들 때 생기는 기포를 말한다.
❹ 피트(Pit)는 용접 후 냉각 시 용접부에 생기는 갈라짐을 말한다.

5. 용접 결함의 종류

Crack	용착금속과 모재에 생기는 단열로서 용접결함의 대표적인 결함	Crack
Blow Hole	용융금속 응고 시 방출가스가 남아 길쭉하게 된 구멍에 남아 혼입되어 있는 현상	Blow-hole
Slag감싸돌기	용접봉의 피복제 심선과 모재가 변하여 Slag가 용착금속 내에 혼입된 것	Slag
Crater	용접시 Bead 끝에 항아리 모양처럼 오목하게 파인 현상	Crater

Under Cut	과대전류 혹은 용입불량으로 모재 표면과 용접표면이 교차되는 점에 모재가 녹아 용착금속이 채워지지 않은 현상	
Pit	작은 구멍이 용접부 표면에 생기는 현상	
용입불량	용입깊이가 불량하거나 모재와의 융합이 불량한 것	
Fish Eye	Blow Hole 및 혼입된 Slag가 모여서 둥근 은색반점이 생기는 결함현상	
Over Lap	결침이 형성되는 현상으로서 용접 금속의 가장 자리에 모재와 융합되지 않고, 겹쳐지는 것	
Over Hung	상향 용접의 용착금속이 아래로 흘러내리는 현상	
Throat(목두께) 불량	용접단면에 있어서 바닥을 통하는 직선으로부터 용접의 최소두께가 부족한 현상	

6. 용접에 사용되는 용어

1) 가용접(Tack Weld) : 조립을 목적으로 하는 용접
2) 루트(Root) : 용접부 단면에서의 밑바닥(맞댄 용접에서 트임새 끝의 최소 간격)
3) 레그(Leg) : 모살 용접에 있어서 한쪽 용착면의 폭
4) 목두께(Throat) : 용접 단면에서의 바닥을 통하는 직선부터 잰 용접의 최소 두께
5) 비드(Bead) : 용착금속이 모재 위에 열상을 이루고 이어지는 용접층
6) 위빙(Weaving) : 용접봉을 용접방향에 대하여 서로 엇갈리게 움직여서 용착금속을 녹여 붙이는 운봉방법
7) 스틱(Stick) : 용접 중에 용접봉이 모재에 붙어 떨어지지 않는 것
8) 플럭스(Flux) : 자동 용접시 용접봉의 피복재 역할을 하는 분말상 재료
9) Scallop : 철골 부재의 접합(다른 부재의 연결 : 보＋기둥 등) 및 이음(동일 부재연결 : 보＋보, 기둥＋기둥) 중 용접에 의한 방법으로 접합 (or 이음)할 때 H형강의 용접부가 재용접되어 열영향부(Heat Affected Zone)의 취약화를 방지하기 위해서 모따기하는 것을 'Scallop'이라 한다.

핵심문제 ●●●

용접작업 시 용착금속 단면에 생기는 작은 은색의 점을 무엇이라 하는가?
❶ 피시 아이(Fish Eye)
② 블로 홀(Blow Hole)
③ 슬래그 함입(Slag Inclusion)
④ 크레이터(Crater)

핵심문제 ●●●

다음 중 철골용접과 관계 없는 용어는?
① 오버랩(Overlap)
❷ 리머(Reamer)
③ 언더컷(Under Cut)
④ 블로우 홀(Blow Hole)

핵심문제 ●●●

용접결합에 관한 설명으로 옳지 않은 것은?
① 슬래그 함입 – 용융금속이 급속하게 냉각되면 슬래그의 일부분이 달아나지 못하고 용착금속 내에 혼입되는 것
② 오버랩 – 용접금속과 모재가 융합되지 않고 겹쳐지는 것
③ 블로 홀 – 용융금속이 응고할 때 방출되어야 할 가스가 잔류한 것
❹ 크레이터 – 용접전류가 과소하여 발생하는 것

핵심문제 ●○○

철골용접작업 중 운봉을 용접방향에 대하여 가로로 왔다갔다 움직여 용착금속을 녹여 붙이는 것을 의미하는 용어는?
① 밀 스케일(Mill Scale)
② 그루브(Groove)
❸ 위핑(Weeping)
④ 블로 홀(Blow Hole)

10) 뒷댐재(Back Strip) : 맞댄 용접 시 루트부에 완전 용입을 얻을 수 있도록 뒤 쪽에 대는 보조 강판재

11) 엔드 탭(End Tab) : 용접 결함이 생기기 쉬운 용접 비드(Bead)의 시작과 끝 지점에 용접을 정확히 하기 위하여 모재의 양단에 부착하는 보조 강판

12) 가우징(Gouging) : 양쪽 용접을 하는 경우 충분한 용입을 얻기 위하여 배면 용접 전에 용접 금속부분이 나타날 때까지 홈을 파는 것

7. 용접 시공에 관한 일반 사항

1) 용접순서 및 방향은 가능한 한 용접에 의한 변형이 적고, 잔류응력이 적게 발생하도록 한다.

2) 용접부에서 수축에 대응하는 과도한 구속은 피하고 용접작업은 조립하는 날에 용접을 완료하여 도중에 중지하는 일이 없도록 한다.

3) 항상 용접열의 분포가 균등하도록 조치한다.

4) 완전용입 용접을 수동용접으로 실시할 경우의 뒷면은 건전한 용입부까지 가우징한 후 용접을 실시한다.

5) 용접자세는 가능한 한 회전지그를 이용하여 아래 보기 또는 수평자세로 한다.

[용접자세]	
• F : 하향자세	• O : 상향자세
• H : 수평자세	• V : 수직자세

6) 용접개시 전 용접의 종류, 전압, 전류 및 용접방향 등을 점검한다.

7) 맞대기 용접에서 용접표면의 마무리 가공이 규정되어 있지 않는 경우 판 두께의 10% 이하의 보강살 붙임을 한 후 끝마무리를 한다.

8) 부재이음에는 용접과 볼트를 원칙적으로 병용해서는 안 되지만, 불가피 하게 병용할 경우에는 용접 후에 볼트를 조이는 것을 원칙으로 한다.

9) 그루브 용접 및 거더의 플랜지와 웨브판 사이의 필릿용접 등의 시공에 있어서는 부재와 동등한 홈을 가진 엔드탭을 붙이고 용접의 시작과 끝의 처리는 엔드탭 위에서 50mm 이상으로 하여 크레이터가 본 부재에 포함되지 않도록 한다.

핵심문제 ●●○○

철골공사 용접작업의 용접자세를 표현하는 각 기호의 의미하는 바가 옳은 것은?

① F : 수평자세　② H : 수직자세
❸ O : 상향자세　④ V : 하향자세

핵심문제 ●○○○

철골공사 접합 중 용접에 관한 주의사항으로 옳지 않은 것은?

❶ 현장용접을 하는 부재는 그 용접 부위에 얇은 에나멜 페인트를 칠하되, 이 밖에 다른 칠을 해서는 안 된다.
② 용접봉의 교환 또는 다층용접일 때에는 먼저 슬래그를 제거하고 청소한 후 용접한다.
③ 용접할 소재는 용집에 의한 수축변형이 생기고, 또 마무리 작업도 고려해야 하므로 치수에 여분을 두어야 한다.
④ 용접이 완료되면 슬래그 및 스패터를 제거하고 청소한다.

1. 경량철골

6mm 이하의 얇은 판 부재를 구조 부재로 이용한 경량 구조물을 말한다.

1) 특징

① Flange가 큰 관계로 단면적에 비해 단면 2차 반경이 크다.
② 강재량은 적으면서도 휨강도와 좌굴강도는 크다.
③ 판두께가 얇기 때문에 국부 좌굴, 국부 변형, 부재의 비틀림이 생기기 쉽다.
④ 녹슬기 방지에 특별한 주의를 요한다.

2) 가공순서

재료반입 → 절단 → 용접조립재 시공 → 녹막이칠

3) 접합종료

용접, 볼트, 고력볼트, 리벳, 드라이비트 등이 있다.

2. 파이프 구조

1) 특징

① 경량이며 외관이 경쾌하고 미려하다.
② 폐쇄 단면이므로 어느 방향에 대해서도 강도가 균일하다.
③ 국부 좌굴에 대하여 강하다.
④ 살두께를 작게 하면서도 휨 효과가 크다.
⑤ 접합부의 절단가공이 어렵다.
⑥ 접합 부분이 복잡해진다.

2) 조립순서

가공 원척도 → 본뜨기 → 금긋기 → 절단 → 조립 → 세우기

3. 테이퍼 스틸(Taper Steel) 뼈대

기둥과 지붕보(경사보)를 기성재로 만들어 조립하는 것으로, 고장력 볼트를 사용하므로 세우기 품도 절약되고 해체 및 이설이 용이하다.

4. Space Frame

사각뿔형태의 단위구조물(Unit)을 원형절점점구를 통해 현장조립하여 구조

기 12① 19④

핵심문제 ●●●○

다음 중 경량형 강재의 특징에 관한 설명으로 옳지 않은 것은?

① 경량형 강재는 중량에 대한 단면계수, 단면2차반경이 큰 것이 특징이다.
② 경량형 강재는 일반구조용 열간 압연한 일반형 강재에 비하여 단면형이 크다.
❸ 경량형 강재는 판두께가 얇지만 판의 국부 좌굴이나 국부 변형이 생기지 않아 유리하다.
④ 일반구조용 열간 압연한 일반형 강재에 비하여 재두께가 얇고 재량이 적으면서 휨강도는 크고 좌굴 강도도 유리하다.

기 18①

핵심문제 ●●○

파이프구조에 관한 설명으로 옳지 않은 것은?

① 파이프구조는 경량이며, 외관이 경쾌하다.
② 파이프구조는 대규모의 공장, 창고, 체육관, 동·식물원 등에 이용된다.
③ 접합부의 절단 가공이 어렵다.
❹ 파이프의 부재 형상이 복잡하여 공사비가 증대된다.

체를 구성하는 구법체이다.

1) 높이를 50%까지 낮게 할 수 있다.

2) 철재의 양을 25% 절약할 수 있다.

3) 동일부재를 반복하여 조립하므로 작업이 용이하다.

4) 지진 기타 수평외력에 대한 저항이 크다.

5) 절판 또는 곡면 구조로도 응용할 수 있다.

5. 리프트 업(Lift - up) 공법

철골지붕 등을 지상에서 조립하여, 경우에 따라서는 지붕공사, 설비공사, 도장공사 등을 지상에서 시공한 다음 들어올리는 공법이다. 양중기계의 대규모화로 지상작업이 끝난 부재를 일시에 들어 올려 접합시킴으로 다음과 같은 장점이 있다.

1) 대규모 철골공사에 채용할 수 있다.

2) 작업의 안전성이 있고 품질관리가 용이하다(지상작업 때문).

3) 비계 등이 간단하게 된다(가설자재 대폭절약).

6. 메탈터치 가공

철골조에서 2~3개층의 기둥을 단일재로 하나 그 이상 고층에서는 기둥부재를 몇 군데 이어서 사용하는데 외력에 의한 축력과 휨모멘트, 전단력이 이음부에서 충분히 전달되어 응력집중이나 불연속이 생기지 않도록 유의해야 한다. 기둥 이음의 밀착도에 따라 축응력과 휨응력의 25%까지 직접 전달시키는 이음방법을 메탈터치 가공이라 한다.

7. 기둥축소변위(Column Shortening)

1) 정의

고층건물에서 위층부터 누적되는 축하중 등에 의해 기둥과 벽 등의 축소량이 생기는데, 수직부재 간의 축소량이 다르게 나타나는 현상이다.

2) 요인

① 재질이 상이한 경우

② 단면적이 상이한 경우

③ 높이가 다른 경우

④ 하중이 차이나는 경우

⑤ 방위에 따른 건조수축의 차이

⑥ 크리프 현상에 의한 차이

기 17④

핵심문제 ●●○

건축물이 초고층화, 대형화됨에 따라 발생되는 기둥 축소량(Columm Shortening)의 방지대책으로 적합하지 않은 것은?

❶ 구조설계 시 변위 발생량에 대해 여유 있게 산정한다.

② 전체 건물의 층을 몇 절(Tier)로 등분하여 변위차이를 최소화한다.

③ 가조립 시 위치별, 단면 크기별 등 변위를 충분히 발생시킨 후 본조립한다.

④ 시공 시 발생되는 변위를 최대한 보정한 후 실시한다.

8. 밀스케일

압연강재가 냉각될 때 표면에 생기는 산화철의 표피이다. 다공성이 있고 밀착성이 약하기 때문에 방식 효과는 없다.

9. 합성보

콘크리트 슬래브와 철골 보를 전단 연결재(Shear ConneCtor)로 연결하여 구조체를 일체화하여 내력 및 강성을 향상시킨 보를 말한다.

1) 철골부재의 장점과 콘크리트 구조의 장점을 합한 구조이다.
2) 콘크리트가 압축 측 플랜지가 되고, 철골보는 인장응력을 지지하게 되므로 단면 성능과 재료의 경제성을 높일 수 있다.
3) 진동이나 충격하중을 받는 보에 유리하다.
4) 경간이 큰 경우에 적용함이 유리하다.

10. 스터드형 전단연결재

1) 형상은 머리붙이 스터드를 원칙으로 한다.
2) 합성 구조물에 사용되는 스터드의 지름은 16mm, 19mm 및 22mm를 표준으로 한다.

호칭	표준형상 및 치수 표시기호
D : 머리 지름 d : 줄기 지름 T : 머리두께 r : 헌치부 반지름	

11. 데크 플레이트

1) 정의

바닥 구조에 사용하는 파형으로 성형된 판의 호칭을 말한다.

2) 종류

① 구조용 철재 데크 플레이트
② 아연도금 구조용 철재 데크 플레이트
③ 아연도금 데크 플레이트

핵심문제 ●●○

압연강재가 냉각할 때 표면에 생기는 산화철 표피를 무엇이라 하는가?
① 스패터 ❷ 밀스케일
③ 슬래그 ④ 비드

핵심문제 ●●●

철근콘크리트 슬래브와 철골보가 일체로 되는 합성구조에 관한 설명으로 옳지 않은 것은?
① 시어커넥터가 필요하다.
② 바닥판의 강성을 증가시키는 효과가 크다.
③ 자재를 절감하므로 경제적이다.
❹ 경간이 작은 경우에 주로 적용한다.

3) 데크 플레이트 구조

① 데크합성슬래브 : 데크플레이트와 콘크리트가 일체가 되어 하중을 부담하는 구조

② 데크복합슬래브 : 데크플레이트의 홈에 철근을 배치한 철근콘크리트와 데크플레이트가 하중을 부담하는 구조

③ 데크구조슬래브 : 데크플레이트가 연직하중, 수평가새가 수평하중을 부담하는 구조

기 18① 산 18②

SECTION 07 PC/커튼월

핵심문제 ●○○

프리패브 콘크리트(Prefab Concrete)에 관한 설명으로 옳지 않은 것은?

① 제품의 품질을 균일화 및 고품질화할 수 있다.

② 작업의 기계화로 노무 절약을 기대할 수 있다.

❸ 공장 생산으로 기계회히여 부재의 규격을 쉽게 변경할 수 있다.

④ 자재를 규격화하여 표준화 및 대량생산을 할 수 있다.

핵심문제 ●○○

프리캐스트 콘크리트의 생산과 관련된 설명으로 옳지 않은 것은?

① 철근 교점의 중요한 곳은 풀림 철선 혹은 적절한 클립 등을 사용하여 결속하거나 점용접하여 조립하여야 한다.

❷ 생산에 사용되는 프리스트레스 긴장재는 스터럽이나 온도철근 등 다른 철근과 용접가능하다.

③ 거푸집은 콘크리트를 타설할 때 진동 및 가열 양생 등에 의해 변형이 발생하지 않는 견고한 구조로서 형상 및 치수가 정확하며 조립 및 탈형이 용이한 것이어야 한다.

④ 콘크리트의 다짐은 콘크리트가 균일하고 밀실하게 거푸집 내에 채워지도록 하며, 진동기를 사용하는 경우 미리 묻어둔 부품 등이 손상하지 않도록 주의하여야 한다.

1. PC 공사

1) 공법의 특징

① 장점
- 공기단축 : 동절기 시공 가능
- 품질향상 : 양질의 공장 생산품 사용
- 시공용이 : 규격화 · 표준화된 제품 사용
- 원가절감 : 공기단축 및 공장 대량생산으로 원가의 절감, 가설비용 절감
- 안전향상 : 고도의 인력작업 감소로 위험요소 감소
- 싱력화 : 노동력 의존노가 줄어든다.
- 공해감소 : 작업 중 발생되는 폐자재, 소음 분진 등 공해 감소

② 단점
- 다양성 부족
- 접합부위의 강도 부족
- 운반 거리상의 제약
- 현장에서의 양중문제 별도 고려
- 설계의 구조기준 미흡
- 기술개발 및 투자 부족

2) PC 생산방식

① Open System

특정 건물에만 적용되는 것이 아니고 일반 건축물을 구성하는 각 부품을 표준화하여 여러 형태의 건축물에 사용되도록 생산하는 방식을 말한다.

② Closed System

완성된 건축물의 형태가 사전에 상정되고 이를 구성하는 부재, 부품들이 어느 특정한 타입의 건물에만 사용될 수 있도록 부재, 부품을 주문 생산하는 방식

3) PC 제품의 접합

① 습식 접합(Wet Joint)
- 주로 수직재의 접합 시 이용
- 약간의 수정 용이

② 건식 접합(Dry Joint)
- 주로 수평재의 접합시 이용(벽판＋바닥판)
- 수정이 곤란하므로 정밀하게 시공

4) PC 제품의 제작순서

5) 조립식 공법

① 대형 패널 공법

창호 등이 설치된 건축물의 대형판을 아파트 등의 구조체에 이용하는 방법

② 박스식 공법

건축물의 1실 또는 2실 등의 구조체를 박스형으로 지상에서 제작한 후 이를 인양 조립하는 공법

③ 틸트 업(Tilt-Up) 공법

지상의 수평진 곳에서 벽판 및 구조체로 제작한 후 이를 일으켜서 건축물을 구축하는 공법

④ 리프트 슬래브(Lift-Slab) 공법

지상에서 여러 층의 슬래브를 제작한 후 이를 순차적으로 들어 올려 구조체를 축조하는 공법

⑤ 적층공법

프리패브화된 구조물을 내부 설비와 함께 한 층씩 완성해 올라가는 공법

핵심문제 ●○○

다음 설명이 의미하는 공법으로 옳은 것은?

미리 공장 생산한 기둥이나 보, 바닥판, 외벽, 내벽 등을 한 층씩 쌓아 올라가는 조립식으로 구체를 구축하고 이어서 마감 및 설비공사까지 포함하여 차례로 한 층씩 완성해 가는 공법

① 하프 PC합성바닥판공법
② 역타공법
❸ 적층공법
④ 지하연속벽공법

금속 커튼월의 Mock Up Test에 있어
기본성능 시험의 항목에 해당되지 않
는 것은?
① 정압수밀시험　❷ 방재시험
③ 구조시험　　　④ 기밀시험

커튼 월(Curtain Wall)에 대한 설명
으로 옳지 않은 것은?
❶ 내력벽에 사용된다.
② 공장생산이 가능하다.
③ 고층건물에 많이 사용된다.
④ 용접이나 볼트조임으로 구조물에
　고정시킨다.

커튼월(Curtain Wall)의 외관 형태
별 분류에 해당하지 않는 방식은?
① Mullion 방식
❷ Stick 방식
③ Spandrel 방식
④ Sheath 방식

다음 중 커튼월의 판넬 부착방식에 따
른 분류에 속하지 않는 것은?
❶ 멀리온 방식　② 슬라이딩 방식
③ 로킹 방식　　④ 고정 방식

2. 커튼 월 공사

1) 요구성능

① 내진, 내풍압, 내구, 내화성
② 방수, 수밀성
③ 기밀, 차음성
④ 재료의 공급, 운반 및 시공성
⑤ 층간 변위 추종성

2) 특징

① 공장생산, 현장조립하여 외벽구성
② 공장제작으로 공기단축
③ 부착작업은 무비계작업 원칙
④ 대형부재 취급
⑤ 고소작업 및 반복작업 많음
⑥ 설계 시 벽체 성능 정함

3) 분류

① 외관상

- 멀리온형(Mulion Type) : 수직선 강조된 외관
- 스팬드럴형(Spandrel Type) : 수평선을 강조
- 격자형(Grid Type) : 격자형 입면
- 은폐형(Sheath Type) : 구조체는 C/W나 패널로 가리워진다.

② 조립상

- 유닛 월 공법(Unit Wall Method) : 구성부재를 공장에서 완전히 조립하여 현장에 반입 부착하는 방법
- 녹다운 공법(Knockdown Method) : 구성부재를 현장에서 조립하여 부착 형성하는 방법

4) 패스너(Fastener)

① 정의

구조체와 Curtain Wall의 긴결 및 시공오차를 조절하기 위한 연결철물로서 1차 Fastener와 2차 Fastener로 구성된다.

② 접합방식

- Sliding 방식(미끄럼방식) : Curtain Wall 하부에 장치되는 Fastener는 고정하고 상부에 설치되는 Fastener는 Sliding되도록 한 방식
- Rocking 방식(회전방식) : Curtain Wall의 상부와 하부의 중심부에

1점씩 Pin으로 지지하고 다른 지점을 Sliding 방식의 Fastener로 지지하는 방식
- Fixed 방식(고정방식) : Curtain Wall이 상하부 Fastener를 용접으로 고정하는 방식

5) 조립순서

패스너 설치 → 멀리온 부착 → 횡재의 부착 → 패널 끼우기 →

설비재 설치 → 유리 끼우기 → 실(Seal)

6) 비처리 방식

① 정의 : 커튼월의 접합부 누수방지를 위한 방법으로 정밀한 시공을 통해 접합부의 구조적 안전과 기밀성 및 방수성을 확보하는 접합부 처리방식

② 빗물 침투 원인 : 물의 표면장력, 모세관 현상, 기압 차이 등

③ 공법
- Closed Joint : 접합부분을 Seal재로 완전히 밀폐시키는 방법
- Open Joint : 벽의 외측면과 내측면 사이에 공간을 두어 옥외의 기압과 같은 기압을 유지하게 하여 비처리하는 방법

7) 시험

① 풍동시험(Wind Tunnel Test)
건물주변 600m 반경의 지형 및 건물배치를 축소모형으로 만들고 원형 Turn Table의 풍동 속에 설치한 후, 과거 10~50년 또는 100년간의 최대 풍속을 가하여 실시하는 시험으로, 건물 준공 후에 나타날지도 모를 문제점을 파악하고 설계에 반영시킬 목적으로 실시한다.

② 실물대 모형시험(Mock up Test)
풍동시험(Wind Tunnel Test) 설계풍하중을 토대로 설계대로 실물모형을 제작하여 설정된 최악의 외부환경상태에 도출시켜 설정된 외기조건이 실물모형에 어떠한 영향을 주는가를 비교, 분석하는 실험으로 아래와 같은 목적으로 실시한다.
- 커튼 월의 변위 측정
- 온도변화에 따른 변위
- 수밀시험
- 기밀성, 차음성 등의 확인
- 구조시험
- 층간변위시험

핵심문제　●●○

커튼월의 빗물 침입의 원인이 아닌 것은?
① 표면장력　② 모세관 현상
③ 기압차　❹ 삼투압

핵심문제　●●●

외기의 영향으로 인한 외장재의 성능을 사전에 검토하기 위해 실시하는 실물 모형시험(Mock Up Test)의 성능시험 항목에 해당하지 않는 것은?
❶ 풍동시험　② 기밀시험
③ 정압 수밀시험　④ 동압 수밀시험

Section 01 재료

01 철근, 볼트 등 건축용 강재의 재료시험 항목에서 일반적으로 제외되는 항목은?

① 압축강도시험
② 인장강도시험
③ 굽힘시험
④ 연신율시험

[해설]

강재 실험

리벳에서는 종압축 시험이 있으나, 금속의 시험항목으로는 중요치 않다.

02 압연강재가 냉각될 때 표면에 생기는 산화철 표피를 무엇이라 하는가?

① 스패터　　② 밀스케일
③ 슬래그　　④ 비드

[해설]

철골 용어

• 비드(Bead) : 용착금속이 모재 위에 열상을 이루고 이어지는 용접층
• 플럭스(Flux) : 자동 용접 시 용접봉의 피복재 역할을 하는 분말상 재료
• 슬래그(Slag) : 철을 만들고 남은 부산물

03 강재의 종류에 대한 설명으로 옳지 않은 것은?

① SS계열 : 일반구조용 압연강재
② SM계열 : 용접구조용 압연강재
③ SN계열 : 건축구조용 내화강재
④ SMA계열 : 용접구조용 내후성 열간 압연강재

[해설]

강재의 종류

• SS계열 : 일반구조용 압연강재
• SM계열 : 용접구조용 압연강재
• SMA계열 : 용접구조용 내후성 열간 압연강재
• SSC계열 : 일반구조용 경량형강재

04 철강재료에 대한 설명 중 가장 부적합한 것은?

① 가열시킨 철강을 급격히 냉각시키면 경도가 증가한다.
② 탄소의 함유량이 많을수록 철강의 강도는 커진다.
③ 철강의 인장강도는 압축강도에 비해 약 10배 정도 크다.
④ 철광석에 함유되어 있는 철은 산화가 진행되어 있는 안정된 구조형태이다.

[해설]

강의 성질

연성재료(일반적인 강)는 두 강도가 비슷하고, 취성재료(주물이나 열처리된강)는 압축강도가 인장강도에 비해 더 크다.

05 철금속재료의 탄소함유량이 0에서 0.8%로 증가함에 따른 제반물성 변화에 대한 설명으로 옳지 않은 것은?

① 인장강도가 증가한다.
② 탄성계수가 증가한다.
③ 신율이 증가한다.
④ 경도가 증가한다.

정답 　01 ①　02 ②　03 ③　04 ③　05 ③

해설

강의 성질

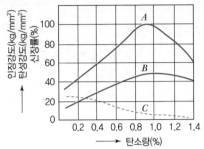

A : 인장강도, B : 탄성강도, C : 신장률

탄소량이 0.85%까지 증가하면 강도는 증가하나 연신율은
감소한다.

06 철골보의 설계 시 플랜지(Flange)에 커버 플
레이트(Cover Plate)를 설치하는 주된 목적은?

① 휨모멘트에 대한 보강
② 전단력에 대한 보강
③ 과도한 충격 하중에 대한 플랜지 보호
④ 작용 하중의 분산

해설

철골보

철골보는 웨브는 전단력에 플랜지는 휨모멘트에 저항하는
부재이고 전단력에 보강하는 부재로 스티프너를, 휨모멘
트에 보강하는 부재로 커버플레이트를 설치한다.

Section 02 공장작업/현장작업

07 철골공사에서 공장 가공 제작순서로서 옳은
것은?

① 원척도 – 본뜨기 – 금긋기 – 구멍뚫기 – 절단 –
리벳치기 – 가조립 – 녹막이칠

② 원척도 – 금긋기 – 본뜨기 – 구멍뚫기 – 절단 –
리벳치기 – 가조립 – 녹막이칠

해설

공장 가공 제작순서

공장작업 순서	→	현장작업순서
원척도		주각부 심먹매김
본뜨기		앵커볼트 설치
변형바로잡기		기초 상부 고름질
금긋기		철골세우기
절단/가공		가조립
구멍뚫기		변형바로잡기
가조립		본조립
본조립		검사
검사		도장
녹막이칠		
운반		

08 철골공사에서의 가스절단에 대한 설명 중 옳
지 않은 것은?

① 가스절단은 설비가 복잡하여 작업공구를 가지고
다니기 불편하다.
② 톱절단에 비하여 작업이 빠르다.
③ 절단모양을 자유롭게 할 수 있다.
④ 절단면이 거칠고 강재를 용융하여 절단하므로 절
단선에서 3mm 정도의 부분은 변질된다.

해설

가스절단

가스절단은 공구가 작고 간단하여 휴대가 용이하고, 절단
면을 자유롭게 할 수 있으나 절단면이 거친 단점이 있다.

09 철골공사의 녹막이칠을 하지 않는 부분에 해
당되지 않는 것은?

① 현장용접을 하는 부위
② 콘크리트에 매립되지 않는 부분
③ 고장력 볼트 마찰접합부의 마찰면
④ 조립에 의하여 면 맞춤되는 부분

해설

녹막이칠 하지 않는 부분

- 콘크리트에 밀착되거나 매입되는 부분
- 조립에 의하여 맞닿는 면
- 현장용접(50mm 이내의 부분)
- 고장력 볼트 접합부의 마찰면
- 밀착 또는 회전하는 기계깎기 마무리면
- 폐쇄형 단면을 한 부재의 밀폐된 면

10 공장에서 가공 또는 조립을 완료한 철골 부재에 대하여 녹막이칠을 하여야 할 곳은?

① 조립에 의하여 맞닿는 면
② 콘크리트에 매입되지 않는 부분
③ 현장 용접하는 부분
④ 고장력 볼트 마찰 접합부의 마찰면

해설

문제 09번 해설 참조

11 다음은 철골 기둥 세우기 공사의 세목이다. 순서대로 나열한 것은?

> ㉠ 베이스 플레이트 레벨 조정용 고정
> ㉡ 기초 볼트 위치 재점검
> ㉢ 기둥 중심선 먹매김
> ㉣ 기둥 세우기
> ㉤ 주각 모르타르 채움

① ㉢-㉡-㉠-㉣-㉤
② ㉡-㉢-㉠-㉣-㉤
③ ㉡-㉢-㉠-㉤-㉣
④ ㉢-㉠-㉡-㉤-㉣

해설

철골 기둥 세우기
기초 상부 고름질에서 나중 채워넣기법에 대한 순서로 기초 볼트 위치와 기둥의 위치를 설정한 후 베이스 플레이트 고정과 기둥을 세운 후 모르타르를 채워 넣는다.

12 철골의 주각을 기초에 고정시키는 데 나중 매립공법을 사용하는 경우는 다음 중 어떤 곳에 해당하는가?

① 구조물이 고층건물일 경우
② 구조물의 이동조립을 가능하게 하기 위한 경우
③ 앵커볼트의 지름이 작은 경우
④ 앵커볼트의 지름이 큰 경우

해설

앵커볼트설치공법
- 고정매입공법 : 앵커볼트를 먼저 설치하고 콘크리트를 타설하는 공법으로 위치 수정이 불가능하며, 건물의 규모가 크거나 앵커볼트의 지름이 클 때 사용된다.
- 가동매입공법 : 고정매입공법과 나중매입공법을 동시 적용
- 나중매입공법 : 앵커볼트를 묻을 위치에 구멍을 내두었다가 나중에 고정하는 공법으로 앵커볼트 지름이 작을 때 사용한다.

13 철골공사의 기초상부 및 고름질 방법에 해당되지 않는 것은?

① 전면바름 마무리법
② 나중 채워넣기 중심바름법
③ 나중 매입공법
④ 나중 채워넣기법

해설

나중매입공법
나중매입공법은 앵커 볼트 설치공법이다.

14 다음 중 철골공사 시 주각부의 앵커볼트 설치와 관련된 공법은?

① 고름 모르타르 공법
② 부분 그라우팅 공법
③ 전면 그라우팅 공법
④ 가동매입공법

앵커볼트 설치공법

- 고정매입공법 : 앵커볼트를 먼저 설치하고 콘크리트를 타설하는 공법으로 위치 수정이 불가능하며, 건물의 규모가 크거나 앵커볼트의 지름이 클 때 사용된다.
- 가동매입공법 : 고정매입공법과 나중매입공법을 동시에 적용한다.
- 나중매입공법 : 앵커볼트를 묻을 구멍을 내두었다가 나중에 고정하는 공법으로 앵커볼트 지름이 작을 때 사용한다.

15 철골구조의 주각부의 구성요소에 해당되지 않는 것은?

① 스티프너   ② 베이스플레이트
③ 윙 플레이트   ④ 클립앵글

철골보 보강부재(스티프너)

웨브는 전단력에, 플랜지는 휨모멘트에 저항하는 부재이고 전단력에 보강하는 부재로 스티프너를, 휨모멘트에 보강하는 부재로 커버플레이트를 설치한다.

16 철골세우기에 사용되는 장비가 아닌 것은?

① 배쳐플랜트   ② 가이데릭
③ 트럭크레인   ④ 진폴

배쳐플랜트

배쳐플랜트는 콘크리트 재료 계량기기인 배칭플랜트와 비비기 장비인 믹싱플랜트가 같이 겸비된 콘크리트 제조장비이다.

17 철골구조에서 가새를 조일 때 사용하는 보강재는?

① 거셋 플레이트(Gusset Plate)
② 슬리브 너트(Sleeve Nut)

③ 턴 버클(Turn Buckle)
④ 아이 바(Eye Bar)

턴 버클(Turn Buckle)

- 밧줄·체인·철사 등을 당겨 죄는 데 사용하는 죔기구
- 좌우에 나사막대가 있는 부품으로 한쪽의 수나사는 오른나사로, 다른 쪽의 수나사는 왼나사로 되어 있다. 암나사가 있는 부품, 즉 너트를 회전하면 2개의 수나사는 서로 접근하고, 회전을 반대로 하면 멀어진다.

18 소규모 철골공사에 많이 사용되며 자재를 양중하기에 편리한 것으로 폴 데릭(Pole Derrick)이라고도 불리는 것은?

① 가이데릭   ② 삼각데릭
③ 진폴   ④ 타워크레인

세우기용 장비

㉠ 가이데릭
- Boom의 회전 360°
- 붐의 길이가 마스터(주축)보다 짧다.
㉡ 스티브레그데릭
- Boom의 회전 270°
- 붐의 길이가 마스터의 길이보다 길다.
- 낮고 긴 평면 유리
㉢ 트럭크레인
- 트럭에 설치된 크레인
- 기동성이 좋다.
㉣ 진폴
- 소규모
- 가장 간단한 장비
㉤ 타워크레인
- 경사 Jib(Luffing형) : 수평과 수직 이동이 가능하며 대형 크레인
  - 현장이 협소한 경우
  - 인접건물이 방해되는 경우
  - 타 대지에 침범하게 되는 경우
- 수평 Jib(T형) : 수평으로만 이동

19 가이데릭(Guy Derick)에 대한 설명 중 옳지 않은 것은?

① 기계대수는 평면높이의 가동범위·조립능력과 공기에 따라 결정한다.
② 붐(Boom)의 길이는 마스트의 길이보다 길다.
③ 볼 휠(Ball Wheel)은 가이데릭 하단부에 위치한다.
④ 붐(Boom)의 회전각은 360°이다.

해설
가이데릭
철골세우기 장비로서 붐을 세우고 가이로 지탱하며 마스터가 붐의 길이보다 짧지만 회전반경이 360° 가능하여 작업효율이 좋다.

20 다음 건설기계 중 철골세우기 작업 시 철골부재 양중에 적합한 것은?

① 타워크레인(Tower Crane)
② 와이어 클리퍼(Wire Cliper)
③ 드래그 라인(Drag Line)
④ 컨베이어(Conveyer)

해설
타워크레인
타워 위에 크레인을 설치한 것으로 가장 광범위하게 사용된다.
㉠ 상승방식
 • Crane Climbing(Climbing 방식)
 • Mast Climbing(Telescoping 방식)
㉡ Jib형식
 • 경사 Jib(Luffing형) : 수평과 수직 이동이 가능하며 대형 크레인
  −현장이 협소한 경우
  −인접건물이 방해되는 경우
  −타 대지에 침범하게 되는 경우
 • 수평 Jib(T형) : 수평으로만 이동

21 다음 건설기계 중 정치식 크레인에 해당하지 않는 것은?

① 타워크레인(Tower Crane)
② 러핑크레인(Luffing Crane)
③ 지브크레인(Jib Crane)
④ 크롤러크레인(Crawler Crane)

해설
크롤러크레인
굴착기 본체에 붐(Boom)과 훅(Hook)을 설치한 무한궤도식 크레인으로 용량이 같을 때 트럭크레인보다 작업량에 비하여 비용이 적게 들며, 지반이 연약한 곳이나 좁은 곳에서도 작업할 수 있으나 비용이 많이 들고 기동성이 좋지 않다.

22 다음 중 수직양중 장비가 아닌 것은?

① 포크리프트(Fork Lift)
② 타워크레인(Tower Crane)
③ 호이스트카(Hoist Car)
④ 지브크레인(Jib Crane)

해설
포크리프트(Fork Lift)
중량물을 싣거나 내리는 하역 전용의 특수 자동차. 지게차라고도 한다.

23 양중기계 중 이동식 크레인에 해당되는 것은?

① 타워크레인
② 러핑크레인
③ 크롤러크레인
④ 지브크레인

해설
크롤러크레인
무한궤도바퀴가 장착된 크레인을 말하며 이동이 가능하다.

24 철골구조의 내화피복 공법과 가장 거리가 먼 것은?

① 성형판 붙임 공법　② 미장 공법
③ 뿜칠 공법　　　　　④ 심초 공법

해설

철골 내화피복 공법
타설 공법, 조적 공법, 미장 공법, 뿜칠 공법, 성형판 붙임 공법, 멤브레인 공법 등이 있다.

25 철골 구조물에서는 피난에 필요한 일정 시간에 철골재의 온도가 상승하지 않도록 하는 내화피복 공법이 아닌 것은?

① 락울 뿜칠 공법
② 방청처리 공법
③ ALC판 붙이기 공법
④ 타설공법

해설

문제 24번 해설 참조

26 내화피복공사를 뿜칠공법으로 시공 시 필수 확인 항목이 아닌 것은?

① 두께의 확인
② 밀도의 확인
③ 부착강도 확인
④ 방청도장 제거 확인

해설

내화 뿜칠 시공검사
• 한국 산업규격 또는 공인 시험기관에서 인정한 내화성능별 두께, 밀도, 부착강도, 분진율 등의 품질로 시공되었는지를 검사한다.
• 검사는 매 층마다, 바닥면적 500m²마다, 뿜칠 등 작업조건이 바뀔 때마다 1회 이상 검사한다.

27 고장력 볼트에 대한 기술로 옳지 않은 것은?

① 노동력이 절약되고 공기가 단축된다.
② 마찰접합이다.
③ 접합부의 강성이 높다.
④ 현장에서의 시공설비가 복잡하다.

해설

고장력 볼트
현장에서의 시공설비가 간단하다.

28 고력볼트 접합에 관한 설명으로 옳지 않은 것은?

① 현대건축물의 고층화 · 대형화 추세에 따라 소음이 심한 리벳은 현재 거의 사용하지 않고 볼트접합과 용접접합이 대부분을 차지하고 있다.
② 토크쉐어형 고력볼트는 조여서 소정의 축력이 얻어지면 자동적으로 핀테일이 파단되는 구조로 되어 있다.
③ 고력볼트의 조임기구로는 토크렌치와 임팩트렌치 등이 있다.
④ 고력볼트의 접합형태는 모두 마찰접합이며, 마찰접합은 하중이나 응력을 볼트가 직접 부담하는 방식이다.

해설

고력볼트 접합
고력볼트의 접합에는 전단접합과 마찰접합이 있으며, 조이는 힘에 의해 접합재 간의 마찰력으로 응력에 대응하는 것이 마찰접합이다.

29 철골공사에 사용되는 공구가 아닌 것은?

① 턴버클(Turn Buckle)
② 리머(Reamer)
③ 임팩트렌치(Impact Wrench)
④ 세퍼레이터(Separator)

해설

용접의 종류(Shield 형식)
- 수동용접 : 용접봉의 내밀기(송급)와 아크의 이동을 수동으로 하는 것
- 반자동용접 : 용접봉의 내밀기(송급)만을 자동으로 하는 것
- 자동용접 : 용접봉의 내밀기(송급)와 아크의 이동 모두 기계를 사용, 자동으로 하는 것

해설

격리재(Sepearater)
거푸집 상호 간의 간격 유지, 측벽 두께를 유지하기 위하여 설치하는 부속 재료

30 시공용 기계 · 기구와 용도가 서로 잘못 짝지어진 것은?

① 임팩트렌치 – 볼트 체결 작업
② 디젤 해머 – 말뚝박기 공사
③ 핸드 오거 – 지반조사시험
④ 드리프트 핀 – 철근공사

해설

드리프트 핀
철골공사에서 부재를 접합할 때 구멍을 뚫고 부재의 구멍을 맞추는 기구이다.

Section 05 용접 접합

31 철골가공 및 용접에 있어 자동용접의 경우 용접봉의 피복재 역할로 쓰이는 분말상의 재료를 무엇이라 하는가?

① 플럭스(Flux) ② 슬래그(Slag)
③ 쉬스(Sheathe) ④ 샤모트(Chamotte)

해설

플럭스
용접봉의 심선을 감싸고 있어 피복재의 역할을 하며, 용접부 표면의 냉각속도 지연, 산화방지 및 arc를 안정시킨다.

32 철골공사에서 용접봉의 내밀기, 이동 등을 기계화한 것으로, 서브머지 아크용접법에 쓰이며, 피복재 대신에 분말상의 플럭스를 쓰는 용접기기 명칭으로 옳은 것은?

33 철골공사의 용접 시공 시 주의사항으로 옳지 않은 것은?

① 용접 전에 용접 모재 표면의 기름, 녹 등 용접에 지장을 주는 불순물을 제거해야 한다.
② 수축량이 가장 작은 부분부터 최초로 용접하고 수축량이 큰 부분일수록 나중에 용접한다.
③ 눈이나 비로 모재 표면이 젖었을 때는 용접작업을 금한다.
④ 감전방지를 위해 안전홀더를 사용하고, 전격방지장치 부착용접기를 사용한다.

해설

철골의 용접
수축량이 큰 것부터 용접하고 작은 부분일수록 나중에 용접한다.

34 철골공사 접합 중 용접에 관한 주의사항으로 옳지 않은 것은?

① 현장용접을 하는 부재는 그 용접 부위에 얇은 에나멜 페인트를 칠하되, 이 밖에 다른 칠을 해서는 안 된다.
② 용접봉의 교환 또는 다층용접일 때에는 먼저 슬래그를 제거하고 청소한 후 용접한다.
③ 용접할 소재는 용접에 의한 수축변형이 생기고, 또 마무리 작업도 고려해야 하므로 치수에 여분을 두어야 한다.

---

④ 용접이 완료되면 슬래그 및 스패터를 제거하고 청소한다.

해설
현장 용접 부위 도장
현장 용접을 하는 부재는 그 용접 부위에 녹막이칠뿐만 아니라 그 어떤 도장의 작업도 해서는 안 된다. 도장은 용접을 하게 되면 슬래그 감싸 돌기와 같은 이물질이 용접부위 안으로 들어가 용접결함이 되기 때문이다.

35 철골공사의 접합에 관한 설명으로 옳지 않은 것은?

① 고력볼트접합의 종류에는 마찰접합, 지압접합이 있다.
② 녹막이도장은 작업장소 주위의 기온이 5℃ 미만이거나 상대습도가 85%를 초과할 때는 작업을 중지한다.
③ 철골이 콘크리트에 묻히는 부분은 특히 녹막이 칠을 잘해야 한다.
④ 용접 접합에 대한 비파괴시험의 종류에는 자분탐상시험, 초음파탐상시험 등이 있다.

해설
녹막이 칠
철골이 콘크리트에 묻히는 부분은 콘크리트가 철골이 부식되는 것을 방지하므로 녹막이 칠을 하지 않아도 된다.

36 철골용접에 관한 설명 중 옳지 않은 것은?

① 금속아크용접이란 용접봉과 용접될 모체 금속에 전류를 보내서 전기아크를 일으켜 이때 생기는 열로 용접봉과 모재를 동시에 녹이는 방식이다.
② 위핑(Weeping)이란 용착 금속과 모재가 융합되지 않고 겹쳐져 있는 상태를 말한다.
③ 루트(Root)란 맞댄 용접에 있어 트임새 끝의 최소 간격을 말한다.
④ 그루브(Groove)용접이란 두 부재 간의 사이를 트이게 한 홈에 용착 금속을 채워 용접하는 것이다.

해설
위핑
위핑이란 용접 시 용접봉을 가로방향으로 움직여서 접합하는 용접기술을 말한다.

37 철골공사 용접작업의 용접자세를 표현하는 기호로 옳은 것은?

① F : 수평자세
② H : 수직자세
③ O : 상향사세
④ V : 하향자세

해설
용접자세
• F : 하향자세
• O : 상향자세
• H : 수평자세
• V : 수직자세

38 철판과 철판이 겹치는 부분 등을 용접하는 것으로 모재에 개선 등의 사전 가공을 하지 않고 가능한 용접은?

① 홈용접
② 가스압접
③ 맞댐용접
④ 모살용접

해설
철골 부재의 용접
모살용접은 각을 이루도록 한 용접이며, 맞댐용접은 부재가 서로 맞닿는 부분을 가공하여 용접하는 방법이다.

39 다음의 용접기호로 알 수 있는 사항으로 맞지 않는 것은?

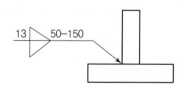

① 맞댐용접
② 다리길이
③ 용접길이
④ 피치

문제 38번 해설 참조

40 철골공사에서 겹침이음, T자이음 등에 사용되는 용접으로 목두께의 방향이 모재의 면과 45° 또는 거의 45°의 각을 이루는 것은?

① 완전용입 맞댐용접　② 부분용입 맞댐용접
③ 모살용접　④ 다층용접

문제 38번 해설 참조

41 다음 중 철골접합의 용접 종료 후에 실시하는 비파괴 검사가 아닌 것은?

① 외관검사　② 침투탐상검사
③ 초음파탐상검사　④ 운봉검사

용접검사
• 용접 착수 전 : 트임새 모양, 모아 대기법, 구속법, 자세의 적부
• 용접 작업 중 : 용접봉, 운봉, 전류, 제1층 용접 완료 후 뒤 용접 전
• 용접 완료 후 : 외관 판단, X선 및 γ선 투과 검사, 자기 초음파, 침투수압 등의 검사 시험법이 있고, 절단검사는 될 수 있는 대로 피한다.

42 용접작업 시 용착금속 단면에 생기는 작은 은색의 점으로 수소의 영향에 의해서 발생하며 100℃로 가열하여 24시간 방치하면 수소가 방출되어 회복되는 불완전용접의 종류는?

① 피쉬아이(Fish Eye)
② 블로 홀(Blow Hall)
③ 슬래그 섞임(Slag Inclusion)
④ 크레이터(Crater)

용접결함의 종류
• Crack : 용착금속과 모재에 생기는 단열로서 용접결함의 대표적인 결함
• Blow Hole : 용융금속 응고 시 방출가스가 남아 길쭉하게 된 구멍이 남아 혼입되어 있는 현상
• Slag 감싸돌기 : 용접봉의 피복재 심선과 모재가 변하여 Slag가 용착금속 내 혼입된 것
• Crater : 용접 시 Bead 끝에 항아리 모양처럼 오목하게 파인 현상
• Under Cut : 과대전류 혹은 용입불량으로 모재표면과 용접표면이 교차되는 점에 모재가 녹아 용착금속이 채워지지 않은 현상
• Pit : 작은 구멍이 용접부 표면에 생기는 현상
• 용입불량 : 용입깊이가 불량하거나, 모재와의 융합이 불량한 것
• Fish Eye : Blow Hole 및 혼입된 Slag가 모여서 둥근 은색 반점이 생기는 결함현상
• Over Lap : 겹침이 형성되는 현상으로서 용접금속의 가장자리에 모재와 융합되지 않고, 겹쳐지는 것
• Over Hung : 상향 용접 시 용착금속이 아래로 흘러내리는 현상
• Throat(목두께) 불량 : 용접단면에 있어서 바닥을 통하는 직선으로부터 용접의 최소두께가 부족한 현상

43 용접작업 시 용착금속 단면에 생기는 작은 은색의 점을 무엇이라 하는가?

① 피시 아이(Fish Eye)
② 블로 홀(Blow Hole)
③ 슬래그 함입(Slag Inclusion)
④ 크레이터(Crater)

피시 아이(Fish Eye)
Blow Hole 및 혼입된 Slag가 모여서 둥근 은색반점이 생기는 결함 현상

44 다음과 같은 원인으로 인하여 발생하는 용접 결함의 종류는?

> 원인 : 도료, 녹, 밀, 스케일, 모재의 수분

① 피트   ② 언더컷
③ 오버랩   ④ 슬래그 함입

〔해설〕

용접결함(피트)
작은 구멍이 용접부 표면에 생기는 현상으로 주로 용접 시 모재표면의 녹이나 화학적 성분 불량에 의해 발생한다.

45 철골 용접부의 불량을 나타내는 용어가 아닌 것은?

① 블로 홀(Blow Hole)
② 위빙(Weaving)
③ 크랙(Crack)
④ 언더 컷(Under Cut)

〔해설〕

위핑, 위빙
위핑이란 용접시 용접봉을 가로방향으로 움직여서 접합하는 용접기술을 말한다.

46 철골공사의 용접 결함의 종류 중 아래의 그림에 해당하는 것은?

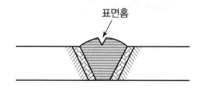
표면홈

① 언더 컷(Under Cut)
② 피트(Pit)
③ 오버랩(Overlap)
④ 슬래그 섞임(Slag Inclusion)

〔해설〕

문제 44번 해설 참조

47 다음 중 철골용접과 관계없는 용어는?

① 오버랩(Overlap)   ② 리머(Reamer)
③ 언더컷(Under cut)   ④ 블로우 홀(Blow hole)

〔해설〕

리머
철골공사에서 구멍을 뚫은 후 구멍을 가심질하는 기구이다.

48 철골공사의 용접작업 시 발생하는 각 용접결함에 대한 설명으로 옳지 않은 것은?

① 언더 컷(Under Cut)은 모재가 녹아 용착금속이 채워지지 않고 홈으로 남게 된 부분을 말한다.
② 오버 랩(Over Lap)은 용접금속과 모재가 융합되지 않고 겹쳐지는 것을 말한다.
③ 블로 홀(Blow Hole)은 금속이 녹아들 때 생기는 기포를 말한다.
④ 피트(Pit)는 용접 후 냉각 시 용접부에 생기는 갈라짐을 말한다.

〔해설〕

문제 44번 해설 참조

49 용접결함에 관한 설명으로 옳지 않은 것은?

① 슬래그 함입 – 용융금속이 급속하게 냉각되면 슬래그의 일부분이 달아나지 못하고 용착금속 내에 혼입되는 것
② 오버랩 – 용접금속과 모재가 융합되지 않고 겹쳐지는 것
③ 블로우 홀 – 용융금속이 응고할 때 방출되어야 할 가스가 잔류한 것
④ 크레이터 – 용접전류가 과소하여 발생하는 것

〔해설〕

용접결함(크레이터)
용접중심에 불순물이 함유 시 용접표면에 홈이 파이는 현상으로 과다 전류가 흐르는 경우에 많이 발생한다.

50 철골부재의 용접 시 이음 및 접합부위의 용접선의 교차로 재용접된 부위가 열 영향을 받아 취약해짐을 방지하기 위하여 모재에 부채꼴 모양으로 모따기를 한 것은?

① Blow Hole   ② Scallop

③ End Tap   ④ Crater

스캘럽

용접 시 이음 및 접합부위의 용접선의 교차로 재용접된 부위가 열 영향을 받아 취약해짐을 방지하기 위하여 모재를 모따기하는 것

51 철골용접작업 중 운봉을 용접방향에 대하여 가로로 왔다갔다 움직여 용착금속을 녹여 붙이는 것을 의미하는 용어는?

① 밀 스케일(Mill Scale)

② 그루브(Groove)

③ 위핑(Weeping)

④ 블로 홀(Blow Hole)

위빙(Weaving), 위핑(Weeping)

용접봉을 용접방향에 대하여 서로 엇갈리게 움직여서 용착금속을 녹여 붙이는 운봉방법

52 철골공사의 용접에서 용접이 잘못된 부분을 수정하기 위해 사용되는 방법으로 아크의 고온열로 모재를 순간적으로 녹이고 동시에 압공기의 강한 바람으로 용해된 금속을 뿜어내는 것을 무엇이라 하는가?

① 스터드 용접

② 가우징

③ 서브머지드 아크

④ 일렉트로 슬래그

가우징

두꺼운 판을 맞댄용접할 경우 모재의 뒷면에 기공 등의 용입 불량이 생기기 쉬우므로 모재의 뒷면에 용접 결함부를 제거하기 위해 홈을 파는 것을 가우징(gouging)이라 한다.

53 철골공사에 관한 설명으로 옳지 않은 것은?

① 볼트접합부는 부식하기 쉬우므로 방청도장을 하여야 한다.

② 볼트조임에는 임팩트렌치, 토크렌치 등을 사용한다.

③ 철골조는 화재에 의한 강성저하가 심하므로 내화피복을 하여야 한다.

④ 용접부 비파괴 검사에는 침투탐상법, 초음파탐상법 등이 있다.

녹막을 칠하지 않는 부분

• 콘크리트에 밀착되거나 매입되는 부분
• 조립에 의하여 맞닿는 면
• 현장용접(50mm 이내의 부분)
• 고장력 볼트 접합부의 마찰면
• 밀착 또는 회전하는 기계깎기 마무리면
• 폐쇄형 단면을 한 부재의 밀폐된 면

Section

06 기타 구조

54 철골구조의 합성보에서 철골보와 슬래브를 일체화시킬 때 그 접합부에 생기는 전단력에 저항시키기 위하여 사용되는 접합재는?

① 시어 커넥터(Shear Connector)

② 게이지 라인(Gage Line)

③ 중도리(Purline)

④ 스페이스 프레임(Space Frame)

시어 커넥터(Shear Connector)

콘크리트나 합성구조에서 양자 사이의 전단응력 전달 및 일체성을 확보하기 위해 설치하는 연결재를 시어 커넥터라 하며 다음과 같이 사용된다.

• 합성 슬래브에서 PC판과 톱핑 콘크리트와의 일체성확보
• 철골보와 바닥판 또는 데크플레이트를 사용한 현장타설 콘트리트의 일체성확보
• GPC(석재 선부착공법)에서 석판재와 콘크리트를 일체성 확보

---

55 철골조의 부재에 관한 설명으로 옳지 않은 것은?

① 스티프너(stiffener)는 웨브(web)의 보강을 위해서 사용한다.
② 플랜지플레이드(flange plate)는 조립보(plate girder)의 플랜지 보강재이다.
③ 거싯플레이트(gusset plate)는 기도 밑에 붙여서 기둥을 기초에 고정하는 역할을 한다.
④ 트러스 구조에서 상하에 배치된 부재를 현재라 한다.

거싯 플레이트(Gusset Plate)

철골보에서 기둥과 보를 연결시키기 위하여 설치하는 판형의 부재

---

56 철골구조물에서 시어커넥터(Sheer Con-nector)가 사용되는 부분은?

① 기둥과 보
② 보와 보
③ 바닥판과 보
④ 기둥과 기초

문제 54번 해설 참조

---

57 철근콘크리트 슬래브와 철골보가 일체로 되는 합성구조에 관한 설명으로 옳지 않은 것은?

① 시어커넥터가 필요하다.
② 바닥판의 강성을 증가시키는 효과가 크다.
③ 자재를 절감하므로 경제적이다.
④ 경간이 작은 경우에 주로 적용한다.

합성보

콘크리트 슬라브와 철골 보를 전단 연결재(Shear Connector)로 연결하여 구조체를 일체화하여 내력 및 강성을 향상시킨 보를 말한다.

• 철골부재의 장점과 콘크리트 구조의 장점을 합한 구조
• 콘크리트가 압축 측 플랜지가 되고, 철골보는 인장응력을 지지하게 되므로 단면 성능과 재료의 경제성을 높일 수 있다.
• 진동이나 충격하중을 받는 보에 유리하다.
• 경간이 큰 경우에 적용함이 유리하다.

---

58 다음 중 경량형 강재의 특징에 관한 설명으로 옳지 않은 것은?

① 경량형 강재는 중량에 대한 단면계수, 단면 2차 반경이 큰 것이 특징이다.
② 경량형 강재는 일반구조용 열간 압연한 일반형 강재에 비하여 단면형이 크다.
③ 경량형 강재는 판두께가 얇지만 판의 국부 좌굴이나 국부 변형이 생기지 않아 유리하다.
④ 일반구조용 열간 압연한 일반형 강재에 비하여 재 두께가 얇고 강재량이 적으면서 휨강도는 크고 좌굴 강도도 유리하다.

경량철골 특징

• Flange가 큰 관계로 단면적에 비해 단면 2차 반경이 크다.
• 강재량은 적으면서도 휨강도와 좌굴강도는 크다.
• 판두께가 얇기 때문에 국부 좌굴, 국부 변형, 부재의 비틀림이 생기기 쉽다.
• 녹슬기 방지에 특별한 주의를 요한다.

정답 55 ③ 56 ③ 57 ④ 58 ③

59 다음 중 파이프 구조 공사에 관한 기술 중 옳지 않은 것은?

① 파이프는 형강에 비하여 강도가 크다.
② 파이프의 부재형상이 복잡하여 공사비가 증대된다.
③ 파이프 구조는 대규모의 공장, 창고, 체육관, 동식물원 등에 이용된다.
④ 파이프 구조는 경량이며 외관이 경쾌하나, 접합부의 절단가공이 어렵다.

해설
파이프 구조
파이프 구조는 부재 중량이 가벼우며, 철재량이 절약되어 공사비가 감소된다.

60 압연강재가 냉각할 때 표면에 생기는 산화철 표피를 무엇이라 하는가?

① 스패터   ② 밀스케일
③ 슬래그   ④ 비드

해설
밀 스케일(Mill Scale)
800℃ 이상으로 가열, 가공하였을 때, 강의 표면에 생성되는 산화물 피막으로 색조는 흑색 또는 흑갈색이고, 다공성, 균열 등이 있으며 밀착성이 약하기 때문에 방식효과는 없다. Roll Scale이라고도 한다.

61 철골구조의 판보에 수직스티프너를 사용하는 경우는 어떤 힘에 저항하기 위함인가?

① 인장력   ② 전단력
③ 휨모멘트   ④ 압축력

해설
철골보
웨브는 전단력에, 플랜지는 휨모멘트에 저항하는 부재이고 전단력에 보강하는 부재로 스티프너, 휨모멘트에 보강하는 부재로 커버플레이트를 설치한다.

62 다음 설명이 의미하는 공법으로 옳은 것은?

> 미리 공장 생산한 기둥이나 보, 바닥판, 외벽, 내벽 등을 한 층씩 쌓아 올라가는 조립식으로 구체를 구축하고 이어서 마감 및 설비공사까지 포함하여 차례로 한 층씩 완성해 가는 공법

① 하프 PC합성바닥판공법
② 역타공법
③ 적층공법
④ 지하연속벽공법

해설
조립식 공법
• 적층공법 : 프리패브화 된 구조물을 내부설비와 함께 한 층씩 완성해 올라가는 공법
• 리프트 업 : 바닥, 벽, 지붕 등의 부재를 지상에서 미리 제작 조립하여 소정의 위치까지 끌어 올려 완성하는 공법
• 하프 슬래브 : 슬래브의 절반두께를 공장 PC제품으로 미리 제작하여 설치하고, 현장에서는 톱핑콘크리트를 타설하여 일체화하는 공법
• 박스식 : 건축물의 1실 혹은 2실 등의 구조체를 박스형으로 지상에서 제작한 후 이를 인양 조립하는 공법
• 틸트 업 : 지상의 평면에서 벽판 및 구조체를 제작한 후 이를 순차적으로 늘어 올려 구조체를 축조하는 공법

63 프리패브 콘크리트(Prefab Concrete)에 관한 설명으로 옳지 않은 것은?

① 제품의 품질을 균일화 및 고품질화할 수 있다.
② 작업의 기계화로 노무 절약을 기대할 수 있다.
③ 공장 생산으로 기계화하여 부재의 규격을 쉽게 변경할 수 있다.
④ 자재를 규격화하여 표준화 및 대량생산을 할 수 있다.

PC(Precast Concrete) 특징

공사기간 단축, 품질 향상, 원가 절감 및 시공이 용이한 장점이 있는 반면에 다양성이 부족하고, 접합부가 취약하며, 현장에서 양중 시 문제가 야기될 수 있는 단점이 있다.

64 프리캐스트 콘크리트의 생산과 관련된 설명으로 옳지 않은 것은?

① 철근 교점의 중요한 곳은 풀림 철선 혹은 적절한 클립 등을 사용하여 결속하거나 점용접하여 조립하여야 한다.

② 생산에 사용되는 프리스트레스 긴장재는 스터럽이나 온도철근 등 다른 철근과 용접가능하다.

③ 거푸집은 콘크리트를 타설할 때 진동 및 가열 양생 등에 의해 변형이 발생하지 않는 견고한 구조로서 형상 및 치수가 정확하며 조립 및 탈형이 용이한 것이어야 한다.

④ 콘크리트의 다짐은 콘크리트가 균일하고 밀실하게 거푸집 내에 채워지도록 하며, 진동기를 사용하는 경우 미리 묻어둔 부품 등이 손상하지 않도록 주의하여야 한다.

긴장재

• 프리스트레스트 콘크리트에 응력도입을 위하여 쓰이는 고강도강재의 총칭이다.

• 프리텐션에는 2~8mm의 지름이 작은 것을 사용하고 포스트텐션에는 여러 개를 다발로 하여 사용한다. 긴장재는 정착구에 의해 사전에 인장되어 있으므로 여기에 다른 철근과의 용접 등은 하지 않는다.

65 철근콘크리트 슬래브와 철골보가 일체로 되는 합성구조에 관한 설명 중 옳지 않은 것은?

① 시어커넥터가 필요하다.
② 바닥판의 강성을 증가시키는 효과가 크다.
③ 자재를 절감하므로 경제적이다.
④ 경간이 작은 경우에 주로 적용한다.

합성보

콘크리트 슬래브와 철골보를 전단연결재로 연결하여 구조체를 이체화시켜 내력 및 강성을 향상시킨 보를 말한다.

• 두 구조의 장점을 합성하여 재료절약
• 휨강성의 증가로 적재하중에 대한 처짐 감소
• 진동이나 충격하중을 받는 보에 유리
• 바닥강판을 구조재로 할 경우 내화피복을 할 것
• 장스팬의 구조에 적합

66 건축공사 중 커튼월 공사에 대한 설명으로 옳지 않은 것은?

① 커튼월을 구조체에 설치할 때는 비계작업을 원칙으로 한다.

② 공사의 상당부분을 공장제작하므로 현장공정을 크게 단축시키는 것이 가능하다.

③ 제조공정의 경우 전체 공정계획을 고려하여 출하계획을 작성함으로써 작업중단이 생기지 않고 적시생산이 되도록 유도한다.

④ 커튼월 부재의 긴결방식으로는 슬라이드 방식, 회전방식, 고정방식이 있다.

커튼월 공사

• 공장에서 생산된 부재를 현장에서 조립하여 구성하는 외벽
• 공장제작으로 진행되어 건설현장의 공정이 대폭 단축
• 건물 완성 후에 벽체가 지녀야 할 성능을 설계 시에 미리 정량적으로 설정해서 이것을 목표로 제작, 시공이 행해진다.
• 부착작업은 무비계 작업을 원칙으로 한다.
• 다수의 대형 부재를 취급하는 것, 고소작업 및 반복작업이 많은 것

67 금속 커튼월의 Mock Up Test에 있어 기본성능 시험의 항목에 해당되지 않는 것은?

① 정압수밀시험　　② 방재시험
③ 구조시험　　　　④ 기밀시험

정답　64 ②　65 ④　66 ①　67 ②

커튼월의 성능시험

내풍압성, 수밀시험, 기밀시험, 내구성, 내화성, 내진성, 층간 변위 추종성, 구조시험

68 고층 건물 외벽공사 시 적용되는 커튼월 공법의 특징이 아닌 것은?

① 내력벽으로서의 역할
② 외벽의 경량화
③ 가설공사의 절감
④ 품질의 안정화

문제 66번 해설 참조

69 커튼월(Curtain Wall)에 대한 설명으로 옳지 않은 것은?

① 내력벽에 사용된다.
② 공장생산이 가능하다.
③ 고층건물에 많이 사용된다.
④ 용접이나 볼트조임으로 구조물에 고정시킨다.

문제 66번 해설 참조

70 건축물 외부에 설치하는 커튼월에 대한 설명으로 틀린 것은?

① 커튼월이란 외벽을 구성하는 비내력벽 구조이다.
② 공장에서 생산하여 반입하는 프리패브 제품이다.
③ 콘크리트나 벽돌 등의 외장재에 비하여 경량이어서 건물의 전체 무게를 줄이는 역할을 한다.
④ 커튼월의 조립은 대부분 외부에 대형발판이 필요하므로 비계공사를 반드시 해야 한다.

문제 66번 해설 참조

71 커튼월의 빗물침입의 원인이 아닌 것은?

① 표면장력
② 모세관 현상
③ 기압차
④ 삼투압

커튼월의 빗물침입 원인

커튼월은 기능상 접합부의 누수처리가 가장 중요하며, 누수는 틈을 통하여 물을 이용시키는데, 그런 원인으로는 중력, 표면장력, 모세관현상, 운동에너지, 기압차 등이 있다.

72 커튼월(Curtain Wall)의 외관 형태별 분류에 해당하지 않는 방식은?

① Mullion 방식
② Stick 방식
③ Spandrel 방식
④ Sheath 방식

커튼월의 분류(형태상)

• 샛기둥(Mullion) 방식 : 구조체를 수직선의 형태로 강조하는 방식
• 스팬드럴(Spandrel) 방식 : 구조체를 수평선의 형대로 강조하는 방시
• 격자(Grid) 방식 : 구조체를 격자형의 형태로 강조하는 방식
• 은폐(Sheath) 방식 : 구조체가 패널 등으로 가리워진 방식

73 다음 중 커튼월의 판넬 부착방식에 따른 분류에 속하지 않는 것은?

① 멀리언 방식
② 슬라이딩 방식
③ 로킹 방식
④ 고정 방식

커튼월 설치방식

커튼월 설치방식에는 형태에 따른 고정방식, 슬라이딩 방식, 로킹방식이 있으며, 커튼월의 형태에 따른 분류는 멀리언 방식, 스팬드럴 방식, 그리드 방식, 쉬스방식 등이 있다.

정답 68 ① 69 ① 70 ④ 71 ④ 72 ② 73 ①

74 금속 커튼월 시공 시 구체 부착철물 설치위치의 연직방향 및 수평방향의 치수 허용차의 표준치로 옳은 것은?

① 연직방향 ±5mm, 수평방향 ±15mm
② 연직방향 ±10mm, 수평방향 ±25mm
③ 연직방향 ±15mm, 수평방향 ±25mm
④ 연직방향 ±25mm, 수평방향 ±25mm

해설

금속 커튼월 구착 부착철물의 설치 위치 허용오차
공사시방서에 따르나 시방서에 정한 바가 없는 경우는 설치 위치의 치수 허용차의 표준치는 연직방향 ±10mm, 수평방향 ±25mm이다.

75 외기의 영향으로 인한 외장재의 성능을 사전에 검토하기 위해 실시하는 실물 모형시험(Mock Up Test)의 성능시험 항목에 해당하지 않는 것은?

① 풍동시험　　　　② 기밀시험
③ 정압 수밀시험　　④ 동압 수밀시험

해설

커튼월의 성능시험
내풍압성, 수밀시험, 기밀시험, 내구성, 내화성, 내진성, 층간 변위 추종성

76 프리캐스트 콘크리트 커튼월의 실물모형실험(Mock−Up Test)에서 성능 확인을 위한 시험 종목에 해당되지 않는 것은?

① 기밀시험　　　　② 정압수밀실험
③ 구조시험　　　　④ 인장시험

해설

문제 75번 해설 참조

CHAPTER

06

조적공사

1 개요 및 재료

1. 벽의 종류

1) 내력벽(Bearing Wall)

주택 등의 하중을 받는 내·외벽체

2) 장막벽(비내력벽, Curtain Wall)

라멘조 등의 하중을 받지 않는 내·외벽체

3) 이중벽(중공벽, Cavity Wall, Hallow Wall)

주로 외벽에 사용, 보온, 방습, 차음이 목적

2. 벽돌의 크기

1) 온장

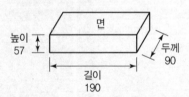

구분	길이	높이	두께
치수(mm)	190	57 90	90
허용치(%)	±2%		

2) 마름질

벽돌을 사용크기에 맞춰 자르는 일

[반절]　　　[칠오토막]　　　[반토막]　　　[반반절]　　　[이오토막]

3. 벽돌의 종류

1) 점토 벽돌

① 점토 벽돌 : 점토, 고령토, 황토 등을 원료로 하여 혼련, 성형, 건조, 소성시켜 만든 벽돌

② 미장 벽돌 : 점토 등을 주원료로 하여 소성한 벽돌로서 유공형 벽돌은 하중 지지면의 유효 단면적이 전체 단면적의 50% 이상이 되도록 제작한 벽돌

③ 1종은 내장재 및 외장재, 2종은 내장재로만 사용

④ 모양에 따라 일반형과 유공형

⑤ 품질

품질	종류	
	1종	2종
흡수율(%)	10.0 이하	15.0 이하
압축강도(MPa)	24.50 이상	14.70 이상

⑥ 치수 및 허용오차

항목	구분		
	길이	너비	두께
치수	190	90	57
	205	90	57
	230	90	57
허용오차	±5.0	±3.0	±2.5

2) 콘크리트 벽돌

구분	압축강도(MPa)	흡수율(%)
1종 벽돌	13 이상	7 이하
2종 벽돌	8 이상	13 이하

3) 내화 벽돌

① 내화 점토를 소성한 것으로 주성분은 규산점토, 알루미나 등의 산성점토, 마그네사이트의 염기성 점토, 크롬청광 등으로 기건성이다.

② 내화 벽돌은 형상이 바르고 심한 갈라짐이나 흠이 없어야 한다.

③ 크기는 230 × 114 × 65

④ 굴뚝, 보일러, 난로에 사용

⑤ S.K(소성온도 : 제게르추) 26~S.K 42(1,580~2,000℃)

4) 경량 벽돌

① 원료로 분탄, 톱밥을 섞어 공극이 생기게 한 것이며, 못치기, 절단이 용이하고 경미한 칸막이벽, 방열, 방음, 단순 치장재이다.
② 중공 벽돌과 다공질 벽돌 등이 있다.

5) 포도용 벽돌 : 흡수율이 작고 마모성과 강도가 큰 것

6) 오지 벽돌 : 벽돌면에 오지물을 올린 치장 벽돌

7) 이형 벽돌 : 특별한 모양으로 된 것

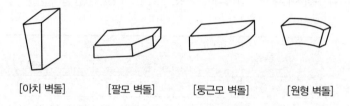

[아치 벽돌]　　　　[팔모 벽돌]　　　　[둥근모 벽돌]　　　　[원형 벽돌]

기 10① 14② 산 14③ 15③ 16② 19①

4. 모르타르 및 줄눈

1) 모르타르의 종류

① 바탕 모르타르 : 벽돌 쌓기에서 쌓기면에 미리 깔아 놓은 모르타르 혹은 벽돌을 바닥에 붙일 경우의 바탕에 까는 모르타르
② 줄눈 모르타르 : 벽돌의 줄눈에 벽돌을 상호 접착하기 위해 사용되는 모르타르
③ 붙임 모르타르 : 얇은 벽돌을 붙이기 위해 바탕 모르타르 또는 벽돌 안쪽 면에 사용하는 접착용 모르타르
④ 안채움 모르타르 : 벽돌쌓기공사에서 쌓기 벽돌과 콘크리트 구체 사이에 충전되는 모르타르
⑤ 충전 콘크리트(모르타르) : 보강벽돌공사에서 공동벽돌 쌓기에 의해 생기는 배근용 공동부 등에 충전하는 콘크리트(모르타르)
⑥ 모르타르의 배합비

모르타르의 종류		용적배합비(잔골재/결합재)
줄눈 모르타르	벽용	2.5~3.0
	바닥용	3.0~3.5
붙임 모르타르	벽용	1.5~2.5
	바닥용	0.5~1.5
깔모르타르	바탕용	2.5~3.0
	바닥용	3.0~6.0
안채움 모르타르		2.5~3.0
치장줄눈용 모르타르		0.5~1.5

주 1) 계량은 다음 상태를 표준으로 한다.
- 시멘트 : 단위용적중량은 1.2kg/l 정도
- 잔골재 : 골재는 표면건조 내부 포수상태
2) 혼화재료를 사용하는 경우는 요구성능을 손상시키지 않는 범위로 한다.
3) 결합재는 주로 시멘트를 사용하며, 보수성 향상을 위해 석회와 방수제를 약간 혼합할 때도 있다.

⑦ 충전 모르타르의 배합

구분	단층 및 2층 건물		3층 건물	
	시멘트	잔골재	시멘트	잔골재
용적비	1	3.0	1	2.5

주 : 1) 계량은 다음 상태를 표준으로 한다.
- 시멘트 : 단위용적중량은 1.2kg/l 정도
- 잔골재 : 골재는 표면건조 내부 포수상태
2) 혼화재료를 사용하는 경우는 요구성능을 손상시키지 않는 범위로 한다.

2) 줄눈

① 줄눈은 10mm를 표준으로 한다(내화벽돌은 6mm).
② 조적조의 줄눈은 막힌 줄눈을 원칙으로 한다.
③ 보강블록조와 치장용은 통줄눈으로 한다.

3) 치장 줄눈

① 벽돌 쌓기 직후 줄눈 모르타르가 굳기 전에 줄눈 누르기를 한다.
② 벽면에서 8~10mm 정도 줄눈파기로 한다.
③ 배합 1 : 0.5~1.5 모르타르를 상부에서 하부로 수밀하고 줄바르게 마무리한다.
④ 보통 많이 사용되는 줄눈은 평줄눈이다.

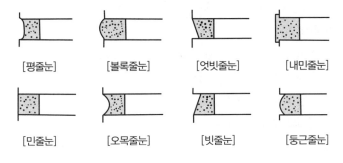

[평줄눈]　[볼록줄눈]　[엇빗줄눈]　[내민줄눈]

[민줄눈]　[오목줄눈]　[빗줄눈]　[둥근줄눈]

핵심문제 ●○○

벽돌 쌓기에서 막힌 줄눈과 비교한 통줄눈에 관한 설명으로 옳지 않은 것은?
① 하중의 균등한 분산이 어렵다.
② 구조적으로 약하게 된다.
③ 습기가 스며들 우려가 있다.
❹ 외관이 보기에 좋지 않다.

핵심문제 ●○○

조적조의 치장 줄눈 표기로 옳지 않은 것은?

① 민줄눈 　② 오목줄눈

❸ 내민줄눈 　④ 빗줄눈

② 벽돌 쌓기

1. 재료의 취급과 보관 준비

1) 모든 금속 보강재는 녹슬지 않도록 하고 부착을 저해할 수 있는 피막이 있어서도 안 된다.

2) 소성점토벽돌이나 석회벽돌의 경우 처음 1분간의 초기 흡수율이 $1.6l/m^2$를 넘어서는 안 된다. 흡수율 측정시험 시에는 시험체의 시험면이 물의 표면에서 3mm 이상 밑으로 잠겨야 한다.

3) 콘크리트 조적체에서는 허가된 경우를 제외하고 젖어서는 안 된다.

4) 불순물에 의한 품질 저하가 없고 이물질의 침입을 방지할 수 있도록 보관한다.

    ① 모르타르나 그라우트를 비비는 경우에 비빔기계 안에서의 비빔시간은 3분 미만이나 10분 이상이어서는 안 된다.

    ② 작은 양의 모르타르에 대한 손비빔은 허용된다.

    ③ 시멘트의 수화작용에 의해 경화되기 시작한 모르타르나 그라우트를 사용해서는 안 된다.

    ④ 어떤 경우에도 처음 물을 넣고 비빈 후 두 시간이 지난 모르타르나 한 시간이 지난 그라우트를 사용해서는 안 된다.

    ⑤ 그라우트나 모르타르는 성형 가능할 때까지 비빔기계에서 비벼야 하며, 이때의 비빔시간은 10분을 넘지 않도록 한다.

2. 시공법

바탕처리 → 물축이기 → 건비빔 → 세로 규준틀 설치 → 벽돌 나누기 → 규준 쌓기 → 수평실 치기 → 중간부 쌓기 → 줄눈 누름 → 줄눈 파기 → 치장 줄눈 → 보양 순이다.

1) 물축이기

쌓기 전 흙, 먼지를 청소하여 제거하고 충분히 물을 축인다.

    ① **시멘트 벽돌** : 2~3일 전에 물축이기

    ② **붉은 벽돌** : 전면을 습윤

    ③ **시멘트 블록** : 모르타르 접합부만 습윤

    ④ **내화 벽돌** : 건조상태(물축임을 하지 않는다)

2) 세로 규준틀

뒤틀리지 않고 곧으며 건조한 목재(10cm)를 2면 이상 대패질하여 벽돌줄눈을 기입하고 벽돌개수, 창문틀, 아치, 나무벽돌, 앵커볼트의 위치를 기입하여 건물의 모서리나 구석벽 또는 중앙부에 위치가 견고하고 정확하게 설치한다.

기 10① 11④ 산 18②

핵심문제 ●●○

벽돌 쌓기 시 벽돌의 물축임에 대한 설명으로 옳지 않은 것은?

① 콘크리트 벽돌은 전날 물을 축여 표면이 어느 정도 마른 상태에서 쌓는 것이 좋다.

❷ 내화벽돌은 점토벽돌보다 물축임을 많이 하는 것이 좋다.

③ 벽돌 흡수율이 8% 이하일 때는 물축임을 하지 않아도 된다.

④ 물축임을 하지 않으면 모르타르의 수분을 벽돌이 흡수하여 모르타르 강도가 저하한다.

핵심문제 ●●○

세로 규준틀이 주로 사용되는 공사는?

① 목공사

❷ 벽돌공사

③ 철근콘크리트공사

④ 철골공사

3) 벽돌 나누기

벽돌 쌓기에 앞서 도면상으로 혹은 실제 위치에 벽돌 나누기를 하여 본다. 실제 위치에서 나누어 볼 때에는 벽돌길이와 줄눈을 기입한 장척을 이용하면 편리하다.

4) 규준 쌓기

벽돌 쌓기는 먼저 모서리, 구석 또는 중간요소에 규준이 되는 벽돌을 서너 켜 쌓는다.

5) 수평실 치기

규준 쌓기한 맨 밑부분 간에 수평실을 친다.

6) 중간부 쌓기

바닥에 모르타르를 깔고, 수평실에 맞추어, 벽돌 나누기에 의거 중간부를 쌓는다.

7) 줄눈 누름

벽돌 쌓기가 완료되면 벽면에 묻은 모르타르 시멘트 등은 완전히 청소하고 줄눈 누름한다.

8) 줄눈 파기

하루 일이 끝날 무렵에 깊이 10mm 정도로 줄눈 파기를 한다.

9) 치장 줄눈

치장 줄눈은 1 : 1 또는 1 : 2 배합 모르타르를 줄눈흙손으로 충분히 눌러 밀어 넣으며, 벽돌 주위에 밀착되어 수밀하고, 줄바르며, 표면이 일매지게 마무리한다. 치장줄눈 모르타르에는 방수제를 넣어 쓰기도 하고 백시멘트, 색소 등을 쓸 때도 있다.

10) 보양

벽돌 쌓기가 끝나는 대로 거적 등을 씌워 보양하고 그 위를 다니거나, 무거운 짐을 실어 충격 · 진동 · 압력 등을 주지 않도록 하고, 일단 쌓은 벽돌은 어떠한 일이 있더라도 움직여서는 안 된다.

3. 시공 시 주의사항

기 16①④ 산 16①

1) 가로 및 세로줄눈의 너비는 10mm를 표준으로 한다. 세로줄눈은 통줄눈이 되지 않도록 하고, 수직 일직선상에 오도록 벽돌 나누기를 한다.
2) 벽돌 쌓기는 영식 쌓기 또는 화란식 쌓기로 한다.

벽돌쌓기공사에 관한 설명으로 옳지 않은 것은?

❶ 가로 및 세로줄눈의 너비는 도면 또는 공사시방서에 정한 바가 없을 때에는 20mm를 표준으로 한다.
② 벽돌 쌓기는 도면 또는 공사시방서에서 정한 바가 없을 때에는 영식 쌓기 또는 화란식 쌓기로 한다.
③ 세로줄눈의 모르타르는 벽돌 마구리면에 충분히 발라 쌓도록 한다.
④ 하루의 쌓기 높이는 1.2m(18켜 정도)를 표준으로 하고, 최대 1.5m(22켜 정도) 이하로 한다.

3) 가로줄눈의 바탕 모르타르는 일정한 두께로 평평히 펴 바르고, 규준틀과 벽돌 나누기에 따라 정확히 쌓는다.

4) 세로줄눈의 모르타르는 벽돌 마구리면에 충분히 발라 쌓는다.

5) 벽돌은 각부를 가급적 동일한 높이로 쌓아 올리고, 벽면의 일부 또는 국부적으로 높게 쌓지 않는다.

6) 하루의 쌓기 높이는 1.2m(18켜 정도)를 표준으로 하고, 최대 1.5m(22켜 정도) 이하로 한다.

7) 연속되는 벽면의 일부를 트이게 하여 나중 쌓기로 할 때에는 그 부분을 층단 들여쌓기로 한다.

8) 직각형태 벽체의 한편을 나중에 쌓을 때에도 층단 들여쌓기로 하는 것을 원칙으로 한다.

9) 벽돌 벽이 블록 벽과 서로 직각으로 만날 때에는 연결철물을 만들어 블록 3단마다 보강한다.

10) 벽돌 벽이 콘크리트 기둥(벽)과 슬래브 하부 면과 만날 때는 그 사이에 모르타르를 충전하고, 필요시 우레탄폼 등을 이용한다.

4. 한중시공

1) 사용 가능한 상태로 운반한다.

2) 기밀하지 못하거나 보호 차양이 없는 모든 벽의 상단부는 매일 또는 매 작업이 끝날 때마다 내후성이 강한 재료로 덮어둔다.

3) 벽시공 중에 벽은 작업이 중단될 때는 반드시 덮개를 씌워야 한다.

4) 덮개는 벽의 상단부에서 양쪽으로 최소한 600mm 이상 늘어뜨려 정착한다.

5) 소석소의 모르타르 층에 눈이나 얼음이 생겼을 경우, 조적조의 상단이 건조하게 될 때까지 열을 조심스럽게 가해서 녹인다.

6) 얼었거나 파손되었다고 생각되는 조적조의 단부는 그 부분의 공사가 재개되기 전에 제거한다.

7) 쌓을 때의 조적체는 반드시 건조상태이어야 한다.

8) 기온에 따른 주의사항

① 벽돌공사의 경우
- 기온이 4℃ 이하로 강하하거나 그렇게 될 우려가 있을 때에는 쌓아 올림 켜수, 기타 필요한 사항에 대하여 담당원의 지시를 받는다.
- 기온이 4℃ 이상, 40℃ 이하가 되도록 모래나 물을 데운다.
- 기온이 영하 7℃ 이하일 때에도 모르타르의 온도가 4℃에서 40℃ 사이가 되도록 모래나 물을 데운다.
- 벽돌 및 쌓기용 재료의 표면온도는 영하 7℃ 이하가 되지 않도록 한다.

② 블록공사인 경우
- 기온이 2℃ 이하로 강하하거나 그 우려가 있을 때에는 쌓아올림 켜 수, 기타 필요한 사항에 대하여 담당원의 지시를 받아야 한다.
- 기온이 4℃ 이하일 때에는 모르타르나 그라우트의 온도가 4℃ 이상, 49℃ 이하가 되도록 골재나 물을 데운다.
- 그라우트가 시공될 때부터 최소한 24시간 동안은 조적조가 동결온 도 이상으로 유지되어야 한다.
- 기온이 -7℃ 이하로 떨어지는 경우에는 그라우트가 시공될 때부터 최소한 24시간 동안은 조적조 주위에 울타리를 설치한다.

9) 한중시공일 때의 보양

① 평균기온이 0~4℃인 경우에는, 내후성이 강한 덮개로 덮어서 조적조 를 눈, 비로부터 보호한다.
② 평균기온이 -4~0℃인 경우에는 내후성이 강한 덮개로 완전히 덮어 서 조적조를 24시간 동안 보호한다.
③ 평균기온이 -7~-4℃인 경우에는 보온덮개로 완전히 덮거나 다른 방한시설로 조적조를 24시간 동안 보호한다.
④ 평균기온 -7℃ 이하인 경우에는 울타리와 보조열원, 전기담요, 적외 선 발열램프 등을 이용하여 조적조를 동결온도 이상으로 유지한다.

5. 벽돌 쌓기법

1) 형태별

① 길이 쌓기
- 벽돌은 길게 나누어 놓아 길이 면이 내보이도록 쌓는다.
- 가장 얇은 벽쌓기이며 1장 길이쌓기의 벽두께를 0.5B라 한다.

② 마구리 쌓기 : 마구리 쌓기의 벽두께를 1.0B라 한다.
③ 세워 쌓기 : 길이 면이 내보이도록 벽돌 벽면을 수직으로 쌓는 것
④ 옆세워 쌓기 : 마구리 면이 내보이도록 벽돌 벽면을 수직으로 쌓는 것
⑤ 영롱 쌓기 : 난간벽(Parapet)과 같이 상부 하중을 지지하지 않는 벽에 있어서 장식적인 효과를 기대하기 위해 벽체에 구멍을 내어 쌓는 것
⑥ 엇모 쌓기 : 담 또는 처마 부분에 내쌓기를 할 때 45° 각도로 모서리가 면에 나오도록 쌓는 것으로 비교적 시공도 간단하며 외관을 장식하기 에 좋은 방법이다.

기 10④ 11① 12① 14④ 16① 17②④ 20③
산 11①②③ 12③ 13② 14① 17③ 18③ 20①

핵심문제 ●●○

다음 중 벽돌벽에 삼각형, 사각형, 십자형 등의 구멍을 벽면 중간에 규칙적으로 만들어 쌓는 방식에 해당하는 것은?

① 엇모쌓기　　　❷ 영롱쌓기
③ 창대쌓기　　　④ 허튼쌓기

핵심문제　●●○

벽돌 쌓기법 중 가장 튼튼한 것으로 한
켜는 마구리 쌓기, 다음 켜는 길이 쌓
기로 하고 모서리 벽 끝에 이오토막을
쓰는 것은?

❶ 영식 쌓기　② 화란식 쌓기
③ 미식 쌓기　④ 불식 쌓기

핵심문제　●●○

벽돌 쌓기법 중 매 켜에 길이 쌓기와
마구리쌓기가 번갈아 나오는 방식으
로 통줄눈이 많으나 아름다운 외관이
장점인 벽돌쌓기 방식은?

① 미식 쌓기　② 영식 쌓기
❸ 불식 쌓기　④ 화란식 쌓기

핵심문제　●○○

벽돌벽 내쌓기에서 내쌓을 수 있는 총
길이의 한도는?

❶ 2.0B　② 1.0B
③ 1/2B　④ 1/4B

핵심문제　●●○

콘크리트벽돌 공간 쌓기에 관한 설명
으로 옳지 않은 것은?

❶ 공간 쌓기는 도면 또는 공사시방서
에서 정한 바가 없을 때에는 안쪽을
주 벽체로 하고 바깥쪽은 반장쌓기
로 한다.
② 안쌓기는 연결재를 사용하여 주 벽
체에 튼튼히 연결한다.
③ 연결재로 벽돌을 사용할 경우 벽돌
을 걸쳐대고 끝에는 이오토막 또는
칠오토막을 사용한다.
④ 연결재의 배치 및 거리 간격의 최대
수직거리는 400mm를 초과해서는
안 된다.

2) 나라별

① 영국식 쌓기 : 마구리 쌓기와 길이 쌓기를 교대로 쌓고 벽의 모서리나
끝에는 반절이나 이오토막을 쓰는 방법으로 가장 튼튼하며 내력벽 쌓
기에 사용한다.

② 화란식 쌓기 : 마구리 쌓기와 길이 쌓기를 교대로 쌓고 벽 끝에는 칠오
토막을 사용한다.

③ 프랑스식 쌓기 : 매 켜에 길이 쌓기와 마구리 쌓기를 번갈아 쌓는 방법
으로 구조적으로는 약하나 외관이 아름다워 비내력벽에 장식용으로
사용한다.

④ 미국식 쌓기 : 5켜는 길이 쌓기로 하고, 그 위 1켜는 마구리 쌓기로 한다.

6. 각 부위별 쌓기

1) 기초 쌓기

① 기초 쌓기는 1/4 B씩 1켜 또는 2켜 내어 쌓는다.

② 기초 벽돌의 맨 밑의 너비는 벽두께의 2배로 하고 맨 밑은 2켜 쌓기로
한다.

③ 내쌓기는 2켜씩 1/4 B 또는 1켜씩 1/8 B 내쌓기로 하고 맨 위는 2켜 내
쌓기로 한다.

2) 중간 내쌓기(Corbel)

① 벽면에서 부분적으로 또는 길게 내밀어 쌓아 횡가재의 자릿대 역할을
한다.

② 내쌓기는 한 켜당 1/8 B 또는 두 켜당 1/4 B로 하고, 내미는 정도는 2B
를 한도로 한다.

③ 맨 위 켜는 마구리 쌓기가 유리하다.

3) 중간부 떼어쌓기, 교차부 들여쌓기

① 공사의 단속으로 인하여 형성될 수 있는 통줄눈을 피하기 위함이다.

② 1/4 B 정도의 깊이로 켜마다(층단 떼어 쌓기) 또는 한 켜 걸름(켜걸름
들여쌓기)으로 쌓는다.

4) 공간 쌓기(Cavity Wall Bond)

① 도면 또는 공사시방서에 정한 바가 없을 때에는 바깥쪽을 주 벽체로
하고 안쪽은 반장쌓기, 공간 너비는 통상 50∼70mm(단열재 두께 +10
mm) 정도로 한다.

② 안쌓기는 연결재를 사용하여 주 벽체에 튼튼히 연결한다.

③ 연결재의 종류, 형상, 치수 및 설치공법은 다음 중의 하나로 한다.

- 벽돌을 걸쳐대고 끝에는 이오토막 또는 칠오토막을 사용
- #8 철선(아연도금 또는 적절한 녹막이 칠을 한 것)을 그림과 같이 구부려 사용

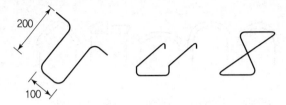

[공간쌓기용 철물]

- #8 철선을 가스압접 또는 용접하여 井자형으로 된 철망형의 것을 사용
- 직경 6~9mm의 철근을 꺾쇠형으로 구부려 사용
- 두께 2mm, 너비 12mm 이상의 띠쇠 사용
- 직경 6mm, 길이 210mm 이상의 둥근 꺾쇠 또는 각형 꺾쇠 사용

④ 연결재의 배치 및 간격은 수평거리 900mm 이하 수직거리 400mm 이하, 개구부 주위 300mm 이내에는 900mm 이하 간격으로 연결철물을 추가 보강한다.

⑤ 공간 쌓기를 할 때에는 모르타르가 공간에 떨어지지 않도록 주의

5) 창대 쌓기

① 윗면을 15° 정도의 경사로 옆세워 쌓고 그 앞 끝의 밑은 벽돌 벽면에서 30~50mm 내밀어 쌓는다.

② 창대 벽돌의 위 끝은 창대 밑에 15mm 정도 들어가 물리게 한다. 또한 창대 벽돌의 좌우 끝은 옆벽에 2장 정도 물린다.

③ 창문틀 주위의 벽돌 줄눈에는 사춤 모르타르를 충분히 하여 방수가 잘 되게 한다.

6) 아치 쌓기

① 개구부 상단에서 상부 하중을 옆벽면으로 분산시키기 위한 쌓기법으로 부재의 하부에서 인장력이 생기지 않도록 해야 한다.

② 본아치 : 아치 벽돌을 사용하여 쌓는 것

③ 막만든 아치 : 보통 벽돌을 아치 벽돌처럼 다듬어 쌓는 것

④ 거친 아치 : 보통 벽돌은 그대로 사용하고 줄눈을 쐐기 모양으로 하여 쌓는 것

⑤ 아치 쌓기는 좌우로부터 균등히 쌓아야 하며 줄눈은 원호의 중심으로 하여 쌓는 것

⑥ 조적 벽체의 개구부 상부에서는 원칙적으로 아치를 틀어야 한다.

⑦ 개구부의 너비가 1m 정도일 때는 평아치로 할 수 있다.

핵심문제　●●○

벽돌 쌓기에서 방수 하자 발생과 관련하여 가장 주의를 요하는 부분은?
❶ 창대 쌓기　② 모서리 쌓기
③ 벽쌓기　④ 기초 쌓기

핵심문제　●●○

조적식 구조의 벽체에 개구부가 있을 때 보강방법으로 옳지 않은 것은?
❶ 강재 창호틀 설치
② 콘크리트 인방보 설치
③ 프리캐스트 부재 설치
④ 평아치 쌓기

⑧ 개구부의 너비가 1.8m 이상이면 목재, 석재, 철재나 철근콘크리트로 만든 인방보 등으로 보강하여야 한다.

⑨ 인방보(Lintel)는 좌우 벽면으로 20~40cm 정도가 물려야 한다.

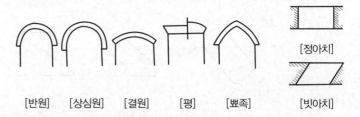

[반원]   [상심원]   [결원]   [평]   [뾰족]   [정아치]   [빗아치]

7) 문틀 세우기

① 창문틀은 도면 또는 공사시방서에서 정한 바가 없을 때에는 원칙적으로 먼저 세우기로 하고, 나중 세우기로 할 때에는 가설틀 또는 먼저 설치 고정한 나무벽돌 또는 연결철물의 재료, 구조 및 공법 등의 상세를 나타낸 공작도를 작성하여 담당원의 승인을 받아 시공한다.

② 먼저 세우기

- 그 밑까지 벽돌을 쌓고 24시간 경과한 다음에 세운다.
- 창문틀은 고임목, 쐐기 등을 사용하여 수평 위치를 맞추고 버팀대 및 연결대 등을 사용하여 수직 위치를 정확히 유지하고 견고하게 설치한다.
- 버팀대 및 연결대는 문틀 바깥쪽에 치장면이 아닌 방향으로 못박아 대고 나중 잘라내기로 한다.
- 창문틀의 상하 가로틀은 세로틀 밖으로 뿔을 내밀어 옆 벽면의 벽돌에 물린다.
- 선틀의 상하 끝 및 그 중간 간격 600mm 이내마다 꺾쇠 또는 큰못(길이 75~100mm) 2개씩을 줄눈 위치에 박아 고정한다.

③ 가설 창문틀을 먼저 세우고, 이 창문틀을 나중 세우기로 하거나 벽돌 벽을 먼저 쌓고 나무벽돌, 볼트, 기타 연결 고정철물을 묻어 두고 여기에 창문틀을 나중 세우기 한다.

8) 창문틀 옆쌓기

① 창문틀의 상하 가로틀은 뿔을 내어 옆벽에 물리고 중간 600mm 이내의 간격으로 꺾쇠 또는 큰못 2개씩을 박아 견고히 고정한다.

② 옆벽 쌓기는 좌우에서 같이 쌓아 올라가고 꺾쇠 및 못 등을 박을 때에는 진동, 이동 및 변형 등이 없게 한다.

③ 선틀 중간에 버팀목을 대어 선틀의 옆 휨을 방지하고, 높이 600mm 정도로 쌓을 때마다 꺾쇠 또는 큰 못을 박을 때에 다림추 및 수평기 등으로 점검하여 수정하고, 창문틀의 수직 · 수평 및 각도를 정확히 유지한다.

④ 창문틀이나 나무벽돌 또는 고정철물의 주위에는 모르타르를 빈틈없이 사춤하고 창문틀 밑 또는 옆의 고임목 및 쐐기 등은 반드시 빼내야 한다.

9) 내화 벽돌 쌓기

① 내화 벽돌은 기건성이므로 물축이기를 하지 않고 쌓아야 되며, 보관 시에도 우로를 피해야 하고, 모르타르는 내화 모르타르 또는 단열 모르타르를 사용한다.

② 줄눈 너비는 6mm를 표준으로 한다.

③ 굴뚝, 연도 등의 안쌓기는 구조 벽체에서 0.5B 정도 떼어 공간을 두고 쌓되 거리간격 60cm 정도마다 엇갈림으로 구조 벽체와 접촉하여 자립할 수 있도록 쌓는다.

④ 내벽 벽돌의 내화도

등급	S.K – No.	내화도
저급	26~29	1,580~1,650℃
보통	30~33	1,670~1,730℃
고급	34~42	1,730~2,000℃

✎ 굴뚝, 난로, 부뚜막에 쓰이는 내화 벽돌 : 1,000~1,100℃에 견디는 산성 내화 벽돌

⑤ 내화 벽돌 쌓기가 끝나는 대로 줄눈흙손으로 눌러 두고 줄눈은 줄바르고 평활하게 바른다.

⑥ 제게르콘(S.K : Seger Keger Con) : 세모뿔형으로 된 노중의 고온도 (600~2,000℃)를 측정하는 온도계

10) 보양

① 쌓기가 완료된 벽돌은 어떠한 경우에도 움직이지 않도록 한다. 쌓은 후 12시간 동안은 하중을 받지 않도록 하고 3일 동안은 집중하중을 받지 않도록 한다.

② 평균기온이 4℃ 이하, 영하 4℃까지는 최소한 24시간 동안 보온막을 설치한다.

③ 아직 지붕을 설치하지 않은 치장쌓기
- 평균기온이 −4~4℃까지는 눈, 비로부터 최소 24시간 방수 시트로 덮어서 보호
- 평균기온이 −7~−4℃까지는 보온덮개 혹은 이에 상응하는 재료로 24시간 보호
- 평균기온이 −7℃ 이하의 경우는 벽돌 쌓은 부위의 온도가 0℃를 유지할 수 있도록 보호막에 열을 공급하거나 전기담요 혹은 전열 등을 이용하는 방법을 사용하여 벽돌 쌓은 부위를 24시간 보호

③ 하자 및 기타

1. 벽돌벽의 균열

1) 벽돌조 건물의 계획 설계상의 미비

① 기초의 부동침하

② 건물의 평면, 입면의 불균형 및 벽의 불합리한 배치

③ 불균형 하중, 큰 집중하중, 횡력 및 충격

④ 벽돌벽의 길이, 높이, 두께에 대한 벽돌 벽체의 강도 부족

⑤ 문꼴 크기의 불합리 및 불균형 배치

2) 시공상의 결함

① 벽돌 및 모르타르의 강도 부족

② 재료의 신축성(온도 및 흡수에 의한)

③ 이질재와의 접합부

④ 콘크리트보 밑의 모르타르 다져 넣기의 부족(장막벽의 상부)

⑤ 모르타르, 회반죽바름의 신축 및 들뜨기

2. 백화 현상

1) 원인

벽표면에서 침투하는 빗물에 의해 모르타르의 석회분이 유출하여 모르타르 중의 석회분이 수산화석회($Ca(OH)_2$)로 되어 표면에 유출될 때 공기 중의 탄산가스 또는 벽돌의 유화성분과 결합하여 생긴다.

2) 방지법

① 잘 구워진 양질의 벽돌을 사용할 것(소성이 잘된 벽돌)

② 줄눈 모르타르에 방수제를 혼합한다.

③ 빗물이 침입하지 않도록 벽면에 비막이를 설치한다.

④ 벽돌 표면에 파라핀 도료를 발라 염류의 유출을 막는다.

3. 조적식 구조

1) 기초

① 연속기초이며, 무근콘크리트 이상의 구조

② 기초벽 두께는 최하층 벽두께의 2/10를 가산한 두께 이상

2) 내력벽

① 높이는 4m 이하
② 길이는 10m 이하
③ 두께는 높이의 1/20 이상
④ 내력벽으로 둘러싸인 실의 면적은 80m² 이하

4. 신축줄눈(균열 방지)

1) 벽두께가 상이한 경우
2) 벽높이가 상이한 경우
3) 기둥과 벽의 접합부
4) 창 및 개구부 등 개구부의 양측

산 20①

SECTION 02 블록공사

1 개요

1. 블록의 종류

산 10② 17①

1) 형태상

① BI형 : 미국에서 개발된 것으로 우리나라에는 이 제조기가 제일 많이 사용되고 있다.
② BM형 : BI형보다 치수를 크게 하여 줄눈이 덜 들게 한 것
③ BS형 : BI형보다 두께가 크며 ㄴ자형, ㄷ자형 등과 같이 사용

[BI형]

[BM형]

[BS형]

2) 특수 블록

① 한마구리 평블록
② 양마구리 평블록
③ 가로근용 블록
④ **창대 블록** : 창문 틀의 밑에 쌓는 블록으로 창대모양으로 된 블록
⑤ **창쌤 블록** : 창문 틀의 옆에 창문 틀이 끼워지도록 만들어진 블록
⑥ **인방 블록** : 개구부 상단에 설치하는 인방보를 만들기 위한 블록

2. 형상과 치수

1) 형상 및 치수

핵심문제 ●●○

KS F 4002에 규정된 콘크리트 기본 블록의 크기가 아닌 것은?(단, 단위는 mm임)

① 390 × 190 × 190
② 390 × 190 × 150
❸ 390 × 190 × 120
④ 390 × 190 × 100

형상	치수			허용값
	길이	높이	두께	길이·두께·높이
기본형 블록	390	190	210 190 150 100	± 2%
이형블록	길이, 높이, 두께의 최소 치수를 90mm 이상으로 한다.			

2) 속빈 부분 및 최소 살두께

속빈 부분 및 최소 살두께	속빈 부분			최소 살두께	
	세로근을 삽입하는 속빈 부분		가로근을 삽입하는 속빈 부분	조적 후 외부에 나타나는 부분	기타의 부분
블록의 종류	단면적 (mm²)	최소 너비 (mm)	최소 직경 (mm)		
두께 150mm 이상의 블록	6,000 이상	70 이상	85 이상	25 이상	20 이상
두께 100mm 이하의 블록	3,000 이상	50 이상	50 이상	20 이상	20 이상

주 : 1) 2개의 블록을 쌓아서 생기는 속빈 부분(줄눈도 포함)에 대해서도 적용한다.
　　 2) 속빈 부분의 모서리에 둥글기가 없는 것으로 보고 계산한다.

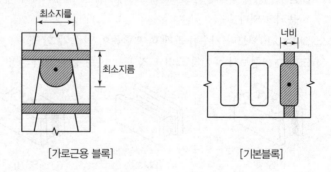

[가로근용 블록]　　　　　　　　　　[기본블록]

3. 제작

1) 골재알의 크기는 셸 두께의 1/3 이하로 한다.

2) 용적 배합비는 시멘트 : 골재＝1 : 7 이내로 한다.

3) 물시멘트비(w/c)는 40% 이하로 한다.

4) 습도 100%의 실내에서 500℃·h, 야적 시 통산 4,000℃·h(상온에서 10일 정도) 이상을 양생한다.

5) 줄눈 모르타르에 사용하는 모래의 표준입도는 최대치수를 2.5mm로 한다.

6) 사춤 모르타르에 쓰이는 모래의 표준입도는 최대치수를 5mm로 한다.

7) 사춤 그라우트의 자갈의 최대치수는 공사시방서에 의한다. 공사시방서에 없는 경우에는 블록 공동부의 최소폭 1/4 이하 또한 20mm 이하로 한다.

4. 등급

$$\text{Block의 압축강도} = \frac{\text{최대하중}}{\text{전단면적(공동부분 포함)}}$$

구분	기건비중	전단면[1]에 대한 압축강도 (N/mm²)	흡수율 (%)	투수성[2] (m/ℓm³-h)
A종 블록	1.7 미만	4.0 이상	–	–
B종 블록	1.9 미만	6.0 이상	–	–
C종 블록	–	8.0 이상	10 이하	10 이하

주 : 1) 전단면적이란 가압면(길이×두께)으로서, 속빈 부분 및 양 끝의 오목하게 들어간 부분의 면적도 포함한다.
2) 투수성은 방수 블록에만 적용한다.

5. 줄눈 모르타르

구분		배합비			
		시멘트	석회	모래	자갈
모르타르	줄눈용	1	1	3	
	사춤용	1	1	3	
	치장용	1	1	1	
그라우트	사춤용	1		2	3

6. 철근 및 기타

블록 보강용 철망은 #8~#10 철선을 가스압접 또는 용접한 것을 사용한다.

▼ 철망의 치수(mm)

구분	210mm 블록	190mm 블록	150mm 블록	100mm 블록	비고
너비(A)	180	160	120	80	
너비(B)	150	150	150	150	

7. 블록의 보관

1) 블록 및 이에 준하는 제품의 저장에 있어서 품질, 형상, 치수 및 사용개소 별로 구분하여 사용상 지장이 없게 저장한다.
2) 블록의 적재 높이는 1.6m를 한계로 하며, 바닥판 위에 임시로 쌓을 때는 1개소에 집중하지 않도록 하고 야적 시의 블록은 흙 등으로 오염되지 않도록 하고, 또한 우수를 흡수하지 않도록 저장한다.
3) 블록 운반 및 취급에 있어서 모서리의 파손, 깨짐 및 긁힘 등이 생기지 않도록 한다.

2 단순조적 블록공사

기 10②④ 12②④ 13④ 14④ 15② 17②
18① 20①④ 21①②
산 10① 14①② 15③ 16① 18① 20③

1. 시공도

1) 설계도서에 기초하여 시공도를 작성한다.
2) 블록과 다른 블록구조, 벽돌구조 또는 콘크리트 구조의 벽, 기둥 및 보 등에 접촉되는 부분의 상세를 나타낸 시공도를 작성하여 담당원의 승인을 받는다.

3) 시공도의 내용

① 블록 나누기, 블록 규격, 방습구 위치, 모르타르 및 그라우트의 충전개소, 철근의 종류와 배근 시 매입철물의 종류 및 매입 위치
② 철근가공 상세, 철근의 이음 및 정착 위치 및 방법, 용접의 경우 그 공법
③ 인방의 배근 및 상세
④ 창문틀 및 출입문틀의 고정과 접합부위 상세
⑤ 상기 이외의 항목으로 담당원이 지시한 것

2. 규준틀

1) 철근콘크리트조의 기둥, 벽 또는 바닥판에 먹줄을 치고 블록 나누기를 할 수 있다.
2) 기둥 및 벽 등이 없는 곳에는 철선을 수직으로 치고 세로 규준틀을 대용할 수 있다.

3. 블록 쌓기 준비

1) 줄기초, 연결보 및 바닥판, 기타 블록을 쌓는 밑바탕은 평평하게 평탄화 후에 정리 및 청소를 하고 물축임을 한다.
2) 줄기초, 연결보 및 바닥판, 기타 블록을 쌓을 뒷면에는 벽중심선 및 블록 표면선을 먹줄치고 블록 나누기를 하여 먹매기고 블록 쌓기에 지장의 유

무를 검사하여 지장이 있는 부분을 보정한다.

3) 블록은 깨끗한 건조상태로 저장되어야 하고, 담당원의 승인 없이는 물축임을 해서는 안 된다.

4) 블록에 붙은 흙, 먼지, 기타 더러운 것은 제거하고 모르타르 접착면은 적당히 물로 축여 모르타르의 경화수가 부족하지 않도록 한다.

5) 모르타르나 그라우트의 비빔시간은 기계믹서를 사용하는 경우 최소 5분 동안 비벼야 하며, 원하는 시공연도가 되도록 한다. 모르타르가 소량일 경우에는 손비빔을 할 수 있다. 모르타르나 그라우트의 비빔은 기계비빔을 원칙으로 한다.

6) 최초 물을 가해 비빈 후 모르타르는 2시간, 그라우트는 1시간을 초과하지 않은 것은 다시 비벼 쓸 수 있다. 그러나 반죽한 것은 될 수 있는 한 빨리 사용하고 물을 부어 반죽한 모르타르가 굳기 시작한 것은 사용하지 않는다. 굳기 시작한 모르타르에 물을 부어 되비빔하는 것은 금한다.

4. 블록 쌓기

1) 단순조적 블록 쌓기의 세로줄눈은 막힌 줄눈으로 한다.

2) 기준틀 또는 블록 나누기의 먹매김에 따라 모서리, 중간요소, 기타 기준이 되는 부분을 먼저 정확하게 쌓은 다음 수평실을 치고 먼저 쌓은 블록을 기준으로 하여 수평실에 맞추어 모서리부에서부터 차례로 쌓아간다.

3) 살두께가 큰 편을 위로 하여 쌓는다.

4) 가로줄눈 모르타르는 블록의 중간살을 제외한 양면살 전체에, 세로줄눈 모르타르는 마구리 접합면에 각각 발라 수평·수직이 되게 쌓는다. 블록은 턱솔이 없게 수평실에 맞추어 줄눈이 똑바르도록 대어 쌓는다.

5) 하루의 쌓기 높이는 1.5m(블록 7켜 정도) 이내를 표준으로 한다.

6) 줄눈 모르타르는 쌓은 후 줄눈 누르기 및 줄눈 파기를 한다.

7) 특별한 지정이 없으면 줄눈은 10mm가 되게 한다. 치장 줄눈을 할 때에는 흙손을 사용하여 줄눈이 완전히 굳기 전에 줄눈 파기를 한다.

5. 모르타르 및 그라우트 사춤

1) 세로줄눈 공동부에 모르타르 또는 그라우트를 충전 시에는 충전 압력으로 미끄러지거나 이동하지 않도록 한다. 모르타르 또는 그라우트의 충전을 가느다란 둥근 막대를 사용하여 곰보나 틈새가 생기지 않도록 밀실하게 다진다.

2) 모서리 및 개구부의 끝에서 거푸집을 사용하여 콘크리트를 부어 넣을 때에는 거푸집을 대기 전에 밑창에 모인 흙, 먼지 및 모르타르 등을 제거하고 청소한다.

3) 모르타르 또는 그라우트를 사춤하는 높이는 3켜 이내로서 담당원의 지시에 따른다. 하루의 작업종료 시의 세로줄눈 공동부에 모르타르 또는 그라우트의 타설높이는 블록의 상단에서 약 50mm 아래에 둔다.

4) 보강근은 모르타르 또는 그라우트 사춤하기 전에 배근해야 하고, 움직이지 않게 고정되어야 한다. 보강철근은 정확한 위치를 유지하도록 하며, 이동 및 변형이 없게 하고 또한 피복두께는 20mm 이상으로 한다.

6. 나무벽돌, 앵커볼트, 연결철물 및 홈걸이 묻기

1) 나무벽돌, 앵커볼트, 연결철물 및 홈걸이, 기타의 묻는 위치는 사춤용 줄눈위치로 한다.

2) 나무벽돌, 앵커볼트, 기타 철물을 묻은 블록의 빈속은 모두 모르타르 또는 그라우트를 채워 넣는다. 이때 그 밑의 빈속을 막고자 할 때에는 철판 뚜껑을 사용하거나 모르타르 밑채우기를 미리 해둔 것을 사용한다.

7. 배관

1) 배관은 배관용 블록을 사용할 때 이외는 원칙적으로 노출배관으로 하고, 부득이 묻을 때에는 블록의 빈속을 통하여 배관하되, 블록의 결손을 최소화한다.

2) 상하수도 및 가스배관은 블록의 빈속에 매입하지 않는다.

3) 노출배관의 지지철물 설치 및 전기배관 등 블록의 빈속을 통하여 배관할 때에는 보강철근의 피복두께에 지장이 없도록 그 빈속의 한편으로 치우쳐 배관하고 배관의 인입부와 인출부의 자리에는 블록이 빈속에 모르타르 또는 그라우트를 채워 넣는다.

4) 블록 벽면에 부득이 줄홈을 파서 배관할 때에는 담당원의 지시에 따라 그 자리는 블록의 빈속까지 모두 모르타르 또는 그라우트를 채운다.

8. 인방블록 쌓기

1) 인방블록은 가설틀을 설치하고, 그 위에 쌓는다. 인방블록면은 수평이 되게 하고, 턱지지 않게 한다.

2) 인방블록은 창문틀의 좌우 옆 턱에 200mm 이상 물리고, 도면 또는 공사시방서에서 정한 바가 없을 때에는 400mm 정도로 한다.

3) 철근 위치 및 형상을 정확히 배근하고 늑근도 지정한 형상, 치수 및 간격으로 확실히 주근을 감아 걸고 결속선으로 결속한다.

4) 그라우트를 부어 넣을 때에는 인방블록의 안면을 적당히 물축이기를 하고 철근의 위치를 정확히 유지하며 그라우트를 빈틈없이 다져 넣는다. 철근의 피복두께는 최소 30mm 이상으로 한다.

5) 가설틀 및 거푸집 등은 인방블록의 그라우트가 충분히 굳은 다음 담당원의 승인을 받아 제거한다.

9. 제자리 부어넣기 철근콘크리트 인방보

1) 인방보의 주근은 문꼴의 양측 벽에 40d 이상 정착시킨다.
2) 좌우 벽체가 속빈 콘크리트 블록일 때는 콘크리트가 그 빈속에 떨어지지 않도록 철판 뚜껑을 사용하거나, 미리 모르타르 채우기를 한 블록을 사용한다.

핵심문제 ●●○

창문 위를 건너질러 상부에서 오는 하중을 좌우벽으로 전달시키기 위하여 설치하는 보는?

① 기초보   ❷ 인방보
③ 토대   ④ 테두리보

10. 기성 콘크리트 인방보

1) 인방보의 구멍 또는 홈을 두어 개구부의 옆벽에 세운 보강철근을 꽂을 수 있게 하고 인방보에 철근을 꽂은 다음 그 부분에 콘크리트 또는 모르타르를 다져 넣는다.
2) 인방보의 양 끝을 벽체의 블록에 200mm 이상 걸치고, 인방보 상부의 벽은 균열이 생기지 않도록 주변의 벽과 강하게 연결되도록 철근이나 블록메시로 보강연결하거나 인방보 좌우단 상향으로 컨트롤 조인트를 둔다.

11. 테두리보

1) 테두리보의 모서리 철근을 서로 직각으로 구부려 겹치거나 밑에 있는 블록의 빈속에 접착시켜 그라우트 사춤을 한다. 또한 테두리보의 안쪽에 있는 철근은 직교하는 테두리보의 바깥쪽까지 연장하여 걸도록 한다.
2) 테두리보의 바로 밑에 있는 블록의 빈속에는 그라우트가 떨어지지 않게 철판 뚜껑 또는 모르타르 채우기를 한 블록을 사용한다.
3) 테두리보로는 가로근을 배치하고 그라우트를 다져 넣을 수 있는 이형블록을 사용하든가 또는 기본블록을 사용하든가 변형시켜 쓸 수 있다.

12. 방수 및 방습처리

1) 블록 벽체가 지반면에 접촉하는 부분에는 수평 방습층을 두고 마루 밑이나 콘크리트 바닥판 밑에 접근되는 가로줄눈의 위치에 두고 액체방수 모르타르를 10mm 두께로 블록 윗면 전체에 바른다.

2) 물빼기 구멍

① 콘크리트의 윗면에 두거나 물끊기 및 방습층 등의 바로 위에 둔다.
② 직경 10mm 이내, 간격 1.2m마다 1개소로 한다.
③ 밑창에 모르타르를 바깥쪽으로 약간 경사지게 펴 깔고 블록을 쌓거나 10mm 정도의 물흘림 홈을 두어 블록의 빈속에 고인 물이 물빼기 구멍

으로 흘러내리게 한다.

3) 물빼기 구멍에는 다른 지시가 없는 한 직경 6mm, 길이 100mm되는 폴리에틸렌 플라스틱 튜브를 만들어 집어넣는다.

③ 보강 블록조

1. 시공도 내용

1) 블록 나누기, 모르타르 및 그라우트의 충전 개소, 철근의 종류와 배근 시 매입물의 종류 및 매입 위치
2) 철근가공 상세, 이음매 및 정착의 위치 및 방법, 용접의 경우 그 공법
3) 블록벽의 단부 및 L형, 역T형 접합부에 대한 거푸집 블록의 조립공법
4) 인방의 배근, 거푸집 조립 및 지보공의 공법
5) 창틀 및 출입문틀의 접합부 상세
6) 블록 장벽을 붙인 건축물의 주요구조와 해당 부분의 연결공법
7) 이상에서 기술한 것 이외의 것은 담당원의 지시에 따른다.

2. 벽 세로근

1) 벽의 세로근은 구부리지 않고 항상 진동 없이 설치
2) 세로근은 밑창 콘크리트 윗면에 철근을 배근하기 위한 먹매김을 하여 기초판 철근 위의 정확한 위치에 고정시켜 배근
3) 세로근은 원칙으로 기초 및 테두리보에서 위층이 테두리보까지 잇지 않고 배근하여 그 정착길이는 철근 직경(d)의 40배 이상, 상단의 테두리보 등에 적정 연결철물로 세로근을 연결
4) 그라우트 및 모르타르의 세로 피복두께는 20mm 이상
5) 테두리보 위에 쌓는 박공벽의 세로근은 테두리보에 40d 이상 정착하고, 세로근 상단부는 180°의 갈구리를 내어 벽 상부의 보강근에 걸치고 결속선으로 결속

3. 벽 가로근

1) 가로근을 블록 조적 중의 소정의 위치에 배근하여 이동하지 않도록 고정
2) 우각부, 역T형 접합부의 가로근은 세로근을 구속하지 않도록 배근하고 세로근과의 교차부를 결속선으로 결속
3) 가로근은 배근 상세도에 따라 가공하되 그 단부는 180°의 갈구리로 구부려 배근한다. 철근의 피복두께는 20mm 이상, 세로근과의 교차부는 모두 결속선으로 결속

4) 모서리에 가로근의 단부는 수평방향으로 구부려서 세로근의 바깥쪽으로 두르고 정착길이는 공사시방서에 정한 바가 없는 한 $40d$ 이상

5) 창 및 출입구 등의 모서리 부분에 가로근의 단부를 수평방향으로 정착할 여유가 없을 때에는 갈구리로 하여 단부 세로근에 걸고 결속선으로 결속

6) 개구부 상하부의 가로근을 양측 벽부에 묻을 때의 정착길이는 $40d$ 이상

7) 가로근은 그와 동등 이상의 유효단면적을 가진 블록보강용 철망으로 대신 사용할 수 있다.

4 거푸집 블록조

형상 및 치수는 도면 또는 시방서에 따르며, 최소 살두께는 25mm 이상

1. 시공도 내용

1) 철근의 종류와 배근 및 매입의 종류와 매입 위치

2) 철근 가공의 상세, 이음매, 정착의 위치와 설치방법 또는 용접의 경우와 방법

3) 블록벽의 단부, L형, 역T형, U형의 접합부, 청소구, 점검구의 형틀 블록 및 슬레이트판의 조립방법

4) 벽보의 배근 및 그 형틀의 조립, 지보공의 공법, 또한 벽보에 형틀 블록을 사용할 때에는 이와 슬래브의 접합방법

5) 블록벽과 철근콘크리트조와 결합하는 경우에 있어서 블록벽과 접합방법 및 철근의 결합방법

2. 벽의 세로근 및 가로근

1) 개구부 주위에 있는 콘크리트의 단면은 90mm × 120mm 이상

2) 벽의 모서리 또는 끝에서는 철근을 수평방향으로 구부려 세로근의 바깥쪽에 두르거나 기둥 대근의 안쪽에 정착

3) 내력벽의 중공부에 배근하는 대근의 직경이 가로근의 직경과 같을 때에는 가로근을 대근으로 대용

3. 쌓기

1) 규준틀에 의하여 모서리 끝 또는 중간 요소에 먼저 규준이 되는 블록을 수직·수평으로 높이와 면을 정확하게 쌓은 다음 수평실을 친다.

2) 블록의 세로 및 가로 접촉면에는 모르타르를 바르고 블록은 줄바르게 쌓는다.

3) 버려지거나 이동 및 변형 등이 생길 우려가 있는 곳은 가는 #20 철선 등으

≫≫ 거푸집 블록

거푸집 블록 구조의 종별	최고 살 두께(mm)	면 압축에 의한 최소압축 강도(kg/cm²)
제1종 거푸집	25	135 이상

로 연결하여 이들의 변형을 방지한다.

4) 콘크리트면에 붙여 댈 때에는 떨어지지 않도록 연결철물을 사용하여 고
정시킨다.

5) 줄눈 모르타르가 경화되기 전에 흙손으로 줄눈 누르기를 하고 필요할 때
에는 줄눈 파기를 한다.

6) 치장 줄눈을 할 때에는 줄눈흙손으로 빈틈이 생기지 않도록 눌러 바르고
줄눈은 블록면에 밀착되게 바르고 마무리한다.

4. 모르타르 및 그라우트 사춤

1) 모르타르 및 그라우트를 부어 넣기에 앞서 거푸집 내부 또는 거푸집 블록
의 속빈 부분을 청소하고, 적당히 물축이기를 한다.

2) 그라우트를 부어 넣을 때에는 철근의 피복두께를 정확히 유지한다.

3) 벽체 그라우트의 1회 부어넣기 높이는 그 속빈 부분이 90mm × 120mm 정
도일 때 600mm 이내로 하고, 90mm × 450mm 이상일 때에는 가로철근의
위치 이하마다로 한다.

5 용어

1. 대린벽

1) 서로 직각으로 교차하는 내력벽

2) 10m 이하

2. 부축벽

1) 부축벽의 길이는 총 높이의 1/3

2) 단층에서 1m 이상, 2층의 밑에서 2m 이상

3) 평면상에서 전후, 좌우 대칭

3. 벽량(cm/m²)

1) 단위면적(m^2)에 대한 면적 내에 있는 내력벽의 길이

2) 보통 15cm/m²

3) 내력벽으로 둘러싸인 바닥면적 80m² 이하

1 ALC 재료

기 16② 19④ 20① 산 19②

1. 정의

강철제 탱크 속에 석회질 또는 규산질 원료와 발포제를 넣고 고온·고압하에서 15~16시간 양생하여 만든 다공질의 경량기포 콘크리트를 총칭하여 ALC라 한다.

2. 종류

1) ALC Panel
2) ALC Block

3. 특징

1) 경량성 : 기건비중이 콘크리트의 1/4 정도
2) 단열성 : 열전도율이 콘크리트의 1/10 정도
3) 불연성, 내화성이 뛰어나다.
4) 흡음성이 뛰어나다.(흡음률이 10~20% 정도)
5) 건조 수축이 적고, 균열발생이 적다.
6) 흡수율이 높아 동해에 대한 방수·방습처리가 필요하다.

핵심문제 ●○○

경량기포 콘크리트(ALC)에 관한 설명으로 옳지 않은 것은?
① 기건 비중은 보통 콘크리트의 약 1/4 정도로서 경량이다.
② 열전도율은 보통 콘크리트의 약 1/10 정도로서 단열성이 우수하다.
❸ 유기질 소재를 주원료로 사용하여 내화 성능이 매우 낮다.
④ 흡음성과 차음성이 우수하다.

---

2 시공

1. 경량기포 콘크리트 블록의 품질기준

구분	절건밀도(g/cm³)	압축강도(N/mm²)
0.5품	0.45 이상 0.55 이하	3 이상
0.6품	0.55 이상 0.65 이하	5 이상
0.7품	0.65 이상 0.75 이하	7 이상

2. 모르타르 및 충전재

1) 고름 모르타르

블록의 첫 단 작업 시 수평을 맞추기 위해 사용되는 모르타르

2) 미장 모르타르

도장마감용 및 표면경도의 강화를 위하여 사용되는 모르타르

3) 보수 모르타르

블록의 파손 부위 보수용으로 사용되는 모르타르

4) 충전 모르타르

블록조적조의 보강용 홈에 충전을 목적으로 사용되는 모르타르

5) 충전재

블록과 블록, 블록 및 패널과 타 부재와의 틈새에 충전용으로 사용되는 재료

3. 접합철물

블록과 블록의 교차 부위, 모서리 부위, 블록과 문틀, 창호틀 접합 부위에 설치하는 벤트 플레이트, 시어 플레이트, 트위스트바

4. 모르타르

1) ALC 블록 전용 모르타르

항목	품질 기준
압축강도(28일)	$\geq 10 N/mm^2$
전단강도(28일)	$\geq 0.5 N/mm^2$
가사시간	≥ 4시간
보정시간	≥ 7분

2) 충전 모르타르

① 시멘트는 한국산업표준의 보통 또는 조강시멘트를 사용한다.
② 모래는 유해량의 먼지, 흙, 유기불순물 및 염화물을 함유하지 않은 것으로 최대입경은 5mm 미만의 입도 분포의 것을 사용한다.
③ 물은 철근 및 모르타르에 나쁜 영향을 미치는 유해한 불순물이 함유되지 않은 것을 사용한다.

3) 미장 모르타르

블록면의 내·외부 마감이나 표면경도의 강화를 위해 사용하는 모르타르

4) 고름 모르타르

블록 첫 단 조정 시 수평을 잡기 위해 사용하는 것으로서 품질은 충전 모르타르와 동일한 것

5. 지표면 시공

지표면 이하에는 블록을 사용하지 않는 것을 원칙으로 하며, 부득이하게 흙에 접하거나 부분적으로 지표면 이하로 매설될 경우에는 반드시 표면처리제 등으로 방수마감하거나 방수기능이 있는 ALC 블록을 사용한다.

6. 비내력벽 쌓기

1) 일반사항

① 슬래브는 시멘트 모르타르로 수평을 맞춘다.

② 블록벽체의 개구부와 개구부 사이는 60mm 이상으로 한다.

③ 모든 창호에 인방보를 설치하는 것이 좋지만 개구부의 폭이 0.9m 미만인 경우에는 인방보를 설치하지 않아도 무방하다.

④ 슬래브나 방습턱 위에 고름 모르타르를 10~20mm 두께로 깐 후 첫 단 블록을 올려놓고 고무망치 등을 이용하여 수평을 잡는다.

⑤ 블록의 제작치수 중 높이에 대한 편차가 규정한 높이에 대한 허용차 범위 +1mm, -3mm를 초과하는 경우 인접블록과 높이 편차를 맞춘 후 쌓기 모르타르를 사용하여 조적한다.

⑥ 쌓기 모르타르는 교반기를 사용하여 배합하며, 1시간 이내에 사용한다.

⑦ 쌓기 모르타르는 블록의 두께와 동일한 폭을 갖는 전용 흙손을 사용하여 바른다. 또한, 시공 시 흘러나온 모르타르는 경화되기 전에 빨리 긁어낸다.

⑧ 줄눈의 두께는 1~3mm 정도로 한다.

⑨ 블록 상·하단의 겹침 길이는 블록길이의 1/3~1/2을 원칙으로 하고 100mm 이상으로 한다.

⑩ 하루 쌓기 높이는 1.8m를 표준으로 하고, 최대 2.4m 이내로 한다.

⑪ 연속되는 벽면의 일부를 트이게 하여 나중 쌓기로 할 때에는 그 부분을 층단 떼어 쌓기로 한다.

⑫ 모서리 및 교차부 쌓기는 끼어쌓기를 원칙으로 하여 통줄눈이 생기지 않도록 하고 직각으로 만나는 벽체의 한편을 나중 쌓을 때는 층단 쌓기로 한다.

⑬ 콘크리트 구조체와 블록벽이 만나는 부분 및 블록벽이 상호 만나는 부분에 대해서는 접합철물을 사용하여 보강하는 것을 원칙으로 한다.

⑭ 공간쌓기의 경우 바깥쪽을 주벽체로 하고, 내부공간은 50~90mm 정도로 하고, 수평거리 900mm, 수직거리 600mm마다 철물연결재로 긴결한다.

2) 보강작업

① 모서리 : 통행이 빈번한 벽체의 모서리 부위는 면접기 또는 별도의 보강재로 보강한다.

② 인방보의 최소 걸침길이

인방보 길이(mm)	2,000 이하	2,000~3,000	3,000 이상
최소 걸침길이(mm)	200	300	400

③ ALC 인방보의 보강철근은 방청처리 된 호칭지름 5mm 이상의 철근을 사용한다.

④ 문틀 세우기는 먼저 세우기를 원칙으로 하며, 문틀의 상·하단 및 중간에 600mm 이내마다 보강철물을 설치한다.

⑤ 문틀 세우기를 나중 세우기로 할 때는 블록벽을 먼저 쌓고 문틀을 설치한 후 앵커로 고정한다.

3) 방수 및 방습

① 최하층 바닥 위에 첫 단 블록을 쌓을 때는 바닥에 아스팔트 펠트 등과 같이 방수성능이 우수하고 모르타르와 접착력이 좋은 재료를 사용하여 벽두께와 같은 폭으로 방습층을 설치한다.

② 상시 물과 접하는 부분에는 방수턱을 설치한다. 방수턱은 방수전용 ALC 블록으로 시공하고 코너 부위에는 별도의 도막 방수를 실시한다.

③ 시멘트 액체방수를 사용할 경우, 취약 부위 또는 균열 발생의 우려가 있는 부위에는 부분적으로 도막방수를 추가·시공한다.

④ 창문틀은 외부 벽면과 동일 선상 또는 외부로 돌출되게 시공하고, 접합부는 실란트로 마무리한다.

⑤ 창문틀을 외부 벽면에서 들여 설치할 경우에는 창대석 또는 프레싱을 설치하고, 접합부는 실란트로 마무리한다.

4) 구멍 뚫기, 홈파기 및 메우기

① 구멍 뚫기, 홈파기 및 메우기 작업은 벽체가 충분히 양생된 후 시행한다.

② 블록을 절단할 때는 전용 공구를 사용하여 정확하게 절단하고, 접착면이나 노출면을 평활하게 한다.

③ 구멍은 목재용 오거 비트(Auger Bit) 등을 이용하여 정확하게 뚫는다.

④ 전기 및 설비용 배관에 필요한 홈파기는 블록 쌓기가 완료된 후에 전용공구를 이용하여 시공한다.

⑤ 홈파기 깊이는 파이프 매설 후 사춤 두께(충전 모르타르의 두께)가 최소 10mm 이상 확보되도록 한다.

⑥ 배관이 완료된 부위는 충전용 모르타르를 바른 후 흙손으로 면처리하여 마감한다.

⑦ 메워진 부위는 유리 섬유보강망(Glass Fiber Mesh)으로 보강하는 것을 원칙으로 한다.

5) 마감

① 도배공사는 미장 모르타르로 마감한 후 도배하는 것을 원칙으로 한다.

② 미장이 없는 벽체의 경우에는 롤러 및 스프레이 장비를 이용하여 프라이머를 도포한 후 도배마감을 조속히 실시한다.

③ 미장 모르타르는 바름두께 1~3mm를 표준으로 평활하게 바르며, 배합된 모르타르는 1시간 이내에 사용하는 것을 원칙으로 한다.

④ 문틀 주변의 미장은 문틀 안쪽으로 마감한다.

7. 내력벽 쌓기

1) 하단부 쌓기

① 쌓기 전 하단면을 청소한다.

② 바닥면 및 방수벽에 요철이 있을 때는 고름 모르타르로 평활하게 수평을 잡고 모르타르가 굳은 후 쌓기작업을 한다.

③ 지표면의 습기가 블록벽체에 영향을 줄 수 있는 최하단부에는 방수 전용 ALC 블록을 사용한다.

2) 상단부 쌓기

① 상부 구조체와 접하는 부위는 틈이 없도록 하며, 미세한 틈새는 충전재로 충전한다.

② 캔틸레버보 주위에도 충전재로 충전한 후 코킹처리하여 추후 처짐으로 인한 균열을 방지한다.

3) 모서리 연결부 쌓기

① 콘크리트벽과 블록벽이 만나는 부위는 연결철물로 보강한다.

② 블록이 서로 맞닿는 부분은 엇갈려쌓기를 원칙으로 하지만 불가피한 경우에는 ALC용 보강철물로 블록 2단마다 고정한다.

4) 블록의 제작치수 중 높이에 대한 편차가 규정한 높이에 대한 편차범위 +1mm, −3mm를 초과하는 경우 인접블록과 높이 편차를 맞춘 후 쌓기 모르타르를 사용하여 조적한다.

5) 쌓기 모르타르는 교반기를 사용하여 배합하며, 1시간 이내에 사용한다.

6) 쌓기 모르타르는 블록의 두께와 동일한 폭을 갖는 전용 흙손을 사용하여 바르고 시공 시 흘러나온 모르타르는 경화되기 전에 빨리 긁어낸다.

7) 가로 및 세로줄눈의 두께는 1~3mm 정도로 한다.

8) 블록 상하단의 겹침길이는 블록길이의 1/3~1/2을 원칙으로 하고, 최소 100mm 이상으로 한다.

9) 블록은 각 부분을 균등한 높이로 쌓아가며, 하루 쌓기 높이는 1.8m를 표준으로 하고 최대 2.4m 이내로 한다.

10) 연속되는 벽면의 일부를 나중쌓기로 할 때에는 그 부분을 층단 떼어쌓기로 한다.

11) 모서리 및 교차부 쌓기는 끼어쌓기를 원칙으로 하여 통줄눈이 생기지 않도록 한다. 직각으로 오는 벽체의 한 면을 나중쌓을 때는 층단쌓기로 하며, 부득이한 경우 담당원의 승인을 얻어 층단으로 켜거름 들여쌓기하거나 이음보강철물을 사용한다.

12) 콘크리트 구조체와 블록벽이 만나는 부분 및 블록벽이 상호 만나는 부분에 대해서는 접합철물을 사용하여 보강한다.

13) 공간쌓기의 경우 공사시방서 또는 도면에서 규정한 사항이 없으면 바깥쪽을 주 벽체로 한다. 내부공간은 50~90mm 정도로 하고, 수평거리 900mm, 수직거리 60mm마다 연결재를 사용하여 긴결한다.

14) 개구부

① 개구부 상부에 설치되는 인방보의 단부는 응력상 안전하도록 지지구조체에 묻혀야 한다.

② ALC 인방보의 보강철근은 방청처리된 호칭지름 5mm 이상의 철근을 사용한다.

15) 마무리작업

① 블록의 보수작업은 설치 후 1일 이상 경과 후 시행한다.

② 파손된 표면은 거친 솔로 문지르고 불순물 등을 제거한 후 물을 축인다.

③ 보수 모르타르는 필요한 양만큼 배합해서 사용한다.

④ 보수 부위에는 파손 부위보다 조금 많은 양의 보수 모르타르를 바른 후 흙손으로 마무리한다.

⑤ 보수 부위가 깊은 곳은 블록 전용 못을 박아 보강한 후에 충전용 모르타르를 충전하여 보수한다.

⑥ 쌓기 후 최종마감이 완료되면 벽면 두께를 조정할 수 없으므로 평활한 면이 되도록 시공면의 수직·수평을 철저히 맞춘다.

⑦ 블록과 상부 슬래브가 맞닿는 곳은 충전재로 밀실하게 시공한다.

⑧ 외부마감은 벽체의 보수를 완료한 후에 블록면의 돌출 부위를 면갈이 대패, 고무망치 등을 사용하여 평평하게 하고, 먼지나 오물 등을 깨끗이 제거한다.

8. ALC 패널 설치공법

1) 수직철근 공법   2) 슬라이드 공법
3) 볼트 조임 공법   4) 커버 플레이트 공법

핵심문제 ●○○

ALC 공사의 내력벽 및 비내력벽 시공에 대한 설명 중 옳지 않은 것은?
❶ 공간쌓기는 안쪽 벽을 주 벽체로 한다.
② 블록 보수작업은 설치 후 1일 이상이 경과하면 시행한다.
③ 외벽, 지붕, 바닥에 사용하는 패널의 현장절단은 하지 않는다.
④ 외벽 패널은 물에 접하는 부분은 원칙적으로 사용을 금한다.

핵심문제 ●○○

ALC 패널의 설치공법이 아닌 것은?
① 수직철근 공법
② 슬라이드 공법
③ 커버 플레이트 공법
❹ 피치 공법

1. 개요

1) 석질에 따른 분류

① 화성암 : 화강암, 안산암, 석영, 조면암

② 수성암 : 점판암, 사암, 응회암, 석회암

③ 변성암 : 화성암계 – 사문석, 반석 / 수성암계 – 대리석

2) 석재 특성

① 불연성이고 압축강도가 크다.

② 내구성, 내수성, 내화학성이 크다.

③ 외관이 장중하고 갈면 광택이 난다.

④ 인장강도는 압축강도의 1/10~1/40 정도 장대재를 얻기 어려워 인장재로 부적당하다.

⑤ 비중이 크고 가공성이 좋지 않다.

⑥ 열에 의한 균열이 생긴다.

3) 시장품으로써의 분류

① 잡석·둥근돌(호박돌)

부정형한 20cm 정도의 막생긴 돌 또는 개울가의 둥그스름한 돌로써 기초 잡석다짐 바닥 콘크리트 지정 등에 쓰인다.

② 간사·견치돌

• 간사 : 한 면이 약 20~30cm 정도의 네모진 막생긴 돌로 돌쌓기에 쓰인다.

• 견치돌 : 채석장에서 네모뿔형으로 만들어 흙막이·방축 등의 석축에 쓰인다.

③ 장대석 : 단면 30~60cm, 각 길이 50~150cm 정도의 구조용 석재이다.

④ 판돌·구들장

• 판돌 : 두께 15~20cm, 너비 30~60cm, 길이 60~90cm 정도의 돌로 바닥깔기 또는 붙임돌로 쓰인다.

• 구들장 : 두께 6cm 내외, 크기 40×60cm 정도의 얇은 돌로 구들 놓는 데 쓰인다.

기 10①④ 11④ 13②④ 16②④ 19④
21②
산 10② 12② 13③

핵심문제 ●○○

건축 석재 중 석영, 장석 및 운모로 이루어졌으며 통상적으로 강도가 크고, 내구성이 커서, 내·외부 벽체, 기둥 등에 다양하게 사용되는 석재는?

❶ 화강암　　② 석회암
③ 대리석　　④ 점판암

핵심문제 ●○○

석재의 특성에 대한 설명으로 옳지 않은 것은?

① 비중이 크고 가공성이 좋지 않은 편이다.

❷ 석재는 인장 및 전단강도가 크므로 큰 인장력을 받는 장소에 사용한다.

③ 장대재(長大材)를 얻기 어려우므로 가구재(架構材)로는 적당하지 않다.

④ 내수성·내구성·내화학성이 풍부하다.

핵심문제 ●○○

석재에 관한 설명으로 옳지 않은 것은?

① 심성암에 속한 암석은 대부분 입상의 결정 광물로 되어 있어 압축강도가 크고 무겁다.

② 화산암의 조암광물은 결정질이 작고 비결정질이어서 경석과 같이 공극이 많고 물에 뜨는 것도 있다.

❸ 안산암은 강도가 약하고 내화적이지 않으나, 색조가 균일하며 가공도 용이하다.

④ 수성암은 화성암의 풍화물, 유기물, 기타 광물질이 땅속에 퇴적되어 지열과 지압을 받아서 응고된 것이다.

핵심문제 ●○○

석재의 일반적 성질에 관한 설명으로 옳지 않은 것은?

① 석재의 비중은 조암광물의 성질·비율·공극의 정도 등에 따라 달라진다.
② 석재의 강도에서 인장강도는 압축강도에 비해 매우 작다.
③ 석재의 공극률이 클수록 흡수율이 크고 동결융해 저항성은 떨어진다.
❹ 석재의 강도는 조성결정형이 클수록 크다.

4) 석재의 물리적 성질

종류	압축강도(MPa)	비중	흡수율(%)
화강암	172	2.65	0.3
대리석	150	2.72	0.14
안산암	115	2.54	2.5
사문암	97	2.83	0.3
사암	45	2.02	13
응회암	18	1.45	19

5) 석재의 압축강도

① 단위용적 중량이 클수록 크다.
② 공극률이 작을수록 또는 구성입자가 작을수록 크다.
③ 결정도와 그 결합상태가 좋을수록 크다.
④ 함수율이 높을수록 강도가 저하된다.

6) 석재 사용상 주의사항

① 산출량을 조사하여 공급에 차질이 없도록 한다.
② 취급상 1m³ 이하로 가공한다(사용 최대 치수를 정한다).
③ 예각을 피한다(가공상).
④ 내화 구조물은 강도보다 내화성에 주의(비내화적 구조)한다.
⑤ 높은 곳, 특히 돌출부에서의 석재 사용은 가급적 피한다.
⑥ 구조체 사용 석재의 품질은 압축강도 5MPa 이상, 흡수율 30% 이하로 한다.

7) 석재의 마무리

▼ 수·가공 마무리 종류 및 가공 공정

혹두기	정다듬	도드락다듬	잔다듬	물갈기
큰혹 작은혹	거친정 중간정 고운정	거친다듬 중간다듬 고운다듬	거친다듬 중간다듬 고운다듬	거친갈기 물갈기 본갈기 정갈기

① 혹두기 : 쇠메로 원석의 두드러진 부분을 쳐서 큰 요철이 없게 다듬는 것
② 정다듬 : 정으로 쪼아 다듬어 평평하게 다듬는 것
③ 도드락 다듬 : 도드락 망치로 정다듬한 면을 더욱 세밀히 평탄하게 다듬는 것
④ 잔다듬 : 날망치로 정다듬면이나 도드락 다듬면 위를 일정방향의 평행선으로 평탄하게 마무리하는 것

핵심문제 ●●○

석재를 인력에 의해 가공할 때 돌의 표면을 망치(쇠메)로 대강 다듬는 것을 무엇이라 하는가?

❶ 혹두기 ② 정다듬
③ 도드락 다듬 ④ 날망치 다듬

⑤ 물갈기 : 손 또는 기계에 의하여 물갈기를 하는데, 금강사, 숫돌, 산화
주석 등을 이용한다.
⑥ 물갈기 후 광내기 하는 것을 정갈기라 한다.

▼ 기계 가공

정다듬	도드락다듬	잔다듬
면 고르기 1회	거친다듬 중간다듬 고운다듬	1회

핵심문제 ●●○

석재의 표면 마무리의 갈기 및 광내기
에 사용하는 재료가 아닌 것은?
① 금강사　　　❷ 황산
③ 숫돌　　　　④ 산화주석

8) 석재의 표면 마무리(특수공법)

① 분사법 : 고압공기의 압력으로 모래를 분사시켜 석재면을 가공하는
방법
② 버너마감 : 버너 등의 불꽃으로 석재면을 달군 후 찬물에 급랭시켜 석
재 표면의 박리층이 형성되어 떨어진 후 거친면으로 가공하는 방법
③ 착색마감 : 석재의 흡수성을 이용하여 염료, 색소 안료 등으로 석재의
내부를 착색시키는 방법

2. 돌쌓기

1) 돌쌓기 종류

① 거친돌 막쌓기 : 막 생긴 거친돌을 맞댐면을 다듬지 않고, 그대로 또는
거친 다듬 정도로 하여 쌓는다.
② 다듬돌 쌓기 : 돌의 모서리나 맞댐면을 일정한 모양으로 다듬어 줄눈
을 바르게 쌓는 방법이다. 가장 튼튼하고 외관이 좋다.
③ 허튼층 쌓기 : 줄눈이 규칙적으로 되지 않은 것으로 막쌓기라고도 한다.
④ 바른층 쌓기 : 돌 한켜 한켜가 수평직선으로 되게 쌓는 것이다. 층지어
쌓기는 허튼층 쌓기로 하되, 3켜 정도마다 수평줄눈을 일직선으로 통
하게 한 것이다.

[마름모 쌓기]　[거친돌 막쌓기]　[다듬돌 완자쌓기]　[거친돌 층지어쌓기]　[막힌 줄눈쌓기]

[엇드쌓기]　[거친돌 바른층쌓기]　[거친돌 완자쌓기]　[다듬돌 쌓기]　[통줄눈쌓기]

2) 돌쌓기

① 바탕면은 청소한 후 마주치는 면은 물축이기, 규준틀에 따라 수평실을 치고 모서리 구석 등의 기준이 되는 위치에서부터 먹줄에 맞춰 정확히 설치한다.

② 하단의 석재를 쌓을 시 먹매김에 맞추어, 소정의 연결철물로 고정하고, 석재 밑에 나무쐐기 등의 굄을 가설한 후 전면에 모르타르를 깔아 설치하되, 수평·수직을 유지하면서 일매지게 설치한다.

③ 인접 석재와 경사, 고저가 없이 턱이 지지 않도록 하며 줄눈이 일매지고 줄 바르게 설치한다.

④ 나무쐐기는 모르타르가 굳은 다음 반드시 빼내고 그 자리는 모르타르로 메운다.

⑤ 밑켜의 촉구멍에 모르타르를 충전하고, 위켜의 밑면 촉구멍에 모르타르를 채워 설치한 핀을 밑켜의 촉구멍에 끼우면서 위켜를 설치한다. 위켜를 설치하면서 밑켜의 석재에 충격을 주지 않도록 한다.

⑥ 모르타르를 넣을 때에는 마주치는 면은 물축이기를 하고 줄눈에 색깔이 물들 우려가 없는 깨끗한 헝겊 등을 끼워대고 모르타르를 매 켜마다 빈틈이 없게 채워 넣는다.

⑦ 철물은 모르타르로 완전히 덮이도록 하고, 피복두께는 20mm 이상으로 한다.

⑧ 1일의 쌓기 높이는 1m 이내를 표준으로 하고, 밑켜의 줄눈 모르타르 양생 후에 위켜를 쌓는다.

⑨ 연질석재 쌓기에서는 마주치는 면은 물축이기에 주의하여 석재에 흡수되어 모르타르 양생에 지장이 없도록 한다.

⑩ 아치·처마돌림띠 등의 시공 시에는 돌출 부위 또는 취약 부위를 튼튼한 지지틀로 받치고 연결철물, 볼트 등을 충분히 사용하여 견고하게 설치한다.

⑪ 설치가 끝난 후 모르타르가 충분히 양생하기 전에 줄눈에 끼운 헝겊 등을 제거한다.

⑫ 쌓기 도중에 오염된 개소는 즉시 청소하여 변색을 방지한다.

⑬ 1일 쌓기 완료 후, 누출된 모르타르를 제거한다.

3) 돌의 접합

첫켜가 설치되고 사춤 모르타르가 경화되면 은정, 꺾쇠, 촉 등의 철물을 연결 고정한다.

4) 줄눈 및 모르타르

① 모르타르 배합(용적비) 및 줄눈 너비

자재 용도	시멘트	모래	줄눈 너비
통돌	1	3	실내, 외벽, 벽·바닥 3~10mm
바닥 모르타르용	1	3	실내, 외부, 바닥 벽 3~6mm
사춤 모르타르용	1	3	가공석의 경우 실내외 3~10mm
치장 모르타르용	1	0.5	거친 석재일 경우 3~25mm
붙임용 페이스트	1	0	

② 치장 줄눈 : 돌쌓기가 완료된 후 줄눈 나누기를 하고 어느 정도 굳은 다음 1~1.5cm 정도의 깊이로 줄눈 파기하여 만든다.

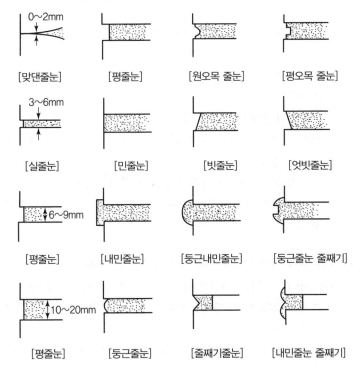

[맞댄줄눈]　[평줄눈]　[원오목 줄눈]　[평오목 줄눈]

[실줄눈]　[민줄눈]　[빗줄눈]　[엇빗줄눈]

[평줄눈]　[내민줄눈]　[둥근내민줄눈]　[둥근줄눈 줄째기]

[평줄눈]　[둥근줄눈]　[줄째기줄눈]　[내민줄눈 줄째기]

5) 보양 및 청소

① 물 씻기를 원칙적으로 하되, 부득이한 경우 묽은 염산을 쓰고 즉시 물 씻기를 한다.

② 돌 면은 호분, 백지 등을 발라 보양하고, 모서리나 돌출부는 널판을 댄다.

3. 습식 공법 : 화강석, 대리석

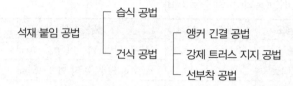

구조체와 석재 사이를 연결 철물과 모르타르 채움에 의해 붙이는 공법

1) 사전 확인사항

① 연결철물로 강연선을 사용하지 않는다.

② 콘크리트 이어치기 부분, 익스팬션 조인트, 균열, 콜드 조인트, 허니콤 등이 있을 때에는 보수 후 설치한다.

③ 철근조각, 나무조각, 담배꽁초, 톱밥 등을 제거 및 청소한다.

④ 철근 및 철물은 방청처리한다.

⑤ 모르타르 자재 중 모래는 양질의 강모래를 사용하며, 해사 사용을 금지한다.

⑥ 지지틀의 상태 및 강도를 확인한다.

⑦ 벽돌 및 블록 부분에 석재를 설치 시 미장 초벌을 바르고 양생된 후 석재를 설치한다.

⑧ 골조 및 조적, 블록 등에 물을 뿌린 후 석재를 설치한다.

⑨ 석재 설치 시 결착선 고정용 나무, 쐐기, 석재받침목 등은 나왕을 사용하지 않는다.

2) 구소체와 석재와의 뒤채움 간격(40mm를 표준)

① 맨 하부의 석재는 마감 먹에 맞추어 수평과 수직이 되게 한다.

② 쐐기를 석재의 밑면과 구조체와의 사이에 끼우고 밑면에 된비빔 모르타르로 사춤한다.

③ 석재 상부에 연결철물이나 꺾쇠를 걸어 구체와 연결한다.

3) 상부의 석재 설치는 하부 석재에 충격을 주지 않도록 하고, 하부의 석재와의 사이에 쐐기를 끼우고 연결철물, 촉, 꺾쇠를 사용하여 인접 석재와 턱이 지지 않게 고정시켜 모르타르를 채운다.

4) 마주치는 면은 핀, 연결철물 및 꺾쇠를 사용한다.

5) 모르타르를 채우기 전에 모르타르가 흘러나오지 않도록 줄눈에 발포 플라스틱재 등으로 막는다.

6) 모르타르를 채울 때에는 여러 번에 나누어 채운다.

7) 모르타르 양생 정도를 보아 차례로 줄눈에 발포 플라스틱재 등을 제거하고, 줄눈 파기를 한 후 석재 마감면의 오염된 개소를 즉시 청소한다.

8) 신축줄눈의 위치에는 발포 플라스틱재 등을 미리 끼워둔다.

9) 줄눈 모르타르를 사용할 때에는 속빔이 없도록 충분히 눌러 채우고 소정의 형상으로 일매지고 줄바르게 바른다.

10) 줄눈은 석재면을 물씻기 및 깨끗한 물걸레로 닦은 후에 하고, 줄눈용 모르타르로 평활하게 마무리한다.

11) 습식 공법 설치 시는 줄눈에 실링재를 사용하지 않으며, 줄눈용 모르타르를 사용한다.

4. 건식 공법

1) 건식 석재공사

① 석재의 하부는 지지용으로, 석재의 상부는 고정용으로 설치한다.

② 상부 석재의 고정용 조정판에서 하부 석재와의 간격을 1mm로 유지한다.

③ 촉구멍 깊이는 기준보다 3mm 이상 더 깊이 천공하여 상부 석재의 중량이 하부 석재로 전달되지 않도록 한다.

2) 건식 석재 붙임공사에는 석재 두께 30mm 이상을 사용하며, 구조체에 고정하는 앵글은 석재의 중량에 의하여 하부로 밀려나지 않도록 심패드를 구조체와 앵글 사이에 끼우고 단단히 너트를 조인다.

3) 모든 구조재 또는 트러스 철물은 반드시 녹막이 처리한다.

4) 앵커(앵글, 조정판), 근각볼트, 너트, 와셔, 핀, 데파볼트, 캡(슬리브)

5) 석재를 오염시키지 않는 부정형 1성분형 변성 실리콘을 사용한다.

6) 고정하중·풍하중·지진하중·운반 설비 및 부속장치하중

7) 석재 내부의 마감면에서 결로가 생기는 경우가 많으므로 습기가 응집될 우려가 있는 부위의 줄눈에는 눈물구멍 또는 환기구를 설치한다.

8) 발포성 단열재 설치 구조체에 석재를 설치 시 단열재 시공용 앵커를 사용한다.

5. 앵커 긴결 공법

1) 세트 앵커용 구멍을 45mm 정도 천공하여 캡이 구조체보다 5mm 정도 깊게 삽입하여 외부의 충격에 대처한다.

2) 석재의 상하 및 양단에 설치하여 하부의 것은 지지용으로, 상부의 것은 고정용으로 사용하며, 연결철물용 앵커와 석재는 핀으로 고정시키며 접착용 에폭시는 사용하지 않는다.

3) 설치 시의 조정과 충간 변위를 고려하여 핀 앵커로 1차 연결철물(앵글)과 2차 연결철물(조정판)을 연결하는 구멍 치수를 변위 발생 방향으로 길게 천공된 것으로 간격을 조정한다.

4) 판석재와 철재가 직접 접촉하는 부분에는 적절한 완충재(Kerf Sealant, Setting Tape 등)를 사용한다.

핵심문제

석공사의 건식 공법에 대한 설명으로 옳지 않은 것은?

① 고층건물에 유리하다.
❷ 얇은 부재의 시공이 용이하다.
③ 시공속도가 빠르고 노동비가 절감된다.
④ 동결, 백화 및 결로현상이 없다.

5) 시공도에 따라 설치 방향대로 한 장씩 설치한 후 다음 항목에 대하여 확인한다.

    ① 상세 시공도면과 실제 설치된 규격

    ② 줄눈의 각도, 수평상태

    ③ 하부 석재와 상부 석재의 공간 유지 확보 유무

    ④ 석재의 형상·모서리 상태·연결철물 주위의 상태 등

    ⑤ 설치 후 판재가 완전히 고정되었는지 여부

    ⑥ 이미 설치된 하부 석재가 상부를 시공함으로써 변형되었는지 여부 등

6. 강제 트러스 지지공법

1) 구조체에 강제 트러스를 설치한 후 석재를 강재 트러스에 설치하는 공법

2) 실물 모형시험 등을 통하여 풍하중 등에 대한 안정성, 수밀성, 기밀성 등을 확인한다.

3) 타워크레인에 의한 양중은 스프레더 빔, 와이어 등을 이용하여 트러스 부재가 기울어지거나 과도한 응력이 걸리지 않도록 한다.

4) 강제 트러스 용접부위 표면은 수분, 먼지, 녹슬음, 기름 등 불순물을 제거 후 바탕처리를 하고 광명단 조합페인트로 녹막이 칠을 한다.

7. 석축 쌓기

1) 석축 쌓기 방식

    ① 메쌓기 : 돌 뒤에 뒤고임돌만 다져 놓는 것

    ② 사춤 쌓기 : 표면에 모르타르 줄눈 치장하고 뒤에는 잠서 다진한 것

    ③ 찰쌓기 : 돌과 돌 사이에 모르타르를 다져 놓고, 뒷고임에 콘크리트 채움을 한 것

2) 석축 기초의 깊이는 시공지역의 동결심도(동결선)에서 최소 700mm 이상으로 한다.

3) 작업개시 전에 될 수 있는 한 많은 석재를 현장에 준비하여 마음대로 골라 쓸 수 있게 한다.

4) 옹벽용 석축의 규준틀은 석축 앞면과 뒤채움의 후면에 설치한다.

5) 재활용 석재는 완전히 청소한 후 사용한다.

6) 메쌓기의 경우에는 쌓는 석재의 접촉면의 마찰을 크게 하여 외력에 충분히 견디도록 앞면 접촉부·뒷고임돌 등을 잘 쌓고 앞면 줄눈이 어긋나게 쌓는다.

7) 찰쌓기는 모든 석재와 콘크리트가 잘 부착되도록 쌓고 또 콘크리트가 앞면 접촉부까지 채워지도록 다진다.

8) 찰쌓기의 신축이음·물구멍(일반적으로 3m²마다 1개씩)을 만든다.

9) 앞면 줄눈 모르타르는 석재쌓기 작업이 끝난 후 사용한다.

10) 수중에서 석재쌓기 작업을 해서는 안 된다.

11) 석축공사의 전면 기울기는 메쌓기에서는 1 : 0.3, 찰쌓기에서는 1 : 0.2 이
상을 표준으로 한다.

12) 되메우기 흙으로 유기질토, 나무조각, 콘크리트 덩어리, 벽돌 부스러기,
동결된 토사 등의 사용을 금지한다.

SECTION 05 타일공사

1 종류

기 14② 20③ 산 13① 16③ 18① 19①

1. 성분에 따른 종류

종류		제품	소성온도	
소지	흡수성		1회	2회
토기	20~30%	붉은벽돌, 토관, 기와	500~800℃	600~800℃
도기	15~20%	내장타일	1,000~1,100℃	1,200~1,300℃
석기	8% 이하	클링거 타일	900~1,000℃	1,300~1,400℃
자기	1% 이하	외장타일, 바닥타일, 모자이크 타일	900~1,000℃	1,300~1,400℃

2. 타일 품질

1) 타일의 종류, 등급, 형상, 치수, 이형, 타일 표면의 상태, 시유약의 색깔, 광
택 및 등급은 설계도서에 따르거나 견본품을 제출하여 담당원이 승인

2) 타일은 충분한 뒷굽이 붙어 있는 것을 사용하고, 뒷면은 유약이 묻지 않고
거친 것을 사용한다.

3) 타일의 용도별, 재질 및 크기, 줄눈폭 및 두께

사용 부위	재질	크기(mm)	두께(mm)	줄눈폭(mm)
욕실바닥	자기질	200×200 이상	7 이상	4
욕실벽	유색시유도기질	200×250 이상	6 이상	2
현관바닥	자기질 (무유색소지 또는 시유타일)	300×300 이상	7 이상	5
세탁실 바닥	자기질	150×150 이상	7 이상	4
주방벽	유색시유도기질	200×200 이상	6 이상	2

핵심문제 ●●○

건축물에 이용하는 타일 중 흡수율이 작아 겨울철 동파의 우려가 가장 적은 것은?

① 도기질 타일   ② 석기질 타일
③ 토기질 타일   ❹ 자기질 타일

핵심문제 ●●○

타일의 흡수율 크기의 대소관계로 옳은 것은?

① 석기질 > 도기질 > 자기질
❷ 도기질 > 석기질 > 자기질
③ 자기질 > 석기질 > 도기질
④ 석기질 > 자기질 > 도기질

사용 부위	재질	크기(mm)	두께(mm)	줄눈폭(mm)
발코니 바닥 (60m² 이상 전면 발코니)	자기질	200×200 이상	7 이상	4
홀	자기질	250×250 이상	7 이상	4
외부 바닥	지정	150×150 이상	7 이상	4
외벽 타일	지정	지정크기 90×90 이상 (1변이 190 이상인 경우는 60 이상)	11 이상 (석기질 : 15 이상)	지정 크기
외부바닥 (테라스 현관)	지정	150×150 이상	11 이상	지정 크기

3. 재질과 용도

1) 외장용 타일은 자기질 또는 석기질로 하고, 내동해성이 우수한 것으로 한다. 내장용 타일은 도기질 또는 석기질 또는 자기질로 하고, 한랭지 및 이와 준하는 장소의 노출된 부위에는 자기질, 석기질로 한다.
2) 바닥용 타일은 유약을 바르지 않고, 재질은 자기질 또는 석기질로 한다.
3) 욕실 및 건축물 로비의 바닥 타일은 미끄럼을 방지할 수 있도록 미끄럼 저항성 시험을 실시하여 성능기준을 만족하는 제품을 사용해야 한다.

4) 검사 및 시험

KSL 1001 규정시험		도면, 시방서 지정시험
• 치수검사	• 흡수율 시험	• 마모 동결 시험
• 외관검사	• 오토클레이브 시험	• 내산시험

5) 견본

가로 및 세로 각각 300mm 이상 크기의 합판 또는 하드보드 등에 각 색상의 실제 타일을 붙인 것

4. 특수 타일

1) 보더 타일

가늘고 긴 형상의 타일

2) 클링커 타일

고온으로 소성한 석기질 타일로서 타일 면에 홈줄을 새겨넣어 바닥 등 타일로 사용

3) 면처리 타일

① 태피스트리 타일 : 타일 표면에 무늬를 넣어 입체화시킨 타일

② 스크래치 타일 : 타일 표면을 긁어서 처리한 타일

③ 천무늬 타일 : 타일 표면을 천무늬처럼 가로, 세로 방향을 긁어서 거친 면으로 처리한 타일

5. 현장배합 붙임 모르타르

1) 배합은 표준배합으로 하고, 물의 양은 바탕의 습윤상태에 따라 담당원의 지시에 따른다.

구분			시멘트	백시멘트	모래	혼화제	비고
붙임용	벽	떠붙이기	1	–	3.0~4.0	–	1. 모래는 타일의 종류에 따라 입도분포를 조정한다. 2. 줄눈의 색은 담당원의 지시에 따른다.
		압착 붙이기	1	–	1.0~2.0	지정량	
		개량압착 붙이기	1	–	2.0~2.5	지정량	
		판형 붙이기	1	–	1.0~2.0	지정량	
	바닥	판형 붙이기	1		2.0	–	
		클링커 타일	1	–	3.0~4.0	–	
		일반 타일	1	–	2.0	–	
줄눈용	줄눈폭 5mm 이상			1	0.5~2.0	지정량	
	줄눈폭 5mm 이하	내장		1	0.5~1.0	지정량	
		외장		1	0.5~1.5	지정량	

2) 모르타르는 건비빔한 후 3시간 이내에 사용하며, 물을 부어 반죽한 후 1시간 이내에 사용한다. 1시간 이상 경과한 것은 사용하지 않는다.

3) 기타 붙임 모르타르에 합성수지 에멀션 또는 합성고무 에멀션을 사용할 때에는 설계도서 또는 담당원의 지시에 따른다.

6. 기타 재료

1) 기성 배합 모르타르

2) 접착제

3) 충전제

① 모래와 시멘트 충전 : 지시된 색상을 위해 회색 시멘트와 백색 시멘트를 사용하거나 필요한 색상의 잔골재를 섞는다.

② 시멘트 충전 : 지정색으로 한다.

③ 건식 충전 : 지정색으로 한다.

④ 라텍스(Latex)와 시멘트 : 지정색으로 하며, 현장에서 물로만 유동성 있게 하는 분말형태의 건조 폴리머 첨가재와 시멘트, 균등한 골재로 배합된 건조 충전재이다.

⑤ 내약품성 에폭시 충전 : 지정색으로 하고, 제조업자가 보증한 사용법에 따라 사용한다.

4) 신축 줄눈재

5) 흡수 조정재

6) 실링재 및 백업재

기 11②④ 16④
산 11②③ 14③ 15② 16② 17②

② 시공

1. 일반 사항

1) 줄눈 나누기 및 타일 마름질은 도면 또는 담당원의 지시에 따라 수준기, 레벨 및 다림추 등을 사용하여 기준선을 정하고 될 수 있는 대로 온장을 사용하도록 줄눈 나누기 한다.

2) 타일 나누기

① 타일의 마름질 크기와 줄눈폭

② 구배 및 드레인 주위 처리 상세

③ 각종 부착물(수전류, 콘센트 등) 주위 및 주방용구 설치 부위 처리 상세

④ 문틀 주위 코킹홈 상세

⑤ 문양 타일이나 별도의 색상 타일을 사용할 경우 그 위치

⑥ 외장 타일의 코너 타일 시공 상세

핵심문제　●●○

타일 시공에 관한 설명 중 옳지 않은 것은?

① 타일 나누기는 먼저 기준선을 정확히 정하고 될 수 있는 대로 온장을 사용하도록 한다.

② 타일을 붙이기 전에 바탕의 불순물을 제거하고 청소를 하여야 한다.

③ 타일붙임 바탕의 건조상태에 따라 뿜칠 또는 솔질로 물을 고루 축인다.

❹ 외부 대형 벽돌타일 시공 시 줄눈의 표준너비는 5mm 정도가 적당하다.

3) 줄눈 너비는 도면 또는 공사시방서에서 정한 바가 없을 때에는 다음 표에 따른다. 다만, 창문선, 문선 등 개구부 둘레와 설비기구류와의 마무리 줄눈 너비는 10mm 정도로 한다.

(단위 : mm)

타일 구분	대형벽돌형(회부)	대형(내부일반)	소형	모자이크
줄눈 너비	9	5~6	3	2

4) 도면에 명기된 치수에 상관없이 징두리벽은 온장타일이 되도록 나누어야 한다.

5) 벽체 타일이 시공되는 경우 바닥 타일은 벽체 타일을 먼저 붙인 후 시공한다.

6) 배수구, 급수전 주위 및 모서리는 타일 나누기 도면에 따라 미리 전기톱이나 물톱과 같은 것으로 마름질하여 시공한다.

7) 타일의 박리 및 백화현상이 발생하지 않도록 시공한다.

8) 벽타일 붙이기에서 타일 측면이 노출되는 모서리 부위는 코너 타일을 사용하거나, 모서리를 가공하여 측면이 직접 보이지 않도록 한다.

9) 벽체는 중앙에서 양쪽으로 타일 나누기를 하여 타일 나누기가 최적의 상

태가 될 수 있도록 조절한다. 달리 도면에 명기되어 있지 않다면 동일한 폭의 줄눈이 되도록 한다.

10) 치장 줄눈

① 타일을 붙이고, 3시간이 경과한 후 줄눈 파기를 하여 줄눈부분을 충분히 청소하며, 24시간이 경과 한 뒤 붙임 모르타르의 경화 정도를 보아, 작업 직전에 줄눈 바탕에 물을 뿌려 습윤케 한다.

② 치장 줄눈의 폭이 5mm 이상일 때는 고무흙손으로 충분히 눌러 빈틈이 생기지 않게 시공한다.

③ 개구부나 바탕 모르타르에 신축줄눈을 두었을 때는 적절한 실링재로서, 빈틈이 생기지 않도록 채운다.

④ 유기질 접착제를 사용할 때에는 공사시방서에 따른다.

핵심문제 ●○○

치장 줄눈 시공에서 타일 붙임이 끝난 후 줄눈 파기는 최소 몇 시간이 경과한 때부터 하는 것이 좋은가?

① 1시간   ❷ 3시간
③ 24시간   ④ 48시간

11) 신축줄눈

① 신축줄눈에 대하여 도면에 명시되어 있지 않을 때에는 이질바탕의 접합부분이나 콘크리트를 수평방향으로 이어붓기한 부분 등 수축균열이 생기기 쉬운 부분과 붙임면이 넓은 부분에는 담당원의 지시에 따라 그 바탕에까지 닿는 신축줄눈을 약 3m 간격으로 설치하여야 한다.

② 신축줄눈과 조절줄눈, 시공줄눈, 그리고 분리용 줄눈을 포함하여 실링재를 충전시켜 만든 줄눈 위치를 나타내도록 하여야 하며, 모르타르 바탕, 타일 부속재료 설치 시 줄눈의 위치를 설정한다. 타일을 붙이고 줄눈시공 후에는 줄눈 나누기를 하기 위해 톱 등으로 자르지 말아야 한다.

③ 타일의 신축줄눈은 구조체의 신축줄눈, 바탕 모르타르의 신축줄눈의 위치가 가능한 일치하도록 설계 요구사항에 따라 줄눈을 맞추고 줄눈의 실링재는 타일씻기 완료 후 건조상태를 확인하고 설치한다.

④ 벽체 코너 안쪽, 창틀 주변 및 설비기구와 접촉부에 신축줄눈을 넣는다.

12) 모르타르 바탕 만들기

① 바탕 고르기 모르타르를 바를 때에는 타일의 두께와 붙임 모르타르의 두께를 고려하여 2회에 나누어서 바른다.

② 바름두께가 10mm 이상일 경우에는 1회에 10mm 이하로 하여 나무흙손으로 눌러 바른다.

③ 바탕 모르타르를 바른 후 타일을 붙일 때까지는 여름철(외기온도 25℃ 이상)은 3~4일 이상, 봄, 가을(외기온도 10℃ 이상, 20℃ 이하)은 1주일 이상의 기간을 두어야 한다.

④ 타일 붙임면의 바탕면은 평탄하게 하고, 바탕면의 평활도는 바닥의 경우 3m당 ±3mm, 벽의 경우는 2.4m당 ±3mm로 한다.

⑤ 바닥면은 물고임이 없도록 구배를 유지하되, 1/100을 넘지 않도록 한다.

⑥ 콘크리트 바탕 및 기타 바탕 : 콘크리트 타설면, 콘크리트 블록면, 경량 기포 콘크리트면, 시멘트 압출성형판, 석고보드 등을 바탕으로 사용하는 경우는 공사시방서에 따른다.

13) 바탕처리(물축이기 및 청소)

① 타일을 붙이기 전에 바탕의 들뜸, 균열 등을 검사하여 불량 부분은 보수한다.

② 타일을 붙이기 전에 불순물을 제거하고, 청소한다.

③ 여름에 외장타일을 붙일 경우에는 하루 전에 바탕면에 물을 충분히 적셔둔다.

④ 타일붙임 바탕의 건조상태에 따라 뿜칠 또는 솔을 사용하여 물을 골고루 뿌린다. 이때 물의 양은 바탕의 습윤상태에 따라 공사시방서에 따른다.

⑤ 흡수성이 있는 타일에는 제조업자의 시방에 따라 물을 축여 사용한다.

14) 타일을 붙이는 모르타르에 시멘트 가루를 뿌리면 시멘트의 수축이 크기 때문에 타일이 떨어지기 쉽고 백화가 생기기 쉬우므로 뿌리지 않아야 한다.

15) 타일붙임은 타일의 백화, 탈락, 동결융해 등의 결함사항에 대하여 충분히 검토하여야 한다.

16) 타일면은 우수의 침투를 방지할 수 있도록 완전히 밀착시켜 접착력을 높이며, 일정간격의 신축줄눈을 두어 백화, 탈락, 동결융해 등의 결함사항을 방지할 수 있도록 한다.

2. 벽 타일 붙이기

▼ 공법별 타일 크기 및 바름 두께

공법 구분		타일 크기 (mm)	붙임 모르타르의 두께 (mm)
외장	떠붙이기	108 × 60 이상	12~24
	압착 붙이기	108 × 60 이상	5~7
		108 × 60 이하	3~5
	개량압착 붙이기	108 × 60 이상	바탕 쪽 3~6 타일 쪽 3~4
	판형 붙이기	50 × 50 이하	3~5
	동시줄눈붙이기	108 × 60 이상	5~8
내장	떠붙이기	108 × 60 이상	12~24
	낱장 붙이기	108 × 60 이상	3~5
		108 × 60 이하	3
	판형 붙이기	100 × 100 이하	3
	접착제 붙이기	100 × 100 이하	−

1) 떠붙이기

타일 뒷면에 붙임 모르타르를 바르고 모르타르가 충분히 채워져 타일이 밀착되도록 바탕에 눌러 붙인다. 붙임 모르타르의 두께는 12~24mm를 표준으로 한다.

2) 압착 붙이기

① 붙임 모르타르의 두께는 타일 두께의 1/2 이상으로 하고, 5~7mm를 표준으로 하여 붙임 바탕에 바르고 자막대로 눌러 표면을 평탄하게 고른다.

② 타일의 1회 붙임 면적은 모르타르의 경화속도 및 작업성을 고려하여 1.2m² 이하로 한다. 벽면의 위에서 아래로 붙여 나가며, 붙임 시간은 모르타르 배합 후 15분 이내로 한다.

③ 한 장씩 붙이고, 나무망치 등으로 두들겨 타일이 붙임 모르타르 속에 박히도록 하고, 타일의 줄눈 부위에 모르타르가 타일 두께의 1/3 이상 올라오도록 한다.

3) 개량압착 붙이기

① 붙임 모르타르를 바탕면에 4~6mm로 바르고 자막대로 눌러 평탄하게 고른다.

② 바탕면 붙임 모르타르의 1회 바름 면적은 1.5m² 이하로 하고, 붙임 시간은 모르타르 배합 후 30분 이내로 한다.

③ 타일 뒷면에 붙임 모르타르를 3~4mm로 평탄하게 바르고, 즉시 타일을 붙이며 나무망치 등으로 충분히 두들겨 타일의 줄눈 부위에 모르타르가 타일 두께의 1/2 이상이 올라오도록 한다.

④ 벽면의 위에서 아래로 향해 붙여나가며 줄눈에서 넘쳐 나온 모르타르는 경화되기 전에 제거한다.

4) 판형 붙이기

① 낱장 붙이기와 같은 방법으로 하되 타일 뒷면의 표시와 모양에 따라 그 위치를 맞추어 순서대로 붙이고 모르타르가 줄눈 사이로 스며 나오도록 표본 누름판을 사용하여 압착한다.

② 줄눈 고치기는 타일을 붙인 후 15분 이내에 실시한다.

5) 접착 붙이기

① 내장공사에 한하여 적용한다.

② 붙임 바탕면을 여름에는 1주 이상, 기타 계절에는 2주 이상 건조시킨다.

③ 바탕이 고르지 않을 때에는 접착제에 적절한 충전재를 혼합하여 바탕을 고른다. 이성분형 접착제를 사용할 경우에는 제조회사가 지정한 혼합비율대로 정확히 계량하여 혼합한다.

④ 접착제의 1회 바름 면적은 2m² 이하로 하고 접착제용 흙손으로 눌러 바른다.

⑤ 접착제의 표면 접착성 또는 경화 정도를 설계도서 또는 담당원의 지시에 따라 확인한 다음 타일을 붙이며, 붙인 후에 적절한 환기를 실시한다.

6) 동시 줄눈 붙이기

① 붙임 모르타르를 바탕면에 5~8mm로 바르고 자막대로 눌러 평탄하게 고른다.

② 1회 붙임 면적은 1.5m² 이하로 하고 붙임 시간은 20분 이내로 한다.

③ 타일은 한 장씩 붙이고 반드시 타일면에 수직으로 충격 공구로 좌우, 중앙의 3점에 충격을 가해 붙임 모르타르 안에 타일이 박히도록 하며 타일의 줄눈 부위에 붙임 모르타르가 타일 두께의 2/3 이상 올라오도록 한다.

④ 충격 공구의 머리 부분은 대(ϕ50mm), 소(ϕ20mm) 중 한 가지를 선택하여 사용한다.

⑤ 타일의 줄눈 부위에 올라온 붙임 모르타르의 경화 정도를 보아 줄눈흙손으로 충분히 눌러 빈틈이 생기지 않도록 한다. 줄눈 부위에 붙임 모르타르가 충분히 올라오지 않았을 때는 붙임 모르타르를 채워 줄눈흙손으로 줄눈을 만든다.

⑥ 줄눈의 수정은 다일 붙임 후 15분 이내에 실시하고, 붙임 후 30분 이상이 경과했을 때에는 그 부분의 모르타르를 제거하여 다시 붙인다.

7) 모자이크 타일 붙이기

① 붙임 모르타르를 바탕면에 초벌과 재벌로 두 번 바르고, 총 두께는 4~6mm를 표준으로 한다.

② 붙임 모르타르의 1회 바름 면적은 2.0m² 이하로 하고, 붙임 시간은 모르타르 배합 후 30분 이내로 한다.

③ 타일 뒷면의 표시와 모양에 따라 그 위치를 맞추어 순서대로 붙이고 모르타르가 줄눈 사이로 스며 나오도록 표본 누름판을 사용하여 압착한다.

④ 줄눈 고치기는 타일을 붙인 후 15분 이내에 실시한다.

3. 바닥 타일 붙이기

1) 시멘트 페이스트 붙이기

① 바탕 조정으로 타일 붙이기에 앞서 바탕면의 청소를 실시한다.

② 타일 나누기는 설계도서에 맞추어 기준먹으로부터 마무리 먹매김을 실시하고, 각 부위와의 접합이나 물구배 등의 설계조건에 대해 치수

확인을 실시한다. 불합격이 있으면 감리자에게 보고하고 지시에 따른다. 또한, 타일 시공하는 면을 기준으로 하여 먹 또는 수실로 매긴다.

③ 기준타일 붙이기 순서는 직각의 기준을 잡기 위하여 줄눈 나눔에 따라 가로 · 세로 3~4m 간격에 기준타일 붙임을 실시하고, 바탕 콘크리트 면에 물뿌림한 후 깔개 모르타르를 기준타일 붙임 개소에 깔고 타일 폭 2배 정도의 폭에 평활하게 펴 깐다. 그 후, 깔개 모르타르 경화 전에 시멘트 페이스트를 깔개 모르타르 위에 흘려 직접 미장하여 실에 붙어 있는 타일을 망치 손잡이 등을 사용하여 바닥면에 압착하고, 나머지 깔개 모르타르를 제거하여 청소토록 한다.

④ 타일 붙이기는 기준타일 붙이기를 실시한 구획 내에 깔개 모르타르를 펴고, 기준타일 사이에 수실을 붙이므로 기준타일 붙임과 동일하게 타일을 붙여 진행하며, 줄눈부에 두둑하게 올라온 시멘트 페이스트는 경화 전에 제거한다. 또한, 타일 붙임이나 줄눈 사이에는 붙인 타일을 움직이지 않도록 주의한다.

2) 압착 붙이기

① 바탕 조정은 타일 붙이기에 앞서 바탕 모르타르면의 청소를 실시하고, 바탕건조의 정도를 조절하며, 필요에 따라 타일 붙이기 전날 또는 당일에 수분을 뿌려 바탕 표면처리를 실시한다.

② 타일 나누기는 설계도서에 맞추어 기준먹으로부터 마무리 먹매김을 실시하고, 각 부위와의 접합이나 물구배 등의 설계조건에 대해 치수 확인을 실시한다. 불합격이 있으면 감리자에게 보고하고 지시에 따른다. 또한, 타일 시공하는 면을 기준으로 하여 먹 또는 수실로 매긴다.

③ 기준타일 붙이기에서 직각의 기준을 잡기 위하여 줄눈 나눔에 따라 가로 · 세로 3~4m 간격에 기준타일 붙임을 실시한다.

④ 타일 붙이기는 붙임 모르타르의 도막붙임에는 두 번으로 하며, 그 두께는 5~7mm로 한다. 한 번에 도막붙임 면적은 $2m^2$ 이내로 한하며, 붙임 모르타르는 비빔에서부터 시공완료까지 60분 이내에서 사용하고 도막시공 시간은 여름철에는 20분, 겨울철에는 40분 이내로 한다. 오전 및 오후에 타일 붙임을 개시할 때에 타일을 붙임 직후에는 반드시 타일과 붙임 모르타르 및 붙임 모르타르와 바탕과의 접착 상황을 확인한다. 또한, 붙임 모르타르가 약할 경우에 타일 간 채워넣어 붙이면 모르타르가 타일 속면에 영향을 미치므로 충분한 접착강도가 있는 모르타르를 선택하여 타일의 바닥면 압착을 충분히 한다. 타일 붙임이 종료된 후, 붙임 모르타르의 굳음이 예견될 경우 줄눈 부분의 청소를 실시한다.

3) 개량압착 붙이기

① 바탕 조정은 타일 붙임에 앞서 바탕 모르타르면의 청소를 실시한다. 바탕 건조의 정도를 조절하며, 필요에 따라서 타일 붙이기 전날 또는 당일에 수분을 뿌려 바탕 표면처리를 실시한다.

② 타일 나누기는 설계도서에 맞추어 기준먹으로부터 마무리 먹매김을 실시하고, 각 부위와의 접합이나 물구배 등의 설계조건에 대해서 치수 확인을 실시한다. 불합격이 있으면 감리자에게 보고하고 지시에 따른다. 또한, 타일 시공하는 면을 기준으로 하여 먹 또는 수실로 매긴다.

③ 기준타일 붙이기에서 직각의 기준을 잡기 위하여 줄눈 나눔에 따라 가로 · 세로 3~4m 간격에 기준타일 붙임을 실시한다.

④ 타일 붙이기는 1회 도막붙임 면적을 2m² 이내로 하고, 붙임 모르타르를 바탕면 측 3~4mm에 얼룩 없이 도포하여 평활하게 편 후, 붙임 모르타르는 비빔부터 시공 완료까지 60분 이내에서 사용하고 도막시공 시간은 여름철에는 20분, 겨울철에는 40분 이내로 한다. 오전 및 오후에 타일 붙임을 개시할 때에 타일을 붙인 직후에는 반드시 타일과 붙임 모르타르 및 붙임 모르타르와 바탕과의 접착 상황을 확인한다. 또한, 타일 속면 전체에 붙임 모르타르를 3~5mm 정도의 두께를 평균으로 수직에서 바탕면에 눌러서 붙인다. 동시에 해머 등으로 타일 주변부터 모르타르가 삐져나올 때까지 압착을 실시한다. 티일 붙임이 종료된 후, 붙임 모르타르의 굳음이 예견될 경우 줄눈 부분의 청소를 실시한다.

4) 집착 붙이기

① 타일 붙임에 앞서 바탕면을 검사하여 건조된 것을 확인한다.

② 타일 나누기는 설계도서에 맞추어 기준먹으로부터 마무리 먹매김을 실시하여 각 부위와의 취합되는 치수 확인을 실시한다. 불합격이 있으면 감리자에게 보고하고 지시에 따른다.

③ 기준타일 붙이기에서 직각의 기준을 맞추기 위해 줄눈 나눔에 따라 가로 · 세로 3~4m 정도에 기준타일 붙임을 실시한다.

④ 타일 붙이기는 접착제 1회 도막붙임 면적은 3m² 이내로 하며, 접착제는 우선 금속흙손을 사용하여 평활하게 도막붙임한 후, 지정된 줄눈흙손을 사용하여 필요한 높이로 한다. 건조경화형 접착제는 도막 시간에 유의하여 타일을 압착한다. 또한, 반응경화형 접착제를 사용할 경우는 가용 시간에 유의하여 타일을 압착한다.

4. 천장 붙이기

1) 바탕처리는 평평하게 하고, 바탕면 상태에 따라 적절히 습윤케 하며, 타일의 종류와 공법에 맞는 붙임 모르타르를 선정하여 타일을 붙인다.
2) 타일은 줄눈 나누기에 따라 모서리를 잘 맞추고 적절한 기구로 가볍게 두들겨 모르타르가 솟아나올 정도로 붙인다.

5. 보양 및 청소

1) 보양

① 외부 타일 붙임인 경우에 태양의 직사광선 또는 풍우 등으로 손상받을 우려가 있는 곳은 담당원의 지시에 따라 시트 등 적절한 것을 사용하여 보양한다(직사광선은 피한다).
② 한중공사 시에는 시공면을 보호하고 동해 또는 급격한 온도변화에 의한 손상을 피하도록 하기 위해 외기의 기온이 2℃ 이하일 때에는 타일 작업장 내의 온도가 10℃ 이상이 되도록 임시로 가설 난방 보온 등에 의하여 시공 부분을 보양하여야 한다.
③ 타일을 붙인 후 3일간은 진동이나 보행을 금한다. 다만, 부득이한 경우에는 담당원의 승인을 받아 보행판을 깔고 보행할 수 있다.
④ 줄눈을 넣은 후 경화 불량의 우려가 있거나 24시간 이내에 비가 올 우려가 있는 경우에는 폴리에틸렌 필름 등으로 차단 · 보양한다.
⑤ 타일의 마감작업 후 균열, 칩핑, 깨어짐, 접착 불량 등이 없도록 깨끗하게 설치가 완료된 상태로 유지하여야 한다.
⑥ 실제 완성단계에서 타일이 오염되거나 손상을 입지 않았다는 것을 증명하기 위해 제조업자 및 수급인이 인정하는 방법으로 마지막까지 보양을 철저히 하고, 그 상태를 유지하여야 한다.
  • 제조업자의 요구가 있을 때 중성용 클리너의 보호피막을 작업이 끝난 바닥과 벽타일에 적용시킨다.
  • 줄눈 넣기가 완료된 후 7일 동안은 바닥에 설치된 타일 위를 보행하거나 통행해서는 안 된다.
⑦ 마지막 점검 전에 타일 표면을 중성용 클리너로 깨끗이 헹구고 보호막을 제거한다.

2) 청소

① 치장줄눈 작업이 완료된 후 타일면에 붙은 불결한 재료나 모르타르, 시멘트 페이스트 등을 제거하고 손이나 헝겊 또는 스펀지 등으로 물을 축여 타일면을 깨끗이 씻어 낸 다음 마른 헝겊으로 닦아낸다.
② 공업용 염산 30배 희석용액을 사용하였을 때에는 물로 산성분을 완전히 씻어낸다.

③ 접착제를 사용하여 타일을 붙였을 때에는 담당원의 지시에 따라 승인된 용제로 깨끗이 청소한다.

④ 줄눈 넣기가 완성되면 세라믹 타일 전체를 청소한다.
- 가능한 한 빨리 타일에 묻어 있는 시멘트 모르타르 등 오염물질을 제거한다.
- 유약을 바르지 않은 타일은 담당원의 승인을 받은 경우에 산성 용해제로 청소해도 무방하다.

기 18② 21①

6. 검사

1) 시공 중 검사

하루 작업이 끝난 후 비계 발판의 높이로 보아 눈높이 이상이 되는 부분과 무릎 이하 부분의 타일을 임의로 떼어 뒷면에 붙임 모르타르가 충분히 채워졌는지 확인하여야 한다.

2) 두들김 검사

① 붙임 모르타르의 경화 후 검사봉으로 전 면적을 두들겨 검사한다.

② 들뜸, 균열 등이 발견된 부위는 줄눈 부분을 잘라내어 다시 붙인다.

③ 벽타일 붙이기 중 떠붙임공법의 경우는 접착용 모르타르 밀착 정도를 검사하여 중앙부를 기준으로 밀착 정노 80% 이상이면 합격 처리하고, 불합격 시는 주변 8장을 다시 떼어내 확인하여 이 중 1장이라도 불합격이 있으면 시공물량을 재시공한다.

3) 접착력 시험

① 타일의 접착력 시험은 일반건축물의 경우 타일면적 200m²당, 공동주택은 10호당 1호에 한 장씩 시험한다. 시험 위치는 담당원의 지시에 따른다.

② 시험할 타일은 먼저 줄눈 부분을 콘크리트 면까지 절단하여 주위의 타일과 분리시킨다.

③ 시험할 타일은 시험기 부속 장치의 크기로 하되, 그 이상은 180mm × 60mm 크기로 타일이 시공된 바탕면까지 절단한다. 다만, 40mm 미만의 타일은 4매를 1개조로 하여 부속 장치를 붙여 시험한다.

④ 시험은 타일 시공 후 4주 이상일 때 실시한다.

⑤ 시험결과의 판정은 타일 인장 부착강도가 0.39N/mm² 이상이어야 한다.

핵심문제 ●●○

타일공사에서 시공 후 타일 접착력 시험에 관한 설명으로 옳지 않은 것은?
① 타일의 접착력 시험은 200m²당 한 장씩 시험한다.
② 시험할 타일은 먼저 줄눈 부분을 콘크리트면까지 절단하여 주위의 타일과 분리시킨다.
③ 시험은 타일 시공 후 4주 이상일 때 행한다.
❹ 시험결과의 판정은 타일 인장 부착강도가 10MPa 이상이어야 한다.

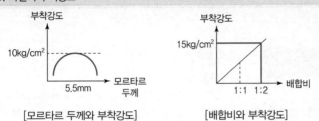

Reference

1. 타일의 부착강도

[모르타르 두께와 부착강도]

[배합비와 부착강도]

2. Open Time(붙임 시간)

접착 모르타르나 접착제가 바탕면 또는 타일면에 발라져 타일 시공에 적당한 상
태가 유지되기까지의 시간으로 Open Time이 길어지면 타일의 탈락 원인이 되며
보통 15분 이내로 한다.

Section
01 벽돌공사

01 다음 세로 규준틀을 가장 많이 사용하는 공사는?

① 토공사
② 조적공사
③ 철근콘크리트공사
④ 철골공사

해설

세로 규준틀
뒤틀리지 않고 곧으며 건조한 목재(10cm)를 2면 이상 대패질하여 벽돌줄눈을 기입하고 벽돌개수, 창문틀, 아치, 나무벽돌, 앵커볼트의 위치를 기입하여 건물의 모서리나 구석벽 또는 중앙부에 위치가 견고하고 정확하게 설치한다.

02 벽돌의 품질을 결정하는 데 가장 중요한 사항은?

① 전단강도, 인장강도
② 흡수율, 전단강도
③ 인장강도, 휨강도
④ 흡수율, 압축강도

해설

벽돌의 품질
• 1급 벽돌 : 압축강도 150kg/cm² 이상, 흡수율 20% 이하
• 2급 벽돌 : 압축강도 100kg/cm² 이상. 흡수율 23% 이하

03 벽돌 쌓기에서 막힌 줄눈과 비교한 통줄눈에 관한 설명으로 옳지 않은 것은?

① 하중의 균등한 분산이 어렵다.
② 구조적으로 약하게 된다.
③ 습기가 스며들 우려가 있다.
④ 외관이 보기에 좋지 않다.

해설

통줄눈
조적공사에서 힘을 받는 곳에는 분산의 목적상 막힌줄눈으로 시공을 하지만 치장의 목적이라면 통줄눈으로 설치한다.

04 일반적으로 가장 많이 사용되는 벽돌 중 조적조 벽체의 줄눈 모양은?

① 평줄눈
② 민줄눈
③ 오목줄눈
④ 내민줄

해설

평줄눈
벽돌면에서 조금 들어간 상태에서 형성되는 줄눈으로 가장 많이 사용된다.

05 조적조의 치장 줄눈 표기로 옳지 않은 것은?

① 민줄눈
② 오목줄눈
③ 내민줄눈
④ 빗줄눈

해설

줄눈의 명칭

[평줄눈] [볼록줄눈] [엇빗줄눈] [내민줄눈]

[민줄눈] [오목줄눈] [빗줄눈] [둥근줄눈]

06 조적벽체에 발생하는 균열에 대비하기 위한 신축줄눈의 설치 위치로 옳지 않은 것은?

① 벽높이가 변하는 곳
② 벽두께가 변하는 곳
③ 집중응력이 작용하는 곳
④ 창 및 출입구 등 개구부의 양측

[해설]

신축줄눈/조절줄눈
벽돌 벽면에서 벽두께가 상이하거나, 벽 높이가 상이하거나, 기둥과 벽의 접합부 등에 줄눈을 설치하는 것은 균열을 방지하기 위함이다.

07 표준형 벽돌을 사용하여 줄눈 10mm로 시공할 때 2.0B 벽돌의 두께는?(단, 공간쌓기 아님)

① 210mm ② 390mm
③ 320mm ④ 430mm

[해설]

벽돌벽의 두께
표준형 2.0B = 190 + 10 + 190 = 390mm

08 기본벽돌(190×90×57mm)을 사용하여 줄눈 10mm로 시공할 때 1.5B 벽돌벽의 두께는?

① 190mm ② 210mm
③ 290mm ④ 300mm

[해설]

벽돌벽의 두께
표준형 1.5B = 190 + 10 + 90 = 290mm

09 세로 규준틀이 주로 사용되는 공사는?

① 목공사
② 벽돌공사
③ 철근콘크리트공사
④ 철골공사

[해설]

세로 규준틀
벽돌공사 시 쌓기의 기준이 되는 것으로 90mm 각재 양면에 대패질을 하여 쌓기 높이, 켜수, 개구부 위치, 매입 철물 등의 위치를 표시하는 가설물이다.

10 시멘트 벽돌공사에 관한 주의사항으로 옳지 않은 것은?

① 벽돌은 품질, 등급별로 정리하여 사용하는 순서별로 쌓아 둔다.
② 수직하중을 벽면 전체로 분산시키기 위해 통줄눈으로 쌓는다.
③ 모르타르는 정확한 배합으로 시멘트와 모래만을 잘 섞고, 사용 시 물을 부어 반죽하여 사용한다.
④ 벽돌 쌓기 시 잔토막 또는 부스러기 벽돌을 쓰지 않는다.

[해설]

벽돌의 세로줄눈
벽돌 쌓기에서 통줄눈을 피하는 이유는 응력을 분산시켜 벽체의 강도를 높이기 위함이다.

11 벽돌 쌓기 시 벽돌의 물축임에 대한 설명으로 옳지 않은 것은?

① 콘크리트 벽돌은 전날 물을 축여 표면이 어느 정도 마른 상태에서 쌓는 것이 좋다.
② 내화벽돌은 점토벽돌보다 물축임을 많이 하는 것이 좋다.
③ 벽돌 흡수율이 8% 이하일 때는 물축임을 하지 않아도 된다.
④ 물축임을 하지 않으면 모르타르의 수분을 벽돌이 흡수하여 모르타르 강도가 저하한다.

[해설]

내화벽돌
내화벽돌 사용 시 모르타르를 사용하지 않고 내화점토를 사용한다. 내화점토는 기경성이므로 내화벽돌이 점토의 물을 흡수하여도 경화되는 데는 지장을 주지 않는다. 그러므로 내화벽돌은 물축임을 하지 않는다.

12 다음 중 벽돌공사에 대한 설명으로 옳지 않은 것은?

① 치장 줄눈의 줄눈 파기 깊이는 15mm 정도로 한다.
② 쌓기용 모르타르의 강도는 벽돌 강도와 동등하거나 그 이상으로 한다.
③ 하루에 쌓는 높이는 1.2~1.5m를 표준으로 한다.
④ 모르타르에 사용되는 모래는 제염된 것을 사용한다.

해설

치장 줄눈
• 벽돌 쌓기 직후 줄눈 모르타르가 굳기 전에 줄눈 누르기를 한다.
• 벽면에서 8~10mm 정도로 줄눈 파기를 한다.
• 배합 1 : 1 모르타르를 상부에서 하부로 수밀하고 줄바르게 마무리한다.
• 보통 많이 사용되는 줄눈은 평줄눈이다.

13 조적공사의 벽돌 쌓기에 관한 다음 내용 중 틀린 것은?

① 벽돌은 충분히 물에 축여 표면의 물기가 빠진 뒤에 쌓는다.
② 1일 쌓는 높이는 통상 1.2m를 표준으로 한다.
③ 세로줄눈은 특별한 경우를 제외하고는 통줄눈이 되게 한다.
④ 연속되는 벽면의 일부를 트이게 하여 나중쌓기로 할 때에는 그 부분을 층단 들여쌓기로 한다.

해설

벽돌 쌓기
조적공사에서 특별한 경우가 없는 경우는 세로줄눈을 막힌줄눈으로 하여 응력을 분산시키는 것이 좋다.

14 벽돌쌓기공사에 관한 설명으로 옳지 않은 것은?

① 가로 및 세로줄눈의 너비는 도면 또는 공사시방서에 정한 바가 없을 때에는 20mm를 표준으로 한다.
② 벽돌 쌓기는 도면 또는 공사시방서에서 정한 바가 없을 때에는 영식 쌓기 또는 화란식 쌓기로 한다.
③ 세로줄눈의 모르타르는 벽돌 마구리면에 충분히 발라 쌓도록 한다.
④ 하루의 쌓기 높이는 1.2m(18켜 정도)를 표준으로 하고, 최대 1.5m(22켜 정도) 이하로 한다.

해설

벽돌의 줄눈
가로 및 세로 줄눈의 크기는 특별한 표기가 없을 때에는 10mm를 표준으로 한다.

15 벽돌공사에 관한 설명으로 옳지 않은 것은?

① 치장 줄눈은 줄눈 모르타르가 충분히 굳은 후에 줄눈 파기를 한다.
② 벽돌 쌓기에서 하루의 쌓기 높이는 1.2m를 표준으로 한다.
③ 붉은 벽돌은 벽돌 쌓기 하루 전에 물호스로 충분히 젖게 하여 표면에 습도를 유지한 상태로 준비한다.
④ 세로줄눈의 모르타르는 벽돌 마구리면에 충분히 발라 쌓도록 한다.

해설

문제 12번 해설 참조

16 벽돌 쌓기의 시공에 관련된 설명으로 옳지 않은 것은?

① 연속되는 벽면의 일부를 나중쌓기 할 때에는 그 부분을 층단 들여쌓기로 한다.
② 내력벽 쌓기에는 세워쌓기나 옆쌓기가 주로 쓰인다.
③ 벽돌 쌓기 시 줄눈 모르타르가 부족하면 하중 부담이 일정하지 않아 벽면에 균열이 발생할 수 있다.

④ 창대쌓기는 물 흘림을 위해 벽돌을 15° 정도 기울여 벽면에서 3~5cm 내밀어 쌓는다.

[해설]

내력벽 쌓기

벽돌을 이용하여 내력벽을 쌓을 때는 세워쌓기나 옆세워쌓기가 아닌 일반 벽돌쌓기로 쌓아야 한다.

17 다음 중 벽돌벽에 삼각형, 사각형, 십자형 등의 구멍을 벽면 중간에 규칙적으로 만들어 쌓는 방식에 해당하는 것은?

① 엇모쌓기
② 영롱쌓기
③ 창대쌓기
④ 허튼쌓기

[해설]

영롱쌓기

영롱쌓기는 벽돌벽에 장식적으로 구멍을 내어 쌓는 방식이다.

18 벽돌 쌓기법 중 가장 튼튼한 것으로 한 켜는 마구리 쌓기, 다음 켜는 길이 쌓기로 하고 모서리 벽 끝에 이오토막을 쓰는 것은?

① 영식 쌓기
② 화란식 쌓기
③ 미식 쌓기
④ 불식 쌓기

[해설]

영국식 쌓기

한 켜는 길이 쌓기로, 그 다음 켜는 마구리 쌓기로 쌓고, 끝에는 이오토막을 사용하여 통줄눈이 발생되는 것을 방지한다.

19 보기는 벽돌 쌓기 방식에 대한 설명이다. 설명에 맞는 쌓기 방식은?

[보기]
한 켜는 마구리 쌓기, 다른 켜는 길이 쌓기로 하고 길이켜의 모서리와 벽 끝에 칠오토막을 사용한다.

① 영식 쌓기
② 네덜란드식 쌓기
③ 불식 쌓기
④ 미식 쌓기

[해설]

벽돌쌓기(나라별)

• 영국식 쌓기 : 마구리 쌓기와 길이 쌓기를 교대로 쌓고 벽의 모서리나 끝에는 반절이나 이오토막을 쓰는 방법으로 가장 튼튼하며 내력벽 쌓기에 사용한다.
• 화란식 쌓기 : 마구리 쌓기와 길이 쌓기를 교대로 쌓고 벽 끝에는 칠오토막을 사용한다.
• 프랑스식 쌓기 : 매 켜에 길이 쌓기와 마구리 쌓기를 번갈아 쌓는 방법으로 구조적으로는 약하나 외관이 아름다워 비내력벽에 장식용으로 사용한다.
• 미국식 쌓기 : 5켜는 길이 쌓기로 하고, 그 위 1켜는 마구리 쌓기로 한다.

20 벽돌 쌓기방법 중 길이 쌓기와 마구리 쌓기가 번갈아 나오는 방식으로 통줄눈이 많으나 아름다운 외관이 장점인 벽돌쌓기 방식은?

① 미식 쌓기
② 영식 쌓기
③ 불식 쌓기
④ 화란식 쌓기

[해설]

문제 19번 해설 참조

21 외부벽의 방습, 방열, 방음 등을 위해서 실시하는 벽돌 쌓기 방법은?

① 내쌓기
② 영롱쌓기
③ 공간쌓기
④ 엇모쌓기

공간쌓기(Cavity Wall Bond)
- 벽체 방습을 목적으로 공간을 두고 안팎벽을 쌓는 방법이다.
- 공간은 3~6cm로 보통 0.5B 이내로 한다.
- 안벽은 0.5B의 두께로, 벽두께는 유리한 한 벽 두께만 산정한다.
- 벽의 연결은 벽돌, 철물, 철사, 철망 등으로 상호 60cm 정도의 간격으로 긴결한다. (벽면적 0.4m²마다 1개소씩 긴결)

22 벽돌벽 내쌓기에서 내쌓을 수 있는 총 길이의 한도는?

① 2.0B   ② 1.0B

③ 1/2B   ④ 1/4B

내쌓기
벽돌의 내쌓기는 마구리 쌓기가 유리하며, 한 켜에 1/8B, 두 켜에 1/4B, 내미는 한도는 2B 이내로 한다.

23 벽돌 쌓기에서 방수 하자 발생과 관련하여 가장 주의를 요하는 부분은?

① 창대쌓기   ② 모시리쌓기

③ 벽쌓기   ④ 기초쌓기

창대쌓기
창문의 하부를 창대라 하는데, 외부에서 우수의 침입을 방지하기 위하여 물흘림의 경사(15°)를 두고 쌓으며 방수에 가장 주의를 요하는 부분이다.

24 벽돌공사 중 창대쌓기에서 창대 벽돌은 공사시방에 정한 바가 없을 때에는 그 윗면을 몇 도의 경사로 옆세워 쌓는가?

① 10°   ② 15°

③ 20°   ④ 25°

문제 23번 해설 참조

25 콘크리트벽돌 공간쌓기에 관한 설명으로 옳지 않은 것은?

① 공간쌓기는 도면 또는 공사시방서에서 정한 바가 없을 때에는 안쪽을 주 벽체로 하고 바깥쪽은 반장쌓기로 한다.
② 안쌓기는 연결재를 사용하여 주 벽체에 튼튼히 연결한다.
③ 연결재로 벽돌을 사용할 경우 벽돌을 걸쳐대고 끝에는 이오토막 또는 칠오토막을 사용한다.
④ 연결재의 배치 및 거리 간격의 최대 수직거리는 400mm를 초과해서는 안 된다.

공간쌓기
- 공간쌓기는 외부의 빗물이나 습기를 방지하기 위하여 가운데 공간을 두는 것으로 단열과 결로 방지를 위해 공간에 단열재를 넣는다.
- 도면 또는 공사시방서에서 정한 바가 없을 때에는 바깥벽체를 주벽체로 한다.

26 벽돌 결원 아치 쌓기의 줄눈에 대한 기술 중 옳은 것은?

① 줄눈은 원호의 중심에 모이게 한다.
② 줄눈은 양 지점 간의 1/2점에 모이게 한다.
③ 줄눈은 반드시 양 지점 간의 2배 되는 대칭축상에 모이게 한다.
④ 줄눈방향에 관계없이 호형으로 쌓는다.

아치쌓기
아치쌓기에서 벽돌이나 줄눈의 중심은 원호의 중심에 일치되어야 한다.

27 벽돌구조의 아치(Arch)에 대한 기술 중 옳지 않은 것은?

① 부재의 하부에 인장력이 생기지 않게 구조한 것이다.
② 창문의 너비가 1m 정도일 때는 평아치로도 할 수 있다.
③ 문꼴 너비가 2m 이상으로 집중하중이 올 때는 인방보 등을 써서 보강한다.
④ 아치벽돌을 특별히 주문 제작하여 만든 것을 거친 아치라고 한다.

> 해설

아치 쌓기
㉠ 개구부 상단에서 상부 하중을 옆벽면으로 분산시키기 위한 쌓기법으로 부재의 하부에서 인장력이 생기지 않도록 해야 한다.
㉡ 아치 쌓기는 좌우로부터 균등히 쌓아야 하며 줄눈은 원의 중심으로 모이게 쌓는 것이다.
㉢ 조적 벽체의 개구부 상부에서는 원칙적으로 아치를 틀어야 한다.
㉣ 개구부의 너비가 1m 정도일 때는 평아치로 할 수 있다.
㉤ 개구부의 너비가 1.8m 이상이면 목재, 석재, 철재나 철근콘크리트로 만든 인방보 등으로 보강하여야 한다. 인방보(Lintel)는 좌우 벽면으로 20~40cm 정도가 물려야 한다.
  • 본아치 : 아치 벽돌을 사용하여 쌓는 것
  • 막만든아치 : 보통 벽돌을 아치 벽돌처럼 다듬어 쌓는 것
  • 거친 아치 : 보통 벽돌은 그대로 사용하고 줄눈을 쐐기 모양으로 하여 쌓는 것

28 조적식 구조의 벽체에 개구부가 있을 때의 보강방법으로 옳지 않은 것은?

① 강재 창호틀 설치
② 콘크리트 인방보 설치
③ 프리캐스트 부재 설치
④ 평아치 쌓기

> 해설

조적벽체 개구부 보강방법
아치를 만들어 보호하거나 인방보를 설치하여 개구부를 보호한다.

29 조적조 벽에 철근콘크리트 테두리보(Wall Girder)를 설치하는 가장 큰 이유는?

① 내력벽을 일체화하여 건축물의 강도를 상승시키기 위해서
② 내력벽의 상부 마무리를 깨끗이 하기 위해서
③ 벽에 개구부를 설치하기 위해서
④ 목조 트러스 구조를 쓰기 위해서

> 해설

테두리보
• 벽체의 일체화를 통한 수직 하중의 분산
• 수직 균열의 방지
• 세로근의 정착 및 이음

30 조적공사 시 테두리보의 설치 목적이 아닌 것은?

① 분산된 벽체를 일체로 하여 하중을 균등히 분포시킨다.
② 수평균열의 방지
③ 세로철근의 정착
④ 집중하중을 받는 부분을 보강

> 해설

테두리보
테두리보는 수직균열의 방지 목적으로 설치한다.

31 조적식 구조의 기초에 관한 설명으로 옳지 않은 것은?

① 내력벽의 기초는 연속 기초로 한다.
② 기초판은 철근콘크리트 구조로 할 수 있다.
③ 기초판은 무근콘크리트 구조로 할 수 있다.
④ 기초벽의 두께는 최하층의 벽체 두께와 같게 하되, 250mm 이하로 하여야 한다.

조적식 구조의 기초
- 연속기초로 하며, 기초판은 무근콘크리트 이상의 구조로 한다.
- 기초벽 두께는 최하층 두께의 2/10를 가산한 두께 이상으로 한다.

32 조적식 구조의 조적재가 벽돌인 경우 내력벽의 두께는 당해 벽높이의 최소 얼마 이상으로 하여야 하는가?

① 1/10   ② 1/12
③ 1/16   ④ 1/20

조적 내력벽의 두께 구조 기준
- 내력벽의 두께는 벽 높이의 1/20 이상
- 내력벽의 높이는 4m를 넘을 수 없다.
- 내력벽의 길이는 10m를 넘을 수 없다.
- 내력벽으로 둘러싸인 실의 면적은 80m² 이하로 한다.

33 벽돌부 균열의 원인 중 계획·설계상의 미비와 가장 거리가 먼 것은?

① 건물의 평면, 입면의 불균형
② 온도 및 습기에 의한 재료의 신축성
③ 벽돌벽의 길이, 높이에 비해 부족한 두께
④ 문꼴 크기의 불합리 및 불균형 배치

벽돌벽 균열의 원인
㉠ 벽돌조 건물의 계획 설계상의 미비
  - 기초의 부동침하
  - 건물의 평면, 입면의 불균형 및 벽의 불합리한 배치
  - 불균형 하중, 큰 집중하중, 횡력 및 충격
  - 벽돌벽의 길이, 높이, 두께에 대한 벽돌 벽체의 강도 부족
  - 문꼴 크기의 불합리 및 불균형 배치
㉡ 시공상의 결함
  - 벽돌 및 모르타르의 강도 부족
  - 재료의 신축성(온도 및 흡수에 의한)

- 이질재와의 접합부
- 콘크리트보 밑 모르타르 다져 넣기의 부족(장막벽의 상부)
- 모르타르, 회반죽바름의 신축 및 들뜨기

34 벽돌벽의 균열 원인과 가장 관계가 먼 것은?

① 기초의 부동침하
② 내력벽의 불균형 배치
③ 상하 개구부의 수직선상 배치
④ 벽돌 및 모르타르의 강도 부족과 신축성

문제 33번 해설 참조

35 벽돌 벽면에 균열이 생기는 이유가 아닌 것은?

① 벽돌벽의 부분적인 시공결함
② 큰 집중하중과 횡력 및 충격
③ 문꼴크기와 불합리한 배치
④ 신축줄눈이나 조절줄눈 설치

신축줄눈/조절줄눈
벽돌 벽면에서 벽두께가 상이하거나, 벽 높이가 상이할 때 기둥과 벽의 접합부 등에 줄눈을 설치하는 것은 균열을 방지하기 위함이다.

36 조적조 건물의 벽체 균열에 대한 계획, 설계상 대책으로 틀린 것은?

① 건축물의 복잡한 평면구성을 피한다.
② 건축물의 자중을 크게 한다.
③ 테두리보를 설치한다.
④ 상하층의 창문 위치 및 너비를 일치시킨다.

벽돌벽 균열대책
자중을 감소하는 방법을 설정하는 것이 좋다.

37 벽돌에 생기는 백화를 방지하기 위한 방법으로 옳지 않은 것은?

① 10% 이하의 흡수율을 가진 양질의 벽돌을 사용한다.
② 벽돌면 상부에 빗물막이를 설치한다.
③ 파라핀 도료를 발라 염류가 나오는 것을 방지한다.
④ 줄눈 모르타르에 석회를 넣어 바른다.

해설

백화현상 방지책
• 잘 구워진 양질의 벽돌을 사용
• 줄눈 모르타르에 방수제를 혼합하여 사용
• 빗물이 침입하지 않도록 벽면에 비막이 설치
• 벽돌 표면에 파라핀 도료를 발라 염류의 유출 방지

38 벽돌벽에 발생하는 백화를 방지하는 방법으로 옳지 않은 것은?

① 줄눈 모르타르에 석회를 넣어 사용한다.
② 흡수율이 작고 소성이 잘된 벽돌을 사용한다.
③ 구조적으로 차양, 돌림띠 등의 비막이를 설치한다.
④ 파라핀 도료 등의 뿜칠로서 벽면에 방수 처리를 한다.

해설

문제 37번 해설 참조

39 백화현상에 대한 설명으로 옳지 않은 것은?

① 시멘트는 수산화칼슘의 주성분인 생석회(CaO)의 다량 공급원으로서 백화의 주된 요인이다.
② 백화현상은 사용하는 미장 표면뿐만 아니라 벽돌 벽체, 타일 및 착색 시멘트 제품 등의 표면에도 발생한다.
③ 배합수 중에 용해되는 가용 성분이 시멘트 경화체의 표면건조 후 나타나는 백화를 1차 백화라 한다.
④ 겨울철보다 여름철의 높은 온도에서 백화 발생 빈도가 높다.

해설

백화현상
백화현상은 물이 증발하는 시간이 길어지는 경우에 많이 발생하므로 여름철보다는 겨울철에 발생하는 빈도가 높다.

Section 02 블록공사

40 KS F 4002에 규정된 콘크리트 기본 블록의 크기가 아닌 것은?(단, 단위는 mm임)

① 390 × 190 × 190
② 390 × 190 × 150
③ 390 × 190 × 120
④ 390 × 190 × 100

해설

블록의 크기(단위 : mm)

구분	길이	높이	두께
기본형 (재래형)	390	190	100 150 190 210
장려형 (표준형)	290	190	100 150 190

※ 장려형은 품셈에서 삭제되었음

41 블록 쌓기에서 블록의 하루 쌓기 높이는 최대 얼마 이하로 하는가?

① 1.0m
② 1.5m
③ 2.0m
④ 2.5m

해설

블록 쌓기
• 일반 블록 쌓기는 막힌 줄눈, 보강 블록조는 통줄눈으로 한다.
• 기초, 바닥판 윗면, 블록 모르타르 접합면을 적당한 물축이기한다.

- 깔 모르타르를 충분히 펴고, 세로 규준틀로 직교하는 벽 모서리 또는 중간 요소에 기준이 되는 블록을 살 두께가 두꺼운 쪽이 위로 가게 정확히 쌓는다.
- 이것을 기준으로 수평실을 치고, 중간을 쌓은 다음 위켜 쌓기로 한다.
- 1일 쌓기 높이는 1.2~1.5m 이내로 한다(6~7켜).
- 블록 쌓기 직후 줄눈을 누르고, 줄눈 파기한 후 치장 줄눈한다.

42 단순조적 블록공사에 관한 설명으로 옳지 않은 것은?

① 벽의 모서리, 중간 요소, 기타 기준이 되는 부분을 먼저 정확하게 쌓는다.
② 살 두께가 큰 편을 아래로 하여 쌓는다.
③ 줄눈 모르타르는 쌓은 후 줄눈 누르기 및 줄눈 파기를 한다.
④ 줄눈 두께는 10mm가 되게 한다.

[해설]
문제 41번 해설 참조

43 블록 쌓기 시 주의사항으로 옳지 않은 것은?

① 블록의 모르타르 접착면은 적당히 물축이기를 한다.
② 블록은 살 두께가 두꺼운 편이 아래로 향하게 쌓는다.
③ 보강 블록 쌓기일 경우 철근위치를 정확히 유지시키고, 세로근은 이음을 하지 않는 것을 원칙으로 한다.
④ 기초 또는 바닥판 윗면은 깨끗이 청소하고 충분히 물을 축인다.

[해설]
문제 41번 해설 참조

44 다음 중 블록 쌓기에 대한 설명으로 옳지 않은 것은?

① 살 두께가 큰 편을 아래로 하여 쌓는다.
② 특별한 지장이 없으면 줄눈은 10mm가 되게 한다.

③ 하루의 쌓기 높이는 1.5m 이내를 표준으로 한다.
④ 줄눈 모르타르는 쌓은 후 줄눈 누르기 및 줄눈 파기를 한다.

[해설]
문제 41번 해설 참조

45 보강콘크리트 블록조에 대한 설명 중 옳지 않은 것은?

① 내력벽으로 둘러싸인 부분의 바닥면적은 80cm²을 넘지 않도록 한다.
② 벽체의 줄눈은 통줄눈이 되지 않도록 한다.
③ 철근 보강 시 철근은 굵은 것을 조금 넣는 것보다 가는 것을 많이 넣는 것이 좋다.
④ 벽은 집중적으로 배치하지 말아야 하며, 가능한 한 균등히 배치한다.

[해설]
블록 쌓기
보강콘크리트 블록조는 철근 및 콘크리트 사춤을 용이하게 하기 위하여 세로줄눈을 통줄눈으로 설치하지만, 일반 블록조는 막힌줄눈으로 시공하여야 한다.

46 보강콘크리트 블록구조에 있어서 내력벽의 배치는 균등을 유지하는 것이 가장 중요한데 그 이유로서 가장 타당한 것은?

① 수직하중을 평균적으로 배분하기 위해서
② 기초의 부동침하를 방지하기 위해서
③ 외관상 균형을 잡기 위해서
④ 테두리보의 시공을 간단하게 하기 위해서

[해설]
내력벽 배치
블록조의 내력벽은 평면적으로 좌·우, 상·하를 균등하게 유지하도록 하며, 벽량이나 제한면적을 준수하여야 수직하중을 나누어 받아 균열이 발생하지 않는다.

정답 42 ② 43 ② 44 ① 45 ② 46 ①

47 조적조에서 테두리보를 설치하는 이유로 옳지 않은 것은?

① 횡력에 대한 수직 균열을 방지하기 위하여
② 내력벽을 일체로 하여 하중을 균등히 분포시키기 위하여
③ 지붕, 바닥 및 벽체의 하중을 내력벽에 전달하기 위하여
④ 가로 철근의 끝을 정착시키기 위하여

해설
테두리보
- 벽체의 일체화를 통한 수직하중 분산
- 수직 균열 방지
- 세로근의 정착 및 이음

48 보강 철근 콘크리트 블록조에 대한 다음 설명 중 틀린 것은?

① 세로철근으로 이형철근을 사용할 때에는 도중에서 잇지 않는다.
② 보강 블록조는 원칙적으로 통줄눈 쌓기를 한다.
③ 콘크리트 또는 모르타르 사춤은 두 켜 이내마다 한다.
④ 사춤 모르타르, 콘크리트의 이음 위치의 줄눈과 일치되게 한다.

해설
보강 블록조
보강 블록조의 콘크리트 사춤은 2~3단마다 블록의 윗면으로부터 5cm 하단까지 사춤한다.

49 보강 블록공사에 대한 설명으로 옳지 않은 것은?

① 사춤 콘크리트를 다져 넣을 때에는 철근이 이동하지 않게 한다.
② 콘크리트용 블록은 물축임하지 않는다.
③ 가로근은 세로근과의 교차부에 모두 결속선으로 결속한다.

④ 세로근은 기초에서 위층 테두리보까지 철근을 이음하여 배근한다.

해설
보강 블록 쌓기
세로철근으로 이형철근을 사용할 때에는 도중에서 잇지 않고 사용한다.

50 보강 블록공사에 관한 설명으로 옳지 않은 것은?

① 벽의 세로근은 구부리지 않고 설치한다.
② 벽의 세로근은 밑창 콘크리트 윗면에 철근을 배근하기 위한 먹매김을 하여 기초판 철근 위의 정확한 위치에 고정시켜 배근한다.
③ 벽 가로근 배근 시 창 및 출입구 등의 모서리 부분에 가로근의 단부를 수평방향으로 정착할 여유가 없을 때에는 갈고리로 하여 단부 세로근에 걸고 결속선으로 결속한다.
④ 보강 블록조와 라멘 구조가 접하는 부분은 라멘 구조를 먼저 시공하고 보강 블록조를 나중에 쌓는 것이 원칙이다.

해설
보강 블록공사
보강 블록조와 라멘 구조가 접하는 부분은 보강 블록조를 먼저 쌓고 라멘 구조를 나중에 시공한다.

51 블록조 벽체에 와이어 메시를 가로줄눈에 묻어 쌓기도 하는데 이에 관한 설명 중 틀린 것은?

① 전단작용에 대한 보강이다.
② 수직하중을 분산시키는 데 유리하다.
③ 블록과 모르타르의 부착을 좋게 하기 위한 것이다.
④ 교차부의 균열을 방지하는 데 유리하다.

해설
블록의 와이어 메시
- 블록벽의 교차부의 균열을 보강하는 효과가 있다.
- 블록벽에 균열을 방지하는 효과가 있다.
- 블록에 가해지는 횡력에 효과가 있다.

정답   47 ④   48 ④   49 ④   50 ④   51 ③

52 창문 위를 건너질러 상부에서 오는 하중을 좌우 벽으로 전달시키기 위하여 설치하는 보는?

① 기초보 　　　　② 인방보
③ 토대 　　　　　④ 테두리보

해설

인방보
폭이 1.8m 이상인 개구부 상부에는 상부에서 오는 하중을 좌우 벽으로 전달하기 위한 인방보를 설치하여야 하며, 이때 20cm 이상 벽에 물리도록 설치하여야 한다.

53 블록구조에서 인방블록 설치 시 창문들의 좌우 옆 턱에 최소 얼마 이상 물려야 하는가?

① 5cm 　　　　　② 10cm
③ 15cm 　　　　　④ 20cm

해설

문제 52번 해설 참조

54 조적조에서의 대린벽을 가장 잘 설명한 것은?

① 연직하중을 받는 벽
② 수평하중을 받는 벽
③ 하중을 받지 않는 벽
④ 서로 직각으로 교차되는 내력벽

해설

대린벽
서로 직각으로 교차하는 내력벽을 뜻한다.

55 대린벽으로 구획된 조정조의 벽에서 벽 길이가 9m인 경우 이 벽체에 설치할 수 있는 개구부 폭의 합계는?

① 1.5m 이하 　　　② 3.0m 이하
③ 4.5m 이하 　　　④ 6.0m 이하

해설

개구부의 폭
대린벽으로 구획된 조적조의 벽에서 개구부는 벽 길이의 1/2을 초과할 수 없다.

56 블록 쌓기에서 벽량이란 단위면적(m^2)에 대한 그 면적 내에 있는 무엇의 비율인가?

① 내력벽의 길이
② 내력벽의 두께
③ 내력벽의 총면적
④ 내력벽의 총부피

해설

벽량(cm/m^2)

$$벽량 = \frac{각\ 층\ 내력벽\ 길이의\ 합(cm)}{각\ 층\ 바닥면적(m^2)}$$

57 보강콘크리트 블록조에 관한 설명으로 옳지 않은 것은?

① 내력벽은 통줄눈 쌓기로 한다.
② 내력벽의 두께는 그 길이, 높이에 의해 결정된다.
③ 테두리보는 수직방향뿐만 아니라 수평방향의 힘도 고려한다.
④ 벽량의 계산에서는 내력벽이 두꺼우면 벽량도 증가한다.

해설

문제 56번 해설 참조

정답　52 ②　53 ④　54 ④　55 ③　56 ①　57 ④

58 ALC(Auto Claved Lightweight Concrete)의 물리적 성질 중 옳지 않은 것은?

① 기건비중은 보통콘크리트의 약 1/4 정도이다.
② 열전도율은 보통콘크리트와 유사하나 단열성은 매우 우수하다.
③ 불연재인 동시에 내화 재료이다.
④ 경량이어서 인력에 의한 취급이 용이하다.

해설

ALC의 물리적 특성
• 비중은 절건 비중이 0.45~0.55의 범위에 있어 콘크리트의 1/4로 경량이다.
• 열전도율은 콘크리트의 1/10으로 단열성이 우수하다.
• 불연재인 동시에 내화재이다.
• 흡음률은 10~20% 정도이다.
• 균열 발생은 적으나, 다공질이므로 흡수율이 높아 동해에 대한 방수 방습처리가 필요하다.
• 경량으로 인력에 의한 취급이 가능하고, 필요에 따라 현장에서 절단 및 가공이 용이하다.

59 경량기포 콘크리트(ALC)에 관한 설명으로 옳지 않은 것은?

① 기건 비중은 보통 콘크리트의 약 1/4 정도로 경량이다.
② 열전도율은 보통 콘크리트의 약 1/10 정도로서 단열성이 우수하다.
③ 무기질 소재를 주원료로 사용하여 내화 재료로 부적당하다.
④ 흡음성과 차음성이 우수하다.

해설

문제 58번 해설 참조

60 ALC 제품에 관한 설명으로 옳지 않은 것은?

① 절건상태에서의 비중이 0.75~1 정도이다.
② 압축강도는 3~4MPa 정도이다.
③ 내화 성능을 보유하고 있다.
④ 사용 후 변형이나 균열이 적다.

해설

문제 58번 해설 참조

61 ALC 공사의 내력벽 및 비내력벽 시공에 대한 설명 중 옳지 않은 것은?

① 공간쌓기는 안쪽 벽을 주 벽체로 한다.
② 블록 보수작업은 설치 후 1일 이상이 경과하면 시행한다.
③ 외벽, 지붕, 바닥에 사용하는 패널의 현장절단은 하지 않는다.
④ 외벽 패널은 물에 접하는 부분은 원칙적으로 사용을 금한다.

해설

ALC 공간 쌓기
공사시방서 또는 도면에서 규정한 사항이 없으면 바깥쪽을 주 벽체로 하고 내부공간은 50~90mm 정도로 하고, 수평거리 900mm, 수직거리 600mm마다 연결 철물로 긴결시킨다.

62 ALC 공사의 블록 쌓기에 대한 설명으로 옳지 않은 것은?

① 공간쌓기는 안쪽 벽을 주 벽체로 한다.
② 블록 보수작업은 설치 후 1일 이상이 경과하면 시행한다.
③ 연속되는 벽면에서 일부를 나중쌓기할 경우에는 층단 떼어쌓기로 한다.
④ 줄눈부의 충전 모르타르 작업 후 기온 변화가 0℃ 이하가 되는 경우에는 동결 방지를 위해 시트 등으로 보양해야 한다.

해설

문제 61번 해설 참조

63 ALC의 시공 전 확인 및 준비사항으로 옳지 않은 것은?

① 화학적으로 유해한 영향을 받을 수 있는 장소에 사용할 경우에는 필요한 방호 처리를 한다.
② 쌓기 직전의 블록이나 설치 직전의 패널을 습윤상태로 유지해야 한다.
③ 블록 및 패널 나누기를 하여 먹매김하고 개구부 및 설비용 배관 등이 위치한 곳에는 작업 전에 필요한 준비를 한다.
④ 작업부위는 작업 전에 청소를 하고 바닥이 균일하지 않는 곳은 시멘트 모르타르로 수평을 맞춘다.

해설

ALC의 특징
• 기건비중이 콘크리트의 1/4 정도로 경량이며, 현장 절단이 가능
• 압축강도 $40kg/cm^2$ → 비내력벽 등에 사용
• 열전도율이 콘크리트의 1/10 → 결로 주의
• 불연성 재료
• 흡음재의 1/10 정도의 흡음률
• 팽창, 수축이 적음

64 다음 중 ALC(Autoclaved Lightweight Concrete) 패널의 설치공법이 아닌 것은?

① 수직철근 공법
② 슬라이드 공법
③ 커버플레이트 공법
④ 피치 공법

해설

ALC 패널의 설치공법
• 수직철근 공법
• 슬라이드 공법
• 볼트조임 공법
• 커버플레이트 공법

---

65 석재의 특성에 대한 설명으로 옳지 않은 것은?

① 비중이 크고 가공성이 좋지 않은 편이다.
② 석재는 인장 및 전단강도가 크므로 큰 인장력을 받는 장소에 사용한다.
③ 장대재(長大材)를 얻기 어려우므로 가구재(架構材)로는 적당하지 않다.
④ 내수성 · 내구성 · 내화학성이 풍부하다.

해설

석재의 특징
• 불연성이고 압축강도가 크다.
• 내구성, 내수성, 내화학성이 크다.
• 외관이 장중하고 갈면 광택이 난다.
• 인장강도는 압축강도의 1/10~1/40 정도로 장대재를 얻기 어려워 인장재로 부적당하다.
• 비중이 크고 가공성이 좋지 않다.
• 열에 의한 균열이 생긴다.

66 석재에 관한 설명으로 옳은 것은?

① 인장강도는 압축강도에 비하여 10배 정도 크다.
② 석재는 불연성이긴 하나 최열에 닿으면 화강암과 같이 균열이 생기거나 파괴되는 경우도 있다.
③ 장대재를 얻기에 용이하다.
④ 조직이 치밀하여 가공성이 매우 뛰어나다.

해설

문제 65번 해설 참조

67 석재의 일반적 성질에 대한 설명으로 옳지 않은 것은?

① 석재의 비중은 조암광물의 성질 · 비율 · 공극의 정도 등에 따라 달라진다.
② 석재의 강도에서 인장강도는 압축강도에 비해 매우 작다.

---

③ 석재의 공극률이 클수록 흡수율이 작아져 동결융해 저항성은 우수해진다.

④ 석재의 흡수율은 암석의 종류에 따라 다르다.

[해설]

석재의 공극률

석재의 공극률이 크면 클수록 흡수율이 커지고, 그에 따른 동결융해 저항성은 작아진다.

68 석재에 관한 설명으로 옳지 않은 것은?

① 심성암에 속한 암석은 대부분 입상의 결정 광물로 되어 있어 압축강도가 크고 무겁다.

② 화산암의 조암광물은 결정질이 작고 비결정질이어서 경석과 같이 공극이 많고 물에 뜨는 것도 있다.

③ 안산암은 강도가 작고 내화적이지 않으나 색조가 균일하며 가공도 용이하다.

④ 화성암은 풍화물, 유기물, 기타 광물질이 땅속에 퇴적되어 지열과 지압을 받아서 응고된 것이다.

[해설]

안산암

• 화성암 중 가장 흔한 것으로 그 종류가 많다.

• 강도, 경도, 비중이 크며, 내화적이고 석질이 극히 치밀하여 구조용 석재로 널리 사용된다.

69 건축 석재 중 석영, 장석 및 운모로 이루어졌으며 통상적으로 강도가 크고, 내구성이 커서, 내·외부 벽체, 기둥 등에 다양하게 사용되는 석재는?

① 화강암

② 석회암

③ 대리석

④ 점판암

[해설]

화강암

강도, 경도, 내마멸성이 우수하여 구조용·장식용으로 사용된다.

70 다음 석재 중 화성암계가 아닌 것은?

① 화강암

② 석회암

③ 안산암

④ 석영조면암

[해설]

석질에 따른 석재의 분류

• 화성암 : 화강암, 안산암, 석영조면암

• 수성암 : 점판암, 사암, 응회암, 석회암

• 변성암 : 화성암계 – 사문석, 반석/수성암계 – 대리석

71 다음 중 화성암에 속하지 않는 것은?

① 화강암

② 섬록암

③ 안산암

④ 점판암

[해설]

문제 70번 해설 참조

72 석재의 주 용도를 표기한 것으로 옳지 않은 것은?

① 화강암 – 구조용, 외부장식용

② 안산암 – 구조용

③ 응회암 – 경량골재용

④ 트래버틴 – 외부장식용

[해설]

트래버틴(Travertine)

• 다공질

• 암갈색 무늬

• 대리석의 일종

• 특수 실내 장식재

73 석재의 일반적 성질에 관한 설명으로 옳지 않은 것은?

① 석재의 비중은 조암광물의 성질·비율·공극의 정도 등에 따라 달라진다.
② 석재의 강도에서 인장강도는 압축강도에 비해 매우 작다.
③ 석재의 공극률이 클수록 흡수율이 크고 동결융해 저항성은 떨어진다.
④ 석재의 강도는 조성 결정형이 클수록 크다.

해설

석재의 압축강도
• 단위용적 중량이 클수록 크다.
• 공극률이 작을수록 또는 구성입자가 작을수록 크다.
• 결정도와 그 결합상태가 좋을수록 크다.
• 함수율이 높을수록 강도가 저하된다.

74 석재를 인력에 의해 가공할 때 둘의 표면을 망치(쇠메)로 대강 다듬는 것을 무엇이라 하는가?

① 혹두기
② 정다듬
③ 도드락다듬
④ 날망치다듬

해설

석재의 표면가공
혹두기(쇠메) → 정다듬(정) → 도드락다듬(도드락망치) → 잔다듬(날망치) → 물갈기(숫돌, 금강사)

75 다음 중 인조석 마감의 종류가 아닌 것은?

① 인조석 갈아내기 마감
② 인조석 잔다듬 마감
③ 인조석 혹두기 마감
④ 인조석 씻어내기 마감

해설

인조석 마감의 종류
씻어내기 마감, 갈아내기 마감, 인조석 바름 마감, 잔다듬 마감, 도드락다듬 마감 등이 있다.

76 석재의 표면 마무리인 물갈기 및 광내기에 사용하는 재료가 아닌 것은?

① 금강사
② 숫돌
③ 황산
④ 산화주석

해설

석재의 표면 물갈기
손 또는 기계에 의하여 물갈기를 하는데 금강사, 숫돌, 산화주석 등을 이용한다.

77 석공사 건식 공법에 대한 설명으로 옳지 않은 것은?

① 고층건물에 유리하다.
② 얇은 부재의 시공이 용이하다.
③ 시공속도가 빠르고 노동비가 절감된다.
④ 동결, 백화 및 결로현상이 없다.

해설

석재의 건식 붙임 공법
• 구체와 석재 사이에 공간을 두고 긴결철물(Fastener)을 써서 고정하는 공법
• 구체에 석재가 밀착되지 않기 때문에 구조체의 변형이나 균열의 영향을 받지 않고 공장 제작 및 기계화 시공으로 시공의 효율성을 높일 수 있다.
• 습식 공법에 비하여 석재의 두께가 어느 정도 확보되어야 한다.

78 건축 석공사에 관한 설명으로 옳지 않은 것은?

① 건식쌓기 공법의 경우 시공이 불량하면 백화현상 등의 원인이 된다.
② 석재 물갈기 마감 공정의 종류는 거친갈기, 물갈기, 본갈기, 정갈기가 있다.
③ 시공 전에 설계도에 따라 돌나누기 상세도, 원척도를 만들고 석재의 치수, 형상, 마감방법 및 철물 등에 의한 고정방법을 정한다.
④ 마감면에 오염의 우려가 있는 경우에는 폴리에틸렌 시트 등으로 보양한다.

해설
건식 공법

돌붙임공법에서 물을 사용하지 않는 공법으로 습식 공법에 비하여 작업능률이 향상되며 습식 공법의 단점인 백화현상이 발생하지 않는다.

79 건식 공법에 의한 석재 붙이기에 필요한 연결철물로 석재의 상하 양단에 설치하여 1차 연결철물은 지지용으로, 2차 연결철물은 고정용으로 사용하는 것은?

① 꽂음촉　　　　　② Fastener
③ 앵커볼트　　　　④ 꺾쇠

해설

문제 77번 해설 참조

80 실내 마감용 대리석 붙이기에 사용되는 재료로서 가장 적합한 것은?

① 석고 모르타르　　② 방수 모르타르
③ 회반죽　　　　　④ 시멘트 모르타르

해설

대리석 붙이기

실내 마감용 대리석 붙이기에는 석고 모르타르를 사용한다.

81 면이 네모진 돌을 수평줄눈이 부분적으로 연속되고, 세로줄눈이 일부 통하도록 쌓는 돌쌓기 방식은 무엇인가?

① 바른층 쌓기　　　② 허튼층 쌓기
③ 층지어 쌓기　　　④ 허튼 쌓기

해설

돌쌓기

바른층 쌓기는 한 켜의 수평줄눈이 일직선이 되도록 쌓는법이다.

82 돌공사 중 건식 공법의 설명으로 옳지 않은 것은?

① 뒤 사춤을 하지 않고 긴결철물을 사용하여 고정하는 공법이다.
② 앵커철물 혹은 합성수지 접착제를 이용하여 정착시킨다.
③ 구조체의 변형, 균열의 영향을 받지 않는 곳에 주로 사용한다.
④ 경화시간과는 관계없으나 시공 정밀도가 요구되므로 작업능률은 저하한다.

해설

건식 공법

건식 공법은 물을 사용하지 않고 접합하는 공법으로 습식공법에 비해 작업능률이 좋다.

83 돌의 맞댐면에 모르타르 또는 콘크리트를 깔고 뒤에는 잡석 다짐으로 하는 견치돌 석축쌓기 방법은?

① 귀갑쌓기　　　　② 건쌓기
③ 찰쌓기　　　　　④ 모르타르 사춤쌓기

해설

석축쌓기

• 건쌓기 : 돌 뒤에 뒷고임돌만 다져 가며 쌓는 방법
• 사춤쌓기 : 표면에 모르타르 줄눈 치장하고 뒤에는 잡석으로 다져가며 쌓는 방법
• 찰쌓기 : 돌과 돌 사이에 모르타르를 다져놓고 뒷고임에 콘크리트를 채워가며 쌓는 방법

84 모든 석재와 콘크리트가 잘 부착되도록 쌓고, 콘크리트가 앞면 접촉부까지 채워지도록 다지는 돌쌓기 방법은?

① 메쌓기　　　　　② 찰쌓기
③ 막돌쌓기　　　　④ 건쌓기

해설

문제 83번 해설 참조

85 난간벽 위에 설치하는 돌을 무엇이라 하는가?

① 쌤돌 ② 두겁돌
③ 인방돌 ④ 창대돌

두겁대
• 난간이나 난간판장 등의 꼭대기에 씌워 대는 가로재, 또는 경사재
• 징두리 마늘판 등의 상부 가로목. 널벽 위에 가로대어 윗벽과 아무림이 되는 가로재

---

05 타일공사

86 건축물에 이용하는 타일 중 흡수율이 작아 겨울철 동파의 우려가 가장 적은 것은?

① 도기질 타일 ② 석기질 타일
③ 토기질 타일 ④ 자기질 타일

타일 흡수율의 크기
토기 > 도기 > 석기 > 자기
※ 자기질 타일일수록 소성온도가 높고 품질이 우수하다.

87 타일의 흡수율 크기의 대소관계가 알맞는 것은?

① 석기질 > 도기질 > 자기질
② 도기질 > 석기질 > 자기질
③ 자기질 > 석기질 > 도기질
④ 석기질 > 자기질 > 도기질

해설

문제 86번 해설 참조

88 타일에 관한 설명으로 옳지 않은 것은?

① 자기질 타일은 용도상 내 · 외장 및 바닥용으로 사용되며 소성온도는 1,300~1,400℃이다.
② 석기질 타일은 현대건축의 벽화타일이나 이미지 타일로서 폭넓게 활용되고 있다.
③ 도기질 타일은 내구성 · 내수성이 강하여 옥외나 물기가 있는 곳에 주로 사용된다.
④ 티타늄 타일은 500℃ 전후의 고온에서도 그 성질이 변하지 않으며 내식성도 우수하다.

해설

도기질 타일
도기질 타일은 흡수성이 커서 외부에는 부적당하고 내부 타일로 사용한다.

89 재료를 섞고 몰드를 찍은 후 한 번 구워 비스킷(Biscuit)을 만든 후 유약을 바르고 다시 한 번 구워 낸 타일을 의미하는 것은?

① 내장타일 ② 시유타일
③ 무유타일 ④ 표면처리타일

해설

시유
타일이나 기와 등 도기의 표면에 유약을 입히는 것. 유약은 주로 유리질의 규산염 혼합물로, 유약을 바르지 않고 낮은 온도에서 구운 후에 이것을 바르고, 가마에서 다시 굽는다.

90 타일공사 시 바탕처리에 대한 설명으로 틀린 것은?

① 타일을 붙이기 전에 바탕의 들뜸, 균열 등을 검사하여 불량 부분은 보수한다.
② 여름에 외장타일을 붙일 경우에는 바탕면에 물을 축이는 행위는 금한다.
③ 흡수성이 있는 타일에는 제조업자의 시방에 따라 물을 축여 사용한다.
④ 타일을 붙이기 전에 불순물을 제거하고 청소한다.

타일 붙임

모르타르로 시공을 하는 경우 모르타르 내의 시멘트는 수경성이므로 경화에 필요한 물을 타일이 흡수하지 않도록 타일면에 물축임을 해두는 것이 좋다.

91 타일 시공에 관한 설명 중 옳지 않은 것은?

① 타일 나누기는 먼저 기준선을 정확히 정하고 될 수 있는 대로 온장을 사용하도록 한다.

② 타일을 붙이기 전에 바탕의 불순물을 제거하고 청소를 하여야 한다.

③ 타일붙임 바탕의 건조상태에 따라 뿜칠 또는 솔질로 물을 고루 축인다.

④ 외부 대형 벽돌타일 시공 시 줄눈의 표준 너비는 5mm 정도가 적당하다.

타일의 줄눈

타일 구분	대형 외부	대형 내부	소형	모자이크
줄눈 너비	9mm	5~6mm	3mm	2mm

92 타일 시공 시 유의사항으로 옳지 않은 것은?

① 여름에 외장타일을 붙일 경우에는 하루 전에 바탕면에 물을 충분히 적셔 둔다.

② 타일을 붙이기 전에 바탕의 들뜸, 균열 등을 검사하여 불량부분은 보수한다.

③ 타일면은 일정간격의 신축줄눈을 두어 탈락, 동결 융해 등을 방지할 수 있도록 한다.

④ 타일을 붙이는 모르타르에 백화 방지를 위하여 시멘트 가루를 뿌리는 것이 좋다.

백화현상

• 잘 구워진 양질의 재료를 사용할 것
• 줄눈 모르타르에 방수제를 혼합하여 사용
• 빗물이 침입하지 않도록 벽면에 비막이 설치
• 벽돌 표면에 파라핀 도료를 발라 염류의 유출 방지

93 타일 붙이기에 대한 설명으로 옳지 않은 것은?

① 도면에 명기된 치수에 상관없이 징두리벽은 온장 타일이 되도록 나누어야 한다.

② 벽체 타일이 시공되는 경우 바닥 타일을 먼저 시공 후 작업한다.

③ 대형 벽돌형(외부) 타일 시공 시 줄눈 너비의 표준은 9mm이다.

④ 벽 타일 붙이기에서 타일 측면이 노출되는 모서리 부위는 코너 타일을 사용하거나 모서리를 가공하여 측면이 직접 보이지 않도록 한다.

벽 타일 붙이기

바닥 타일과 함께 시공되는 경우는 벽 타일을 붙인 후 바닥 타일을 붙인다.

94 타일공사에 관한 설명 중 옳은 것은?

① 모자이크 타일의 줄눈 너비의 표준은 5mm이다.

② 벽체 타일이 시공되는 경우 바닥 타일은 벽체 타일을 붙이기 전에 시공한다.

③ 타일을 붙이는 모르타르에 시멘트 가루를 뿌리면 백화가 방지된다.

④ 치장 줄눈은 24시간이 경과한 뒤 붙임 모르타르의 경화 정도를 보아 시공한다.

타일 시공

㉠ 줄눈 너비

타일 구분 (외부)	대형 벽돌형	대형 (내부 일반)	소형	모자이크
줄눈 너비	9mm	5~6mm	3mm	2mm

㉡ 치장 줄눈
• 타일을 붙인 후 3시간이 경과하면 줄눈 파기를 하여 줄눈 부분을 충분히 청소한다.
• 24시간 경과한 때 붙임 모르타르의 경화 정도를 보아 치장 줄눈을 하되, 작업 직전에 줄눈 바탕에 물을 뿌려 습윤케 한다.

㉢ 벽 타일을 붙인 후 바닥 타일을 붙이는 것이 공기상 유리하다.

ⓔ 백화현상을 방지하기 위해서 시멘트량을 줄이는 것이 좋다.

95 타일 붙임공법과 가장 거리가 먼 것은?

① 압착공법
② 떠붙임 공법
③ 접착제 붙임 공법
④ 앵커 긴결공법

> 해설

앵커 긴결공법
앵커는 고정체를 말하는 것으로 석재 붙이기의 건식 공법에서 사용된다.

96 타일 붙이기 공법 중 거푸집면 타일 먼저 붙이기 공법의 종류에 해당하지 않는 것은?

① 타일시트법
② 줄눈대법
③ 유닛 타일 붙이기법
④ 줄눈틀법

> 해설

유닛 타일 붙이기법
한 장 한 장 붙여가는 일반적인 공법이다.

97 치장 줄눈 시공에서 타일 붙임이 끝난 후 줄눈파기는 최소 몇 시간이 경과한 때부터 하는 것이 좋은가?

① 1시간 ② 3시간
③ 24시간 ④ 48시간

> 해설

타일 치장 줄눈
타일의 치장 줄눈은 배합비 1 : 1로 벽은 3시간, 바닥은 6~12시간 경과 후 시공한다.

98 타일 공사에서 시공 후 타일 접착력 시험에 대한 설명 중 틀린 것은?

① 타일의 접착력 시험은 200m²당 한 장씩 시험한다.
② 시험할 타일은 먼저 줄눈 부분을 콘크리트면까지 절단하여 주위의 타일과 분리시킨다.
③ 실험은 타일 시공 후 4주 이상일 때 행한다.
④ 시험결과의 판정은 접착강도가 10MPa 이상이어야 한다.

> 해설

타일 시험
접착력 시험 판정은 접착강도가 0.39MPa 이상이어야 한다.

99 타일의 동해를 방지하기 위한 설명 중 틀린 것은?

① 타일은 소성 온도가 높은 것을 말한다.
② 타일은 흡수성이 높은 것일수록 모르타르가 잘 밀착되므로 동해 방지에 효과가 크다.
③ 붙임용 모르타르의 배합비를 좋게 한다.
④ 줄눈누름을 충분히 하여 빗물의 침투를 방지하고 타일 바름 밑바탕의 시공을 잘한다.

> 해설

타일의 동해
외기온도 변화에 따라 동결융해작용이 반복되는 것을 의미한다. 그러므로 동해 방지를 위해서는 흡수성이 작은 타일을 선택하고 방수 처리를 철저히 하여야 한다.

CHAPTER

07

목공사

기 10② 20① 산 12③ 15① 16① 18③
19①

핵심문제 ●○○

건축구조물에 쓰이는 일반적인 목재
의 성질에 대한 설명으로 옳지 않은 것
은?
① 색채 무늬가 있어 미장에 유리하다.
② 비중이 작고 연질이어서 가공이 쉽다.
③ 방부제와 방화재를 사용하면 내구
성을 연장할 수 있다.
❹ 무게에 비해 강도가 작아 구조용으
로 부적합하다.

핵심문제 ●○○

침엽수에 관한 설명으로 옳지 않은
것은?
① 일반적으로 구조용재로 사용된다.
② 직선부재를 얻기에 용이하다.
③ 종류로는 소나무, 잣나무 등이 있다.
❹ 활엽수에 비해 비중과 경도가 크다.

1. 목재의 특징

1) 장점

① 비중이 작고 연질이다(가공 시 용이).
② 비중에 비해 강도가 크다(구조용재).
③ 연전도율이 작다(보온효과).
④ 탄성 및 인성이 크다.
⑤ 색채, 무늬가 있어 미려하다(가구, 내장재).
⑥ 수종이 많고 생산량이 비교적 많다.

2) 단점

① 가연성이다(250℃에서 착화되어 450℃에서 자체 발화).
② 함수율에 따른 변형이 크다(제품의 치수변동).
③ 부패, 충해, 풍해가 있다(내구성이 약함).

2. 목재의 종류

종류
├ 형상 ┬ **침엽수** – 소나무, 해송, 삼송나무, 전나무, 낙엽송, 잣나무
│   └ **활엽수** – 밤나무, 느티나무, 오동나무, 단풍나무, 참나무,
│   박달나무, 벚나무, 은행나무
├ 성장 ┬ **외장수** – 수목에 연륜이 형성되어 성장하는 나무(일반나무)
│   └ **내장수** – 두께가 비대해지지 않고 연륜이 형성되지 않는 나무
│   (일반나무)
├ 재질 ┬ **연질** – 침엽수종, 오동나무(활엽수)
│   └ **경질** – 활엽수종
└ 용도 ┬ **구조재** – 건물의 뼈대를 이루는 부재
       ├ **수장재** – 실내의 치장에 쓰이는 부재
       ├ **창호재** – 창, 문에 쓰이는 부재
       └ **가구재**

3. 목재의 구성

1) 연륜

① 동심원의 조직이며, 나이테라고도 한다.

② 춘재부와 추재부의 합한 크기이다.

③ 연륜 밀도와 추재율이 클수록 강도가 크다.

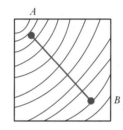

- 연륜밀도 $= \dfrac{연륜개수}{\overline{AB}}$ (개/cm)

- 평균연륜폭 $= \dfrac{\overline{AB}}{연륜개수}$ (cm/개)

④ 침엽수에서 명확하게 나타난다.

2) 심재와 변재

심재	변재
① 변재보다 다량의 수액을 포함하고 비중이 크다.	① 심재보다 비중이 적으나 건조하면 변하지 않는다.
② 변재보다 신축이 적다.	② 심재보다 신축이 크다.
③ 변재보다 내후성, 내구성이 크다.	③ 심재보다 내후성, 내구성이 약하다.
④ 일반적으로 변재보다 강도가 크다.	④ 일반적으로 심재보다 강도가 약하다.

3) 나뭇결

① 곧은결 : 연륜에 직각 방향으로 켠 목재면에 나타나는 평행선상의 나뭇결

② 널결 : 연륜에 평행방향으로 켠 목재면에 나타난 곡선모양(물결모양)의 나뭇결

③ 무닛결 : 나뭇결이 여러 원인으로 불규칙한 아름다운 무늬를 나타내는 결

④ 엇결 : 나무섬유가 꼬여서 나뭇결이 어긋나게 나타난 목재면

4) 목재의 흠

① 옹이 : 줄기세포와 가지세포가 교차되는 곳에서 발생

② 썩음 : 국부 또는 전체가 부패된 것

③ 갈램 : 건조 수축에 따라 균열이 생긴 것

④ 껍질박이 : 목질 내부에 껍질이 남아 있는 것

⑤ 혹 : 섬유가 집중되어 불룩하게 된 부분

⑥ 죽 : 제재물의 일부에 피죽이 남아 붙어 있는 것

5) 목재의 갈라짐

① 분할(Split) : 제재목의 끝 부분에서 상하가 관통하여 갈라진 결함

② 윤할(Shake) : 나무가 생장과정에서 받는 내부응력으로 인하여 목재 조직이 나이테에 평행한 방향으로 갈라지는 결함

③ 할렬(Check) : 목재가 건조과정에서 방향에 따른 수축률의 차이로 나이테에 직각 방향으로 갈라지는 결함

SECTION 02 목재의 성질

기 10④ 12④ 13①② 15① 17② 18①
21①
산 10① 11③ 12① 13①③ 14④ 18③

1. 함수율

$$함수율 = \frac{시험편\ 중량 - 절건상태의\ 중량}{절건상태의\ 중량} \times 100$$

1) 종류(기준이 되는 목재의 무게를 구하는 시점에 따라)

① 건량 기준 함수율(%) : 함유 수분의 무게를 목재의 전건 무게로 나누어서 구하며 일반적인 목재에 적용되는 함수율

② 습량 기준 함수율(%) : 함유 수분의 무게를 건조 전 목재의 무게로 나누어서 구하며 펄프용 칩에 적용되는 함수율

2) 일반적인 함수율

① 내장 마감재로 사용되는 목재의 경우에는 함수율 15% 이하로 하고, 필요에 따라서 12% 이하의 함수율을 적용

② 한옥, 대단면 및 통나무 목공사에 사용되는 구조용 목재 중에서 횡단면의 짧은 변이 900mm 이상인 목재의 함수율은 24% 이하

▼ 일반적인 함수율

| 종별 | 건조재 12 | 건조재 15 | 건조재 19 | 생재 | |
				생재 24	생재 30
함수율	12% 이하	15% 이하	19% 이하	19% 초과 24% 이하	24% 초과

주 : 함수율은 건량 기준 함수율

3) 섬유포화점

목재를 건조하면 유리수가 증발하고 세포수만 남은 상태의 함수율로 보통 30%가 된다.

2. 강도

1) 인장강도 > 휨강도 > 압축강도 > 전단강도
2) 섬유평행 > 섬유직각
3) 허용강도 = 최대강도의 1/7~1/8
4) 섬유 포화점(30%) 이하에서는 비례하여 증가

구분	섬유의 평행	섬유의 직각
압축강도	100	10~20
인장강도	200	7~20
휨강도	150	10~20
전단강도	침엽수 16~활엽수 19	

주 : 섬유에 평행방향을 100으로 보았을 때의 크기임

3. 건조 수축

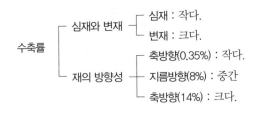

핵심문제 ●●●

건축용 목재의 일반적인 성질에 대한 설명 중 틀린 것은?

① 섬유포화점 이하에서는 목재의 함수율이 증가함에 따라 강도는 감소한다.
② 기건상태의 목재의 함수율은 15% 정도이다.
③ 목재의 심재는 변재보다 건조에 의한 수축이 적다.
❹ 섬유포화점 이상에서는 목재의 함수율이 증가함에 따라 강도는 증가한다.

핵심문제 ●●●

목재 섬유포화점의 대략적인 함수율은?

① 5%　　　　② 15%
❸ 30%　　　　④ 45%

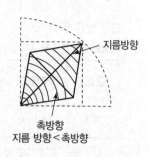

축방향<지름방향<촉방향
(0.35%)   (8%)   (14%)

지름 방향<촉방향

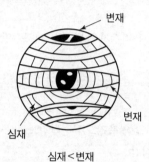

심재<변재

4. 비중

1) 세포 자체의 비중 : 1.54

2) 목재의 공극률(V)

$$V = \left(1 - \frac{W}{1.54}\right) \times 100$$

여기서, W : 절건 상태의 중량

5. 목재의 내구성

1) 부패

① 부패균의 번식 조건 : 온도(25~35℃), 습도(80% 전후), 공기, 양분
② 비중과 강도 저하(강도 저하 폭이 비중의 5배)

2) 풍화

① 수지 성분이 증발하여 광택이 없어지며, 초기에는 갈색, 후에는 은백색
② 방부처리 및 도료 칠을 해서 방지 가능

3) 연소

① 수분증발(100℃)

② 인화점(180℃) : 목재에서 나오는 가스에서 점화되는 온도

③ 착화점(270℃) : 목재 자체에 직접 점화되는 온도

④ 발화점(450℃) : 화기 없이 자연적으로 목재에 불이 붙는 온도

4) 충해

① 흰개미, 굼벵이 등에 의한 침식

② 방식법 : 크레오소트, 콜타르, 염화아연 등을 주입

6. 목재의 건조

```
┌ 건조전 처리 ── 수침법, 자비법, 방치
│
└ 건조법 ┌ 자연건조법
        │
        └ 인공건조법
```

1) 자연건조와 인공건조의 특성

구분	자연건조	인공건조
건조시간	길다.	짧다.
변형	크다.	작다.
건조비용	작다.	크다.
품질	보통	좋다.
건조량	대량	소량

2) 자연건조 시 주의사항

① 지상에서 20cm 이상 이격하여 건조

② 그늘지고 서늘한 곳에서 건조

③ 좌 · 우 · 상 · 하 환적하여 건조

④ 마구리에 페인트칠하여 급격한 건조방지

⑤ 오림대를 대어 변형 방지

3) 인공건조의 종류

① **증기법** : 건조실을 증기로 가열하여 건조시키는 방법(가장 많이 쓰인다.)

② **열기법** : 건조실 내의 공기를 가열하여 건조시키는 방법

③ **훈연법** : 짚이나 톱밥을 태운 연기를 건조실에 도입하여 건조시키는 방법

④ **진공법** : 원통형 탱크 속에 목재를 넣고 밀폐하여 고온, 저압상태에서 수분을 없애는 방법

7. 방부 · 방충법

1) 일광직사

자외선으로 30시간 이상 일광 직사

2) 침지법

물속에 담가 공기차단

3) 표면 탄화법

목재의 표면을 태우는 방법으로 방부성은 있으나 흡수성이 증가

4) 표면 피복법

금속판이나 도료로 표면을 덮는 것

5) 약품 처리법

약제를 칠하거나 가압 · 주입 · 침지시키는 방법

구분	품명	특징
유성	콜타르	상온에서 침투불가, 도포용
	크레오소트	방부력, 침투력 우수, 냄새, 흑갈색용액, 외부용
	아스팔트	가열도포, 흑색 도료 칠 불가, 보이지 않는 곳만 사용
유용성	유성 페인트	유성 페인트 도포 피막형성, 착색자유, 미관효과우수
	P.C.P	방부력 가장 우수, 무색, 도료칠 가능
수용성	황산동 1%용액	방부성은 우수, 철재부식, 인체유해
	염화아연 4%용액	방부성은 우수, 목질부 약화, 비내구적
	염화제2수은 1%용액	방부성은 우수, 철재부식, 인체유해
	불화소다 2%용액	방부성은 우수, 철재 · 인체무해, 도료칠 가능, 고가

8. 방화법

1) 대단면화 : 소요 단면 크기보다 크게 만들어 설치

2) 피복법 : 불연재료 붙임

3) 방화도료

9. 목재의 치수

1) 호칭치수 : 건조 및 대패 가공이 되지 않은 목재의 치수 또는 일반적으로 불리는 목재치수를 말한다.

2) 실제(마감)치수 : 건조 및 대패 마감된 후의 실제적인 최종 치수를 말한다.

3) 목재의 단면은 원목(통나무)의 경우에는 지름으로 표시하고 각재의 경우에는 단면의 가로 및 세로 치수로 표시한다.

4) 목재의 단면 치수

① 원목, 조각재 및 제재목은 제재 치수로 표시하며 필요에 따라서 건조하지 않고 대패 마감된 치수로 표시할 수도 있다.

② 경골목조건축용 구조용재는 건조 및 대패 마감된 치수로 표시한다.

③ 구조용 집성재의 단면 치수는 층재의 건조 및 대패마감, 적층 및 접착 후 대패마감까지 이루어진 최종 마감치수로 표시한다.

④ 집성재의 두께는 층재의 마감치수와 적층수를 곱한 값에서 최종 대패마감 시 윗면과 밑면에서 깎여나간 두께를 뺀 값으로 표시하고, 집성재의 너비는 층재의 너비 또는 한 층에서 횡으로 사용된 층재들의 너비의 합에서 최종 대패마감 시 양 측면에서 깎여나간 두께를 뺀 값으로 표시한다.

⑤ 창호재, 가구재, 수장재 등은 설계도서에 정한 것을 마감치수로 한다.

SECTION 03 건축용 목재

종류	구분		기준
원목	소경재		지름이 150mm 미만인 것
	중경재		지름이 150mm 이상, 300mm 미만인 것
	대경재		지름이 300mm 이상인 것
조각재	소조각재		너비가 150mm 미만인 것
	중소각재		너비가 150mm 이상, 300mm 미만인 것
	대소각재		너비가 300mm 이상인 것
제재목	판재류	좁은 판재	두께가 30mm 미만, 너비가 120mm 미만인 것
		넓은 판재	두께가 30mm 미만, 너비가 120mm 이상인 것
		두꺼운 판재	두께가 30mm 이상, 75mm 미만인 것
		사면 판재	너비가 60mm 이상이고 횡단면이 사다리꼴인 것
	각재류	작은 정각재	두께가 75mm 미만이고 횡단면이 정사각형인 것
		작은 평각재	두께가 75mm 미만, 너비가 두께의 4배 미만이며 횡단면이 직사각형인 것
		큰 정각재	두께와 너비가 75mm 이상이며 횡단면이 정사각형인 것
		큰 평각재	두께와 너비가 75mm 이상이며 횡단면이 직사각형인 것

종류		구분	기준
구조용재	육안등급구조재	1종 구조재	두께가 38mm 이상, 114mm 미만이고 너비는 38mm 이상인 것
		2종 구조재	두께와 너비가 114mm 이상이고 두께와 너비의 치수 차이가 52mm 이상인 것
		3종 구조재	두께와 너비가 114mm 이상이고 두께와 너비의 치수 차이가 52mm 미만인 것
구조용집성재		소단면 집성재	횡단면의 짧은 변이 75mm 미만이고, 긴 변이 150mm 미만인 것
		중단면 집성재	횡단면의 짧은 변이 75mm 이상이고, 긴 변이 150mm 이상인 것 중에서 대단면 집성재를 제외한 것
		대단면 집성재	횡단면의 짧은 변이 150mm 이상이고, 단면적이 30,000mm^2 이상인 것

1. 원목

1) 통나무의 말구지름을 뜻한다.

2) 말구지름 : 통나무의 말구지름이란 수피를 제외한 말구(통나무의 지름이 작은 쪽 끝면)의 최소지름을 의미하며 최소지름이 300mm를 넘는 경우에는 최소지름과 최소지름에 대한 직각방향 지름을 동시에 측정하여 그 차이 30mm(400mm 이상인 통나무는 40mm)마다 최소지름에 10mm씩 가산시킨 값이다.

3) 원구지름 : 통나무의 원구지름이란 수피를 제외한 원구(통나무의 지름이 큰 쪽 끝면으로서 이상 팽대 부분이 있는 경우에는 그 부분을 제외)의 최소지름을 의미하며 최소지름이 300mm를 넘는 경우에는 최소지름과 최소지름에 대한 직각방향 지름을 동시에 측정하여 그 차이 30mm(400mm 이상인 통나무는 40mm)마다 최소지름에 10mm씩 가산시킨 값이다.

4) 평균지름 : 통나무의 말구지름과 원구지름의 평균값이다.

2. 조각재

1) 최소 횡단면에 있어서 빠진 변을 보완한 네모꼴의 4변의 합계에 대한 빠진 변의 합계가 100분의 80 이상인 둥근 형태의 목재를 조각재라 한다.

2) 조각재의 두께 및 폭은 그 조각재의 말구 두께 및 폭이다.

3. 제재목

원목을 제재하여 정사각형 또는 직사각형의 단면을 갖도록 가공한 목재이다.

1) 각재류

두께가 75mm 미만이고 너비가 두께의 4배 미만인 것 또는 두께와 너비가

75mm 이상인 것

① **정각재** : 단면이 정사각형인 각재

② **평각재** : 단면이 직사각형인 각재

③ **작은 각재** : 두께가 75mm 미만인 각재로서 정사각형 단면을 갖는 작은 정각재와 너비가 두께의 4배 미만이며 직사각형 단면을 갖는 작은 평각재로 구분

④ **큰 각재** : 두께가 75mm 이상인 각재로서 정사각형 단면을 갖는 큰 정각재와 직사각형 단면을 갖는 큰 평각재로 구분

2) 판재류

두께가 75mm 미만이고 너비가 두께의 4배 이상인 것

4. 구조용재

1) 육안 등급 구조재

① **제1종 구조재** : 규격재

② **제2종 구조재** : 보재

③ **제3종 구조재** : 기둥재

④ 침엽수 구조용재의 품질기준(옹이 지름비, 둥근 모, 갈라짐, 평균나이테 간격, 섬유주행경사, 굽음, 썩음, 비틀림, 수심, 함수율, 방부 방충처리)에 따라 1등급, 2등급 및 3등급으로 구분한다.

2) 기계 등급 구조재

응력을 가할 수 있는 등급 구분 기계를 사용하여 휨탄성계수를 측정하고, 육안으로 표면을 관찰함으로써 침엽수 기계등급 구조재의 품질기준(휨탄성계수, 둥근 모, 분할, 갈램, 윤할, 썩음, 굽음, 비틀림, 함수율, 수심 등)에 따라 등급을 구분한 구조재이다.

5. 구조용 집성재

1) 특별한 강도 등급에 기준하여 선정된 제재 또는 목재 층재를 섬유방향이 서로 평행하게 집성·접착하여 공학적으로 특정 응력을 견딜 수 있도록 생산된 제품이다.

2) 각각의 제재 또는 목재 층재에 대한 길이이음(경사이음, 핑거조인트 또는 이와 유사한 강도를 갖는 이음 방법) 및 측면 접합을 통하여 원하는 길이 및 너비의 제품을 제조할 수 있으며, 집성 접착 공정에서 만곡 집성재로 제조될 수도 있다.

3) 용어

① 길이 : 곧은 집성재에서 양끝 횡단면을 연결하는 최단 직선의 길이

② 너비 : 집성재의 횡단면에서 접착층에 평행한 변의 길이

③ 두께 : 집성재의 횡단면에서 접착층에 직각인 변의 길이

④ 내층재 : 다른 등급 구성 집성재의 양쪽 최외측 표면으로부터 양쪽을 연결하는 변의 길이의 1/4 이상 떨어진 부위에 사용되는 제재 또는 층재

⑤ **중층재** : 다른 등급 구성 집성재에 사용되는 제재 또는 목재 층재 중에서 최외층재, 외층재 및 내층재를 제외한 것

⑥ **외층재** : 다른 등급 구성 집성재의 양쪽 최외측 표면으로부터 양쪽을 연결하는 변의 길이의 1/16 이상, 1/8 이내의 부위에 사용되는 제재 또는 층재

⑦ **최외층재** : 다른 등급 구성 집성재의 양쪽 최외측 표면으로부터 양쪽을 연결하는 변의 길이의 1/16 이내의 부위에 사용되는 제재 또는 층재로서 휨하중하에서 압축응력이 작용하는 윗면에 사용되는 압축 쪽 최외층재와 인장응력이 작용하는 아랫면에 사용되는 인장 쪽 최외층재로 구분함

4) 구조용 집성재 구분

층재 구성 및 접착층의 방향에 따라 다음과 같이 구분한다.

① **층재 구성에 따른 구분**

- 같은 등급 구성 집성재 : 동일한 등급을 갖는 층재로 구성되며 적층 수가 2~3층인 집성재
- 대칭 다른 등급 구성 집성재 : 서로 다른 등급을 갖는 층재로 구성되며 중립축을 중심으로 상하의 층재 등급을 서로 대칭으로 배치한 집성재
- 비대칭 다른 등급 구성 집성재 : 서로 다른 등급을 갖는 층재로 구성되며, 중립축을 중심으로 상하의 층재 등급을 서로 비대칭으로 배치한 집성재

② **접착층의 방향에 따른 구분**

- 수직 집성재 : 층재의 넓은 접착면이 횡단면의 짧은 변에 직각이거나 보로 사용되는 경우에 층재의 넓은 접착면이 하중방향과 평행한 집성재
- 수평 집성재 : 층재의 넓은 접착면이 횡단면의 긴 변에 직각이거나 보로 사용되는 경우에 층재의 넓은 접착면이 하중방향에 수직인 집성재

6. 공학 목재(Engineered Wood Products)

1) 목재 또는 기타 목질요소(목섬유, 칩, 스트랜드, 스트립, 플레이크, 단판 또는 이들이 혼합된 것)를 구조용 목적에 맞도록 접합 및 성형하여 제조되는 패널이다.

2) 구조용 목질재료 또는 목질 복합체로서 원하는 등급 또는 성능을 지닌 목질 제품을 공학적 방법 및 기술을 적용한 제조공정을 거쳐서 만들어진 제품이다.

7. 구조용 목질판상재(Structural-use Panel)

1) 개요

구조물의 지붕, 벽 및 바닥 골조 위에 덮어서 하중을 지지하는 용도로 사용되는 제품으로서 판재의 용도 및 등급이 기계적 또는 물리적 성질들에 따라 구분되는 판재료이다.

2) 덮개로 사용하는 판재의 골조 부재의 간격 치수

① 구조용 합판이나 석고보드(1,200mm × 2,400mm 제품) : 300, 400, 600mm

② 구조용 O.S.B(1,220mm × 2,440mm 제품) : 305, 406, 610mm

③ 시방서에서 300mm, 400mm 또는 600mm로 표기한 간격은 오에스비 덮개를 사용하는 경우에는 305mm, 406mm 또는 610mm를 표기

8. 오에스비(OSB : Oriented Strand Board)

얇고 가늘고 긴 목재 스트랜드를 각 층별로 동일한 방향으로 배열하되 인접한 층의 섬유방향이 서로 직각이 되도록 하여 홀수의 층으로 구성한 배향성 스트랜드 보드(Oriented Strand Board)의 영문 명칭 약자이다.

9. 합판

얇게 만든 단판을 섬유 방향과 직교되게 3, 5, 7, 9 등의 홀수로 붙여 만든 것을 뜻한다.

1) 단판 제조법

구분	로터리 베니어	소드 베니어	슬라이드 베니어
생산 방법			

두께	0.5~3.0mm	1.0~6.0mm	0.5~1.5mm
특성	• 넓은 판 생산 가능 • 표면이 거칠다. • 원목의 낭비가 심하다. • 단판제조의 90% 사용	• 아름다운 결 이용 가능 • 원목 지름 이상의 판 제조 불가	• 결 이용 가능 • 원목 이상의 판 제조 불가

2) 특성

① 일반 판재에 비하여 균질이다.

② 단판은 얇아서 건조가 빠르다.

③ 홀수로, 90° 교차시켜 접착

④ 뒤틀림이 없고, 팽창·수축을 방지할 수 있다.

⑤ 큰판, 곡면판을 얻을 수 있다.

⑥ 방향에 따른 강도차가 적다.

3) 내수합판, 1류합판

페놀수지 접착제를 이용한다.

4) 합판의 방충제 처리방법

① 단판처리법 : 합판 접착 전에 각각의 단판에 대하여 방충약제를 처리하고 방충 처리된 단판들을 접착하여 합판을 제조하는 방법이다.

② 접착제 혼입법 : 방충약제를 혼합한 접착제를 사용하여 단판들을 접착함으로써 합판을 제조하는 방법이다.

10. 파티클 보드

파티클 보드(Particle Board)는 식물섬유를 주원료로 하여 접착제로 성형, 열압하여 제판한 비중 0.4 이상의 판을 파티클 보드라 하며 특성은 다음과 같다.

1) 강도에 방향성이 없고, 큰 면적의 판을 만들 수 있다.

2) 두께는 비교적 자유롭게 선택할 수 있다.

3) 표면이 평활하고 선택할 수 있다.

4) 방충 방부성이 크다.

5) 균질한 판을 대량으로 제조할 수 있다.

6) 가공성이 비교적 양호하다.

7) 못, 나사못의 지보력은 목재와 거의 같다.

11. 섬유판(Fiber Board, Tex)

1) 종류

① 연질 섬유판 – 건축내장재

② 반경질 섬유판 – 천정재

③ 경질 섬유판 – 건축재의 다용도 사용 가능

2) 특징

① 강도가 크고 가로, 세로의 강도차는 10%이하 이어서 방향성을 고려하지 않아도 되며, 넓은 면적의 판을 만들 수 있다.

② 표면은 평활하고 경도가 크며 내마멸성이 크다.

③ 가로, 세로의 신축이 거의 같으므로 비틀림이 작다.

④ 외부 장식용으로 쓸 때에는 평활도와 광택이 줄어들고, 강도도 줄어든다. 강도의 저하는 1년에 15~20%, 5년에 25~30% 정도이다.

12. MDF(Medium Density Fiber) 판

1) 목질 섬유를 펄프로 만들어 얻은 목섬유를 액상의 합성수시 접착제, 방부제 등을 첨가, 결합시켜 성형하고 열압하여 만든 중밀도의 목질 판상 제품이다.

2) 특징

① 재질이 균일하고 조직이 치밀하다.

② 면이 평활하고 견고하다.

③ 안정성과 기계가공성이 뛰어나다.

④ 정확한 치수를 요하는 부위나 각도가 살아 있어야 하는 구조틀, 몰딩 등에 적용한다.

⑤ 도장성과 접착성이 우수(수장공사의 바탕용)하다.

⑥ 습기에 약하다.

⑦ 고정 철물을 사용한 곳에는 재시공이 어렵다.

13. 바닥 판재

≫
① 보드 : 길이가 너비의 3~5배 정도
② 패널 : 길이가 너비의 정수배
③ 블록 : 보드를 3~5장씩 조합하여 길이와 너비가 같게 만든 것

14. 벽 천장재

1) 코펜하겐 리브

두께 3cm, 넓이 10cm 정도의 긴 판을 자유곡선으로 깎아 수직 평행선이

되게 리브를 만든 것이며, 강당, 극장, 집회장 등에 음향 조절용으로 사용 된다.

2) 코르크

① 코르크에 톱밥, 삼(마), 접착 등을 혼합한 후 열압처리한다.
② 흡음판, 단열판 등으로 사용한다.

SECTION 04 시공

1 저장 및 가공

1. 목재의 주문과 검수 및 저장

1) 주문/검수 시 주의사항

① 주문 시 수량조서를 충분히 검토한다.
② 설계치수와 제재치수 및 대패질, 뒤틀림 등의 바로잡기를 고려하여 주문한다.
③ 이음, 맞춤, 장부의 길이를 계산한 후, 정척물과의 관계를 고려하여 주문한다.
④ 부식, 옹이, 갈라짐, 엇결 등에 대한 사용 가능 여부를 검수 시 확인한다.
⑤ 재종, 품질, 건조상태, 산지 등을 정확히 검수한다.
⑥ 변재의 나이테 간격이 10mm 이상인 목재는 사용이 불가하다.

2) 저장 시 주의사항

① 종류, 용도, 사용 순서, 치수, 길이별로 구분하여 저장한다.
② 통풍이 잘 되는 곳에 저장한다.
③ 직사광선을 피하며, 빗물에 닿지 않는 곳에 저장한다.
④ 지면에서 이격하여 저장한다.

2. 가공

1) 먹매김

마름질, 바심질을 하기 위하여 재의 축방향에 먹을 넣어 가공의 형태를 그리는 것이다.

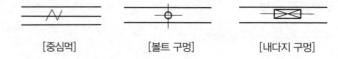

[중심먹]   [볼트 구멍]   [내다지 구멍]

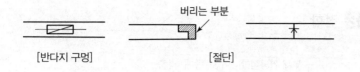

[반다지 구멍]　　　　　[절단]

버리는 부분

2) 마름질 : 재료를 소요치수로 자르는 일

3) 바심질 : 마름질한 것을 깎고 다듬어 만드는 일(대패질, 모접기, 개탕, 쇠시리)

① 대패질
- 목재의 수장면은 특별히 정한 바가 없을 경우에는 전동대패 마감
- 손대패마감이 요구되는 경우 아래의 등급으로 구분하고, 지정이 없을 시 중급마감

대패 마감 정도	평활도	뒤틀림
상급	광선을 경사지게 비추어서 거스러미 및 대패자국이 전혀 없는 것	휨 또는 뒤틀림이 극히 작아서 직선 자를 표면에 대었을 때에 틈이 보이지 않는 것
중급	거스러미 및 대패자국이 거의 없는 것	휨 또는 뒤틀림이 작고 직선 자를 표면에 대었을 때에 약간의 틈이 보이는 것
하급	다소의 거스러미 및 대패자국은 허용하지만 톱자국이 없는 것	휨 또는 뒤틀림 정도가 마감 작업 및 사용상 지장이 없는 것

② 모접기

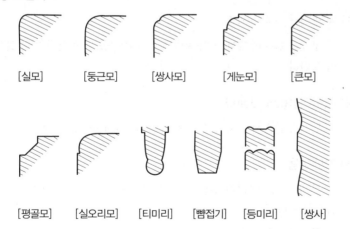

[실모]　　[둥근모]　　[쌍사모]　　[게눈모]　　[큰모]

[평골모]　　[실오리모]　　[티미리]　　[뺨접기]　　[등미리]　　[쌍사]

③ **개탕** : 장지, 빈지, 판자 같은 것을 끼우거나 미닫이 홈을 파는 일(대패)

④ **쇠시리** : 나무의 모나 면을 모아 밀어서 두드러지게 또는 오목하게 하는 일

2 접합

                ┌─ 부재 가공접합 : 이음, 쪽매, 맞춤
        접합 ─┼─ 철물(보강)접합 : 못, 볼트, 꺾쇠, 띠쇠, 감잡이쇠, 안강쇠
                └─ 접착제 접합 : 아교, 카세인, 밥풀, 합성수지계

1. 목재 접합 종류

1) 종류

① 이음 : 목재를 길이로 잇는 것으로 짧은 재의 길이는 1m 이상으로 한다.

② 맞춤 : 수직재와 수평재 등을 각을 지어 맞추는 것

③ 쪽매 : 사용 널재를 옆으로 이어 대는 것

2) 목재의 접합

① 이음부에서 만나는 각각의 부재는 1m 이상의 길이를 확보한다.

② 필요 이상으로 깎아 내지 않는다.

③ 산지구멍의 형상은 네모 또는 원형이다.

④ 각 층마다 목재의 이음이 있는 경우 서로 엇갈리게 배치하며 이음부 상호 간의 간격은 1m 이상이다.

⑤ 산지와 구멍과의 물림 정도 : 꼭 맞음, 보통(지정이 없으면 보통), 헐거움

2. 이음

1) 맞댄이음(Butt Joint)

두 부재를 단순히 맞대어 잇는 방법으로, 덧판을 대고 큰 못이나 볼트 조임을 한다.

2) 겹친이음(Lap Joint)

두 부재를 단순히 겹치게 대고 볼트, 큰 못, 산지 등으로 보강한 이음이다.

3) 따낸이음

두 부재가 서로 물려지도록 따내고 맞추어 이은 것으로 그 종류와 특징은 다음과 같다.

① 주먹장 이음 : 한 재의 끝을 주먹모양으로 만들어, 다른 한 재에 파들어 가게 한 구조로 공작이 간단하고 튼튼하기 때문에 널리 쓰인다.

② 메뚜기장 이음

③ 엇걸이 이음 : 중요한 가로재의 낸 이음으로 쓰이며, 구부림에 효과적이다. 이음길이는 재의 춤의 3~3.5배로 한다.

핵심문제 ●●●

목재의 접합방법과 가장 거리가 먼 것은?

① 맞춤   ② 이음
❸ 압밀   ④ 쪽매

핵심문제 ●●○

목구조에서 이음과 맞춤에 관한 설명 중 옳은 것은?

① 이음이란 부재와 부재가 서로 직각으로 접합되는 것을 말한다.

② 이음과 맞춤의 위치는 응력이 큰 곳에 설치한다.

❸ 베개이음은 수직재 위에 칸막이 도리를 걸고 그 위에서 잇는 것이다.

④ 도리, 중도리 등 휨을 받는 재의 이음은 은장이음으로 한다.

④ 빗걸이 이음 : 밑에 기둥, 보, 간막이 도리 등의 받침이 있는 보의 이음
   으로 빗걸이가 2단으로 되어 턱이 있고, 보의 옆 방향으로 이동을 막기
   위해 꺾쇠 등으로 보강한다.
⑤ 빗이음 : 서로 빗잘라 이은 것으로 이음 길이는 재의 춤에 1.5~2배 정
   도로 하고, 서까래, 띠장, 장선 등에 쓰인다.

3. 맞춤

1) 맞춤의 종류

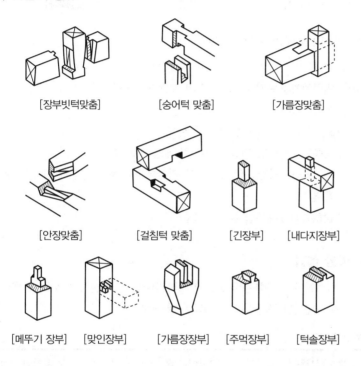

[장부빗턱맞춤]   [숭어턱 맞춤]   [가름장맞춤]

[안장맞춤]   [걸침턱 맞춤]   [긴장부]   [내다지장부]

[메뚜기 장부]   [맞인장부]   [가름장장부]   [주먹장부]   [턱솔장부]

2) 연귀맞춤

나무 마구리를 감추면서 튼튼한 맞춤을 할 때 쓰이는 것으로 목재창에 주
로 사용된다.

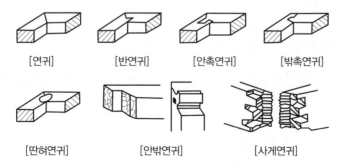

[연귀]   [반연귀]   [안촉연귀]   [밖촉연귀]

[딴혀연귀]   [안밖연귀]   [사계연귀]

4. 쪽매

1) 쪽매의 종류

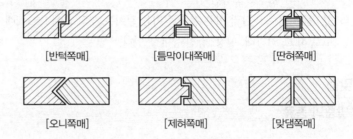

[반턱쪽매]   [틈막이대쪽매]   [딴혀쪽매]

[오니쪽매]   [제혀쪽매]   [맞댐쪽매]

2) 쪽매의 종류별 주요 사용처

① 맞댄쪽매 : 정밀도가 낮은 마루에 쓰임
② 반턱쪽매 : 두께 15mm 미만의 널깔기에 사용
③ 틈막이쪽매 : 징두리 판벽에 사용
④ 오니쪽매 : 흙막이 널 말뚝에 사용
⑤ 빗쪽매 : 간단한 지붕, 반자널쪽매 등에 쓰임
⑥ 제혀쪽매 : 양판문의 양판, 징두리판에도 사용, 마루널 깔기에 가장 좋은 방법
⑦ 딴혀쪽매 : 마루널 깔기에 쓰임

5. 철물 접합

목조 건축물에 작용하는 하중을 지지하거나 또는 전달하는 것을 목적으로 복재에 덧대거나 목재 내에 삽입되는 철물이다.

▼ 철물 용어

래그 나사못	볼트와 같은 모양이나 끝부분이 나사못 모양으로 처리된 철물
나삿니못 (Threaded Nail)	못이 자연스럽게 뽑혀 나오는 현상을 방지 또는 완화시키기 위해서 목재와 못의 표면 사이의 마찰저항을 증가시킬 필요가 있으며, 이를 위하여 매끈한 못대를 꼬아서 못대가 꽈배기 형태로 만들어진 못
스프리트 링	주물로 제조된 디스크 모양의 하중 전달용 철물로 양쪽 평평한 부분이 없으며, 디스크의 중심으로 볼트가 관통하도록 고안되어 긴 지간 거리를 가진 목구조물에 적용되는 철물
전단 플레이트	주물로 제조된 디스크 모양의 하중 전달용 철물로, 평평한 부분과 이 부분에 지각인 한쪽으로 향한 테두리를 가지며 디스크이 중심으로 볼트나 래그 나사못이 관통하는 구멍을 가진 목구조용 철물
파스너	서로 붙여서 사용하는 두 개의 목재 부재 사이에 하중을 지지 또는 전달할 수 있도록 상호 긴밀하게 접합하기 위하여 두드리거나 돌려서 결합하는 조임쇠

허리케인 타이	바람에 의한 상향력이 작용할 때 지붕 구조가 위로 뜨는 것을 방지하기 위하여 벽체의 윗 깔도리 및 이중 깔도리에 설치하여 지붕 서까래를 잡아주는 철물
홀드다운	하나의 수직 격막 단위로 구분되는 목조 건축물의 내력벽에서 수령 하중 때문에 발생하는 모멘크로 인한 우력에 저항하기 위하여 내력벽의 양 끝부분에 설치하는 고정용 철물

1) 일반 사항

① 철판의 두께 및 크기, 그리고 조임쇠의 종류, 지름 및 수량 등은 구조계산에 의하여 결정한다.

② 띠쇠 및 철판 등은 그 두께를 3mm 이상으로 한다.

③ 떨어짐, 찢김, 부식, 녹 등이 없는 것을 사용한다.

④ 제품으로 제조되어 그 성능이 구조설계에 반영된 접합 철물의 경우에는 현장에서 구부리거나 절단하는 등 그 형상이나 치수를 바꿀 수 없으며 철근 등을 구부릴 때에는 공구에 의한 심한 손상으로 인하여 철물의 강성이나 강도가 낮아지지 않도록 주의하여야 한다.

⑤ 철물과 철물 사이의 접합은 아크용접을 원칙으로 한다.

⑥ 철물은 페인트칠로 지정된 것, 도금된 것 및 콘크리트 또는 모르타르에 묻히는 부분을 제외하고는 와이어 브러시 등으로 녹을 제거하고 녹을 방지할 수 있는 방청 처리를 한다.

⑦ 실내 마감용 목재에 사용되는 철물은 눈에 보이지 않도록 감추어서 설치한다.

⑧ 모든 철물은 포장된 상태로 시공 장소까지 운반되고 시공 직전에 포장을 개봉한다.

2) 못

① 못의 지름은 목재 두께의 1/6 이하, 못의 길이는 측면 부재 두께의 2~4배 정도이다.

② 목재의 끝부분에서와 같이 할렬이 발생할 가능성이 있는 경우를 제외하고는 미리 구멍을 뚫지 않고 못을 박는다.

③ 할렬이 발생할 가능성이 높은 경우에는 못 지름의 80% 이하의 지름에 못이 박히는 깊이와 동일한 깊이를 갖는 구멍을 미리 뚫고 못을 박거나 못의 표면에 비누 등의 윤활 물질을 바른 후 못을 박을 수 있다.

④ 못 접합부에서 목재의 갈라짐을 방지하기 위하여 요구되는 끝면거리, 연단거리 및 간격의 최솟값은 다음과 같다.

구분	미리 구멍을 뚫지 않는 경우	미리 구멍을 뚫는 경우
끝면거리	20D	10D
연단거리	5D	5D
섬유에 평행한 방향으로 못의 간격	10D	10D
섬유에 직각방향으로 못의 간격	10D	5D

주 : D – 못의 지름

⑤ 경사 못박기를 하는 경우에 못은 부재와 약 30도의 경사각을 유지하고 부재의 끝면에서 못 길이의 1/3 되는 지점에서부터 못을 박기 시작한다.

⑥ 옹이 등으로 인하여 못을 박기 곤란한 경우에는 못 지름의 80% 이하의 지름을 갖는 구멍을 미리 뚫고 시공한다.

⑦ 구조용재의 표면에는 못을 직각으로 못머리가 구조용재의 표면과 평평해지게 한다.

⑧ 수장재의 경우에는 못머리가 작은 마감용 못을 사용하여야 하며, 가능하면 못이 보이지 않도록 박고 필요한 경우에는 못 자국을 적절한 재료로 땜질한다.

3) 볼트

① 볼트 지름보다 1.5mm 이하만큼 더 크게 미리 뚫은 구멍에 삽입한다.

② 볼트는 너트를 조였을 때에 너트 위로 볼트의 끝부분이 나사산 2개 정도 나오는 길이로 시공한다.

③ 볼트 접합부에서 볼트의 배치

- 볼트 열 : 볼트 접합부에 2개 이상의 볼트가 사용된 경우에 하중과 평행한 방향으로 배열된 볼트의 열
- 끝면거리 : 목재 부재의 끝면으로부터 가장 가까운 볼트의 중심까지 거리
- 연단거리 : 목재 부재의 측면으로부터 가장 가까운 볼트의 중심까지 거리로서 하중이 작용하는 방향으로는 부하 연단거리, 그리고 작용하중의 반대 방향으로는 비부하 연단거리라고 함
- 볼트 열 사이의 거리 : 하중 작용방향에 평행하게 배열된 인접한 볼트 열 사이의 거리
- 볼트 간격 : 1열 내에서 인접한 볼트 사이의 거리

④ 볼트는 그 머리를 몸통과 일체로 만들어 낸 것을 사용하고 특별히 설계도서에 명시된 경우 이외에는 양나사 볼트를 사용하지 않는다.

4) 꺾쇠접합

① 꺾쇠는 박을 때 부러지지 않는 양질의 재료를 사용하고 갈구리의 구부

림 자리에 정자국, 갈라짐, 찢김 등이 없어야 하며 갈구리는 배부름이 없고 꺾쇠의 축과 갈구리의 중심선과의 각도는 직각이 되어야 한다.

② 갈구리 끝에서 갈구리 길이의 1/3 이상의 부분을 네모뿔형으로 만든다.

③ 꺾쇠로 접합하는 두 부재를 밀착시키고 꺾쇠를 양쪽에 같은 길이로 걸친 다음 양어깨를 교대로 박으며 필요할 때에는 꺾쇠자리 파기를 한다.

5) 기타 철물

① 고정볼트, 띠쇠, 꺾쇠, ㄱ자쇠 및 감잡이쇠 설치는 접합하는 두 부재의 재면이 상호 밀착되도록 당겨서 조이며 필요한 경우에는 철물의 두께만큼 목재 부재를 파고 설치할 수 있다.

② 철물을 설치하기 위하여 못을 사용하는 경우에는 지름 3mm 이상의 철물용 못을 사용한다.

③ 철물을 설치할 때에 설치 부위의 목재에 갈라짐이 발생하지 않도록 주의하여야 한다.

④ 철물은 접합부를 구성하는 부재들과 밀착된 상태로 단단히 조여져야 한다.

6. 접착제

1) 접착력의 크기 순서

에폭시 > 요소 > 멜라민 > 페놀(석탄산계)

2) 내수성의 크기 순서

실리콘 > 에폭시 > 페놀 > 멜라민 > 요소 > 아교

3 부위별 시공

1. 목조 천정 공사

1) 달대

① 달대받이를 900mm 이하의 간격으로 설치한다.

② 달대받이는 상부의 지붕보, 층보 등에 덧대고 만나는 부재마다 길이 90mm 이상의 못으로 고정한다.

③ 달대받이를 철골조에 접합하는 경우에는 철골용 나사못으로 고정하고 콘크리트판에 접합하는 경우에는 지름 9mm 이상의 고정볼트를 1.2m 이하의 간격으로 사용하여 고정한다.

④ 달대의 상부는 달대받이에, 하부는 반자대받이 또는 반자대에 옆대고 목구조용 못을 2개씩 박아서 고정한다.

2) 반자대

① 반자대받이는 900mm 이하의 간격으로 설치하며 달대의 측면에 옆대고, 벽면이나 기둥에 접하는 반자대받이는 벽면이나 기둥에 목구조용 못을 사용하여 고정한다.

② 반자대는 450mm 이하의 간격으로 설치한다.

③ 반자대는 반자대받이 밑면에, 벽면이나 기둥에 접하는 반자대는 벽면이나 기둥 목구조용 못을 이용하여 고정한다.

2. 칸막이 벽 공사

1) 바닥에서 밑깔도리, 윗깔도리 및 스터드로 구성되는 비내력벽 목조를 조립한 후 벽 설치 위치에 세워 고정하고 양면에 석고보드 등 판재를 붙여서 마감하는 것을 원칙으로 한다.

2) 벽체의 설치 위치에 수평 및 수직으로 먹줄 또는 분필선(Chalk Line)을 그린다.

3) 목조 조립 후 세우는 공법이나 건물 목조에 직접 고정시키는 공법 중에서 택일한다.

4) 목조 조립 후 세우기 공법

① 목조 조립 시 밑깔도리 및 윗깔도리는 이음이 없는 하나의 부재를 사용한다.

② 하나의 부재로 사용할 수 없는 경우에는 이음 부분에 적절한 보강을 한다.

③ 스터드의 간격은 석고보드나 덮개 판재의 치수에 따라 조정하되 610mm 이하로 한다.

④ 건물 골조의 바닥, 천장 및 벽과 기둥에 고정할 때 각각 부재의 끝에서 200mm 이내, 그리고 중심간격 610mm 이하로 각각 2개씩의 못을 박아서 고정한다.

⑤ 철근콘크리트 골조에 목조를 고정할 때 콘크리트 못을 사용하여 20mm 이상 박히게 한다.

5) 건물 골조에 직접 고정시키는 공법

① 벽체의 설치 위치에 수평 및 수직으로 먹줄 또는 분필선(Chalk Line)을 그린다.

② 밑깔도리 및 윗깔도리는 가능한 하나의 부재를 사용한다.

③ 밑깔도리와 윗깔도리 위에 스터드 및 개구부 스터드의 배치도를 그린 후, 밑깔도리와 윗깔도리 부재를 각각 바닥과 천장에 고정한다.

④ 부재의 끝에서 200mm 이내, 그리고 중심간격 610mm 이하로 각각 2개씩의 못을 박아서 고정한다.

6) 개구부 골조

① 개구부 주변을 보강한다.

② 외벽의 모든 개구부 상부에는 풍하중에 저항할 수 있는 상인방 또는 헤더를 설치한다.

7) 모서리 골조

① 벽체의 끝 부분끼리 만나는 바깥 모서리는 스터드를 사용하여 석고보드의 뒷면에 받침을 제공할 수 있도록 보강한다.

② 벽체의 중간에서 다른 벽체와 만나는 안쪽 모서리는 스터드를 사용하여 석고보드의 뒷면에 받침을 제공할 수 있도록 보강한다.

8) 스터드의 따냄 및 구멍 뚫기

① 스터드를 따내거나 구멍을 뚫는 경우에는 벽체의 안전 및 내구성에 지장이 없도록 주의한다.

② 스터드에 따냄을 하는 경우에 따냄 깊이는 스터드 너비(단면의 긴 치수)의 40% 이하로 한다.

③ 스터드에 구멍을 뚫는 경우에 구멍의 지름은 스터드 너비(단면의 긴 치수)의 60% 이하가 되어야 하며 구멍은 스터드 측면으로부터 15mm 이상 이격시킨다.

9) 외벽 덮개 붙임

① 외벽의 덮개로 사용하는 판재는 두께 12mm 이상의 구조용 합판, 두께 11mm 이상의 오에스비(OSB : Oriented Strand Board) 또는 이와 동등 이상의 구조용 판재로서 내수성 접착제를 사용하여 제조된 제품을 이용한다.

② 그 위에 방습지를 댄 후 외벽 마감재를 시공한다.

③ 벽 덮개용 판재 사이의 수직 이음부는 스터드에 위치하여야 하며 수평 이음부에는 필요한 경우에 가로대를 설치한다.

④ 벽 덮개용 판재는 길이 65mm의 목조건축용 철못을 사용하여 판재의 가장자리에서는 150mm 간격, 그리고 판재의 내부에서는 300mm 간격으로 박아서 고정한다.

10) 방화구획으로 사용되는 벽의 경우에는 건물 구조부와 벽 사이 틈을 화재 시 화염이 관통되지 않도록 방화 조치한다.

11) 벽 속에 단열, 내화 또는 차음용 단열재를 넣을 경우에는 고정핀 등을 사용하여 단열재의 처짐이 없게 시공한다.

3. 계단 및 난간 공사

1) 계단 멍에

① 계단의 하부를 지지하는 구조부재로서 계단의 너비가 900mm 미만인 경우에는 2개, 그 이상일 경우에는 3개를 설치한다.

② 디딤판과 챌판을 설치하기 위한 따내기를 하며 모든 계단멍에는 동일한 치수로 가공한다.

③ 양끝은 받이재에 통 또는 빗턱통을 넣고 지름 9mm의 주걱볼트로 고정한다.

2) 계단 옆판

① 디딤판이나 챌판의 통을 넣을 수 있는 턱을 따내고 계단 뒷널을 설치하기 위한 홈파기를 한다.

② 양끝은 받이재에 통을 넣고 주먹장 걸침을 한 후 지름 9mm의 주걱볼트로 조이거나 숨은 못박기로 고정한다.

③ 기둥, 벽체, 보 등의 지지부재에 측면을 덧대거나 이들 부재에 덧댈 자리를 따내고 덧대어 기둥에는 지름 12mm의 볼트로 조이고 기타의 부재에는 숨은 못박기로 고정한다.

3) 디딤판

① 디딤판 하부에는 밑 계단의 챌판을 끼울 수 있도록 홈을 파고 디딤판은 하나의 부재로 사용하거나 긴 측면을 제혀쪽매로 접합하여 사용한다.

② 디딤판을 계단멍에 위에 올려놓고 양끝은 계단옆판에 끼워 넣으며 계단멍에 및 계단옆판에 각각 못 2개씩을 박아서 고정한다.

4) 챌판

① 챌판은 하나의 부재로 사용하거나 긴 측면을 제혀쪽매로 접합하여 사용한다.

② 챌판을 계단멍에 측면에 세워서 윗면은 상부 디딤판의 홈에 끼워 넣고 양끝은 계단옆판에 끼워 넣으며 밑면은 하부 디딤판 옆에 설치한다.

③ 계단멍에 및 계단옆판에 못 2개씩을 박아서 고정하고 챌판과 하부 디딤판 사이에는 챌판 두께의 2배에 해당하는 길이의 못 또는 꺾쇠못으로 고정한다.

5) 난간

① 엄지기둥의 하부는 받이재에 긴 장부맞춤 후 산지치고 숨은 못박기로 고정하며 계단옆판에는 통을 넣고 내림주먹장 맞춤을 한다.

② 난간평방은 난간기둥 설치를 위한 장부구멍을 판 후 양끝은 엄지기둥

에 통을 넣고 짧은 장부맞춤을 하며 받이재에 측면을 대고 숨은 못박기로 고정한다.

③ 난간기둥은 상부의 난간두겁대 및 하부의 난간평방에 짧은 장부맞춤을 하고 숨은 못박기로 고정한다.

④ 난간두겁대는 밑면에 난간기둥이 장부맞춤할 수 있도록 홈을 파고 엄지기둥에는 통을 넣고 짧은 장부맞춤을 하며 숨은 못박기로 고정한다.

4. 옥외 데크 공사

1) 공사용 목재 자재는 모두 적절한 방부목으로 시공한다.
2) 인접한 데크널에서 데크널의 길이 이음 접합부 사이의 간격은 300mm 이상으로 한다.
3) 지면 또는 콘크리트와 접하는 기둥의 하부는 철물 등을 사용하여 기초 또는 지면과 직접 접촉하는 것을 방지한다.
4) 데크용 목재는 시공 전까지 습기로부터 보호될 수 있도록 보관 및 관리한다.
5) 시공이 끝난 데크는 바로 오일 스테인을 1회 이상 도장하여 마감한다.

5. 방부 및 방충 처리 목재의 사용

1) 콘크리트 및 토양과 직접 접하는 부위, 기타 장기간 습윤한 환경에 노출되는 다음 부분을 포함한 외기에 노출되는 부분은 방부 및 방충처리 목재를 사용한다.
① 구조내력상 중요한 부분에 사용되는 목재로서 콘크리트, 벽돌, 돌, 흙 및 기타 이와 비슷한 투습성의 재질에 접하는 경우
② 목재 부재가 외기에 직접 노출되는 경우
③ 급수 및 배수시설에 근접한 목재로서 수분으로 인한 열화의 가능성이 있는 경우
④ 목재가 직접 우수에 맞거나 습기 차기 쉬운 부분의 모르타르 바름, 라스 붙임 등의 바탕으로 사용되는 경우
⑤ 목재가 외장마감재로 사용되는 경우

2) 방부 처리 목재를 절단이나 가공하는 경우에 노출면에 대한 약제 도포는 현장에서 실시한다.
3) 방부 및 방충 처리 목재의 현장 보관이나 사용 중에 과도한 갈라짐이 발생하여 목재 내부가 노출된 경우에는 현장에서 도포법에 의하여 약제를 처리한다.
4) 목재 부재가 직접 토양에 접하거나 토양과 근접한 위치에 사용되는 경우에는 흰개미 방지를 위하여 주변 토양을 약제로 처리할 수 있으며 필요한 경우에 약제 처리 유자격자에 의한 토양 처리를 실시하여 약제에 의한 2차 피해를 방지한다.

6. 단열공사

1) 온수온돌로 난방하는 공동주택에 있어서 세대별 온수보일러를 설치하는 경우에 거실바닥(최하층의 거실 바닥 및 외기에 접하는 바닥은 제외)의 열관류율은 $1.0kcal/m^2 \cdot h \cdot ℃$ 이하로 한다.
2) 적절한 열관류율을 달성하기 위하여 목재의 두께를 증가시키거나 또는 구조체 내부의 빈 공간에 단열재를 충전한다.

3) 단열재 채워야 하는 곳

① 개구부 상부에 헤더를 상자보 등의 속이 빈 구조
② 목조건축물의 외벽 모서리, 외벽과 지붕 또는 천장이 만나는 부위 등과 같이 구조체 내부에 빈 공간이 생기는 경우

4) 외벽이 유리섬유와 같이 속에 공기가 침투할 수 있는 단열재로 채워진 경우에는 벽체 내에서의 결로 방지와 단열성능 향상을 위하여 외벽의 바깥쪽에 속에 공기가 침투할 수 없는 고형의 단열재를 사용하여 외단열을 설치한다.
5) 단열층을 외단열(외벽 덮개재료 바깥쪽에 설치), 중단열(외벽의 구조부재 사이에 설치) 및 내단열(외벽의 구조부재 또는 석고보드 내부에 설치)로 구분하여 설치

7. 방수 및 방습공사

1) 외벽 및 지붕 등과 같이 비 또는 눈의 영향을 받는 부위에는 외장마감 재료의 설치 전에 반드시 방수막을 설치한다.
2) 지붕 또는 천장 내부가 유리섬유와 같이 속에 공기가 침투할 수 있는 단열재로 채워진 경우에는 처마에서 지붕 상부로 단열재 위에서 외부의 찬 공기가 유통될 수 있는 환기 통로를 설치한다.
3) 환기 통로를 설치하지 않은 경우에는 지붕 덮개재료 위에 물은 내부로 통과하지 못하지만 내부의 습한 공기는 외부로 유출될 수 있는 성질의 방수/투습막을 설치하고 그 상부에 환기 통로를 설치한다.
4) 외벽 내부에 유리섬유와 같이 속에 공기가 침투할 수 있는 단열재가 채워지고 외벽의 구조체 내부 온도가 동계에도 이슬점 이하로 내려가지 않을 정도의 외단열을 설치하지 않은 경우에는 외벽의 덮개재료 바깥쪽에 외부의 물은 내부로 통과하지 못하지만 내부의 습한 공기는 외부로 유출될 수 있는 성질의 방수/투습막을 설치하고 그 바깥쪽에 벽 하부에서 상부로 외부의 찬 공기가 유통될 수 있는 환기 통로를 설치한다.
5) 지붕 및 벽의 환기구를 설치하는 경우에 그 상하부의 공기 흡입구 및 배출구에서 벌레, 쥐 등의 해충이 실내로 침투하지 못하도록 촘촘한 눈을 가진 내구성 있는 재료의 그물망을 설치한다.

6) 목조건축물의 모든 외벽 및 천장의 실내측면에는 실내의 습한 공기가 구조체 내부로 침투하지 못하도록 방습막을 설치하고 스위치, 콘센트, 전등 등과 같이 공기가 구조체 내부로 침투할 수 있는 구멍이 있는 경우에는 해당 부위를 통하여 공기가 구조체 내부로 침투하지 못하도록 그 뒷부분에 철저하게 방습 처리를 한다.

8. 방화 공사

1) 내화구조의 목조계단은 계단을 구성하는 주요 목재(디딤판, 계단옆판)가 다음 중 하나에 해당된다.
   ① 두께 60mm 이상인 것
   ② 두께가 38mm 이상 60mm 미만인 것은 계단 이면과 계단 옆판 외측에 두께 12.5mm 이상의 방화 석고보드를 붙인 것
   ③ 기타 동등 이상의 내화성능을 가진 것으로 인정하여 지정된 것

2) 목조건축물의 내화구조의 벽, 바닥, 천장 등은 다음의 구조로 한다.
   ① 방화재료의 접합 부분, 이음 부분은 화염의 침입을 막을 수 있는 덧댐 구조로 하여야 한다.
   ② 내화구조 이외의 주요 구조부인 벽에 있어서 피복방화재료 내부에서의 화염 전파를 방지할 수 있는 화염막이를 높이 3m 이내마다 설치한다.
   ③ 내화구조 이외의 주요 구조부인 벽과 바닥 및 지붕의 접합부와 계단과 바닥의 접합부 등에 있어서는 피복방화재료 내부에서의 화염전파를 방지할 수 있는 화염막이가 설치되어 있는 구조로 한다.
   ④ 피복 방화재료에 조명기구, 천장 환기구, 콘센트박스, 스위치박스, 기타 이와 유사한 설비가 설치되어 있는 경우에 방화상 지장이 없도록 보강한 구조로 한다.
   ⑤ 접합철물을 사용할 때에는 원칙적으로 방화재료로 충분한 방화피복을 설치하든지 철물을 목재 내부에 삽입한다.

9. 기타

1) 수장용 및 실외의 연소의 우려가 있는 곳에 사용하는 목재로서 설계도서에서 특별히 난연 목재를 사용하도록 정해진 경우에는 난연처리 목재를 사용한다.
2) 부재 사이의 접합철물은 설계도서 또는 설계도서에서 특별히 정해진 바가 없는 경우에 100mm 꺾쇠 또는 엇꺾쇠를 이용한다.
3) 바닥 밑면, 지면 또는 콘크리트로부터 올라오는 습기의 영향을 받기 쉬운 조건인 경우에는 설계도서에서 정한 바에 따라 지면 또는 콘크리트 바닥면으로부터 300mm 이내에 설치되는 부재들에는 방부 처리목을 사용한다.

핵심문제 ●●○

목구조에서 기초 위에 가로놓아 상부에서 오는 하중을 기초로 전달하며, 기둥 밑을 고정하고 벽을 치는 뼈대가 되는 것은?

① 층보　② 층도리
③ 깔도리　❹ 토대

핵심문제 ●●○

다음 ( ) 안에 가장 적합한 용어는?

목구조에서 기둥보의 접합은 보통 (A)으로 보기 때문에 접합부 강성을 높이기 위해 (B)을/를 쓰는 것이 바람직하다.

① A : 강접합, B : 가새
❷ A : 핀접합, B : 가새
③ A : 강접합, B : 샛기둥
④ A : 핀접합, B : 샛기둥

핵심문제 ●●○

목조 뼈대의 변형을 방지하는 가장 유효한 방법은?

① 버팀대를 쓴다.
② 통재기둥을 넣는다.
❸ 가새를 넣는다.
④ 붙임기둥을 넣는다.

1. 토대(Ground Sill)

1) 기초 콘크리트에 기초볼트를 매입한 다음 위바탕 모르타르를 고름질한다.

2) 기초 심먹과 일치하여 심먹을 친 다음 토대를 설치한다.

3) 크기는 보통기둥과 같이 하거나 다소 크게 한다.

2. 기둥

1) 세우기 순서는 토대 → 기둥 → 층도리 → 샛기둥의 순으로 한다.

2) 모서리나 벽의 중간기준이 되는 곳에는 통재기둥을 세운다.

3) 통재기둥

밑층에서 위층까지 1개의 재로 상·하층기둥이 되는 것으로서, 길이는 대게 5~7m 정도 필요하며 가로재와의 접합부는 심히 따내는 일을 피하고 적당한 철물로 보강한다.

4) 평기둥

① 간격은 2m 정도(1.8m)로 치수는 10.5cm 각 정도로 한다.

② 한층에서는 기둥, 토대와 층도리, 깔도리, 처마도리 등 가로재에 의해 구획된다.(평기둥의 치수 및 간격은 통재기둥에 준한다.)

5) 샛기둥

① 본 기둥 사이에서 벽체를 이루는 것으로서 가로재의 옆휨을 막는 데 유효하다.

② 크기 : 본 기둥의 반쪽 또는 1/3쪽으로 하고 간격은 40~60cm(45cm)로 한다.

3. 가새(Diagonal)

1) 모양은 × 자형 ∧ 자형으로 건물 전체에 대하여 대칭으로 배치한다.

2) 수평에 대한 각도는 60° 이하로, 보통 45°로 한다.

3) 가새와 샛기둥이 만날 때는 샛기둥을 따내고 가새는 따내지 않는다.

4) 단면적의 크기

① 압축가새 : 기둥단면의 1/3 이상(꺾쇠로 긴결한다.)

② 인장가새 : 기둥단면의 1/5 이상 또는 동등내력을 갖는 철근대용(9mm 이상으로 못, 볼트로 긴결한다.)

5) 횡력에 대해 저항한다(횡력에 대한 보강재이다).

4. 버팀대

1) 가새를 댈 수 없는 곳에서 45° 경사로 대어 수직귀를 굳힌다.
2) 절점의 강성을 높이기 위해 설치한다.

5. 귀잡이

수평으로 댄 버팀대

1. 인방

1) 기둥과 기둥 사이에 가로대어 창문틀의 상하벽을 받고 하중을 기둥에 전달하며 창문틀을 끼워대는 뼈대가 되는 것이다.
2) 크기는 그 기둥 사이가 2m 정도면 기둥의 2/3 정도이나 그 이상에서 기둥과 같은 것으로 하거나 중간에 달대공을 넣는다.

2. 홈대

1) 한식 또는 절충식 구조에서 인방 자체가 수장을 겸한 창문 틀을 말한다.
2) 절충식 구조에서 홈대는 기둥의 반쪽정도로 하고, 중간홈대는 2/3 정도 크기로 한다.
3) 홈의 너비는 보통 20mm, 깊이는 윗홈대 15mm, 밑홈대 2mm 정도로 하며, 밑홈대엔 2/10정도의 물흘림 경사를 둘 수 있다.

3. 마루

산 12② 13② 14① 15② 18①

1) 1층 마루

① 동바리마루 : 동바리 돌 – 동바리 – 멍에 – 장선 – 마루널
② 납작 마루 : 동바리 돌 – 멍에 – 장선 – 마루널

2) 2층 마루

① 홑마루(장선마루) : 간사이 2m 이내에 사용, 장선 – 마루널
② 보마루 : 간사이 2.4m 이상일 때 사용, 보 – 장선 – 마루널
③ 짠 마루 : 간사이 6.4m 이상일 때 사용, 큰보 – 작은보 – 장선 – 마루널

핵심문제 ●●○

목구조의 2층 마루틀 중 복도 또는 간사이가 작을 때 보를 쓰지 않고 층도리와 간막이도리에 직접 장선을 걸쳐 대고 그 위에 마루널을 깐 것은?

① 동바리마루틀 ❷ 홑마루틀
③ 보마루틀   ④ 짠마루틀

4. 반자

반자는 지붕 밑, 마루 밑을 감추어 보기 좋게 하고 먼지 등을 방지하며 음·열·기류 차단에 효과가 있다.

1) 반자의 종류

① 회반죽 반자
② 널반자
③ 우물반자
④ 층단 구성반자
⑤ 살대반자
⑥ 종이반자

핵심문제   ●●○

목조반자의 구조에서 반자틀의 구조가 아래에서부터 차례로 옳게 나열된 것은?
❶ 반자틀 – 반자틀받이 – 달대 – 달대받이
② 달대 – 달대받이 – 반자틀 – 반자틀받이
③ 반자틀 – 달대 – 반자틀받이 – 달대받이
④ 반지틀받이 – 반자틀 – 달대받이 – 달대

2) 목조 반자틀 구성

달대받이 – 반자돌림대 – 반자틀받이 – 반자틀 – 달대

3) 경량 철골 반자 구성

인서트 – 볼트(달대) – 행거 – 채널 – M바

5. 판벽

1) 외부판벽

① 영식 비늘판벽
② 독일식(턱솔) 비늘판벽
③ 누름대 비닐판벽

2) 내부판벽

기둥, 샛기둥에 띠장을 30~60cm 간격으로 널을 세워댄 것

3) 걸레받이

벽하부의 바닥과 접하는 부분에 높이 20cm 정도로 설치한 것

4) 징두리판벽

실내부의 벽하부에서 1~1.5m 정도를 널로 댄 것. 굽도리 판벽이라고도 한다.

5) 고막이

외벽 하부 지면에 닿는 부분을 지면에서 50cm 정도를 벽면보다 약 1~3cm 정도 나오게 하거나 들여밀기 한 것

1 재료

1. 목재(규격구조재)

▼ 경골목공사의 구조부재 품질

구조부재의 종류		규격
①	토대, 바닥장선, 끝막이장선, 옆장선, 인방, 천장 장선, 서까래 및 마루대	• KS F 3020에 의한 1종 구조재(규격구조재)의 1등급 또는 2등급 • 국립산림과학원 고시에 의한 1종 구조재의 1등급 또는 2등급 • KS F 3021에 의한 구조용 집성재 • 구조용 단판적층재(LVL) • 기계에 의한 휨응력 등급구분을 하는 구조재의 KS F 3020에 의한 기계등급 구조재(MSR)
②	벽 상인방	①에 의한 규격구조재 및 동 3등급
③	스터드	①에 의한 규격구조재
④	위/밑 깔도리	①에 의한 규격구조재 및 동 3등급
⑤	가새	①에 의한 규격구조재 KS D 3503의 SS275과 동등 이상의 품질을 가지며 두께 1mm 이상 및 너비 40mm 미만으로서 못을 박을 수 있는 구멍이 일정한 간격으로 뚫린 띠쇠

2. 구조용 판재

종류	재료의 종류	규격
벽	구조용 합판	KSF 2089에 따른다.
	오에스비	KSF 2089에 따른다.
	석고보드	KS F 3504 (단, 옥외에 접하는 부분 및 상시 습윤의 상태가 될 우려가 있는 부분에는 이용할 수 없다).
바닥 및 지붕	구조용 합판	KSF 2089에 따른다.
	오에스비	KSF 2089에 따른다.

2 시공

1. 토대

1) 토대는 방부·방충 처리한 것, 가압식 방부 처리 목재를 사용한다.

2) 1층의 모든 벽 아래쪽에 토대를 설치한다.

3) 토대는 앵커볼트 또는 이와 유사한 강도를 갖는 강철 띠쇠 등의 철물을 사

용하여 기초구조에 고정한다.

4) 앵커볼트는 지름 12mm 이상, 길이 230mm 이상의 것으로서 끝 부분이 기초구조 내에 180mm 이상의 깊이로 묻히도록 설치한다. 고정볼트는 토대 끝면 또는 개구부로부터 150mm 이내에 고정하고, 토대 1개당 2개 이상의 고정볼트를 사용하며, 고정볼트 사이의 간격은 1.8m 이하로 한다.

5) 기초구조로부터 토대로 수분이 전달되는 것을 방지하기 위하여 토대 밑면에 수분의 침투를 방지할 수 있는 방수지 또는 이와 동등 이상의 방수성능을 갖는 재료를 덧댄다.

2. 바닥구조의 구성

1) 바닥은 바닥장선, 옆막이 장선, 끝막이(헤더) 장선, 그리고 개구부 주변의 개구부 헤더장선, 개구부 옆막이 장선 및 반장선으로 구성되어 있다.

2) 바닥장선은 설계도서에 따라 610mm 이하의 간격으로 배치하며 바닥장선의 양끝에는 바닥장선과 같은 단면의 부재로 끝막이(헤더) 장선을 설치한다.

3) 바닥장선의 높이가 235mm 이상인 경우에는 바닥장선 사이에 2.4m 이하의 간격으로 바닥장선과 같은 치수의 부재로 보막이를 설치한다.

1) 바닥장선

① 1종 구조재로서 너비 140mm 이상의 것을 사용하며 상호 간의 간격은 610mm 이하로 한다.

② 풍속이 40m/s 이상인 경우에는 바닥격막의 가장자리에 위치하는 3개 이상의 바닥장선 사이에 바닥장선과 같은 치수의 보막이를 1,200mm 이하의 간격으로 설치한다.

2) 옆막이장선 및 끝막이장선

① 끝막이장선과 옆막이장선, 옆막이장선과 바닥장선 사이에는 각각 3개의 못을 끝면 못박기하여 고정한다.

② 끝막이장선을 바닥구조의 양끝에 위치시키고 못을 150mm 이하의 간격으로 하부의 토대, 보 또는 아래층 벽의 이중(윗) 깔도리에 경사못박기하여 고정한다.

3) 바닥 개구부

① 바닥장선과 같은 치수를 갖는 부재를 사용하여 개구부 헤더장선, 개구부 옆막이장선 등을 설치하여 보강한다.

② 개구부 헤더장선의 길이가 1,200mm를 초과하는 경우에는 개구부의 헤더장선 및 옆막이장선을 이중으로 설치하여야 하며 이중으로 설치

되는 장선들은 하부에서 보 또는 내력벽에 의하여 지지되지 않는 한 이중장선의 너비에 적합한 안장쇠(행거)에 의하여 지지된다.

③ 길이가 3,600mm를 초과하는 반장선은 하부에서 보 또는 내력벽에 의하여 지지되지 않는 한 안장쇠 또는 50mm × 50mm 이상의 덧도리에 의하여 지지된다.

4) 바닥구조의 보강

① 상부의 내력벽은 하부의 바닥장선에 의하여 직접 지지한다.

② 내력벽이 바닥장선과 평행하거나 또는 1,500N 이상의 집중하중이 작용하는 경우에는 하부의 바닥장선을 이중으로 설치한다.

③ 상부의 비내력벽이 바닥장선 사이에 바닥장선과 평행하게 배치되는 경우에는 양 측면의 바닥장선 사이에 바닥장선과 같은 치수의 부재를 사용하여 보막이를 800mm 이하의 간격으로 설치하여 보강한다.

④ 내민 바닥장선

- 내민 바닥장선의 경우 장선의 치수가 38mm × 140mm일 때는 지점을 넘어서 400mm까지, 장선의 치수가 38mm × 235mm일 때는 지점을 넘어서 600mm까지 내민구조로 할 수 있으며 그 사이의 치수에 대해서는 직선보간법에 의하여 내민길이를 계산한다.
- 벽이나 보를 지나서 돌출된 바닥장선의 끝부분이 상부의 내력벽을 지지하는 경우에는 바닥장선의 돌출길이를 바닥장선의 높이 이하로 제한하여야 하며 비내력벽을 지지하는 경우에는 돌출길이를 바닥장선 경간의 1/4 이하로 한다.

5) 바닥보

① 바닥장선은 바닥보의 상단에 설치하거나 보의 측면에 연결한다.

② 바닥장선을 바닥보의 상단에 설치하는 경우에는 지지점 위에서 38mm 이상의 지압길이가 필요하다.

③ 바닥장선을 바닥보의 측면에 연결하는 경우에는 안장쇠(행거)와 같은 접합철물을 사용하여 설치한다.

6) 바닥장선의 파냄 및 구멍 뚫기

① 가능하면 바닥장선에는 파냄이나 구멍이 없어야 한다.

② 바닥장선의 파냄이나 구멍 뚫기는 인장 측을 피하여야 하고 경간의 중앙 1/3 부분 내에 위치해서도 안 된다.

③ 바닥장선의 파냄 깊이 및 길이는 각각 부재 춤의 1/6 이하 및 1/3 이하로 한다.

④ 바닥장선의 구멍은 부재 춤의 중앙부에 뚫어야 하고 구멍의 지름은 부재 춤의 1/3 이하로 하여야 하며 구멍의 가장자리는 바닥장선의 윗면

또는 밑면으로부터 50mm 이상 떨어져 있어야 하고 구멍이나 파냄 사이의 상호 간격은 100mm 이상이 되게 한다.

⑤ 장선이나 보의 끝면에 지점에 걸치기 위한 파냄을 하는 경우에 그 깊이를 부재 춤의 1/4 이하로 하여야 하며 이외의 인장 측 파냄은 허용되지 않는다.

7) 바닥덮개 붙이기

① 바닥덮개용 판재의 품질은 구조용 판재에 따르며 두께는 18mm 이상이 되게 한다.

② 구조용 합판은 표면의 섬유방향이 바닥장선의 방향과 직교하도록 설치하고 오에스비와 같은 구조용 판재는 긴 방향이 바닥장선의 방향과 직교하도록 설치한다.

③ 바닥덮개는 판재와 판재의 이음 부분이 연속되지 않도록 하며 3개 이상의 바닥장선에 걸치도록 설치한다.

④ 바닥덮개의 접합 부분에 제혀쪽매 가공이 된 경우를 제외하고 판재의 측면을 따라서 바닥장선 사이에 보막이를 설치하여 받침을 제공한다.

⑤ 바닥덮개는 바닥장선과의 사이에 내수 접착제 또는 이와 동등 이상의 접착제를 도포한 후 못박기하여 고정한다.

3. 벽체

1) 일반사항

① 벽체는 수직하중을 지지하고 지붕과 바다이 하중을 기초로 전달하는 역할을 하며 지진과 바람에 의하여 발생하는 수평하중에 저항한다.

② 모든 벽체는 수직으로 설치되어야 하며 벽체의 내부 및 외부 벽면은 마감재를 설치하기에 적합하도록 평평하여야 한다.

③ 전단벽의 실외면 또는 한쪽 측면에는 두께 11mm 이상의 오에스비 또는 구조용 합판이 설치되어 수평하중을 효율적으로 지지할 수 있어야 한다.

2) 내력벽

① 내력벽의 밑깔도리, 윗깔도리, 스터드 및 헤더에는 허용응력을 지닌 규격구조재를 사용한다.

② 스터드의 간격은 설계도서에 따르며 특별히 명시된 바가 없는 경우에는 610mm 이하로 한다.

③ 1층 및 2층의 내력벽은 설계도서에 따르는 경우를 제외하고 원칙적으로 같은 내력벽선상에 설치한다.

3) 윗깔도리 및 밑깔도리

윗깔도리 및 밑깔도리는 각각의 벽면마다 하나의 부재로 사용한다.

4) 내력벽의 헤더

① 1종 구조재를 사용하여 조립보 또는 상자보를 만들어서 설치한다.

② 조립보는 1종 구조재 2장, 3장 또는 4장을 300mm 간격으로 박아서 접합하며 접합하는 부재의 치수 및 수는 설계도서에 따른다.

③ 상자보는 1종 구조재를 사용, 못을 100~300mm 간격으로 박아서 상하 플랜지 부재는 벽체의 스터드와 같은 치수의 부재를 사용하고 웨브 부재의 치수 및 못의 간격은 설계도서에 따른다.

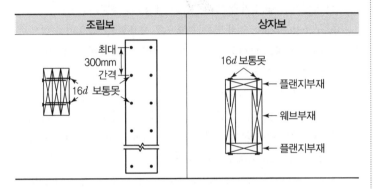

5) 내력벽의 모서리

① 내력벽의 모서리는 3개 이상의 스터드로 구성한다.

② 벽체의 끝부분끼리 만나는 바깥모서리는 3개의 스터드를 사용하고 벽체의 중간에 다른 벽체와 만나는 교차부는 4개의 스터드를 사용하여 실내면에 석고보드 부착이 용이하도록 보강한다.

6) 내력벽의 개구부

① 내력벽에 설치되는 개구부의 길이는 4m 이하로 한다.

② 내력벽에 길이 900mm 이상의 개구부를 설치하는 경우에는 개구부를 구성하는 스터드와 동일치수의 단면을 가지는 옆기둥에 의하여 지지되는 조립보 헤더를 구조내력상 유효하게 설치하거나 상자보를 만들어서 설치한다.

7) 스터드의 파냄 및 구멍 뚫기

① 스터드에 파냄이나 구멍 뚫기를 하는 경우에는 스터드 길이의 중앙 1/3 부분을 피하여 상하부 1/3 부분에 파냄이나 구멍 뚫기를 한다.

② 내력벽 스터드의 파냄은 그 깊이가 스터드 너비의 1/4 이하로 제한한다.

③ 스터드에 구멍을 뚫는 경우에 구멍의 지름은 단일스터드의 경우에는 너비(단면의 긴 치수)의 40% 이하가 되어야 하며, 이중스터드의 경우에는 너비(단면의 긴 치수)의 60% 이하가 되어야 하고 구멍은 스터드 측면으로부터 15mm 이상 떨어져 있어야 한다.

④ 내력벽의 윗깔도리 또는 밑깔도리에 파냄이나 구멍 뚫기를 하는 경우에 해당 부재의 너비가 50mm 이상 손상되지 않고 남아 있도록 한다.

⑤ 스터드에서 동일한 단면에 파냄과 구멍이 동시에 나타나서는 안 되며 파냄이나 구멍 사이의 간격은 100mm 이상이 되어야 한다.

8) 벽덮개

① 벽덮개용 판재의 두께는 11mm 이상으로 한다.

② 구조용 판재는 수직 또는 수평으로 사용할 수 있으며 수평으로 사용하는 경우에는 판재의 측면을 따라 스터드 사이에 스터드막이를 설치하여 받침을 제공한다.

③ 구조용 판재를 사용하지 않고 석고보드만을 사용하는 경우에는 두께 12.5mm 이상의 석고보드를 사용하고 길이 50mm 이상의 나사못으로 석고보드 측면에서는 간격 75mm 이하, 그리고 석고보드 내부에서는 간격 125mm 이하로 고정한다.

④ 구조용 판재의 가장자리에는 150mm 간격, 그리고 판재의 내부에는 300mm 간격으로 CMN50(또는 BXN50) 또는 CMN65(또는 BXN65) 못을 박아서 스터드에 고정한다.

4. 기둥

1) 기둥은 수직하중을 지지하고 지붕의 하중을 기초로 전달하는 역할을 한다.
2) 경골목조건축은 벽식구조(상자형구조)로서 기둥이나 보를 사용하지 않고 내력벽 또는 전단벽이 수직하중을 지지하는 역할을 하지만 벽체를 설치하기 어려운 경우에는 기둥에 의하여 수직하중을 지지할 수도 있다.

5. 지붕

1) 일반사항

① 지붕면은 평평하여야 하며 지붕 마감재를 설치하기에 적합해야 한다.
② 지붕의 면과 면이 만나는 부위에는 마룻대, 마룻보, 귀서까래, 골서까래 등의 부재가 설치되어야 한다.

2) 지붕구조

① 지붕구조는 서까래와 천장 장선구조, 서까래와 조름보 구조 또는 트러스구조로 이루어져 있다.

② 지붕 서까래 또는 천장 장선 상호 간의 간격은 설계도서에 특별히 명시된 바가 없는 경우 610mm 이하로 한다.

6. 석고보드 붙이기

1) 석고보드는 골조부재에 직각으로 설치하고 스터드의 간격은 600mm 이하로 한다.
2) 1매 붙이기를 하는 경우에 석고보드 고정용 못은 길이 32mm 및 지름 2.5mm 이상의 경사 나삿니못 혹은 원형 나삿니못을 사용한다.
3) 2매 붙이기를 하는 경우에 석고보드 고정용 못은 길이 50mm 및 지름 2.5mm 이상의 경사 나삿니못 혹은 원형 나삿니못을 사용한다.
4) 못의 간격은 천장에서는 180mm, 벽체에서는 200mm를 초과하지 않아야 한다. 나사못의 간격은 지지부재의 간격이 600mm 미만, 400mm 이상일 경우에는 400mm를 초과할 수 없으며 400mm 미만일 경우에는 300mm를 초과할 수 없다.
5) 2매 붙이기에서 못박기 간격은 천장 붙이기의 경우에는 보드 가장자리와 중간부 모두에서 300mm 이하로 하고 벽 붙이기의 경우에는 보드 가장자리와 중간부 모두에서 200mm 이하로 한다.
6) 2매 붙이기를 하는 경우에 바탕보드와 마감보드의 못 또는 나사못 설치 위치가 중복되지 않도록 한다.
7) 벽의 모서리 또는 천장장선과 평행한 방향의 벽 이중깔도리 위에는 받침 부재를 설치하거나 또는 보드클립 등을 설치하여 석고보드 받침으로 사용한다.

7. 다층 건물의 시공

1) 연속기초로 하고 줄기초의 두께는 1층 벽 두께의 2배로 한다. 기초의 깊이는 지지면이 지반의 동결깊이보다 깊어야 한다.
2) 다층건물의 1층 벽 스터드로 사용되는 부재의 치수는 38mm × 140mm 이상으로 한다.

01 침엽수에 관한 설명으로 옳지 않은 것은?

① 일반적으로 구조용재로 사용된다.

② 직선부재를 얻기에 용이하다.

③ 종류로는 소나무, 잣나무 등이 있다.

④ 활엽수에 비해 비중과 경도가 크다.

해설

침엽수와 활엽수

침엽수는 활엽수에 비해 경도는 작으나 직대재를 얻을 수
있어 구조재로 많이 활용된다.

02 목구조재료로 사용되는 침엽수의 특징에 해
당하지 않는 것은?

① 직선부재의 대량생산이 가능하다.

② 단단하고 가공이 어려우나 미관이 좋다.

③ 병충해에 약하여 방부 및 방충처리를 하여야 하다.

④ 수고(樹高)가 높으며 통직하다.

해설

침엽수

침엽수는 활엽수에 비해 경도는 작으나 직대재를 얻을 수 있
어 구조재로 많이 활용되며 가공이 용이하고 미관이 좋다.

03 건축재료의 목재의 일반적인 특징을 기술한
내용으로 적당하지 않은 것은?

① 가공이 용이하다.

② 열전도율이 적다.

③ 흡수 및 흡수성이 크다.

④ 내구성이 좋다.

해설

목재의 내구성

목재는 물, 불, 벌레, 균등에 의해 변형 및 변질이 심하여 내구
성이 약하므로 방부·방충 처리를 한 후 사용하여야 한다.

04 건축구조물에 쓰이는 일반적인 목재의 성질
에 대한 설명으로 옳지 않은 것은?

① 색채 무늬가 있어 미장에 유리하다.

② 비중이 작고 연질이어서 가공이 쉽다.

③ 방부제와 방화재를 사용하면 내구성을 연장할 수
있다.

④ 무게에 비해 강도가 작아 구조용으로 부적합하다.

해설

목재의 특징

㉠ 장점

• 비중이 작고 연질이다(가공 시 용이).

• 비중에 비해 강도가 크다(구조용재).

• 연전도율이 작다(보온효과).

• 탄성 및 인성이 크다.

• 색채, 무늬가 있어 미려하다(가구, 내장재).

• 수종이 많고 생산량이 비교적 많다.

㉡ 단점

• 가연성이다(250°C에서 착화되어 450°C에서 자체 발화).

• 함수율에 따른 변형이 크다(제품의 치수 변동).

• 부패, 충해, 풍해가 있다(내구성이 약함).

05 목재의 일반적인 특징에 대한 설명으로 옳지
않은 것은?

① 장대재를 얻기 쉽고, 다른 구조재료보다 가볍다.

② 열전도율이 적으므로 방한·방서성이 뛰어나다.

③ 건습에 의한 신축변형이 심하다.

④ 부패 및 충해에 대한 저항성이 뛰어나다.

문제 04번 해설 참조

06 구조용 재료로 사용되는 목재의 조건으로 부적합한 것은?

① 강도가 크며, 곧고 긴 재를 얻을 수 있을 것
② 건조수축으로 인한 수축 및 변형이 클 것
③ 잘 썩지 않고, 충해에 저항이 클 것
④ 질이 좋고 공작이 용이할 것

해설

구조용 목재의 요구조건
• 직대재이어야 한다.
• 건조수축이 작고 변형이 적어야 한다.
• 구조용재로는 질이 좋고 공작이 쉬워야 한다.

07 목재의 변재와 심재에 관한 설명으로 옳지 않은 것은?

① 심재는 변재보다 비중이 크다.
② 심재는 변재보다 신축변형이 작다.
③ 변계는 심재보다 내후성이 크다.
④ 변재는 심계보다 강도가 약하다.

해설

심재와 변재

심재	변재
• 변재보다 다량의 수액을 포함하고 비중이 크다. • 변재보다 신축이 작다. • 변재보다 내후성, 내구성이 크다. • 일반적으로 변재보다 강도가 크다.	• 심재보다 비중이 작으나 건조하면 변지지 않는다. • 심재보다 신축이 크다. • 심재보다 내후성, 내구성이 약하다. • 일반적으로 심재보다 강도가 약하다.

08 목재 섬유포화점의 대략적인 함수율은?

① 5%   ② 15%
③ 30%   ④ 45%

해설

일반적인 함수율

종별	건조재 12	건조재 15	건조재 19	생재	
				생재 24	생재 30
함수율	12% 이하	15% 이하	19% 이하	19% 초과 24% 이하	24% 초과

함수율은 건량 기준 함수율

목재의 함수율
목재의 함수율이 30%일 때를 섬유포화점이라 한다. 섬유포화점 이하일 때 강도는 증가하고 건조수축현상이 일어나며, 섬유포화점 이상일 때 강도의 변화는 없다.

09 목재를 천연건조시킬 때의 장점이 아닌 것은?

① 비교적 균일한 건조가 가능하다.
② 시설투자 비용 및 작업 비용이 적다.
③ 시간적 효율이 높다.
④ 옥외용으로 사용 시 예상되는 수축, 팽창의 발생을 감소시킬 수 있다.

해설

목재의 건조
인공건조보다 천연건조가 오랜 시간이 소요된다.

10 목재의 변재와 심재에 대한 설명으로 옳지 않은 것은?

① 심재는 변재보다 비중이 크다.
② 심재는 변재보다 신축이 작다.
③ 변재는 심재보다 내후성이 크다.
④ 변재는 심재보다 강도가 약하다.

문제 07번 해설 참조

11 목재재료로 사용되는 침엽수의 특징에 해당하지 않는 것은?

① 직선부재의 대량생산이 가능하다.
② 비중이 커 무거우며 가공이 어렵다.
③ 병·충해에 약하여 방부 및 방충 처리를 하여야 한다.
④ 수고(樹高)가 높으며 통직하다.

해설

목재의 특징
㉠ 장점
  • 비중이 작고 연질이다.(가공 시 용이)
  • 비중에 비해 강도가 크다.(구조용재)
  • 연전도율이 작다.(보온 효과)
  • 탄성 및 인성이 크다.
  • 색채, 무늬가 있어 미려하다.(가구, 내장재)
  • 수종이 많고 생산량이 비교적 많다.
㉡ 단점
  • 가연성이다(250℃에서 착화되어 450℃에서 자체 발화).
  • 함수율에 따른 변형이 크다(제품의 치수변동).
  • 부패, 충해, 풍해가 있다(내구성이 약함).

12 건축용 목재의 일반적인 성질에 대한 설명 중 틀린 것은?

① 섬유포화점 이하에서는 목재의 함수율이 증가함에 따라 강도는 감소한다.
② 기건상태의 목재의 함수율은 15% 정도이다.
③ 목재의 심재는 변재보다 건조에 의한 수축이 적다.
④ 섬유포화점 이상에서는 목재의 함수율이 증가함에 따라 강도는 증가한다.

해설

목재의 함수율
목재의 함수율이 30%일 때를 섬유포화점이라 한다. 섬유포화점 이하일 때 강도는 증가하고 건조수축현상이 일어나며, 섬유포화점 이상일 때 강도의 변화는 없다.

13 목재의 강도가 가장 큰 곳은?

① 섬유 방향 압축력
② 섬유 방향 인장력
③ 섬유에 직각 방향 압축력
④ 전단강도

해설

가력방향과 강도
섬유 방향에 평행하게 가한 힘에 대해서는 가장 강하고, 이에 직각으로 가한 힘에 대해서는 가장 약하다. 또한 강도는 인장강도 > 휨강도 > 압축강도 > 전단강도 순이다.

14 목재의 부패조건에 대한 설명 중 옳지 않은 것은?

① 습도 80% 이상에서는 부패균의 발육이 정지된다.
② 부패균은 4℃ 이하에서는 거의 사멸된다.
③ 대다수의 균은 CO_2 양이 80% 이상이 되면 발육이 정지된다.
④ 완전히 수중에 잠긴 목재는 부패되지 않는다.

해설

목재의 부패
• 균의 작용
• 균외 기생조건 : 온도 20~40℃, 습도 90% 이상, 공기 및 양분
• 부패가 생기면 강도가 감소

15 목재를 천연 건조할 때의 장점에 해당되지 않는 것은?

① 비교적 균일한 건조가 가능하다.
② 시설투자 비용 및 작업 비용이 적다.
③ 건조 소요시간이 짧은 편이다.
④ 타 건조방식에 비해 건조에 의한 결함이 비교적 적은 편이다.

해설

목재의 건조법

천연건조	인공건조
• 그늘에서 건조통풍이 잘되고 직사광선 배제 • 별도의 시설비가 필요 없음 • 대량으로 건조 가능 • 시간이 오래 걸림	• 초기시설비 필요 • 건조시간이 짧음 • 증기실, 열기실에서 건조 • 천연건조에 비해 결함 발생 우려

16 석탄의 고온 건류 시 부산물로 얻어지는 흑갈색의 유성 액체로서 가열도포하면 방부성은 좋으나 목재를 흑갈색으로 착색하고 페인트칠도 불가능하게 하므로 보이지 않는 곳에 주로 이용되는 유성 방부제는?

① 케로신
② PCP
③ 염화아연 4% 용액
④ 콜타르

해설

목재의 방부제
• 콜타르 : 흑갈색의 유성 액체를 가열도포하면 방부성은 좋으나 페인트칠이 불가하여 보이지 않는 곳이나 가설재에 사용
• 크레오소트 : 방부력 우수, 냄새가 나서 외부용으로 사용
• 아스팔트 : 가열하여 도포, 보이지 않는 곳에서 사용
• 유성 페인트 : 유성 페인트 도포로 피막 형성, 미관 효과 우수
• PCP : 가장 우수한 방부력을 가지고 있으며, 도료칠 가능

17 방부성이 우수하지만 악취가 나고, 흑갈색으로 외관에 불리하므로 눈에 보이지 않는 토대, 기둥, 도리 등에 사용되는 방부제는?

① PCP
② 크레오소트
③ 콜타르
④ 에나멜페인트

해설

문제 16번 해설 참조

18 목재에 사용하는 방부제에 해당되지 않는 것은?

① 크레오소트 유(Creosote Oil)
② 콜타르(Coal Tar)
③ 카세인(Casein)
④ PCP(Penta Chloro Phenol)

해설

문제 16번 해설 참조

Section 04 시공

19 목구조에서 이음과 맞춤에 관한 설명 중 옳은 것은?

① 이음이란 부재와 부재가 서로 직각으로 접합되는 것을 말한다.
② 이음과 맞춤의 위치는 응력이 큰 곳에 설치한다.
③ 베개이음은 수직재 위에 칸막이 도리를 걸고 그 위에서 잇는 것이다.
④ 도리, 중도리 등 휨을 받는 재의 이음은 은장이음으로 한다.

해설

목재의 이음 맞춤
• 이음은 부재와 부재가 길이방향으로 이어가는 것을 말한다.
• 이음과 맞춤의 위치는 응력이 작은 곳에서 한다.
• 도리, 중도리 등 휨을 받는 부재의 이음은 산지이음종류를 하는 것이 좋다.

20 목구조에서 부재의 이음과 맞춤을 할 때 주의사항으로 옳지 않은 것은?

① 부재의 응력이 적은 곳에서 한다.
② 이음과 맞춤의 단면은 응력의 방향과 관계없이 시공하기에 쉬워야 한다.
③ 맞춤면은 정확히 가공하여 서로 밀착되어 빈틈이 없게 한다.

④ 공작이 간단한 것을 쓰고 모양에 치중하지 않는다.

해설

목재 이음 맞춤 시 주의사항
- 이음, 맞춤은 가능한 한 응력이 적은 곳에서 만든다.
- 재료는 될 수 있는 대로 적게 깎아내어 약해지지 않도록 한다.
- 접합면은 정확히 가공하여 밀착시켜 빈틈이 없게 한다.
- 큰 응력을 받는 부분이나 약한 부분은 철물로써 보강한다.
- 이음, 맞춤의 단면은 응력의 방향에 직각으로 한다.
- 이음, 맞춤의 끝부분은 작용하는 응력이 균등히 전달되도록 한다.
- 공작이 간단한 것을 쓰고 모양에 치중하지 않는다.
- 볼트 구멍의 여유 크기는 3mm로 한다.
- 부재 단면의 지정이 없을 때에는 구조재와 수장재는 제재 치수로, 창호재와 가구재는 마무리 치수로 한다.

21 목공사에 관한 설명 중 옳지 않은 것은?

① 이음과 맞춤의 단면은 응력의 방향과 일치시킨다.
② 맞춤면은 정확히 가공하여 상호 간 밀착하고 빈틈이 없도록 한다.
③ 못의 길이는 널 두께의 2.5~3배 정도로 한다.
④ 이음과 맞춤은 응력이 작은 곳에 만드는 것이 좋다.

해설

목공사 가공
목재의 이음과 맞춤의 단면 응력의 직각방향으로 한다.

22 목재의 이음 및 맞춤에 관한 용어와 거리가 먼 것은?

① 주먹장   ② 연귀
③ 모접기   ④ 장부

해설

모접기
목공사에서 모접기란 모서리를 부드럽게 가공하거나 치장하는 일을 말한다.

23 목재의 접합방법과 가장 거리가 먼 것은?

① 맞춤   ② 이음
③ 압밀   ④ 쪽매

해설

목재의 접합
- 이음 : 부재를 길이 방향으로 길게 접합하는 것
- 맞춤 : 부재를 각을 가지고 접합하는 것
- 쪽매 : 부재를 옆으로 대어 면적을 늘리는 것

24 다음 ( ) 안에 가장 적합한 용어는?

> 목구조에서 기둥보의 접합은 보통 (㉠)으로 보기 때문에 접합부 강성을 높이기 위해 (㉡)를(을) 쓰는 것이 바람직하다.

① ㉠ 강접합, ㉡ 가새   ② ㉠ 강접합, ㉡ 샛기둥
③ ㉠ 핀접합, ㉡ 가새   ④ ㉠ 핀접합, ㉡ 샛기둥

해설

목구조 접합
목구조의 접합은 가구식 구조로서 핀접합으로 이루어져 접합부의 강성이 약하다. 특히 수평력에 대한 부분이 약하므로 가새, 버팀대, 귀잡이 등으로 보강하여야 한다.

25 목공사에서 모서리의 맞춤으로 창호, 수장재 등의 표면 마구리를 감추기 위하여 사용하는 맞춤은?

① 연귀맞춤   ② 주먹장맞춤
③ 반턱맞춤   ④ 장부맞춤

해설

연귀맞춤
나무 마구리를 감추면서 튼튼한 맞춤을 할 때 쓰이는 것으로 목재창에 주로 사용된다.

26 목구조의 따낸 이음 중 휨에 가장 효과적인 이음은?

① 주먹장 이음   ② 메뚜기장 이음
③ 엇걸이 이음   ④ 반턱 이음

해설
엇걸이 이음

산지 등을 박아 더욱 튼튼하게 하는 이음으로, 휨에 대하여 가장 효과적이며, 중요한 가로재의 낸 이음에 사용된다.

27 마루널에 가장 적합한 쪽매는?

① 오늬쪽매   ② 제혀쪽매
③ 빗쪽매   ④ 맞댄쪽매

해설
제혀쪽매

목재의 쪽매이음 중 숨은 못치기에 가장 유리한 것이 제혀쪽매로, 마룻널 시공 시 많이 사용된다.

28 목구조에 사용하는 보강철물이 아닌 것은?

① 컬럼밴드   ② 안장쇠
③ 주걱꺾쇠   ④ 감잡이쇠

해설
목구조 접합용 철물

• 토대와 기둥 : 감잡이쇠, 꺾쇠, 띠쇠
• 층도리와 기둥 : 띠쇠
• 보와 처마도리 : 주걱 볼트
• 처마도리와 깔도리 : 양나사 볼트
• 평보와 왕대공 : 감잡이쇠
• ㅅ자보와 평보 : 볼트
• 중도리와 ㅅ자보 : 엇꺾쇠
• 달대공과 ㅅ자보 : 볼트, 엇꺾쇠

29 목재의 접착제로 활용되는 수지로 가장 거리가 먼 것은?

① 요소 수지   ② 멜라민 수지
③ 폴리스티렌 수지   ④ 페놀 수지

해설
목재의 접착제

페놀수지, 멜라민수지, 요소수지가 사용된다.

30 목구조의 보강철물에 관한 설명으로 옳지 않은 것은?

① 왕대공과 평보의 접합부는 안장쇠로 보강한다.
② 처마도리와 깔도리 및 평보의 접합부는 주걱볼트로 보강한다.
③ 평보와 ㅅ자보의 접합부는 볼트로 보강한다.
④ 토대와 기둥의 접합부는 띠쇠로 보강한다.

해설
문제 28번 해설 참조

31 목공사에 사용되는 철물에 대한 설명 중 옳지 않은 것은?

① 못의 길이는 박아 대는 재 두께의 2.5배 이상이어야 하며, 마구리 등에 박는 것은 3.0배 이상으로 한다.
② 감잡이쇠는 큰 보에 걸쳐 작은 보를 받게 하고, 안장쇠는 평보를 대공에 달아매는 경우 또는 평보와 ㅅ자보의 밑에 쓰인다.
③ 볼트 구멍은 볼트지름보다 1.5mm 이상 커서는 안 된다.
④ 듀벨은 볼트와 같이 사용하여 듀벨에는 전단력, 볼트에는 인장력을 분담시킨다.

해설
문제 28번 해설 참조

32 목조지붕틀 구조에 있어서 중도리와 ㅅ자 보를 연결하는 데 가장 적합한 철물은?

① 띠쇠   ② 감잡이쇠
③ 주걱볼트   ④ 엇꺾쇠

해설
문제 28번 해설 참조

33 목조 지붕틀의 각 부재와 보강철물이 서로 잘못 연결된 것은?

① 평보와 깔도리 – 주걱 볼트
② 왕대공과 평보 – 안장쇠
③ 평보와 ㅅ자보 – 볼트
④ 왕대공과 ㅅ자보 – 띠쇠

해설

문제 28번 해설 참조

34 목조 지붕틀 구조에 있어서 모서리 기둥과 층도리 맞춤에 사용하는 철물은?

① 띠쇠   ② 감잡이쇠
③ 주걱볼트   ④ ㄱ자쇠

해설

문제 28번 해설 참조

Section
05 세우기

35 목구조에서 기초 위에 가로놓아 상부에서 오는 하중을 기초로 전달하며, 기둥 밑을 고정하고 벽을 치는 뼈대가 되는 것은?

① 층보   ② 층도리
③ 깔도리   ④ 토대

해설

토대

목조건축에서 기초 위에 가로대어 기둥을 고정하는 목조 부재로서 최하부에 위치하는 수평재로, 기둥으로부터의 상부하중이 기초에 고르게 전해지도록 하고 기둥의 하단부를 연결하여 이동을 방지하기 위해 설치하는 부재

36 목조 건물의 뼈대 세우기 순서로 옳은 것은?

① 기둥 – 층도리 – 인방보 – 큰보
② 기둥 – 인방보 – 층도리 – 큰보
③ 기둥 – 큰보 – 인방보 – 층도리
④ 기둥 – 인방보 – 큰보 – 층도리

해설

목조 건물의 세우기 순서
토대 – 기둥(통재, 평, 샛기둥) – 층도리 – 깔도리 – 처마도리 – 지붕틀(보)

37 목구조에 사용하는 부재에 관한 설명 중 옳지 않은 것은?

① 압축력을 부담하는 가새의 단면적은 기둥 단면적의 1/5 이상으로 한다.
② 버팀대의 경사는 45°로 하는 것이 좋다.
③ 귀잡이의 맞춤은 짧은 장부턱맞춤, 볼트 조임 등으로 한다.
④ 가새, 버팀대, 귀잡이 등은 휨력에 대한 변형을 방지한다.

해설

가새(Diagonal)
㉠ 모양은 ×자형 ㅅ자형으로 건물 전체에 대하여 내칭으로 배치한다.
㉡ 수평에 대한 각도는 60° 이하로, 보통 45°로 한다.
㉢ 가새와 샛기둥이 만날 때는 샛기둥을 따내고 가새는 따내지 않는다.
㉣ 단면적의 크기
　• 압축가새 : 기둥 단면의 1/3 이상(꺾쇠로 긴결한다)
　• 인장가새 : 기둥 단면의 1/5 이상 또는 동등 내력을 갖는 철근 대용(9mm 이상으로 못, 볼트로 긴결한다)
㉤ 횡력에 대해 저항한다(횡력에 대한 보강재이다).

38 목조 뼈대의 변형을 방지하는 가장 유효한 방법은?

① 버팀대를 쓴다.   ② 통재기둥을 넣는다.
③ 가새를 넣는다.   ④ 붙임기둥을 넣는다.

문제 37번 해설 참조

39 목조 가새에 관한 설명 중 잘못된 것은?

① 목조 벽체를 수평력에 견디게 하기 위하여 수직부에 배치하는 부재를 가새라 한다.
② 인장력을 부담하는 가새는 기둥 단면적의 1/5 이상, 압축력을 받는 것은 1/3 이상으로 한다.
③ 가새는 수평재와 수직재가 만나는 점과 일치하도록 하고 대칭형으로 배치하는 것이 좋다.
④ 샛기둥과 가새를 맞춤 시에는 가새를 따내어 빗턱 통넣기 또는 큰못치기로 한다.

문제 37번 해설 참조

40 그림과 같은 목조벽체의 가새(Bracing) 중 배치 형태가 가장 적절한 것은?

문제 37번 해설 참조

41 왕대공 지붕틀에서 지붕틀 상호 간의 연결을 튼튼히 하고, 평보의 옆휨을 막기 위하여 평보와 평보 사이에 걸쳐 대는 부재로 옆휨막이 또는 대공 밑둥잡이라고도 불리는 것은?

① 대공가새
② 보잡이
③ 귀잡이보
④ 버팀대

왕대공지붕틀 용어
• 귀잡이보 : 지붕틀과 도리가 네모 구조로 된 것을 보강하기 위하여 귀에 45° 방향으로 나무를 댄 것
• 보잡이 : 지붕틀 및 평보의 옆휨을 막고 지붕틀 상호간의 연결을 더욱 튼튼히 하기 위하여 평보에서 평보에 보잡이를 걸쳐 대는데 이를 옆휨막이 또는 대공 밑잡이라 한다.

Section 06 수장

42 목조 2층주택의 마루널과 반자널을 까는 경우 작업순서로 옳은 것은?

① 1층 마룻바닥 → 1층 반자 → 2층 마룻바닥 → 2층 반자
② 2층 마룻바닥 → 2층 반자 → 1층 마룻바닥 → 1층 반자
③ 2층 반자 → 1층 반자 → 2층 마룻바닥 → 1층 마룻바닥
④ 1층 마룻바닥 → 2층 마룻바닥 → 1층 반자 → 2층 반자

목조 2층 마루/반자틀 시공순서
2층 마룻바닥 – 2층 반자 – 1층 마룻바닥 – 1층 반자

43 목구조의 2층 마루틀 중 복도 또는 간사이가 작을 때 보를 쓰지 않고 층도리와 간막이도리에 직접 장선을 걸쳐 대고 그 위에 마루널을 깐 것은?

① 동바리마루틀   ② 홑마루틀
③ 보마루틀   ④ 짠마루틀

목조 2층 마루
• 홑(장선)마루 : 장선 – 마루널
• 보마루 : 보 – 장선 – 마루널
• 짠마루 : 큰 보 – 작은 보 – 장선 – 마루널

---

44 그림은 반자틀의 단면을 표시한 것이다. 각 부재의 명칭이 틀린 것은?

① A – 달대받이
② B – 달대
③ C – 반자돌림대
④ D – 반자틀

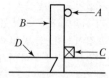

반자틀 각 부재의 명칭
C는 반자틀받이이다.

45 목조반자의 구조에서 반자틀의 구조가 아래에서부터 차례로 옳게 나열된 것은?

① 반자틀 – 반자틀받이 – 달대 – 달대받이
② 달대 – 달대받이 – 반자틀 – 반자틀받이
③ 반자틀 – 달대 – 반자틀받이 – 달대받이
④ 반지틀받이 – 반자틀 – 달대받이 – 달대

목조 반자틀
• 순서 : 달대받이 → 반자돌림대 → 반자틀받이 → 반자틀 → 달대
• 아래부터 부재 순서 : 반자돌림대 → 반자틀받이 → 반자틀 → 달대 → 달대받이

46 층단으로 만들어서 장식 및 음향효과를 갖도록 하고 전기조명장치도 간접조명으로 할 수 있는 반자는?

① 살대반자
② 우물반자
③ 구성반자
④ 건축판 반자

반자의 종류
• 구성반자 : 거실 등의 천장부분을 장식, 음향효과, 간접조명을 고려하여 2중으로 층을 나누어 만든 반자
• 우물반자 : 반자틀을 격자로 짜고 널은 틀 위에 덮어 대거나 틀에 턱솔을 타 끼워 넣어 마무리한 것으로 井자 모양을 닮았다.

• 달반자 : 상층 바닥틀 또는 지붕틀에 달아맨 천장
• 제물반자 : 제치장으로 마무리한 반자

47 건축공사 재료 중 마루판으로 적당하지 않은 것은?

① 코펜하겐 리브(Copenhangen Rib)
② 플로어링 보드(Flooring Board)
③ 파키트리 보드(Parquetry Board)
④ 파키트리 블록(Parquetry Block)

코펜하겐 리브
㉠ 음악실, 강당 등의 벽면에 사용되는 재료로 평평한 면에 리브가 달려 있는 음향 조절용 재료이다.
㉡ 마루판
  • 플로어링 : 원목으로 만든 것
  • 파키트리 : 나무조각을 열압하여 만든 것

48 왕대공 지붕틀의 ㅅ자보 계산에 고려해야 하는 힘의 조합으로 옳은 것은?

① 인장력과 압축력
② 휨모멘트와 인장력
③ 휨모멘트와 압축력
④ 인장력과 전단력

ㅅ자보
ㅅ자보는 압축력과 휨모멘트를 동시에 받는 부재이다.

49 목조계단에서 디딤판이나 챌판은 옆판(측판)에 어떤 맞춤으로 시공하는 것이 구조적으로 가장 우수한가?

① 통 맞춤
② 턱솔 맞춤
③ 반턱 맞춤
④ 장부 맞춤

목조계단
• 디딤판, 챌판은 계단 옆판에 홈을 파 넣을 때와 계단 위를 따내고 올려대는 법이 있다.
• 홈을 파고 넣을 때는 통옆판이라고 하며 이때 맞춤을 통 맞춤이라고 한다.

CHAPTER

08

방수공사

SECTION 01 방수공사 분류

기 16④ 17① 18① 19① 21② 산 12③

1. 방수 공법상의 분류

1) 구조적 방수 공법(구체방수)

구조 부재인 콘크리트 자체를 수밀화한다(수밀콘크리트 공법).

2) 피막 방수 공법(멤브레인 방수)

① 아스팔트 방수
② 시트 방수
③ 도막 방수

3) 방수제 도포 또는 침투법

시멘트 액체 방수

4) 실링 방수

5) 간접 방수법

Dry Area, 이중벽 쌓기 등을 들 수 있다.

2. 개소별 방수의 분류

1) 옥상 방수
2) 외벽 방수
3) 실내 방수
4) 지하실 방수(안방수, 바깥방수)

핵심문제 ●●○

다음 방수공법 중 멤브레인 방수에 해당되지 않는 것은?
① 아스팔트 방수
② 합성고분자 시트방수
③ 도막방수
❹ 액체방수

핵심문제 ●●○

아스팔트 방수층, 개량 아스팔트 시트 방수층, 합성고분자계 시트 방수층 및 도막 방수층 등 불투수성 피막을 형성하여 방수하는 공사를 총칭하는 용어로 옳은 것은?
① 실링방수
❷ 멤브레인방수
③ 구체침투방수
④ 벤토나이트방수

핵심문제 ●●○

다음 중 멤브레인 방수공사에 해당되지 않는 것은?
① 아스팔트방수공사
❷ 실링방수공사
③ 시트방수공사
④ 도막방수공사

▼ 안방수와 바깥방수와의 비교

내용	안방수	바깥방수
① 사용환경	비교적 수압이 적은 지하실에 적당하다.	수압에 상관없이 할 수 있다.
② 바탕만들기	따로 만들 필요가 없다.	따로 만들어야 한다.
③ 공사시기	자유로 선택할 수 있다.	본공사에 선행해야 한다.
④ 공사용이성	간단하다.	상당한 난점이 있다.
⑤ 본공사추진	방수공사에 관계없이 본공사를 추진할 수 있다.	방수공사 완료 전에는 본공사 추진이 잘 안 된다.
⑥ 경제성(공사비)	비교적 싸다.	비교적 고가이다.
⑦ 내수압처리	수압에 견디게 하기 곤란하다.	내수압적으로 된다.
⑧ 공사순서	간단하다.	상당한 절차가 필요하다.
⑨ 보호누름	필요하다.	없어도 무방하다.

기 12④ 16① 17② 19① 20③ 산 15③

핵심문제 ●●○

지하방수에 대한 설명으로 옳지 않은 것은?
① 바깥방수는 깊은 지하실에서 유리하다.
② 바깥방수에는 보통 시트나 아스팔트 방수 및 벤토나이트 방수법이 많이 쓰인다.
❸ 안방수는 시공이 어렵고 보수가 쉽지 않은 단점이 있다.
④ 안방수는 시트나 아스팔트 방수보다 액체방수를 많이 활용한다.

핵심문제 ●●○

바깥방수와 비교한 안방수의 특징에 관한 설명으로 옳지 않은 것은?
① 공사가 간단하다.
② 공사비가 비교적 싸다.
❸ 보호누름이 없어도 무방하다.
④ 수압이 작은 곳에 이용된다.

1. 바탕의 물매

물매	적용 부위
1/100 ~ 1/50	지붕 슬래브, 실내의 바닥 등에서 현장타설 철근콘크리트, 콘크리트 평판류, 아스팔트 콘크리트, 자갈 등으로 방수층을 보호할 경우
1/50 ~ 1/20	방수층 마감을 보호도료(Top Coat) 도포로 하거나 또는 마감하지 않을 경우

2. 방수 바탕의 종류

옥상, 실내 바닥	평면부 바탕	현장타설 철근콘크리트(Reinforced Concrete, 이하 RC) 프리캐스트 콘크리트 부재(Precast Concrete, 이하 PC) ALC 패널(Autoclaved Lightweight Concrete, 이하 ALC)
	치켜올림 바탕	RC를 원칙 PC 및 ALC로 할 경우에는 슬래브와 일체가 되는 구조 또는 조립
외벽		RC, PC 및 ALC
지하 외벽		RC

3. 바탕 형상

1) RC 바탕의 표면은 평활하고, 깨끗하게 마무리한다.
2) 치켜올림부의 RC 바탕은 제물마감, 바탕 표면의 구멍은 폴리머 시멘트 모르타르 등으로 충전하여 메우고, 평탄하게 마무리한다.
3) 치켜올림부는 방수층 끝 부분의 처리가 충분하게 되는 형상, 높이로 되어 있어야 한다.
4) 치켜올림부 상단 끝부분에 설치되는 빗물막이턱은 치켜올림부 RC와 일체로 하고, 빗물막이턱의 물끊기 또는 처마 끝 부분의 물끊기는 물끊기 기능을 충분히 수반하여야 한다.
5) 오목모서리에서 아스팔트 방수층의 경우에는 삼각형, 아스팔트 외의 방수층은 직각으로 한다.
6) 볼록모서리는 각이 없이 완만하게 면처리한다.

4. 바탕의 상태

1) 건조를 전제로 하는 방수공법을 적용할 경우의 바탕표면 함수상태는 8% 이하, 습윤상태에서도 사용 가능한 방수공법을 적용할 경우에는 바탕의 표면 함수 상태가 30% 이하이어야 한다.
2) RC 또는 PC 바탕면은 평탄하고 거칠게 하는 등 접착력 확보를 위한 적절한 조치를 하여야 한다.
3) 치켜올림부 표면은 요철이 없도록 난차가 있는 곳은 연마기 등으로 평탄하게 조정한다.
4) 바탕 표면에 돌출된 철선 등은 바탕면까지 절단하여 연마기 등으로 조정한다.
5) 바탕의 청소는 방수층의 접착력을 떨어뜨리는 먼지, 유지류, 오염, 녹 또는 거푸집 박리제 등이 없도록 한다.

5. 돌출물 주변의 상태

1) 드레인은 RC 또는 PC의 콘크리트 타설 전에 거푸집에 고정시켜 콘크리트에 매립시킨다.
2) 드레인 설치 시에는 드레인 몸체의 높이를 주변 콘크리트 표면보다 약 30mm 정도 내리고, RC 또는 PC의 콘크리트 타설 시 반경 300mm를 전후하여 드레인을 향해 경사지게 물매 처리한다.
3) 드레인은 기본 2개 이상을 설치, 특별한 지시가 없는 경우에는 6m 간격으로 설치한다.
4) 오목모서리는 아스팔트 방수층의 경우 삼각형 면 처리, 그 외의 방수층은 직각으로 면 처리, 볼록 모서리는 각이 없는 완만한 면 처리를 한다.
5) 관통파이프와 바탕이 접하는 부분은 폴리머 시멘트 모르타르나 실링재 등으로 수밀하게 처리한다.

6) 관통파이프 또는 기타 돌출물이 방수층을 관통할 경우 동질의 방수재료 (보수면적 100×100mm)나 실링재 또는 고점도 겔(gel)타입 도막재 등으로 수밀하게 처리한다.

7) 타워크레인 설치를 위해 뚫어 놓은 구멍의 되메움 부분, 이음타설 콘크리트의 이음부 등 불연속 이음부는 나중에 누수 틈새가 될 위험이 있으므로 그 위치를 명확하게 알 수 있도록 해 둔다.

6. 시공 상세도면 작성

1) 평면도

방수 범위, 이음타설 위치, 바탕의 종류, 방수층의 종류, 보호 및 마감, 물매, 배수경로, 오버플로관, 설비기기 기초, 곤돌라 기초, 난간기초, 탈기장치, 신축줄눈 또는 구조물 간의 연결부 분할도 등

2) 부분 상세도

치켜올림, 감아내림, 오목모서리, 볼록모서리, 단차, 신축줄눈, 이음타설부, 지수 처리, 물끊기 처리, 이종 구조물 간의 방수 방법, 이종 방수층의 겹침 및 접합부 처리, 파라펫 주위, 드레인 주위, 고정철물 주위, 설비배관 관통부 주위 등에 대해서는 별도의 부분 상세도 작성

7. 작업환경

1) 강우 및 강설 후 바탕이 아직 건조되지 않은 경우에는 방수 시공을 하지 않는 것을 원칙으로 한다.

2) 기온이 5℃ 미만으로 현저하게 낮고, 바탕이 동결되어 있어서 시공에 지장이 있다고 예상되는 경우에는 방수 시공을 하지 않는 것을 원칙으로 한다.

3) 강풍 및 고온, 고습의 환경일 때는 시공과 안전에 주의한다.

4) 작업자의 안전과 위생환경, 작업환경에 적합하게 환기, 채광 및 조명 설비를 설치한다.

5) 벽면 시공의 경우에는 적절한 발판(가설 비계 등)을 설치한다.

6) 인근으로의 날림, 오염 및 악취를 방지하기 위해 필요한 보호조치를 한다.

8. 손상방지

1) 불꽃이 떨어질 우려가 있는 용접이나 용접기에 의한 절단 및 연마작업

2) 콘크리트 압송관의 이동, 공사용 손수레 등의 운반차 또는 발판, 사다리 등을 사용하는 작업

3) 철근의 운반, 배근 및 절단작업

4) 설비 배관, 기기의 설치작업 및 타일붙이기 작업

5) 가설재료, 기자재의 운반, 설치 및 철거작업

6) 지붕용 곤돌라의 설치 및 이동작업, 공청 안테나, 환기 및 급수설비 설치작업 등

9. 완성 시의 검사 및 시험

1) 규정 수량이 확실하게 시공(사용)되어 있는지의 여부를 확인한다.
2) 방수층의 부풀어 오름, 핀홀, 루핑 이음매(겹침부)의 벗겨짐 여부를 확인한다.
3) 방수층의 손상, 찢김(파단) 발생의 여부를 확인한다.
4) 보호층 및 마감재의 상태를 확인한다.
5) 담수시험을 하는 경우에는 다음의 순서에 따라 실시한다.
   ① 배수관계의 구멍(배수트랩, 루프드레인)은 이물질 등이 들어가지 않도록 한다.
   ② 방수층 끝 부분이 감기지 않도록 물을 채우고, 48시간 정도 누수 여부를 확인한다. 필요에 따라서는 치켜올림 높이까지 물을 채우고, 누수 여부를 48시간 정도 더 확인한다.
   ③ 누수가 없음을 확인한 후, 담수한 물을 배수구로 흘려보내 배수상태를 확인한다.

방수층의 종류	사용재료	바탕과의 고정상태, 단열재 유무, 적용부위
개량 아스팔트 방수(M)	• Pr : 보호층 필요(보행용) • Mi : 모래 붙은 루핑	• F : 전면부착 • S : 부분부착
아스팔트 방수(A)	• Pr : 보호층 필요(보행용) • Mi : 모래 붙은 루핑 • Al : ALC패널 방수층 • Th : 단열재 삽입 • In : 실내용	• T : 바탕과의 사이에 단열재 • M : 바탕과 기계적으로 고정시키는 방수층 • U : 지하적용하는 방수층 • W : 외벽에 적용하는 방수층
시트방수 (S)	• Ru : 합성고무계 • Pl : 합성수지계	
도막방수 (L)	• Ur : 우레탄 • Ac : 아크릴 고무 • Gu : 고무아스팔트	
A : Asphalt S : Sheet L : Liguid	• Pr : Protected • AL : ALc • Th : Thermal Insulated • Mi : Mineral Surfaced • In : Indoor • Ru : Rubber • Pl : Plastic • Ur : Urethane Rubber • Ac : Acrlic Rubber • Gu : Gum	• F : Fully Bonded • S : Spot Bonded • T : Thermal Insulated • M : Mechanical Fasteneed • U : Underground • W : Wall

1. 방수공사용 아스팔트

1) 종류

종류	용도
1종	보통의 감온성을 갖고 있으며, 비교적 연질로서 공사 기간 중이나 그 후에도 알맞은 온도 조건에서 실내 및 지하 구조 부분에 사용한다.
2종	비교적 낮은 감온성을 갖고 있으며, 일반 지역의 경사가 느린 보행용 지붕에 사용한다.
3종	감온성이 낮은 것으로서 일반 지역의 노출 지붕 또는 기온이 비교적 높은 지역의 지붕에 사용한다.
4종	감온성이 아주 낮으며 비교적 연질의 것으로, 일반 지역 외에 주로 한랭 지역의 지붕, 그 밖의 부분에 사용한다.

✎ 감온성 : 아스팔트의 경도 또는 점도 등이 온도의 변화에 따라 변화하는 성질

2) 품질

종류	1종	2종	3종	4종
연화점(℃)	85 이상	90 이상	100 이상	95 이상
침입도	25~45	20~40	20~40	30~50
인화점(℃)	250 이상	270 이상	280 이상	280 이상
취화점(℃)	−5 이하	−10 이하	−15 이하	−20 이하
가열 안정성(℃)	5 이하			

① **연화점** : 고체에서 액체로 변하는 온도, 가열하면 서서히 액상으로 변함
② **침입도** : 25℃, 100g, 5초 동안 시료 중에 수직으로 관입한 길이로 0.1mm 관입을 침입도 1이라 함
③ **인화점** : 불을 가까이 했을 때 불이 붙을 때의 온도
④ **취화점** : 강판 위에 놓은 아스팔트의 얇은 막이 규정된 조건에서 냉각되고 휘어졌을 때, 아스팔트의 얇은 막이 취하하여 균열이 생기는 최초의 온도
⑤ **가열 안정성** : 시료를 300±5℃에서 5시간 가열하여 가열 전후의 각각의 시료에 대한 취화점을 측정하고 각각의 수치의 차를 가열 안정정으로 함

3) 방수공사용 아스팔트는 통칭 아스팔트 컴파운드의 1종~4종에 적합한 것을 표준으로 한다.
4) 방수층 위에 단열재와 콘크리트 보호층이 있는 지붕의 경우, 온도변화가 거의 없음을 고려하여 지하 및 실내의 경우와 동일하게 1종을 표준으로 적용한다.

핵심문제 ●●○

아스팔트 방수법에 관한 설명 중 옳지 않은 것은?
① 콘크리트 등의 모체를 완전 건조시켜야 한다.
② 보수 시에 결함부분을 발견하기가 쉽지 않다.
③ 보호층을 견실하게 해야 한다.
❹ 모체의 신축에 대하여 불리하다.

핵심문제 ●●○

방수공사에 사용되는 아스팔트의 양부를 판정하는 데 필요한 사항과 가장 거리가 먼 것은?
① 침입도　② 연화점
❸ 마모도　④ 감온성

핵심문제 ●●●

방수공사에 사용하는 아스팔트의 견고성 정도를 침(針)의 관입저항으로 평가하는 방법은?
❶ 침입도　② 마모도
③ 연화점　④ 신도

핵심문제 ●○○

아스팔트 방수공사에서 아스팔트 프라이머를 사용하는 가장 중요한 이유는?
① 콘크리트 면의 습기 제거
② 방수층의 습기 침입 방지
❸ 콘크리트면과 아스팔트 방수층의 접착
④ 콘크리트 밑바닥의 균열방지

2. 아스팔트 프라이머

1) 아스팔트를 휘발성 용제로 용해한 것이다.
2) 바탕면에 도포하여 표면에 일부 침투되어 부착된 피막을 형성하고, 바탕과 방수층의 접착성을 향상시킨다.

3. 아스팔트 루핑류

1) 아스팔트 펠트

유기 섬유로 만든 원지에 스트레이트 아스팔트를 함침시켜 가공한 시트이다.

2) 아스팔트 루핑

유기 섬유를 주원료로 한 원지에 스트레이트 아스팔트를 침투하고 브론 아스팔트를 피복한 시트이다.

3) 직조망 아스팔트 루핑

① 천연 섬유 또는 합성 섬유 등 망형의 원단에 스트레이트 아스팔트를 함침시켜 가공한 시트이다.
② 인장, 인열 등의 강도가 크고, 보통 원지를 기재로 한 루핑보다 신축성이 크다.
③ 드레인, 관통 배관, 모서리 주위 등의 국부적인 보강 재료로 사용한다.

4) 스트레치 아스팔트 루핑

① 합성 수지를 주재료로 한 나공질인 펠트상 부직포 원반에 방수 공사용 아스팔트 3종 또는 4종을 함침 도포하여 표면에 광물질 분말을 살포한 시트이다.
② 변질되지 않고 저온에서도 잘 취화되지 않으며 신장률이 크다.
③ 파단되지 않는다.
④ 바탕면과 친숙성이 좋아 온도변화가 많은 지역이나 건물의 수축 팽창에 대한 대응이 양호하다.

5) 모래 붙은 스트레치 루핑

① 일반적으로 누름이 없는 지붕 방수의 최상층 마감용으로 이용한다.
② 스트레치 루핑의 한쪽 표면에 이음부 100mm를 제외하고 모래알을 부착하고 나머지 표면에 광물질 분말을 부착한 것이다.

6) 구멍 뚫린 루핑

구멍 뚫린 루핑은 방수층과 바탕을 절연하기 위해 사용하는 루핑으로 전면에 규정 크기의 관통된 구멍을 일정 간격으로 만든 시트이다.

4. 고무 아스팔트계 실링재

1) 방수층 끝 부분, 방수층 이음 부위에서 사용하는 고무 아스팔트를 주원료로 하는 실링재이다.
2) 압출식 건이나 주걱 등으로 도포한다.

5. 관련 재료

1) 단열재

① 시공 시 용융 아스팔트에 접하여도 문제가 없이 내열성이 확보되어야 한다.
② 보행용 전면 접착, 보행용 부분 접착 공법에서 방수층과 보호·마감층 사이에 삽입하는 단열재는 폴리스티렌 수지에 발포제 및 난연제를 첨가한 것을 원료로 한다.

2) 절연용 테이프

PC 또는 ALC 패널의 접합부 거동에 따른 방수층 파단 방지를 위하여 사용한다.

3) 절연용 시트

방수층과 콘크리트 보호층 사이에 설치하는 절연용 시트는 폴리에틸렌 등의 필름을 사용한다.

4) 누름 철물

누름 철물은 적절한 강성과 내구성을 가지고, 방수층의 끝 부분을 확실하게 고정시킬 수 있는 것을 사용한다.

5) 마감도료

노출용 부분접착(A-MiS), ALC 바탕용 부분접착(A-AlS), 단열재 삽입 전면접착(A-ThF) 공법의 모래 붙은 스트레치 루핑의 미관과 보호를 목적으로 도포한다.

6. 방수층의 종류

1) 용도별 아스팔트 방수층의 종류

종별 / 방수층	보행용 전면접착(A-PrF)			보행용 부분접착 (A-PrS)	노출용 부분접착 (A-MiS)	ALC바탕 부분접착 (A-AlS)	단열재 삽입 전면접착 (A-ThF)
	a	b	c				
1층	아스팔트 프라이머 (0.4kg/㎡)	아스팔트 프라이머 (0.4kg/㎡)	아스팔트 프라이머 (0.4kg/㎡)	아스팔트 프라이머 (0.4kg/㎡)	아스팔트 프라이머 (0.4kg/㎡)	아스팔트 프라이머 (0.4kg/㎡)	아스팔트 프라이머 (0.4kg/㎡)
2층	아스팔트 (2.0kg/㎡)	–	–	모래 붙은 구멍 뚫린 루핑	모래 붙은 구멍 뚫린 루핑	모래 붙은 구멍 뚫린 루핑	아스팔트 (2.0kg/㎡)
3층	아스팔트 펠트	아스팔트 펠트	아스팔트 루핑	아스팔트 (2.0kg/㎡)	아스팔트 (2.0kg/㎡)	아스팔트 (2.0kg/㎡)	아스팔트 루핑
4층	아스팔트 (1.5kg/㎡)	아스팔트 (1.5kg/㎡)	아스팔트 (1.5kg/㎡)	아스팔트 루핑	아스팔트 루핑	아스팔트 루핑	아스팔트 (2.0kg/㎡)
5층	아스팔트 루핑	아스팔트 루핑	아스팔트 루핑	아스팔트 (1.5kg/㎡)	아스팔트 (1.5kg/㎡)	아스팔트 (1.5kg/㎡)	단열재
6층	아스팔트 (1.5kg/㎡)	아스팔트 (1.5kg/㎡)	아스팔트 (1.5kg/㎡)	스트레치 루핑	스트레치 루핑	스트레치 루핑	아스팔트 (1.7kg/㎡)
7층	아스팔트 루핑	아스팔트 루핑	스드레치 루핑	아스팔트 (1.5kg/㎡)	아스팔트 (1.7kg/㎡)	아스팔트 (1.7kg/㎡)	스트레치 루핑
8층	아스팔트 (1.5kg/㎡)	아스팔트 (2.1kg/㎡)	아스팔트 (2.1kg/㎡)	스트레치 루핑	모래 붙은 스트레치 루핑	모래 붙은 스트레치 루핑	아스팔트 (1.7kg/㎡)
9층	아스팔트 루핑	–	–	아스팔트 (2.1kg/㎡)	–		모래 붙은 스트레치 루핑
10층	아스팔트 (2.1kg/㎡)	–	–	–	–	–	–
보호 및 마감	현장타설 콘크리트 및 콘크리트 블록			자갈 및 아스팔트 콘크리트	마감도료 또는 없음		

주 : 1) 보행용 전면접착공법(A-PrF)의 경우. a, b, c의 3종류가 있으며 부위에 따라 선택하여 적용할 수 있다.
　　 2) 배관, 설비물 등 복잡한 부위가 많은 바탕에서의 루핑류 사용량은 바탕면적에 대해 1.2kg/m²로 한다.
　　 3) 표 중 ( )의 수치는 사용량을 나타낸다.

2) 실내 적용 아스팔트 방수층의 종류

종별 / 방수층	실내용 전면접착(A−InF) a	b
1층	아스팔트 프라이머 (0.4kg/m²)	아스팔트 프라이머 (0.4kg/m²)
2층	아스팔트(2.0kg/m²)	아스팔트(2.0kg/m²)
3층	스트레치루핑	아스팔트루핑
4층	아스팔트(1.5kg/m²)	아스팔트(1.5kg/m²)
5층	스트레치루핑	아스팔트루핑
6층	아스팔트(2.1kg/m²)	아스팔트(2.1kg/m²)
보호 및 마감	현장타설 콘크리트, 시멘트 모르타르, 콘크리트 블록, 아스팔트 콘크리트	

주 : 1) 실내용 전면접착공법(A−InF)에는 a, b의 2종류가 있으며 부위에 따라 선택하여 적용할 수 있다.
　　2) 배관, 설비물 등 복잡한 부위가 많은 바탕에서의 루핑류 사용량은 바탕면적에 대하여 1.2kg/m²로 한다.

3) 치켜올림부 아스팔트 방수층

종별	치켜올림부의 공정
보행용 전면접착(A−PrF)	평면부 공정과 같은 공정으로 한다.
보행용 부분접착(A−PrS)	평면부의 2층을 생략한다. 4층의 아스팔트 루핑을 스트레치 루핑으로 바꾸고, 아스팔트를 1.5kg/m²로 한다. 8층의 스트레치 루핑을 모래 붙은 스트레치 루핑으로 바꾸고, 아스팔트를 1.7kg/m²로 한다. 9층은 생략한다.
노출용 부분접착(A−MiS)	평면부 공정의 2층을 생략하고, 3층의 아스팔트를 1.5kg/m²로 한다.
ALC바탕 부분접착(A−AlS)	평면부 공정의 2층을 생략하고, 3층의 아스팔트를 1.5kg/m²로 한다.
단열재 삽입 전면접착(A−ThF)	평면부 공정의 2층~5층을 생략하고, 6층의 아스팔트를 1.5kg/m²로 한다.
실내용 전면접착(A−InF)	평면부 공정과 같은 공정으로 한다.

주 : 1) 치켜올림부를 보호누름으로 할 경우에는 방수층 상단 끝 부분을 누름철물로 고정하여 고무 아스팔트계 실링재로 실링처리한다. 또한 실내에서 방수층 치켜올림 높이가 낮을 경우에는 누름철물을 직조망 아스팔트 루핑으로 바꾸어 아스팔트를 치밀하게 바른다.
　　2) 감아내림부는 누름철물로 고정하여 고무 아스팔트계 실링재로 처리한다.
　　3) 평면부와 치켜올림부의 오목 및 볼록모서리에는 너비 300mm 정도의 스트레치 루핑을 바름한다(아스팔트 사용량은 2.0kg/m²). 다만, 보행용 부분접착(A−PrS), 노출용 부분접착(A−MiS), ALC바탕용 부분접착(A−AlS)에서의 평면부와 치켜올림 및 감아내림의 교차부에는 너비 700mm 정도의 스트레치 루핑으로 평면부를 500mm 걸치게 하여 덧바름한다.

4) ALC의 지지부는 2층을 시공하기 전에 너비 75mm 정도의 절연용 테이프를 붙인다.

5) 단열재 삽입 전면접착(A-ThF)공법에서 바탕이 ALC패널인 경우에는 아스팔트 프라이머를 0.6kg/m²로 한다.

6) 보행용 전면접착(A-PrF)에서 바탕이 PC부재인 경우에는 2층 시공 전에 PC접합부를 스트레치 루핑으로 덧바름한다. 스트레치 루핑의 폭은 양측의 PC부재에 각각 100mm 정도 걸치게 하고, 아스팔트 사용량은 2.0kg/m²로 한다.

7) 단열재 삽입 전면접착(A-ThF) 공법에서 단열재의 두께는 공사시방에 의한다.

8) 보행용 전면접착(A-PrF), 보행용 부분접착(A-PrS) 공법에서 단열재를 사용하는 경우에는 보호 및 마감층과 방수층 사이에 두고, 두께는 공사시방서에 의한다.

9) 노출용 부분접착(A-MiS)에서는 탈기장치를 설치한다. 탈기장치의 종류 및 개수는 공사시방서에 따른다.

7. 아스팔트 프라이머 도포

1) 바탕을 충분히 청소한 다음 솔, 롤러 또는 뿜칠기구 등으로 시공 범위 전면에 균일하게 도포하여 건조시킨다.

2) 결함부위와 미세 핀홀이 많은 바탕면에는 붓 또는 롤러로 문질러 핀홀 내부까지 프라이머가 도포되도록 충전 작업을 선행, 미세 핀홀이 많은 바탕면에서는 뿜칠기구 사용을 자제한다.

8. 아스팔트 용융 및 취급

1) 아스팔트의 용융온도는 다음의 용융온도를 표준으로 하며, 용융 중에는 최소한 30분에 1회 정도로 온도를 측정하고, 접착력 저하 방지를 위하여 200℃ 이하가 되지 않도록 한다.

종별[1]	온도(℃)
1종	220~230
2종	240~250
3종	260~270
4종	260~270

주 : 1) KS F 4052의 종류

2) 용융한 아스팔트가 인화되지 않도록 주의함은 물론 미리 용융솥 가까운 곳에 소화기 등을 준비한다.

3) 아스팔트 용융솥은 가능한 한 시공 장소와 근접한 곳에 설치한다.

9. 루핑 붙임

1) 볼록, 오목모서리 부분은 일반 평면부 루핑을 붙이기 전에(단열재 삽입 전면접착공법 A-ThF에서는 6층 시공 전), 너비 300mm 정도의 스트레치 루핑을 사용하여 균등하게 덧붙임한다. 다만, 보행용 부분접착(A-PrS), 노

출용 부분접착(A-MiS) 및 ALC 바탕용 부분접착(A-AlS) 공법에서의 평면부와 치켜올림 또는 감아내림부와의 교차부(볼록 및 오목모서리)에는 너비 700mm 정도의 스트레치 루핑을 평면부에 500mm 정도 걸쳐서 덧붙임한다.

2) 보행용 전면접착(A-PrF), 단열재 삽입 전면접착(A-ThF) 및 실내용 전면접착(A-InF) 공법에서의 콘크리트 이음타설부는 일반 평면부 루핑을 붙이기 전에 너비 75mm 정도의 절연용 테이프를 붙인 후, 너비 300mm 정도의 스트레치 루핑으로 덧붙임한다.

3) 보행용 전면접착(A-PrF) 공법에서의 PC 패널 부재의 이음 줄눈부는 일반 평면부의 루핑을 붙이기 전에 PC 부재의 거동에 따른 파손방지를 위해 PC 패널 양측 부재에 각각 100mm 정도 걸친 폭으로 스트레치 루핑으로 절연 덧붙임한다.

4) ALC 패널 지지부는 모래 붙은 구멍 뚫린 아스팔트 루핑을 붙이기 전에 너비 75mm 정도의 절연용 테이프를 붙인다. 다만, 박공지붕의 용마루는 모래 붙은 아스팔트 루핑을 붙인 후, 너비 500mm 정도의 스트레치 루핑으로 덧붙임한다.

5) 일반 평면부의 루핑 붙임은 흘려 붙임으로 한다. 또한 루핑의 겹침은 길이 및 너비 방향 100mm 정도로 하고, 겹침부로부터 삐져나온 아스팔트는 솔 등으로 균등하게 바른다. 다만, 보행용 부분접착(A-PrS), 노출용 부분접착(A-MiS) 및 ALC 바탕 부분접착(A-AlS) 공법에 사용하는 모래 붙은 구멍 뚫린 루핑은 70mm 정도의 겹침을 두거나 통기가 방해받지 않도록 귀맞춤하여 붙인다. 또한 모래 붙은 구멍 뚫린 루핑은 오목 및 볼록 모서리의 덧붙임 스트레치 루핑과 100mm 정도 겹쳐 붙인다.

6) 루핑은 원칙적으로 물 흐름을 고려하여 물매의 아래쪽에서부터 위쪽을 향해 붙이고, 또한 상하층의 겹침 위치가 동일하지 않도록 붙인다. 어쩔 수 없이 물매의 위쪽에서 아래로 붙이는 경우에는 루핑의 겹침을 150mm로 한다.

7) 치켜올림부의 루핑을 평면부와 별도로 하여 붙이는 경우에는 평면부 루핑을 붙인 후, 그 위에 150mm 정도의 겹침을 두고 붙인다. 단, 모래 붙은 스트레치 루핑의 경우에는 치켜올림부를 먼저 붙이고, 평면부의 스트레치 루핑을 겹침 150mm 정도로 하여 붙인다.

8) 치켜올림부의 루핑은 각층 루핑의 끝이 같은 위치에 오도록 하여 붙인 후, 방수층의 상단 끝 부분을 누름철물로 고정하여 고무 아스팔트계 실링재로 처리한다. 다만, 실내에서 방수층의 치켜올림 높이가 낮을 경우(500mm 이하)에는 누름철물을 직조망 아스팔트 루핑으로 바꿀 수도 있다. 이때 직조망 아스팔트 루핑의 틈새가 보이지 않도록 아스팔트를 바른다.

핵심문제 ●●○

아스팔트 방수공사에 관한 설명으로 옳지 않은 것은?

① 아스팔트 프라이머는 건조하고 깨끗한 바탕면에 솔, 롤러, 뿜칠기 등을 이용하여 규정량을 균일하게 도포한다.

② 용융 아스팔트는 운반용 기구로 시공 장소까지 운반하여 방수 바탕과 시트재 사이에 롤러, 주걱 등으로 뿌리면서 시트재를 깔아 나간다.

❸ 옥상에서의 아스팔트 방수 시공 시 평탄부에서의 방수시트깔기 작업 후 특수부위에 대한 보강붙이기를 시행한다.

④ 평탄부에서는 프라이머의 적절한 건조상태를 확인하여 시트를 깐다.

10. 단열재 깔기

1) 단열재 삽입 전면접착(A-ThF) 공법에서의 단열재는 아스팔트를 바르면 서 틈새가 생기지 않도록 깔아야 한다.
2) 보행용 전면접착(A-PrF) 및 보행용 부분접착(A-PrS) 공법의 방수층 위 에 단열재를 적층할 경우에는 최상층 아스팔트 바름이 끝난 후, 아스팔트 를 부분적으로 발라 단열재를 붙여 깐다.

11. 절연용 시트 깔기

방수층 완성 후 검사가 끝난 다음, 겹침 100mm 정도로 하여 깔고, 점착테이 프 또는 기타 테이프로 고정한다.

12. 드레인 주위 처리

1) 드레인 주위는 일반 평면부 루핑을 붙이기 전에, 너비 200mm 정도의 스트 레치 루핑으로 드레인의 몸체와 평면부 양쪽에 걸치듯이 덧붙임한 후, 평 면부의 루핑을 겹쳐 붙인다. 드레인에 붙인 루핑류의 끝 부분은 각 층의 루핑을 정리하고 고무 아스팔트계 실링재로 처리한다.
2) 보행용 부분접착(A-PrS), 노출용 부분접착(A-MiS) 및 ALC 바탕용 부분 접착(A-AlS) 공법의 2층 공정의 모래 붙은 구멍 뚫린 아스팔트 루핑은 먼 저 덧붙임한 스트레치 루핑의 끝 부분과 일치시켜 붙인다.
3) 단열재 삽입 전면접착(A-ThF) 공법의 단열재 붙이기는 드레인 몸체의 300mm 정도 앞에서 끝낸다.

13. 지붕 보호 및 마감

1) 현장타설 콘크리트

① 방수층이 완성된 다음, 단열재를 깔고 그 위에 절연용 시트를 깔아 점 착테이프 또는 기타 테이프로 고정한다.
② 그 위에 콘크리트를 시공하며, 콘크리트에는 균열방지를 위한 와이어 메시를 타설 두께의 중간 위치에 삽입한다.
③ 평면부 콘크리트에는 3m 내외로 신축줄눈을 설치하고, 파라펫 및 펜 트하우스 주변 및 치켜올림면으로부터 평면부쪽으로 0.6m 내외의 적 당한 위치에도 신축줄눈을 설치한다.
④ 신축줄눈은 너비 20mm 정도, 깊이는 콘크리트의 밑면까지 도달하도 록 설치한다.
⑤ 치켜올림부의 보호 및 마감은 시멘트 모르타르로 기초를 만들어 벽돌 이나 블록을 방수층으로부터 20mm 이상 간격을 둔 위치에서 쌓아올 리고, 각 단별로 방수층과의 사이에 시멘트 모르타르로 충전한다.

2) 아스팔트 콘크리트 : 50mm 이상의 아스팔트 콘크리트를 2층으로 나누어 전압장비 등으로 가압하여 시공한다.

3) 콘크리트 블록 : 방수층이 완성된 다음 방수층이 손상되지 않도록 블록을 깐다.

4) 자갈 : 방수층이 완성된 다음 아스팔트를 바르면서 둥근 모양을 한 직경 20~30mm 정도의 콩자갈을 깔며, 자갈층의 두께는 50mm 내외로 한다.

5) 마감도료

14. 실내 보호 및 마감

1) 현장타설 콘크리트

옥상의 공법에 준하며, 신축줄눈은 설치하지 않는다.

2) 시멘트 모르타르

방수층이 완성된 다음 평면부에는 와이어 메시를, 치켜올림부에는 방수층에 200mm 정도의 간격으로 지그재그로 부착한 고정철물에 메탈라스 또는 와이어 메시를 고정한 다음 시멘트 모르타르를 바른다.

SECTION 05 개량형 아스팔트 방수공사

한쪽 면에 자착면을 부착하여 시공하는 공법, 토치를 이용해 열을 가하여 용융시켜 부착시키는 공법 두 가지를 개량아스팔트 방수 공법이라 한다.

1 재료

1. 아스팔트 프라이머

2. 개량 아스팔트 방수 시트

1) 아스팔트에 스티렌 부타디엔 스티렌 블록 코폴리머(열가소성 고무의 일종, SBS라 칭함)나 어태틱 폴리프로필렌(비결정질 폴리프로필렌, APP라 칭함) 등의 폴리머를 첨가한 폴리머 개량 아스팔트를 단독 또는 섬유질 시트, 플라스틱 필름과 조합하여 시트상으로 성형하고 필요에 따라 표면에 광물질 입자, 광물질 분말 금속박, 플라스틱 필름, 박지 등을 부착시킨 재료이다.

2) 내후성, 내구성, 온도 특성, 내바탕 거동성이 우수하다.

3. 점착층이 붙은 시트

1) 개량 특수 처리 필름층, 개량 아스팔트층, 합성 섬유부직포, 자착층, 박리지의 주 재료로 하여 형성된 시트로 박리지를 제거하면서 바탕면에 접착시키는 방법이다.
2) 시공성이 정말 우수하고 열을 사용하지 않기 때문에 열에 의한 화상, 냄새가 없다.
3) 내후성, 내구성, 바탕 추종성, 감온성이 우수하다.

4. 덧붙임용 시트

결로가 많이 발생하는 부분(조인트, 드레인 주위, 신축 이음줄눈등)에 방수성을 높이기 위해 사용한다.

5. 실링재

2 시공

1. 공법의 종류

1) 자착식 공법

단일층 또는 복층으로 하여 양쪽 면 혹은 한쪽 면에 자착층을 두고 그 위에 박리층으로 한 시트로 가열할 필요 없이 스티커처럼 떼어 내어 붙이는 방식이다.

2) 토치 공법

단일층 또는 복층으로 하여 개량 아스팔트 시트 표면을 토치로 가열하여 녹여 붙이는 방식으로 열공법에 비하면 시공성이 좋다.

2. 개량 아스팔트 방수시트 붙이기

1) 개량 아스팔트 방수시트는 토치로 개량 아스팔트 시트의 뒷면과 바탕을 균일하게 가열하여 개량 아스팔트를 용융시키고, 눌러서 붙이는 방법을 표준으로 한다.
2) 상호 겹쳐진 접합부는 개량 아스팔트가 삐져나올 정도로 충분히 가열 및 용융시켜 눌러서 붙인다. 상호 겹침은 길이방향으로 200mm, 너비방향으로는 100mm 이상, 물매의 낮은 부위에 위치한 시트가 겹침 시 아래면에 오도록 접합한다.
3) 방수시트의 접합부와 하층 개량 아스팔트 방수시트의 접합부가 겹쳐지지 않도록 한다.

4) 큰 움직임이 예상되는 부위는 미리 너비 300mm 정도의 덧붙임용 시트로 처리한다.

5) 벽면 방수시트 붙이기는 미리 개량 아스팔트 방수시트를 2m 정도로 재단하여 시공하고, 높이가 2m 이상인 벽은 같은 작업을 반복한다. 재단하지 않고 붙이는 경우에는 늘어뜨리는 장치를 이용한다. 방수시트의 겹침폭은 길이 및 너비 방향 모두 100mm 이상으로 하고 최상단부 및 높이가 10m를 넘는 벽에서는 10m마다 누름철물을 이용하여 고정한다.

3. 특수 부위 처리

1) 오목모서리와 볼록모서리 부분은 너비 200mm 정도의 덧붙임용 시트로 처리한다.

2) 드레인 주변은 드레인 안지름 정도 크기의 구멍을 뚫은 500mm 각 정도의 덧붙임용 시트를 드레인의 몸체와 평면부에 걸쳐 붙인다.

3) 파이프 주변은 파이프의 바깥지름 정도 크기의 구멍을 뚫은 한 변이 파이프의 직경보다 400mm 정도 더 큰 정방형의 덧붙임용 시트를 파이프 면에 100mm 정도, 바닥면에 50mm 정도 걸쳐 붙인다.

SECTION 06 합성 고분자계 시트 방수공사

아스팔트 방수와 같이 다층 방식의 방수법이 아니고, 합성고분자계 시트 1층으로서 방수 효과를 내는 공법이다.

1. 합성 고분자계 방수시트

종류		약칭	주원료
균질시트	가황고무계	균질 가황고무	부틸고무, 에틸렌프로필렌 고무, 클로로술폰화 폴리에틸렌 등
	비가황고무계	균질 비가황고무	부틸고무, 에틸렌프로필렌 고무, 클로로술폰화 폴리에틸렌 등
	염화비닐수지계	균질 염화비닐 수지	염화비닐 수지, 염화비닐 공중합체 등
	열가소성 엘라스토머계	열가소성 엘라스토머	폴리에테르, 폴리에스테르, 폴리부틸렌테레프탈레이트, 폴리아미드 등
	에틸렌 아세트산 비닐수지	균질 에틸렌아세트산 비닐수지	에틸렌아세트산비닐 공중합체 등

종류		약칭	주원료
복합시트	일반복합형 가황고무계	일반복합 가황고무	부틸고무, 에틸렌프로필렌고무, 클로로술폰화 폴리에틸렌 등
	일반복합형 비가황고무계	일반복합 비가황고무	부틸고무, 에틸렌프로필렌고무, 클로로술폰화 폴리에틸렌 등
	일반복합형 염화비닐수지계	일반복합 염화비닐 수지	염화비닐수지, 염화비닐 공중합체 등
	보강 복합형	보강 복합	염화비닐수지, 염화비닐 공중합체, 클로로술폰화 폴리에틸렌, 염소화 폴리에틸렌 등

2. 실링용 재료

종류	형상	재료	적용 부위
정형 재료	테이프형 실링재	• 비가황고무를 테이프형으로 성형한 재료 • 두께 : 0.5~3.0mm • 너비 : 30~50mm	방수층 끝부분 및 시트상호 접합부
	선형 실링재	염화비닐수지계 시트와 동질의 재료로 원형 단면의 선형으로 성형한 재료	염화비닐수지계 시트의 접합 끝 부분
비정형 재료	실링재	부틸고무계, 폴리우레탄계, 변성 실리콘계, 실리콘계 등	방수층의 끝부분
	액상 실링재	염화비닐수지계 시트와 동질의 재료를 용제에 용해한 재료	염화비닐수지계 시트의 접합 끝부분

3. 시트 고정용 재료

1) 시트 고정 철물
2) 시트 고정용 앵커와 볼트
3) 누름고정판
4) 성형 보강철물
5) 절연용 테이프
6) 마감도료
7) 폴리머 시멘트 모르타르
8) 방습용 필름
   ① 폴리에틸렌 필름 등 단열재의 바탕 부분에 의한 단열성능 저하를 방지하기 위해 사용하는 방습용 필름은 두께 약 0.1mm 정도의 것으로 100mm 겹쳐 깐다.
   ② 방습테이프는 두께 0.1mm 너비 50mm 이상의 제품을 사용한다.

4. 시트 붙이기

1) 합성고무계 전면접착(S－RuF) 공법에서는 일반부 시트를 붙이기 전에 바탕의 오목모서리(200mm×200mm) 및 치켜올림부 모서리(200mm) 정도의 비가황고무계 방수시트로 덧붙임한다. 합성수지계 전면접착(S－PlF) 및 합성수지계 기계 고정(S－PlM) 공법에서는 일반부 시트를 붙인 후에 오목 및 볼록모서리부에 성형 고정물을 붙인다.

2) 합성고무계 전면접착(S－RuF) 및 합성수지계 전면접착(S－PlF) 공법에서의 ALC패널 단변 접합부에는 접착제를 바르기 전에 너비 50mm 정도의 절연용 테이프를 붙인다.

3) 합성고무계 전면접착(S－RuF) 공법에서 비가황고무계 방수시트를 사용하는 경우의 ALC패널 모서리부는 일반부 시트를 붙이기 전에 너비 120mm 정도의 비가황고무계 방수시트로 덧붙임한다.

4) 합성고무계 전면접착(S－RuF) 및 합성수지계 전면접착(S－PlF) 공법에서의 PC패널 부재의 이음줄눈부 처리는 공사시방에 의한다.

5) 합성고무계 전면접착(S－RuF) 및 합성수지계 전면접착(S－PlF) 공법에서의 방수시트 붙임은 도포한 접착제의 적정 건조시간을 고려하여 공기 또는 이물질이 들어가지 않도록 주의하면서 붙인 후 고무 롤러 등으로 전압하여 바탕에 밀착시킨다.

6) 합성수지계 기계 고정(S－PlM) 공법에서의 염화비닐 수지계 방수시트는 바탕에 시트를 깐 다음, 소정의 위치에 고정 철물을 사용하여 고정하거나 또는 고정철물을 설치한 다음에 염화비닐수지계 방수시트를 깔아 고정한다.

7) 시트의 접합부는 원칙적으로 물매 위쪽의 시트가 물매 아래쪽 시트의 위에 오도록 겹친다.

8) 시트 상호 간의 접합 너비는 종횡으로 가황고무계 방수시트는 100mm, 비가황고무계 방수시트는 70mm로 하며, 염화비닐수지계 방수시트는 40mm(전열용접인 경우에는 70mm)로 한다.

9) 치켜올림부와 평면부와의 접합 너비는 가황고무계 방수시트 및 비가황고무계 방수시트의 경우에는 150mm로 하고, 염화비닐수지계 방수시트는 40mm(전열용접인 경우에는 70mm)로 한다.

10) 방수층의 치켜올림 끝부분은 누름고정판으로 고정한 다음 실링용 재료로 처리한다.

11) 합성고무계 전면접착(S－RuF) 및 합성수지계 전면접착(S－PlF) 공법에서 단열재를 설치할 경우에는 프라이머의 건조를 확인한 후, 접착제 도포 전에 단열재용의 접착제를 도포하고 적정 건조시간을 고려하여 틈새가 생기지 않도록 깐다. 합성수지계 기계 고정(S－PlM) 공법에서 단열재를 설치할 경우에는 프라이머 도포 전에 단열재를 틈새가 없도록 깐다.

1 재료

1. 주요 원료에 따른 구분

1) 우레탄 고무계

폴리이소시아네이트, 폴리올, 가교제를 주원료로 하는 우레탄 고무에 충전재 등을 배합한 우레탄 방수재로 성능에 따라 1류와 2류로 구분한다.

2) 아크릴 고무계

아크릴 고무를 주원료로 하여 충전재 등을 배합한 아크릴 고무계 방수재이다.

3) 클로로프렌 고무계

클로로프렌 고무를 주원료로 하여 충전제 등을 배합한 클로로프렌 고무계 방수재이다.

4) 실리콘 고무계

올가노 폴리실록산을 주원료로 하여 충전재 등을 배합한 실리곤 고무계 방수재이다.

5) 고무 아스팔트

아스팔트와 고무를 주원료로 하는 고무 아스팔트계 방수재이다.

2. 프라이머

건조시간 5시간 이내, 가열잔분 30% 이상의 품질을 갖추어야 한다.

3. 보강포

유리섬유 직포, 합성섬유 직포, 합성섬유 부직포 등이 있다.

2 시공

1. 방수재의 조합, 비빔 및 점도 조절

방수재의 점도를 조절할 필요가 있을 경우에는 희석제 등을 사용하고 희석제의 사용량은 방수재에 대하여 5% 이내로 한다.

2. 프라이머의 도포

3. 접합부, 이음타설부 및 조인트부의 처리

1) 접합부를 절연용 테이프로 붙이고, 그 위를 두께 2mm 이상, 너비 100mm 이상으로 방수재를 덧도포한다.

2) 접합부를 두께 1mm 이상, 너비 100mm 정도의 가황고무 또는 비가황고무 테이프로 붙인다.

3) 접합부를 너비 100mm 이상의 합성섬유 부직포 등 보강포로 덮고, 그 위를 두께 2mm 이상, 너비 100mm 이상으로 방수재를 덧도포한다.

4) 절연용 테이프의 양 끝에서 각각 30mm 더한 너비만큼 두께 2mm 이상의 방수재를 덧도포한다.

4. 보강포 붙이기

겹침은 50mm 정도로 한다.

5. 방수재의 도포

1) 방수재는 핀홀이 생기지 않도록 치켜올림 부위와 평면부의 순서로 도포한다.

2) 방수재의 겹쳐 바르기는 원칙적으로 앞 공정에서의 겹쳐 바르기 위치와 동일한 위치에서 하지 않으며, 도포방향은 앞 공정에서의 도포방향과 직교하여 실시, 겹쳐 바르기 또는 이어바르기의 너비는 100mm 내외로 한다.

3) 겹쳐 바르기 또는 이어 바르기의 시간간격을 초과한 경우, 프라이머를 도포하고 건조를 기다려 겹쳐 바르기 또는 이어 바르기를 한다.

4) 방수재 도포 중, 강우나 강설로 인하여 작업이 중단될 경우 표면을 완전히 건조시킨 다음 이전 도포한 부분과 너비 100mm 내외로 프라이머를 도포하고 건조를 기다려 겹쳐서 도포한다.

5) 우레탄－우레아고무계 또는 우레아수지계 도막방수재를 스프레이 시공할 경우 분사각도는 항상 바탕면과 수직이 되도록 하고, 바탕면과 300mm 이상 간격을 유지하며, 두 번째의 스프레이 방향은 첫 번째의 도포방향과 직교하여 스프레이를 도포한다.

6. 방수층 두께관리

1) 도막방수층의 설계두께 : 건조막 두께를 기준으로 관리한다.

2) 건조막 두께 : 희석제의 사용량, 바탕 표면의 요철면, 굴곡면, 경사도, 누름보호층의 유무, 도포 당시의 기후 조건을 고려한다.

핵심문제 ●●●○

도막방수 시공 시 유의사항으로 옳지 않은 것은?

① 도막방수재는 혼합에 따라 재료 물성이 크게 달라지므로 반드시 혼합비를 준수한다.

② 용제형의 프라이머를 사용할 경우에는 화기에 주의하고, 특히 실내 작업의 경우 환기장치를 사용하여 인화나 유기용제 중독을 미연에 예방하여야 한다.

③ 코너부위, 드레인 주변은 보강이 필요하다.

❹ 도막방수 공사는 바탕면 시공과 관통 공사가 종결되지 않더라도 할 수 있다.

핵심문제 ●●●○

도막방수에 관한 설명으로 옳지 않은 것은?

① 방수재의 도포 시 치켜올림 부위를 도포한 다음, 평면 부위의 순서로 도포한다.

② 방수재의 겹쳐 바르기 폭은 100mm 내외로 한다.

③ 도막두께는 원칙적으로 사용량을 중심으로 관리한다.

❹ 우레아 수지계 도막방수재를 스프레이 시공할 경우 바탕면과 200mm 이하로 간격을 유지하도록 한다.

7. 공법

1) 코팅공법

도막 방수재를 단순히 도포만 하는 방법이다.

2) 라이닝(Lining)공법

유리섬유, 합성섬유 등의 망상포를 적층하여 도포하는 방법이다.

SECTION 08 시트 및 도막 복합방수공사

1. 정의

시트계 방수재와 도막계 방수재를 적층 복합하여 시공하는 방수공사이다.

2. 목적

1) 시트계 재료의 겹침부 수밀 안전성 확보
2) 도막계 재료의 시공성 개선
3) 방수층의 균열 거동 대응성 향상

3. 방수층의 종류

1) 우레탄 도막 방수재와 시트재 적층 복합 전면접착 방수공법(L-CoF)
2) 점착유연형 도막재와 시트방수재의 전면접착 복합방수공법(L, M-CoF)
3) 시트방수재와 도막방수재의 적층 복합방수공법(M-CoMi)

SECTION 09 시멘트 모르타르계 방수공사

핵심문제 ●○○

방수성이 높은 모르타르로 방수층을 만들어 지하실의 내방수나 소규모인 지붕방수 등과 같은 비교적 경미한 방수공사에 활용되는 공법은?

❶ 시멘트 액체방수공법
② 아스팔트 방수공법
③ 실링 방수공법
④ 시트 방수공법

1. 정의

건축물의 옥상, 실내 및 지하의 RC 표면에 시멘트 액체 방수층, 폴리머 시멘트 모르타르 방수층 또는 시멘트 혼입 폴리머계 방수층을 형성하는 방수공사이다.

2. 재료(시멘트 액체 방수)

1) 시멘트 : 1종 보통 포틀랜드 시멘트
2) 모래 : 양질의 것으로 유해량의 철분, 염분, 진흙, 먼지 및 유기불순물을 함유하지 않는 것

3) 물

4) 방수제 : 시멘트 액체 방수제의 화학조성 분류

종류		주성분
무기질계		염화칼슘계, 규산소다계, 실리케이트계
유기질계	지방산계	지방산계, 파라핀계
	폴리머계	합성고무 라텍스계, 에틸렌비닐아세테이트 에멀션계, 아크릴 에멀션계

5) 기타 보조재료

보조재료	용도
지수제	바탕 결함부로부터의 누수를 막기 위하여 사용한다. 시멘트에 혼화하는 액체형, 물과 혼련하는 분체형 및 가수분해하는 폴리머 등이 있다.
접착제	바탕과의 접착효과 및 물적 시기 효과를 증진시키기 위하여 사용하며, 고형분 15% 이상의 재유화형 에멀션으로 한다.
방동제	한랭 시의 시공 시, 방수층의 동해를 방지할 목적으로 사용한다.
보수제	보수성의 향상과 작업성의 향상을 목적으로 사용한다.
경화촉진제	공기단축을 위하여 경화를 촉진시킬 목적으로 사용한다.
실링재	바탕 균열부의 충전 및 접합철물 주위를 실링할 목적으로 사용

3. 방수층의 종류와 적용 구분

공정 / 종별	시멘트 액체방수층		폴리머 시멘트 모르타르방수층		시멘트 혼입 폴리머계 방수층
	바닥용	벽체/천장용	1종	2종	
1층	바탕면 정리 및 물청소	바탕면 정리 및 물청소	폴리머 시멘트 모르타르	폴리머 시멘트 모르타르	프라이머 (0.3kg/m²)
2층	방수액 침투	바탕접착재 도포	폴리머 시멘트 모르타르	폴리머 시멘트 모르타르	방수재 (0.7kg/m²)
3층	방수시멘트 페이스트	방수시멘트 페이스트	폴리머 시멘트 모르타르	–	방수재 (1.0kg/m²)
4층	방수 모르타르	방수 모르타르	–	–	보강포
5층	–	–	–	–	방수재 (1.0kg/m²)
6층	–	–	–	–	방수재 (0.7kg/m²)
적용부위 실내	○	○	○	○	○
적용부위 지하 내면	△	△	○	△	○
적용부위 지하 외면	×	×	×	×	○
적용부위 수조 내면	×	×	×	×	×
적용부위 수조 외면	×	×	×	×	△
적용부위 옥상	×	×	△	×	△

핵심문제　　　　●●○

시멘트 액체방수에 대한 설명으로 옳지 않은 것은?

① 모체 표면에 시멘트 방수제를 도포하고 방수모르타르를 덧발라 방수층을 형성하는 공법이다.
② 옥상 등 실외에서는 효력의 지속성을 기대할 수 없다.
③ 시공은 바탕처리 → 지수 → 혼합 → 바르기 → 마무리 순으로 진행한다.
❹ 시공 시 방수층의 부착력을 위하여 방수할 콘크리트 바탕면은 충분히 건조시키는 것이 좋다.

핵심문제　　　　●●○

건축공사표준시방서에 따른 시멘트 액체방수공사 시 방수층 바름에 관한 설명으로 옳지 않은 것은?

① 바탕의 상태는 평탄하고 휨, 단차, 레이턴스 등의 결함이 없는 것을 표준으로 한다.
② 방수층 시공 전에 곰보나 콜드조인트와 같은 부위는 실링재 또는 폴리머 시멘트 모르타르 등으로 바탕처리를 한다.
③ 방수층을 흙손 및 뿜칠기 등을 사용하여 소정의 두께(부착강도 측정이 가능하도록 최소 4mm 두께 이상)가 될 때까지 균일하게 바른다.
❹ 각 공정의 이어 바르기의 겹침폭은 20mm 이하로 하여 소정의 두께로 조정하고, 끝부분은 솔로 바탕과 잘 밀착시킨다.

4. 시멘트 액체 방수

1) 방수제 배합 및 비빔

① 방수 시멘트 페이스트의 경우에는 시멘트를 먼저 2분 이상 건비빔한 다음에 소정의 물로 희석시킨 방수제를 혼입하여 균질하게 될 때까지 5분 이상 비빈다.
② 방수 모르타르의 경우에는 모래, 시멘트의 순으로 믹서에 투입하고 2분 이상 건비빔
③ 믹서의 회전을 멈춘 다음 모르타르 내의 수분이나 모래의 분리가 없어야 한다.
④ 방수시멘트 모르타르의 비빔 후 사용 가능한 시간은 20℃에서 45분 정도가 적정

2) 방수층 바름

① 바탕 상태는 평탄하고, 휨·단차·들뜸·레이턴스·취약부 및 현저한 돌기물과 콘크리트 관통 크랙 등의 결함이 없는 것이 표준
② 실링재 또는 폴리머 시멘트 모르타르 등으로 바탕면 처리(방수 바탕면 정리를 해야 하는 곳)
- 콘크리트 곰보
- 콜드 조인트, 이음타설부, 콘크리트 표면 단순 균열
- 콘크리트를 관통하는 거푸집 고정재에 의한 구멍, 볼트, 철골, 배관 주위
- 콘크리트 표면의 방수층 시공 후 품질을 저해한다고 판단되는 취약부
③ 시멘트 액체방수층 내부의 수분이 과도하게 흡수되지 않도록 바탕을 물로 적심
④ 방수층은 흙손 및 뿜칠기 등을 사용하여 소정의 두께 형성(부착강도 측정이 가능하도록 최소 4mm 두께 이상을 표준으로 한다)
⑤ 치켜올림 부위에는 방수 시멘트 페이스트를 바르고, 그 위에 100mm 이상의 겹침을 둔다.
⑥ 각 공정의 이어 바르기의 겹침은 100mm 정도로 하여 소정의 두께로 조정
⑦ 이어 바르기 또는 다음 공정이 미장공사일 경우에는 솔 또는 빗자루로 표면을 거칠게 마감

3) 양생 및 점검

① 직사일광이나 바람, 고온 등에 의한 급속한 건조가 예상되는 경우에는 살수 또는 시트 등으로 보호하여 양생
② 재령의 초기에는 충격 및 진동 등의 영향을 받지 않도록 함

③ 저온에 의한 동결이 예상되는 경우에는 보온 또는 시트 등으로 보호하여 양생

④ 양생이 끝난 방수층을 대상으로 부착강도를 측정하여 방수층의 성능을 확인

5. 폴리머 시멘트 모르타르 방수공사

1) 배합 및 바름 두께

시공 장소	1층(초벌바름)			2층(재벌 또는 정벌바름)			3층(정벌바름)		
	배합		도막 두께 (mm)	배합		도막 두께 (mm)	배합		도막 두께 (mm)
	시멘트	모래		시멘트	모래		시멘트	모래	
수직 부위	1	0~1	1~3	1	2~2.5	7~9	–	–	–
	1	0~0.5	1~3	1	2~2.5	7~9	1	2~3	10
수평 부위	1	0~1	1~3	1	2~2.5	20~25	–	–	–

주 : 1) 용적비는 다음의 상태를 표준으로 한다.
- 시멘트 : 포틀랜드 시멘트의 단위용적 질량으로 1.2kg 정도
- 모래 : 표면건조 포수상태에서 가볍게 채워 넣은 상태

2) 사용하는 모래가 건조되어 있을 때에는 모래의 양을 줄이고, 젖어 있을 경우에는 증가하는 등의 조정을 한다.

2) 폴리머 시멘트 모르타르의 폴리머 분산제의 혼입비율은 10% 이상으로 정하고, 물시멘트비는 30~60%의 범위 내에서 용도에 따른 작업가능성을 고려하여 최저비의 시험비빔 한다.

3) 폴리머 시멘트 모르타르의 비빔 및 사용 가능 시간

① 폴리머 시멘트 모르타르의 비빔은 배처 믹서에 의한 기계비빔이 원칙

② 비빔 전에 소정량의 폴리머 분산제와 시험비빔에 의하여 결정한 물을 혼합

③ 모래, 시멘트는 필요에 따라 혼화재료의 순으로 믹서에 투입하고, 전체가 균질하게 되도록 건비빔하는데, 모래는 함수율이 작은 것을 사용

④ 상기의 건비빔 한 혼합체에 소정량의 물로 희석한 폴리머 분산제를 첨가하여 폴리머 시멘트 모르타르의 색상이 균등하게 될 때까지 비빈다.

⑤ 폴리머 시멘트 모르타르는 비빔 후, 20℃의 경우에 45분 이내의 사용을 기준으로 함

4) 방수층 바름은 시멘트 액체 방수공법에 따른다.

6. 시멘트 혼입 폴리머계 방수공사

1) 방수제 배합 및 비빔

① 방수제의 배합비율은 방수제 제조자의 지정에 따른다.
② 에멀션 용액 중에 수경성 무기분체를 조금씩 넣어가면서 핸드믹서로 3~5분 정도 균질하게 될 때까지 비빈다. 이때 재료분리가 일어나지 않아야 한다.
③ 방수제는 방수제 제조자가 정하는 시간 내에 사용하며, 응결된 것은 사용하지 않는다.

2) 방수층 바름

① 방수 바탕면 정리는 시멘트 액체 방수에 따른다
② 콘크리트 표면의 취약층, 먼지, 기름기 및 거푸집 박리제 등과 같은 방수층의 접착을 저해하는 것은 미리 제거한다.
③ 바탕이 건조할 경우에는 수화응고형 방수재의 수분이 과도하게 흡수되지 않도록 바탕을 물로 적신다.
④ 프라이머는 솔, 롤러 또는 뿜칠기로 규정량을 균일하게 도포하고, 흡수가 현저할 경우에는 추가 도포하여 조정한다.
⑤ 방수제는 흙손을 사용하여 핀홀의 발생 등에 주의하면서 규정량을 균일하게 바른다.
⑥ 각 층의 시공간격은 온도 20℃에서 5~6시간을 표준으로 한다.
⑦ 보강재는 1층 째의 방수층 시공이 끝난 직후, 주름 또는 변형이 생기지 않도록 주의하여 삽입한다.

핵심문제　●○○

아스팔트(Asphalt) 방수가 시멘트 액체방수보다 우수한 점은?

① 경제성이 있다.
② 보수범위가 국부적이다.
③ 시공이 간단하다.
❹ 방수층의 균열 발생 정도가 비교적 적다.

7. 시멘트 액체 방수와 아스팔트 방수의 비교

내용	아스팔트 방수	시멘트 액체 방수
① 바탕처리	완전건조 · 보수처리 보통	보통건조 · 보수처리 엄밀
② 외기에 대한 영향	적다.	직감적이다.
③ 방수층의 신축성	크다.	거의 없다.
④ 균열의 발생 정도	비교적 안 생긴다.	잘 생긴다.
⑤ 방수층의 중량	자체는 작으나 보호누름이 있으므로 총체적으로 크다.	보호누름을 하지 않아도 되므로 작다.
⑥ 시공 용이도	번잡하다.	
⑦ 시공 기일	길다.	
⑧ 보호누름	반드시 필요하다.	
⑨ 경제성(공사비)	낮다(비싸다).	
⑩ 방수성능 신용도	보통이다.	

내용	아스팔트 방수	시멘트 액체 방수
⑪ 재료취급 · 성능 판단	복잡하지만 명확하다.	간단하지만 신빙성이 적다.
⑫ 결함부 발견	용이하지 않다.	용이하다.
⑬ 보수 범위	광범위하고 보호누름도 재시공한다.	국부적으로 보수할 수 있다.
⑭ 보수비	비싸다.	싸다.
⑮ 방수층 끝마무리	불확실하고 난점이 있다.	확실히 할 수 있고 간단하다.

SECTION ⑩ 규산질계 도포 방수공사

1. 재료

1) 규산질계 분말형 도포 방수재

무기질계 분체에 물을 혼입하는 것과 무기질계 분체에 폴리머 분산제와 물을 혼입하는 것의 2종류가 있다.

2) 물

청정하고 유해 함유량의 염분, 철분, 이온 및 유기물 등이 포함되지 않은 수돗물을 사용한다.

2. 시공법

1) 재료 준비

배합재료	무기질계 분체+물	무기질계 분체+폴리머 분산제 + 물
무기질계 분체	100	100
물	25~35	20~30
에멀션 또는 라텍스	–	5~10

2) 방수 바탕

시멘트 액체 방수공법에 준함

3) 방수재의 비빔

① 지정하는 양의 물을 혼입한 후, 전동비빔기 또는 손비빔으로 균질해질 때까지 비빔한다.
② 방수재의 비빔은 기온 5~40℃의 범위 내에서 한다.

4) 방수층의 종류

공정	종별	무기질계 분체[1]+물	무기질계 분체[1]+폴리머분산제 + 물
1		바탕처리	바탕처리
2		방수재(0.6kg/㎡)	방수재(0.7kg/㎡)
3		방수재(0.8kg/㎡)	방수재(0.8kg/㎡)

주 : 1) 무기질계 분체는 포틀랜드 시멘트＋잔골재＋규산질미분말을 혼합하여 미리 분체로 조정된 것을 말한다.

5) 도포 방법

① 방수재는 솔, 흙손, 뿜칠 및 롤러 등으로 콘크리트 면에 균일하게 도포한다. 솔로 바를 경우에는 바름 방향이 일정하도록 한다.

② 앞 공정에서 도포한 방수재가 손가락으로 눌러 묻어나지 않는 상태가 되었을 때 다음 공정의 도포를 시작한다.

③ 앞 공정의 도포 후 24시간 이상의 간격을 두고 다음 공정의 도포를 시작할 경우에는 물 뿌리기를 한다.

④ 앞 공정에서 도포한 방수재가 완전히 건조하여 손가락으로 눌러 하얗게 묻어 나오거나 백화현상과 유사한 상태로 되었을 때는 방수층을 철거하고 재시공한다.

SECTION 11 시일재 방수

기 14④ 18② 산 13①

핵심문제 ●●○

프리패브 건축, 커튼월 공법에 따른 건축물에서 각 부분의 접합부, 특히 스틸 새시의 부위 틈새 및 균열부 보수 등에 많이 이용되는 방수 공법은?
① 아스팔트 방수 ② 시트 방수
③ 도막방수 ❹ 실링재 방수

1. 정의

실링 방수는 부재 접합부 사이의 공극에 탄성재를 충전하여 방수적으로 일체화하는 틈막이 방수공법이다.

2. 재료

1) 코킹

① 수축률이 작고 접착성이 우수
② 내수, 내산, 내후, 내알칼리성

2) 실런트

① 고점성 재료가 시간 경과 후 고무 성능으로 형성
② 내후, 내수, 내약품성이 우수하고 시공이 용이

③ 커튼 월 공사, 고층 건물에 주로 이용
④ 1액형(공기 중의 수분에 의해 경화)과 2액형(경화제의 작용으로 경화)
   으로 구분

3) 개스킷

미리 성형된 제품으로, 창유리 끼우기 등에 사용되는 재료
① 지퍼 개스킷
② 글레이징 개스킷(건축용 개스킷)
③ 줄눈 개스킷(성형 줄눈재)

3. 요구성능

1) 접착성

① 실리콘재의 접착성을 고려해서, 외장재의 재질이나 표면 마무리를 생
   각한다.
② PC/커튼 월이나 RC조에서는 충분한 건조가 가능하도록 공정을 짠다.
③ 실적이 없을 경우에는 접합 시험을 한다.

2) 내구성

① 목표 수명의 설정 및 무브먼트 등의 사용조건을 명확히 한다.
② 목표 수명을 달성하도록 재료를 선정함과 동시에 조인트의 형상치수
   를 결정한다.

3) 비오염성

① 오염이 문제가 되는 벽에서는 실리콘계 실링재를 피한다. 부득이하게
   사용할 경우에는 물흘림의 설치, 오염 방지제의 도포 및 클리닝 등을
   고려한다.
② 방수성과 비오염성의 균형을 꾀한다.

4. 하자

1) 실링재 자신이 파단해버리는 응집 파괴(파단)
2) 부재의 피착면으로부터 벗겨지는 접착 파괴
3) 도장의 변질(박리)
4) 접착부 줄눈 주변의 오염

핵심문제 ●●○

실링공사의 재료에 관한 설명으로 옳지 않은 것은?
❶ 개스킷은 콘크리트의 균열부위를 충전하기 위하여 사용하는 부정형 재료이다.
② 프라이머는 접착면과 실링재의 접착성을 좋게 하기 위하여 도포하는 바탕처리 재료이다.
③ 백업재는 소정의 줄눈깊이를 확보하기 위하여 줄눈 속을 채우는 재료이다.
④ 마스킹테이프는 시공 중에 실링재 충전개소 이외의 오염방지와 줄눈선을 깨끗이 마무리하기 위한 보호 테이프이다.

5. 시공순서

1) 피복면 청소

2) 백업(Back up)재 부착

3) 마스킹 테이프 부착

4) 프라이머 도포

5) 실링재 충진

6) 주걱누름

7) 줄눈 주위 청소

SECTION 12 인공지반녹화 방수방근공사

1. 용어

녹화시스템	녹화시설의 복합적 성능 발현과 유지에 필수적인 구성요소가 합리적으로 일체화된 기술적 체계이며 구조부, 녹화부, 식생층으로 구분
인공지반 녹화시스템	건축물의 옥상, 지하주차장의 상부(지붕층) 슬래브 등에서 자연으로 조성된 흙 지반이 아닌, 인공으로 조성된 콘크리트 지반 위에 구성된 녹화시스템
방수층	건축물 구조체 내부로의 수분과 습기의 유입을 차단하는 기능을 하며 녹화시스템의 기반이 되는 구성요소의 층
방근층	식물의 뿌리가 하부에 있는 녹화시스템 구성요소로 침투·관통하는 것을 지속적으로 방지하는 기능
보호층	상부에 위치하는 구성요소에 의해 하부 구성요소가 물리적·기계적 손상을 입지 않도록 보호하는 기능
분리층	녹화시스템 구성요소 간의 화학적 반응이나 상이한 거동 특성으로 인해 발생하는 손상을 예방하는 기능
배수층	토양층의 과포화수를 수용하여 배수 경로를 따라 배출시키는 역할을 하는 층
여과층	토양층의 토양과 미세 입자가 하부의 구성요소로 흘러내리거나 용출되는 것을 방지하는 역할
식생층	녹화 유형에 알맞은 식물들의 조합으로 녹화시스템의 표면층을 형성하며 필요에 따라 과도한 수분 증발, 토양 침식 또는 풍식, 이입종의 유입을 방지하기 위해 멀칭층을 포함

2. 재료별 방근 특성

계열	종류	녹화 슬래브 방수 시 주의사항
아스팔트(시트)계 방수공법	개량 아스팔트계 방수 등	• 방근 성능이 없으므로 반드시 별도의 방근층이 필요 • 장기간 침수 시 아스팔트의 유화현상 발생
도막계 방수공법	우레탄계 도막방수 등	• 방근 성능이 없으므로 반드시 별도의 방근층이 필요 • 장기간 침수 시 분해현상 발생(수경성, 무기질 탄성계)
	FRP계 방수	• 방근 성능이 있음 • 내약품성 및 내박테리아성이 뛰어남
합성고분자계 시트 방수공법	염화비닐계 시트 방수 외	• 시트 자체는 방근 성능이 있으나 접합부에서는 방근성이 저하되기도 함 • 경우에 따라 별도의 방근층이 필요(접합부 접착제 공법)
시멘트계 방수공법	시멘트 혼입 폴리머계 방수 외	• 내균열성이 없어 균열 발생 가능성 높음 • 다공부위 및 균열부위를 통해 방근성이 저하됨
복합계 방수공법	시트계 + 도막계 복합방수공법	• 조인트부 시공 안정성 확보됨 • 바탕면 균열 추종성 확보됨 • 공법의 종류에 따라 방근 성능이 부족한 공법도 있으므로 사용 재료에 따라 방근층을 두어야 함 • 방근성능 평가를 통한 선별 적용이 필요

3. 보호층

1) 방수층 및 방근층을 보호할 목적으로 사용되는 보호층은 부직포형, 패널형, 배수층형, 방근층형이 있음
2) 인공지반녹화 조성 시 통행 가능성을 보장하는 목적으로 요구
3) 부직포형 보호층으로는 최소 $300g/m^2$ 이상의 섬유를 사용하여 시공
4) 배수층형 보호층, 방근층형 보호층의 경우는 방수 및 방근층과의 접합면에 모서리가 없이 평활하여 보호층으로 인한 손상이 발생하지 않는 형태의 제품을 사용
5) 콘크리트(경량 또는 무근 콘크리트 포함)나 시멘트 방수로 보호층을 조성할 때는 추가로 발생하는 하중 및 균열 발생에 유의

4. 인공지반녹화층 및 방수층의 구성

식재 혹은 토양, 식생콘크리트, 배수, 방수, 방근 및 단열 등의 구성 요소

5. 인공지반녹화시스템의 유형 구분

1) 관리 중량형 녹화시스템

① 중량형 녹화는 사람이 이용할 수 있는 녹화 공간을 옥상에 조성하고자 할 때 적합한 유형

② 이 녹화 유형은 식생의 높이나 종류를 다양하게 조성

③ 도입 식물종과 식재패턴을 고려할 때 최소 200mm 이상의 토양층 조성이 필요

2) 저관리 경량형 녹화시스템

3) 혼합형 녹화시스템

6. 인공지반녹화 방수 · 방근층의 요구성능

1) 내구 안전성능
2) 물리적 안전성능
3) 환경 안전성능
4) 기타 성능

7. 시공계획

1) 방수층 및 방근층의 성능(방근 성능) 확인
2) 배수판, 필터층의 성능 확인
3) 단열층 구성계획 확인
4) 옥상녹화 시공 후 만일의 누수 시를 대비한 보수계획 수립
5) 방수 및 방근 성능이 완전함을 확인한 후 식재공사 수행

▼ 인공지반녹화용 방수층 및 방근층 시공 시 유의사항

요인	방법
녹화 공사 시의 방근층 (또는 방수 · 방근 겸용층)의 파손 보호	섬유매트, 조립식 패널 성형판(플라스틱판 혹은 콘크리트판 등), 플라스틱 시트 등의 보호재 사용
배수층 설치를 통한 체류수의 원활한 흐름	방수층 위에 플라스틱계 배수판 설치
체류수에 의한 방수층의 화학적 열화	• 방수재의 종류 및 재질 선정 : 아스팔트계 시트재보다는 합성고분자계 시트재 사용 • 방수재 위에 수밀 코팅 처리(비용 증가 및 시공 공정 증가)
바탕체의 거동에 의한 방수층의 파손	• 콘크리트 등 바탕체가 온도 및 진동에 의한 거동 시 방수층 파손이 없도록 할 것 • 합성고분자계, 금속계 또는 복합계 재료 사용 • 거동 흡수 절연층의 구성
유지관리 대책을 고려한 방수시스템 적용	• 만일의 누수 시 보수가 간편한 공법(시스템)의 선정 • 만일의 누수 시 보수대책(녹화층 철거 유무) 고려

6) 방근층을 설치할 때, 수직면(벽체 또는 파라펫)과의 접합면에서 방근층 올림부의 높이는 수직면 주변에 식재기반이 존재할 경우 마감면 상부로 최소 50mm 이상 노출, 배수로 등과 같이 식재기반이 아닌 소재가 존재할 경우 100mm 이내로 조정 가능

---

1. 방수 모르타르

산 11②

1) 벽, 바닥 등의 구조체 표면에 방수제를 혼입한 모르타르를 발라 간단히 방수의 효과를 기대한다.
2) 모르타르의 강도는 다소 떨어지더라도 방수 능력을 극대화하여야 하며, 모재와의 부착력 증진을 위하여는 바탕면을 상당히 거칠게 하여야 한다.
3) 매회 바름 두께는 6~9mm 정도로 총 두께 12~25mm를 유지하도록 한다.
4) 바탕은 건조시킬 필요가 없으므로 콘크리트를 부어 넣은 후 곧이어 바르는 것이 좋다.

2. 아스팔트재

1) 아스팔트와 모르타르를 혼합하여 시공하는 방수법이다.
2) 방수시공은 가열상태에서 유지되어야 한다.

3. 벤토나이트 방수

1) 벤토나이트가 물을 많이 흡수하면 팽창하고, 건조하면 극도로 수축하는 성질을 이용한 방수공법이다.
2) 뿜칠시공도 가능하나 시공 후 보수가 어렵다.

4. 침투성 방수

1) 투명한 처리가 필요한 경우 이용하는 방법이다.
2) 콘크리트 벽돌조, 석고 미장면, 제치장 콘크리트면 등에 적용한다.
3) 실리콘, 파라핀 도료 및 비누용액(실베스터법) 등 사용

5. 금속판 방수

1) 재료

① 납판 : 29.3kg/m³ 이상

핵심문제 ●●○

방수 모르타르 바름공법에 대한 설명으로 옳지 않은 것은?

① 상당한 두께가 필요할 때에는 2~3회로 나누어 바른다.
② 바름 면은 매회 거칠게 해야 한다.
❸ 보통 모르타르보다 바탕과의 접착력이 매우 크다.
④ 총 두께는 12~25mm 정도로 한다.

② 스테인리스강 : 두께 0.4mm 이상

2) 시공

① 납판
- 겹침이음 폭은 최소 2.5cm 이상으로 한다.
- 이음부위는 접합 직전에 깎아내거나 쇠솔질 처리를 한다.
- 기타 부분 : 납땜 용접 처리를 한다.

② 동판 : 다른 금속과 접촉이 적도록 분리하여 사용한다.
③ 스테인리스 강판 : 바탕판에 용접 시 부식에 주의한다.

6. 간접 방수

1) 공간벽
2) Dry Area
3) 방습층

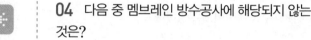

Section 01 방수공사 분류

01 다음 방수공법 중 멤브레인 방수에 해당되지 않는 것은?

① 아스팔트 방수
② 합성고분자 시트방수
③ 도막방수
④ 액체방수

해설

멤브레인(피막) 방수법
구조물의 외부 또는 내부에 여러 층의 피막을 부착하여 균열이나 결함을 통해서 침투하는 물이나 습기를 차단시키는 방법으로, 아스팔트 방수, 도막방수, 시트방수, 개량질 아스팔트 시트방수 등이 해당한다.

02 아스팔트 방수공법은 어느 방수법에 속하는가?

① 피막 방수법
② 모체 방수법
③ 도포 방수법
④ 시트 방수법

해설

문제 01번 해설 참조

03 아스팔트 방수층, 개량 아스팔트 시트 방수층, 합성고분자계 시트 방수층 및 도막 방수층 등 불투수성 피막을 형성하여 방수하는 공사를 총칭하는 용어로 옳은 것은?

① 실링방수
② 멤브레인방수
③ 구체침투방수
④ 벤토나이트방수

해설

문제 01번 해설 참조

04 다음 중 멤브레인 방수공사에 해당되지 않는 것은?

① 아스팔트방수공사
② 실링방수공사
③ 시트방수공사
④ 도막방수공사

해설

문제 01번 해설 참조

Section 02 지하실 방수

05 지하방수에 대한 설명으로 옳지 않은 것은?

① 바깥방수는 깊은 지하실에서 유리하다.
② 바깥방수에는 보통 시트나 아스팔트 방수 및 벤토나이트 방수법이 많이 쓰인다.
③ 안방수는 시공이 어렵고 보수가 쉽지 않은 단점이 있다.
④ 안방수는 시트나 아스팔트 방수보다 액체방수를 많이 활용한다.

해설

방수 공사(안방수, 바깥방수 비교)
• 수압이 적고 얇은 지하실에는 안방수법이, 수압이 크고 깊은 지하실에는 바깥방수법이 유리하다.
• 안방수의 경우 칸막이벽 등은 방수가 다 완료된 후 시공한다.
• 바깥방수법은 보호누름이 필요 없지만 안방수는 필요하다.
• 안방수는 시공이 쉽고 보수가 용이하며 구조체가 완성된 후에 실시한다.

정답 01 ④ 02 ① 03 ② 04 ② 05 ②

06 바깥방수와 비교한 안방수의 특징에 관한 설명으로 옳지 않은 것은?

① 공사가 간단하다.
② 공사비가 비교적 싸다.
③ 보호누름이 없어도 무방하다.
④ 수압이 작은 곳에 이용된다.

[해설]

문제 05번 해설 참조

07 건축물의 지하실 방수공법에서 안방수와 비교한 바깥방수의 특징이 아닌 것은?

① 수압이 크고 깊은 지하실에 유리하다.
② 공사기일에 제약을 받는다.
③ 시공이 간편하고 결함의 발견 및 보수가 용이하다.
④ 일반적으로 보통 시트 방수나 아스팔트 방수가 많이 쓰인다.

[해설]

문제 05번 해설 참조

08 철근콘크리트조 건물의 지하실 방수공사에서 시공의 난이, 공사비의 고저를 생각하지 않고 시공하는 경우 가장 바람직한 방법은?

① 아스팔트 바깥 방수법으로 시공한다.
② 콘크리트에 AE제를 넣는다.
③ 방수 모르타르를 바른다.
④ 콘크리트에 방수제를 넣는다.

[해설]

방수공사
수압이 적고 얕은 지하실에는 안방수법이, 수압이 크고 깊은 지하실에는 바깥방수법이 유리하다.

09 방수공사에 관한 설명으로 옳은 것은?

① 보통 수압이 적고 얕은 지하실에는 바깥방수법, 수압이 크고 깊은 지하실에는 안방수법이 유리하다.
② 지하실에 안방수법을 채택하는 경우, 지하실 내부에 설치하는 칸막이벽, 창문틀 등은 방수층 시공전 먼저 시공 하는 것이 유리하다.
③ 바깥방수법은 안방수법에 비하여 하자보수가 곤란하다.
④ 바깥방수법은 보호 누름이 필요하지만, 안방수법은 없어도 무방하다.

[해설]

문제 05번 해설 참조

Section 03 **방수공사 일반**

10 개량아스팔트 시트 방수공사 중 최상층에 노출용의 개량아스팔트 시트를 사용하여 전면 밀착으로 하는 공법을 나타내는 기호는?

① M－PrF
② M－MiF
③ M－MiT
④ M－RuF

[해설]

방수층의 종류	사용재료	바탕과의 고정상태, 단열재 유무, 적용부위
개량 아스팔트 방수(M)	• Pr : 보호층 필요(보행용) • Mi : 모래 붙은 루핑	• F : 전면부착 • S : 부분부착 • T : 바탕과의 사이에 단열재 • M : 바탕과 기계적으로 고정시키는 방수층 • U : 지하적용하는 방수층 • W : 외벽에 적용하는 방수층
아스팔트 방수(A)	• Pr : 보호층 필요(보행용) • Mi : 모래 붙은 루핑 • Al : ALC패널 방수층 • Th : 단열재 삽입 • ln : 실내용	
시트방수 (S)	• Ru : 합성고무계 • Pl : 합성수지계	
도막방수 (L)	• Ur : 우레탄 • Ac : 아크릴 고무 • Gu : 고무아스팔트	

방수층의 종류	사용재료	바탕과의 고정상태, 단열재 유무, 적용부위

A : Asphalt
S : Sheet
L : Liquid
	• Pr : Protected
	• AL : ALc
	• Th : Thermal Insulated
	• Mi : Mineral Surfaced
	• In : Indoor
	• Ru : Rubber
	• Pl : Plastic
	• Ur : Urethane rubber
	• Ac : Acrlic Rubber
	• Gu : Gum
		• F : Fully Bonded
		• S : Spot Bonded
		• T : Thermal
		    Insulated
		• M : Mechanical
		    Fasteneed
		• U : Underground
		• W : Wall

Section 04 아스팔트 방수공사

11 다음 아스팔트 중 석유 아스팔트에 해당되지 않는 것은?

① 아스팔타이트
② 블로운 아스팔트
③ 아스팔트 컴파운드
④ 스트레이트 아스팔트

해설

아스팔트와 아스팔타이트
아스팔트는 석유를 구성하고 있는 성분 중에서 경질의 유분이 제거되고 남은 최종 물질로, 천연으로 얻어지는 천연 아스팔트(Native Asphalt)와 원유를 정제한 후 얻어지는 석유 아스팔트(Petroleum Asphalt)로 구분된다.
아스팔타이트는 미네랄 물질을 거의 함유하지 않은 고(高) 융해점의 견고한 천연 아스팔트로, 지층의 갈라진 틈이나 암석의 틈새에 천연석유가 침투하여 오랜 세월이 지나면서 지열 및 공기 등에 의해 중합 또는 축합반응을 일으켜 변질된 것이다.

12 지하(地下)방수나 아스팔트 펠트 삼투(滲透)용으로 주로 사용되는 재료는?

① 스트레이트 아스팔트
② 아스팔트 컴파운드
③ 아스팔트 프라이머
④ 블로운 아스팔트

해설

스트레이트 아스팔트
스트레이트 아스팔트는 침투성 및 방수력은 우수하나 연화점이 낮아 옥외방수에 적합하지 아니하고 지하실 방수 등에 적합하다.

13 잔류유(찌꺼기)를 저온으로 장시간 증류한 것으로 응집력이 크고 온도에 의한 변화가 적으며 연화점이 높고 안전하여 방수공사에 많이 사용되는 것은?

① 아스팔트 펠트   ② 블로운 아스팔트
③ 아스팔타이트   ④ 레이크 아스팔트

해설

석유 아스팔트
• 스트레이트 아스팔트 : 연화점이 낮아 지하실공사 등에 사용
• 블로운 아스팔트 : 연화점이 높아 건축공사에 사용
• 아스팔트 컴파운드 : 블로운 아스팔트에 첨가물을 넣어 만든 최우량품

14 평지붕 방수공사의 재료로서 사용되지 않는 것은?

① 블로운 아스팔트
② 아스팔트 컴파운드
③ 아스팔트 루핑
④ 스트레이트 아스팔트

해설

문제 12번 해설 참조

정답   11 ①   12 ①   13 ②   14 ④

15 아스팔트 방수에 대한 설명으로 옳지 않은 것은?

① 작업 시 악취가 적은 장점이 있다.
② 옥상·평지붕·지하실 등에 많이 쓰인다.
③ 결함부의 발견이 쉽지 않다.
④ 방수가 확실하고 보호 처리를 잘하면 내구적이다.

아스팔트 방수
아스팔트 방수는 방수성능이 좋은 반면, 시공이 복잡하며 누수 부위의 발견과 보수가 어렵고 아스팔트를 가열하여 용해 시 냄새가 많이 나는 단점이 있다.

16 아스팔트 프라이머(Asphalt Primer)에 대한 설명으로 옳지 않은 것은?

① 아스팔트를 휘발성 용제로 녹인 흑갈색 액체이다.
② 아스팔트 방수공법에서 제일 먼저 시공되는 방수제이다.
③ 블로운 아스팔트의 내열성·내후성 등을 개량하기 위하여 식물섬유를 혼합하여 유동성을 부여한 것이다.
④ 콘크리트와 아스팔트가 부착이 잘되게 하는 것이다.

아스팔트 프라이머
블로운 아스팔트에 휘발성 용제를 넣어 묽게 한 것으로, 방수층 바탕에 침투시켜 부착이 잘되게 한다.
③번은 아스팔트 컴파운드를 설명하는 것이다.

17 아스팔트 방수에서 아스팔트 프라이머를 사용하는 목적으로 옳은 것은?

① 방수층의 습기를 제거하기 위하여
② 아스팔트 보호누름을 시공하기 위하여
③ 보수 시 불량 및 하자 위치를 쉽게 발견하기 위하여
④ 콘크리트 바탕과 방수시트의 접착을 양호하게 하기 위하여

문제 16번 해설 참조

18 방수공사용 아스팔트의 종류 중 표준용융온도가 가장 낮은 것은?

① 1종   ② 2종
③ 3종   ④ 4종

아스팔트 종별 용융온도

아스팔트 종별	온도(°C)
1종	220~230
2종	240~250
3종	260~270
4종	

19 방수공사에 사용되는 아스팔트의 양부를 판정하는 데 필요한 사항과 가장 거리가 먼 것은?

① 침입도   ② 연화점
③ 마모도   ④ 감온성

아스팔트 품질 시험
비중, 침입도, 연화점, 신도, 감온성, 인화점, 내후성 등으로 나타내나 이 중 아스팔트의 견고성 정도인 관입저항을 침으로 평가하는 침입도가 대표적인 품질의 상태를 나타낸다.

20 아스팔트 품질시험항목과 가장 거리가 먼 것은?

① 비표면적 시험
② 침입도
③ 감온비
④ 신도 및 연화점

문제 19번 해설 참조

21 아스팔트 방수재의 성질을 판정하기 위한 요소는?

① 시공연도 ② 마모도
③ 침입도 ④ 강도

[해설]

침입도

아스팔트 방수재료에서 25℃, 하중 100g, 시간 5초 안에 침이 관입하는 척도를 침입도라 하며 0.1mm 침이 관입하면 침입도 1이라 한다. 이 침입도는 아스팔트의 견고성을 나타낸다. 한랭지와 같이 기온이 낮은 곳에서는 침입도가 큰 것을 사용하는 것이 좋다.

22 방수공사에 사용하는 아스팔트의 견고성 정도를 침(針)의 관입저항으로 평가하는 방법은?

① 침입도 ② 마모도
③ 연화점 ④ 신도

[해설]

문제 21번 해설 참조

23 아스팔트 방수공사에 관한 설명 중 옳지 않은 것은?

① 아스팔트 용융 중에는 최소한 30분에 1회 정도로 온도를 측정하며, 접착력 저하 방지를 위하여 200℃ 이하가 되지 않도록 한다.
② 한랭지에서 사용되는 아스팔트는 침입도 지수가 적은 것이 좋다.
③ 지붕방수에는 침입도가 크고 연화점(軟化点)이 높은 것을 사용한다.
④ 아스팔트 용융 솥은 가능한 한 시공장소와 근접한 곳에 설치한다.

[해설]

문제 21번 해설 참조

24 아스팔트 방수 공사 시 바탕 처리 방법으로서 가장 옳지 않은 것은?

① 바탕면을 충분히 건조시킬 것
② 바탕면에 물흘림 경사를 충분히 둘 것
③ 바탕면을 거칠게 할 것
④ 규석, 모서리 등을 둥글게 처리할 것

[해설]

아스팔트 방수의 바탕

아스팔트 방수의 바탕은 펠트나 루핑을 붙이는 관계로 그 면을 평활하게 하여야 한다.

25 아스팔트 방수법에 관한 설명 중 옳지 않은 것은?

① 콘크리트 등의 모체를 완전 건조시켜야 한다.
② 보수 시에 결함 부분을 발견하기가 쉽지 않다.
③ 보호층을 견실하게 해야 한다.
④ 모체의 신축에 대하여 불리하다.

[해설]

아스팔트 방수

아스팔트 방수는 멤브레인 방수공법의 일종으로 시멘트액 방수와 같은 침투방수에 비하여 모체의 신축에 영향이 적다.

26 아스팔트 방수공사에 관한 설명으로 옳지 않은 것은?

① 아스팔트 프라이머는 건조하고 깨끗한 바탕면에 솔, 롤러, 뿜칠기 등을 이용하여 규정량을 균일하게 도포한다.
② 용융 아스팔트는 운반용 기구로 시공 장소까지 운반하여 방수 바탕과 시트재 사이에 롤러, 주걱 등으로 뿌리면서 시트재를 깔아 나간다.
③ 옥상에서의 아스팔트 방수 시공 시 평탄부에서의 방수시트깔기 작업 후 특수부위에 대한 보강붙이기를 시행한다.
④ 평탄부에서는 프라이머의 적절한 건조상태를 확인하여 시트를 깐다.

정답   21 ③   22 ①   23 ②   24 ③   25 ④   26 ③

해설

옥상 아스팔트의 방수

파라펫이나 모서리 등의 방수처리는 둥글게 처리하여 시트나 아스팔트 펠트 등이 꺾이지 않도록 처리한다. 이때 아스팔트 방수시트깔기는 특수부위를 붙인 후 평탄부를 깔기 작업을 한다.

27 아스팔트(Asphalt) 방수가 시멘트 액체방수보다 우수한 점은?

① 경제성이 있다.

② 보수범위가 국부적이다.

③ 시공이 간단하다.

④ 방수층의 균열 발생 정도가 비교적 적다.

해설

아스팔트 방수와 시멘트 액체방수 비교

아스팔트 방수는 시멘트 액체방수에 비하여 방수성능이 좋은 반면, 방수층의 균열이 적지만 시공이 복잡하며 누수 부위의 발견과 보수가 어려운 단점이 있다.

Section 06 합성 고분자계 시트 방수공사 ✤

28 합성고무와 열가소성수지를 사용하여 1겹으로 방수효과를 내는 공법은?

① 도막 방수

② 시트 방수

③ 아스팔트 방수

④ 표면도포 방수

해설

시트 방수

시트 방수는 방수성능이 뛰어난 재료를 1층으로 해서 방수효과를 내는 공법이다.

29 시트 방수공법에 관한 설명 중 틀린 것은?

① 접착제 도포에 앞서 먼저 도포한 프라이머의 적정한 건조를 확인한다.

② 시트의 너비와 길이에는 제한이 없고, 3겹 이상 적층하여 방수하는 것이 원칙이다.

③ 수용성의 프라이머는 저온 시 동결 피해 발생에 주의한다.

④ 접착공법 적용 시 모서리부, 드레인 주변 등 특수한 부위를 먼저 세심하게 작업한다.

해설

문제 28번 해설 참조

30 시트 방수재료를 붙이는 방법이 아닌 것은?

① 온통접착　　　② 줄접착

③ 점접착　　　　④ 원접착

해설

시트 붙임법

온통접착, 줄접착, 갓접차, 전접착

31 합성고분자계 시트방수의 시공 공법이 아닌 것은?

① 떠붙이기 공법

② 접착 공법

③ 금속고정 공법

④ 열풍융착 공법

해설

타일붙이기

• 떠붙이기 : 타일 뒷면에 모르타르를 발라 두께 및 평활도를 작업자의 능력에 따라 조정하면서 붙이는 방법

• 압착붙이기 : 바탕에 고름 모르타르를 발라 평활하게 만든 후 다시 붙임 모르타르를 바르면서 타일에 힘을 가하여 모르타르가 밀려나오도록 붙이는 방법

• 접착붙이기 : 바탕을 평활하게 한 뒤 타일 뒷면에 접착제를 이용하여 붙이는 공법

정답 27 ④ 28 ② 29 ② 30 ④ 31 ①

Section 07 도막 방수공사

32 도막 방수에 관한 기술 중 옳지 않은 것은?

① 도막 방수의 바탕 솔질은 시멘트 액체 방수에 준하여 실시한다.
② 도막 방수에는 노출 공법과 비노출 공법이 있다.
③ 유제형 도막 방수는 인화성이 강하므로 시공 시 화기를 엄금한다.
④ 용제형 도막 방수는 강풍이 불 경우 방수층 접착이 불량하다.

> **해설**
> **유제형 도막방수**
> 유제형 도막 방수는 수지유제를 바탕 콘크리트 면에 여러 번 바르는 것으로 방수층을 형성하는 공법으로 용제형보다 인화성이 약하다.

33 도막방수에 관한 설명으로 옳지 않은 것은?

① 방수재의 도포 시 치켜올림 부위를 도포한 다음, 평면부위의 순서로 도포한다.
② 방수재의 겹쳐 바르기 폭은 100mm 내외로 한다.
③ 도막두께는 원칙적으로 사용량을 중심으로 관리한다.
④ 우레아 수지계 도막방수재를 스프레이 시공할 경우 바탕면과 200mm 이하로 간격을 유지하도록 한다.

> **해설**
> **우레아 고무계 또는 수지계 도막방수 스프레이 시공**
> • 분사각도는 항상 바탕면과 수직이 되게
> • 바탕면과 300mm 이상 간격유지
> • 소정의 두께를 얻기 위해 두 번으로 나누어 겹쳐 도포하는 경우 두 번째는 첫 번째와 직교시켜 스프레이 도포

34 도막방수에 관한 설명으로 옳지 않은 것은?

① 복잡한 형상에 대한 시공성이 우수하다.
② 용제형 도막방수는 시공이 어려우나 충격에 매우 강하다.
③ 에폭시계 도막방수는 접착성, 내열성, 내마모성, 내약품성이 우수하다.
④ 셀프레벨링 공법은 방수 바닥에서 도료상태의 도막재를 바닥에 부어 도포한다.

> **해설**
> **용제형 도막방수**
> 합성고무를 휘발성 용제에 녹인 일종의 고무도료를 여러 번 칠하여 방수층을 형성하는 공법으로 시공이 용이하고 착색이 자유로워 경사지붕, 셸구조지붕 등의 도막방수로 이용된다.

35 용제형(Solvent) 고무계 도막방수공법에 관한 설명으로 옳지 않은 것은?

① 용제는 인화성이 강하므로 부근의 화기는 엄금한다.
② 한 층의 시공이 완료되면 1.5~2시간 경과 후 다음 층의 작업을 시작하여야 한다.
③ 완성된 도막은 외상(外傷)에 매우 강하다.
④ 합성고무를 휘발성 용제에 녹인 일종의 고무도료를 칠하여 두께 0.5~0.8mm의 방수피막을 형성하는 것이다.

> **해설**
> **용제형 고무계 도막방수**
> • 합성고무를 휘발성 용제에 녹인 일종의 고무도료를 여러 번 칠하여 방수층을 형성하는 공법이다.
> • 시공이 용이하고 착색이 자유로워 경사지붕, 셸구조지붕 등의 도막방수로 이용된다.
> • 고무계 도막방수는 탄력 있는 고무시트상으로 균열성에 질긴 도막방수지만 시트방수보다는 못하다.

정답 32 ③ 33 ④ 34 ② 35 ③

36 다음 중 도막방수의 특성이 아닌 것은?

① 연신율이 뛰어나며 경량의 장점이 있다.
② 방수층의 내수성, 내화성이 우수하다.
③ 균일한 두께를 확보하기 어렵고 두꺼운 층을 만들 수 없다.
④ 누수사고가 생기면 아스팔트 방수에 비해 보수가 어려운 단점이 있다.

> **해설**
>
> **도막방수**
> 구조체에 방수도료를 바르는 공법으로 단순도포를 코팅공법, 망상포를 적층하여 도포하면 라이닝 공법이라 하며, 아스팔트 방수에 비하여 보수가 용이하다.

37 지붕방수용 도막재로 사용되는 재료로 거리가 가장 먼 것은?

① 우레탄 고무계 방수재
② 염화비닐 시트계 방수재
③ 아크릴 고무계 방수재
④ 고무 아스팔트계 방수재

> **해설**
>
> **지붕방수용 도막재료**
> 클로로프렌 고무계, 클로로설폰화 폴리에틸렌계, 우레탄 고무계, 아크릴 고무계, 고무아스팔트계 등이 적합하다.

38 유리섬유, 합성섬유 등의 망상포를 적층하여 도포하는 도막방수 공법은?

① 코팅 공법
② 라이닝 공법
③ 멤브레인 공법
④ 루핑 공법

> **해설**
>
> **도막방수**
> ㉠ 도막방수는 액체로 된 방수도료를 한 번 또는 여러 번 칠하여 상당한 두께의 방수막을 형성하는 방수공법으로 간단한 방수성능이 요구되는 곳에 사용한다.

㉡ 종류
  • 라이닝 공법 : 유리섬유, 합성섬유 등의 망상포를 적층하여 도포
  • 코팅 공법 : 단순도포
※ 멤브레인 방수 : 구조체 등에 얇은 피막상의 방수층으로 전면을 덮는 방수법으로 아스팔트 방수, 시트 방수, 도막 방수 등이 해당한다.

39 도막방수 시공 시 유의사항으로 옳지 않은 것은?

① 도막방수재는 혼합에 따라 재료 물성이 크게 달라지므로 반드시 혼합비를 준수한다.
② 용제형의 프라이머를 사용할 경우에는 화기에 주의하고, 특히 실내 작업의 경우 환기장치를 사용하여 인화나 유기용제 중독을 미연에 예방하여야 한다.
③ 코너부위, 드레인 주변은 보강이 필요하다.
④ 도막방수 공사는 바탕면 시공과 관통공사가 종결되지 않더라도 할 수 있다.

> **해설**
>
> **도막방수 바탕처리**
> 도막방수는 바탕처리가 완료되어야 하며, 관통되는 시설물이 있는 경우 방수 전에 관통되는 부분을 완전히 밀실하게 처리하고 도막방수를 하여야 한다.

Section
09 시멘트 모르타르계 방수공사

40 방수성이 높은 모르타르로 방수층을 만들어 지하실의 내방수나 소규모인 지붕방수 등과 같은 비교적 경미한 방수공사에 활용되는 공법은?

① 시멘트 액체 방수공법
② 아스팔트 방수공법
③ 실링 방수공법
④ 시트 방수공법

시멘트 액체방수

구체 표면에 시멘트 방수제를 도포하거나 침투시키고 방수제를 혼합한 모르타르를 덧발라 모체의 공극을 메우고 수밀하게 하는 공법으로 비교적 간단하고 비용이 저렴하다. 단, 구조체의 변형이 심한 부분에는 사용이 곤란하다.

41 무기질 또는 무기유기질계가 방수제를 솔·롤러 또는 저압력의 기구로 콘크리트 바탕에 분사·코팅하여 방수층을 형성하는 공법은?

① 시일재 방수　　　② 침투 방수

③ 발수성 방수　　　④ 그라우팅 방수

침투방수

- 침투성 방수에는 무기질계와 유기질계가 있다.
- 무기질계는 시멘트와 입도조정된 규사 규산질 미분말 등으로 구성된 분체에 폴리머분산제 또는 물을 섞어 비빔하여 구체에 방수층을 형성하는 것을 말하며 이때 콘크리트나 시멘트 모르타르의 공극에 침투되어 방수막을 형성하는 것을 말한다.
- 유기질계는 우리가 쉽게 말하는 발수제다. 여기서 발수성이란 물을 튕겨내는, 즉 물과의 친화성이 나쁜 성질로서 대상재료의 표면에 피막을 형성하여 물의 침투를 막는 한편 구체 공극을 통해 일정 이상 침투함에 따라 침투성 방수제라고 한다. 재료는 실리콘 화합물계 등 발수성 물질로서 침투성 용액이 같이 사용된다.

42 시멘트 액체방수에 대한 설명으로 옳지 않은 것은?

① 모체 표면에 시멘트 방수제를 도포하고 방수모르타르를 덧발라 방수층을 형성하는 공법이다.

② 옥상 등 실외에서는 효력의 지속성을 기대할 수 없다.

③ 시공은 바탕처리 → 지수 → 혼합 → 바르기 → 마무리 순으로 진행한다.

④ 시공 시 방수층의 부착력을 위하여 방수할 콘크리트 바탕면은 충분히 건조시키는 것이 좋다.

시멘트 액체방수(침투방수)

- 바탕 처리는 모래를 완전 건조시켜 균열을 100% 발생시킨 후 고름 모르타르로 보수한다.
- 방수층의 부착력을 증진시키기 위하여 고름 모르타르가 반건조된 상태에서 표면 처리를 한 후 방수층을 시공하도록 한다.
- 방수층은 신축성이 없기 때문에 반드시 신축 줄눈을 설치하도록 한다(줄눈의 깊이 6mm, 너비 9mm, 거리간격 1m 정도).
- 마지막 공정인 시멘트 모르타르를 방수 모르타르 마감으로 하여 보호층의 역할을 겸하게 한다.

43 시멘트 액체방수공사와 관련된 설명 중 옳지 않은 것은?

① 지하방수나 소규모의 지붕방수 등에 사용하는 경우가 많다.

② 시멘트 액체방수 바탕은 깨끗하고 거칠게 하는 것이 모르타르의 부착력을 좋게 한다.

③ 비교적 저렴하고 시공이 용이한 방수공법이다.

④ 얇은 막상의 방수층을 형성시키는 멤브레인 방수공법에 속한다.

문제 42번 해설 참조

44 시멘트 액체방수에 대한 설명으로 옳지 않은 것은?

① 값이 저렴하고 시공 및 보수가 용이한 편이다.

② 바탕의 상태가 습하거나 수분이 함유되어 있더라도 시공할 수 있다.

③ 바탕콘크리트의 침하, 경화 후의 건조수축, 균열 등 구조적 변형이 심한 부분에도 사용할 수 있다.

④ 옥상 등 실외에서는 효력의 지속성을 기대할 수 없다.

문제 40번 해설 참조

Section 11 시일재 방수

45 프리패브 건축, 커튼월 공법에 따른 건축물에서 각 부분의 접합부, 특히 스틸 새시의 부위 틈새 및 균열부 보수 등에 많이 이용되는 방수 공법은?

① 아스팔트 방수
② 시트 방수
③ 도막방수
④ 실링재 방수

실링재 방수
실링재 방수는 부재 접합부 사이의 공극에 탄성재를 충전하여 방수적으로 일체화하는 틈막이 방수공법이다.

46 건축물 커튼월의 연결부 줄눈에서 수밀성능, 기밀성능, 차음성능을 확보하기 위하여 사용하는 재료는?

① 실리콘 실러   ② 실링새
③ 벤토나이트 시트   ④ 발수제

실링새
줄눈에 충전하여 수밀성·기밀성을 확보하는 재료. 통상은 부정형(不定形)의 것을 가리키나 넓은 뜻으로는 정형의 것도 포함한다. 코킹재와 구별하여 사용할 때는 크게 무브먼트가 예상되는 줄눈에 충전하는 것을 가리킨다.

47 실링공사의 재료에 관한 기술 중 옳지 않은 것은?

① 개스킷은 콘크리트의 균열부위를 충전하기 위하여 사용하는 부정형 재료이다.
② 프라이머는 접착면과 실링재와의 접착성을 좋게 하기 위하여 도포하는 바탕처리 재료이다.
③ 백업재는 소정의 줄눈 깊이를 확보하기 위하여 줄눈 속을 채우는 재료이다.

④ 마스킹테이프는 시공 중에 실링재에 충전 개소 이외의 오염장치와 줄선을 깨끗이 마무리하기 위한 보호 테이프이다.

해설
개스킷
개스킷은 유리와 새시와 접합부, 패널의 접합부 등에 사용되는 재료이며, 재질과 형상에 따라 여러 분류로 나눈다. 형상은 Y형, H형, ㄷ형과 실링 개스킷으로 줄눈에 끼워 넣는 것도 있다.

Section 13 기타 방수

48 방수 모르타르 바름공법에 대한 설명으로 옳지 않은 것은?

① 상당한 두께가 필요할 때에는 2~3회로 나누어 바른다.
② 바름 면은 매회 거칠게 해야 한다.
③ 보통 모르타르보다 바탕과의 접착력이 매우 크다.
④ 총 두께는 12~25mm 정도로 한다.

해설
방수 모르타르
• 방수제를 혼합한 모르타르를 발라 간단히 하는 방수 공법
• 방수액이 들어가면 모르타르의 강도는 떨어지나 방수능력이 증가
• 보통 모르타르보다 바탕과의 접착력이 작으므로 콘크리트 붓기 직후 모르타르 바름을 하거나 바탕면을 깨끗하고 거칠게 하여 부착을 좋게 한다.
• 두껍게 한 번 바름으로 마무리하는 것이 보통이나 상당한 두께를 필요로 하는 경우 2~3회로 나누어 바르고 바름면은 매회 거칠게 해야 한다.
• 매회 6~9mm로 바르고 총 두께는 1.2~2.5cm 정도로 한다.

49 방수공사에 관한 설명으로 옳지 않은 것은?

① 방수모르타르는 보통 모르타르에 비해 접착력이 부족한 편이다.
② 시멘트 액체방수는 면적이 넓은 경우 익스팬션조인트를 설치해야 한다.
③ 아스팔트 방수층은 바닥, 벽 모든 부분에 방수층 보호누름을 해야 한다.
④ 스트레이트 아스팔트의 경우 신축이 좋고, 내구력이 좋아 옥외방수에도 사용 가능하다.

[해설]

스트레이트 아스팔트
스트레이트 아스팔트는 침투성 및 방수력은 우수하나 연화점이 낮아 옥외방수에 적합하지 아니하고 지하실 방수 등에 적합하다.

CHAPTER

09

지붕공사 및 홈통공사

지붕공사 및 홈통공사

SECTION 01 지붕공사

산 11③ 12① 13② 16① 17②

핵심문제 ●○○

지붕공사 중 지붕재료에 요구되는 사항으로 옳지 않은 것은?

① 방화적이고 열전도율이 적어서 내한·내열성이 클 것
② 시공이 용이하고 보수가 편리하며, 공사비용이 저렴할 것
❸ 수밀하고 내수적이며, 습도에 의한 신축성이 많을 것
④ 외관이 미려하고, 건물과 조화를 이룰 것

1. 개요

1) 지붕재료의 요구사항

① 수밀·내수적일 것
② 가볍고 내구성이 크고 내풍적일 것
③ 방화적이고 내한·내열적이며 차단성이 클 것
④ 미려하고 건물에 조화를 이룰 것
⑤ 시공이 용이하고 수리에 편리할 것
⑥ 값이 저렴할 것
⑦ 열전도율이 적을 것

2) 지붕의 물매

수평 10cm에 대한 수직높이(B−C)를 물매 크기라고 하며, 지붕 크기, 지붕 재료 성질, 크기 및 모양, 풍우량에 의해서 결정된다.

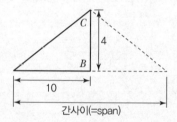

① 평지붕 : 지붕의 경사가 1/6 이하인 지붕
② 완경사 지붕 : 지붕의 경사가 1/6에서 1/4 미만인 지붕
③ 일반 경사 지붕 : 지붕의 경사가 1/4에서 3/4 미만인 지붕
④ 급경사 지붕 : 지붕의 경사가 3/4 이상인 지붕
⑤ 재료별 경사(물매)
　　지붕의 경사는 별도로 지정한 바가 없으면 1/50 이상으로 한다.

지붕재료	경사(물매)
평잇기 금속 지붕	1/2 이상
기와지붕 및 아스팔트 싱글	1/3 이상
금속 기와	
금속판 지붕 (일반적인 금속판 및 금속패널 지붕)	1/4 이상
금속 절판	
합성고분자 시트 지붕 아스팔트 지붕 폼 스프레이 단열 지붕의 경사	1/50 이상

2. 재료 및 시공

1) 골조

지붕재 하부 바탕을 설치하기 위한 고정부재(각재나 L형강 등)를 사용하여 구조틀(Frame)을 만들고 그 위에 바탕 보드와 방수자재로 바탕을 구성하는 것이다.

2) 데크

3) 방습지

겨울철 실내 상대습도가 높은 실내공간의 지붕에는 방습지를 설치한다. 바탕 층이 콘크리트 구조 등 방습성능이 있는 경우에는 방습지를 설치하지 않는다.

4) 단열재

글라스 울, 폴리스티렌, 경질우레탄 폼

5) 바탕보드

① 구조용 합판 : 두께 9mm 이상의 제품
② 보통 합판 : 두께 12mm 이상의 제품
③ 파티클 보드 : 두께 12mm 이상의 제품
④ 목모 보드 : 두께 15mm 이상의 제품
⑤ 섬유판 : 두께 12mm 이상의 제품

6) 바탕보드 시공

① 접시머리 목조건축용 못, 나사못, 셀프드릴링 스크류 등으로 설치한다.
② 못의 길이는 목조건축용 못은 32mm 이상, 나사못은 20mm 이상 관통될 수 있는 길이로 한다.
③ 못 간격은 일반부는 300mm를 표준으로 하며 외주부는 150mm를 표준으로 한다.
④ 합판 등을 설치하는 경우 이음부는 2~3mm 간격을 유지한다.

7) 아스팔트 루핑 또는 펠트 설치

① 하부에서 상부로 설치하며 주름이 생기지 않도록 설치한다.
② 겹침길이 : 길이 방향(장변) 200mm, 폭 방향(단변) 100mm 이상 겹치게 설치한다.
③ 와셔 딸린 못 또는 스테이플러(Stapler), 타카(Taka) 못 등으로 설치하며, 못 간격은 300mm를 표준으로 한다.

8) 자착식형 방수 시트

① 물이 흘러내리도록 지붕널 모양으로 설치하며 시트와 시트는 지그재 그로 하여 길이 방향으로 150mm 이상 겹치도록 한다. 단부의 겹침은 90mm 이상 겹치도록 하며 롤러를 사용하여 이음 부위를 누른다.

② 시트를 설치하고 14일 이내에 지붕재가 설치되도록 한다.

3. 기와 잇기

1) 한식 기와

① 구성요소

- 착고 : 지붕마루에 암키와와 수키와의 골에 맞추어지도록 특수 제 작한 수키와 모양의 기와를 옆세워 댄 것
- 부고 : 착고 위에 옆세워 댄 수키와
- 머거블 : 용마루끝 마구리에 옆세워 댄 수키와
- 단골막이 : 착고막이로 수키와 반토막을 간단히 댄 것
- 보습장 : 추녀마루의 처마끝에 암키와장을 삼각형으로 다듬어 댄 것
- 내림새 : 처마끝에 있는 암키와
- 막새 : 처마끝에 덮는 수키와에 와당이 딸린 기와
- 착고막이 : 지붕마루 수키와 사이의 골에 맞추어 수키와를 다듬어 옆세위 댄 것
- 너새 : 박공 옆에 직각으로 대는 암키와
- 감새 : 박공 옆면에 내리덮는 날개를 옆에 댄 기와
- 산자 : 서까래 위에 기와를 잇기 위히여 가는 싸리나무, 가는 장작 따위를 새끼로 엮어 댄 것
- 아귀토 : 수키와 처마 끝에 막새 대신에 회,진흙 반죽으로 둥글게 바른 것
- 알매흙 : 암키와 밑의 진흙
- 홍두깨흙 : 수키와 밑의 진흙
- 회첨골 : 골추녀에 암키와를 낮게 두 줄로 깐 것

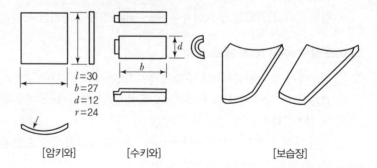

[암키와]　　　[수키와]　　　　　[보습장]

핵심문제 ●○○

한식 기와 지붕에서 지붕 용마루의 끝 마구리에 수키와를 옆세워 댄 것을 무엇이라고 하는가?

① 평고대　② 착고
③ 부고　❹ 머거불

핵심문제 ●○○

기와잇기 공사에서 아귀토는 다음 중 어떤 것을 의미하는가?

❶ 암키와 끝에서 60mm 들여 진흙을 암키와 사이에 뭉쳐 놓는 흙
② 제치장 반자 또는 지붕 속을 꾸미기 위해서 산자의 밑에서 위로 올려 바른 흙
③ 처마 끝에는 막새를 쓰지 않고 회, 진흙 반죽으로 동그랗게 바른 흙
④ 좁은 널 나뭇가지 산자를 가는 새끼로 엮고 여기에 이겨 바른 흙

[착고 막이]　　　[내림새]　[막새]　　　[용머리]

② 기와잇기
- 바탕 : 서까래 위 또는 서까래와 서까래 사이에 산자를 새끼로 엮어 대고 진흙을 되게 이겨 바른다.
- 암키와 깔기
  - 처마끝 연암에서 9~12cm 정도 내밀고 알매흙 위에 진흙을 채워가며 잇는다.
  - 기와의 이음폭은 기와 길이의 1/2~1/3로 일정하게 한다.
- 수키와 깔기
  - 암키와 끝에서 6cm 정도 들여서 홍두깨 흙으로 속을 채워가며 잇는다.
  - 처마끝 수키와 마구리에 물린 회백토를 아귀토라 한다.
  - 아귀토는 수키와 끝에서 30mm 물린다.
- 지붕마루 잇기
  - 착고, 부고, 암마루장(3~7장의 암키와를 덮은 것), 숫마루장(수키와)의 순으로 이어간다.
  - 지붕마루의 양 끝에는 용머리를 세운다.
- 시공순서 : 산자엮어대기 – 알매흙 – 암키와 – 홍두깨흙 – 수키와 – 착고 – 부고 – 암마룻장 – 수마룻장 – 용머리 순이다.

2) 시멘트 기와

① 기와 잇기
- 평기와 : 걸림턱이 없는 기와로서 지붕널 또는 산자 위에 알매흙을 두께 2cm 내외로 펴 깔고 잇는다.
- 걸침 기와
  - 서까래 위에 두께 12mm 정도의 판재(지붕널, 개판)를 깔고 겹침 길이 9cm의 방수지를 덮어 바탕을 형성한다.
  - 2.5cm 각의 기왓살을 기와의 정수배 간격으로 유지하며 지붕널에 못박아 댄다.
  - 처마끝 내림새는 처마 돌림대에서 6cm 정도 내밀어 댄다.
  - 기와는 쪼개어 사용할 수 없다.
  - 기와는 5단 걸름으로 1열로(지붕끝은 2열) 동선, 철선, 못 등으로 지붕널에 연결한다(단, A종 시공 시에는 3단마다 고정).

4. 금속판 잇기

1) 평판 잇기

① 바탕 방수지의 겹침 길이는 가로 9cm, 세로 12cm 이상으로 한다.
② 금속판은 신축에 대비 45~60cm 정도로 잘라서 잇는다.
③ 처마끝 부분은 너비 3cm 정도의 거멀띠, 밑창판을 약 25cm 간격으로 못박아 대고 감싸기판을 거멀띠에 접어 걸어 밑창판과 지붕판을 감싸기판과 같이 꺾어 접는다.
④ 금속판의 접합은 접는 너비 1.5~2.5cm 정도의 거멀 접기(감접기)에 의한 거멀쪽 이음을 각 판마다 4곳 이상 한다.

2) 기왓가락 잇기

① 지붕널 위 물 흐름 방향으로 4~6cm 각재 간격 40~55cm(서까래 위치에 맞춤)로 댄다.
② 지붕판은 기왓가락 옆을 3cm 이상 꺾어 올리고, 거멀쪽 2개 이상을 써서 덮개와 같이 꺾어 접는다.
③ 기왓가락을 대지 않고 중공 기왓가락으로 할 수도 있다.

3) 골함석 잇기

① 골함석의 두께는 보통 #28~#30이 쓰인다.
② 고정 철물로는 중도리가 목조일 때에는 아연 도금못 또는 나사못을, 철골일 때에는 갈고리 볼트를 한 장의 너비에 3개씩 친다.
③ 가로 겹침 길이는 큰 골판 1.5골, 작은 골판 2.5골 이상으로 한다.
④ 세로 겹침 길이는 보통 15cm 정도로 골슬레이트와 같이 한다.

4) 금속판 사용시 주의사항

① 아연판 : 산 및 무연탄 가스에 약함. 연탄 굴뚝 주위, 부엌, 지붕에 사용 금지
② 동판 : 알칼리에 약함. 화장실이나 암모니아 가스가 발생하는 곳은 부적당하다.
③ 알루미늄판 : 염에 약하여 해안에는 부적당하다.
④ 납판 : 목재와 회반죽에 사용하지 못하며, 온도에 신축성이 크다.
⑤ 금속판 : 금속판의 고정은 못이나 납땜을 피하고, 못구멍은 타원형과 클립 등으로 조절한다.

5) 이온화 경향

$K > Ca > Na > Mg > Al > Zn > Fe > Ni > Sn > H$

1. 재료

1) 홈통은 보통 함석 #28~#30을 주로 사용하며 동판은 0.3~0.5mm의 것을 쓰고 플라스틱 제품(S-lone Pipe)도 쓰인다.
2) 홈통은 처마 홈통, 선홈통, 깔때기 홈통으로 구성된다.

2. 처마 홈통

1) 안홈통과 밖홈통이 있으며 물흘림 경사는 1/100~1/200 정도로 한다.
2) 밖홈통의 모양은 반달형(반원형)과 쇠시리형으로 한다.
3) 처마 홈통의 이음은 4cm 이상 겹쳐 납땜한다.
4) 홈걸이 띠쇠는 아연 도금 또는 녹막이칠을 하여 서까래 간격에 따라 85~135cm(보통 90cm) 간격으로 서까래에 고정시킨다.
5) 안홈통의 물매는 1/50 정도로 한다.

3. 선 홈통

1) 원형 또는 각형으로 하고 상하 이음은 윗통을 밑통에 5cm 이상 꽂아 넣고 가로는 감접기로 한다.
2) 선홈통 걸이(Leader Strap)는 아연 도금 또는 녹막이칠을 하여 85~120cm(보통 120cm) 간격으로 벽체에 고정한다.
3) 선홈통 위는 깔때기 홈통 또는 장식통을 받고, 밑은 지하 배수 토관에 직결하거나 낙수받이 돌 위에 빗물이 떨어지게 된다.
4) 선홈통 하부의 높이는 120~180cm 정도는 철관 등으로 보호한다.
5) 선홈통은 처마 길이 10cm 이내마다 또는 굴뚝 등으로 처마 홈통이 단절되는 구간마다 설치한다.

▼ 지붕면적에 따른 선홈통의 직경

선홈통지름		받을 수 있는 최대 수평 지붕 면적[m²]
mm	inch	
50	2	46.5
75	3	139
100	4	288
125	5	502
150	6	780
200	8	1,616

기 14② 산 10① 19①

핵심문제 ●○○

홈통공사에 대한 설명 중 옳지 않은 것은?
① 보호관은 선홈통에 맞는 철관을 쓰고 높이는 1.5m 정도로 한다.
② 처마홈통의 경사는 보통 1/50 정도로 하는 것이 좋다.
③ 일반적으로 골홈통·처마홈통 등은 선홈통보다 부식이 빠르다.
❹ 선홈통은 보호관 안에 2cm 정도 꽂아 넣는다.

핵심문제 ●●○

선홈통 공사에 대한 설명 중 옳지 않은 것은?
① 선홈통이 지반에 접하는 하부에는 보호관을 설치한다.
② 선홈통의 홈걸이의 간격은 보통 0.9m마다 줄 바르게 고정한다.
③ 접합겹침은 3cm 이상 꽂아 넣어 납땜한다.
❹ 선홈통은 건물의 관에 대한 고려와 동파를 방지하기 위하여 가능한 한 콘크리트 기둥 속이나 조적 벽체 속에 매설한다.

4. 깔때기 홈통

1) 처마 홈통과 선홈통을 연결하는 홈통으로 각형 또는 원형으로 한다.
2) 15° 기울기를 유지하여 설치하며 선홈통과의 접합부에 장식통을 댈 수도 있다.

5. 장식통

1) 선홈통 상부에 대어 우수방향 돌리기, 집수 등의 넘쳐흐름을 방지하고 장식용이다.
2) 선홈통에 60mm 이상 꽂아 넣는다.

6. 학각

선홈통에 연결하지 않고 처마 홈통에서 직접 밖으로 빗물을 배출하게 된 것으로 그 모양은 학두루미형으로 장식을 겸한다.

Section 01 지붕공사

01 지붕공사 중 지붕재료에 요구되는 사항으로 옳지 않은 것은?

① 방화적이고 열전도율이 적어서 내한 · 내열성이 클 것
② 시공이 용이하고 보수가 편리하며, 공사비용이 저렴할 것
③ 수밀하고 내수적이며, 습도에 의한 신축성이 많을 것
④ 외관이 미려하고, 건물과 조화를 이룰 것

해설
지붕재료
습기에 의한 신축성이 적어야 한다.

02 지붕재료로서 요구되는 성능으로 옳지 않은 것은?

① 방화적이고 열전도가 잘 될 것
② 수밀성이 높고 내수적일 것
③ 가볍고 내구성이 클 것
④ 시공이 용이하고 내후적일 것

해설
지붕재료
지붕에 사용되는 재료는 열전도율이 적어야 한다.

03 다음 중 지붕의 물매를 결정짓는 요소와 가장 관계가 먼 것은?

① 지붕면의 크기
② 지붕재료의 성질, 크기, 모양
③ 풍우량, 적설량
④ 지붕틀의 종류

해설
지붕의 물매
지붕의 물매란 수평거리 10에 대한 수직의 높이를 말하며, 물매가 클수록 물빠짐이 좋은 것을 의미한다. 이러한 물매에 영향을 주는 요인으로는 지붕면의 크기, 지붕재료의 성질이나 모양, 강우량, 적설량, 지붕의 종류 등이 있으나 지붕의 종류에 따라 여러 가지 지붕틀이 사용될 수 있으므로 영향은 적다.

04 기와잇기 공사에서 아귀토는 다음 중 어떤 것을 의미하는가?

① 암키와 끝에서 60mm 들여 진흙을 암키와 사이에 뭉쳐 놓는 흙
② 제치장 반자 또는 지붕 속을 꾸미기 위해서 산자의 밑에서 위로 올려 바른 흙
③ 처마 끝에는 막새를 쓰지 않고 회, 진흙 반죽으로 동그랗게 바른 흙
④ 좁은 널 나뭇가지 산자를 가는 새끼로 엮고 여기에 이겨 바른 흙

해설
아귀토
막새를 쓰지 않고 처마 끝에서 동그랗게 바른 흙을 말한다.

05 다음 중 지붕이음재료가 아닌 것은?

① 가압시멘트기와
② 유약기와
③ 슬레이트
④ 아스팔트 펠트

해설
아스팔트 펠트
아스팔트 펠트는 원지에 스트레이트 아스팔트를 침투시켜 만든 아스팔트 방수재료이다.

정답 01 ③ 02 ① 03 ④ 04 ③ 05 ④

06 지붕 재료로 적당하지 않은 것은?

① 천연슬레이트   ② 전도성 타일
③ 금속판   ④ 아스팔트 싱글

[해설]

전도성 타일
순간적인 정전기의 방전으로 인한 전자기기 및 전자부품
들의 피해가 심각해지고 있음에 따라 전도성 타일은 전도
성 물질이 균일하게 분포되어 있어 정전기 발생에 따른 모
든 문제점을 해결할 수 있는 타일

07 지붕 잇기 중 금속판 지붕 및 금속판 잇기에 대한 설명으로 옳지 않은 것은?

① 금속판 지붕은 다른 재료에 비해 가볍고, 시공이
용이하다.
② 겹침의 두께가 작으며 물매를 완만하게 할 수 있다.
③ 열전도가 크고 온도 변화에 의한 신축이 작기 때문
에 바탕재와의 연결이 용이하다.
④ 대기 중에 장기간 노출되면 산화하며, 염류나 가스
에 부식되기 쉽다.

[해설]

금속판 지붕잇기
금속재료는 온도 변화에 의한 신축이 크다.

08 지붕공사 시 사용되는 금속판에 대한 설명으로 옳지 않은 것은?

① 금속판 지붕은 다른 재료에 비해 가볍고, 시공이
쉬운 편이다.
② 급경사의 지붕이나 뾰족탑 등에는 사용이 어렵다.
③ 열전도가 크고 온도 변화에 의한 신축이 크다.
④ 금속판의 종류에는 아연판, 동판, 알루미늄판 등
이 있다.

[해설]

금속판 지붕
다른 재료에 비해 가볍고, 시공이 쉬우며, 방수성이 있어
심한 경사의 지붕 또는 뾰족탑 등을 자유로이 이을 수 있는

이점이 있으나, 열전도가 크고 온도 변화에 대한 재료의 신
축성이 큰 것이 단점이다.

09 지붕 잇기 중 금속판 지붕 잇기에 대한 설명으로 틀린 것은?

① 금속판 지붕은 다른 재료에 비해 무겁고, 시공이
어렵다.
② 겹침의 두께가 작으며 물매를 완만하게 할 수 있다.
③ 열전도가 크고 온도변화에 의한 신축이 크기 때문
에 바탕재와의 연결에 주의한다.
④ 대기 중에 장기간 노출되면 산화하며, 염류나 가스
에 부식되기 쉽다.

[해설]

지붕공사 – 금속판 잇기
지붕공사에 사용되는 금속판은 기와 등의 타 재료에 비하
여 가볍고 시공이 용이하다.

10 함석 잇기 공사에서 직접 못으로 고정하지 않고 거멀접기를 하는 주된 이유는?

① 못이 보이면 미관상 좋지 않기 때문이다.
② 함석에 대한 온도의 영향을 방지하기 위함이다.
③ 녹이 날 염려가 있기 때문이다.
④ 경제적인 이유이다.

[해설]

거멀접기
함석공사에 거멀접기를 하는 이유는 함석판은 온도에 따
른 신축이 커서 온도의 영향을 방지하기 위함이다.

11 아연판 지붕 잇기에 동판으로 된 홈통 사용을 피하는 가장 큰 이유는?

① 동판이 부식되기 때문이다.
② 공법이 어렵기 때문이다.
③ 공사비가 많이 들기 때문이다.
④ 아연판이 침식되기 때문이다.

이온화 경향

금속공사에서 이질재료를 사용하면 이온화 경향이 큰 재료가 부식하는데, 아연과 동판이 만나면 아연이 부식된다.

Section 02 홈통공사

12 홈통공사에 대한 설명 중 옳지 않은 것은?

① 보호관은 선홈통에 맞는 철관을 쓰고 높이는 1.5m 정도로 한다.
② 처마홈통의 경사는 보통 1/50 정도로 하는 것이 좋다.
③ 일반적으로 골홈통·처마홈통 등은 선홈통보다 부식이 빠르다.
④ 선홈통은 보호관 안에 2cm 정도 꽂아 넣는다.

선홈통

- 원형 또는 각형으로 하고 상하 이음은 위통을 밑통에 5cm 이상 꽂아 넣어 가로는 감접기로 한다.
- 선홈통 걸이(Leader Strap)는 아연 도금 또는 녹막이칠을 하여 85~120cm(보통 120cm) 간격으로 벽체에 고정한다.
- 선홈통 위는 깔때기 홈통 또는 장식통을 받고, 밑은 지하 배수 토관에 직결하거나 낙수받이 돌 위에 빗물이 떨어지게 된다.
- 선홈통 하부의 높이 120~180cm 정도는 철관 등으로 보호한다.
- 선홈통은 처마 길이 10cm 이내마다 또는 굴뚝 등으로 처마 홈통이 단절되는 구간마다 설치한다.

13 선홈통 공사에 대한 설명 중 옳지 않은 것은?

① 선홈통이 지반에 접하는 하부에는 보호관을 설치한다.
② 선홈통의 홈걸이의 간격은 보통 0.9m마다 줄 바르게 고정한다.
③ 접합겹침은 3cm 이상 꽂아 넣어 납땜한다.
④ 선홈통은 건물의 관에 대한 고려와 동파를 방지하기 위하여 가능한 한 콘크리트 기둥 속이나 조적벽체 속에 매설한다.

선홈통

선홈통에는 안홈통과 바깥홈통이 있는데, 가급적이면 홈통이 외관에 노출되는 바깥홈통으로 설치하는 것이 좋다.

14 홈통공사에 관한 설명으로 옳지 않은 것은?

① 선홈통은 콘크리트 속에 매입 설치한다.
② 처마홈통의 양 갓은 둥글게 감되, 안감기를 원칙으로 한다.
③ 선홈통의 맞붙임은 거멀접기로 하고, 수밀하게 눌러 붙인다.
④ 선홈통의 하단부 배수구는 45° 경사로 건물 바깥쪽을 향하게 설치한다.

문제 13번 해설 참조

정답 12 ④ 13 ④ 14 ①

CHAPTER

10

창호 및 유리공사

기 11④ 16④

핵심문제 ●●○

다음 중 창호의 기능검사 항목과 가장
거리가 먼 것은?
❶ 내열성 　　② 내풍압성
③ 기밀성 　　④ 수밀성

1. 목재 창호

1) 재료

① 목재는 수심이 없어야 한다.
② 함수율은 18% 이하이어야 한다.
③ 플러시문의 울거미재는 라왕류, 소나무류, 삼나무류, 낙엽송류 및 잣
　나무류 등을 이용한다.

2) 주문치수

설계도에서 표시된 창호재 치수는 마무리된 치수이므로, 도면치수보다
3mm 정도 더 크게 주문한다.

3) 접착제

① 요소수지접착제
② 페놀수지접착제

4) 창호 공작

① 장부 : 외장부의 두께는 울거미 두께의 1/3, 쌍장부는 각각 1/5 정도,
　중요한 장부는 내다지 장부로 하고 벌림 쐐기, 아교풀칠한다.
② 면접기(모접기) : 목공사 참고
③ 마중대 : 미닫이, 여닫이 문짝이 서로 맞닿는 선대
④ 여밈대 : 미서기, 오르내리창이 서로 여며지는 선대
⑤ 풍소란 : 마중대, 여밈대가 서로 접하는 부분의 틈새의 바람막이 부재

5) 목재 창호제장 시공 순서

공작도 완성 → 창문틀실측 → 재료주문 → 마름질 → 바심질 → 창호조
립 → 마무리

6) 창호철물류의 설치

앵커간격은 모서리 150mm, 중앙 500mm 내외로 설치한다.

2. 강제 창호

1) 재료

새시바 및 두께 1.2~2.3mm의 강판을 가공하여 사용한다.

2) 용접용 앵커 설치

① 앵커간격은 모서리 150mm, 중앙 500mm 내외로 설치한다. 문틀폭이 클 경우(폭 150mm 이상)는 이중으로 한다.
② 문지방 부분은 바닥철근을 이용하거나 앵커를 설치한다.

3) 마감도장

① 재벌칠 : 벽 마감 전(재벌칠 후 철물 설치)
② 문틀 정벌칠 : 바닥 마감 전
③ 문짝 정벌칠 : 바닥 마감 후

4) 강제 창호 나중세우기 시공순서

설치 → 정착 → 모르타르 사춤 → 유리 끼우기 및 창호철물 달기 → 보양

5) 멀리온(Mullion)

창 면적이 클 때에는 스틸바만으로는 약하므로 이것을 보강하고, 또 외관을 꾸미기 위하여 #16의 강판을 45×90mm 정도의 중공형으로 접어 간격 약 2~3m로 가로 또는 세로로 댄다.

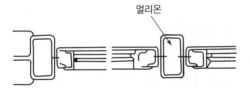

멀리온

3. 알루미늄합금제 창호

1) 재료

① 내식 알루미늄 합금을 사용한다.
② 재질이 다른 내료와 결합하거나 접촉할 경우에는 미리 녹막이 칠을 한다(징크로메이크, 카드뮴도금).
③ 허용오차의 범위는 +0.5mm로 하며 부재의 두께는 1.35mm로 한다.

기 17①

핵심문제 ●●○

창면적이 클 때에는 스틸바(Steel Bar)만으로는 부족하며, 또한 여닫을 때의 진동으로 유리가 파손될 우려가 있으므로 이것을 보강하고 외관을 꾸미기 위하여 강판을 중공형으로 접어 가로 또는 세로로 대는 것을 무엇이라 하는가?

❶ Mullion　　② Ventilator
③ Gallery　　④ Pivot

산 11② 15①② 18③ 19①

핵심문제 ●●○

알루미늄 창호공사 시 주의사항으로 틀린 것은?

① 알칼리에 약해 모르타르와의 접촉을 피한다.
❷ 알루미늄은 부식 방지 조치를 할 필요가 없다.
③ 녹막이에는 연(鉛)이 함유되지 않은 도료를 사용한다.
④ 표면이 연하여 운반, 설치작업 시 손상되기 쉽다.

2) 특징

장점	단점
① 비중은 철의 약 1/3로 가볍다. ② 녹슬지 않고 수명이 길다. ③ 공작이 자유롭고 기밀성이 있다. ④ 여닫음이 경쾌하고 미려하다.	① 용접부가 철보다 약하다. ② 콘크리트, 모르타르 등의 알칼리성에 대단히 약하다 ③ 전기 화학 작용으로 이질 금속재와 접촉하면 부식된다. ④ 알루미늄 새시 표면은 철이 잘 부착되지 않는다.

3) 창호 설치

먹메김은 건물 기준선으로부터 끌어낸다.

① 쐐기 등의 방법으로 수평, 수직을 정확히 하여 가설치한다.
② 앵커는 미리 콘크리트에 매입된 철물에 용접 및 볼트로 접합하고, 창호를 설치한다.
③ 앵커간격 위치는 각 모서리에서 150mm 이내의 위치에 설치하고 한 변의 길이가 1.2m 이상인 경우는 0.5m 간격으로 등분하여 설치한다.
④ 창틀 주위의 고정에 사용된 쐐기를 제거하고, 틀의 내·외면에 형틀을 대고 모르타르로 충전한다.
⑤ 충전 모르타르에 해사를 사용하는 경우에는 NaCl량 환산으로 0.02% 이히끼지 염분을 제거한다.
⑥ 녹막이처리를 한다.

4. 합성수지제 창호공사

1) 운반 및 저장

① 운반 중에 변형되기 쉬운 것은 강재 등으로 보강하거나 목재 등을 사용하여 보호한다. 또한 운반 중에 부품이 손상되지 않도록 중복쌓기는 피한다.
② 창호 제작 시 운반 및 시공 중에 손상이 가지 않도록 0.03mm 폴리에틸렌 보호필름 또는 동등 이상의 보양재를 부착하여 제작한다.

2) 창호 제작

① 공장에서 창틀 및 창문 제작 시 현장명과 창호번호를 부여하여 섞이지 않도록 한다.
② 창의 개폐충격을 완화하기 위하여 창틀 또는 창호 상·하부에 합성수지제 스토퍼를 부착한다.
③ 창호의 밀폐효과를 높이기 위해 창짝이나 창틀에 모헤어(Mohair)를 탈락되지 않도록 설치하고, 모헤어를 창호에 설치하는 경우에는 창틀

의 폭 중앙 상·하부에 기밀재(Filling Piece)를 부착한다.

✎ 모헤어(Mohair) : 창의 외부로부터 들어오는 바람과 먼지를 차단하여 창호 틈 사이로 벌레나 해충이 들어오지 못하게 하는 폴리프로필렌 재질의 합성 섬유

④ 창호와 창틀의 탈락을 방지하기 위하여 창짝과 창틀의 겹침 길이를 하부는 8mm 이상, 상부는 12mm 이상으로 한다.

3) 창호 설치

① 먹메김은 건물 기준선으로부터 끌어낸다.

② 창호 설치 시 수평·수직을 정확히 하여 위치의 이동이나 변형이 생기지 않도록 고임목으로 고정하고 창틀 및 문틀의 고정용 철물을 벽면에 구부려 콘크리트용 못 또는 나사못으로 고정한 후에 모르타르로 고정 철물에 씌운다.

③ 고정철물은 틀재의 길이가 1m 이하일 때는 양측 2개소에 부착하며, 1m 이상일 때는 0.5m마다 1개씩 추가로 부착한다.

5. 복합소재 창호공사

복합소재 창호공사는 하나의 프레임에 알루미늄과 목재를 구조적으로 결합하여 사용한 창호공사를 말한다.

1) 가설치

각 부재는 위치, 변형 및 개폐방법 등을 고려하여 쐐기 등의 방법으로 수평과 수직을 맞춰 정확히 설치한다.

2) 앵커는 미리 콘크리트에 매입된 철물에 용접하고, 창호설치를 한다.

3) 앵커간격 위치는 각 모서리에서 150mm 이내의 위치에 설치하고 한 변의 길이가 1.2m 이상인 경우는 0.5m 간격으로 등분하여 설치한다.

4) 창틀 주위의 고정에 사용된 쐐기를 제거하고, 틀의 내·외면에 형틀을 대고 모르타르로 충전한다.

5) 녹막이처리

① 알루미늄 표면에 부식을 일으키는 다른 금속과 직접 접촉하는 것은 피한다.

② 알루미늄재가 모르타르 등 알칼리성 재료와 접하는 곳은 내알칼리성 도장 처리를 한다.

③ 강재의 골조, 보강재, 앵커 등은 아연도금 처리한 것을 사용한다.

④ 알루미늄 창호와 접하여 목재를 사용하는 경우 목재의 함유염분, 함수율이 높은 것을 사용하면 부식이 일어나므로 주의한다.

6. 문의 종류

1) 목재문의 종류

① 플러시문(Flush Door) : 울거미를 짜고 중간살을 간격 30cm 이내로 배치하여 양면에 합판을 교착한 것이다. 뒤틀림 변형이 적으며, 울거미를 작은 오림목으로 쪽매하여 쓰면 뒤틀림이 더욱 적어진다.

② 양판문(Panel Door) : 문울거미(선대, 중간선대, 웃막이, 밑막이, 중간막이, 띠장, 말 등)를 짜고 그 중간에 양판(넓은 판)을 끼워 넣은 문이다.

③ 도듬문 : 울거미를 짜고 그 중간에 가는 살을 가로, 세로 약 20cm 간격으로 짜대고 종이를 두껍게 바른 문이다.

④ 널문

2) 특수문의 종류

① 주름문 : 문을 닫았을 때 창살처럼 되는 문으로 세로살, 마름모살로 구성되며 상하 가드레일을 설치, 방도용으로 이용된다.

② 회전문 : 외풍을 막고 기밀성을 높인 문으로 회전지도리를 사용하며 현관의 방풍용으로 이용된다.

③ 양판철재문 : 갑종 방화문, 을종 방화문에 이용된다.

④ 행거 도어 : 창고, 격납고, 차고, 현장 정문 등 대형문에 이용하고 중량문일 때는 레일 및 바퀴를 설치하기도 한다.

⑤ 아코디언 도어 : 칸막이용 가변적 구획을 할 수 있다.

⑥ 무테문 : 테두리에 울거미가 없는 일반용, 현관용 문이다.

⑦ 접문 : 문짝끼리 경첩으로 연결하고 상부에 도어행거를 사용하며 칸막이용이다.

3) 회전문

① 원통형의 중심축에 돌개철물을 대어 자유롭게 회전시키는 문이다.

② 바닥과 동시에 자동적으로 회전하는 것과 문짝을 손으로 밀거나 자동으로 회전하는 것이 있다.

③ 손이나 발이 끼는 사고에 대비하여 회전날개는 140cm, 1분에 8회 회전되는 것으로 한다.

④ 틈새 공간을 일정하게 하고 끼는 사고 시 즉시 중단되는 시스템이어야 한다.

7. 창호 철물

기 10① 14① 19④ 20①
산 10① 11①③ 17③

1) 미서기, 미닫이 창호 철물

① 레일   ② 문바퀴(호차)
③ 오목 손걸이   ④ 꽂이쇠
⑤ 도어 행거

핵심문제   ●○○

다음 중 창호와 창호철물과의 조합을
나타낸 것으로 옳지 않은 것은?
① 미서기창-꽂이쇠
② 외여닫이창-경첩
③ 쌍여닫이창-오르내리 꽂이쇠
❹ 회전창-레일, 바퀴

2) 오르내리창용 철물

① 달끈(와이어로프 또는 면사로 꼰 끈)
② 도르래(고패)   ③ 크레센트
④ 추   ⑤ 손걸이

핵심문제   ●○○

창호철물 중 여닫이문에 사용하지 않
는 것은?
❶ 도어 행거(door hanger)
② 도어 체크(door check)
③ 실린더 록(cylinder lock)
④ 플로어 힌지(floor hinge)

손걸이   꽂이쇠   바퀴
레일
① 미서기 창문용 철물

문걸기고리
크레센트
② 꽂이쇠
③ 문받이
추
오르내리
창고패
달바퀴
④ 오르내리창용 철물
④ 오르내리 꽂이쇠

3) 여닫이 창호 철물

① 도해

명칭	형태
정첩 (Hinge)	
자유 정첩 (Spring Hinge)	
레버터리 힌지 (Lavatory Hinge)	상부힌지 하부힌지
플로어 힌지 (Floor Hinge)	힌지 톱 피보트 플러어 힌지

명칭	형태
피벗 힌지 (Pivot Hinge)	상부힌지 하부힌지
도어 클로저 (Door Closer, Door Check)	니카타형 H형
손잡이볼	손잡이 볼　레버 핸들
체인록	

핵심문제 ●○○

문 위틀과 문짝에 설치하여 문이 자동
적으로 닫혀지게 하며, 개폐압력을 조
절할 수 있는 장치는?
❶ 도어 체크(Door Check)
② 도어 홀더(Door Holder)
③ 피봇 힌지(Pivot Hinge)
④ 도어 체인(Door Chain)

② **자유정첩(Spring Hinge)** : 안팎 개폐용 철물로 자재문에 사용

③ **레버터리 힌지(Lavatory Hinge)** : 공중용 변소, 전화실 출입문에 쓰이
며 저절로 닫혀 지지만 15cm 정도 열려 있게 된 것

④ **도어클로저, 도어체크(Door Closer, Door Check)** : 자동으로 문이 닫
히는 장치

⑤ **크레센트(Cresent)** : 오르내리기 창이나 미서기 창의 자물쇠

⑥ **피봇 힌지, 지도리(Pivot Hinge)** : 중량문에 사용되는데 용수철을 사용
하지 않고 볼베어링이 들어 있다. 자재 여닫이 중량문에 사용한다.

⑦ **플로어 힌지(Floor Hinge)** : 중량이 큰 여닫이문에 사용되고, 힌지장치
를 한 철틀함이 바닥에 설치된다.

⑧ **함자물쇠** : 손잡이를 돌리면 열려지는 자물통, 즉 래치 볼트(Latch
Bolt)와 열쇠로 회전하여 잠그는 데드 볼트 (Dead Bolt)가 있다.

⑨ **실린더 자물쇠(Cylinder Lock)** : 자물통이 실린더로 된 것으로 텀블러
(Tumbler) 대신 핀(Pin)을 넣은 실린더록(Cylinder Lock)으로 고정하
고, 핀 텀블러 록(Pin Tumbler Lock)이라고도 한다.

1 유리 성질

1. 특성

1) 취성(작은 응력에 파괴)이 있다.
2) 파편이 날카로워 위험하다.
3) 두께가 얇다.(단열, 차음 효과가 큰 편이 아니다.)
4) 내구성이 크다.(반 영구적)
5) 불연재료이다.
6) 광선 투과율이 높다.

2. 성분

1) 산성분 – 규사(SiO_2), 붕산(H_3BO_3), 인산(P_2O_5)
2) 염기성분 – 소다, 산화칼륨, 석회, 중토, 고토, 산화납, 아연화, 산화망간, 번토, 산화제이철
   - 🖊 • 산화제이철 : 자외선 차단하는 성분
   - • 산화제일철 : 자외선 투과하는 성분
3) 착색제, 탈색제

3. 물리적 성질

1) 강도

① 유리의 강도는 휨강도를 말한다.
② 두께에 따라 강도가 다르다.
③ 1.9mm → 700 / 3.0mm → 650 / 5.0mm → 500 / 6.0mm → 450

2) 비중

① 2.2~6.3(보통 2.5 내외)
② 납, 아연, 바륨, 알루미나 등이 포함되면 커진다.
③ 납유리 비중 4.0

3) 열전도율

① 0.48kcal/m · h · ℃
② 대리석, 타일보다 작다.
③ 콘크리트의 1/2

기 12② 16① 20③

핵심문제 ●●○

보통 창유리의 특성 중 투과에 관한 설명으로 옳지 않은 것은?

① 투사각 0도일 때 투명하고 청결한 창유리는 약 90%의 광선을 투과한다.
❷ 보통의 창유리는 많은 양의 자외선을 투과시키는 편이다.
③ 보통 창유리도 먼지가 부착되거나 오염되면 투과율이 현저하게 감소한다.
④ 광선의 파장이 길고 짧음에 따라 투과율이 다르게 된다.

핵심문제 ●○○

다음 중 유리의 주성분으로 옳은 것은?

① Na_2O ② CaO
❸ SiO_2 ④ K_2O

4) 연화점

① 740℃

② 칼리 유리 1,000℃

5) 내열성

① 1.9mm → 105℃ 이상 온도차 발생 시 파괴

② 3.0mm → 80~100℃

③ 5.0mm → 60℃

산 12②

2 일반 사항

1. 용어

경사단면	유리절단 시 발생하는 결함으로 일반적으로는 깎임이라 함
구멍흠집	유리면에 경도가 높은 재질이 국부적으로 접촉할 때 생기는 흠집
끼우기 홈	유리를 지지하기 위한 창틀에 설치하는 홈으로서 그 홈의 단면 치수는 끼우기 판유리의 두께에 따라 내풍압성능, 내진성능, 열 깨짐 방지성능 등을 고려하여 정함
샌드 블라스트 (Sand Blast) 가공	유리면에 기계적으로 모래를 뿌려 미세한 흠집을 만들어 빛을 산란시키기 위한 목적의 가공
에칭(Etching)	화학약품에 의한 부식현상을 응용한 가공
열깨짐	태양의 복사열 작용에 의해 열을 받는 부분과 받지 않는 부분(끼우기홈 내)의 팽창성 차이 때문에 발생하는 응력으로 인하여 유리가 파손되는 현상
절단면연마	유리 절단 후에 각진 절단부위를 적절히 연마하는 방법
치솟음	휨가공에서 발생하는 현상으로 유리의 단부가 형틀과는 다르게 소정의 곡률로 되지 않는 부분
클린 컷	유리를 절단한 후 그 절단면에 구멍 흠집, 단면결손, 경사단면 등의 결함이 없이 깨끗이 절단된 상태
면 클리어런스 (Clearance) 단부 클리어런스 지지 깊이	a : 면 클리어런스　　b : 단부 클리어런스　　c : 지지 깊이 [유리의 클리어런스 및 지지 깊이]

태피스트리 가공	샌드 블라스트 가공을 시행한 것에 화학물질 코팅 가공
핀홀(Pin Hole)	바탕 유리까지 도달하는 윤곽이 뚜렷한 얇은 막의 구멍
단열간봉 (Warm-edge Spacer)	복층 유리의 간격을 유지하며 열 전달을 차단하는 재료
백업(Back Up)재	실링 시공인 경우에 부재의 측면과 유리면 사이의 면 클리어런스 부위에 연속적으로 충전하여 유리를 고정하고 시일 타설 시 시일 받침 역할을 하는 부재료
세팅 블록	새시 하단부의 유리끼움용 부재료로서 유리의 자중을 지지하는 고임재
스페이서(Spacer)	유리 끼우기 홈의 측면과 유리면 사이의 면 클리어런스를 주며, 복층유리의 간격을 고정하는 블록
완충재	충격 시 유리 절단면과 새시의 직접적인 접촉을 방지하기 위해서 새시의 좌우 측면에 끼우는 고무블록으로서 주로 개폐창호에 사용
측면 블록	새시 내에서 유리가 일정한 면 클리어런스를 유지하도록 하며, 새시의 양측면에 대해 중심에 위치하도록 하는 재료

2. 유리 성능

1) 내하중 성능

① 수직에서 15° 미만의 기울기로 시공된 수직 유리는 풍하중에 의한 파손 확률이 1,000장당 8장을 초과하지 않아야 한다.

② 수직에서 15° 이상 기울기로 시공된 경사 유리는 풍하중에 의한 파손 확률이 1,000장당 1장을 초과하지 않아야 한다.

2) 유리설치 부위의 차수성, 배수성

① A종 : 끼우기 홈 내로의 누수를 허용하지 않는 것

② B종 : 홈 내에서의 물의 체류를 허용하지 않는 것

③ C종 : 홈 내에서의 물의 체류를 허용하는 것

3) 내진성

4) 내충격성

5) 차음성

6) 열깨짐 방지성

7) 단열성

8) 태양열 차폐성

9) 에너지 효과적 유리 선정 지침 제안

① 단열효과 증진 유리 : 로이코팅, 단열간봉(Warm Edge Spacer), 알곤가스 충진 복층 유리 및 삼중유리 적용

② 실내보온 단열이 필요한 개별창호의 경우는 로이코팅 #3면 복층 유리 또는 로이코팅 #5면 삼중 유리 적용

③ 태양복사열 차단이 필요한 유리벽의 경우는 로이코팅 #2면 복층 유리 적용

④ 실내보온 단열 및 태양복사열 차단이 모두 필요한 창호의 경우는 반사 코팅과 로이코팅이 함께 적용된 복층 유리 또는 삼중유리 적용

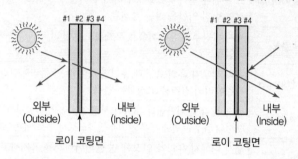

[로이유리의 코팅면]

3. 보관

복층 유리는 20매 이상 겹쳐서 적치하여서는 안 되며, 각각의 판유리 사이는 완충재를 두어 보관한다.

4. 시공의 일반 사항

1) 항상 4℃ 이상의 기온에서 시공한다.

2) 시공 도중 김이 서리지 않도록 환기를 잘 해야 하며, 습도가 높은 날이나 우천 시에는 담당원의 승인을 받은 후 시공해야 한다. 실란트 작업의 경우 상대습도 90% 이상이면 작업을 하여서는 안 된다.

3) 유리면에 습기, 먼지, 기름 등의 해로운 물질이 묻지 않도록 한다.

4) 창호의 배수 구멍이 막히지 않도록 하며, 창호 내부로 침투된 물 또는 결로수는 신속히 배수 구멍(Weep Hole)으로 배출되어야 한다. 배수구멍은 일반적으로 5mm 이상의 직경으로 2개 이상이어야 하며 복층 유리, 접합 유리, 망입 유리 등의 경우 단부가 습기 및 침투구에 장기간 노출되지 않도록 한다.

5) 세팅 블록은 유리 폭의 1/4 지점에 각각 1개씩 설치하여 유리의 하단부가 하부 프레임에 닿지 않도록 해야 한다.

3 유리 끼우기

1. 설치 공법

절단 → 설치 → 실란트 충전 → 보양

1) 절단

① 판유리의 절단은 창호의 유리홈 안치수보다 상부 및 한쪽 측면은 1.5~
2.0mm 짧은 치수로 하고, 정확한 모양이 되게 절단한다.
② 판유리의 내리 끼우기 시에는 웃막이 홈의 안치수를 15mm 내외로 하
고, 유리 양측면은 1.5~2.0mm 짧게 절단한다.

2) 설치

① 유리 이동 시 압착기를 사용하여야 하며, 단부 손상방지를 위해 지렛
대로 유리를 들어올리거나 옮기지 않는다.
② 시공 중 세팅 블록이나 측면블록 등의 위치가 바뀌지 않도록 주의한다.
③ 외관상 균일성이 유지되도록 유리를 끼운다.
④ 백업재는 줄눈폭에 비해 약간 큰 것을 사용하고 뒤틀리지 않도록 하여
야 한다.

2. 끼우기 시공법

1) 부정형 실링재 시공법

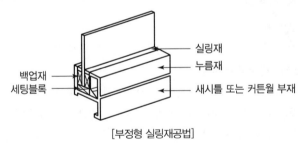

[부정형 실링재공법]

① 부재 치수
- 면 클리어런스 : 판두께 10mm 이하에서는 5mm, 판두께 12mm 이
상에서는 6mm를 최소치로 한다.
- 단부 클리어런스 : 판두께를 최소치로 한다. 단, 바닥에 지지되는 면
은 배수성을 고려하여 7mm를 최소치로 한다.
- 지지 깊이 : 판두께의 1.2배(최소 10mm 이상) 이상으로 한다. 단, 복
층 유리의 지지 깊이는 외부 측 유리 두께에 6mm 더한 값(최소
10mm 이상) 이상, 열선 흡수 판유리 및 열선반사 판유리는 판두께
의 1.0배 이상으로 한다.

② 세팅 블록 및 단부 스페이서의 설치
- 세팅 블록 설치 : 세팅 블록의 설치 위치는 유리의 양단부에서 유리 폭의 1/4에 설치한다. 세팅 블록설치 치수는 유리 단위면적(m^2)당 28mm, 유리폭이 1,200mm를 초과하는 경우는 최소 100mm 길이로 한다.

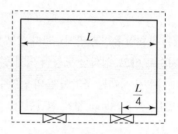

[세팅 블록의 위치]

- 단부 스페이서의 설치 : 고정창 이외의 개폐창에서는 개폐 시의 충격에 의한 유리의 파손을 방지하기 위해 개폐방식에 따라 적절한 단부 스페이서를 설치한다.
③ 누름대 측면에 백업재 설치 및 유리의 고정
④ 프라이머 처리
⑤ 실링재의 충전
⑥ 주거마감
⑦ 유리 및 울거미의 청소

2) 개스킷 시공법

① 일반사항
- 보통 유리의 한 면은 부드러운 개스킷을, 다른 면은 견고하고 밀도 높은 개스킷을 사용한다.
- 개스킷은 유리의 각 변길이보다 약간 길게 하며, 중앙에서 모서리 쪽으로 비드홈에 정확히 물리도록 일정한 힘으로 끼워야 한다.
- 개스킷을 끼운 상태는 외관상 균일성이 유지되도록 하며 절대 모서리로부터 끼워 나가서는 안 된다.
- 시공성을 위해 유리의 한 면은 실란트로 시공하고 다른 면은 개스킷 시공을 할 수 있다.
- 복층 유리, 접합 유리, 망 판유리의 경우 개스킷을 설치하기 이전에 유리홈 내에 배수구(Weep Hole)가 있는지를 확인한다.
- 유리 설치 후 시공하는 고정 개스킷이 하부로 처지지 않도록 유의한다.
- 유리 설치 후 시공하는 고정 개스킷 대신 실링재를 사용하는 경우에는 부정형 실링재 고정법 규정에 따른다.

② 그레이징 개스킷 시공법

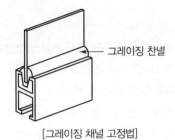

그레이징 찬넬

[그레이징 채널 고정법]

- 그레이징 채널 고정법
- 그레이징 비드 고정법

3) 구조 개스킷 시공법

복층 유리의 시공에는 구조 개스킷 고정법을 채용하지 않는다.

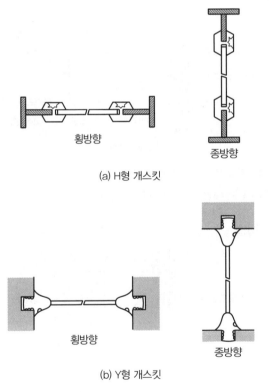

횡방향

종방향

(a) H형 개스킷

횡방향

종방향

(b) Y형 개스킷

[구조 개스킷 공법]

4) 병용 시공법

부정형 실링재 시공법과 그레이징 개스킷 시공법을 병용하는 경우

3. 장부 고정법

1) 나사 고정법

① 유리의 치수, 나사의 종류, 구멍 뚫기 가공의 정밀도 확인
- 유리의 면적은 1매당 1m² 이내로 한다.
- 유리의 판두께는 보통 5mm로 한다.
- 나사는 바탕면과 부착되는 장소를 고려하여 적당한 것을 선택한다.
- 유리의 구멍 뚫기 위치는 유리의 단부로부터 25mm 이상의 거리를 둔다.

② 바탕면의 구멍 뚫기 위치 확인

바탕면의 구멍 위치는 유리의 중앙을 기준으로 하여 대칭으로 좌우에 둔다.

2) 철물 고정법

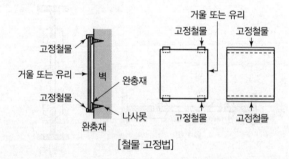

[철물 고정법]

① 유리의 면적은 1매당 2m² 이내로 한다.
② 유리의 판두께는 5mm 이상으로 한다.

3) 접착 고정법

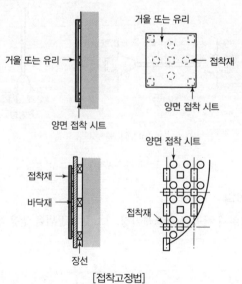

[접착고정법]

4. 대형 판유리 시공법

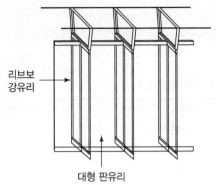

리브보
강유리 →

↑
대형 판유리

(a) 리브보강 그레이징 시스템

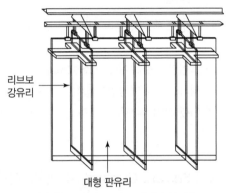

리브보
강유리 →

↑
대형 판유리

(b) 현수 및 리브보강 그레이징 시스템

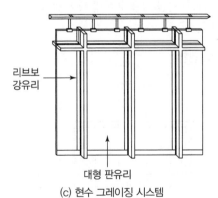

리브보
강유리 →

↑
대형 판유리

(c) 현수 그레이징 시스템

[대형 판유리 시공법의 종류]

1) 리브보강 그레이징 시스템 시공법
2) 현수 및 리브보강 그레이징 시스템 시공법
3) 현수 그레이징 시스템 시공법

5. 강화 판유리 시공법

1) 강화유리 간의 클리어런스는 3mm를 표준으로 한다.
2) 강화유리문의 하단과 바닥 마감면과의 클리어런스는 10mm를 표준으로 한다.

3) 강화유리와 지지틀과의 최소치

항목	최솟값(mm)
면 클리어런스	5
단부 클리어런스	6
지지 깊이	12

6. 스팬드럴 유리 시공법

1) 반강화 처리된 불투명 스팬드럴 유리 뒤에 어둡고 균일한 색상의 백업단열재를 설치한다.
2) 스팬드럴 유리와 백업단열재 사이에 최소 12mm 이상의 공기층을 둔다.
3) 스팬드럴 유리의 세라믹도료 코팅면이 실내 쪽으로 향하도록 설치한다.
4) 스팬드럴 유리와 백판 사이에 팽창압력 조절을 위한 백판에 구멍을 뚫어 놓아야 한다.

7. SSG(Structural Sealant Glazing) 시스템의 시공

1) SSG 시스템은 건물의 창과 외벽을 구성하는 유리와 패널류를 구조용 실란트(Structural Sealant)를 사용해 실내 측의 멀리온, 프레임 등에 접착 고정하는 공법이다.

2) SSG공법 줄눈의 단면

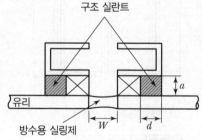

a : 접착 두께
d : 접착폭
W : 방수용 실링재의 줄눈폭

[구조용 실란트 줄눈 단면의 예]

3) SSG 공법의 최대·최소 줄눈단면 형상

구분	최소치(mm)	최대치(mm)
접착 두께(a)	8	20
접착폭(d)	10	25

8. 구조용 유리 시스템

1) 공법의 개요

① 전면의 유리와 구조 부재로 사용되는 유리에서 구조적 기능을 발휘할 수 있도록 설계되고 사용되도록 시공되는 제반 공법이다.

② 유리는 필요에 의하여 연결구와 구조체에 기계적으로 결합이 되며 연결 부위는 유리에 구멍을 가공하여 적절한 응력이 발생되도록 설계한다.

2) 공법의 분류

① RIB Glass : 구조체인 수직 지지부재나 구조체 보를 유리로서 사용응력을 높여 강화 처리하거나 접합 처리하여 구조 부재로 사용하는 형태이다.

② 케이블 트러스 공법 : 인장재인 케이블을 사용하여 정압 및 부압에 상응하고 유리를 고정하기 위한 지지대를 설치하기 위하여 트러스 형태를 구성하는 형태이다.

③ 케이블 네트 공법 : 인장재인 케이블을 사용하여 평면상의 수직·수평으로 케이블을 설치하여 주 하중인 풍압력에 견디며 커튼월로서의 기능을 유지할 수 있도록 설계되는 형태이다.

④ 단관 파이프 공법 : 단관 파이프를 주 구조체로 이용하여 수직 구조재나 수평 구조재로서 사용하는 형태의 공법이다.

⑤ 트러스 공법 : 장스팬의 경우 단관의 구조 파이프로 구조적 기능이 부족할 때 트러스의 구조적 이점을 살려 구성한 구조적 형태이다.

⑥ 하이브리드 공법 : 유리보와 스틸, 목재, 기타 재료를 사용해서 복합보로 설계 사용할 수 있는 공법이다.

1. 판 유리

1) 박판 유리

① 6mm 이하, 채광용 유리

② 두께 2, 3, 4, 5, 6mm

③ 상자 표면적 9.29m²

④ 유리면적 결정 시 – 두께, 풍압 고려

2) 후판 유리

① 6mm 이상

② 표면연마, 고급유리에 사용

3) 가공판 유리

① 서리 유리

• 부식시킨 유리

• 빛을 확산

• 투시성이 적다.

• 무늬 유리 가공 가능

② 무늬 유리

• 유리 표면에 주형이나 롤러의 무늬가 옮겨진 판유리

• 강도는 낮나.

• 광선 산란

• 투시방지효과

• 장식효과

③ 표면 연마 유리

• 규산질로 연마 후 산화제이철로 닦아낸 유리

• 표면이 평활

• 고급창 유리, 거울용 유리

2. 특수 유리

1) 안전 유리

① 접합 유리 : 투광성이 낮고, 차음성, 보온성은 크다.

② 강화 유리
  - 600℃ 가열 후 냉각
  - 판유리의 3~5배 강도
  - 충격 강도 7~8배
  - 파괴 시 잘게 부서짐
  - 절단, 가공할 수 없다.

③ 망입 유리

2) 복층 유리

① 진공, 특수기체, 공기
② 방서, 단열효과, 결로 방지

3) 망입 유리

① 유리 사이에 그물이 들어가 있다.
② 그물 ┌ 0.4mm 이상
　　　　├ 철선, 놋쇠선, 아연선, 구리선, 알루미늄선
　　　　├ 도난방지, 화재방지
　　　　└ 잘 깨어지지 않는다.

4) 색 유리

① 유리 + 산화금속류의 착색제
② 적색, 황색, 청색, 자색, 갈색
③ 투명, 불투명

✎ 스테인드 글라스 : I형 단연의 납테에 색유리를 끼워 만든 유리로서 납테의 모양이 다양

5) 자외선 투과 유리

① 산화제이철의 함유량을 줄인 유리
② 자외선 투과율 90%(석영, 코렉스글라스), 50%(비타 글라스)
③ 온실, 병원의 일광욕실

핵심문제 ●●●○

유리를 연화점(500~600℃)에 가깝게 가열하고 양면에 냉기를 불어 넣고 급랭시켜 표면에 압축, 내부에 인장력을 도입한 유리는?
① 망입유리　　❷ 강화유리
③ 형판유리　　④ 물유리

핵심문제 ●●●○

다음 유리의 종류 중 주로 방화 및 방재용으로 사용되는 유리는?
❶ 망입유리
② 보통판유리
③ 강화유리
④ 복층유리

핵심문제 ●●●○

다음 각 유리의 관한 설명으로 옳지 않은 것은?
① 망입유리는 파손되더라도 파편이 튀지 않으므로 진동에 의해 파손되기 쉬운 곳에 사용된다.
❷ 복층유리는 단열 및 차음성이 좋지 않아 주로 선박의 창 등에 이용된다.
③ 강화유리는 압축강도를 한층 강화한 유리로 현장가공 및 절단이 되지 않는다.
④ 자외선 투과유리는 병원이나 온실 등에 이용된다.

핵심문제 ●●●○

유리공사에서 특수유리와 사용장소를 짝지은 것 중 틀린 것은?
❶ 겹유리 – 방화창
② 프리즘유리 – 지하실 채광
③ 자외선 투과유리 – 병원
④ 골판유리 – 지붕, 천창

6) 자외선 흡수 유리

① 산화제이철 10%+크롬+망간

② 상점의 진열장, 용접공의 보호안경

③ 퇴색 방지

7) 열선 흡수 유리

① 단열유리

② 철+니켈+크롬 첨가

③ 엷은 청색

8) X선 차단 유리

① 유리+산화납(6% 이내)

② X선 차단용

9) 로이유리(Low-Emissivity Gglass)

① 적외선 반사율이 높은 금속막 코팅

② 고단열 복층유리(에너지 절약형)

③ 단열과 결로방지

④ 다양한 색상

3. 2차 제품

1) 유리블록

① 빈 상자 모양의 유리를 2개 붙인 유리

② 옆면 돌가루 부착(∵ 모르타르 시공 가능)

③ 칸막이용

④ 실내가 보이지 않으며 채광이 용이하다.

⑤ 방음, 보온 효과가 크며, 장식효과도 크다.

2) 프리즘 유리

① 입사광선의 방향 변경, 확산, 집중의 목적

② 프리즘원리 이용, 일종의 유리블록

③ 지하실이나 옥상의 채광용

핵심문제 ●●●

열적외선을 반사하는 은소재 도막으로 코팅하여 방사율과 연관류율을 낮추고 가시광선 투과율을 높인 유리는?

① 스팬드럴 유리 ② 접합유리
③ 배강도유리 ❹ 로이유리

핵심문제 ●●●

Low-E 유리의 특징으로 옳지 않은 것은?

① 가시광선(0.4~0.78 μm) 투과율은 맑은 유리와 비교할 때 큰 차이가 없다.

② 근적외선(0.78~2.5 μm)영역의 열선 투과율은 현저히 낮다.

③ 색유리를 사용했을 때보다 실내는 훨씬 밝아진다.

❹ 실외의 물체들이 자연색 그대로 실내로 전달되지 않는다.

기 12②④ 17① 산 20③

핵심문제 ●○○

유리제품 중 사용성의 주목적이 단열성과 가장 거리가 먼 것은?

① 기포유리(Foam Glass)
② 유리섬유(Glass Fiber)
❸ 프리즘 유리(Prism Glass)
④ 복층유리(Pair Glass)

3) 폼 글라스(기포유리)

① 유리가루 + 발포제

② 다포질의 흑갈색 유리판

③ 광선이 투과되지 않는다.

④ 방음 보온성이 양호(비중 0.15)

⑤ 압축강도($10kg/cm^2$) 약함

⑥ 충격에도 약함

⑦ 가공용이(톱질, 못질)

4) 유리 섬유

① 용융유리 → 구멍에 압축공기

② 환기장치의 먼지 흡수용

③ 산 여과용

④ 유리, 섬유판 → 보온, 보냉, 흡음판

⑤ 안전온도 : 500℃

5) 물 유리

① 액체 상태의 유리

② 도료, 방수제, 보색제

핵심문제

다음 중 유리섬유(Glass Fiber)에 대한 설명으로 옳지 않은 것은?

❶ 경량이면서 굴곡에 강하다.

② 단위면적에 따른 인장강도는 다르고, 가는 섬유일수록 인장강도는 크다.

③ 탄성이 적고 전기절연성이 크다.

④ 내화성, 단열성, 내수성이 좋다.

01 창호기호의 표시방법으로 옳은 것은?

① ㉠ 창호번호 ㉡ 재료기호 ㉢ 창호기호
② ㉠ 창호기호 ㉡ 재료기호 ㉢ 창호번호
③ ㉠ 창호번호 ㉡ 창호기호 ㉢ 재료기호
④ ㉠ 창호기호 ㉡ 창호번호 ㉢ 재료기호

[해설]

창호의 표시방법
㉠ : 창호번호
㉡ : 재료기호
㉢ : 창호기호

02 다음 중 창호의 기능검사 항목과 가장 거리가 먼 것은?

① 내열성 ② 내풍압성
③ 기밀성 ④ 수밀성

[해설]

창호성능
내풍압성, 기밀성, 수밀성, 방음성, 단열성, 개폐성 등으로 결정한다.

03 창호공사에 관한 기술 중 옳지 못한 것은?

① 플러시문(Flush Door) 널막이 가로살의 거리 간격은 250~450mm 정도로 한다.
② 널 양면 붙임문의 널을 제혀쪽매로 한 것을 쓸 때의 두께는 15mm 정도로 한다.

③ 빈지문의 널은 같은 너비의 것을 2장으로 나누어 대고 맞댄 쪽매로 하는 것이 원칙이다.
④ 비늘살 문의 비늘살 길이가 600mm 이상일 때는 세로살을 넣는다.

[해설]

목재문
빈지문의 쪽매는 반턱쪽매로 한다.

04 창호 재료에 관한 기술 가운데 잘못된 것은?

① 완전 건조된 목재를 사용하면 건조, 변형, 수축, 휨 등은 적어지나 도료의 흡수가 나빠진다.
② 알루미늄 새시는 녹이 나지 않으므로 도장이 필요 없다.
③ 강재 새시는 새시 바(Sash Bar)와 강판으로 제작한다.
④ 알루미늄 창호는 콘크리트, 모르타르에 접하는 부분이 알칼리성에 침식되지 않도록 내알칼리성 도료를 2회 이상 칠한다.

[해설]

창호 재료
목재는 완전 건조되면 강도가 좋아지며, 가공이 용이해지고, 도료의 흡수가 빨라진다.

05 강재창호에 대한 기술 중 옳지 않은 것은?

① 창호의 수명은 방청처리의 가부에 좌우된다.
② 멀리온(Mullion)은 한 창문틀의 면적이 적을수록 유효하다.
③ 창호의 현장설치는 보통 나중세우기 방법을 많이 취한다.
④ 창문틀 주위에는 된반죽 모르타르로 채운 후 코킹제를 채우기도 한다.

정답 01 ① 02 ① 03 ③ 04 ① 05 ②

멀리온

창면적이 클때 Steel Bar만으로는 약하며 충격 등에 유리가
파손될 우려가 있으므로 이것을 보강하고 외관 장식을 겸
하여 강판을 중공형으로 접어 설치한 부재를 뜻한다.

06 건축용으로 사용되는 다음 금속재 중 상호접
촉 시 가장 부식되기 쉬운 것은?

① 구리　　　　② 알루미늄
③ 철　　　　　④ 아연

이온화 경향

알루미늄>아연>철>구리의 순이다. 이온화 경향이 크
면 클수록 부식되기 쉽다.

07 알루미늄 및 그 합금에 관한 설명 중 틀린 것은?

① 녹슬기 쉽고 사용연한이 짧으며 콘크리트 등 알칼
리에 매우 약하다.
② 용해주조도는 좋으나 내화성이 약하다.
③ 봉재, 필, 선 및 새시, 창문, 문 등을 제작하는 데 사
용된다.
④ 비중은 철의 약 1/3이고 고온에서 강도가 저하된다.

알루미늄 새시

장점	단점
• 비중은 철의 약 1/3로 가볍다.	• 용접부가 철보다 약하다.
• 녹슬지 않고 수명이 길다.	• 콘크리트, 모르타르 등의 알칼리성에 대단히 약하다.
• 공작이 자유롭고 기밀성이 있다.	• 전기화학 작용으로 이질 금속재와 접촉하면 부식된다.
• 여닫음이 경쾌하고 미려하다.	• 알루미늄 새시 표면은 철이 잘 부착되지 않는다.

08 건축재료 중 알루미늄에 관한 설명으로 옳지
않은 것은?

① 산이나 알칼리 및 해수에 침식되지 않는다.
② 알루미늄박(箔)을 이용하여 단열재, 흡음판을 만
들기도 한다.
③ 구리, 망간 등의 금속과 합금하여 이용이 가능하다.
④ 알루미늄의 표면처리에는 양극산화 피막법 및 화
학적 산화피막법이 있다.

알루미늄의 특성

알루미늄은 알카리성에 약하므로 모르타르나 콘크리트와
직접 닿지 않아야 한다.

09 알루미늄 새시에 관한 기술 중 옳지 않은 것은?

① 스틸 새시에 비해 내화성이 약하다.
② 알칼리에 강하므로 설치 시 오염의 염려가 없다.
③ 비중은 철의 약 1/3로서 여닫음이 경쾌하다.
④ 일반적으로 녹슬지 않고 사용 연한이 길다.

문제 07번 해설 참조

10 알루미늄 창호공사 시 주의사항으로 틀린 것
은?

① 알칼리에 약해 모르타르와의 접촉을 피한다.
② 알루미늄은 부식 방지 조치를 할 필요가 없다.
③ 녹막이에는 연(鉛)이 함유되지 않은 도료를 사용
한다.
④ 표면이 연하여 운반, 설치작업 시 손상되기 쉽다.

문제 07번 해설 참조

11 창호공사의 시공방법으로 옳지 않은 것은?

① 나무 퍼티못으로 양끝을 누르고 중간 15cm마다 박는다.
② 강제창호의 설치방법에는 먼저세우기와 나중세우기가 있으나 보통 먼저세우기로 한다.
③ 알루미늄 새시는 알칼리에 약하므로 모르타르 등에 직접 접촉하지 않는다.
④ 알루미늄 새시는 녹이 나지 않으므로 도장이 필요 없다.

해설

창호세우기

창호는 구조체가 완성된 후 현장에서 그 크기를 실측하여 설치하는 것이 좋기 때문에 나중세우기를 하는것이 좋다.

12 다음 중 회전문(Revolving Door)에 관한 설명으로 옳지 않은 것은?

① 큰 개구부나 칸막이를 가변성 있게 한 장치의 문이다.
② 회전날개 140cm, 1분 10회 회전하는 것이 보통이다.
③ 원통형의 중심축에 돌개철물을 대어 자유롭게 회전시키는 문이다.
④ 사람의 출입을 조절하고 외기의 유입과 실내공기의 유출을 막을 수 있다.

해설

회전문

• 원통형의 중심축에 돌개철물을 대어 자유롭게 회전시키는 문
• 바닥과 동시에 자동적으로 회전하는 것과 문짝을 손으로 밀거나 자동으로 회전하는 것
• 손이나 발이 끼는 사고대비 회전날개는 140cm, 1분에 8회 회전
• 틈새공간을 일정하게 하고 끼는 사고 시 즉시 중단되는 시스템이어야 함
※ 이 문제는 가답안 발표 후 이의 제기가 인정되어 복수정답 처리되었음

13 실의 크기 조절이 필요한 경우 칸막이 기능을 하기 위해 만든 병풍 모양의 문은?

① 여닫이문   ② 자재문
③ 미서기문   ④ 홀딩 도어

해설

문의 용도

• 무테문 : 현관용
• 회전문 : 방풍용
• 셔터 : 방화용
• 주름문 : 방도용
• 아코디언 도어(홀딩도어) : 칸막이용

14 다음 중 창호와 창호철물과의 조합을 나타낸 것으로 옳지 않은 것은?

① 미서기창 – 꽂이쇠
② 외여닫이창 – 경첩
③ 쌍여닫이창 – 오르내리 꽂이쇠
④ 회전창 – 레일, 바퀴

해설

창호철물

• 여닫이 창호철물 : 경첩, 자유경첩, 레버터리힌지, 플로어힌지, 피벗힌지, 도어클로저
• 미서기 창호철물 : 레일, 문바퀴(호차), 오목손걸이, 꽂이쇠, 도어 행거

15 창호철물 중 여닫이문에 사용하지 않는 것은?

① 도어 행거(Door Hanger)
② 도어 체크(Door Check)
③ 실린더 록(Cylinder Lock)
④ 플로어 힌지(Floor Hinge)

해설

창호철물

• 여닫이 창호철물 : 실린더, 경첩, 자유경첩, 레버터리힌지, 플로어힌지, 피벗힌지, 도어클로저
• 미서기 창호철물 : 레일, 문바퀴(호차), 오목손걸이, 꽂이쇠, 도어 행거

16 다음 중 창호공사에 쓰이는 철물이 아닌 것은?

① 플로어 힌지(Floor Hinge)

② 피봇 힌지(Pivot Hinge)

③ 개폐순위 조정기

④ 메탈 라스(Metal Lath)

[해설]

메탈라스

금속공사에서 쓰이는 수장철물로 금속판에 자름금을 내어 늘린 평면형의 철물이다.

17 창호와 창호철물이 상호 관련성이 없는 것은?

① 자재문 – 자유경첩

② 아코디언문 – 실린더

③ 오르내리창 – 크레센트

④ 여닫이문 – 도어 클로저

[해설]

창호철물

• 여닫이 창호철물 : 실린더, 경첩, 자유경첩, 래버토리힌지, 플로어힌지, 피봇힌지, 도어클로저

• 미서기 창호철물 : 레일, 문바퀴(호차), 오목손걸이, 꽂이쇠, 도어 행거

18 문 위틀과 문짝에 설치하여 문이 자동적으로 닫혀지게 하며, 개폐압력을 조절할 수 있는 장치는?

① 도어 체크(Door Check)

② 도어 홀더(Door Holder)

③ 피봇 힌지(Pivot Hinge)

④ 도어 체인(Door Chain)

[해설]

창호철물

도어클로저, 도어체크(Door Closer, Door Check) : 자동으로 문이 닫히는 장치

19 창호철물과 창호의 연결로 옳지 않은 것은?

① 도어 체크(Door Check) – 미닫이문

② 플로어 힌지(Floor Hinge) – 자재 여닫이문

③ 크리센트(Crescent) – 오르내리창

④ 레일(Rail) – 미서기창

[해설]

도어 체크

스프링의 힘을 이용하여 문이 저절로 닫히게 하는 여닫이용 창호철물

Section
03 유리의 종류와 특징

20 다음 중 유리의 주성분으로 옳은 것은?

① Na_2O ② CaO

③ SiO_2 ④ K_2O

[해설]

유리의 주성분

① 규산(SiO_2) : 71~73%

② 소다(Na_2O) : 14~16%

③ 석탄(Cao) : 8~15%

21 창유리로 가장 많이 사용되는 판유리의 종류는?

① 프린트 유리   ② 고규산 유리

③ 보헤미아 유리   ④ 크라운 유리

[해설]

소다 석회 유리

소다유리, 보통유리, 크라운유리 등으로 불리며 용융하기 쉽고, 산에는 강하나 알칼리에 약하며 건축의 일반 창유리에 많이 사용된다.

22 판유리의 용도상 가장 중요시되는 것은?

① 휨강도   ② 압축강도

③ 인장강도   ④ 전단강도

정답   16 ④   17 ②   18 ①   19 ①   20 ③   21 ④   22 ①

해설

판유리의 강도
판유리는 압축강도가 가장 크나 건물에 사용되는 특성상
품질의 척도는 휨강도를 기준으로 한다.

23 보통 창유리에 관한 설명 중 옳지 않은 것은?

① 투명 유리로서의 흠이 없는 것은 90% 광선을 투과
시킨다.
② 자외선을 잘 투과시킨다.
③ 불연재이지만 방화용은 아니다.
④ 유리의 판매단위는 한 상자로 약 9.2m²이다.

해설

보통 창유리
성분에 자외선을 차단하는 산화 제이철이 함유되어 있으
며, 이를 산화 제일철로 만들면 자외선 투과유리가 된다.

24 보통 창유리의 특성 중 투과에 관한 설명으로 옳지 않은 것은?

① 투사각 0도일 때 투명하고 청결한 창유리는 약
90%의 광선을 투과한다.
② 보통의 창유리는 많은 양의 자외선을 투과시키는
편이다.
③ 보통 창유리도 먼지가 부착되거나 오염되면 투과
율이 현저하게 감소한다.
④ 광선의 파장이 길고 짧음에 따라 투과율이 다르게
된다.

해설

문제 23번 해설 참조

25 대형 판유리를 사용하여 유리만으로 벽면을 구성하는 공법은?

① 퍼티 고정 공법　　② 실링 공법
③ 개스킷 고정 공법　④ 서스펜션 공법

해설

유리 설치 공법
• 퍼티 : 일반적으로 창호의 내부에서 유리를 끼우고 안쪽
에서 퍼티를 대는 방법
• 개스킷 : 고무나 합성수지 제품으로 샤시의 유리 홈에 끼
워 고정함
• 실링 : 세팅블록으로 유리를 고정하고 양쪽에서 실링을
고정하는 방법
• 서스펜션 : 벽 전체에 유리를 매달아 설치하여 개방감을
주고자 할 때 사용하는 방법
• SSGS(Structural Sealant Glazing System) : 외벽창호공사
커튼월에서 알루미늄 프레임에 구조용 접착제를 사용하
여 유리를 공정하는 방법
• SPG(Structural Point Glazing) : 유리 커튼월 시공 시 유
리 설치를 위한 프레임 없이 강화유리판에 구멍을 뚫어
특수 시스템 볼트를 사용하여 유리를 점 지지형태로 고
정하는 공법

26 다음 중 안전유리가 아닌 것은?

① 겹친 유리　　　　② 강화 유리
③ 망입 유리　　　　④ 형판 유리

해설

형판 유리
형판 유리는 핀형(플로드) 유리에 각종 모양을 새긴 상식
적 유리이다.

27 다음 중 두 장의 유리를 탄성률이 높은 유기접 착필름으로 붙이고 가압·가열하여 하나의 판유리 로 만든 것은?

① 망입유리　　　　② 접합유리
③ 복층유리　　　　④ 로이유리

해설

접합유리
두 장이나 그 이상의 판유리를 비닐, 합성수지를 중간막으
로 해서 접착한 것으로 장수를 많이 겹치면 방탄유리로도
사용된다.

28 다음 유리의 종류 중 주로 방화 및 방재용으로 사용되는 유리는?

① 망입유리 ② 보통판유리
③ 강화유리 ④ 복층유리

해설
망입유리
유리 내부에 금속망을 삽입하고 압착 성형한 유리로서 철망유리라고도 한다. 망입유리는 깨지는 경우에도 파편이 비산되지 않아 안전하고, 연소되지 않아 도난 및 화재 방지 등에 사용된다.

29 유리 내부 중심에 철, 황동, 알루미늄 등의 금속망을 삽입하고 압착성형한 판유리로, 파손 방지, 내열효과가 있으며 도난 방지, 방화 목적으로 사용하는 유리는?

① 강화유리 ② 무늬유리
③ 망입유리 ④ 복층유리

해설
문제 28번 해설 참조

30 유리공사에서 특수유리와 사용장소를 짝지은 것 중 틀린 것은?

① 겹유리 – 방화창
② 프리즘유리 – 지하실 채광
③ 자외선 투과유리 – 병원
④ 골판유리 – 지붕, 천창

해설
문제 27번 해설 참조

31 유리를 연화점에 가깝게(500~600℃) 가열해 두고 양면에 냉기를 불어 넣어 급랭시켜 강도를 높인 안전유리의 일종은?

① 망입유리 ② 강화유리
③ 형판유리 ④ 중공복층유리

해설
강화유리
강화유리는 판유리를 열처리 가공을 거쳐 보통유리보다 강도를 3~5배 정도 증가시킨 유리로서 현장가공이 불가능하고 잘 파손되지 않아 안전유리라 불리며, 현관문 등에 주로 사용된다.

32 열적외선을 반사하는 은소재 도막으로 코팅하여 방사율과 연관류율을 낮추고 가시광선 투과율을 높인 유리는?

① 스팬드럴 유리
② 접합유리
③ 배강도유리
④ 로이유리

해설
로이 유리
적외선 반사율이 높은 특수 금속막 코팅을 입혀 적외선은 차단하고 채광은 유입이 가능한 유리로서 고단열 복층유리이다. 단열, 결로 방지가 가능한 에너지 절약형이며, 다양한 색상이 가능하다.

33 Low–E 유리의 특징으로 옳지 않은 것은?

① 가시광선(0.4~$0.78\mu m$) 투과율은 맑은 유리와 비교할 때 큰 차이가 없다.
② 근적외선(0.78~$2.5\mu m$) 영역의 열선 투과율은 현저히 낮다.
③ 색유리를 사용했을 때보다 실내는 훨씬 밝아진다.
④ 실외의 물체들이 자연색 그대로 실내로 전달되지 않는다.

해설
로이유리(Low–emissivity Glass)
• 적외선 반사율이 높은 금속막 코팅
• 고단열 복층유리(에너지 절약형)
• 단열과 결로 방지
• 다양한 색상

34 로이유리(Low Emissivity Glass)에 대한 설명으로 옳지 않은 것은?

① 판유리를 사용하여 한쪽 면에 얇은 은막을 코팅한 유리이다.
② 가시광선을 75% 넘게 투과시켜 자연채광을 극대화하여 밝은 실내분위기를 유지할 수 있다.
③ 파괴 시 파편이 없어 안전하여 고층건물의 창, 테두리 없는 유리문에 많이 쓰인다.
④ 겨울철에 건물 내에 발생하는 장파장의 열선을 실내로 재반사시켜 실내보온성이 뛰어나다.

해설

문제 33번 해설 참조

35 Low-E 유리의 특징으로 틀린 것은?

① 가시광선 투과율은 맑은 유리와 비교할 때 큰 차이가 난다.
② 근적외선 영역의 열선 투과율은 현저히 낮다.
③ 색유리를 사용했을 때보다 실내는 훨씬 밝아진다.
④ 실외의 물체들이 자연색 그대로 실내로 전달된다.

해설

문제 33번 해설 참조

36 각종 유리에 관한 설명으로 옳지 않은 것은?

① 망입유리는 방화, 방재용으로 사용된다.
② 복층유리는 단열 목적의 유리이다.
③ 열선흡수유리는 실내의 냉방효과를 좋게 하기 위해 사용된다.
④ 자외선투과유리는 의류품의 진열장, 식품이나 약품의 창고 등에 사용된다.

해설

자외선 투과유리
자외선 투과유리는 병원, 온실 등에 사용되며, 의류품이나 식품창고 등에는 자외선 차단유리가 사용된다.

37 다음 각 유리의 특징에 대한 설명으로 옳지 않은 것은?

① 망입유리는 판유리 가운데에 금속망을 넣어 압착 성형한 유리로 방화 및 방재용으로 사용된다.
② 강화유리는 후판유리를 약 500~600℃로 가열한 후 급속히 냉각·강화하여 만든 유리로 선박, 차량, 출입구 등에 사용된다.
③ 접합유리는 2장 또는 그 이상의 판유리에 특수필름을 삽입하여 접착시킨 안전유리로서 파손되어도 파편이 발생하지 않는다.
④ 복층유리는 2~3장의 판유리를 밀착하여 만든 유리로서 단열·방서·방음용으로 사용된다.

해설

복층유리
유리 사이를 진공상태로 유지하거나 특수기체 또는 공기를 두어 단열 성능을 높여 방서용으로 사용되는 유리로서 단열효과와 결로 방지 등에도 효과가 있다.

38 다음 각 유리의 관한 설명으로 옳지 않은 것은?

① 망입유리는 파손되더라도 파편이 튀지 않으므로 진동에 의해 파손되기 쉬운 곳에 사용된다.
② 복층유리는 단열 및 차음성이 좋지 않아 주로 선박의 창 등에 이용된다.
③ 강화유리는 압축강도를 한층 강화한 유리로 현장 가공 및 절단이 되지 않는다.
④ 자외선 투과유리는 병원이나 온실 등에 이용된다.

해설

문제 37번 해설 참조

39 각 부분의 시공방법에 관한 기술 중 잘못된 것은?

① 외부에 면한 창호의 유리 끼우기는 내부 마감공사 후에 한다.
② 알루미늄 창호의 세우기는 강제 창호에 준하나 먼저 세우기를 하는 것은 강도상 무리이므로 나중 세우기를 한다.
③ 창호의 틀 먼저 세우기 공법은 새시 주위의 누수 우려가 거의 없다.
④ 지붕에 금속 골판을 바탕에 고정하는 것은 골의 두둑에서 한다.

해설

유리 시공
유리 끼우기는 내부 마감공사 전에 실시한다.

40 다음 중 유리섬유(Glass Fiber)에 대한 설명으로 옳지 않은 것은?

① 경량이면서 굴곡에 강하다.
② 단위면적에 따라 인장강도는 다르고, 가는 섬유일수록 인장강도는 크다.
③ 탄성이 적고 전기절연성이 크다.
④ 내화성, 단열성, 내수성이 좋다.

해설

유리섬유
• 고온에 견디며, 불에 타지 않는다.
• 흡수성이 없고, 흡습성이 적다.
• 화학적 내구성이 있기 때문에 부식하지 않는다.
• 강도, 특히 인장강도가 강하다.
• 신장률이 적다.
• 전기 절연성이 크다.
• 내마모성이 적고, 부서지기 쉬우며 부러진다.
• 비중은 나일론의 2.2배, 무명의 1.7배이다.
• 매트로 만든 것은 단열 · 방음성이 좋다.

41 유리제품 중 사용성의 주목적이 단열성과 가장 거리가 먼 것은?

① 기포유리(Foam Glass)
② 유리섬유(Glass Fiber)
③ 프리즘 유리(Prism Glass)
④ 복층유리(Pair Glass)

해설

프리즘 유리
투사광선의 방향을 변화시키거나 집중 또는 확산시킬 목적으로 프리즘의 이론을 응용하여 만든 유리제품으로, 주로 지하실 또는 지붕 등의 채광용으로 사용된다.

42 다음 중 유리 섬유판의 특성이 아닌 것은?

① 독특한 결의 섬세한 아름다움이 있다.
② 단열 및 불연성이 있으나 표면경도가 적다.
③ 흡음효과가 없다.
④ 가공성이 좋다.

해설

유리섬유판
유리섬유판은 흡음재, 단열재, 보온재, 전기절연재 등으로 사용한다.

CHAPTER

11

마감공사

SECTION **01** 미장공사

기 14① 15② 18④
산 10①③ 12① 17② 18①

1 재료

1. 미장재료의 구성

1) 결합재

시멘트, 플라스터, 소석회, 벽토, 합성수지 등으로서, 잔골재, 종석, 흙, 섬
유 등 다른 미장재료를 결합하여 경화시키는 재료이다.

2) 보강재

결합재의 결점(수축균열, 점성 및 보수성 부족) 등을 보완, 응결시간 조절
의 목적으로 여물, 풀, 수염 등이 있다.

3) 골재

증량, 치장의 목적으로 경화에는 관여하지 않는다.

4) 혼화재료

주재료 이외의 재료로서 반죽할 때 필요에 따라 미장재료의 성분으로서
첨가하는 재료로, 혼화재료에는 혼화제(濟)와 혼화재(材)가 있다.

✎ 기성배합재료 : 라스바탕용 기성배합 시멘트모르타르, 시멘트모르타르 얇은 바
름재, 셀프레벨링재

2. 경화성에 따른 분류

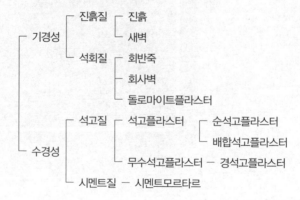

기경성	진흙질	진흙	
		새벽	
	석회질	회반죽	
		회사벽	
		돌로마이트플라스터	
수경성	석고질	석고플라스터	순석고플라스터
			배합석고플라스터
		무수석고플라스터 — 경석고플라스터	
	시멘트질 — 시멘트모르타르		

3. 결합재의 종류

종류	특성
소석회	① 소석회는 회반죽과 회사벽의 고결재로서, 수산화석회[$Ca(OH)_2$]이다. ② 석회석을 1,000℃ 내외로 가열하면 CO_2가 방출되고, 생석회 CaO가 생성되는데, 여기에 물을 가하면 소석회가 된다. ③ 다시 물과 반죽하여 벽면에 얇게 바르면, 수분이 공기 중에서 증발하면서 소석회는 공기 중의 CO_2와 반응을 하여 단단한 석회석이 된다.
돌로마이트 석회	① 돌로마이트플라스터의 고결재로서, 소석회와는 성분 및 성질이 다를 뿐 경화 방식은 같다. ② 백운석(Dolomite, $CaCO_3 \cdot MgCO_3$)을 약 1,000℃로 가열하여 $CaO \cdot MaO$를 만들고, 여기에 물을 가하면 돌로마이트 석회 $Ca(OH)_2 \cdot Mg(OH)_2$가 생성된다. ③ 물과 반죽하여 얇게 바르면, 물은 증발하고 돌로마이트 석회는 공기 중의 CO_2와 결합하여 백운석화하여 굳어진다.
석고	① 석고 플라스터의 고결재로는 소석고와 경석고가 있다. ② 천연 석고는 암석에서 산출되는데, 이것은 모스 2도로서 연한 편이며, 활석보다는 조금 단단하다. ③ 천연 석고를 150~190℃의 범위 내에서 천천히 가열하면 결정수 3/4이 방출되고 소석고가 만들어진다. ④ 천연 석고를 약 400~500℃에서 가열하면 결정수가 모두 방출되어 경석고가 만들어진다. ⑤ 물과 반죽하여 얇게 바르면 소석회와는 다르게 수화작용에 의해서 단단한 천연 석고가 된다.
마그네시아 시멘트	① 마그네시아 시멘트는 특수한 것으로, 건축에서는 별로 사용되지 않고 있다. ② 원재료인 마그네시아(MaO)를 염화마그네슘 용액으로 반죽하면 일종의 산 염화물이 되어 응결, 경화된다. ③ 수중 또는 다습한 장소에서는 경화하지 않고, 공기 중에서만 경화한다.

4. 보강재의 종류 및 특징

1) 풀

① 회반죽에 혼입하면 점도가 증대된다.
② 바탕재의 흡수를 방지하며 건조 후의 강도를 높인다.
③ 부착력을 증대시키고 균열을 방지할 수 있다.

2) 여물

① 수축성이 있거나 인장에 약한 미장재료의 보강재 또는 균열방지의 목적으로 사용된다.
② 강인하고 균일하게 분산되는 것이어야 하고, 가늘고 질기며 마디가 없는 것을 사용한다.

3) 수염

① 목조의 졸대바탕에 붙여서 사용한다.
② 바름벽의 벗겨짐, 균열 등을 방지할 목적으로 사용한다.

② 바탕 만들기 및 시공 일반사항

1. 바름벽 바탕

1) 엇평(졸대) 바탕

① 회반죽, 플라스터 바름벽의 바탕이다.
② 엇평은 두께 6~9mm, 너비 30~36mm, 길이 180mm 정도의 거심재, 건조목의 판재이다.
③ 간격은 8mm 정도 10매마다 엇갈리게 잇는다.

2) 외엮기 바탕

① 목조심벽에서 흙바름벽의 바탕이 된다.
② 외는 댓가지, 수수깡, 삼대 등을 사용한다.
③ 2.5~3cm 각재를 인방 사이에서 30~40cm 간격으로 댄다.
④ 세로외를 3~5cm 간격으로 가로외에 엮어댄다.
⑤ 가로외를 눌외, 세로외를 설외라 한다.

3) 라스(Lath) 바탕

① 모르타르의 바름벽이다.
② 바탕 판재 위에 방수지를 펴고 그 위에 라스를 박아댄다.
③ 방수지의 이음 겹침은 10cm 이상으로 한다.
④ 와이어 라스가 메탈 라스보다 이용도가 높다.

4) 보드, 판형 바탕

① 석고보드, 목모시멘트 판이다.
② 띠장의 간격은 150mm 내외이다.
③ 보드는 받음재 위에서 잇는다.

5) 콘크리트 바탕

① 콘크리트는 타설 후 28일 이상 경과한 다음 균열, 재료분리, 과도한 요철 등이 없어야 한다.
② 바름두께가 커져서 손질바름의 두께가 25mm를 초과할 때는 규정한 철망 등을 긴결시켜 콘크리트를 덧붙여 친다.

③ 철근, 간격재 또는 나무부스러기 등은 제거하고, 구멍 등은 모르타르 등으로 채워 메운다.

④ 이어치기 또는 타설시간의 차이로 이어친 부분에서 누수의 원인이 될 우려가 있는 곳은 적절한 방법으로 미리 방수처리한다.

6) 콘크리트 벽돌 및 블록 바탕

벽돌 및 블록 바탕은 쌓은 후 2주 이상 방치하여 침하 및 건조수축 등 조적 바탕이 안정화되도록 한다.

2. 뿜칠

압송뿜칠기계로 바름하는 두께가 20mm를 넘는 경우에는 초벌, 재벌, 정벌 3회로 나누어 뿜칠바름을 하고, 바름두께 20mm 이하에서는 재벌뿜칠을 생략한 2회 뿜칠바름을 하며, 두께 10mm 정도의 부위는 정벌뿜칠만을 밑바름, 윗바름으로 나누어 계속해서 바른다.

3. 보양

1) 미장바름 주변의 온도가 5℃ 이하일 때는 원칙적으로 공사를 중단하거나 난방하여 5℃ 이상으로 유지한다.
2) 여름에 시공하는 경우에는 바름층의 급격한 건조를 방지하기 위하여 거적덮기 또는 폴리에틸렌 필름 덮기를 한 다음 살수 등의 조치를 한다.
3) 강우, 강풍 혹은 주위의 작업으로 바름작업에 지장이 있는 경우에는 작업을 중지한다.
4) 공사 중에는 주변의 다른 부재나 작업면이 오염 또는 손상되지 않도록 적절하게 보양한다.

③ 각종 미장재료 바름

기 10①② 11② 12①② 14① 15①②④
16② 19①
산 10①②③ 11①③ 12① 14② 15①
17① 18①② 19② 20③

기본용어	용어설명
고름질	바름두께 또는 마감두께가 두꺼울 때 혹은 요철이 심할 때 적정한 바름두께 또는 마감두께가 될 수 있도록 초벌 바름 위에 발라 붙여 주는 것 또는 그 바름층
눈먹임	인조석 갈기 또는 테라초 현장갈기의 갈아내기공정에 있어서 작업면의 종석이 빠져나간 구멍부분 및 기포를 메우기 위해 그 배합에서 종석을 제외하고 반죽한 것을 작업면에 발라 밀어넣어 채우는 것
덧먹임	바르기의 접합부 또는 균열의 틈새, 구멍 등에 반죽된 재료를 밀어넣어 때워 주는 것
라스먹임	메탈 라스, 와이어 라스 등의 바탕에 모르타르 등을 최초로 바르는 것

규준바름	미장바름 시 바름면의 규준이 되기도 하고, 규준대 고르기에 닿는 면이 되기 위해 기준선에 맞춰 미리 둑모양 혹은 덩어리모양으로 발라 놓은 것 또는 바르는 작업
손질바름	콘크리트, 콘크리트 블록 바탕에서 초벌바름하기 전에 마감두께를 균등하게 할 목적으로 모르타르 등으로 미리 요철을 조정하는 것
실러바름	바탕의 흡수 조정, 바름재와 바탕과의 접착력 증진 등을 위하여 합성수지에멀션희석액 등을 바탕에 바르는 것
이어바르기	동일 바름층을 2회의 공정으로 나누어 바를 경우 먼저 바름공정의 물걷기를 보아 적절한 시간간격을 두고 겹쳐 바르는 것
경과시간	동일 공정 내, 공정과 공정 또는 최종 공정과 사용 가능시간 사이의 경과시간 ① 공정 내 경과시간 : 동일 공정 내에서 동일 재료를 여러 번 반복하여 바르는 경우에 바름과 바름 사이에 필요한 시간 ② 공정 간 경과시간 : 한 공정이 완료되고, 다음 공정이 시작될 때까지 필요한 시간 ③ 최종양생 경과시간 : 최종 공정이 완료된 후 마감면이 사용 가능한 상태가 될 때까지의 필요한 시간
마감두께	바름층 전체의 두께를 말함. 라스 또는 졸대 바탕일 때는 바탕 먹임의 두께를 제외
피막양생제	표면의 수분증발을 억제하기 위한 모르타르 및 콘크리트용 피막 보호제
흡수조정제 바름	바탕의 흡수조정이나 기포발생 방지 등의 목적으로 합성수지에멀션희석액 등을 바탕에 바르는 것

1. 시멘트모르타르 바름

기성배합 또는 현장배합의 시멘트, 골재 등을 수재료로 한 시멘트모르타르를 벽, 바닥, 천장 등에 바르는 공사이다.

1) 시공순서

바탕처리 → 재료 준비 → 초벌바름 및 라스먹임 → 고름질 → 재벌바름 → 정벌바름 → 마무리

2) 재료의 비빔

① 시멘트와 모래를 먼저 혼합하고, 물을 넣어 비빔을 실시
② 1회 비빔량은 2시간 이내 사용할 수 있는 양

3) 초벌바름 및 라스먹임

초벌바름 또는 라스먹임은 2주일 이상 방치하여 바름면 또는 라스의 겹침부분에서 생길 수 있는 균열이나 처짐 등 흠을 충분히 발생시킨다.

4) 고름질

① 바름두께가 너무 두껍거나 요철이 심할 때는 고름질을 한다.

② 초벌바름에 이어서 고름질을 한 다음에는 초벌바름과 같은 방치기간을 갖는다.

③ 고름질 후에는 쇠갈퀴 등으로 전면을 거칠게 긁어 놓는다.

5) 정벌바름

① 바름두께는 바탕의 표면부터 측정하며, 라스 먹임의 바름두께를 포함하지 않는다.

② 바름두께

두께(mm)	바탕	
	Con'c, 블록, 벽돌	라스바탕
24	바닥, 외벽, 기타	외벽, 기타
18	내벽	내벽
15	천장, 차양	천장, 차양

6) 마무리

마무리 정도에 따라 쇠흙손 → 나무흙손 → 솔 마무리의 순서로 진행한다.

7) 1회 바름 공법

평탄한 바탕면으로 마무리두께 10mm 정도의 천장, 벽, 기타(바닥 제외)는 1회로 마무리한다.

8) 2회 바름 공법

바탕에 심한 요철이 없고 마무리두께가 15mm 이하의 천장, 벽, 기타(바닥 제외)는 초벌바름 후 재벌바름을 하지 않고 정벌바름을 하는 경우이다.

2. 시멘트스터코 바름

시멘트모르타르를 흙손 또는 롤러를 사용하여 바르고 광택이나 색깔을 내는 내외벽의 마감공사이다.

1) 재료

① 시멘트모르타르
② 합성수지에멀션실러
③ 합성수지계 도료

2) 바탕

콘크리트, 프리캐스트콘크리트 부재, 콘크리트 블록, 벽돌, 고압증기양생

경량 기포콘크리트 패널, 목모 시멘트판, 목편 시멘트판 및 시멘트모르타르 면

3) 순서

바탕처리 → 재료 조정 → 실러바름 → 시멘트모르타르 바름 → 마무리 → 돌출부 처리 → 마감도장

3. 석고플라스터 바름

기성배합 석고플라스터, 골재 등을 주재료로 하여 내벽, 천장 등에 발라서 마감하는 공사용이다.

핵심문제 ●●○

다음 미장공법 중 균열이 가장 적게 생기는 것은?
① 회반죽 바름
② 돌로마이트 플라스터 바름
❸ 석고 플라스터 바름
④ 시멘트 모르타르 바름

1) 바탕의 조정 및 청소

① 콘크리트, 콘크리트 블록 등의 바탕에서 손질바름을 요하는 것은 바탕 상태에 따른다.
② 플라스터에서 손질바름을 하는 경우에는 최대 두께 9mm 이내로 한다.
③ 접착성 향상을 목적으로 합성수지에멀션을 도포하든가 또는 시멘트페이스트에 합성수지에멀션을 혼입한 것을 바름하여 거칠게 한다.
④ 시멘트모르타르면은 보양기간을 충분히 두고 덧먹임을 하며, 알칼리에 의한 경화 불량이 발생하지 않도록 한다.

2) 재료의 반죽

① 초벌바름 및 재벌바름용 반죽 : 기계비빔, 손비빔
② 정벌바름용 반죽 : 정벌바름용 석고플라스터에 물을 가하여 균일하게 될 때까지 충분히 비벼 섞는다.
③ 페인트 도장, 벽지 바르기 바탕용 반죽 : 초벌바름, 재벌바름과 같이 한다.

3) 반죽의 가용시간

혼합석고플라스터, 보드용 플라스터는 물을 가한 후 초벌바름, 재벌바름은 2시간 이상, 정벌바름은 1시간 30분 이상 경과한 것은 사용할 수 없다.

4) 반죽상의 주의

① 반죽용 물은 직접 공급되거나 전용용기에 저장한 것을 쓰고, 다른 용도에 쓰인 것은 사용을 금지한다.
② 건비빔된 재료는 모래에 수분이 있으므로 섞은 후 2시간 이내에 사용한다.
③ 믹서, 반죽 통에 남은 모르타르, 돌로마이트플라스터 등이 부착된 것은 제거하지 않은 채 그대로 사용할 수 없다. 또한, 혼합할 때마다 청소한 다음 사용한다.

5) 순서

초벌바름 및 라스 먹임 → 고름질 및 재벌바름 → 정벌바름

6) 얇게바름 공법

① 마무리두께를 10mm 이하로 하여 초벌바름 후에 정벌바름을 할 경우에 초벌바름은 정벌바름 예정두께 1.5~3mm를 띄우고 바탕면에 흙손으로 충분히 눌러 바르며 나온 모서리, 들어간 구석, 개탕 주위 등은 규준대를 대고 정확히 바른다.

② 흡수가 심한 바탕이나 평활한 면의 콘크리트 바탕 등에 마무리두께를 5mm 정도로 할 경우에는 바탕의 성질에 적합한 골재 및 수용성 고분자수지에멀션 등을 배합한 특수한 석고플라스터를 사용한다.

7) 주의사항

① 바름작업 중에는 될 수 있는 한 통풍을 방지하고, 작업 후에도 석고가 굳어질 때까지는 심한 통풍을 피하도록 한다. 그 후는 적당한 통풍으로 바름면을 건조시킨다.

② 실내온도가 5℃ 이하일 때는 공사를 중단하거나 난방을 하여 5℃ 이상으로 유지한다.

4. 돌로마이트플라스터 바름

돌로마이트플라스터, 골재, 여물 등을 주재료로 하여 벽면 또는 천장면에 흙손바름으로 마감하는 공사한다.

1) 수염 붙이기

① 벽은 초벌바름 직후, 천장 및 차양은 초벌바름 전에 수염간격을 300mm 이하 마름모로 배열하여 붙여 대고, 초벌바름과 고름질 또는 재벌바름면에 각각 반씩 부채형으로 벌려서 눌러 붙인다.

② 창문 주위 등의 벽쌤 갓둘레에는 벽쌤용 수염을 간격 150mm 이하 한 줄로 배열하여 천장, 벽 등의 공법에 준하여 시공한다.

2) 재료 반죽

① 초벌바름 및 재벌바름용 반죽 : 기계비빔, 손비빔

② 정벌바름용 반죽 : 정벌바름용 반죽은 물과 혼합한 후 12시간 정도 지난 다음 사용하는 것이 바람직하다.

③ 시멘트와 혼합하여 사용 시 2시간 이상 경과한 것은 사용할 수 없다.

3) 초벌바름 및 라스먹임

콘크리트 및 콘크리트 블록 바탕의 경우에는 물뿌리기를 한다. 초벌바름 또는 라스먹임은 흙손으로 충분히 눌러 바탕 사이에 밀어 넣으면서 바르고, 표면은 긁어 놓는다.

4) 재벌바름

초벌바름에 균열이 없을 때에는 고름질한 후 7일 이상, 균열이 생겼을 때에는 고름질한 후 14일 이상 두어 고름질면의 건조를 기다린 후 균열이 발생하지 아니함을 확인한 다음 재벌바름을 한다.

5) 정벌바름

재벌바름이 어느 정도 건조된 다음에 정벌바름을 한다.

6) 주의사항

① 바름작업 중에는 되도록 통풍을 피하는 것이 좋으나 초벌바름 후, 고름질 후, 특히 정벌바름 후 적당히 환기하여 바름면이 서서히 건조되도록 한다.

② 실내온도가 5℃ 이하일 때는 공사를 중단하거나 난방하여 5℃ 이상으로 유지한다.

5. 회반죽 바름

소석회, 모래, 해초풀, 여물 등을 주재료로 하고 지붕 회반죽은 포함하지 않는다.

1) 배합 및 바름두께

마감두께는 벽에서는 15mm, 천장과 차양에서는 12mm로 한다.

2) 바탕처리

① 바탕은 충분히 청소하고, 심하게 건조하거나 흡수성이 심한 경량콘크리트면은 미리 물축이기를 한다.

② 바름면을 거친 면으로 만들거나 시멘트모르타르를 두께 약 6mm로 바탕 전면에 눌러 바른 후 표면을 거칠게 만든다.

③ 바탕에 생긴 흠이나 균열은 완전히 보수하고 2주 이상 방치한 다음 바른다.

3) 재료의 조정 및 반죽

① 듬북(모자반) 또는 은행초를 사용할 때는 건조시킨 다음에 소요량을 질량으로 달아, 1회 비빔분을 한 솥에 끓인다.

② 물의 소요량을 계량해서 부어 넣는다.

③ 해초풀을 끓인 다음 1일 이상 방치할 때에는 표면에 소량의 석회를 뿌려서 부패를 방지하며, 사용 시에는 표층부분을 제거한 후 사용한다.

④ 석회를 뿌리더라도 2일 이상 두어서는 안 된다.

⑤ 초벌바름 및 재벌바름용 해초풀은 2.5mm 체에 2회 걸러서 사용한다.

⑥ 여물은 건조시킨 다음 소요량을 계량하여 한 솥분을 준비하여 막대로 두드려서 부드럽게 하고, 물을 갈아가며 잘 씻은 것을 위의 체가름한 해초풀에 뜨거울 때 넣어 나무 막대로 잘 젓는다.

⑦ 석회와 모래를 섞은 것에 여물을 풀어 넣은 해초풀을 부어 괭이로 잘 섞는다. 이때는 물을 넣지 않는다.

4) 수염 붙이기

① 졸대바탕에는 수염 붙이기를 한다. 수염간격은 벽에서 300mm 이하, 천장 및 차양에서는 250mm 이하로 하고 마름모형으로 배열한다.

② 벽의 경우에는 초벌바름 직후, 천장, 차양의 경우에는 초벌바름 전에 달아매어 초벌바름과 고름질 또는 재벌바름면에 각각 한 가닥씩 부채꼴로 벌려 붙인다.

5) 고름질, 덧먹임 및 재벌바름

① 고름질, 재벌바름은 초벌바름 후 10일 이상 두고, 초벌바름면이 건조한 후에 평탄하게 바른다.

② 초벌바름에 균열이 생긴 경우에는 고름질을 한 다음 다시 10일 이상 두고 덧먹임을 하여 재벌바름을 한다. 마감두께가 12mm 이하의 경우에는 고름질을 생략한다.

6) 정벌바름

재벌바름이 반건조하여 물이 빠지는 정도를 보아서 정벌바름을 한다. 정벌바름은 반드시 밑바르기를 하고 나서 바르기를 한다.

7) 주의사항

① 바름작업 중에는 가능한 한 통풍을 피하는 것이 좋지만, 초벌바름 및 고름질 후 특히, 정벌바름 후 적당히 환기하여 바름면이 서서히 건조되도록 한다.

② 실내온도가 5℃ 이하일 때는 공사를 중단하거나 난방하여 5℃ 이상으로 유지한다.

6. 외바탕 흙벽바름

흙, 색흙, 색모래, 소석회, 여물 등을 주재료로 하여 외벽바탕 벽면에 흙손바름 마감을 실시하는 공사이다.

1) 바름두께

바름두께는 기둥 개당 24mm를 남겨 놓고, 정벌바름하는 것이 표준이다.

2) 공정

종별	공정		
A	① 초벽바름	② 뒷면 고름질	③ 맞벽바름
	④ 띠장덮기	⑤ 개탕 주위 바름	⑥ 고름질
	⑦ 재벽바름	⑧ 정벌바름	
B	상기 시방 가운데 맞벽바름, 개탕 주위 바름의 공정을 제외한 것		

3) 초벽바름

초벽바름은 외엮은 면에서 먼저 잘 발라 붙이고, 외의 표면으로부터 두께 12mm 이내 반대편까지 밀려 나오도록 눌러 바르되 인방두께보다 6~9mm 안으로 평탄하게 바른다.

4) 뒷면 고름질

초벽바름 흙은 외의 뒷면으로 충분히 밀려 나오도록 한다.

5) 맞벽바름

벽의 뒷면은 초벽바름이 건조된 후 양면 바르기일 때는 초벽바름으로 외가 감추어질 정도로 바르고, 한면바름일 때는 초벽바름을 약간 두껍게 발라 손질한다.

7. 합성고분자 바닥바름

방진성, 방활성, 탄력성, 내수성 및 내약품성 등을 목적으로 에폭시계, 폴리에스테르계 및 폴리우레탄계의 합성고분자계 재료에 규사, 안료 등을 혼합한 재료를 사용하여 흙손바름, 롤러바름, 솔바름, 뿜칠바름 등의 공사를 한다.

8. 인조석바름 및 테라초바름

시멘트, 종석, 돌가루, 모래 등을 주재료로 한 벽면 및 바닥면에 바르는 인조석바름 및 테라초바름의 공사이다.

1) 종석

인조석 바름		테라초바름	
5mm체 통과분	100%	15mm체 통과분	100%
1.7mm체 통과분	0	2.5mm체 통과분	0

주 : 1) 인조석바름에서는 2.5mm체 통과분이 전량의 1/2 정도, 테라초바름에서는 5mm체 통과분이 전량의 1/2 정도를 표준으로 한다.
　　 2) 바닥심기용 콩자갈은 직경이 30mm 이상의 것으로 한다.
　　 3) 종석은 지나치게 납작하거나 얇지 않은 것으로 한다.

2) 바탕처리 및 청소

① 콘크리트, 콘크리트 블록 등의 바탕은 초벌바름 모르타르로 수평 또는 수직으로 처리하고, 쇠갈퀴로 긁거나, 나무흙손 처리로 거칠게 한 후 2주간 이상 가능한 한 오래 방치
② 습윤하게 하고, 바탕의 건조상태를 보면서 초벌바름

3) 배합 및 바름두께

종별		바름층	배합비				바름두께 (mm)
			시멘트	모래	시멘트, 백색시멘트 또는 착색시멘트	종석	
인조석 바름		정벌바름	–	–	1	1.5	7.5
바닥 테라초 바름	접착 공법	초벌바름	1	3	–	–	20
		정벌바름	–	–	1	3	15
	유리 공법	초벌바름	1	4	–	–	45
		정벌바름	–	–	1	3	15

주 : 1) 인조석 갈아내기 마감과 현장바름 마감의 갈아내기 공정에서 눈먹임에 사용하는 시멘트페이스트는 정벌바름의 배합에서 종석을 제외한 시멘트페이스트를 사용한다.
　　 2) 벽의 인조석바름 씻어내기 마무리 등에서는 시멘트 1 중 0.3~0.4(용적비)를 정벌바름용 소석회 등으로 대치한다.
　　 3) 바닥면의 콩자갈 마무리에는 인조석바름의 배합을 사용하지만 인조석바름에 사용하는 종석 대신 콩자갈을 쓴다.
　　 4) 인조석바름에서 잔다듬 마무리의 바름두께는 9mm 내외로 한다.

4) 테라초 바르기의 줄눈 나누기

테라초 바르기의 줄눈 나누기는 1.2m² 이내로 하며, 최대 줄눈 간격은 2m 이하로 한다.

핵심문제 ●●●

테라초 바르기의 줄눈 나누기의 크기로 적당한 것은?

① 면적 : 0.9m² 이내
　최대 줄눈 간격 : 1.2m 이하
② 면적 : 1.0m² 이내
　최대 줄눈 간격 : 1.2m 이하
❸ 면적 : 1.2m² 이내
　최대 줄눈 간격 : 2.0m 이하
④ 면적 : 1.5m² 이내
　최대 줄눈 간격 : 2.0m 이하

5) 인조석바름

① 정벌바름은 재벌바름의 경화 정도를 살펴서 미리 시멘트페이스트 또는 배합비 1 : 1인 모르타르를 3mm 정도 바르고 실시
② 줄눈은 줄눈 나누기도에 따라 줄눈대를 시멘트페이스트 또는 모르타르로 고정
③ 바닥일 때는 시멘트페이스트를 문질러 바른 후 이어서 배합비 1 : 3 모르타르로 정벌바름두께가 남도록 초벌바름을 하고 충분히 경화된 후 정벌바름을 실시
④ 인조석 바르기마감 : 인조석 씻어내기, 인조석 갈아내기 마감, 인조석 잔다듬, 기타 이에 준하는 모조석 마감
⑤ 치장 줄눈마감 : 인조석바름의 마감면이 긁히지 않도록 줄눈대를 살며시 빼낸다.

6) 콩자갈 깔기 바닥마감

콩자갈 입경의 2/3 정도인 바름두께로 모르타르를 바른 후 즉시 콩자갈을 견본 또는 담당원의 확인에 따라 입경의 약 1/2 이상을 보기 좋게 배열하고, 흙손으로 눌러 평탄하게 한다.

7) 현장 테라초바름

① 초벌바름이나 정벌바름 모두 된비빔으로 잘 혼합
② 줄눈대의 설치 : 경계 문양 등에는 황동(놋쇠)제의 앵커가 붙은 줄눈대를 사용
③ 초벌비름
　• 접착공법 : 바탕을 미리 청소하고, 실러바름 또는 물축이기를 한 후 시멘트페이스트를 문질러 바르고 이어서 초벌바름모르타르, 된비빔의 것을 쇠흙손으로 힘껏 눌러 바르고 긁음
　• 절연공법(바닥)
　　– 바탕 고르기를 하고, 줄눈나누기에 따라 줄눈대를 고정
　　– 건조한 모래를 5mm 두께 정도로 평활하게 깔고, 그 위에 아스팔트펠트 또는 아스팔트루핑을 깔아 바닥과 분리
　　– 초벌바름용 모르타르를 30mm 두께 정도로 깔아 바르고, 용접철망 또는 크림프철망을 깔고 테라초 정벌마감 두께만큼을 남기고 바탕모르타르를 눌러 바른 다음 그 표면을 긁음
④ 정벌바름 : 정벌바름은 갈아내기 마감 후 돌의 배열이 균등하게 되도록 갈아내기 두께를 고려하여 평활하게 마감
　• 바닥 : 된비빔의 것을 전용 롤러 또는 진동기를 사용하여 다지고 쇠흙손으로 고름

- 벽면 : 정벌바름과 같은 색깔의 시멘트페이스트를 칠한 후 이어 정벌바름
⑤ 마감 : 테라초를 바른 후 5~7일 이상 경과한 후 경화 정도를 보아 갈아내기

9. 셀프레벨링재 바름

석고계, 시멘트계 등의 셀프레벨링재를 이용하여 바닥 바름공사에 적용한다.

1) 바탕

① 레이턴스, 유지류 등은 완전하게 제거하고, 깨끗이 청소
② 크게 튀어나와 있는 부분은 미리 제거하여 바탕을 조정
③ 합성수지에멀션을 이용해서 1회의 실러 바르기를 하고, 건조

2) 재료의 혼합반죽

3) 실러바름

지정된 도포량으로 바르지만, 수밀하지 못한 부분은 2회 이상 걸쳐 도포하고, 셀프레벨링재를 바르기 2시간 전에 완료한다.

4) 셀프레벨링재 붓기

반죽질기를 일정하게 한 셀프레벨링재를 시공면의 수평에 맞게 붓는다. 이때 필요에 따라 고름도구 등을 이용하여 마무리한다.

5) 이어치기부분의 처리

① 경화 후 이어치기부분의 돌출부분 및 기포 흔적이 남아 있는 주변의 튀어나온 부분 등은 연마기로 갈아서 평탄하게 한다.
② 기포로 인해 오목 들어간 부분 등은 된비빔 셀프레벨링재를 이용하여 보수한다.

6) 주의사항

① 셀프레벨링재의 표면에 물결무늬가 생기지 않도록 창문 등은 밀폐하여 통풍과 기류를 차단한다.
② 셀프레벨링재 시공 중이나 시공완료 후 기온이 5℃ 이하가 되지 않도록 한다.

10. 바닥강화재바름

금강사, 규사, 철분, 광물성 골재, 시멘트 등을 주재료로 하여 콘크리트 등
시멘트계 바닥바탕의 내마모성, 내화학성 및 분진방지성 등의 증진을 목
적으로 마감(하드너 마감이라고도 함)하는 공사이다.

1) 분말상 바닥강화바탕

미경화 콘크리트의 바탕은 물기가 완전히 표면에 올라올 때까지 시공을
금지하고, 물과 레이턴스는 깨끗하게 제거한다.

2) 액상 바닥강화바탕

① 새로 타설한 콘크리트 바닥은 최소 21일 이상 양생하여 완전하게 건조
시킨다.
② 액상 바닥강화를 물로 희석하여 사용하는 경우에는 첫 회 도포하기 전
에 바탕 표면을 물로 깨끗하게 씻어 낸다.

3) 배합 및 바름두께

① 분말상 바닥강화재
바름 바닥면적(m^2)당 3~7.5kg의 분말상 바닥강화재를 사용하고, 최
소한 3mm 이상의 두께
② 액상 바닥강화재
바름 바닥면적(m^2)당 0.3~1.0kg의 액상인 침투식 바닥강화재를 사용

4) 분말상 바닥강화재

① 블리딩이 멈추고 응결(초결)이 시작될 때 바닥강화재를 손이나 분사
용 기계를 이용하여 균일하게 살포
② 색 바닥강화재의 경우 콘크리트 표면에 수분이 흡수되어 색상이 진하
게 되면 나무흙손으로 문지르고, 바닥강화재 살포면이 안정된 후 쇠흙
손이나 기계흙손(피니셔)으로 마감
③ 기존의 콘크리트바닥 혹은 콘크리트를 타설한 후 완전히 경화된 상태
에서 모르타르를 타설하고, 바닥강화재를 시공할 경우 모르타르의 배
합비는 적어도 1 : 2 이상으로 하고, 두께는 최소한 30mm 이상이 되도
록 바른다.
④ 마무리작업이 끝난 후 24시간이 지나면 타설 표면을 물로 양생하여 주
거나 수분이 증발하지 않도록 양생용 거적이나 비닐시트 등으로 덮어
주고, 7일 이상 충분히 양생
⑤ 수축 및 팽창에 의한 마무리면의 균열을 방지하기 위하여 4~5m 간격
으로 신축줄눈 설치

5) 액상 바닥강화재

① 제조업자의 시방에 따라 적당량의 물로 희석하여 사용하며, 2회 이상으로 나누어 도포하는 것이 바람직

② 도포할 표면이 완전히 건조된 후 부드러운 솔이나 고무 롤러, 뿜기기계 등을 사용하여 콘크리트 표면에 바닥강화재가 최대한 골고루 침투되도록 도포

③ 1차 도포분이 콘크리트 면에 완전히 흡수되어 건조된 후(보통의 기후 조건에서 1일 정도)에 2차 도포를 시행

6) 바닥강화 시공 시 기온이 5℃ 이하가 되면 작업 중지

11. 단열 모르타르바름

건축물의 바닥, 벽, 천장 및 지붕 등의 열손실 방지를 목적으로 외벽, 지붕, 지하층 바닥면의 안 또는 밖에 경량골재를 주재료로 하여 만든 단열 모르타르를 바탕 또는 마감재로 흙손바름, 뿜칠 등에 의하여 미장하는 공사에 적용하는 것이다.

1) 재료

① 단열 모르타르 : 적절한 열전도율, 부착강도 및 내화성 또는 난연성이 있는 재료로서, 외부 마감용은 내수성 및 내후성이 있는 것

② 골재 : 단열 모르타르용 골재는 펄라이트, 석회석, 화성암 등을 고온에서 발포시킨 무기질 또는 유기질의 경량 인공골재

③ 보강재 : 유리섬유, 부직포 등의 보강재를 사용할 경우 유리섬유는 내알칼리 처리된 제품이어야 하며, 부직포는 난연처리된 제품

④ 착색제 : 순수한 광물질이나 합성분말 착색제로서 내알칼리성이며, 퇴색하지 않는 것

2) 바름두께

바름두께는 별도의 시방이 없는 한 1회에 10mm 이하

3) 프라이머 도포 또는 접착모르타르바름

① 부착력을 증진시키기 위한 흡수조정제는 필요에 따라 솔, 롤러, 뿜칠기 등으로 균일하게 도포한다.

② 단열 모르타르 자체가 접착성이 충분하다고 판단될 때에는 바탕과 단열 모르타르 접착재로 시멘트페이스트를 바른다.

4) 재료의 비빔

재료는 충분히 숙성되도록 손비빔 또는 기계비빔하고, 그 후 1시간 이상 또는 제조업자의 시방에 규정된 가사용 시간 이상이 경과된 재료는 사용을 금지한다.

5) 보강재 설치

① 바탕에 들뜸이 생기지 않도록 밀착하여 부착하고, 접착재에 완전히 함침되도록 내화용 접착재를 사용한다.

② 단열판을 설치하는 경우에는 바탕면의 먼지와 이물질을 제거하고, 지정된 접착재를 충분하게 바르며 바탕과 밀착되게 부착한다. 인접한 단열재와 틈이 벌어지지 않도록 대각선으로 밀면서 부착시키고, 틈이 발생한 경우는 단열재를 재단하여 메운다.

6) 초벌바름

① 초벌바름은 10mm 이하의 두께로 천천히 압력을 주어 기포가 생기지 않도록 바른다.

② 지붕에 바탕단열층으로 바름할 경우에는 신축줄눈을 설치한다.

7) 정벌바름

단열 모르타르바름이 마감바름면이 될 경우에는 수평년 작업과 질감을 내는 작업은 한번에 연속으로 이루어져 질감에 차이가 나거나 얼룩이 생기지 않아야 한다.

8) 보강 모르타르바름

단열 모르타르의 표면정리 및 강도보정이 요구되는 경우에는 강화 모르타르를 바를 수 있으며 재료 및 시공법은 공사시방서에 의한다.

9) 보양

① 보양기간은 별도의 지정이 없는 경우 7일 이상으로 자연건조

② 바름이 완료된 후는 급격한 건조, 진동, 충격, 동결 등을 방지

10) 주의사항

① 재료의 저장은 바닥과 벽에서 150mm 이상 띄어서 흙 또는 불순물에 오염되지 않도록 해야 하며, 특히 수분에 젖지 않도록 한다.

② 외기온이 5℃ 이하인 경우에는 작업을 중지한다.

12. 내화학바름

합성수지계의 결합재, 규토질 또는 탄소질 보강재, 반응성 또는 촉매성 경화제 등을 주재료로 하여 콘크리트, 프리캐스트 콘크리트 패널 등의 바닥면 또는 벽면에 내산, 내알칼리, 내약품성 등 내화학 성능을 목적으로 흙손바름, 뿜칠, 롤러 또는 장비 마감한다.

4 품질관리방안

기 18①

미장공사의 하자는 박리, 박락, 균열, 색반, 두께불량 등이 있다.

1. 균열·박리 원인

1) 구조체의 변형에 의한 것
2) 바름 바탕에 원인이 있는 것(나무토막을 함부로 버리거나 라스 이음의 불량)
3) 바름 면에 원인이 있는 것(재료수축, 재료불량, 두께 차이, 수염 및 여물의 불균등)

2. 균열 발생 우려부분

1) 개구부의 모서리
2) 건물의 모서리
3) 바탕재의 접속부
4) 이질재와 접합부

3. 균열 및 박락 방지

1) 시멘트모르타르 바르기의 균열 방지법

① 바름층의 두께를 두껍게 한다.
② 조골재 사용을 늘린다.
③ 전벌바름 면을 완전히 건조시킨 후 후벌바름을 한다.
④ 급속한 건조를 피한다.
⑤ 시멘드 사용량을 줄인다.

2) 시멘트모르타르 바르기의 박락 방지 방법

① 바름층의 두께를 얇게 한다.
② 시멘트 사용량을 늘린다.
③ 바름 바탕면을 거칠게 처리한다.

핵심문제 ●●○

미장공사에서 나타나는 결함의 유형과 가장 거리가 먼 것은?
① 균열
❷ 부식
③ 탈락
④ 백화

핵심문제 ●●○

미장공사에서 균열을 방지하기 위한 조치사항으로 틀린 것은?
❶ 모르타르는 정벌바름 시 부배합으로 한다.
② 1회의 바름두께는 가급적 얇게 한다.
③ 시공 중 또는 경화 중에 진동 등 외부의 충격을 방지한다.
④ 초벌바름은 완전히 건조하여 균열을 발생시킨 후 재벌 및 정벌 바름한다.

핵심문제 ●●○

이질바탕재 간 접속미장 부위의 균열 방지방법으로 옳지 않은 것은?
① 긴결철물 처리
❷ 지수판 설치
③ 메탈라스보강 붙임
④ 크랙컨트롤비드 설치

핵심문제 ● ● ●

미장공사의 바름층 구성에 관한 설명
으로 옳지 않은 것은?

① 일반적으로 바탕조정과 초벌, 재
벌, 정벌의 3개 층으로 이루어진다.
❷ 바탕조정 작업에서는 바름에 앞서
바탕면의 흡수성을 조정하되, 접
착력 유지를 위하여 바탕면의 물축
임을 금한다.
③ 재벌바름은 미장의 실체가 되며 마
감면의 평활도와 시공 정도를 좌우
한다.
④ 정벌바름은 시멘트질 재료가 많아
지고 세골재의 치수도 작기 때문에
균열 등의 결함 발생을 방지하기 위
해 가능한 한 얇게 바르며 흙손 자국
을 없애는 것이 중요하다.

4. 미장공사 품질 요구 조건

1) 강한 바름벽체를 만들어야 한다.

2) 들뜨지 않아야 한다.

3) 균열 발생이 없어야 한다.

4) 아름답고 평활한 끝마무리가 되어야 한다.

5. 미장공사 시 주의사항

1) 양질의 재료를 사용하여 배합을 정확하게, 혼합을 충분하게 한다.

2) 바탕면의 적당한 물축임과 면을 거칠게 해 둔다.

3) 1회 바름두께는 바닥을 제외하고 6mm를 표준으로 한다.

4) 초벌 후 재벌까지의 기간을 충분히 잡는다.

5) 급격한 건조를 피하고, 시공 중이나 경화 중에는 진동을 피한다.

6) 미장용 모래는 지나치게 가는 것은 피한다.

> **Reference**
>
> 1. 질석(Vermiculite)
>   ① 미장용의 경량 골재로서 흑운모를 소성하여 만든 것
>   ② 흡음성, 방화성, 단열성
>
> 2. 펄라이트(Perlite)
>   ① 화산석으로 된 진주석을 소성 분쇄하여 재소성하면 팽창하며 내부에 미세공
>   간이 있는 가벼운 구상물의 입자가 된 것
>   ② 단열재, 흡음재, 보온재, 불연재
>
> 3. 라프코트
>   시멘트, 모래, 잔자갈, 안료 등을 섞어 이긴 것을 바탕바름이 마르기 전에 뿌려 붙
>   이거나 또는 바르는 것으로 일종의 인조석 바름이며, 이를 거친 바름, 또는 거친
>   면마무리라고도 한다.

핵심문제 ● ● ●

시멘트, 모래, 잔자갈, 안료 등을 섞어
이긴 것을 바탕바름이 마르기 전에 뿌
려 붙이거나 또는 바르는 것으로 일종
의 인조석바름으로 볼 수 있는 것은?

① 회반죽
② 경석고 플라스터
③ 혼합석고 플라스터
❹ 라프 코트

1 재료 및 일반사항

1. 개요

1) 칠의 목적

① 물체의 보호 : 방수, 방습, 녹막이, 내약품성
② 외관이나 형상의 변화 : 빛깔 및 윤택의 조절
③ 특수성질 부여 : 살균, 열, 전기전도율 조절, 음파의 흡수 및 반사
④ 재해방지 : 안전판
⑤ 미관향상

2) 도료의 보관

① 보관장소는 독립된 단층건물로 주위 건물과 1.5m 이상 격리시키고, 지붕은 불연재료로 하고 천장은 설치하지 않는 것이 좋다.
② 일광의 직사와 먼지를 피하고, 환기가 잘 되게 한다.
③ 사용 후 남은 도료는 별도 보관장소에 두며, 화기 엄금 표시를 한다.
④ 도료 보관 시 밀봉하고, 도료 용기바닥에는 침투성 없는 내화재료를 사용한다.

2. 도료의 종류와 특징

칠	주요성분	성질
유성 페인트	안료+건성유 (건조제+희석제)	대표적인 칠로 건물 내외에 널리 사용된다.
수성 페인트	안료+물 (접착제+카세인)	내수성, 내구성에서 가장 떨어지고 건물 외부 등 물에 접하는 곳에 부적당하다.
에나멜 페인트	안료+유성니스	유성니스와 흡사한 성질이나 건축에는 그다지 사용되지 않는다.
유성 니스	수지류+건성유+희석제	건조가 대단히 더디다. 투명 피막이므로 목부 치장용으로 사용된다.
휘발성 니스	수지류ㅣ휘발성 용제	랙(Lac)으로는 셀락(Shellac)이 대표적이다. 건조 빠르다. 수성페인트 다음으로 내구성이 떨어진다.
투명 래커	소화 섬유소+수지+휘발성 용제	어느 것이나 건조가 대단히 빠르다. 내구성, 내후성이 가장 우수하다. 고가이다.
에나멜 래커	안료+투명 래커	
합성수지 도료	합성수지+용제	

기 10①② 12①④ 16②④ 17① 20①③
산 11③ 12② 14③ 15③ 16② 17② 18①②
20①

핵심문제 ●●○

도장공사에 사용되는 도료에 대한 설명으로 옳지 않은 것은?
❶ 수성페인트는 내구성과 내수성이 우수하나 내알칼리성과 작업성은 떨어지는 단점이 있다.
② 유성페인트는 내알칼리성이 약하기 때문에 콘크리트면보다 목부와 철부 도장에 주로 사용된다.
③ 클리어래커는 내부 목재면의 투명 도장에 쓰이며 우아한 광택이 난다.
④ 바니시는 건조가 빠르고 주로 옥내 목부의 투명 마무리에 쓰인다.

3. 페인트

1) 유성페인트

① 특성 : 속건, 경도가 크고, 내후성, 내마모성

② 용도 : 옥내외의 목부, 금속, 콘크리트면

③ 성분 : 안료＋건성유＋건조제＋희석제

2) 수성페인트

① 특성 : 내알칼리성, 무광택이고 내수성 없음

② 용도 : 모르타르, 회반죽면

③ 성분 : 안료＋접착제(카세인, 전분, 아교)＋물

4. 에나멜과 래커

1) 에나멜 페인트

① 에나멜 페인트칠은 기름 바니시에 페인트용 안료를 조합한 것이다.

② 이것은 광택이 잘 나고 피막이 강인한 것이 특징이나, 건축에는 특수 부분 외에는 거의 사용하지 않는다.

③ 보통 유성 페인트는 재벌칠하고 정벌칠은 에나멜 칠로 할 때도 있다.

④ 에나멜 페인트는 보통 페인트보다 건조가 빠르기 때문에 솔칠은 얼룩질 우려가 있으므로 뿜칠로 하는 섯이 좋다.

2) 래커

① 합성수지 도료 중 가장 오래된 두료이다.

② 질화면＋용제＋수지＋휘발성 용제＋안료로 구성된다.

③ 건조가 빠르다(10~20분).

④ 내후, 내수, 내유성의 성질이 있다.

⑤ 도막은 얇으나 견고하다.

⑥ 부착력이 약하다.

⑦ 광택이 있다.

⑧ 초벌공정이 필요하다.

⑨ 속건성(래커 : 신나＝1 : 1)용이다.

⑩ 외부용(목재면, 금속면)으로 사용한다.

3) 래커의 종류

클리어 래커	에나멜 래커	하이 솔리드 래커
• 목재면의 투명도장 • 내수성, 내후성이 부족하다. • 내부용	• 기계적 성질이 우수 • 불투명 도료 • 목재 금속면	• 도막이 두껍다. • 경화건조가 늦다. • 도막이 단단하다.

5. 바니시(니스)

1) 스파 바니시

장유성 니스 기름은 동유, 아마인유, 수지는 요소, 페놀수지가 많이 쓰이며, 내수성, 내마멸성이 우수하여 목부, 외부용으로 많이 쓰인다.

2) 코펄 바니시

중유성 니스로서, 코펄과 건성유를 가열, 반응시켜 만든 것이다. 건조가 비교적 빠르고 담색으로서 목부 내부용이다.

3) 골드 사이즈 바니시

단유성 니스로서, 건조가 빠르고 도막이 굳어 연마성이 좋으므로 주로 코펄 니스의 초벌용으로 사용된다.

4) 셀락 바니시(Shellac Barnish)

셀락에 주정, 목정, 테레빈유 등을 1 : 2~1 : 4의 비율로 용해한 것이다. 건조가 빠르고, 광택이 있으나, 내열성, 내광성이 없으므로 화장용으로 부적당하다. 내장 또는 가구 등에 쓰인다.

6. 합성수지 도료

1) 건조시간이 빠르다.
2) 도막이 단단하다.
3) 내수성, 방화성이 있다.
4) 콘크리트나 플라스터면에 사용 가능(내산, 내알칼리성)하다.
5) 투명도장이 가능하다.

7. 기능성 도장

방청 도료	방부 도료	방화 도료
① Zinchromate	① 콜타르	① 요소수지
② Zinc Dust	② 크레오소트 오일	② 비닐수지
③ Boiled 유(油)	③ P.C.P용액	③ 염화파라핀
④ Mineral Spirit	④ 아스팔트	
⑤ 방청페인트		

8. 방청도료

1) 광명단 도료

기름과 잘 반응하여 단단한 도막을 만들어 수분의 투과를 방지한다.

핵심문제 ●●○

고분자수지와 건성유를 가열융합하고 건조제를 넣어 용제로 녹인 것으로 붓칠 시공이 가능하며 건조가 빠르고 광택이나 투명한 도막을 만드는 도료는?
① 에나멜 페인트
❷ 바니시
③ 래커
④ 합성수지 에멀션 페인트

핵심문제 ●●●

다음 중 녹막이칠에 부적합한 도료는?
① 광명단
❷ 크레오소트유
③ 아연분말 도료
④ 역청질 도료

2) 산화철 도료

광명단 도료와 같이 널리 사용되며 정벌칠에도 쓰인다.

3) 알루미늄 도료

알루미늄분말을 안료로 하며 전색제에 따라 여러 가지가 있다. 방청효과 뿐만 아니라 광선, 열반사의 효과를 내기도 한다.

4) 역청질 도료

아스팔트, 타르 피치 등의 역청질을 주원료로 하여 건성유, 수지류를 첨가하여 제조한 것이다.

5) 워시 프라이머

에칭 프라이머라고도 하며 금속면의 바름 바탕처리를 위한 도료로 이 위에 방청도료를 바르면 부착성이 좋고 방청효과도 크다.

6) 징크로 메이트 도료

크롬산아연을 안료로 하고 알키드수지를 전색제로 한 것이며, 녹막이 효과가 좋고 알루미늄판이나 아연철판의 초벌용으로 가장 적합하다.

2 칠공법 일반사항

1. 용어

기본용어	용어설명
안료	① 물이나 용체에 녹지 않는 무채 또는 유채의 분말로 무기 또는 유기 화합물 ② 착색, 보강, 증량 등의 목적으로 도료, 인쇄 잉크, 플라스틱 등에 사용
용제	도료에 사용하는 휘발성 액체 도료의 유동성을 증가시키기 위해서 사용
조색	몇 가지 색의 도료를 혼합하여 얻어지는 도막의 색이 희망하는 색이 되도록 하는 작업
하도 (프라이머)	물체의 바탕에 직접 칠하는 것. 바탕의 빠른 흡수나 녹의 발생을 방지하고, 바탕에 대한 도막층의 부착성을 증가시키기 위해서 사용하는 도료
중도	하도와 상도의 중간층으로서 중도용의 도료를 칠하는 것
상도	마무리로서 도장하는 작업 또는 그 작업에 의해 생긴 도장면
실러	바탕의 다공성으로 인한 도료의 과도한 흡수나 바탕으로부터의 침출물에 의한 도막의 열화 등 악영향이 상도에 미치는 것을 방지하기 위해 사용하는 하도용의 도료

퍼티	① 바탕의 파임·균열·구멍 등의 결함을 메워 바탕의 평평함을 향상하기 위해 사용하는 살붙임용의 도료 ② 안료분을 많이 함유하고 대부분은 페이스트상이다.
경화건조	도막면에 팔이 수직이 되도록 하여 엄지손가락으로 힘껏 누르면서 90° 각도로 비틀었을 때 도막이 늘어나거나 주름이 생기지 않고 다른 이상이 없는 상태
완전건조	도막을 손톱이나 칼끝으로 긁었을 때 홈이 잘 나지 않고 힘이 든다고 느끼는 상태
지촉건조	도막을 손가락으로 가볍게 대었을 때 접착성은 있으나 도료가 손가락에 묻지 않는 상태 ① 착색 : 바탕면을 각종 착색제로 착색하는 작업
표면건조	칠한 도료의 층이 표면만 건조상태가 되고 밑층은 부드럽게 점착이 있어서 미건조상태에 있는 것
블리딩	하나의 도막에 다른 색의 도료를 겹칠했을 때, 밑층의 도막 성분의 일부가 위층의 도료에 옮겨져서 위층 도막 본래의 색과 다른 색이 되는 것
색분리	도료가 건조하는 과정에서 안료 상호 간의 분포가 상층과 하층이 불균등해져서 생긴 도막의 색이 상층에서 조밀해진 안료의 색으로 강화되는 현상
피막	도료가 용기 속에서 공기와의 접촉면에 형성된 막
핀홀	도막에 생기는 극히 작은 구멍
황변	① 도막의 색이 변하여 노란 빛을 띠는 것 ② 일광의 직사, 고온 또는 어둠, 고습의 환경 등에 있을 때에 나타나기 쉽다.
무늬 도료	색 무늬, 입체 무늬 등의 도막이 생기도록 만든 에나멜. 크래킹 래커, 주름 문의 에나멜 등이 있다.

2. 가연성 도료의 보관 및 장소

1) 독립한 단층건물로서 주위 건물에서 1.5m 이상 떨어져 있게 한다.
2) 건물 내의 일부를 도료의 저장장소로 이용할 때는 내화구조 또는 방화구조로 된 구획된 장소를 선택한다.
3) 지붕은 불연재로 하고, 천장을 설치하지 않는다.
4) 바닥에는 침투성이 없는 재료를 깐다.
5) 희석제를 보관할 때에는 위험물 취급에 관한 법규에 준하고, 소화기 및 소화용 모래 등을 비치한다.
6) 사용하는 도료는 될 수 있는 대로 밀봉하여 새거나 엎지르지 않게 다루고, 샌 것 또는 엎지른 것은 발화의 위험이 없도록 닦아 낸다.
7) 도료가 묻은 헝겊 등 자연발화의 우려가 있는 것을 도료보관 창고 안에 두어서는 안 되며, 반드시 소각시켜야 한다.

3. 시공 일반

1) 건조시간

건조시간(도막양생시간)은 온도 약 20℃, 습도 약 75%일 때, 다음 공정까지의 최소 시간이다.

2) 바탕 및 바탕면의 건조

적합한 함수율이 시방에 명기되어 있지 않은 경우 최소 8% 이하의 함수율이어야 한다.

3) 도장용 기구

① 붓 및 롤러
② 주걱(혜라) 및 레기
③ 스프레이 도장기구는 도장용 스프레이건

4) 보양

보양재(비닐, 테이프, 종이, 천막지 등)로 보양작업을 한다.

5) 환경 및 기상(도장 금지), 주의사항

① 도장하는 장소의 기온이 낮을 때
② 습도가 높고, 휜기가 충분하지 못하여 노상건조가 부적당할 때
③ 주위의 기온이 5℃ 미만이거나 상대습도가 85%를 초과할 때
④ 수분 응축을 방지하기 위해서 소지면 온도는 이슬점보다 높아야 함
⑤ 강설우, 강풍, 지나친 통풍, 도장할 장소의 오염 등으로 인하여 물방울, 흙먼지 등이 도막에 부착되기 쉬울 때
⑥ 각 층은 얇게 하고 충분히 건조시킴
⑦ 칠하는 횟수를 구분하기 위하여 색을 바꾸는 것이 좋음(나중 색을 진하게)

6) 방청도장

① 처음 1회째의 녹막이도장은 가공공장에서 조립 전에 도장함을 원칙으로 하고, 화학처리를 하지 않은 것은 녹 제거 직후에 도장. 다만, 밀착되는 면은 1회, 조립 후 녹막이도장이 곤란하게 되는 면은 1~2회씩 조립 전에 도장
② 현장 반입 후 도장은 현장에서 설치하거나, 조립하여 설치할 때 용접 부산물 또는 부착물을 제거한 후 녹막이도장을 1~2회 실시

7) 퍼티 먹임

필요에 따라 표면이 평탄하게 될 때까지 1~3회 되풀이하여 채우고 평활하게 될 때까지 한다.

8) 흡수방지제

① 바탕재가 소나무, 삼송 등과 같이 흡수성이 고르지 못한 바탕재에 색올림을 할 때에는 흡수방지 도장
② 흡수방지는 방지제를 붓으로 고르게 도장하거나 스프레이 건으로 고르게 1~2회 스프레이 도장

9) 착색

착색제의 도장방법은 붓도장으로 하고, 대강 건조되면 붓과 부드러운 헝겊으로 여분의 착색제를 닦아내며 색깔 얼룩을 없앤다.

10) 눈먹임

① 빳빳한 털붓(돼지털의 붓) 또는 나무주걱, 쇠주걱 등으로 잘 문질러 나뭇결의 잔구멍을 메워주고, 여분의 눈먹임제는 닦아 낸다.
② 귀, 문선, 문틀 등에는 눈먹임제가 남지 않도록 한다.
③ 눈먹임 공정 전에 색올림을 하였을 때는 연마지로 닦지 않고 헝겊 등으로 여분의 눈먹임제를 깨끗이 닦아 낸다.

11) 갈기(연마)

① 마른 연마와 물 연마가 있으나 일반적으로 건축도장에서는 마른 연마를 주로 사용한다.
② 바탕의 오물, 기타 잡물을 제거한 후 필요한 연마지를 가볍게 나뭇결에 따라서 혹은 일직선, 타원형으로 바탕면 갈기 작업을 한다. 갈기가 필요할 때 도장도막이 충분히 경과 · 건조된 후가 아니면 갈기를 하여서는 안 된다.
③ 갈기부분을 적실 때에는 한꺼번에 불필요한 부분까지 적시지 않도록 주의한다.
④ 갈기는 나뭇결에 평행으로 충분히 평탄하게 되도록 그리고 광택이 없어질 때까지 간다.
⑤ 연마, 도장, 건조를 매회 원칙으로 하며, 정벌도장에 가까울수록 입도가 작은 연마지를 쓰고, 차례로 면밀히 한다.

3 공법의 종류

1. 바탕 만들기

1) 목부 바탕 만들기

오염, 부착물 제거 → 송진처리 → 연마지닦기 → 옹이땜 → 구멍땜

2) 철부 바탕 만들기

오염, 부착물 제거 → 유류제거 → 녹떨기 → 화학처리 → 피막마무리

3) 플라스터, 모르타르, 콘크리트면의 바탕만들기(2종)

바탕처리 → 오염, 부착물 제거 → 프라이머 → 퍼티 → 연마작업

4) 바니시 칠 바탕 만들기

착색(색올림) → 눈먹임 → 눈먹임 누름, 착색 누름

2. 도료별 시공순서

1) 유성페인트

① 목부바탕

바탕처리 → 연마지닦기 → 초벌칠 → 퍼티먹임 → 연마지닦기 → 새벌칠 → 연마지닦기 → 정벌칠

② 철부바탕

바탕처리 → 녹막이칠 → 연마지닦기 → 초벌칠 → 구멍땜 및 퍼티먹임 → 연마지닦기 → 재벌칠 → 연마지닦기 → 정벌칠

2) 수성페인트

바탕처리 → 초벌칠 → 연마지닦기 → 정벌칠

3) 바니시

바탕처리 → 색올림 → 눈먹임 → 착색(바니시칠)

3. 칠 공법

1) 붓 및 롤러도장

① 붓도장 : 붓도장은 일반적으로 평행 및 균등하게 하고 도료량에 따라 색깔의 경계, 구석 등에 특히 주의하며 도료의 얼룩, 도료 흘러내림, 흐름, 거품, 붓자국 등이 생기지 않도록 평활하게 한다.

② 롤러도장 : 롤러도장은 붓도장보다 도장속도가 빠르지만 붓도장같이 일정한 도막두께를 유지하기가 매우 어려우므로 표면이 거칠거나 불규칙한 부분에는 특히 주의를 요한다.

2) 주걱(헤라) 및 레기도장

① 주걱도장 : 주걱도장은 표면의 요철이나 홈, 빈틈을 없애기 위한 것으로 주로 점도가 높은 퍼티나 충전제를 메우거나 훑고 여분의 도료는 긁어 평활하게 한다.

② 레기도장 : 레기도장은 자체 평활형 도료 시공에 사용한다. 도장면적과 도막두께에 의해 계산된 도료를 바닥에 부어 두께를 조절하여 레기를 긁어 시공한다.

3) 스프레이도장

① 초기 건조가 빠른 래커, 조라코트 등을 압축 공기로 뿜어 작업 능률을 높이는 칠방법이다.

② 공장칠로는 적당하지만 현장칠로서는 다른 면을 오염시킬 우려가 있어 마무리 공사 착수 전이 아니면 채택이 곤란하다.

③ 뿜칠 압력 : 3.5kg/cm² 이상

④ 건(Gun)의 운행속도 : 30m/min

⑤ 건(Gun)의 운행폭 : 도면으로부터 30cm 정도 떨어뜨려 한 행의 폭을 30cm 정도로 1/3~1/2행이 겹치도록 한다.

⑥ 매 회의 에어스프레이는 붓도장과 동등한 정도의 두께로 하고, 2회분의 도막 두께를 한 번에 도장하지 않는다.

4) 거친면 칠(Rough Coating)

① 스티플칠(Stipple) : 도료의 묽기를 이용하여 바름면에 요철을 내어 입체감을 형성하는 바름법이다.

② 플라스틱칠(Plastic) : 카세인 텍스칠 또는 수성 텍스칠이라고도 하며, 수성 도료를 되게 이겨 바름면에 요철을 내어 입체감을 형성하는 바름법이다.

5) 콤비네이션(Combination Painting)

단색 정벌칠한 후에 솔 또는 문지름으로 빛깔이 다른 무늬로 보이게 하는 바름법이다.

핵심문제 ●●○

도장공사에서 표면의 요철이나 홈, 빈틈을 없애기 위하여 주로 점도가 높은 퍼티나 충전제를 메우고 여분의 도료는 긁어 평활하게 하는 도장방법은?
① 붓도장
❷ 주걱도장
③ 정전분체도장
④ 롤러도장

핵심문제 ●●●

건축공사 스프레이 도장방법에 관한 설명으로 옳지 않은 것은?
① 도장거리는 스프레이 도장면에서 300mm를 표준으로 한다.
② 매회에 에어스프레이는 붓도장과 동등한 정도의 두께로 하고, 2회분의 도막 두께를 한번에 도장하지 않는다.
❸ 각 회의 스프레이 방향은 전회의 방향에 평행으로 진행한다.
④ 스프레이할 때는 항상 평행이동하면서 운행의 한 줄마다 스프레이 너비의 1/3 정도를 겹쳐 뿜는다.

핵심문제 ●●●

도장 공사에서의 뿜칠에 대한 설명으로 옳지 않은 것은?
① 큰 면적을 균등하게 도장할 수 있다.
② 뿜칠은 보통 30cm 거리로 칠면에 직각으로 일정 속도로 이행한다.
❸ 뿜칠은 도막두께를 일정하게 유지하기 위해 겹치지 않게 순차적으로 이행한다.
④ 뿜칠 압력이 낮으면 거칠고, 높으면 칠의 유실이 많다.

핵심문제　　　●●○

다음에서 설명하고 있는 도장결함은?

도료를 겹칠하였을 때 하도의 색이 상
도막 표면에 떠올라 상도의 색이 변하
는 현상

❶ 번짐　　　　② 색 분리
③ 주름　　　　④ 핀홀

4. 도장결함

1) 번짐

도료를 겹칠하였을 때 하도의 색이 상도막 표면에 떠올라 상도의 색이 변하는 현상

2) 도막과다 · 도막부족

두껍거나 얇은 것으로 2차적 원인

3) 흐름성(Sagging, Running)

수직면으로 도장하였을 경우 도장 직후 또는 접촉건조 사이에 도막이 흘러내리는 현상

4) 실끌림(Cobwebbing)

에어레스 도장 시 완전히 분무되지 않고 가는 실 모양으로 도장되는 것

5) 기포

도장 시 생긴 기포가 꺼지지 않고 도막표면에 그대로 남거나 꺼지고 난 뒤 핀홀 현상으로 남는 것

6) 핀홀

도장을 건조할 때 바늘로 찌른 듯한 조그만 구멍이 생기는 현상

7) 블로킹

도장 강재를 쌓아 두거나 받침목을 이용, 적재하였다가 분리시켰을 때 도막이 떨어지거나 현저히 변형되는 현상

8) 백화

도장 시 온도가 낮을 경우 공기 중의 수증기가 도장면에 응축 · 흡착되어 하얗게 되는 현상

9) 들뜸, 뭉침, 색얼룩, 백화, 균열 등이 추가적으로 있음

1. 특성

1) 장점

① 무게가 가볍고(비중 : 1~2) 성형 및 가공성이 쉽다.

② 대량생산이 가능하고 내구성과 내수성이 크다.

③ 내산성과 내알칼리성이 크고 녹슬지 않는다

④ 착색이 자유롭고 빛의 투과율이 좋으며 점성이 있다.

2) 단점

① 내화 및 내열성이 적다.

② 경도가 작고 내마모성이 작다.

③ 유기질 재료로서 열에 의한 변형이 아주 크다.

2. 종류와 특징

1) 열경화성 수지

열을 한번 받아서 경화되면 다시 열을 가해도 연화되지 않는 성질을 가지며 축합반응으로 생성되고 망상구조로 이루어진 물질이다.

종류		비고
페놀(Phenol) 수지		접착성, 전기 절연성이 크다.
요소(Urea) 수지		무색으로 착색이 자유롭다.
멜라민(Melamin) 수지		외관 미려, 표면 경도가 크다.
폴리에스테르수지	포화 폴리에스테르 수지 (알키드(Alkyd) 수지)	도료의 원료로 사용, 내수성과 내알칼리성이 약하다.
	불포화 폴리에스테르 수지(F.R.P)	강도 우수, 커튼월, 파이프 등 큰 성형품에 사용된다.
에폭시(Epoxy) 수지		산, 알칼리에 강함, 보온재, 내수재에 사용한다.
실리콘(Silicon) 수지		내열성이 아주 우수, 발포 보온에 사용한다.
우레탄 수지		내구성, 내열성, 내약품성이 크다. 바닥재로 사용한다.
프란수지		접착성, 내약품성이 우수, 내식재, 집착제로 사용한다.

기 14② 산 16①

핵심문제 ●●○

합성수지의 일반적인 성질에 대한 설명으로 옳지 않은 것은?

① 전성, 연성이 크고 피막이 강하며 광택이 있다.

② 접착성이 크고 기밀성, 안정성이 큰 것이 많다.

③ 내열성 · 내화성이 적고 비교적 저온에서 연화 · 연질된다.

❹ 강재와 비교하여 강성은 적으나 탄성계수가 커 다방면에 활용도가 높다.

기 10④ 12① 13① 15② 19①② 산 12① 13① 17① 19①

핵심문제 ●●○

합성수지에 관한 설명으로 옳지 않은 것은?

① 에폭시수지는 접착제, 프린트 배선판 등에 사용된다.

② 염화비닐수지는 내후성이 있고, 수도관 등에 사용된다.

③ 아크릴수지는 내약품성이 있고, 조명기구커버 등에 사용된다.

❹ 페놀수지는 알칼리에 매우 강하고, 천장 채광판 등에 주로 사용된다.

핵심문제 ●●○

공기 중의 수분과 화학반응하는 경우 저온과 저습에서 경화가 늦어져 5℃ 이하에서 촉진제를 사용하는 플라스틱 바름 바닥재는?

① 에폭시수지

② 아크릴수지

❸ 폴리우레탄

④ 클로로프렌고무

핵심문제 ●●○

합성수지 중 건축물의 천장재, 블라인
드 등을 만드는 열가소성 수지는?

① 알키드수지
② 요소수지
❸ 폴리스티렌수지
④ 실리콘수지

핵심문제 ●●●

다음 중 열가소성 수지에 해당하는 것은?

① 페놀수지
❷ 염화비닐수지
③ 요소수지
④ 멜라민수지

2) 열가소성 수지

열을 받으면 다시 연화되고 상온에서 다시 경화되는 성질을 가지며 중합
반응으로 생성되고 선상구조로 이루어져 있는 물질이다.

종류	비고
폴리에틸렌(P.E) 수지	물보다 가볍고 백색의 우유 빛을 띠며 내약품성, 내수성이 아주 좋음, 건축용 성형품, 방수 필름과 배관에 주로 사용한다.
아크릴(Acrylic) 수지	가공성이 용이하고 투명도가 높고 착색이 자유롭다. 채광판 등의 유리 대용품에 주로 사용, 마찰이 생기면 정전기가 발생한다.
폴리스티렌 수지	용도 범위나 건축벽, 타일, 천장재, 블라인드, 도료 등에 사용되며 특히 발포제품은 저온 단열재로 쓰인다.
염화비닐(P.V.C) 수지	강인하고 백색이며 내약품성, 내수성 농업용 필름과 수도관 등의 각종 배관과 도료에 사용한다.
초산비닐 수지	접착성이 좋고 무색, 무미, 무취하며 에멀션형의 도료에 사용한다.
불소 수지	모든 면에서 양호하다.

3. 합성수지 제품

1) 샌드위치판

① 목재 또는 경량 철골재로 울거미를 짜고 내수합판 등을 붙여 만든 것
② 주로 내부칸막이용으로 사용

2) 골판, 평판

① 염화비닐수지 등의 열가소성 수지제품이 있으며 열경화성 수지인 폴
리에스테르 수지를 유리섬유로 보강한 제품도 있다.
② 투광성도 우수하다.

3) 치장판

① 멜라민수지 치장판
② 염화비닐수지 치장판
③ 치장금속판 등

4) 인조 대리석

① 무기질 재료를 소량의 폴리에스테르수지로 결합하여 표면에는 대리
석 문양을 입힌 것
② 강도, 난연성, 방수성이 우수해서 주로 벽면치장재로 사용

5) 비닐타일, 비닐시트

6) 아스팔트 타일

7) 리놀륨시트, 리놀륨타일

4. 시공 순서

1) 비닐타일, 아스팔트 타일

바탕고르기 → 프라이머도포 → 먹줄치기 → 접착제도포 → 타일붙이기
→ 청소 → 왁스먹임

2) 리놀륨시트, 비닐시트

바탕고르기 → 깔기계획 → 임시깔기 → 정깔기 → 마무리

5. 플라스틱 바닥바름재

① 폴리우레탄 바닥바름재 : 공기 중의 수분과 화학반응하는 경우 저온과 저
습에서 경화가 늦으므로 5℃ 이하에서는 촉진제를 사용한다.

② 에폭시수지 바닥바름재 : 수지페이스트와 수지모르타르용 결합재에 경화
제를 혼합하면 생기는 기포의 혼입을 막도록 소포제를 첨가한다.

③ 불포화폴리에스테르 바닥바름재 : 표면경도, 신축성 등이 폴리우레탄에
가까운 연질이고 페이스트, 모르타르 골재 등을 섞어서 사용한다.

④ 초산비닐수지 바닥바름재 : 착색성이 우수하고 보행감이 좋지만 내약품
성 및 내구성이 적어 잘 쓰지 않는다.

⑤ 아크릴수지 바닥바름재 : 먼지를 방지하는 목적에 쓰지만 바름두께가 적
은 편이다.

⑥ 프란수지 바닥바름재 : 내약품성 및 내열성이 우수하지만 고가이므로 전
지의 제조나 도금 등의 강산을 취급하는 고장에만 사용한다.

⑦ 클로로프렌고무 바닥바름재 : 탄력성과 미끄럼 방지에 유리하여 체육관에
많이 쓴다.

1. 무기질계

1) 천장틀

① 달대는 반드시 방청처리된 제품을 사용하며 용접 등으로 방청처리가 손상된 경우에는 추가 방청조치를 한다.

② 달대는 지정간격에 따라 견고하게 설치한다.

③ 행어볼트의 시공 시 설계보다 긴 규격을 사용한 후 자르거나 구부려 마감하지 않도록 한다.

④ 조명기구 등의 설치 시에는 기구 양단에 보강재를 설치한다.

⑤ 등박스 설치부분은 조명기구 설치에 지장이 없도록 M-Bar로 별도 보강한다.

⑥ 단열벽체에 경량철골 천장고정용 앵글 설치 시 단열부위가 결손되지 않도록 하여 각재로 변경할 수 있다.

⑦ 천장 설치 후 천장면의 수평면에 대한 허용오차는 3m에 대하여 3mm 이내가 되도록 한다.

2) 석고보드류

① 경량철골 천장틀에 300mm 이내의 간격으로 집합용 나사못으로 고정

② 중앙부분에서부터 시작하여 사방으로 향하여 붙여 나가고, 끝단의 이음수가 최소가 되도록 판의 길이를 정한다.

③ 천장판의 이음은 M-Bar 위에서 이루어지도록 한다.

④ 천장 설치 후 천장면의 수평면에 대한 허용오차는 3m에 대하여 3mm 이내가 되도록 한다.

3) 석고시멘트판

2. 금속계

1) 달대볼트 설치

① 반자틀받이 행어를 고정하는 달대볼트

② 달대볼트는 주변부의 단부로부터 150mm 이내에 배치하고 간격은 900mm 정도

③ 달대볼트는 수직으로 설치

④ 천장 깊이가 1.5m 이상인 경우에는 가로, 세로 1.8m 정도의 간격으로 달대볼트의 흔들림 방지용 보강재를 설치

2) 반자틀받이의 설치

반자틀받이는 행어에 끼워 고정하고 반자틀에 설치한 후 높이를 조정하여 체결한다.

3) 반자틀 고정

① 반자틀 간격은 900mm 정도
② 반자틀은 클립을 이용해서 반자틀받이에 고정

3. 시스템 천장

1) 반자돌림의 고정

2) 달대볼트의 설치

미리 설치한 강제 인서트나 앵커볼트에 달대볼트를 반자틀받이에 대해 1,600mm 간격 이내로 설치한다.

3) 달대 흔들림 방지용 보강재

반자틀받이 또는 달대볼트 하단 및 달대볼트의 인서트 매립부 사이에 45° 정도의 각도로 30m² 이내마다 1조씩 X, Y 양방향으로 설치한다.

4) 반자틀받이의 설치

라인방식인 경우, 반자틀과 직각방향으로 설치하는 반자틀받이는 달대볼트보다 반자틀받이 행어를 이용하여 단단히 설치하고, 반자틀받이 간격은 1,600mm 이내로 한다.

5) 반자틀(T바)의 설치

① 라인방식에서는 반자틀받이보다 반자틀 고정철물을 이용해서 반자틀을 설치
② 크로스방식에서는 달대볼트보다 직접 달아매는 철물로 반자틀을 받고 반자틀과 반자틀 교차부는 교차용 마감철물 등을 이용해서 긴결

6) 설비존의 설치는 설비존용 반자틀 사이에 설비 패널이나 조명 기구 등을 설치

7) 천장 패널의 설치

① 공사시방서에 의한 지정이 있는 경우, 지진 시의 천장 패널 낙하 방지용 철물류를 설치
② H바를 이용해서 패널을 반자틀에 고정하는 경우 패널의 줄눈 간격이 한쪽으로 치우치지 않도록 정확히 나누어 고정

③ 암면 치장 흡음판을 부착하는 경우에는 공사 중 실내 습도가 80%를 넘지 않도록 필요한 대책 준비

8) 루버 및 점검구 등

4. 합성고분자계

1) 바탕준비

① 달대 시공을 위한 인서트를 정확히 설치한다.
② 반자돌림 설치 부위는 초벌도장 등의 사전 마감과 몰딩 위치를 먹매김하여 천장판을 설치할 때 반자돌림 부위가 조잡해지지 않도록 한다.

2) 천장판 시공

① 시공 전에 천장재를 검사하여 흠이 있거나 파손된 것은 설치해서는 안 된다.
② 천장재의 모든 연결부분에 대한 시공 허용차는 3m마다 ±3mm이어야 한다.
③ 시공된 열경화성 수지 천장판의 수평 시공 허용차는 어느 방향이든 매 2.5m마다 ±1.5mm 이하로 한다.
④ 행어 볼트는 ϕ9.5mm의 전산 볼트를 사용해야 하며 녹이 슬지 않도록 아연노금이 되어야 한다.
⑤ 외부 공간에 천장판을 설치할 경우에는 풍압 등에 의해 탈락하지 않도록 나사못 보강 등의 조치를 강구한다.

1. 재료에 따른 성질

1) 함석 : 무연탄 가스에 약하다.

2) 동판(구리판) : 암모니아 가스에 약하다.

3) 알루미늄판 : 해풍에 약하다.

4) 연판 : 목재나 회반죽에 닿으면 썩기 쉽다.

5) 아연판 : 산과 알칼리, 매연에 약하다.

2. 금속제품

기 17② 18④ 19④
산 12② 13①③ 15① 18③ 19② 20①

1) 미끄럼막이 · 난간 · 코너비드

① 미끄럼막이(Non-slip) : 계단의 디딤판 끝에 대어 미끄러지지 않게 하는 철물

② 계단난간 : 황동제, 철제파이프, 각관 등을 용접 또는 소켓 접합한다.

③ 코너비드 : 기둥, 벽 등의 모서리에 대어 미장바름을 보호하는 철물

2) 줄눈대

① 바닥용 줄눈대 : 인조석, 테라초 갈기에 쓰이고, 황동압출재로 I자형(두께 4.5mm, 높이 12mm, 길이 90cm 표준)으로 되어 있다.

② 벽, 천장용 줄눈대(조이너) : 아연도금 철판재, 경금속제, 황동제의 얇은판을 프레스한 것으로 길이는 1.8m이다.

3) 철망 · 메탈라스 · 와이어메시(수장용 철물)

① 와이어라스(철망) : 원형, 마름모형, 갑형의 3종이 있다.

② 메탈라스(Metal Lath) : 얇은 철판(#28)에 자름금을 내어 당겨서 만든 것으로 벽, 천장의 미장공사 바탕에 쓰인다.(익스팬디드 메탈이라고도 한다.)

③ 와이어 메시(Wire Mesh) : 연강철선을 전기 용접하여 장방형으로 만든 것으로, 콘크리트 다짐 바닥, 지면 콘크리트 포장에 쓰인다.

④ 펀칭 메탈 : 판두께 1.2mm 이하의 얇은 판에 각종 무늬의 구멍을 펀칭하는 것으로 환기구멍, 라디에이터 커버 등에 쓰인다.

핵심문제 ●●○

계단에서 미끄럼막이(Non Slip) 철물은 어느 부위에 설치하는가?
❶ 계단의 디딤판 ② 계단 참
③ 계단 옆판   ④ 계단 난간

핵심문제 ●●●

기둥, 대어 미장 바름용에 사용하는 철물명칭은?
❶ 코너비드   ② 논슬립
③ 인서트   ④ 드라이비트

핵심문제 ●●●

다음 각 철물들이 사용되는 장소로 옳지 않은 것은?
① 논 슬립(Non Slip) - 계단
② 피벗(Pivot) - 창호
❸ 코너 비드(Corner Bead) - 바닥
④ 메탈 라스(Metal Lath) - 벽

핵심문제 ●●●

연강 철선을 전기 용접하여 정방형 또는 장방형으로 만든 것으로 콘크리트 다짐 바닥 지면 콘크리트 포장 등에 사용하는 금속재는?
① 와이어 라스
❷ 와이어 메시
③ 메탈 라스
④ 익스팬디드 메탈

마감공사 시 사용되는 철물에 관한 설명으로 옳지 않은 것은?

① 코너비드는 기둥과 벽 등의 모서리에 설치하여 미장면을 보호하는 철물이다.
❷ 메탈라스는 철선을 종형 격자로 배치하고 그 교점을 전기저항용접으로 한 것이다.
③ 인서트는 콘크리트 구조 바닥판 밑에 반자틀, 기타 구조물을 달아맬 때 사용된다.
④ 펀칭메탈은 얇은 판에 각종 모양을 도려낸 것을 말한다.

금속의 방식방법에 관한 설명으로 옳지 않은 것은?

① 큰 변형을 준 것은 가능한 한 풀림하여 사용한다.
② 도료 또는 내식성이 큰 금속을 사용하여 수밀성 보호피막을 만든다.
❸ 부분적으로 녹이 발생하는 녹이 최대로 발생할 때까지 기다린 후에 한꺼번에 제거한다.
④ 표면을 평활, 청결하게 하고 가능한 한 건조한 상태로 유지한다.

서로 다른 종류의 금속재가 접촉하는 경우 부식이 일어나는 경우가 있는데 부식성이 큰 금속 순으로 옳게 나열된 것은?

❶ 알루미늄 > 철 > 주석 > 구리
② 주석 > 철 > 알루미늄 > 구리
③ 철 > 주석 > 구리 > 알루미늄
④ 구리 > 철 > 알루미늄 > 주석

4) 고정철물

① 인서트(Insert) : 달대를 매달기 위한 수장철물로 콘크리트 바닥판에 미리 묻어 놓는다.

[인서트]　　[익스팬션 볼트]　　[스크루 앵커]　　[드라이 빗트]

② 익스팬션 볼트, 앵커스크루, 앵커볼트
- 익스팬션 볼트 : 삽입된 연질금속 플러그에 나사못을 끼운 것(인발력 270~500kg)
- 앵커스크루 : 익스팬션 볼트와 같은 원리로 인발력은 50~115kg
- 앵커볼트 : 닻과 같이 생긴 것으로 기계류를 콘크리트 바닥이나 그 밖의 기초에 고정시키기 위해 사용하는 볼트

③ 드라이비트 및 드리이브 핀 : 극소량의 화약을 폭발시켜 콘크리트, 철 내부 등에 특수못(드라이브 핀), 리벳을 박는 기계

④ 롤 플로그 : 벽에 못을 박을 때 사용하는 플라스틱 못집

5) 장식용 철물

① 메탈 실링 : 박강판재의 천장판으로 여러 가지 무늬가 박혀지거나 펀칭된 것

② 법랑 철판 : 0.6~2.0mm 두께의 저탄소강판에 법랑(유리질 유약)을 소성한 것으로 주방품, 욕조에 쓰인다.

③ 타일 가공철판 : 타일면의 감각을 나타낸 철판이다.

④ 레지스터 : 공기 환기구에 사용되는 기성제 통풍 금속물

3. 금속의 방식

1) 방법

① 가능한 한 이종 금속을 인접 또는 접촉시켜 사용 금지
② 균질한 것을 선택하고 사용 시 큰 변형 금지
③ 큰 변형을 준 것은 가능한 한 풀림하여 사용
④ 표면을 평활하고 깨끗이 하며 가능한 한 건조 상태로 유지할 것
⑤ 부분적으로 녹이 나면 즉시 제거할 것

2) 이온화 경향

K > Ca > Na > Mg > Al > Zn > Fe > Ni > Sn > H

1 바탕 공사

1. 강제 칸막이벽

1) 러너(Runner)는 주구조체에 앵커볼트로 조여 대고, 샛기둥 및 문설주의 상하는 러너에 용접한다.
2) 강구조의 형강에 붙여 대는 경우 : 러너는 철골조에 용접 또는 고정용 철물로 붙여 댄다. 샛기둥 및 문설주를 러너 또는 직접 주구조체에 붙여 대는 경우에는 용접을 원칙으로 한다.
3) 개구부 및 기타 : 샛기둥 및 문설주는 도면에 따라 연결재를 450mm 간격 내외로 용접한다.
4) 띠장 도면에 따라 샛기둥 및 문설주에 용접 또는 고정용 철물로 붙여 댄다.

2. 강제 천장

1) 철근 콘크리트조에 설치할 경우

① 달대볼트
- 고정용 인서트의 간격은 경량천장은 세로 1m, 가로 2m를 표준으로 한다.
- 벽 및 보 밑의 인서트는 달대볼트의 고정에 지장이 없는 위치에 묻는다.
- 반자틀받이, 달대볼트는 공사시방서에서 정한 바가 없을 경우, 직경 9mm로 하고 상부는 인서트에 고정하며, 하부는 반자틀받이 행어붙임으로 한다.

② 반자틀받이 : 반자틀받이는 간격 1m 내외로 배치
③ 반자틀

2) 강구조에 설치하는 경우

① 달대볼트   ② 반자틀받이   ③ 반자틀

2 바닥공사

1. 합성고분자계

1) 바닥타일

아스팔트타일, 고무타일, 비닐타일 및 비닐합성타일의 두께는 공사시방이 된 것을 제외하고는 3mm 이상의 것을 사용한다.

2) 시공

① 나누어 대기

② 시트의 경우 펴질 때까지 충분한 기간 동안 임시깔기

③ 붙이기에는 접착제를 바탕면에 고르게 바르고 필요에 따라 타일, 시트의 뒷면에도 바름 → 바름은 전체 바름

④ 붙인 후에는 표면과 바탕 사이의 접착제 제거

⑤ 붙인 후 접착제의 경화 정도를 보아 온수 또는 중성세제로 물청소하고, 건조 후에는 수용성 왁스 등을 사용하여 마무리 닦기

2. 플로어링 류

1) 붙이기 공법

① 못박기 : 장선에 숨은 못치기

② 접착제 붙임

③ 모르타르 붙임 : 붙임에 이용되는 모르타르는 시멘트 : 모래＝1 : 3으로 하고 두께 35mm 정도로 펼친다.

2) 쪽매널

① 쪽매널 바닥깔기의 바탕은 이중 바닥깔기가 원칙

② 밑창깔기 바닥널은 두께 18mm 이상의 것으로 하고, 위깔기 바닥널은 두께 6mm 이상

③ 나누기를 하여 쪽매널을 바심질을 함

④ 작업공간은 상온상태로 적당한 습도가 유지되도록 밀폐해야 하고, 바탕깔기 작업 시작 5일 전부터 쪽매널을 깔기 장소에 보관하되, 깔기 작업을 전후로 상당기간 18~21℃의 온도를 유지

⑤ 쪽매널의 쪽매자리 및 이음자리의 붙여대기는 난연성의 접착제를 사용하며, 요소마다 숨은 못박기를 함

⑥ 각 쪽매의 끝은 800mm 간격 이내로 접시머리 나사못으로 고정하고, 걸레받이와의 접합부는 13mm 이상의 신축줄눈을 둠

⑦ 쪽매널을 붙여댄 후, 턱진 곳은 대패질하여 평탄하게 하고 연마지 닦기로 마무리

3. 카펫

1) 바탕면 처리

2) 바탕 밑깔기

3) 정깔기 : 못이나 접착제로 고정하여 깔기

4) 계단깔기

5) 청소 및 보양

4. 이중바닥

1) 구성

패널 구성재	지지부	보조재(치장판, 필러)
① 패널용 강판 ② 알루미늄 ③ 섬유강화시멘트판 ④ FRC판 ⑤ 베니어 코어합판 ⑥ 목모보드	① 강재 ② 아연 합금 및 알루미늄 합금 성형재 ③ 쿠션고무 재질	① 알루미늄 압출재 ② 필러용 고무판

2) 지지 방식

① 장선방식
② 공통독립 다리방식
③ 지지부 부착 패널방식

핵심문제

표준시방서에 따른 바닥공사에서의 이중바닥 지지방식이 아닌 것은?
❶ 달대고정방식
② 장선방식
③ 공통독립 다리방식
④ 지지부 부착 패널방식

3) 시공

① 이중바닥 마감면에서 수평정밀도를 확인한다.
② 수평정밀도는 인접하는 바닥패널 높이차를 조정식에서는 0.5mm 이하, 조정이 불가능한 방식에서는 1mm 이하로 한다. 어느 방식이라도 3m 범위 내에서의 높이차는 5mm 이내로 한다.

③ 벽공사

1. 목질계

1) 합판붙임

① 고정 : 못박기, 못과 접착제 병용, 접착붙임
② 못박기 하는 경우
   • 표준 못길이 : 판두께의 2.5배 이상
   • 붙임간격 : 못박기인 경우 판 주변은 100mm, 중간부는 150mm
     못·접착제 병용인 경우에는 주변, 중간부 모두 350~450mm로 하고, 연단거리는 약 10mm

2) 섬유판류

(단위 : mm)

바탕 종류	고정방법	설치간격		연단거리
		주변부	중간부	
목제 단판적층재	못박기 또는 스테이플 고정	100	150	10
	못 또는 스테이플 · 접착제 병용	350~450		
강제	나사 고정	200	300	10
	나사 · 접착제 병용	350~450		

① 고정용 철물류는 줄바르게 동일한 간격으로 고정
② 못 또는 스테이플은 판두께 2.5배 이상으로 충분한 부착강도를 얻을
   수 있는 길이의 것을 이용, 나사못은 강제바탕 이면에 10mm 이상의
   여장길이
③ 판 주변부에 10mm 미만의 고정용 철물을 댈 경우 또는 기타 위치에
   있어서 판이 갈라질 우려가 있을 경우 전기드릴 또는 송곳을 사용하여
   구멍을 뚫고 시공

2. 무기질계

1) 목모보드

① 못은 판두께의 3배를 원칙으로 한다.
② 목모보드의 고정방법 및 설치간격

(단위 : mm)

바탕종류	고정방법	붙임간격		연단거리
		주변부	중간부	
목제	못박기	100	150	20
강제	나사조임	200	200	20

2) 섬유강화 시멘트판

① 고정용 구멍 뚫기에는 전기드릴을 사용한다. 구멍 직경은 사용하는 고
   정 철물의 직경보다 약간 크게 한다.
② 섬유강화 시멘트판의 고정방법 및 설치간격

(단위 : mm)

바탕종류	고정방법	설치간격		연단거리
		주변부	중간부	
목제	못박기	300 이하	300 이하	15 이상
	못 · 접착제 병용	300~450		
강제	나사고정	300 이하	300 이하	15 이상
	나사 · 접착제 병용	300~450		

③ 고정용 철물로 못이나 나사를 사용할 경우 못길이는 판두께의 3배 이상으로 충분한 부착강도를 얻을 수 있는 것을 이용하며, 나사는 강제 바탕 이면에 10mm 이상의 여장길이

3) 석고보드

① 석고보드의 고정방법 및 설치간격

(단위 : mm)

바탕	고정방법	설치간격		
		주변부	중간부	
목제	못	100~150	150~200	
	못·접착제 병용	350~450		
강제	드릴링 태핑나사	200	300	
	클립	세로 300	가로 225	
콘크리트, ALC, 콘크리트 블록	접착제 (직접 붙임용제)	150~200*	바닥1.2m 이하	바닥1.2m 이상
			200~250[1]	250~300[1]

주 : 1)은 도포한 접착제의 중심 간 거리임

② 석고보드 주변부의 고정은 단부로부터 10mm 내외 외측 위치에서 한다.
③ 목제 바탕에 못을 박는 경우 못길이는 보드두께의 3~4배 정도의 것을 사용한다.

4 도배공사

1. 일반사항

1) 도배지의 보관장소 온도는 항상 5℃ 이상으로 유지한다.
2) 도배지는 일사광선을 피하고 습기가 많은 장소나 콘크리트 위에 직접 놓지 않으며 두루마리 종, 천은 세워서 보관한다.
3) 도배공사를 시작하기 72시간 전부터 시공 후 48시간이 경과할 때까지는 시공 장소의 온도는 적정온도를 유지한다.
4) 도배지를 완전하게 접착시키기 위하여 접착과 동시에 롤링을 하거나 솔질을 한다.

2. 바탕 조정

1) 콘크리트 및 미장바탕

바탕은 실러를 도포한다. 실러는 에멀션형을 사용하는 것이 원칙이다.

2) 합판 등의 보드류

① 나사, 못 등의 머리는 방청처리한다.

② 조인트 부분의 틈새나 단차부는 조인트 테이프와 퍼티재를 주걱 등으로 충전하고 평활하게 고른다.

3. 시공환경

접착제를 이용하는 경우에 시공 도중 또는 접착제 경화 전에 실온이 5℃ 이하가 될 경우에는 난방 등의 장치를 준비한다.

4. 붙이기

1) 직접 붙임

① 도배지 뒷면 전체에 고르게 도포한다.
② 줄눈은 모양을 맞추며 색얼룩, 문양다름, 뒤틀림이 없도록 붙인다.
③ 얇은 도배지는 음영이 생기지 않는 방향으로 10mm 정도 겹쳐 붙이고 두꺼운 도배지는 20~30mm 겹침질하여 맞댐 붙인다.

2) 초배지 붙임

① 틈, 갈램막이 : 합판, 석고보드 및 섬유판 바탕의 경우 보드류의 조인트 부분 등의 틈새나 구멍 등을 종이로 붙여 덮는다. 붙임 방법은 한지 또는 부직포를 60~70mm 정도 너비로 적당히 자른 종이에 전면 풀칠하여 온통 붙임으로 한다. 붙임부를 연결하는 경우에는 10mm 정도 겹침한다.
② 초배지 온통 붙임 : 초배지 온통 붙임의 경우 전지 또는 2절지 크기로 한 한지 또는 부직포 전면에 접착제를 도포하고 바탕 전면에 붙인다. 줄눈은 약 10mm 정도로 겹침한다.
③ 초배지 봉투 붙임 : 초배지를 봉투 붙임으로 할 경우에는 바탕에 요철이 있어도 간편하게 평활한 면을 얻을 수 있기 때문에 300×450mm 크기의 한지 또는 부직포의 4변 가장자리에 3~5mm 정도의 너비로 접착제를 도포하고 바탕에 붙인다. 봉투 붙이기의 표준 횟수는 2회이다.
④ 초배지 공간 붙임(공간 초배) : 초배지의 공간 붙임(공간 초배)은 바탕의 좌우 2변에만 70~100mm 정도의 너비로 접착제를 도포하여 부직포를 붙이는 것이다.

3) 정배지 붙임

① 정배지
• 직접 붙임 공정과 같은 방법으로 정배지를 붙인다.
• 맞대거나 또는 3mm 내외 겹치기로 하고 온통 풀칠하여 붙인 후, 표면에서 솔 또는 헝겊으로 눌러 밀착시킨다.

- 정배지는 음영이 생기지 않는 방향으로 이음을 두어 6mm 정도로 겹쳐 붙인다.

② 갈포지

SECTION **07** 단열공사

1 단열공사 일반

기 14④ 18①② 산 17③ 20③

1. 용어

내단열공법	콘크리트조와 같이 열용량이 큰 구조체의 실내측에 단열층을 설치하는 공법
외단열공법	콘크리트조와 같이 열용량이 큰 구조체의 실외측에 단열층을 설치하는 공법
중단열공법	구조체 벽체 내에 단열층을 설치하는 공법
열교	건축물 구성 부위 중에서 단열이 연속되지 않은 경우 국부적으로 열관류율이 커져 열의 이동이 심하게 일어나는 부분
단열 모르타르 바름	건축물의 바닥, 벽, 천장 및 지붕 등의 열손실 방지를 목적으로 외벽, 지붕, 지하층 바닥면의 안 또는 밖에 경량 단열골재를 주자재로 하여 만들어 흙손 바름, 뿜칠 등에 의하여 미장하는 공사

2. 단열재

1) 종류

무기질 단열재료	① 유리섬유, 다포유리, 암면, 광재면, 펄라이트, 질석, 규조토, 규산칼슘, 석영유리, 탄소분말, 알루미늄박 ② 열에 강하면서 단열성이 뛰어나고 접합부 시공이 우수하지만 흡습성이 크다.
유기질 단열재료	① 동물질 섬유, 식물질 섬유, 목질 단열재, 코르크, 발포고무, 셀룰로오스, 천연양모 단열재 ② 천연재료로 되어 있기 때문에 친환경적인 단열재이다. ③ 열에 약하고 흡습성이 있으며 비내구적이다.
화학합성물 단열재료	① 발포폴리우레탄폼, 경질우레탄폼, 발포폴리스티렌 보온재, 발포폴리에틸렌 보온재, 페놀발포 보온재, 우레탄폼, 염화비닐 ② 단열성이 우수하고 흡습성이 적으며 기후에 대한 저항성이 좋아 내구성이 뛰어나다. ③ 열에 약하고 특히 화재 시 인체에 유해한 유독성 가스와 해로운 물질이 발생한다.

핵심문제 ●●●

다음 기술 내용 중 열교(Thermal Bridge)와 관련이 없는 것은?
① 외벽, 바닥 및 지붕에서 연속되지 않은 부분이 있을 때 발생한다.
② 벽체와 지붕 또는 바닥과의 접합부 위에서 발생한다.
③ 열교 발생으로 인한 피해는 표면결로 발생이 있다.
❹ 열교 방지를 위해서는 외단열 시공을 하여서는 안 된다.

핵심문제 ●●●

다음 중 건축용 단열재와 가장 거리가 먼 것은?
❶ 테라코타 ② 펄라이트판
③ 세라믹 섬유 ④ 연질섬유판

핵심문제 ●○○

다음 중 무기질 단열재료가 아닌 것은?
❶ 셀룰로오스 섬유판
② 세라믹 섬유
③ 펄라이트 판
④ ALC 패널

---

2) 단열재의 선정 조건

① 열전도율이 낮고 내화성이 있을 것
② 흡수율이 낮을 것
③ 통기성이 작을 것
④ 비중이 작고 시공성이 좋을 것
⑤ 내부식성이 좋을 것
⑥ 유독가스가 발생하지 않을 것
⑦ 어느 정도의 기계적 강도가 있을 것
⑧ 균질한 품질이고 가격이 저렴할 것

3) 단열재 시공방법

① **충전공법** : 펠트형 단열재 또는 보드형 단열재를 스터드 사이에 끼워 넣는 공법
② **붙임공법** : 보드형 단열재를 접착제, 볼트 등을 이용하여 붙이는 공법
③ **타설공법** : 거푸집에 단열재를 선 부착하여 콘크리트를 타설하는 공법
④ **압입공법** : 현장 발포 단열재를 관을 이용하여 벽체 등의 공극에 압입하여 충전하는 공법
⑤ **뿜칠공법** : 현장 발포 단열재를 벽면 등에 뿜칠하여 붙이는 공법

3. 자재의 운반, 저장 및 취급

1) 단열재는 직사일광이나 비, 바람 등에 직접 노출되지 않으며, 습기가 적고 통기가 잘 되는 곳에 용도, 종류, 특성 및 형상 등에 따라 구분하여 보관
2) 단열재 위에 중량물을 올려놓지 않도록 하며, 유리면을 압축 포장한 것은 2개월 이상 방치하지 않도록 한다.
3) 판형 단열재는 노출면을 공장에서 표기해야 하며, 적재 높이는 1,500mm 이하로 한다.
4) 단열모르타르는 바닥과 벽에서 150mm 이상 이격시켜서 흙 또는 불순물에 오염되지 않도록 저장하며, 특히 수분에 젖지 않도록 한다.
5) 두루마리 제품은 항상 지면과 직접 닿지 않도록 세워서 보관한다.

4. 최하층 바닥의 단열공사

1) 콘크리트 바닥의 단열공사

① 흙에 접하는 바닥일 경우 별도의 방습 또는 방수공사를 하지 않은 경우에는 콘크리트 슬래브 바탕면을 깨끗이 청소한 다음 방습필름을 깐다.
② 그 위에 단열재를 틈새 없이 밀착시켜 설치하고, 접합부는 내습성 테이프 등으로 접착·고정한다.

③ 누름콘크리트 또는 보호모르타르를 소정의 두께로 바르고, 마감자재로 마감한다.

2) 마룻바닥의 단열시공

① 동바리가 있는 마룻바닥에 단열시공을 할 때는 동바리와 마루틀을 짜 세우고, 장선 양측 및 중간의 멍에 위에 단열재 받침판을 못박아 댄 다음 장선 사이에 단열재를 틈새 없이 설치한다.
② 단열재 위에 방습필름을 설치하고 마루판 등을 깔아 마감한다.
③ 콘크리트 슬래브 위의 마룻바닥에 단열시공을 할 때는 설치한 장선 양측에 단열재 받침판을 대고 장선 사이에 단열재를 설치한 다음 그 위에 방습시공을 한다.

3) 콘크리트 슬래브 하부의 단열공사

① 최하층 거실 바닥의 슬래브 하부에 설치하는 단열재는 불연재료 또는 준불연 재료를 사용한다.
② 단열재를 거푸집에 부착하여 콘크리트 타설 시 일체화된 시공이 되도록 한다.

5. 벽체의 단열공사

1) 내단열 공법

① 바탕벽에 띠장을 소정의 간격으로 설치하되 방습층을 두는 경우에는 이를 단열재의 실내측에 설치하는 것을 원칙으로 한다.
② 단열재를 띠장 간격에 맞추어 정확히 재단하고, 띠장 사이에 꼭 끼도록 설치한다.
③ 광석면, 암면, 유리섬유 등 두루마리형의 단열재는 단열재가 눌리지 않도록 나무벽돌을 벽면에서 단열재 두께만큼 돌출되도록 설치하고, 나무벽돌 주위의 단열재를 칼로 재단하여 단열재가 나무벽돌 주위에 꼭 맞도록 한 후 띠장을 설치한다. 또한 반드시 실내측에 방습층을 설치한다.
④ 단열모르타르는 접착력을 증진시키기 위하여 프라이머를 균일하게 바른 후 6~8mm 두께로 초벌 바르기를 하고, 1~2시간 건조 후 정벌 바르기를 하여 기포 및 흙손자국이 나지 않도록 마감손질한다.
⑤ 벽과 바닥 접합부에 설치하는 단열재 사이에는 틈새가 생기지 않도록 하여야 한다.
⑥ 철근콘크리트조의 내단열 시공 시 단열재의 실내측에 설치되는 방습층이 연속되게 함으로써 실내로부터의 습기이동을 차단하여 결로가 생기지 않도록 한다.

2) 중단열 공법

① 중공벽에 발포폴리스티렌 보온판, 광석면 매트 또는 기타 보온판 등 판형 단열재를 설치한다.

② 단열재를 설치하는 면에 모르타르가 흘러내리지 않도록 주의하고, 단열재 설치에 지장이 없도록 흐른 모르타르를 쇠흙손질하여 평탄하게 한다.

③ 단열재는 내측 벽체에 밀착시켜 설치하되 단열재의 내측면에 도면 또는 공사시방에 따라 방습층을 두고, 단열재와 외측 벽체 사이에 쐐기용 단열재를 600mm 이내의 간격으로 꼭 끼도록 박아 넣어 단열재가 움직이지 않도록 고정시킨다.

④ 중공벽에 포말형 단열재를 충전할 때는 중공벽을 완전히 쌓되, 방습층을 설치하고 직경 25~30mm의 단열재 주입구를 줄눈 부위에 수평 및 수직으로 각각 1,000~1,500mm 간격으로 설치한다.

⑤ 포말형 단열재 주입 시 틈새로 누출되지 않도록 벽의 외측면을 마감하거나 줄눈에 틈이 없도록 하고 줄눈모르타르가 양생된 후, 아래에서부터 주입구를 통해 압축기를 사용하여 포말형 단열재를 주입한다.

⑥ 중공부에 단열재가 공극 없이 충전되었는지의 검사는 상부의 다른 주입구에서 충전단열재의 유출 등으로 확인하며, 유출된 단열재는 하루 정도 경과한 다음 제거하고 주입구를 막아 마감한다.

⑦ 충전된 단열재의 건조가 완료될 때까지 3~4일간 충분한 환기를 시킨다.

6. 천장의 단열공사

1) 달대가 있는 반자틀에 판형 단열재를 설치할 때는 천장마감재를 설치하면서 단열시공을 하되, 단열재는 반자틀에 꼭 끼도록 정확히 재단하여 설치한다.

2) 두루마리형 단열재를 설치할 때는 천장바탕 또는 천장마감재를 설치한 다음 단열재를 그 위에 틈새 없이 펴서 깐다.

3) 포말형 단열재를 분사하여 시공할 때는 반자틀에 천장바탕 또는 천장마감재를 설치한 다음 방습필름을 그 위에 설치하고, 분사기로 구석진 곳과 벽면과의 접합부 및 모서리 부분을 먼저 분사하여 먼 위치에서부터 점차 가까운 곳으로 이동하며 분사한다.

4) 암면뿜칠의 단열재는 암면과 시멘트 슬러리(접착제 포함)를 바탕면에 동시에 분사하여 접착한다.

5) 다음과 같은 경우에는 메탈라스 또는 와이어메시로 보강한다.

① 전체 중량으로 인한 탈락이 예상되는 경우

② 심한 진동이 있는 경우

7. 지붕의 단열공사

1) 지붕 윗면의 단열시공

① 철근콘크리트 지붕 슬래브 위에 설치하는 단열층은 방수층 위에 단열재를 틈새 없이 깔고, 이음새는 내습성 테이프 등으로 붙인 다음 단열재 윗면에 방습시공을 한다.

② 방습층 위에 누름콘크리트를 소정의 두께로 타설하되, 누름콘크리트 속에 철망을 깐다.

③ 목조지붕 위에 설치하는 단열층은 지붕널 위에 방습층을 펴서 깐 다음 단열재를 틈새 없이 깔아 못으로 고정시키고 그 위에 기와, 골슬레이트 등을 잇는다.

2) 지붕 밑면의 단열시공

① 철골조 또는 목조 지붕에는 중도리에 단열재를 받칠 수 있도록 받침판을 소정의 간격으로 설치하여 단열재를 끼워 넣거나 지붕 바탕 밑면에 접착제로 붙인다.

② 공동주택의 최상층 슬래브 하부에 단열재를 설치하는 경우에는 단열재를 거푸집에 부착하여 콘크리트 타설 시 일체 시공한다.

8. 방습층 시공 및 양생

1) 방습층 시공

단열공사에 따른 방습시공이 요구되는 개소는 도면 또는 공사시방에 정하되, 방습시공을 할 때는 단열재의 실내측에 방습필름을 대고 접착부는 50mm 이상 150mm 이하 겹쳐 접착제 또는 내습성 테이프로 붙인다.

2 외단열공사

1. 용어

외단열 미장마감	건축물의 구조체가 외기에 직접 면하는 것을 방지하기 위해 구조체 실외측에 단열재를 설치하고 마감하는 건물 단열방식으로, 접착제, 단열재, 메시(Mesh), 바탕모르타르, 마감재 등의 재료로 구성
바탕모르타르	건물 실외측에 설치된 단열재를 보호하고 마감재의 바탕이 되는 모르타르
표준메시	유리섬유로 직조된 망으로서, 바탕모르타르에 묻히게 하여 기계적 강도를 증가시키기 위해 사용되는 내알칼리 코팅 제품

보강메시	바탕모르타르의 외부 충격 저항성 보완 및 하부 보강을 위해 표준메시 외에 추가적으로 사용되는 유리섬유로 직조된 망 제품
마감재	바탕모르타르 위에 사용되며 흙손, 뿜칠, 롤러 등의 도구로서 마감 장식을 제공하는 것으로, 기후환경 변화로부터 외단열 미장마감의 구성 재료를 보호하고 질감과 심미적인 마감을 목적으로 사용하는 제품
미장층	단열재 위에 사용되는 바탕모르타르, 메시, 미장 마감재로 구성된 층
기계적 고정장치	구조체에 단열재 등 외단열 미장마감에 사용되는 구성 재료를 안전하게 고정하기 위해 사용되는 파스너(Fastener), 프로파일(Profile), 앵커(Anchor) 등의 고정보조 부재

2. 접착 및 마감재료

1) 접착제 및 바탕모르타르
2) 미장마감재
3) 석재마감재
4) 금속마감재
5) 시멘트

3. 보조설치 재료

1) 메시

유리섬유에 내알칼리 특수코팅 처리된 제품을 사용하며 용도에 따라 표준메시, 보강메시로 구분하여 사용한다.

2) 기계적 고정장치

① 단열재를 고정하는 인슐레이션 파스너(Insulation Fastener)는 점형 열교가 발생하지 않는 재질로, 파스너의 헤드부분이 단열처리가 된 제품을 사용하며, 모체 묻힘 깊이가 50mm 이상이 되는 제품을 사용
② 프로파일(Profile), 앵커(Anchor) 등의 고정보조재

3) 실링재

4. 자재의 운반, 저장 및 취급

접착제, 바탕모르타르, 마감재 등은 5℃ 이상 30℃ 이하의 건조하며 차갑고 그늘진 장소에 보관한다.

5. 시공 일반

1) 외단열의 시공은 주위 온도가 5℃ 이상 35℃ 이하인 환경에서 시공을 권장한다.
2) 충분히 양생, 건조되어야 하며 바탕면의 평활도를 유지하도록 한다.
3) 바탕면에 기름, 이물질, 박리 또는 돌출부 등의 오염을 깨끗이 제거한다.
4) 단열재와 바탕면의 부착 성능 향상을 위해 프라이머를 사용한다.
5) 비계 발판 설치의 경우 외벽 바탕면과의 간격은 최소 300mm로 하되, 시공되는 외단열 시스템의 총 두께 등에 따라 간격을 조정하고 수평비계의 상하부재 설치간격은 1.8m를 유지하여 철선 또는 클립(Clip) 등으로 견고하게 고정한다.

6. 단열재의 설치

1) 접착제는 지정 비율에 따라 완전 반죽 형태가 되도록 충분히 교반하며 교반 후 1시간 이내에 사용한다.
2) 접착제를 단열재에 도포할 때에는 전면 도포 방식 또는 점·테두리 방식을 취하며, 점·테두리 방식을 취할 경우에는 단열재 접착 면적의 40% 이상이 되도록 도포한다.
3) 건물의 수직, 수평의 기준선을 정한 후 단열재의 긴 변을 지면과 수평을 유지하며 아래에서부터 위의 방향으로 설치하고 수직 통줄눈이 생기지 않도록 엇갈리게 교차하여 단열재를 설치한다.
4) 단열재와 단열재 사이에 틈이 발생하지 않도록 대각선으로 밀면서 최대한 밀착 시공하며 틈이 발생할 경우 단열재만을 재단하여 틈에 삽입한다.
5) 개구부(창, 문, 기계장치 등)에 시공할 경우 단열재 시공 전 개구부 둘레에 백랩핑(단열재 뒷면에서부터 메시를 감아올림) 디테일메시를 붙여 단열재 부착 후 감아올리도록 하며 단열재의 수직, 수평 조인트 부분이 개구부 코너에 일치하지 않도록 모서리에는 L자형의 단열재를 사용한다.
6) 단열재의 모든 종결부는 백랩핑을 할 수 있도록 접착제에 메시를 부착한다.
7) 파스너는 각각의 단열재가 만나는 모서리 부위에 m²당 5개 이상을 시공하며 단열재가 끝나는 코너 부위 및 개구부 주위 등에는 단열재 중앙부에 추가 시공을 한다.
8) 단열재 시공 후 햇빛에 노출시키지 않도록 주의하여야 하며 양생시간은 기상조건에 따라 다르나 일반적으로 외기 기온 및 표면의 온도 20℃, 습도 65%일 경우 24시간 후 후속 공정을 진행한다.

7. 메시 및 바탕모르타르 시공

1) 단열재 설치 후 최소 24시간 이상 양생시켜 완전 부착된 후 메시 및 바탕 모르타르 시공을 한다.

2) 바탕모르타르를 단열재면에 스테인리스 흙손 등을 이용하여 균일하게 도 포한다.

3) 바탕모르타르가 젖은 상태에서 메시를 접착 시공한다.

4) 표준메시의 이음은 겹침이음으로 하며 보강메시는 겹치지 않고 맞댄이음을 한다.

5) 지면에 인접한 부위 또는 외부의 충격 우려가 있는 저층 부위에는 보강메 시를 부착한 후 보강메시가 시공된 면 위에 표준메시를 시공한다.

6) 단열재의 코너 부분은 외단열 전용 코너비드(PVC 재질) 또는 이중메시처 리를 선택하여 보강한다.

7) 양생시간은 온도, 습도, 바람의 세기에 따라 달라지며, 기상조건이 안 좋 은 환경에서는 적절한 보양 작업이 필요하다. 외기 기온이 5℃ 이상이며 습도가 75% 미만일 경우, 24시간 후에 후속 공정이 진행 가능하다.

8. 마감재 시공

1) 베이스코트 및 메시 시공 부위를 24시간 이상 양생 건조시키며 모든 불규 칙한 부위들을 수정하고 백화 부위를 제거한다.

2) 마감재는 자연적인 마감신(코니, 익스펜션 조인트, 디자인 조인트, 테이 프 라인 등)까지 조인트 자국이 발생하지 않도록 습윤 마감 상태에서 연속 시공한다.

3) 조인트 실링제는 이질재와의 접합부에 시공하는 것으로 조인트의 폭은 6 ~50mm를 적용한다.

4) 마감재 시공 시 외기 기온이 5℃ 이상이며 습도가 75% 미만일 경우에만 시공한다.

5) 건조 시까지 최소한 24시간 이상 악천후로부터 보호해 준다.

③ 결로방지 단열공사

1. 용어

결로방지 단열재	결로를 방지하기 위하여 설치하는 복합 단열재 또는 일반 단열재
단열보강	단면의 열관류저항이 국부적으로 작은 부분을 결로방지 등을 목적으로 보강하는 것

내부결로	구조체 내부에 수증기의 응축이 생겨 수증기압이 낮아지면 수증기압이 높은 곳에서부터 수증기가 확산되어 응축이 계속되는 현상
표면결로	구조체의 표면온도가 실내공기의 노점온도보다 낮은 경우 그 표면에 발생하는 수증기의 응결현상
단열 모르타르 바름	건축물의 바닥, 벽, 천장 및 지붕 등의 열손실 방지를 목적으로 외벽, 지붕, 지하층 바닥면의 안 또는 밖에 경량단열골재를 주자재로 만들어 흙손바름, 뿜칠 등에 의하여 미장하는 공사

2. 복합단열재

폴리프로필렌 표면판, 산화마그네슘보드, 모르타르 표면판 등을 부착한 제품이다.

1) 폴리프로필렌 표면판

2) 산화마그네슘보드

3) 모르타르 표면판

4) 발포폴리스티렌 방습판

5) 접착제

3. 시공

외기 또는 계단실 등 단열재가 설치되지 않는 내부공간에 면하는 슬래브 및 옹벽, 최상층 경사지붕 및 발코니 천장과 개구부 주위에 발생하는 결로를 방지한다.

1) 바닥판, 벽판, 단열재 상호 간에 틈이 생기지 않도록 밀착시키고 고정 못 등으로 단열재의 양쪽 가장자리를 따라 300mm 이내 간격으로 견고하게 고정한다.

2) 개구부 주위에는 개구부용 거푸집 설치 후 개구부용 열교방지 단열재를 시공한다.

3) 결로방지 단열재를 설치한 후 철근배근, 콘크리트 타설 등 후속공사로 인하여 단열재가 손상되지 않도록 주의한다.

4) 거푸집을 해체할 때에는 결로방지 단열재가 손상되지 않도록 주의한다.

Section
01 미장공사

01 미장재료의 결합재에 대한 설명으로 옳지 않은 것은?

① 석고계 플라스터는 소석고에 경화시간을 조절할 수 있는 소석회 등의 혼화재를 미리 혼합하거나 사용 시 혼합하여 사용하는 것을 말한다.

② 보드용 플라스터는 사용 시 모래를 혼합하여 반죽하는 것으로 바탕이 보드를 대상으로 하기 때문에 부착력이 매우 크다.

③ 돌로마이트 플라스터는 미분쇄한 소석회 또는 사용 시 생석회를 물에 잘 연화한 석회크림에 해초 등을 끓인 용액 또는 수지 접착액과 혼합하여 사용하는 것이다.

④ 혼합석고 플라스터 중 마감바름용 사용 시 골재와 혼합하여 사용하고, 초벌바름용은 물만을 이용하여 비벼 사용한다.

> **해설**
>
> **혼합석고 플라스터(배합석고플라스터)**
> • 초벌용 : 제조회사에서 배합된 것을 물과 모래만 혼합하여 즉시 사용
> • 정벌용 : 물만 혼합하여 즉시 사용

02 다음 미장공사 재료 중 기경성 재료는?

① 순석고 플라스터　　② 혼합석고 플라스터
③ 돌로마이트 플라스터　④ 시멘트 모르타르

> **해설**
>
> **미장재료의 경화성**
> • 수경성 미장재료 : 시멘트모르타르, 석고플라스터 재료, 인조석 갈기
> • 기경성 미장재료 : 점토, 돌로마이트 플라스터, 회반죽

03 다음 미장재료 중 기경성 재료로만 짝지어진 것은?

① 회반죽, 석고 플라스터, 돌로마이트 플라스터
② 시멘트 모르타르, 석고 플라스터, 회반죽
③ 석고 플라스터, 돌로마이트, 플라스터, 진흙
④ 진흙, 회반죽, 돌로마이트 플라스터

> **해설**
>
> 문제 02번 해설 참조

04 다음 미장재료 중 수경성이 아닌 것은?

① 시멘트 모르타르　　② 경석고 플라스터
③ 돌로마이트 플라스터　④ 혼합석고 플라스터

> **해설**
>
> 문제 02번 해설 참조

05 다음 미장재료 중 수경성 미장재료는?

① 회반죽　　　　　② 회사벽
③ 돌로마이트 플라스터　④ 석고 플라스터

> **해설**
>
> 문제 02번 해설 참조

06 다음에서 설명하는 미장재료는?

> 시멘트와 건조모래 및 특성 개선재를 배합한 공장제품을 현장에서 물만 가하여 사용하는 모르타르로서, 현장배합 모르타르보다는 다소 고가지만 현장관리가 용이하다.

① 바라이트 모르타르　② 셀프레벨링재
③ 초속경 모르타르　　④ 드라이 모르타르

드라이 모르타르

모르타르라고도 하며 시멘트와 같이 공장에서 대량 생산되어 현장에서는 물만 가하여 사용하는 미장재료이다.

07 내산 바닥용 모르타르로 적합한 재료는?

① 바라이트 모르타르   ② 질석 모르타르
③ 아스팔트 모르타르   ④ 석면 모르타르

모르타르의 종류

• 보통 시멘트 모르타르 : 일반용
• 백시멘트 모르타르 : 안료에 의한 채색이 가능하다.
• 방수 모르타르 : 방수용
• 바라이트 모르타르 : 방사선 차단용
• 질석 모르타르 : 경량용
• 석면 모르타르 : 균열 방지용
• 아스팔트 모르타르 : 내산 바닥용, 방수용

08 미장공사에 대한 용어 설명 중 옳지 않은 것은?

① 고름질 : 마감두께가 두꺼울 때 혹은 요철이 심할 때 초벌바름 위에 발라 붙여주는 것
② 바탕처리 : 요철 또는 변형이 심한 개소를 고르게 손질 바름하여 마감 두께가 균등하게 되도록 조정하는 것
③ 덧먹임 : 균열의 틈새, 구멍 등에 반죽된 재료를 밀어 넣어 때워주는 것
④ 결합재 : 화학약품으로 소량 사용하는 AE제, 감수제 등의 재료

미장재료 결합재

하나의 미장재료에는 주재료인 결합재와 결합재의 결점을 보완하기 위하여 사용되는 보강재, 그리고 증량이나 치장의 목적으로 사용되는 골재가 있다. 이 중 보강재에는 수염, 풀, 여물 등이 있다.

09 미장 공사에 모르타르 바르기 순서 및 공법 중 틀린 것은?

① 미장 바르기 순서는 위에서 밑으로 한다.
② 미장공의 한 번 바름 시 흙손질 높이는 90~150cm 이다.
③ 실내는 천장, 벽, 바닥의 순이고, 외벽은 옥상 난간부터 지층의 순으로 한다.
④ 벽돌림, 처마밑, 반자, 차양 등은 천장, 벽면 등을 바른 다음 바른다.

미장시공

모서리를 먼저 시공한 후 중앙부를 바른다.

10 미장공사 중 시멘트 모르타르 미장에 관한 설명으로 옳지 않은 것은?

① 미장바르기 순서는 보통 위에서부터 아래로 하는 것을 원칙으로 한다.
② 초벌바름 후 2주일 이상 방치하여 바름면 또는 라스의 이음매 등에서 균열을 충분히 발생시킨다.
③ 초벌바름 후 표면을 매끈하게 하여 재벌바름 시 접착력이 좋아지도록 한다.
④ 정벌바름은 공사의 조건에 따라 색조, 촉감을 결정하여 순마감재료를 사용하거나 혼합물을 첨가하여 바른다.

미장공사

• 양질의 재료를 사용하여 배합을 정확하게, 혼합을 충분하게 한다.
• 바탕면에 적당한 물축임을 하고, 면을 거칠게 해둔다.
• 얇게 여러 번 바르며 1회 바름 두께는 바닥을 제외하고 6mm를 표준으로 한다.
• 초벌 후 재벌까지의 기간(2주 이상)을 충분히 잡는다.
• 급격한 건조를 피하고 시공 및 경화 중에는 진동을 피한다.
• 미장용 모래의 경우 지나치게 가는 모래는 사용을 금한다.

11 시멘트 모르타르 바르기에 관한 기술 중 옳지 않은 것은?

① 실내의 미장바름 순서는 천장·벽·바닥 순으로 한다.
② 초벌바름에서 건조한 바탕에는 물축이기를 한다.
③ 고름질 후 약 1주일간 방치하여 균열이 충분히 진행된 후 재벌바름을 한다.
④ 정벌바름에서는 나무흙손을 사용하여 바를 경우 바른면이 거칠고 흙손 자국이 나기 쉬우므로 쇠흙손을 사용한다.

> 해설

문제 10번 해설 참조

12 미장공사 시 주의할 사항으로 옳지 않은 것은?

① 바탕면은 필요에 따라 물축임을 한다.
② 한 공정의 바름 두께는 바닥을 제외하고 6mm 이하로 한다.
③ 초벌바름 후 물기가 마르기 전에 곧바로 재벌바름, 정벌바름을 한다.
④ 바탕면은 부착이 잘되게 면을 거칠게 해둔다.

> 해설

문제 10번 해설 참조

13 미장공사의 일반적인 주의사항 중 옳지 않은 것은?

① 양질의 재료를 사용하여 배합을 정확히 한다.
② 바탕면에는 물축임을 금한다.
③ 바탕면에는 부착이 잘되게 면을 거칠게 해둔다.
④ 바름두께는 고르게 한다.

> 해설

문제 10번 해설 참조

14 미장공사에서 나타나는 결함의 유형과 가장 거리가 먼 것은?

① 균열   ② 부식
③ 탈락   ④ 백화

> 해설

미장공사의 하자
미장공사의 하자에는 바탕에서 미장이 떨어지는 박리, 박락, 색깔이 변하는 색반과 균열 등이 있으며 백화현상이 나타나기도 한다.

15 미장공사에 관한 설명으로 옳지 않은 것은?

① 미장재료는 미화, 보호, 방습 등을 위하여 내·외벽, 바닥, 천장 등에 흙손 또는 뿜칠에 의해 일정한 두께로 발라 마감하는 재료를 말한다.
② 일반적으로 미장재료는 한번에 두껍게 발라서 흘러내림 등의 문제가 발생하지 않게 한다.
③ 미장재료의 배합은 원칙적으로 바탕에 가까운 바름층일수록 부배합, 정벌바름에 가까울수록 빈배합으로 한다.
④ 미장공사 시 바탕면은 거칠게 하고 바름면은 평활하게 한다.

> 해설

미장공사
바탕에 가까울수록 시멘트 양이 많아야 부착력이 좋아지며, 마무리에 가까울수록 시멘트 양이 적어야 균열 발생이 적다. 아울러 얇게 여러번 바르는 것도 균열이 생기지 않게 하기 위함이다.

16 미장공사에서 균열을 방지하기 위한 조치사항으로 틀린 것은?

① 모르타르는 정벌바름 시 부배합으로 한다.
② 1회의 바름 두께는 가급적 얇게 한다.
③ 시공 중 또는 경화 중에 진동 등 외부의 충격을 방지한다.
④ 초벌 바름은 완전히 건조하여 균열을 발생시킨 후 재벌 및 정벌 바름한다.

미장 균열 방지

미장공사에서 균열을 방지하기 위하여 시멘트 사용량을 줄일 수 있는 방법을 선택하여야 한다. 그러므로 정벌바름에서는 단위 시멘트량이 적게 들어간 빈배합의 형태로 사용하는 것이 좋다.

17 미장공사에서 균열을 방지하기 위하여 고려해야 할 사항 중 옳지 않은 것은?

① 바름면은 바람 또는 직사광선 등에 의한 급속한 건조를 피한다.
② 1회의 바름 두께는 가급적 얇게 한다.
③ 쇠 흙손질을 충분히 한다.
④ 모르타르 바름의 정벌바름은 초벌바름보다 부배합으로 한다.

문제 16번 해설 참조

18 다음 미장공법 중 균열이 가장 적게 생기는 것은?

① 회반죽 바름
② 돌로마이트 플라스터 바름
③ 석고 플라스터 바름
④ 시멘트 모르타르 바름

미장재료 균열순서

석고 플라스터 – 시멘트 모르타르 – 돌로마이트 플라스터 – 회반죽

19 건축공사에서 사용하는 일반적인 석회를 의미하는 것은?

① 소석회   ② 백시멘트
③ 생석회   ④ 여물

석회

보통 석회라 하면 소석회를 말하는 것으로 수산화칼슘 [$Ca(OH)_2$]을 가리킨다.

20 석고플라스터 바름에 대한 설명으로 옳지 않은 것은?

① 보드용 플라스터는 초벌바름, 재벌바름의 경우 물을 가한 후 2시간 이상 경과한 것은 사용할 수 없다.
② 실내온도가 10℃ 이하일 때는 공사를 중단한다.
③ 바름작업 중에는 될 수 있는 한 통풍을 방지한다.
④ 바름작업이 끝난 후 실내를 밀폐하지 않고 가열과 동시에 환기하여 바름면이 서서히 건조되도록 한다.

석고 플라스터

• 경화속도가 빠르고, 팽창성이 있다.
• 가수 후 초벌, 재벌용은 3시간 이내, 정벌용은 2시간 이내에 사용한다.
• 작업 중 통풍을 방지하고 작업 후에 서서히 통풍시킨다.
• 2℃ 이하일 때는 공사를 중지하고, 보온장치를 설치하며 5℃ 이상으로 유지하도록 한다.
• 초벌바름에는 반드시 거치름눈(작살 긋기)을 넣는다.
• 재벌바름은 초벌 후 1~2일 후(콘크리트 바탕일 때). 정벌은 재벌이 반건조되었을 때(수시간~24시간) 마무리 흙손질을 한다.

21 석고 플라스터에 대한 설명으로 옳지 않은 것은?

① 석고 플라스터는 경화지연제를 넣어서 경화시간을 너무 빠르지 않게 한다.
② 경화, 건조 시 치수안정성과 내화성이 뛰어나다.
③ 석고 플라스터는 공기 중의 탄산가스를 흡수하여 표면부터 서서히 경화한다.
④ 시공 중에는 될 수 있는 한 통풍을 피하고 경화 후에는 적당한 통풍을 시켜야 한다.

22 킨즈 시멘트에 관한 설명으로 옳지 않은 것은?

① 석고 플라스터 중 경질에 속한다.

② 벽바름재뿐만 아니라 바닥바름에 쓰이기도 한다.

③ 약산성의 성질이 있기 때문에 접촉되면 철재를 부식시킬 염려가 있다.

④ 점도가 없어 바르기가 매우 어렵고 표면의 경도가 작다.

23 돌로마이트 플라스터 바름에 대한 설명 중 옳지 않은 것은?

① 정벌바름은 반죽하여 12시간 정도 지난 후 사용한다.

② 바름두께가 균일하지 못하면 균열이 발생하기 쉽다.

③ 돌로마이트 플라스터는 수경성이므로 해초풀을 적당한 비율로 배합해서 사용해야 한다.

④ 시멘트와 혼합하여 2시간 이상 경과한 것은 사용할 수 없다.

24 돌로마이트 플라스터 바름에 대한 설명으로 옳지 않은 것은?

① 실내온도가 5℃ 이하일 때는 공사를 중단하거나 난방하여 5℃ 이상으로 유지한다.

② 정벌바름용 반죽은 물과 혼합한 후 2시간 정도 지난 다음 사용하는 것이 바람직하다.

③ 초벌바름에 균열이 없을 때에는 고름질하고 나서 7일 이상 경과한 후 재벌바름한다.

④ 재벌바름이 지나치게 건조한 때는 적당히 물을 뿌리고 정벌바름한다.

25 공기의 유통이 좋지 않은 지하실과 같이 밀폐된 방에 사용하는 미장마무리 재료 중 가장 적합하지 않은 것은?

① 돌로마이트 플라스터

② 혼합 석고 플라스터

③ 시멘트 모르타르

④ 경석고 플라스터

26 회반죽의 재료가 아닌 것은?

① 명반 　　　　② 해초풀

③ 여물 　　　　④ 소석회

27 회반죽 바름에서 균열을 방지하기 위한 공법으로 옳지 않은 것은?

① 정벌은 두껍게 바르는 것이 균열 방지에 좋다.
② 초벌·재벌에는 거친 모래를 넣는다.
③ 초벌·재벌·정벌에는 적당량의 여물을 넣는다.
④ 졸대는 두꺼운 것이 좋고 수염은 충분히 넣는다.

┌─ 해설 ┄┄┄┄┄┄┄┄┄┄┄┄┄┄┄┄┄┄┄┄┄

미장공사
- 양질의 재료를 사용하여 배합을 정확하게, 혼합을 충분하게 한다.
- 바탕면의 적당한 물축임과 면을 거칠게 해둔다.
- 얇게 여러 번 바르며 1회 바름 두께는 바닥을 제외하고 6mm를 표준으로 한다.
- 초벌 후 재벌까지의 기간을 충분히 잡는다.
- 급격한 건조를 피하고 시공중이나 경화 중에는 진동을 피한다.
- 미장용 모래는 지나치게 가는 것을 금지한다.

28 테라초 바르기의 줄눈 나누기의 크기로 적당한 것은?

① 면적 : 0.9m² 이내
　최대 줄눈 간격 : 1.2m 이하
② 면적 : 1.0m² 이내
　최대 줄눈 간격 : 1.2m 이하
③ 면적 : 1.2m² 이내
　최대 줄눈 간격 : 2.0m 이하
④ 면적 : 1.5m² 이내
　최대 줄눈 간격 : 2.0m 이하

┌─ 해설 ┄┄┄┄┄┄┄┄┄┄┄┄┄┄┄┄┄┄┄┄┄

테라초 줄눈간격
줄눈의 거리간격은 최대 2m, 보통 60~90cm, 면적 1.2m² 이내로 줄눈대는 수평실을 치고 줄눈대 한 길이에 2개소씩 된비빔 모르타르를 점점이 바른 후 줄눈대를 눌러대고 옆을 좌우에서 모르타르로 발라 붙인다.

29 테라초 현장갈기 시공에 있어 줄눈대를 넣는 목적으로 옳지 않은 것은?

① 바름의 구획목적　② 균열 방지 목적
③ 보수용이 목적　　④ 마모감소 목적

┌─ 해설 ┄┄┄┄┄┄┄┄┄┄┄┄┄┄┄┄┄┄┄┄┄

테라초현장갈기 시 줄눈대 설치목적
바름의 구획 나누기, 균열 방지, 보수 용이를 위하여 설치한다.

30 이질바탕재 간 접속미장 부위의 균열방지방법으로 옳지 않은 것은?

① 긴결철물 처리
② 지수판 설치
③ 메탈라스보강 붙임
④ 크랙컨트롤비드 설치

┌─ 해설 ┄┄┄┄┄┄┄┄┄┄┄┄┄┄┄┄┄┄┄┄┄

지수판
- 콘크리트에서 수밀을 필요로 하는 콘크리트의 이음 부분에 쓰이는 판
- 콘크리트 이음부의 직각으로 설치
- 내구성이 큰 재료나 수밀성이 큰 재료인 스테인리스판, 고무판, 동판 등을 사용

31 미장공사 중 인조석 바르기와 테라초 바르기에 대한 내용으로 옳지 않은 것은?

① 두 가지 방법 모두 종석과 모르타르를 배합하여 석재와 같은 분위기의 미장 면을 완성한다.
② 테라초 갈기는 주로 백시멘트에 종석을 반죽하여 바르고 숫돌로 갈아내는 방법으로 시공한다.
③ 테라초 바르기는 인조석 바르기보다 소형의 종석을 쓴다.
④ 인조석 갈기는 정벌바름한 후 시멘트경화 정도를 판단하여 숫돌로 갈고 다시 시멘트 페이스트를 바르고 갈아주기를 반복한다.

인조석갈기와 테라초 바르기

인조석바름은 백시멘트, 종석, 돌가루, 안료 등을 혼합하여 마감 바름하고 씻어내기, 갈기, 잔다듬 등으로 마무리한 것을 말하며, 테라초 현장바름은 갈기의 일종으로 대리석을 부수어 만든 종석을 사용하여 갈아낸 것을 말한다. 다만 종석의 크기는 일반적으로 테라초용 종석이 조금 더 크다.

32 테라초(Terrazzo) 현장 갈기에 대한 설명으로 틀린 것은?

① 갈기는 5~7일 이상 충분히 경화시킨 다음 갈기 시작한다.
② 초벌 갈기는 들알이 균등하게 나타나도록 하고 시멘트 풀먹임이 경화되기 전 중갈기를 한다.
③ 정벌 갈기는 중갈기가 끝나고 시멘트 풀먹임을 2~3회 거듭한 후 행한다.
④ 광내기 왁스칠은 시간을 두고 얇게 여러번 행하는 것이 좋다.

테라초 현장갈기

중갈기는 초벌갈기 후 테라초와 동색의 시멘트 풀을 문질러 바르고, 잔구멍, 튄 돌알 등의 구멍을 메운후 시멘트풀이 경화된 다음 실시한다.

33 테라초(Terrazzo) 현장 바름 공사에 대한 내용으로 옳지 않은 것은?

① 줄눈 나누기는 최대줄눈 간격 2m 이하로 한다.
② 바닥 바름두께의 표준은 접착공법(초벌바름)일 때 20mm 정도이다.
③ 갈기는 테라초를 바른 후 손갈기일 때 2일, 기계갈기일 때 3일 이상 경과한 후 경화 정도를 보아 실시한다.
④ 마감은 수산으로 중화 처리하여 때를 벗겨내고, 헝겊으로 문질러 손질한 후 왁스 등을 바른다.

테라초 현장갈기

테라초 현장갈기는 5~7일 이상 충분히 경화시킨 후 갈기 시작하며, 거친 커보런덤 숫돌에서 점차 고운 숫돌을 사용한다.

34 셀프레벨링(Self Leveling)재 시공에 대한 설명 중 옳지 않은 것은?

① 실러바름은 셀프레벨링재를 바르기 2시간 전에 완료한다.
② 셀프레벨링재를 부을 때 필요에 따라 고름도구 등을 이용하여 마무리한다.
③ 셀프레벨링재의 표면에 물결무늬가 생기지 않도록 창문 등은 밀폐하여 통풍과 기류를 차단한다.
④ 셀프레벨링재 시공 중이나 시공 완료 후 기온이 10℃ 이상이 되지 않도록 한다.

셀프레벨링재 시공법

- 재료는 석고계와 시멘트계가 있다.
- 석고계는 물이 닿지 않는 실내에서만 사용한다.
- 재료는 밀봉상태로 건조하게 보관해야 하며, 직사광선을 피한다.
- 셀프레벨링재는 지정된 수량으로 소요의 표준연도가 되도록 기계를 사용하여 균일하게 반죽한다.
- 돌출부는 사전에 제거하며, 시공 중이나 시공 완료 후에도 기온이 5℃ 이하가 되지 않도록 한다.
- 표면에 물결무늬 발생을 방지하기 위하여 창문 등을 밀폐하여 통풍과 기류를 차단한다.
- 경화 후 이어치기, 기포 주변의 돌출부는 연마기로 갈아낸 후 된비빔하여 보수한다.
- 실러 바르기는 지정된 도포량으로 바르되 수밀하지 못한 부분은 2회 이상에 걸쳐 도포하고 셀프레벨링재를 바르기 2시간 전에 완료한다.
- 시공순서 : 실러 바름 1회 – 실러 바름 2회 – 셀프레벨링재 바름 – 이어치기 부분 처리
- 실러 바름 1회는 특기 시방서에 따라 생략할 수 있다.

35 셀프 레벨링재 바름에 대한 다음 설명 중 옳지 않은 것은?

① 재료는 대부분 기배합 상태로 이용되며, 석고계 재료는 물이 닿지 않는 실내에서만 사용한다.
② 모든 재료의 보관은 밀봉상태로 건조시켜 보관해야 하며, 직사각형이 닿지 않도록 한다.
③ 경화 후 이어치가 부분의 돌출 및 기포 흔적이 남아 있는 주변의 튀어나온 부위는 연마기로 갈아서 평탄하게 하고, 오목하게 들어간 부분 등은 된비빔 셀프 레벨링재를 이용하여 보수한다.
④ 셀프 레벨링재의 표면에 물결무늬가 생기지 않도록 창문 등을 밀폐하여 통풍과 기류를 차단하고, 시공 중이나 시공 완료 후 기온이 10℃ 이하가 되지 않도록 한다.

해설
문제 34번 해설 참조

36 시멘트, 모래, 잔자갈, 안료 등을 섞어 이긴 것을 바탕마름이 마르기 전에 뿌려 붙이거나 또는 바르는 것으로 일종의 인조석바름으로 볼 수 있는 것은?

① 회반죽
② 경석고 플라스터
③ 혼합석고 플라스터
④ 라프 코트

해설
라프 코트
시멘트, 모래, 잔자갈, 안료, 등을 섞어 이긴 것을 바탕바름이 마르기 전에 뿌려 붙이거나 또는 바르는 것으로 일종의 인조석 바름이며, 이를 거친 바름, 또는 거친 면마무리라고도 한다.

37 다음 중 도료의 원료로 사용되는 천연수지가 아닌 것은?

① 로진(Rosin)
② 셸락(Shellac)
③ 코펄(Copal)
④ 알키드 수지(Alkyd Resin)

해설
도료의 원료(수지)
• 천연수지 : 로진, 댐머, 코우펄, 셸락, 엠버, 에스테르고무
• 합성수지 : 알키드수지, 페놀수지, 에폭시수지, 아크릴수지, 폴리우레탄수지

38 도장공사 시 건조제를 많이 넣었을 때 나타나는 현상으로 옳은 것은?

① 도막에 균열이 생긴다.
② 광택이 생긴다.
③ 내구력이 증대한다.
④ 접착력이 증가한다.

해설
건조제
가소제는 내구력을 증가시키는 데 사용되는 재료이며, 건조제는 도료의 건조를 촉진시키기 위하여 사용하는 재료이다. 건조제를 많이 넣게 되면 건조속도가 너무 빨라 균열이 발생된다.

39 도장공사에 사용되는 도료에 대한 설명으로 옳지 않은 것은?

① 수성페인트는 내구성과 내수성이 우수하나 내알칼리성과 작업성은 떨어지는 단점이 있다.
② 유성페인트는 내알칼리성이 약하기 때문에 콘크리트면보다 목부와 철부도장에 주로 사용된다.

③ 클리어래커는 내부 목재면의 투명도장에 쓰이며 우아한 광택이 난다.

④ 바니시는 건조가 빠르고 주로 옥내 목부의 투명 마무리에 쓰인다.

[해설]

수성페인트

수성페인트는 알칼리성이 강해 콘크리트면에 도료를 칠할 수 있으며, 유성페인트와 비교하여 작업하기가 쉽다.

40 다음 중 유성페인트의 구성 성분으로 옳지 않은 것은?

① 안료 ② 건성유
③ 광명단 ④ 건조제

[해설]

유성페인트의 구성 성분

안료, 건성유(보일유), 건조제, 희석제로 구성되어 있다.

41 유성페인트의 원료로서 정벌칠에서 광택과 내구력을 증가시키는 데 좋은 효과를 나타내는 재료는?

① 크레오소트유 ② 보일유
③ 드라이어 ④ 캐슈

[해설]

문제 40번 해설 참조

42 칠공사에 사용되는 희석제의 분류가 잘못 연결된 것은?

① 송진건류품 – 테레빈유
② 석유건류품 – 휘발유, 석유
③ 콜타르 증류품 – 미네랄 스프리트
④ 송근건류품 – 송근유

[해설]

미네랄 스프리트

유성페인트, 유성바니시, 에나멜 등의 용제로 사용된다.

43 수성페인트에 합성수지와 유화제를 섞은 것으로 목재나 종이에 부착력이 좋은 도료는?

① 유성페인트
② 바니시
③ 에멀션 페인트
④ 래커

[해설]

에멀션 페인트

기름 · 수지 등을 물에 유화한 액을 전색제로 하는 도료

44 고분자수지와 건성유를 가열융합하고 건조제를 넣어 용제로 녹인 것으로 붓칠 시공이 가능하며 건조가 빠르고 광택이나 투명한 도막을 만드는 도료는?

① 에나멜 페인트
② 바니시
③ 래커
④ 합성수지 에멀션 페인트

[해설]

바니시

안료가 들어간 것은 페인트라 하고 이는 불투명의 도막을 형성한다. 안료가 들어가지 않은 것은 바니시라 하며 투명하다. 래커 중에서 투명래커를 제외하곤 전부 불부명도막을 형성한다.

45 목재의 무늬나 바탕의 재질을 잘 보이게 하는 도장방법은?

① 유성페인트 도장
② 에나멜페인트 도장
③ 합성수지 페인트 도장
④ 클리어 래커 도장

[해설]

문제 44번 해설 참조

46 다음 중 녹막이칠에 부적합한 도료는?

① 광명단 　　　　　② 크레오소트유
③ 아연분말 도료 　　④ 역청질 도료

> [해설]

방청도료
- 광명단 도료 : 기름과 잘 반응하여 단단한 도막을 만들어 수분의 투과를 방지한다.
- 산화철 도료 : 광명단 도료와 같이 널리 사용되며 정벌칠에도 쓰인다.
- 알루미늄 도료 : 알루미늄 분말을 안료로 하며 전색제에 따라 여러 가지가 있다. 방청효과뿐만 아니라 광선, 열반사의 효과를 내기도 한다.
- 역청질 도료 : 아스팔트, 타르 피치 등의 역청질을 주원료로 하여 건성유, 수지류를 첨가하여 제조한 것이다.
- 워시 프라이머 : 에칭 프라이머라고도 하며 금속면의 바름 바탕처리를 위한 도료로 이 위에 방청도료를 바르면 부착성이 좋고 방청효과도 크다.
- 징크로 메이트 도료 : 크롬산아연을 안료로 하고 알키드 수지를 전색제로 한 것이며, 녹막이 효과가 좋고 알루미늄판이나 아연철판의 초벌용으로 가장 적합하다.

47 크롬산 아연을 안료로 하고, 알키드 수지를 전색료로 한 것으로서 알루미늄 녹막이 초벌칠에 적당한 도료는?

① 광명단
② 징크로메이트(Zincromate)
③ 그라파이트(Graphite)
④ 파커라이징(Parkerizing)

> [해설]

문제 46번 해설 참조

48 도료 사용의 주목적이 방청에 해당되지 않는 것은?

① 광명단 도료 　　　② 징크로메이트 도료
③ 바니시 　　　　　④ 알루미늄 도료

> [해설]

문제 46번 해설 참조

49 도장공사 중 금속재 바탕처리를 위해 인산을 활성제로 하여 비닐 부티랄수지, 알코올, 물, 징크로메이트 등을 배합하여 금속면에 칠하면 인산피막을 형성함과 동시에 비닐 부틸랄수지의 피막이 형성됨으로써 녹막이와 표면을 거칠게 처리하는 방법은?

① 인산피막법 　　　② 워시 프라이머법
③ 퍼커라이징법 　　④ 본더라이징법

> [해설]

문제 46번 해설 참조

50 다음 중 도장공사를 위한 목부 바탕 만들기 공정으로 옳지 않은 것은?

① 오염, 부착물의 제거
② 송진의 처리
③ 옹이 땜
④ 바니시 칠

> [해설]

목부 바탕 만들기 순서
오염, 부착물 제거 → 송진 처리 → 연마지 닦기 → 옹이 땜 → 구멍 땜

51 도장공사에서 표면의 요철이나 홈, 빈틈을 없애기 위하여 주로 점도가 높은 퍼티나 충전제를 메우고 여분의 도료는 긁어 평활하게 하는 도장방법은?

① 붓도장 　　　　　② 주걱도장
③ 정전분체도장 　　④ 롤러도장

> [해설]

도장공법
㉠ 붓 및 롤러도장
  - 붓도장 : 붓도장은 일반적으로 평행 및 균등하게 하

고 도료량에 따라 색깔의 경계, 구석 등에 특히 주의하며 도료의 얼룩, 도료 흘러내림, 흐름, 거품, 붓자국 등이 생기지 않도록 평활하게 한다.

- 롤러도장 : 롤러도장은 붓도장보다 도장속도가 빠르지만 붓도장같이 일정한 도막두께를 유지하기가 매우 어려우므로 표면이 거칠거나 불규칙한 부분에는 특히 주의를 요한다.

ⓛ 주걱(헤라) 및 레기도장

- 주걱도장 : 주걱도장은 표면의 요철이나 홈, 빈틈을 없애기 위한 것으로 주로 점도가 높은 퍼티나 충전제를 메우거나 훑고 여분의 도료는 긁어 평활하게 한다.
- 레기도장 : 레기도장은 자체 평활형 도료 시공에 사용한다. 도장면적과 도막두께에 의해 계산된 도료를 바닥에 부어 두께를 조절하여 레기를 긁어 시공한다.

ⓒ 스프레이도장

52 도장 공사에서의 뿜칠에 대한 설명으로 옳지 않은 것은?

① 큰 면적을 균등하게 도장할 수 있다.
② 뿜칠은 보통 30cm 거리에서 칠면에 직각으로 일정 속도로 이행한다.
③ 뿜칠은 도막두께를 일정하게 유지하기 위해 겹치지 않게 순차적으로 이행한다.
④ 뿜칠 압력이 낮으면 거칠고, 높으면 칠의 유실이 많다.

> 해설

뿜칠 도장
- 뿜칠면에서 30cm 이격하여 시공
- 운행속도는 분당 30m 속도
- 한 줄마다 뿜칠 너비의 1/3 정도 겹쳐서 시공
- 각 회의 뿜칠 방향은 전회의 방향에 직각

53 건축공사 스프레이 도장방법에 관한 설명으로 옳지 않은 것은?

① 도장거리는 스프레이 도장면에서 300mm를 표준으로 한다.
② 매회에 에어스프레이는 붓도장과 동등한 정도의 두께로 하고, 2회분의 도막 두께를 한번에 도장하지 않는다.
③ 각 회의 스프레이 방향은 전회의 방향에 평행으로 진행한다.
④ 스프레이할 때는 항상 평행이동하면서 운행의 한 줄마다 스프레이 너비의 1/3 정도를 겹쳐 뿜는다.

> 해설

문제 50번 해설 참조

54 도장공사의 일반사항으로 틀린 것은?

① 칠은 일반적으로 재벌, 정벌칠의 2공정으로 한다.
② 나중에 칠할수록 색을 진하게 하여 칠을 안한 부분을 구별한다.
③ 주위의 기온이 5℃ 미만, 상대습도가 85% 초과 시는 작업을 중지한다.
④ 1회 바름 두께는 얇게 여러 번 칠하고, 급격한 건조는 피해야 한다.

> 해설

도장공사 시 주의사항
- 바람이 강한 날에는 작업을 중지한다.
- 온도 5℃ 이하, 35℃ 이상, 습도가 85% 이상일 때는 작업을 중지하거나 다른 조치를 취한다.
- 칠막의 가 층은 얇게 하고 충분히 건조시키며 초벌, 재벌, 정벌의 3공정으로 진행한다.
- 칠하는 횟수를 구분하기 위하여 색을 바꾸는 것이 좋다.
- 나중 색을 진하게 하여 모서리에 바름층을 둔다.

55 칠공사에 관한 설명 중 옳지 않은 것은?

① 한랭시나 습기를 가진 면은 작업을 하지 않는다.
② 초벌부터 정벌까지 같은 색으로 도장해야 한다.
③ 강한 바람이 불 때는 먼지가 묻게 되므로 외부공사를 하지 않는다.
④ 야간에는 색을 잘못 칠할 염려가 있으므로 칠하지 않는 것이 좋다.

> 해설

문제 54번 해설 참조

56 도장공사 시 유의사항으로 옳지 않은 것은?

① 도장마감은 도막이 너무 두껍지 않도록 얇게 몇 회로 나누어 실시한다.
② 도장을 수회 반복할 때에는 칠의 색을 동일하게 하여 혼동을 방지해야 한다.
③ 칠하는 장소에서 저온, 다습하고 환기가 충분하지 못할 때에는 도장작업을 금지해야 한다.
④ 도장 후 기름, 산, 수지, 알칼리 등의 유해물이 배어 나오거나 녹아 나올 때에는 재시공한다.

해설

문제 54번 해설 참조

57 페인트칠의 경우 초벌과 재벌 등을 바를 때마다 그 색을 약간씩 다르게 하는 이유는?

① 희망하는 색을 얻기 위해서
② 색이 진하게 되는 것을 방지하기 위해서
③ 착색안료를 낭비하지 않고 경제적으로 하기 위해서
④ 공정에 따라 칠을 하였는지 안하였는지를 구별하기 위해서

해설

문제 54번 해설 참조

58 도장시공 전 및 도료 사용 시 주의사항으로 옳지 않은 것은?

① 도료는 사용 전 잘 교반하여 균일하게 한 후 사용하고, 과도한 희석은 피한다.
② 기온이 5℃ 이하이거나 상대습도 85 % 이상인 환경이 도장하기에 가장 적합하다.
③ 하도용 도료와 적합한 상도용 도료를 선택하고 층간 밀착성이 양호해야 한다.
④ 소지조정, 표면처리의 방법에 따라 녹이나 기름기 제거, 표면의 거칠기 정도를 관리한다.

해설

문제 54번 해설 참조

59 다음 중 도장공사에 관한 주의사항으로 옳지 않은 것은?

① 바탕의 건조가 불충분하거나 공기의 습도가 높을 때에는 시공하지 않는다.
② 불투명한 도장일 때에는 초벌부터 정벌까지 같은 색으로 시공해야 한다.
③ 야간에는 색을 잘못 도장할 염려가 있으므로 시공하지 않는다.
④ 직사광선은 가급적 피하고 도막이 손상될 우려가 있을 때에는 도장하지 않는다.

해설

문제 54번 해설 참조

60 도장작업 시 주의사항으로 옳지 않은 것은?

① 도료의 적부를 검토하여 양질의 도료를 선택한다.
② 도료량을 표준량보다 두껍게 바르는 것이 좋다.
③ 저온 다습 시에는 작업을 피한다.
④ 피막은 각 층마다 충분히 건조 경화한 후 다음 층을 바른다.

해설

도장공사 시 주의사항
• 바람이 강한 날에는 작업을 중지한다.
• 온도 5℃ 이하, 35℃ 이상, 습도가 85% 이상일 때는 작업을 중지하거나 다른 조치를 취한다.
• 칠막의 각 층은 얇게 하고 충분히 건조시킨다.
• 칠하는 횟수를 구분하기 위하여 색을 바꾸는 것이 좋다.
• 나중색을 진하게 하여 모서리에 바름층을 둔다.

61 다음에서 설명하고 있는 도장결함은?

도료를 겹칠하였을 때 하도의 색이 상도막 표면에 떠올라 상도의 색이 변하는 현상

① 번짐   ② 색 분리
③ 주름   ④ 핀홀

정답   56 ②   57 ④   58 ②   59 ②   60 ②   61 ①

도장결함

- 번짐 : 도료를 겹칠하였을 때 하도의 색이 상도막 표면에 떠올라 상도의 색이 변하는 현상
- 도막과다·도막부족 : 두껍거나 얇은 것으로 2차적 원인
- 흐름성(Sagging, Running) : 수직면으로 도장하였을 경우 도장 직후 또는 접촉건조 사이에 도막이 흘러내리는 현상
- 실끌림(Cobwebbing) : 에어레스 도장 시 완전히 분무되지 않고 가는 실 모양으로 도장되는 것
- 기포 : 도장 시 생긴 기포가 꺼지지 않고 도막표면에 그대로 남거나 꺼지고 난 뒤 핀홀 현상으로 남는 것
- 핀홀 : 도장을 건조할 때 바늘로 찌른 듯한 조그만 구멍이 생기는 현상
- 블로킹 : 도장 강재를 쌓아 두거나 받침목을 이용, 적재하였다가 분리시켰을 때 도막이 떨어지거나 현저히 변형되는 현상
- 백화 : 도장 시 온도가 낮을 경우 공기 중의 수증기가 도장면에 응축·흡착되어 하얗게 되는 현상
- 들뜸, 뭉침, 색얼룩, 백화, 균열 등이 추가적으로 있음

Section 03 합성수지공사

62 합성수지의 일반적인 성질에 대한 설명으로 옳지 않은 것은?

① 전성, 연성이 크고 피막이 강하고 광택이 있다.
② 접착성이 크고 기밀성, 안정성이 큰 것이 많다.
③ 내열성·내화성이 적고 비교적 저온에서 연화·연질된다.
④ 강재와 비교하여 강성은 적으나 탄성계수가 커 다방면에 활용도가 높다.

합성수지

합성수지는 구조재료로서의 압축강도 이외의 강도 및 탄성계수는 작다.
인장강도가 압축강도보다 작기 때문에 이를 보강하기 위하여 콘크리트 속에 철근을 넣는 것처럼 플라스틱의 강화재로서 수지 속에 섬유를 넣어 강화플라스틱(FRP)으로 만들어 사용한다.

63 건축재료 중 합성수지에 대한 특징으로 옳지 않은 것은?

① 콘크리트보다 흡수율이 적다.
② 표면이 매끈하여 착색이 자유롭고 광택이 좋다.
③ 내열성(耐熱性)이 콘크리트보다 낮다.
④ 강도에서 인장강도 및 압축강도는 낮으나, 탄성(彈性)이 금속재보다 우수하다.

해설

문제 62번 해설 참조

64 합성수지 중 건축물의 천장재, 블라인드 등을 만드는 열가소성 수지는?

① 알키드수지
② 요소수지
③ 폴리스티렌수지
④ 실리콘수지

해설

열가소성 수지

열가소성 수지에는 염화비닐수지, 폴리스틸렌수지, 폴리에틸렌수지, 아크릴수지, 아미드수지 등이 해당한다.

65 다음 중 열가소성 수지에 해당하는 것은?

① 페놀수지
② 염화비닐수지
③ 요소수지
④ 멜라민수지

해설

문제 64번 해설 참조

66 접착제 중 가장 우수한 것으로 경화제의 첨가에 따라 불용불융(不溶不融)인 수지가 되며 특히 금속 접착에 적당하고 항공기재의 접착에도 쓰이는 것은?

① 에폭시수지
② 페놀수지
③ 멜라민수지
④ 요소수지

에폭시 수지

금속의 접착성에 우수하며 내약품성이 양호하고 내열성이 우수하나 다소 고가의 재료임

67 다음 합성수지에 관한 설명 중 틀린 것은?

① 페놀수지는 접착성, 전기 절연성이 크다.
② 요소수지는 무색으로 착색이 자유롭다.
③ 에폭시수지는 산 및 알칼리에 약하나 내수성이 뛰어나다.
④ 실리콘수지는 내열성이 우수하고 발포 보온재에 사용된다.

해설
문제 66번 해설 참조

68 합성수지에 관한 설명으로 옳지 않은 것은?

① 에폭시수지는 접착제, 프린트 배선판 등에 사용된다.
② 염화비닐수지는 내후성이 있고, 수도관 등에 사용된다.
③ 아크릴수지는 내약품성이 있고, 조명기구커버 등에 사용된다.
④ 페놀수지는 알칼리에 매우 강하고, 천장 채광판 등에 주로 사용된다.

해설

페놀수지
• 강도, 전기 절연성, 내산성, 내열성, 내수성 모두 양호나 내알카리성이 약함
• 벽, 덕트, 파이프, 발포보온관, 접착제, 배전판 등에 사용

69 플라스틱 바름바닥재 중 공기 중의 수분과 화학반응하는 경우 저온 · 저습에서 경화가 늦으므로 5℃ 이하에서 촉진제를 사용하는 것은?

① 에폭시수지
② 아크릴수지
③ 폴리우레탄
④ 클로로프렌 고무

해설

플라스틱 바름재바닥
• 폴리우레탄 바름재바닥 : 공기 중의 수분과 화학반응하는 경우 저온과 저습에서 경화가 늦으므로 5℃ 이하에서는 촉진제를 사용한다.
• 에폭시수지 바름재바닥 : 수지페이스트와 수지모르타르용 결합재에 경화제를 혼합하면 생기는 기포의 혼입을 막도록 소포제를 첨가한다.
• 불포화폴리에스테르 바름재바닥 : 표면경도, 신축성 등이 폴리우레탄에 가까운 연질이고 페이스트, 모르타르 골재 등을 섞어서 사용한다.
• 초산비닐수지 바름재바닥 : 착색성이 우수하고 보행감이 좋지만 내약품성 및 내구성이 적어서 잘 쓰지 않는다.
• 아크릴수지 바름재바닥 : 먼지를 방지하는 목적으로 사용되며, 바름 두께가 적은 편이다.
• 프란수지 바닥바름재 : 내약품성 및 내열성이 우수하지만 고가이므로 전지의 제조나 도금 등의 강산을 취급하는 공장에만 사용한다.
• 클로로프렌 고무 바닥바름재 : 탄력성과 미끄럼 방지에 유리하여 체육관에 많이 쓴다.

70 시공성 및 일체성 확보를 위해 사용되는 플라스틱 바름바닥재에 대한 설명으로 옳지 않은 것은?

① 폴리우레탄 바름바닥재 – 공기 중의 수분과 화학반응하는 경우 저온과 저습에서 경화가 늦으므로 5℃ 이하에서는 촉진제를 사용한다.
② 에폭시수지 바름바닥재 – 수지페이스트와 수지모르타르용 결합재에 경화제를 혼합하면 생기는 기포의 혼입을 막도록 소포제를 첨가한다.
③ 불포화폴리에스테르 바름바닥재 – 표면경도(탄력성), 신축성 등이 폴리우레탄에 가까운 연질이고 페이스트, 모르타르, 골재 등을 섞어서 사용한다.
④ 프란수지 바름바닥재 – 탄력성과 미끄럼 방지에 유리하여 체육관에 많이 사용한다.

해설
문제 68번 해설 참조

71 서로 다른 종류의 금속재가 접촉하는 경우 부식이 일어나는 경우가 있는데 부식성이 큰 금속 순으로 나열된 것은?

① 알루미늄 > 철 > 구리
② 철 > 알루미늄 > 구리
③ 철 > 구리 > 알루미늄
④ 구리 > 철 > 알루미늄

해설

이온화 경향(클수록 부식되기 쉽다.)
K > Ca > Na > Mg > Al > Za > Fe > Nl > Sn > H

72 구리(Copper)로 된 재료를 사용하기에 가장 부적합한 곳은?

① 지붕잇기 판
② 냉난방용 설비자재
③ 화장실
④ 홈통

해설

구리
구리는 여러 종류의 유기산, 암모니아, 기타 알칼리성 용액 등에 침식이 잘된다. 따라서 화장실 주위와 같이 암모니아와 접하는 장소나 시멘트, 콘크리트 등 알칼리에 접하는 장소에서는 빨리 부식된다. 동은 철강보다 내식성이 우수하고 전연성이 크기 때문에 지붕잇기 동판 및 홈통, 철사, 못과 난방용 배관재로 사용된다.

73 비철금속에 관한 설명 중 옳지 않은 것은 어느 것인가?

① 동에 아연을 합금시킨 것이 황동으로 일반적인 황동은 아연함유량이 40% 이하이다.
② 구조용 알루미늄 합금은 4~5%의 동을 함유하므로 내식성이 좋다.

③ 주로 합금재료로 쓰이는 주석은 유기산에는 거의 침해되지 않는다.
④ 아연은 철강의 방식용에 피복재로서 사용할 수 있다.

해설

구조용 알루미늄 합금
구조용 알루미늄 합금은 대개가 듀랄루민으로, 내식성 합금보다는 내식성이 약하다.

74 다음 중 알루미늄에 대한 설명으로 옳지 않은 것은?

① 산이나 알칼리 및 해수에 침식되지 않는다.
② 알루미늄박(箔)을 이용하여 단열재, 흡음판을 만들기도 한다.
③ 알루미늄의 영계수는 약 7,300kg/mm² 정도이다.
④ 알루미늄의 표면처리에는 양극산화 피막법 및 화학적 산화피막법이 있다.

해설

알루미늄
알루미늄은 알칼리에 약해 모르타르나 콘크리트에 직접 닿지 않아야 한다.

75 건축용으로 사용되는 다음 금속재 가운데 상호 접촉 시 가장 부식되기 쉬운 것은?

① 구리　　　　　② 알루미늄
③ 철　　　　　　④ 아연

해설

이온화 경향
알루미늄 > 아연 > 철 > 구리의 순이다. 이온화 경향이 크면 클수록 부식되기 쉽다.

76 계단에서는 미끄럼막이(Non Slip) 철물은 어느 부위에 설치하는가?

① 계단의 디딤판　　② 계단 참
③ 계단 옆판　　　　④ 계단 난간

정답　71 ①　72 ③　73 ②　74 ①　75 ②　76 ①

미끄럼 막이

계단의 디딤판 끝에 설치하여 사람이 이동할 때 미끄러짐을 방지하기 위한 철물

77 기둥, 벽 등의 미장 바름용에 사용하는 철물명칭은?

① 코너비드　　　　② 논슬립

③ 인서트　　　　　④ 드라이비트

코너비드

미장공사에서 모서리를 보호하기 위한 철물

78 다음 각 철물들이 사용되는 곳으로 옳지 않은 것은?

① 논 슬립(Non Slip) – 계단

② 코너 비드(Corner Bead) – 바닥

③ 피벗(Pivot) – 창호

④ 메탈 라스(Metal Lath) – 벽

문제 77번 해설 참조

79 기둥, 벽 등의 모서리에 대어 미장바름을 보호하는 철물은?

① 논 슬립(Non Slip)

② 리브 라스(Lib Lath)

③ 메탈 라스(Metal Lath)

④ 코너 비드(Corner Bead)

문제 77번 해설 참조

80 연강 철선을 전기 용접하여 정방형 또는 장방형으로 만든 것으로 콘크리트 다짐 바닥 지면 콘크리트 포장 등에 사용하는 금속재는?

① 와이어 라스　　　② 와이어 메시

③ 메탈 라스　　　　④ 익스팬디드 메탈

와이어 메시

와이어 메시는 와이어(연강철선)를 전기용접하여 만들며 콘크리트 포장 및 미장 바탕재료로 사용된다.

81 얇은 강판에 동일한 간격으로 펀칭하고 잡아늘여 그물처럼 만든 것으로 천장, 벽, 처마둘레 등의 미장바탕에 사용하는 재료로 옳은 것은?

① 와이어 라스(Wire Lath)

② 메탈 라스(Metal Lath)

③ 와이어 메시(Wire Mesh)

④ 펀칭 메탈(Punching Metal)

수장용 철물

• 와이어 메시 : 연강철선을 직교시켜 전기 용접하여 정방형 또는 장방형으로 만든 것이다.

• 와이어 라스 : 아연 도금한 굵은 철선을 꼬아서 그물처럼 만든 철망이다.

• 펀칭 메탈 : 얇은 철판을 각종 모양으로 도려낸 것이다.

• 메탈 라스 : 얇은 철판(#28)에 자름금을 내어서 당겨 마름모꼴 구멍을 그물처럼 만든 것

82 마감공사 시 사용되는 철물에 관한 설명으로 옳지 않은 것은?

① 코너비드는 기둥과 벽 등의 모서리에 설치하여 미장면을 보호하는 철물이다.

② 메탈라스는 철선을 종횡 격자로 배치하고 그 교점을 전기저항용접으로 한 것이다.

③ 인서트는 콘크리트 구조 바닥판 밑에 반자틀, 기타 구조물을 달아맬 때 사용된다.

④ 펀칭메탈은 얇은 판에 각종 모양을 도려낸 것을 말한다.

메탈라스

금속공사에서 쓰이는 수장철물로 금속판에 자름금을 내어 늘린 평면형의 철물이다.

---

83 금속제 천장틀의 사용자재가 아닌 것은?

① 코너비드　　　　② 달대볼트
③ 클립　　　　　　④ ㄷ자형 반자틀

코너비드

미장공사에서 모서리를 보호하기 위한 철물

---

84 다음 중 무기질 단열재료가 아닌 것은?

① 셀룰로오스 섬유판　② 세라믹 섬유
③ 펄라이트 판　　　　④ ALC 패널

무기질 단열재

• 특성 : 열에 강하고 접합부 시공이 우수하며 흡습성이 크다.
• 종류
　－유리질 : 유리면
　－광물질 : 석면, 암면, 펄라이트
　－금속질 : 규산질, 알루미나질, 마그네시아질
　－탄소질 : 탄소질섬유, 탄소분말

---

85 다음 기술 내용 중 열교(Thermal Bridge)와 관련이 없는 것은?

① 외벽, 바닥 및 지붕에서 연속되지 않는 부분이 있을 때 발생한다.
② 벽체와 지붕 또는 바닥과의 접합부위에서 발생한다.
③ 열교 발생으로 인한 피해는 표면결로 발생이 있다.
④ 열교 방지를 위해서는 외단열 시공을 하여서는 안 된다.

열교/냉교

• 바닥, 벽, 지붕 등의 건축물 부위에 단열이 연속되지 않은 부분(열적 취약부위)이 있을 때 이 부위를 통해 열의 이동이 발생되는 현상이다. 열의 손실이라는 측면에서 냉교현상이라고도 한다.
• 방지대책으로는 외부단열, 중단열, 내단열 등이 있다.

---

86 건축마감공사로서 단열공사와 관련된 다음 내용 중 옳지 않은 것은?

① 단열시공바탕은 단열재 또는 방습재 설치에 지장이 없도록 못, 철선, 모르타르 등의 돌출물을 제거하여 평탄하게 청소한다.
② 설치위치에 따른 단열공법 중 단열성능이 적고 내부결로가 발생할 우려가 있는 것은 외단열공법이다.
③ 단열재를 접착제로 바탕에 붙이고자 할 때에는 바탕면을 평탄하게 한 후 밀착하여 시공하되 초기 박리를 방지하기 위해 압착상태를 유지시킨다.
④ 단열재료에 따른 공법은 성형판단열새 공법, 현장발포재 공법, 뿜칠단열재 공법으로 분류되고 시공부위별 단열공법으로는 벽단열, 바닥단열, 지붕단열 공법 등이 있다.

단열공사

단열공법은 단열의 위치에 따라 내단열, 외단열, 중단열로 나누어지는데 가장 좋은 것은 외단열이다.

---

87 인텔리전트 빌딩 및 전자계산실에서 배선, 배관 등이 복잡한 공간의 바닥구성재료로 적합한 것은?

① 복합 바닥(Composite Floor)
② 와플 바닥(Waffle Floor)
③ 액세스 플로어(Access Floor)
④ 장선 바닥(Joist Floor)

액세스 플로어

장방형의 패널을 받침대(Pedestal)로 지지시켜 만든 이중
바닥구조로서 공조설비, 배관설비, 전기, 전자, 컴퓨터설
비 등의 설치와 유지관리, 보수의 편리성과 용량 조정 등을
위해 사용된다.

- 장선방식
- 공통독립 다리방식
- 지지부 부착 패널방식

88 표준시방서에 따른 바닥공사에서의 이중바닥
지지방식이 아닌 것은?

① 달대고정방식
② 장선방식
③ 공통독립 다리방식
④ 지지부 부착 패널방식

문제 87번 해설 참조

CHAPTER

12

적산

기 10② 14④ 16②④ 17④ 19①
산 11① 12②③ 13③ 15① 17① 20①

핵심문제 ●○○

건축공사에서 활용되는 견적방법 중 가장 정확한 공사비의 산출이 가능한 견적방법은?

❶ 명세견적   ② 개산견적
③ 입찰견적   ④ 실행견적

1. 일반 사항

1) 적산과 견적

① 적산 : 공사진행에 필요한 공사량(재료, 품)을 산출하는 기술활동
② 견적 : 산출된 공사량에 적정한 단가를 선정하여 곱한 후, 합산하여 총 공사비를 산출하는 기술활동으로 공사개요 및 기일, 기타 조건에 의하여 달라질 수 있다.

2) 견적의 종류

① 명세 견적 : 설계도서(도면, 시방서), 현장설명서, 구조계산서 등에 의거하여 가장 정확하고 정밀하게 공사비를 산출하는 방법
② 개산 견적 : 기 수행된 공사의 자료, 통계치, 경험, 실험식 등에 의하여 개략적으로 공사비를 산출하는 방법

- 단위 수량에 의한 방법
  ┌ 단위 면적에 의한 개산 견적
  ├ 단위 체적에 의한 개산 견적
  └ 단위 설비에 의한 개산 견적

- 단위 비율에 의한 방법
  ┌ 가격 비율에 의한 개산 견적
  └ 수량 비율에 의한 개산 견적

3) 견적의 순서

4) 단가의 종류

노무단가, 재료단가, 복합단가, 합성단가

5) 공사비 구성

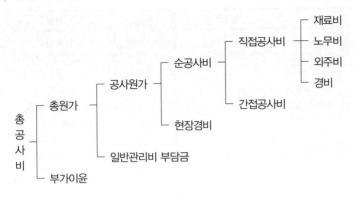

6) 공사비 비목

비목	비목내용
재료비	① 직접재료비 : 공사목적물의 실체를 형성하는 재료의 비용 ② 간접재료비 : 공사목적물의 실체를 형성하지 않으나, 공사에 보조적으로 소비되는 재료의 비용(소모품) ③ 부산물 : 시공 중 발생되는 부산물은 이용가치를 추산하여 재료비에서 공제한다.
노무비	① 직접노무비 : 공사목적물을 완성하기 위하여 직접 작업에 종사하는 종업원 및 노무자에게 지급하는 금액 ② 간접노무비 : 직접 작업에 종사하지 않으나, 공사현장의 보조작업에 종사하는 노무자, 종업원, 현장사무직원에 지급하는 금액
외주비	도급에 의해 공사목적물의 일부를 위탁, 제작하여 반입되는 재료비와 노무비
경비	경비전력비, 운반비, 기계경비, 가설비, 특허권사용료, 기술료, 시험검사비, 지급임차료, 보험료, 보관비, 외주가공비, 안전관리비, 기타 경비로 계산한다.
일반관리비	기업의 유지를 위한 관리활동 부분에서 발생하는 제비용
이윤	이윤은 영업이익을 말한다.

2. 수량산출 기준

1) 수량의 종류

① 정미량 : 설계도서에 의거하여 정확한 길이(m), 면적(m²), 체적(m³), 개수 등을 산출한 수량

② 소요량·구입량 : 산출된 정미량에 시공 시 발생되는 손, 망실량 등을 고려하여 일정 비율의 수량(할증량)을 가산하여 산출된 수량

2) 할증률

할증률	재료	할증률	재료
1%	유리 콘크리트(철근)		원형철근 일반철근, 리벳
2%	도료 콘크리트(무근)		강관 봉강
		5%	소형형강(Angle) 시멘트벽돌 타일(합성수지계) 수장합판 목재(각재) 텍스, 석고보드 기와
3%	이형철근 고력볼트 붉은벽돌 내화벽돌 타일(점토계) 타일(클링커) 테라코타 일반합판 슬레이트	6%	테라초 판
		7%	대형형강
		10%	강판(Plate) 단열재 석재(정형) 목재(판재)
		20%	졸대
4%	시멘트블록	30%	석재(원석, 부정형)

3) 공제하지 아니하는 것

① 콘크리트 구조물 중의 말뚝머리 체적
② 볼트의 구멍
③ 모따기 또는 물구멍
④ 이음줄눈의 간격
⑤ 포장공종의 1개소당 0.1m² 이하의 구조물 자리
⑥ 강(剛) 구조물의 리벳 구멍
⑦ 철근콘크리트 내의 철근
⑧ 조약돌 중의 말뚝 체적 및 책동목

3. 소운반

소운반은 수평거리 20m 이내의 거리를 말하며, 경사비율은 수평거리 6m에 대한 수직거리 1m의 경사도의 거리이며 운반비를 계상하지 않는다.

4. 먹매김품(인)

보통주택	0.055~0.075
고급주택	0.075~0.089
학교, 공장	0.024~0.041
사무소	0.041~0.058
은행	0.055~0.075

주 : 거푸집, 구조부, 마무리 먹매김을 합산한 수치이며, 목공일이 많은 목구조 등은 적용하지 않는다.

5. 공구손료 및 잡재료

1) 공구손료

일반공구 및 시험용 계측기구류의 손료로서 공사 중 상시 일반적으로 사용하는 것을 말하며 인력품(할증 제외)의 3%까지 계상

2) 잡재료 및 소모재료

주재료비의 2~5%까지 계상

6. 수량산출방법

1) 시공 순서대로
2) 내부에서 외부로 나가면서
3) 큰 곳에서 작은 곳으로
4) 수평에서 수직으로
5) 단위세대에서 전체로

핵심문제

목공사에서 건축연면적(m²)당 먹매김의 품이 가장 많이 소요되는 건축물은?

❶ 고급주택   ② 학교
③ 사무소   ④ 은행

핵심문제 ●○○

일반적인 적산 작업 순서가 아닌 것은?
① 수평방향에서 수직방향으로 적산한다.
② 시공순서대로 적산한다.
③ 내부에서 외부로 적산한다.
❹ 아파트 공사인 경우 전체에서 단위세대로 적산한다.

SECTION 02 가설공사

1. 가설 공사비

가설 공사비는 본 공사의 성질에 따라 계산할 수 있으며 일반적으로 총 공사비의 5~10%의 범위로 한다.

기 12② 13① 16① 17① 19② 20③
산 10② 14②③

핵심문제

다음 중 가설비용의 종류로 볼 수 없는 것은?

① 가설건물비   ❷ 바탕처리비
③ 동력, 전등설비 ④ 용수설비

2. 가설물 기준 면적

종별	용도	기준면적	비고
사무소		3.3m²	1인당
식당	30인 이상일 때	1m²	1인당
숙소		4.2m²	1인당
휴게실	기거자 3명당	3m²	1m²/인
목수작업장	거푸집용	20m²	거푸집 사용량 1,000m²당
철근공 작업장	가공보관	30~60m²	사용량 100t당
철골공 작업장	공장도 작성	30m²	사용량 100t당 (공장 가공일 때는 필요 없음)

3. 시멘트 창고 면적(m²)

1) 비례식 : 1m²당 적재량

① 통로가 있을 경우 : 30~35포대/m²
② 통로가 없을 경우 : 50포대/m²

2) 실험식

$$A = 0.4 \times \frac{N}{n}$$

여기서, n : 최고 쌓기 단수

① 문제조건
② 13
③ 장기저장 시 7단

N : 저장포대수 − 사용 시멘트량의 1/3의 수량을 저장할 수 있는 크기

∴ 사용량이 ① 600포 미만 − 전량 저장
② 600포 이상 − 전량의 1/3 저장

4. 변전소 면적(m², 평)

$$A = \sqrt{W}\ (평) = 3.3 \times \sqrt{W}$$

여기서, w : 사용기계 기구의 전력(kW)의 합(피크전력)

1kW = 1,000W
1HP = 746W = 0.746kW

5. 동바리량(공m³, 10공m³)

상층 슬래브 바닥 밑면적 × 높이 × 0.9

6. 비계면적

1) 내부비계

연면적의 90%(연면적 × 0.9)

2) 외부비계

① 이격거리(D)

(cm)

구분	통나무 비계		단관파이프 틀비계	비고
	외줄, 겹비계	쌍줄비계		
목구조	45	90	100	벽체중심
철근콘크리트 · 철골구조	45	90	100	벽체외면

∴ 비계면적 = 비계둘레길이 × 높이

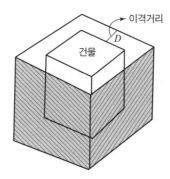

✎ 외줄, 겹비계 : {$\sum l + 8 \times 0.45$} × H
쌍줄 비계 : {$\sum l + 8 \times 0.9$} × H
단관 파이프 : {$\sum l + 8 \times 1.0$} × H
　여기서, $\sum l$: 건물의 둘레길이 ① 목구조 – 중심 간 길이
　　　　　　　　　　　　　　② 기타 – 외측 간 길이
　　　　H : 건물의 높이

7. 단관비계 매기

1) 기구 손료는 인건비의 5%이며 재료할증 소운반 및 잡재료는 포함되지 않는다.
2) 가설 장비 설치용시설, 비계다리, 낙하물 방지, 작업대 시설 등은 별도 계상할 수 있다.
3) 높이 30m 이상에서 비계안전상 보강재 및 기타의 보강재는 별도 계산한다.
4) 건물고 30m 이상에서 매 3.5m 증가마다 인공량을 10%씩 비례증가한다.

핵심문제 ●●●

다음과 같은 평면을 갖는 건물 외벽에 15m 높이로 쌍줄비계를 설치할 때 비계면적으로 옳은 것은?

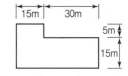

① 1,950m²　　② 2,004m²
❸ 2,058m²　　④ 2,070m²

8. 각재료 단위용적 중량

1) 암석＝2,650kg/m³(평균치)
2) 자갈＝1,700kg/m³(평균치)
3) 모래＝1,600kg/m³(평균치)
4) 점토＝1,500kg/m³(평균치)
5) 강＝7,850kg/m³(평균치)
6) 미송＝560kg/m³(평균치)
7) 시멘트＝1,500kg/m³(평균치)

9. 비중

1) 비중 ＝ $\dfrac{중량(t)}{부피(m^3)}$

2) 중량을 구하려면
   ① 중량(t)＝부피(m³)×비중
   ② 중량(kg)＝부피(m³)×비중×1,000

3) 부피를 구하려면
   부피(m³)＝ $\dfrac{중량(t)}{부피(m^3)}$

산 20③

핵심문제　　　●●○

60cm×40cm×45cm인　화강석 200개를 8톤 트럭으로 운반하고자 할 때, 필요한 차의 대수는?(단, 화강석의 비중은 약 2.7이다.)

① 6대　　　❷ 8대
③ 10대　　④ 12대

SECTION 03　토공사

• 터파기량 : ①의 체적

• 되메우기량 : ②의 체적(터파기량－기초구조부 체적)

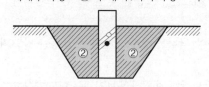

• 잔토처리량 : ③의 체적(기초구조부 체적)×토량환산계수

1. 터파기량

- 수직터파기 : 높이가 1m 미만일 때
- 경사각터파기 : 높이가 1m 이상일 때

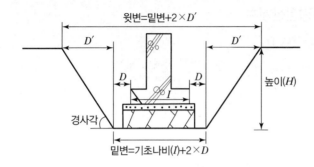

$$D = \quad D' = ① 경사각 이용$$

H(m)	D(cm)
1m 이하	20
2m 이하	30
4m 이하	50
4m 초과	60

$D' = ①$ 경사각 이용
$\quad ② 0.3H$

1) 독립기초 터파기량

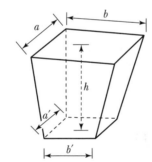

$$V = \frac{h}{6}\{(2a+a') \times b + (2a'+a) \times b'\}$$

2) 줄기초 터파기량

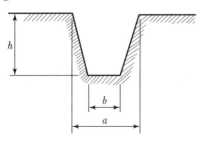

$$V = 단면적 \times 유효길이$$

기 10② 14④ 17② 산 10① 11③ 14②
17①

핵심문제 ●●●

토공사 적산에 대한 설명 중 옳지 않은 것은?

① 흙막이가 있는 경우 터파기 깊이가 5m 이하일 때 터파기 여유폭은 60~90cm를 표준으로 한다.

② 흙막이가 없는 경우 터파기 깊이가 4m 이하일 때 터파기 여유폭은 50cm를 표준으로 한다.

❸ 깊이 3m 미만의 터파기는 휴식각을 고려하지 않는 수직 터파기량으로 산출한다.

④ 잔토처리 시 흙파기량을 전부 잔토처분할 때의 잔토처리량은 (흙파기 체적) × (토량환산계수)로 한다.

핵심문제 ●●●

그림과 같은 모래질 흙의 줄기초파기에서 파낸 흙을 6톤 트럭으로 운반하려고 할 때 필요한 트럭의 대수로 옳은 것은?(단, 흙의 부피증가는 25%로 하며 파낸 모래질 흙의 단위중량은 1.8t/m³이다.)

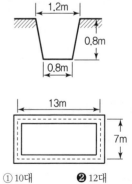

① 10대 ❷ 12대
③ 15대 ④ 18대

핵심문제 ●●●

토공사에 적용되는 체적환산계수 L 의 정의로 옳은 것은?

❶ $\dfrac{\text{흐트러진 상태의 체적}(m^3)}{\text{자연상태의 체적}(m^3)}$

② $\dfrac{\text{자연 상태의 체적}(m^3)}{\text{흐트러진 상태의 체적}(m^3)}$

③ $\dfrac{\text{다져진 상태의 체적}(m^3)}{\text{자연상태의 체적}(m^3)}$

④ $\dfrac{\text{자연 상태의 체적}(m^3)}{\text{다져진 상태의 체적}(m^3)}$

기 12④ 13② 산 11② 14③ 15② 19①
20④

핵심문제 ●●○

토량 470m³ 불도저로 작업하려고 한다. 작업을 완료하기까지의 소요시간을 구하면?(단, 불도저의 삽날 용량은 1.2m³, 토량환산계수는 0.8, 작업효율은 0.8, 1회 사이클 시간은 12분이다.)

① 120.40시간   **❷** 122.40시간
③ 132.40시간   ④ 140.40시간

핵심문제 ●●○

파워셔블(power shovel) 사용 시 1시간당 굴착량은?(단, 버킷용량 : 0.76m³, 토량환산계수 : 1.28, 버킷계수 : 0.95, 작업효율 : 0.50, 1회 사이클 시간 : 26초)

① 12.01m³/h   ② 39.05m³/h
❸ 63.98m³/h   ④ 93.28m³/h

산 18①

핵심문제 ●○○

흙을 파낸 후 토량의 부피 변화가 가장 큰 것은?

① 모래   ② 보통흙
❸ 점토   ④ 자갈

---

① 단면적$= \dfrac{a+b}{2} \times h = t \times h$ $\left(\dfrac{a+b}{2} = t \right)$

② 유효길이 : 외측은 중심 간 길이 내측은 안목 유효길이로 계산한다.

2. 토량환산계수

1) 자연상태(1)

2) 흐트러진 상태(L) $= \dfrac{\text{흐트러진 상태의 체적}}{\text{자연상태의 체적}}$

3) 다짐 상태(C) $= \dfrac{\text{다짐 상태의 체적}}{\text{자연상태의 체적}}$

3. 토공기계 작업량 산정식

1) 불도저

$$Q = \frac{60 \cdot g \cdot f \cdot E}{c_m} \, (\text{m}^3/\text{hr})$$

2) 파워 셔블 등

$$Q = \frac{3{,}600 \cdot g \cdot f \cdot E \cdot K}{c_m} \, (\text{m}^3/\text{hr})$$

여기서, Q : 시간당 작업량(m³/hr)
g : 1회 작업 토공량(m³)
f : 작업 변화율
E : 작업 효율
K : 버켓 계수
c_m : 1회 순환 소요시간

4. 기초파기 소요인원

1인 1일 굴토량 : 3~6m³

5. 잡석 지정

사춤 자갈량(m³) = 잡석 지정량 × 0.3

6. 터파기 후 부피 증가율(%)

점토	흙	모래	자갈	모래, 진흙 섞인 자갈
25	20~25	15	15	30

1. 철근량

1) 산출식=1본의 길이(m)×개수×단위중량(kg/m)
2) 1본의 길이=부재의 길이+이음길이+정착길이+후크의 길이

3) 개수

① 도면표기

② $\dfrac{배근범위}{간격}$

4) 단위 중량(kg/m)

① D10=0.56kg/m

② D13=0.995kg/m

③ D16=1.56kg/m

④ D19=2.25kg/m

⑤ D22=3.04kg/m

2. 거푸집 면적 산출

1) $\theta \geqq 30°$인 경우에는 비탈면 거푸집을 계산하고
2) $\theta \leqq 30°$인 경우에는 기초 주위의 수직면 거푸집(D)만 계산한다.

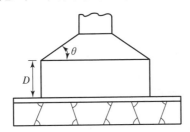

① 기둥 : (기둥 둘레 길이)×(기둥 높이), 기둥 높이는 바닥판 안목 간의 높이다.
② 보 : (기둥간 안목 길이)×(바닥판 두께를 뺀 보 옆면적)×2, 보의 밑 부분은 바닥판에 포함한다.
③ 바닥판 : 외벽의 두께를 뺀 내벽간 바닥면적으로 한다.
④ 벽 : (벽면판－개구부 면적)×2, 벽면적은 기둥과 보의 면적을 뺀 것이다.
⑤ 개구부 : 1m² 이하의 개구부는 주위의 사용재를 고려하여 거푸집 면적에서 빼지 않는다.

기 14①④ 산 10①③ 12②

핵심문제 ●●○

기초의 비탈면 거푸집 면적 계상의 결정기준이 되는 비탈면 각도는?

① 15° ❷ 30°
③ 45° ④ 0°

⑥ 다음의 접합부 면적은 거푸집 면적에서 빼지 않는다.
- 기초와 지중보
- 지중보와 기둥
- 기둥과 보
- 큰 보와 작은 보
- 기둥과 벽체
- 보와 벽
- 바닥판과 기둥

기 16② 산 15③ 17②

3. 콘크리트 1m³당 재료량

1) 비벼내기량(V)

① 표준 계량 용적 배합(1 : m : n)일 때

$$V = \frac{1 \times Wc}{gc} + \frac{m \times Ws}{gs} + \frac{n \times Wg}{gg} + Wc \times X$$

여기서, g_c : 시멘트 비중 W_c : 시멘트의 단위 용적 중량
g_s : 모래 비중 W_s : 모래의 단위 용적 중량
g_g : 자갈 비중 W_g : 자갈의 단위 용적 중량
X : 물시멘트의 비

② 현장 배합(1 : m : n)

$$V = 1.1m + 0.57n$$

2) 각 재료량

① 시멘트량 $= \dfrac{1}{V}$ (m³) $\times$ 1,500(kg/m³)

② 모래량 $= \dfrac{m}{V}$ (m³)

③ 자갈량 $= \dfrac{n}{V}$ (m³)

④ 물의 양 = 시멘트량 $\times$ 물시멘트비(X)

✎ 각 재료량은 콘크리트 1m³의 수량임에 유의

핵심문제 ●●○

철근콘크리트 구조물의 소요 콘크리트량이 100m³인 경우 필요한 재료량으로 옳지 않은 것은?(단, 콘크리트 배합비는 1 : 2 : 4이고, 물시멘트비는 60%이다.)

① 시멘트 : 800포
② 모래 : 45m³
③ 자갈 : 90m³
❹ 물 : 240kg

3) 일반적인 배합비일 때 재료량

배합비	시멘트	모래	자갈
1 : 2 : 4	8포	0.45m³	0.9m³
1 : 3 : 6	5.5포	0.47m³	0.94m³

(콘크리트 1m³의 수량)

4. 콘크리트량 산출

1) 산출기준

① 정미량

② 층별, 부재별, 종류별, 강도별

2) 독립기초

① 수평부＝가로 × 세로 × 높이

② 경사부＝$\dfrac{H}{6}\{(2a'+a) \times b' + (2a+a') \times b\}$

3) R.C조 1개층

① 기둥＝기둥단면적 × 높이$(H-t_s)$

② 보＝너비 × $(D-t_s)$×기둥안목거리

③ 슬라브＝가로 × 세로 × t_s

여기서, H : 층고

D : 보의 깊이

t_s : 슬라브 두께

5. 연면적 1m²당 수량

1) 철근량 ⎡ 30~56kg(A.P.T)
　　　　 ⎣ 60~90kg(사무소)

2) 거푸집 : 4~5m²

3) 콘크리트 : 0.4~0.7m³

※ 철근 1ton당 인부수＝4~6인

※ 콘크리트 1m³당 거푸집 면적＝5~8m²

6. 단위 용적 중량

1) 무근 콘크리트 : 2.3t/m³

2) 철근 콘크리트 : 2.4t/m³

핵심문제 ●●○

시멘트 10ton을 사용하여 1 : 2 : 4 의 콘크리트로 배합할 때 개략적인 콘크리트량으로 옳은 것은?

① 21.25m³　　❷ 31.25m³
③ 41.25m³　　④ 51.25m³

기 18④

핵심문제 ●●●

다음 그림과 같은 건물에서 G_1과 같은 보가 8개 있다고 할 때 보의 총콘크리트량을 구하면?(단, 보의 단면상 슬래브와 겹치는 부분은 제외하며, 철근량은 고려하지 않는다.)

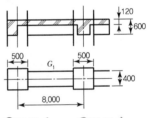

❶ 11.52m³　　② 12.23m³
③ 13.44m³　　④ 15.36m³

기 18①　산 12① 18③

핵심문제 ●●●

철근콘크리트 기둥의 단면이 0.4m × 0.5m이고 길이가 10m일 때 이 기둥의 중량은?

① 3.6t　　　❷ 4.8t
③ 6t　　　　④ 6.4t

1. 산출 기준

철골재는 층별로 기둥, 벽체, 보, 바닥 및 지붕틀의 순위로 구별하여 산출한다. 또 주재와 부속재로 나누어 계산한다.

1) 수량산출방법

종류 및 단면치수별로 구분하여 총연장을 산출하고, 중량으로 계산한다.

① 형강류 : 종류별, 단면치수별로 구분하여 총연장을 산출하고, 중량으로 계산한다.

② 강판재
- 실제 면적에 가장 가까운 사각형, 삼각형, 평행사변형, 사다리꼴로 면적을 계산한다.
- 볼트, 리벳구멍 및 콘크리트 타설용 구멍은 면적에서 공제하지 않는다.

③ 볼트, 리벳 : 지름, 길이, 모양별로 개수 또는 중량으로 산출한다.

2) 강재 발생재의 처리

소요 강재량과 도면 정미량과의 차이에서 생기는 스크랩(scrap)은 그 스크랩 발생량의 70%를 시중의 도매가격으로 환산하여 그 대금을 설계당시 미리 공제한다.

즉, (소요강재량 – 도면정미량) × 70%(scrap ton당 단가 – 공제금액)

2. 연면적 1m²당 철골량

1) 단층(공장, 창고) : 50~80kg
2) 기타 : 100~150kg

핵심문제 ●●○

철골조 건축물의 연면적이 1,000m²이다. 철골 무게에 대한 계산으로 가장 적당한 것은?

① 40~60t   ❷ 60~80t
③ 80~100t   ④ 100~150t

3. 철골 1ton당

1) 리벳 : 300~400개(총 리벳수)
   ✎ 현장치기 리벳수는 총 리벳수의 1/3

2) 도장면적 : 45m²

3) 인부
   ① 비계공 : 3~4인
   ② 철골공 : 10~13인
   ③ 보통인부 : 0.25~0.3인

1. 벽돌량

1) 벽돌 소요량

벽돌은 도면 정미량에 붉은 벽돌일 때 3% 이내, 시멘트 벽돌일 때 5% 이내의 할증률을 가산하여 소요량으로 한다. 쌓기 두께별 벽돌의 정미량은 다음과 같다.

(m²당)

벽돌두께(cm) \ 벽두께	0.5B (매)	1.0B (매)	1.5B (매)	2.0B (매)	2.5B (매)	3.0B (매)	줄눈
19×9×5.7(표준형)	75	149	224	298	373	447	10mm
21×10×6(기존형)	65	130	195	260	325	390	
23×11.4×6.5(내화벽돌)	59	118	177	236	295	354	6mm

주 : 정미량 기준임(소요량＝정미량＋할증량)

2) 쌓기 모르타르 소요량

(m²당)

구분	0.5B	1.0B	1.5B
모르타르량(m³)	0.019	0.049	0.078

2. 블록량

1) 블록 소요량

블록은 도면 정미량에 할증률 4% 이내를 가산한 것을 소요량으로 한다. 블록 크기별 소요량은 다음을 표준으로 한다.

(m²당)

구분	치수	단위	수량
기본형	390 × 190 × 100 390 × 190 × 150 390 × 190 × 190 390 × 190 × 210	매	13

① 할증률 4%가 포함된 소요량 기준이다.
② 줄눈 너비 10mm인 경우이다.

핵심문제 ●●●

높이 3m, 길이 200m의 벽을 시멘트 벽돌 1.0B 쌓기로 할 때 필요한 벽돌의 정미량은?(단, 벽돌 규격 190×90×57mm)

① 84,500매　❷ 89,400매
③ 92,000매　④ 98,300매

핵심문제 ●●●

두께 1.0B의 벽돌벽을 쌓을 경우 표준형 벽돌의 1m²당 정미량(매)과 점토벽돌 할증률(%) 및 시멘트벽돌 할증률(%)은 각각 얼마인가?

① 정미량 : 130매,　점토벽돌 : 3%, 시멘트벽돌 : 5%
② 정미량 : 130매,　점토벽돌 : 5%, 시멘트벽돌 : 3%
❸ 정미량 : 149매,　점토벽돌 : 3%, 시멘트벽돌 : 5%
④ 정미량 : 149매,　점토벽돌 : 5%, 시멘트벽돌 : 3%

핵심문제 ●●●

조적공사에서 벽두께를 1.0B로 쌓을 때 벽면적 1m²당 소요되는 모르타르의 양은?(단, 모르타르의 재료량은 할증이 포함된 것으로 배합비는 1 : 3, 벽돌은 표준형임)

① 0.019m³　❷ 0.049m³
③ 0.078m³　④ 0.092m³

핵심문제 ●●○

콘크리트 블록벽체 2m²를 쌓는 데 소요되는 콘크리트 블록 장수로 옳은 것은?(단, 블록은 기본형이며, 할증은 고려하지 않음)

❶ 26장　② 30장
③ 34장　④ 38장

콘크리트 블록(Block)벽체의 크기가 3×5m일 때 쌓기 모르타르의 소요량으로 옳은 것은?(단, 블록의 치수는 390×190×190mm, 재료량은 할증이 포함되었으며, 모르타르 배합비는 1 : 3)

① 0.10m³ ② 0.12m³
❸ 0.15m³ ④ 0.18m³

타일크기가 10cm×10cm이고, 가로세로 줄눈을 6mm로 할 때 면적 1m²에 필요한 타일의 정미수량은?

① 94매 ② 92매
❸ 89매 ④ 85매

다음 조건에 따라 바닥재로 화강석을 사용할 경우 소요되는 화강석의 재료량(할증률 고려)으로 옳은 것은?

• 바닥면적 : 300m²
• 화강석 판의 두께 : 40mm
• 정형돌
• 습식공법

① 315m² ② 321m²
❸ 330m² ④ 345m²

2) 블록 쌓기 재료량(쌓기 모르타르량)

(m³당)

구분	단위	수량(블록규격)		
		390×190×190mm	390×190×150mm	390×190×100mm
모르타르	m³	0.010	0.009	0.006

주 : 재료량은 할증이 포함된 것이며, 배합비는 1 : 3이다.

3. 타일량(장)

1) 타일량 = 시공면적 × 단위수량(장/m²)

2) 단위수량

$$\frac{1,000(mm)}{타일한변크기 + 줄눈} \times \frac{1,000(mm)}{타일다른변크기 + 줄눈}$$

4. 석재량

1) 시공면적(m²)

2) 할증은 정형 10%, 부정형 30%

SECTION 07 목공사

산 14①

1. 목재의 수량은 체적(재적 : m³, 才)으로 산출한다.

2. 각 기준단위의 재적은 다음과 같다.

1) $1m^3 = 1m \times 1m \times 1m$

2) $1才 = 1치 \times 1치 \times 12자(30 \times 30 \times 3,600mm)$

 1分(푼) = 3.03mm ≒ 3mm

1才(치) = 30.3mm ≒ 30mm

1尺(자) = 30.3cm ≒ 30cm

∴ 1才(사이) = 30 × 30 × 3,600(단위 : mm)로 환산할 수 있다.

3. 수량 산출 방법

1) 각재, 판재, 널재

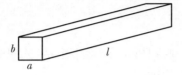

① $m^3 \rightarrow a \times b \times l$(단위 : m)

② 才 → $\bullet \dfrac{a \times b \times l(단위 : m)}{30 \times 30 \times 3,600}$

$\bullet \dfrac{a(치) \times b(치) \times l(자)}{1치 \times 1치 \times 12자}$

2) 통나무

① 길이가 6m 미만인 경우 : 말구지름(D)을 한 변으로 하는 각재로 환산하여 수량을 산출한다.

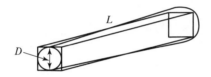

$\bullet\ m^3 \rightarrow D(m) \times D(m) \times L(m)$

$\bullet\ 才 \rightarrow \dfrac{D(mm) \times D(mm) \times L(mm)}{30 \times 30 \times 3,600}$

② 길이가 6m 이상인 경우 : 원래 말구지름(D)보다 조금 더 큰 가상의 말구지름(D')을 한 변으로 하는 각재로 환산하여 수량 산출한다.

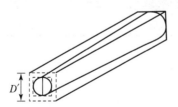

$$D' = D + \dfrac{L'-4}{2}$$

여기서, D' : 가상의 말구지름(cm)

D : 본래의 말구지름(cm)

L' : L에서 절하시킨 정수(m)

핵심문제 ●○○

통나무 말구지름 9cm에 길이 12.4m 짜리 5개의 재적은?

① 0.210m^3 ② 0.520m^3

❸ 1.048m^3 ④ 2.572m^3

$$\bullet \; m^3 \to D'(m) \times D'(m) \times L(m)$$

$$\bullet \; 才 \to \frac{D'(mm) \times D'(mm) \times L(mm)}{30 \times 30 \times 3,600}$$

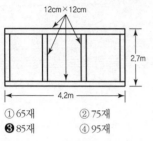
3) 창호재

① 창호재는 수평부재와 수직부재가 만나는 곳, 선대와 만나는 곳은 맞춤 및 연귀로 접합되어 있다.

② 그림에서와 같이 접합되는 부분은 중복해서 수량을 산출함에 주의하여야 한다.

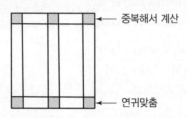

SECTION 08 마감공사

기 19④

1. 지붕공사

시멘트 기와 1m²당 14매

2. 아스팔트 방수

▼ **평지붕 아스팔트 방수공사 소요재료량**

(1m²당)

프라이머	각종아스팔트	루핑	펠트	아스팔트공
0.4l	0.4~10kg	1.1~2.2m²	1.1m²	0.05~0.19인

3. 칠 면적 산출방법

1) 칠 면적은 도료의 종별, 장소별(바탕종별, 내부, 외부)로 구분하여 산출하며, 도면 정미면적을 소요면적으로 한다.

2) 고급, 고가인 도료를 제외하고는 다음의 칠 면적 배수표에 의하여 소요 면적을 산정한다(칠 면적 배수표 참조).

3) 도료는 정미량에 할증률 2% 이내를 가산하여 소요량으로 한다. 수치 중 큰 수치는 복잡한 구조일 때, 적은 수치는 간단한 구조일 때 적용한다.

4) 칠 면적 배수표

구분		소요면적계산	비고
목재문	양판문(양면칠)	(안목면적) × (4.0~3.0)	문틀, 문선 포함
	유리양판문(양면칠)	(안목면적) × (3.0~2.5)	문틀, 문선 포함
	플러시문(양면칠)	(안목면적) × (2.7~3.0)	문틀, 문선 포함
	오르내리문(양면칠)	(안목면적) × (2.5~3.0)	문틀, 문선, 창선반 포함
	미서기문(양면칠)	(안목면적) × (1.1~1.7)	문틀, 문선, 창선반 포함
철재문	철문(양면칠)	(안목면적) × (2.4~2.6)	문틀, 문선 포함
	새시(양면칠)	(안목면적) × (1.6~2.0)	문틀, 창선반 포함
	셔터(양면칠)	(안목면적) × 2.6	박스 포함
장두리판벽, 두겁대, 걸레받이		(바탕면적) × (1.5~2.5)	
비늘판		(표면적) × 2.6	
철격자(양면칠)		(안목면적) × 0.7	
철제계단(양면칠)		(경사면적) × (3.0~5.0)	
파이프난간(양면칠)		(높이×길이) × (0.5~1.0)	
기와가락잇기(외쪽면)		(지붕면적) × 1.2	
큰골함석지붕(외쪽면)		(지붕면적) × 1.2	
작은골함석지붕(외쪽면)		(지붕면적) × 1.33	
철골 표면적	보통구조	33~50m²/t	
	큰부재가 많은 구조	23~26.4m²/t	
	작은부재가 많은 구조	55~66m²/t	

주 : 1) 수치 중 큰 치수는 복잡한 구조일 때, 작은 수치는 간단한 구조일 때 적용한다.
2) 품셈에서 2015년 삭제된 내용임

4. 유리 산출기준

1) 매수 또는 면적(m²)으로 산출
2) 유리 끼우기 홈(6~9mm)을 고려하여 산출
3) 유리 끼우기 면적은 유리 정미면적을 소요면적으로 산출
4) 유리 닦기 면적은 유리 정미면적을 소요면적으로 산출
5) 양면 닦기는 유리면적의 2배로 산출

5. 수장공사 적산 일반

1) 공사종목별로 구별하고, 종류, 규격, 사용부위, 시공방법별로 구분하여 마감치수를 기준으로 하여 산출한다.
2) 재료비는 재료의 소요량에 재료단가를 곱한 것으로 산출하되 주자재를 설치하기 위한 부속 재료비도 별도로 산출하여 가산한다.
3) 수장용 재료는 종류가 다양하고, 재질, 형상, 치수, 무늬, 색깔 등에 의하여 각각 다르므로 단가 적용 시 세밀한 검토가 수반된다.
4) 수장공사용 자재를 설치하기 위한 바탕꾸미기 공사비는 해당 공사비목에서 계상한다.

Section 01 총론

01 건축공사에서 활용되는 견적방법 중 가장 정확한 공사비의 산출이 가능한 견적방법은?

① 명세견적   ② 개산견적
③ 입찰견적   ④ 실행견적

해설
명세견적
명세견적이란 개산견적과는 달리 설계도서, 현장설명서, 질의응답서 등 모든 서류를 이용하여 상세하고 정확하게 비용을 산출하는 것을 말한다.

02 건축비의 예측을 위한 형태에 의한 단가의 분류로서 바르게 구성된 것은?

① 재료단가, 노무단가, 복합단가, 공종단가
② 재료단가, 노무단가, 복합단가, 외주단가
③ 재료단가, 노무단가, 복합단가, 합성단가
④ 재료단가, 노무단가, 부위단가, 익주단가

해설
단가
단가는 재료단가, 노무단가와 이 둘을 합친 복합단가, 두 개의 공종을 합한 합성 단가가 있다.

03 건축공사에서 공사원가를 구성하는 직접공사비에 포함되는 항목을 옳게 나열한 것은?

① 자재비, 노무비, 이윤, 일반관리비
② 자재비, 노무비, 이윤, 경비
③ 자재비, 노무비, 외주비, 경비
④ 자재비, 노무비, 외주비, 일반관리비

해설
직접비 항목
재료비, 노무비, 외주비, 경비

04 공사원가 구성요소의 하나인 직접공사비에 속하지 않는 것은?

① 자재비   ② 노무비
③ 경비   ④ 일반관리비

해설
문제 03번 해설 참조

05 건축공사비의 원가 구성 항목이 아닌 것은?

① 재료비   ② 노무비
③ 경비   ④ 두급공사비

해설
공사비 구성

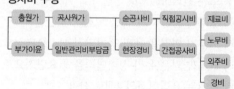

06 총공사비 중 공사원가를 구성하는 항목에 포함되지 않는 것은?

① 재료비   ② 노무비
③ 경비   ④ 일반관리비

해설
문제 05번 해설 참조

정답   01 ① 02 ③ 03 ③ 04 ④ 05 ④ 06 ④

07 건축공사의 공사원가 계산방법으로 옳지 않은 것은?

① 재료비＝재료량×단위당 가격
② 경비＝소요(소비)량×단위당 가격
③ 이윤＝공사원가×이윤율(%)
④ 일반관리비＝공사원가×일반관리비율(%)

 해설

이윤 산출
이윤＝(공사원가＋일반관리비)×이윤율로 계산한다.

08 건축공사의 원가 계산에서 현장에서의 공사용수비는 어느 항목에 포함되는가?

① 직접가설비
② 공통가설비
③ 외주비
④ 노무비

해설

공통가설비
공통가설비로는 울타리, 가설건물, 가설전기, 가설용수 등이 해당한다.

09 건설 원가의 구성체계에서 직접공사비를 구성하는 주요 요소와 가장 거리가 먼 것은?

① 자재비   ② 노무비
③ 외주비   ④ 현장관리비

해설

직접비 항목
재료비, 노무비, 외주비, 경비

10 다음 중 건설공사 경비에 포함되지 않는 것은?

① 외주제작비   ② 현장관리비
③ 교통비   ④ 업무추진비

해설

경비
경비전력비, 운반비, 기계경비, 가설비, 특허권사용료, 기술료, 시험검사비, 지급임차료, 보험료, 보관비, 외주가공비, 안전관리비, 기타 경비

11 다음 중 수량 산출 시 할증률이 가장 큰 것은?

① 이형철근   ② 자기타일
③ 붉은벽돌   ④ 단열재

해설

할증률
- 1% : 유리, 콘크리트(철근배근)
- 2% : 도료, 콘크리트(무근)
- 3% : 이형철근, 붉은 벽돌, 내화벽돌, 점토타일, 일반합판, 고력볼트
- 4% : 시멘트블록
- 5% : 원형철근, 강관, 소형형강, 시멘트 벽돌, 수장합판, 석고보드, 목재(각재), 기와
- 6% : 인조석 갈기, 테라초 갈기
- 7% : 대형형강
- 10% : 강판, 단열재, 목재(판재)
- 20% : 졸대

12 다음 재료의 수량 산출 시 할증률로 옳은 것은?

① 이형철근 : 3%   ② 원형철근 : 7%
③ 대형형강 : 5%   ④ 강판 : 5%

해설

문제 11번 해설 참조

13 다음 각 건축 재료의 할증률로 옳지 않은 것은?

① 붉은벽돌 : 3% 이내   ② 자기타일 : 3% 이내
③ 단열재 : 10% 이내   ④ 내화벽돌 : 1% 이내

해설

문제 11번 해설 참조

14 건설공사표준품셈에서 제시하는 철골재의 할 증률로서 틀린 것은?

① 소형형강 : 5% ② 봉강 : 3%

③ 고장력 볼트 : 3% ④ 강판 : 10%

> **해설**
>
> 문제 11번 해설 참조

15 건축재료별 수량 산출 시 적용하는 할증률로 옳지 않은 것은?

① 유리 : 1% ② 단열재 : 5%

③ 붉은 벽돌 : 3% ④ 이형철근 : 3%

> **해설**
>
> 문제 11번 해설 참조

16 수량 산출작업을 함에 있어 효율적인 적산방법이 아닌 것은?

① 수직방향에서 수평방향으로 적산한다.

② 시공순서대로 적산한다.

③ 내부에서 외부로 적산한다.

④ 큰 곳에서 작은 곳으로 적산한다.

> **해설**
>
> **수량 산출방법**
> - 시공순서대로
> - 내부에서 외부로 나가면서
> - 큰 곳에서 작은 곳으로
> - 수평에서 수직으로
> - 단위세대에서 전체로

17 구조체의 수량 산출 시에 거푸집 면적에서 공제해야 되는 항목은?

① 기둥과 벽체의 접합부 면적

② 기초와 지중보의 접합부 면적

③ 기둥과 보의 접합부 면적

④ 1m²를 초과하는 개구부의 면적

> **해설**
>
> **거푸집 면적에서 공제하지 아니하는 부분**
> ㉠ 개구부 : 1m² 이하의 개구부는 주위의 사용재를 고려하여 거푸집 면적에서 빼지 않는다.
> ㉡ 다음의 접합부 면적은 거푸집 면적에서 빼지 않는다.
> - 기초와 지중보
> - 지중보와 기둥
> - 기둥과 보
> - 큰 보와 작은 보
> - 기둥과 벽체
> - 보와 벽
> - 바닥판과 기둥

Section 02 가설공사

18 다음 중 가설비용의 종류로 볼 수 없는 것은?

① 가설건물비

② 바탕처리비

③ 동력, 진등설비

④ 용수설비

> **해설**
>
> **가설비 항목**
> - 직접가설비 항목 : 규준틀, 비계, 보양 및 정리 등
> - 공통가설비 : 울타리, 가설건물, 가설전기, 가설용수, 안전 설비 등

19 공사현장에 135명이 근무할 가설사무소를 건축할 때 기준 면적으로 옳은 것은?

① 445.5m² ② 405m²

③ 420m² ④ 400m²

> **해설**
>
> **사무소 면적(A)**
> 사무소 최소면적 : 1인당 3.3m²
> ∴ 135 × 3.3 = 445.5m²

정답   14 ②   15 ②   16 ①   17 ④   18 ②   19 ①

20 시멘트 900포를 저장하려 한다. 공사현장에서 필요한 시멘트 창고의 최소 면적은?(단, 단 높이는 12단으로 한다.)

① 10m² ② 30m²
③ 40m² ④ 50m²

시멘트 창고 면적

$A = 0.4 \times \dfrac{N}{n} = 0.4 \times \dfrac{900}{12} = 30\text{m}^2$

사용량이 아닌 저장량이므로 900포가 된다.

21 시멘트 600포대를 저장할 수 있는 시멘트 창고의 최소필요면적으로 옳은 것은?

① 18.46m² ② 21.64m²
③ 23.25m² ④ 25.84m²

시멘트 창고 면적

$A = 0.4 \times \dfrac{600}{13} = 18.46\text{m}^2$

22 8개월간 공사하는 어느 공사 현장에 필요한 시멘트량이 2397포이다. 이 공사 현장에 필요한 시멘트 창고면적으로 적당한 것은?(단, 쌓기 단수는 13단)

① 24.6m² ② 54.2m²
③ 73.8m² ④ 98.5m²

시멘트 창고면적

• 시멘트 필요량을 저장량으로 환산 : 2,397 ÷ 3 = 799포
• $A = 0.4 \times \dfrac{799}{13} = 24.58\text{m}^2$

23 가설공사에서 설치하는 전력용량이 150kWH인 동력소의 최소 필요면적(m²)은?

① 10m² ② 20m²
③ 30m² ④ 40m²

변전소(동력소) 면적

$A = 3.3 \times \sqrt{\text{피크전력}}$

$\therefore 3.3 \times \sqrt{150} = 40.42\text{m}^2$

24 철근 콘크리트 건축물이 6m × 10m 평면에 높이가 4m일 때 동바리 소요량은 몇 10공m³가 되는가?

① 21.6 ② 216
③ 240 ④ 264

동바리량(10공m³)

• 동바리량 = 상층 슬래브 밑면적 × 0.9
  $\therefore 6 \times 10 \times 4 \times 0.9 = 216\text{m}^3$
• 여기서 단위가 10공m³일 때는 소수점 자릿수를 옮겨서 처리한다.
  $\therefore 21.6 \ 10$공m³

25 다음 중 가설 건물의 규모가 적당한 것은?

① 시멘트 300포대의 저장창고 – 20m²
② 현장 직원 40인의 사무소 – 80m²
③ 현장 직원 40인의 식당 – 10m²
④ 전력 용량 400kWh의 변전소 – 66m²

가설물

㉠ 시멘트 창고
  $A = 0.4 \times \dfrac{N}{n}$
  여기서, n = 최고 쌓기단수(문제조건에 없으면 13)
  N = 저장포대수(사용량의 1/3)
  • 600포 미만 – 전량
  • 600포 이상 – 전체 사용량의 1/3의 수량
  $\therefore A = 0.4 \times \dfrac{300}{13} = 9.23\text{m}^2$

㉡ 현장 사무소
  1인 최소 3.3m²
  $\therefore 3.3 \times 40 = 132\text{m}^2$

ⓒ 식당

　30인 이상 1인 1m²

　∴ 40 × 1 = 40m²

ⓔ 변전소 면적

　∴ $A = 3.3 \times \sqrt{kW}$ 의 합

　　= $3.3 \times \sqrt{kW}$ = 66m²

26 다음과 같은 평면을 갖는 건물 외벽에 15m 높이로 쌍줄비계를 설치할 때 비계면적으로 옳은 것은?

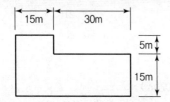

① 1,950m²　　　　② 2,004m²

③ 2,058m²　　　　④ 2,070m²

비계면적

A = {(45 + 20) × 2 + 8 × 0.9} × 15 = 2,058m²

27 다음과 같은 철근 콘크리트조 건축물에서 외줄 비계면적으로 옳은 것은?(단, 비계 높이는 건축물의 높이로 함)

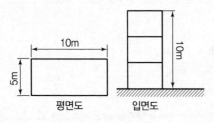

① 300m²　　　　② 336m²

③ 372m²　　　　④ 400m²

해설

비계면적 산출

• 외줄비계 둘레길이 : (10 + 5) × 2 = 30m

• 외줄비계 이격거리 : 0.45m

• 비계면적 산출 : {30 + 8 × 0.45} × 10 = 336m²

28 강관비계매기에서 건물높이가 30m 이상일 경우 30m에서 매 3.5m를 증가할 때마다 가산되는 인력품의 비율은?

① 12%　　　　② 10%

③ 7%　　　　④ 3%

해설

단관비계매기

• 기구 손료는 인건비의 5%이며 재료할증 소운반 및 잡재료는 포함되지 않는다.

• 가설 장비 설치용 시설, 비계다리, 낙하물 방지, 작업대 시설 등은 별도 계상할 수 있다.

• 높이 30m 이상에서 비계안전상 보강재 및 기타의 보강재는 별도 계산한다.

• 건물고 30m 이상에서 매 3.5m 증가마다 인공량은 10%씩 비례 증가한다.

29 소운반거리는 직고 1m를 수평거리 몇 m 비율로 보는가?

① 3m　　　　② 4m

③ 5m　　　　④ 6m

해설

운반

ⓐ 대운반

　외부로부터 현장까지의 운반으로 운반비를 계상하는 운반

ⓑ 소운반

　• 차용지나 적재창고 등에서 공사현장까지의 운반으로 운반비를 계산하지 않는 운반

　• 운반거리는 20m 이내, 경사는 수평거리 6에 대한 수직거리 1의 비율 이하로 한다.

30 적재량 6톤의 트럭으로 12,000포의 시멘트를 운반하고자 할 때 필요한 트럭의 대수는?

① 20대　　　　② 40대

③ 60대　　　　④ 80대

해설

트럭 대수
- 총 시멘트 무게 : 12,000포 × 40kg = 480,000kg
- 트럭 대수 : 480톤 ÷ 6 = 80대

31 60cm × 40cm × 45cm인 화강석 200개를 8톤 트럭으로 운반하고자 할 때, 필요한 차의 대수는? (단, 화강석의 비중은 약 2.7이다.)

① 6대 ② 8대
③ 10대 ④ 12대

해설

화강석 운반
- 화강석 1개의 부피 = 0.6 × 0.4 × 0.45 = 0.108m³
- 화강석 1개의 무게 = 0.108 × 2.7 = 0.2916톤
- 화강석 200개의 무게 = 0.2916 × 200 = 58.32톤
- 8톤 트럭 운반대수 = 58.32 ÷ 8 = 7.29대 ∴ 8대

Section
03 토공사

32 토공사 적산에 대한 설명 중 옳지 않은 것은?

① 흙막이가 있는 경우 터파기 깊이가 5m 이하일 때 터파기 여유 폭은 60~90cm를 표준으로 한다.
② 흙막이가 없는 경우 터파기 깊이가 4m 이하일 때 터파기 여유 폭은 50cm를 표준으로 한다.
③ 깊이 3m 미만의 터파기는 휴식각을 고려하지 않는 수직 터파기량으로 산출한다.
④ 잔토처리시 흙파기량을 전부 잔토 처분할 때의 잔토 처리량은 (흙파기체적) × (토량환산계수)로 한다.

해설

수직터파기
터파기의 높이가 1m 미만인 경우 휴식각을 고려하지 않고 수직으로 터파기를 한다.

---

33 흙막이의 작업공간을 확보하기 위하여 넓게 팔 필요가 있는 경우에 터파기 여유폭은 얼마인가? (단, 흙막이의 높이가 4m인 경우)

① 10~30cm ② 30~50cm
③ 60~90cm ④ 90~120cm

해설

터파기 여유폭
흙막이를 설치하는 경우 터파기의 여유폭은 터파기 높이가 5m 이하인 경우 60~90cm, 5m 이상인 경우 90~120cm를 둔다.

---

34 다음 그림과 같은 줄기초파기의 파낸 토량은 얼마인가?(단, 토량환산계수 L = 1.2임)

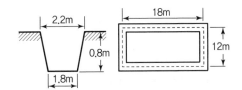

① 96m³ ② 115.2m³
③ 130.7m³ ④ 145.9m³

해설

터파기량
$$V = \frac{1.8 + 2.2}{2} \times 0.8 \times (18 + 12) \times 2 \times 1.2 = 115.2m^3$$

---

35 그림과 같은 모래질 흙의 줄기초파기에서 파낸 흙을 6톤 트럭으로 운반하려고 할 때 필요한 트럭의 대수로 옳은 것은?(단, 흙의 부피증가는 25%로 하며 파낸 모래질 흙의 단위중량은 1.8t/m³이다.)

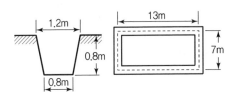

① 10대 ② 12대
③ 15대 ④ 18대

정답 31 ② 32 ③ 33 ③ 34 ② 35 ②

트럭 운반대수

- 터파기량 : $\dfrac{0.8+1.2}{2} \times 0.8 \times (13+7) \times 2 = 32\text{m}^3$
- 증가된 흙량 : $32 \times 1.25 = 40\text{m}^3$
- 전체 흙 중량 : $40 \times 1.8 = 72\text{ton}$
- 트럭 운반대수 : $72 \div 6 = 12$대

---

36 토량 470m³ 불도저로 작업하려고 한다. 작업을 완료하기까지의 소요시간을 구하면?(단, 불도저의 삽날 용량은 1.2m³, 토량환산계수는 0.8, 작업효율은 0.8, 1회 사이클 시간은 12분이다.)

① 120.40시간 　　　　② 122.40시간
③ 132.40시간 　　　　④ 140.40시간

불도저 작업량

- 1회 작업량 = $1.2 \times 0.8 \times 0.8 = 0.768\text{m}^3$
- 전체 토량 작업횟수 = $470 \div 0.768 = 611.98$
  ∴ 612회
- 전체 소요시간 = 612×12분 = 7,344분
  ∴ $7,344 \div 60 = 122.4$시간

---

37 Power Shovel의 1시간당 추정 굴착 작업량을 다음 조건에 따라 구하면?

[조건]
- $Q = 1.2\text{m}^3$
- $f = 1.28$
- $E = 0.9$
- $K = 0.9$
- $Cm = 50$초

① 89.6m³/h 　　　　② 90.6m³/h
③ 98.6m³/h 　　　　④ 108.6m³/h

파워셔블 작업량

- 1시간당 작업횟수 : 3,600초 ÷ 50 = 72회
- 1회당 작업량 = $1.2 \times 1.28 \times 0.9 \times 0.9$
  $= 1.24416$
- 1시간당 작업량 = 72회 × 1.24416 = 89.5795m³

---

38 파워셔블(Power Shovel) 사용 시 1시간당 굴착량은?(단, 버킷 용량 : 0.76m³, 토량 환산계수 : 1.28, 버킷계수 : 0.95, 작업효율 : 0.50, 1회 사이클 시간 : 26초)

① 12.01m³/h 　　　　② 39.05m³/h
③ 63.98m³/h 　　　　④ 93.28m³/h

파워셔블의 시간당 작업량

- 1회 작업량 = $0.76 \times 1.28 \times 0.95 \times 0.5$
  $= 0.46208\text{m}^3$
- 시간당 작업횟수 = 3,600 ÷ 26 = 138.46
  ∴ 138회
- 시간당 작업량 = 0.46208 × 138 = 63.98m³

---

39 버킷용량 1.5m³의 파워셔블을 이용하여 사이클 타임 1분, 작업효율 100%로 작업할 경우 체적변화계수 1.2인 흙의 시간당 작업량은?(단, 굴삭계수는 0.6)

① 38.88m³ 　　　　② 64.8m³
③ 108.3m³ 　　　　④ 150.4m³

파워셔블의 시간당 작업량

- 1회 작업량 = $1.5 \times 0.6 \times 1 \times 1.2 = 1.08\text{m}^3$
- 시간당 작업횟수 = 60회(1사이클당 1분)
- 시간당 작업량 = 1.08 × 60 = 64.8m³

---

40 기계경비 산정과 관련된 시간당 손료계수를 구성하는 3가지 요소가 아닌 것은?

① 상각비 계수
② 관리비 계수
③ 정비비 계수
④ 경비 계수

기계 경비
감가 상각비, 관리비, 정비비로 구성되어 있다.

정답　36 ②　37 ①　38 ③　39 ②　40 ④

41 흙을 파낸 후 토량의 부피 변화가 가장 큰 것은?

① 모래   ② 보통흙
③ 점토   ④ 자갈

 해설

터파기 후 부피 증가율(%)

모래	흙	점토	자갈	모래, 진흙 섞인 자갈
15	20~25	25	15	30

Section 04 철근콘크리트공사

42 설계도서에서 정미량으로 산출한 D10 철근량은 2,870kg이다. 할증을 고려한 소요량으로서 8m짜리 철근을 몇 개를 운반하여야 하는가?(단, D10 철근은 0.56kg/m)

① 650개   ② 660개
③ 673개   ④ 681개

해설

철근의 갯수
- D10 8m짜리 철근의 무게 : $0.56 \times 8 = 4.48$kg
- 철근의 소요량 : $2,870 \times 1.03 = 2,956.1$kg
- 철근의 개수 : $2,956.1 \div 4.48 = 660$개

43 높이 3.5m인 철근 콘크리트의 중간층 기둥의 단면이 그림과 같을 때 이 기둥의 철근의 중량으로 적당한 것은?(단, 재료의 손율은 2%이며, Hoop의 간격은 30cm이다.)

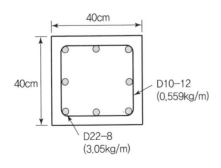

① 75kg   ② 85kg
③ 96kg   ④ 106kg

 해설

철근량 산출
㉠ 주근(D22) $= 3.5 \times 8 \times 3.05 \times 1.02$
$\qquad\qquad = 87.108$kg
㉡ 대근(D10) $= (0.4 + 0.4) \times 2 \times 12$개 $\times 0.559 \times 1.02$
$\qquad\qquad = 10.95$kg
㉠ $+$ ㉡ $= 98.058$kg
※ 대근의 개수 11개로 산출가능

44 무근콘크리트 1m³의 중량으로 맞는 것은 어느 것인가?

① 1.6ton   ② 2.0ton
③ 2.3ton   ④ 2.4ton

 해설

콘크리트 중량
① 무근 콘크리트 중량 : 2.3ton/m³
② 철근 콘크리트 중량 : 2.4ton/m³

45 철근콘크리트 보로서 폭 30cm, 춤 60cm, 길이 6m짜리 10개의 중량은?

① 21,600kg   ② 25,920kg
③ 12,592kg   ④ 15,184kg

 해설

보의 중량
- 무근 콘크리트(생콘크리트) 중량
$= 2,300$kg/m³
- 철근콘크리트 중량 $= 2,400$kg/m³
∴ $0.3 \times 0.6 \times 6 \times 10 \times 2,400 = 25,920$kg

46 폭 6m, 두께 15cm로 630m의 도로를 7m³ 레미콘을 이용하여 시공하고자 한다. 주문해야 할 레미콘 트럭 대수는?

① 40대   ② 59대
③ 74대   ④ 81대

정답   41 ③   42 ②   43 ③   44 ③   45 ②   46 ④

47 철근콘크리트 기둥의 단면이 $0.4\text{m} \times 0.5\text{m}$ 이고 길이가 10m일 때 이 기둥의 중량은?

① 3.6t ② 4.8t
③ 6t ④ 6.4t

48 철근 콘크리트 PC 기둥을 8ton 트럭으로 운반 하고자 한다. 차량 1대에 최대로 적재가능한 PC 기둥의 수는?(단, PC 기둥의 단면크기는 30cm × 60cm, 길이는 3m임)

① 1개 ② 2개
③ 4개 ④ 6개

49 기초의 비탈면 거푸집 면적 계상의 결정기준 이 되는 비탈면의 각도는?

① 15° ② 30°
③ 45° ④ 0°

50 거푸집 면적 산출방법에서 가장 부적당한 것은?

① 개구부 1m² 이하의 것은 거푸집 면적에서 공제하지 않고 산출한다.
② 벽은 (벽 면적 – 개구부 면적) × 2로 하고, 기둥과 보의 면적이 산입된 것이다.
③ 기초는 측면의 면적만 산출하고, 상부가 급경사 (30~45° 이상)일 때는 경사면의 면적도 산출한다.
④ 바닥판은 외벽의 두께를 뺀 내벽 간 바닥 면적으로 하되 각 층 연면적에서 계단실, 기둥 및 기타 개구부 면적을 공제한다.

51 거푸집 면적의 산출방법에 대한 기술이 잘못 된 것은?

① 1m² 이하의 개구부는 주위의 사용재를 고려하여 거푸집 면적에서 공제하지 않는다.
② 기둥 거푸집 면적 산정시 기둥 높이는 상하층 바닥 안목간의 높이를 적용한다.
③ 기초 경사부의 경우 경사도 30° 미만의 경우 거푸집 면적을 계산한다.
④ 기초와 지중보, 기둥과 벽체의 접합부 면적은 거푸집 면적에서 공제하지 않는다.

52 아래 도면과 같은 기둥이 20개 있는 건물에서 기둥의 거푸집 면적으로 적당한 것은?

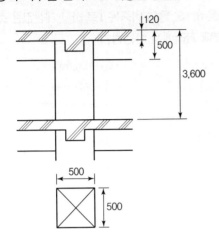

① 124.0m²
② 135.2m²
③ 139.2m²
④ 144.0m²

해설

거푸집 면적 산출
$(0.5+0.5) \times 2 \times 3.48 \times 20 = 139.2m^2$

53 각 부재에 대한 콘크리트량 산출방법으로서 틀린 것은?

① 기둥 : 기둥 단면적×슬래브 두께를 포함한 층높이
② 계단 : 길이×평균 두께×계단폭
③ 보 : 보폭×바닥판 두께를 뺀 보춤×내부 유효길이
④ 연속기초 : 단면적×중심 연장길이

해설

기둥 콘크리트 수량 산출법
기둥=기둥 단면적×(층높이－슬래브 두께)

54 그림과 같은 철근콘크리트 기초에 사용된 콘크리트량으로 적당한 것은?(단, 단위 mm)

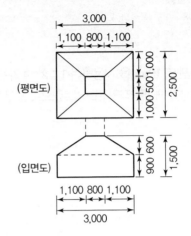

① 4.5m³
② 6.7m³
③ 8.7m³
④ 10.5m³

해설

독립기초 콘크리트량
① 수평부 : $3 \times 2.5 \times 0.9 = 6.75m^3$
② 경사부 : $\{(2 \times 3 + 0.8) \times 2.5 + (2 \times 0.8 + 3) \times 0.5\} = 1.96m^3$
∴ ①+② = 8.71m³

55 다음 그림과 같은 건물에서 G_1과 같은 보가 8개 있다고 할 때 보의 총 콘크리트량을 구하면?(단, 보의 단면상 슬래브와 겹치는 부분은 제외하며, 철근량은 고려하지 않는다.)

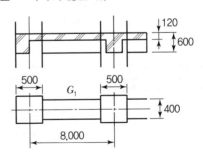

① 11.52m³
② 12.23m³
③ 13.44m³
④ 15.36m³

해설

보 콘크리트량

$0.4 \times 0.48 \times 7.5 \times 8 = 11.52m^3$

---

56 시멘트 10ton을 사용하여 1 : 2 : 4의 콘크리트로 배합할 때 개략적인 콘크리트량으로 옳은 것은?

① $21.25m^3$ ② $31.25m^3$
③ $41.25m^3$ ④ $51.25m^3$

해설

배합비에 따른 각 재료량

배합비	시멘트(포대 수)	모래(m³)	자갈(m³)
1 : 2 : 4	8	0.45	0.9
1 : 3 : 6	5.5	0.47	0.94

• 배합비 1 : 2 : 4일 때 시멘트 량
 $1m^3$에 320kg(시멘트 1포 40kg)
• 비례식 적용
 $1 : 320 = x m^3 : 10,000$
 $\therefore x = 31.25m^3$

---

57 시멘트 200포를 사용하여 배합비가 1 : 3 : 6의 콘크리트를 비벼 냈을 때의 전체 콘크리트 양은?(단, 물−시멘트 비는 60%이고 시멘트 1포대는 40kg이다.)

① $25.25m^3$ ② $36.36m^3$
③ $39.39m^3$ ④ $44.44m^3$

해설

배합비에 따른 각 재료량

배합비	시멘트(포대 수)	모래(m³)	자갈(m³)
1 : 2 : 4	8	0.45	0.9
1 : 3 : 6	5.5	0.47	0.94

$1m^3$에 220kg이 소요된다.(시멘트 1포 40kg)
$\therefore 1 : 220 = x : 8,000$
$x = 36.36m^3$

---

58 시멘트의 용적이 $100m^3$일 경우 물시멘트를 55%로 하면 단위수량은 얼마인가?(단, 시멘트의 비중은 3.15, 물의 비중은 1로 하고 계산값은 소수점 첫째 자리에서 반올림함)

① $55kg/m^3$ ② $70kg/m^3$
③ $173kg/m^3$ ④ $220kg/m^3$

해설

물시멘트비

• 시멘트의 중량 = 비중 × 용적 = $3.15 \times 100 = 315$
• 물의 중량 = 시멘트의 중량 × 물시멘트비
  $= 315 \times 0.55 = 173.25$

※ 비중 $= \dfrac{중량}{부피(용적)} \rightarrow$ 중량 = 비중 × 부피

---

59 배합비 1 : 2 : 4로 콘크리트 $1m^3$를 만드는 데 소요되는 모래와 자갈량으로 적당한 것은?

① 모래 $0.40m^3$, 자갈 $0.8m^3$
② 모래 $0.45m^3$, 자갈 $0.9m^3$
③ 모래 $0.50m^3$, 자갈 $1.0m^3$
④ 모래 $0.55m^3$, 자갈 $1.1m^3$

해설

배합비에 따른 각 재료량

배합비	시멘트(포대 수)	모래(m³)	자갈(m³)
1 : 2 : 4	8	0.45	0.9
1 : 3 : 6	5.5	0.47	0.94

---

60 철근 콘크리트조의 사무소 건축 연건평 $1m^2$당 콘크리트의 소요량은 대체로 다음 중 어느 것에 가까운가?

① $0.1m^3$ ② $0.3m^3$
③ $0.6m^3$ ④ $0.9m^3$

해설

개산견적

연면적 $1m^2$당 소요 콘크리트량은 $0.4 \sim 0.7m^3$이다.

---

61 철골 1톤당 가공 및 조립에 필요한 소요량으로서 잘못된 것은?

① 리벳 : 300개
② 비계공 : 3명
③ 인부 : 0.25~0.35인
④ 철골공 : 4~5명

해설

철골 1톤당 재료의 수량
• 리벳 수 : 300~400개(현장 리벳수는 1/3개)
• 인부 : 0.25~3인
• 비계공 : 3~4인
• 철골공 : 10~13인
• 도장면적 : 45m²

62 철골구조의 총 중량톤에 소요 방청도료는 1톤당 몇 m²이 가장 적당한 양인가?(단, 광명단 1회 칠일 경우)

① 30~40m²
② 40~50m²
③ 50~60m²
④ 60~70m²

해설

문제 61번 해설 참조

63 철골철근 콘크리트의 사무소 건축에 있어서 철골 1톤당 통상 사용되는 현장치기 리벳의 수로 적당한 것은?

① 100~150
② 200~250
③ 300~400
④ 500~600

해설

문제 61번 해설 참조

64 철골조 건축물의 연면적이 1,000m²이다. 철골 무게에 대한 계산으로 가장 적당한 것은?

① 40~60t
② 60~80t
③ 80~100t
④ 100~150t

해설

철골량 계산
$1,000 \times (0.06 \sim 0.09t) = 60 \sim 90t$

65 높이 3m, 길이 200m의 벽을 시멘트 벽돌 1.0B 쌓기로 할 때 필요한 벽돌의 정미량은?(단, 벽돌 규격 190×90×57mm)

① 84,500매
② 89,400매
③ 92,000매
④ 98,300매

해설

벽돌량 산출(정미량)
벽면적 × 단위수량 = 3 × 200 × 149 = 89,400매

66 벽두께 1.0B, 벽면적 30m² 쌓기에 소요되는 벽돌의 정미량은?(단, 벽돌은 표준형을 사용한다.)

① 3,900매
② 4,095매
③ 4,470매
④ 4,604매

해설

벽돌량 산출(정미량)
벽면적 × 단위수량 = 30 × 149 = 4,470매

67 벽면적 4.8m² 크기에 1.5B 두께로 붉은 벽돌을 쌓고자 할 때 벽돌소요 매수로 옳은 것은?(단, 표준형 벽돌을 사용하며, 할증률은 3%로 한다.)

① 374매
② 743매
③ 1,108매
④ 1,487매

정답 61 ④ 62 ② 63 ① 64 ② 65 ② 66 ③ 67 ③

벽돌량

$4.8 \times 224 \times 1.03 = 1,107.4$

$\therefore 1,108$매

68 벽면적 4.8m² 크기에 1.5B 두께로 붉은 벽돌을 쌓고자 할 때 벽돌의 소요매수는?

① 925매   ② 963매
③ 1,109매   ④ 1,245매

벽돌의 소요량

$4.8 \times 224 \times 1.03 = 1,108$매

69 벽두께 1.0B, 벽면적 30m² 쌓기에 소요되는 벽돌의 정미량은?(단, 기본벽돌(190×90×57) 사용)

① 3,900매   ② 4,095매
③ 4,470매   ④ 4,604매

벽돌량 산출

$1.0B = 30 \times 149 = 4,470$매

70 벽두께 1.5B, 벽 면적 20m² 쌓기에 소요되는 기본 벽돌(190×90×57)의 정미량은?

① 2,240매   ② 3,360매
③ 4,480매   ④ 6,720매

벽돌량 산출(정미량)

벽면적 × 단위수량 $= 20 \times 224 = 4,480$매

71 두께 1.0B의 벽돌벽을 쌓을 경우 표준형 벽돌의 1m²당 정미량(매)과 점토벽돌 할증률(%) 및 시멘트벽돌 할증률(%)은 각각 얼마인가?

① 정미량 : 130매, 점토벽돌 : 3%, 시멘트벽돌 : 5%
② 정미량 : 130매, 점토벽돌 : 5%, 시멘트벽돌 : 3%
③ 정미량 : 149매, 점토벽돌 : 3%, 시멘트벽돌 : 5%
④ 정미량 : 149매, 점토벽돌 : 5%, 시멘트벽돌 : 3%

벽돌량(단위수량 : 장/m²)

구분	0.5B	1.0B	1.5B	2.0B
표준형	75	149	224	298
기존형	65	130	195	260

위의 단위수량(1m²)에 시멘트벽돌 5%의 할증과 점토벽돌 3%의 할증을 더하여 소요량을 산출한다.

72 조적공사에서 벽두께를 1.0B로 쌓을 때 벽면적 1m²당 소요되는 모르타르의 양은?(단, 모르타르의 재료량은 할증이 포함된 것으로 배합비는 1 : 3, 벽돌은 표준형임)

① 0.019m³   ② 0.049m³
③ 0.078m³   ④ 0.092m³

벽돌쌓기 시 모르타르량 산출(단위수량 : m³)

(m²당)

구분	0.5B	1.0	1.5B
모르타르량	0.019	0.049	0.078

73 표준형 시멘트 벽을 1.5B 두께로 가로 15m, 세로 3m를 쌓을 때 벽돌의 소요량과 쌓기 모르타르량을 구하면?(단, 벽돌의 할증률은 5%임)

① 벽돌소요량 : 10,584매,
    쌓기모르타르량 : 3.30m³
② 벽돌소요량 : 10,584매,
    쌓기모르타르량 : 3.51m³
③ 벽돌소요량 : 10,855매,
    쌓기모르타르량 : 3.30m³
④ 벽돌소요량 : 10,855매,
    쌓기모르타르량 : 3.51m³

정답   68 ③   69 ③   70 ③   71 ③   72 ②   73 ②

74 높이 2.5m, 길이 100m의 벽을 기본벽돌 1.5B 두께로 쌓을 때 벽돌 소요량은?(단, 기본 벽돌의 규격은 $190 \times 90 \times 57$이며, 할증률을 포함)

① 47,508매   ② 48,750매
③ 50,213매   ④ 57,680매

해설

벽돌량
$100 \times 2.5 \times 224 \times 1.03 = 57,680$장
재료가 주어지지 않았으므로 3%, 5% 전부 대입 계산하여 근사치의 답을 찾는다.

75 벽면적 100m²가 되는 1층 창고를 건축할 때 소요블록 매수로 옳은 것은?(단, 블록은 기본형임)

① 1,250매   ② 1,300매
③ 1,350매   ④ 1,400매

해설

블록량
$100 \times 13 = 1,300$매(할증 4%가 포함된 수량임)

76 콘크리트 블록 벽체 $3 \times 5\text{m}$의 크기가 있다. 블록의 소요 매수는 다음 중 어느 것인가?(단, 기본형임)

① 145매   ② 150매
③ 195매   ④ 225매

해설

블록량
$3 \times 5 \times 13$장 $= 195$매(기본형은 1m²당 13장이 소요됨) 아울러 13장 안에 할증률이 포함되어 있으므로 할증 4%를 별도로 가산하지 않는다.

77 콘크리트 블록(Block)벽체의 크기가 $3 \times 5\text{m}$일 때 쌓기 모르타르의 소요량으로 옳은 것은?(단, 블록의 치수는 $390 \times 190 \times 190\text{mm}$, 재료량은 할증이 포함되었으며, 모르타르 배합비는 1:3)

① 0.10m³   ② 0.12m³
③ 0.15m³   ④ 0.18m³

해설

블록 쌓기 모르타르량

구분	단위	수량(블록규격)		
		390×190×190	390×190×150	390×190×100
모르타르	m³	0.010	0.009	0.006

∴ $3 \times 5 \times 0.010 = 0.15\text{m}^3$

78 타일 108m 각으로 줄눈을 5mm로 타일 6m²를 붙일 때 타일 장수는?(단, 정미량으로 계산)

① 350장   ② 400장
③ 470장   ④ 520장

해설

타일량
타일량 $= \left(\dfrac{1,000}{108+5} \times \dfrac{1,000}{108+5} \right) \times 6 = 469.88$

∴ 470장

79 타일크기가 $10\text{cm} \times 10\text{cm}$이고, 가로세로 줄눈을 6mm로 할 때 면적 1m²에 필요한 타일의 정미 수량은?

① 94매   ② 92매
③ 89매   ④ 85매

해설

타일량
$\dfrac{1,000}{100+6} \times \dfrac{1,000}{100+6} = 88.99$

∴ 89매

80 타일의 크기가 11cm×11cm일 때 가로 세로의 줄눈은 6mm이다. 이때 1m²에 소요되는 타일의 수량으로 가장 적당한 것은?

① 34매 ② 55매
③ 65매 ④ 75매

타일량

$$\frac{1,000}{110+6} \times \frac{1,000}{110+6} = 74.31$$

∴ 75장

81 다음 조건에 따라 바닥재로 화강석을 사용할 경우 소요되는 화강석의 재료량(할증률 고려)으로 옳은 것은?

- 바닥면적 : 300m²
- 화강석 판의 두께 : 40mm
- 정형돌
- 습식공법

① 315m² ② 321m²
③ 330m² ④ 345m²

해설

화강석 재료량 산출
- 정형의 돌 할증 : 10%
- 300 × 1.1 = 330m²

Section
07 목공사

82 목공사에서 건축연면적(m²)당 먹매김의 품이 가장 많이 소요되는 건축물은?

① 고급주택 ② 학교
③ 사무소 ④ 은행

 해설

먹매김 품(인)

보통주택	고급주택	학교, 공장	사무소	은행
0.055~ 0.075	0.075~ 0.089	0.024~ 0.041	0.041~ 0.058	0.055~ 0.075

※ 거푸집, 구조부, 마무리 먹매김을 합산한 수치이며, 목공일이 많은 목구조 등은 적용하지 않는다.

83 통나무 말구지름 9cm에 길이 12.4m짜리 5개의 재적은?

① 0.210m³ ② 0.520m³
③ 1.048m³ ④ 2.572m³

해설

통나무 수량
통나무 길이가 6m 이상이므로 가상의 말구지름(D')을 산정한다.

$$D' = 9 + \frac{12-4}{2} = 13cm$$

∴ 0.13 × 0.13 × 12.4 × 5 = 1.048m³

84 다음 그림과 같은 목조 구조물에서 소요되는 목재의 수량으로서 옳은 것은?

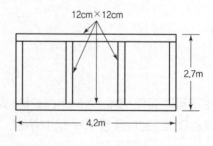

① 65재 ② 75재
③ 85재 ④ 95재

해설

목재수량 산출

㉠ 수평부재 = $\frac{120 \times 120 \times 4,200}{30 \times 30 \times 3,600} \times 2 = 37.33$才

㉡ 수직부재 = $\frac{120 \times 120 \times 2,700}{30 \times 30 \times 3,600} \times 4 = 48$才

∴ ㉠ + ㉡ = 85.33才

85 철골구조에서 철골 Ton당 도장 소요면적으로 옳은 것은?(단, 보통구조일 경우)

① 15~32m² ② 33~50m²
③ 51~65m² ④ 65~70m²

해설

Ton당 칠면적
• 보통구조 : 33~50m²
• 큰 부재가 많은 구조 : 23~26m²
• 작은 부재가 많은 구조 : 55~66m²

86 칠공사에서 철제계단(양면칠)의 소요면적 계산식으로 옳은 것은?

① 경사면적×1배   ② 경사면적×1.5배
③ 경사면적×(2~2.5배) ④ 경사면적×(3~5배)

해설

칠면적 배수표
• 철제 계단(양면칠) : 경사면적 × (3.0~ 5.0)
• 파이프 난간(양면칠) : 길이 × 높이 × (0.5~1.0)
• 미서기문(목재 : 양면칠) : 안목면적 × (1.1~1.7)
• 스틸 새시 양면칠(문틀, 창선반 포함) :
  안목면적 × (1.6~2.0)
※ 칠면적 배수표는 2015년 품셈에서 삭제되었음

87 목재 미서기창을 양면칠할 경우 칠을 할 면적 계산은 다음 중 어느 것이 가장 적당한가?(단, 문틀, 문선, 창선반 포함)

① 안목면적의 1.1~1.7배
② 안목면적의 1.8~2.0배
③ 안목면적의 2.1~2.5배
④ 안목면적의 2.6~3.0배

해설

문제 86번 해설 참조

88 다음 중 스틸 새시를 양면칠할 경우 소요면적 계산으로 적절한 것은?(단, 문틀·창선반 포함)

① 안목면적의 1배
② 안목면적의 1.2~1.4배
③ 안목면적의 1.6~2.0배
④ 안목면적의 2.1~2.5배

해설

문제 86번 해설 참조

89 지붕 면적이 80m²인 경우에 선홈통의 지름으로 옳은 것은?

① 8cm   ② 10cm
③ 12cm   ④ 15cm

해설

지붕면적과 홈통의 크기

구분	처마 홈통	선 홈통
30m² 내외	9cm	6cm
60m² 내외	12cm	9cm
100m² 내외	15cm	12cm
200m² 내외	18cm	15cm

90 개산 견적에 관한 다음 사항 중 옳지 않은 것은?

① 철근 콘크리트조 일반 건축 1m²당 − 철근량 0.06t ~0.10t
② 철근 콘크리트 건축 면적 1m²당 − 콘크리트량 0.4 ~0.8m²
③ 지붕면적 1m² − 시멘트 기와 14장
④ 칠공사 1m²당 − 수성 시멘트 2회칠 0.08ℓ

해설

개산 견적
• 칠면적 1m²당
• 수성페인트 1회 : 0.115ℓ
• 수성페인트 2회 : 0.23ℓ
• 수성페인트 3회 : 0.345ℓ

정답 85 ② 86 ④ 87 ① 88 ③ 89 ② 90 ④

APPENDIX

과년도 출제문제 및 해설

건축기사 (2017년 3월 시행)

01 아래 공종 중 건설현장의 공사비 절감을 위해 집중분석해야 하는 공종이 아닌 것은?

> A. 공사비 금액이 큰 공종
> B. 단가가 높은 공종
> C. 시행실적이 많은 공종
> D. 지하공사 등이 어려움이 많은 공종

① A   ② B
③ C   ④ D

[해설]

공사비 절감을 위한 공종
- 공사비 금액이 큰 공종
- 단가가 높은 공종
- 반복되는 공종
- 지하공사, 토공사 등이 어려움이 많은 공종
- 수량이 많은 공종

02 건설공사에 사용되는 시방서에 관한 설명으로 옳지 않은 것은?

① 시방서는 계약서류에 포함되지 않는다.
② 시방서는 설계도서에 포함된다.
③ 시방서에는 공법의 일반사항, 유의사항 등이 기재된다.
④ 시방서에 재료 메이커를 지정하지 않아도 좋다.

[해설]

시방서
공사를 하는 방법을 글로 써놓은 것으로 설계도서이며 계약서류이다.

03 창면적이 클 때에는 스틸바(Steel Bar)만으로는 부족하며, 또한 여닫을 때의 진동으로 유리가 파손될 우려가 있으므로 이것을 보강하고 외관을 꾸

미기 위하여 강판을 중공형으로 접어 가로 또는 세로로 대는 것을 무엇이라 하는가?

① Mullion   ② Ventilator
③ Gallery   ④ Pivot

[해설]

멀리온(Mullion)
창 면적이 클 때 강판을 중공형으로 접어 가로 또는 세로로 대는 부재를 말하며, 창의 개폐 시 진동으로 유리가 파손될 우려가 있는 것을 방지하기 위한 목적으로 사용된다.

04 목재의 무늬나 바탕의 재질을 잘 보이게 하는 도장방법은?

① 유성페인트 도장
② 에나멜페인트 도장
③ 합성수지 페인트 도장
④ 클리어 래커 도장

[해설]

페인트와 바니시
안료가 들어간 것은 페인트라 하고 이는 불투명의 도막을 형성하며 안료가 들어가지 않은 것은 바니시라 하며 투명하다. 래커 중에서 클리어래커를 제외하곤 전부 불투명도막을 형성한다.

05 철근콘크리트 건축물이 6m×10m의 평면에 높이가 4m일 때 동바리 소요량은 몇 공m³가 되는가?

① 216   ② 228
③ 240   ④ 264

[해설]

동바리량 산출
상층슬래브 밑면적 × 높이 × 0.9 = 6 × 10 × 4 × 0.9
$$= 216(공 m^3)$$

정답   01 ③   02 ①   03 ①   04 ④   05 ①

06 클라이밍 폼의 특징에 대한 설명으로 옳지 않은 것은?

① 고소 작업 시 안전성이 높다.
② 거푸집 해체 시 콘크리트에 미치는 충격이 적다.
③ 초기 투자비가 적은 편이다.
④ 비계 설치가 불필요하다.

클라이밍 폼
벽체용 거푸집으로 갱폼에 거푸집 설치를 위한 비계틀과 기 타설된 콘크리트의 마감작업용 비계를 일체로 조립 제작한 거푸집을 말하며 한꺼번에 거푸집과 비계를 인양시켜 조립 해체가 가능한 공법이다.
• 대형 양중장비가 필요
• 설치 및 해체비용 절감
• 거푸집의 전용횟수 증가
• 외부 마감공사 동시 진행 가능

07 멤브레인 방수에 속하지 않는 방수공법은?

① 시멘트 액체방수   ② 합성고분자 시트방수
③ 도막방수   ④ 시트 도막 복합방수

멤브레인(피막) 방수법
구조물의 외부 또는 내부에 여러 층의 피막을 부착하여 균열이나 결함을 통해서 침투하는 물이나 습기를 차단시키는 방법을 멤브레인 방수공법이라 하며 아스팔트 방수, 도막방수, 시트방수, 개량질 아스팔트 시트방수 등이 해당한다.

08 수밀콘크리트의 물결합재비 기준으로 옳은 것은?(단, 건축공사표준시방서 기준)

① 40% 이하   ② 45% 이하
③ 50% 이하   ④ 55% 이하

수밀 콘크리트
시멘트풀의 양을 적게 하거나 페이스트 자체를 수밀성이 있는 밀실한 것으로 하는 2가지를 고려한다.
• 물 결합재비 50% 이하로 한다.

• 원칙적으로 표면활성제를 사용한다.
• 슬럼프는 18cm 이하로 하며 진동기를 사용한다.
• 이어치기는 하지 않으며 거푸집은 수밀하게 짜고, 양생기 기간은 보통 콘크리트보다 2일간 가산한 것으로 한다.

09 금속재료의 종류와 특성에 관한 설명으로 옳지 않은 것은?

① 구조용 특수강이란 강의 탄소량을 0.5% 이하로 하고 니켈, 망간, 규소, 크롬, 몰리브덴 등의 금속원소 1~2종을 약 5% 이하로 첨가한 것을 말한다.
② 스테인리스강은 공기 및 수중에서 잘 부식되지 않는 강을 말하며, 일반적으로 전기저항이 작고 열전도율이 높으며 경도에 비해 가공성이 우수하다.
③ 내후성 강은 대기 중에서의 내식성을 보통강보다 2~6배 증대시키면서 보통강과 동등 이상의 재질, 가공성, 용접성 등을 갖게 한 강재이다.
④ TMCP 강재는 탄소당량이 낮음에도 불구하고 용접성을 개선하여 용접성이 우수하며, 강재의 두께가 증가하더라도 항복강도의 저하가 없도록 한 것이다.

스테인리스 강
• 내식성이 우수하다.
• 전기저항성이 크다.
• 열전도율이 낮다.
• 납땜이 가능하다.

10 콘크리트의 블리딩에 관한 설명으로 옳지 않은 것은?

① 콘크리트 타설 후 비교적 가벼운 물이나 미세한 물질 등이 상승하는 현상을 의미한다.
② 콘크리트의 물시멘트비가 클수록 블리딩 양은 증대한다.
③ 콘크리트의 컨시스턴시가 클수록 블리딩 양은 증대한다.
④ 단위시멘트량이 많을수록 블리딩 양은 크다.

블리딩

콘크리트 타설 후 물과 미세한 물질 등이 상승하여 콘크리트 표면 위로 올라오는 현상으로 일종의 재료분리이다. 아래와 같을 경우가 블리딩이 커지는 경우이다.

- 굵은 골재 최대치수가 클수록
- 반죽질기가 클수록
- 물 결합재비가 클수록
- 타설높이가 높고, 타설속도가 빠를수록
- 분말도가 낮을수록

11 다음 시멘트 중 시멘트 분말의 비표면적이 가장 큰 것은?

① 보통 포틀랜드 시멘트
② 중용열 포틀랜드 시멘트
③ 조강 포틀랜드 시멘트
④ 백색 포틀랜드 시멘트

시멘트 분말도(비표면적 : cm²/g)

시멘트 종류	비표면적 : cm²/g
보통 포틀랜드 시멘트	3,250
조강 포틀랜드 시멘트	4,340
중용열 포틀랜드 시멘트	3,180
초조강 포틀랜트 시멘트	5,720
고로시멘트 B종	3,790
실리카 시멘트 A종	4,080
플라이애쉬 B종	3,470

12 합성고무와 열가소성 수지를 사용하여 한 겹으로 방수효과를 내는 공법은?

① 도막방수
② 시트방수
③ 아스팔트방수
④ 표면도포방수

시트방수

시트방수는 방수성능이 뛰어난 재료를 1층으로 하여 방수효과를 내는 공법이다.

13 공동도급방식(Joint Venture)에 관한 설명으로 옳은 것은?

① 2명 이상의 수급자가 어느 특정 공사에 대하여 협동으로 공사계약을 체결하는 방식이다.
② 발주자, 설계자, 공사관리자의 세 전문집단에 의하여 공사를 수행하는 방식이다.
③ 발주자와 수급자가 상호 신뢰를 바탕으로 팀을 구성하여 공동으로 공사를 수행하는 방식이다.
④ 공사 수행방식에 따라 설계/시공(D/B)방식과 설계/관리(D/M)방식으로 구분한다.

공동도급

2명 이상의 수급자가 어느 특정 공사에 대하여 협동으로 공사를 체결하는 방식

14 시험말뚝박기에서 다음 항목 중 말뚝의 허용지지력 산출에 거의 영향을 주지 않는 것은?

① 추의 낙하높이
② 말뚝의 길이
③ 말뚝의 최종관입량
④ 추의 무게

말뚝의 허용지지력

공이의 무게, 낙하높이, 말뚝의 관입량 등이 영향을 주며, 말뚝의 길이는 크게 상관없다.

15 콘크리트 타설 후 부재가 건조수축에 대하여 내·외부의 구속을 받지 않도록 일정폭을 두어 어느 정도 양생한 후 남겨둔 부분을 콘크리트로 채워 처리하는 조인트는?

① Construction Joint
② Delay Joint
③ Cold Joint
④ Expansion Joint

줄눈대(Delay Joint)

장 스팬의 구조물 시공 시 수축대만 설치하고 콘크리트 타설 후 경화된 뒤 수축대를 타설하여 일체화하는 줄눈

---

16 유리섬유(Glass Fiber)에 관한 설명으로 옳지 않은 것은?

① 단위면적에 따른 인장강도는 다르고, 가는 섬유일수록 인장강도는 크다.

② 탄성이 적고 전기절연성이 크다.

③ 내화성, 단열성, 내수성이 좋다.

④ 경량이면서 굴곡에 강하다.

해설

유리섬유
- 고온에 견디며, 불에 타지 않는다.
- 흡수성이 없고, 흡습성이 적다.
- 화학적 내구성이 있기 때문에 부식하지 않는다.
- 강도, 특히 인장강도가 강하다.
- 신장률이 적다.
- 전기 절연성이 크다.
- 내마모성이 적고, 부서지거나 부러지기 쉽다.
- 비중은 나일론의 2.2배, 무명의 1.7배이다.
- 매트로 만든 것은 단열 · 방음성이 좋다.

17 지하연속벽(Slurry Wall)에 관한 설명으로 옳지 않은 것은?

① 차수성이 우수하다.

② 비교적 지반조건에 좌우되지 않는다.

③ 소음 · 진동이 적고, 벽체의 강성이 높다.

④ 공사비가 타 공법에 비하여 저렴하고 공기가 단축된다.

해설

지하연속벽
지하연속벽은 벤토나이트 이수 등으로 굴착벽면의 붕괴를 방지하면서 지중에 벽의 형태로 굴착한 후 철근망을 삽입하고 콘크리트를 타설하여 만든 철근콘크리트벽을 형성하는 공법으로 타 흙막이 공법보다 차수성이 우수하나 공사비가 증가되는 단점이 있다.

18 네트워크 공정표에서 작업의 상호 관계만을 도시하기 위하여 사용하는 화살선을 무엇이라 하는가?

① Event   ② Dummy

③ Activity   ④ Critical Path

해설

더미(Dummy)
네트워크공정표에서 정상적으로 표현할 수 없는 작업 상호 간의 관계를 표시하는 점선 화살표

19 고강도 콘크리트공사에 사용되는 굵은 골재에 대한 품질기준으로 옳지 않은 것은?(단, 건축공사표준시방서 기준)

① 절대건조밀도 : 2.5g/cm³ 이상

② 흡수율 : 3.0% 이하

③ 점토량 : 0.25% 이하

④ 씻기 시험에 의한 손실량 : 1.0% 이하

해설

고강도 콘크리트 – 굵은 골재 품질기준
- 절대건조 밀도 : 2.5g/cm³
- 흡수율 : 2.0% 이하
- 실적률 : 59% 이상
- 점토량 : 0.25% 이하
- 씻기시험에 의한 손실량 : 1.0% 이하

20 건축공사의 공사원가 계산방법으로 옳지 않은 것은?

① 재료비 = 재료량 × 단위당 가격

② 경비 = 소요(소비)량 × 단위당 가격

③ 고용보험료 = 재료비 × 고용보험요율(%)

④ 일반관리비 = 공사원가 × 일반관리비율(%)

해설

고용보험료
인건비에 고용보험요율을 곱하여 계상한다.

01 과거 공사의 실적자료, 통계자료 및 물가지수 등을 참고하여 공사비를 추정하는 방법으로 복잡한 건물이라도 짧은 시간에 쉽게 산출할 수 있는 이점이 있는 것은?

① 분할적산   ② 명세적산
③ 개산적산   ④ 계약적산

견적의 종류
• 명세 견적 : 설계도서, 현장설명서, 질의 응답서등 모든 서류를 이용하여 상세하고 정확하게 비용을 산출하는 것을 말한다.
• 개산 견적 : 과거 공사의 실적, 실험 통계자료, 물가지수 등을 참고하여 개략적으로 비용을 산출하는 것을 말한다.

02 다음 중 열가소성 수지에 해당하는 것은?

① 페놀수지
② 요소수지
③ 멜라민수지
④ 염화비닐수지

해설

열가소성 수지
열가소성 수지는 염화비닐수지, 폴리스티렌수지, 폴리에틸렌수지, 아크릴수지, 아미드수지 등이 해당한다.

03 공정관리기법인 PERT와 비교한 CPM에 관한 설명으로 옳지 않은 것은?

① 공기단축이 목적이다.
② 경험이 있는 반복작업이 대상이다.
③ 일정계산은 Activity 중심으로 이루어진다.
④ 작업여유는 Float이다.

해설

CPM과 PERT

구분	CPM	PERT
사업대상	반복, 경험사업	비반복, 신규사업
공기추정	1점 추정	3점 추정
일정계산	작업 중심	결합점 중심
MCX이론	핵심이론	없음
주목적	공비 절감	공기 단축

04 AE제를 사용한 콘크리트에 관한 설명으로 옳지 않은 것은?

① 동결융해 저항성이 증가한다.
② 내마모성이 증가한다.
③ 블리딩 및 재료분리가 감소한다.
④ 철근과 콘크리트의 부착강도가 증가한다.

해설

AE제의 특징
인위적인 공기량을 투입하여 부착강도가 저하되어 콘크리트 압축강도의 저하로 초래될 수 있으나 내구성을 향상시키기 위하여 사용된다.
• 수밀성 증대   • 동결융해 저항성 증대
• 워커빌리티 증대   • 재료 분리 감소
• 단위 수량 감소   • 블리딩 감소
• 발열량 감소

05 조적조에서 내력벽 상부에 테두리보를 설치하는 가장 큰 이유는?

① 내력벽의 상부 마무리를 깨끗이 하기 위해서
② 벽에 개구부를 설치하기 위해서
③ 분산된 벽체를 일체화하기 위해서
④ 철근의 배근을 용이하게 하기 위해서

테두리보
- 벽체의 일체화를 통한 수직 하중의 분산
- 수직 균열의 방지
- 세로근의 정착 및 이음

06 건축공사용 재료의 할증률을 나타낸 것 중 옳지 않은 것은?

① 목재(각재) : 5%
② 단열재 : 10%
③ 이형철근 : 3%
④ 유리 : 3%

할증률
- 1% : 유리, 콘크리트(철근배근)
- 2% : 도료, 콘크리트(무근)
- 3% : 이형철근, 붉은 벽돌, 내화벽돌, 점토타일, 일반합판
- 4% : 시멘트블록
- 5% : 원형 철근, 강관, 소형 형강, 시멘트 벽돌, 수장합판, 석고보드, 목재(각재)
- 7% : 대형 형강
- 10% : 강판, 단열재, 목재(판재)
- 20% : 졸대

07 그림과 같은 모래질 흙의 줄기초파기에서 파낸 흙을 6톤 트럭으로 운반하려고 할 때 필요한 트럭의 대수로 옳은 것은?(단, 흙의 부피증가는 25%로 하며 파낸 모래질 흙의 단위중량은 1.8t/m³이다.)

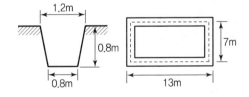

① 10대   ② 12대
③ 15대   ④ 18대

트럭운반 대수
- 터파기량 : $\dfrac{0.8+1.2}{2} \times 0.8 \times (13+7) \times 2 = 32m^3$
- 증가된 흙량 : $32 \times 1.25 = 40m^3$
- 전체 흙 중량 : $40 \times 1.8 = 72ton$
- 트럭 운반대수 : $72 \div 6 = 12$대

08 철근피복에 관한 설명으로 옳은 것은?

① 철근을 피복하는 목적은 철근콘크리트 구조의 내구성 및 내화성을 유지하기 위해서이다.
② 보의 피복두께는 보의 주근의 중심에서 콘크리트 표면까지의 거리를 말한다.
③ 기둥의 피복두께는 기둥 주근의 중심에서 콘크리트 표면까지의 거리를 말한다.
④ 과다한 피복두께는 부재의 구조적인 성능을 증가시켜 사용수명을 크게 늘릴 수 있다.

피복두께
콘크리트 표면에서 주근표면까지의 거리가 아닌 첫 번째 나오는 철근의 표면까지의 거리이다. 그러므로 기둥에서는 주근이 아닌 대근의 표면까지의 거리, 보에서는 스터럽 철근의 표면까지의 거리가 피복두께가 된다.
철근의 피복두께를 두는 목적은 내구성, 내화성, 시공성을 확보하기 위함이며, 과다한 피복두께는 구조적인 성능을 저하시킬 수 있다.

09 다음 중 콘크리트용 깬자갈(Crushed Stone)에 관한 설명으로 옳지 않은 것은?

① 시멘트 페이스트와의 부착성능이 낮다.
② 깬자갈을 사용한 콘크리트는 동일한 워커빌리티의 보통 콘크리트보다 단위수량이 일반적으로 10% 정도 많이 요구된다.
③ 강자갈과 다른 점은 각진 모양 및 거친 표면조직을 들 수 있다.
④ 깬자갈의 원석은 안산암, 화강암 등이 있다.

쇄석
- 보통콘크리트보다 부착력이 증가하여 강도 증가
- 시공연도 저하
- AE제 사용
- 보통골재보다 크기를 작게 사용
- 모래입자 크기를 크게 사용

10 철골공사에 쓰이는 고력볼트의 조임에 관한 설명으로 옳지 않은 것은?

① 고력볼트의 조임은 1차 조임, 금매김, 본조임순으로 한다.
② 조임 순서는 기둥부재는 아래에서 위로, 보부재는 이음부 외측에서 중앙으로 조임을 실시한다.
③ 볼트의 머리 밑과 너트 밑에 와셔를 1장씩 끼우고, 너트를 회전시킨다.
④ 너트회전법은 본조임 완료 후 모든 볼트에 대해 1차 조임 후에 표시한 금매김에 의해 너트 회전량을 육안으로 검사한다.

고력볼트 접합
- 고력볼트는 1차조임 – 금매김 – 본조임 순으로 한다.
- 1차조임부터 본조임까지는 당일 시공을 한다.
- **볼트**머리 하부와 너트 하부 쪽에는 와셔를 한 장씩 끼우고 조임을 한다.
- 1차 조임 후 표시한 금매김에 의해 너트 회전량으로 육안으로 검사한다.
- 이음부는 중앙에서 가장자리로 조임을 실시한다.

11 미장공사와 관련된 용어에 관한 설명으로 옳지 않은 것은?

① 고름질 : 마감두께가 두꺼울 때 혹은 요철이 심할 때 초벌바름 위에 발라 붙여주는 것
② 바탕처리 : 요철 또는 변형이 심한 개소를 고르게 손질바름하여 마감 두께가 균등하게 되도록 조정하는 것

③ 덧먹임 : 균열의 틈새, 구멍 등에 반죽된 재료를 밀어 넣어 때워 주는 것
④ 결합재 : 화학약품으로 소량 사용하는 AE제, 감수제 등의 재료

미장재료 구성
하나의 미장재료는 주재료인 결합재와 결합재의 결점을 보완하기 위하여 사용되는 보강재, 그리고 증량이나 치장의 목적으로 사용되는 골재가 있다. 이중 보강재는 수염, 풀, 여물 등이 있다.

12 방수성이 높은 모르타르로 방수층을 만들어 지하실의 내방수나 소규모인 지붕방수 등과 같은 비교적 경미한 방수공사에 활용되는 공법은?

① 아스팔트 방수공법
② 실링 방수공법
③ 시멘트 액체 방수공법
④ 도막 방수공법

시멘트 액체방수
구체 표면에 시멘트 방수제를 도포하거나 침투시키고 방수제를 혼합한 모르타르를 덧발라 모체의 공극를 메우고 수밀하게 하는 공법으로 비교적 간단하고 비용이 저렴하다.

13 가구식 구조물의 횡력에 대한 보강법으로 가장 적합한 것은?

① 통재 기둥을 설치한다.
② 가새를 유효하게 많이 설치한다.
③ 샛기둥을 줄인다.
④ 부재와 단면을 작게 한다.

목구조 접합
목구조의 접합은 가구식 구조로서 핀접합으로 이루어져서 접합부의 강성이 약하다. 특히 수평력에 대한 부분이 약하므로 가새, 버팀대, 귀잡이 등으로 보강하여야 한다.

14 건설 VE(Value Engineering) 기법에 관한 설명으로 옳은 것은?

① 기업 전략의 일환으로 수행되는 VE 활동은 최고 경영자에서 생산현장에 이르기까지 폭넓게 전개될 필요는 없다.
② VE 활동을 통한 이익의 확대는 타 기업과의 경쟁 없이 이루어지며, 적은 투자로 큰 성과를 얻을 수 있다.
③ 생산설비 자체는 VE의 대상이 될 수 없다.
④ 설계 단계에서 대부분의 공사비가 결정되는 건설 공사의 특성에 따라 빠른 시점에서의 VE 적용은 필요 없다.

해설

VE(가치공학)
비용에 대한 기능의 정도를 식으로 나타내어 가치판단을 하고자 하는 기법으로 기능성을 우선으로 하여 조직적 노력과 분석으로 비용을 절감하거나 기능을 향상시키고자 하는 관리기법으로 건물의 생애 전반에 걸쳐 전개되어야 하며, 공사 초기에 진행하는 것이 효과적이다.

15 도급계약제도에 관한 설명으로 옳지 않은 것은?

① 일식도급 – 공사 전체를 다수의 업체에게 발주하는 방식
② 지명경쟁입찰 – 특정업체를 지명하여 입찰경쟁에 참여시키는 방식
③ 공개경쟁입찰 – 모든 업체에게 공고하여 공개적으로 경쟁입찰하는 방식
④ 특명입찰 – 특정의 단일업체를 선정하여 발주하는 방식

해설

일식도급
한 개의 시공자가 공사량 전체를 책임지고 공사를 진행하는 계약방식이다.

16 강화유리에 관한 설명으로 옳지 않은 것은?

① 충격강도가 보통판유리보다 약 3~5배 정도 높다.
② 휨강도는 보통판유리보다 약 6배 정도 크다.

③ 현장가공과 절단이 되지 않는다.
④ 파손된 경우 파편이 날카로워 안전상 출입구문이나 창유리 등에는 사용하지 않는다.

해설

강화유리
열처리 가공을 거쳐 보통유리보다 강도가 3~5배 정도 증가된 유리로서 현장가공이 불가능하고 잘 파손되지 않아 안전유리라 불리며, 현관문 등에 주로 사용된다.

17 지반의 지내력 값이 큰 것부터 작은 순으로 옳게 나타낸 것은?

① 연암반 – 자갈 – 모래 섞인 점토 – 점토
② 연암반 – 자갈 – 점토 – 모래 섞인 점토
③ 자갈 – 연암반 – 점토 – 모래 섞인 점토
④ 자갈 – 연암밤 – 모래 섞인 점토 – 점토

해설

지반의 지내력(KN/m^2)
경암반 4000, 연암반 2000, 자갈 600, 모래 400, 점토 200의 순이며, 모래 섞인 점토 300, 자갈과 모래 섞임은 500이다.

18 그림과 같은 수평보기 규준틀에서 A부재의 명칭은?

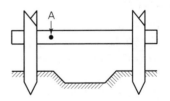

① 띠장
② 규준대
③ 규준점
④ 규준말뚝

해설

규준대(수평펠대)
수평규준틀에서 나타내고 있는 부재로서 수직으로 보이는 부재는 규준틀 말뚝이라고 하고 수평으로 보이는 부재는 규준대이다.

19 KS F 4002에 규정된 콘크리트 기본 블록의 크기가 아닌 것은?(단, 단위는 mm임)

① 390 × 190 × 190 ② 390 × 190 × 150
③ 390 × 190 × 120 ④ 390 × 190 × 100

해설

블록의 크기(단위 : mm)

	길이	높이	두께
기본형	390	190	100 150 190 210

20 굳지 않은 콘크리트의 공기량 변화에 관한 설명으로 옳지 않은 것은?

① AE제의 혼입량이 증가하면 공기량이 증가한다.
② 시멘트 분말도가 크면 공기량은 증가한다.
③ 단위시멘트량이 증가하면 공기량은 감소한다.
④ 슬럼프가 커지면 공기량이 증가한다.

해설

공기량
㉠ 콘크리트 속에 공기는 엔트랩트에어(자연적 함유공기)와 엔트레인드 에어(인위적 함유공기)로 구분된다.
㉡ 공기량 1% 증가 시 압축강도는 4% 감소
㉢ 공기량 변화 요인
 • A.E제 첨가 시 증가
 • 기계비빔, 비빔시간 3~5분까지 증가
 • 온도가 낮을수록 증가, 진동기 사용 시 감소, 잔모래 사용 시 증가
㉣ AE콘크리트의 최적 공기량은 3~5%

01 공사현장의 가설건축물에 관한 설명으로 옳지 않은 것은?

① 하도급자 사무실은 후속공정에 지장이 없는 현장 사무실과 가까운 곳에 둔다.
② 시멘트 창고는 통풍이 되지 않도록 출입구 외에는 개구부 설치를 금하고 벽, 천장, 바닥에는 방수 및 방습처리한다.
③ 변전소는 안전상 현장사무실에서 가능한 한 멀리 위치시킨다.
④ 인화성 재료 저장소는 벽, 지붕, 천장의 재료를 방화구조 또는 불연구조로 하고 소화설비를 갖춘다.

해설

변전소
• 지붕, 벽 바닥에 물이 새지 않도록 시공한다.
• 울타리를 적당히 둘러치고 위험 표시를 한다.
• 주변에는 조명설비를 하고 야간에는 불을 켜둔다.
• 비상시에 대비하여 사무실 근처에 설치한다.

02 페인트칠의 경우 초벌과 재벌 등을 도장할 때마다 색을 약간씩 다르게 하는 주된 이유는?

① 희망하는 색을 얻기 위하여
② 색이 진하게 되는 것을 방지하기 위하여
③ 착색안료를 낭비하지 않고 경제적으로 사용하기 위하여
④ 초벌, 재벌 등 페인트칠 횟수를 구별하기 위하여

해설

도장시공
칠의 횟수를 구분하기 위하여 나중 색을 진하게 칠한다.

03 건설공사 기획부터 설계, 입찰 및 구매, 시공, 유지관리의 전 단계에 있어 업무절차의 전자화를 추구하는 종합건설정보망체계를 의미하는 것은?

① CALS
② BIM
③ SCM
④ B2B

해설

C.A.L.S(Computer aided Logistic Support)
건축물이 생산되는 전 과정을 정보화하여 Network를 통해 정보망을 구축하여 건설 과정의 모든 관계자들이 이용할 수 있는 시스템

04 지질조사를 통한 주상도에서 나타나는 정보가 아닌 것은?

① N치
② 투수계수
③ 토층별 두께
④ 토층의 구성

해설

주상도
지층의 형성을 알 수 있는 그림으로서 지하탐사법으로 파악할 수 있다. 지하탐사법은 터파보기, 짚어보기, 물리적 지하 탐사, 보링 등이 있으나 가장 널리 사용되며 정확한 방법은 보링이다. 토질의 구성, 토층별 두께, 지하수, 표준관입시험 N치, 시험일자, 시험자 등을 표시하고 있다.

05 목재에 사용하는 방부재에 해당되지 않는 것은?

① 클레오소트 유(Creosote Oil)
② 콜타르(Coal Tar)
③ 카세인(Casein)
④ P.C.P(Penta Chloro Phenol)

목재의 방부재

- 콜타르 : 흑갈색의 유성 액체로 가열도포하면 방부성은 좋으나 페인트칠이 불가하여 보이지 않는 곳이나 가설재에 사용
- 크레오소트 : 방부력 우수, 냄새가 나서 외부용으로 사용
- 아스팔트 : 가열하여 도포, 보이지 않는 곳에서 사용
- 유성 페인트 : 피막형성, 미관효과 우수
- PCP : 가장 우수한 방부력을 가지고 있으며, 도료칠 가능

06 철골부재 용접 시 겹침이음, T자 이음 등에 사용되는 용접으로 목두께의 방향이 모재의 면과 45° 또는 거의 45°의 각을 이루는 것은?

① 완전용입 맞댐용접   ② 모살용접
③ 부분용입 맞댐용접   ④ 다층용접

철골 부재의 용접

모살용접은 각을 이루도록 한 용접이며, 맞댐용접은 부재가 서로 맞닿는 부분을 가공하여 용접하는 방법이다.

07 실비정산보수가산계약제도의 특징이 아닌 것은?

① 설계와 시공외 중첩이 가능한 난계별 시공이 가능하다.
② 복잡한 변경이 예상되거나 긴급을 요하는 공사에 적합하다.
③ 계약 체결 시 공사비용의 최댓값을 정하는 최대보증한도 실비정산보수가산계약이 일반적으로 사용된다.
④ 공사금액을 구성하는 물량 또는 단위공사 부분에 대한 단가만을 확정하고 공사 완료 시 실시수량의 확정에 따라 정산하는 방식이다.

실비정산 보수가산식 도급

이 계약은 이론상 직영, 도급 양 제도 중 장점을 택하고 단점을 제거한 일종의 이상제도(理想制度)이다. 즉 건축주,

감독자, 시공자 3자가 입회하여 공사에 필요한 실비와 보수를 협의하여 정하고, 공사완료 후 시공자에게 지급하는 방법으로 신용을 계약의 기초로 하는 것이다.

08 특수콘크리트 공사에 관한 설명으로 옳지 않은 것은?

① 하루의 평균기온이 $4°C$ 이하가 예상되는 조건일 때 한중콘크리트로 시공한다.
② 하루의 평균기온이 $25°C$를 초과하는 것이 예상되는 경우 서중콘크리트로 시공한다.
③ 매스콘크리트로 다루어야 할 부재치수는 일반적인 표준으로서 하단이 구속된 벽조의 경우 두께 0.8m 이상으로 한다.
④ 섬유보강 콘크리트의 시공은 품질이 얻어지도록 재료, 배합, 비비기 설비 등에 대하여 충분히 고려한다.

매스콘크리트

매스콘크리트로 다루어야 하는 구조물의 부재치수는 일반직인 표준으로서 넓이가 넓은 평판구조의 경우 두께 0.8m 이상, 하단이 구속된 벽조의 경우 두께 0.5m 이상으로 한다.

09 건설클레임과 분쟁에 관한 설명으로 옳지 않은 것은?

① 클레임의 예방대책으로는 프로젝트의 모든 단계에서 시공의 기술과 경험을 이용한 시공성 검토가 있다.
② 작업범위 관련 클레임은 주로 예상치 못했던 지하구조물의 출현이나 지반 형태로 인해 시공자가 작업 수행을 위해 입찰 시 책정된 예정 가격을 초과 부담해야 할 경우에 발생한다.
③ 분쟁은 발주자와 계약자의 상호 이견 발생 시 조정, 중재, 소송의 개념으로 진행되는 것이다.
④ 클레임의 접근절차는 사전평가단계, 근거자료확보단계, 자료분석단계, 문서작성단계, 청구금액 산출단계, 문서제출단계 등으로 진행된다.

정답   06 ②   07 ④   08 ③   09 ②

클레임의 유형
• 공기 지연 : 지급자재 지연, 설계 지연, 시공행위 지연
• 공사범위 : 공사 전반에 걸쳐 관계
• 공기촉진 : 발주자의 요구
• 현상 상이 조건 : 토질 등

10 블록조 벽체에 와이어메시를 가로줄눈에 묻어 쌓기도 하는데 이에 관한 설명 중 옳지 않은 것은?

① 전단작용에 대한 보강이다.
② 수직하중을 분산시키는 데 유리하다.
③ 블록과 모르타르의 부착성능의 증진을 위한 것이다.
④ 교차부의 균열을 방지하는 데 유리하다.

블록의 와이어메시
• 블록벽의 교차부의 균열을 보강하는 효과가 있다.
• 블록벽에 균열을 방지하는 효과가 있다.
• 블록에 가해지는 횡력에 효과가 있다.

11 콘크리트의 크리프에 관한 설명으로 옳지 않은 것은?

① 습도가 높을수록 크리프는 크다.
② 물-시멘트 비가 클수록 크리프는 크다.
③ 콘크리트의 배합과 골재의 종류는 크리프에 영향을 끼친다.
④ 하중이 제거되면 크리프 변형은 일부 회복된다.

크리프
하중의 증가 없이 일정한 하중이 장기간 작용하여 변형이 점차로 증가하는 현상을 말하며 다음과 같은 경우에 커진다.
• 재령이 짧을수록
• 응력이 클수록
• 부재치수가 작을수록
• 대기의 습도가 작을수록
• 대기의 온도가 높을수록
• 물 시멘트비가 클수록
• 단위시멘트량이 많을수록
• 다짐이 나쁠수록

12 건축물에 사용되는 금속제품과 그 용도가 바르게 연결되지 않은 것은?

① 피벗 : 문 하부의 발이 닿는 부분에 대하여 문짝이 손상되는 것을 방지하는 철물
② 코너비드 : 벽, 기둥 등의 모서리에 대는 보호용 철물
③ 논슬립 : 계단에 사용하는 미끄럼 방지 철물
④ 조이너 : 천장, 벽 등의 이음새 감추기용 철물

피벗 힌지, 지도리(Pivot Hinge)
중량문에 사용되는데 용수철을 사용하지 않고 볼베어링이 들어 있다. 자재여닫이 중량문에 사용한다.

13 건축물 외벽공사 중 커튼월 공사의 특징으로 옳지 않은 것은?

① 외벽의 경량화
② 공업화 제품에 따른 품질 제고
③ 가설비계의 증가
④ 공기 단축

커튼월 공사
• 공장 생산된 부재를 현장에서 조립하여 구성하는 외벽
• 공장제작으로 진행되어 건설현장의 공정이 대폭 단축
• 건물 완성 후에 벽체가 지녀야 할 성능을 설계 시에 미리 정량적으로 설정해서 이것을 목표로 제작, 시공이 행해진다.
• 부착작업은 무비계작업을 원칙으로 한다.
• 다수의 대형 부재를 취급하는 것, 고소작업 및 반복 작업이 많은 것

14 콘크리트에 사용되는 혼화제 중 플라이애쉬의 사용에 따른 이점으로 볼 수 없는 것은?

① 유동성의 개선   ② 초기 강도의 증진
③ 수화열의 감소   ④ 수밀성의 향상

해설

플라이애쉬
플라이애쉬를 콘크리트에 사용하면 조기강도는 낮아지고 장기강도는 증가한다.

15 방수공사에서 안방수와 바깥방수를 비교한 설명으로 옳지 않은 것은?

① 바탕 만들기에서 안방수는 따로 만들 필요가 없으나 바깥방수는 따로 만들어야 한다.
② 경제성(공사비)에서는 안방수는 비교적 저렴한 편인 반면 바깥방수는 고가인 편이다.
③ 공사시기에서 안방수는 본공사에 선행해야 하나 바깥방수는 자유로이 선택할 수 있다.
④ 안방수는 바깥방수에 비해 시공이 간편하다.

해설

방수공사(안방수, 바깥방수 비교)
• 수압이 적고 얕은 지하실에는 안방수법이, 수압이 크고 깊은 지하실에는 바깥방수법이 유리하다.
• 안방수의 경우 칸막이벽 등은 방수가 다 완료된 후 시공한다.
• 바깥방수법은 보호누름이 필요 없지만 안방수는 필요하다.
• 안방수는 시공이 쉽고 보수가 용이하며 구조체가 완성된 후에 실시한다.

16 벽돌벽에 장식적으로 구멍을 내어 쌓는 벽돌 쌓기 방식은?

① 불식쌓기   ② 영롱쌓기
③ 무늬쌓기   ④ 층단떼어쌓기

해설

영롱쌓기
영롱쌓기는 벽돌벽에 장식적으로 구멍을 내어 쌓는 방식이다.

17 시멘트 액체방수에 관한 설명으로 옳은 것은?

① 모체 표면에 시멘트 방수제를 도포하고 방수모르타르를 덧발라 방수층을 형성하는 공법이다.
② 구조체 균열에 대한 저항성이 매우 우수하다.
③ 시공은 바탕처리 → 혼합 → 바르기 → 지수 → 마무리 순으로 진행한다.
④ 시공 시 방수층의 부착력을 위하여 방수할 콘크리트 바탕면은 충분히 건조시키는 것이 좋다.

해설

시멘트 액체방수
• 바탕 처리는 모래를 완전 건조시켜 균열을 100% 발생시킨 후 고름 모르타르로 보수한다.
• 방수층의 부착력을 증진시키기 위하여 고름 모르타르가 반건조된 상태에서 표면처리를 한 후 방수층을 시공하도록 한다.
• 방수층은 신축성이 없기 때문에 반드시 신축 줄눈을 설치하도록 한다.(줄눈의 깊이 6mm, 너비 9mm, 거리간격 1m 정도)
• 마지막 공정인 시멘트 모르타르를 방수 모르타르 마감으로 하여 보호층의 역할을 겸하게 한다.

18 고층건축물 공사의 반복작업에서 각 작업조의 생산성을 기울기로 하는 직선으로 각 반복작업의 진행을 표시하여 전체 공사를 도식화하는 기법은?

① CPM   ② PERT
③ PDM   ④ LOB

해설

LOB
• 고층건축물 또는 도로공사와 같이 반복되는 작업들에 의하여 공사가 이루어질 경우에는 작업들에 소요되는 자원의 활용이 공사기간을 결정하는 데 큰 영향을 준다.
• LOB 기법은 반복작업에서 각 작업조의 생산성을 유지시키면서, 그 생산성을 기울기로 하는 직선으로 각 반복작업의 진행을 표시하여 전체 공사를 도식화하는 기법으로 LSM(Linear Scheduling Method) 기법이라고도 한다.
• 각 작업 간의 상호관계를 명확히 나타낼 수 있으며, 작업의 진도율로 전체 공사를 표현할 수 있다.

19 토공사에 적용되는 체적환산계수 L의 정의로 옳은 것은?

① $\dfrac{\text{흐트러진 상태의 체적(m}^3)}{\text{자연 상태의 체적(m}^3)}$

② $\dfrac{\text{자연 상태의 체적(m}^3)}{\text{흐트러진 상태의 체적(m}^3)}$

③ $\dfrac{\text{다져진 상태의 체적(m}^3)}{\text{자연 상태의 체적(m}^3)}$

④ $\dfrac{\text{자연 상태의 체적(m}^3)}{\text{다져진 상태의 체적(m}^3)}$

해설

토량환산계수(L)

$= \dfrac{\text{흐트러진 상태의 체적}}{\text{자연 상태의 체적}}$

20 건축재료의 수량 산출 시 적용하는 할증률이 옳지 않은 것은?

① 유리 : 1% ② 단열재 : 5%

③ 붉은벽돌 : 3% ④ 이형철근 : 3%

해설

할증률

- 1% : 유리, 콘크리트(철근배근)
- 2% : 도료, 콘크리트(무근)
- 3% : 이형철근, 붉은 벽돌, 내화벽돌, 점토타일, 일반합판
- 4% : 시멘트블록
- 5% : 원형 철근, 강관, 소형 형강, 시멘트 벽돌, 수장합판, 석고보드, 목재(각재)
- 7% : 대형형강
- 10% : 강판, 단열재, 목재(판재)
- 20% : 졸대

01 철골 용접부의 불량을 나타내는 용어가 아닌 것은?

① 블로홀(Blow Hole)　　② 위빙(Weaving)
③ 크랙(Crack)　　　　　 ④ 언더컷(Under Cut)

해설

위빙(Weaving)
위빙이란 용접 시 용접봉을 가로방향으로 움직여서 접합하는 용접기술을 말한다.

02 건축주 자신이 특정의 단일 상대를 선정하여 발주하는 입찰방식으로서 특수공사나 기밀보장이 필요한 경우에 주로 채택되는 것은?

① 특명입찰　　　　　　 ② 공개경쟁입찰
③ 지명경쟁입찰　　　　 ④ 제한경쟁입찰

해설

입찰
• 일반경쟁입찰 : 모든 업체들이 참여할 수 있는 입찰
• 제한경쟁입찰 : 특정한 기준이나 요건에 부합되는 업체만이 참여할 수 있는 입찰
• 지명경쟁입찰 : 부적당한 업체가 낙찰되는 것을 방지하기 위하여 적당한 업체를 여러 개 지명하는 입찰
• 특명입찰(수의 계약) : 발주자와 시공자가 1 : 1로 계약하는 방식

03 가설공사에서 벤치마크(Bench Mark)에 관한 설명으로 옳지 않은 것은?

① 이동하는 데 있어서 편리하도록 설치한다.
② 건물의 높이 및 위치의 기준이 되는 표식이다.
③ 건물의 위치 결정에 편리하고 잘 보이는 곳에 설치한다.
④ 높이의 기준점은 건물 부근에 2개소 이상 설치한다.

해설

벤치마크
공사 중의 높이의 기준을 삼고자 설정하는 가설공사로 이동의 우려가 없는 인근 건물이나 벽돌담을 이용하여 설치

04 건축공사표준시방서에 따른 시멘트 액체방수공사 시 방수층 바름에 관한 설명으로 옳지 않은 것은?

① 바탕의 상태는 평탄하고 휨, 단차, 레이턴스 등의 결함이 없는 것을 표준으로 한다.
② 방수층 시공 전에 곰보나 콜드조인트와 같은 부위는 실링재 또는 폴리머 시멘트 모르타르 등으로 바탕처리를 한다.
③ 방수층을 흙손 및 뿜칠기 등을 사용하여 소정의 두께(부착강도 측정이 가능하도록 최소 4mm 두께 이상)가 될 때까지 균일하게 바른다.
④ 각 공정의 이어 바르기의 겹침폭은 20mm 이하로 하여 소정의 두께로 조정하고, 끝부분은 솔로 바탕과 잘 밀착시킨다.

해설

시멘트 액체 방수
• 바탕 처리는 모래를 완전 건조시켜 균열을 100% 발생시킨 후 고름 모르타르로 보수한다.
• 방수층의 부착력을 증진시키기 위하여 고름 모르타르가 반건조된 상태에서 표면처리를 한 후 방수층을 시공하도록 한다.
• 방수층은 신축성이 없기 때문에 반드시 신축 줄눈을 설치하도록 한다.(줄눈의 깊이 6mm, 너비 9mm, 거리간격 1m 정도)
• 마지막 공정인 시멘트 모르타르를 방수 모르타르 마감으로 하여 보호층의 역할을 겸하게 한다.
• 각 공정의 이어바르기의 겹침폭은 100mm 정도로 하여 소정의 두께로 조정하고 끝부분은 솔로 바탕과 잘 밀착시킨다.

05 지반조사방법에 관한 설명으로 옳지 않은 것은?

① 수세식 보링은 사질층에 적당하며 끝에서 물을 뿜어내어 지층의 토질을 조사한다.

② 짚어보기방법은 얕은 지층을 파악하는 데 이용된다.

③ 표준관입시험은 사질 지반보다 점토질 지반에 가장 유효한 방법이다.

④ 지내력시험의 재하판은 보통 45cm각의 것을 이용한다.

> **해설**
> **표준관입시험**
> 76cm의 높이에서 63.5kg의 무게추를 떨어뜨려 샘플러를 30cm 관입시키는 데 타격횟수(N)를 구하여 모래지반의 성질을 파악하는 상대밀도를 판단하는 사운딩 시험의 일종으로 N값이 크면 클수록 밀도가 높은 지반이다.

06 KS F 2527에 따른 콘크리트용 부순 굵은 골재의 실적률 기준으로 옳은 것은?

① 25% 이상　　　　② 35% 이상
③ 45% 이상　　　　④ 55% 이상

> **해설**
> **골재의 실적률**
> • 모래 : 55~70%
> • 자갈 : 60~65%
> • 쇄석, 경량 : 50~65%

07 치장줄눈 시공에서 줄눈파기는 타일을 붙이고 몇 시간이 경과한 후 하는 것이 좋은가?

① 1시간　　　　② 3시간
③ 24시간　　　　④ 48시간

> **해설**
> **치장줄눈**
> • 타일을 붙인 후 3시간이 경과하면 줄눈파기를 하여 줄눈 부분을 충분히 청소한다.
> • 24시간 경과한 때 붙임 모르타르의 경화 정도를 보아 치장줄눈을 하되, 작업 직전에 줄눈 바탕에 물을 뿌려 습윤한다.

• 벽타일을 붙인 후 바닥타일을 붙이는 것이 공기상 유리하다.

• 백화현상을 방지하기 위해서 시멘트량을 줄이는 것이 좋다.

08 다음 도료 중 안료가 포함되어 있지 않은 것은?

① 유성페인트　　　　② 수성페인트
③ 바니시　　　　④ 에나멜페인트

> **해설**
> **바니시**
> 안료가 들어간 것은 페인트라 하고 이는 불투명의 도막을 형성하며 안료가 들어가지 않은 것은 바니시라 하며 투명하다. 래커 중에서 클리어래커를 제외하곤 전부 불투명도막을 형성한다.

09 콘크리트 양생에 관한 설명으로 옳지 않은 것은?

① 콘크리트 양생에는 적당한 온도를 유지해야 한다.

② 직사광선은 잉여수분을 적당하게 증발시켜주므로 양생에 유리하다.

③ 콘크리트가 경화될 때까지 충격 및 하중을 가하지 않는 것이 좋다.

④ 거푸집은 공사에 지장이 없는 한 오래 존치하는 것이 좋다.

> **해설**
> **콘크리트 양생**
> 콘크리트는 수경성이므로 양생 시 충분한 물이 있어야 하며 온도가 5도 이상이면 수화작용이 진행되므로 기온이 5도 이하가 되지 않도록 해야 한다. 아울러 내외부 온도차가 25도 이하가 되도록 하며 직사광선은 되도록 피하여야 콘크리트 내외부 양생속도가 차이 나지 않는다.

10 다음 미장재료 중 수경성이 아닌 것은?

① 시멘트 모르타르
② 경석고 플라스터
③ 돌로마이트 플라스터
④ 혼합석고 플라스터

정답　05 ③　06 ④　07 ②　08 ③　09 ②　10 ③

미장재료의 경화성
- 수경성 미장재료 : 시멘트모르타르, 석고플라스터 재료, 인조석 갈기
- 기경성 미장재료 : 점토, 돌로마이트 플라스터, 회반죽

11 다음 정의에 해당되는 용어로 옳은 것은?

바탕에 고정한 부분과 방수층에 고정한 부분 사이에 방수층의 온도 신축에 추종할 수 있도록 고안된 철물

① 슬라이드(Slide) 고정 철물
② 보강포
③ 탈거장치
④ 본드 브레이커(Bond Breaker)

슬라이드 철물
콘크리트 이어 붓기 시 삽입되기도 하고, 바탕에 고정한 부분과 방수층 사이에 수축작용에 추종할 수 있도록 하기 위하여 사용되는 철물

12 기존 건축물의 기초의 침하나 균열, 붕괴 또는 파괴가 염려될 때 기초 하부에 실시하는 공법은?

① 샌드 드레인 공법
② 딥 웰 공법
③ 언더 피닝 공법
④ 웰 포인트 공법

언더피닝
터파기를 진행할 경우 인접건물의 지반이 침하되거나 붕괴될 우려가 있다고 판단되는 경우 인접건물의 기초를 보강하는 공법

13 네트워크(Net Work) 공정표의 특징으로 옳지 않은 것은?

① 각 작업의 상호관계가 명확하게 표시된다.
② 공사 전체 흐름에 대한 파악이 용이하다.
③ 공사의 진척상황이 누구에게나 알려지게 되나 시간의 경과가 명확하지 못하다.

④ 계획 단계에서 공정상의 문제점이 명확히 파악되어 작업 전에 수정이 가능하다.

네트워크 공정표 특징
- 공사계획의 전모와 공사 전체의 파악을 용이하게 할 수 있다.
- 각 작업의 흐름과 공정이 분해됨과 동시에 작업의 상호관계가 명확하게 표시된다.
- 계획단계에서부터 공정상의 문제점이 명확하게 파악되고 작업 전에 수정을 가할 수 있다.
- 공사의 진척상황이 누구에게나 쉽게 알려지게 된다.
- 작성시간이 길며, 작성 및 검사에 특별한 기능이 요구된다.

14 한식 기와 지붕에서 지붕 용마루의 끝마구리에 수키와를 옆세워 댄 것을 무엇이라고 하는가?

① 평고대
② 착고
③ 부고
④ 머거불

한식기와
- 내림새 : 처마 끝에 있는 암키와
- 막새 : 처마 끝에 있는 수키와
- 알매흙 : 암키와 밑에 흙
- 홍두깨 흙 : 수키와 밑의 흙
- 착고 : 지붕마루와 암키와의 골에 맞추어지도록 특수 제작한 수키와를 옆으로 댄 부재
- 부고 : 착고 위에 옆세워 댄 수키와
- 머거블 : 용마루 끝 마구리에 옆세워 댄 수키와

15 철근콘크리트조 건물의 철근공사 시 일반적인 배근순서로 옳은 것은?

① 기둥 → 벽 → 보 → 슬래브
② 벽 → 기둥 → 슬래브 → 보
③ 벽 → 기둥 → 보 → 슬래브
④ 기둥 → 벽 → 슬래브 → 보

철근 배근 순서
기초 – 기둥 – 벽 – 보 – 바닥 – 계단의 순이다.

정답   11 ①   12 ③   13 ③   14 ④   15 ①

16 다음 중 지붕이음재료가 아닌 것은?

① 가압시멘트기와 　② 유약기와
③ 슬레이트 　④ 아스팔트펠트

해설

지붕이음
지붕이음이라 함은 재료를 연장하는 이음이 아니라 지붕 위에 올라가는 지붕재료를 말하는 것으로 기와, 슬레이트, 아스팔트 싱글, 금속판 등이 이에 속한다.

17 콘크리트에 AE제를 사용하는 주요 목적에 해당되는 것은?

① 시멘트의 절약 　② 골재량 감소
③ 강도 증진 　④ 워커빌리티 향상

해설

AE제의 특징
인위적인 공기량을 투입하여 부착강도가 저하되어 콘크리트 압축강도의 저하로 초래될 수 있으나 내구성을 향상시키기 위하여 사용된다.
• 수밀성 증대
• 동결융해 저항성 증대
• 워커빌리티 증대
• 재료 분리 감소
• 단위 수량 감소
• 블리딩 감소
• 발열량 감소

18 건축공사 도급계약 방법 중 공사실시방식에 의한 계약제도와 관계가 없는 것은?

① 일식도급 계약제도
② 단가도급 계약제도
③ 분할도급 계약제도
④ 공동도급 계약제도

해설

계약방식
• 공사비 지불 : 정액도급, 단가도급, 실비정산보수가산식 도급

• 공사량 : 일식도급, 분할도급, 공동도급
• 업무 범위에 따른 방식 : 턴키도급, CM계약방식, 프로젝트 관리방식, BOT방식, 파트너링 방식

19 콘크리트의 시공성에 영향을 주는 요인에 관한 설명으로 옳지 않은 것은?

① 단위수량이 크면 슬럼프값이 커진다.
② 콘크리트의 강도가 동일한 경우 골재의 입도가 작을수록 시멘트의 사용량은 감소한다.
③ 굵은 골재로 쇄석을 사용 시 시공연도가 감소되는 경향이 있다.
④ 포졸란, 플라이애쉬 등 혼화재료를 사용하면 시공연도가 증진된다.

해설

골재의 입도와 시멘트량
골재의 입도가 클수록 비표면적이 작아 시멘트량이 적게 투입되므로 경제성이 좋아지고 균열 등의 발생도 적다.

20 철근콘크리트 구조물의 소요 콘크리트량이 100m³인 경우 필요한 재료량으로 옳지 않은 것은?(단, 콘크리트 배합비는 1 : 2 : 4이고, 물시멘트비는 60%이다.)

① 시멘트 : 800포 　② 모래 : 45m³
③ 자갈 : 90m³ 　④ 물 : 240kg

해설

배합비에 따른 각 재료량

배합비	시멘트(포대수)	모래(m³)	자갈(m³)
1 : 2 : 4	8	0.45	0.9
1 : 3 : 6	5.5	0.47	0.94

1m³에 시멘트 320kg이 소요된다(시멘트 1포 40kg).
• 전체 시멘트량은 32,000kg
• 물시멘트비는 60%이므로 물의 양은
32,000 × 0.6 = 19,200kg

01 공기단축을 목적으로 공정에 따라 부분적으로 완성된 도면만을 가지고 각 분야별 전문가를 구성하여 패스트 트랙(Fast Track) 공사를 진행하기에 가장 적합한 조직구조는?

① 기능별 조직(Functional Organization)
② 매트릭스 조직(Matrix Organization)
③ 태스크포스 조직(Task Force Organization)
④ 라인스태프 조직(Line-staff Organization)

[해설]

라인스태프 조직(Line Staff Organization)
사업주체나 사업 책임자 아래에 각 분야별 전문적인 내용을 전달할 수 있는 참모(Staff)를 두고 그 참모들에게 전문적인 지식을 전달받은 사업주체가 명령을 하달할 수 있는 조직이다.
이때 참모는 아래로 명령을 하달할 수 없으며, 패스트 트랙 등을 진행하기에 적합한 조직이다.

02 콘크리트의 내화, 내열성에 관한 설명으로 옳지 않은 것은?

① 콘크리트의 내화, 내열성은 사용한 골재의 품질에 크게 영향을 받는다.
② 콘크리트는 내화성이 우수해서 600℃ 정도의 화열을 장시간 받아도 압축강도는 거의 저하하지 않는다.
③ 철근콘크리트 부재의 내화성을 높이기 위해서는 철근의 피복두께를 충분히 하면 좋다.
④ 화재를 당한 콘크리트의 중성화 속도는 그렇지 않은 것에 비하여 크다.

[해설]

콘크리트 내화
콘크리트도 장시간 고온이 지속되면 강도가 저하된다.

03 매스콘크리트(Mass Concrete)의 타설 및 양생에 관한 설명으로 옳지 않은 것은?

① 내부온도가 최고온도에 달한 후에는 보온하여 중심부와 표면부의 온도차 및 중심부의 온도강하 속도가 크지 않도록 양생한다.
② 신구 콘크리트의 유효탄성계수 및 온도 차이가 클수록 이어붓기 시간 간격을 길게 하면 할수록 좋다.
③ 부어넣는 콘크리트의 온도는 온도균열을 제어하기 위해 가능한 한 저온(일반적으로 35℃ 이하)으로 해야 한다.
④ 거푸집널 및 보온을 위하여 사용한 재료는 콘크리트 표면부의 온도와 외기온도의 차이가 작아지면 해체한다.

[해설]

매스 콘크리트 이어붓기
일반적위 콘크리트의 이어 붓기시간은 위부기온이 25℃미만일 때는 150분, 25℃ 이상일 때는 120분을 초과하지 않도록 하지만 매스 콘크리트는 25℃ 미만일 때는 120분, 25℃ 이상일 때는 90분을 초과하지 않도록 한다.

04 굴착구멍 내 지하수위보다 2m 이상 높게 물을 채워 굴착함으로써 굴착 벽면에 2t/m² 이상의 정수압에 의해 벽면의 붕괴를 방지하면서 현장타설 콘크리트 말뚝을 형성하는 공법은?

① 베노토 파일
② 프랭키 파일
③ 리버스 서큘레이션 파일
④ 프리팩트 파일

[해설]

RCD(역순환공법)
제자리 콘크리트 말뚝에서 케이싱을 사용하지 않고 물과 안정액을 지하수위보다 2m 이상 높게 지속적으로 채워 정수압에 의해 벽을 보호하면서 연속 굴착하여 대구경의 Pier 기초를 형성하는 공법이다.

05 콘크리트 배합 시 시공연도와 가장 거리가 먼 것은?

① 시멘트 강도 ② 골재의 입도
③ 혼화제물 ④ 혼합시간

해설

시공연도
시공연도는 단위수량, 단위시멘트량, 골재의 입도 및 입형, 혼화재료 및 혼합방법, 비빔시간, 외부조건 등에 영향을 받는다.

06 가설건축물 중 시멘트 창고에 관한 설명으로 옳지 않은 것은?

① 바닥구조는 일반적으로 마루널깔기로 한다.
② 창고의 크기는 시멘트 100포당 2~3m²로 하는 것이 바람직하다.
③ 공기의 유통이 잘 되도록 개구부를 가능한 한 크게 한다.
④ 벽은 널판붙임으로 하고 장기간 사용하는 것은 함석붙이기로 한다.

해설

시멘트 창고
• 지면에서 30cm 이상 이격하여 바닥 설치
• 반출입구 이외에는 기타 개구부 설치 금지
• 최고 쌓기 단수는 13단 이하(장기 저장 시 7단 이하)
• 먼저 반입된 것부터 사용
• 주위에 배수도랑 설치
• 채광창은 둘 수 있으나 환기창은 불가

07 레디믹스트 콘크리트(Ready Mixed Concrete)를 사용하는 이유로 옳지 않은 것은?

① 시가지에서는 콘크리트를 혼합할 장소가 좁다.
② 현장에서는 균질한 품질의 콘크리트를 얻기 어렵다.

③ 콘크리트의 혼합이 충분하여 품질이 고르다.
④ 콘크리트의 운반거리 및 운반시간에 제한을 받지 않는다.

해설

레디믹스트 콘크리트(특징)
• 협소한 장소에 재료 적재, 비빔작업이 불필요하다.
• 공사 추진 정확, 품질이 균일하다.
• 부어넣는 수량에 따라 조절할 수 있다.
• 운반시간에 제한을 받으며, 운반도중 재료 분리의 우려가 많다.

08 폴리머 함침 콘크리트에 관한 설명으로 옳지 않은 것은?

① 시멘트계의 재료를 건조시켜 미세한 공극에 수용성 폴리머를 함침 · 중합시켜 일체화한 것이다.
② 내화성이 뛰어나며 현장시공이 용이하다.
③ 내구성 및 내약품성이 뛰어나다.
④ 고속도로 포장이나 댐의 보수공사 등에 사용된다.

해설

폴리머 함침 콘크리트
시멘트 대신 Polymer(유기고분자 중합체)를 사용함으로써 시멘트가 갖는 경화, 작은 인장강도, 큰 건조수축, 약한 내약품성을 개선할 목적으로 만든 콘크리트로 난연성, 내화성은 좋지 않은 단점이 있다.

09 지름 100mm, 높이 200mm인 원주 공시체로 콘크리트의 압축강도를 시험하였더니 200kN에서 파괴되었다면 이 콘크리트의 압축강도는?

① 12.89MPa ② 17.48MPa
③ 25.46MPa ④ 50.9MPa

해설

콘크리트 압축강도
$$\frac{P}{A} = \frac{200 \times 1,000}{\frac{3.14 \times 100 \times 100}{4}} = 25.47 \text{MPa}$$

10 흙의 함수비에 관한 설명으로 옳지 않은 것은?

① 연약점토질 지반의 함수비를 감소시키기 위해 샌드드레인 공법을 사용할 수 있다.
② 함수비가 크면 흙의 전단강도가 작아진다.
③ 모래지반에서 함수비가 크면 내부마찰력이 감소된다.
④ 점토지반에서 함수비가 크면 점착력이 증가한다.

해설

함수비 영향
• 액상화 현상 발생
• 모래지반에서는 보일링 현상 발생
• 점토지반에서는 히빙 현상 발생
• 전단강도 감소
• 모래지반에서는 내부 마찰력 감소
• 점토지반에서는 점착력 감소

11 건축 방수공사의 성능 확인을 위한 가장 일반적인 시험방법은?

① 수압시험 ② 기밀시험
③ 실물시험 ④ 담수시험

해설

담수시험
방수층을 시공한 후 그 부위에 물을 담아 48시간 이상 물이 새지 않으면 합격으로 판단하는 방수의 일반적인 시험방법이다.

12 벽마감공사에서 규격 200×200mm인 타일을 줄눈너비 10mm로 벽면적 100m²에 붙일 때 붙임매수는 몇 장인가?(단, 할증률 및 파손은 없는 것으로 가정한다.)

① 2,238매 ② 2,248매
③ 2,258매 ④ 2,268매

해설

타일량 산출
$$\frac{1,000}{200+10} \times \frac{1,000}{200+10} \times 100 = 2,268\text{매}$$

13 벽돌쌓기 시공에 관한 설명으로 옳지 않은 것은?

① 연속되는 벽면의 일부를 나중쌓기 할 때에는 그 부분을 층단 들여쌓기로 한다.
② 내력벽 쌓기에서는 세워쌓기나 옆쌓기가 주로 쓰인다.
③ 벽돌 쌓기 시 줄눈모르타르가 부족하면 하중 분담이 일정하지 않아 벽면에 균열이 발생할 수 있다.
④ 창대쌓기는 물흘림을 위해 벽돌을 15° 정도 기울여 벽면에서 3~5cm 정도 내밀어 쌓는다.

해설

내력벽 쌓기
벽돌을 이용하여 내력벽을 쌓을 때는 세워쌓기나 옆세워쌓기가 아닌 일반 벽돌 쌓기로 한다.

14 철골재의 수량 산출에서 사용되는 재료별 할증률로 옳지 않은 것은?

① 고장력볼트 : 5% ② 강판 : 10%
③ 봉강 : 5% ④ 강관 : 5%

해설

할증률
• 1% : 유리, 콘크리트(철구배근)
• 2% : 도료, 콘크리트(무근)
• 3% : 이형철근, 붉은 벽돌, 내화벽돌, 점토타일, 일반합판
• 4% : 시멘트블록
• 5% : 원형 철근, 강관, 소형 형강, 시멘트 벽돌, 수장합판, 석고보드, 목재(각재)
• 7% : 대형 형강
• 10% : 강판, 단열재, 목재(판재)
• 20% : 졸대

15 철골공사 용접작업의 용접자세를 표현하는 각 기호의 의미하는 바가 옳은 것은?

① F : 수평자세 ② H : 수직자세
③ O : 상향자세 ④ V : 하향자세

---

10 ④ 11 ④ 12 ④ 13 ② 14 ① 15 ③

③ 철근 조립이 끝난 후 철근배근도에 맞게 조립되어
  있는지 검사하여야 한다.
④ 철근의 조립은 녹, 기름 등을 제거한 후 실시한다.

해설

철근의 가공
- 철근은 상온에서 가공하는 것을 원칙으로 한다.
- 철근의 조립은 녹, 기름 등을 제거한 후 실시한다.
- 철근의 절단은 절단기를 사용한다.
- 철근을 구부리는 경우 구조기준의 내면 반지름 이상으로
  한다.

해설

용접자세
- F : 하향자세
- O : 상향자세
- H : 수평자세
- V : 수직자세

---

16 건축물이 초고층화, 대형화됨에 따라 발생되는 기둥 축소량(Columm Shortening)의 방지대책으로 적합하지 않은 것은?

① 구조설계 시 변위 발생량에 대해 여유 있게 산정한다.
② 전체 건물의 층을 몇 절(Tier)로 등분하여 변위차이를 최소화한다.
③ 가조립 시 위치별, 단면 크기별 등 변위를 충분히 발생시킨 후 본조립한다.
④ 시공 시 발생되는 변위를 최대한 보정한 후 실시한다.

해설

기둥 축소 변위(Columm Shortening)
고층건물에서 위층부터 누적되는 축하중에 의해 기둥과 벽등의 축소량이 생기는데, 수직부재 간의 축소량의 다르게 나타나는 현상을 말한다.
- 재질이 상이한 경우
- 단면적이 상이한 경우
- 높이가 다른 경우
- 하중이 차이 나는 경우
- 방위에 따른 건조수축의 차이
- 크리프 현상에 의한 차이

---

17 철근의 가공 · 조립에 관한 설명으로 옳지 않은 것은?

① 철근배근도에 철근의 구부리는 내면 반지름이 표시되어 있지 않은 때에는 건축구조기준에 규정된 구부림의 최소 내면 반지름 이하로 철근을 구부려야 한다.
② 철근은 상온에서 가공하는 것을 원칙으로 한다.

---

18 다음 중 비철금속에 해당되지 않는 것은?

① 알루미늄
② 탄소강
③ 동
④ 아연

해설

비철금속
철과 강이 아닌 금속을 비철금속이라 하며 알루미늄, 아연, 구리, 납, 니켈 등이 있는데 주로 합금형태로 사용한다. 건축구조용이 아닌 마감용이나 장식용, 부속철물 등으로 사용한다.

---

19 VE(Value Engineering)의 사고방식과 가장 거리가 먼 것은?

① 제도, 법규 위주의 사고
② 비용절감
③ 발주자, 사용자 중심의 사고
④ 기능 중심의 사고

해설

VE 사고방식
- 고정관념 제거
- 발주자, 사용자 중심의 사고
- 기능 중심의 접근
- 조직적 노력

정답   16 ①   17 ①   18 ②   19 ①

20 계약제도의 하나로서 독립된 회사의 연합으로 법인을 설립하지 않으며 공사의 책임과 공사 클레임 등을 각각 독립된 회사의 계약 당사자가 책임을 지는 방식은?

① 공동도급(Joint Venture)
② 파트너링(Partnering)
③ 컨소시엄(Consortium)
④ 분할도급(Partial Contract)

 해설

공동도급과 컨소시엄(Consortium)
공동도급이란 2개 이상의 회사가 임시로 결합, 공동출자하여 연대 책임하에 공사를 수급하여 공사를 진행하는 방식이지만, 컨소시엄은 독립된 회사의 연합으로 각각 독립된 회사의 계약 당사자가 공사책임을 지는 방식이다.

건축산업기사 (2017년 8월 시행)

01 공정계획과 관련된 용어에 관한 설명으로 옳지 않은 것은?

① 작업(Activity) – 프로젝트를 구성하는 작업단위
② 결합점(Node) – 네트워크 결합점 및 개시점, 종료점
③ 소요시간(Duration) – 작업을 수행하는 데 필요한 시간
④ 플로트(Float) – 결합점이 가지는 여유시간

> 해설

슬랙
네트워크 공정표에서 결합점의 여유시간

02 한 켜 안에 길이 쌓기와 마구리 쌓기를 번갈아 쌓아 놓고, 다음 켜는 마구리가 길이의 중심부에 놓이게 쌓는 벽돌쌓기법은?

① 영식 쌓기
② 불식 쌓기
③ 네덜란드식 쌓기
④ 미식 쌓기

> 해설

벽돌 쌓기(나라별)
• 영국식 쌓기 : 마구리쌓기와 길이쌓기를 교대로 쌓고 벽의 모서리나 끝에는 반절이나 이오토막을 쓰는 방법. 가장 튼튼하며 내력벽 쌓기에 사용
• 화란식 쌓기 : 마구리쌓기와 길이쌓기를 교대로 쌓고 벽 끝에는 칠오토막을 사용
• 프랑스식 쌓기 : 매켜에 길이쌓기와 마구리쌓기를 번갈아 쌓는 방법으로 구조적으로는 약하나 외관이 아름다워 비내력벽에 장식용으로 사용
• 미국식 쌓기 : 5켜는 길이쌓기로 하고, 그 위 1켜는 마구리쌓기로 한다.

03 국내에서 사용하는 고강도 콘크리트의 설계기준강도로 옳은 것은?

① 보통콘크리트 – 27MPa 이상,
　경량콘크리트 – 21MPa 이상
② 보통콘크리트 – 30MPa 이상,
　경량콘크리트 – 24MPa 이상
③ 보통콘크리트 – 33MPa 이상,
　경량콘크리트 – 27MPa 이상
④ 보통콘크리트 – 40MPa 이상,
　경량콘크리트 – 27MPa 이상

> 해설

고강도 콘크리트
보통 콘트리트는 40MPa 이상, 경량골재 콘크리트는 27MPa 이상을 설계기준강도로 하고 있다.

04 건설업의 종합건설업제도(EC화 ; Engineering construction)에 관한 정의로 옳은 것은?

① 종래의 단순한 시공업과 비교하여 건설사업의 발굴 및 기획, 설계, 시공, 유지관리에 이르기까지 사업 전반에 관한 것을 종합 · 기획 관리하는 업무영역의 확대를 말한다.
② 각 공사별로 나누어져 있는 토목, 건축, 전기, 설비, 철골, 포장 등의 공사를 1개 회사에서 시공하도록 하는 종합건설 면허제도이다.
③ 설계업을 하는 회사를 공사시공까지 할 수 있도록 업무영역을 확대한 면허제도를 말한다.
④ 시공업체가 설계업까지 할 수 있게 하는 면허제도이다.

> 해설

EC화
설계(Engineering)와 시공(Construction)으로 나누어져 있는 영역을 기획부터 시공, 유지관리에 이르기까지 전 범위를 하나로 하는 업무영역의 확대를 말한다.

정답 01 ④ 02 ② 03 ④ 04 ①

05 다음 중 건축용 단열재와 가장 거리가 먼 것은?

① 테라코타
② 펄라이트판
③ 세라믹 섬유
④ 연질섬유판

해설

단열재 종류
• 유리질 : 유리면
• 광물질 : 석면, 암면, 펄라이트
• 금속질 : 규산질, 알루미나질, 마그네시아질
• 탄소질 : 탄소질섬유, 탄소 분말

06 아스팔트방수에 비해 시멘트 액체방수의 우수한 점으로 볼 수 있는 것은?

① 외기에 대한 영향 정도
② 균열의 발생 정도
③ 결함부 발견이 용이한 정도
④ 방수 성능

해설

아스팔트 방수와 시멘트 액체방수 비교
아스팔트 방수는 시멘트 액체방수에 비하여 방수성능이 좋은 반면, 시공이 복잡하며 누수부위의 발견과 보수가 어려운 단점이 있다.

07 두께 1.0B로 벽돌벽 1m²을 쌓을 때 소요되는 벽돌의 매수는?(단, 표준형 벽돌로서 벽돌치수 190×90×57mm, 할증률 3% 가산, 줄눈두께 10mm)

① 130매
② 149매
③ 154매
④ 177매

해설

벽돌량
$149 \times 1.03 = 154$장

08 바차트와 비교한 네트워크 공정표의 장점이라고 볼 수 없는 것은?

① 작업 상호 간의 관련성을 알기 쉽다.
② 공정계획의 작성시간이 단축된다.
③ 공사의 진척관리를 정확히 실시할 수 있다.
④ 공기단축 가능요소의 발견이 용이하다.

해설

네트워크 공정표 특징
• 공사계획의 전모와 공사 전체의 파악을 용이하게 할 수 있다.
• 각 작업의 흐름과 공정이 분해됨과 동시에 작업의 상호 관계가 명확하게 표시된다.
• 계획단계에서부터 공정상의 문제점이 명확하게 파악되고 작업 전에 수정을 가할 수 있다.
• 공사의 진척상황이 누구에게나 쉽게 알려지게 된다.
• 작성시간이 길며, 작성 및 검사에 특별한 기능이 요구된다.

09 강재의 인장시험 결과, 하중을 가력하기 전의 표점거리가 100mm이고 실험 후 표점거리가 105mm로 늘어났다면, 이 강재의 변형률은?

① 0.05
② 0.06
③ 0.07
④ 0.08

해설

강재의 변형률
$$\frac{105 - 100}{100} = 0.05$$

10 108mm 규격의 정사각형 타일을 줄눈폭 6mm로 붙일 때 1m²당 타일 매수(정미량)로 옳은 것은?

① 72매
② 73매
③ 75매
④ 77매

해설

타일수량
$$\frac{1,000}{108+6} \times \frac{1,000}{108+6} = 77$$

11 굳지 않은 콘크리트가 현장에 도착했을 때 실시하는 품질관리시험 항목이 아닌 것은?

① 염화물
② 조립률
③ 슬럼프
④ 공기량

해설

레미콘의 규격
굵은 골재의 최대치수-강도-슬럼프치의 순으로 표시한다. 기본 외에 공기량과 염분허용량이 추가로 표시될 수 있다.

12 실제의 건물을 지지하는 지반면에 재하판을 설치한 후 하중을 단계적으로 가하여 지반반력계수와 지반의 지지력 등을 구하는 시험은?

① 직접전단시험
② 일축압축시험
③ 평판재하시험
④ 삼축압축시험

해설

지내력시험
지반의 지지력을 확인하는 지내력시험으로는 평판재하시험과 말뚝재하시험이 있다.
말뚝재하시험은 동 재하시험과 정 재하시험으로 구분하여 실시한다.

13 아스팔트 품질시험 항목과 가장 거리가 먼 것은?

① 비표면적 시험
② 침입도
③ 감온비
④ 신도 및 연화점

해설

아스팔트 품질시험
비중, 침입도, 연화점, 신도, 감온성, 인화점, 내후성 등으로 나타내나 이 중 아스팔트의 견고성 정도를 침으로 관입 저항을 평가하는 침입도가 대표적인 품질의 상태를 표시한다.

14 계측관리 항목 및 기기가 잘못 짝지어진 것은?

① Piezometer – 지반 내 간극수압의 증감을 측정
② Water level meter – 지하수위 변화를 실측

③ Tiltmeter – 인접구조물의 기울기 변화를 측정
④ Load Cell – 지반의 투수계수를 측정

해설

계측기
- 인접구조물 기울기 측정 : Tilt Meter
- 인접 구조물 균열 측정 : Crack Gauge
- 지중 수평변위 계측 : Inclino Meter
- 지중 수직변위 계측 : Extenso Meter
- 지하수위 계측 : Water Level Meter
- 간극수압 계측 : Piezo Meter
- 흙막이 부재 응력 측정 : Load Cell
- 버팀대 변형 계측 : Strain Gauge
- 토압 측정 : Soil Pressure Gauge
- 지표면 침하 측정 : Level & Staff
- 소음 측정 : Sound Level Meter
- 진동 측정 : Vibro Meter

15 창호철물의 용도에 관한 설명으로 옳지 않은 것은?

① 나이트 래치(Night Latch) – 여닫이 문의 상하에 달려서 문의 회전축이 된다.
② 플로어 힌지(Floor Hinge) – 자동적으로 여닫이 속도를 조절한다.
③ 도어체크(Door Check) – 열린 여닫이 문이 저절로 닫히게 한다.
④ 크레센트(Crescent) – 오르내리 창을 잠그는 데 쓰인다.

해설

밤자물쇠(Night Latch)
문에 사용하며 한쪽은 손잡이, 한쪽은 실린더 장치 등으로 되어 있는 개폐하는 자물쇠

16 콘크리트에 방사형의 망상균열이 발생하는 가장 큰 원인은?

① 전단보강 부족
② 시멘트의 이상팽창
③ 인장철근량 부족
④ 시멘트의 수화열

시멘트 이상 팽창

시멘트가 이상팽창하면 균열이 망상형으로 발생한다.

17 일반경쟁입찰에 관한 설명으로 옳지 않은 것은?

① 담합의 우려가 줄어든다.
② 균등한 입찰참가의 기회가 부여된다.
③ 공정하고 자유로운 경쟁이 가능하다.
④ 공사비가 다소 비싸질 우려가 있다.

해설

공개경쟁입찰

	장점	단점
공개 경쟁	• 담합의 우려가 적다. • 공사비가 절감된다. • 일반 업자에게 균등한 기회를 준다. • 입찰자 선정이 공정하다.	• 입찰수속이 번잡하다. • 공사가 조잡할 우려가 있다. • 과다한 경쟁 결과 업계의 건전한 발전을 저해할 수 있다.

18 철골 용접작업 시 유의사항으로 옳지 않은 것은?

① 용접자세에는 아래보기자세, 수직자세 등 여러 가지가 있으나 일반적으로 하향자세로 하는 것이 좋다.
② 용접 전에 용접 모재 표면의 수분, 슬래그, 먼지 등 불순물을 제거한다.
③ 수축량이 작은 부분부터 용접하고 수축량이 가장 큰 부분은 최후에 용접한다.
④ 감전방지를 위해 안전홀더를 사용한다.

해설

철골의 용접

수축량이 큰 것부터 용접하고 작은 부분일수록 나중에 용접한다.

19 콘크리트 타설 후 실시하는 양생에 관한 설명으로 옳지 않은 것은?

① 경화 초기에 시멘트의 수화반응에 필요한 수분을 공급한다.
② 직사광선, 풍우, 눈에 대하여 노출하여 실시한다.
③ 진동, 충격 등의 외력으로부터 보호한다.
④ 강도 확보에 따른 적당한 온도와 습도환경을 유지한다.

해설

콘크리트 양생

콘크리트는 수경성이므로 양생 시 충분한 물이 있어야 하며 온도가 5도 이상이면 수화작용이 진행되므로 기온이 5도 이하가 되지 않도록 해야 한다. 아울러 내외부 온도차가 25도 이하가 되도록 하고 직사광선은 되도록 피하여야 콘크리트 내외부 양생속도가 차이 나지 않는다.

20 목구조에 사용되는 보강철물과 사용개소의 조합으로 옳지 않은 것은?

① 안장쇠 – 큰보와 작은보
② ㄱ사쇠 – 평기둥과 층도리
③ 띠쇠 – 토대와 기둥
④ 감잡이쇠 – 왕대공과 평보

해설

목구조 접합용 철물

• 토대와 기둥 : 감잡이쇠, 꺾쇠, 띠쇠
• 층도리와 기둥 : 띠쇠
• 보와 처마도리 : 주걱 볼트
• 처마도리와 깔도리 : 양나사 볼트
• 평보와 왕대공 : 감잡이쇠
• ㅅ자보와 평보 : 볼트
• 중도리와 ㅅ자보 : 엇꺾쇠
• 달대공과 ㅅ자보 : 볼트, 엇꺾쇠

01 아스팔트 방수층, 개량 아스팔트 시트 방수층, 합성고분자계 시트 방수층 및 도막 방수층 등 불투수성 피막을 형성하여 방수하는 공사를 총칭하는 용어로 옳은 것은?

① 실링 방수
② 멤브레인 방수
③ 구체침투 방수
④ 벤토나이트 방수

해설

멤브레인(피막) 방수법
구조물의 외부 또는 내부에 여러 층의 피막을 부착하여 균열이나 결함을 통해서 침투하는 물이나 습기를 차단시키는 방법을 멤브레인 방수공법이라 하며, 아스팔트 방수, 도막 방수, 시트 방수, 개량 아스팔트 시트 방수 등이 해당한다.

02 공사금액의 결정방법에 따른 도급방식이 아닌 것은?

① 정액도급
② 공종별 도급
③ 단가도급
④ 실비정산 보수가산도급

해설

계약방식
• 공사비 지불 : 정액도급, 단가도급, 실비정산 보수가산식 도급
• 공사량 : 일식도급, 분할도급, 공동도급
• 업무 범위에 따른 방식 : 턴키도급, CM 계약방식, 프로젝트 관리방식, BOT 방식, 파트너링 방식

03 철근 콘크리트 PC 기둥을 8ton 트럭으로 운반하고자 한다. 차량 1대에 최대로 적재 가능한 PC 기둥의 수는?(단, PC 기둥의 단면크기는 30cm×60cm, 길이는 3m임)

① 1개
② 2개
③ 4개
④ 6개

해설

적재기둥 산출
• 기둥 1개의 무게 : $0.3 \times 0.6 \times 3 \times 2.4 \text{ton} = 1.296 \text{ton}$
• 8t 트럭에 적재 가능한 기둥의 수 : $8 \div 1.296 = 6.17$개
∴ 6개(7개는 8톤의 중량이 초과되기 때문)

04 린건설(Lean Construction)에서의 관리방법으로 옳지 않은 것은?

① 변이관리
② 당김생산
③ 흐름생산
④ 대량생산

해설

린건설
조립에 필요한 양만큼만 제조 생산하여 조달하는 시스템으로 불필요한 과정을 생략하여 낭비를 최소화하는 관리방식
• 공사기간 단축 및 공사비 절감
• 현장작업장 면적 축소
• 노무인력 감소
• 재고 및 가설재 감소
• 당김생산방식
• 흐름작업에서 실시

05 건축물 높낮이의 기준이 되는 벤치마크(Bench-Mark)에 관한 설명으로 옳지 않은 것은?

① 이동 또는 소멸우려가 없는 장소에 설치한다.
② 수직규준틀이라고도 한다.
③ 이동 등 훼손될 것을 고려하여 2개소 이상 설치한다.
④ 공사가 완료된 뒤라도 건축물의 침하, 경사 등의 확인을 위해 사용되기도 한다.

해설

세로규준틀(수직규준틀)
벽돌공사 시 쌓기의 기준이 되는 것으로 90mm 각재 양면

에 대패질을 하여 쌓기 높이, 켜 수, 개구부 위치, 매입 철물 등의 위치를 표시하는 가설물이다.

06 건축마감공사로서 단열공사에 관한 설명으로 옳지 않은 것은?

① 단열시공바탕은 단열재 또는 방습재 설치에 못, 철선, 모르타르 등의 돌출물이 도움이 되므로 제거하지 않아도 된다.
② 설치위치에 따른 단열공법 중 내단열공법은 단열성능이 적고 내부 결로가 발생할 우려가 있다.
③ 단열재를 접착제로 바탕에 붙이고자 할 때에는 바탕면을 평탄하게 한 후 밀착하여 시공하되 초기박리를 방지하기 위해 압착상태를 유지시킨다.
④ 단열재료에 따른 공법은 성형판단열재 공법, 현장발포재 공법, 뿜칠단열재 공법 등으로 분류할 수 있다.

해설

단열공사
• 단열시공바탕은 단열자재 또는 방습층 설치에 지장이 없도록 못, 철선, 모르타르 등의 돌출물을 제거하여 평탄하게 정리 및 청소한다.
• 나누기도에 따라 시공하고, 현장절단 시에는 절단기를 사용하여 정교하게 일직선이 되도록 절단한다.
• 전체 두께가 특별히 각 구성요소의 합으로 표시되거나 별도로 요구되지 않은 경우에는 소정의 두께를 지닌 홑겹의 단열재로 설치해야 한다.
• 단열재를 겹쳐서 사용하고, 각 단열재를 이을 필요가 있는 경우 그 이음새가 서로 어긋나는 곳에 위치하도록 하여야 한다.
• 단열재를 접착제로 바탕에 붙이고자 할 때에는 바탕면을 평탄하게 한 후 밀착하여 시공하되, 초기박리를 방지하기 위해 완전히 접착될 때까지 압착상태를 유지하도록 하고, 초기 접착 후 30분 이내에 재압착한다.
• 단열재의 이음부는 틈새가 생기지 않도록 접착제, 테이프를 사용하거나 공사시방에 따라 접합하며, 부득이 단열재를 설치할 수 없는 부분에는 적절한 단열보강을 한다.
• 경질이나 반경질의 단열판으로 처리할 수 없는 틈새 및 구멍에는 단열재를 채워 넣어야 하며, 통산 최대 체적의 40%(기준밀도 40kg/m²) 정도까지 다져야 한다.

07 목재를 천연건조 할 때의 장점에 해당되지 않는 것은?

① 비교적 균일한 건조가 가능하다.
② 시설투자 비용 및 작업 비용이 적다.
③ 건조 소요시간이 짧은 편이다.
④ 타 건조방식에 비해 건조에 의한 결함이 비교적 적은 편이다.

해설

목재의 건조법

천연건조	인공건조
• 그늘에서 건조통풍이 잘되고 직사광선 배제 • 별도의 시설비가 필요 없음 • 대량으로 건조 가능 • 시간이 오래 걸림	• 초기시설비 필요 • 건조시간이 짧음 • 증기실, 열기실에서 건조 • 천연건조에 비해 결함 발생 우려

08 와이어로프로 매단 비계 권상기에 의해 상하로 이동시킬 수 있는 공사용 비계의 명칭은?

① 시스템비계   ② 틀비계
③ 달비계   ④ 쌍줄비계

해설

달비계
현수선(Wire Rop)에 의해 작업하중이 지지되는 곤돌라식 상자모양의 비계로서 외부 마감, 외부 수리, 청소 등의 용도로 사용된다.

09 철골공사에 관한 설명으로 옳지 않은 것은?

① 볼트접합부는 부식하기 쉬우므로 방청도장을 하여야 한다.
② 볼트조임에는 임팩트렌치, 토크렌치 등을 사용한다.
③ 철골조는 화재에 의한 강성저하가 심하므로 내화피복을 하여야 한다.
④ 용접부 비파괴 검사에는 침투탐상법, 초음파탐상법 등이 있다.

해설

녹막을 칠하지 않는 부분
- 콘크리트에 밀착되거나 매입되는 부분
- 조립에 의하여 맞닿는 면
- 현장용접(50mm 이내의 부분)
- 고장력 볼트접합부의 마찰면
- 밀착 또는 회전하는 기계깎기 마무리면
- 폐쇄형 단면을 한 부재의 밀폐된 면

10 보통 포틀랜드시멘트 경화체의 성질에 관한 설명으로 옳지 않은 것은?

① 응결과 경화는 수화반응에 의해 진행된다.
② 경화체의 모세관수가 소실되면 모세관 장력이 작용하여 건조수축을 일으킨다.
③ 모세관 공극은 물시멘트비가 커지면 감소한다.
④ 모세관 공극에 있는 수분은 동결하면 팽창하고 이에 의해 내부압이 발생하여 경화체의 파괴를 초래한다.

해설

모세관 공극
물이 골재 등에 의해서 발생되는 모세관현상이 생기고 그물이 증발하고 나면 생기는 공극을 말한다. 물의 양이 많으면 모세관 공극은 증가하게 된다.

11 보강 콘크리트블록조의 내력벽에 관한 설명으로 옳지 않은 것은?

① 사춤은 3켜 이내마다 한다.
② 통줄눈은 될 수 있는 한 피한다.
③ 사춤은 철근이 이동하지 않게 한다.
④ 벽량이 많아야 구조상 유리하다.

해설

블록 쌓기
보강 콘크리트블록조는 철근 및 콘크리트 사춤을 용이하게 하기 위하여 세로줄눈을 통줄눈으로 설치하지만, 일반 블록조는 막힌줄눈으로 시공하여야 한다.

12 조적조에 발생하는 백화현상을 방지하기 위하여 취하는 조치로서 효과가 없는 것은?

① 줄눈 부분을 방수처리하여 빗물을 막는다.
② 잘 구워진 벽돌을 사용한다.
③ 줄눈 모르타르에 방수제를 넣는다.
④ 석회를 혼합하여 줄눈 모르타르를 바른다.

해설

백화현상 방지책
- 잘 구워진 양질의 벽돌 사용
- 줄눈 몰탈에 방수제를 혼합하여 사용
- 빗물이 침입하지 않도록 벽면에 비막이 설치
- 벽돌 표면에 파라핀 도료를 발라 염류의 유출 방지

13 QC(Quality Control) 활동의 도구와 거리가 먼 것은?

① 기능계통도   ② 산점도
③ 히스토그램   ④ 특성요인도

해설

품질관리(QC) 기법
- 히스토그램 : 계량치의 분포(데이터)가 어떠한 분포로 되어 있는지 알아보기 위하여 작성하는 것
- 특성요인도 : 결과에 원인이 어떻게 관계하고 있는지 한눈에 알아보기 위하여 작성하는 것
- 파레토도 : 불량, 결점, 고장 등의 발생건수를 분류항목별로 나누어 크기 순서대로 나열해 놓은 것
- 체크시트 : 계수치의 데이터가 분류항목별의 어디에 집중되어 있는지 알아보기 쉽게 나타낸 것
- 그래프 : 품질관리에서 얻은 각종 자료의 결과를 알기 쉽게 그림으로 정리한 것
- 산점도 : 서로 대응하는 두 개의 짝으로 된 데이터를 그래프용지에 타점하여 두 변수 간의 상관관계를 파악하기 위한 것
- 층별 : 집단을 구성하고 있는 많은 데이터를 어떤 특징에 따라 몇 개의 부분집단으로 나눈 것

14 다음 설명이 의미하는 공법으로 옳은 것은?

> 미리 공장 생산한 기둥이나 보, 바닥판, 외벽, 내벽 등을 한 층씩 쌓아 올라가는 조립식으로 구체를 구축하고 이어서 마감 및 설비공사까지 포함하여 차례로 한 층씩 완성해 가는 공법

① 하프 PC합성바닥판공법
② 역타공법
③ 적층공법
④ 지하연속벽공법

해설

조립식 공법
• 적층공법 : 프리패브화 된 구조물을 내부설비와 함께 한 층씩 완성해 올리는 공법
• 리프트 업 : 지상에서 바닥, 벽, 지붕 등의 부재를 미리 제작 조립하여 소정의 위치까지 끌어 올려 완성하는 공법
• 하프 슬래브 : 슬래브의 절반두께를 공장 PC제품으로 미리 제작하여 설치하고, 현장에서는 톱핑콘크리트를 타설하여 일체화하는 공법
• 박스식 : 지상에서 건축물의 1실 혹은 2실 등의 구조체를 박스형으로 제작한 후 이를 인양 조립히는 공법
• 틸트 업 : 지상의 평면에서 벽판 및 구조체를 제작한 후 이를 순차적으로 들이 올려 구조체를 축소하는 공법

15 시멘트 분말도 시험방법이 아닌 것은?

① 플로우시험법 　　② 체분석법
③ 피크노미터법 　　④ 브레인법

해설

플로우시험
콘크리트의 시공연도나 반죽질기를 시험하는 방법이며 이외에도 슬럼프시험, 다짐계수시험, 비비(vee-bee)시험, 관입시험, 드롭테이블시험, 리몰딩시험 등이 있다.

16 프리패브 콘크리트(Prefab Concrete)에 관한 설명으로 옳지 않은 것은?

① 제품의 품질을 균일화 및 고품질화할 수 있다.
② 작업의 기계화로 노무 절약을 기대할 수 있다.

③ 공장 생산으로 기계화하여 부재의 규격을 쉽게 변경할 수 있다.
④ 자재를 규격화하여 표준화 및 대량생산을 할 수 있다.

해설

PC(Precast Concrete)의 특징
공사기간 단축, 품질 향상, 원가 절감 및 시공이 용이한 장점이 있는 반면에 다양성이 부족하고, 접합부가 취약하며, 현장에서 양중 시 문제가 야기될 수 있는 단점이 있다.

17 경량골재 콘크리트와 관련된 기준으로 옳지 않은 것은?

① 단위 시멘트양의 최솟값 : 400kg/m³
② 물-결합재비의 최댓값 : 60%
③ 기건단위질량(경량골재 콘크리트 1종) : 1,700~2,000kg/m³
④ 굵은 골재의 최대치수 : 20mm

해설

경량골재 콘크리트
골재의 전부 또는 일부를 인공 경량골재를 써서 만든 콘크리트로서 기건단위질량이 1,400~2,000kg/m³인 콘크리트
• 1종 : 1,700~2,000kg/m³, 2종 : 1,400~1,700kg/m³
• 슬럼프 값 : 180mm 이하
• 난위 시멘트양의 최솟값 : 300kg/m³
• 물 결합재비의 최댓값 : 60%

18 파이프구조에 관한 설명으로 옳지 않은 것은?

① 파이프구조는 경량이며, 외관이 경쾌하다.
② 파이프구조는 대규모의 공장, 창고, 체육관, 동·식물원 등에 이용된다.
③ 접합부의 절단 가공이 어렵다.
④ 파이프의 부재 형상이 복잡하여 공사비가 증대된다.

해설

파이프구조
파이프구조는 경량이며 파이프의 부재 형상이 단순하여 대형 구조물 등을 자유로이 만들 수 있는 장점이 있는 반면 접합부의 접합이나 가공이 어려운 단점이 있다.

---

19 바닥판과 보 밑 거푸집 설계 시 고려해야 하는 하중을 옳게 짝지은 것은?

① 굳지 않은 콘크리트 중량, 충격하중
② 굳지 않은 콘크리트 중량, 측압
③ 작업하중, 풍하중
④ 충격하중, 풍하중

거푸집 설계(고려하중)
• 수평거푸집 : 생콘크리트 중량, 작업하중, 충격하중
• 수직거푸집 : 생콘트리트 중량, 측압

20 미장공사에서 나타나는 결함의 유형과 가장 거리가 먼 것은?

① 균열   ② 부식
③ 탈락   ④ 백화

미장공사의 하자
미장공사의 하자에는 바탕에서 미장이 떨어지는 박리, 박락, 색깔이 변하는 색반과 균열 등이 있으며 백화현상이 나타나기도 한다.

01 목공사에서 건축연면적(m²)당 먹매김의 품이 가장 많이 소요되는 건축물은?

① 고급주택 ② 학교
③ 사무소 ④ 은행

해설

먹매김품(인)

보통주택	고급주택	학교, 공장	사무소	은행
0.055~0.075	0.075~0.089	0.024~0.041	0.041~0.058	0.055~0.075

※ 거푸집, 구조부, 마무리 먹매김을 합산한 수치이며, 목공일이 많은 목구조 등은 적용하지 않는다.

02 철골구조의 판보에 수직스티프너를 사용하는 경우는 어떤 힘에 저항하기 위함인가?

① 인장력 ② 전단력
③ 휨모멘트 ④ 압축력

해설

철골보
웨브는 전단력에, 플렌지는 휨모멘트에 저항하는 부재이고 전단력에 보강하는 부재로 스티프너, 휨모멘트에 보강하는 부재로 커버플레이트를 설치한다.

03 다음은 기성콘크리트말뚝의 중심간격에 관한 기준이다. A와 B에 각각 들어갈 내용으로 옳은 것은?

기성콘크리트말뚝을 타설할 때 그 중심간격은 말뚝머리 지름의 (A)배 이상 또한 (B)mm 이상으로 한다.

① A : 1.5, B : 650
② A : 1.5, B : 750
③ A : 2.5, B : 650
④ A : 2.5, B : 750

해설

말뚝의 최소 간격

D : 말뚝직경

나무말뚝	기성콘크리트말뚝	제자리콘크리트말뚝
600mm	750mm	D+1,000mm
2.5D	2.5D	2.0D

04 가설공사 시 설치하는 벤치마크(Bench Mark)에 관한 설명으로 옳지 않은 것은?

① 건물 높이 및 위치의 기준이 되는 표식이다.
② 비, 바람 또는 공사 중의 지반 침하, 진동 등에 의해서 이동될 수 있는 곳은 피한다.
③ 건물이 완성된 후에도 쉽게 확인할 수 있는 곳을 선정한다.
④ 짐검작업의 번삽을 피하기 위하여 가급적 한 장소에 설치한다.

해설

벤치마크
공사 중의 높이의 기준을 삼고자 설정하는 가설공사
• 바라보기 좋고 공사에 지장이 없는 곳에 설정
• 이동의 우려가 없는 인근건물, 벽돌담 이용
• 지반면에서 0.5~1.0m 위에 설치
• 2개소 이상 설치
• 위치 및 기타사항을 현장 기록부에 기록

05 다음 미장공법 중 균열이 가장 적게 생기는 것은?

① 회반죽 바름
② 돌로마이트 플라스터 바름
③ 경석고 플라스터 바름
④ 시멘트 모르타르 바름

해설

미장재료 균열순서(적은 것부터 많은 순서)
석고 플라스터 → 시멘트 모르타르 → 돌로마이트 플라스
터 → 회반죽

06 조적조에서 테두리보를 설치하는 이유로 옳지 않은 것은?

① 횡력에 대한 수직 균열을 방지하기 위하여
② 내력벽을 일체로 하여 하중을 균등히 분포시키기 위하여
③ 지붕, 바닥 및 벽체의 하중을 내력벽에 전달하기 위하여
④ 가로 철근의 끝을 정착시키기 위하여

해설

테두리보
• 벽체의 일체화를 통한 수직하중 분산
• 수직 균열 방지
• 세로근의 정착 및 이음

07 다음 중 유성페인트의 구성 성분으로 옳지 않은 것은?

① 안료
② 건성유
③ 광명단
④ 건조제

해설

유성페인트의 구성 성분
안료, 건성유(보일드유), 건조제, 희석제가 있다.

08 현장타설 말뚝공법에 해당되지 않는 것은?

① 숏크리트 공법
② 리버스 서큘레이션 공법
③ 어스드릴 공법
④ 베노토 공법

해설

숏크리트 콘크리트
압축공기로 콘크리트 또는 모르타르를 분사하는 공법으로
건나이트, 본닥터, 제트크리트 등의 종류가 있다.

09 흙을 파낸 후 토량의 부피 변화가 가장 큰 것은?

① 모래
② 보통흙
③ 점토
④ 자갈

해설

터파기 후 부피 증가율(%)

모래	흙	점토	자갈	모래, 진흙 섞인 자갈
15	20~25	25	15	30

10 콘크리트 골재에 요구되는 특성으로 옳지 않은 것은?

① 골재의 입형은 편평, 세장하거나 예각으로 된 것은 좋지 않다.
② 충분한 수분의 흡수를 위하여 굵은 골재의 공극률은 큰 것이 좋다.
③ 골재의 강도는 경화 시멘트페이스트의 강도 이상이어야 한다.
④ 입도는 조립에서 세립까지 균등히 혼합되게 한다.

해설

골재의 품질
• 골재의 강도는 시멘트 풀 이상의 강도여야 하며, 입도와 입형이 좋아야 하고, 재료분리가 일어나지 않으며 유기 불순물을 함유하고 있지 않아야 한다.
• 골재의 입도는 크기를 나타내거나 크고 작음이 잘 섞여 있는 정도로, 입도가 크거나 좋으면 실적률이 좋아져서 내부 공극이 적어진다.
• 골재는 공극이 적어야 시멘트양도 줄고 물의 양도 줄어들어 콘크리트 품질이 좋아진다.

11 일반적인 일식도급 계약제도를 건축주의 입장에서 볼 때 그 장점과 거리가 먼 것은?

① 재도급된 금액이 원도급 금액보다 고가(高價)로 되므로 공사비가 상승한다.
② 계약 및 감독이 비교적 간단하다.
③ 공사 시작 전 공사비를 정할 수 있으며 합리적으로 자금계획을 수립할 수 있다.
④ 공사전체의 진척이 원활하다.

 해설

일식도급
• 한 개의 시공자가 공사량 전체를 책임지고 공사를 진행하는 계약방식이다.
• 공사 금액이 사전에 확정되어 자금계획 수립이 용이하다.
• 입찰 시 예정가격보다 낮은 금액에 낙찰될 확률이 높아 공사비가 절감된다.

12 콘크리트 거푸집을 조기에 제거하고 단시일에 소요강도를 내기 위한 양생 방법은?

① 습윤양생　　　② 전기양생
③ 피막양생　　　④ 증기양생

해설

콘크리트 보양방법
• 습윤보양 : 콘크리트의 제 강도를 얻기 위하여 실시하는 방법으로 충분하게 살수하고 방수지를 덮어서 봉합 양생한다.
• 증기보양 : 조기강도를 얻기 위하여 고온, 고압의 증기를 사용하여 양생한다.
• 전기보양 : 한중 콘크리트에 적용하며, 저압교류에 의해 전기저항의 발열을 이용하여 양생한다.
• 피막보양 : 대규모 슬래브 등과 같은 곳에 피막양생제를 도포하여 수분증발을 방지하여 양생한다.

13 콘크리트용 골재의 함수상태에서 유효흡수량을 옳게 설명한 것은?

① 표면건조 내부포화상태와 절대건조상태의 수량의 차이
② 공기 중에서의 건조상태와 표면건조 내부포화상태의 수량의 차이

③ 습윤상태와 표면건조 내부포화상태의 수량의 차이
④ 습윤상태와 절대건조상태의 수량의 차이

 해설

유효흡수량
표면건조 내부포화상태의 물의 중량과 기건 상태의 골재 내에 함유된 물의 중량 차

14 방수공사에 관한 설명으로 옳지 않은 것은?

① 방수모르타르는 보통 모르타르에 비해 접착력이 부족한 편이다.
② 시멘트 액체방수는 면적이 넓은 경우 익스팬션조인트를 설치해야 한다.
③ 아스팔트 방수층은 바닥, 벽 모든 부분에 방수층 보호누름을 해야 한다.
④ 스트레이트 아스팔트의 경우 신축이 좋고, 내구력이 좋아 옥외방수에도 사용 가능하다.

해설

스트레이트 아스팔트
스트레이트 아스팔트는 침투성 및 방수력이 우수하나 연화점이 낮아 옥외방수에 적합하지 않고 지하실 방수 등에 적합하다.

15 고로시멘트의 특징이 아닌 것은?

① 건조수축이 현저하게 적다.
② 화학저항성이 높아 해수 등에 접하는 콘크리트에 적합하다.
③ 수화열이 적어 매스콘크리트에 유리하다.
④ 장기간 습윤보양이 필요하다.

 해설

고로시멘트
• 초기강도는 낮으나 장기강도가 크다.
• 장기양생이 필요하다.
• 화학저항성이 높아 해수, 공장폐수, 하수 등에 접하는 콘크리트에 적합하다.
• 수화열이 적어 매스콘크리트에 적합하다.
• 건조수축이 많아 시공에 유의하며, 충분한 양생을 하여야 한다.

16 다음 공정표에서 종속관계에 관한 설명으로 옳지 않은 것은?

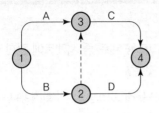

① C는 A작업에 종속된다.
② C는 B작업에 종속된다.
③ D는 A작업에 종속된다.
④ D는 B작업에 종속된다.

해설

단계의 원칙
선행작업이 종료되어야만 후속작업을 개시할 수 있으며, 선행과 후속의 관계는 결합점으로 연결되어 있는 경우만 해당한다. A작업의 후속작업은 C작업이며, B작업의 후속작업은 C, D작업이다. 그러므로 D작업은 A작업에 종속되지 않는다.

17 아일랜드 컷 공법의 시공순서와 역순으로 흙파기를 하는 공법은?

① 케이슨 공법　　　　② 타이 로드 공법
③ 트렌치 컷 공법　　　④ 오픈 컷 공법

해설

트렌치 컷 공법
아일랜드 공법과는 반대로 가장자리를 먼저 터파기 한 후 가장자리 구조물을 만들고, 중앙부 터파기를 실시하며 중앙부 구조물을 만들어 지하구조물을 완성하는 공법

18 다음 중 기경성 재료에 해당하는 것은?

① 순석고 플라스터
② 혼합석고 플라스터
③ 돌로마이트 플라스터
④ 시멘트 모르타르

해설

미장재료의 경화성
• 수경성 미장재료 : 시멘트 모르타르, 석고 플라스터 재료, 인조석 갈기
• 기경성 미장재료 : 점토, 돌로마이트 플라스터, 회반죽

19 재료를 섞고 몰드를 찍은 후 한 번 구워 비스킷(biscuit)을 만든 후 유약을 바르고 다시 한 번 구워 낸 타일을 의미하는 것은?

① 내장타일　　　　　② 시유타일
③ 무유타일　　　　　④ 표면처리타일

해설

시유타일
유약은 주로 유리질의 규산염 혼합물로, 시유타일에 유약을 바르지 않고 낮은 온도에서 구운 후에 유약을 바르고, 가마에서 다시 굽는다.

20 목구조의 2층 마루틀 중 복도 또는 간사이가 작을 때 보를 쓰지 않고 층도리와 간막이도리에 직접 장선을 걸쳐 대고 그 위에 마루널을 깐 것은?

① 동바리마루틀　　　② 홑마루틀
③ 보마루틀　　　　　④ 짠마루틀

해설

목조 2층 마루
• 홑(장선)마루 : 장선－마루널
• 보마루 : 보－장선－마루널
• 짠마루 : 큰 보－작은 보－장선－마루널

01 지반조사 중 보링에 관한 설명으로 옳지 않은 것은?

① 보링의 깊이는 일반적인 건물의 경우 대략 지지 지층 이상으로 한다.
② 채취시료는 충분히 햇빛에 건조하는 것이 좋다.
③ 부지 내에서 3개소 이상 행하는 것이 바람직하다.
④ 보링 구멍은 수직으로 파는 것이 중요하다.

> **해설**
>
> **보링**
> 지중에 보통 10cm 정도의 구멍을 뚫어 토사를 채취하는 방법으로 지중의 토질분포, 토층의 구성, 주상도를 개략으로 파악할 수 있는 지하탐사법
> • 시험깊이 : 지지층 또는 20m 깊이
> • 시추공간격 : 30m
> • 시추공 수 : 3개공 이상
> • 보링에 의해 채취된 시료는 햇빛에 노출 금지
> • 오거보링, 수세식 보링, 충격식 보링, 회전식 보링이 있음

02 콘크리트 블록벽체 2m²를 쌓는 데 소요되는 콘크리트 블록 장수로 옳은 것은?(단, 블록은 기본형이며, 할증은 고려하지 않음)

① 26장
② 30장
③ 34장
④ 38장

> **해설**
>
> **블록 장수**
> 벽면적 × 단위수량 = 2 × 13 = 26매

03 콘크리트용 재료 중 시멘트에 관한 설명으로 옳지 않은 것은?

① 중용열 포틀랜드시멘트는 수화작용에 따르는 발열이 적기 때문에 매스콘크리트에 적당하다.
② 조강 포틀랜드시멘트는 조기강도가 크기 때문에 한중콘크리트공사에 주로 쓰인다.
③ 알칼리 골재반응을 억제하기 위한 방법으로, 내황산염 포틀랜드시멘트를 사용한다.
④ 조강 포틀랜드시멘트를 사용한 콘크리트의 7일 강도는 보통 포틀랜드시멘트를 사용한 콘크리트의 28일 강도와 거의 비슷하다.

> **해설**
>
> **저알카리시멘트**
> • 콘크리트의 내구성을 잃는 알칼리 골재반응을 예방하기 위해 알칼리 함유량($Na_2O + 0.658K_2O$)을 0.6% 이하로 한 시멘트
> • 내황산염 포틀랜트시멘트는 바닷물이나 황산염을 포함하는 토양에 접하는 콘크리트에 사용하는 시멘트

04 도장공사에서의 뿜칠에 관한 설명으로 옳지 않은 것은?

① 큰 면적을 균등하게 도장할 수 있다.
② 스프레이건과 뿜칠면 사이의 거리는 30cm를 표준으로 한다.
③ 뿜칠은 도막두께를 일정하게 유지하기 위해 겹치지 않게 순차적으로 이행한다.
④ 뿜칠 공기압은 2~4kg/cm²를 표준으로 한다.

> **해설**
>
> **뿜칠 도장**
> • 뿜칠면에서 30cm 이격하여 시공
> • 운행속도는 분당 30m
> • 한 줄마다 뿜칠너비의 1/3 정도 겹쳐서 시공
> • 각 회의 뿜칠 방향은 전회의 방향에 직각

05 타일공사에서 시공 후 타일접착력 시험에 관한 설명으로 옳지 않은 것은?

① 타일의 접착력 시험은 200m²당 한 장씩 시험한다.
② 시험할 타일은 먼저 줄눈 부분을 콘크리트면까지 절단하여 주위의 타일과 분리한다.
③ 시험은 타일 시공 후 4주 이상일 때 행한다.
④ 시험결과의 판정은 타일 인장 부착강도가 10MPa 이상이어야 한다.

해설

타일의 접착력 시험
시험결과의 판정은 접착강도가 0.4MPa(0.4N/mm²) 이상이어야 한다.

06 다음 중 무기질 단열재료가 아닌 것은?

① 셀룰로오스 섬유판
② 세라믹 섬유
③ 펄라이트 판
④ ALC 패널

해설

무기질 단열재
㉠ 특성 : 열에 강하고 접합부 시공이 우수하며 흡습성이 크다.
㉡ 종류
 • 유리질 : 유리면
 • 광물질 : 석면, 암면, 펄라이트
 • 금속질 : 규산질, 알루미나질, 마그네시아질
 • 탄소질 : 탄소질섬유, 탄소분말

07 CM(Construction Management)의 주요업무가 아닌 것은?

① 설계부터 공사관리까지 전반적인 지도, 조언, 관리업무
② 입찰 및 계약 관리업무와 원가관리업무
③ 현장 조직관리업무와 공정관리업무
④ 자재조달업무와 시공도 작성업무

해설

CM의 주요업무
• 디자인부터 공사관리에 이르기까지의 조언, 감독 및 일반적 서비스
• 부동산 관리업무
• 빌딩 및 계약관련 관리업무
• 비용관리업무
• 현장조직관리 및 공정관리업무
• 원가관리업무

08 용접작업 시 용착금속 단면에 생기는 작은 은색의 점을 무엇이라 하는가?

① 피시 아이(Fish Eye)
② 블로 홀(Blow Hole)
③ 슬래그 함입(Slag Inclusion)
④ 크레이터(Crater)

해설

용접 결함(Fish Eye)
Blow Hole 및 혼입된 Slag가 모여서 둥근 은색반점이 생기는 결함현상

09 한중(寒中) 콘크리트의 양생에 관한 설명으로 옳지 않은 것은?

① 보온양생 또는 급열양생을 끝마친 후에는 콘크리트의 온도를 급격히 저하시켜 양생을 마무리 하여야 한다.
② 초기양생에서 소요 압축강도를 얻을 때까지 콘크리트의 온도를 5℃ 이상으로 유지하여야 한다.
③ 초기양생에서 구조물의 모서리나 가장자리의 부분은 보온하기 어려운 곳이어서 초기동해를 받기 쉬우므로 초기양생에 주의하여야 한다.
④ 한중 콘크리트의 보온양생 방법은 급열양생, 단열양생, 피복양생 및 이들을 복합한 방법 중 한 가지 방법을 선택하여야 한다.

한중 콘크리트

한중 콘크리트는 콘크리트를 타설한 후 4주 예상기온이 5℃ 이하인 경우를 말하며 콘크리트의 강도가 5N/mm²가 될 때까지 초기보양을 실시하여야 한다. 콘크리트의 기본 양생인 습윤양생은 기온이 유지되는 한 실시하여도 된다.

10 실링공사의 재료에 관한 설명으로 옳지 않은 것은?

① 개스킷은 콘크리트의 균열부위를 충전하기 위하여 사용하는 부정형 재료이다.

② 프라이머는 접착면과 실링재의 접착성을 좋게 하기 위하여 도포하는 바탕처리 재료이다.

③ 백업재는 소정의 줄눈깊이를 확보하기 위하여 줄눈 속을 채우는 재료이다.

④ 마스킹테이프는 시공 중에 실링재 충전개소 이외의 오염방지와 줄눈선을 깨끗이 마무리하기 위한 보호 테이프이다.

개스킷

관의 플랜지 이음매 등과 같은 연결면의 기밀을 유지하기 위해 사용되는 박편 또는 틈막이로 패킹 가운데 정지체에 사용하는 것을 말한다. 저온·저압에는 종이, 합성수지, 마, 고무, 석면, 피혁 등이 사용되고, 고온·고압에는 동, 압, 연강 등이 사용된다.

11 도막방수 시공 시 유의사항으로 옳지 않은 것은?

① 도막방수재는 혼합에 따라 재료 물성이 크게 달라지므로 반드시 혼합비를 준수한다.

② 용제형의 프라이머를 사용할 경우에는 화기에 주의하고, 특히 실내 작업의 경우 환기장치를 사용하여 인화나 유기용제 중독을 미연에 예방하여야 한다.

③ 코너부위, 드레인 주변은 보강이 필요하다.

④ 도막방수 공사는 바탕면 시공과 관통공사가 종결되지 않더라도 할 수 있다.

도막방수 바탕처리

도막방수는 바탕처리가 완료되어야 하며, 관통되는 시설물이 있는 경우 방수 전에 관통되는 부분을 완전히 밀실하게 처리하고 도막방수를 하여야 한다.

12 지반조사시험에서 서로 관련 있는 항목끼리 옳게 연결된 것은?

① 지내력 – 정량분석시험

② 연한 점토 – 표준관입시험

③ 진흙의 점착력 – 베인시험(Vane Test)

④ 염분 – 신월샘플링(Thin Wall Sampling)

베인 테스트

흙의 점착력을 판단하기 위한 일종의 사운딩시험으로, +형의 날개를 박아 회전시켜 저항력을 구하여 점토질의 점착력을 판단하는 토질시험

13 공사 착공시점이 인허가항목이 이닌 것은?

① 비산먼지 발생사업 신고

② 오수처리시설 설치신고

③ 특정공사 사전신고

④ 가설건축물 축조신고

오수처리시설 설치신고

오수처리시설 설치신고는 착공시점이 아닌 공사를 실시하는 중간에 허가를 받아야 하는 부분이다.

14 콘크리트 공사 중 적산온도와 가장 관계 깊은 것은?

① 매스(Mass) 콘크리트 공사

② 수밀(水密) 콘크리트 공사

③ 한중(寒中) 콘크리트 공사

④ AE 콘크리트 공사

적산온도

콘크리트의 비빔이 완료되어 타설된 후부터 양생온도와 경과기간의 곱을 적분함수로 나타낸 것을 적산온도라 하며 주로 한중 콘크리트의 초기경화 정도를 평가하는 지표가 된다.

15 조적벽 40m²를 쌓는 데 필요한 벽돌량은? (단, 표준형벽돌 0.5B 쌓기, 할증은 고려하지 않음)

① 2,850장 ② 3,000상
③ 3,150장 ④ 3,500장

벽돌량 산출(정미량)
벽면적 × 단위수량 = 40 × 75 = 3,000매

16 고력볼트 접합에 관한 설명으로 옳지 않은 것은?

① 현대건축물의 고층화, 대형화 추세에 따라 소음이 심한 리벳은 현재 거의 사용하지 않고 볼트접합과 용접접합이 대부분을 차지하고 있다.
② 토크시어형 고력볼트는 조여서 소정의 축력을 얻으면 자동적으로 핀테일이 파단되는 구조로 되어 있다.
③ 고력볼트의 조임기구에는 토크렌치와 임팩트렌치 등이 있다.
④ 고력볼트의 접합형태는 모두 마찰접합이며, 마찰접합은 볼트가 하중이나 응력을 직접 부담하는 방식이다.

고력볼트 접합
• 마찰접합 : 고력 볼트를 큰 힘으로 체결하여 얻은 부재 간 압축력에 의한 마찰저항을 이용한 철골부재의 접합방법
• 인장접합 : 큰 재료 간 압축력을 상쇄하는 모양으로 볼트의 축방향 응력을 전달하는 고력볼트의 접합방법

17 기본공정표와 상세공정표에 표시된 대로 공사를 진행하기 위해 재료, 노력, 원척도 등이 필요한 기일까지 반입, 동원될 수 있도록 작성한 공정표는?

① 횡선식 공정표
② 열기식 공정표
③ 사선 그래프식 공정표
④ 일순식 공정표

열기식 공정표
나열된 식의 공정표대로 공사를 진행하기 위해 재료, 노무 등을 작성한 공정표로, 재료 및 노무 수배가 용이하다.

18 유리섬유, 합성섬유 등의 망상포를 적층하여 도포하는 도막방수 공법은?

① 시멘트액체방수공법
② 라이닝공법
③ 스터코마감공법
④ 루핑공법

도막방수의 종류
• 라이닝공법 : 유리섬유, 합성섬유 등의 망상포를 적층하여 도포하는 공법
• 코팅공법 : 단순히 방수도료만을 도포하는 공법

19 강재말뚝의 부식에 대한 대책과 가장 거리가 먼 것은?

① 부식을 고려하여 두께를 두껍게 한다.
② 에폭시 등의 도막을 설치한다.
③ 부마찰력에 대한 대책을 수립한다.
④ 콘크리트로 피복한다.

부마찰력
마찰말뚝에서 말뚝의 표면에 지상으로 마찰력이 발생하면 정마찰력, 반대로 지반 아래로 마찰력이 발생하면 부마찰력이라고 하며, 부마찰력은 지반 침하 등에 의해서 발생한다.

20 콘크리트 중 공기량의 변화에 관한 설명으로 옳은 것은?

① AE제의 혼입량이 증가하면 연행공기량도 증가한다.
② 시멘트 분말도 및 단위 시멘트양이 증가하면 공기량은 증가한다.
③ 잔골재 중에 0.15∼0.3mm의 골재가 많으면 공기량은 감소한다.
④ 슬럼프가 커지면 공기량은 감소한다.

 해설

공기량 변화요인
• AE제 첨가 시 증가
• 기계비빔, 비빔시간 3∼5분까지 증가
• 온도가 낮을수록 증가, 진동기 사용 시 감소, 잔모래 사용 시 증가

01 높이 3m, 길이 150m인 벽을 표준형 벽돌로 1.0B 쌓기할 때 소요매수로 옳은 것은?(단, 할증률은 5%로 적용)

① 67,053매   ② 67,505매

③ 70,403매   ④ 74,012매

> **해설**

벽돌량

$3 \times 150 \times 149 \times 1.05 = 70,403$매

02 워커빌리티에 영향을 주는 인자가 아닌 것은?

① 단위 수량   ② 시멘트의 강도

③ 단위 시멘트양   ④ 공기량

> **해설**

시공연도

시공연도는 단위 수량, 단위 시멘트양, 골재의 입도 및 입형, 혼화재료 및 혼합방법, 비빔시간, 공기량, 외부조건 등에 영향을 받는다.

03 콘크리트의 고강도화를 위한 방안과 거리가 먼 것은?

① 물 – 시멘트 비를 크게 한다.

② 고성능 감수제를 사용한다.

③ 강도발현이 큰 시멘트를 사용한다.

④ 폴리머(Polymer)를 함침한다.

> **해설**

물 시멘트비

부어넣기 직전이나 직후의 모르타르나 콘크리트 속에 포함된 물과 시멘트의 중량비를 말하며, 콘크리트의 강도를 결정하는 가장 중요한 요소이며, 물 시멘트비를 크게 할수록 강도 및 내구성이 저하된다.

04 네트워크 공정표에 관한 실명으로 옳지 않은 것은?

① 개개의 관련 작업이 도시되어 있어 내용을 파악하기 쉽다.

② 공정이 원활하게 추진되며, 여유시간 관리가 편리하다.

③ 공사의 진척상황이 누구에게나 쉽게 알려지게 된다.

④ 다른 공정표에 비해 작성시간이 짧으며, 작성 및 검사에 특별한 기능이 요구되지 않는다.

> **해설**

네트워크 공정표의 특징

- 공사계획의 전모와 공사 전체의 파악을 용이하게 할 수 있다.
- 각 작업의 흐름과 공정이 분해됨과 동시에 작업의 상호관계가 명확하게 표시된다.
- 계획단계에서부터 공정상의 문제점이 명확하게 파악되고 작업 전에 수정할 수 있다.
- 공사의 진척상황을 누구나 쉽게 알 수 있다.
- 작성 시간이 길며, 작성 및 검사에 특별한 기능이 요구된다.

05 킨즈 시멘트에 관한 설명으로 옳지 않은 것은?

① 석고 플라스터 중 경질에 속한다.

② 벽바름재뿐만 아니라 바닥바름에 쓰이기도 한다.

③ 약산성의 성질이 있기 때문에 접촉되면 철재를 부식시킬 염려가 있다.

④ 점도가 없어 바르기가 매우 어렵고 표면의 경도가 작다.

> **해설**

킨즈 시멘트

- 경석고 플라스터라고도 함
- 응결이 느림
- 철류와 접촉하면 녹 발생
- 벽과 바닥에 쓰임

정답   01 ③   02 ②   03 ①   04 ④   05 ④

- 점도가 있어서 시공이 용이하고 경화한 것은 강도가 큼
- 표면 경도가 커서 광택성이 있음

06 바닥에 콘크리트를 타설하기 위한 거푸집으로서 거푸집판, 장선, 멍에, 서포트 등을 일체로 제작하며 부재화한 거푸집을 무엇이라 하는가?

① 클라이밍 폼
② 유로 폼
③ 플라잉 폼
④ 갱 폼

일체식 거푸집

테이블 폼, 플라잉 폼이라고도 하며 거푸집 널, 장선, 멍에, 서포트 등을 일체로 제작한 바닥전용 거푸집이다.

07 세로규준틀이 주로 사용되는 공사는?

① 목공사
② 벽돌공사
③ 철근콘크리트공사
④ 철골공사

세로규준틀

벽돌공사 시 쌓기의 기준이 되는 것으로 90mm 각재 양면에 대패질을 하여 쌓기 높이, 켜 수, 개구부 위치, 매입 철물 등의 위치를 표시하는 가설물이다.

08 무근콘크리트의 동결을 방지하기 위한 목적으로 사용되는 것은?

① 제2산화철
② 산화크롬
③ 이산화망간
④ 염화칼슘

염화칼슘(방동제)

방동제는 콘크리트가 얼지 않도록 하는 혼화재료이다.

09 도장공사 시 건조제를 많이 넣었을 때 나타나는 현상으로 옳은 것은?

① 도막에 균열이 생긴다.
② 광택이 생긴다.

③ 내구력이 증가한다.
④ 접착력이 증가한다.

건조제

가소제는 내구력을 증가시키는 데 사용되는 재료이며, 건조제는 도료의 건조를 촉진하기 위하여 사용하는 재료이다. 건조제를 많이 넣게 되면 건조속도가 너무 빨라 균열이 발생된다.

10 목조반자의 구조에서 반자틀의 구조가 아래에서부터 차례로 옳게 나열된 것은?

① 반자틀 – 반자틀받이 – 달대 – 달대받이
② 달대 – 달대받이 – 반자틀 – 반자틀받이
③ 반자틀 – 달대 – 반자틀받이 – 달대받이
④ 반지틀받이 – 반자틀 – 달대받이 – 달대

목조 반자틀

- 순서 : 달대받이 → 반자돌림대 → 빈자틀빋이 → 반자틀 → 달대
- 아래부터 부재 순서 : 반지돌림대 → 빈자틀빋이 → 반자틀 → 달대 → 달대받이

11 목조계단에서 디딤판이나 챌판은 옆판(축판)에 어떤 맞춤으로 시공하는 것이 구조적으로 가장 우수한가?

① 통 맞춤
② 턱솔 맞춤
③ 반턱 맞춤
④ 장부 맞춤

목조계단

- 디딤판, 챌판은 계단 옆판에 홈을 파 넣을 때와 계단 위를 따내고 올려대는 법이 있다.
- 홈을 파고 넣을 때는 통옆판이라고 하며 이때 맞춤을 통 맞춤이라고 한다.

12 지반조사를 구성하는 항목에 관한 설명으로 옳은 것은?

① 지하탐사법에는 짚어보기, 물리적 탐사법 등이 있다.
② 사운딩시험에는 팩 드레인공법과 치환공법 등이 있다.
③ 샘플링에는 흙의 물리적 시험과 역학적 시험이 있다.
④ 토질시험에는 평판재하시험과 시험말뚝박기가 있다.

해설

지반조사 항목
- 지하탐사 : 터파보기, 탐사간 꽂아보기, 물리적 지하탐사, 보링
- 토질시험 : 사운딩시험, 재하시험
- 사운딩시험 : 베인테스트, 표준관입시험, 콘시험, 스웨덴식 사운딩
- 재하시험 : 평판재하, 말뚝재하
- 샘플링 : 딘월샘플링, 콤퍼짓 샘플링, 데니슨 샘플링

13 흙막이 공법의 종류에 해당되지 않는 것은?

① 지하연속벽 공법　　② H−말뚝 토류판 공법
③ 시트파일 공법　　　④ 생석회 말뚝 공법

해설

지반개량 탈수공법(점토지반)
- 샌드드레인
- 페이퍼드레인
- 생석회(말뚝)공법

14 콘크리트 부어 넣기에서 진동기를 사용하는 가장 큰 목적은?

① 재료분리 방지　　　② 작업능률 촉진
③ 경화작용 촉진　　　④ 콘크리트의 밀실화 유지

해설

진동기의 사용
콘크리트 타설 시 진동기의 사용은 거푸집에 콘크리트가 잘 채워져서 밀실한 콘크리트를 만들기 위함이다.

15 로이 유리(Low Emissivity Glass)에 관한 설명으로 옳지 않은 것은?

① 판유리를 사용하여 한쪽 면에 얇은 은막을 코팅한 유리이다.
② 가시광선을 76% 넘게 투과시켜 자연채광을 극대화하여 밝은 실내분위기를 유지할 수 있다.
③ 파괴 시 파편이 없는 등 안전성이 뛰어나 고층건물의 창, 테두리 없는 유리문에 많이 쓰인다.
④ 겨울철에 건물 내에 발생하는 장파장의 열선을 실내로 재반사하여 실내보온성이 뛰어나다.

해설

로이 유리
적외선 반사율이 높은 특수 금속막 코팅을 입혀 적외선은 차단하고 채광은 유입이 가능한 유리로서 고단열 복층유리이다. 단열, 결로 방지가 가능한 에너지 절약형이며, 다양한 색상이 가능하다.

16 프리캐스트 콘크리트의 생산과 관련된 설명으로 옳지 않은 것은?

① 철근 교점의 중요한 곳은 풀림 철선 혹은 적절한 클립 등을 사용하여 결속하거나 점용접하여 조립하여야 한다.
② 생산에 사용되는 프리스트레스 긴장재는 스터럽이나 온도철근 등 다른 철근과 용접가능하다.
③ 거푸집은 콘크리트를 타설할 때 진동 및 가열 양생 등에 의해 변형이 발생하지 않는 견고한 구조로서 형상 및 치수가 정확하며 조립 및 탈형이 용이한 것이어야 한다.
④ 콘크리트의 다짐은 콘크리트가 균일하고 밀실하게 거푸집 내에 채워지도록 하며, 진동기를 사용하는 경우 미리 묻어둔 부품 등이 손상하지 않도록 주의하여야 한다.

해설

긴장재
- 프리스트레스트 콘크리트에 응력도입을 위하여 쓰이는 고강도강재의 총칭이다.

- 프리텐션에는 지름이 2∼8mm인 작은 것을 사용하고 포스트텐션에는 여러 개를 다발로 하여 사용한다. 긴장재는 정착구에 의해 사전에 인장되어 있으므로 여기에 다른 철근과의 용접 등은 하지 않는다.

17 다음 ( ) 안에 들어갈 가장 적합한 용어는?

목구조에서 기둥보의 접합은 보통 (A)으로 보기 때문에 접합부 강성을 높이기 위해 (B) 을/를 쓰는 것이 바람직하다.

① A : 강접합, B : 가새
② A : 핀접합, B : 가새
③ A : 강접합, B : 샛기둥
④ A : 핀접합, B : 샛기둥

[해설]

목구조 접합
- 목구조의 접합은 가구식 구조로서 핀접합으로 이루어져서 접합부의 강성이 약하다.
- 특히 수평력에 대한 부분이 약하므로 가새, 버팀대, 귀잡이 등으로 보강하여야 한다.

18 지하층 굴착 공사 시 사용되는 계측 장비의 계측내용을 연결한 것 중 옳지 않은 것은?

① 간극 수압 – Piezometer
② 인접 건물의 균열 – Crack Gauge
③ 지반의 침하 – Vibrometer
④ 흙막이의 변형 – Strain Gauge

[해설]

계측기
- 인접구조물 기울기 측정 : Tiltmeter
- 인접 구조물 균열 측정 : Crack Gauge
- 지중 수평 변위 계측 : Inclinometer
- 지중 수직 변위 계측 : Extensometer
- 지하 수위 계측 : Water Level Meter
- 간극 수압 계측 : Piezometer
- 흙막이 부재 응력 측정 : Load Cell
- 버팀대 변형 계측 : Strain Gauge
- 토압 측정 : Soil Pressure Gauge

- 지표면 침하 측정 : Level & Staff
- 소음 측정 : Sound Level Meter
- 진동 측정 : Vibrometer

19 시방서에 관한 설명으로 옳지 않은 것은?

① 시방서는 계약서류에 포함된다.
② 시방서 작성순서는 공사진행의 순서와 일치하도록 하는 것이 좋다.
③ 시방서에는 공사비 지불조건이 필히 기재되어야 한다.
④ 시방서에는 시공방법 등을 기재한다.

[해설]

시방서
공사를 하는 방법을 글로 써놓은 것으로 설계도서이며 계약서류이다. 시방서에는 다음과 같은 내용이 포함된다.
- 적용범위
- 사전준비 사항
- 사용재료에 관한 사항
- 시공방법에 관한 사항
- 기타 관련 사항

20 철골조의 부재에 관한 설명으로 옳지 않은 것은?

① 스티프너(Stiffener)는 웨브(Web)의 보강을 위해서 사용한다.
② 플랜지플레이트(Flange Plate)는 조립보(Plate Girder)의 플랜지 보강재이다.
③ 거싯플레이트(Gusset Plate)는 기도 밑에 붙여서 기둥을 기초에 고정하는 역할을 한다.
④ 트러스 구조에서 상하에 배치된 부재를 현재라 한다.

[해설]

거싯 플레이트(Gusset Plate)
철골보에서 기둥과 보를 연결하기 위하여 설치하는 판형의 부재

01 압연강재가 냉각할 때 표면에 생기는 산화철 표피를 무엇이라 하는가?

① 스패터 ② 밀 스케일
③ 슬래그 ④ 비드

[해설]

밀 스케일(Mill Scale)

800℃ 이상으로 가열, 가공하였을 때, 강의 표면에 생성되는 산화물 피막으로 색조는 흑색 또는 흑갈색이고, 다공성, 균열 등이 있으며 밀착성이 약하기 때문에 방식효과는 없다. Roll Scale이라고도 한다.

02 콘크리트 이어치기에 관한 설명으로 옳지 않은 것은?

① 보의 이어치기는 전단력이 가장 작은 스팬의 중앙부에서 수직으로 한다.
② 슬래브(Slab)의 이어치기는 가장자리에서 한다.
③ 아치의 이어치기는 아치축에 직각으로 한다.
④ 기둥의 이어치기는 바닥판 윗면에서 수평으로 한다.

[해설]

슬래브 이어 붓기

콘크리트 이어 붓기 시 슬래브는 중앙에서 짧은 길이 변으로 수직으로 끊어서 이어 붓는다.

03 시멘트 액체방수에 관한 설명으로 옳지 않은 것은?

① 값이 저렴하고 시공 및 보수가 용이한 편이다.
② 바탕의 상태가 습하거나 수분이 함유되어 있더라도 시공할 수 있다.
③ 옥상 등 실외에서는 효력의 지속성을 기대할 수 없다.
④ 바탕콘크리트의 침하, 경화 후의 건조수축, 균열 등 구조적 변형이 심한 부분에도 사용할 수 있다.

[해설]

시멘트 액체방수

구체 표면에 시멘트 방수제를 도포하거나 침투시켜 방수제를 혼합한 모르타르를 덧발라 모체의 공극를 메우고 수밀하게 하는 공법으로 비교적 간단하고 비용이 저렴하다. 단 옥상 등의 실외에서나, 구조체의 변형이나 균열 등이 발생하는 곳에서는 방수효과가 지속되기 어렵다.

04 다음 중 건설사업관리(CM)의 주요업무로 옳지 않은 것은?

① 입찰 및 계약관리 업무
② 건축물의 조사 또는 감정 업무
③ 제네콘(Genecon) 관리 업무
④ 현장조직 관리 업무

[해설]

CM의 주요업무

• 디자인부터 공사관리에 이르기까지의 조언, 감독 및 일반적 서비스
• 부동산 관리업무
• 빌딩 및 계약관련 관리업무
• 비용관리업무
• 현장조직관리 및 공정관리업무
• 원가관리업무

05 발주자가 시공자에게 공사를 발주하는 경우 계약방식에 의한 시공방식으로 옳지 않은 것은?

① 보증방식 ② 직영방식
③ 실비정산방식 ④ 단가도급방식

[해설]

계약방식

• 공사비 지불 : 정액도급, 단가도급, 실비정산 보수가산식 도급
• 공사량 : 일식도급, 분할도급, 공동도급

- 업무 범위에 따른 방식 : 턴키도급, CM 계약방식, 프로젝트 관리방식, BOT 방식, 파트너링 방식

06 다음 중 회전문(Revolving Door)에 관한 설명으로 옳지 않은 것은?

① 큰 개구부나 칸막이를 가변성 있게 한 장치의 문이다.
② 회전날개 140cm, 1분에 10회 회전하는 것이 보통이다.
③ 원통형의 중심축에 돌개철물을 대어 자유롭게 회전시키는 문이다.
④ 사람의 출입을 조절하고 외기의 유입과 실내공기의 유출을 막을 수 있다.

> **해설**
>
> **회전문**
> - 원통형의 중심축에 돌개철물을 대어 자유롭게 회전시키는 문
> - 바닥과 동시에 자동적으로 회전하는 것과 문짝을 손으로 밀거나 자동으로 회전하는 것
> - 손이나 발이 끼는 사고대비 회전날개는 140cm, 1분에 8회 회전
> - 틈새공간을 일정하게 하고 끼는 사고 시 즉시 중단되는 시스템이어야 함
> ※ 이 문제는 가답안 발표 후 이의 제기가 인정되어 복수정답 처리되었음

07 얇은 강판에 동일한 간격으로 펀칭하고 잡아늘여 그물처럼 만든 것으로 천장, 벽, 처마둘레 등의 미장바탕에 사용하는 재료로 옳은 것은?

① 와이어 라스(Wire Lath)
② 메탈 라스(Metal Lath)
③ 와이어 메시(Wire Mesh)
④ 펀칭 메탈(Punching Metal)

> **해설**
>
> **수장용 철물**
> - 와이어 메시 : 연강철선을 직교시켜 전기 용접하여 정방형 또는 장방형으로 만든 것이다.
> - 와이어 라스 : 아연 도금한 굵은 철선을 꼬아서 그물처럼 만든 철망이다.

- 펀칭 메탈 : 얇은 철판을 각종 모양으로 도려낸 것이다.
- 메탈 라스 : 얇은 철판(#28)에 자름금을 내어서 당겨 마름모꼴 구멍을 그물처럼 만든 것이다.

08 다음 중 도장공사를 위한 목부 바탕 만들기 공정으로 옳지 않은 것은?

① 오염, 부착물의 제거   ② 송진의 처리
③ 옹이 땜   ④ 바니시 칠

> **해설**
>
> **목부 바탕 만들기 순서**
> 오염, 부착물 제거 → 송진 처리 → 연마지 닦기 → 옹이 땜 → 구멍 땜

09 다음 미장재료 중 기경성 재료로만 구성된 것은?

① 회반죽, 석고 플라스터, 돌로마이트 플라스터
② 시멘트 모르타르, 석고 플라스터, 회반죽
③ 석고 플라스터, 돌로마이트 플라스터, 진흙
④ 진흙, 회반죽, 돌로마이트 플라스터

> **해설**
>
> **미장재료의 경화성**
> - 수경성 미장재료 : 시멘트 모르타르, 석고 플라스터 재료, 인조석 갈기
> - 기경성 미장재료 : 점토, 돌로마이트 플라스터, 회반죽

10 건물의 중앙부분만 남겨두고, 주위부분에 먼저 흙막이를 설치하고 굴착하여 기초부와 주위벽체, 바닥판 등을 구축하고 난 다음 중앙부를 시공하는 터파기 공법은?

① 복수공법   ② 지멘스웰 공법
③ 트렌치 컷 공법   ④ 아일랜드 컷 공법

> **해설**
>
> **트렌치 컷 공법**
> 아일랜드 공법과는 반대로 가장자리를 먼저 터파기 한 후 가장자리 구조물을 만들고, 중앙부 터파기를 실시하고 중앙부 구조물을 만들어 지하구조물을 완성하는 공법

정답   06 ①② 07 ② 08 ④ 09 ④ 10 ③

694 | 건축시공

11 벽체구조에 관한 설명으로 옳지 않은 것은?

① 목조 벽체를 수평력에 견디게 하고 안정한 구조로 하기 위해 귀잡이를 설치한다.
② 벽돌구조에서 각 층의 대린벽으로 구획된 각 벽에 있어서 개구부의 폭의 합계는 그 벽의 길이의 2분의 1 이하로 하여야 한다.
③ 목조 벽체에서 샛기둥은 본기둥 사이에 벽체를 이루는 것으로서 가새의 옆휨을 막는 데 유효하다.
④ 너비 180cm가 넘는 문꼴의 상부에는 철근콘크리트 인방보를 설치하고, 벽돌 벽면에서 내미는 창 또는 툇마루 등은 철골 또는 철근콘크리트로 보강한다.

〔해설〕

귀잡이
수평으로 직교하는 부재 간에 비스듬하게 걸치고, 구석을 보강하기 위한 부재로 지진이나 바람 등의 수평력을 분산시켜 구석 부분의 변형을 방지한다. 벽면 전체의 안정성을 위해서는 가새가 설치되어야 한다.

12 다음 조건에 따라 바닥재로 화강석을 사용할 경우 소요되는 화강석의 재료량(할증률 고려)으로 옳은 것은?

> • 바닥면적 : 300m²
> • 화강석 판의 두께 : 40mm
> • 정형돌
> • 습식공법

① 315m²
② 321m²
③ 330m²
④ 345m²

〔해설〕

화강석 재료량 산출
• 정형의 돌 할증 : 10%
• 300 × 1.1 = 330m²

13 콘크리트 펌프 사용에 관한 설명으로 옳지 않은 것은?

① 콘크리트 펌프를 사용하여 시공하는 콘크리트는 소요의 워커빌리티를 가지며, 시공 시 및 경화 후에 소정의 품질을 갖는 것이어야 한다.
② 압송관의 지름 및 배관의 경로는 콘크리트의 종류 및 품질, 굵은 골재의 최대치수, 콘크리트 펌프의 기종, 압송조건, 압송작업의 용이성, 안전성 등을 고려하여 정하여야 한다.
③ 콘크리트 펌프의 형식은 피스톤식이 적당하고 스퀴즈식은 적용이 불가하다.
④ 압송은 계획에 따라 연속적으로 실시하며, 되도록 중단되지 않도록 하여야 한다.

〔해설〕

콘크리트 펌프
콘크리트를 타설하는 장비로서 압송능력이나 굵은 골재의 최대치수, 슬럼프치, 배관의 직경 및 콘크리트의 종류 등에 의하여 결정되며 펌프의 압송능력은 펌프에 걸리는 최대 압송부하보다 큰 기종을 선택하여야 한다. 종류로는 피스톤식, 스퀴즈식, 압축공기식 등이 있다.

14 PERT-CPM 공정표 작성 시에 EST와 EFT의 계산방법 중 옳지 않은 것은?

① 작업의 흐름에 따라 전진 계산한다.
② 선행작업이 없는 첫 작업의 EST는 프로젝트의 개시시간과 동일하다.
③ 어느 작업의 EFT는 그 작업의 EST에 소요일수를 더하여 구한다.
④ 복수의 작업에 종속되는 작업의 EST는 선행작업 중 EFT의 최솟값으로 한다.

〔해설〕

일정계산(EST, EFT)
• 작업의 흐름에 따라 전진 계산한다.
• 개시 결합점에서 나간 작업의 EST는 0으로 한다.
• 임의 작업의 EFT는 EST에 소요일수를 가산하여 구한다.
• 종속작업의 EST는 선행작업의 EFT값으로 한다.
• 복수의 작업에 종속되는 작업의 EST는 선행작업 중 EFT의 최대치로 한다.

15 웰포인트(Well Point) 공법에 관한 설명으로 옳지 않은 것은?

① 인접 대지에서 지하수위 저하로 우물 고갈의 우려가 있다.
② 투수성이 비교적 낮은 사질실트층까지도 강제배수가 가능하다.
③ 압밀침하가 발생하지 않아 주변 대지, 도로 등의 균열발생 위험이 없다.
④ 지반의 안정성을 대폭 향상시킨다.

해설

웰포인트 공법
• 세로관을 삽입 후 가로관으로 연결하여 pump로 배수하여 지하수위를 낮추는 배수공법
• 투수성이 좋은 모래 지반에서 적용
• 지하수위 저하로 주변 대지의 침하, 도로의 균열 등이 수반될 수 있음

16 서중콘크리트에 관한 설명으로 옳은 것은?

① 동일 슬럼프를 얻기 위한 단위수량이 많아진다.
② 장기강도의 증진이 크다.
③ 콜드조인트가 쉽게 발생하지 않는다.
④ 워커빌리티가 일정하게 유지된다.

해설

서중콘크리트
㉠ 기온이 25℃를 넘을 때의 문제점
  • 시멘트의 수화작용이 급속히 진행되어 응결이 촉진된다.
  • 경화 후 균열이 커지며, 강도가 저하되고, 특히 4주(28일) 후 강도 저하가 크다.
㉡ 시공상 주의사항
  • 콘크리트 비빔온도는 35℃ 이하가 되도록 물은 냉각수를 쓰고, 골재는 직사일광을 피하여 살수한다.
  • 표면 활성제를 사용한다.
  • 슬럼프 저하를 위해 시멘트풀의 양을 많게 하나, 단위수량은 가급적 적게 한다. 소요슬럼프는 18cm 이하로 한다.
  • 양생 시 수분증발을 방지하기 위하여 살수 및 젖은 거적 등을 사용한다.

17 다음 그림과 같은 건물에서 G_1과 같은 보가 8개 있다고 할 때 보의 총콘크리트양을 구하면? (단, 보의 단면상 슬래브와 겹치는 부분은 제외하며, 철근량은 고려하지 않는다.)

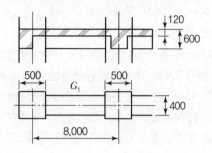

① 11.52m³
② 12.23m³
③ 13.44m³
④ 15.36m³

해설

보 콘크리트양
보의 콘크리트양 산출 시 슬래브 두께를 공제하고 계산한다.
$0.4 \times 0.48 \times 7.5 \times 8 = 11.52$m³

18 철골의 구멍뚫기에서 이형철근 D22의 관통구멍의 구멍직경으로 옳은 것은?

① 24mm
② 28mm
③ 31mm
④ 35mm

해설

철골공사 철근 관통구멍의 구멍지름

원형철근		지름 크기+10mm							
이형	호칭	D10	D13	D16	D19	D22	D25	D29	D32
철근	구멍지름	21	24	28	31	35	38	43	46

19 도장공사 시 희석제 및 용제로 활용되지 않는 것은?

① 테레빈유
② 벤젠
③ 티탄백
④ 나프타

티탄백

산화타이타늄을 주성분으로 하는 백색 안료이다. 황산타이타늄 용액을 가수 분해하여 수산화타이타늄을 만들고, 이것을 소성하여 얻는다. 최근에는 고온에서도 안정된 루틸(Rutile) 구조인 것이 나와서 플라스틱이나 도료, 인쇄잉크, 고무 등에 사용된다.

20 건축공사의 원가계산상 현장의 공사용수설비는 어느 항목에 포함되는가?

① 재료비   ② 외주비

③ 가설공사비   ④ 콘크리트 공사비

해설

공통가설비

공통가설비로는 울타리, 가설건물, 가설전기, 가설용수 등이 있다.

01 목구조에서 기초 위에 가로놓아 상부에서 오는 하중을 기초로 전달하며, 기둥 밑을 고정하고 벽을 치는 뼈대가 되는 것은?

① 충보 ② 충도리
③ 깔도리 ④ 토대

토대

목조건축에서 기초 위에 가로대어 기둥을 고정하는 목조부재로서 최하부에 위치하는 수평재로, 기둥으로부터의 상부하중이 기초에 고르게 전해지도록 하고 기둥의 하단부를 연결하여 이동을 방지하기 위해 설치하는 부재

02 공사표준시방서에 기재하는 사항에 해당되지 않는 것은?

① 공법에 관한 사항
② 검사 및 시험에 관한 사항
③ 재료에 관한 사항
④ 공사비에 관한 사항

해설

시방서

공사를 하는 방법을 글로 써놓은 것으로 설계도서이며 계약서류이다. 시방서에는 다음과 같은 내용이 포함된다.

• 적용범위
• 사전준비 사항
• 사용재료에 관한 사항
• 시공방법에 관한 사항
• 기타 관련사항

03 알루미늄 창호공사에 관한 설명으로 옳지 않은 것은?

① 알칼리에 약하므로 모르타르와의 접촉을 피한다.
② 알루미늄은 부식방지 조치가 불필요하다.

③ 녹막이에는 연(鉛)을 함유하지 않은 도료를 사용한다.
④ 표면이 연하여 운반, 설치작업 시 손상되기 쉽다.

해설

알루미늄 새시

장점	단점
• 비중은 철의 약 1/3로 가볍다.	• 용접부가 철보다 약하다.
• 녹슬지 않고 수명이 길다.	• 콘크리트, 모르타르 등의 알칼리성에 대단히 약하다.
• 공작이 자유롭고 기밀성이 있다.	• 전기 화학 작용으로 이질 금속재와 접촉하면 부식된다.
• 여닫음이 경쾌하고 미려하다.	• 알루미늄 새시 표면에는 철이 잘 부착되지 않는다.

04 해머그래브를 케이싱 내에 낙하시켜 굴착을 완료한 후 철근망을 삽입하고 케이싱을 뽑아 올리면서 콘크리트를 타설하는 현장타설 콘크리트말뚝 공법은?

① 베노토 공법 ② 이코스 공법
③ 어스드릴 공법 ④ 역순환 공법

해설

베노토 공법

올케이싱 공법이라고도 하며 케이싱(공벽보호관)을 삽입하면서 해머그래브로 굴착한 후 철근배근 및 콘크리트타설을 하고, 케이싱을 인발해내는 제자리 콘크리트말뚝이다.

05 아스팔트 방수에서 아스팔트 프라이머를 사용하는 목적으로 옳은 것은?

① 방수층의 습기를 제거하기 위하여
② 아스팔트 보호누름을 시공하기 위하여
③ 보수 시 불량 및 하자 위치를 쉽게 발견하기 위하여
④ 콘크리트 바탕과 방수시트의 접착을 양호하게 하기 위하여

아스팔트 프라이머

블로운 아스팔트에 휘발성 용제를 넣어 묽게 한 것으로, 방수층 바탕에 침투시켜 부착이 잘되게 한다.

06 다음 공정표 중 공사의 기성고를 표시하는 데 가장 편리한 것은?

① 횡선공정표　　　　② 사선공정표
③ PERT　　　　　　④ CPM

사선식 공정표

가로축에는 시간, 세로축에는 공사량(공사비용)을 나타내어 공사의 진척상황을 파악하기 용이한 공정표

07 다음 중 철골용접과 관계없는 용어는?

① 오버랩(Overlap)
② 리머(Reamer)
③ 언더컷(Under cut)
④ 블로우 홀(Blow hole)

리머

철골공사에서 구멍을 뚫은 후 구멍을 가심질하는 기구이다.

08 표준관입시험에서 로드의 머리부에 자유낙하시키는 해머의 적정 높이로 옳은 것은?(단, 높이는 로드의 머리부로부터 해머까지의 거리임)

① 30cm　　　　　　② 52cm
③ 63.5cm　　　　　④ 76cm

표준관입시험

76cm 높이에서 63.5kg 무게추를 떨어뜨려 샘플러를 30cm 관입시키는 데 필요한 타격횟수(N)를 구하여 상대밀도를 판단하는 사운딩시험의 일종으로, N값이 크면 클수록 밀도가 높은 지반이다.

09 벽과 바닥의 콘크리트 타설을 한 번에 가능하도록 벽체와 바닥 거푸집을 일체로 제작하여 한 번에 설치하고 해체할 수 있도록 한 것은?

① 유로 폼(Euro Form)
② 클라이밍 폼(Climbing Form)
③ 플라잉 폼(Flying Form)
④ 터널 폼(Tunnel Form)

터널 폼

벽과 바닥을 동시에 만드는 벽, 바닥 전용거푸집으로 주로 벽식구조의 학교, 병원 등에 많이 사용하며 바닥과 벽 거푸집이 일체화되어 있는 거푸집

10 다음 각 철물들이 사용되는 장소로 옳지 않은 것은?

① 논 슬립(Non Slip) — 계단
② 피벗(Pivot) — 창호
③ 코너 비드(Corner Bead) — 바닥
④ 메탈 라스(Metal Lath) — 벽

코너 비드

미장공사에서 모서리를 보호하기 위한 철물

11 고층 건물 외벽공사 시 적용되는 커튼월 공법의 특징이 아닌 것은?

① 내력벽으로서의 역할　② 외벽의 경량화
③ 가설공사의 절감　　　④ 품질의 안정화

커튼월 공사

- 공장 생산된 부재를 현장에서 조립하여 구성하는 외벽
- 공장제작으로 진행되어 건설현장의 공정이 대폭 단축됨
- 건물 완성 후에 벽체가 지녀야 할 성능을 설계 시에 미리 정량적으로 설정해서 이것을 목표로 제작, 시공
- 부착작업은 무비계 작업을 원칙으로 함
- 다수의 대형 부재를 취급하는 것, 고소작업 및 반복작업이 많은 것

정답　　06 ②　07 ②　08 ④　09 ④　10 ③　11 ①

12 독립기초에서 주각을 고정으로 간주할 수 있는 방법으로 가장 타당한 것은?

① 기초판을 크게 한다.
② 기초 깊이를 깊게 한다.
③ 철근을 기초판에 많이 배근한다.
④ 지중보를 설치한다.

해설

지중보
독립기초에서 내진 등에 대비하여 주각부를 고정하는 방법으로 주각과 주각을 연결하는 지중보를 설치하는 것이 좋다.

13 서중콘크리트에 관한 설명으로 옳지 않은 것은?

① 콘크리트의 공기연행이 용이하여 혼화제 사용이 불필요하다.
② 콘크리트의 배합은 소요의 강도 및 워커빌리티를 얻을 수 있는 범위 내에서 단위 수량을 적게 한다.
③ 비빈 콘크리트는 가열되거나 건조로 인하여 슬럼프가 저하하지 않도록 적당한 장치를 사용하여 되도록 빨리 운송하여 타설하여야 한다.
④ 콘크리트 재료는 온도가 낮아질 수 있도록 하여야 힌다.

해설

서중콘크리트
일평균 기온이 25℃를 넘는 콘크리트를 말하며, 시멘트의 수화작용이 급속히 진행되어 응결이 촉진되어 초기 강도가 빨리 발현된다. 균열이 발생할 수 있으므로 재료를 냉각하여 사용하며 슬럼프의 저하를 방지하고 표면 활성제를 사용한다.

14 철근콘크리트의 염해를 억제하는 방법으로 옳은 것은?

① 콘크리트의 피복두께를 적절히 확보한다.
② 콘크리트 중의 염소이온을 크게 한다.

③ 물시멘트비가 높은 콘크리트를 사용한다.
④ 단위수량을 크게 한다.

해설

철근 방청법(콘크리트 염해)
• 피복두께 증가
• 물시멘트비 저감
• 아연도금 철근 사용
• 방청페인트 사용
• 구조체 및 마감재의 수밀성 증가

15 계약 체결 후 일반적인 건축공사의 진행순서로 옳은 것은?

① 공사착공준비 → 가설공사 → 토공사 → 기초공사
② 가설공사 → 공사착공준비 → 토공사 → 기초공사
③ 공사착공준비 → 토공사 → 기초공사 → 가설공사
④ 토공사 → 가설공사 → 공사착공준비 → 기초공사

해설

공사진행순서
공사 착공준비 → 가설공사 → 토공사 → 지정 및 기초공사 → 구체공사 → 방수공사 → 지붕공사 → 외장공사 → 창호공사 → 내장공사

16 철골구조에서 가새를 소일 때 사용하는 보강재는?

① 거셋 플레이트(Gusset Plate)
② 슬리브 너트(Sleeve Nut)
③ 턴 버클(Turn Buckle)
④ 아이 바(Eye Bar)

해설

턴 버클(Turn Buckle)
• 밧줄 · 체인 · 철사 등을 당겨 죄는 데 사용하는 죔기구
• 좌우에 나사막대가 있는 부품으로 한쪽의 수나사는 오른 나사로, 다른 쪽의 수나사는 왼나사로 되어 있다. 암나사가 있는 부품, 즉 너트를 회전하면 2개의 수나사는 서로 접근하고, 회전을 반대로 하면 멀어진다.

17 콘크리트벽돌 공간쌓기에 관한 설명으로 옳지 않은 것은?

① 공간쌓기는 도면 또는 공사시방서에서 정한 바가 없을 때에는 안쪽을 주벽체로 하고 바깥쪽은 반장쌓기로 한다.

② 안쌓기는 연결재를 사용하여 주벽체에 튼튼히 연결한다.

③ 연결재로 벽돌을 사용할 경우 벽돌을 걸쳐대고 끝에는 이오토막 또는 칠오토막을 사용한다.

④ 연결재의 배치 및 거리 간격의 최대 수직거리는 400mm를 초과해서는 안 된다.

해설

공간쌓기
- 공간쌓기는 외부의 빗물이나 습기를 방지하기 위하여 가운데 공간을 두고, 이를 이용하여 단열재를 삽입하는 것으로 단열의 효과와 결로 방지를 위함이다.
- 도면 또는 공사시방서에서 정한 바가 없을 때에는 바깥벽체를 주벽체로 한다.

18 목재의 변재와 심재에 관한 설명으로 옳지 않은 것은?

① 심재는 변재보다 비중이 크다.

② 심재는 변재보다 신축변형이 작다.

③ 변재는 심재보다 내후성이 크다.

④ 변재는 심재보다 강도가 약하다.

해설

심재와 변재

심재	변재
• 변재보다 다량의 수액을 포함하고 비중이 크다. • 변재보다 신축이 작다. • 변재보다 내후성, 내구성이 크다. • 일반적으로 변재보다 강도가 크다.	• 심재보다 비중이 작으나 건조하면 변하지 않는다. • 심재보다 신축이 크다. • 심재보다 내후성, 내구성이 약하다. • 일반적으로 심재보다 강도가 약하다.

19 철근콘크리트 기둥의 단면이 $0.4m \times 0.5m$이고 길이가 10m일 때 이 기둥의 중량(톤)은 약 얼마인가?

① 3.6톤   ② 4.8톤

③ 6톤   ④ 6.4톤

해설

철근콘크리트 중량(2,400kg/m³)

$0.4 \times 0.5 \times 10 \times 2.4$톤 $= 4.8$톤

20 방부성이 우수하지만 악취가 나고, 흑갈색으로 외관이 불미하므로 눈에 보이지 않는 토대, 기둥, 도리 등에 사용되는 방부제는?

① P.C.P   ② 콜타르

③ 크레오소트 유   ④ 에나멜페인트

해설

목재의 방부제
- 콜타르 : 흑갈색의 유성 액체를 가열 도포하면 방부성은 좋으나 페인트칠이 불가하여 보이지 않는 곳이나 가설재에 사용
- 크레오소트 : 방부력 우수, 냄새가 나서 외부용으로 사용
- 아스팔트 : 가열하여 도포, 보이지 않는 곳에서 사용
- 유성 페인트 : 유성 페인트 도포 시 피막 형성, 미관효과 우수
- PCP : 가장 우수한 방부력을 가지고 있으며, 도료칠 가능

건축기사 (2019년 3월 시행)

01 그림과 같은 네트워크 공정표에서 주공정선 (Critical Path)은?

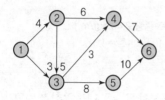

① ① → ③ → ⑤ → ⑥
② ① → ② → ④ → ⑥
③ ① → ② → ③ → ④ → ⑥
④ ① → ② → ③ → ⑤ → ⑥

해설

공사기간

결합점 ① → ② → ③ → ⑤ → ⑥의 경로가 주공정선이고 총 공사기일은 27일이다.

02 용접결함에 관한 설명으로 옳지 않은 것은?

① 슬래그 함입 – 용융금속이 급속하게 냉각되면 슬래그의 일부분이 달아나지 못하고 용착금속 내에 혼입되는 것

② 오버랩 – 용접금속과 모재가 융합되지 않고 겹쳐지는 것

③ 블로우 홀 – 용융금속이 응고할 때 방출되어야 할 가스가 잔류한 것

④ 크레이터 – 용접전류가 과소하여 발생하는 것

해설

용접결함(크레이터)

용접중심에 불순물이 함유 시 용접표면에 홈이 파이는 현상으로 과다 전류가 흐르는 경우에 많이 발생한다.

03 합성수지에 관한 설명으로 옳지 않은 것은?

① 에폭시수지는 접착제, 프린트 배선판 등에 사용된다.

② 염화비닐수지는 내후성이 있고, 수도관 등에 사용된다.

③ 아크릴수지는 내약품성이 있고, 조명기구커버 등에 사용된다.

④ 페놀수지는 알칼리에 매우 강하고, 천장 채광판 등에 주로 사용된다.

해설

페놀수지

• 강도, 전기 절연성, 내산성, 내열성, 내수성 모두 양호하나 내알카리성이 약함
• 벽, 덕트, 파이프, 발포보온관, 접착제, 배전판 등에 사용

04 도장공사 시 주의사항으로 옳지 않은 것은?

① 바탕의 건조가 불충분하거나 공기의 습도가 높을 때에는 시공하지 않는다.

② 불투명한 도장일 때에는 초벌부터 정벌까지 같은 색으로 시공해야 한다.

③ 야간에는 색을 잘못 도장할 염려가 있으므로 시공하지 않는다.

④ 직사광선은 가급적 피하고 도막이 손상될 우려가 있을 때에는 도장하지 않는다.

해설

도장공사 시 주의사항

• 바람이 강한 날에는 작업을 중지한다.
• 온도 5°C 이하, 35°C 이상, 습도가 85% 이상일 때는 작업을 중지하거나 다른 조치를 취한다.
• 칠막의 각 층은 얇게 하고 충분히 건조한다.
• 칠하는 횟수를 구분하기 위하여 색을 바꾸는 것이 좋다.
• 나중색을 진하게 하여 모서리에 바름층을 둔다.

05 건축공사에서 공사원가를 구성하는 직접공사비에 포함되는 항목을 옳게 나열한 것은?

① 자재비, 노무비, 이윤, 일반관리비
② 자재비, 노무비, 이윤, 경비
③ 자재비, 노무비, 외주비, 경비
④ 자재비, 노무비, 외주비, 일반관리비

[해설]

직접비 항목
재료비, 노무비, 외주비, 경비

06 수밀 콘크리트에 관한 설명으로 옳지 않은 것은?

① 콘크리트의 소요 슬럼프는 되도록 작게 하여 180mm를 넘지 않도록 한다.
② 콘크리트의 워커빌리티를 개선시키기 위해 공기연행제, 공기연행감수제 또는 고성능 공기연행감수제를 사용하는 경우라도 공기량은 2% 이하가 되게 한다.
③ 물결합재비는 50% 이하를 표준으로 한다.
④ 콘크리트 타설 시 다짐을 충분히 하여, 가급적 이어붓기를 하지 않아야 한다.

[해설]

수밀 콘크리트 공기량
• 수밀 콘크리트라 할지라도 공기량은 보통 콘크리트 공기량의 기준에 부합되도록 한다.
• 보통 콘크리트의 경우 4.5%, 허용오차는 ±1.5%로 한다.

07 사질 지반 굴착 시 벽체 배면의 토사가 흙막이 틈새 또는 구멍으로 누수가 되어 흙막이벽 배면에 공극이 발생하여 물의 흐름이 점차로 커져 결국에는 주변 지반을 함몰시키는 현상은?

① 보일링 현상
② 히빙 현상
③ 액상화 현상
④ 파이핑 현상

[해설]

흙막이 붕괴
• 히빙 : 흙막이 공사 시 지표재하하중의 중량에 못 견뎌 흙막이 저면 흙이 붕괴되어 바깥의 흙이 안으로 밀려 볼록하게 되어 파괴되는 현상
• 보일링 : 투수성이 좋은 사질지반에서 피압수에 의해 굴착저면의 모래지반이 지지력을 상실하는 현상
• 파이핑 : 흙막이 벽의 부실공사로서 흙막이 벽의 뚫린 구멍 또는 방축널의 이음부위를 통하여 흙탕물이 새어나오는 현상

08 무지보공 거푸집에 관한 설명으로 옳지 않은 것은?

① 하부공간을 넓게 하여 작업공간으로 활용할 수 있다.
② 슬래브(Slab) 동바리의 감소 또는 생략이 가능하다.
③ 트러스 형태의 빔(Beam)을 보거푸집 또는 벽체 거푸집에 걸쳐 놓고 바닥판 거푸집을 시공한다.
④ 층고가 높을 경우 작용이 불리하다.

[해설]

거푸집 – 무지주 공법
• 하부의 작업공간 확보
• 층고가 높고 큰 스팬에 유리
• 스팬이 일정한 경우는 보우빔, 스팬의 조절이 필요한 경우 페고 빔 사용
• 구조적 안정성 확보

09 지반조사 시 실시하는 평판재하시험에 관한 설명으로 옳지 않은 것은?

① 시험은 예정 기초면보다 높은 위치에서 실시해야 하기 때문에 일부 성토작업이 필요하다.
② 시험재하판은 실제 구조물의 기초면적에 비해 매우 작으므로 재하판 크기의 영향, 즉 스케일 이펙트(Scale Effect)를 고려한다.
③ 하중시험용 재하판은 정방형 또는 원형의 판을 사용한다.
④ 침하량을 측정하기 위해 다이얼게이지 지지대를 고정하고 좌우측에 2개의 다이얼게이지를 설치한다.

10 철근콘크리트 공사 중 거푸집이 벌어지지 않게 하는 긴장재는?

① 세퍼레이터(Separator)
② 스페이서(Spacer)
③ 폼 타이(Form Tie)
④ 인서트(Insert)

11 건설현장에서 굳지 않은 콘크리트에 대해 실시하는 시험으로 옳지 않은 것은?

① 슬럼프(Slump) 시험
② 코어(Core) 시험
③ 염화물 시험
④ 공기량 시험

12 건축공사에서 활용되는 견적방법 중 가장 상세한 공사비의 산출이 가능한 견적방법은?

① 명세견적
② 개산견적
③ 입찰견적
④ 실행견적

13 돌로마이트 플라스터 바름에 관한 설명으로 옳지 않은 것은?

① 실내온도가 5℃ 이하일 때는 공사를 중단하거나 난방하여 5℃ 이상으로 유지한다.
② 정벌바름용 반죽은 물과 혼합한 후 4시간 정도 지난 다음 사용하는 것이 바람직하다.
③ 초벌바름에 균열이 없을 때에는 고름질한 후 7일 이상 두어 고름질면의 건조를 기다린 후 균열이 발생하지 아니함을 확인한 다음 재벌바름을 실시한다.
④ 재벌바름이 지나치게 건조한 때는 적당히 물을 뿌리고 정벌바름한다.

14 철근콘크리트 슬래브와 철골보가 일체로 되는 합성구조에 관한 설명으로 옳지 않은 것은?

① 쉐어커넥터가 필요하다.
② 바닥판의 강성을 증가시키는 효과가 크다.
③ 자재를 절감하므로 경제적이다.
④ 경간이 작은 경우에 주로 적용한다.

- 콘크리트가 압축 측 플랜지가 되고, 철골보는 인장응력을 지지하게 되므로 단면 성능과 재료의 경제성을 높일 수 있다.
- 진동이나 충격하중을 받는 보에 유리하다.
- 경간이 큰 경우에 적용함이 유리하다.

15 건설공사의 일반적인 특징으로 옳은 것은?

① 공사비, 공사기일 등의 제약을 받지 않는다.
② 주로 도급식 또는 직영식으로 이루어진다.
③ 육체노동이 주가 되므로 대량생산이 가능하다.
④ 건설 생산물의 품질이 일정하다.

> **[해설]**
>
> **건설업의 특징**
> - 단품 수주 생산 : 선수주 후 생산방식
> - 분업관계 : 도급계약 및 수직적 분업구조
> - 노동집약적 산업 : 인력기술 및 기능수준에 따라 수준이 좌우됨
> - 공공공사 시장 : 약 40%가 공공공사로 건설업에 미치는 영향이 크다.

16 다음 중 공사감리업무와 가장 거리가 먼 항목은?

① 설계도서의 적정성 검토
② 시공상의 안전관리지도
③ 공사 실행예산의 편성
④ 사용자재와 설계도서와의 일치 여부 검토

> **[해설]**
>
> **감리자**
> 설계도서대로 시공되는지 감독 및 확인하는 사람으로 도면과 시방서의 내용이 다르거나 설계도서에 현저하게 누락된 부분이 있는 경우에는 감리자에게 신고하여 그 조치를 받아야 한다.
> 시공자나 설계자가 직접 해야 하는 일을 할 필요는 없다.

17 목공사에 사용되는 철물에 관한 설명으로 옳지 않은 것은?

① 감잡이쇠는 큰 보에 걸쳐 작은 보를 받게 하고, 안장쇠는 평보를 대공에 달아매는 경우 또는 평보와 ㅅ자보의 밑에 쓰인다.
② 못의 길이는 박아대는 재두께의 2.5배 이상이며, 마구리 등에 박는 것은 3.0배 이상으로 한다.
③ 볼트 구멍은 볼트지름보다 1.5mm 이상 커서는 안 된다.
④ 듀벨은 볼트와 같이 사용하여 듀벨에는 전단력, 볼트에는 인장력을 분담시킨다.

> **[해설]**
>
> **목구조 접합용 철물**
> 평보와 왕대공의 접합부에는 감잡이쇠가 사용되며, 큰 보와 작은 보에는 안장쇠가 사용된다.

18 방수공사에 관한 설명으로 옳은 것은?

① 보통 수압이 적고 얕은 지하실에는 바깥방수법, 수압이 크고 깊은 지하실에는 안방수법이 유리하다.
② 지하실에 안방수법을 채택하는 경우, 지하실 내부에 설치하는 칸막이벽, 창문틀 등은 방수층 시공 전 먼저 시공하는 것이 유리하다.
③ 바깥방수법은 안방수법에 비하여 하자보수가 곤란하다.
④ 바깥방수법은 보호 누름이 필요하지만, 안방수법은 없어도 무방하다.

> **[해설]**
>
> **방수 공사(안방수, 바깥방수 비교)**
> - 수압이 적고 얕은 지하실에는 안방수법이, 수압이 크고 깊은 지하실에는 바깥방수법이 유리하다.
> - 안방수의 경우 칸막이벽 등은 방수가 다 완료된 후 시공한다.
> - 바깥방수법은 보호 누름이 필요 없지만 안방수는 필요하다.
> - 안방수는 시공이 쉽고 보수가 용이하며 구조체가 완성된 후에 실시한다.

19 QC(Quality Control) 활동의 도구가 아닌 것은?

① 기능 계통도   ② 산점도
③ 히스토그램   ④ 특성요인도

해설

품질관리(QC)수법
- 히스토그램 : 계량치의 분포(데이터)가 어떠한 분포로 되어 있는지 알아보기 위하여 작성하는 것
- 특성요인도 : 결과에 원인이 어떻게 관계하고 있는지 한 눈에 알아보기 위하여 작성하는 것
- 파레토도 : 불량, 결점, 고장 등의 발생건수를 분류항목 별로 나누어 크기 순서대로 나열해 놓은 것
- 체크 시트 : 계수치의 데이터가 분류항목별의 어디에 집 중되어 있는지 알아보기 쉽게 나타낸 것
- 그래프 : 품질관리에서 얻은 각종 자료의 결과를 알기 쉽 게 그림으로 정리한 것
- 산점도 : 서로 대응하는 두 개의 짝으로 된 데이터를 그 래프 용지에 타점하여 두 변수 간의 상관관계를 파악하 기 위한 것
- 층별 : 집단을 구성하고 있는 많은 데이터를 어떤 특징에 따라 몇 개의 부분집단으로 나눈 것

20 다음 중 멤브레인 방수공사에 해당되지 않는 것은?

① 아스팔트방수공사   ② 실링방수공사
③ 시트방수공사   ④ 도막방수공사

해설

멤브레인(피막) 방수법
구조물의 외부 또는 내부에 여러 층의 피막을 부착하여 균 열이나 결함을 통해서 침투하는 물이나 습기를 차단시키 는 방법으로, 아스팔트 방수, 도막방수, 시트방수, 개량 아 스팔트 시트방수 등이 해당한다.

01 내화벽돌의 줄눈너비는 도면 또는 공사시방서에 따르고 그 지정이 없을 때에는 가로세로 얼마를 표준으로 하는가?

① 3mm
② 6mm
③ 12mm
④ 18mm

해설

벽돌 줄눈
시멘트, 붉은 벽돌(10mm), 내화벽돌(6mm)을 표준으로 한다.

02 실리카 흄 시멘트(Silica Fume Cement)의 특징으로 옳지 않은 것은?

① 초기강도는 크나, 장기강도는 감소한다.
② 화학적 저항성 증진효과가 있다.
③ 시공연도 개선효과가 있다.
④ 재료분리 및 블리딩이 감소된다.

해설

실리카 시멘트
㉠ 정의 : 전기로에서 금속규소나 규소철을 생산하는 과정중 발생하는 부산물의 집진하여 얻어진 부산물로써 미세한 입자
㉡ 특징
 • 수화 초기에 발열량 감소로 초기강도가 작음
 • 고강도 및 투수성이 작은 콘크리트 제조에 유리
 • 고성능 감수제의 사용으로 단위수량 감소
 • 내화학성, 수밀성 및 기밀성 증대
 • 매스콘크리트, 해양 구조물, 보수용 모르타르 및 그라우팅용 모르타르 등에 사용

03 콘크리트 내부진동기의 사용법에 관한 설명으로 옳지 않은 것은?

① 콘크리트다지기에는 내부진동기의 사용을 원칙으로 하나, 얇은 벽 등 내부진동기의 사용이 곤란한 장소에서는 거푸집진동기를 사용해도 좋다.
② 내부진동기는 연직으로 찔러 넣으며, 그 간격은 진동이 유효하다고 인정되는 범위의 지름 이하로서 일정한 간격으로 한다.
③ 1개소당 진동시간은 다짐할 때 시멘트풀이 표면상부로 약간 부상하기까지가 적절하다.
④ 진동다지기를 할 때에는 내부진동기를 하층의 콘크리트 속으로 0.5m 정도 찔러 넣는다.

해설

진동다짐
 • 가능한 한 수직으로 다지며, 하부층 타설콘크리트 속으로 100mm 정도 들어가게 한다.
 • 철근 철골에 직접 닿지 않게 다진다.
 • 진동시간은 30~40초로 시멘트 페이스트가 표면에 얇게 떠오를 때까지 한다.
 • 사용간격은 50cm 이하로 중복이 안 되게 한다.
 • 사용 후 진동기는 서서히 뽑는다.
 • 굳기 시작한 콘크리트 사용해서는 안 된다.

04 설치높이 2m 이하로서 실내공사에서 이동이 용이한 비계는?

① 겹비계 　　② 쌍줄비계
③ 말비계 　　④ 외줄비계

해설

말비계
말비계는 이동이 가능한 비계로서 사다리 등과 같은 것을 의미하며 내부비계로만 사용된다.

05 네트워크 공정표에 관한 설명으로 옳지 않은 것은?

① CPM 공정표는 네트워크 공정표의 한 종류이다.
② 요소작업의 시작과 작업기간 및 작업완료점을 막대그림으로 표시한 것이다.
③ PERT 공정표는 일정계산 시 단계(Event)를 중심으로 한다.
④ 공사 전체의 파악 및 진척관리가 용이하다.

해설

횡선식 공정표
횡선식 공정표는 좌측에는 작업명을, 상단에는 작업일수를 표시하여 작업의 시작과 종료점을 막대로 표현한 공정표이다.

06 시멘트의 비표면적을 나타내는 것은?

① 조립률(FM : Fineness Modulus)
② 수경률(HM : Hydration Modulus)
③ 분말도(Fineness)
④ 슬럼프치(Slump)

해설

시멘트 분말도(비표면적 : cm²/g)
시멘트 분말도는 입자의 작은 정도를 나타내는 것으로 분말도가 크다는 것은 입자가 작고 비표면적이 크다는 뜻이다.

07 침엽수에 관한 설명으로 옳지 않은 것은?

① 일반적으로 구조용재로 사용된다.
② 직선부재를 얻기에 용이하다.
③ 종류로는 소나무, 잣나무 등이 있다.
④ 활엽수에 비해 비중과 경도가 크다.

해설

침엽수와 활엽수
침엽수는 활엽수에 비해 경도는 작으나 직대재를 얻을 수 있어 구조재로 많이 활용된다.

08 프로젝트 전담조직(Project Task Force Organization)의 장점이 아닌 것은?

① 전체 업무에 대한 높은 수준의 이해도
② 조직 내 인원의 사내에서의 안정적인 위치확보
③ 새로운 아이디어나 공법 등에 대응 용이
④ 밀접한 인간관계 형성

해설

프로젝트 전담조직
어떤 문제점이 생기면 그 문제점을 해결하기 위한 임시적인 조직이다.

09 공기 중의 수분과 화학반응하는 경우 저온과 저습에서 경화가 늦어져 5℃ 이하에서 촉진제를 사용하는 플라스틱 바름 바닥재는?

① 에폭시수지
② 아크릴수지
③ 폴리우레탄
④ 클로로프렌고무

해설

폴리우레탄 바닥바름재
공기 중의 수분과 화학 반응하는 경우 저온과 저습에서 경화가 늦으므로 5℃ 이하에서는 촉진제를 사용한다.

10 품질관리 단계를 계획(Plan), 실시(Do), 검토(Check), 조치(Action)의 4단계로 구분할 때 계획(Plan)단계에서 수행하는 업무가 아닌 것은?

① 적정한 관리도 선정
② 작업표준 설정
③ 품질관리 대상 항목 결정
④ 시방에 의거한 품질표준 설정

해설

관리도
관리도는 일을 해나가면서 이상 여부를 체크하는 품질관리 수법으로 관리사이클의 단계에서는 체크단계에 해당한다.

정답 05 ② 06 ③ 07 ④ 08 ② 09 ③ 10 ①

11 기성콘크리트말뚝을 타설할 때 말뚝머리지름이 36cm라면 말뚝 상호 간의 중심간격은?

① 60cm 이상
② 70cm 이상
③ 80cm 이상
④ 90cm 이상

해설

말뚝의 최소 간격

구분	나무말뚝	기성콘크리트말뚝	제자리콘크리트말뚝
mm	600	750	D+1,000
D (말뚝직경)	2.5D	2.5D	2.0D

12 파워셔블(Power Shovel) 사용 시 1시간당 굴착량은?(단, 버킷용량 : 0.76m³, 토량환산계수 : 1.28, 버킷계수 : 0.95, 작업효율 : 0.50, 1회 사이클 시간 : 26초)

① 12.01m³/h
② 39.05m³/h
③ 63.98m³/h
④ 93.28m³/h

해설

파워셔블의 시간당 작업량
- 1회 작업량＝0.76×1.28×0.95×0.50＝0.462m³
- 시간당 작업횟수＝3,600÷26＝138.46회(138회)
- 시간당 작업량＝0.462×138＝63.756m³

13 턴키 도급(Turn Key Based Contract) 방식의 특징으로 옳지 않은 것은?

① 건축주의 기술능력이 부족할 때 채택
② 공사비 및 공기 단축 가능
③ 과다경쟁으로 인한 덤핑의 우려 증가
④ 시공자의 손실위험 완화 및 적정이윤 보장

해설

턴키 도급의 특징

장점	단점
• 책임시공 • 설계, 시공 간의 의사소통 원활 • 공사비 절감 • 공기 단축 • 창의성, 기술개발 용이	• 건축주의 의도 반영이 불충분 • 설계, 견적기간이 짧음 • 최저낙찰 시 공사의 질 저하 우려 • 중소업체에게 불리

14 건축재료 중 알루미늄에 관한 설명으로 옳지 않은 것은?

① 산이나 알칼리 및 해수에 침식되지 않는다.
② 알루미늄박(箔)을 이용하여 단열재, 흡음판을 만들기도 한다.
③ 구리, 망간 등의 금속과 합금하여 이용이 가능하다.
④ 알루미늄의 표면처리에는 양극산화 피막법 및 화학적 산화피막법이 있다.

해설

알루미늄의 특성
알루미늄은 알카리성에 약하므로 모르타르나 콘크리트와 직접 닿지 않아야 한다.

15 콘크리트의 압축강도 검사 중 타설량 기준에 따른 시험 횟수로 옳은 것은?(단, KCS 기준)

① 120m³당 1회
② 180m³당 1회
③ 120m³당 2회
④ 180m³당 2회

해설

콘크리트 강도 시험
콘크리트의 강도 시험 횟수는 원칙적으로 120m³당 1회의 비율로 한다. 다만 인수, 인도 당사자 간의 협의에 따라 검사로트의 크기를 조정할 수 있다.

16 홈통공사에 관한 설명으로 옳지 않은 것은?

① 선홈통은 콘크리트 속에 매입 설치한다.
② 처마홈통의 양 갓은 둥글게 감되, 안감기를 원칙으로 한다.
③ 선홈통의 맞붙임은 거멀접기로 하고, 수밀하게 눌러 붙인다.
④ 선홈통의 하단부 배수구는 45° 경사로 건물 바깥쪽을 향하게 설치한다.

해설
선홈통
선홈통에는 안홈통과 바깥홈통이 있는데, 가급적이면 홈통이 외관에 노출되는 바깥홈통으로 설치하는 것이 좋다.

17 치장줄눈을 하기 위한 줄눈 파기는 타일(Tile) 붙임이 끝나고 몇 시간이 경과했을 때 하는 것이 가장 적당한가?

① 타일을 붙인 후 1시간이 경과할 때
② 타일을 붙인 후 3시간이 경과힐 때
③ 타일을 붙인 후 24시간이 경과할 때
④ 타일을 붙인 후 48시간이 경과할 때

해설
타일 치장줄눈
타일의 치장줄눈은 배합비 1 : 1로 벽은 3시간, 바닥은 6~12시간 경과 후 시공한다.

18 커튼월의 빗물 침입의 원인이 아닌 것은?

① 표면장력   ② 모세관 현상
③ 기압차   ④ 삼투압

해설
커튼월의 빗물 침입 원인
커튼월은 기능상 접합부의 누수처리가 가장 중요하며, 누수 시 틈을 통하여 물이 이동되는데, 그 원인에는 중력, 표면장력, 모세관 현상, 운동에너지, 기압차 등이 있다.

19 콘크리트 혼화제 중 AE제에 관한 설명으로 옳지 않은 것은?

① 연행공기의 볼베어링 역할을 한다.
② 재료분리와 블리딩을 감소시킨다.
③ 많이 사용할수록 콘크리트의 강도가 증가한다.
④ 경화콘크리트의 동결융해저항성을 증가시킨다.

해설
AE제의 특징
인위적인 공기량을 투입하면 부착강도가 저하되어 콘크리트 압축강도가 저하될 수 있으나 내구성을 향상시키기 위하여 사용된다.

20 주로 방화 및 방재용으로 사용되는 유리는?

① 망입유리   ② 보통판유리
③ 강화유리   ④ 복층유리

해설
망입유리
유리 내부에 금속망을 삽입하고 압착 성형한 유리로서 철망유리라고도 한다. 망입유리는 깨지는 경우에도 파편이 비산되지 않아 안전하고, 연소되지 않아 도난 및 화재 방지 등에 사용된다.

01 금속 커튼월의 Mock Up Test에 있어 기본성능 시험의 항목에 해당되지 않는 것은?

① 정압수밀시험   ② 방재시험
③ 구조시험   ④ 기밀시험

[해설]

커튼월의 성능시험
내풍압성, 수밀시험, 기밀시험, 내구성, 내화성, 내진성, 층간 변위 추종성, 구조시험

02 표준시방서에 따른 시스템비계에 관한 기준으로 옳지 않은 것은?

① 수직재와 수직재의 연결은 전용의 연결조인트를 사용하여 견고하게 연결하고, 연결 부위가 탈락 또는 꺾어지지 않도록 하여야 한다.
② 수평재는 수직재에 연결핀 등의 결합 방법에 의해 견고하게 결합되어 흔들리거나 이탈되지 않도록 하여야 한다.
③ 대각으로 설치하는 가새는 비계의 외면으로 평면에 대해 40~60° 방향으로 설치하며 수평재 및 수직재에 결속한다.
④ 시스템 비계 최하부에 설치하는 수직재는 받침 철물의 조절너트와 밀착되도록 설치하여야 하며, 수직과 수평을 유지하여야 한다. 이때, 수직재와 받침철물의 겹침길이는 받침철물 전체 길이의 5분의 1 이상이 되도록 하여야 한다.

[해설]

시스템 비계

1. 수직재	① 본체와 접합부가 일체화된 구조, 양단부에는 이탈방지용 핀구멍 ② 접합부는 수평재와 가새가 연결될 수 있는 구조 ③ 접합부 종류는 디스크형, 포켓형 ④ 디스크형 4개 또는 8개의 핀구멍 설치
2. 수평재	① 본체와 접합부가 일체화된 구조 ② 본체 또는 결합부에는 가새재를 결합시킬 수 있는 핀구멍
3. 가새재	① 본체와 연결부가 일체화된 구조 ② 고정용, 길이 조절용 ③ 외관에 내관을 연결하는 구조
4. 연결 조인트	① 삽입형과 수직재 본체로 된 일체형 ② 연결조인트와 수직재와 겹침 길이는 100mm 이상
5. 설치	① 수직재와 수평재는 직교 ② 가새 40~60° ③ 수직재와 받침철물의 연결 길이는 받침철물의 전체 길이 1/3 이상이 되도록 설치

03 다음 중 열가소성 수지에 해당하는 것은?

① 페놀수지   ② 염화비닐수지
③ 요소수지   ④ 멜라민수지

[해설]

열가소성 수지
열가소성 수지는 염화비닐수지, 폴리스틸렌수지, 폴리에틸렌수지, 아크릴수지, 아미드수지 등이 해당한다.

04 콘크리트 균열의 발생 시기에 따라 구분할 때 콘크리트의 경화 전 균열의 원인이 아닌 것은?

① 크리프 수축   ② 거푸집의 변형
③ 침하   ④ 소성수축

[해설]

경화 전 균열
침하수축균열이 대표적인 균열이며, 콘크리트 타설 후 양생되기 전에 거푸집의 변형이나 진동, 충격으로 인하여 균열이 발생할 수 있다.

05 프리스트레스트 콘크리트(Prestressed Concrete)에 관한 설명으로 옳지 않은 것은?

① 포스트텐션(Post-Tension)공법은 콘크리트의 강도가 발현된 후에 프리스트레스를 도입하는 현장형 공법이다.
② 구조물의 자중을 경감할 수 있으며, 부재단면을 줄일 수 있다.
③ 화재에 강하며, 내화피복이 불필요하다.
④ 고강도이면서 수축 또는 크리프 등의 변형이 적은 균일한 품질의 콘크리트가 요구된다.

[해설]

프리스트레스트 콘크리트
프리스트레스트 콘크리트는 콘크리트 속에 철근 대신 강도 높은 PC 강재에 의해 프리스트레스를 부여하여 콘크리트의 인장응력이 생기는 부분에 미리 압축력을 주어서 콘크리트의 외면상의 인장강도를 증가시켜 휨저항이 증대되도록 만든 콘크리트이다.
구조물의 자중을 줄이고, 단면의 치수를 작게 만들 수 있으나 고강도 콘크리트를 사용해야 된다. 또한 단면의 치수가 작아 내화성이 감소되는 단점이 있다.

06 고강도 콘크리트의 배합에 대한 기준으로 옳지 않은 것은?

① 단위수량은 소요의 워커빌리티를 얻을 수 있는 범위 내에서 가능한 한 작게 하여야 한다.
② 잔골재율은 소요의 워커빌리티를 얻도록 시험에 의하여 결정하여야 하며, 가능한 한 작게 하도록 한다.
③ 고성능 감수제의 단위량은 소요 강도 및 작업에 적합한 워커빌리티를 얻도록 시험에의해서 결정하여야 한다.
④ 기상의 변화 등에 관계없이 공기연행제를 사용하는 것을 원칙으로 한다.

[해설]

고강도 콘크리트
• 물-시멘트비 50% 이하
• 공기연행제 사용 배제
• 단위수량 185kg/m³ 이하
• 슬럼프치 150mm 이하, 유동화 210mm 이하
• 콘크리트가 좋은 품질을 갖기 위해서는 잔골재율이 낮아야 한다.

07 철골공사의 접합에 관한 설명으로 옳지 않은 것은?

① 고력볼트접합의 종류에는 마찰접합, 지압접합이 있다.
② 녹막이도장은 작업장소 주위의 기온이 5℃ 미만이거나 상대습도가 85%를 초과할 때는 작업을 중지한다.
③ 철골이 콘크리트에 묻히는 부분은 특히 녹막이 칠을 잘해야 한다.
④ 용접 접합에 대한 비파괴시험의 종류에는 자분탐상시험, 초음파탐상시험 등이 있다.

[해설]

녹막이 칠
철골이 콘크리트에 묻히는 부분은 콘크리트가 철골이 부식되는 것을 방지하므로 녹막이 칠을 하지 않아도 된다.

08 건설현장에서 공사감리자로 근무하고 있는 A씨가 하는 업무로 옳지 않은 것은?

① 상세시공도면의 작성
② 공사시공자가 사용하는 건축자재가 관계법령에 의한 기준에 적합한 건축자재인지 여부의 확인
③ 공사현장에서의 안전관리지도
④ 품질시험의 실시 여부 및 시험성과의 검토, 확인

[해설]

감리자 업무
설계도서대로 시공되는지 감독 및 확인하는 사람으로 도면과 시방서의 내용이 다르거나 설계도서에 현저하게 누락된 부분이 있는 경우에는 감리자에게 신고하여 그 조치를 받아야 한다.
시공자나 설계자가 직접 해야 하는 일을 할 필요는 없다.

09 다음 중 가설비용의 종류로 볼 수 없는 것은?

① 가설건물비　　　② 바탕처리비
③ 동력, 전등설비　④ 용수설비

가설비 항목

• 직접가설비 : 규준틀, 비계, 보양 및 정리 등
• 공통가설비 : 울타리, 가설건물, 가설전기, 가설용수, 안전설비 등

10 다음과 같은 철근 콘크리트조 건축물에서 외줄 비계면적으로 옳은 것은?(단, 비계 높이는 건축물의 높이로 함)

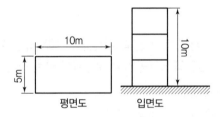

평면도　　　　　입면도

① 300m²　　　　② 336m²
③ 372m²　　　　④ 400m²

비계면적 산출

• 외줄비계 둘레길이 : $(10+5) \times 2 = 30$m
• 외줄비계 이격거리 : 0.45m
• 비계면적 산출 : $\{30 + 8 \times 0.45\} \times 10 = 336$m²

11 보통 콘크리트용 부순 골재의 원석으로서 가장 적합하지 않은 것은?

① 현무암　　　　② 응회암
③ 안산암　　　　④ 화강암

쇄석골재

암석을 부수어 만든 쇄석골재는 안산암, 현무암, 화강암 등이 사용된다.

12 조적식 구조의 기초에 관한 설명으로 옳지 않은 것은?

① 내력벽의 기초는 연속 기초로 한다.
② 기초판은 철근콘크리트 구조로 할 수 있다.
③ 기초판은 무근콘크리트 구조로 할 수 있다.
④ 기초벽의 두께는 최하층의 벽체 두께와 같게 하되, 250mm 이하로 하여야 한다.

조적식 구조의 기초

• 연속기초로 하며, 기초판은 무근콘크리트 이상의 구조로 한다.
• 기초벽 두께는 최하층 두께의 2/10를 가산한 두께 이상으로 한다.

13 건축공사 스프레이 도장방법에 관한 설명으로 옳지 않은 것은?

① 도장거리는 스프레이 도장면에서 300mm를 표준으로 한다.
② 매회에 에어스프레이는 붓도장과 동등한 정도의 두께로 하고, 2회분의 도막 두께를 한번에 도장하지 않는다.
③ 각 회의 스프레이 방향은 전회의 방향에 평행으로 진행한다.
④ 스프레이할 때는 항상 평행이동하면서 운행의 한 줄마다 스프레이 너비의 1/3 정도를 겹쳐 뿜는다.

뿜칠 도장

• 뿜칠면에서 30cm 이격하여 시공
• 운행속도는 분당 30m 속도
• 한 줄마다 뿜칠너비의 1/3 정도 겹쳐서 시공
• 각 회의 뿜칠 방향은 전회의 방향에 직각

14 시멘트 광물질의 조성 중에서 발열량이 높고 응결시간이 가장 빠른 것은?

① 알루민산 삼석회　　② 규산 삼석회
③ 규산 이석회　　　　④ 알루민산철 사석회

시멘트의 성분
- 규산 이석회(2CaO · SiO₂)
- 규산 삼석회(3CaO · SiO₂)
- 알루민산 삼석회(3CaO · Al₂O₃)
- 알루민산철 사석회(4CaO · Al₂O₃ · Fe₂O₃)
- ※ 응결속도 : 알루민산 삼석회＞규산 삼석회＞규산 이석회

15 공사장 부지 경계선으로부터 50m 이내에 주거 · 상가건물이 있는 경우에 공사현장 주위에 가설 울타리는 최소 얼마 이상의 높이로 설치하여야 하는가?

① 1.5m ② 1.8m
③ 2m ④ 3m

가설울타리 높이
비산먼지 발생 신고 대상 건축물로서 공사장 경계에서 50m 이내에 주거, 상가 건축물이 있는 경우 높이 3m 이상 방진벽을 설치하여야 한다.

16 다음 중 조직벽 치장줄눈의 종류로 옳지 않은 것은?

① 오목줄눈 ② 빗줄눈
③ 통줄눈 ④ 실줄눈

조적벽 치장줄눈 종류
- 벽돌벽 치장줄눈

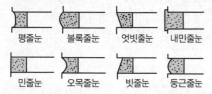

평줄눈　볼록줄눈　엇빗줄눈　내민줄눈
민줄눈　오목줄눈　빗줄눈　둥근줄눈

- 실줄눈은 돌의 붙임에서 나오는 줄눈이다.
- 통줄눈과 막힌 줄눈은 치장줄눈이 아니고 벽돌의 쌓기에 따라서 결정되는 줄눈이다.

17 열적외선을 반사하는 은소재 도막으로 코팅하여 방사율과 연관류율을 낮추고 가시광선 투과율을 높인 유리는?

① 스팬드럴 유리
② 접합유리
③ 배강도유리
④ 로이유리

로이 유리
적외선 반사율이 높은 특수 금속막 코팅을 입혀 적외선은 차단하고 채광은 유입이 가능한 유리로서 고단열 복층유리이다. 단열, 결로 방지가 가능한 에너지 절약형이며, 다양한 색상이 가능하다.

18 타격에 의한 말뚝박기공법을 대체하는 저소음, 저진동의 말뚝공법에 해당되지 않는 것은?

① 압입 공법
② 사수(Water Jetting) 공법
③ 프리보링 공법
④ 바이브로 컴포저 공법

말뚝박기 공법
- 타격 공법 : 디젤파일해머, 유압파일해머, 드롭해머 등의 해머를 사용하여 콘크리트 말뚝을 박는 공법
- 프리보링 공법 : 어스 오거를 사용하여 지반을 미리 천공하고, 천공한 부위에 말뚝을 압입하는 공법
- 프리보링 병용 타격 공법 : 어스 오거를 사용하여 일정한 깊이까지 굴착한 후에 말뚝을 압입하고 타격하여 지지층까지 도달시키는 공법
- 수사법 : 말뚝의 선단이나 말뚝에 병행하여 제트파이프를 박아 넣어 고압수를 분출시켜 지반을 고르게 해 가면서 말뚝을 타격 압입시키는 공법
- 중굴 공법 : 말뚝의 중간 빈 공간에 오거를 삽입하여 말뚝 선단부를 굴착해 가면서 매설하는 공법
- 회전압입 공법 : 말뚝선단에 추를 붙여 오거로 대신하여 말뚝 전체를 회전시켜 가면서 압입하는 공법

19 공정관리에서의 네트워크(Network)에 관한 용어와 관계 없는 것은?

① 커넥터(Connector)
② 크리티컬 패스(Critical Path)
③ 더미(Dummy)
④ 플로우트(Float)

[해설]

네트워크 용어
- 결합점 : 네트워크공정표에서 작업의 시작이나 끝을 나타내는 연결기호
- 작업 : 네트워크공정표에서 단위작업을 나타내는 기호
- 더미 : 네트워크공정표에서 정상적으로 표현할 수 없는 작업 상호 간의 관계를 표시하는 점선 화살표
- 플로우트 : 작업의 여유시간
- 슬랙 : 결합점의 여유시간
- 최장패스(LP) : 임의의 두 결합점에 이르는 경로 중 소요시간이 가장 긴 경로
- 주공정선(CP) : 개시결합점에서 종료결합점에 이르는 경로 중 가장 긴 경로

20 다음 각 유리의 관한 설명으로 옳지 않은 것은?

① 망입유리는 파손되더라도 파편이 튀지 않으므로 진동에 의해 파손되기 쉬운 곳에 사용된다.
② 복층유리는 단열 및 차음성이 좋지 않아 주로 선박의 창 등에 이용된다.
③ 강화유리는 압축강도를 한층 강화한 유리로 현장 가공 및 절단이 되지 않는다.
④ 자외선 투과유리는 병원이나 온실 등에 이용된다.

[해설]

복층유리
유리 사이에 진공상태나 특수기체 또는 공기를 두어 단열의 성능을 높여 방서용으로 사용되는 유리로서 단열효과와 결로 방지 등에도 효과가 있다.

정답 19 ① 20 ②

01
63.5kg의 추를 76cm 높이에서 자유 낙하시켜 30cm 관입하는 데 필요한 타격횟수를 구하는 시험은?

① 전기탐사법
② 베인테스트(Vane Test)
③ 표준관입시험(Standard Penetration Test)
④ 딘월샘플링(Thin Wall Sampling)

해설

표준관입시험
76cm의 높이에서 63.5kg의 무게 추를 떨어뜨려 샘플러를 30cm 관입시키는 데 타격횟수(N)를 구하여 상대밀도를 판단하는 사운딩 시험의 일종으로 N값이 클수록 밀도가 높은 지반이다.

02
다음 중 공사시방서의 내용에 포함되지 않는 것은?

① 성능의 규정 및 지시
② 시험 및 검사에 관한 사항
③ 현장 설명에 관련된 사항
④ 공법, 공사 순서에 관한 사항

해설

시방서 기재 사항
• 적용범위
• 사전준비 사항
• 사용-재료에 관한 사항
• 시공방법에 관한 사항
• 기타 관련사항

03
조적식 구조의 조적재가 벽돌인 경우 내력벽의 두께는 당해 벽높이의 최소 얼마 이상으로 하여야 하는가?

① 1/10
② 1/12
③ 1/16
④ 1/20

해설

조적 내력벽의 두께 구조 기준
• 내력벽의 두께는 벽 높이의 1/20 이상
• 내력벽의 높이는 4m를 넘을 수 없다.
• 내력벽의 길이는 10m를 넘을 수 없다.
• 내력벽으로 둘러싸인 실의 면적은 80m² 이하로 한다.

04
타일의 크기가 11cm × 11cm일 때 가로 · 세로의 줄눈은 6mm이다. 이때 1m²에 소요되는 타일의 정미 수량으로 가장 적당한 것은?

① 34매
② 55매
③ 65매
④ 75매

해설

타일량
$$\frac{1,000}{110+6} \times \frac{1,000}{110+6} = 74.32매$$
∴ 75매

05
반복되는 작업을 수량적으로 도식화하는 공정관리기법으로 아파트 및 오피스 건축에서 주로 활용되는 것을 무엇이라고 하는가?

① 횡선식 공정표(Bar Chart)
② 네트워크 공정표
③ PERT 공정표
④ LOB(Line Of Balance) 공정표

LOB

- 고층 건축물 또는 도로공사와 같이 반복되는 작업들에 의하여 공사가 이루어질 경우에는 작업들에 소요되는 자원의 활용이 공사기간을 결정하는 데 큰 영향을 준다.
- LOB 기법은 반복 작업에서 각 작업조의 생산성을 유지시키면서 그 생산성을 기울기로 하는 직선으로 각 반복 작업의 진행을 표시하여 전체 공사를 도식화하는 기법으로 LSM(Linear Scheduling Method) 기법이라고도 한다.
- 각 작업 간의 상호관계를 명확히 나타낼 수 있으며, 작업의 진도율로 전체 공사를 표현할 수 있다.

06 굳지 않은 콘크리트 성질에 관한 설명으로 옳지 않은 것은?

① 피니셔빌리티란 굵은 골재의 최대치수, 잔골재율, 골재의 입도, 반죽질기 등에 따라 마무리하기 쉬운 정도를 말한다.
② 물－시멘트비가 클수록 컨시스턴시가 좋아 작업이 용이하고 재료분리가 일어나지 않는다.
③ 블리딩이란 콘크리트 타설 후 표면에 물이 모이게 되는 현상으로 레이턴스의 원인이된다.
④ 워커빌리티란 작업의 난이도 및 재료의 분리에 저항하는 정도를 나타내며, 골재의 입도와도 밀접한 관계가 있다.

굳지 않은 콘크리트의 성질

단위수량이 증가하면 컨시스턴시는 좋아지나 반드시 워커빌리티가 좋아지는 것은 아니다.

07 마감공사 시 사용되는 철물에 관한 설명으로 옳지 않은 것은?

① 코너비드는 기둥과 벽 등의 모서리에 설치하여 미장면을 보호하는 철물이다.
② 메탈라스는 철선을 종횡 격자로 배치하고 그 교점을 전기저항용접으로 한 것이다.

③ 인서트는 콘크리트 구조 바닥판 밑에 반자틀, 기타 구조물을 달아맬 때 사용된다.
④ 펀칭메탈은 얇은 판에 각종 모양을 도려낸 것을 말한다.

메탈라스

금속공사에서 쓰이는 수장철물로 금속판에 자름금을 내어 늘린 평면형의 철물이다.

08 사질토와 점토질을 비교한 내용으로 옳은 것은?

① 점토질은 투수계수가 작다.
② 사질토의 압밀속도는 느리다.
③ 사질토는 불교란 시료 채집이 용이하다.
④ 점토질의 내부마찰각은 크다.

모래와 점토의 특성 비교

구분	점토	모래
성질	점성(부착성)	밀도
시험	베인테스트	표준관입시험
투수성	작다.	크다.
입밀성	크다.	작다.
입밀속도	느리다.	빠르다.
가소성	있다.	없다.
예민비	크다.	작다.

09 콘크리트에 사용하는 혼화재 중 플라이애시 (Fly Ash)에 관한 설명으로 옳지 않은 것은?

① 화력발전소에서 발생하는 석탄회를 집진기로 포집한 것이다.
② 시멘트와 골재 접촉면의 마찰저항을 증가시킨다.
③ 건조수축 및 알칼리골재반응 억제에 효과적이다.
④ 단위수량과 수화열에 의한 발열량을 감소시킨다.

플라이애시
- 워커빌리티 증진
- 블리딩 감소, 재료분리 감소
- 수밀성 증진
- 초기강도 감소, 장기강도 증가
- 해수, 화학적 저항성 증대
- 발열량 감소
- 건조수축 감소

10 미장공사의 바름층 구성에 관한 설명으로 옳지 않은 것은?

① 일반적으로 바탕조정과 초벌, 재벌, 정벌의 3개 층으로 이루어진다.
② 바탕조정 작업에서는 바름에 앞서 바탕면의 흡수성을 조정하되, 접착력 유지를 위하여 바탕면의 물 축임을 금한다.
③ 재벌바름은 미장의 실체가 되며 마감면의 평활도와 시공 정도를 좌우한다.
④ 정벌바름은 시멘트질 재료가 많아지고 세골재의 치수도 작기 때문에 균열 등의 결함 발생을 방지하기 위해 가능한 한 얇게 바르며 흙손 자국을 없애는 것이 중요하다.

미장공사
- 양질의 재료를 사용하여 배합을 정확하게, 혼합을 충분하게 한다.
- 바탕면의 적당한 물축임과 면을 거칠게 해둔다.
- 얇게 여러 번 바르며 1회 바름 두께는 바닥을 제외하고 6mm를 표준으로 한다.
- 초벌 후 재벌까지의 기간(2주 이상)을 충분히 잡는다.
- 급격한 건조를 피하고 시공 중이나 경화 중에는 진동을 피한다.
- 미장용 모래는 지나치게 가는 것을 금지한다.

11 연약점토질 지반의 점착력을 측정하기 위한 가장 적합한 토질시험은?

① 전기적 탐사
② 표준관입시험
③ 베인테스트
④ 삼축압축시험

베인 테스트
흙의 점착력을 판단하기 위한 일종의 사운딩시험으로 +형의 날개를 박아 회전시켜 저항력을 판단하여 점토질의 점착력을 판단하기 위한 토질시험이다.

12 공동도급의 특징으로 옳지 않은 것은?

① 기술력 확충
② 신용도의 증대
③ 공사계획 이행의 불확실
④ 융자력 증대

공동도급의 특징

장점	단점
• 융자력 증대	• 경비 증가
• 기술의 확충	• 업무흐름의 곤란
• 위험 분산	• 조직 상호 간의 불일치
• 시공의 확실성	• 하자 부분의 책임한계 불분명

13 흙막이 공법 중 수평버팀대의 설치 작업순서로 옳은 것은?

가. 흙파기	나. 띠장버팀대 대기
다. 받침기둥박기	라. 규준대 대기
마. 중앙부 흙파기	

① 가 → 라 → 나 → 다 → 마
② 가 → 라 → 다 → 나 → 마
③ 라 → 가 → 마 → 다 → 나
④ 라 → 가 → 다 → 나 → 마

수평버팀대 설치순서
규준대 대기 – 널말뚝 박기 – 흙파기 – 받침기둥 박기 – 띠장 및 버팀대 대기 – 중앙부 흙파기 – 주변부 흙파기

14 금속커튼월의 성능시험 관련 실물모형시험 (Mock Up Test)의 시험종목에 해당하지 않는 것은?

① 비비시험　　　　② 기밀시험
③ 정압 수밀시험　　④ 구조시험

해설

커튼월의 성능시험
내풍압성, 수밀시험, 기밀시험, 내구성, 내화성, 내진성, 층간 변위 추종성, 구조시험

15 커튼월을 외관형태로 분류할 때 그 종류에 해당되지 않는 것은?

① 슬라이드 방식(Slide Type)
② 샛기둥 방식(Mullion Type)
③ 스팬드럴 방식(Spandrel Type)
④ 격자 방식(Grid Type)

해설

커튼월의 분류(형태상)
• 샛기둥(Mullion) 방식 : 구조체를 수직선의 형태로 강조하는 방식
• 스팬드럴(Spandrel) 방식 : 구조체를 수평선의 형태로 강조하는 방식
• 격자(Grid) 방식 : 구조체가 격자형의 형태로 강조하는 방식
• 은폐(Sheath) 방식 : 구조체가 패널 등으로 가려진 방식

16 ALC(Autoclaved Lightweight Concrete)의 물리적 성질 중 옳지 않은 것은?

① 기건비중은 보통 콘크리트의 약 1/4 정도이다.
② 열전도율은 보통 콘크리트와 유사하나 단열성은 매우 우수하다.
③ 불연재인 동시에 내화성능을 가진 재료이다.
④ 경량이어서 인력에 의한 취급이 용이하다.

해설

ALC의 특징
• 비중은 절건 비중이 0.45~0.55의 범위에 있어 콘크리트의 1/4로 경량이다.

• 열전도율은 콘크리트의 1/10로 단열성이 우수하다.
• 불연재인 동시에 내화재이다.
• 흡음률은 10~20% 정도이다.
• 균열발생은 적으나, 다공질이므로 흡수율이 높아 동해에 대한 방수 · 방습처리가 필요하다.
• 경량으로 인력에 의한 취급이 가능하고, 필요에 따라 현장에서 절단 및 가공이 용이하다.

17 금속의 방식방법에 관한 설명으로 옳지 않은 것은?

① 큰 변형을 준 것은 가능한 한 풀림하여 사용한다.
② 도료 또는 내식성이 큰 금속을 사용하여 수밀성 보호피막을 만든다.
③ 부분적으로 녹이 발생하는 녹이 최대로 발생할 때까지 기다린 후에 한꺼번에 제거한다.
④ 표면을 평활, 청결하게 하고 가능한 한 건조한 상태로 유지한다.

해설

금속의 방식방법
• 가능한 한 이종금속을 인접 또는 접촉시켜 사용 금지
• 균질한 것을 선택하고 사용 시 큰 변형 금지
• 큰 변형을 준 것은 가능한 한 풀림하여 사용
• 표면을 평활하고 깨끗이 하며 가능한 한 건조 상태로 유지할 것
• 부분적으로 녹이 나면 즉시 제거할 것

18 철공공사에서 녹막이 칠을 하지 않는 부위와 거리가 먼 것은?

① 콘크리트에 밀착 또는 매립되는 부분
② 폐쇄형 단면을 한 부재의 외면
③ 조립에 의해 서로 밀착되는 면
④ 현장용접을 하는 부위 및 그곳에 인전하는 양측 100mm 이내

해설

녹막이 칠을 하지 않는 부분
• 콘크리트에 밀착되거나 매입되는 부분
• 조립에 의하여 맞닿는 면

- 현장용접(50mm 이내의 부분)
- 고장력 볼트 접합부의 마찰면
- 밀착 또는 회전하는 기계깎기 마무리면
- 폐쇄형 단면을 한 부재의 밀폐된 면

19 일반적인 적산 작업 순서가 아닌 것은?

① 수평방향에서 수직방향으로 적산한다.
② 시공순서대로 적산한다.
③ 내부에서 외부로 적산한다.
④ 아파트 공사인 경우 전체에서 단위세대로 적산한다.

해설

수량산출 방법
- 시공순서대로
- 내부에서 외부로 나가면서
- 큰 곳에서 작은 곳으로
- 수평에서 수직으로
- 단위세대에서 전체로

20 합성고분자계 시트방수의 시공 공법이 아닌 것은?

① 떠붙이기 공법
② 접착 공법
③ 금속고정 공법
④ 열풍융착 공법

해설

타일붙이기
- 떠붙이기 : 타일 뒷면에 모르타르를 발라 두께 및 평활도를 작업자의 능력에 따라 조정하면서 붙이는 방법
- 압착붙이기 : 바탕에 고름 모르타르를 발라 평활하게 만든 후 다시 붙임 모르타르를 바르면서 타일에 힘을 가하여 모르타르가 밀려나오도록 붙이는 방법
- 접착붙이기 : 바탕을 평활하게 한 뒤 타일 뒷면에 접착제를 이용하여 붙이는 공법

01 건설 프로세스의 효율적인 운영을 위해 형성된 개념으로 건설생산에 초점을 맞추고 이에 관련된 계획, 관리, 엔지니어링, 설계, 구매, 계약, 시공, 유지 및 보수 등의 요소들을 주요 대상으로 하는 것은?

① CIC(Computer Integrated Construction)
② MIS(Management Information System)
③ CIM(Computer Integrated Manufacturing)
④ CAM(Computer Aided Manufacturing)

【해설】

CIC
CIC란 건설산업 정보통합화 생산으로, 공사 진행 시 건설 생산과정에 참여하는 모든 참가자가 전 과정에 걸쳐 한 팀으로서 서로 협조하며, 건설 분야의 생산성 향상, 품질확보, 공기단축, 원가절감 및 안전 확보를 위하여 정보와 조직을 체계화하여 전산통합화하는 System을 말한다.

02 평판재하시험에 관한 설명으로 옳지 않은 것은?

① 재하판의 크기는 지름 300 원판을 사용한다.
② 침하의 증가가 2시간에 0.1mm 이하가 되면 정지한 것으로 판정한다.
③ 시험할 장소에서의 즉시침하를 방지하기 위하여 다짐을 실시한 후 시작한다.
④ 지반의 허용지지력을 구하는 것이 목적이다.

【해설】

지내력 시험
지내력 시험은 지반의 내력을 파악하기 위하여 하는 토질 시험으로 예정기초 저면에서 실시하여야 하며 다짐 없이 원지반의 상태 그대로 시행한다.

03 석재의 표면 마무리의 갈기 및 광내기에 사용하는 재료가 아닌 것은?

① 금강사
② 황산
③ 숫돌
④ 산화주석

【해설】

석재의 표면 물갈기
손 또는 기계에 의하여 물갈기를 하는데, 금강사, 숫돌, 산화주석 등을 이용한다.

04 건축주가 시공회사의 신용, 자산, 공사경력, 보유기자재 등을 고려하여 그 공사에 적격한 하나의 업체를 지명하여 입찰시키는 방법은?

① 공개경쟁입찰
② 제한경쟁입찰
③ 지명경쟁입찰
④ 특명입찰

【해설】

입찰
• 일반경쟁입찰 : 모든 업체들이 참여할 수 있는 입찰
• 제한경쟁입찰 : 특정한 기준이나 요건에 부합되는 업체만이 참여할 수 있는 입찰
• 지명경쟁입찰 : 부적당한 업체가 낙찰되는 것을 방지하기 위하여 적당한 업체를 여러 개만 지명하는 입찰
• 특명입찰(수의 계약) : 발주자와 시공자가 1 : 1로 계약하는 방식

05 다음과 같은 원인으로 인하여 발생하는 용접 결함의 종류는?

| 원인 : 도료, 녹, 밀 스케일, 모재의 수분 |

① 피트
② 언더컷
③ 오버랩
④ 엔드탭

【해설】

용접결함(피트)
작은 구멍이 용접부 표면에 생기는 현상으로 주로 용접 시 모재표면의 녹이나 화학적 성분 불량에 의해 발생한다.

06 실의 크기 조절이 필요한 경우 칸막이 기능을 하기 위해 만든 병풍 모양의 문은?

① 여닫이문
② 자재문
③ 미서기문
④ 홀딩 도어

[해설]

문의 용도
- 무테문 : 현관용
- 회전문 : 방풍용
- 셔터 : 방화용
- 주름문 : 방도용
- 아코디언 도어(홀딩 도어) : 칸막이용

07 도막방수에 관한 설명으로 옳지 않은 것은?

① 복잡한 형상에 대한 시공성이 우수하다.
② 용제형 도막방수는 시공이 어려우나 충격에 매우 강하다.
③ 에폭시계 도막방수는 접착성, 내열성, 내마모성, 내약품성이 우수하다.
④ 셀프레벨링 공법은 방수 바닥에서 도료상태의 도막재를 바닥에 부어 도포한다.

[해설]

용제형 도막방수
합성고무를 휘발성 용제에 녹인 일종의 고무도료를 여러 번 칠하여 방수층을 형성하는 공법으로 시공이 용이하고 착색이 자유로워 경사지붕, 셸구조지붕 등의 도막방수로 이용된다.

08 수장공사 적산 시 유의사항에 관한 설명으로 옳지 않은 것은?

① 수장공사는 각종 마감재를 사용하여 바닥 벽 천장을 치장하므로 도면을 잘 이해하여야 한다.
② 최종 마감재만 포함하므로 설계도서를 기준으로 각종 부속공사는 제외하여야 한다.

③ 마무리 공사로서 자재의 종류가 다양하게 포함되므로 자재별로 잘 구분하여 시공 및 관리하여야 한다.
④ 공사범위에 따라서 주자재, 부자재, 운반등을 포함하고 있는지 파악하여야 한다.

[해설]

수장공사 적산 일반
- 공사종목별로 구별하고, 종류, 규격, 사용부위, 시공방법별로 구분하여 마감치수를 기준으로 하여 산출한다.
- 재료비는 재료의 소요량에 재료단가를 곱한 것으로 산출하되 주자재를 설치하기 위한 부속재료비도 별도로 산출하여 가산한다.
- 수장용 재료는 종류가 다양하고, 재질, 형상, 치수, 무늬, 색깔 등에 의하여 각각 다르므로 단가 적용 시 세밀한 검토가 수반된다.
- 수장공사용 자재를 설치하기 위한 바탕꾸미기 공사비는 해당 공사비목에서 계상한다.

09 경량기포 콘크리트(ALC)에 관한 설명으로 옳지 않은 것은?

① 기건 비중은 보통 콘크리트의 약 1/4 정도로 경량이다.
② 열전도율은 보통 콘크리트의 약 1/10 정도로서 단열성이 우수하다.
③ 유기질 소재를 주원료로 사용하여 내화성능이 매우 낮다.
④ 흡음성과 차음성이 우수하다.

[해설]

ALC의 특징
- 비중은 절건 비중이 0.45∼0.55의 범위에 있어 콘크리트의 1/4로 경량이다.
- 열전도율은 콘크리트의 1/10로 단열성이 우수하다.
- 불연재인 동시에 내화재이다.
- 흡음률은 10∼20% 정도이다.
- 균열발생은 적으나, 다공질이므로 흡수율이 높아 동해에 대한 방수·방습처리가 필요하다.
- 경량으로 인력에 의한 취급이 가능하고, 필요에 따라 현장에서 절단 및 가공이 용이하다.

10 일반경쟁입찰의 업무순서에 따라 보기의 항목을 옳게 나열한 것은?

A. 입찰공고	B. 입찰등록
C. 견적	D. 참가등록
E. 입찰	F. 현장설명
G. 개찰 및 낙찰	H. 계약

① A → B → F → D → C → E → G → H
② A → D → F → C → B → E → G → H
③ A → B → C → F → D → G → E → H
④ A → D → C → F → E → G → B → H

해설

입찰의 순서
입찰공지(통지) – 참가등록 – 설계도서　배부 – 현장설명 – 질의응답 – 견적 – 입찰 – 개찰 – 낙찰 – 계약

11 타일 108mm 각으로, 줄눈을 5mm로 벽면 6m²를 붙일 때 필요한 타일의 장수는?(단, 정미량으로 계산)

① 350장　　　　② 400장
③ 470장　　　　④ 520장

해설

타일량
$$\left(\frac{1,000}{108+5} \times \frac{1,000}{108+5}\right) \times 6 = 470 \text{매}$$

12 서로 다른 종류의 금속재가 접촉하는 경우 부식이 일어나는 경우가 있는데 부식성이 큰 금속 순으로 옳게 나열된 것은?

① 알루미늄 > 철 > 주석 > 구리
② 주석 > 철 > 알루미늄 > 구리
③ 철 > 주석 > 구리 > 알루미늄
④ 구리 > 철 > 알루미늄 > 주석

해설

이온화 경향
$K > Ca > Na > Mg > Al > Zn > Fe > Ni > Sn > H$

13 창호철물 중 여닫이문에 사용하지 않는 것은?

① 도어 행거(Door Hanger)
② 도어 체크(Door Check)
③ 실린더 록(Cylinder Lock)
④ 플로어 힌지(Floor Hinge)

해설

창호철물
- 여닫이 창호철물 : 실린더, 정첩, 자유정첩, 레버터리힌지, 플로어힌지, 피벗힌지, 도어클로저
- 미서기 창호철물 : 레일, 문바퀴(호차), 오목손걸이, 꽂이쇠, 도어 행거

14 스프레이 도장방법에 관한 설명으로 옳지 않은 것은?

① 도장거리는 스프레이 도장면에서 150mm를 표준으로 하고 압력에 따라 가감한다.
② 스프레이할 때에는 매끈한 평면을 얻을 수 있도록 하고, 항상 평행이동하면서 운행의 한 줄마다 스프레이 너비의 1/3 정도를 겹쳐 뿜는다.
③ 각 회의 스프레이 방향은 전회의 방향에 직각으로 한다.
④ 에어리스 스프레이 도장은 1회 도장에 두꺼운 도막을 얻을 수 있고 짧은 시간에 넓은 면적을 도장할 수 있다.

해설

뿜칠 도장
- 뿜칠면에서 30cm 이격하여 시공
- 운행속도는 분당 30m 속도
- 한 줄마다 뿜칠너비의 1/3 정도 겹쳐서 시공
- 각 회의 뿜칠 방향은 전회의 방향에 직각

15 터파기 공사 시 지하수위가 높으면 지하수에 의한 피해가 우려되므로 차수공사를 실시하며, 이 방법만으로 부족할 때에는 강제배수를 실시하게 되는데 이때 나타나는 현상으로 옳지 않은 것은?

① 점성토의 압밀
② 주변 침하
③ 흙막이 벽의 토압 감소
④ 주변 우물의 고갈

배수공법 시 나타나는 현상
• 주변 침하
• 흙막이 벽의 토압 감소
• 주변 지하수 저하
• 지반의 압밀현상 촉진
※ 이 문제는 답이 없는 것으로 문제의 오류가 있음

16 거푸집에 작용하는 콘크리트의 측압에 끼치는 영향요인과 가장 거리가 먼 것은?

① 거푸집의 강성　　② 콘크리트 타설속도
③ 기온　　　　　　④ 콘크리트의 강도

거푸집의 측압 증가 원인
슬럼프값이 크고 부배합인 경우, 벽두께가 클 경우, 부어넣는 속도가 빠를 경우, 시공연도가 좋을 경우, 진동기를 사용할 경우, 철근량이 적을 경우 등

17 TQC를 위한 7가지 도구 중 다음 설명에 해당하는 것은?

모집단에 대한 품질특성을 알기 위하여 모집단의 분포상대, 분포의 중심위치, 분포의 산포 등을 쉽게 파악할 수 있도록 막대 그래프 형식으로 작성한 도수분포도를 말한다.

① 히스토그램　　　② 특성요인도
③ 파레토도　　　　④ 체크 시트

품질관리(QC)수법
• 히스토그램 : 계량치의 분포(데이터)가 어떠한 분포로 되어 있는지 알아보기 위하여 작성하는 것
• 특성요인도 : 결과에 원인이 어떻게 관계하고 있는지 한 눈에 알아보기 위하여 작성하는 것
• 파레토도 : 불량, 결점, 고장 등의 발생건수를 분류항목 별로 나누어 크기 순서대로 나열해 놓은 것
• 체크 시트 : 계수치의 데이터가 분류항목별의 어디에 집중되어 있는지 알아보기 쉽게 나타낸 것
• 그래프 : 품질관리에서 얻은 각종 자료의 결과를 알기 쉽게 그림으로 정리한 것
• 산점도 : 서로 대응하는 두 개의 짝으로 된 데이터를 그래프용지에 타점하여 두 변수 간의 상관관계를 파악하기 위한 것
• 층별 : 집단을 구성하고 있는 많은 데이터를 어떤 특징에 따라 몇 개의 부분집단으로 나눈 것

18 경량형 강재의 특징에 관한 설명으로 옳지 않은 것은?

① 경량형 강재는 중량에 대한 단면 계수, 단면 2차 반경이 큰 것이 특징이다.
② 경량형 강재는 일반구조용 열간 압연한 일반형 강재에 비하여 단면형이 크다.
③ 경량형 강재는 판두께가 얇지만 판이 국부 좌굴이나 국부 변형이 생기지 않아 유리하다.
④ 일반구조용 열간 압연한 일반형 강재에 비하여 판두께가 얇고 강재량이 적으면서 휨강도는 크고 좌굴강도도 유리하다.

경량철골의 특징
• 플랜지가 크므로 단면적에 비해 단면 2차 반경이 크다.
• 강재량은 적으면서도 휨강도와 좌굴강도는 크다.
• 판두께가 얇기 때문에 국부 좌굴, 국부 변형, 부재의 비틀림이 생기기 쉽다.
• 녹슬기 방지에 특별한 주의를 요한다.

19 아스팔트 방수공사에 관한 설명으로 옳지 않은 것은?

① 아스팔트 프라이머는 건조하고 깨끗한 바탕면에 솔, 롤러, 뿜칠기 등을 이용하여 규정량을 균일하게 도포한다.

② 용융 아스팔트는 운반용 기구로 시공 장소까지 운반하여 방수 바탕과 시트재 사이에 롤러, 주걱 등으로 뿌리면서 시트재를 깔아 나간다.

③ 옥상에서의 아스팔트 방수 시공 시 평탄부에서의 방수시트깔기 작업 후 특수부위에 대한 보강붙이기를 시행한다.

④ 평탄부에서는 프라이머의 적절한 건조상태를 확인하여 시트를 깐다.

해설

옥상 아스팔트의 방수

파라펫이나 모서리 등의 방수처리는 둥글게 처리하여 시트나 아스팔트 펠트 등이 꺾이지 않도록 처리한다. 이때 아스팔트 방수시트깔기는 특수부위를 붙인 후 평탄부를 깔기 작업을 한다.

20 콘크리트의 균열을 발생시기에 따라 구분할 때 경화 후 균열의 원인에 해당되지 않는 것은?

① 알칼리 골재 반응

② 동결융해

③ 탄산화

④ 재료분리

해설

경화 전 균열

침하수축균열이 대표적인 균열이며, 콘크리트 타설 후 양생되기 전에 거푸집의 변형이나 진동, 충격으로 인하여 균열이 발생할 수 있으며 대부분 재료분리에 기인한다.

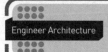
01 골재의 함수상태에 관한 설명으로 옳지 않은 것은?

① 흡수량 : 표면건조내부포화상태 – 절건상태
② 유효흡수량 : 표면건조내부포화상태 – 기건상태
③ 표면수량 : 습윤상태 – 기건상태
④ 함수량 : 습윤상태 – 절건상태

해설

표면수량
습윤상태의 중량과 표면건조내부포수상태의 중량의 차를 말한다.

02 거푸집에 활용하는 부속재료에 관한 설명으로 옳지 않은 것은?

① 폼타이는 거푸집 페널을 일정한 간격으로 양면을 유지시키고 콘크리트 측압을 지지하기 위한 것이다.
② 웨지핀은 시스템거푸집에 주로 사용되며, 유로폼에는 사용되지 않는다.
③ 칼럼밴드는 기둥거푸집의 고정 및 측압 버팀대용도로 사용된다.
④ 스페이서는 철근의 피복두께를 확보하기 위한 것이다.

해설

웨지 핀(Wedge Pin)
유로폼에 사용하는 쐐기용 핀

03 표준시방서에 따른 시멘트 액체방수층의 시공순서로 옳은 것은?(단, 바닥용의 경우)

① 방수시멘트 페이스트 1차 → 바탕면 정리 및 물청소 → 방수액 침투 → 방수시멘트 페이스트 2차 → 방수 모르타르
② 바탕면 정리 및 물청소 → 방수시멘트 페이스트 1차 → 방수액 침투 → 방수시멘트 페이스트 2차 → 방수 모르타르
③ 바탕면 정리 및 물청소 → 방수액 침투 → 방수시멘트 페이스트 1차 → 방수시멘트 페이스트 2차 → 방수 모르타르
④ 바탕면 정리 및 물청소 → 방수시멘트 페이스트 1차 → 방수 모르타르 → 방수시멘트 페이스트 2차 → 방수액 침투

해설

시멘트 액체방수
• 바탕처리 – 방수액 – 시멘트 페이스트 – 방수액 – 모르타르
• 위 과정을 1공정이라 하고 최소한 2공정을 한다.

04 조적공사에서 벽돌벽을 1.0B로 시공할 때 m² 당 소요되는 모르타르 양으로 옳은 것은? (단, 표준형 벽돌 사용, 모르타르의 재료량은 할증이 포함된 것이며, 배합비는 1:3이다.)

① 0.019m³
② 0.033m³
③ 0.049m³
④ 0.048m³

해설

벽돌쌓기 시 모르타르량 산출(단위수량 : m³)

(m²당)

구분	0.5B	1.0B	1.5B
모르타르량	0.019	0.049	0.078

05 매스 콘크리트 공사 시 콘크리트 타설에 관한 설명으로 옳지 않은 것은?

① 매스 콘크리트의 타설 시간 간격은 균열제어의 관점으로부터 구조물의 형상과 구속조건에 따라 적절히 정하여야 한다.
② 온도 변화에 의한 응력은 신구 콘크리트의 유효탄성계수 및 온도차이가 크면 클수록 커지므로 신구 콘크리트의 타설 시간 간격을 지나치게 길게 하는 일은 피하여야 한다.
③ 매스 콘크리트의 타설온도는 온도균열을 제어하기 위한 관점에서 평균 온도 이상으로 가져가야 한다.
④ 매스 콘크리트의 균열방지 및 제어방법으로는 팽창 콘크리트의 사용에 의한 균열 방지법, 또는 수축·온도철근의 배치에 의한 방법 등이 있다.

[해설]

매스 콘크리트
• 구조물의 부재치수는 일반적인 표준으로서 넓이가 넓은 평판구조의 경우 두께 0.8m 이상, 하단이 구속된 벽조의 경우 두께가 0.5m 이상으로 한다.
• 콘크리트의 온도상승을 감소시키는 데 소요의 품질을 만족시키는 범위 내에서 단위 시멘트량을 줄이도록 한다.
• 중용열 시멘트를 사용하고 프리 쿨링과 파이프 쿨링을 실시하여 내부의 온도를 낮춘다.

06 공사 계약제도에 관한 설명으로 옳지 않은 것은?

① 직영제도 : 공사의 전체를 단 한 사람에게 도급해 주는 제도
② 분할도급 : 전문적인 공사는 분리하여 전문업자에게 주는 제도
③ 단가도급 : 단가를 정하고 공사수량에 따라 도급 금액을 산출하는 제도
④ 정액도급 : 도급 전 금액을 일정액으로 정하여 계약하는 제도

[해설]

직영공사
공사를 다른 사람이나 기업에 일임하지 않고 건축주 자신이 책임을 지면서 직접 공사를 진행하는 방식

07 연약한 점성토 지반에 주상의 투수층인 모래말뚝을 다수 설치하여 그 토층 속의 수분을 배수하여 지반의 압밀, 강화를 도모하는 공법은?

① 샌드 드레인 공법
② 웰 포인트 공법
③ 바이브로 컴포저 공법
④ 시멘트 주입 공법

[해설]

샌드 드레인 공법
연약 점토층이 깊은 경우 연약 점토층에 모래말뚝을 박아 배수거리를 짧게 하여 압밀을 촉진시켜 지반을 개량하는 공법

08 목재의 접합방법과 가장 거리가 먼 것은?

① 맞춤   ② 이음
③ 쪽매   ④ 압밀

[해설]

목재의 접합
• 이음 : 부재를 길이 방향으로 길게 접합하는 것
• 맞춤 : 부재를 각을 가지고 접합하는 것
• 쪽매 : 부재를 옆으로 대어 면적을 늘리는 것

09 목재의 특징에 대한 설명이다. 가장거리가 먼 것은?

① 장대재를 얻기 쉽고, 다른 구조재료에 비하여 가볍다.
② 열전도율이 작으므로 방한·방서성이 뛰어나다.
③ 건습에 의한 신축변형이 심하다.
④ 부패 및 충해에 대한 저항성이 뛰어나다.

[해설]

목재의 특징
㉠ 장점
• 비중이 작고 연질이다. (가공 시 용이)
• 비중에 비해 강도가 크다. (구조용재)
• 연전도율이 작다. (보온효과)

- 탄성 및 인성이 크다.
- 색채, 무늬가 있어 미려하다.(가구, 내장재)
- 수종이 많고 생산량이 비교적 많다.
ⓒ 단점
- 가연성이다.(250℃에서 착화되어 450℃에서 자체 발화)
- 함수율에 따른 변형이 크다.(제품의 치수변동)
- 부패, 충해, 풍해가 있다.(내구성이 약함)

10 아스팔트를 천연 아스팔트와 석유 아스팔트로 구분할 때 석유 아스팔트에 해당하는 것은?

① 블로운 아스팔트   ② 로크 아스팔트
③ 레이크 아스팔트   ④ 아스팔타이트

 해설

석유 아스팔트
- 스트레이트 아스팔트 : 연화점이 낮아 지하실공사 등에 사용
- 블로운 아스팔트 : 연화점이 높아 건축공사에 사용
- 아스팔트 컴파운드 : 블로운 아스팔트에 첨가물을 넣어 만든 최우량품

11 공사기간 단축기법으로 주공정상의 소요 작업 중 비용구배(Cost Slope)가 가장 작은 단위작업부터 단축해 나가는 것은?

① MCX   ② CP
③ PERT   ④ CPM

해설

공기단축 MCX 기법
㉠ 공정표를 작성한다.
㉡ 주공정선을 구한다.
㉢ 비용구배 및 단축가능일수를 파악한다.
㉣ 주공정선에서 비용구배가 최소인 작업부터 단축가능 일수 범위 내에서 단축한다.
㉤ 이때 부 공정선이 주공정선이 될 때까지만 단축한다.
㉥ ㉣, ㉤항을 반복한다.

12 표준관입시험에 관한 설명으로 옳지 않은 것은?

① 사질토 지반에 적합하다.
② 사운딩 시험의 일종이다.
③ N 값이 클수록 흙의 상태는 느슨하다고 볼 수 있다.
④ 낙하시키는 추의 무게는 63.5kg이다.

해설

표준관입시험
76cm의 높이에서 63.5kg의 무게 추를 떨어뜨려 샘플러를 30cm 관입시키는 데 타격횟수(N)를 구하여 상대밀도를 판단하는 사운딩시험의 일종으로 N값이 클수록 밀도가 높은 지반이다.

13 다음은 철근 인장실험 결과를 나타낸 철근의 응력-변형률 곡선이다. 철근의 인장강도에 해당하는 것은?

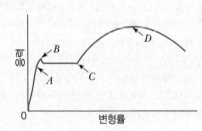

① A ② B
③ C ④ D

해설

철근의 응력-변형률 곡선
- A : 탄성한도
- B : 상위항복점
- C : 변형도 경화
- D : 인장강도

14 현장타설 콘크리트말뚝공법 중 리버스 서큘레이션(Reverse Circulation Drill) 공법에 관한 설명으로 옳지 않은 것은?

① 유연한 지반부터 암반까지 굴착 가능하다.
② 시공심도는 통상 70m까지 가능하다.
③ 굴착에 있어 안정액으로 벤토나이트 용액을 사용한다.
④ 시공직경은 0.9~3m 정도이다.

해설

RCD(역순환공법)
제자리 콘크리트 말뚝에서 케이싱을 사용하지 않고 물과 안정액을 지하수위보다 2m 이상 높게 지속적으로 채워 정수압에 의해 벽을 보호하면서 연속 굴착하여 대구경의 Pier 기초를 형성하는 공법이다.

15 수성페인트에 관한 설명으로 옳지 않은 것은?

① 취급이 간단하고 건조가 빠른 편이다.
② 콘크리트나 시멘트 벽 등에 주로 사용한다.
③ 에멀션페인트는 수성페인트의 한 종류이다.
④ 안료를 적은 양의 보일유로 용해하여 사용한다.

해설

유성페인트의 성분
안료, 건성유(보일드유), 건조제, 희석제로 구성되어 있다.

16 다음 중 서로 관계가 없는 것끼리 짝지어진 것은?

① 바이브레이터(Vibrator) – 목공사
② 가이데릭(Guy Derrick) – 철골공사
③ 그라인더(Grinder) – 미장공사
④ 토털 스테이션(Total Station) – 부지측량

해설

진동기(Vibrator)
콘크리트 타설 시 거푸집에 콘크리트가 잘 채워져서 밀실한 콘크리트를 만들기 위한 공구이다.

17 다음 중 목재의 무늬를 아름답게 나타낼 수 있는 재료는?

① 유성 페인트
② 바니시
③ 수성 페인트
④ 에나멜 페인트

해설

바니시
안료가 들어간 것은 페인트이고 이는 불투명한 도막을 형성하며, 안료가 들어가지 않은 것은 바니시이며 투명하다. 락카 중에서 클리어락카를 제외하고 전부 불투명도막을 형성한다.

18 개선(Beveling)이 있는 용접부위 양끝의 완전한 용접을 하기 위해 모재의 양단에 부착하는 보조 강판은?

① Scallop
② Back Strip
③ End Tap
④ Crater

해설

엔드탭(End Tap)
맞댐 용접 시 개선이 있는 용접부위 양단에 완전한 용접을 하기 위해 설치하는 보조 부재

19 알루미늄 창호에 관한 설명으로 옳지 않은 것은?

① 녹슬지 않아 사용연한이 길다.
② 가공이 용이하다.
③ 모르타르에 직접 접촉시켜도 무방하다.
④ 철에 비해 가볍다.

해설

알루미늄 새시

장점	단점
• 비중은 철의 약 1/3로 가볍다.	• 용접부가 철보다 약하다.
• 녹슬지 않고 수명이 길다.	• 콘크리트, 모르타르 등의 알칼리성에 대단히 약하다.
• 공작이 자유롭고 기밀성이 있다.	• 전기 화학 작용으로 이질 금속재와 접촉하면 부식된다.
• 여닫음이 경쾌하고 미려하다.	• 알루미늄 새시 표면에는 철이 잘 부착되지 않는다.

20 굳지 않는 콘크리트의 측압에 관한 설명으로 옳은 것은?

① 슬럼프가 클수록 측압이 크다.
② 타설속도가 빠를수록 측압은 작아진다.
③ 온도가 높을수록 측압은 커진다.
④ 벽두께가 얇을수록 측압은 커진다.

거푸집의 측압 증가 원인

슬럼프 값이 크고 부배합일 경우, 벽 두께가 클 경우, 부어 넣는 속도가 빠를 경우, 시공연도가 좋을 경우, 진동기를 사용할 경우, 철근량이 적을 경우 등

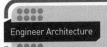
01 콘크리트의 크리프에 관한 설명으로 옳지 않은 것은?

① 습도가 높을수록 크리프는 크다.
② 물−시멘트 비가 클수록 크리프는 크다.
③ 콘크리트의 배합과 골재의 종류는 크리프에 영향을 끼친다.
④ 하중이 제거되면 크리프 변형은 일부 회복된다.

해설

크리프
하중의 증가 없이 일정한 하중이 장기간 작용하여 변형이 점차로 증가하는 현상을 말하며 다음과 같은 경우에 커진다.
• 재령이 짧을수록
• 응력이 클수록
• 부재치수가 작을수록
• 대기의 습도가 작을수록
• 대기의 온도가 높을수록
• 물−시멘트비가 클수록
• 단위 시멘트량이 많을수록
• 다짐이 나쁠수록

02 웰 포인트 공법에 관한 설명으로 옳지 않은 것은?

① 흙파기 밑면의 토질 약화를 예방한다.
② 진공펌프를 사용하여 토중의 지하수를 강제적으로 집수한다.
③ 지하수 저하에 따른 인접지반과 공동매설물 침하에 주의가 필요하다.
④ 사질지반보다 점토층지반에서 효과적이다.

해설

웰 포인트 공법
• 세로관을 삽입 후 가로관으로 연결하여 펌프로 배수하여 지하수위를 낮추는 배수공법
• 투수성이 좋은 모래 지반에서 적용

• 지하수위 저하로 주변 대지의 침하, 도로의 균열 등이 수반될 수 있음

03 목재의 무늬와 바탕의 재질을 잘 보이게 하는 도장방법은?

① 유성 페인트 도장
② 에나멜 페인트 도장
③ 합성수지 페인트 도장
④ 클리어 래커 도장

해설

클리어 래커
목재의 무늬나 바탕의 재질을 잘 보이게 하는 도장재료이다.

04 콘크리트 블록(Block)벽체의 크기가 $3 \times 5m$일 때 쌓기 모르타르의 소요량으로 옳은 것은?(단, 블록의 치수는 $390 \times 190 \times 190mm$, 재료량은 할증이 포함되었으며, 모르타르 배합비는 1:3)

① $0.10m^3$　　　② $0.12m^3$
③ $0.15m^3$　　　④ $0.18m^3$

해설

블록 쌓기 모르타르량

구분	단위	수량(블록규격)		
		390×190×190	390×190×150	390×190×100
모르타르	m³	0.010	0.009	0.006

∴ $3 \times 5 \times 0.010 = 0.15m^3$

05 건설공사현장에서 보통 콘크리트를 KS 규격품인 레미콘으로 주문할 때의 요구항목이 아닌 것은?

① 잔골재의 조립률
② 굵은 골재의 최대 치수
③ 호칭강도
④ 슬럼프

해설

레미콘의 규격
굵은 골재의 최대 치수-호칭 강도-슬럼프치의 순으로 표시한다.
기본 외에 공기량과 염분허용량이 추가로 표시될 수 있다.

06 공사 진행의 일반적인 순서로 가장 알맞은 것은?

① 가설공사 → 공사 착공 준비 → 토공사 → 구조체 공사 → 지정 및 기초공사
② 공사 착공 준비 → 가설공사 → 토공사 → 지정 및 기초공사 → 구조체 공사
③ 공사 착공 준비 → 토공사 → 가설공사 → 구조체 공사 → 지정 및 기초공사
④ 공시 착공 준비 → 시정 및 기초공사 → 토공사 → 가설공사 → 구조체 공사

해설

공사 신행 순서
공사 착공 준비-가설공사-토공사-지정 및 기초공사-구체공사-방수공사-지붕공사-외장공사-창호공사-내장공사

07 공사관리방법 중 CM계약방식에 관한 설명으로 옳지 않은 것은?

① 대리인형 CM(CM for Fee)인 경우 공사품질에 책임을 지며, 품질 문제 발생 시 책임소재가 명확하다.
② 프로젝트의 전 과정에 걸쳐 공사비, 공기 및 시공성에 대한 종합적인 평가 및 설계변경에 대한 효율적인 평가가 가능하여 발주자의 의사결정에 도움이 된다.

③ 설계과정에서 설계가 시공에 미치는 영향을 예측할 수 있어 설계도서의 현실성을 향상시킬 수 있다.
④ 단계적 발주 및 시공의 적용이 가능하다.

해설

CM
• CM for Fee 방식 : 관리자가 발주자의 대행인으로서 업무를 수행하는 형태
• CM at Risk 방식 : 관리자가 직접 시공계약에 참여하여 시공에 대한 책임을 지는 방식

08 건축재료별 수량 산출 시 적용하는 할증률로 옳지 않은 것은?

① 유리 : 1%
② 단열재 : 5%
③ 붉은 벽돌 : 3%
④ 이형철근 : 3%

해설

할증률
• 1% : 유리, 콘크리트(철근배근)
• 2% : 도료, 콘크리트(무근)
• 3% : 이형철근, 붉은 벽돌, 내화벽돌, 점토타일, 일반합판
• 4% : 시멘트블록
• 5% : 원형철근, 강관, 소형형강, 시멘트 벽돌, 수장합판, 석고보드, 목재(각재), 기와
• 6% : 인조석 갈기, 테라초 갈기
• 7% : 대형형상
• 10% : 강판, 단열재, 목재(판재)
• 20% : 졸대

09 ALC 패널의 설치공법이 아닌 것은?

① 수직철근 공법
② 슬라이드 공법
③ 커버 플레이트 공법
④ 피치 공법

해설

ALC 패널 설치공법
• 수직철근 공법
• 슬라이드 공법
• 볼트조임 공법
• 커버 플레이트 공법

10 다음에서 설명하고 있는 도장결함은?

> 도료를 겹칠하였을 때 하도의 색이 상도막 표면에 떠올라 상도의 색이 변하는 현상

① 번짐   ② 색 분리
③ 주름   ④ 핀홀

해설

도장결함
- 번짐 : 도료를 겹칠하였을 때 하도의 색이 상도막 표면에 떠올라 상도의 색이 변하는 현상
- 도막과다 · 도막부족 : 두껍거나 얇은 것으로 2차적 원인
- 흐름성(Sagging, Running) : 수직면으로 도장하였을 경우 도장 직후 또는 접촉건조 사이에 도막이 흘러내리는 현상
- 실끌림(Cobwebbing) : 에어레스 도장 시 완전히 분무되지 않고 가는 실 모양으로 도장되는 것
- 기포 : 도장 시 생긴 기포가 꺼지지 않고 도막표면에 그대로 남거나 꺼지고 난 뒤 핀홀 현상으로 남는 것
- 핀홀 : 도장을 건조할 때 바늘로 찌른 듯한 조그만 구멍이 생기는 현상
- 블로킹 : 도장 강재를 쌓아 두거나 받침목을 이용, 적재하였다가 분리시켰을 때 도막이 떨어지거나 현저히 변형되는 현상
- 백화 : 도장 시 온도가 낮을 경우 공기 중의 수증기가 도장면에 응축 · 흡착되어 하얗게 되는 현상
- 들뜸, 뭉침, 색얼룩, 백화, 균열 등이 추가적으로 있음

11 유동화콘크리트에 관한 설명으로 옳지 않은 것은?

① 높은 유동성을 가지면서도 단위수량은 보통콘크리트보다 적다.
② 일반적으로 유동성을 높이기 위하여 화학혼화제를 사용한다
③ 동일한 단위시멘트량을 갖는 보통콘크리트에 비하여 압축강도가 매우 높다.
④ 일반적으로 건조수축은 묽은 비빔 콘크리트보다 작다.

해설

유동화 콘크리트 – 품질 개선과 시공성 개선
- 건조 수축의 감소
- 블리딩 감소
- 수밀성, 기밀성의 개선
- 수화 발열량의 감소
- 내구성의 향상
- 공기 단축
- 시공능률 향상
- 조기 강도 증대
- 철근 부착강도 증대

12 계약방식 중 단가계약제도에 관한 설명으로 옳지 않은 것은?

① 실시수량의 확정에 따라서 차후 정산하는 방식이다.
② 긴급공사 시 또는 수량이 불명확할 때 간단히 계약할 수 있다.
③ 설계변경에 의한 수량의 증감이 용이하다.
④ 공사비를 절감할 수 있으며, 복잡한 공사에 적용하는 것이 좋다.

해설

단가도급
공사비에 따른 도급의 계약형태 중에서 긴급공사일 때 유리한 계약방식이며, 공사범위가 결정되지 않았거나 설계도서가 완비되지 않은 경우, 설계 변경이 예상되는 경우 등에 적용하여 계약한다. 정액도급에 비하여 공사비가 증대될 우려가 있다.

13 콘크리트용 골재의 품질에 관한 설명으로 옳지 않은 것은?

① 골재는 청정, 견경하고 유해량의 먼지, 유기불순물이 포함되지 않아야 한다.
② 골재의 입형은 콘크리트의 유동성을 갖도록 한다.
③ 골재는 예각으로 된 것을 사용하도록 한다.
④ 골재의 강도는 콘크리트 내 경화한 시멘트 페이스트의 강도보다 커야 한다.

골재의 입형

콘크리트에 사용되는 골재의 입형은 둥글어야 시공연도가 좋고 표면은 거칠어야 시멘트와의 부착력이 좋아 콘크리트의 품질이 좋아진다.

14 창호철물과 창호의 연결로 옳지 않은 것은?

① 도어 체크(Door Check) – 미닫이문
② 플로어 힌지(Floor Hinge) – 자재 여닫이문
③ 크리센트(Crescent) – 오르내리창
④ 레일(Rail) – 미서기창

도어 체크

스프링의 힘을 이용하여 문이 저절로 닫히게 하는 여닫이용 창호철물

15 목구조재료로 사용되는 침엽수의 특징에 해당하지 않는 것은?

① 직선부재의 대량생산이 가능하다.
② 단단하고 가공이 어려우나 미관이 좋다.
③ 병충해에 약하여 방부 및 방충처리를 하여야 한다.
④ 수고(樹高)가 높으며 통직하다.

침엽수

침엽수는 활엽수에 비해 경도는 작으나 직대재를 얻을 수 있어 구조재로 많이 활용되며 가공이 용이하고 미관이 좋다.

16 대안입찰제도의 특징에 관한 설명으로 옳지 않은 것은?

① 공사비를 절감할 수 있다.
② 설계상 문제점의 보완이 가능하다.
③ 신기술의 개발 및 축적을 기대할 수 있다.
④ 입찰기간이 단축된다.

대안입찰

대안입찰은 건축주가 제시한 원안보다 비용이 저렴하고 시간도 단축되는 대안을 제시함으로써 건축주가 원안과 대안을 비교하여 대안을 선택할 수 있는 입찰의 합리화 방안을 말한다.

• 발주 측의 전문인력 부재로 대안내용 및 공사 제반사항 전달 미흡
• 대안 설계 시 제한 조건으로 인해 기술적 창의성 저해
• 입찰공고에서 낙찰까지 입찰기간 장기화
• 총액낙찰제도 등 기술 능력보다는 금액 위주의 입찰에 습성화
• 선정되지 못할 경우 설계비 낭비

17 잔류유(찌꺼기)를 저온으로 장시간 증류한 것으로 응집력이 크고 온도에 의한 변화가 적으며 연화점이 높고 안전하여 방수공사에 많이 사용되는 것은?

① 아스팔트 펠트
② 블로운 아스팔트
③ 아스팔타이트
④ 레이크 아스팔트

석유 아스팔트

• 스트레이드 아스팔트 : 연화점이 낮아 지하실공사 등에 사용
• 블로운 아스팔트 : 연화점이 높아 건축공사에 사용
• 아스팔트 컴파운드 : 블로운 아스팔트에 첨가물을 넣어 만든 최우량품

18 지표 재하 하중으로 흙막이 저면 흙이 붕괴되고 바깥에 있는 흙이 안으로 밀려 볼록하게 되어 파괴되는 현상은?

① 히빙(Heaving) 파괴
② 보일링(Boiling) 파괴
③ 수동토압(Passive Earth Pressure) 파괴
④ 전단(Shearing) 파괴

히빙
흙막이 공사 시 흙막이 저면 흙이 지표재하 하중의 중량에 못 견디고 붕괴되어 바깥의 흙이 안으로 밀려 볼록 하게 되어 파괴되는 현상

19 블록조 벽체에 와이어 메시를 가로줄눈에 묻어 쌓기도 하는데 이에 관한 설명으로 옳지 않은 것은?

① 전단작용에 대한 보강이다.
② 수직하중을 분산시키는 데 유리하다.
③ 블록과 모르타르의 부착성능의 증진을 위한 것이다.
④ 교차부의 균열을 방지하는 데 유리하다.

블록의 와이어 메시
• 블록벽 교차부의 균열을 보강하는 효과가 있다.
• 블록벽의 균열을 방지하는 효과가 있다.
• 블록에 가해지는 횡력에 효과가 있다.

20 건축물 외부에 설치하는 커튼월에 관한 설명으로 옳지 않은 것은?

① 커튼월이란 외벽을 구성하는 비내력벽 구조이다.
② 커튼월의 조립은 대부분 외부에 대형 발판이 필요하므로 비계공사가 필수적이다.
③ 공장에서 생산하여 반입하는 프리패브 제품이다.
④ 일반적으로 콘크리트나 벽돌 등의 외장재에 비하여 경량이어서 건물의 전체 무게를 줄이는 역할을 한다.

커튼월 공사
• 공장에서 생산된 부재를 현장에서 조립하여 구성하는 외벽
• 공장제작으로 진행되어 건설현장의 공정이 대폭 단축
• 건물 완성 후에 벽체가 지녀야 할 성능을 설계 시에 미리 정량적으로 설정하고 이것을 목표로 제작 · 시공
• 부착작업은 무비계 작업을 원칙으로 함
• 다수의 대형 부재를 취급하는 것, 고소작업 및 반복 작업이 많은 것

정답   19 ③   20 ②

01 벽돌쌓기법 중 매 켜에 길이쌓기와 마구리쌓기가 번갈아 나오는 방식으로 통줄눈이 많으나 아름다운 외관이 장점인 벽돌쌓기 방식은?

① 미식 쌓기
② 영식 쌓기
③ 불식 쌓기
④ 화란식 쌓기

[해설]

벽돌 쌓기(나라별)

• 영국식 쌓기 : 마구리쌓기와 길이쌓기를 교대로 쌓고 벽의 모서리나 끝에는 반절이나 이오토막을 쓰는 방법으로 가장 튼튼하며 내력벽 쌓기에 사용한다.
• 화란식 쌓기 : 마구리쌓기와 길이쌓기를 교대로 쌓고 벽 끝에는 칠오토막을 사용한다.
• 프랑스식 쌓기 : 매 켜에 길이쌓기와 마구리쌓기를 번갈아 쌓는 방법으로 구조적으로는 약하나 외관이 아름다워 비내력벽에 장식용으로 사용한다.
• 미국식 쌓기 : 5켜는 길이쌓기로 하고, 그 위 1켜는 마구리쌓기로 한다.

02 구조물 위치 전체를 동시에 파내지 않고 측벽이나 주열선 부분만을 먼저 파내고 그 부분의 기초와 지하구조체를 축조한 다음 중앙부의 나머지 부분을 파내어 지하구조물을 완성하는 굴착공법은?

① 오픈 컷 공법(Open Cut Method)
② 트렌치 컷 공법(Trench Cut Method)
③ 우물통식 공법(Well Method)
④ 아일랜드 컷 공법(Island Cut Method)

[해설]

트렌치 컷 공법
아일랜드 공법과는 반대로 가장자리를 먼저 터파기한 후 가장자리 구조물을 만들고, 중앙부 터파기를 실시하고 중앙부 구조물을 만들어 지하구조물을 완성시키는 공법

03 진공 콘크리트(Vacuum Concrete)의 특징으로 옳지 않은 것은?

① 건조수축의 저감, 동결방지 등의 목적으로 사용된다.
② 일반콘크리트에 비해 내구성이 개선된다.
③ 장기강도는 크나 초기강도는 매우 작은 편이다.
④ 콘크리트가 경화하기 전에 진공매트(Mat)로 콘크리트 중의 수분과 공기를 흡수하는 공법이다.

[해설]

진공 콘크리트(Vacuum Concrete)
• 콘크리트가 경화 하기 전 진공매트로 콘크리트 중의 수분과 공기를 흡수하는 공법
• 건조수축의 저감, 동결방지 등의 목적으로 사용
• 일반 콘크리트에 비해 내구성이 개선
• 초기강도 및 장기강도 증가
• 내마모성 증가

04 도장공사에서 표면의 요철이나 홈, 빈틈을 없애기 위하여 주로 점도가 높은 퍼티나 충전제를 메우고 여분의 도료는 긁어 평활하게 하는 도장방법은?

① 붓도장
② 주걱도장
③ 정전분체도장
④ 롤러도장

[해설]

도장공법
㉠ 붓 및 롤러도장
• 붓도장 : 붓도장은 일반적으로 평행 및 균등하게 하고 도료량에 따라 색깔의 경계, 구석 등에 특히 주의하며 도료의 얼룩, 도료 흘러내림, 흐름, 거품, 붓자국 등이 생기지 않도록 평활하게 한다.
• 롤러도장 : 롤러도장은 붓도장보다 도장속도가 빠르지만 붓도장같이 일정한 도막두께를 유지하기가 매우 어려우므로 표면이 거칠거나 불규칙한 부분에는 특히 주의를 요한다.

ⓛ 주걱(헤라) 및 레기도장
  • 주걱도장 : 주걱도장은 표면의 요철이나 홈, 빈틈을 없애기 위한 것으로 주로 점도가 높은 퍼티나 충전제를 메우거나 훑고 여분의 도료는 긁어 평활하게 한다.
  • 레기도장 : 레기도장은 자체 평활형 도료 시공에 사용한다. 도장면적과 도막두께에 의해 계산된 도료를 바닥에 부어 두께를 조절하여 레기를 긁어 시공한다.
ⓒ 스프레이도장

05 총공사비 중 공사원가를 구성하는 항목에 포함되지 않는 것은?

① 재료비
② 노무비
③ 경비
④ 일반관리비

> **해설**

공사비 구성

06 다음 중 철근의 이음방법이 아닌 것은?

① 빗이음
② 겹침이음
③ 기계적 이음
④ 용접이음

> **해설**

철근의 이음
• 겹침이음
• 가스압접
• 용접이음
• 슬리브(기계적 이음)

07 크롬산 아연을 안료로 하고, 알키드 수지를 전색료로 한 것으로서 알루미늄 녹막이 초벌칠에 적당한 도료는?

① 광명단
② 징크로메이트(Zincromate)
③ 그라파이트(Graphite)
④ 파커라이징(Parkerizing)

> **해설**

방청도료
• 광명단 도료 : 기름과 잘 반응하여 단단한 도막을 만들어 수분의 투과를 방지한다.
• 산화철 도료 : 광명단 도료와 같이 널리 사용되며 정벌칠에도 쓰인다.
• 알루미늄 도료 : 알루미늄분말을 안료로 하며 전색제에 따라 여러 가지가 있다. 방청효과뿐만 아니라 광선, 열반사의 효과를 내기도 한다.
• 역청질 도료 : 아스팔트, 타르 피치 등의 역청질을 주원료로 하여 건성유, 수지류를 첨가하여 제조한 것이다.
• 워시 프라이머 : 에칭 프라이머라고도 하며 금속면의 바름 바탕처리를 위한 도료로, 이 위에 방청도료를 바르면 부착성이 좋고 방청효과도 크다.
• 징크로메이트 도료 : 크롬산아연을 안료로 하고 알키드 수지를 전색제로 한 것이며, 녹막이 효과가 좋고 알루미늄판이나 아연철판의 초벌용으로 가장 적합하다.

08 이형철근의 할증률로 옳은 것은?

① 10%
② 8%
③ 8%
④ 3%

> **해설**

할증률
• 1% : 유리, 콘크리트(철근배근)
• 2% : 도료, 콘크리트(무근)
• 3% : 이형철근, 붉은 벽돌, 내화벽돌, 점토타일, 일반합판
• 4% : 시멘트블록
• 5% : 원형철근, 강관, 소형형강, 시멘트 벽돌, 수장합판, 석고보드, 목재(각재), 기와
• 6% : 인조석 갈기, 테라초 갈기
• 7% : 대형형강
• 10% : 강판, 단열재, 목재(판재)
• 20% : 졸대

09 기성말뚝공사 시공 전 시험말뚝박기에 관한 설명으로 옳지 않은 것은?

① 시험말뚝박기를 실시하는 목적 중 하나는 설계내용과 실제 지반조건의 부합 여부를 확인하는 것이다.
② 설계상의 말뚝길이보다 1~2m 짧은 것을 사용한다.
③ 항타작업 전반의 적합성 여부를 확인하기 위해 동재하시험을 실시한다.
④ 시험말뚝의 시공결과 말뚝길이, 시공방법 또는 기초형식을 변경할 필요가 생긴 경우는 변경검토서를 공사감독자에게 제출하여 승인받은 후 시공에 임하여야 한다.

해설

시험말뚝
• 시험말뚝 박기를 실시할 때는 항타작업 전반의 적합성 여부를 확인하기 위하여 동재하시험을 실시하여야 한다.
• 기초부지 인근의 적절한 위치를 선정하여 설계상의 말뚝길이보다 1.0~2.0m 긴 것을 사용하여야 한다.
• 시공자는 시험말뚝박기와 말뚝의 시험이 완료된 후 7일 내에 시험말뚝자료를 공사감독자에게 제출하고, 말뚝주문길이에 대하여 공사감독사가 본 공사에 사용될 말뚝길이에 대하여 승인을 받아야 한다.
• 시험말뚝박기를 실시하는 목적은 해머를 포함한 항타장비 전반의 성능확인과 적합성 판정, 설계내용과 실제 지반조건의 부합 여부, 말뚝재료의 건전도 판정 및 시간경과 효과(Set-Up)를 고려한 말뚝의 지내력 확인 등이다.

10 표준시방서에 따른 바닥공사에서의 이중바닥 지지방식이 아닌 것은?

① 달대고정방식
② 장선방식
③ 공통독립 다리방식
④ 지지부 부착 패널방식

해설

액세스 플로어
장방형의 패널을 받침대로 지지시켜 만든 이중 바닥구조로서 공조설비, 배관설비, 전기, 전자, 컴퓨터설비 등의 설치와 유지관리, 보수의 편리성과 용량 조정 등을 위해 사용된다.

• 장선방식
• 공통독립 다리방식
• 지지부 부착 패널방식

11 콘크리트가 시일이 경과함에 따라 공기 중의 탄산가스작용을 받아 수산화칼슘이 서서히 탄산칼슘이 되면서 알칼리성을 잃어가는 현상을 무엇이라고 하는가?

① 탄산화
② 알칼리 골재반응
③ 백화현상
④ 크리프(Creep) 현상

해설

중성화(탄산화)
콘크리트의 중성화란 콘크리트의 알칼리성이 상실되는 현상으로 대표적인 원인이 탄산가스에 기인된다. 중성화가 진행되면 철근이 부식되어 철근이 팽창하고 그로 인하여 콘크리트의 균열이 촉진된다.

12 건설공사의 도급계약에 명시하여야 할 사항과 거리가 먼 것은?

① 공사내용
② 공사착수의 시기와 공사완성의 시기
③ 하자담보책임기간 및 담보방법
④ 대지현황에 따른 설계도면 작성방법

해설

도급계약 명시사항
• 공사내용
• 도급금액
• 공사 착수시기, 완공시기
• 도급액 지불방법, 지불시기
• 설계변경, 공사중지 시 도급액 변경, 손해 부담
• 천재지변에 의한 손해 부담
• 인도, 검사 및 인도시기
• 도급대금의 지불시기
• 계약에 관한 분쟁의 해결방법

13 슬라이딩 폼(Sliding Form)의 특징에 관한 설명으로 옳지 않은 것은?

① 공기를 단축할 수 있다.
② 내·외부 비계발판이 일체형이다.
③ 콘크리트의 일체성을 확보하기 어렵다.
④ 사일로(Silo)공사에 많이 이용된다.

해설

슬라이딩 폼(Sliding Form)
• 거푸집 높이가 약 1m이다(내외 비계발판이 필요 없다).
• 하부가 약간 벌어진 원형 철판 거푸집을 요오크(Yoke)로 서서히 끌어올린다.
• 사일로, 굴뚝공사 등에 적합하다.
• 돌출부가 있을 때 사용할 수 없다(일체성 확보).
• 공기가 약 1/3로 단축된다(소요경비 절감).
• 기계의 고장이나 정지가 없어야 하고, 강우나 주야를 불문하고 중단할 수 없다.

14 다음 각 유리의 특징에 관한 설명으로 옳지 않은 것은?

① 망입유리는 판유리 가운데에 금속망을 넣어 압착 성형한 유리로 방화 및 방재용으로 사용된다.
② 강화유리는 일반유리의 3~5배 정도의 강도를 가지며 출입구, 에스컬레이터 난간, 수족관 등 안전이 중시되는 곳에 사용된다.
③ 접합유리는 2장 또는 그 이상의 판유리에 특수필름을 삽입하여 접착시킨 안전유리로서 파손되어도 파편이 발생하지 않는다.
④ 복층유리는 2~3장의 판유리를 간격 없이 밀착하여 만든 유리로서 단열·방서·방음용으로 사용된다.

해설

복층유리
유리 사이에 진공상태나 특수기체 또는 공기를 두어 단열의 성능을 높여 방서용으로 사용되는 유리로서 단열효과와 결로 방지 등에도 효과가 있다.

15 조적벽체에 발생하는 균열을 대비하기 위한 신축줄눈의 설치 위치로 옳지 않은 것은?

① 벽높이가 변하는 곳
② 벽두께가 변하는 곳
③ 집중응력이 작용하는 곳
④ 창 및 출입구 등 개구부의 양측

해설

신축줄눈/조절줄눈
벽돌 벽면에서 벽두께나 벽높이가 상이한 곳, 기둥과 벽의 접합부 등에 줄눈을 설치하는 것은 균열을 방지하기 위함이다.

16 각종 콘크리트에 관한 설명으로 옳지 않은 것은?

① 프리플레이스트 콘크리트(Preplaced Concrete)란 미리 거푸집 속에 특정한 입도를 가지는 굵은 골재를 채워놓고, 그 간극에 모르타르를 주입하여 제조한 콘크리트이다.
② 숏크리트(Shotcrete)는 콘크리트 자체의 밀도를 높이고 내구성, 방수성을 높게 하여 물의 침투를 방지하도록 만든 콘크리트로서 수중구조물에 사용된다.
③ 고성능 콘크리트는 고강도, 고유동 및 고내구성을 통칭하는 콘크리트의 명칭이다.
④ 소일 콘크리트(Soil Concrete)는 흙에 시멘트와 물을 혼합하여 만든다.

해설

숏크리트 콘크리트
• 압축공기로 콘크리트 또는 모르타르를 분사하는 공법
• 건나이트, 본닥터, 제트크리트 등의 종류가 있다.
• 여러 재료의 표면에 시공하면 밀착이 잘 되며 수밀성, 강도, 내구성이 커진다.
• 균열이 생기기 쉽고, 다공질이며 외관이 좋지 않다.

정답   13 ③   14 ④   15 ③   16 ②

17 AF제 및 AE공기량에 관한 설명으로 옳지 않은 것은?

① AE제를 사용하면 동결융해저항성이 커진다.
② AE제를 사용하면 골재분리가 억제되고, 블리딩이 감소한다.
③ 공기량이 많아질수록 슬럼프가 증대된다.
④ 콘크리트의 온도가 낮으면 공기량은 적어지고 콘크리트의 온도가 높으면 공기량은 증가한다.

공기량 변화 요인
- AE제 첨가 시 증가
- 기계비빔, 비빔시간 3~5분까지 증가
- 온도가 낮을수록 증가, 진동기 사용 시 감소, 잔모래 사용 시 증가

18 건설공사 현장관리에 관한 설명으로 옳지 않은 것은?

① 목재는 건조시키기 위하여 개별로 세워둔다.
② 현장사무소는 본 건물 규모에 따라 적절한 규모로 설치한다.
③ 철근은 그 직경 및 길이별로 분류해둔다.
④ 기와는 눕혀서 쌓아둔다.

기와 보관
기와는 눕혀서 쌓을 경우 휨에 의한 파손이 우려되므로 세워서 보관한다.

19 금속제 천장틀의 사용자재가 아닌 것은?

① 코너비드
② 달대볼트
③ 클립
④ ㄷ자형 반자틀

코너비드
미장공사에서 모서리를 보호하기 위한 철물

20 콘트리트의 계획배합의 표시항목과 가장 거리가 먼 것은?

① 배합강도
② 공기량
③ 염화물량
④ 단위수량

해설

콘크리트 배합표시

굵은 골재의 최대 치수 (mm)	슬럼프 범위 (mm)	공기량 범위 (%)	물 – 결합재 비[1] W/B (%)	잔골재율 S/a (%)	단위질량(kg/m³) 또는 절대용적(l/m³)					
									혼화재료	
					물	시멘트	잔골재	굵은 골재	혼화재[1]	혼화제[2]

주 : 1) 포졸란 반응성 및 잠재수경성을 갖는 혼화재를 사용하지 않는 경우에는 물 – 시멘트비가 된다.
　　 2) 같은 종류의 재료를 여러 가지 사용할 경우에는 각각의 난을 나누어 표시한다. 이때 사용량에 대하여는 ml/m³ 또는 g/m³로 표시하며, 희석시키거나 녹이거나 하지 않은 것으로 나타낸다.

01 아래 그림의 형태를 가진 흙막이의 명칭은?

① H-말뚝 토류판
② 슬러리월
③ 소일콘크리트 말뚝
④ 시트파일

[해설]

시트파일
강판을 절곡하여 만든 흙막이로서 용수가 많고 토압이 크며 기초가 깊을 때 사용되는 흙막이의 재료이다.

02 다음 중 통계적 품질관리기법의 종류에 해당되지 않는 것은?

① 히스토그램
② 특성요인도
③ 브레인스토밍
④ 파레토도

[해설]

품질관리(QC)수법
• 히스토그램 : 계량치의 분포(데이터)가 어떠한 분포로 되어 있는가를 알아보기 위하여 작성하는 것
• 특성요인도 : 결과에 원인이 어떻게 관계하고 있는가를 한눈에 알아보기 위하여 작성하는 것
• 파레토도 : 불량, 결점, 고장 등의 발생건수를 분류항목별로 나누어 크기 순서대로 나열해 놓은 것
• 체크 시트 : 계수치의 데이터가 분류항목별의 어디에 집중되어 있는가를 알아보기 쉽게 나타낸 것
• 그래프 : 품질관리에서 얻은 각종 자료의 결과를 알기 쉽게 그림으로 정리한 것
• 산점도 : 서로 대응하는 두개의 짝으로 된 데이터를 그래프 용지에 타점하여 두 변수 간의 상관관계를 파악하기 위한 것
• 층별 : 집단을 구성하고 있는 많은 데이터를 어떤 특징에 따라 몇 개의 부분집단으로 나눈 것

03 도장공사에 필요한 가연성 도료를 보관하는 창고에 관한 설명으로 옳지 않은 것은?

① 독립한 단층건물로서 주위 건물에서 1.5m 이상 떨어져 있게 한다.
② 건물 내의 일부를 도료의 저장장소로 이용할 때는 내화구조 또는 방화구조로 구획된 장소를 선택한다.
③ 바닥에는 침투성이 없는 재료를 깐다.
④ 지붕은 불연재료로 하고, 적정한 높이의 천장을 설치한다.

[해설]

가연성 도료창고
• 독립한 단층 건물로 주위 건물에서 1.5m 이상 떨어져 있게 한다.
• 건물 내부의 일부를 도료의 저장장소로 이용할 때에는 내화구조 또는 방화구조로 구획된 장소를 선택한다.
• 지붕은 불연재료로 하고, 천장을 설치하지 않는다.
• 바닥에는 침투성이 없는 재료를 깐다.
• 시너를 보관할 때는 소화방법 및 기타 위험물 취급에 관한 법령에 준하여 소화기 및 소화용 모래 등을 비치한다.

04 철근콘크리트 구조물에서 철근 조립순서로 옳은 것은?

① 기초철근 → 기둥철근 → 보철근 → 슬래브철근 → 계단철근 → 벽철근
② 기초철근 → 기둥철근 → 벽철근 → 보철근 → 슬래브철근 → 계단철근
③ 기초철근 → 벽철근 → 기둥철근 → 보철근 → 슬래브철근 → 계단철근
④ 기초철근 → 벽철근 → 보철근 → 기둥철근 → 슬래브철근 → 계단철근

05 건설사업자원 통합 전산망으로 건설 생산활동 전 과정에서 건설 관련 주체가 전산망을 통해 신속히 교환·공유할 수 있도록 지원하는 통합 정보 시스템을 지칭하는 용어는?

① 건설 CIC(Computer Integrated Construction)
② 건설 CALS(Continuous Acquisition & Life Cycle Support)
③ 건설 EC(Engineering Construction)
④ 건설 EVMS(Earned Value Management System)

06 타일의 흡수율 크기의 대소관계로 옳은 것은?

① 석기질 > 도기질 > 자기질
② 도기질 > 석기질 > 자기질
③ 자기질 > 석기질 > 도기질
④ 석기질 > 자기질 > 도기질

07 MCX(Minimum Cost Expediting)기법에 의한 공기단축에서 아무리 비용을 투자해도 그 이상 공기를 단축할 수 없는 한계점을 무엇이라 하는가?

① 표준점   ② 포화점
③ 경제 속도점   ④ 특급점

08 콘크리트에 사용되는 혼화재 중 플라이애시의 사용에 따른 이점으로 볼 수 없는 것은?

① 유동성의 개선
② 수화열의 감소
③ 수밀성의 향상
④ 초기강도의 증진

09 다음 중 공사시방서에 기재하지 않아도 되는 사항은?

① 건물 전체의 개요   ② 공사비 지급방법
③ 시공방법   ④ 사용재료

10 방수공사용 아스팔트의 종류 중 표준용융온도가 가장 낮은 것은?

① 1종   ② 2종
③ 3종   ④ 4종

해설

아스팔트 종별 용융온도

아스팔트 종별	온도(℃)
1종	220~230
2종	240~250
3종	260~270
4종	

11 외부 조적벽의 방습, 방열, 방한, 방서 등을 위해서 설치하는 쌓기법은?

① 내쌓기
② 기초쌓기
③ 공간쌓기
④ 엇모쌓기

해설

공간쌓기
공간쌓기는 외부의 빗물이나 습기를 방지하기 위하여 가운데 공간을 두는 것으로 단열과 결로 방지를 위해 공간에 단열재를 넣는다.

12 칠공사에 사용되는 희석제의 분류가 잘못 연결된 것은?

① 송진건류품 – 테레빈유
② 석유건류품 – 휘발유, 석유
③ 콜타르 증류품 – 미네랄 스피릿
④ 송근건류품 – 송근유

해설

미네랄 스피릿
유성페인트, 유성바니시, 에나멜 등의 용제로 사용된다.

13 토공사에 쓰이는 굴착용 기계 중 기계가 서 있는 지반면보다 위에 있는 흙의 굴착에 적합한 장비는?

① 파워셔블(Power Shovel)
② 드래그라인(Drag Line)
③ 드래그셔블(Drag Shovel)
④ 클램셸(Clamshell)

해설

굴착용 기계
• 파워셔블 : 기계가 서 있는 위치보다 높은 곳의 굴착에 적합하다.
• 드래그 라인 : 넓은 면적을 팔 수 있으며, 기계가 서 있는 위치보다 낮은 곳의 굴착에 적합하다.
• 백호 : 기계가 서 있는 위치보다 낮은 곳의 굴착에 적합하며, 줄기초와 같이 폭이 일정하게 터파기하는 경우에 적합하다.
• 클램셸 : 기계가 서 있는 위치보다 낮은 곳의 굴착에 적당하며, 우물과 같이 좁고 긴 굴착에 더욱 유리한 장비이다.
• 그레이더 : 바퀴 중앙에 흙을 깎고 미는 배토판이 달려 있어 지반을 정리하는 장비이다.

14 바깥방수와 비교한 안방수의 특징에 관한 설명으로 옳지 않은 것은?

① 공사가 간단하다.
② 공사비가 비교적 싸다.
③ 보호누름이 없어도 무방하다.
④ 수압이 작은 곳에 이용된다.

해설

방수공사(안방수, 바깥방수 비교)
• 수압이 적고 얕은 지하실에는 안방수법, 수압이 크고 깊은 지하실에는 바깥방수법이 유리하다.
• 안방수의 경우 칸막이벽 등은 방수가 다 완료된 후 시공한다.
• 바깥방수법은 보호누름이 필요 없지만 안방수는 필요하다.
• 안방수는 시공이 쉽고 보수가 용이하며 구조체가 완성된 후에 실시한다.

15 한중 콘크리트에 관한 설명으로 옳은 것은?

① 한중 콘크리트는 공기연행 콘크리트를 사용하는 것을 원칙으로 한다.
② 타설할 때의 콘크리트 온도는 구조물의 단면 치수, 기상조건 등을 고려하여 최소 25℃ 이상으로 한다.
③ 물-결합재비는 50% 이하로 하고, 단위수량은 소요의 워커빌리티를 유지할 수 있는 범위 내에서 되도록 크게 정하여야 한다.
④ 콘크리트를 타설한 직후에 찬바람이 콘크리트 표면에 닿도록 하여 초기양생을 실시한다.

> [해설]

한중 콘크리트
㉠ 정의 : 콘크리트를 타설한 후 4주 평균예상기온이 4℃ 이하에서 타설되는 콘크리트를 말한다.
㉡ 대책
  • 콘크리트의 강도가 5N/mm² 될 때까지 초기 보양
  • 콘크리트의 타설온도는 10℃ 이상 20℃ 이하
  • 재료의 가열온도는 60℃ 이하
  • 재료 가열온도

작업 중 기온	가열재료
−3 ∼ 0℃	물 또는 골재 가열 또는 보온
−3℃ 이하	물, 골재 가열

  • AE제 사용 및 물-결합재비는 원칙적으로 60% 이하

16 네트워크(Network) 공정표의 장점으로 볼 수 없는 것은?

① 작업 상호 간의 관련성을 알기 쉽다.
② 공정계획의 초기 작성시간이 단축된다.
③ 공사의 진척 관리를 정확히 할 수 있다.
④ 공기 단축 가능 요소의 발견이 용이하다.

> [해설]

네트워크 공정표의 특징
• 공사계획의 전모와 공사 전체의 파악을 용이하게 할 수 있다.
• 각 작업의 흐름과 공정이 분해됨과 동시에 작업의 상호 관계가 명확하게 표시된다.
• 계획단계에서부터 공정상의 문제점이 명확하게 파악되고 작업 전에 수정을 가할 수 있다.

• 공사의 진척상황이 누구에게나 쉽게 알려지게 된다.
• 작성시간이 길며, 작성 및 검사에 특별한 기능이 요구된다.

17 일반 콘크리트의 내구성에 관한 설명으로 옳지 않은 것은?

① 콘크리트에 사용하는 재료는 콘크리트의 소요 내구성을 손상시키지 않는 것이어야 한다.
② 굳지 않은 콘크리트 중의 전 염소이온량은 원칙적으로 0.3kg/m³ 이하로 하여야 한다.
③ 콘크리트는 원칙적으로 공기연행 콘크리트로 하여야 한다.
④ 콘크리트의 물-결합재비는 원칙적으로 50% 이하이어야 한다.

> [해설]

일반 콘크리트의 내구성
콘크리트의 물-결합재비는 원칙적으로 60% 이하이어야 하며, 공기연행 콘크리트로 하여야 한다.

18 철근콘크리트 공사에서 철근조립에 관한 설명으로 옳지 않은 것은?

① 황갈색의 녹이 발생한 철근은 그 상태가 경미하더라도 사용이 불가하다.
② 철근의 피복두께를 정확하게 확보하기 위해 적절한 간격으로 고임재 및 간격재를 배치하여야 한다.
③ 거푸집에 접하는 고임재 및 간격재는 콘크리트 제품 또는 모르타르 제품을 사용하여야 한다.
④ 철근을 조립한 다음 장기간 경과한 경우에는 콘크리트를 타설 전에 다시 조립검사를 하고 청소하여야 한다.

> [해설]

철근의 조립
• 철근은 상온에서 가공하는 것을 원칙으로 한다.
• 철근의 조립은 녹, 기름 등을 제거한 후 실시한다.
• 경미한 황갈색의 녹이 발생한 철근은 일반적으로 콘크리트와의 부착을 해치지 않으므로 사용할 수 있다.
• 철근의 절단 시 절단기를 사용한다.

- 철근을 구부리는 경우 구조기준의 내면 반지름 이상으로 한다.

19 다음 중 유리의 주성분으로 옳은 것은?

① Na_2O ② CaO
③ SiO_2 ④ K_2O

 해설

유리의 주성분
- 규산(SiO_2) : 71~73%
- 소다(Na_2O) : 14~16%
- 석탄(Cao) : 8~15%

20 8개월간 공사하는 현장에 필요한 시멘트량이 2,397포이다. 이 공사현장에 필요한 시멘트 창고 필요면적으로 적당한 것은?(단, 쌓기단수는 13단)

① $24.6m^2$ ② $54.2m^2$
③ $73.8m^2$ ④ $98.5m^2$

해설

시멘트 창고면적
시멘트 필요량을 저장량으로 환산 : 2,397 ÷ 3 = 799포
$$\therefore \ A = 0.4 \times \frac{799}{13} = 24.58m^2$$

01 60cm × 40cm × 45cm인 화강석 200개를 8톤 트럭으로 운반하고자 할 때, 필요한 차의 대수는?(단, 화강석의 비중은 약 2.7이다.)

① 6대 ② 8대

③ 10대 ④ 12대

해설

화강석 운반
- 화강석 1개의 부피 = $0.6 \times 0.4 \times 0.45 = 0.108m^3$
- 화강석 1개의 무게 = $0.108 \times 2.7 = 0.2916$톤
- 화강석 200개의 무게 = $0.2916 \times 200 = 58.32$톤
- 8톤 트럭 운반대수 = $58.32 \div 8 = 7.29$대 ∴ 8대

02 종래의 단순한 시공업과 비교하여 건설사업의 발굴 및 기획, 설계, 시공, 유지관리에 이르기까지 사업전반에 관한 것을 종합, 기획 관리하는 업무 영역의 확대를 무엇이라고 하는가?

① EC ② LCC

③ CALS ④ JIT

해설

EC화
설계(Engineering)와 시공(Construction)으로 나누어져 있는 영역을 기획부터 시공, 유지관리에 이르기까지 전 범위를 하나로 하는 업무 영역의 확대를 말한다.

03 다음 중 철골공사 시 주각부의 앵커볼트 설치와 관련된 공법은?

① 고름 모르타르 공법

② 부분 그라우팅 공법

③ 전면 그라우팅 공법

④ 가동매입공법

해설

앵커볼트 설치공법
- 고정매입공법 : 앵커볼트를 먼저 설치하고 콘크리트를 타설하는 공법으로 위치 수정이 불가능하며, 건물의 규모가 크거나 앵커볼트의 지름이 클 때 사용된다.
- 가동매입공법 : 고정매입공법과 나중매입공법을 동시에 적용한다.
- 나중매입공법 : 앵커볼트를 묻을 구멍을 내두었다가 나중에 고정하는 공법으로 앵커볼트 지름이 작을 때 사용한다.

04 회반죽의 재료가 아닌 것은?

① 명반 ② 해초풀

③ 여물 ④ 소석회

해설

회반죽
회반죽은 고결재인 소석회, 결합재인 여물, 해초풀, 수염 그리고 모래까지 모두 사용되는 미장재료이다.

05 다음 용어 중 지반조사와 관계없는 것은?

① 표준관입시험

② 보링

③ 골재의 표면적 시험

④ 지내력 시험

해설

지반조사 항목
- 지하탐사 : 터파보기, 탐사간 꽂아보기, 물리적 지하탐사, 보링
- 토질시험 : 사운딩시험, 재하시험
- 사운딩시험 : 베인테스트, 표준관입시험, 콘시험, 스웨덴식 사운딩
- 재하시험 : 평판재하, 말뚝재하
- 샘플링 : 딘월샘플링, 컴포지트 샘플링, 데니슨 샘플링

06 콘크리트를 혼합할 때 염화마그네슘($MgCl_2$)을 혼합하는 이유는?

① 콘크리트의 비빔조건을 좋게 하기 위함이다.
② 방수성을 증가시키기 위함이다.
③ 강도를 증가시키기 위함이다.
④ 얼지 않게 하기 위함이다.

> 해설

염화마그네슘(방동제)
방동제는 콘크리트가 얼지 않도록 하는 혼화재료이다.

07 다음 중 건축용 단열재와 가장 거리가 먼 것은?

① 테라코타　　　② 펄라이트판
③ 세라믹 섬유　　④ 연질 섬유판

> 해설

단열재의 종류

무기질 단열재	유기질 단열재
• 유리질 : 유리면 • 광물질 : 석면, 암면, 펄라이트 • 금속질 : 규산질, 알루미나질, 마그네시아질 • 탄소질 : 탄소질섬유, 탄소 분말	• 셀룰로오스 섬유판 • 연질 섬유판 • 폴리스틸렌 폼 • 경질 우레탄 폼

08 유리제품 중 사용성의 주목적이 단열성과 가장 거리가 먼 것은?

① 기포유리(Foam Glass)
② 유리섬유(Glass Fiber)
③ 프리즘 유리(Prism Glass)
④ 복층유리(Pair Glass)

> 해설

프리즘 유리
투사광선의 방향을 변화시키거나 집중 또는 확산시키기 위해 프리즘의 이론을 응용하여 만든 유리제품으로, 주로 지하실 또는 지붕 등의 채광용으로 사용된다.

09 바차트와 비교한 네트워크 공정표의 장점이라고 볼 수 없는 것은?

① 작업 상호 간의 관련성을 알기 쉽다.
② 공정계획의 작성시간이 단축된다.
③ 공사의 진척관리를 정확히 실시할 수 있다.
④ 공기단축 가능요소의 발견이 용이하다.

> 해설

네트워크 공정표의 특징
• 공사계획의 전모와 공사 전체의 파악을 용이하게 할 수 있다.
• 각 작업의 흐름과 공정이 분해됨과 동시에 작업의 상호관계가 명확하게 표시된다.
• 계획단계에서부터 공정상의 문제점이 명확하게 파악되고 작업 전에 수정을 가할 수 있다.
• 공사의 진척상황이 누구에게나 쉽게 알려지게 된다.
• 작성시간이 길며, 작성 및 검사에 특별한 기능이 요구된다.

10 건설공사 입찰에 있어 불공정 하도급거래를 예방하고 하도급 활성화를 촉진하기 위한 목적으로 시행된 입찰제도는?

① 사전자격심사제도　　② 부대입찰제도
③ 대안입찰제도　　　　④ 내역입찰제도

> 해설

부대입찰
입찰 시 하도급의 계약서를 같이 첨부하여 공사 시 실제 건물투입비용을 증가하며, 하도급의 권익을 보호하기 위한 입찰방법

11 기성콘크리트말뚝에 관한 설명으로 옳지 않은 것은?

① 선굴착 후 경타공법으로 시공하기도 한다.
② 항타장비 전반의 성능을 확인하기 위해 시험말뚝을 시공한다.
③ 말뚝을 세운 후 검측은 기계를 사용하여 1방향에서 한다.
④ 말뚝의 연직도나 경사도는 1/100 이내로 관리한다.

기성말뚝 세우기

- 정확한 규준틀을 설치하고 중심선 표시를 용이하게 하여야 하며, 말뚝을 세운 후 검측은 직교하는 2방향으로부터 하여야 한다.
- 말뚝의 연직도나 경사도는 1/100 이내로 하고, 말뚝박기 후 평면상의 위치가 설계도면의 위치로부터 $D/4$(D는 말뚝의 바깥지름)와 100mm 중 큰 값 이상으로 벗어나지 않아야 한다.

12 조적공사에서 벽두께를 1.0B로 쌓을 때 벽면적 1m²당 소요되는 모르타르의 양은?(단, 모르타르의 재료량은 할증이 포함된 것으로 배합비는 1 : 3, 벽돌은 표준형임)

① 0.019m³
② 0.049m³
③ 0.078m³
④ 0.092m³

벽돌쌓기 시 모르타르량 산출(단위수량 : m³)

(m²당)

구분	0.5B	1.0B	1.5B
모르타르량	0.019	0.049	0.078

13 거푸집 측압에 관한 설명으로 옳지 않은 것은?

① 콘크리트의 슬럼프가 클수록 측압은 크다.
② 기온이 높을수록 측압은 작다.
③ 콘크리트가 빈배합일수록 측압은 크다.
④ 콘크리트의 타설높이가 높을수록 측압은 크다.

거푸집의 측압이 증가되는 원인
슬럼프값이 크고 부배합일 경우, 벽두께가 클 경우, 부어넣는 속도가 빠를 경우, 시공연도가 크고, 진동기를 사용할 경우, 철근량이 적을 경우 등이 있다.

14 보강콘크리트 블록조에 관한 설명으로 옳지 않은 것은?

① 내력벽은 통줄눈 쌓기로 한다.
② 내력벽의 두께는 그 길이, 높이에 의해 결정된다.
③ 테두리보는 수직방향뿐만 아니라 수평방향의 힘도 고려한다.
④ 벽량의 계산에서는 내력벽이 두꺼우면 벽량도 증가한다.

벽량(cm/m²)

$$벽량 = \frac{각\ 층\ 내력벽\ 길이의\ 합}{각\ 층\ 바닥면적}$$

15 아스팔트(Asphalt) 방수가 시멘트 액체방수보다 우수한 점은?

① 경제성이 있다.
② 보수범위가 국부적이다.
③ 시공이 간단하다.
④ 방수층의 균열 발생 정도가 비교적 적다.

아스팔트 방수와 시멘트 액체방수 비교
아스팔트 방수는 시멘트 액체방수에 비하여 방수성능이 좋은 반면, 방수층의 균열이 적지만 시공이 복잡하며 누수부위의 발견과 보수가 어려운 단점이 있다.

16 이질바탕재 간 접속미장 부위의 균열방지방법으로 옳지 않은 것은?

① 긴결철물 처리
② 지수판 설치
③ 메탈라스보강 붙임
④ 크랙컨트롤비드 설치

지수판
- 콘크리트에서 수밀을 필요로 하는 콘크리트의 이음 부분에 쓰이는 판
- 콘크리트 이음부의 직각으로 설치
- 내구성이 큰 재료나 수밀성이 큰 재료인 스테인리스판, 고무판, 동판 등을 사용

17 긴급공사나 설계변경으로 수량 변동이 심할 경우에 많이 채택되는 도급방식은?

① 정액도급
② 단가도급
③ 실비정산 보수가산도급
④ 분할도급

단가도급

공사비에 따른 도급의 계약형태 중에서 긴급공사일 때 유리한 계약방식은 단가도급이다.

공사범위가 결정되지 않았거나 설계도서가 완비되지 않은 경우, 설계변경이 예상되는 경우 등에 적용하여 계약한다. 정액도급에 비하여 공사비가 증대될 우려가 있다.

18 콘크리트 면의 마무리 작업에 있어 마무리 두께 7mm 이상 또는 바탕의 영향을 많이 받지 않는 마무리의 경우에 대한 평탄성의 기준으로 옳은 것은?

① 3m당 7mm 이하
② 3m당 10mm 이하
③ 1m당 7mm 이하
④ 1m당 10mm 이하

콘크리트 표면 마무리의 평탄성 표준값

콘크리트 면의 마무리	평탄성
마무리 두께가 7mm 이상 또는 바탕의 영향을 많이 받지 않는 마무리의 경우	1m당 10mm 이하
마무리 두께가 7mm 이하 또는 양호한 평탄함이 필요한 경우	3m당 10mm 이하
제물치장 마무리 또는 마무리 두께가 얇은 경우	3m당 7mm 이하

19 철골구조의 주각부의 구성요소에 해당되지 않는 것은?

① 스티프너
② 베이스플레이트
③ 윙 플레이트
④ 클립앵글

철골보 보강부재(스티프너)

웨브는 전단력에, 플랜지는 휨모멘트에 저항하는 부재이고 전단력에 보강하는 부재로 스티프너를, 휨모멘트에 보강하는 부재로 커버플레이트를 설치한다.

20 철근 콘크리트용 골재의 성질에 관한 설명으로 옳지 않은 것은?

① 골재의 단위용적질량은 입도가 클수록 크다.
② 골재의 공극률은 입도가 클수록 크다.
③ 계량방법과 함수율에 의한 중량의 변화는 입경이 작을수록 크다.
④ 완전침수 또는 완전건조 상태의 모래에 있어서 계량방법에 의한 용적의 변화는 거의 없다.

골재의 입도

골재의 입도는 크기를 나타내거나 크고 작음이 잘 섞여있는 정도로 입도가 크거나 좋으면 실적률이 좋아져서 내부 공극이 작아진다.

01 벽두께 1.0B, 벽면적 30m² 쌓기에 소요되는 벽돌의 정미량은?(단, 벽돌은 표준형을 사용한다.)

① 3,900매
② 4,095매
③ 4,470매
④ 4,604매

해설

벽돌량 산출(정미량)
벽면적 × 단위수량 = 30 × 149 = 4,470매

02 석재의 일반적 성질에 관한 설명으로 옳지 않은 것은?

① 석재의 비중은 조암광물의 성질·비율·공극의 정도 등에 따라 달라진다.
② 석재의 강도에서 인장강도는 압축강도에 비해 매우 작다.
③ 석재의 공극률이 클수록 흡수율이 크고 동결융해 저항성은 떨어진다.
④ 석재의 강도는 조성결정형이 클수록 크다.

해설

석재의 압축강도
• 단위용적 중량이 클수록 크다.
• 공극률이 작을수록 또는 구성입자가 작을수록 크다.
• 결정도와 그 결합상태가 좋을수록 크다.
• 함수율이 높을수록 강도가 저하된다.

03 Power Shovel의 1시간당 추정 굴착 작업량을 다음 조건에 따라 구하면?

• $Q = 1.2m^3$
• $f = 1.28$
• $E = 0.9$
• $K = 0.9$
• $C_m = 60$초

① 67.2m³/h
② 74.7m³/h
③ 82.2m³/h
④ 89.6m³/h

해설

파워셔블 시간당 작업량
• 1회 작업량 = 1.2 × 1.28 × 0.9 × 0.9 = 1.244m³
• 시간당 작업횟수 = 3,600 ÷ 60 = 60회
• 시간당 작업량 = 1.244 × 60 = 74.64m³

04 도장작업 시 주의사항으로 옳지 않은 것은?

① 도료의 적부를 검토하여 양질의 도료를 선택한다.
② 도료량을 표준량보다 두껍게 바르는 것이 좋다.
③ 저온 다습 시에는 작업을 피한다.
④ 피막은 각 층마다 충분히 건조 경화한 후 다음 층을 바른다.

해설

도장공사 시 주의사항
• 바람이 강한 날에는 작업을 중지한다.
• 온도 5℃ 이하, 35℃ 이상, 습도가 85% 이상일 때는 작업을 중지하거나 다른 조치를 취한다.
• 칠막의 각 층은 얇게 히고 충분히 선소시킨다.
• 칠하는 횟수를 구분하기 위하여 색을 바꾸는 것이 좋다.
• 나중색을 진하게 하여 모서리에 바름층을 둔다.

05 콘크리트의 내화, 내열성에 관한 설명으로 옳지 않은 것은?

① 콘크리트의 내화, 내열성은 사용한 골재의 품질에 크게 영향을 받는다.
② 콘크리트는 내화성이 우수해서 600℃ 정도의 화열을 장시간 받아도 압축강도는 거의 저하하지 않는다.
③ 철근콘크리트 부재의 내화성을 높이기 위해서는 철근의 피복두께를 충분히 하면 좋다.
④ 화재를 입은 콘크리트의 탄산화 속도는 그렇지 않은 것에 비하여 크다.

콘트리트 내화성
- 배합, 물-시멘트비 등에 의한 영향은 비교적 적다.
- 사용골재의 암질(화산암질, 안산암질 우수)에 크게 지배된다.
- 110℃에서 팽창하나 그 이상은 수축된다.
- 260℃ 이상이면 결정수가 없어지므로 점점 저하된다.
- 300~350℃ 이상이 되면 현저하게 저하되고, 500℃에서는 상온강도의 35%까지 저하된다.
- 700℃ 이상은 크게 저하하고 회복도 불가능하다.

06 아스팔트 방수공사에서 아스팔트 프라이머를 사용하는 가장 중요한 이유는?

① 콘크리트 면의 습기 제거
② 방수층의 습기 침입 방지
③ 콘크리트면과 아스팔트 방수층의 접착
④ 콘크리트 밑바닥의 균열방지

아스팔트 프라이머
블로운 아스팔트에 휘발성 용제를 넣어 묽게 한 것으로, 방수층 바탕에 침투시켜 부착이 잘되게 한다.

07 콘크리트 배합에 직접적으로 영향을 주는 요소가 아닌 것은?

① 단위수량
② 물-결합재 비
③ 철근의 품질
④ 골재의 입도

콘크리트 배합
콘트리트 배합에 영향을 주는 요소는 콘크리트에 사용되는 재료에 의해 결정되는 경우가 많다. 철근의 품질이 콘크리트 배합에 영향을 주지는 않는다.

08 철근, 볼트 등 건축용 강재의 재료시험 항목에서 일반적으로 제외되는 항목은?

① 압축강도시험
② 인장강도시험
③ 굽힘시험
④ 연신율시험

강재실험
리벳에서는 종압축시험이 있으나, 금속의 시험항목 압축강도는 중요하지 않다.

09 발주자에 의한 현장관리로 볼 수 없는 것은?

① 착공신고
② 하도급계약
③ 현장회의 운영
④ 클레임 관리

하도급계약
하도급의 계약은 보통 원도급자와 이루어지는 것이 관례이므로 발주자가 하도급 계약관리까지 할 필요는 없다.

10 어스앵커 공법에 관한 설명으로 옳지 않은 것은?

① 버팀대가 없어 굴착공간을 넓게 활용할 수 있다.
② 인접한 구조물의 기초나 매설물이 있는 경우 효과가 크다.
③ 대형기계의 반입이 용이하다.
④ 시공 후 검사가 어렵다.

지반 정착 공법(Earth Anchor Method)
흙막이널에 지지대를 설치하여 앵커 주변의 마찰력으로 흙막이널에 작용되는 측압에 대항하는 공법으로 지하매설물이 없어야 하며, 인접건물이 없을 시, 불균등의 토압이 작용할 때, 부정형의 터파기를 하는 경우 유리한 공법이다.

11 단순조적 블록 쌓기에 관한 설명으로 옳지 않은 것은?

① 살두께가 큰 편을 아래로 하여 쌓는다.
② 특별한 지정이 없으면 줄눈은 10mm가 되게 한다.
③ 하루의 쌓기 높이는 1.5m 이내를 표준으로 한다.
④ 줄눈 모르타르는 쌓은 후 줄눈누르기 및 줄눈파기를 한다.

해설

블록 쌓기

- 일반 블록 쌓기는 막힌 줄눈, 보강 블록조는 통줄눈으로 한다.
- 기초, 바닥판 윗면, 블록 모르타르 접합면은 적당한 물축이기를 한다.
- 깔 모르타르를 충분히 펴고, 세로규준틀로 직교하는 벽 모서리 또는 중간 요소에 기준이 되는 블록을 살두께가 두꺼운 쪽이 위로 가게 정확히 쌓는다.
- 이것을 기준으로 수평실을 치고, 중간을 쌓은 다음 위켜 쌓기로 한다.
- 1일 쌓기 높이는 1.2~1.5m 이내로 한다(6~7켜).
- 블록 쌓기 직후 줄눈을 누르고, 줄눈파기를 하고 치장줄눈을 한다.

12 다음 중 QC활동의 도구가 아닌 것은?

① 특성요인도

② 파레토그램

③ 층별

④ 기능계통도

해설

품질관리(QC)수법

- 히스토그램 : 계량치의 분포(데이터)가 어떠한 분포로 되어 있는가를 알아보기 위하여 작성하는 것
- 특성요인도 : 결과에 원인이 어떻게 관계하고 있는가를 한눈에 알아보기 위하여 작성하는 것
- 파레토도 : 불량, 결점, 고장 등의 발생건수를 분류항목별로 나누어 크기 순서대로 나열해 놓은 것
- 체크 시트 : 계수치의 데이터가 분류항목별의 어디에 집중되어 있는가를 알아보기 쉽게 나타낸 것
- 그래프 : 품질관리에서 얻은 각종 자료의 결과를 알기 쉽게 그림으로 정리한 것
- 산점도 : 서로 대응하는 두 개의 짝으로 된 데이터를 그래프 용지에 타점하여 두 변수 간의 상관관계를 파악하기 위한 것
- 층별 : 집단을 구성하고 있는 많은 데이터를 어떤 특징에 따라 몇 개의 부분집단으로 나눈 것

13 철근의 가스압접에 관한 설명으로 옳지 않은 것은?

① 이음공법 중 접합강도가 극히 크고 성분원소의 조직변화가 적다.

② 압접공은 작업 대상과 압접 장치에 관하여 충분한 경험과 지식을 가진 자로 책임기술자 승인을 받아야 한다.

③ 가스압접할 부분은 직각으로 자르고 절단면을 깨끗하게 한다.

④ 접합되는 철근의 항복점 또는 강도가 다른 경우에 주로 사용한다.

해설

압접을 하면 안 되는 경우

- 강도가 다른 경우
- 재질이 다른 경우
- 지름의 차이가 6mm를 초과하는 경우

14 용제형(Solvent) 고무계 도막방수공법에 관한 설명으로 옳지 않은 것은?

① 용제는 인화성이 강하므로 부근의 화기는 엄금한다.

② 한 층의 시공이 완료되면 1.5~2시간 경과 후 다음 층의 작업을 시작하여야 한다.

③ 완성된 도막은 외상(外傷)에 매우 강하다.

④ 합성고무를 휘발성 용제에 녹인 일종의 고무도료를 칠하여 두께 0.5~0.8mm의 방수피막을 형성하는 것이다.

해설

용제형 고무계 도막방수

- 합성고무를 휘발성 용제에 녹인 일종의 고무도료를 여러 번 칠하여 방수층을 형성하는 공법이다.
- 시공이 용이하고 착색이 자유로워 경사지붕, 쉘구조지붕 등의 도막방수로 이용된다.
- 고무계 도막방수는 탄력 있는 고무시트상으로 균열성에 질긴 도막방수지만 시트방수보다는 못하다.

정답 12 ④ 13 ④ 14 ③

15 공사계약제도 중 공사관리방식(CM)의 단계별 업무내용 중 비용의 분석 및 VE기법의 도입 시 가장 효과적인 단계는?

① Pre – Design 단계
② Design 단계
③ Pre – Construction 단계
④ Construction 단계

해설

CM의 단계별 업무

기획(Pre – Design) 단계	• 공사일정계획 • 공사예산 분석 • 현지상황 파악
설계(Design) 단계	• 설계도면 검토 • 관리기법 확인 • 초기 구매활동
발주(Pre – Construction) 단계	• 입찰자 자격심사 • 입찰서 검토분석 • 시공자 선임
시공(Construction) 단계	• 현장조직 편성 • 공사계획 관리 • 공사감리
추가적 업무 (Post – Construction) 단계	• 분쟁관리 • 유지관리 • 하자보수관리

16 커튼월(Curtain Wall)의 외관 형태별 분류에 해당하지 않는 방식은?

① Unit 방식
② Mullion 방식
③ Spandrel 방식
④ Sheath 방식

해설

커튼월의 분류(형태상)

• 샛기둥(Mullion) 방식 : 구조체를 수직선의 형태로 강조하는 방식
• 스팬드럴(Spandrel) 방식 : 구조체를 수평선의 형태로 강조하는 방식
• 격자(Grid) 방식 : 구조체를 격자형의 형태로 강조하는 방식
• 은폐(Sheath) 방식 : 구조체가 패널 등으로 가려진 방식

17 고층건축물 공사의 반복작업에서 각 작업조의 생산성을 기울기로 하는 직선으로 각 반복작업의 진행을 표시하여 전체 공사를 도식화하는 기법은?

① CPM
② PERT
③ PDM
④ LOB

해설

LOB(Line Of Balance)

• 고층 건축물 또는 도로공사와 같이 반복되는 작업들에 의하여 공사가 이루어질 경우에는 작업들에 소요되는 자원의 활용이 공사기간을 결정하는 데 큰 영향을 준다.
• LOB 기법은 반복작업에서 각 작업조의 생산성을 유지시키면서 그 생산성을 기울기로 하는 직선으로 각 반복작업의 진행을 표시하여 전체 공사를 도식화하는 기법으로 LSM(Linear Scheduling Method) 기법이라고도 한다.
• 각 작업 간의 상호관계를 명확히 나타낼 수 있으며, 작업의 진도율로 전체 공사를 표현할 수 있다.

18 수밀콘크리트의 시공에 관한 설명으로 옳지 않은 것은?

① 수밀콘크리트는 누수 원인이 되는 건조수축균열의 발생이 없도록 시공하여야 하며, 0.1mm 이상의 균열 발생이 예상되는 경우 누수를 방지하기 위한 방수를 검토하여야 한다.
② 거푸집의 긴결재로 사용한 볼트, 강봉, 세퍼레이터 등의 아래쪽에는 블리딩 수가 고여서 콘크리트가 경화한 후 물의 통로를 만들어 누수를 일으킬 수 있으므로 누수에 대하여 나쁜 영향이 없는 재질의 것을 사용하여야 한다.
③ 소요 품질을 갖는 수밀콘크리트를 얻기 위해서는 전체 구조부가 시공이음 없이 설계되어야 한다.
④ 수밀성의 향상을 위한 방수제를 사용하고자 할 때에는 방수제의 사용방법에 따라 배처플랜트에서 충분히 혼합하여 현장으로 반입시키는 것을 원칙으로 한다.

정답 15 ② 16 ① 17 ④ 18 ③

수밀콘크리트 일반

- 설계 내용을 충분히 검토하여 균열, 콜드조인트, 이어치기부, 신축이음, 허니콤, 재료 분리 등 외부로부터 물의 침입이나 내부로부터 유출의 원인이 되는 결함이 생기지 않도록 하여야 한다.
- 균일하고 치밀한 조직을 갖는 콘크리트가 만들어질 수 있도록 재료, 배합, 비빔, 타설, 다지기 및 양생 등 적절한 조치를 취하여야 한다.
- 수밀을 요하는 콘크리트 구조물은 이음부 및 거푸집 긴 결재 설치 위치에서의 수밀성이 확보되도록 필요에 따라 방수를 하여야 한다.
- 수밀콘크리트 구조물을 설계할 때 반드시 시공이음, 신축이음 등을 두어야 할 경우에는, 이음부를 대상으로 별도의 방수공 또는 충진재를 계획하여 책임기술자의 승인을 얻어 시공 후 누수문제가 발생하지 않도록 관리하여야 한다.

19 철골공사 접합 중 용접에 관한 주의사항으로 옳지 않은 것은?

① 현장용접을 하는 부재는 그 용접 부위에 얇은 에나멜 페인트를 칠하되, 이 밖에 다른 칠을 해서는 안 된다.

② 용접봉의 교환 또는 다층용접일 때에는 먼저 슬래그를 제거하고 청소한 후 용접한다.

③ 용접할 소재는 용접에 의한 수축변형이 생기고, 또 마무리 작업도 고려해야 하므로 치수에 여분을 두어야 한다.

④ 용접이 완료되면 슬래그 및 스패터를 제거하고 청소한다.

해설

현장 용접 부위 도장

현장 용접을 하는 부재는 그 용접 부위에 녹막이칠뿐만 아니라 그 어떤 도장의 작업도 해서는 안 된다. 도장은 용접을 하게 되면 슬래그 감싸 돌기와 같은 이물질이 용접부위 안으로 들어가 용접결함이 되기 때문이다.

20 기성말뚝 세우기 공사 시 말뚝의 연직도나 경사도는 얼마 이내로 하여야 하는가?

① 1/50 ② 1/75
③ 1/80 ④ 1/100

해설

기성말뚝 세우기

말뚝의 연직도나 경사도는 1/100 이내로 하고, 말뚝박기 후 평면상의 위치가 설계도면의 위치로부터 $D/4$(D는 말뚝의 바깥지름)와 100mm 중 큰 값 이상으로 벗어나지 않아야 한다.

건축기사 (2021년 3월 시행)

01 건축공사에서 V.E(Value Engineering)의 사고방식으로 옳지 않은 것은?

① 기능분석 ② 제품 위주의 사고
③ 비용절감 ④ 조직적 노력

[해설]

사고방식
- 고정관념 제거
- 발주자, 사용자 중심의 사고
- 기능 중심의 접근
- 조직적 노력

02 다음 중 도장공사를 위한 목부 바탕 만들기 공정으로 옳지 않은 것은?

① 오염, 부착물의 제거 ② 송진의 처리
③ 옹이땜 ④ 바니시칠

[해설]

목부 바탕 만들기 순서
오염, 부착물 제거 - 송진 처리 - 연마지 닦기 - 옹이땜 - 구멍땜

03 방부력이 약하고 도포용으로만 쓰이며, 상온에서 침투가 잘 되지 않고 흑색이므로 사용 장소가 제한되는 유성방부제는?

① 캐로신 ② PCP
③ 염화아연 4% 용액 ④ 콜타르

[해설]

목재 방부제
- 콜타르 : 흑갈색의 유성 액체로 가열도포하면 방부성은 좋으나 페인트칠이 불가하여 보이지 않는 곳이나 가설재에 사용
- 크레오소트 : 방부력이 우수하나 냄새가 나서 외부용으로 사용
- 아스팔트 : 가열하여 도포, 보이지 않는 곳에서 사용
- 유성 페인트 : 유성 페인트로 도포하면 피막 형성, 미관 효과 우수
- PCP : 가장 우수한 방부력을 가지고 있으며, 도료칠 가능

04 달성가치(Earned Value)를 기준으로 원가관리를 시행할 때, 실제투입원가와 계획된 일정에 근거한 진행성과 차이를 의미하는 용어는?

① CV(Cost Variance)
② SV(Schedule Variance)
③ CPI(Cost Performance Index)
④ SP(Schedule Performance Index)

[해설]

비용분산(CV : Cost Variance)
$$= BCWP - ACWP \begin{pmatrix} CV < 0 : 원가초과 \\ CV > 0 : 원가절감 \end{pmatrix}$$

05 벽돌조 건물에서 벽량이란 해당 층의 바닥면적에 대한 무엇의 비를 말하는가?

① 벽면적의 총합계 ② 내력벽 길이의 총합계
③ 높이 ④ 벽두께

[해설]

벽량(cm/m^2)
$$벽량 = \frac{각 층 내력벽 길이의 합}{각 층 바닥면적}$$

06 시멘트 200포를 사용하여 배합비가 1 : 3 : 6의 콘크리트를 비벼 냈을 때의 전체 콘크리트량은? (단, 물-시멘트비는 60%이고 시멘트 1포대는 40kg이다.)

정답   01 ②   02 ④   03 ④   04 ①   05 ②   06 ②

① 25.25m³   ② 36.36m³

③ 39.39m³   ④ 44.44m³

 해설

배합비에 따른 각 재료량

배합비	시멘트(포대수)	모래(m³)	자갈(m³)
1 : 2 : 4	8	0.45	0.9
1 : 3 : 6	5.5	0.47	0.94

1m³에 5.5포가 소요된다(시멘트 1포 40kg).

$\therefore 1 : 5.5 = x : 200$

$\quad x = 36.36m^3$

07 시멘트, 모래, 잔자갈, 안료 등을 섞어 이긴 것을 바탕마름이 마르기 전에 뿌려 붙이거나 또는 바르는 것으로 일종의 인조석바름으로 볼 수 있는 것은?

① 회반죽   ② 경석고 플라스터

③ 혼합석고 플라스터   ④ 라프 코트

해설

라프 코트

시멘트, 모래, 잔자갈, 안료 등을 섞어 이긴 것을 바탕바름이 마르기 전에 뿌려 붙이거나 또는 바르는 것으로 일종의 인조석 바름이며, 이를 거친 바름 또는 거친 면 마무리라고도 한다.

08 철근의 가공 및 조립에 관한 설명으로 옳지 않은 것은?

① 철근의 가공은 철근상세도에 표시된 형상과 치수가 일치하고 재질을 해치지 않는 방법으로 이루어져야 한다.

② 철근상세도에 철근의 구부리는 내면 반지름이 표시되어 있지 않은 때에는 KS D에 규정된 구부림의 최소 내면 반지름 이상으로 철근을 구부려야 한다.

③ 경미한 녹이 발생한 철근이라 하더라도 일반적으로 콘크리트와의 부착성능을 매우 저하시키므로 사용이 불가하다.

④ 철근은 상온에서 가공하는 것을 원칙으로 한다.

해설

철근의 조립

• 철근은 상온에서 가공하는 것을 원칙으로 한다.

• 철근의 조립은 녹, 기름 등을 제거한 후 실시한다.

• 경미한 황갈색의 녹이 발생한 철근은 일반적으로 콘크리트와의 부착을 해치지 않으므로 사용할 수 있다.

• 철근의 절단은 절단기를 사용하여 절단한다.

• 철근을 구부리는 경우 구조기준의 내면 반지름 이상으로 한다.

• 거푸집에 접하는 고임재 및 간격재는 콘크리트 제품 또는 모르타르 제품이어야 한다.

• 철근을 조립하고 장기간 경과한 경우에는 콘크리트를 타설 전에 다시 조립 검사를 하고 청소하여야 한다.

09 PMIS(프로젝트 관리 정보시스템)의 특징에 관한 설명으로 옳지 않은 것은?

① 합리적인 의사결정을 위한 프로젝트용 정보관리 시스템이다.

② 협업관리체계를 지원하며 정보의 공유와 축적을 지원한다.

③ 공정 진척도는 구체적으로 측정할 수 없으므로 별도 관리한다.

④ 조직 및 월간업무 현황 등을 등록하고 관리한다.

해설

PMIS

사업 전반에 있어서 수행 조직을 관리 운영하고 경영의 계획 및 전략을 수립하도록 관련 정보를 신속 정확하게 경영자에게 전해줌으로써, 합리적인 경영을 유도하는 프로젝트별 경영정보체계이다.

• 효율적 정보관리에 대한 요구 증가

• 경영의 많은 부분을 프로젝트별로 운영

• 공사현장의 세부 정보 및 본사의 경영 전반에 걸친 정보까지 단계적으로 수립

• 각 정보별 체계적인 분류

• 각 프로젝트의 운영 전반에 관한 모든 정보의 데이터베이스화

10 용접작업 시 용착금속 단면에 생기는 작은 은색의 점을 무엇이라 하는가?

① 피시 아이(Fish Eye)

② 블로 홀(Blow Hole)

③ 슬래그 함입(Slag Inclusion)

④ 크레이터(Crater)

해설

피시 아이(Fish Eye)

Blow Hole 및 혼입된 Slag가 모여서 둥근 은색반점이 생기는 결함현상이다.

11 건축주 자신이 특정의 단일 상태를 선정하여 발주하는 방식으로서, 특수공사나 기밀보장이 필요한 경우, 또 긴급을 요하는 공사에서 주로 채택되는 것은?

① 공개경쟁입찰 　　② 제한경쟁입찰

③ 지명경쟁입찰 　　④ 특명입찰

해설

특명입찰(수의계약)

발주자와 시공자가 1 : 1로 계약하는 방식으로, 특수공사, 기밀보장이 요구되는 공사, 또 긴급을 요하는 공사에서 행할 수 있다.

12 건축용 목재의 일반적인 성질에 관한 설명으로 옳지 않은 것은?

① 섬유포화점 이하에서는 목재의 함수율이 증가함에 따라 강도는 감소한다.

② 기건상태의 목재의 함수율은 15% 정도이다.

③ 목재의 심재는 변재보다 건조에 의한 수축이 적다.

④ 섬유포화점 이상에서는 목재의 함수율이 증가함에 따라 강도는 증가한다.

해설

목재의 함수율

목재의 함수율이 30%일 때를 섬유포화점이라 하고, 섬유포화점 이하일 때는 강도는 증가하고 건조수축현상이 일어나며, 섬유포화점 이상일 때는 강도의 변화는 없다.

13 문 윗틀과 문짝에 설치하여 문이 자동적으로 닫히게 하며, 개폐압력을 조절할 수 있는 장치는?

① 도어 체크(Door Check)

② 도어 홀더(Door Holder)

③ 피벗 힌지(Pivot Hinge)

④ 도어 체인(Door Chain)

해설

도어 체크

스프링의 힘을 이용하여 문이 저절로 닫히게 하는 여닫이용 창호철물이다.

14 건축 석공사에 관한 설명으로 옳지 않은 것은?

① 건식쌓기 공법의 경우 시공이 불량하면 백화현상 등의 원인이 된다.

② 석재 물갈기 마감 공정의 종류는 거친갈기, 물갈기, 본갈기, 정갈기가 있다.

③ 시공 전에 설계도에 따라 돌나누기 상세도, 원척도를 만들고 석재의 치수, 형상, 마감방법 및 철물 등에 의한 고정방법을 정한다.

④ 마감면에 오염의 우려가 있는 경우에는 폴리에틸렌 시트 등으로 보양한다.

해설

건식공법

돌 붙임공법에서 물을 사용하지 않는 공법으로 습식공법에 비하여 작업능률이 향상되며 습식공법의 단점인 백화현상이 발생하지 않는다.

15 콘크리트 거푸집용 박리제 사용 시 주의사항으로 옳지 않은 것은?

① 거푸집 종류에 상응하는 박리제를 선택·사용한다.

② 박리제 도포 전에 거푸집면의 청소를 철저히 한다.

③ 거푸집뿐만 아니라 철근에도 도포하도록 한다.

④ 콘크리트 색조에 영향이 없는지를 시험한다.

거푸집 박리제

동식물유, 중유, 아마유, 파라핀, 합성수지 등이 사용되며 시공 시 유의사항은 다음과 같다.
- 거푸집 종류에 상응한 박리제를 선택 사용
- 박리제의 도포 전에 거푸집면의 청소 철저
- 균일하며 적정량의 박리제 도포
- 금속제 거푸집의 방청제가 굳어지면서 건조 피막이 형성되지 않도록 유의
- 콘크리트 타설 시 거푸집의 온도, 탈형시간 준수
- 철근에 묻지 않도록 유의
- 콘크리트 색조에 영향이 없는지를 시험 후 사용

16 타일공사에서 시공 후 타일 접착력 시험에 관한 설명으로 옳지 않은 것은?

① 타일의 접착력 시험은 200m²당 한 장씩 시험한다.
② 시험할 타일은 먼저 줄눈 부분을 콘크리트면까지 절단하여 주위의 타일과 분리시킨다.
③ 시험은 타일 시공 후 4주 이상일 때 행한다.
④ 시험결과의 판정은 타일 인장 부착강도가 10MPa 이상이어야 한다.

타일의 접착력 시험

시험결과의 판정은 접착강도가 0.39MPa 이상이어야 한다.

17 시멘트 600포대를 저장할 수 있는 시멘트 창고의 최소 필요면적으로 옳은 것은?(단, 시멘트 600포대 전량을 저장할 수 있는 면적으로 산정)

① 18.46m²
② 21.64m²
③ 23.25m²
④ 25.84m²

시멘트 창고면적

$A = 0.4 \times \dfrac{600}{13} = 18.46\text{m}^2$

18 창면적이 클 때에는 스틸바(Steel Bar)만으로는 부족하고, 또한 여닫을 때의 진동으로 유리가 파손될 우려가 있으므로 이것을 보강하고 외관을 꾸미기 위하여 강판을 중공형으로 접어 가로 또는 세로로 대는 것을 무엇이라 하는가?

① Mullion
② Ventilator
③ Gallery
④ Pivot

커튼월의 분류(형태상)
- 샛기둥(Mullion) 방식 : 구조체를 수직선의 형태로 강조하는 방식
- 스팬드럴(Spandrel) 방식 : 구조체를 수평선의 형태로 강조하는 방식
- 격자(Grid) 방식 : 구조체가 격자형의 형태로 강조하는 방식
- 은폐(Sheath) 방식 : 구조체가 패널 등으로 가리워진 방식

19 벤치마크(Bench Mark)에 관한 설명으로 옳지 않은 것은?

① 적어도 2개소 이상 설치하도록 한다.
② 이동 또는 소멸 우려가 없는 곳에 설치한다.
③ 건축물 기초의 너비 또는 길이 등을 표시하기 위한 것이다.
④ 공사 완료 시까지 존치시켜야 한다.

벤치마크

공사 중의 높이의 기준을 삼고자 설정하는 가설공사이다.
- 바라보기 좋고 공사에 지장이 없는 곳에 설정
- 이동의 우려가 없는 인근 건물, 벽돌담 이용
- 지반면에서 0.5~1.0m 위에 설치
- 2개소 이상 설치
- 위치 및 기타사항 현장 기록부에 기록

20 수직굴삭, 수중굴삭 등에 사용되는 깊은 흙파기용 기계이며, 연약지반에 사용하기에 적당한 기계는?

① 드래그 셔블
② 클램셸
③ 모터 그레이더
④ 파워 셔블

해설

클램셸

수직굴착, 수중굴착 등 일반적으로 협소한 장소의 굴착에 적합하며, 자갈 등의 적재 시에도 사용된다.

01 공동도급방식(Joint Venture)에 관한 설명으로 옳은 것은?

① 2명 이상의 수급자가 어느 특정 공사에 대하여 협동으로 공사계약을 체결하는 방식이다.
② 발주자, 설계자, 공사관리자의 세 전문집단에 의하여 공사를 수행하는 방식이다.
③ 발주자와 수급자가 상호신뢰를 바탕으로 팀을 구성하여 공동으로 공사를 수행하는 방식이다.
④ 공사수행방식에 따라 설계/시공(D/B)방식과 설계/관리(D/M)방식으로 구분한다.

[해설]
공동도급
2명 이상의 수급자가 어느 특정 공사에 대하여 협동으로 공사를 체결하는 방식이다.

02 다음 설명에서 의미히는 공법은?

구조물 하중보다 더 큰 하중을 연약지반(점성토) 표면에 프리로딩하여 압밀침하를 촉진시킨 뒤 하중을 제거하여 지반의 전단강도를 증대하는 공법

① 고결안정공법 　　② 치환공법
③ 재하공법 　　　　④ 탈수공법

[해설]
지반개량공법
• 치환공법 : 양질의 흙으로 교환하는 공법
• 다짐공법 : 충격을 가하거나 말뚝을 삽입하거나 해서 간극을 없애고 지반을 밀실하게 하는 공법
• 탈수공법 : 지반 내의 간극수를 제거하여 지반을 밀실하게 하는 공법
• 고결공법 : 다른 약품이나 시멘트 등을 주입하여 지반을 단단하게 하는 공법
• 재하공법 : 하중을 가하여 압밀을 일으키는 공법으로 주로 탈수공법과 병행하여 사용

03 보강 블록공사에 관한 설명으로 옳지 않은 것은?

① 벽의 세로근은 구부리지 않고 설치한다.
② 벽의 세로근은 밑창 콘크리트 윗면에 철근을 배근하기 위한 먹매김을 하여 기초판 철근 위의 정확한 위치에 고정시켜 배근한다.
③ 벽 가로근 배근 시 창 및 출입구 등의 모서리 부분에 가로근의 단부를 수평방향으로 정착할 여유가 없을 때에는 갈고리로 하여 단부 세로근에 걸고 결속선으로 결속한다.
④ 보강 블록조와 라멘 구조가 접하는 부분은 라멘 구조를 먼저 시공하고 보강 블록조를 나중에 쌓는 것이 원칙이다.

[해설]
보강 블록공사
보강 블록조와 라멘 구조가 접하는 부분은 보강 블록조를 먼저 쌓고 라멘 구조를 나중에 시공한다.

04 기술제안입찰제도의 특징에 관한 설명으로 옳지 않은 것은?

① 공사비 절감방안의 제안은 불가하다.
② 기술제안서 작성에 추가비용이 발생된다.
③ 제안된 기술의 지적재산권 인정이 미흡하다.
④ 원안 설계에 대한 공법, 품질 확보 등이 핵심 제안 요소이다.

[해설]
기술제안입찰제도
발주자가 제시한 실시설계서 및 입찰안내서에 따라 입찰자가 공사비 절감, 공기단축, 공사관리 방안 등에 관한 기술제안서를 작성하여 입찰서와 함께 제출하는 입찰 방식으로 현행 입찰제도의 문제점인 가격위주 평가방식을 해결하고 건설업체 간 기술 경쟁을 촉진하기 위한 제도이다.

정답　01 ①　02 ③　03 ④　04 ①

05 계측관리 항목 및 기기에 관한 설명으로 옳지 않은 것은?

① 흙막이벽의 응력은 변형계(Strain Gauge)를 이용한다.
② 주변 건물의 경사는 건물경사계(Tiltmeter)를 이용한다.
③ 지하수의 간극수압은 지하수위계(Water Level Meter)를 이용한다.
④ 버팀보, 앵커 등의 축하중 변화 상태의 측정은 하중계(Load Cell)를 이용한다.

> **해설**
> **간극수압계측**
> 간극수압계측기기는 피에조 미터(Piezo Meter)이다.

06 철근의 정착 위치에 관한 설명으로 옳지 않은 것은?

① 지중보의 주근은 기초 또는 기둥에 정착한다.
② 기둥 철근은 큰 보 혹은 작은 보에 정착한다.
③ 큰 보의 주근은 기둥에 정착한다.
④ 작은 보의 주근은 큰 보에 정착한다.

> **해설**
> **철근의 정착**
> • 기둥의 주근 : 기초
> • 보의 주근 : 기둥
> • 지중보 : 기초 또는 기둥
> • 벽철근 : 기둥, 보 또는 바닥판
> • 바닥철근 : 보 또는 벽체

07 목재의 접착제로 활용되는 수지와 가장 거리가 먼 것은?

① 요소수지
② 멜라민수지
③ 폴리스티렌수지
④ 역청질 도료

> **해설**
> **목재의 접착제**
> 페놀수지, 멜라민수지, 요소수지가 사용된다.

08 칠공사에 관한 설명으로 옳지 않은 것은?

① 한랭 시나 습기를 가진 면은 작업을 하지 않는다.
② 초벌부터 정벌까지 같은 색으로 도장해야 한다.
③ 강한 바람이 불 때는 먼지가 묻게 되므로 외부 공사를 하지 않는다.
④ 야간은 색을 잘못 칠할 염려가 있으므로 작업을 하지 않는 것이 좋다.

> **해설**
> **도장공사 시 주의사항**
> • 바람이 강한 날에는 작업을 중지한다.
> • 온도 5℃ 이하, 35℃ 이상, 습도가 85% 이상일 때는 작업을 중지하거나 다른 조치를 취한다.
> • 칠막의 각 층은 얇게 하고 충분히 건조시킨다.
> • 칠하는 횟수를 구분하기 위하여 색을 바꾸는 것이 좋다.
> • 나중색을 진하게 하여 모서리에 바름층을 둔다.

09 석재에 관한 설명으로 옳은 것은?

① 인장강도는 압축강도에 비하여 10배 정도 크다.
② 석재는 불연성이긴 하나 화열에 닿으면 화강암과 같이 균열이 생기거나 파괴되는 경우도 있다.
③ 장대재를 얻기에 용이하다.
④ 조직이 치밀하여 가공성이 매우 뛰어나다.

> **해설**
> **석재의 특징**
> • 불연성이고 압축강도가 크다.
> • 내구성, 내수성, 내화학성이 크다.
> • 외관이 장중하고 갈면 광택이 난다.
> • 인장강도는 압축강도의 1/10~1/40 정도이다.
> • 장대재를 얻기 어려워 인장재로 부적당하다.
> • 비중이 크고 가공성이 좋지 않다.
> • 열에 의한 균열이 생긴다.

10 아파트 온돌바닥미장용 콘크리트로서 고층적용 실적이 많고 배합을 조닝별로 다르게 하며 타설 바탕면에 따라 배합비 조정이 필요한 것은?

① 경량기포 콘크리트
② 중량 콘크리트
③ 수밀 콘크리트
④ 유동화 콘크리트

온돌 공사 – 경량기포 콘크리트

바닥 슬래브 상부 채움층 위에 방열관을 배관하고 그 위에 시멘트 모르타르 등을 미장하여 방바닥을 구성하는 온돌공사에서 단열 완충재를 깔고 그 위에 타설되는 콘크리트를 말한다.

11 토공사에 적용되는 체적환산계수 L의 정의로 옳은 것은?

① $\dfrac{\text{흐트러진 상태의 체적}(m^3)}{\text{자연상태의 체적}(m^3)}$

② $\dfrac{\text{자연상태의 체적}(m^3)}{\text{흐트러진 상태의 체적}(m^3)}$

③ $\dfrac{\text{다져진 상태의 체적}(m^3)}{\text{자연상태의 체적}(m^3)}$

④ $\dfrac{\text{자연상태의 체적}(m^3)}{\text{다져진 상태의 체적}(m^3)}$

토량환산계수

- 흐트러진 상태$(L) = \dfrac{\text{흐트러진 상태이 체적}}{\text{자연상태의 체적}}$

- 다짐상태$(C) = \dfrac{\text{다짐 상태의 체적}}{\text{자연상태의 체적}}$

12 백화현상에 관한 설명으로 옳지 않은 것은?

① 시멘트는 수산화칼슘의 주성분인 생석회(CaO)의 다량 공급원으로서 백화의 주된 요인이다.
② 백화현상은 미장 표면뿐만 아니라 벽돌벽체, 타일 및 착색 시멘트 제품 등의 표면에도 발생한다.
③ 겨울철보다 여름철의 높은 온도에서 백화 발생 빈도가 높다.
④ 배합수 중에 용해되는 가용 성분이 시멘트 경화체의 표면건조 후 나타나는 현상이다.

백화현상

백화현상은 물이 증발하는 시간이 길어지는 경우에 많이 발생하므로 여름철보다는 겨울철에 발생하는 빈도가 높다.

13 돌로마이트 플라스터 바름에 관한 설명으로 옳지 않은 것은?

① 정벌바름용 반죽은 물과 혼합한 후 12시간 정도 지난 다음 사용하는 것이 바람직하다.
② 바름두께가 균일하지 못하면 균열이 발생하기 쉽다.
③ 돌로마이트 플라스터는 수경성이므로 해초풀을 적당한 비율로 배합해서 사용해야 한다.
④ 시멘트와 혼합하여 2시간 이상 경과한 것은 사용할 수 없다.

돌로마이트 플라스터

돌로마이트 플라스터는 기성성 미장재료로 공기가 있어야 경화가 잘되어 품질이 좋아진다.

14 철골부재의 용접 시 이음 및 접합부위의 용접선의 교차로 재 용접된 부위가 열 영향을 받아 취약해짐을 방지하기 위하여 모재에 부채꼴 모양으로 모따기를 한 것은?

① Blow Hole
② Scallop
③ End Tap
④ Crater

스캘럽

용접 시 이음 및 접합부위의 용접선의 교차로 재 용접된 부위가 열 영향을 받아 취약해짐을 방지하기 위하여 모재를 모따기하는 것이다.

15 재료별 할증률을 표기한 것으로 옳은 것은?

① 시멘트벽돌 : 3%
② 강관 : 7%
③ 단열재 : 7%
④ 봉강 : 5%

정답 11 ① 12 ③ 13 ③ 14 ② 15 ④

건축재료별 할증률
- 1% : 유리, 콘크리트(철근배근)
- 2% : 도료, 콘크리트(무근)
- 3% : 이형철근, 붉은 벽돌, 내화벽돌, 점토타일, 일반합판
- 4% : 시멘트블록
- 5% : 원형철근, 강관, 소형형강, 시멘트 벽돌, 수장합판, 석고보드, 목재(각재), 기와
- 6% : 인조석 갈기, 테라초 갈기
- 7% : 대형형강
- 10% : 강판, 단열재, 목재(판재)
- 20% : 졸대

16 사질토의 상대밀도를 측정하는 방법으로 가장 적합한 것은?

① 표준관입시험(Standard Penetration Test)
② 베인 테스트(Vane Test)
③ 깊은 우물(Deep Well) 공법
④ 아일랜드 공

해설

표준관입시험
76cm의 높이에서 63.5kg의 무게추를 떨어뜨려 샘플러를 30cm 관입시키는데, 타격횟수(N)를 구하여 상대밀도를 판단하는 사운딩 시험의 일종으로 N값이 크면 클수록 밀도가 높은 지반이다.

17 녹막이 칠에 사용하는 도료와 가장 거리가 먼 것은?

① 광명단   ② 크레오소트유
③ 아연분말 도료   ④ 역청질 도료

해설

방청도료
- 광명단 도료 : 기름과 잘 반응하여 단단한 도막을 만들어 수분의 투과를 방지한다.
- 산화철 도료 : 광명단 도료와 같이 널리 사용되며 정벌칠에도 쓰인다.

- 알루미늄 도료 : 알루미늄분말을 안료로 하며 전색제에 따라 여러 가지가 있다. 방청효과 뿐만 아니라 광선, 열반사의 효과를 내기도 한다.
- 역청질 도료 : 아스팔트, 타르피치 등의 역청질을 주원료로 하여 건성유, 수지류를 첨가하여 제조한 것이다.
- 워시 프라이머 : 에칭 프라이머라고도 하며 금속면의 바름 바탕처리를 위한 도료로 이 위에 방청도료를 바르면 부착성이 좋고 방청효과도 크다.
- 징크로 메이트 도료 : 크롬산아연을 안료로 하고 알키드 수지를 전색제로 한 것이며, 녹막이 효과가 좋고 알루미늄판이나 아연철판의 초벌용으로 가장 적합하다.

18 석고플라스터 바름에 관한 설명으로 옳지 않은 것은?

① 보드용 플라스터는 초벌바름, 재벌바름의 경우 물을 가한 후 2시간 이상 경과한 것은 사용할 수 없다.
② 실내온도가 10℃ 이하일 때는 공사를 중단하거나 난방하여 10℃ 이상으로 유지한다.
③ 바름작업 중에는 될 수 있는 한 통풍을 방지한다.
④ 바름작업이 끝난 후 실내를 밀폐하지 않고 가열과 동시에 환기하여 바름면이 서서히 건조되도록 한다.

해설

석고플라스터
- 경화속도가 빠르고, 팽창성이 있다.
- 가수 후 초벌, 재벌용은 3시간 이내, 정벌용은 2시간 이내에 사용한다.
- 작업 중 통풍을 방지하고 작업 후에 서서히 통풍시킨다.
- 2℃ 이하일 때는 공사 중지하고, 보온장치를 설치하며 5℃ 이상으로 유지하도록 한다.
- 초벌바름에는 반드시 거치름눈(작살긋기)을 넣는다.
- 재벌바름은 초벌 후 1~2일 후(콘크리트바탕일 때), 정벌은 재벌이 반건조되었을 때(수시간~24시간) 마무리 흙손질을 한다.

19 공급망관리(Supply Chain Management)의 필요성이 상대적으로 가장 적은 공종은?

① PC(Precast Concrete)공사
② 콘크리트공사

③ 커튼월공사

④ 방수공사

해설

공급망관리

제품, 자금, 정보 등이 공급자로부터 제조, 유통 및 판매를 통하여 고객에게 주어지는 진행과정을 관리하는 것으로 복잡한 공정에서 주로 적용한다.

20 멤브레인 방수에 속하지 않는 방수공법은?

① 시멘트 액체방수

② 합성고분자 시트방수

③ 도막방수

④ 아스팔트 방수

해설

멤브레인(피막) 방수법

구조물의 외부 또는 내부에 여러 층의 피막을 부착하여 균열이나 결함을 통해서 침투하는 물이나 습기를 차단시키는 방법을 멤브레인 방수공법이라 하며 아스팔트 방수, 도막방수, 시트방수, 개량 아스팔트 시트방수 등이 해당한다.

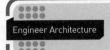

01 표준시방서에 따른 시스템비계에 관한 기준으로 옳지 않은 것은?

① 수직재와 수직재의 연결은 전용의 연결조인트를 사용하여 견고하게 연결하고, 연결 부위가 탈락 또는 꺾어지지 않도록 하여야 한다.

② 수평재는 수직재에 연결핀 등의 결합방법에 의해 견고하게 결합되어 흔들리거나 이탈되지 않도록 하여야 한다.

③ 대각으로 설치하는 가새는 비계의 외면으로 수평면에 대해 40~60° 방향으로 설치하며 수평재 및 수직재에 결속한다.

④ 시스템 비계 최하부에 설치하는 수직재는 받침 철물의 조절너트와 밀착되도록 설치하여야 하며, 수직과 수평을 유지하여야 한다. 이때 수직재와 받침 철물의 겹침길이는 받침 철물 전체길이의 5분의 1 이상이 되도록 하여야 한다.

〔해설〕

시스템 비계

수직재	• 본체와 접합부가 일체화된 구조, 양단부에는 이탈 방지용 핀구멍 • 접합부는 수평재와 가새가 연결될 수 있는 구조 • 접합부 종류는 디스크형, 포켓형 • 디스크형 4개 또는 8개의 핀구멍 설치
수평재	• 본체와 접합부가 일체화된 구조 • 본체 또는 결합부에는 가새재를 결합시킬 수 있는 핀구멍
가새재	• 본체와 연결부가 일체화된 구조 • 고정용, 길이 조절용 • 외관에 내관을 연결하는 구조
연결 조인트	• 삽입형과 수직재 본체로 된 일체형 • 연결조인트와 수직재와의 겹침 길이는 100mm 이상
설치	• 수직재와 수평재는 직교 • 가새 40~60° • 수직재와 받침 철물의 연결 길이는 받침철물의 전체 길이 1/3 이상이 되도록 설치

02 공정관리에서 공기단축을 시행할 경우에 관한 설명으로 옳지 않은 것은?

① 특별한 경우가 아니면 공기단축 시행 시 간접비는 상승한다.

② 비용구배가 최소인 작업을 우선 단축한다.

③ 주공정선상의 작업을 먼저 대상으로 단축한다.

④ MCX(Minimum Cost Expediting)법은 대표적인 공기단축방법이다.

〔해설〕

공사속도와 공사비의 관계

• 공사를 빨리할수록 직접비는 증가, 간접비는 감소하며 총공사비는 증가한다.

• 공사가 늦어지면 직접비는 감소, 간접비는 증가하며 이 경우에도 총공사비는 증가한다.

03 콘크리트의 건조수축 영향인자에 관한 설명으로 옳지 않은 것은?

① 시멘트의 화학성분이나 분말도에 따라 건조수축량이 변화한다.

② 골재 중에 포함된 미립분이나 점토, 실트는 일반적으로 건조수축을 증대시킨다.

③ 바다모래에 포함된 염분은 그 양이 많으면 건조수축을 증대시킨다.

④ 단위수량이 증가할수록 건조수축량은 작아진다.

〔해설〕

건조수축

콘크리트의 건조수축은 단위수량이 증가할수록 수축량은 증가한다.

04 지내력을 갖춘 지반으로 만들기 위한 배수공법 또는 탈수공법이 아닌 것은?

① 샌드 드레인 공법
② 웰 포인트 공법
③ 페이퍼 드레인 공법
④ 베노토 공법

 해설

베노토 공법
올케이싱 공법이라고도 하며 케이싱(공벽보호관)을 삽입하면서 해며 그래브로 굴착한 후 철근배근 및 콘크리트 타설을 하고, 케이싱을 인발해내는 제자리 콘크리트말뚝이다.

05 페인트칠의 경우 초벌과 재벌 등을 도장할 때마다 색을 약간씩 다르게 하는 주된 이유는?

① 희망하는 색을 얻기 위하여
② 색이 진하게 되는 것을 방지하기 위하여
③ 착색안료를 낭비하지 않고 경제적으로 사용하기 위하여
④ 초벌, 재벌 등 페인트칠 횟수를 구별하기 위하여

 해설

도장시공
칠의 횟수를 구분하기 위하여 나중색을 진하게 칠한다.

06 개념설계에서 유지관리단계에까지 건물의 전 수명주기 동안 다양한 분야에서 적용되는 모든 정보를 생산하고 관리하는 기술을 의미하는 용어는?

① ERP(Enterprise Resource Planning)
② SOA(Service Oriented Architecture)
③ BIM(Building Information Modeling)
④ CIC(Computer Integrated Construction)

 해설

BIM(Building Information Modeling)
건축정보 모델링이란 뜻으로 3차원 가상공간에서 실제로 건축물을 모델링하여 실제공사 시 발생할 수 있는 여러 문제점을 사전에 검토하여 원활한 공사진행이 가능하도록 한 시스템이다.
공사 완료 후 시설물의 유지관리를 효율적으로 파악 관리할 수도 있다.
• 건축에 투입되는 비용에 대한 신뢰성
• 공정의 시각적 파악 가능
• 작업의 흐름에 따른 관리 가능
• 신뢰성 있고 정확한 비용 예측 가능
• 설계 오류에 대한 재작업 및 비용 감소
• 건축물 성능 및 유지관리성 향상

07 벽돌벽의 균열원인과 가장 거리가 먼 것은?

① 문꼴의 불균형 배치
② 벽돌벽의 공간쌓기
③ 기초의 부동침하
④ 하중의 불균등분포

해설

벽돌벽 균열의 원인
㉠ 벽돌조 건물의 계획 설계상의 미비
• 기초의 부동침하
• 건물의 평면, 입면의 불균형 및 벽의 불합리한 배치
• 불균형 하중, 큰 집중하중, 횡력 및 충격
• 벽돌벽의 길이, 높이, 두께에 대한 벽돌 벽체의 강도부족
• 문꼴 크기의 불합리 및 불균형 배치
㉡ 시공상의 결함
• 벽돌 및 모르타르의 강도 부족
• 재료의 신축성(온도 및 흡수에 의한)
• 이질재와의 접합부
• 콘크리트보 밑의 모르타르 다져 넣기의 부족(장막벽의 상부)
• 모르타르, 회반죽바름의 신축 및 들뜨기

08 쇄석 콘크리트에 관한 설명으로 옳지 않은 것은?

① 모래의 사용량은 보통 콘크리트에 비해서 많아진다.
② 쇄석은 각이 둔각인 것을 사용한다.
③ 보통 콘크리트에 비해 시멘트 페이스트의 부착력이 떨어진다.
④ 깬자갈 콘크리트라고도 한다.

정답 **04** ④ **05** ④ **06** ③ **07** ② **08** ③

쇄석
• 보통콘크리트보다 부착력이 증가하여 강도 증가
• 시공연도 저하
• AE제 사용
• 보통골재보다 크기를 작게 사용
• 모래입자 크기를 크게 사용

09 실비정산 보수가산계약제도의 특징이 아닌 것은?

① 설계와 시공의 중첩이 가능한 단계별 시공이 가능하다.
② 복잡한 변경이 예상되거나 긴급을 요하는 공사에 적합하다.
③ 계약체결 시 공사비용의 최댓값을 정하는 최대보증한도 실비정산 보수가산계약이 일반적으로 사용된다.
④ 공사금액을 구성하는 물량 또는 단위공사 부분에 대한 단가만을 확정하고 공사 완료 시 실시수량의 확정에 따라 정산하는 방식이다.

단가 도급
• 공사비에 따른 도급의 계약형태 중에서 긴급공사일 때 유리한 계약방식은 단가 도급이다.
• 공사범위가 결정되지 않았거나 설계도서가 완비되지 않은 경우, 설계 변경이 예상되는 경우 등에 적용하여 계약한다. 정액 도급에 비하여 공사비가 증대될 우려가 있다.

10 합성수지 중 건축물의 천장재, 블라인드 등을 만드는 열가소성수지는?

① 알키드수지　　　　② 요소수지
③ 폴리스티렌수지　　④ 실리콘수지

폴리스티렌수지
스티롤수지는 단열재나 블라인드, 도료 등에 사용된다.

11 프리패브 콘크리트(Prefab Concrete)에 관한 설명으로 옳지 않은 것은?

① 제품의 품질을 균일화 및 고품질화할 수 있다.
② 작업의 기계화로 노무 절약을 기대할 수 있다.
③ 공장생산으로 부재의 규격을 다양하고 쉽게 변경할 수 있다.
④ 자재를 규격화하여 표준화 및 대량생산을 할 수 있다.

프리패브 콘크리트
프리패브란 부품을 공장에서 생산하고 현장에서는 조립을 하는 방법을 말한다. 따라서 공장 생산이므로 부품이 기계화로 생산되기 때문에 부재의 규격을 쉽게 변경할 수 없다.

12 철근콘크리트 공사에 사용되는 거푸집 중 갱폼(Gang Form)의 특징으로 옳지 않은 것은?

① 기능공의 기능도에 따라 시공 정밀도가 크게 좌우된다.
② 대형장비가 필요하다.
③ 초기 투자비가 높은 편이다.
④ 거푸집의 대형화로 이음부위가 감소한다.

갱폼(Gang Form)의 특징
• 시공능률 향상
• 노동력 절감 및 공기단축
• 초기 투자비가 재래식보다 높다.
• 양중장치를 필요로 하나 소형도 가능
• 제작장소 및 해체 후 보관장소 필요

13 건축물 외벽공사 중 커튼월 공사의 특징으로 옳지 않은 것은?

① 외벽의 경량화
② 공업화 제품에 따른 품질 제고
③ 가설비계의 증가
④ 공기단축

정답　09 ④　10 ③　11 ③　12 ①　13 ③

커튼월 공사
- 공장에서 생산된 부재를 현장에서 조립하여 구성하는 외벽
- 공장제작으로 진행되어 건설현장의 공정이 대폭 단축
- 건물 완성 후에 벽체가 지녀야 할 성능을 설계 시에 미리 정량적으로 설정해서 이것을 목표로 제작, 시공이 행해진다.
- 부착작업은 무비계 작업을 원칙으로 한다.
- 다수의 대형 부재를 취급하는 것, 고소작업 및 반복작업이 많은 것

14 철근콘크리트 PC 기둥을 8ton 트럭으로 운반하고자 한다. 차량 1대에 최대로 적재 가능한 PC 기둥의 수는?(단, PC 기둥의 단면크기는 30cm × 60cm, 길이는 3m임)

① 1개
② 2개
③ 4개
④ 6개

적재 기둥 산출
- 기둥 1개의 무게 : $0.3 \times 0.6 \times 3 \times 2.4ton = 1.296ton$
- 8t 트럭에 적재 가능한 기둥의 수 : $8 \div 1.296 = 6.17$개
- 6개(7개는 8톤의 중량이 오버되기 때문)

15 콘크리트를 타설하면서 거푸집을 수직방향으로 이동시켜 연속작업을 할 수 있게 한 것으로 사일로 등의 건설공사에 적합한 것은?

① Euro Form
② Sliding Form
③ Air Tube Form
④ Traveling Form

슬라이딩 폼
슬라이딩 폼은 사일로와 같이 돌출부가 없는 구조물에서 콘크리트를 연속적으로 이동시키면서 콘트리트를 타설하여 구조물을 시공하는 거푸집으로 요크라는 인양기구를 이용하여 거푸집을 끌어올린다.

16 신축할 건축물의 높이의 기준이 되는 주요 가설물로 이동의 위험이 없는 인근 건물의 벽 또는 담장에 설치하는 것은?

① 줄띄우기
② 벤치마크
③ 규준틀
④ 수평보기

벤치마크
공사 중의 높이의 기준을 삼고자 설정하는 가설공사로 이동의 우려가 없는 인근 건물, 벽돌담 등을 이용하여 설치한다.

17 수경성 마무리 재료로 가장 적합하지 않은 것은?

① 돌로마이트 플라스터
② 혼합 석고 플라스터
③ 시멘트 모르타르
④ 경석고 플라스터

돌로마이트 플라스터
돌로마이트 플라스터는 기경성 미장재료로 공기가 있어야 경화가 잘되어 품질이 좋아진다.

18 보통 창유리의 특성 중 투과에 관한 실명으로 옳지 않은 것은?

① 투사각이 0도일 때 투명하고 청결한 창유리는 약 90%의 광선을 투과한다.
② 보통의 창유리는 많은 양의 자외선을 투과시키는 편이다.
③ 보통 창유리도 먼지가 부착되거나 오염되면 투과율이 현저하게 감소한다.
④ 광선의 파장이 길고 짧음에 따라 투과율이 다르게 된다.

보통 창유리
보통 창유리는 성분에 자외선을 차단하는 산화제이철의 성분을 함유하고 있다. 이를 산화제일철로 만들면 자외선 투과 유리가 된다.

정답 14 ④ 15 ② 16 ② 17 ① 18 ②

19 가치공학(Value Engineering) 수행계획 4단계로 옳은 것은?

① 정보(Informative) − 제안(Proposal) − 고안(Speculative) − 분석(Analytical)
② 정보(Informative) − 고안(Speculative) − 분석(Analytical) − 제안(Proposal)
③ 분석(Analytical) − 정보(Informative) − 제안(Proposal) − 고안(Speculative)
④ 제안(Proposal) − 정보(Informative) − 고안(Speculative) − 분석(Analytical)

해설

VE의 사고방식
㉠ 정의 : 비용에 대한 기능의 정도를 식으로 나타내어 가치판단을 하고자 하는 기법으로 기능성을 우선으로 하여 조직적 노력과 분석으로 비용을 절감하거나 기능을 향상시키고자 하는 관리기법이다.
㉡ 식 $= \dfrac{F(기능)}{C(비용)}$
㉢ 사고방식
 • 고정관념 제거
 • 발주자, 사용자 중심의 사고
 • 기능 중심의 접근
 • 조직적 노력
㉣ 순서 : 정보 − 고안 − 분석 − 대안제안

20 시멘트 광물질의 조성 중에서 발열량이 높고 응결시간이 가장 빠른 것은?

① 알루민산 삼석회
② 규산 삼석회
③ 규산 이석회
④ 알루민산철 사석회

해설

시멘트의 응결시간
알루민산 삼석회 > 규산 삼석회 > 규산 이석회

정답 19 ② 20 ①

건축시공 건축기사 · 산업기사

발행일 | 2010. 1. 5 초판 발행
2011. 1. 15 개정 1판1쇄
2012. 1. 15 개정 2판1쇄
2013. 1. 15 개정 3판1쇄
2014. 1. 15 개정 4판1쇄
2015. 1. 15 개정 5판1쇄
2016. 1. 15 개정 6판1쇄
2017. 1. 20 개정 7판1쇄
2017. 8. 10 　　　2쇄
2018. 1. 10 개정 8판1쇄
2019. 1. 10 개정 9판1쇄
2020. 1. 10 개정10판1쇄
2021. 1. 10 개정11판1쇄
2022. 1. 10 개정12판1쇄

저　자 | 임근재
발행인 | 정용수
발행처 | 예문사

주　소 | 경기도 파주시 직지길 460(출판도시) 도서출판 예문사
T E L | 031) 955 – 0550
F A X | 031) 955 – 0660
등록번호 | 11 – 76호

정가 : 23,000원

ISBN 978–89–274–4293–6 13540